Michael Grüttner

Ausgegrenzt: Entlassungen an den deutschen Universitäten im Nationalsozialismus

Michael Grüttner

Ausgegrenzt: Entlassungen an den deutschen Universitäten im Nationalsozialismus

---

Biogramme und kollektivbiografische Analyse

DE GRUYTER
OLDENBOURG

Gefördert durch die Deutsche Forschungsgemeinschaft – Projektnummer 392933430

ISBN 978-3-11-123678-0

Library of Congress Control Number: 2023937891

Bibliografische Information der Deutschen Nationalbibliothek
Die Deutsche Nationalbibliothek verzeichnet diese Publikation in der Deutschen Nationalbibliografie; detaillierte bibliografische Daten sind im Internet über http://dnb.dnb.de abrufbar.

Einbandabbildung: Vorderseite v. l. n. r.: Karl Löwith, Universitätsarchiv Marburg 312/7 Nr. 3 (Fotoalbum der Philosophischen Fakultät); Emmy Klieneberger, Universitätsachiv Frankfurt/M. (UAF) Abt. 854, Nr. 784; Ernst Cassirer, Universität Hamburg, Arbeitsstelle für Universitätsgeschichte. Rückseite v. l. n. r.: Konrat Ziegler, Universitätsarchiv Greifswald (UAG), Fotosammlung Professoren; James Franck, SUB Göttingen Sammlung Voit; Max Herrmann © Universitätsbibliothek der Humboldt-Universität zu Berlin, Portraitsammlung (Fotograf: Johannes Hülsen).
Satz: bsix information exchange GmbH, Braunschweig
Druck und Bindung: CPI books GmbH, Leck

www.degruyter.com

Vorwort

Wissenschaftliche Forschung, die tragfähige Resultate erzielen will, bedarf der finanziellen Förderung. Mein Dank geht daher zuerst an die Deutsche Forschungsgemeinschaft (DFG), die drei Jahre lang das Projekt „Die Vertreibung von Wissenschaftlerinnen und Wissenschaftlern aus den deutschen Universitäten 1933–1945" finanziert hat, aus dem dieses Buch hervorgegangen ist. Dank geht auch an Dr. Sven Kinas, der im Rahmen dieses Projektes als Wissenschaftlicher Mitarbeiter eingestellt wurde. Das Angebot, als Mitautor genannt zu werden, wollte er gleichwohl nicht annehmen, nachdem sich im Laufe des Projekts einige Differenzen ergeben hatten. Herr Kinas hat im Wesentlichen die Biogramme für die Universitäten Berlin, Breslau, Erlangen, Frankfurt, Greifswald, Halle, Königsberg, München, Rostock und Würzburg erstellt. Die Biogramme zu den Universitäten Bonn, Freiburg, Gießen, Göttingen, Hamburg, Heidelberg, Jena, Kiel, Köln, Leipzig, Marburg, Münster und Tübingen stammen vom Verfasser. Auch die Auswertung der gesammelten Daten in der Einleitung erfolgte durch den Verfasser.

Viele haben dazu beigetragen, dass aus dem Projekt ein Buch wurde. Auf Dr. h. c. Eckart Krause und Prof. Dr. Rainer Nicolaysen von der Arbeitsstelle für Universitätsgeschichte der Universität Hamburg war stets Verlass, wenn Fragen und Probleme auftauchten, die den Lehrkörper der Hamburger Universität betrafen. Dr. Joachim Hensel (Bockhorn) stellte aus seinem Privatarchiv umfangreiches Material zur Geschichte der Medizinischen Fakultät Königsberg zur Verfügung. Georg Wamhof (Berlin/Köln) ergänzte meine Nachforschungen zu den vertriebenen Lehrkräften der Kölner Universität durch eigene Recherchen. Die Expertise von Dr. Michele Sarfatti, dem früheren Leiter des Centro di Documentazione Ebraica Contemporanea in Mailand, und Prof. Dr. Ulrich Wyrwa (Berlin) ermöglichte es, schwierige Detailfragen zur Rassenpolitik des italienischen Faschismus zu klären. Durch die Hilfe von Prof. Dr. Marina Cattaruzza (Bern/Lugano) konnte die verschüttete Biografie eines italienischen Lektors rekonstruiert werden, den es 1932–1934 von Triest nach Breslau verschlagen hatte. Björn Eggert (Hamburg) ermittelte bislang unbekannte Fakten zur Emigrationsgeschichte eines Berliner Chemikers. Hilfreich waren auch die profunden Kenntnisse von Prof. Dr. Dieter Hoffmann (Berlin) und Dr. Stefan L. Wolff (München) zur Geschichte der deutschen Physik in den 1930er Jahren. Dank für die Förderung des Projekts schulde ich ferner Prof. Dr. Stefanie Schüler-Springorum, der Leiterin des Zentrums für Antisemitismusforschung an der TU Berlin, und Prof. Dr. Miriam Rürup, der Direktorin des Moses Mendelssohn Zentrums für europäisch-jüdische Studien in Potsdam.

Zahlreiche Staats- und Universitätsarchive haben die Arbeit an diesem Buch bei Besuchen und Anfragen unterstützt. Selbst das Universitätsarchiv der Ludwig-

Maximilians-Universität in München hat seine anfängliche Blockadehaltung nach einiger Zeit aufgegeben und Zugang zu seinen Akten gewährt. Dank dafür gebührt der Hochschulleitung der LMU und dem Vertrauensdozenten der DFG, Prof. Dr. Michael Kiebler.

An dieser Stelle ist es nicht möglich, alle Archivarinnen und Archivare zu nennen, die zum Gelingen des Projekts beigetragen haben. Hervorheben möchte ich aber die Unterstützung durch Dr. Eva-Marie Felschow und Dr. Joachim Hendel (Gießen), Margit Hartleb (Jena), Dr. Sabine Happ und Robert Giesler (Münster), Dr. Katharina Schaal (Marburg) und Dr. Michael Wischnath (Tübingen).

Den Mitarbeiterinnen und Mitarbeitern des Verlages de Gruyter, die an der Planung und Herstellung des Buches beteiligt waren, insbesondere Dr. Julia Brauch, Verena Deutsch, Lena Hummel und Antonia Mittelbach danke ich für die gute Zusammenarbeit.

Großer Dank geht schließlich an Dr. Dagmar Pöpping, die wie immer eine besonders aufmerksame und besonders kritische Leserin meiner Texte war.

Berlin, April 2023 — Michael Grüttner

Inhaltsverzeichnis

1 Einleitung: Die „Säuberung" der deutschen Universitäten 1933–1945

In einer Diktatur können Universitäten aus Sicht der Machthaber unterschiedlichen Zwecken dienen: Sie bieten ein Forschungspotential, das für die politischen, militärischen und wirtschaftlichen Ziele einer Diktatur von großem Nutzen sein kann; sie fungieren als Ausbildungsstätte von zukünftigen Funktionseliten, von Ärzten, Naturwissenschaftlern, Lehrern und Ingenieuren. Schließlich sind sie potentielle Träger und Multiplikatoren der herrschenden Ideologie. Die Herausbildung einer loyalen akademischen Elite war daher für jede Diktatur, die sich auf Dauer etablieren wollte, ein wichtiges Ziel. Um dieses Ziel zu erreichen, entschlossen sich nahezu alle Diktaturen des 20. Jahrhunderts zu einer politischen „Säuberung" der Hochschulen.[1]

Anders als im faschistischen Italien, wo die Vertreibung unerwünschter Wissenschaftlerinnen und Wissenschaftler erst Jahre nach der Machtübernahme stattfand, setzten politisch motivierte Massenentlassungen an den deutschen Universitäten bereits im April 1933 ein, nur wenige Wochen nach Hitlers Ernennung zum Reichskanzler. Fast alle kennen zumindest einige der illustren Namen, die zu den Opfern dieser Politik zählten: Dietrich Bonhoeffer und William Stern, Helmuth Plessner und Ernst Cassirer, Max Born und Erwin Panofsky, Lise Meitner und Theodor W. Adorno. Das Resultat dieser Politik waren vielfältige Migrationsbewegungen, die sowohl in Deutschland wie auch in den wichtigsten Aufnahmeländern bedeutsame wissenschaftliche Wandlungsprozesse einleiteten.[2]

Konzeption

Die vorliegende Publikation untersucht die Auswirkungen der nationalsozialistischen Säuberungspolitik auf die deutschen Universitäten. Im Vordergrund stehen sieben zentrale Aspekte des Themas:

Erstens soll für alle 1933 in Deutschland bestehenden Universitäten und für die wichtigsten wissenschaftlichen Disziplinen ein präzises Bild der Vertreibungsverluste erstellt werden, ohne dabei die beachtlichen Unterschiede zwischen den einzelnen Universitäten zu vernachlässigen. Es folgt *zweitens* eine Analyse der Entlassungsgründe. Inwieweit waren die Entlassungen durch antisemitische Motive motiviert, welche Rolle spielten andere politische Gründe? *Drittens* geht es um

---

1 Connelly/Grüttner (Hg.), Autonomie.

2 Ash/Söllner (Hg.), Migration; Deichmann, Flüchten, S. 161–203; Siegmund-Schultze, Mathematicians, S. 267–318.

die Frage, warum Frauen, die 1932/33 nur eine kleine Minderheit im Lehrkörper stellten, von den Entlassungen deutlich stärker betroffen waren als Männer. *Viertens* soll ein politisches Profil der vertriebenen Wissenschaftler auf der Grundlage ihres parteipolitischen Engagements erstellt werden. *Fünftens* werden die Reaktionen auf die Säuberungspolitik innerhalb und außerhalb Deutschlands analysiert. *Sechstens* geht es um das weitere Schicksal der Entlassenen. Die bisherige Forschung hat sich auf die Emigranten konzentriert. Dabei wurde oft übersehen, dass ein beträchtlicher Teil der Entlassenen nicht emigrierte, sondern nach der Entlassung in Deutschland blieb. In diesem Zusammenhang muss auch geklärt werden, wie viele der Vertriebenen Opfer nationalsozialistischer Vernichtungspolitik wurden oder Suizid begingen. *Siebtens* werden die Konsequenzen der Massenentlassungen für Nazi-Deutschland dargestellt.

Den Kern des Buches bilden 1.295 Biogramme vertriebener Hochschullehrerinnen und Hochschullehrer. Sie enthalten in der Regel folgende Informationen:

- Name, Lebensdaten.
- Verwandtschaftliche Beziehungen zu anderen vertriebenen Hochschullehrern.
- Akademischer Status, Fach und Hochschule im Wintersemester 1932/33.
- Religionszugehörigkeit (gegebenenfalls auch frühere).
- Grund der Entlassung bzw. des Entzugs der Lehrbefugnis.
- Mitgliedschaft in politischen Parteien oder wichtigen Verbänden seit 1918/19. Bei Mitgliedern nationalsozialistischer Organisationen wird nur die Mitgliedschaft in der NSDAP, der SA oder der SS erwähnt.
- Hinweise auf Emigration, auf die Aufnahmeländer und auf die berufliche Tätigkeit nach der Emigration.
- Hinweise auf Nobelpreisträger.
- Hinweise auf KZ-Haft.
- Hinweise auf Suizid oder Tod als Opfer nationalsozialistischer Vernichtungspolitik.
- Hinweise auf Remigration nach 1945.

Darüber hinaus wurden unsystematisch auch folgende Informationen eingefügt: Angaben zu Parteimitgliedschaften vor 1919, Hinweise auf wichtige Ämter und Führungspositionen innerhalb und außerhalb der Universität (z. B. Rektorate) und berufliche Tätigkeiten außerhalb der Universität, wenn die Hochschultätigkeit nicht hauptamtlich war, ferner Auskünfte zu Verwandten, die Opfer des Holocaust wurden oder Suizid begingen.

Das Buch ist in neun Teile gegliedert. Nach der Einleitung, die das gesammelte Material kollektivbiografisch auswertet und den historischen Kontext erläutert (Teil 1), enthält der 2. Teil die Biogramme der vertriebenen Wissenschaftlerinnen und Wissenschaftler mitsamt Quellenangaben. Danach werden die personellen Verluste der einzelnen Universitäten (Teil 3) und der verschiedenen wissenschaftlichen Disziplinen (Teil 4) im Detail rekonstruiert. Der 5. Teil ordnet die emigrierten Wissenschaftlerinnen und Wissenschaftler ihren Aufnahmeländern zu. Es folgen Listen verschiedener Teilgruppen: die Namen der vertriebenen Wissenschaftlerinnen (Teil 6), der Remigrantinnen und Remigranten (Teil 7), der Opfer nationalsozialistischer Vernichtungspolitik (Teil 8) sowie der Wissenschaftlerinnen und Wissenschaftler, die nach der Entlassung Suizid begingen (Teil 9).

Gegenstand der Analyse sind die 23 Universitäten, die 1932/33 in Deutschland existierten. Nicht einbezogen werden die Technischen Hochschulen, die damals noch keinen Universitätsstatus hatten, ferner die Handelshochschulen, Kunsthochschulen, Musikhochschulen, die Landwirtschaftlichen Hochschulen und Bergakademien. Auch die „Säuberung" der Universitäten in den von Nazi-Deutschland besetzten Ländern konnte im Rahmen dieser Arbeit nicht behandelt werden.

Die Untersuchung umfasst den gesamten Lehrkörper der damaligen deutschen Universitäten, von den Ordinarien (einschließlich der Emeriti) bis zu den Lehrbeauftragten und Lektoren. Unberücksichtigt bleiben vom wissenschaftlichen Personal lediglich die nichthabilitierten Assistenten, über die oft nur sehr spärliche Informationen vorliegen. Bezugsgruppe für die statistischen Erhebungen ist der Lehrkörper im Wintersemester 1932/33, der sich namentlich durch die Personal- und Vorlesungsverzeichnisse der Universitäten erschließen ließ. Bei der Berechnung der Verluste der einzelnen Hochschulen werden die betroffenen Hochschullehrer daher stets der Universität zugeordnet, an der sie im Winter 1932/33 tätig waren, auch wenn sie zum Zeitpunkt der Entlassung an einer anderen Hochschule lehrten. Vertriebene Hochschullehrer, die erst nach dem Wintersemester 1932/33 eine Professur, die Lehrbefugnis oder einen Lehrauftrag an einer Universität erhielten, werden nicht in die statistische Auswertung des biografischen Materials einbezogen. Gleichwohl finden sich im 2. Teil dieses Buch auch die Biogramme dieser Personengruppe; sie umfasst 38 Personen (Teil 10).

Als vertriebene Lehrkräfte werden im Folgenden drei unterschiedliche Gruppen[3] bezeichnet:

1. *Entlassene* Hochschullehrerinnen und Hochschullehrer, die auf Grund einer offiziellen Verfügung aus der Universität ausscheiden mussten, sofern dabei ein politisches bzw. antisemitisches Motiv erkennbar ist. Das schließt auch Privatdozenten, nichtbeamtete Professoren und Lehrbeauftragte ein, die ihre Lehrbefugnis verloren.

3 Dazu ausführlicher: Grüttner/Kinas, Vertreibung, S. 131 ff. Dieser Aufsatz war eine Vorstudie zur vorliegenden Untersuchung, die seinerzeit nur einen Teil der deutschen Universitäten berücksichtigen konnte. Die dort präsentierten Daten sind teilweise überholt.

2. *Entlassungsähnliche Fälle.* Damit sind Lehrkräfte gemeint, die unter politischem Druck „freiwillig“ aus der Universität ausschieden, damit aber höchstwahrscheinlich einer Entlassung zuvorkamen. Die Wahrscheinlichkeit einer späteren Entlassung war vor allem dann sehr hoch, wenn es sich bei den Betroffenen um Juden oder „Nichtarier“ handelte. Als entlassungsähnliche Fälle werden ferner jene Wissenschaftlerinnen und Wissenschaftler behandelt, die vor einer unausweichlichen Entlassung verstarben oder Suizid verübten.
3. *Freiwillige Rücktritte mit politischem Hintergrund.* Dabei handelte es sich um Wissenschaftlerinnen oder Wissenschaftler, die aus freien Stücken ihre Lehrtätigkeit aufgaben, weil sie angesichts der veränderten politischen und hochschulpolitischen Rahmenbedingungen die Auswanderung, eine Emeritierung oder einen Berufswechsel vorzogen.

Unberücksichtigt bleiben in dieser Studie dagegen Strafversetzungen an andere Hochschulen und Entlassungen, bei denen kein politischer Hintergrund zu erkennen ist, ferner jene Entlassungen, die schon nach wenigen Wochen oder Monaten wieder aufgehoben wurden.

Für einige Universitäten lagen bereits umfangreiche Vorarbeiten vor, so dass eine Reihe von Biogrammen auf der Grundlage älterer Forschungen erstellt werden konnte. In zahlreichen Fällen basieren die Biogramme aber in erster Linie auf der Auswertung archivalischer Quellen. Allerdings erwies die Aktenüberlieferung sich nicht selten als lückenhaft. Ein besonders krasses Beispiel bot die ehemalige Universität Königsberg. Wie das Staatsarchiv Olsztyn/Allenstein mitteilte, reichen die dort lagernden Akten der Königsberger Albertus-Universität nur bis in das Jahr 1933.[4] Die in den Jahren 1933 bis 1945 entstandenen Unterlagen sind offenbar in der Endphase des Krieges durchgängig zerstört worden. Daher musste die „Säuberung“ der Universität Königsberg ausschließlich aufgrund der Unterlagen des preußischen Kultusministeriums (im Geheimen Staatsarchiv Berlin) und des Reichserziehungsministeriums (im Bundesarchiv Berlin) rekonstruiert werden.

Angesichts solcher Lücken kann die vorliegende Studie nicht den Anspruch erheben, ein absolut vollständiges Bild von den Vertreibungsverlusten der deutschen Universitäten im Dritten Reich zu liefern. Gleichwohl sollte es gelungen sein, mehr als 95 % aller Entlassungen oder entlassungsähnlichen Fälle zu rekonstruieren und das weitere Schicksal der Betroffenen aufzuklären. Im Falle der „freiwilligen Rücktritte mit politischem Hintergrund“ ist die Dunkelziffer wahrscheinlich größer, weil diejenigen, die ihre Lehrtätigkeit aus politischen Gründen aufgaben, nur schwer zu identifizieren sind, wenn sie darauf verzichteten, gegen-

4 Mitt. des Staatsarchivs Olsztyn vom 11.12.2018.

über der Universität, dem Staat oder der internationalen Öffentlichkeit auf das Motiv ihrer Entscheidung hinzuweisen.

Der Prozess der Exklusion

Die systematische, politisch motivierte Ausgrenzung unerwünschter Hochschullehrer lässt sich in vier Etappen aufteilen.

Die erste Etappe umfasst im Wesentlichen die Jahre 1933/34. Sie begann wenige Monate nach Hitlers Ernennung zum Reichskanzler mit dem Gesetz zur Wiederherstellung des Berufsbeamtentums (BBG) vom 7. April 1933.[5] Dieses Gesetz ordnete die Entlassung von Juden und „Nichtariern" an (§ 3) sowie von Personen, die „nicht die Gewähr dafür bieten, daß sie jederzeit rückhaltlos für den nationalen Staat eintreten" (§ 4). Ein Ruhegehalt erhielten die aufgrund der Paragraphen 3 und 4 entlassenen Beamten nur dann, wenn sie eine mindestens zehnjährige Dienstzeit nachweisen konnten (§ 8). Im Mai 1933 wurde der Geltungsbereich dieses Gesetzes auch auf nichtbeamtete Hochschullehrer (Honorarprofessoren, nichtbeamtete außerordentliche Professoren und Privatdozenten) sowie auf emeritierte Professoren ausgeweitet.[6]

„Nichtarisch" und somit von Entlassung bedroht war laut der ersten Verordnung zur Durchführung des Berufsbeamtengesetzes jede Person, die mindestens ein jüdisches Großelternteil hatte.[7] Allerdings enthielt der antisemitische § 3 drei Ausnahmeregelungen: Ehemalige „Frontkämpfer" des Ersten Weltkriegs und Angehörige gefallener Soldaten sollten ebenso von der Entlassung verschont bleiben wie Hochschullehrer, die schon vor dem Ersten Weltkrieg zu Beamten ernannt worden waren („Altbeamte"). Wie sich bald herausstellte, war die Zahl der Wissenschaftler, die von diesen Ausnahmebestimmungen profitierten, relativ hoch.

Aus Sicht vieler Nationalsozialisten handelte es sich bei den Ausnahmeregelungen aber lediglich um eine temporäre Lösung. Für Parteiaktivisten war die Vorstellung, dass jüdische Professoren auch weiterhin an deutschen Universitäten unterrichten sollten, offenbar unerträglich. Der Nationalsozialistische Deutsche Studentenbund ging daher zwischen 1933 und 1935 an zahlreichen Universitäten mit

5 Reichsgesetzblatt I 1933, S. 175. In Jena begann die „Säuberung" der Universität schon früher. Hier ging der nationalsozialistische Volksbildungsminister Fritz Wächtler bereits im Dezember 1932 gegen politisch unerwünschte Lehrkräfte (→Anna Siemsen) vor.

6 Dritte Verordnung zur Durchführung des Gesetzes zur Wiederherstellung des Berufsbeamtentums vom 6. Mai 1933, in: Reichsgesetzblatt I 1933, S. 245; BA Berlin R 1501/126890: Runderlass des preußischen Kultusministeriums, 8.7.1933.

7 Erste Verordnung zur Durchführung des Gesetzes zur Wiederherstellung des Berufsbeamtentums vom 11. April 1933, in: Reichsgesetzblatt I 1933, S. 195.

Vorlesungsstörungen und Boykottaufrufen gegen jüdische Professoren vor, die durch das Berufsbeamtengesetz geschützt waren.[8] Auch manche Nachwuchswissenschaftler beteiligten sich an derartigen Aktivitäten.

Vielfach wurden die Ausnahmeregelungen des BBG auch von den Hochschulbehörden ignoriert. Um unerwünschte Hochschullehrer, die durch die Ausnahmebestimmungen geschützt waren, dennoch entlassen zu können, griffen die Behörden bevorzugt auf § 6 BBG zurück, der die Möglichkeit eröffnete, Beamte „zur Vereinfachung der Verwaltung" vorzeitig in den Ruhestand zu versetzen.[9] Besonders radikal ging die hessische Landesregierung vor, die an der Universität Gießen bereits 1933/34 sämtliche jüdischen und „nichtarischen" Hochschullehrer entließ und dabei im Falle der ehemaligen Kriegsteilnehmer meist § 6 BBG oder § 4 BBG nutzte.[10]

Auch das im Mai 1934 gegründete Reichserziehungsministerium (REM), das aus dem preußischen Kultusministerium hervorging, war offensichtlich nicht gewillt, jüdische und „nichtarische" Hochschullehrer dauerhaft zu tolerieren. Stattdessen versuchte das Ministerium in vielen Fällen, die noch verbliebenen „nichtarischen" Lehrstuhlinhaber zur Aufgabe ihrer Lehrtätigkeit zu bewegen. Als probates Mittel erwies sich insbesondere der Entzug der Prüfungsberechtigung. Viele Wissenschaftler, die eigentlich unter die Ausnahmeregeln des Berufsbeamtengesetzes fielen, resignierten angesichts solcher Erfahrungen und verzichteten auf die Lehrbefugnis oder beantragten „freiwillig" ihre Emeritierung.[11]

Ein weiteres Instrument zur „Säuberung" der Hochschulen entstand mit der Reichshabilitationsordnung (RHO) von 1934, die vor allem der politischen Kontrolle des wissenschaftlichen Nachwuchses diente. Sie enthielt eine vielfach genutzte Generalklausel, die es ermöglichte, gegen unerwünschte Dozenten und nichtbeamtete Professoren unterschiedlicher Couleur vorzugehen, ohne dass es einer näheren Begründung bedurfte: „Der Reichswissenschaftsminister kann die Lehrbefugnis entziehen oder einschränken, wenn es im Universitätsinteresse geboten ist." (§ 18)[12]

Die zweite Etappe der Ausgrenzungspolitik fällt in das Jahr 1935. Eingeläutet wurde sie im Mai mit einem Erlass der dem Ziel diente, ältere Ordinarien, die dem Nationalsozialismus skeptisch oder ablehnend gegenüberstanden, aus dem Lehr-

---

8 Grüttner, Studenten, S. 66–71; Göllnitz, Student, S. 137–151.

9 GLA Karlsruhe 235/5007 Bl. 178: Niederschrift über die Verhandlungen der außerordentlichen Hochschulkonferenz in Berlin am 14.10.1933 (Auszug).

10 Heinzel, Theodor Mayer, S. 99 f.; Chroust, Gießener Universität, Bd. 1, S. 225–230.

11 Becker u. a. (Hg.), Universität Göttingen, S. 43 f. (Einl. von Hans-Joachim Dahms); Kinas, Exodus, S. 137–146.

12 Reichs-Habilitations-Ordnung vom 13. Dezember 1934, in: Deutsche Wissenschaft, Erziehung und Volksbildung 1 (1935), S. 12–14.

betrieb auszuschalten. Traditionell hatten beamtete Professoren das Recht, im Anschluss an ihre Emeritierung weiterhin Lehrveranstaltungen ihrer Wahl anzubieten. Nun mussten entpflichtete Hochschullehrer, die ihre Lehrtätigkeit fortsetzen wollten, beim Rektor einen Antrag stellen und dabei angeben, „um welche Vorlesungen es sich handelt". Die Rektoren erhielten vom REM die Anweisung, den Antrag nur dann zu genehmigen, „wenn der Antragsteller die Gewähr dafür bietet, daß er sich in die im jungen Geiste sich erneuernde Universität hineinfügt, und daß seine politische Haltung die nationalsozialistische Erziehungsarbeit an der akademischen Jugend nicht gefährdet."[13]

Ein noch sehr viel tieferer Einschnitt folgte im Herbst 1935, nachdem das Reichsbürgergesetz (RBG), eines der berüchtigten Nürnberger Gesetze, in Kraft getreten war. Im November 1935 befahlen zwei Verordnungen zum Reichsbürgergesetz die Entlassung aller noch im Amt verbliebenen jüdischen Beamten zum Ende des Jahres 1935. Honorarprofessoren, nichtbeamtete außerordentliche Professoren, Privatdozenten und emeritierte Professoren verloren zum selben Zeitpunkt ihre Lehrbefugnis. Als Juden definierte die erste Verordnung zum Reichsbürgergesetz alle Personen, die „von mindestens drei der Rasse nach volljüdischen Großeltern" abstammten.[14] Faktisch wurden mit diesen Verordnungen die Ausnahmeregeln des Berufsbeamtengesetzes für alle Hochschullehrer, die das Regime als „jüdisch" betrachtete, außer Kraft gesetzt. Wenige Monate später folgte die Anweisung des REM, die emeritierten jüdischen Professoren aus den Personal- und Vorlesungsverzeichnissen zu streichen.[15] Damit war der Ausschluss von Jüdinnen und Juden aus den deutschen Universitäten abgeschlossen.

Die dritte Etappe traf zum einen die „jüdischen Mischlinge", die ein oder zwei jüdische Großelternteile hatten, zum anderen jene Hochschullehrer, deren Ehepartner als Juden oder „Mischlinge" galten. Vorangetrieben wurde ihre Ausgrenzung seit 1937 durch das Reichsinnenministerium und durch den Stab Heß (den „Stellvertreter des Führers"). Allerdings waren beide Seiten uneinig, wie weit dieser Prozess gehen sollte. Anders als der Stab Heß wollte das Reichsinnenministerium „Mischlinge 2. Grades", also Personen mit einem jüdischen Großelternteil, und „mit Mischlingen 2. Grades Verheiratete" im Staatsdienst belassen.[16] Das REM exponierte sich in dieser Frage als Vertreter einer rigorosen Politik. Staatssekretär Werner Zschintzsch hob in einer internen Rundverfügung hervor, „daß nach der

---

13 Runderlass des REM, 15.5.1935, in: Die Deutsche Hochschulverwaltung, Bd. 2, S. 10 f.

14 Erste Verordnung zum Reichsbürgergesetz vom 14.11.1935, in: Reichsgesetzblatt I 1935, S. 1333 f.; Zweite Verordnung zum Reichsbürgergesetz vom 21.12.1935, in: Reichsgesetzblatt I 1935, S. 1524 f.

15 BA Berlin R 4901/12620 Bl. 112: Runderlass des REM, 4.6.1936.

16 BA Berlin R 4901/312 Bl. 171 f.: Reichsinnenministerium an den Reichserziehungsminister, 16.8.1937.

bisherigen Übung des Hauses die Anforderungen an Beamte, die in der Jugenderziehung dienen, in weltanschaulicher und rassischer Hinsicht größer sind als die anderer Beamtenkategorien.“ Daraus ergab sich für Zschintzsch die Konsequenz, „daß Personen, die nicht deutschen oder artverwandten Blutes sind, grundsätzlich von solchen Ämtern ausgeschlossen sind, die der Erziehung der Jugend dienen.“[17] Dementsprechend wurden 1937/38 nicht nur „jüdisch Versippte“ und „Mischlinge 1. Grades“, sondern auch zahlreiche „Mischlinge 2. Grades“ aus dem Hochschuldienst entlassen.

Allerdings waren sowohl die Ministerien als auch der Stab Heß willens, Ausnahmen zu machen, wenn „besonders günstige Umstände“ vorlagen.[18] Diese Ausnahmen finden sich auch im Erziehungssektor. So blieb der Münchener Geograph Karl Haushofer trotz seiner „nichtarischen“ Ehefrau im Amt, weil er „große Verdienste um die Bewegung“ hatte, wie es in den Unterlagen des REM heißt. Ein mindestens ebenso wichtiger Grund war Haushofers Freundschaft mit Rudolf Heß, die ihn bis 1941 vor Anfeindungen schützte. Ebenfalls verschont wurde der Greifswalder Ordinarius Hans Pichler, ein „Mischling 2. Grades“. Begründung: „Frontkämpfer, charakterlich, politisch und wissenschaftlich in Ordnung“.[19] Auf diese Weise überstand eine Handvoll Hochschullehrer den Säuberungsprozess, obwohl sie als „jüdisch versippt“ oder als „Mischlinge“ eingestuft worden waren.[20]

Die vierte und letzte Etappe der Säuberungspolitik war geprägt durch die neue Reichshabilitationsordnung vom 17. Februar 1939[21], die alle habilitierten Dozenten und nichtbeamteten außerordentlichen Professoren dazu verpflichtete, einen Antrag auf Ernennung zum „Dozenten neuer Ordnung“ zu stellen. Als Ergebnis der daraufhin einsetzenden Überprüfung eines Großteils der nichtbeamteten Hochschullehrer wurde einer Reihe von Wissenschaftlern die Ernennung zu Dozenten neuer Ordnung oder zu außerplanmäßigen Professoren verweigert. Viele von ihnen mussten daraufhin aus dem Hochschuldienst ausscheiden.

Dafür gab es unterschiedliche Gründe. Betroffen waren unter anderem Dozenten, die schon seit längerer Zeit keine Lehrveranstaltungen mehr abgehalten

---

17 BA Berlin R 4901/14355 Bl. 115: W. Zschintzsch, Rundverfügung vom 1.9.1937.

18 BA Berlin R 4901/25544 Bl. 17: Stellvertreter des Führers an den Reichserziehungsminister, 17.6.1937.

19 BA Berlin R 4901/312 Bl. 419, 421: Verzeichnis der am 1. Januar 1938 noch im Amt befindlichen Hochschullehrer, die Mischlinge oder jüdisch versippt oder mit Mischlingen verheiratet sind, S. 5, 10.

20 Vgl. die Namenslisten in: BA Berlin R 4901/312 Bl. 417–424, 448 f., 604 f., und die Bemerkungen zu den einzelnen Universitäten in Teil 3 dieses Bandes.

21 Vgl. F. Senger (Hg.), Reichs-Habilitations-Ordnung. Amtliche Bestimmungen über den Erwerb des Dr. habil. und der Lehrbefugnis an den deutschen wissenschaftlichen Hochschulen, Berlin 1939.

hatten, nichtbeamtete Professoren, die bereits ein höheres Alter erreicht hatten, oder Hochschullehrer, deren wissenschaftliche Qualifikation angezweifelt wurde.[22] In einer Reihe von Fällen erfolgte die Ablehnung aber eindeutig aus politisch-ideologischen Gründen. Darunter befanden sich viele Dozenten, die aufgrund ihrer konfessionellen Bindungen als politisch suspekt galten – Katholiken wie Friedrich Schneider (Köln), Hermann Schwamm (Freiburg), Otto Most und Günther Schulemann (beide in Breslau), aber auch einige Protestanten, darunter Helmut Thielicke (Heidelberg) und Kurt Leese (Hamburg).[23] Insgesamt blieb die Zahl der politisch motivierten Ablehnungen in dieser vierten Etappe aber relativ gering.

Nach dem Beginn des Zweiten Weltkriegs kam es nur noch vereinzelt zu weiteren Entlassungen. Gewiss, Hochschullehrer, die sich – wie beispielsweise der Hamburger Pädiater Rudolf Degkwitz[24] – eindeutig als Gegner des Nationalsozialismus exponierten, mussten auch während des Krieges mit Entlassung, Inhaftierung und Schlimmerem rechnen. Im Allgemeinen waren Staat und Partei aber bemüht, den Lehrkörper der Hochschulen nicht weiter zu dezimieren. Aufgrund der zahlreichen Einberufungen – im Sommer 1940 befand sich schon ein Fünftel des Lehrkörpers bei der Wehrmacht – bestand an allen Universitäten ein Mangel an qualifizierten Lehrkräften, der sich in den folgenden Jahren noch verschärfte. Eine Fortsetzung der Säuberungspolitik war unter solchen Umständen aus Sicht des Regimes nicht opportun. Im Oktober 1939 wurde in den Ministerien und in der Parteiführung sogar über die Wiedereinstellung von Beamten nachgedacht, die einige Jahre zuvor aufgrund des § 4 BBG entlassen worden waren.[25] Aus dieser Situation erklärt sich auch die Entscheidung des Reichserziehungsministers im April 1940, für die Dauer des Krieges keine weiteren „mischblütig versippten Hochschulangehörigen“ mehr zu entlassen. Nach Kriegsende werde „Gelegenheit sein, die letzten noch vorhandenen Fälle … einer Entscheidung zuzuführen.“[26]

Ausschluss aus dem akademischen Diskurs

Parallel zum Ausschluss jüdischer Wissenschaftler aus dem Lehrkörper der Universitäten setzten energische Bemühungen ein, sie auch aus dem akademischen Diskurs zu verbannen und ihre wissenschaftlichen Leistungen aus dem Bewusstsein der akademischen Öffentlichkeit zu tilgen. Juden wurden nicht nur aus den

22 Kinas, Elisabeth Schiemann, S. 352; Daniels/Michl, Strukturwandel, S. 58 f.

23 Vgl. die Biogramme der genannten Personen im 2. Teil dieses Buches.

24 Van den Bussche, Universitätsmedizin, S. 343–360.

25 BA Berlin R 4901/312 Bl. 543: Der Stellvertreter des Führers, Anordnung Nr. 211/39, 26.10.1939.

26 BA Berlin R 4901/26057 Bl. 25: undatierter Aktenvermerk; BA Berlin R 4901/312 Bl. 614: Wilhelm Groh, Rundschreiben an die Referenten und Expedienten des Amtes W, 17.5.1940.

Herausgebergremien und Schriftleitungen wissenschaftlicher Zeitschriften entfernt[27], sondern waren auch als Beitragende zunehmend unerwünscht. Seit 1935/36 wurde es für jüdische Autoren immer schwieriger, ihre Arbeiten in deutschen Fachzeitschriften unterzubringen.[28] Zwar ist ein offizielles Publikationsverbot für jüdische oder „nichtarische" Autoren im deutschen wissenschaftlichen Schrifttum nicht nachweisbar. In der Regel sorgten die Verleger oder die Herausgeber aber spätestens seit 1938 in Eigeninitiative dafür, dass die Fachzeitschriften jüdischen Wissenschaftlern verschlossen blieben.[29]

Schließlich gingen militante Nationalsozialisten dazu über, selbst Zitate jüdischer Gelehrter zu beanstanden. Zu den Protagonisten dieser Entwicklung gehörte der Jurist Carl Schmitt, der im Oktober 1936 eine Tagung über „Das Judentum in der Rechts- und Wirtschaftswissenschaft" organisierte.[30] Die Tagung, auf der überwiegend junge Dozenten oder gerade berufene Professoren referierten[31], sollte, wie Schmitt erklärte, den Nachweis erbringen, „dass der Jude für die deutsche Art des Geistes unproduktiv und steril ist. Er hat uns nichts zu sagen, mag er noch so scharfsinnig kombinieren oder sich noch so eifrig assimilieren." In seinem Schlusswort forderte Schmitt dazu auf, die Spuren jüdischer Juristen im deutschen Rechtsdenken radikal zu eliminieren: „Nach einer solchen Tagung ist es gar nicht mehr möglich, einen jüdischen Autor wie einen anderen Autor zu zitieren. Geradezu unverantwortlich wäre es, einen jüdischen Autor als Kronzeugen oder gar als eine Art Autorität auf einem Gebiet anzuführen. Ein jüdischer Autor hat für uns keine Autorität, auch keine ‚rein wissenschaftliche' Autorität."[32]

Ein grundsätzliches Verbot, jüdische Autoren in wissenschaftlichen Publikationen zu zitieren, erwies sich jedoch als unmöglich, wie auch das REM einräumen musste. Denn Wissenschaftler, die Arbeitsergebnisse und Thesen anderer Forscher übernehmen oder diskutieren, sind dazu verpflichtet, diese auch zu benennen, wenn sie sich nicht dem Plagiatsvorwurf aussetzen wollen. Das Ministerium ordnete daher 1938/39 in zwei Runderlassen zum Promotionsverfahren an, jüdische Autoren nur noch dann zu zitieren, „wenn es aus Gründen wissenschaftlicher Korrektheit unbedingt erforderlich ist." Ferner verlangte das REM die „besondere Kennzeichnung der Autoren als Juden", eine Forderung, die das Reichspropagan-

27 Göppinger, Juristen, 374–392; Finkenauer/Herrmann, Savigny-Zeitschrift, S. 11–19; Remmert, Mathematiker-Vereinigung, S. 170 f.

28 Vgl. Hausmann, „Hungersnot", S. 91; Dainat/Kolk, Forum, S. 131 f.; Finkenauer/Herrmann, Savigny-Zeitschrift, S. 21–24.

29 Vgl. Wolff, Ausgrenzung, S. 111.

30 Göppinger, Juristen, S. 153–163; Koenen, Fall, S. 708–715; Gross, Carl Schmitt, S. 120–134.

31 Felz, „Judentum", S. 92.

32 C. Schmitt, Die deutsche Rechtswissenschaft im Kampf gegen den jüdischen Geist, in: Deutsche Juristen-Zeitung 41 (1936), Sp. 1195–1197.

daministerium 1942 für das gesamte wissenschaftliche Schrifttum übernahm.[33] „Keine Bedenken“ hatte das REM erwartungsgemäß, „jüdische Autoren dann zu zitieren, wenn es in der Absicht geschieht, ihre Auffassung zu widerlegen oder zu bekämpfen.“[34]

Diese Regelungen ließen gewisse Spielräume. So finden sich denn auch nach 1935 weiterhin Zitate jüdischer oder „nichtarischer“ Gelehrter in deutschen Fachzeitschriften. Ihre Zahl ging jedoch deutlich zurück.[35] Auch Wissenschaftler, die keine Nationalsozialisten waren wie der Gestaltpsychologe Wolfgang Metzger, zogen es vor, die Arbeiten jüdischer oder „nichtarischer“ Kollegen nur noch selten zu erwähnen.[36] Wer die wissenschaftlichen Leistungen jüdischer Forscher lobend hervorhob, musste auf denunziatorische Kritik oder Zensurmaßnahmen gefasst sein.[37]

Dimensionen der Vertreibung

Wie groß war der personelle Verlust der deutschen Universitäten aufgrund der nationalsozialistischen Säuberungspolitik? Während die bislang vorliegenden Publikationen meist nur die Entlassungen in den ersten Jahren der NS-Herrschaft berücksichtigen[38] oder nur einen Teil der damals bestehenden Universitäten erfassen[39], gibt Tabelle 1 einen Überblick über die gesamte deutsche Universitätslandschaft in den zwölf Jahren der nationalsozialistischen Diktatur. Um die Statistik übersichtlicher zu gestalten, werden in dieser wie auch in den folgenden Tabellen die entlassungsähnlichen Fälle den Entlassungen zugeordnet.

---

33 GStA PK I Rep. 77 Nr. 1202 Bl. 87: Runderlass des Propagandaministeriums, 24.4.1942.

34 Zitate aus: BA Berlin R 4901/770 Bl. 123: Runderlass des REM, 15.3.1938; Runderlass des REM, 20.10.1939, in: Deutsche Wissenschaft, Erziehung und Volksbildung 5 (1939), S. 534.

35 Finkenauer/Herrmann, Savigny-Zeitschrift, S. 27–30.

36 Stadler, Schicksal, S. 150 f.

37 Heiber, Universität, Teil I, S. 227–230; Hausmann, „Deutsche Geisteswissenschaft“, S. 242 f.; Finkenauer/Herrmann, Savigny-Zeitschrift, S. 25 f.

38 Hartshorne, Universities; Gerstengabe, Entlassungswelle.

39 Grüttner/Kinas, Vertreibung.

Tab. 1: Die Vertreibung von Lehrkräften an den deutschen Universitäten, 1933–1945

Universität	Lehrkörper im Winter 1932/33	Entlassungen 1933–1945		Freiwilliger Rücktritt mit politischem Hintergrund		Vertreibungen Insgesamt	
		abs.	in %	abs.	in %	abs.	in %
Frankfurt	351	128	36,5	2	0,6	130	37,0
Berlin	797	279	35,0	10	1,3	289	36,3
Breslau	330	91	27,6	2	0,6	93	28,2
Heidelberg	256	65	25,4	4	1,6	69	27,0
Freiburg	232	51	22,0	3	1,3	54	23,3
Köln	250	57	22,8	1	0,4	58	23,2
Göttingen	253	52	20,6	4	1,6	56	22,1
Hamburg	309	63	20,4	3	1,0	66	21,4
Halle	245	40	16,3	5	2,0	45	18,4
Königsberg	212	35	16,5	3	1,4	38	17,9
Kiel	222	34	15,3	2	0,9	36	16,2
München	405	61	15,1	2	0,5	63	15,6
Gießen	195	27	13,8	0	0,0	27	13,8
Münster	218	27	12,4	3	1,4	30	13,8
Bonn	309	40	12,9	1	0,3	41	13,3
Leipzig	398	48	12,1	5	1,3	53	13,3
Greifswald	164	19	11,6	0	0,0	19	11,6
Jena	210	21	10,0	3	1,4	24	11,4
Marburg	186	19	10,2	2	1,1	21	11,3
Rostock	125	13	10,4	0	0,0	13	10,4
Würzburg	152	13	8,6	0	0,0	13	8,6
Erlangen	121	9	7,4	0	0,0	9	7,4
Tübingen	200	9	4,5	3	1,5	12	6,0
Zusammen	**6.140**	**1.199**[a]	**19,5**	**58**	**0,9**	**1.257**	**20,5**

[a] Unter Vermeidung von Doppelnennungen.

Wie Tabelle 1 zeigt, wurden von den 6.140 Wissenschaftlerinnen und Wissenschaftlern, die im Wintersemester 1932/33 an deutschen Universitäten lehrten, insgesamt 1.199 Personen entlassen – 19,5 % des Lehrkörpers. Tatsächlich war der personelle Verlust, den die deutschen Universitäten durch die nationalsozialistische Politik erlitten, aber noch größer. Denn in diese Verlustbilanz müssen auch jene Wissenschaftler einbezogen werden, deren Ausscheiden hier als „freiwilliger Rücktritt mit politischem Hintergrund" bezeichnet wird, also jene Hochschullehrer, die sich unter dem Eindruck der veränderten politischen Lage dazu entschlossen, aus dem deutschen Universitätssystem auszuscheiden. An den 23 damals in Deutschland bestehenden Universitäten lassen sich insgesamt 58 Wissenschaftlerinnen und Wissenschaftler dieser Gruppe zuordnen. Dies ist ein zusätzlicher Verlust von 0,9 %. Insgesamt haben die deutschen Universitäten nach der nationalsozialistischen Machtübernahme also 1.257 wissenschaftliche Lehrkräfte aus politischen Gründen eingebüßt. Das waren – bezogen auf den Lehrkörper im Wintersemester 1932/33 – 20,5 % ihres Lehrpersonals (Tabelle 1).

Mindestens genauso aufschlussreich wie solche Gesamtzahlen sind die erheblichen Unterschiede zwischen den einzelnen Universitäten, die in der Tabelle 1 zutage treten: Von den insgesamt 1.199 Entlassungen entfielen 498 (41,5 %) auf nur drei Universitäten (Berlin, Frankfurt, Breslau). Andere Universitäten wie Würzburg, Erlangen und Tübingen blieben demgegenüber von der nazistischen Säuberungspolitik weitgehend unberührt.

Wer wurde entlassen?

Genauere Informationen über die Entlassungsgründe finden sich in Tabelle 2. Wie diese Tabelle zeigt, mussten 31,6 % der Entlassenen aus der Universität ausscheiden, weil sie Juden waren.[40] Die größte Gruppe der Betroffenen (38,8 %) bildeten jene Wissenschaftler, die aufgrund ihrer (teilweise) jüdischen Herkunft entlassen wurden, obwohl sie dem Judentum nicht oder nicht mehr angehörten. Da die Angehörigen dieser Gruppe, von wenigen Konfessionslosen abgesehen, fast alle Mitglieder einer christlichen Kirche waren, ist es nicht sinnvoll, sie dem Judentum zuzurechnen. Stattdessen werden sie hier als „Nichtarier" bezeichnet, um deutlich zu machen, dass es sich um eine oktroyierte Identität handelte, die aus der rassistischen Ideologie des Nationalsozialismus resultierte. Weitere 9,6 % der Entlassungen betrafen Wissenschaftler, deren Partner Juden oder jüdischer Herkunft waren.

---

40 Als Juden werden im Rahmen dieser Studie alle Personen bezeichnet, die sich auf offiziellen Personalblättern, Fragebögen, Karteikarten, Meldeunterlagen usw. als „mosaisch", „israelitisch" oder „jüdisch" identifizierten. Das schließt säkulare Juden ein. Nicht als Juden gelten dagegen Personen jüdischer Herkunft die einer christlichen Religionsgemeinschaft angehörten oder sich selbst als „Dissidenten" o. ä. bezeichneten. Vgl. auch Ash, Jüdische Wissenschaftlerinnen, S. 94–98.

Tab. 2: Entlassungen an den deutschen Universitäten nach Entlassungsgründen (1933–1945)

Entlassungsgründe	Entlassungen	
	absolut	in %
Juden	379	31,6
„Nichtarier“	465	38,8
Jüdischer bzw. „nichtarischer“ Partner	115	9,6
Andere Entlassungsgründe	240	20,0
Zusammen	**1.199**	**100,0**

Zusammengerechnet sind also 80 % der betroffenen Wissenschaftlerinnen und Wissenschaftler aus antisemitischen Gründen entlassen worden, obwohl nicht einmal ein Drittel der Entlassenen zur jüdischen Religionsgemeinschaft gehörte.

20 % der Entlassungen werden in der Kategorie „andere Entlassungsgründe“ zusammengefasst. Diese Kategorie umfasst im Wesentlichen sechs verschiedene Gruppen:

1. *Angehörige der Linksparteien.* Entlassene Anhänger der Linksparteien gehörten, soweit sie parteipolitisch organisiert waren, überwiegend der SPD an, vereinzelt auch der KPD oder einer der linken Splitterparteien.[41] Während alle KPD-Anhänger sofort nach der nationalsozialistischen Machtübernahme entlassen wurden, verfuhr der NS-Staat mit Sozialdemokraten, soweit sie „Arier“ waren, weniger rigoros. Einige wenige SPD-Mitglieder überstanden daher die Phase der Säuberungen. In Marburg beispielsweise konnte der sozialdemokratische Theologe Georg Wünsch seine Lehrtätigkeit mit Unterstützung des NSDAP-Kreisleiters fortsetzen, zumal er sich öffentlich zum „nationalen Aufbruch“ und zur Bedeutung von Rassen als „Urmächte des Daseins“ bekannte.[42]
2. *Konfessionell gebundene Hochschullehrer.* An den Theologischen Fakultäten wurden anfangs vor allem pazifistische Professoren entlassen, beispielsweise Mitglieder des „Friedensbundes Deutscher Katholiken“. Später waren in erster Linie Mitglieder der Bekennenden Kirche von den Säuberungen betroffen, unter anderem Dietrich Bonhoeffer, dem 1936 die Lehrbefugnis entzogen wurde. Seit 1938/39 waren konfessionell gebundene Professoren an den Universitäten generell unerwünscht – Resultat einer wachsenden Feindseligkeit der Nationalsozialisten gegen die christlichen Kirchen.[43]

41 Zahlreiche Namen entlassener Sozialdemokraten sind aufgelistet bei Gerstengarbe, Entlassungswelle, S. 35 f.

42 Graf, Universitätstheologie, S. 129; Lippmann, Theologie, S. 339 ff.

43 Grüttner, Das Dritte Reich, S. 423–448.

3. *Liberale.* Von den Hochschullehrern, die während der Weimarer Republik liberalen Parteien angehört hatten, waren vor allem Mitglieder der Deutschen Demokratischen Partei (DDP) und ihrer Nachfolgeorganisation, der Deutschen Staatspartei, gefährdet, weil sie als liberaldemokratische Kraft das verhasste Weimarer „System" repräsentierte. Zudem galt die DDP zu Recht als die politische Partei, die von den meisten deutschen Juden gewählt und unterstützt wurde.[44] Auch für diese Gruppe gilt jedoch, dass allein die Mitgliedschaft in der DDP nicht automatisch zur Entlassung führte.
4. *Nationalkonservative.* Die Nationalkonservativen agierten 1933 als Bündnispartner und Steigbügelhalter der Nationalsozialisten, verloren aber im Laufe der 1930er Jahre zunehmend an Einfluss. Ein Teil der nationalkonservativen Hochschullehrer ging in das nationalsozialistische Lager über, andere wie der Philosoph Hans Leisegang oder der Historiker Justus Hashagen lehnten das Regime ab. Während des Krieges standen einige im Kontakt zum konservativen Widerstand. Zu nennen sind hier insbesondere die „Freiburger Kreise", deren Angehörige in den Kriegsjahren teilweise inhaftiert und entlassen wurden.[45]
5. *Homosexuelle.* Homosexuelle Opfer nationalsozialistischer Vertreibungspolitik spielen in der Literatur zur Universitätsgeschichte im Dritten Reich fast keine Rolle. Dies liegt wohl vor allem an der geringen Zahl der Betroffenen. Unter den 1.199 entlassenen Wissenschaftlern befanden sich neun Personen, die ihre Lehrtätigkeit wegen des Vorwurfs homosexueller Handlungen aufgeben mussten. Hinzu kommt die irritierende Tatsache, dass es sich bei ihnen mehrheitlich um aktive Nationalsozialisten handelte.[46] In dieser speziellen Gruppe lassen sich die Grenzen zwischen Verfolgern und Verfolgten daher nicht immer eindeutig markieren.
6. *Freimaurer.* Die Freimaurer waren im NS-Staat ein Objekt aggressiver Verschwörungstheorien. Sie wurden zu den „überstaatlichen Mächten" gezählt, als „Instrument des Judentums" diffamiert oder als Propagandisten „der westlichen Humanitäts- und Verbrüderungsideologie" attackiert.[47] Die Mitgliedschaft in einer Freimaurerloge konnte daher nach 1933 zu vielfältiger Diskriminierung führen. Auch unter den vertriebenen Hochschullehrern finden sich mindestens 20 ehemalige Logenangehörige. Bei den meisten lagen allerdings neben der Logenzugehörigkeit zusätzliche Gründe vor, warum sie aus Sicht des Regimes unerwünscht waren: eine jüdische Herkunft oder eine

44 Liepach, Wahlverhalten.
45 Maier (Hg.), Freiburger Kreise; Heiber, Universität, Teil I, S. 188–196.
46 Grüttner/Kinas, Vertreibung, S. 147; Heiber, Universität, Teil II, Bd. 1, S. 537–540.
47 Vgl. Pfahl-Traughber, Verschwörungsideologie.

> „nichtarische" Partnerin, die aktive Tätigkeit in liberalen Parteien oder politisch unerwünschte Publikationen. Die Logenzugehörigkeit wirkte wie ein Minuspunkt in der Personalakte, der nur dann zur Entlassung führte, wenn weitere Minuspunkte hinzukamen. Dementsprechend konnten andere ehemalige Freimaurer ihre Hochschullaufbahn fortsetzen.[48]

Die große Mehrzahl der entlassenen Lehrkräfte wurde also Opfer der antisemitischen Politik des Regimes. Mehr als 70 % waren Juden oder jüdischer Herkunft. Vor diesem Hintergrund ist die Statistik über die Entlassungszahlen der einzelnen Universitäten (Tabelle 1) höchst aufschlussreich. Diese Zahlen reflektieren nicht, wie man vermuten könnte, die unterschiedliche Härte des NS-Regimes im Umgang mit realen oder vermeintlichen Gegnern. Denn gerade im Falle der jüdischen oder „nichtarischen" Hochschullehrer hatten die Kultusministerien keinen wirklichen Handlungsspielraum. Juden wurden in jedem Fall entlassen – unabhängig davon, ob sie hochdekorierte Frontkämpfer des Ersten Weltkriegs oder Kommunisten waren. Wissenschaftler jüdischer Herkunft blieben nur in wenigen Ausnahmefällen verschont. In erster Linie zeigen die höchst unterschiedlichen Entlassungszahlen der einzelnen Universitäten daher an, wie groß der Anteil jüdischer und „nichtarischer" Wissenschaftler im Lehrkörper der verschiedenen Universitäten vor 1933 war.

Die bemerkenswerten Unterschiede, die dabei zwischen Universitäten wie Frankfurt oder Berlin einerseits und Erlangen oder Tübingen andererseits deutlich werden (Tabelle 1), lassen sich durch zwei Faktoren erklären:

Zum einen spiegeln sie die Stärke der Jüdischen Gemeinden in den einzelnen Universitätsstädten. Je größer die jüdische Gemeinde desto größer war auch die Zahl der jüdischen Studierenden, und mit ihr wuchs in der Regel auch die Bereitschaft der Universitäten, jüdische Wissenschaftler zu habilitieren und zu berufen. Es ist daher kein Zufall, dass die drei von den Entlassungen am stärksten betroffenen Universitäten in den Städten lagen, die 1932/33 die drei größten Jüdischen Gemeinden Deutschlands beherbergten (Frankfurt, Berlin, Breslau).[49]

Zum anderen verweist die Entlassungsstatistik auf den Einfluss des Antisemitismus an den verschiedenen Hochschulen. Nicht zufällig war die Universität Tübingen von den Entlassungen weitgehend verschont geblieben. Offensichtlich bestand hier unter den Professoren schon vor 1933 ein stillschweigendes Einverständnis, Juden weder zu habilitieren noch zu berufen. So musste der langjährige Assistenzarzt der Tübinger Universitätsnervenklinik, Alfred Storch, Tübingen 1927

---

48 Vgl. Forsbach, Universität Bonn, S. 361 f.; Melzer, Konflikt, S. 206 f.
49 Vgl. Statistik des Deutschen Reiches, Bd. 451, Heft 5, Berlin 1936, S. 10.

verlassen und nach Gießen gehen, weil es ihm als Juden unmöglich war, sich in Tübingen zu habilitieren. In Gießen gelang die Habilitation dagegen ein Jahr später problemlos.[50] Im Februar 1933 fasste der Kanzler der Universität Tübingen August Hegler die vorherrschende Stimmung in dem Satz zusammen, man habe „hier die Judenfrage gelöst“, indem „man nie davon gesprochen“ habe.[51]

Das politische Profil der entlassenen Lehrkräfte

Im Zuge der Durchführung des Berufsbeamtengesetzes mussten die entlassenen Lehrkräfte Auskunft über ihre Mitgliedschaft in politischen Parteien geben. Die Auswertung solcher und anderer Quellen bietet die Chance, ein politisches Profil der Entlassenen zu erstellen. Tabelle 3 erfasst sämtliche Parteimitgliedschaften während der Weimarer Republik, soweit sie aus den Akten erschlossen werden können, darunter auch kurzfristige Mitgliedschaften, die schon vor 1932 wieder beendet worden waren. Bei Personen, die zwischen 1919 und 1932 mehreren Parteien angehörten, wird nur die letzte Mitgliedschaft berücksichtigt.

Tab. 3: Mitglieder politischer Parteien unter den entlassenen Lehrkräften (1919–1932)

KPD	4
SPD	83
DDP/DStP	110
DVP	43
Zentrum	19
DNVP	39
NSDAP	6
Andere	8
Zusammen	**312**

Obwohl die Universitäten sich in der Weimarer Republik durchgängig als unpolitische Institutionen definierten, war ein erstaunlich großer Teil des Lehrkörpers (20–30 %) parteipolitisch organisiert.[52] Das traf auch auf die entlassenen Lehrkräfte zu, von denen 312 (26 %) in den Jahren 1919–1932 einer politischen Partei ange-

50 Grimm, Alfred Storch, S. 9 f.

51 Zit. in: Adam, Hochschule, S. 30.

52 Grüttner u. a., Berliner Universität, S. 145–149.

hörten (Tabelle 3). Während die Mehrzahl der deutschen Hochschullehrer aber Parteien wie die *Deutschnationale Volkspartei* (DNVP)[53] oder die *Deutsche Volkspartei* (DVP)[54] unterstützte, die der Weimarer Demokratie ablehnend oder distanziert gegenüberstanden, ergibt sich beim Blick auf die entlassenen Lehrkräfte ein anderes Bild. Letztere gehörten überwiegend Parteien an, die die Weimarer Republik unterstützten (Tabelle 3). Das waren in erster Linie die liberale *Deutsche Demokratische Partei* (DDP) und deren Nachfolgeorganisation, die *Deutsche Staatspartei* (DStP), sowie die *Sozialdemokratische Partei Deutschlands* (SPD).[55] Die nationalliberale DVP, die nationalkonservative DNVP und das katholische *Zentrum* verfügten unter den Entlassenen über deutlich weniger Rückhalt. Zahlenmäßig unbedeutend blieben die Mitglieder der Kommunistischen Partei (KPD) und, wenig überraschend, auch die Anhänger der Nationalsozialisten (NSDAP).

Exodus der Frauen

Frauen hatten erst seit 1919 die Möglichkeit, sich in Deutschland zu habilitieren. Sie stellten daher auch am Ende der Weimarer Republik nur einen sehr kleinen Teil des Lehrkörpers. Unter den insgesamt 6.140 Wissenschaftlerinnen und Wissenschaftlern, die in der Endphase der Weimarer Republik an deutschen Universitäten lehrten, befanden sich 1932/33 nur 74 Frauen, 1,2 % des Lehrkörpers (Tabelle 4). An vier Universitäten (Erlangen, Königsberg, Münster, Tübingen) bestand der Lehrkörper sogar ausschließlich aus Männern.

Wie Tabelle 4 zeigt, waren die Dozentinnen von den Entlassungen viel stärker betroffen als ihre männlichen Kollegen: Von insgesamt 74 Wissenschaftlerinnen wurden 26 (35 %) entlassen. Wenn wir darüber hinaus drei Wissenschaftlerinnen berücksichtigen, die aus eigenem Entschluss die Universität verließen („freiwilliger Rücktritt mit politischem Hintergrund"), dann ergibt sich sogar eine Gesamtzahl von 29 vertriebenen Dozentinnen[56], mithin eine Verlustquote von 39,2 %.

---

53 Zur DNVP vgl. Jones, The German Right; Ohnezeit, „Opposition".

54 Zur DVP vgl. Richter, Deutsche Volkspartei; Jones, German Liberalism.

55 Zur DDP vgl. Jones, German Liberalism. Zur SPD: Winkler, Arbeiter.

56 Vgl. die Namensliste in Teil 6 (S. 440).

Tab. 4: Die Entlassung von Dozentinnen an den deutschen Universitäten, 1933–1945

Universität	Lehrkörper im Winter 1932/33	Darunter Dozentinnen		Davon wurden entlassen
		abs.	In %	
Berlin	797	14	1,8	8
Bonn	309	1	0,3	0
Breslau	330	5	1,5	2
Erlangen	121	0	0,0	0
Frankfurt	351	3	0,9	1
Freiburg	232	1	0,4	1
Gießen	195	4	2,1	1
Göttingen	253	2	0,8	1
Greifswald	164	1	0,6	0
Halle	245	1	0,4	1
Hamburg	309	13	4,2	3
Heidelberg	256	5	2,0	2
Jena	210	5	2,4	3
Kiel	222	1	0,5	1
Köln	250	2	0,8	1
Königsberg	212	0	0,0	0
Leipzig	398	5	1,3	0
Marburg	186	2	1,1	0
München	405	5	1,2	1
Münster	218	0	0	0
Rostock	125	2	1,6	0
Tübingen	200	0	0	0
Würzburg	152	2	1,3	0
Zusammen	**6.140**	**74**	**1,2**	**26**

Auf der Suche nach den Gründen, warum Frauen unter den Entlassenen überproportional vertreten waren, liegt es nahe, dafür die Ressentiments der Nationalsozialisten gegen Frauen im Lehrkörper der Universitäten verantwortlich zu machen. Gerade in den ersten Jahren der NS-Diktatur machte sich diese Abneigung sehr deutlich bemerkbar. Bis 1938 war der Zugang zur Dozentur, und damit letzlich die Hochschullehrerlaufbahn, für habilitierte Wissenschaftlerinnen grundsätzlich verschlossen. Erst seit 1938/39, vollzog sich unter dem Eindruck einer wachsenden Nachwuchsknappheit in dieser Frage ein Kurswechsel. Diese restriktive Einstellung kann die große Zahl der entlassenen Wissenschaftlerinnen jedoch nicht erklären. Ausschlaggebend war vielmehr der überproportional hohe Anteil von Jüdinnen oder Frauen jüdischer Herkunft in dieser ersten Generation von Hochschullehrerinnen. Unter den 26 entlassenen Frauen befanden sich 21 Jüdinnen oder „Nichtarierinnen“ (80,8 %).

Reaktionen

Außerhalb Deutschlands sorgten die Massenentlassungen in der akademischen Welt vielfach für Entsetzen. Bereits im Mai 1933 unterzeichneten führende britische Wissenschaftler aus Oxford, Cambridge und London, eine Protestnote, in der sie ihre „tiefe Besorgnis“ über die Auswirkungen der nazistischen Säuberungspolitik auf die deutschen Universitäten zum Ausdruck brachten: „This policy is already alienating the sympathy of many friends of Germany in England and academic opinion is profoundly moved. We fear that persistence in such discrimination against large classes of citizens could not fail to impair the esteem in which the universities of Germany have hitherto been held in the world.“ Zu den Unterzeichnern dieser Erklärung, die der deutschen Botschaft in London zur Weitergabe an die Reichskanzlei übergeben wurde, gehörten die Nobelpreisträger Ernest Rutherford, Archibald V. Hill, Owen Willans Richardson und Joseph John Thomson, der Direktor der London School of Economics, William Beveridge, der Wirtschaftswissenschaftler John Maynard Keynes, der Physiologe John Scott Haldane, der Historiker George Macaulay Trevelyan und der klassische Philologe Gilbert Murray.[57]

An den amerikanischen Universitäten herrschte eine ähnliche Stimmung. Im Juni 1933 berichtete ein Vertreter der Deutschen Botschaft in Washington über Proteste der *American Association of University Professors* (AAUP) gegen die „intolerante Behandlung“ von Professoren an den deutschen Universitäten. Der Bericht hob hervor, „daß auch in Kreisen und besonders bei gebildeten Einzelpersönlichkeiten die [der] Juden-Gesetzgebung [ein] gewisses Verständnis entgegenbringen, [das] Herausgehen namhafter oder zahlreicher Gelehrter aus Deutschland als für Deutschland besonders ungünstiger Faktor betrachtet wird … Mehrfach bin ich aus verschiedenen Kreisen besonders etwa in dem Sinne angesprochen worden, Göttingen sei die berühmteste mathematisch-physikalische Lehrstätte der Welt ge-

57 Text der Erklärung und Namen der Unterzeichner in: GStA PK I Rep. 76 Va Sekt.1 tit. IV Nr. 1 XIII Bl. 454–456: Auswärtiges Amt an die Reichskanzlei, 18.5.1933 (Abschr.).

wesen, man könne nicht begreifen, daß Deutschland einen solchen Kulturfaktor auflösen oder sich auflösen lasse."[58]

Auch in Deutschland waren die kritischen Stimmen im Frühjahr 1933 noch nicht vollständig verstummt. Als am 14. April 1933, eine Woche nach Inkrafttreten des Berufsbeamtengesetzes, die ersten Beurlaubungen von Hochschullehrern angekündigt wurden, sprach die „Vossische Zeitung" unverblümt von einem „schweren Verlust, wenn die Lehrtätigkeit an den deutschen Hochschulen in dieser Weise eingeschränkt wird"[59], während das „Berliner Tageblatt" eine „Verarmung unseres wissenschaftlichen Lebens" prognostizierte.[60] Ähnlich reagierte einige Tage später die „Göttinger Zeitung", als der jüdische Physiker und Nobelpreisträger James Franck aus Protest gegen die antisemitische Politik der Regierung öffentlich seinen Amtsverzicht ankündigte. Als ehemaliger Kriegsfreiwilliger von 1914 war Franck 1933 nicht vom Berufsbeamtengesetz betroffen. Seine Entscheidung kommentierte die Zeitung mit folgenden Worten: „Wir wollen hoffen und wünschen, daß dieser Schritt, durch den Franck sein Lebenswerk und seinen Lebensinhalt selbst zerschlägt, die eine Wirkung hat, daß andere Forscher, die nach den gesetzlichen Bestimmungen zum Rücktritt gezwungen werden, unserem wissenschaftlichen Leben erhalten bleiben. Es können sonst Verluste eintreten, die nicht oder nur nach langen Zeiträumen je gut zu machen sind."[61]

Wie aber reagierte die Mehrheit der nicht betroffenen Hochschullehrer auf das Schicksal ihrer von Entlassung bedrohten Kolleginnen und Kollegen? Das Gesetz zur Wiederherstellung des Berufsbeamtentums, das die Massenentlassungen einleitete, trat am 7. April 1933 in Kraft. Nur fünf Tage später fand in Wiesbaden eine Rektorenkonferenz statt. Rückblickend betrachtet handelte es sich um die letzte Rektorenkonferenz vor der Gleichschaltung der Universitäten. Von Ausnahmen abgesehen waren die meisten der anwesenden Rektoren noch in der Endphase der Weimarer Republik in freien Wahlen zu Amt und Würden gekommen. Auf dieser Rektorenkonferenz schlug der Hamburger Rektor, der Jurist Leo Raape, vor, über einen grundsätzlichen Protest gegen die Entlassung der jüdischen Kollegen nachzudenken. Die Mehrheit der versammelten Magnifizenzen lehnte diesen Vorschlag jedoch als „gefährlich und aussichtslos" ab. Einige der Anwesenden teilten ganz offensichtlich die nationalsozialistische Kritik an der angeblichen „Verjudung" der Universitäten. Unter ihnen war der Rektor der Berliner Universität,

58 GStA PK I Rep. 76 Va Sekt.1 tit. IV Nr. 1 XIII Bl. 545: Auswärtiges Amt an Preußisches Kultusministerium, 14.6.1933. Zur „Säuberung" der mathematisch-naturwissenschaftlichen Institute in Göttingen vgl. Becker u. a. (Hg.), Universität Göttingen; Szabó, Vertreibung.

59 16 Professoren beurlaubt, in: Vossische Zeitung Nr. 177/178, 14.4.1933.

60 Professoren-Beurlaubung, in: Berliner Tageblatt Nr. 174, 14.4.1933.

61 Freiwilliger Amtsverzicht Prof. James Francks, in: Göttinger Zeitung, 18.4.1933, abgedruckt in: Exodus Professorum, S. 17 f.

Eduard Kohlrausch, der Raapes Vorschlag mit folgenden Worten zurückwies: „Wir haben eine schwere Schuld auf uns geladen, wir haben viele Riegel nicht vorgeschoben, die man hätte vorschieben können. Die Verjudung ist gekommen, weil man sich nicht entgegengestellt hat."[62] Der Freiburger Rektor, der katholische Theologe Joseph Sauer, kommentierte das Ergebnis der Diskussion in seinem Tagebuch: „Die Judensperre hat leider zu keiner grundsätzlichen Haltung geklärt. Es wurde viel von der Würde der Hochschulen gesprochen, aber in keiner Weise diese auch zum Ausdruck gebracht ... Das Gefühl der Ohnmacht lastet schwer auf unserer Tagung; würdevolle Haltung wäre allein der Schritt der sieben Göttinger gewesen. Eine große Entscheidungsstunde hat uns erbärmlich klein gesehen."[63]

Diese Diskussion war symptomatisch für die Reaktion der deutschen Hochschullehrer auf die destruktive Politik des NS-Regimes. Ein ähnliches Bild zeigte sich auch auf Fakultätsebene. Von den mehr als 100 Fakultäten, aus denen das deutsche Universitätssystem zum damaligen Zeitpunkt bestand, haben sich, soweit bekannt, nur zwei grundsätzlich gegen die Entlassungspolitik ausgesprochen: die Medizinische Fakultät Heidelberg und die Philosophische Fakultät Hamburg.

Am stärksten war die Bereitschaft zur Gegenrede an der Universität Heidelberg, die damals zurecht im Ruf stand, eine relativ liberale Universität zu sein.[64] Die Medizinische Fakultät Heidelberg äußerte sich in einer Denkschrift, die im April 1933 dem Badischen Kultusministerium übergeben wurde. Die Denkschrift ging zunächst auf das antisemitische Standardargument ein, die Juden seien ein Element der „Zersetzung" und nahm dann deutlich gegen die Säuberungspolitik der Regierung Stellung: „Wir sehen die großen Gefahren, die durch das Überhandnehmen nur zersetzender Geistesrichtungen entstanden sind, aber wir können nicht übersehen, daß das deutsche Judentum teilhat an großen Leistungen der Wissenschaft, und daß aus ihm große ärztliche Persönlichkeiten hervorgegangen sind. Gerade als Ärzte fühlen wir uns verpflichtet, innerhalb aller Erfordernisse von Volk und Staat den Standpunkt wahrer Menschlichkeit zu vertreten und unsere Bedenken geltend zu machen, wo die Gefahr droht, daß verantwortungsbewusste Besinnung durch rein gefühlsmäßige oder triebhafte Gewalten verdrängt werde und dadurch die große deutsche Aufgabe Schaden leide."[65] Mit dieser Denkschrift, die folgenlos blieb, erklärte sich auch die Mathematisch-Naturwissen-

62 Zitate aus: Heiber, Universität, Teil II, Bd. 1, S. 297.

63 Eintrag vom 12.4.1933, zit. in: Seidler/Leven, Medizinische Fakultät, S. 447. Der Hinweis auf die „sieben Göttinger" bezieht sich auf sieben Göttinger Professoren, die 1837 öffentlich gegen den Bruch der Landesverfassung durch den König von Hannover protestierten und deswegen aus ihren Ämtern entlassen wurden.

64 Jansen, Professoren und Politik.

65 GLA Karlsruhe 235/5007 Bl. 20–24: Medizinische Fakultät Heidelberg an den badischen Kultusminister, 5.4.1933.

schaftliche Fakultät in Heidelberg einverstanden. Im Heidelberger Universitätssenat wurde ebenfalls über eine Protesterklärung debattiert, die im Entwurf bereits vorlag. Die Initiative scheiterte jedoch, nachdem Rektor Willy Andreas erklärt hatte, pauschale Proteste würde nur „das Gegenteil ihres Zweckes erreichen".[66]

Ebenfalls im April 1933 verabschiedete die Hamburger Philosophische Fakultät auf Initiative des deutschnationalen Historikers Justus Hashagen bei zwei Gegenstimmen eine Resolution, in der es hieß: „Die Fakultät bedauert die Eingriffe in den Lehrkörper. Der Dekan wird gebeten, dies den betroffenen Herren in einem ausführlichen Schreiben mitzuteilen." Allerdings wurde gleichzeitig vereinbart, über diese Entscheidung Stillschweigen zu bewahren.[67] In erster Linie diente der Beschluss daher wohl der eigenen moralischen Entlastung.

Kurz, grundsätzliche Kritik an der Vertreibungspolitik war selten und gelangte in der Regel überhaupt nicht an die Öffentlichkeit. Für die Opfer dieser Politik war das eine desillusionierende Erfahrung. Voller Bitterkeit schrieb der jüdische Romanist Leo Spitzer im April 1933: „Keine Stimme erhebt sich unter den ‚Andern' ... Ich habe neulich die Matthäuspassion gehört, sie ist sehr aktuell, wenn sie die Einsamkeit des Verfolgten schildert. Ich will damit nicht sagen, dass es nicht hier wie anderswo gute Herzen und mitfühlende Gemüter gibt, aber es herrscht eine fundamentale Verständnislosigkeit und Miteinanderlosigkeit zwischen den Gesicherten und Ungesicherten, denen, die etwas nur wissen und denen, die es im Blute haben."[68]

Für diesen Mangel an Unterstützung gab es mehrere Gründe:

Viele jüngere Wissenschaftler beobachteten die 1933 einsetzende „Säuberung" der Hochschulen offensichtlich mit großen Erwartungen. Der Dekan der Philosophischen Fakultät Berlin, der Historiker Fritz Hartung, klagte bereits im Frühjahr und Sommer 1933 über die „Aasgeier", die „es nicht abwarten können, bis das Ministerium die jüdischen Kollegen entfernt, und die sich rechtzeitig für Lehraufträge und Professuren vormerken lassen".[69] Unter solchen Umständen hielt der Physiker Max Planck, der sich für eine ganze Reihe bedrohter Kollegen einsetzte, einen öffentlichen Protest für sinnlos. Als sein Kollege Otto Hahn ihm vorschlug, eine möglichst große Zahl prominenter Professoren zusammenzubringen, um gegen die Behandlung der jüdischen Kollegen zu protestieren, antwortete Planck: „Wenn heute 30 Professoren aufstehen und sich gegen das Vorgehen der Regierung einsetzen, dann kommen morgen 150 Personen, die sich mit Hitler solidarisch erklären, weil sie die Stellen haben wollen". [70]

---

66 Wolgast, Universität Heidelberg, S. 170 f.

67 StA Hamburg Fakultäten / Fachbereiche der Universität Protokollbuch der Philosophischen Fakultät 1.10.1932 – 30.9.1933: Protokoll der Fakultätssitzung vom 29.4.1933.

68 L. Spitzer an Karl Löwith, April 1933, zit. in: Löwith, Mein Leben, S. 78.

69 F. Hartung an Gustav Aubin, 14.5.1933, in: Hartung, Korrespondenz, S. 237 f.

70 Zit. in: Hahn, Mein Leben, S. 145.

Dieses Motiv galt natürlich weniger oder gar nicht für die bereits etablierten Hochschullehrer. Aber auch von den Ordinarien kam nur selten grundsätzliche Kritik am Berufsbeamtengesetz und ähnlichen Maßnahmen. Aus der Minderheit der liberalen oder linksgerichteten Hochschullehrer äußerten nur Einzelne wie der Berliner Psychologe Wolfgang Köhler in vorsichtiger Form öffentliche Bedenken.[71] Die meisten liberalen oder linken Hochschullehrer hielten sich schon deshalb zurück, weil viele von ihnen selbst potentielle Opfer der nationalsozialistischen Diktatur waren. Bei der Mehrheit der nationalkonservativen Ordinarien dominierte hingegen eine eigenartige Ambivalenz, die auf der einen Seite die Maßnahmen des Regimes für nachvollziehbar oder sogar für notwendig hielt, auf der anderen Seite aber die Auswirkungen dieser Politik im Individualfall lebhaft bedauerte.

So schrieb der Berliner Theologe Hans Lietzmann, ein Mitglied der nationalkonservativen DNVP, im Mai 1933 an einen Kollegen: „Der Auszug der Kinder Israel vollzieht sich auch hier wie überall. Als Ganzes wohl eine Notwendigkeit nach langen Jahren üblen Mißbrauchs: aber im einzelnen zuweilen mit schweren Verlusten menschlicher und wissenschaftlicher Art.“[72] Ähnlich zwiespältig äußerte sich Fritz Hartung. Als Dekan der Philosophischen Fakultät Berlin setzte er sich für verschiedene von Entlassung bedrohte Kollegen ein, in seiner privaten Korrespondenz aber zeigte er durchaus Verständnis für die Maßnahmen der Regierung: „Im allgemeinen verstehe ich den Kampf gegen die Juden durchaus, angesichts mancher zu 90 % verjudeter Universitätsinstitute; aber manches Einzelschicksal wird unerhört hart betroffen.“[73] Auch ein Liberaler wie der Berliner Pharmakologe Wolfgang Heubner, der den Nationalsozialismus nicht bejahte, vertrat 1936 den Standpunkt, „dass der öffentliche Einfluss der Juden in der Zeit des sozialistisch-demokratischen Regimes zu weit gegangen sei und viele gute Deutsche erbittert habe. Die unterschiedslose Verfolgung jetzt entspreche einem zu weit gehenden Pendelschlag nach der anderen Seite.“[74] Selbst ein international renommierter Wissenschaftler wie der Chirurg Ferdinand Sauerbruch, der 1933 vehement für einzelne bedrohte Kollegen eintrat, sprach damals von einer „Verjudung“[75] der deutschen Universitäten. Zu diesem Zeitpunkt stellten Jüdinnen und Juden 6,2 % des Lehrkörpers der deutschen Universitäten.[76]

71 Ash, Institut; Jaeger, Köhler; Orth, Vertreibung, S. 202–214.

72 H. Lietzmann an Karl Müller, 16.5.1933, in: Aland (Hg.), Glanz, S. 740.

73 F. Hartung an Siegfried A. Kaehler, 3.8.1933, in: Hartung, Korrespondenz, S. 240. Ähnlich: S. 236, 242.

74 Zit. in: Schagen, Freiheit, S. 222.

75 Zondek, Erinnerungen, S. 167 f.

76 Unter den insgesamt 6.140 Universitätslehrern im Wintersemester 1932/33 (Tabelle 1) befanden sich 379 Juden (Tabelle 2).

Insgesamt konnten die neuen Machthaber von 1933 davon ausgehen, dass ihre Politik der „Säuberung“ auch bei vielen nichtnationalsozialistischen Hochschullehrern zumindest auf ein gewisses Verständnis stieß. Das gleichzeitig anklingende Bedauern über den damit einhergehenden Verlust geschätzter Kollegen findet sich sogar bei manchen Nationalsozialisten, so beispielsweise bei dem Juristen Otto Koellreutter, einem der wenigen Hochschullehrer, die schon vor 1933 öffentlich für die NSDAP eingetreten waren. In einem Artikel, den Koellreutter im April 1933 dem „Völkischen Beobachter“ anbot, der Parteizeitung der NSDAP, polemisierte er zunächst gegen den „Einfluss des Judentums und eines oft noch gefährlicheren Halbjudentums“ sowie gegen eine „ungeheure jüdische Überfremdung“ wissenschaftlicher Kongresse. Danach plädierte er dann aber emphatisch gegen einen völligen Ausschluss jüdischer Wissenschaftler aus den deutschen Hochschulen: „Vor allem möchte ich mich ... offen dazu bekennen, dass gerade Juden von starken menschlichen Qualitäten als Hochschullehrer tätig gewesen sind und es auch heute noch sind. Die vornehme, im besten Sinne liberale Persönlichkeit meines verstorbenen Kollegen [Eduard] Rosenthal an der Jenaer Universität wird mir immer unvergessen bleiben. Und auch heute wirken Kollegen jüdischen Bluts an den Hochschulen, an deren wissenschaftlicher und persönlicher Qualität nicht zu rütteln ist.“[77]

Das Verhalten der meisten Fakultäten gegenüber den Entlassungen entsprach dieser Einstellung: eine passive Haltung im Grundsätzlichen, bei gleichzeitiger Bereitschaft, sich für einzelne bedrohte Personen einzusetzen – insbesondere dann, wenn es sich um herausragende Wissenschaftler und beliebte Kollegen handelte, deren Lage nicht aussichtslos erschien. So unterschrieben beispielsweise 28 Kollegen und ehemalige Schüler eine Petition zugunsten des jüdischen Mathematikers Richard Courant, unter ihnen Werner Heisenberg, Max von Laue, Max Planck, Ludwig Prandtl und Arnold Sommerfeld.[78] In München trat die Philosophische Fakultät energisch für den Philosophen Richard Hönigswald ein, während die Juristen den Völkerrechtler Karl Neumeyer unterstützten.[79] An der Universität Köln machte sich die Rechtswissenschaftliche Fakultät für den renommierten Völkerrechtler Hans Kelsen stark.[80] In Halle konnte insbesondere der Historiker Hans Herzfeld mit einer breiten Unterstützung innerhalb der Universität rechnen.[81]

77 GStA PK I. Rep. 76 Va Sekt. 1 Tit. I Nr. 39 II Bl. 397 f.: O. Koellreutter, Die deutschen Hochschulen im nationalen Rechtsstaat (MS).

78 Text in: Exodus Professorum, S. 22–24. Andere, die ebenfalls angefragt worden waren, verweigerten ihre Unterschrift. Vgl. Reid, Richard Courant, S. 177 ff.

79 Böhm, Selbstverwaltung, S. 125 ff.

80 Golczewski, Universitätslehrer, S. 117 f.

81 Eberle, Martin-Luther-Universität, S. 82 f.; Stengel (Hg.), Ausgeschlossen, S. 193–201.

Mancherorts stellten sich auch Studierende hinter bedrohte Lehrkräfte. In Gießen unterzeichneten 49 Personen eine Solidaritätsadresse für die „nichtarische" Archäologin Margarete Bieber, in der es hieß: „Es ist uns, ihren Schülern, in diesem Augenblick ein dringendes Bedürfnis, Sie vor aller Öffentlichkeit unserer unwandelbaren Treue und Verehrung zu versichern."[82] An der Universität Kiel erhielten der „nichtarische" Philosophieprofessor Richard Kroner und sein mit einer „Nichtarierin" verheirateter Kollege Julius Stenzel 1933 Unterstützung aus dem Kreis ihrer Schüler.[83] Ebenfalls in Kiel setzten sich die Mitglieder des Philologischen Seminars für den Klassischen Philologen Felix Jacoby ein und erklärten, „dass Herr Professor Jacoby stets das volle Vertrauen seiner Schüler genossen hat und noch genießt. Dieses Vertrauen beruht auf seiner mannhaften und nationalen Gesinnung".[84] In Münster solidarisierten sich die Studierenden der Medizinischen Fakultät mit dem jüdischen Pharmakologen Hermann Freund, als dieser 1933 von SA-Männern „beurlaubt" wurde.[85]

Nicht zu übersehen war auch die vielfach erkennbare Bereitschaft, entlassene Kollegen durch Empfehlungsschreiben bei der Suche nach einer neuen Position im Ausland zu unterstützen. So verdankte der „nichtarische" Astrophysiker Erwin Freundlich (bis 1933 am Einsteinturm in Potsdam) seine Berufung an die Deutsche Universität Prag im Jahre 1936 auch den positiven Gutachten deutscher Kollegen, darunter Carl Bosch, Walther Nernst, Max Planck, Max von Laue und Werner Heisenberg. Die Auslands-Organisation der NSDAP wertete diese Gutachten in einem aggressiven Beschwerdebrief nicht nur als „Instinktlosigkeit", sondern auch als „Dolchstoß gegen die völkische Studentenschaft" und „gegen das schwer kämpfende Auslandsdeutschtum."[86]

Man könnte diese Liste von Interventionen zugunsten Einzelner, die meist erfolglos blieben, noch erheblich erweitern. Doch das würde die Proportionen verzerren. Denn das Signum der Zeit war nicht die Solidarisierung, sondern ein auffallender Mangel an Solidarität mit den Opfern nationalsozialistischer Politik.

Emigration

Die meisten entlassenen Hochschullehrer versuchten, sich außerhalb Deutschlands eine neue Existenz aufzubauen. Wie Tabelle 5 deutlich macht, sind von 1.199

82 Zit. in: Buchholz, Margarete Bieber, S. 66.

83 Vgl. Göllnitz, Student, S. 143–147.

84 GStA PK I Rep. 76 Va Sekt. 9 Tit. IV Nr. 1 Bd. XXII Bl. 412 f.: Erklärung der Mitglieder des Philologischen Seminars der Universität Kiel, 24.4.1933.

85 Huhn/Kilian (Hg.), Briefwechsel, S. 36 f., 42, 155 ff.

86 BA Berlin R 4901/733 Bl. 209 f.: NSDAP Auslands-Organisation an S. Kunisch (REM), 13.7.1935.

entlassenen Wissenschaftlern 719 (60 %) nach 1933 emigriert. Unberücksichtigt bleiben dabei Auswanderer, die Deutschland erst nach dem Ende des Zweiten Weltkriegs verließen – auch das gab es vereinzelt.[87]

Tab. 5: Emigration und Remigration der entlassenen Lehrkräfte an den einzelnen Universitäten

Universität	Entlassene Lehrkräfte	Nicht Emigriert	Emigriert	Darunter Remigranten
Frankfurt	128	33	95	15
Berlin	279	81	198	20
Breslau	91	26	65	7
Heidelberg	64	29	35	6
Köln	57	25	32	6
Freiburg	51	20	31	5
Hamburg	63	22	41	6
Göttingen	52	19	33	6
Königsberg	35	23	12	2
Halle	40	20	20	3
Kiel	34	17	17	5
München	61	30	31	8
Gießen	27	17	10	0
Bonn	40	21	19	4
Münster	27	16	11	2
Greifswald	19	13	6	0
Leipzig	48	20	28	3
Marburg	19	8	11	2
Rostock	13	9	4	1
Jena	21	11	10	2
Würzburg	13	7	6	2
Erlangen	9	7	2	0
Tübingen	9	6	3	1
Zusammen[a]	**1.199**	**480**	**719**	**106**

[a] Unter Vermeidung von Doppelnennungen

87 Wolff, Hartmut Kallmann.

Wie Fallstudien zeigen, unterschieden sich die Emigranten von den Nicht-Emigranten hauptsächlich in zwei Punkten: Angesichts eines steigenden Verfolgungsdrucks entschieden sich vor allem Juden und „Nichtarier“ für die Auswanderung; die als „Arier“ klassifizierten Wissenschaftler blieben demgegenüber viel häufiger in Deutschland. Und: Es waren in erster Linie die Jüngeren, die emigrierten, während die älteren Hochschullehrer sich einen Neuanfang in der Fremde oft nicht mehr zutrauten.[88]

Mit Ausnahme einiger prominenter Wissenschaftler, die sich im Ausland bereits einen Namen gemacht hatten, standen die meisten Emigranten vor der schwierigen Aufgabe, nicht nur ein Aufnahmeland zu finden, sondern dort auch Fuß zu fassen und sich neue berufliche Chancen zu erschließen. Das war in der Zeit der Weltwirtschaftskrise keine einfache Aufgabe, weil die Neuankömmlinge vielfach als unerwünschte Konkurrenten auf dem Arbeitsmarkt wahrgenommen wurden.[89] Wesentlich erleichtert wurde der Neuanfang durch akademische Hilfsorganisationen, von denen vor allem drei eine größere Bedeutung erlangten: die britische *Society for the Protection of Science and Learning* (SPSL), das nordamerikanische *Emergency Committee in Aid of Displaced Foreign Scholars* und die in Zürich gegründete Notgemeinschaft deutscher Wissenschaftler im Ausland.

Die wichtigste dieser Einrichtungen war die SPSL, die im Mai 1933 von William Beveridge unter der Bezeichnung *Academic Assistance Council* gegründet worden war. Sie verfolgte das Ziel, die Aufnahmebereitschaft für geflüchtete deutsche Akademiker in Großbritannien zu fördern, mittellosen Emigranten durch Stipendien oder Unterhaltshilfen eine zeitlich befristete Unterstützung zu gewähren und ihnen langfristig beim Aufbau einer neuen beruflichen Existenz – in Großbritannien und anderswo – zu helfen. Zeitweise agierte die SPSL gegenüber der britischen Regierung auch als eine Art Lobbyorganisation für die emigrierten Wissenschaftler, so in der Anfangsphase des Zweiten Weltkrieges, als sie für die Freilassung zahlreicher deutscher Forscher eintrat, die von der Regierung als „feindliche Ausländer“ (*enemy aliens*) interniert worden waren.[90]

Obwohl die SPSL sich mit großem Engagement für die deutschen Flüchtlinge einsetzte, stellte sich bald heraus, dass der akademische Arbeitsmarkt in Großbritannien die wachsende Zahl der Flüchtlinge nicht absorbieren konnte. Weitaus bessere Chancen boten sich in den USA. Hier war im Mai 1933 von Stephen Duggan, dem Direktor des *Institute for International Education*, in New York das *Emergency Committee in Aid of Displaced Foreign Scholars* ins Leben gerufen worden, das in den USA eine ähnliche Rolle spielte wie die SPSL in Großbritannien: als Ver-

---

88 Kinas, Exodus, S. 364 ff., 376 f.

89 Leff, Prejudice.

90 Marks u. a. (Hg.), Defence; Hirschfeld, Defence.

mittler zwischen hilfsbedürftigen Forschern, Geldgebern und wissenschaftlichen Einrichtungen. Die zur Verfügung stehenden Fördergelder des *Emergency Committee* gingen in der Regel direkt an Universitäten oder Colleges, die sich bereit erklärt hatten, emigrierte Hochschullehrer eine Zeitlang in ihren Lehrkörper aufzunehmen. Bei beidseitiger Zufriedenheit konnte daraus eine langfristige Verpflichtung resultieren.[91]

Die Notgemeinschaft Deutscher Wissenschaftler im Ausland war die einzige dieser Hilfsorganisationen, die von betroffenen Wissenschaftlern, drei aus Deutschland geflüchteten Medizinern, gegründet worden war.[92] Ihre Bedeutung lag vor allem darin, dass sie frühzeitig erkannte, welche Chance Atatürks Projekt einer umfassenden Modernisierung des türkischen Hochschulwesens für vertriebene deutsche Hochschullehrer bot. Als Ergebnis ihrer Vermittlungstätigkeit konnten zahlreiche Lehrstühle an türkischen Hochschulen mit deutschen Emigranten besetzt werden.[93] Ende 1935 verlagerte die Notgemeinschaft ihren Sitz nach London, wo sie weitgehend mit der SPSL verschmolz.

Unter den Emigrantinnen und Emigranten findet sich eine große Bandbreite unterschiedlicher Lebensläufe. Die besten Chancen auf einen erfolgreichen Neustart in der Emigration hatten talentierte junge Wissenschaftler, die schon vor ihrer Auswanderung international vernetzt waren, relativ gut Englisch sprachen, und sich wissenschaftlich bereits einen Namen gemacht hatten. Einen fast bruchlosen Übergang in eine zweite glanzvolle Karriere schaffte zum Beispiel der Freiburger Physiologe Hans Adolf Krebs. Krebs hatte sich im Dezember 1932, wenige Wochen vor Hitlers Ernennung zum Reichskanzler, mit einer Arbeit habilitiert, die schon bald als bedeutende wissenschaftliche Leistung anerkannt und auch außerhalb Deutschlands öffentlich gewürdigt wurde. Die Nachricht, dass dieser vielversprechende junge Wissenschaftler von der Universität Freiburg die Kündigung erhalten hatte, weil er Jude war, setzte daher sofort lebhafte Bemühungen in Gang, ihm neue Arbeitsmöglichkeiten zu verschaffen. Bereits fünf Monate nach Hitlers Machtübernahme konnte Krebs nach Cambridge reisen, wo er ein Rockefeller-Stipendium erhielt. Zwei Jahre später ging er zunächst als *Lecturer*, später als Professor nach Sheffield. 1953 erhielt Krebs den Nobelpreis für Medizin, ein Jahr später wurde er auf eine Professur in Oxford berufen.[94]

Das entgegengesetzte Extrem verkörperte die Berliner Historikerin Hedwig Hintze, die als „Nichtarierin", Sozialdemokratin und Frau schon vor 1933 eine Au-

91 Duggan/Drury, Rescue.

92 Kreft, Philipp Schwartz.

93 Widmann, Exil. Die Namen der in die Türkei geflüchteten deutschen Universitätslehrer finden sich im 5. Teil dieses Bandes (S. 434 f.).

94 Vgl. die Personalakte in: GLA Karlsruhe 235/8893 und: Krebs, Deutschland.

ßenseiterin im deutschen Wissenschaftsbetrieb gewesen war. Hedwig Hintze war Spezialistin für französische Geschichte. Nachdem sie 1933 die Lehrbefugnis verloren hatte, lag es daher nahe, sich in Frankreich nach einer neuen Beschäftigung umzuschauen. Da es ihr nicht gelang, in Frankreich dauerhaft Fuß zu fassen, kehrte sie im März 1936 nach Berlin zurück. Angesichts der Radikalisierung des NS-Regimes emigrierte sie 1939 erneut, diesmal in die Niederlande, wo sie seit Mai 1940 unter deutscher Besatzung leben musste. Hintze versuchte nun, Europa zu verlassen. Sie erhielt einen Ruf an die *New School for Social Research* in New York, konnte diese Stelle aber nicht antreten, weil sie kein Einreisevisum für die USA bekam. Ihre letzten Lebensjahre waren durch Depressionen, Vereinsamung und wachsende Todesangst geprägt. Seit April 1942 musste sie den Judenstern tragen. Drei Monate später starb sie nach einem Schlaganfall im niederländischen Exil.[95]

Viele, die Deutschland während der NS-Diktatur verließen, mussten nach ihrer Emigration mehrfach das Land wechseln – weil es ihnen zunächst nicht gelang, einen ihren Erwartungen entsprechenden Arbeitsplatz zu finden, oder weil die Expansionspolitik des NS-Regimes sie dazu zwang, sich einen neuen Zufluchtsort zu suchen. Der Philosoph Ernst Cassirer beispielsweise ging 1933 zunächst nach England und lehrte als Gastprofessor in Oxford, zog 1935 nach Schweden, wo er einen Lehrstuhl in Göteborg erhielt, und übersiedelte schließlich 1941 in die USA, wo er zunächst an der *Yale University*, später an der *Columbia University* lehrte.[96] Dementsprechend wird Cassirer im 5. Teil dieses Buches, das die emigrierten Wissenschaftlerinnen und Wissenschaftler ihren Aufnahmeländern zuordnet, gleich dreimal aufgelistet (Großbritannien, Schweden, USA). Tabelle 6 berücksichtigt demgegenüber nur die Endstationen dieser akademischen Migrationsbewegungen (bis zum Ende des Zweiten Weltkriegs). Hier zählt Cassirer lediglich als einer von 323 Emigranten, die auf ihrer Flucht vor dem Nationalsozialismus schließlich in den USA blieben.

Obwohl die Emigrantinnen und Emigranten sich in viele unterschiedliche Teile der Welt zerstreuten, kamen mehr als 60 % von ihnen letztlich in nur zwei Ländern unter, den USA (44,9 %) und Großbritannien (16,3 %).[97] Diese beiden Länder boten den Vertriebenen sowohl Karrierechancen auf hohem wissenschaftlichem Niveau, als auch eine gewisse Sicherheit vor der aggressiven Expansionspolitik des NS-Regimes. Weitere bedeutsame Aufnahmeländer waren die Schweiz (7,6 %) und Palästina (5,3 %). Auffallend ist ferner die relativ große Bedeutung der Türkei als Aufnahmeland für 4,5 % der emigrierten Lehrkräfte (Tabelle 6). An der 1933

95 Ritter, Meinecke, S. 81–92; Kaudelka, Rezeption, S. 241–408; Walther, Hedwig Hintze.

96 Cassirer, Mein Leben.

97 Die Namen der in die USA und nach Großbritannien emigrierten Universitätslehrer finden sich im 5. Teil dieser Arbeit (S. 435 ff. und S. 426 ff.).

neugegründeten Universität Istanbul war zeitweise die Hälfte aller Lehrstühle mit vertriebenen deutschen Professoren besetzt.[98]

Tab. 6: Die endgültigen Aufnahmeländer der emigrierten Lehrkräfte (bis 1945)

Aufnahmeländer	abs.	in %
Ägypten	6	0,8
Argentinien	7	1,0
Australien	4	0,6
Bolivien	3	0,4
Brasilien	11	1,5
Chile	5	0,7
Frankreich	10	1,4
Großbritannien	117	16,3
Indien	4	0,6
Iran	3	0,4
Irland	4	0,6
Kanada	4	0,6
Niederlande	23	3,2
Österreich	3	0,4
Palästina	38	5,3
Portugal	3	0,4
Schweden	17	2,4
Schweiz	55	7,6
Sowjetunion	6	0,8
Tschechoslowakei	4	0,6
Türkei	32	4,5
Ungarn	3	0,4
USA	323	44,9
Venezuela	3	0,4
Andere Länder	31	4,3
Zusammen	**719**	**100,0**

98 Widmann, Exil; Orth, NS-Vertreibung, S. 133–186.

Weiterleben in Deutschland

Wer nicht den Weg der Emigration wählte, und das war zunächst die Mehrheit, musste eine zunehmende Vereinsamung in Kauf nehmen. Der damalige Marburger Philosophiedozent Karl Löwith, der die Anfänge der NS-Diktatur noch in Deutschland erlebte, bevor er 1934 als „Nichtarier" nach Italien emigrierte, hat diesen Prozess 1940 in einer autobiografischen Aufzeichnung beschrieben: „Der persönliche Umgang in Marburg bröckelte schon in dieser Zwischenzeit ab. Er war belastet durch die Unvermeidlichkeit schiefer und unwahrer Situationen, da es weder erträglich war, nur geduldet am Rand der Universität zu leben, noch sich wie ein Patient mit besonderer Sorgfalt ‚behandelt' zu sehen und selbst darauf Rücksicht nehmen zu müssen, ob man etwa bei einem Besuch seiner arischen Freunde mit einem der ‚Andern' zusammentraf und seine Freunde in Verlegenheit brachte."[99]

Andere Hochschullehrer, die sich in einer ähnlichen Situation befanden, durchlebten diesen Prozess wachsender Isolation noch drastischer. Der Gießener Germanist Karl Viëtor, dessen berufliche Existenz seit 1933 durch die „Mischehe" mit einer „Nichtarierin" gefährdet war, berichtete seinem Kollegen Julius Petersen im März 1934, er lebe mittlerweile „vollkommen zurückgezogen", seine Frau leide unter der Einsamkeit.[100] Und die als Jüdin entlassene Hamburger Germanistin Agathe Lasch schrieb im Oktober 1934, ihre Sekretärin Marie Luise Winter sei „viele Monate hindurch der einzige Mensch" gewesen, „der die Tätigkeit im Seminar überhaupt für mich möglich machte. Es wäre ihr leicht genug gewesen, in den Ton der anderen einzustimmen, sie hat es damals nicht getan."[101]

Solche Entwicklungen deuten nicht nur auf einen wachsenden Antisemitismus im Lehrkörper hin. Sie reflektieren auch die Tatsache, dass ein freundschaftlicher Verkehr mit Juden unter Hochschullehrern ebenso wie in der deutschen Gesellschaft insgesamt zunehmend als Risiko angesehen wurde. Der Vorwurf, weiterhin Umgang mit Juden zu pflegen, findet sich während der NS-Diktatur in zahlreichen Denunziationsschreiben ebenso wie in politischen Beurteilungen diverser Parteistellen; für die Betroffenen konnte er erhebliche Konsequenzen nach sich ziehen.[102]

Der Zoologe Curt Koßwig (Münster/Braunschweig), der auch nach der nationalsozialistischen Machtübernahme kollegiale und freundschaftliche Kontakte zu

99 Löwith, Mein Leben, S. 79.

100 Karl Viëtor an Julius Petersen, 6.3.1934, zit. in: Weber, Karl Viëtor, S. 218.

101 Universität Hamburg Archiv des Hamburger Wörterbuchs: A. Lasch an Hans Teske, 19.10.1934.

102 Beispiele aus dem Hochschulbereich bei Heiber, Universität, Bd. 1, S. 215–238. Allgemeiner: Gellately, Gestapo, S. 182–242.

Kollegen jüdischer Herkunft wie Alfred Heilbronn oder Leopold von Ubisch unterhielt, wurde deswegen 1937 im Braunschweiger Volksbildungsministerium einem regelrechten Verhör unterzogen: „Seit wann ist Ihnen die jüdische Abstammung des Herrn v. Ubisch bekannt?" – „Haben sie von dem Zeitpunkt an, wo Ihnen die jüdische Abstammung des Herrn von Ubisch bekanntgeworden war, Ihre Beziehungen zu ihm in der alten Weise weiter aufrecht erhalten?" – „Sie unterhalten den wissenschaftlichen Gedankenaustausch auch nach der Übersiedlung v. Ubischs nach Norwegen?" – „Wie lange haben ihre Beziehungen zu Professor Heilbronn angedauert?" – „Sehen Sie nicht vom Standpunkt eines nationalsozialistischen Beamten etwas Bedenkliches oder Unmögliches in dem nach 1933 fortgesetzten Verkehr mit einem Juden?" – „Die persönlichen Beziehungen zwischen Ihnen und Professor Heilbronn bestehen also bis zu diesem Augenblick?"[103] Sechs Wochen später erhielt Koßwig ein Schreiben des Volksbildungsministers und Ministerpräsidenten Dietrich Klagges, der seine Haltung ausdrücklich mißbilligte und ihm erklärte, „daß ich die Beurteilung Ihrer Persönlichkeit für die Zukunft davon abhängig machen muß, wie Sie diese Angelegenheit ordnen."[104] Fünf Monate danach emigrierte Koßwig in die Türkei.

Während die Mehrheit der entlassenen Hochschullehrer sich schließlich zur Emigration entschloss, blieb eine starke Minderheit im Land – 480 von insgesamt 1.199 Wissenschaftlern (Tabelle 5), das waren 40 % der Entlassenen. Ihr Leben verlief sehr unterschiedlich. Für jüdische Wissenschaftler und solche, die vom Regime als „Juden" definiert wurden, war dies nicht nur eine Zeit der Arbeitslosigkeit und der Vereinsamung, sondern auch der kontinuierlich fortschreitenden Entrechtung, die den Handlungsspielraum der Betroffenen immer weiter reduzierte und schließlich ihr Leben bedrohte. Die Tagebücher des Romanisten Victor Klemperer bieten die Möglichkeit, diese Entwicklung auf beklemmende Weise nachzuvollziehen. Klemperer, ein Hochschullehrer protestantischer Konfession, der den Nationalsozialisten als „Volljude" galt, war zunächst als Kriegsfreiwilliger des Ersten Weltkriegs durch die Ausnahmeregelungen des Berufsbeamtengesetzes geschützt und wurde deshalb erst 1935 entlassen. Der Romanist registrierte mit Bitterkeit, daß seine Kollegen den Kontakt mit ihm mieden. Nach einem Philologenkongress, der 1935 in seiner Heimatstadt Dresden stattfand, notierte er: „Nicht einer von all den romanistischen Kollegen hat mich aufgesucht; ich bin wie eine Pestleiche."[105] In den folgenden Jahren setzte Klemperer seine Forschungen zur französischen Literaturgeschichte privat fort. Doch Ende 1938 wurde ihm die weitere Benutzung der Hochschulbibliothek verboten, eine Maßnahme, die der Romanist als „absolu-

103 Vernehmungsprotokoll vom 1.3.1937, Abschr. in: BA Berlin R 4901/24001 Bl. 16–19.
104 Dietrich Klagges an C. Koßwig, 12.4.1937, abgedruckt in: Franck, Curt Koßwig, S. 51.
105 Klemperer, Zeugnis, Bd. 1, S. 223 (19.10.1935).

te Mattsetzung“ empfand.[106] 1940 musste er sein Haus aufgeben und fortan mit seiner Frau auf beengtem Raum in einem „Judenhaus“ leben. Schließlich folgte die Verpflichtung zur Zwangsarbeit. Während des Krieges war Klemperers Leben geprägt durch Zukunftsangst, durch Alpträume und durch ständigen Hunger, der schließlich dazu führte, dass die eigenen Leidensgenossen bestohlen wurden. Die seit September 1941 bestehende Pflicht, den Judenstern zu tragen, wurde für Klemperer zur Qual: „Jeder Schritt, die Vorstellung jeden Schrittes ist Verzweiflung“.[107] Allgegenwärtig war auch die Furcht vor dem Terror der Gestapo, die der Romanist 1942 in seinem Tagebuch eindrucksvoll beschrieben hat:

> Ich möchte einmal den Stundenplan des Alltags (ohne Außergewöhnliches wie einen Mord oder Selbstmord oder eine Haussuchung) festlegen. Im Aufwachen: Werden ‚sie‘ heute kommen? (Es gibt gefährliche und ungefährlichere Tage – Freitag z. B. ist sehr gefährlich, da vermuten ‚sie‘ schon Sonntagseinkäufe.) Beim Waschen, Brausen, Rasieren: Wohin mit der Seife, wenn ‚sie‘ jetzt kommen. Dann Frühstück: alles aus den Verstecken holen, in die Verstecke zurücktragen … Die Entbehrung der Zeitung, Dann das Klingeln der Briefträgerin. Ist es die Briefträgerin oder sind ‚sie‘ es? Und was bringt die Briefträgerin? Dann die Arbeitsstunden. Tagebuch ist lebensgefährlich; Buch aus der Leihbibliothek trägt Prügel ein, Manuskripte werden zerrissen. Irgendein Auto rollt alle paar Minuten vorbei. Sind ‚sie‘ es? Jedesmal ans Fenster … Dann der Einkauf. In jedem Auto, auf jedem Rad, in jedem Fußgänger vermutet man ‚sie‘ … Danach ist ein Besuch zu machen. Frage beim Hinweg: Werde ich dort in eine Haussuchung geraten? Frage beim Rückweg: Sind ‚sie‘ inzwischen bei uns gewesen, oder sind ‚sie‘ gerade da? Qual, wenn ein Auto in der Nähe hält. Sind ‚sie‘ das?[108]

Sein Überleben verdankte Klemperer hauptsächlich seiner Ehe mit einer „Arierin“, die zu ihm hielt, trotz aller Erniedrigungen, denen sie als „jüdisch Versippte“ ausgesetzt war.

Demgegenüber hatten entlassene Wissenschaftler, die von den Nationalsozialisten als „Arier“, „Mischlinge“ oder „jüdisch Versippte“ eingestuft wurden, in vielen Fällen durchaus die Möglichkeit, sich nach dem Verlust ihrer Universitätsstellung eine neue Existenz aufzubauen. Theologen konnten in der Regel problemlos als Pfarrer in den Dienst ihrer Kirche treten. Entlassene Geisteswissenschaftler, die als „Arier“ eingestuft wurden, hatten auch weiterhin die Möglichkeit, ihre Arbeiten in angesehenen Fachzeitschriften zu publizieren.[109] Mediziner, die aufgrund ihrer „nichtarischen“ Ehefrauen aus der Universität vertrieben worden waren, kamen in privaten oder kirchlichen Krankenhäusern unter, sofern sie es nicht vorzogen, ihren Beruf als niedergelassene Ärzte weiter auszuüben.[110]

---

106 Klemperer, Zeugnis, Bd. 1, S. 439 (3.12.1938).
107 Klemperer, Zeugnis, Bd. 1, S. 672 (22.9.1941).
108 Klemperer, Zeugnis, Bd. 2, S. 215 f. (20.8.1942).
109 Borowsky, Justus Hashagen, S. 181.
110 Kinas, Exodus, S. 387 f.

Für Naturwissenschaftler, die während des Krieges überall händeringend gesucht wurden, boten sich nach der Entlassung neue Chancen in der Industrie. So arbeitete der Aerodynamiker Kurt Hohenemser, der 1933 als „Halbjude" die Universität Göttingen verlassen musste, von 1935 bis 1945 als beratender Ingenieur für die Flettner Flugzeugbau GmbH in Berlin. Hohenemser blieb in dieser Zeit weitgehend unbehelligt, während viele seiner Familienangehörigen Opfer des nationalsozialistischen Terrors wurden.[111] Der Würzburger Chemiker Siegfried Skraub, den die Reichsstelle für Sippenforschung als „Mischling 1. Grades" klassifiziert hatte, war nach seiner Entlassung für verschiedene Firmen der Chemieindustrie tätig, wo er zeitweise sogar Leitungsfunktionen übernahm.[112] Der Tübinger Mathematiker Erich Kamke, der 1937 wegen seiner „nichtarischen" Ehefrau entlassen wurde, setzte seine Forschungen in den folgenden Jahren außerhalb der Universität mit Unterstützung des Reichsluftfahrtministeriums und des Reichsforschungsrats fort. Als die Gestapo ihn 1944 in ein Arbeitslager einweisen wollte, verhinderte Kamke diese Maßnahme mit Unterstützung einflussreicher Kollegen durch den Hinweis auf seine „kriegswichtigen" Forschungen.[113]

Opfer der Vernichtungspolitik und Suizide

41 Männer und Frauen (3,4 % der Entlassenen) wurden Opfer nationalsozialistischer Vernichtungspolitik, starben in Lagern, wurden als Gegner des Regimes hingerichtet oder fielen auf andere Weise nationalsozialistischer Gewalt zum Opfer.[114] Die meisten von ihnen waren Juden oder „Nichtarier". Unter ihnen befanden sich die Germanistikprofessorin Agathe Lasch, die 1942 zusammen mit ihren Schwestern nach Riga deportiert und dort ermordet wurde, der Theaterwissenschaftler Max Herrmann und der Dermatologe Karl Herxheimer, die beide 1942 im Ghetto Theresienstadt starben, sowie der Pharmakologe Hermann Freund, der 1944 in Auschwitz vergast wurde. Andere Hochschullehrer wie Dietrich Bonhoeffer, Johannes Popitz oder Kurt Huber sind wegen ihrer Beteiligung am Widerstand hingerichtet worden.[115]

Neben diesen unmittelbaren Opfern nationalsozialistischer Gewalt gab es noch eine größere Gruppe von indirekten Opfern, nämlich jene Wissenschaftler, die aus eigenem Entschluss ihr Leben beendeten. Die im Rahmen dieser Arbeit er-

---

111 Rammer, Aerodynamiker.

112 Orth, NS-Vertreibung, S. 277–280.

113 Mohr, Erich Kamke, S. 870–874.

114 Vgl. die Namen der Opfer nationalsozialistischer Vernichtungspolitik in diesem Band, Teil 8 (S. 443).

115 Vgl. die Biogramme der genannten Personen in Teil 2.

stellte Liste der Suizide umfasst 46 Namen[116], das sind 3,8 % der Entlassenen. Allerdings muss in diesem Zusammenhang immer mit einer gewissen Dunkelziffer gerechnet werden.

Ein Teil dieser Suizide erfolgte kurz nach der Entlassung oder angesichts der bevorstehenden Entlassung. In anderen Fällen war die Selbsttötung Ausdruck der Hoffnungslosigkeit angesichts zunehmender Diskriminierung und Vereinsamung. Eine größere Gruppe von Wissenschaftlern setzte ihrem Leben angesichts der zu erwartenden Deportation ein Ende. Nicht immer lässt sich allerdings mit Sicherheit sagen, ob Diskriminierung und Verfolgung das Hauptmotiv für den Entschluss bildeten, sich das Leben zu nehmen. Einige Suizide erfolgten erst Jahre nach der Entlassung, gegen Ende des Krieges oder in der Emigration. Der Freiburger Pathologe Rudolf Schönheimer beispielsweise, der 1933 in die USA emigrierte und an der *Columbia University* eine zweite erfolgreiche Karriere startete, nahm sich 1941 das Leben, acht Jahre nachdem er Deutschland verlassen hatte. Ausschlaggebend für den Suizid war in seinem Fall wohl nicht die in Deutschland erfahrene Diskriminierung, sondern die Tatsache, dass er an einer bipolaren Störung litt.[117]

Die Privatbibliotheken deportierter oder durch Suizid aus dem Leben geschiedener Personen gingen nicht selten in den Besitz der Universitätsbibliotheken über. So wurde Agathe Laschs Bibliothek 1942 vom Sicherheitsdienst der SS beschlagnahmt und dem Germanischen Seminar der Berliner Universität übergeben.[118] Die Universitätsbibliothek Heidelberg erhielt 1942/43 Teile der Privatbibliothek des 1933 gestorbenen Mineralogen Victor Goldschmidt, nachdem dessen Ehefrau Leontine Goldschmidt angesichts der bevorstehenden Deportation Suizid begangen hatte.[119]

Remigration

Wie viele der Emigranten kehrten nach dem Ende des Zweiten Weltkriegs nach Deutschland bzw. in einen der beiden deutschen Teilstaaten zurück? Das „Handbuch der deutschsprachigen Emigration 1933–1945" schätzt, dass im Bereich der Wissenschaftsemigration „nur knapp 10 %" der Auswanderer nach 1945 zurückgekehrt sind.[120] Diese Zahl ist aber – zumindest für die Universitäten – zu niedrig angesetzt. Wie Tabelle 5 zeigt, sind von 719 Emigranten 106 (14,7 %) nach 1945 wie-

116 Vgl. die Namensliste in diesem Band, Teil 9 (S. 444).
117 Biermanns/Groß, Pathologen, S. 245 f.
118 Vgl. BA Berlin R 4901/14571 Bl. 49: Hans Kuhn an den Reichserziehungsminister, 18.2.1943.
119 Vgl. Schlechter, Universitätsbibliothek, S. 107.
120 Krohn u. a. (Hg.), Handbuch, Sp. 683.

der nach Deutschland zurückgekehrt – viele davon relativ spät, in den 1950er oder in den 1960er Jahren, oft erst nach dem Eintritt in den Ruhestand. In ihrer großen Mehrheit ließen sie sich nach der Rückkehr in den Westzonen und später in der Bundesrepublik nieder. Nicht einmal ein halbes Dutzend der Remigranten ging in die Ostzone bzw. die DDR.[121]

Auffallend ist insbesondere die große Zahl der Remigranten aus der Türkei. Die Türkei war nicht daran interessiert, die emigrierten Professoren langfristig zu gewinnen, sondern hatte ihnen lediglich Zeitverträge über zwei bis fünf Jahre angeboten, die bei Bewährung verlängert werden konnten. Zudem war die Ausstattung der türkischen Universitätsinstitute aus Sicht der emigrierten Professoren durchweg unzureichend. Ein Großteil der in die Türkei emigrierten Wissenschaftler verließ das Land daher vor oder nach 1945 wieder.[122]

Konsequenzen für Nazi-Deutschland[123]

Die wichtigsten Konsequenzen der Massenentlassungen für Nazi-Deutschland können in drei Punkten zusammengefasst werden: 1. der Verlust an wissenschaftlicher Substanz, 2. die Umwälzung des akademischen Arbeitsmarktes und 3. die Stärkung des wissenschaftlichen Potentials von Deutschlands zukünftigen Kriegsgegnern.

1. Die hier errechneten Zahlen über die Dimensionen der nationalsozialistischen Säuberungspolitik für die Universitäten rechtfertigen es nicht, von einer „geistigen Enthauptung Deutschlands“ zu sprechen, wie in älteren Veröffentlichungen zu lesen ist.[124] Doch war der durch die Entlassungen verursachte Verlust an wissenschaftlicher Substanz größer als die schiere Zahl der entlassenen Wissenschaftler vermuten lässt. Wie die Arbeiten von Ute Deichmann und Klaus Fischer[125] zeigen, waren wissenschaftliche Spitzenkräfte unter den emigrierten Wissenschaftlern weit überproportional vertreten. Dafür spricht auch die große Zahl der Nobelpreisträger, die von der nationalsozialistischen Säuberungspolitik betroffen waren. Unter den 1.257 vertriebenen Lehrkräften der 23 deutschen Universitäten befanden sich elf Wissenschaftler, die vor oder nach der Emigration den Nobelpreis erhielten. Betrachten wir die gesamte Wissenschaftslandschaft im

121 Vgl. die Liste der Remigrantinnen und Remigranten in diesem Band, Teil 7 (S. 441 f.).

122 Widmann, Exil, S. 74, 168–174; Orth, NS-Vertreibung, S. 141, 154 f.

123 Zum Folgenden vgl. Grüttner/Kinas, Vertreibung, S. 149 ff.

124 Pross, Enthauptung.

125 Deichmann, Biologen, S. 46 ff.; Deichmann, Flüchten, S. 138–159; Fischer, Emigration, S. 541 ff.

deutschsprachigen Raum ergibt sich sogar eine Zahl von insgesamt 24 Nobelpreisträgern, die vor dem NS-Regime aus Deutschland und Österreich geflohen sind.[126]

2. Für viele Zeitgenossen standen beim Blick auf die Entlassungen aber nicht die Verluste im Vordergrund, sondern die Auswirkungen dieser Politik auf die eigene Karriere. Zu Beginn der 1930er Jahre befand sich der akademische Arbeitsmarkt in einer gravierenden Krise. Über einen längeren Zeitraum hatte sich im Lehrkörper der deutschen Universitäten der Anteil der Ordinarien relativ kontinuierlich verringert, während gleichzeitig die Zahl der in ungesicherten Verhältnissen lebenden habilitierten Nachwuchskräfte erheblich angestiegen war. 1931 kamen auf zwei Ordinarien drei habilitierte Nachwuchswissenschaftler, die hofften, irgendwann einmal ein Ordinariat zu erhalten, obwohl die statistische Wahrscheinlichkeit, dieses Ziel jemals zu erreichen, gering war.[127] Für diese jüngeren Wissenschaftler, die Anfang der 1930er Jahre Grund hatten, sich als „verlorene Generation“ zu fühlen, bedeuteten die Massenentlassungen eine grundlegende Verbesserung ihrer Karrierechancen. Auch deshalb rekrutierten sich die aktiven Unterstützer des NS-Regimes im Lehrkörper ganz überwiegend aus dem wissenschaftlichen Nachwuchs.[128]

3. Schließlich haben die Entlassungen und die dadurch ausgelösten Migrationsbewegungen auch Deutschlands zukünftige Kriegsgegner gestärkt, denn mehr als 60 % der Emigranten zog es in die USA oder nach Großbritannien. Bemerkenswerterweise ist diese Entwicklung an den Schalthebeln nationalsozialistischer Politik lange Zeit nicht als Problem wahrgenommen worden. Erst 1942/43 wurden auch im nationalsozialistischen Deutschland die Konsequenzen der Entlassungspolitik jenseits der offiziellen Feindbilder reflektiert. Die Phase der siegreichen Blitzkriege gehörte zu diesem Zeitpunkt längst der Vergangenheit an. Zudem ließ sich nicht mehr leugnen, dass die Wehrmacht auf waffentechnisch zentralen Forschungsfeldern (Radartechnik) gegenüber den Alliierten ins Hintertreffen geraten war.[129] Vor diesem Hintergrund begann in Deutschland eine Diskussion über die Defizite der nationalsozialistischen Wissenschaftspolitik, an der sich auch hochrangige Parteiführer wie Hermann Göring oder Joseph Goebbels beteiligten. Im Zuge dieser Debatte wurden die Massenentlassungen der Anfangsjahre nun mancherorts mit anderen Augen gesehen. Auf der Salzburger Rektorenkonferenz von 1943 wies der Freiburger Rektor Wilhelm Süss in einem ausführlichen Referat über die Probleme deutscher Wissenschaftspolitik darauf hin, „dass wir … mit den ins feindliche Ausland gegangenen wissenschaftlichen Emigranten der Gegenseite

126 Möller, Exodus, S. 70.

127 Grüttner, Machtergreifung, S. 342 ff.

128 Grüttner, Nationalsozialistische Wissenschaftler.

129 Brown, Radar History.

einen nicht unbeträchtlichen Potentialgewinn geliefert haben."[130] Noch erstaunlicher ist eine Rede, die Göring im Sommer 1942 hielt, nachdem er die Leitung des neugegründeten Reichsforschungsrates übernommen hatte. Darin erklärte er ausdrücklich, es sei falsch, bedeutende Forscher nur wegen ihrer jüdischen Herkunft oder einer jüdischen Ehefrau zu entlassen.[131]

Weder Göring noch Süss ahnten zu diesem Zeitpunkt, in welchem Ausmaß einige Emigranten tatsächlich an militärisch brisanten Forschungen beteiligt waren, weil in Deutschland bis 1945 keine Informationen über das größte militärische Forschungsprojekt der Alliierten vorlagen, das *Manhattan Project*. Es waren die aus Deutschland geflüchteten Physiker Albert Einstein (bis 1933 Direktor des Kaiser-Wilhelm-Instituts für Physik in Berlin), Leo Szilard (bis 1933 Privatdozent an der Universität Berlin) und Edward (Eduard) Teller (bis 1933 Hilfsassistent in Göttingen), die zusammen mit Eugen(e) Wigner (bis 1933 außerordentlicher Professor an der Technischen Hochschule Berlin) das amerikanische Atombombenprojekt in Gang brachten, indem sie den amerikanischen Präsidenten auf das militärische Potential der Nuklearenergie hinwiesen. Angetrieben von dem Alptraum, Hitler könne als erster über die Atombombe verfügen, beteiligten sich darüber hinaus zahlreiche europäische Emigranten in führender Position an den Forschungen, die schließlich zur Entwicklung der ersten Atombombe führten. Zu ihnen gehörten neben Szilard und Teller unter anderem die späteren Nobelpreisträger Hans Bethe (bis 1933 Privatdozent in München und Tübingen), Otto Stern (bis 1933 Professor für Physik in Hamburg) und Felix Bloch (1932/33 Privatdozent in Leipzig), außerdem Otto Robert Frisch (bis 1933 an der Universität Hamburg), Victor Weisskopf (1931/32 Assistent von Erwin Schrödinger in Berlin) und Rudolf Peierls (ein Doktorand von Werner Heisenberg), aber auch Enrico Fermi und Emilio Segrè, die nach den italienischen Rassegesetzen von 1938 in die USA emigriert waren.[132]

---

130 BA Berlin R 43 II 942b Bl. 82: W. Süss, Die gegenwärtige Lage der deutschen Wissenschaft und der deutschen Hochschulen. Vortrag gehalten auf der Rektoren-Konferenz in Salzburg am 26.8.1943 (MS), S. 4. Zu Süss vgl. Grün, Rektor, S. 526–584; Remmert, Problem.

131 Hammerstein, Deutsche Forschungsgemeinschaft, S. 384 f.

132 Rhodes, Atombombe.

2 Biogramme vertriebener Wissenschaftlerinnen und Wissenschaftler

A

Abelsdorff, Georg (1869–1933), seit 1921 nichtbeamteter a. o. Prof. (Augenheilkunde) an der Universität Berlin, Praxis als Augenarzt in Berlin, Religion: jüdisch, 1933 Entzug der Lehrbefugnis als Jude (§ 3 BBG), nicht emigriert.

Quellen: UA HU Berlin UK A 5; GStA PK I Rep. 76 Va Sekt. 2 Tit. IV Nr. 46 C; Fischer, Lexikon I; Voswinckel, Lexikon; Kreuter, Neurologen II.

Abert, Josef Friedrich (1879–1959), seit 1929 Honorarprofessor (Archivwissenschaft) an der Universität Würzburg, 1926–1935 Vorstand des Staatsarchivs Würzburg, Religion: katholisch, 1933–1935 Mitglied der NSDAP (1933–1935 Abteilungsleiter für Volksbildung im Gaustab Mainfranken), 1935 wegen homosexueller Handlungen (§ 175 StGB) zu 1 Jahr Gefängnis verurteilt, daraufhin „Verzicht" auf die Lehrbefugnis, nicht emigriert, 1936–1938 am Deutschen Historischen Institut in Rom tätig, 1941 Rückkehr nach Würzburg.

Quellen: UA Würzburg PA 1; BayHStA München MK 17585; BA Berlin R 9361-II/291401; Reichshandbuch I; Wer ist's 1935; Schott, Josef Friedrich Abert; Leesch, Archivare, Bd. 2; Rohloff, Sache, S. 79 f., 89.

Adler, Karl (1894–1966), seit 1929 Privatdozent (Geburtshilfe, Gynäkologie und gynäkologische Röntgenologie) an der Universität Münster, 1932–1934 Oberarzt an der Universitäts-Frauenklinik, Religion: evangelisch, seit 1932 Mitglied des *Stahlhelm, Bund der Frontsoldaten*, 1934 Aufgabe der Lehrtätigkeit, nachdem die Ernennung zum a. o. Prof. wegen eines jüdischen Großvaters abgelehnt worden war, nicht emigriert, Frauenarzt in Emden, 1946 apl. Prof. in Münster, seit 1946 Direktor der Landesfrauenklinik Bochum.

Quellen: Möllenhoff/Schlautmann-Overmeyer, Familien I; Happ/Jüttemann, Schlag.

Adorno, Theodor W. → **Wiesengrund Adorno, Theodor**

Alewyn, Richard (1902–1979), seit 1932 planmäßiger a. o. Prof. (Neuere Deutsche Literatur) an der Universität Heidelberg, Religion: evangelisch, 1933 als „Nichtarier" in den Ruhestand versetzt (§ 3 BBG), 1933 Emigration nach Frankreich, Gastprofessor an der Sorbonne, 1935 nach Österreich, 1939 in die USA, 1939–1947 *Associate Professor* am *Queens College* in Flushing, New York, 1949 Rückkehr nach Deutschland, 1949–1955 o. Prof. an der Universität Köln, 1955–1959 o. Prof. an der FU Berlin, 1959 o. Prof an der Universität Bonn.

Quellen: GLA Karlsruhe 235/1724; Germanistenlexikon I; BHdE II.

Alexander, Ernst (1902–1980), seit Februar 1933 Privatdozent (Physikalische Chemie) an der Universität Freiburg/

Br., 1929–1933 a. o. Assistent am Physikalisch-Technischen Institut, Religion: jüdisch, 1933 Entzug der Lehrbefugnis und Verlust der Assistentenstelle als Jude (§ 3 BBG), 1933 Emigration nach Palästina, 1933–1974 an der Hebräischen Universität Jerusalem, seit 1964 als Prof. für angewandte Physik, 1974 emeritiert.

Quellen: GLA Karlsruhe 235/1725; BHdE II; Niese, Naturwissenschaftler.

Alsberg, Max (1877–1933), seit 1931 Honorarprofessor (Strafrecht und Strafprozess) an der Universität Berlin, Religion: konfessionslos (früher jüdisch), im Hauptberuf Rechtsanwalt und Notar in Berlin, seit 1919 Mitglied der DVP, im April 1933 Emigration in die Schweiz; Suizid im September 1933, bevor ihm die Lehrbefugnis als „Nichtarier" entzogen werden konnte.

Quellen: UA HU Berlin UK A 50; GStA PK I Rep. 76 Va Sekt. 2 Tit. IV Nr. 45 Bd. XIV; Reichshandbuch I; NDB; Lösch, Geist, S. 81 f. u. passim; Riess, Mann; Taschke, Max Alsberg.

Alt, Johannes (geb. 1896), seit 1934 Privatdozent (Neuere deutsche Literaturgeschichte) an der Universität München, Religion: evangelisch, 1933–1939 Mitglied der SA, 1937–1939 Mitglied der NSDAP, seit 1936 persönlicher Ordinarius an der Universität Würzburg, 1939 wegen „erschwerter Unzucht mit Männern" (§ 175a StGB) zu 1 Jahr Gefängnis verurteilt, deshalb 1939 aus dem Beamtenverhältnis ausgeschieden (§ 53 DBG), bis 1940 in Nürnberg inhaftiert, nicht emigriert.

Quellen: UA Würzburg PA 2; UA München E-II-723; BA Berlin R 9361-II/10551 u. R 9361-V/12530; Kürschner 1931; Bonk, Philologie, S. 431; Germanistenlexikon I.

Altaner, Berthold (1885–1964), seit 1929 o. Prof. (Alte Kirchengeschichte und Patrologie) an der Universität Breslau, Religion: katholisch, Mitglied im *Friedensbund Deutscher Katholiken*, 1933 aus politischen Gründen (Unterstützung für Emil Julius Gumbel, pazifistische Einstellung) entlassen (§ 4 BBG), nicht emigriert, 1934–1945 Domvikar in Breslau, 1945–1950 o. Prof. (Patrologie und Pastoraltheologie) an der Universität Würzburg.

Quellen: GStA PK I Rep. 76 Va Sekt. 4 Tit. IV Nr. 51 Bl. 258–263, 489; BBKL, Bd. 27; New Catholic Encyclopedia; Heid/Dennert, Personenlexikon I; Ziebertz, Altaner.

Altmann, Karl (1880–1968), seit 1921 nichtbeamteter a. o. Prof. (Haut- und Geschlechtskrankheiten) an der Universität Frankfurt/M., Religion: evangelisch, 1933 Entzug der Lehrbefugnis als „Nichtarier" (§ 3 BBG), 1934 als Direktor der Städtischen Hautklinik in Frankfurt/M. in den Ruhestand versetzt (§ 6 BBG), nicht emigriert, Privatpraxis, 1940–1945 notdienstverpflichteter Arzt in Krankenhäusern des Saarlandes, 1946 erneut apl. Prof. an der Universität Frankfurt, 1946–1949 kommissarischer Leiter der Universitäts-Hautklinik.

Quellen: UA Frankfurt/M. Personalhauptakte; Stadtarchiv Frankfurt/M. PA 134370–134373; Voswinckel, Lexikon; Hammerstein, Universität I, S. 783 f., Heuer/Wolf, Juden, S. 14 f.; Kinas, Exodus, S. 90 ff. u. passim.

Altmann, Salomon/Sally (1878–1933), seit 1922 o. Honorarprofessor (Nationalökonomie) an der Universität Heidelberg, Religion: jüdisch, seit 1923 hauptberuflich o. Prof. an der Handelshochschule Mannheim, seit 1929 krankheitshalber von seinen Lehrverpflichtungen entbunden, 1930 in Mannheim emeritiert, nicht emigriert; Altmann starb im Oktober 1933, bevor ihm als Jude die Lehrbefugnis entzogen werden konnte.

Quellen: GLA Karlsruhe 235/1727; Drüll, Gelehrtenlexikon 1803–1932; Hagemann/Krohn, Handbuch I.

Altschul, Eugen (1887–1959), seit 1929 Privatdozent (Volkswirtschaftslehre) an der Universität Frankfurt/M., Religion: jüdisch, 1933 Entzug der Lehrbefugnis als Jude (§ 3 BBG), 1933 Emigration nach Großbritannien, 1933 in die USA, bis 1939 Mitarbeiter im *Research Staff* des *National Bureau of Economic Research* in Cambridge/Mass., seit 1946 Prof. für Nationalökonomie an der *University of Kansas* in Kansas City, 1952 emeritiert.

Quellen: UA Frankfurt/M. Personalhauptakte, Rektoratsakte u. PA der Wirtschafts- und Sozialwissenschaftlichen Fakultät; Hagemann/Krohn, Handbuch I; Heuer/Wolf, Juden, S. 16 f.

Anderssen, Walter (1882–1965), 1934/35 Lehrbeauftragter (Rechtsphilosophie und Kirchenrecht) an der Universität Marburg, seit 1937 Lehrbeauftragter (Öffentliches Recht) an der Universität Halle, Religion: evangelisch, seit 1930 Mitglied der NSDAP, 1940 Entzug des Lehrauftrags wegen des Vorwurfs homosexueller Handlungen, nicht emigriert, seit 1949 Lehrbeauftragter (Öffentliches Recht und Rechtsphilosophie) an der FU Berlin.

Quellen: BA Berlin R 4901/13258 u. R 9361-I 39; Eberle, Martin-Luther-Universität, S. 285 u. passim; Auerbach, Catalogus II, S. 153; Wolfert, Homosexuellenpolitik, S. 30; Stengel, Ausgeschlossen, S. 5–9.

Andreae, Friedrich (1879–1939), Bruder von →Wilhelm A. seit 1921 nichtbeamteter a. o. Prof. (Mittlere und neuere Geschichte) an der Universität Breslau, Religion: evangelisch, 1937 Entzug der Lehrbefugnis wegen seiner Ehe mit einer „Nichtarierin“ (§ 18 RHO), nicht emigriert, Gründer und bis zu seinem Tod Leiter des Archivs der Universität Breslau.

Quellen: BA Berlin R 4901/13258 u. R 4901/O.841; UA Wrocław P 23; Kürschner 1931; Cohn, Recht I–II, S. 103, 511, 589. Nachruf in: Zeitschrift des Vereins für Geschichte Schlesiens 73 (1939), S. 342–345.

Andreae, Wilhelm (1888–1962), Bruder von →Friedrich A., 1930–1933 o. Prof. an der Universität Graz, seit 1933 o. Prof. (Nationalökonomie) an der Universität Gießen, Religion: evangelisch (seit 1939 katholisch), seit 1928 Mitglied im *Steirischen Heimatschutz*, seit 1936 Mitglied der SA, 1942 aus politischen Gründen (als Angehöriger des Kreises um Othmar Spann) entlassen, 1943 Kaufmann in Berlin, 1945 o. Honorarprofessor in Gießen, seit 1947 erneut o. Prof. in Gießen, 1958 emeritiert.

Quellen: BA Berlin R 4901/13258; Auerbach, Catalogus II, S. 77; Seidenfus, Wilhelm Andreae. Online: Hessische Biografie.

Anschütz, Gerhard (1867–1948), seit 1916 o. Prof. (Öffentliches Recht) an der Universität Heidelberg, Religion: evangelisch, bis 1919 Mitglied der Nationalliberalen Partei, 1919–1933 Mitglied der DDP/DStP, 1922/23 Rektor der Universität Heidelberg, 1933 nach öffentlichen Angriffen aus politischen Gründen (als liberaler Anhänger der Republik und Verfasser des maßgeblichen Kommentars zur Weimarer Reichsverfassung) auf eigenen Antrag emeritiert[1], nicht emigriert.

Quellen: GLA Karlsruhe 235/1734; NDB; Badische Biographien NF III; Waldhoff, Gerhard Anschütz; Drüll, Gelehrtenlexikon 1803–1932; Reichshandbuch I; Mussgnug, Dozenten, S. 19–21.

Anthes, Rudolf (1896–1985), seit 1931 Privatdozent (Ägyptologie) an der Universität Halle, Religion: evangelisch, seit 1932 im Hauptamt Kustos bei den Staatlichen Museen Berlin; 1935 scheiterte die Ernennung zum Direktor des Ägyptischen Museums, weil er ehemaliger Freimaurer war, 1938 Verzicht auf die Lehrbefugnis, nachdem ihm die Umhabilitation an die Universität Berlin wegen früherer Mitgliedschaft in einer Freimaurerloge verweigert worden war, nicht emigriert, 1949 Prof. an der HU Berlin, seit 1950 an der *University of Pennsylvania*.

Quellen: UA Halle PA 3940; UA HU Berlin UK A 80; Eberle, Martin-Luther-Universität, S. 89; Kinas, Exodus, S. 329 u. passim. Online: VAdS.

Apelt, Willibalt (1877–1965), seit 1929 o. Prof. (Öffentliches Recht) an der Universität Leipzig, Religion: evangelisch, seit 1919 Mitglied der DDP, 1919–1923 Hochschulreferent im sächsischen Volksbildungsministerium, 1927–1929 sächsischer Innenminister, 1933 aus politischen Gründen (als hochrangiger DDP-Politiker) entlassen (§ 6 BBG), nicht emigriert, Umzug an den Walchensee (Oberbayern), seit 1946 o. Prof. (Öffentliches Recht) an der Universität München (zunächst kommissarisch), 1952 emeritiert.

Quellen: Lambrecht, Entlassungen; März, Willibalt Apelt; DBE. Online: Professorenkatalog der Universität Leipzig.

Argelander (seit 1939: Rose), Annelies (1896–1980), seit 1930 nichtbeamtete a. o. Prof. (Psychologie) an der Universität Jena, seit 1932 Abteilungsleiterin an der Psychologischen Anstalt, Religion: evangelisch, nach Entlassung des „nichtarischen" Institutsleiters →Wilhelm Peters, mit dem sie eng zusammengearbeitet hatte, von dessen Nachfolger ausgegrenzt, 1937 nach längerer Beurlaubung in den Ruhestand versetzt (§ 6 BBG), 1939 Emigration nach Polen, 1939 in die USA, 1939 Smith College, Massachusetts, 1949 *Goucher College*, Maryland.

1 Freiwilliger Rücktritt mit politischem Hintergrund.

Quellen: UA Jena D 43 u. N 47/2 Bl. 260–319; BHdE II; Wolfradt u. a., Psychologinnen. Online: VAdS.

Arndt, Fritz (1885–1969), seit 1928 persönlicher Ordinarius (Chemie) an der Universität Breslau, Religion: evangelisch, 1932/33 Mitglied der DVP, 1933 als „Halbjude“ in den Ruhestand versetzt (§ 3 BBG), 1933 Emigration nach Großbritannien, 1934 in die Türkei, 1934–1955 Prof. (Chemie) an der Universität Istanbul, 1956 Honorarprofessor an der Universität Hamburg, 1957 Rückkehr in die Bundesrepublik.

Quellen: GStA PK I Rep. 76 Va Sekt. 4 Tit. IV Nr. 51 Bl. 152–176, 426–428, 509–523, 526–529; BHdE II; Wenig, Verzeichnis; Widmann, Exil, S. 254; Deichmann, Flüchten, S. 151–154; Neumark, Zuflucht.

Arnoldi, Walter (1881–1960), seit 1927 nichtbeamteter a. o. Prof. (Innere Medizin) an der Universität Berlin, Religion: evangelisch, 1933 als ehemaliger „Frontkämpfer“ zunächst im Amt belassen, 1936 Entzug der Lehrbefugnis als „Nichtarier“ (RBG), nach dem Novemberpogrom 1938 für einige Wochen im KZ Sachsenhausen inhaftiert, 1939 Emigration nach Dänemark, 1943 nach Schweden, lebte seit 1945 erneut in Dänemark.

Quellen: UA HU Berlin UK A 91; Fischer, Lexikon I; Voswinckel, Lexikon.

Aron, Hans (1881–1958), seit 1921 nichtbeamteter a. o. Prof. (Kinderheilkunde) an der Universität Breslau, 1919–1935 Leiter der Kinderabteilung im Jüdischen Krankenhaus Breslau, Religion: jüdisch, 1933 als ehemaliger „Frontkämpfer“ zunächst im Amt belassen, 1935/36 Entzug der Lehrbefugnis als Jude, 1938 Emigration in die USA, Arzt am *Children's Memorial Hospital* in Chicago, Lehrtätigkeit an der *Northwestern University*.

Quellen: BA Berlin R 4901/13258; GStA PK I Rep. 76 Va Sekt. 4 Tit. IV Nr. 40 Bd. VI; Voswinckel, Lexikon; Seidler, Kinderärzte, S. 210 f.

Artin, Emil (1898–1962), seit 1926 o. Prof. (Mathematik) an der Universität Hamburg, Religion: konfessionslos (ursprünglich katholisch), 1937 wegen seiner „nichtarischen“ Ehefrau in den Ruhestand versetzt (§ 6 BBG), 1937 Emigration in die USA, seit 1938 Prof. an der *Indiana University*, Bloomington, seit 1946 Prof. an der *Princeton University*, 1958 Rückkehr in die Bundesrepublik, 1958–1962 erneut o. Prof. (Mathematik) an der Universität Hamburg.

Quellen: BA Berlin R 4901/13258; BHdE II; Hamburgische Biografie VI; Reich/Kreuzer, Emil Artin; Odefey, Emil Artin.

Arvidson, Stellan (1902–1997), seit 1930 planmäßiger Lektor (Schwedisch) an der Universität Greifswald, Religion: evangelisch, schwedischer Sozialdemokrat, im April 1933 Rücktritt vom Lektorat, als nach politisch motivierten Angriffen der Greifswalder *Studentenschaft* eine Untersuchung gegen ihn eingeleitet wurde, Rückkehr/Emigration nach Schweden, 1953–1969 Rektor der Pädagogischen Hochschule Stockholm, 1957–1968 Reichstagsabgeordneter.

Quellen: UA Greifswald PA 1; Almgren, Arvidson.

Aschaffenburg, Gustav (1866–1944), seit 1919 o. Prof. (Psychiatrie) an der Universität Köln, Religion: evangelisch (ursprünglich jüdisch), 1933 als „Altbeamter" zunächst im Amt belassen, 1934 emeritiert, 1936 Entzug der Lehrbefugnis aufgrund des RBG, 1939 Emigration in die USA, *Research Professor* an der *Catholic University of America* in Washington, D. C. und beratender Psychiater am *Mount Hope Retreat*, einer psychiatrischen Klinik in Baltimore.

Quellen: BA Berlin R 4901/13258; Seifert, Gustav Aschaffenburg; BHdE II; Voswinckel, Lexikon; Golczewski, Universitätslehrer, S. 47 f., 169–172. Nachruf in: The American Journal of Psychiatry 101 (1944/45), S. 427 f.

Aschheim geb. Baruchsen, Lydia (1902–1943), seit 1931 außerplanmäßige Lektorin (Polnische Sprache) an der Universität Breslau, Religion: evangelisch-reformiert, 1933 Entzug des Lektorats als „Nichtarierin", nicht emigriert, in der Verwaltung des Jüdischen Krankenhauses in Breslau tätig, im März 1943 Suizid in Breslau.

Quellen: GStA PK I Rep. 76 Va Sekt. 4 Tit. IV Nr. 51 Bl. 1; UA Wrocław F 67, S 34 u. S 210; Cohn, Recht I u. II, S. 169, 171, 833 f. Online: Gedenkbuch – Opfer der Verfolgung.

Aschheim, Selmar (1878–1965), seit 1931 Honorarprofessor (Biologische Forschung in der Gynäkologie) an der Universität Berlin, 1912–1935 Assistent an der Universitäts-Frauenklinik, Religion: jüdisch, 1933 als ehemaliger „Frontkämpfer" zunächst im Amt belassen, 1935 Entzug der Lehrbefugnis als Jude (RBG), 1936 Emigration nach Frankreich, seit 1937 Direktor am *Centre national de la recherche scientifique*, 1940–1944 während der deutschen Besatzung im Untergrund.

Quellen: UA HU Berlin UK A 96; BA Berlin R 4901/1347 u. R 4901/1372; GStA PK I Rep. 76 Va Sekt. 2 Tit. IV Nr. 46 Bd. XXIX; BHdE II; Fischer, Lexikon I; Voswinckel, Lexikon.

Askanazy, Selly (1866–1938), seit 1921 nichtbeamteter a. o. Prof. (Innere Medizin) an der Universität Königsberg, Religion: evangelisch (bis 1902 jüdisch); 1933 Verzicht auf die Lehrbefugnis als „Nichtarier", bevor sie ihm aufgrund § 3 BBG entzogen werden konnte; nicht emigriert, bis 1938 Privatklinik in Königsberg.

Quellen: GStA PK I Rep. 76 Va Sekt. 11 Tit. IV Nr. 37 Bl. 22–28; BA Berlin R 9347; OAF, Osterrundbrief 1951, S. 3, 19; Archiv des Leo Baeck Institute New York AR 11246 (online).

Asmis, Walter (1880–1954), seit 1929 Lektor (Landwirtschaftliche Handelskunde, Marktbeobachtung und Marktbelieferung mit landwirtschaftlichen Erzeugnissen) an der Universität Halle, Religion: evangelisch, 1920–1926 Mitglied der DNVP, 1934 nach einer Kampagne zu seiner Verdrängung aus dem Hauptamt als Direktor der Landwirtschaftskammer für die Provinz Sachsen „auf eigenen Antrag" pensioniert und vom Lektorat entbunden[2], nicht emigriert.

Quellen: UA Halle PA 3997 und Rep. 4 Nr. 888; Kinas, Exodus, S. 271 u. passim; Gerber, Persönlichkeiten. Nachruf in: Mitteilungen der Deutschen Landwirtschafts-Gesellschaft v. 4.11.1954.

Aster, Ernst von (1880–1948), seit 1920 o. Prof. (Philosophie und Pädagogik) an der Universität Gießen, Religion: evangelisch, Mitglied der SPD und der *Liga für Menschenrechte*, 1933 aus politischen Gründen entlassen (§ 4 BBG), 1933 Emigration nach Schweden (die Heimat seiner Frau), 1936 in die Türkei, 1936–1948 Prof. für Philosophie an der Universität Istanbul.

Quellen: Stadtarchiv Gießen Personenstandskartei; NDB; Baumgartner, Ernst von Aster; Tilitzki, Universitätsphilosophie . I, S. 98–104, 456 ff.; BHdE II; Widmann, Exil, S. 254 f.

Auerbach, Erich (1892–1957), seit 1930 o. Prof. (Romanische Philologie) an der Universität Marburg, Religion: jüdisch, 1933 als ehemaliger „Frontkämpfer" zunächst im Amt belassen, 1935 als Jude aufgrund des RBG entlassen, 1936 Emigration in die Türkei, 1936–1947 Prof. und Leiter der Fremdsprachenschule an der Universität Istanbul, 1947 Auswanderung in die USA, 1949 *Institute for Advanced Study* in Princeton, seit 1950 Prof. an der *Yale University*.

Quellen: BA Berlin R 4901/13258; Bormuth, Erich Auerbach; Christmann/Hausmann, Romanisten; Barck/Treml, Erich Auerbach; BHdE II; Auerbach, Catalogus II, S. 462 f. Online: Marburger Professorenkatalog.

Auerbach, Felix (1856–1933), seit 1927 emeritierter persönlicher Ordinarius (Theoretische Physik) an der Universität Jena, Religion: jüdisch; im Februar 1933 Suizid (zusammen mit seiner Frau Anna A.) nach einem Schlaganfall, bevor er als Jude entlassen werden konnte; nicht emigriert.

Quellen: UA Jena D 54; Jüdische Lebenswege in Jena, S. 127–132; NDB; Hendel u. a., Wege, S. 36 f.

B

Baade, Fritz (1893–1974), seit 1930 Lehrbeauftragter (Landwirtschaftliche Marktbeobachtung) an der Universität Berlin, 1929–1933 Leiter der Reichsforschungsstelle für landwirtschaftliches Marktwesen, Religion: evangelisch, 1915–1933 Mitglied der SPD (1930–1933 Reichstagsabgeordneter), 1933 Entzug des Lehrauftrags aus politischen Gründen, 1934 Emigration in die Türkei, 1946 Auswanderung in die USA, 1948 Rückkehr nach Deutschland, 1948–1961 o. Prof. (Wirtschaftliche Staatswissenschaften) an der Universität Kiel.

Quellen: UA HU Berlin UK B 1; BHdE I; Hagemann/Krohn, Handbuch I; Biographisches Lexikon für Schleswig-Holstein und Lübeck Bd. 11. Online: Kieler Gelehrtenverzeichnis.

Babinger, Franz (1891–1967), seit 1924 nichtbeamteter a. o. Prof. (Islamwis-

2 Freiwilliger Rücktritt mit politischem Hintergrund.

senschaft) an der Universität Berlin, 1925–1934 beamteter Lehrer am Orientalischen Seminar, Religion: katholisch, 1933 als ehemaliger „Frontkämpfer" zunächst im Amt belassen, 1934 Versetzung in den Ruhestand und Entzug der Lehrbefugnis als „Vierteljude" (§ 6 BBG), 1935/36 Emigration nach Rumänien, seit 1937 Prof. an der Universität Iași, 1943 Rückkehr nach Deutschland, 1945 Angehöriger des *Volkssturms*, 1948–1958 o. Prof. an der Universität München.

Quellen: UA HU Berlin UK B 6; UA München E-II-758; GStA PK I Rep. 76 Va Sekt. 2 Tit. IV Nr. 68 F Teil 1 u. 2; Reichshandbuch I; BHdE II; Grimm, Babinger; Pawliczek, Alltag, S. 277 ff. Online: VAdS.

Bachhofer, Ludwig (1894–1976), seit 1926 Privatdozent (Kunstgeschichte) an der Universität München, Religion: katholisch, 1933 wegen der jüdischen Herkunft seiner Frau nicht zum nichtbeamteten a. o. Prof. ernannt; 1935 auf eigenen Antrag aus dem bayerischen Staatsdienst ausgeschieden, bevor er als „jüdisch versippt" entlassen werden konnte; 1935 Emigration in die USA, seit 1935 an der *University of Chicago*, seit 1941 als *Full Professor* und Direktor des *Department of Art*.

Quellen: UA München E-II-1134; BayHStA München MK 43376; BA Berlin R 9361-VI/66; Wendland, Handbuch I; Böhm, Selbstverwaltung, S. 134, 602. Nachruf in: Archives of Asian Art 31 (1977/78), S. 110–112.

Baer, Julius (1876–1941), seit 1922 nichtbeamteter a. o. Prof. (Innere Medizin) an der Universität Frankfurt/M., Religion: jüdisch, Mitglied der DDP, 1933 als ehemaliger „Frontkämpfer" zunächst im Amt belassen, 1935 Entzug der Lehrbefugnis als Jude (§ 18 RHO), 1935 Emigration nach Palästina.

Quellen: UA Frankfurt/M. Personalhauptakte u. Rektoratsakte; HHStA Wiesbaden 518 Nr. 38659; Heuer/Wolf, Juden, S. 23 f.

Baer, Reinhold (1902–1979), seit 1928 Privatdozent (Reine Mathematik) an der Universität Halle, Religion: evangelisch (bis 1920 jüdisch), 1933 Entzug der Lehrbefugnis als „Nichtarier" (§ 3 BBG), 1933 Emigration nach Großbritannien, 1935 in die USA, seit 1938 an der *University of Illinois in Urbana*, seit 1944 als *Full Professor*, 1957 Rückkehr in die Bundesrepublik, seit 1956 o. Prof. (Mathematik) an der Universität Frankfurt/M., 1967 emeritiert.

Quellen: UA Halle PA 4062; GStA PK I Rep. 76 Va Sekt. 8 Tit. IV Nr. 52; BHdE II; Eberle, Martin-Luther-Universität, S. 403 u. passim; Stengel, Ausgeschlossen.

Baeyer, Hans von (1875–1941), Bruder von →Otto von B., seit 1926 o. Prof. (Orthopädie) an der Universität Heidelberg, Religion: evangelisch, 1934 als „Nichtarier" in den Ruhestand versetzt (§ 3 BBG), nicht emigriert, 1934–1941 Privatpraxis für Orthopädie in Düsseldorf.

Quellen: Drüll, Gelehrtenlexikon 1803–1932; Eckart, Orthopädie, S. 824–830; Voswinckel, Lexikon; Mussgnug, Dozenten, S. 24 f.

Baeyer, Otto von (1877–1946), Bruder von →Hans von B., seit 1934 o. Prof. (Physik) an der Universität Berlin, 1920–1934 o. Prof. an der Landwirtschaftlichen Hochschule Berlin, Religion: evangelisch, 1933 als ehemaliger „Frontkämpfer“ zunächst nicht entlassen, 1937 als „Halbjude“ in den Ruhestand versetzt (§ 6 BBG), nicht emigriert, lebte nach der Entlassung in Tutzing.

Quellen: UA HU Berlin UK B 23; Chronik der Friedrich-Wilhelms-Universität 1937/1938, S. 32; Poggendorff, Bd. VI; Pawliczek, Alltag, S. 272; NDB. Nachruf in: Die Naturwissenschaften 34 (1947), S. 193 f.

Barkan, Georg (1889–1945), seit 1927 Privatdozent (Pharmakologie und Toxikologie) an der Universität Frankfurt/M., Religion: jüdisch, seit 1929 als o. Prof. (Pharmakologie) an die Universität Dorpat (Tartu/Estland) beurlaubt, 1933 in Frankfurt als ehemaliger „Frontkämpfer“ zunächst im Amt belassen, 1937 von der estnischen Regierung entlassen, 1938 Emigration in die USA, *Assistant Professor* für Biochemie an der *Boston University*.

Quellen: UA Frankfurt/M. Personalhauptakte u. Rektoratsakte; Heuer/Wolf, Juden, S. 24 f.; Voswinckel, Lexikon; Kinas, Exodus, S. 182 f., 431.

Baron, Hans (1900–1988), seit 1929 Privatdozent (Mittlere und Neuere Geschichte) an der Universität Berlin, Religion: jüdisch, 1933 Entzug der Lehrbefugnis als Jude (§ 3 BBG), private Studien in Italien (1935/36) und Großbritannien (1936–1938), 1938 Emigration in die USA, 1939–1942 Lehrtätigkeit am *Queens College* in New York, 1944–1948 am *Institute for Advanced Study* in Princeton; seit 1949 *Research Fellow* (ab 1965 *Distinguished Research Fellow*) und *Bibliographer* an der *Newberry Library* in Chicago.

Quellen: UA HU Berlin UK B 50 u. Phil. Fak. 1243; GStA PK I Rep. 76 Va Sekt. 2 Tit. IV Nr. 68 F Teil 1 Bl. 54–64; BHdE II; Fubini, Baron; Große Kracht, „Bürgerhumanismus“; Ritter, Meinecke, S. 61–65.

Barth, Karl (1886–1968), seit 1930 o. Prof. (Systematische Theologie) an der Universität Bonn, Religion: evangelisch-reformiert, seit 1931 Mitglied der SPD, 1934 Mitgründer der Bekennenden Kirche, 1935 aus politischen Gründen (u. a. Verweigerung des „deutschen Grußes“ und des bedingungslosen „Treueids“ auf Hitler) in den Ruhestand versetzt (§ 6 BBG), 1935 Emigration/Rückkehr in die Schweiz, seit 1935 o. Prof. an der Universität Basel.

Quellen: Prolingheuer, Fall; Höpfner, Universität, S. 154–160; Tietz, Karl Barth; Beintker, Barth Handbuch.

Barthel, Ernst (1890–1953), seit 1921 Privatdozent (Philosophie) an der Universität Köln, Religion: evangelisch, in der Philosophischen Fakultät Köln, die ihn als „Psychopathen“ charakterisierte, schon vor 1933 isoliert, 1939 zum Dozenten neuer Ordnung ernannt, 1940 nach scharfer Kritik der *Parteiamtlichen Prüfungskommission zum Schutze des nationalsozialistischen Schrifttums* („ausgesprochen konfessionelle Metaphysik“) aus politischen Gründen entlassen, nicht emigriert, 1945 nicht reaktiviert.

Quellen: UA Köln Zug. 44/55–57; BA Berlin R 4901/13258; Wer ist's 1935; Tilitzki, Universitätsphilosophie I, S. 749.

Bartsch, Otto (1881–1945), seit 1934 Honorarprofessor (Neuzeitliche Geflügelzucht und Geflügelpflege) an der Universität Berlin, 1930–1934 Honorardozent an der Landwirtschaftlichen Hochschule Berlin, Religion: evangelisch, 1937 Entzug der Honorarprofessur wegen seiner „nichtarischen" Ehefrau (§ 6 BBG), nicht emigriert, lebte im Forsthaus Schönwalde bei Berlin; Bartsch starb im April 1945 in Schönewalde bei Kriegshandlungen.

Quellen: UA HU Berlin UK B 67 u. NS-Doz. 2: ZD I 0054; BA Berlin R 4901/13258 u. R 4901/ O.841; Chronik der Friedrich-Wilhelms-Universität 1937/1938, S. 32. Online: ancestry.de.

Baruchsen, Lydia →Aschheim geb. Baruchsen, Lydia

Batocki-Friebe, Adolf von (1868–1944), seit 1920 Honorarprofessor (Staatswissenschaften) an der Universität Königsberg, Gutsbesitzer, früherer Oberpräsident der Provinz Ostpreußen, Ehrenbürger der Universität Königsberg, Religion: evangelisch, 1918–1931 Mitglied der DNVP, 1938 als „Vierteljude" aus dem Lehrkörper gestrichen, nicht emigriert.

Quellen: BA Berlin R 4901/13258; Wer ist's 1935; NDB; Altpreußische Biographie III; von Batocki/von der Groeben, Batocki; Tilitzki, Albertus-Universität I, S. 495 u. passim; Kutscher, Gedächtnis.

Bauernfeind, Otto (1889–1972), seit 1931 nichtbeamteter a. o. Prof. (Neues Testament) in Tübingen, Religion: evangelisch, Mitglied der DNVP, Mitglied der Bekennenden Kirche; 1939 Verlust der Lehrbefugnis, nachdem er es abgelehnt hatte, einen Antrag auf Ernennung zum Dozenten neuer Ordnung zu stellen[3]; nicht emigriert, 1939–1946 Krankenhauspfarrer, 1945 apl. Prof. in Tübingen, seit 1946 o. Prof. (Neues Testament) an der Universität Tübingen.

Quellen: BA Berlin R 4901/13258; Buchholz, Lexikon; DBE; Rieger, Entwicklung, S. 78, 87. Online: Kieler Gelehrtenverzeichnis.

Baum, Marie (1874–1964), seit 1928 Lehrbeauftragte (Soziale Fürsorge und Wohlfahrtspflege) an der Universität Heidelberg, Religion: evangelisch, Mitglied der DDP, 1919/20 Mitglied der Nationalversammlung, 1920/21 Mitglied des Reichstags, 1933 Entzug des Lehrauftrags als „Nichtarierin", nicht emigriert, 1946–1952 erneut Lehrbeauftragte an der Universität Heidelberg, 1949 Ehrenbürgerin der Universität Heidelberg, 1954 Bundesverdienstkreuz.

Quellen: UA Heidelberg PA 3213; Wer ist's 1935; Baden-Württembergische Biographien I; Hansen/Tennstedt, Lexikon I; Mussgnug, Dozenten, S. 23.

Baumgardt, David (1890–1963), seit 1932 nichtbeamteter a. o. Prof. (Philosophie) an der Universität Berlin, Religion: jüdisch, 1933 als ehemaliger „Front-

3 Freiwilliger Rücktritt mit politischem Hintergrund.

kämpfer" zunächst im Amt verblieben, 1936 Entzug der Lehrbefugnis als Jude (RBG), 1935 Emigration nach Großbritannien (zunächst beurlaubt), Gastprofessor an der *University of Birmingham*, 1939 Emigration in die USA, 1939–1941 Lehrtätigkeit an einer Quäkerschule in Pennsylvania, 1941–1954 *Consultant* an der *Library of Congress*, 1955/56 Gastprofessor an der *Columbia University*.

Quellen: UA HU Berlin UK B 94; BHdE II; Baumgardt, Looking back; Tilitzki, Universitätsphilosophie I, S. 315 ff.; Archiv des Leo Baeck Institute New York AR 797 (auch online).

Baumgarten, Arthur (1884–1966), seit 1930 o. Prof. (Rechtsphilosophie, Strafrecht, Strafprozessrecht) an der Universität Frankfurt/M., Religion: evangelisch, 1933 Emigration in die Schweiz aus Abneigung gegen den Nationalsozialismus[4], seit 1934 Prof. an der Universität Basel, 1944 Mitgründer der Partei der Arbeit in der Schweiz, 1946 Rückkehr nach Deutschland, seit 1946 Mitglied der SED, 1948–1953 o. Prof. (Rechtsphilosophie) an der Humboldt-Universität zu Berlin.

Quellen: UA Frankfurt/M. Personalhauptakte u. Rektoratsakte; UA HU UK B 120; Breunung/Walther, Emigration I; Heuer/Wolf, Juden, S. 451 f.; Irrlitz, Baumgarten; Wer war wer in der DDR.

Baumstark, Anton (1872–1948), seit 1930 o. Prof. (Orientalistik) an der Universität Münster, Religion: katholisch, Mitglied der Christlichen Volkspartei (DNVP) in Baden, seit August 1932 Mitglied der NSDAP, 1933 Leiter eines *N. S. Vorbereitenden Ausschusses für Angelegenheiten der Westfälischen Wilhelms-Universität Münster*, 1935 wegen des Vorwurfs „homosexueller Verfehlungen" auf „eigenen Antrag" vorzeitig emeritiert (offiziell aus Gesundheitsgründen), nicht emigriert.

Quellen: BA Berlin R 4901/24179; NDB; Grüttner, Lexikon; Heiber, Universität I, S. 465–472; Happ/Jüttemann, Schlag.

Bechhold, Heinrich (1866–1937), seit 1921 nichtbeamteter a. o. Prof. (Medizinische, allgemeine und Physikochemie) an der Universität Frankfurt/M., Religion: konfessionslos (früher jüdisch), 1933 aufgrund „hervorragender Bewährung" im Amt belassen, 1935 wurde die Lehrbefugnis für „erloschen" erklärt, nicht emigriert, 1917–1937 Direktor des von seinem Schwiegervater gestifteten und der Universität angegliederten Instituts für Kolloidforschung, 1937 Suizid.

Quellen: UA Frankfurt/M. Personalhauptakte u. Rektoratsakte; Frankfurter Biographie I; Voswinckel, Lexikon; Heuer/Wolf, Juden, S. 29 ff.; Kinas, Exodus, S. 96 f. u. passim.

Becker, Carl Heinrich (1876–1933), seit 1930 o. Prof. (Islamwissenschaft) an der Universität Berlin, 1921 sowie 1925–1930 preußischer Kultusminister, Religion: evangelisch; Becker verstarb im Februar 1933 an den Folgen einer Grippeerkrankung, bevor er aus politi-

4 Freiwilliger Rücktritt mit politischem Hintergrund.

schen Gründen (§ 4 BBG) entlassen werden konnte (weil er als preußischer Kultusminister „dem großdeutschen Gedanken und der völkischen Sache erheblich geschadet“ habe); nicht emigriert.

Quellen: UA HU Berlin UK B 111; BA Berlin R 4901/152 Bl. 205 f.; Reichshandbuch I; NDB; BBKL, Bd. 25; Drüll, Gelehrtenlexikon 1803–1932; Düwell, Becker; Wittwer, Becker.

Becker, Hans (1900–1943), seit 1927 Privatdozent (Geologie und Paläontologie) an der Universität Leipzig, Assistent am Geologisch-paläontologischen Institut, Religion: evangelisch, 1933 Entzug der Lehrbefugnis (§ 4 BBG) aus politischen Gründen (Unterstützung für Emil Julius Gumbel, „Anschauungen ... pazifistischer und antideutscher Art“), Emigration nach China, Prof. an den Universitäten Nanjing und Chongqing, Emigration nach Venezuela, wo er als Geologe tätig war. Becker starb 1943 an Malaria.

Quellen: UA Leipzig PA 293 u. Quästurkartei; Lambrecht, Entlassungen.

Beckerath, Herbert von (1886–1966), seit 1925 o. Prof. (Wirtschaftliche Staatswissenschaften) an der Universität Bonn, Religion: mennonitisch, ließ sich 1933 aus politischen Gründen beurlauben, 1934 Emigration die USA, Gastprofessor am Bowdoin College in Brunswick, Maine, seit 1936 Prof. an der *University of North Carolina* in Chapel Hill, 1936 auf eigenen Antrag aus dem deutschen Staatsdienst ausgeschieden[5], seit 1938 Prof. an der *Duke University* in Durham, North Carolina.

Quellen: BA Berlin R 4901/13258; Kürschner 1966; BHdE II; Hagemann/Krohn, Handbuch I; Höpfner, Universität, S. 38 f.

Beeking, Josef/Joseph (1891–1947), seit 1931 apl. a. o. Prof. (Caritaswissenschaft) an der Universität Freiburg/Br., stellvertretender Leiter des Instituts für Caritaswissenschaft, Religion: katholisch, 1935 Entzug der Lehrbefugnis aus politischen Gründen (§ 18 RHO) nach einer Denunziation wegen regimekritischer Äußerungen, Emigration nach Österreich, später in die Schweiz, 1947 Rückkehr nach Deutschland, erneut apl. Prof. an der Universität Freiburg/Br.

Quellen: BA Berlin R 4901/13258; Wer ist's 1935; Badische Biographien NF I; BBKL, Bd. 23; Brüstle, Studentenseelsorge, S. 141–149; Mitt. Prof. D. Speck, UA Freiburg, 27.1.2021. Nachruf in: Caritas 49 (1948), S. 30 f.

Béguin, Albert (1901–1957), seit 1929 planmäßiger Lektor (Französische Sprache) an der Universität Halle, Religion: konfessionslos (seit 1940 katholisch), 1934 Aufgabe des Lektorats aus materiellen und politischen Gründen (u. a. wegen der „bedrückenden moralischen Atmosphäre“)[6], 1934 Emigration/Rückkehr in die Schweiz, Lehrauftrag am *Collège Jean-Calvin*, 1937–1946 a. o. Prof. für französische Literatur an der Universität Basel, ging 1946 nach

5 Freiwilliger Rücktritt mit politischem Hintergrund.
6 Freiwilliger Rücktritt mit politischem Hintergrund.

Paris, seit 1950 Leiter der Zeitschrift *Esprit*.

Quellen: UA Halle PA Nr. 4292; Engler, Lexikon; Hausmann, Strudel, S. 152–155. Online: Historisches Lexikon der Schweiz.

Benda, Ludwig/Louis (1873–1945), seit 1931 Honorarprofessor (Chemotherapie) an der Universität Frankfurt/M., im Hauptberuf Direktor der pharmazeutisch-chemischen Abteilung der IG Farben AG (Werk Höchst), Religion: konfessionslos (bis 1885 jüdisch), 1933 Entzug der Honorarprofessur als „Nichtarier" (§ 3 BBG), 1939 Emigration in die Schweiz.

Quellen: UA Frankfurt/M. Personalhauptakte; BA Berlin R 4901/13289; BHdE II; Ritter, Benda; Heuer/Wolf, Juden, S. 31 f.

Bendix, Bernhard (1863–1943), seit 1921 nichtbeamteter a. o. Prof. (Kinderheilkunde) an der Universität Berlin, 1907–1933 Leiter der „Waldschule für kränkliche Kinder" in Berlin-Charlottenburg, Religion: jüdisch, 1933 Entzug der Lehrbefugnis als Jude (§ 3 BBG), 1939 Emigration nach Ägypten.

Quellen: UA HU Berlin UK B 146a; GStA PK I Rep. 76 Va Sekt. 2 Tit. IV Nr. 46 C Bd. I; Reichshandbuch I; Fischer, Lexikon I; Voswinckel, Lexikon; Kasper-Holtkotte, Deutschland, S. 300; Seidler, Kinderärzte, S. 135.

Benjamin, Erich (1880–1943), seit 1923 nichtplanmäßiger a. o. Prof. (Kinderheilkunde) an der Universität München, 1921–1937 Eigentümer und Leiter des heilpädagogischen Kinderheims in Zell-Ebenhausen, Religion: jüdisch, 1933 als ehemaliger „Frontkämpfer" zunächst im Amt belassen, 1936 Entzug der Lehrbefugnis als Jude (RBG), 1938 Emigration in die USA, am *Johns Hopkins Hospital* und am *Grove State Hospital* in Baltimore tätig, 1943 Suizid.

Quellen: BayHStA München MK 43407; UA München E-II-850; BA Berlin R 9347; BHdE II; Voswinckel, Lexikon; Seidler, Kinderärzte, S. 340 f.; Böhm, Selbstverwaltung, S. 602 u. passim; Oechsle, Benjamin (online).

Benkard, Ernst (1883–1946), seit 1927 Privatdozent (Mittlere und neuere Kunstgeschichte) an der Universität Frankfurt/M., Religion: evangelisch, 1937 Entzug der Lehrbefugnis (§ 18 RHO) aus politischen Gründen (u. a. wegen seiner Weigerung, für das Winterhilfswerk zu spenden), nicht emigriert, freier Mitarbeiter für das Feuilleton der Frankfurter Zeitung bis zu deren Verbot 1943, 1945/46 Mitgründer und Herausgeber der Zeitschrift *Die Gegenwart*.

Quellen: UA Frankfurt/M. Personalhauptakte, Rektoratsakte u. Abt. 10 Nr. 111; Frankfurter Biographie I; Kinas, Exodus, S. 294 f. u. passim. Online: Frankfurter Personenlexikon.

Benrubi, Isaak (1876–1943), seit 1932 Lehrbeauftragter (Französische Philosophie) an der Universität Köln, Religion: jüdisch, verzichtete im April 1933 als Jude „freiwillig" auf die Fortsetzung seiner Lehrtätigkeit in Köln, Emigration in die Schweiz.

Quellen: UA Köln Zug. 27/75; UA Bonn PF-PA 30; Golczewski, Universitätslehrer, S. 105, 452; Encyclopaedia Judaica, Bd. 4.

Berberich, Joseph (1897–1969), seit 1932 nichtbeamteter a. o. Prof. (Otologie, Rhinologie und Laryngologie) an der Universität Frankfurt/M., Religion: jüdisch, 1924–1932 Mitglied der SPD, 1933 Entzug der Lehrbefugnis als Jude (§ 3 BBG), 1938 Emigration nach Großbritannien, 1940 Emigration in die USA, seit 1941 Praxis als Ohrenarzt in New York.

Quellen: UA Frankfurt/M. Personalhauptakte; BA Berlin R 4901/13289; Stadtarchiv Frankfurt/M. PA 25889 u. 140735; BHdE II; Voswinckel, Lexikon.; Heuer/Wolf, Juden, S. 32 ff.

Berblinger, Walther (1882–1966), seit 1922 o. Prof. (Allgemeine Pathologie und pathologische Anatomie) an der Universität Jena, Religion: evangelisch, Mitglied der DNVP, 1937 wegen seiner „nichtarischen" Ehefrau in den Ruhestand versetzt, 1938 Emigration in die Schweiz, 1938–1954 Leiter der Pathologisch-anatomischen und Bakteriologischen Abteilung des Instituts für Hochgebirgsphysiologie und Tuberkuloseforschung in Davos, 1954 pensioniert.

Quellen: BA Berlin R 4901/13259; Reichshandbuch I; Sziranyi u. a., „Jüdisch versippt"; BHdE II; Voswinckel, Lexikon; Biermanns/Groß, Pathologen, S. 24–28. Online: Kieler Gelehrtenverzeichnis.

Berek, Max (1886–1949), seit 1924 Honorarprofessor (Technische Optik) an der Universität Marburg, 1912–1949 für die Optischen Werke Leitz in Wetzlar tätig, seit 1934 als Leiter der Wiss. Abteilung, Religion: katholisch, Mitglied der DStP und des *Reichsbanner Schwarz-Rot-Gold*; Berek wurde 1936 vom REM aufgefordert, sich zu seiner politischen Vergangenheit zu äußern; auf Bereks kritische Antwort reagierte das REM mit einer Rüge, daraufhin 1937 Verzicht auf weitere Lehrtätigkeit[7], nicht emigriert, 1946 erneut Honorarprofessor im Marburg.

Quellen: UA Marburg 310 Nr. 2332 u. 305a Nr. 4010; BA Berlin R 4901/13259; NDB; Auerbach, Catalogus II, S. 773; Kühn-Leitz, Max Berek.

Berendsohn, Walter A. (1884–1984), seit 1926 nichtbeamteter a. o. Prof. (Germanische Philologie) an der Universität Hamburg, Religion: jüdisch, seit 1926 Mitglied der SPD, seit 1920 Freimaurer, 1933 Entzug der Lehrbefugnis als Jude und Sozialdemokrat, 1933 Emigration nach Dänemark, 1943 Emigration nach Schweden, 1943–1970 Archivarbeiter bei der Schwedischen Akademie, 1952–1970 Lehrauftrag an der Universität Stockholm.

Quellen: Mickwitz, Walter Arthur Berendsohn; Zabel, Vertreibung; Germanistenlexikon I; Hamburgische Biografie III; BHdE II.

Berg, Walther (1878–1945), seit 1923 persönlicher Ordinarius (Anatomie) an der Universität Königsberg, Religion: evangelisch, 1933 als ehemaliger „Frontkämpfer" zunächst im Amt belassen, 1935 als „Nichtarier" aufgrund des RBG entlassen, nicht emigriert; Berg lebte nach seiner Entlassung in

7 Freiwilliger Rücktritt mit politischem Hintergrund.

Berlin, wo er wenige Monate nach Kriegsende verstarb.

Quellen: BA Berlin R 4901/13259, R 4901/26066, R 9347; Wer ist's 1935; Voswinckel, Lexikon; Mitt. Landesarchiv Berlin, 13.3.2019.

Bergel, Franz (1900–1987), seit 1929 Privatdozent (Chemie) an der Universität Freiburg/Br., 1927–1933 Abteilungsleiter am Chemischen Laboratorium, Religion: evangelisch, 1933 „auf eigenen Antrag" als „Nichtarier" aus dem Lehrkörper gestrichen, 1933 Emigration nach Großbritannien, 1933–1936 an der Universität Edinburgh, 1936–1938 am *Lister Institute of Preventive Medicine* in London, 1938–1952 Forschungsdirektor bei *Roche Products Ltd* in Welwyn Garden City, 1952–1966 Prof. am *Chester Beatty Research Institute* in London.

Quellen: GLA Karlsruhe 235/8677; Who's Who of British Scientists 1971/72; BHdE II. Online: Biographical Memoirs of Fellows of the Royal Society.

Bergmann, Ernst David (1903–1975), seit 1929 Privatdozent (Chemie) an der Universität Berlin, Religion: jüdisch, 1933 Entzug der Lehrbefugnis als Jude (§ 3 BBG), 1933 Emigration nach Großbritannien, 1933/34 wissenschaftlicher Mitarbeiter am *Featherstone Laboratory* in London, 1934 Emigration nach Palästina, 1934–1951 Direktor des Daniel Sieff-Forschungsinstituts in Rehovot, 1952–1975 Prof. an der Hebräischen Universität Jerusalem, 1953–1966 1. Vorsitzender der israelischen Atomenergiekommission.

Quellen: GStA PK I Rep. 76 Va Sekt. 2 Tit. IV Nr. 68 F Teil 1 Bl. 233–241 u. Teil 2 Bl. 851–855; BHdE I; Deichmann, Flüchten, S. 167–172; Bergmann, Sozialisten, S. 23–28; Jensen u. a., Scientist.

Bergmann, Ernst W. (1896–1977), seit 1931 Privatdozent (Orthopädische Chirurgie) an der Universität Berlin, 1928–1933 Leiter der Orthopädischen Abteilung der Chirurgischen Universitätsklinik, Religion: jüdisch, 1933 als ehemaliger „Frontkämpfer" zunächst im Amt belassen, 1936 Entzug der Lehrbefugnis als Jude (RBG), 1939 Emigration in die USA, *Clinical Professor of Orthopedic Surgery* am *Bellevue Hospital* in New York City.

Quellen: UA HU Berlin UK B 175a und Med. Fak. 1361 Bl. 184–203; BA Berlin R 4901/13259; American Men of Medicine 1961; Kürschner 1961; SSDI.

Bergmann, Stefan (1895–1977), seit 1932 Privatdozent (Reine und angewandte Mathematik) an der Universität Berlin, polnische Staatsangehörigkeit, Religion: jüdisch, 1933 Entzug der Lehrbefugnis als Jude (§ 3 BBG), 1933 Emigration in die Sowjetunion, 1934–1937 an den Universitäten Tomsk und Tiflis, 1937 Emigration nach Frankreich, 1939 in die USA; Lehrtätigkeit am MIT (1939/40), am *Yeshiva College* in New York (1940/41), an der *Brown University* (1941–1945) und in Harvard (1945–1951), seit 1952 Prof. an der *Stanford University*.

Quellen: UA HU Berlin Phil. Fak. 1245; GStA PK I Rep. 76 Va Sekt. 2 Tit. IV Nr. 68 F Teil 1 Bl. 548–555 und Teil 2 Bl. 1182 f.; BHdE II; Pinl,

Kollegen I, S. 174 f. Online: MacTutor History of Mathematics Archive.

Bergsträsser, Arnold (1896–1964), seit 1932 Stiftungsprofessur (Staatswissenschaften und Auslandskunde) an der Universität Heidelberg, Religion: evangelisch, 1935/36 beurlaubt, 1936 Entzug der Lehrbefugnis als „Nichtarier" (§ 18 RHO), 1937 Emigration in die USA, 1937 Prof. am *Claremont College* in Kalifornien, 1941/42 und 1942/43 in Internierungshaft, 1944–1952 Prof. (*German Cultural History*) an der *University of Chicago*, 1954 Rückkehr in die Bundesrepublik, seit 1954 o. Prof. an der Universität Freiburg/Br.

Quellen: UA Heidelberg, PA 260, PA 324, PA 3276; Drüll, Gelehrtenlexikon 1803–1932; Blomert, Intellektuelle, S. 301–328; BHdE II; Klingemann, Soziologie, S. 133–137; Klein, Elite, S. 215–220.

Bergsträsser, Ludwig (1883–1960), seit 1928 nichtbeamteter a. o. Prof. (Innere Politik) an der Universität Frankfurt/M., Religion: evangelisch, seit 1919 Mitglied der DDP, 1924–1928 Reichstagsabgeordneter der DDP, 1924–1928 Mitglied des *Reichsbanner Schwarz-Rot-Gold*, 1930–1933 Mitglied der SPD, 1934 Entzug der Lehrbefugnis und Entlassung als Oberarchivrat im Reichsarchiv aus politischen Gründen (§ 4 BBG), nicht emigriert, 1945–1948 Regierungspräsident in Darmstadt, 1949–1953 Bundestagsabgeordneter der SPD.

Quellen: UA Frankfurt/M. Personalhauptakte u. Rektoratsakte; Hammerstein, Universität I, S. 135 ff. u. passim, Heuer/Wolf, Juden, S. 452 ff.; Kinas, Exodus, S. 243 u. passim; Zibell, Politische Bildung.

Berliner, Max (1888–1961), seit 1930 nichtbeamteter a. o. Prof. (Innere Medizin) an der Universität Berlin, 1929–1933 wissenschaftlicher Mitarbeiter am Institut für Krebsforschung, Religion: evangelisch (bis 1921 jüdisch), Mitglied des *Stahlhelm, Bund der Frontsoldaten*, 1933 als ehemaliger „Frontkämpfer" zunächst im Amt belassen, 1936 Entzug der Lehrbefugnis als „Nichtarier" (RBG), 1935 Emigration in die USA, Arzt in New York.

Quellen: UA HU Berlin UK B 179; BA Berlin R 4901/10032 u. R 4901/13259; Entschädigungsamt Berlin Nr. 55.550 (Max Berliner) u. Nr. 353.107 (Lili Berliner); Kürschner 1931.

Bernays, Paul (1888–1977), seit 1922 nichtbeamteter a. o. Prof. (Mathematik) und apl. Assistent an der Universität Göttingen, Schweizer Staatsangehöriger, Religion: jüdisch, 1933 Entlassung als Assistent und Entzug der Lehrbefugnis als Jude (§ 3 BBG), 1934 Emigration/Rückkehr in die Schweiz, seit 1934 Lehrtätigkeit an der ETH Zürich, 1945–1959 a. o. Prof. für höhere Mathematik an der ETH Zürich.

Quellen: GStA PK I Rep. 76 Va Nr. 10081 Bl. 108–116; Szabó, Vertreibung, S. 441 ff., 524 f.; BHdE II. Online: MacTutor History of Mathematics Archive.

Berney, Arnold (1897–1943), seit 1927 Privatdozent (Neuere Geschichte) an der Universität Freiburg/Br., 1931–1933 a. o. Assistent, Religion: jüdisch, als ehemaliger „Frontkämpfer" behielt

Berney zunächst die Lehrbefugnis, 1936 Entzug der Lehrbefugnis als Jude aufgrund des RBG, 1936–1938 Dozent an der Hochschule für die Wissenschaft des Judentums in Berlin, 1939 Emigration nach Palästina, 1939–1941 Archivar beim Schocken-Verlag, 1941–1943 Angestellter der britischen Militärverwaltung; Berneys Vater starb 1942 in Theresienstadt.

Quellen: GLA Karlsruhe 235/8678; BA Berlin R 4901/13259; Matthiesen, Identität; Duchhardt, Arnold Berney.

Bernhard, Ludwig (1875–1935), seit 1908 o. Prof. (Volkswirtschaftslehre) an der Universität Berlin, Religion: evangelisch; Vertrauter des Industriellen, Medienunternehmers und DNVP-Politikers Alfred Hugenberg; 1933 als „Altbeamter" und ehemaliger „Frontkämpfer" zunächst im Amt belassen; Bernhard verstarb nach längerer Krankheit im Januar 1935, bevor er als „Halbjude" entlassen werden konnte, nicht emigriert; Hinweise auf einen Suizid sind nicht eindeutig belegt.

Quellen: UA HU Berlin UK B 182; BA Berlin R 4901/16542; Reichshandbuch I; NDB; Schottlaender, Wissenschaft, S. 19, 123; Volbehr/Weyl, Professoren, S. 156 f.

Bernheim, Ernst (1850–1942), seit 1921 emeritierter o. Prof. (Mittelalterliche Geschichte und historische Hilfswissenschaften) an der Universität Greifswald, Religion: evangelisch (bis 1886 jüdisch), Mitglied der Nationalliberalen Partei, nach 1918 der DVP, 1899/1900 Rektor der Universität Greifswald, 1936 von den Auswirkungen des RBG befreit, 1938 als „Nichtarier" aus dem Verzeichnis des Lehrkörpers der Universität gestrichen, nicht emigriert.

Quellen: UA Greifswald PA 10; Blechle, „Entdecker"; Eberle, Instrument, S. 750; Kinas, Exodus, S. 183 ff. u. passim.

Bernhöft, Friedrich (1883–1967), seit 1931 Privatdozent (Bürgerliches Recht und Zivilprozessrecht) an der Universität Rostock, 1930–1934 hauptamtlich Landgerichtsdirektor in Rostock, Religion: evangelisch, 1934 Emigration nach Brasilien, bevor er wegen seiner „nichtarischen" Frau entlassen werden konnte, 1935 wurde die Lehrbefugnis für „erloschen" erklärt, die Berufung nach Rostock scheiterte 1948 an Visaproblemen, 1952 Rückkehr in die Bundesrepublik.

Quellen: UA Rostock PA Friedrich Bernhöft; LHA Schwerin 5.12-7/1 Nr. 2346 u. 2447; Kürschner 1935.

Bernstein, Felix (1878–1956), Bruder von →Rudolf B., seit 1921 persönlicher Ordinarius (Versicherungsmathematik) an der Universität Göttingen, Religion: evangelisch, 1919–1932 Mitglied der DDP/DStP, 1933 als „Nichtarier" und aus politischen Gründen entlassen (§ 6 BBG), 1933 Emigration in die USA, 1933 Gastprofessor an der *Columbia University* in New York, 1936–1943 Prof. an der *New York University*, 1946–1948 am *Triple Cities College* in Endicott, New York.

Quellen: GStA PK I Rep. 76 Va Nr. 10081 Bl. 162–170; Wer ist's 1935; Szabó, Vertreibung, S. 409–414, 525 f.; Schappacher, Institut, S. 525–531. Online: Catalogus Professorum Halensis.

Bernstein, Rudolf (1880–1971), Bruder von →Felix B., seit 1921 nichtbeamteter a. o. Prof. (Maschinenlehre) an der Universität Halle, Religion: evangelisch, 1933 Entzug der Lehrbefugnis als „Nichtarier" (§ 3 BBG), 1939 Emigration in die Schweiz.

Quellen: UA Halle PA 4433; GStA PK I Rep. 76 Va Sekt. 8 Tit. IV Nr. 52; Stengel, Ausgeschlossen; Eberle, Martin-Luther-Universität, S. 404 u. passim.

Bethe, Albrecht (1872–1954), Vater von →Hans B., seit 1915 o. Prof. (Physiologie) und Direktor des Instituts für animalische Physiologie an der Universität Frankfurt/M., Religion: evangelisch, 1917/18 Rektor der Universität, 1918–1930 Mitglied der DDP, 1937 wegen seiner „nichtarischen" Ehefrau in den Ruhestand versetzt (§ 6 BBG), nicht emigriert, 1945 rehabilitiert, 1946/47 kommissarischer Leiter seines früheren Instituts anstelle des suspendierten Amtsinhabers.

Quellen: UA Frankfurt/M. Personalhauptakte, Rektoratsakte u. Abt. 10 Nr. 111; Hammerstein, Universität I, S. 147 u. passim; Heuer/Wolf, Juden, S. 438 ff.; Kinas, Exodus, S. 388 u. passim; Voswinckel, Lexikon.

Bethe, Hans (1906–2005), Sohn von →Albrecht B., 1932/33 Lehrstuhlvertretung (Physik) an der Universität Tübingen, 1930–1933 Privatdozent (Physik) an der Universität München, Religion: evangelisch, 1933 als „Nichtarier" entlassen (§ 3 BBG), 1933 Emigration nach Großbritannien, 1935 in die USA, seit 1935 an der *Cornell University* in Ithaca, N. Y., seit 1937 als Prof., 1943–1946 am *Manhattan Project* beteiligt, 1967 Nobelpreis für Physik.

Quellen: UA München E-II-880; BayHStA München MK 43413; BHdE II; Adam, Hochschule, S. 36; Schweber, Nuclear Forces. Nachruf in: The New York Times, 7.3.2005.

Bettmann, Ernst (1899–1988), seit 1932 Privatdozent (Orthopädische Chirurgie) an der Universität Leipzig, seit 1932 Facharztpraxis in Leipzig, Religion: jüdisch, 1919 Mitglied der *Organisation Escherich*, 1920 Zeitfreiwilligen-Regiment Leipzig, 1933 als früheres Mitglied der Organisation Escherich den ehemaligen „Frontkämpfern" gleichgestellt, dadurch zunächst geschützt, 1935 Entzug der Lehrbefugnis als Jude (§ 6 BBG), 1937 Emigration in die USA, an verschiedenen Kliniken in New York tätig, später Privatpraxis in White Plains, New York.

Quellen: BA Berlin R 4901/13259; Lambrecht, Entlassungen; Lorz, Spurensuche, S. 78–99; Hebenstreit, Verfolgung, S. 76 f.; Heidel, Ärzte; Bettmann, Born and Reborn.

Bettmann, Siegfried (1869–1939), Schwiegervater von →Hajo Holborn, seit 1919 persönlicher Ordinarius (Dermatologie) an der Universität Heidelberg, Religion: evangelisch, 1933 als „Altbeamter" zunächst im Amt belassen, im April 1935 auf eigenen Antrag emeritiert, im Dezember 1935 Entzug der Lehrbefugnis als „Nichtarier" (RBG), 1938 Emigration in die Schweiz, wo er wenig später starb; Bettmanns Sohn Hans beging am 1. April 1933, dem Tag des „Judenboykotts", Suizid.

Quellen: BA Berlin R 4901/13259; Drüll, Gelehrtenlexikon 1803–1932; Mussgnug, Dozenten, S. 63 f.; Voswinckel, Lexikon; Badische Biographien NF III.

Beutler, Ernst (1885–1960), seit 1927 Honorarprofessor (Deutsche Philologie, insbesondere neuere deutsche Literaturgeschichte) an der Universität Frankfurt/M., Religion: evangelisch, Mitglied der DNVP, 1937 Entzug der Lehrbefugnis nach politischen Angriffen und wegen seiner „nichtarischen" Ehefrau (§ 6 BBG), nicht emigriert, 1925–1960 im Hauptamt Direktor des Goethe-Museums und des Freien Deutschen Hochstifts in Frankfurt/M.

Quellen: UA Frankfurt/M. Personalhauptakte; Hammerstein, Universität I, S. 428 ff. u. passim; Germanistenlexikon I; Kinas, Exodus, S. 215 ff. u. passim; Perels, Beutler.

Beutler, Hans (1896–1942), seit 1930 Privatdozent (Chemie) an der Universität Berlin, 1927–1934 Mitarbeiter am Kaiser-Wilhelm-Institut für physikalische Chemie und Elektrochemie in Berlin, Religion: jüdisch, 1933 als ehemaliger „Frontkämpfer" im Amt belassen, 1934/35 Stipendiat am Physikalisch-Chemischen Institut der Universität Berlin, 1936 Entzug der Lehrbefugnis als Jude (RBG), 1936 Emigration in die USA, 1936/37 *Lecturer* an der *University of Michigan*, 1937–1942 *Research Associate* an der *University of Chicago*.

Quellen: UA HU Berlin UK B 207, Phil. Fak. 1244 u. R/S 166 Bl. 2–7; BHdE II; Rürup, Schicksale, S. 155 f.

Bialoblocki, Samuel (1888–1960), seit 1927 Lektor (Nachbiblisches Judentum und Neuhebräisch) an der Universität Gießen, seit 1932 auch Lehrbeauftragter (Nachbiblisches Judentum und Neuhebräisch) an der Universität Marburg, Religion: jüdisch, 1933 Entlassung als Jude in Gießen und Entzug des Lehrauftrags in Marburg, 1933 Emigration nach Palästina, dort als Geschäftsmann tätig, seit 1957 Leiter des Talmud-Departments an der Bar-Ilan-Universität.

Quellen: Wassermann, False Start, S. 144–152; Lippmann, Theologie, S. 179 ff.; Auerbach, Catalogus II, S. 59. Nachruf in: Bar-Ilan. Annual of Bar-Ilan University 2 (1964), S. VII f.

Biberstein, Hans (1889–1965), seit 1930 nichtbeamteter a. o. Prof. (Dermatologie und Venerologie) an der Universität Breslau, Religion: jüdisch, Oberarzt an der Universitäts-Hautklinik, 1933 als ehemaliger „Frontkämpfer" zunächst im Amt belassen, 1935 als Jude entlassen, 1935–1938 Leiter der Hautklinik des Jüdischen Krankenhauses Breslau, 1938 Emigration in die USA, seit 1946 Dozent an der *Columbia University* in New York.

Quellen: BA Berlin R 4901/13259; UA Wrocław S 186; Historisches Ärztelexikon für Schlesien I; Eppinger, Schicksal, S. 134; Hamel, Leben; Löhe/Langer, Dermatologen.

Bickerman(n), Elias (1897–1981), seit 1930 Privatdozent (Alte Geschichte) an der Universität Berlin, Religion: jüdisch, 1933 Entzug der Lehrbefugnis als Jude (§ 3 BBG), 1933 Emigration nach Frankreich, 1934–1940 Dozent an der *École Pratique des Hautes Études Historiques* in Paris, 1942 Emigration in die USA, 1942–1946 Prof. an der *New School for Social Research* und der *Ecole Libre* in New York, 1946–1950 *Research Fellow* am *Jewish Theological Seminary*, 1952–1967 Prof. an der *Columbia University* in New York.

Quellen: UA HU Berlin UK B 218; GStA PK I Rep. 76 Va Sekt. 2 Tit. IV Nr. 68 F Teil 1 Bl. 135–146; BHdE II; Baumgarten, Bickerman; Hengel, Bickermann. Nachruf in: Gnomon 54 (1982), S. 223 f.

Bieber, Margarete (1879–1978), seit 1931 planmäßige a. o. Prof. (Klassische Archäologie) an der Universität Gießen, Religion: seit 1920 altkatholisch (ursprünglich jüdisch), 1933 als „Volljüdin" entlassen, 1933 Emigration nach Großbritannien, 1933/34 *Honorary Fellow* am *Somerville College*, Oxford, 1934 Emigration in die USA, 1934–1936 *Visiting Lecturer* am *Barnard College* in New York, 1937–1948 *Associate Professor* an der *Columbia University*, New York.

Quellen: Obermayer, Altertumswissenschaftler, S. 35–107; BHdE II; Buchholz, Margarete Bieber. Nachruf in: Gnomon 51 (1979), S. 621–624.

Biel, Erwin (1899–1973), seit 1932 Privatdozent (Klimatologie) an der Universität Breslau, Religion: katholisch (bis 1917 jüdisch), 1933 Entzug der Lehrbefugnis als „Nichtarier" (§ 3 BBG), 1933 Emigration/Rückkehr nach Österreich, 1935–1938 Lehrtätigkeit an der Wiener Volkshochschule, 1938 Emigration in die USA, seit 1938 an der *Rutgers University* in New Brunswick, New Jersey, zunächst als *Visiting Professor*, ab 1942 als *Full Professor*, 1963 emeritiert.

Quellen: GStA PK I Rep. 76 Va Sekt. 4 Tit. IV Nr. 51 Bl. 44–49 u. Nr. 41 Bd. IX Bl. 8–11; BHdE II.

Bielschowsky, Alfred (1871–1940), Schwiegervater von →Bernhard Kugelmann, seit 1923 o. Prof. (Augenheilkunde) an der Universität Breslau, Religion: evangelisch, Mitglied der DStP, 1933 als „Altbeamter" nicht entlassen, 1934 nach Boykottaktionen nationalsozialistischer Studierender emeritiert, 1935 Emigration in die USA, seit 1935 Gastprofessur am *Dartmouth Medical College* in Hanover, New Hampshire, 1936 Entzug der Breslauer Lehrbefugnis als „Nichtarier" (RBG), seit 1937 Leiter des *Dartmouth Eye Hospital*.

Quellen: BA Berlin R 4901/13259 und R 4901/1738; Rohrbach, Augenheilkunde, S. 108–111; Voswinckel, Lexikon; BHdE II; Kaufmann, Alfred Bielschowsky. Nachruf in: Ophthalmologica 100 (1940), S. 318–320.

Bielschowsky, Franz (1902–1965), seit 1932 Privatdozent (Innere Medizin) an der Universität Freiburg/Br., 1930–1933 Assistent, Religion: jüdisch, im April 1933 als Jude beurlaubt, im Mai 1933 Emigration in die Niederlande, im Dezember 1933 Emigration nach Spanien, Lehrtätigkeit an der *Universidad Central* in Madrid, 1936–1938 Militärarzt der Spanischen Republik, 1939 Emigration nach Großbritannien, seit 1939 an der *University of Sheffield*, seit 1948 Leiter des *Cancer Research Laboratory* der *University of Otago* in Dunedin, Neuseeland.

Quellen: GLA Karlsruhe 235/8681; BHdE II. Nachrufe in: Cancer Research 26 (1966), S. 346–348; The Journal of Pathology and Bacteriology 93 (1967), S. 357–364.

Birnbaum, Karl (1878–1950), seit 1927 nichtbeamteter a. o. Prof. (Psychiatrie) an der Universität Berlin, 1930–1933 Direktor der Heil- und Pflegeanstalt Berlin-Buch, Religion: jüdisch, 1933 Entzug der Lehrbefugnis als Jude (§ 3 BBG), 1939 Emigration in die USA, Lehrtätigkeit an der *New School for Social Research* in New York, ab 1940 Gerichtspsychiater in Philadelphia; Birnbaums Schwester Paula Behrens wurde in Auschwitz ermordet.

Quellen: UA HU Berlin UK B 232; GStA PK I Rep. 76 Va Sekt. 2 Tit. IV Nr. 46 C Bd. I; Reichshandbuch I; BHdE II; Fischer, Lexikon I; Voswinckel, Lexikon; Liedtke, Birnbaum; Doetz/ Kopke, Ausschluss, S. 385.

Blessing, Georg (1882–1941), seit 1930 o. Prof. (Zahnheilkunde) an der Universität Heidelberg, Religion: katholisch, Mitglied der Zentrumspartei, 1933 „Schutzhaft“ nach einer Kampagne nationalsozialistischer Studierender, ein Ermittlungsverfahren wegen angeblicher Unterschlagungen wurde 1933 eingestellt, 1934 vorzeitig emeritiert (offiziell auf eigenen Antrag), um einer Entlassung zu entgehen, die Fortsetzung der Lehrtätigkeit wurde 1935 vom Rektor aus politischen Gründen verweigert („eifriger Zentrumsmann“), nicht emigriert.

Quellen: GLA Karlsruhe 235/1798; Drüll, Gelehrtenlexikon 1803–1932; Bauer u. a., Universitätsklinik, S. 1031–1036; Mussgnug, Dozenten, S. 50 f., 125 f. Online: Catalogus Professorum Rostochiensium.

Bloch, Felix (1905–1983), seit 1932 Privatdozent (Theoretische Physik) an der Universität Leipzig, Religion: jüdisch, 1933 Verzicht auf die Lehrbefugnis als Jude, 1933 Emigration nach Italien, 1934 in die USA, seit 1934 an der *Stanford University*, 1936–1962 als *Full Professor*, 1942/43 Mitarbeit am *Manhattan Project*, 1943–1945 Radarforschung an der *Harvard University*, 1952 Nobelpreis für Physik, 1954/55 Generaldirektor der Europäischen Organisation für Kernforschung (CERN).

Quellen: BHdE II; Lambrecht, Entlassungen. Nachruf in: The New York Times, 12.9.1983. Online: National Academy of Sciences, Biographical Memoirs.

Blühdorn, Kurt (1884–1982), seit 1922 nichtbeamteter a. o. Prof. (Kinderheilkunde) an der Universität Göttingen, 1924–1938 praktischer Kinderarzt in Hannover, Religion: jüdisch, 1933 Entzug der Lehrbefugnis als Jude (§ 3 BBG), 1938 Entzug der Approbation, 1939 Emigration in die USA, seit 1942 ärztliche Praxis in New York; Blühdorns Mutter Frieda B. starb 1943 im Ghetto Theresienstadt.

Quellen: GStA PK I Rep. 76 Va Nr. 10081 Bl. 124–136; Benzenhöfer, Auswanderung; Voswinckel, Lexikon; Szabó, Vertreibung, S. 391–397, 526 f.; Seidler, Kinderärzte, S. 294 f.

Blumenfeldt, Ernst (geb. 1887), seit 1928 nichtbeamteter a. o. Prof. (Innere Medizin) an der Universität Berlin, Religion: evangelisch (bis 1915 jüdisch), 1930–1933 Mitglied der SPD, 1933 Entzug der Lehrbefugnis als „Nichtarier", Emigration in die USA, 1935 am *Rockefeller Institute* in New York.

Quellen: UA HU Berlin UK B 261; GStA PK I Rep. 76 Va Sekt. 2 Tit. IV Nr. 46 C Bd. I; Kürschner 1931; Neumärker, Kanner, S. 52.

Blumenthal, Ferdinand (1870–1941), Bruder von →Franz B., seit 1929 beamteter a. o. Prof. (Krebsforschung) an der Universität Berlin, Religion: jüdisch, 1933 als Jude in den Ruhestand versetzt (§ 3 BBG), 1933 Emigration nach Jugoslawien, Honorarprofessor an der Universität Belgrad, 1937 Emigration nach Österreich, 1939 nach Estland, 1941 von den sowjetischen Behörden verhaftet; Blumenthal starb während der Deportation nach Kasachstan bei einem deutschen Luftangriff; zwei seiner Geschwister wurden Opfer des Holocaust.

Quellen: UA HU Berlin UK B 262; GStA PK I Rep. 76 Va Sekt. 2 Tit. IV Nr. 46 C Bd. I; Reichshandbuch I; BHdE II; Fischer, Lexikon I; Voswinckel, Lexikon; Jenss/Reinicke, Blumenthal.

Blumenthal, Franz (1878–1971), Bruder von →Ferdinand B., seit 1922 nichtbeamteter a. o. Prof. (Dermatologie) an der Universität Berlin, Religion: jüdisch, 1933 Entzug der Lehrbefugnis als Jude (§ 3 BBG), 1934 Emigration in die USA, seit 1934 an der *University of Michigan* in Ann Arbor, seit 1945 Chefarzt am *Wayne County General Hospital* in Eloise, Privatpraxis in Ann Arbor; drei Geschwister wurden Opfer des Holocaust oder des Krieges.

Quellen: UA HU Berlin UK B 263; GStA PK I Rep. 76 Va Sekt. 2 Tit. IV Nr. 46 C Bd. I; Voswinckel, Lexikon; Eppinger, Schicksal, S. 66 f.; Jenss/Reinicke, Blumenthal, S. 13 f.

Bluntschli, Hans (1877–1962), seit 1919 o. Prof. (Anatomie) an der Universität Frankfurt/M., Religion: evangelisch, 1918–1923 Mitglied der DDP, 1933 aus politischen Gründen (u. a. wegen des Vorwurfs der Unterstützung pazifistischer und kommunistischer Verbände) beurlaubt, aus außenpolitischen Gründen (gebürtiger Schweizer) nicht entlassen, sondern „auf eigenen Antrag" emeritiert, 1933 Emigration/Rückkehr in die Schweiz, seit 1933 o. Prof. an der Universität Bern, 1947 emeritiert.

Quellen: UA Frankfurt/M. Personalhauptakte; Drabek, Anatomie, S. 40–73; Kinas, Exodus, S. 265–268 u. passim; Hammerstein, Universität I, S. 232 ff. u. passim; Voswinckel, Lexikon.

Bochner, Salomon (1899–1982), seit 1928 Dozent (Mathematik) an der Universität München; Religion: jüdisch, polnischer Staatsangehöriger (gebürtiger Österreicher), 1933 als Hilfskraft am Mathematischen Seminar entlassen, 1933 Emigration nach Großbritannien (zunächst als ehemaliger „Frontkämpfer" noch beurlaubt), 1933 Emigration in die USA, 1933–1968 an der *Princeton University*, seit 1946 als *Full Professor*, 1959 *Henry Burchard Fine Professor of Mathematics*.

Quellen: UA München OC-VII-91 u. Sen-II-403; BHdE II. Online: MacTutor History of Mathematics Archive.

Böger, Alfred (1901–1976), seit Januar 1939 Dozent (Innere Medizin) an der Universität München, seit 1934 Assistent an der I. Medizinischen Universitätsklinik München, Religion: katholisch, 1933 Mitglied der SA (1935 Übertritt in das NSKK), ab 1937 Mitglied der NSDAP; im September 1939 wurde die Lehrbefugnis für erloschen erklärt, nachdem Böger seine „vierteljüdische" Herkunft gemeldet hatte; nicht emigriert, seit 1947 apl. Prof. an der Universität Mainz, 1950–1976 Chefarzt in Karlsruhe.

Quellen: BayHStA München MK 43438; BA Berlin R 9361-VI/198. Online: Mainzer Professorenkatalog.

Boehm, Ernst (1877–1945), seit 1928 Honorarprofessor (Didaktik der höheren Schulen) an der Universität Leipzig, Religion: evangelisch-reformiert, 1919–1931 Mitglied der DVP, 1931–1933 Mitglied der DNVP, 1922–1932 Mitglied der Freimaurerloge *Zu den drei Schwertern und Asträa zur grünenden Raute*, als langjähriger Freimaurer war Boehm dem NS-Regime politisch suspekt, seine Aufnahme in die NSDAP wurde abgelehnt, 1938 auf eigenen Antrag vorzeitig in den Ruhestand versetzt[8], nicht emigriert, Suizid im April 1945.

Quellen: BA Berlin R 9361-V/4214 u. R 4901/13259; Parak, Entlassungen, S. 255 f.; Lambrecht, Entlassungen; Horn, Erziehungswissenschaft, S. 193 f. Online: Professorenkatalog der Universität Leipzig.

Böhm, Franz (1895–1977), seit 1934 Privatdozent (Handels- und Wirtschaftsrecht) an der Universität Freiburg/Br., Religion: evangelisch, 1924/25 Mitglied der DVP, Anhänger der Bekennenden Kirche, 1936–1938 Lehrstuhlvertretung in Jena, 1939 nach einer Denunziation Verlust der Lehrbefugnis aus politischen Gründen (regimekritische Äußerungen), Angehöriger der oppositionellen „Freiburger Kreise", nicht emigriert, seit 1946 o. Prof. in Frankfurt, 1948/49 Rektor der Universität Frankfurt/M., 1953–1965 Bundestagsabgeordneter der CDU.

Quellen: UA Jena D 259; BA Berlin R 4901/13259; Hansen, Franz Böhm; Hollerbach, Wissenschaft; Danz, Franz Böhm; Dathe, Franz Böhm; Hendel u. a., Wege, S. 181 ff. Online: Frankfurter Personenlexikon.

Bondy, Curt (1894–1972), seit 1930 Honorarprofessor (Sozialpädagogik) an der Universität Göttingen, Religion: jüdisch, bis 1933 Mitglied der SPD, 1933 Entzug der Lehrbefugnis als Jude (§ 3 BBG), seit 1936 Leiter eines jüdischen Ausbildungsgutes in Groß Breesen, 1938 nach dem Novemberpogrom im KZ Buchenwald inhaftiert, 1939 Emigration in die USA, 1940–1950 Lehrtätigkeit am *College of William & Mary* in Richmond, Virginia, 1950 Rückkehr in die Bundesrepublik, seit 1952 o.

8 Freiwilliger Rücktritt mit politischem Hintergrund.

Prof. (Psychologie und Sozialpädagogik) in Hamburg.

Quellen: GStA PK I Rep. 76 Va Nr. 10081 Bl. 137–150; Guski-Leinwand, Curt Werner Bondy; BHdE II; Hamburgische Biografie IV; Szabó, Vertreibung, S. 344–347, 527–529; Wolfradt u. a., Psychologinnen.

Bonhoeffer, Dietrich (1906–1945), Schwager →von Rüdiger Schleicher, seit 1930 Privatdozent (Systematische Theologie) an der Universität Berlin, Religion: evangelisch, 1936 Entzug der Lehrbefugnis aus politischen Gründen (u. a. wegen seiner Tätigkeit für die Bekennenden Kirche), nicht emigriert, 1940 zum Amt Ausland/Abwehr im Oberkommando der Wehrmacht einberufen, Mitglied der dortigen Widerstandsgruppe, seit 1943 inhaftiert, im April 1945 durch ein Standgericht im KZ Flossenbürg zum Tode verurteilt und hingerichtet.

Quellen: UA HU Berlin UK B 327; BBKL, Bd. 1; NDB; Bethge, Bonhoeffer; Marsh, Dietrich Bonhoeffer; Tietz, Bonhoeffer; Ludwig, Fakultät, S. 114 f.

Borchardt, Leo (1879–1960), seit 1921 nichtbeamteter a. o. Prof. (Innere Medizin) an der Universität Königsberg, Religion: evangelisch, 1933 als ehemaliger „Frontkämpfer“ im Amt belassen, 1935/36 Entzug der Lehrbefugnis als „Nichtarier“, nicht emigriert, bis 1938 praktischer Arzt in Königsberg, lebte 1938–1949 auf dem Hof seines Sohnes in Kärnten, 1949–1952 Arzt in einer Gemeinschaftspraxis mit seiner Tochter in Peine.

Quellen: BA Berlin R 4901/13259; Reichshandbuch I; Tilitzki, Albertus-Universität I, S. 506; Voswinckel, Lexikon; OAF, Sommerrundbrief 1954, S. 15–17 u. Adventsrundbrief 1960, S. 11 f.

Borchardt, Moritz (1868–1948), Schwager von →Fritz Strassmann, seit 1905 beamteter a. o. Prof. (Chirurgie) an der Universität Berlin, Religion: jüdisch, 1920–1933 Direktor der Chirurgischen Abteilung am Krankenhaus Moabit, 1933 als Jude „infolge Ausscheidens aus der Stellung am Krankenhaus Moabit“ vom Lehrauftrag entbunden, seit 1933 in einer Privatklinik tätig, seit 1936 eigene Praxis, 1939 Emigration nach Argentinien.

Quellen: UA HU Berlin UK B 331; BA Berlin R 4901/13259; Reichshandbuch I; BHdE II; Collmann/Dubinski, Borchardt; Voswinckel, Lexikon; Pross/Winau, Nicht misshandeln; Doetz/Kopke, Ausschluss, S. 389.

Born, Max (1882–1970), seit 1921 o. Prof. (Theoretische Physik) an der Universität Göttingen, Religion: konfessionslos (ursprünglich jüdisch, später evangelisch), 1933 beurlaubt, 1933 Emigration nach Großbritannien, 1934/35 Lecturer in Cambridge, 1935 in Göttingen „auf eigenen Antrag“ vorzeitig entpflichtet, 1935/36 am *Indian Institute of Science* in Bangalore (Indien), 1936–1953 Prof. an der *University of Edinburgh*, 1935 Verlust der Göttinger Lehrbefugnis als „Nichtarier“ (RBG), 1953 Rückkehr in die Bundesrepublik, 1954 Nobelpreis für Physik.

Quellen: BA Berlin R 4901/13259; UA Göttingen Kur. 547 Bl. 41 f.; Greenspan, Max Born; BHdE II;

Rosenow, Physik; Szabó, Vertreibung, S. 414–418, 529 ff.

Bornkamm, Günther (1905–1990), seit 1935 Privatdozent (Neues Testament) an der Universität Königsberg, 1936/37 Lehrauftrag in Heidelberg, Religion: evangelisch, 1934 Mitglied der SA, 1937 Entzug der Lehrbefugnis nach § 18 RHO aus politischen Gründen (Mitglied der Bekennenden Kirche), nicht emigriert, 1937–1939 an der Kirchlichen Hochschule Bethel, seit 1940 Pfarrer in Münster und Dortmund, 1943–1945 bei der Wehrmacht, seit 1949 o. Prof. in Heidelberg, 1971 emeritiert.

Quellen: BA Berlin R 4901/13259; Drüll, Gelehrtenlexikon 1933–1986; Meier, Fakultäten, S. 92 ff.; Kürschner 1950. Nachruf in: Jahrbuch der Heidelberger Akademie der Wissenschaften 1991, S. 100–103.

Bosch, Clemens (1899–1955), seit 1932 Privatdozent (Alte Geschichte) an der Universität Halle, Oberassistent am Institut für Altertumswissenschaft, Religion: konfessionslos (ursprünglich evangelisch, später Muslim), 1935 wegen seiner Ehe mit einer „Nichtarierin" aus seiner Stelle als Oberassistent verdrängt, 1935 Emigration in die Türkei, 1937 Entzug der Hallenser Lehrbefugnis nach § 18 RHO, 1940–1955 Prof. für Alte Geschichte an der Universität Istanbul.

Quellen: UA Halle PA 4799; BHdE II; Eberle, Martin-Luther-Universität, S. 366; Kinas, Exodus, S. 210 f.

Brandt, Samuel (1848–1938), seit 1908 o. Honorarprofessor (Klassische Philologie) an der Universität Heidelberg, Religion: evangelisch, 1919 Einstellung der Lehrveranstaltungen aus Altersgründen, 1933 als „Altbeamter" zunächst nicht vom BBG betroffen, 1935 Entzug der Lehrbefugnis als „Nichtarier" aufgrund des RBG, nicht emigriert.

Quellen: GLA Karlsruhe 235/1825; Drüll, Gelehrtenlexikon 1803–1932; Mussgnug, Dozenten, S. 23, 76 f. Online: VAdS.

Brandt, Walter (1889–1971), seit 1926 persönlicher Ordinarius (Anatomie) an der Universität Köln, Religion: evangelisch, 1931 Mitglied der SPD, 1933/34 Mitglied der NSDAP, 1936 wegen seiner „nichtarischen" Ehefrau und aus politischen Gründen in den Ruhestand versetzt (§ 6 BBG), 1937 Emigration nach Großbritannien, seit 1937 *Lecturer* an der Universität Birmingham, 1954 Ruhestand, 1959 Rückkehr in die Bundesrepublik.

Quellen: BA Berlin R 4901/13259; BHdE II; Golczewski, Universitätslehrer, S. 132–139; Voswinckel, Lexikon. Nachruf in: Anatomischer Anzeiger 131 (1972), S. 177–183.

Brauer, Alfred (1894–1985), Bruder von →Richard B., seit 1932 Privatdozent (Mathematik) an der Universität Berlin, Religion: jüdisch, 1933 als ehemaliger „Frontkämpfer" zunächst im Amt belassen, 1936 Entzug der Lehrbefugnis als Jude (RBG), 1939 Emigration in die USA, 1939–1942 Assistent bei →Hermann Weyl am *Institute for Advanced Study* in Princeton, seit 1942 an der *University of North Carolina* in Chapel Hill, seit 1947 als *Full Professor*.

Quellen: UA HU Berlin UK B 384; BHdE II; Cohen/Carmin, Jews; Pinl, Kollegen I, S. 176; Rohrbach, Brauer. Online: MacTutor History of Mathematics Archive.

Brauer, Ludolph (1865–1951), seit 1919 o. Prof. (Innere Medizin) an der Universität Hamburg, 1910–1934 Ärztlicher Direktor des Allgemeinen Krankenhauses Eppendorf, Religion: evangelisch, Mitglied der DNVP, Mitglied der Freimaurerloge *Vom Fels zum Meer*, 1930/31 Rektor der Universität Hamburg, 1934 aus politischen Gründen („einer der übelsten Reaktionäre") als Ärztlicher Direktor in den Ruhestand versetzt und als Hochschullehrer emeritiert, nicht emigriert, Umzug nach Wiesbaden.

Quellen: StA Hamburg 361-6 I 138; van den Bussche, Universitätsmedizin, S. 68–71; Hamburgische Biografie III; NDB; Voswinckel, Lexikon; Auerbach, Catalogus II, S. 206 f.

Brauer, Richard (1901–1977), Bruder von →Alfred B., seit 1927 Privatdozent (Reine Mathematik) an der Universität Königsberg, Religion: jüdisch, 1933 Entzug der Lehrbefugnis als Jude (§ 3 BBG), 1933 Emigration in die USA, 1935 nach Kanada, 1935–1948 an der *University of Toronto*, 1948 erneut in die USA, 1952–1971 an der *Harvard University;* die Schwester von Richard und →Alfred Brauer Therese Alice B. wurde 1943 in Auschwitz ermordet.

Quellen: GStA PK I Rep. 76 Va Sekt. 11 Tit. IV Nr. 37 Bl. 8–15; BHdE II. Online: MacTutor History of Mathematics Archive; National Academy of Sciences, Biographical Memoirs.

Brauer, Theodor (1880–1942), seit 1928 Honorarprofessor (Sozialpolitik) an der Universität Köln, 1930–1933 Leiter des Bildungswerks der christlichen Gewerkschaften in Königswinter, Religion: katholisch, Mitglied der Zentrumspartei, 1937 auf eigenen Antrag beurlaubt, 1937 Emigration in die USA aus politischen und materiellen Gründen[9], seit 1937 Prof. am katholischen *College of St. Thomas* in St. Paul, Minnesota.

Quellen: BA Berlin R 4901/13259; NDB; Golczewski, Universitätslehrer, S. 309–313; Hagemann/Krohn, Handbuch I; Hürten, Katholiken, S. 225 f.

Braun, Hugo (1881–1963), seit 1921 nichtbeamteter a. o. Prof. (Hygiene und Bakteriologie) an der Universität Frankfurt/M., Religion: jüdisch, 1933 Entzug der Lehrbefugnis als Jude, 1933 als Abteilungsvorsteher beim Stadtgesundheitsamt Frankfurt/M. in den Ruhestand versetzt (§ 3 BBG), 1933 Emigration in die Türkei, 1933–1949 Prof. an der Universität Istanbul, 1949 Rückkehr nach Deutschland, seit 1949 o. Prof. für Hygiene und Bakteriologie an der Universität München, seit 1957 Honorarprofessor in München.

Quellen: UA Frankfurt/M. Personalhauptakte u. Rektoratsakte; Stadtarchiv Frankfurt/M. PA 2045, 2050, 15837; BA Berlin R 4901/10033; UA München E-II-975; BHdE II; Voswinckel, Lexikon; Heuer/Wolf, Juden, S. 38 ff.

9 Freiwilliger Rücktritt mit politischem Hintergrund.

Braun, Julius von (1875–1939), seit 1921 o. Prof. (Chemie und chemische Technologie) an der Universität Frankfurt/M., Religion: evangelisch, 1933 als „Altbeamter" nicht entlassen, 1935 als „Nichtarier" vorzeitig emeritiert (§ 4 GEVH) und von weiterer Lehrtätigkeit ausgeschlossen, nicht emigriert; Braun leitete bis zu seinem Tod ein von der Chemieindustrie finanziertes Forschungsinstitut in Heidelberg.

Quellen: UA Frankfurt/M. Personalhauptakte u. Rektoratsakte; Hammerstein, Universität I, S. 384 f. u. passim; Heuer/Wolf, Juden, S. 40 f.; Kinas, Exodus, S. 142 ff. u. passim.

Brauner, Leo (1898–1974), seit 1931 nichtbeamteter a. o. Prof. (Botanik) an der Universität Jena, Religion: jüdisch, seit 1925 Assistent an der Botanischen Anstalt der Universität Jena, 1933 als Jude beurlaubt, 1933 Emigration in die Türkei, 1933–1955 Prof. an der Universität Istanbul, 1955 Rückkehr in die Bundesrepublik, seit 1955 o. Prof. (Botanik) an der Universität München, 1966 emeritiert.

Quellen: BHdE II; Jüdische Lebenswege in Jena, S. 180 f. Nachrufe in: Jahrbuch der Bayerischen Akademie der Wissenschaften 1974, S. 235–239; Berichte der Deutschen Botanischen Gesellschaft 93 (1980), S. 459–466.

Braunfels, Walter (1882–1954), seit 1931 Lehrbeauftragter (Improvisationslehre und Instrumentenkunde) an der Universität Köln, Religion: katholisch (bis 1918 protestantisch), im Hauptberuf 1925–1933 Direktor der Staatlichen Hochschule für Musik in Köln, im November 1933 Entzug des Lehrauftrags als „Nichtarier", nicht emigriert, 1945–1950 erneut Direktor der Staatlichen Hochschule für Musik in Köln.

Quellen: UA Köln Zug. 44/133; Tadday, Walter Braunfels; Jung, Walter Braunfels. Online: Lexikon verfolgter Musiker und Musikerinnen der NS-Zeit.

Brecht, Walther (1876–1950), Schwager von →Ulrich Leo, seit 1927 o. Prof. (Neuere deutsche Literaturgeschichte) an der Universität München, Religion: evangelisch, 1937 wegen seiner „nichtarischen" Ehefrau in den Ruhestand versetzt (§ 6 BBG), nicht emigriert, 1946 erneut zum o. Prof. in München ernannt und zugleich emeritiert.

Quellen: BayHStA München MK 43376; BA Berlin R 9361-VI/267; NDB; Germanistenlexikon I. Online: Gedenkbuch für die Opfer des Nationalsozialismus an der Österreichischen Akademie der Wissenschaften.

Bremer, Otto (1862–1936), seit 1928 emeritierter persönlicher Ordinarius (Phonetik, Allgemeine Sprachwissenschaft und deutsche Mundartenforschung) an der Universität Halle, Religion: evangelisch, 1918–1928 Mitglied der DNVP, 1933 als „Altbeamter" zunächst im Amt belassen, 1936 Entzug der Lehrbefugnis als „Nichtarier" aufgrund des RBG, nicht emigriert.

Quellen: UA Halle PA 4915; NDB; Kinas, Exodus, S. 163 f., 441; Germanistenlexikon I; Stengel, Ausgeschlossen. Online: VAdS.

Brendel, Otto (1901–1973), seit 1932 Privatdozent (Klassische Archäologie) an der Universität Erlangen, Religion: evangelisch, 1932–1935 an das Deutsche

Archäologische Institut in Rom beurlaubt, 1936/37 *Research Fellow* an der *University of Durham,* 1937 Entzug der Lehrbefugnis wegen seiner „nichtarischen“ Ehefrau (§ 18 RHO), 1938 Emigration in die USA, seit 1939 an der *Washington University* in St. Louis, 1941 an der *Indiana University* in Bloomington, seit 1956 *Full Professor* an der *Columbia University,* New York.

Quellen: BayHStA München MK 43 462; UA Erlangen A2/1 Nr. B 55; BHdE II; Obermayer, Altertumswissenschaftler, S. 192–219; Professoren und Dozenten Erlangen III; Wendehorst, Geschichte, S. 186.

Breslauer, Franz bzw. Breslauer-Schück, Franz →Schück, Franz

Bresslau, Ernst (1877–1935), seit 1925 o. Prof. (Zoologie) an der Universität Köln, Religion: evangelisch, Mitglied der DDP/DStP, 1933 als „Nichtarier“ in den Ruhestand versetzt (§ 3 BBG), 1934 Emigration nach Brasilien, 1934/35 Prof. für Zoologie an der neugegründeten Universität von São Paulo.

Quellen: Reichshandbuch I; BHdE II; NDB; Wehefritz, Herz; Pflüger, Ernst Bresslau; Jaenicke, Eyes. Online: Universität zu Köln, Galerie der Professorinnen und Professoren.

Breuer, Samson (1891–1974), seit 1928 Lehrbeauftragter (Versicherungsmathematik) an der Universität Frankfurt/M., Religion: jüdisch, 1925–1935 auch nichtbeamteter a. o. Prof. (Mathematik) an der TH Karlsruhe, 1933 Entzug des Frankfurter Lehrauftrags als Jude, 1936 Entzug der Lehrbefugnis an der TH Karlsruhe (RBG), 1933 Emigration nach Palästina, lebte seit 1934 als Versicherungsmathematiker in Jerusalem.

Quellen: UA Frankfurt/M. Personalhauptakte u. PA der Naturwissenschaftlichen Fakultät; BA Berlin R 4901/13260 u. 13290; BHdE I, Heuer/Wolf, Juden, S. 41 ff.; Seidl, Säuberungen, S. 473.

Brie, Friedrich (1880–1948), seit 1913 o. Prof. (Anglistik) an der Universität Freiburg/Br., Religion: evangelisch, bis 1930 Mitglied der DVP, 1927/28 Rektor der Universität Freiburg, 1933 als „Altbeamter“ zunächst vom BBG nicht betroffen, 1937 als „Nichtarier“ zwangsemeritiert, nicht emigriert, 1938 nach dem Novemberpogrom einige Tage im KZ Dachau inhaftiert, 1945 Wiederaufnahme der Lehrtätigkeit als Ordinarius an der Universität Freiburg/Br., 1948 emeritiert.

Quellen: BA Berlin R 4901/13260; Wer ist's 1935; NDB; Hausmann, Anglistik, S. 446 f.; Badische Biographien NF I; Haenicke/Finkenstaedt, Anglistenlexikon.

Brieger, Ernst/Ernest (1891–1969), Bruder von →Friedrich und →Peter B., seit 1928 Privatdozent (Innere Medizin) an der Universität Breslau, 1921–1934 Leiter der städtischen Tuberkuloseheilstätte Herrnprotsch, Religion: evangelisch, 1933 als ehemaliger „Frontkämpfer“ zunächst im Amt verblieben, 1936 Entzug der Lehrbefugnis als „Nichtarier“ (RBG), 1934 Emigration nach Großbritannien, seit 1934 am *Papworth Hall Tuberculosis Hospital* in Cambridge.

Quellen: BA Berlin R 4901/13260; GStA PK I Rep. 76 Va Sekt. 4 Tit. IV Nr. 40 Bd. VII; UA Wrocław S 186 u. S 199; Historisches Ärztelexikon für Schlesien I. Nachruf in: Leprosy Review 40 (1969), S. 256.

Brieger, Friedrich (1900–1985), Bruder von →Ernst und →Peter B., seit 1929 Privatdozent (Botanik) an der Universität Berlin, Religion: evangelisch, 1933 Entzug der Lehrbefugnis als „Nichtarier" (§ 3 BBG), 1934 Emigration nach Großbritannien, *Lecturer* an der *John Innes Horticultural Institution* in London, 1936 Emigration nach Brasilien, 1936–1967 Professor (Zytologie und allgemeine Genetik) an der *Escola Superior de Agricultura Luiz de Queiroz* der Universität São Paulo, 1982 Rückkehr in die Bundesrepublik.

Quellen: UA HU Berlin UK B 416; GStA PK I Rep. 76 Va Sekt. 2 Tit. IV Nr. 68 F Teil 1 Bl. 242–256 u. Teil 2 Bl. 860–864. Nachruf in: Berichte der Deutschen Botanischen Gesellschaft 99 (1986), S. 137–143.

Brieger, Peter (1898–1983), Bruder von →Ernst und →Friedrich B., seit 1927 Privatdozent (Kunstgeschichte) an der Universität Breslau, Religion: evangelisch, 1933 als ehemaliger „Frontkämpfer" zunächst im Amt belassen, 1933 Emigration nach Frankreich, 1934 nach Großbritannien (zunächst beurlaubt), 1936 Entzug der Breslauer Lehrbefugnis als „Nichtarier" (RBG), 1936 Emigration nach Kanada, 1936–1969 am *Department of Art* der *University of Toronto*, seit 1947 als Prof.

Quellen: BA Berlin R 4901/13260; UA Wrocław S 34 u. S 199; Wendland, Handbuch I. Nachruf in: Transactions of the Royal Society of Canada, Series VI, 1 (1990), S. 475–477.

Brinkmann, Roland (1898–1995), 1929–1933 nichtbeamteter a. o. Prof. (Geologie) an der Universität Göttingen, 1933–1937 o. Prof. (Geologie und Paläontologie) an der Universität Hamburg, Religion: evangelisch, 1933–1937 Mitglied der NSDAP, 1937 aus politischen Gründen (Denunziation wegen regimekritischer Äußerungen) entlassen, nicht emigriert, 1940–1944 Leiter des Amtes für Bodenforschung im Generalgouvernement, 1946 Prof. in Rostock, 1952–1963 o. Prof. in Bonn, 1965–1974 Prof. an der Universität Izmir, Türkei.

Quellen: StA Hamburg 361-6 I 141; Ehlers, Institut, S. 1224–1228, 1234–1238. Nachruf in: Geologische Rundschau 85 (1996), S. 186–190. Online: Catalogus Professorum Rostochiensium.

Brock, Werner (1901–1974), seit 1931 Privatdozent (Philosophie) an der Universität Freiburg, 1931–1933 Assistent am Philosophischen Seminar, Religion: evangelisch, 1933 Entzug der Lehrbefugnis als „Nichtarier" (§ 3 BBG), 1933 Emigration nach Großbritannien, Lehrtätigkeit am *St. John's College* in Cambridge, seit 1942 mehrfach wegen akuter Schizophrenie in englischen Nervenheilanstalten, Rückkehr in die Bundesrepublik, seit 1951 apl. Prof. für Philosophie in Freiburg/Br., 1958 wegen Schizophrenie vorzeitig pensioniert, 1969 entmündigt.

Quellen: GLA Karlsruhe 235/5007; Stadtarchiv Freiburg Einwohnermeldekartei; Tilitzki, Universitätsphilosophie I, S. 346 f.; Martin, Entlassung, S. 26 f. Nachruf in: Freiburger Universitätsblätter, Heft 47 (1975), S. 9 f.

Brodersen, Johannes (1878–1970), seit 1923 planmäßiger a. o. Prof. (Anatomie) an der Universität Hamburg, Prosektor am Anatomischen Universitätsinstitut, Religion: evangelisch, 1941 aus politischen Gründen (wegen regimekritischer Äußerungen) vorzeitig entpflichtet (offiziell „auf eigenen Antrag"), nicht emigriert; 1951 erhielt Brodersen im Zuge der Wiedergutmachungspolitik die Rechtsstellung eines emeritierten o. Professors.

Quellen: StA Hamburg 361-6 IV 1180; Wer ist wer 1955; van den Bussche, Universitätsmedizin, S. 342 f.

Brodnitz, Georg (1876–1941), seit 1927 beamteter a. o. Prof. (Staatswissenschaften) an der Universität Halle, Religion: evangelisch (ursprünglich jüdisch), 1910–1918 Mitglied der Nationalliberalen Partei, 1933 als „Nichtarier" in den Ruhestand versetzt (§ 3 BBG), nicht emigriert, Umzug nach Berlin, im Oktober 1941 in das Ghetto Litzmannstadt/Lodz deportiert, wo er nach wenigen Wochen starb.

Quellen: UA Halle PA 4957; GStA PK I Rep. 76 Va Sekt. 8 Tit. IV, Nr. 52; Eberle, Martin-Luther-Universität, S. 367; Stengel, Ausgeschlossen.

Bruck, Eberhard (1877–1960), Bruder von →Werner Friedrich B., seit 1932 o. Prof. (Römisches und Bürgerliches Recht) an der Universität Bonn, Religion: evangelisch, 1933 als „Altbeamter" zunächst im Amt belassen, 1935 als „Volljude" vorzeitig entpflichtet (§ 4 GEVH), 1936 aus dem Personal- und Vorlesungsverzeichnis gestrichen, 1939 Emigration in die Niederlande, 1939 in die USA, 1939–1952 *Research Associate* an der *Harvard University*.

Quellen: BA Berlin R 4901/13260; Warlo, Eberhard Bruck; BHdE II; Heuer/Wolf, Juden, S. 44 ff. Nachruf in: Zeitschrift der Savigny-Stiftung für Rechtsgeschichte. Romanistische Abteilung 78 (1961), S. 550–553.

Bruck, Ernst (1876–1942), seit 1919 o. Prof. (Versicherungswissenschaft) an der Universität Hamburg, Religion: evangelisch (ursprünglich jüdisch), 1933 als „Altbeamter" zunächst im Amt belassen, im September 1935 als „Nichtarier" auf „eigenen Antrag" vorzeitig emeritiert (offizell aus „gesundheitlichen Gründen"), 1936 aus dem Personal- und Vorlesungsverzeichnis der Universität Hamburg gestrichen, nicht emigriert; Bruck, dessen Ehefrau „Arierin" war, starb im Januar 1942 in Hamburg an einem Herzleiden.

Quellen: StA Hamburg 351-11/11353; BA Berlin R 4901/13260; Wer ist's 1935; Hamburgische Biografie II; Lebensbilder Hamburgischer Rechtslehrer, S. 21–25.

Bruck, Walther (1872–1937), seit 1921 nichtbeamteter a. o. Prof. (Zahnheilkunde) an der Universität Breslau, Religion: evangelisch (bis 1889 jüdisch), zeitweise Mitglied der DVP, 1933 Entzug der Lehrbefugnis als „Nichtarier" (§ 3 BBG), 1934 Wiedererteilung der Lehrbefugnis wegen „hervorragender Bewährung", 1936 (?) erneuter Entzug der Lehrbefugnis als „Nichtarier“ (RBG), nicht emigriert.

Quellen: BA Berlin R 4901/13260; GStA PK I Rep. 76 Va Sekt. 4 Tit. IV Nr. 51 Bl. 135–141, 229, 344–358; Wer ist's 1935; Voswinckel, Lexikon; Historisches Ärztelexikon für Schlesien Bd. I.

Bruck, Werner Friedrich (1880–1945), Bruder von →Eberhard B., seit 1923 o. Prof. (Wirtschaftliche Staatswissenschaften u. a.) an der Universität Münster, Religion: evangelisch, 1918–1933 Mitglied der DVP, 1933 als „Nichtarier“ in den Ruhestand versetzt (§ 3 BBG), 1934 Emigration nach Großbritannien, Gastprofessor am *University College of South Wales and Monmouthshire* in Cardiff, 1940 Emigration in die USA, Lehrtätigkeit an der *New School for Social Research* in New York City.

Quellen: GStA PK I Rep. 76 Va Sekt. 13 Tit. IV Nr. 22 Bl. 33–45; BHdE II; Möllenhoff/Schlautmann-Overmeyer, Familien I; Happ/Jüttemann, Schlag; Felz, Recht, S. 66–70; Hagemann/Krohn, Handbuch I.

Brüggemann, Fritz (1876–1945), seit 1928 nichtbeamteter a. o. Prof. (Neuere deutsche Literaturgeschichte) an der Universität Kiel, Religion: evangelisch, 1918–1923 Mitglied der DDP, 1932 Mitglied der SPD, 1933/34 Mitglied der NSDAP, 1934 Ausschluss aus der NSDAP, 1935 Entzug der Lehrbefugnis aus politischen Gründen („ausgesprochener Konjunkturritter“), nicht emigriert.

Quellen: BA Berlin R 4901/13260; Wer ist's 1935; Germanistenlexikon I; Uhlig, Wissenschaftler, S 55 f. Online: Kieler Gelehrtenverzeichnis.

Brühl, Gustav (1871–1939), seit 1921 nichtbeamteter a. o. Prof. (Ohrenheilkunde) an der Universität Berlin, Religion: evangelisch (bis 1899 jüdisch), hauptamtlich Chefarzt der Ohren- und Nasenabteilung am St. Maria-Victoria-Krankenhaus in Berlin-Mitte, 1933 Entzug der Lehrbefugnis als Jude (§ 3 BBG), nicht emigriert.

Quellen: UA HU Berlin Med. Fak. 1478; GStA PK I Rep. 76 Va Sekt. 2 Tit. IV Nr. 46 C Bd. I; Wer ist's 1935; Voswinckel, Lexikon.

Brühl, Robert (1898–1976), 1932/33 Privatdozent (Geburtshilfe und Gynäkologie) an der Universität Göttingen, 1933 aufgrund politischer Anfeindungen nach Bonn umhabilitiert, Religion: katholisch, bis 1933 Mitglied der Zentrumspartei, verließ 1936 die Universität Bonn, nachdem seine Ernennung zum Oberarzt aus politischen Gründen („abfällige Äußerungen gegenüber Führer und Partei“) gescheitert war[10], 1937 Entzug der Lehrbefugnis, nicht emigriert, lebte als Arzt in Völklingen und Trier, 1940 Mitglied der NSDAP.

Quellen: BA Berlin R 4901/13260; Szabó, Vertreibung, S. 167–171, 533 f.; Forsbach, Universität Bonn, S. 234 f.; Höpfner, Universität, S. 47 f.

Brugsch, Theodor (1878–1963), seit 1927 o. Prof. (Innere Medizin) an der Universität Halle, Religion: evangelisch, 1931/32 Mitglied der DVP, 1936 wegen seiner „nichtarischen“ Ehefrau

10 Freiwilliger Rücktritt mit politischem Hintergrund.

in den Ruhestand versetzt (§ 6 BBG), nicht emigriert, seit 1936 internistische Privatpraxis in Berlin, seit 1945 o. Prof. an der Universität Berlin, 1946–1949 Vizepräsident der Verwaltung für Volksbildung in der SBZ, 1949–1954 Abgeordneter der Volkskammer.

Quellen: UA Halle PA 4999; UA HU Berlin PA Brugsch, Theodor; BA Berlin R 4901/10002; Brugsch, Arzt; Eberle, Martin-Luther-Universität, S. 312 f. u. passim; Kinas, Exodus, S. 194 ff.

Brunner, Peter (1900–1981), seit 1927 Privatdozent (Systematische Theologie) an der Universität Gießen, 1932–1936 hauptberuflich Pfarrer in Ranstadt (Hessen), Religion: evangelisch, Mitglied der Bekennenden Kirche, von März bis Juni 1935 im KZ Dachau inhaftiert, 1936 Entzug der Lehrbefugnis aus politischen Gründen (§ 18 RHO), nicht emigriert, seit 1936 Lehrtätigkeit an der Kirchlichen Hochschule Wuppertal und Hilfsprediger in Elberfeld, seit 1947 o. Prof. an der Universität Heidelberg, 1968 emeritiert.

Quellen: BA Berlin R 4901/13260; Kürschner 1950; BBKL, Bd. 14; Chroust, Universität I, S. 230.

Buber, Martin (1878–1965), seit 1930 Honorarprofessor (Religionswissenschaft) an der Universität Frankfurt/M., Religion: jüdisch, 1933 Entzug der Lehrbefugnis als Jude (§ 3 BBG), 1933–1938 Leiter des Freien Jüdischen Lehrhauses in Frankfurt/M., 1938 Emigration nach Palästina, seit 1938 Prof. (Sozialphilosophie und allgemeine Soziologie) an der Hebräischen Universität Jerusalem, 1951 emeritiert

Quellen: UA Frankfurt/M. Personalhauptakte u. PA der Philosophischen Fakultät; BA Berlin R 4901/13291; BHdE II; Bourel, Buber; Heuer/Wolf, Juden, S. 46–54; Kinas, Exodus, S. 64, 434.

Buchner, Max (1881–1941), seit 1926 o. Prof. (Geschichte, insbesondere bayerische Landesgeschichte) an der Universität Würzburg, Religion: katholisch, 1919–1933 Mitglied der Bayerischen Mittelpartei/DNVP, seit 1936 o. Prof. (Geschichte) an der Universität München, 1940 vom bayerischen Kultusminister aus politischen Gründen (Inhaber eines Konkordatslehrstuhls) von Prüfungen ausgeschlossen, im Februar 1941 vom Gauleiter und Kultusminister Adolf Wagner dauerhaft beurlaubt, nicht emigriert. Buchner starb im April 1941.

Quellen: BayHStA München MK 43476; BA Berlin R 4901/24340; NDB; Herde, Buchner; Heiber, Walter Frank, S. 701 ff.

Budde, Werner (1886–1960), seit 1925 nichtbeamteter a. o. Prof. (Chirurgie) an der Universität Halle, Religion: evangelisch, im Hauptberuf 1926–1945 Chefarzt am katholischen St. Barbara-Krankenhaus in Halle, 1937 Entzug der Lehrbefugnis wegen seiner „nichtarischen“ Ehefrau (§ 18 RHO), nicht emigriert, seit 1945 o. Prof. (Chirurgie) an der Universität Halle, 1956 emeritiert.

Quellen: UA Halle PA 2440; BA Berlin R 4901/13260; Reichshandbuch I; Voswinckel, Lexikon; Eberle, Martin-Luther-Universität, S. 313 u. passim; Stengel, Ausgeschlossen.

Budge, Siegfried (1869–1941), seit 1925 nichtbeamteter a. o. Prof. (Volkswirtschaftslehre) an der Universität Frankfurt/M., Religion: jüdisch, 1919–1925 Mitglied der DDP, Mitglied der Freimaurerloge *Zur aufgehenden Morgenröte*, 1933 Entzug der Lehrbefugnis als Jude (§ 3 BBG), nicht emigriert, 1934 Umzug nach Hamburg; seine Ehefrau Ella Budge, geb. Mayer starb 1943 im Ghetto Theresienstadt.

Quellen: UA Frankfurt/M. Personalhauptakte, Rektoratsakte u. PA der Wirtschafts- und Sozialwissenschaftlichen Fakultät; BA Berlin R 4901/13291; Heuer/Wolf, Juden, S. 54 f. Online: Gedenkbuch – Opfer der Verfolgung.

Buschke, Abraham (1868–1943), seit 1921 nichtbeamteter a. o. Prof. (Syphilis, Haut- und Harnkrankheiten) an der Universität Berlin, Religion: jüdisch, 1906–1933 Chefarzt am Städtischen Rudolf-Virchow-Krankenhaus in Berlin, 1933 als Chefarzt entlassen, 1934 Entzug der Lehrbefugnis als Jude (§ 6 BBG), nicht emigriert, 1933–1942 am Jüdischen Krankenhaus Berlin; Buschke wurde 1942 in das Ghetto Theresienstadt deportiert, wo er im Februar 1943 starb.

Quellen: UA HU Berlin UK B 514; GStA PK I Rep. 76 Va Sekt. 2 Tit. IV Nr. 46 C Bd. I; NDB; Voswinckel, Lexikon; Eppinger, Schicksal, S. 69 f.; Nürnberger, Buschke. Online: Gedenkbuch – Opfer der Verfolgung.

Byk, Alfred (1878–1942), seit 1921 nichtbeamteter a. o. Prof. (Physik) an der Universität Berlin (seit 1922 auch an der TH Berlin), Religion: jüdisch, 1933 Entzug der Lehrbefugnis als Jude (§ 3 BBG), nicht emigriert; Byk wurde im Juni 1942 in das Vernichtungslager Sobibor deportiert und wenige Stunden nach der Ankunft ermordet; seine Wohnungseinrichtung wurde im August 1942 öffentlich versteigert.

Quellen: UA HU Berlin UK B 522; GStA PK I Rep. 76 Va Sekt. 2 Tit. IV Nr. 68 F Teil 1 Bl. 453–462; Reichshandbuch I; Fischer, Byk Gulden; Wolff, Alfred Byk. Online: Catalogus Professorum der TU Berlin.

C

Cahn, Ernst (1875–1953), seit 1919 o. Honorarprofessor (Verwaltungs- und Staatsrecht einschließlich öffentliches Versicherungsrecht und Politik) an der Universität Frankfurt/M., Religion: evangelisch (bis 1917 jüdisch), 1918–1930 Mitglied der DDP, 1933 Entzug der Lehrbefugnis und Pensionierung als Obermagistratsrat (§ 3 BBG), nicht emigriert; Cahn überlebte die NS-Diktatur als Teil einer „nicht privilegierten Mischehe“.

Quellen: UA Frankfurt/M. Personalhauptakte; BA Berlin R 4901/13292; Kinas, Exodus, S. 376; Heuer/Wolf, Juden, S. 55–58.

Cahn-Bronner, Carl E. (1893–1977), seit 1925 Privatdozent (Innere Medizin) an der Universität Frankfurt/M., Religion: evangelisch, 1934 Entzug der Lehrbefugnis als „Nichtarier“ und Pensionierung als leitender Arzt am Allgemeinen Krankenhaus Bad Homburg (§ 3 BBG), 1937 Emigration nach Italien, Volontär an der Universität Pavia, 1939 Emigration in die USA, 1940–1958 Lehrtätigkeit an der *University of Illinois* in Chicago, Privatpraxis.

Quellen: UA Frankfurt/M. Personalhauptakte; Stadtarchiv Frankfurt/M. PA 24178; BA Berlin R 4901/13292; Heuer/Wolf, Juden, S. 58 f.

Caskel, Werner (1896–1970), 1932/33 Lehrstuhlvertretung an der Universität Rostock (Orientalische Philologie), 1930–1938 Privatdozent (Semitische Philologie) an der Universität Greifswald, Religion: evangelisch, 1933 als ehemaliger „Frontkämpfer" zunächst im Amt belassen, 1938 Entzug der Lehrbefugnis als „Nichtarier" (§ 18 RHO), nicht emigriert, Assistent bei der Max-Freiherr-von-Oppenheim-Stiftung, 1946 Prof. mit Lehrauftrag an der Universität Berlin, 1948 o. Prof. in Köln, 1964 emeritiert.

Quellen: UA Greifswald PA 911; UA HU UK C 14; Buchholz, Lexikon; Eberle, Instrument, S. 828 f. u. passim; Kinas, Exodus, S. 383. Online: VAdS.

Caspar, Erich (1879–1935), seit 1930 o. Prof. (Mittlere und neuere Geschichte) an der Universität Berlin, Religion: evangelisch; Suizid im Januar 1935, vermutlich aus Furcht vor der Entlassung nach Aufdeckung seiner „nichtarischen" Herkunft, nicht emigriert.

Quellen: UA HU Berlin UK C 10; Altpreußische Biographie I; NDB; Weber, Lexikon; Erkens, Caspar. Nachruf in: Historische Zeitschrift, Bd. 152 (1935), S. 218 f.

Caspari, Wilhelm (1876–1947), seit 1922 o. Prof. (Alttestamentliche Theologie) an der Universität Kiel, Religion: evangelisch, 1930–1933 Mitglied der DNVP, 1933 Mitglied des *Stahlhelm, Bund der Frontsoldaten*, Mitglied der Bekennenden Kirche; 1936 aus politischen Gründen (Tätigkeit für die Bekennende Kirche und Konflikte mit SA-Studenten) vorzeitig emeritiert (offiziell „auf eigenen Antrag"), um eine Pensionierung zu verhindern; nicht emigriert, 1945 Wiederaufnahme der Lehrtätigkeit.

Quellen: BA Berlin R 4901/13260; Volbehr/Weyl, Professoren, S. 11; Uhlig, Wissenschaftler, S. 102 ff.; Göllnitz, Karrieren, S. 91–94. Online: Kieler Gelehrtenverzeichnis.

Casper, Leopold (1859–1959), seit 1921 nichtbeamteter a. o. Prof. (Harnkrankheiten) an der Universität Berlin, Privatpraxis als Urologe, seit 1908 Belegarzt, später leitender Arzt am Franziskus-Krankenhaus, Religion: jüdisch, 1933 Entzug der Lehrbefugnis als Jude (§ 3 BBG), 1938 Emigration nach Süd-Frankreich, 1941 Emigration in die USA, lebte in New York City.

Quellen: UA HU Berlin UK C 11; GStA PK I Rep. 76 Va Sekt. 2 Tit. IV Nr. 46 C Bd. I; BHdE II; Voswinckel, Lexikon; Casper, Skizzen; Lem, Casper; Moll u. a., Leopold Casper.

Cassirer, Ernst (1874–1945), seit 1919 o. Prof. (Philosophie) an der Universität Hamburg, Religion: jüdisch, 1929/30 Rektor der Universität Hamburg, 1933 als Jude in den Ruhestand versetzt (§ 3 BBG), 1933 Emigration nach Großbritannien, 1933–1935 *Chichele Lecturer* in Oxford, 1935 Emigration nach Schweden, 1935–1940 Stiftungsprofessur an der Hochschule Göteborg, 1941 Emigration in die USA, 1941–1944 Gastprofessor an der *Yale University* in New Haven, Connecticut, 1944/45 Gastprofessor an der *Columbia University*, New York.

Quellen: StA Hamburg 361-6 IV 146 Bd. 1–5; T. Cassirer, Leben; Krois, Cassirer; Paetzold, Ernst Cassirer; Sandkühler/Pätzold, Kultur; Nicolaysen, Plädoyer; Wittek, „Band"; BHdE II.

Chajes, Benno (1880–1938), seit 1932 beamteter a. o. Prof. (Sozialhygiene) an der Universität Berlin, Religion: jüdisch, Mitglied der SPD und des *Reichsbanner Schwarz-Rot-Gold*, 1928–1933 Mitglied des Preußischen Landtags für die SPD, 1933 als Jude und aus politischen Gründen entlassen (§ 4 BBG), 1933 Emigration nach Palästina, dermatologische Praxis in Tel Aviv, 1936 Mitgründer des privaten Assuta Hospitals in Tel Aviv.

Quellen: UA HU Berlin UK C 14; GStA PK I Rep. 76 Va Sekt. 2 Tit. IV Nr. 46 C Bd. I; BHdE I; Voswinckel, Lexikon; Schagen/Schleiermacher, Jahre; Weder, Sozialhygiene; Hansen/Tennstedt, Lexikon II.

Citron, Julius (1878–1952), seit 1921 nichtbeamteter a. o. Prof. (Innere Medizin) an der Universität Berlin, bis 1933 Chefarzt an der Neuen Poliklinik der Jüdischen Gemeinde, Religion: jüdisch, 1933 Entzug der Lehrbefugnis als Jude (§ 3 BBG), 1933 Emigration nach Palästina, Privatpraxis in Tel Aviv, 1942 Emigration nach Ägypten, 1942–1952 Leiter der Inneren Abteilung am Israelitischen Krankenhaus in Kairo.

Quellen: UA HU Berlin UK C 28; GStA PK I Rep. 76 Va Sekt. 2 Tit. IV Nr. 46 C Bd. I; Kagan, Jewish Medicine, S. 52; Voswinckel, Lexikon.

Coehn, Alfred (1863–1938), seit 1928 emeritierter persönlicher Ordinarius (Photochemie) an der Universität Göttingen, seit 1909 Leiter der Abteilung für Photochemie im Institut für physikalische Chemie, Religion: evangelisch, im März 1936 Entzug der Lehrbefugnis als „Nichtarier" aufgrund des RBG, nicht emigriert.

Quellen: UA Göttingen Kur. 547 Bl. 41 f.; Reichshandbuch I; Wer ist's 1935; Wilson, Pakt, S. 144–147; DBE.

Cohn, Emil (1854–1944), seit 1920 o. Honorarprofessor (Theoretische Physik) an der Universität Freiburg/Br., Religion: evangelisch (ursprünglich jüdisch), 1933 als „Altbeamter" zunächst vom BBG nicht betroffen, 1934 Verzicht auf weitere Lehrtätigkeit und die Rechte eines o. Honorarprofessors als „Nichtarier" (offiziell aus Altersgründen), daraufhin aus dem Lehrkörper gestrichen, Umzug nach Heidelberg, 1939 Emigration in die Schweiz.

Quellen: GLA Karlsruhe 235/8708; NDB; BHdE II. Nachruf in: Archiv der Elektrischen Übertragung 1 (1947), S. 81–83.

Cohn, Ernst J. (1904–1976), seit 1932 persönlicher Ordinarius (Bürgerliches Recht) an der Universität Breslau, Religion: jüdisch, war nach seiner Berufung massiven Angriffen antisemitischer Studierender ausgesetzt, 1933 als Jude entlassen (§ 3 BBG), 1933 Emigration nach Großbritannien, 1937 Gründung einer Anwaltskanzlei, seit 1937 Lehrtätigkeit an verschiedenen britischen Hochschulen, 1941–1946 Dienst in der britischen Armee.

Quellen: GStA PK I Rep. 76 Va Sekt. 4 Tit. IV Nr. 51 Bl. 24–29; GStA PK I Rep. 76 Va Sekt. 4 Tit. IV Nr. 34 Bd. IX; UA Wrocław S 18; BHdE II; Breunung/Walther, Emigration I; Heuer/Wolf, Juden, S. 60–62.

Cohn, Jonas (1869–1947), seit 1919 planmäßiger a. o. Prof. (Pädagogik und Philosophie) an der Universität Freiburg/Br., Religion: jüdisch (zeitweise auch katholisch), Mitglied des *Verbandes nationaldeutscher Juden*, Mitglied der DDP, 1933 als Jude entlassen (§ 3 BBG), 1939 Emigration nach Großbritannien; lebte in Birmingham, wo sein Sohn als Bibliothekar tätig war.

Quellen: GLA Karlsruhe 235/1871; NDB; Heitmann, Jonas Cohn: Horn, Erziehungswissenschaft, S. 206 f.; Tilitzki, Universitätsphilosophie I, S. 134 f.; BHdE II; Badische Biographien NF IV.

Cohn, Konrad (1866–1938), seit 1919 Lehrbeauftragter (Soziale Zahnheilkunde) an der Universität Berlin, Religion: jüdisch, hauptberuflich als Zahnarzt tätig, Zahnärztefunktionär; 1933 Verzicht auf den Lehrauftrag, bevor er als Jude entlassen werden konnte; nicht emigriert, seit 1933 Leiter der Beratungsstelle für Zahnärzte bei der Jüdischen Gemeinde Berlin.

Quellen: UA HU Berlin Med. Fak. 1478; Chronik der Friedrich-Wilhelms-Universität 1932/1935, S. 34; Lowenthal, Juden; Köhn, Zahnärzte, S. 107 f.

Cohn, Ludwig (1877–1962), seit 1930 Lehrbeauftragter (Blindenwesen und Blindenfürsorge) an der Universität Breslau, seit 1928 hauptberuflich Blindenfürsorger, Religion: jüdisch, 1934 Entzug des Lehrauftrags als Jude, 1933 Emigration in die Tschechoslowakei, 1940 in die Niederlande; 1943–1945 in den Lagern Westerbork, Bergen Belsen und Theresienstadt inhaftiert; 1945 Rückkehr in die Niederlande; Cohns Frau Hedwig starb 1944 im Ghetto Theresienstadt.

Quellen: BA Berlin R 4901/1721; Cohn, Ein Weg; Lowenthal, Juden; Stern, Werke. Online: Joods Biografisch Woordenboek.

Cohn, Rudolf (1862–1938), seit 1921 nichtbeamteter a. o. Prof. (Pharmakologie und medizinische Chemie) an der Universität Königsberg, Religion: jüdisch, 1913–1933 Vorsitzender der Repräsentantenversammlung der Jüdischen Gemeinde Königsberg, 1933 Entzug der Lehrbefugnis als Jude (§ 3 BBG), 1933 Emigration nach Palästina.

Quellen: GStA PK I Rep. 76 Va Sekt. 11 Tit. IV Nr. 37 Bl. 16–21; Schüler-Springorum, Minderheit, S. 302 u. passim; OAF, Osterrundbrief 1971, S. 71 f.; Archiv des Leo Baeck Institute, New York AR 4055 (auch online).

Cohn, Theodor (1867–1934), seit 1921 nichtbeamteter a. o. Prof. (Urologie) an der Universität Königsberg, im Hauptberuf Chefarzt einer urologischen Privatklinik, Religion: jüdisch, Mitglied der DDP/DStP (bis 1933), des *Reichsbanner Schwarz-Rot-Gold* (1930–1932) und einer B'nai B'rith-Loge, 1933 Entzug der Lehrbefugnis aus politischen Gründen und als Jude (§ 4 BBG), nicht emigriert.

Quellen: GStA PK I Rep. 76 Va Sekt. 11 Tit. IV Nr. 37 Bl. 74–78, 107–113; Altpreußische Biographie IV; Schüler-Springorum, Minderheit, S. 302; Voswinckel, Lexikon; Tilitzki, Albertus-Universität I, S. 514 f.

Cohn-Vossen, Stefan (1902–1936), seit 1930 Privatdozent (Mathematik) an der Universität Köln, Religion: jüdisch, 1933 Entzug der Lehrbefugnis als Jude (§ 3 BBG), 1933 Emigration in die Schweiz, 1934 Mathematiklehrer in Zürich, 1935 Emigration in die Sowjetunion, 1935/36 am Steklow-Institut für Mathematik der Russischen Akademie der Wissenschaften tätig, gleichzeitig Prof., zunächst an der Universität Leningrad, danach in Moskau. Cohn-Vossen starb 1936 in Moskau an einer Lungenentzündung.

Quellen: UA Köln Zug. 44/54; UA Breslau F 252 und Studentenkartei; BHdE II; Pinl, Kollegen III, S. 183 f. Online: MacTutor History of Mathematics Archive.

Colm, Gerhard (1897–1968), seit 1930 nichtbeamteter a. o. Prof. (Wirtschaftliche Staatswissenschaften) an der Universität Kiel, Religion: konfessionslos (früher evangelisch), 1920 Mitglied der USPD, 1924–1933 Mitglied der SPD, 1933 Entzug der Lehrbefugnis als „Nichtarier" und aus politischen Gründen (§ 4 BBG), 1933 Emigration in die USA, 1933–1939 Prof. an der *New School for Social Research*, seit 1939 in verschiedenen Funktionen als Finanzexperte für die US-amerikanische Regierung tätig.

Quellen: GStA PK I Rep. 76 Va Sekt. 9 Tit. IV Nr. 22 Bl. 125–133, 221–227; BHdE I; Hoppenstedt, Gerhard Colm; Uhlig, Wissenschaftler, S. 35; Hagemann/Krohn, Handbuch I. Online: Kieler Gelehrtenverzeichnis.

Cornelius, Hans (1863–1947), seit 1928 emeritierter o. Prof. (Philosophie) an der Universität Frankfurt/M., Religion: konfessionslos, 1918 Mitglied der SPD, 1937 wegen seiner Ehe mit einer „Nichtarierin" aus dem Lehrkörper gestrichen, nicht emigriert, 1939 Scheidung von seiner Frau, vergebliche Versuche zur Wiederaufnahme in den Lehrkörper; seine geschiedene Frau Friederike C. geb. Rosenthal wurde 1942 im Vernichtungslager Sobibor ermordet.

Quellen: UA Frankfurt/M. Personalhauptakte u. Rektoratsakte; Kinas, Exodus, S. 208 f.; Tilitzki, Universitätsphilosophie I, S. 48 f. u. passim.

Courant, Richard (1888–1972), seit 1920 o. Prof. (Mathematik) an der Universität Göttingen, Religion: jüdisch, 1919 Mitglied der SPD, 1933 beurlaubt, als ehemaliger „Frontkämpfer" zunächst geschützt, 1933 Emigration nach Großbritannien, 1933/34 *Lecturer* in Cambridge, 1934 als Jude vorzeitig emeritiert (offiziell „auf eigenen Antrag"), 1934 in die USA, seit 1934 an der *New York University*, zunächst als Gastprofessor, seit 1936 *Full Professor*, 1935/36 Entzug der Göttinger Lehrbefugnis aufgrund des RBG.

Quellen: UA Göttingen Kur. 547; Reid, Richard Courant; Schappacher, Institut, S. 524–530; Szabó, Vertreibung, S. 418–424, 540 ff.; BHdE II; Siegmund-Schultze, Mathematicians, S. 167–171.

Craemer, Rudolf (1903–1941), seit 1932 Privatdozent (Neuere Geschichte) an der Universität Königsberg, Religion: evangelisch, Mitglied des Jungnationalen Bundes, 1937 Mitglied der NSDAP, 1938–1941 Leiter der historischen Abteilung im Arbeitswissenschaftlichen Institut der DAF, 1940 wurde Craemers Lehrbefugnis aus politischen Gründen (nach dem Verbot einer Publikation) und wegen körperlicher Behinderung vom REM für „erloschen" erklärt, nicht emigriert.

Quellen: BA Berlin R 4901/13260, R 4901/26066, R 9361-I 1792; Heiber, Walter Frank, S. 459 f. u. passim; Roth, Intelligenz, S. 68 f., S. 153–160 u. passim.

Cunow, Heinrich (1862–1936), seit 1928 emeritierter beamteter a. o. Prof. (Soziologie, Wirtschaftsgeschichte) an der Universität Berlin, Religion: konfessionslos (bis 1906 evangelisch), 1894–1933 Mitglied der SPD (1921–1924 Mitglied des preußischen Landtags), 1933 aus politischen Gründen entlassen (§ 4 BBG), nicht emigriert.

Quellen: UA HU Berlin UK C 67; GStA PK I Rep. 76 Va Sekt. 2 Tit. IV Nr. 68 F Teil 1 Bl. 598–609; BA Berlin R 4901/1624; NDB; Soziologenlexikon I; Kinas, Exodus, S. 109 f.; Sigel, Gruppe.

Curschmann, Fritz (1874–1946), seit 1928 persönlicher Ordinarius (Geschichte, historische Hilfswissenschaften und historische Geographie) an der Universität Greifswald, Religion: evangelisch, seit 1918/19 Mitglied der DNVP, 1933 als ehemaliger „Frontkämpfer" zunächst im Amt belassen, 1936 Entzug der Prüfungserlaubnis als „Nichtarier", 1939 emeritiert mit Vorlesungsverbot, dennoch weitere Lehrtätigkeit, nicht emigriert.

Quellen: UA Greifswald PA 274; Eberle, Instrument, S. 754 f. u. passim; Kinas, Exodus, S. 225 u. passim; Unterstell, Curschmann; Viehberg, Restriktionen, S. 278–284.

Curtis, Francis J. (1861–1946), seit 1928 emeritierter o. Prof. (Englische Philologie) an der Universität Frankfurt/M., gebürtiger Engländer, Religion: konfessionslos (früher protestantisch), 1937 wegen seiner Ehe mit einer „Nichtarierin" aus dem Vorlesungsverzeichnis gestrichen, nicht emigriert, 1946 Rückkehr nach Großbritannien.

Quellen: UA Frankfurt/M. Personalhauptakte; Heuer/Wolf, Juden, S. 441 f.; Haenicke/Finkenstaedt, Anglistenlexikon.

D

Danzel, Theodor Wilhelm (1886–1954), seit 1931 nichtbeamteter a. o. Prof. (Völkerkunde) an der Universität Hamburg, Religion: evangelisch, im Hauptberuf 1924–1945 Abteilungsleiter am Hamburger Museum für Völkerkunde, 1933 Entzug der Lehrbefugnis als „Vierteljude" (§ 3 BBG), Fortsetzung der Museumstätigkeit aufgrund einer Entscheidung des Gauleiters, nicht emigriert, seit 1945 erneut nichtbeamteter a. o. Prof. in Hamburg.

Quellen: Wer ist's 1935; Fischer, Völkerkunde, S. 592. Online: Hamburger Professorinnen- und Professorenkatalog.

Darmstaedter, Friedrich (1883–1957), seit 1930 Privatdozent (Rechtsphilosophie) an der Universität Heidelberg, Religion: evangelisch, im Hauptberuf Richter am Landgericht, 1933 Verbot der Lehrtätigkeit, 1935 Entzug der Lehrbefugnis als „Nichtarier" aufgrund des RBG, gleichzeitig als Richter in den Ruhestand versetzt, 1936 Emigration nach Italien, 1939 nach Großbritannien, 1942–1951 Lehrtätigkeit an der *London School of Economics*, 1949 zum Honorarprofessor in Heidelberg ernannt, 1951 Rückkehr in die Bundesrepublik.

Quellen: Breunung/Walther, Emigration I; BHdE II; Mussgnug, Dozenten, S. 86 f., 162 f., 225–229; Schroeder, Chancen, S. 312–323; Giovannini u. a., Erinnern, S. 77.

David, Martin (1898–1986), seit 1930 Privatdozent (Römisches Recht und Altorientalische Rechtsgeschichte) an der Universität Leipzig, Religion: jüdisch, 1933 Entzug der Lehrbefugnis als Jude, 1933 Emigration in die Niederlande, Lehrtätigkeit in Leiden und Amsterdam, 1937 a. o. Prof. in Leiden, 1941 von den deutschen Besatzern entlassen, 1943–1945 im Ghetto Theresienstadt interniert, 1945 Rückkehr in die Niederlande, Fortsetzung der Lehrtätigkeit in Leiden, seit 1953 o. Prof. in Leiden (Vergleichende Rechtsgeschichte des Altertums).

Quellen: Breunung/Walther, Emigration I; Lambrecht, Entlassungen; Held, Hochschullehrer, S. 225 f. Nachruf in: Zeitschrift der Savigny-Stiftung für Rechtsgeschichte, Romanistische Abteilung 105 (1988), S. 989–997.

David, Oskar (1880–1942), seit 1922 nichtbeamteter a. o. Prof. (Innere Medizin und Röntgenologie) an der Universität Halle, hauptberuflich seit 1922 Leiter der röntgenologischen Abteilung im Israelitischen Krankenhaus Frankfurt/M., Religion: jüdisch, 1934 Entzug der Lehrbefugnis als Jude (§ 6 BBG), bis 1938 privates Röntgeninstitut in Frankfurt/M., 1938 Emigration in die Niederlande; David starb im Dezember 1942 in Amsterdam unter ungeklärten Umständen.

Quellen: UA Halle PA 5288; GStA PK I Rep. 76 Va Sekt. 8 Tit. IV Nr. 52; Stengel, Ausgeschlossen; Eberle, Martin-Luther-Universität, S. 315. Online: familysearch.org.

Debrunner, Albert (1884–1958), seit 1925 o. Prof. (Vergleichende Sprachforschung und Sanskrit) an der Universität Jena, Religion: evangelisch-reformiert, 1929–1933 Mitglied im *Christlich-Sozialen Volksdienst*, 1935 aus politischen Gründen („Verächtlichmachung des Winterhilfswerks") vorläufig seines Amtes enthoben; der gebürtige Schweizer kam der möglichen Entlassung durch Rückkehr/Emigration in die Schweiz zuvor[11]; seit 1935 o. Prof. (Indogermanische Sprachwissenschaften) in Bern, 1951/52 Rektor der Universität Bern.

Quellen: UA Jena D 473; LATh – HStA Weimar Personalakten aus dem Bereich Volksbildung

11 Freiwilliger Rücktritt mit politischem Hintergrund.

4222, 4223; Buchholz, Lexikon. Nachruf in: Baseler Zeitung Nr. 52, 4.2.1958. Online: VAdS.

Debye, Peter (1884–1966), seit 1927 o. Prof. (Experimentalphysik) an der Universität Leipzig, seit 1935 Direktor des Kaiser-Wilhelm-Instituts für Physik und o. Prof. (Physik) an der Universität Berlin, Religion: katholisch, 1936 Nobelpreis für Chemie; ließ sich 1939 beurlauben, als sein Institut von Heereswaffenamt übernommen worden war und von ihm verlangt wurde, die niederländische Staatsbürgerschaft aufzugeben[12]; 1940 Emigration in die USA, seit 1940 Prof. an der *Cornell University* in Ithaca, New York.

Quellen: UA HU Berlin UK D 28; BA Berlin R 4901/13261; Hoffmann/Walker, „Fremde" Wissenschaftler; BHdE II. Online: Professorenkatalog der Universität Leipzig.

Degkwitz, Rudolf (1889–1973), seit 1932 o. Prof. (Kinderheilkunde) an der Universität Hamburg, Religion: katholisch, 1933 zeitweise aus politischen Gründen vom Dienst suspendiert, 1943–1945 aus politischen Gründen („Wehrkraftzersetzung") inhaftiert, 1944 vom Volksgerichtshof zu 7 Jahren Zuchthaus verurteilt, 1944 als Hochschullehrer entlassen, nicht emigriert, 1945 erneut o. Prof. in Hamburg, 1948 Auswanderung in die USA, dort für das Pharmaunternehmen Merck Sharp & Dohme tätig.

Quellen: StA Hamburg 131-15/C 605; Reichshandbuch I; Buchholz, Lexikon; Voswinckel, Lexikon; van den Bussche, Universitätsmedizin, S. 343–360, 406 ff.

Dehn, Günther (1882–1970), seit 1932 o. Prof. (Praktische Theologie) an der Universität Halle, Religion: evangelisch, 1920–1922 Mitglied der SPD; 1933 nach einer Kampagne des NSDStB, der ihm u. a. „feigen Pazifismus" vorwarf, entlassen (§ 4 BBG); nicht emigriert, Mitglied der Bekennenden Kirche, 1941/42 Gefängnishaft wegen illegaler Lehrtätigkeit für die Bekennende Kirche, 1942–1945 Pfarrer in Ravensburg, seit 1946 o. Prof. an der Universität Bonn.

Quellen: UA Halle PA 5296; GStA PK I Rep. 76 Va Sekt. 8 Tit. IV Nr. 52; BBKL, Bd. 1; Dehn, Zeit; Eberle, Martin-Luther-Universität, S. 32–36 u. passim; Kinas, Exodus, S. 244 ff.

Dehn, Max (1878–1952), seit 1921 o. Prof. (Reine und angewandte Mathematik) an der Universität Frankfurt/M., Religion: evangelisch, 1933 als „Altbeamter" und ehemaliger „Frontkämpfer" zunächst nicht entlassen, 1935 als „Nichtarier" in den Ruhestand versetzt (§ 6 BBG), 1939 Emigration nach Norwegen, 1939/40 Lehrtätigkeit an der TH Trondheim, 1941 Emigration in die USA, Lehrtätigkeit an verschiedenen Hochschulen, 1945–1952 Prof. für Mathematik und Philosophie am *Black Mountain College* in North Carolina.

Quellen: UA Frankfurt/M. Personalhauptakte und Rektoratsakte; Heuer/Wolf, Juden, S. 63 ff.; BHdE II; Hammerstein, Universität I, S. 392 u. passim. Nachruf in: Mathematische Annalen 127 (1954), S. 215–227.

12 Freiwilliger Rücktritt mit politischem Hintergrund.

Deißmann, Adolf (1866–1937), seit 1908 o. Prof. (Neutestamentliche Exegese) an der Universität Berlin, Religion: evangelisch, 1919–1932 Mitglied der DDP/DStP, 1930/31 Rektor der Berliner Universität, im April 1935 emeritiert, im Juni 1935 Lehrverbot durch den Rektor der Universität Berlin aus politischen Gründen, nicht emigriert.

Quellen: UA HU Berlin UK D 37; Reichshandbuch I; BBKL, Bd. 1; NDB; Breytenbach/Markschies, Deissmann; Gerber, Deissmann; Kinas, Exodus, S. 280 f. Nachruf in: Christliche Welt 51 (1937), S. 334 f.

Delaquis, Ernst (1878–1951), seit 1929 o. Prof. (Strafrecht und Kriminalpolitik) an der Universität Hamburg, Religion: katholisch, gebürtiger Schweizer, 1934 Rückkehr/Emigration in die Schweiz unter dem Eindruck der nationalsozialistischen Machtübernahme[13], 1934–1938 Direktor des Schweizerischen Touring-Clubs in Genf, 1938–1949 Generalsekretär der Internationalen Strafrechts- und Gefängniskommission in Bern, seit 1944 o. Professor in Bern.

Quellen: NDB; Wer ist's 1935; Lebensbilder Hamburgischer Rechtslehrer, S. 27–30. Nachruf in: Schweizerische Zeitschrift für Strafrecht 66 (1951), S. 373–376. Online: Hamburger Professorinnen- und Professorenkatalog.

Delbanco, Ernst (1896–1935), seit 1921 Honorarprofessor (Dermatologie) an der Universität Hamburg, im Hauptberuf von 1929 bis 1933 Leitender Oberarzt der dermatologischen Abteilung am Allgemeinen Krankenhaus Hamburg-Barmbek, Religion: jüdisch, Mitglied des *Werkbundes geistiger Arbeiter* und der DDP/DStP, 1933 Entzug der Lehrbefugnis als Jude, nicht emigriert, 1935 Suizid.

Quellen: Wer ist's 1935; Hamburgische Biografie II; Villiez, Kraft, S. 251 f.; Voswinckel, Lexikon; van den Bussche, Universitätsmedizin, S. 53 f.

Dersch, Hermann (1883–1961), seit 1931 persönlicher Ordinarius (Arbeitsrecht, Wirtschaftsrecht, Sozialversicherung) an der Universität Berlin, 1923–1945 Senatspräsident beim Reichsversicherungsamt für Angestellte, Religion: evangelisch, 1933 als „Altbeamter" zunächst im Hochschuldienst verblieben, 1937 nach negativer politischer Beurteilung als „Vierteljude" in den Ruhestand versetzt (§ 6 BBG), nicht emigriert, 1945–1951 Prof. an der (Humboldt-)Universität Berlin, 1947–1949 Rektor.

Quellen: UA HU Berlin UK D 53 u. NS-Doz. 2 Z DI 199; Reichshandbuch I; Neumann, Dersch; Kinas, Exodus, S. 220 f.; Lösch, Geist, S. 372–375 u. passim; Kleibert, Fakultät, S. 34–44.

Dessauer, Friedrich (1881–1963), seit 1922 o. Prof. (Physikalische Grundlagen der Medizin) an der Universität Frankfurt/M., Religion katholisch, u. a. Mitglied der Zentrumspartei (1924–1933 Reichstagsabgeordneter) und des *Friedensbundes Deutscher Katholiken*, 1933 zeitweise inhaftiert, 1934 aus politischen Gründen in den Ruhestand versetzt (§ 6 BBG), 1934 Emigration in die

13 Freiwilliger Rücktritt mit politischem Hintergrund.

Türkei, 1937 in die Schweiz, 1937–1953 o. Prof. an der Universität Fribourg.

Quellen: UA Frankfurt/M. Personalhauptakte u. PA der Mathematisch-Naturwissenschaftlichen Fakultät; BBKL, Bd. 14; BHdE I; Habersack, Dessauer; Heuer/Wolf, Juden, S. 454–457; Kinas, Exodus, S. 116 f.

Dessoir, Max (1867–1947), seit 1923 o. Prof. (Philosophie) an der Universität Berlin, Religion: evangelisch (seit 1933 konfessionslos), 1933 als „Altbeamter" zunächst im Amt belassen, 1934 auf eigenen Wunsch emeritiert, 1938 auf Initiative des Germanisten Franz Koch vom REM als „Nichtarier" aus der Philosophischen Fakultät ausgeschlossen, nicht emigriert, 1946 besoldeter Lehrauftrag an der Universität Frankfurt/M.

Quellen: UA HU Berlin UK D 53; UA Frankfurt/M. Rektoratsakte; Reichshandbuch I; NDB; Dessoir, Buch; Grossmann, Dessoir; Kinas, Exodus, S. 233 f. u. passim.

Diepolder, Hans (1896–1969), seit 1929 Privatdozent (Klassische Archäologie) an der Universität München, Religion: katholisch, 1920–1922 Mitglied der DNVP, 1937–1962 Direktor der staatlichen Antikensammlungen in München; Diepolder musste 1939 den Antrag auf Ernennung zum Dozenten neuer Ordnung zurückziehen, weil der Dekan ihn wegen eines körperlichen Handicaps und politischer „Teilnahmslosigkeit" als Dozenten ablehnte; daraufhin aus dem Lehrkörper ausgeschieden, nicht emigriert, seit 1946 Honorarprofessor in München.

Quellen: UA München E-II-1134; BA Berlin R 9361-II/164883 u. R 9361-VI/447; Wer ist's 1955; Lullies/Schiering, Archäologenbildnisse, S. 270 f.; Schreiber, Walther Wüst, S. 102–104.

Dietze, Constantin von (1891–1973), 1927–1933 o. Prof. (Wirtschafts- und Sozialwissenschaften) an der Universität Jena, Religion: evangelisch, 1933–1937 o. Prof. an der Universität Berlin, seit 1937 o. Prof. an der Universität Freiburg/Br. (Volkswirtschaftslehre), Mitglied der Bekennenden Kirche, 1944/45 wegen seiner Beteiligung am konservativen Widerstand („Freiburger Kreise") inhaftiert und entlassen, nicht emigriert, seit 1945 erneut Prof. in Freiburg, 1946–1949 Rektor der Universität Freiburg/Br.

Quellen: BA Berlin R 4901/13261; Wer ist's 1935; Wer ist wer 1955; Blesgen, Teufel; Baden-Württembergische Biographien I.

Doren, Alfred (1869–1934), seit 1923 planmäßiger a. o. Prof. (Wirtschaftsgeschichte) an der Universität Leipzig, Religion: evangelisch, im September 1933 als „Nichtarier" entlassen (§ 3 BBG), nicht emigriert.

Quellen: Diesener/Kudrna, Alfred Doren; Lambrecht, Entlassungen. Online: Professorenkatalog der Universität Leipzig.

Dresel, Kurt (1892–1951), seit 1927 nichtbeamteter a. o. Prof. (Innere Medizin) an der Universität Berlin, Religion: jüdisch, 1930–1934 Ärztlicher Direktor und Leiter der Inneren Abteilung des Städtischen Krankenhauses Berlin-Britz, 1933 als ehemaliger „Frontkämpfer" zunächst im Amt belassen, 1934 als Ärztlicher Direktor in den Ruhestand versetzt (§ 6 BBG), 1936 Entzug der Lehrbefugnis als Jude (RBG), 1938 Emigration in die USA, seit 1939 Internist in New York.

Quellen: UA HU Berlin UK D 140; BA Berlin R 9347; Reichshandbuch I; Voswinckel, Lexikon; Doetz/Kopke, Ausschluss, S. 401; Archiv des Leo Baeck Institute New York AR 1178 (auch online).

Dreß, Walter (1904–1979), seit 1929 Privatdozent (Kirchen- und Dogmengeschichte) an der Universität Berlin, Religion: evangelisch, seit 1933 Mitglied der NSDAP, 1938 Entzug der Lehrbefugnis aus politischen Gründen (Lehr- und Prüfungstätigkeit für die Bekennende Kirche), nicht emigriert, seit 1938 Pfarrer in Berlin-Dahlem, 1946–1961 Prof. mit Lehrauftrag an der HU Berlin, ab 1961 o. Prof. an der Kirchlichen Hochschule Berlin (West).

Quellen: UA HU Berlin UK D 14, R/S 106 u. NS-Doz. ZD I/232 Ka 008; BA Berlin R 4901/10037 u. R 4901/24449; Wer ist wer 1955; Kürschner 1950 u. 1961; Kinas, Exodus, S. 282; Ludwig, Fakultät, S. 115.

Dreyfus, Georg L. (1879–1957), seit 1921 nichtbeamteter a. o. Prof. (Innere Medizin) an der Universität Frankfurt/M., Religion: jüdisch, 1919–1926 Mitglied der DDP, 1933 Entzug der Lehrbefugnis als Jude und Entlassung als Direktor der Nervenabteilung des Städtischen Krankenhauses Sachsenhausen (§ 3 BBG), 1933 Emigration in die Schweiz, Privatpraxis in Zürich.

Quellen: UA Frankfurt/M. Personalhauptakte u. Rektoratsakte; Stadtarchiv Frankfurt/M. PA 21367, 29730 u. 57373; BA Berlin R 4901/13294; Heuer/Wolf, Juden, S. 66 ff.

Driesch, Hans (1867–1941), seit 1921 o. Prof. (Philosophie) an der Universität Leipzig, Religion: evangelisch, 1933 aus politischen Gründen (u. a. wegen seiner Unterstützung für Emil Julius Gumbel und pazifistischer Einstellung) vorzeitig emeritiert (offiziell auf eigenen Antrag), nicht emigriert.

Quellen: NDB; Lambrecht, Entlassungen; Driesch, Lebenserinnerungen; Badische Biographien NF IV; Wolfradt u. a., Psychologinnen. Online: Professorenkatalog der Universität Leipzig.

Drigalski, Wilhelm von (1871–1950), seit 1914 o. Honorarprofessor (Soziale Hygiene und Schulhygiene) an der Universität Halle, Religion: evangelisch, im Hauptamt seit 1925 Stadtmedizinalrat von Berlin, 1919–1933 Mitglied der DDP/DStP, 1933 aus politischen Gründen (ihm wurde die „Verjudung" des Berliner Gesundheitswesens vorgeworfen) als Stadtmedizinalrat entlassen, 1934 Entzug der Lehrbefugnis (§ 6 BBG), nicht emigriert, nach 1945 Ministerialrat im hessischen Innenministerium.

Quellen: UA Halle PA 5556; GStA PK I Rep. 76 Va Sekt. 8 Tit. IV Nr. 52; NDB; Drigalski, Im Wirkungsfelde; Kinas, Exodus, S. 250 ff.; Voswinckel, Lexikon; Eberle, Martin-Luther-Universität, S. 316.

Drost, Heinrich (1898–1965), seit 1931 persönlicher Ordinarius (Strafrecht und Rechtsphilosophie) an der Universität Münster, Religion: evangelisch,

Mitglied der DVP, 1926–1933 Mitglied der Freimaurerloge *Zur Weltkugel*, seit 1935 planmäßiger Ordinarius, 1937 aus persönlichen und politischen Gründen (ehemaliger Freimaurer) vorzeitig entpflichtet, nicht emigriert, Umzug nach Berlin, Justitiar und Rechtsanwalt, 1947 Honorarprofessor in Münster, seit 1954 o. Prof. an der TH Darmstadt.

Quellen: BA Berlin R 4901/13261; Wer ist wer 1955; Steveling, Juristen, S. 284 f., 437–446; Felz, Recht, S. 92–100, 158–161, 490.

Drucker, Carl (1876–1959), seit 1911 nichtplanmäßiger a. o. Prof. (Allgemeine und Physikalische Chemie) an der Universität Leipzig, Religion: evangelisch, 1933 Entzug der Lehrbefugnis als „Nichtarier" und aus politischen Gründen (Unterstützung für Emil Julius Gumbel) nach § 3 BBG, 1933 Emigration nach Schweden, seit 1933 am Physikalisch-Chemischen Institut der Universität Uppsala tätig.

Quellen: Wer ist's 1935; Lambrecht, Entlassungen. Online: Professorenkatalog der Universität Leipzig.

Düker, Heinrich (1898–1986), seit 1929 Privatdozent (Psychologie) an der Universität Göttingen, Religion: konfessionslos, 1921 Mitglied der SPD, seit 1926 Mitglied des *Internationalen Sozialistischen Kampfbundes* (ISK), 1936 Entzug der Lehrbefugnis (§ 18 RHO) aus politischen Gründen (Beteiligung am Widerstand), 1936–1939 inhaftiert, nicht emigriert, 1944/45 im KZ Sachsenhausen inhaftiert, 1945–1961 erneut Mitglied der SPD, 1946/47 Oberbürgermeister in Göttingen, seit 1946 o. Prof. in Marburg.

Quellen: GStA PK I Rep. 76 Va Nr. 10081 Bl. 182–184, 192–197; Tent, Heinrich Düker I–II; Szabó, Vertreibung, S. 205–209, 545 ff.; Paul, Psychologie, S. 508–512; Auerbach, Catalogus II, S. 792 f.

Duras (ursprünglich: Levi), Fritz (1896–1965), seit 1929 Leiter des Sportärztlichen Instituts an der Universität Freiburg/Br., Religion: evangelisch, 1933 als „Halbjude" entlassen (§ 3 BBG), obwohl Duras „Frontkämpfer" des Ersten Weltkriegs war, 1936 Emigration nach Großbritannien, 1937 Emigration nach Australien, seit 1937 *Lecturer* (*Physical Education*) an der *University of Melbourne*, 1939 *Senior Lecturer*, 1954 *Associate Professor*, 1958–1960 Präsident des *International Council of Sport Science and Physical Education*, 1962 Ruhestand.

Quellen: GLA Karlsruhe 235/8724; Australian Dictionary of Biography, Bd. 14; Uhlmann, Sportmediziner.

Dyhrenfurth, Günter Oskar (1886–1975), seit 1922 nichtbeamteter a. o. Prof. (Geologie und Paläontologie) an der Universität Breslau, Alpinist, Religion: konfessionslos; 1933 Verzicht auf die Lehrbefugnis, bevor er als „Nichtarier" und wegen seiner „nichtarischen" Ehefrau entlassen werden konnte; 1933 Emigration in die Schweiz, 1939–1954 Lehrer an der privaten Internatsschule *Institut auf dem Rosenberg* in St. Gallen.

Quellen: GStA PK I Rep. 76 Va Sekt. 4 Tit. IV Nr. 41 Bd. IX Bl. 150 f.; UA Wrocław S 220/98; BHdE II. Online: Historisches Lexikon der Schweiz.

E

Ebers, Godehard (1880–1958), seit 1919 o. Prof. (Staats-, Verwaltungs-, Völker- und Kirchenrecht) an der Universität Köln, Religion: katholisch, Mitglied der Zentrumspartei, 1932/33 Rektor der Universität Köln, 1935 aus politischen Gründen (als Repräsentant des Katholizismus) vorzeitig emeritiert, Emigration nach Österreich, 1936 o. Prof. in Innsbruck, 1938 nach dem „Anschluss" entlassen, zeitweise inhaftiert, seit 1945 erneut o. Prof. in Innsbruck (Staats- und Kirchenrecht), 1946–1950 Mitglied des österreichischen Verfassungsgerichtshofs.

Quellen: BA Berlin R 4901/13261; Grüttner, Lexikon; Golczewski, Universitätslehrer, S. 208–211; Hollerbach, Godehard Joseph Ebers; Becker, Fakultät, S. 250–269, 401 f.

Ebrard, Friedrich (1891–1975), seit 1920 planmäßiger. a. o. Prof. (Römisches Recht und vergleichende Rechtsgeschichte) an der Universität Hamburg, Religion: evangelisch-reformiert, gebürtiger Schweizer; Ebrard, der mit einer „Nichtarierin" verheiratet war, wurde 1934 auf „eigenen Antrag" in den Ruhestand versetzt (§ 6 BBG); im Sommersemester 1936 Lehrauftrag an der Universität Zürich, 1939 Emigration/Rückkehr in die Schweiz.

Quellen: StA Hamburg 361-6 IV 1258 u. 351-11/13506; Reichshandbuch I; Wer ist's 1935. Nachruf in: Zeitschrift der Savigny-Stiftung für Rechtsgeschichte, Romanistische Abteilung 93 (1976), S. 579 f.

Eckardt, Hans von (1890–1957), seit 1926 nichtbeamteter a. o. Prof. (Publizistik) an der Universität Heidelberg, 1926–1933 Leiter des Instituts für Zeitungswesen, Religion: evangelisch, 1933 als Institutsleiter entlassen (§ 4 BBG), 1934 Entzug der Lehrbefugnis aus politischen Gründen (nach Konflikten mit nationalsozialistischen Studierenden), nicht emigriert, 1934–1942 kaufmännischer Angestellter in Berlin, Mannheim und Frankfurt, seit 1946 planmäßiger a. o. Professor (Soziologie) an der Universität Heidelberg.

Quellen: UA Heidelberg PA 371, PA 3614/15; Mussgnug, Dozenten, S. 52 f., 137 f., 219 ff.; Hachmeister, Gegnerforscher, S. 52–62; Drüll, Gelehrtenlexikon 1803–1932.

Eckardt, Paul (1884–1979), seit 1930 Lehrbeauftragter (Handelsschulpädagogik) an der Universität Köln, 1928–1937 Direktor einer Handelsschule in Bielefeld, Religion: evangelisch; 1934/35 Verweigerung der Habilitation und Entzug des Lehrauftrags wegen der Ehe mit einer „Nichtarierin" und wegen früherer Mitgliedschaft in einer Freimaurerloge, 1937 als Handelsschuldirektor in den Ruhestand versetzt (§ 5 Abs. 2 BBG), nicht emigriert, 1945/46 Privatdozent in Köln, 1946 nach München umhabilitiert, seit 1947 apl. Prof. in München.

Quellen: UA Köln Zug. 9/430 u. Zug. 70/223; UA München E-II-1203; BA Berlin R 4901/13261; Horn, Erziehungswissenschaft, S. 218 f.; Raehlmann, Arbeitswissenschaft, S. 55 f.

Eckert, Christian (1874–1952), seit 1919 o. Prof. (Wirtschaftliche Staatswissenschaften) an der Universität Köln, Religion: katholisch, 1920–1933 geschäftsführender Vorsitzender des Kuratoriums der Universität Köln, 1934 aus politischen Gründen in den Ruhestand versetzt (§ 6 BBG), nicht emigriert, 1937–1949 Aufsichtsratsvorsitzender der Lederwerke Cornelius Heyl AG in Worms, 1946–1949 Oberbürgermeister von Worms.

Quellen: NDB; Freitäger, Christian Eckert; Golczewski, Universitätslehrer, S. 66–68, 111 u. passim; Henning, Volkswirte, S. 1–13; Hagemann/Krohn, Handbuch I.

Edelstein, Ludwig (1902–1965), seit 1932 Lehrbeauftragter (Geschichte der exakten Wissenschaften im Klassischen Altertum) an der Universität Berlin, 1931–1933 Assistent am Institut für Geschichte der Medizin, Religion: jüdisch, 1933 Entzug des Lehrauftrags als Jude (§ 3 BBG), 1933 Emigration nach Italien, 1934 in die USA, 1934–1947 am *Johns Hopkins Institute oft the History of Medicine*, 1948–1951 Prof. an der *University of California* in Berkeley, zuletzt seit 1960 Prof. an der *Rockefeller University* in New York.

Quellen: GStA PK I Rep. 76 Va Sekt. 2 Tit. IV Nr. 68 F Teil 1 Bl. 8–20; BA Berlin R 4901/1472; BHdE II; Rütten, Edelstein. Nachrufe in: Journal of the History of Medicine and Allied Sciences 21 (1966), S. 173–183.

Eggen van Terlan, Johan(n) (1883–1952), seit 1927 Lehrbeauftragter (Vergleichendes Bürgerliches Recht und Französisches Zivilrecht) an der Universität Bonn, Religion: katholisch, gebürtiger Belgier, 1934 Entzug des Lehrauftrags aus politischen Gründen, 1938 Emigration/Rückkehr nach Belgien, Anwalt beim Landgericht Mechelen, 1941 Emigration nach Frankreich, 1945 Gymnasiallehrer in Dole, 1949 Rückkehr nach Deutschland, 1949 Gastprofessor an der Hochschule für Verwaltungswissenschaften in Speyer, 1950 Lehrauftrag in Bonn.

Quellen: Kürschner 1950; Höpfner, Universität, S. 39; Mitt. Dr. Thomas Becker, UA Bonn, 17.9.2003.

Eggert, John (1891–1973), seit 1924 nichtbeamteter a. o. Prof. (Physikalische Chemie) an der Universität Berlin, 1928–1945 im Hauptberuf Leiter des wissenschaftlichen Zentrallabors der Agfa in Wolfen, Religion: evangelisch, 1937 Entzug der Lehrbefugnis wegen seiner jüdischen Ehefrau (§ 18 RHO), nicht emigriert, 1945 o. Prof. an der TH München, 1946 Übersiedlung in die Schweiz, 1946 zunächst a. o. Prof., 1947–1961 o. Prof. (Fotografie) an der ETH Zürich.

Quellen: UA HU Berlin UK E 23 u. Phil. Fak. 1237. Nachruf in: Jahrbuch der Bayerischen Akademie der Wissenschaften 1974, S. 212–215. Online: Historisches Lexikon der Schweiz.

Ehrenberg, Hans (1883–1958), seit 1921 nichtbeamteter a. o. Prof. (Philosophie) an der Universität Heidelberg, Religion: seit 1909 evangelisch (ursprünglich jüdisch), seit 1918 Mitglied der SPD, seit 1924 von der Universität beurlaubt, 1924–1937 Pfarrer in Bochum, 1933 Verzicht auf die Heidelberger Lehrbefugnis als „Nichtarier", Mitglied der Bekennenden Kirche, 1938/39 im KZ Sachsenhausen inhaftiert, 1939 Emigration nach Großbritannien, 1947 Rückkehr nach Deutschland, 1947–1954 Pfarrer in Bielefeld.

Quellen: Brakelmann, Hans Ehrenberg I–II; Jähnichen/Losch, Hans Ehrenberg; Baden-Württembergische Biographien III; Drüll, Gelehrtenlexikon 1803–1932; Mussgnug, Dozenten, S. 36, 138, 168, 236; BHdE II.

Ehrenberg, Rudolf (1884–1969), seit 1920 nichtbeamteter a. o. Prof. (Physiologie) an der Universität Göttingen, 1919–1935 Oberassistent, Religion: evangelisch, Mitglied der SPD, 1933 als ehemaliger „Frontkämpfer" zunächst im Amt belassen, 1938 Entzug der Lehrbefugnis als „Halbjude", nicht emigriert, 1944/45 Zwangsarbeiter in Lenne und Göttingen, seit 1945 apl. Prof. und Diätendozent in Göttingen, 1945/46 im Entnazifizierungsausschuss der Universität; Ehrenbergs einziger Sohn Franz E. fiel Anfang 1945 als Soldat der Wehrmacht.

Quellen: BA Berlin R 4901/13261; Wer ist's 1935; Szabó, Vertreibung, S. 157–162, 547 f.; Wehefritz, Naturforscher; Voswinckel, Lexikon; Trittel, Hermann Rein, S. 140 f.

Ehrenstein, Maximilian (1899–1968), seit 1931 Privatdozent (Pharmazeutische Chemie) an der Universität Berlin, Religion: evangelisch, 1929–1933 Assistent am Pharmazeutischen Universitätsinstitut, 1933 Entzug der Lehrbefugnis als „Nichtarier" nach Denunziation durch einen Kollegen (§ 6 BBG), 1934 Emigration in die USA, 1934–1937 an der *University of Virginia* in Charlottesville, 1937–1968 an der *University of Pennsylvania* in Philadelphia, seit 1949 als *Full Professor* (Biochemie) und Leiter der Abteilung Steroidforschung.

Quellen: UA HU Berlin UK E 28; BA Berlin R 4901/1363; GStA PK I Rep. 76 Va Sekt. 2 Tit. IV Nr. 68 F Bd. 1–2; BHdE II; Who's Who in American Education 1962; Leimkugel/Müller-Jahncke, Pharmazie, S. 70–75.

Ehrhardt, Arnold (1903–1965), Sohn von →Oscar E., seit 1929 Privatdozent (Römisches und Bürgerliches Recht) an der Universität Freiburg/Br., 1933 nach Frankfurt/M. umhabilitiert, Religion: evangelisch, 1933 als ehemaliges Mitglied eines Freikorps im Amt belassen, 1935 Aufgabe der Lehrtätigkeit (als „Halbjude") nach Vorlesungsboykott, 1937 wurde Ehrhardts Lehrbefugnis für „erloschen" erklärt, 1939 Emigration in die Schweiz, dann nach Großbritannien, Pfarrer der anglikanischen Kirche.

Quellen: BA Berlin R 4901/13261; Altpreußische Biographie III; Diestelkamp, Rechtshistoriker, S. 95–97; Heuer/Wolf, Juden, S. 77 f.

Ehrhardt, Oscar (1873–1950), Vater von →Arnold E., seit 1921 nichtbeamteter a. o. Prof. (Chirurgie) an der Universität Königsberg, 1918–1945 Leiter der chirurgischen Abteilung am St. Elisabeth-Krankenhaus in Königsberg, Religion: evangelisch, 1937 Entzug der Lehrbefugnis wegen seiner „nichtarischen" Ehefrau (§ 18 RHO), nicht emigriert, nach Kriegsende Arzt unter sowjetischer Besatzung, 1947 Vertreibung und Übersiedlung nach Göttingen.

Quellen: BA Berlin R 4901/13261, R 9345/9 u. R 9347; Reichshandbuch I; Altpreußische Biographie III; Tilitzki, Albertus-Universität I, S. 520; Voswinckel, Lexikon.

Ehrich, Wilhelm/William Ernst (1900–1967), seit 1931 Privatdozent (Pathologie) an der Universität Rostock, Religion: evangelisch; 1935 Emigration in die USA, bevor ihm wegen seiner „nichtarischen" Ehefrau die Lehrbefugnis entzogen werden konnte; 1935–1967 an der *University of Pennsylvania* in Philadelphia, 1938 *Assistant Professor*, 1944 *Associate Professor*, 1947–1966 *Professor of Pathology*.

Quellen: UA Rostock PA Wilhelm Ehrich; LHA Schwerin 5.12-7/1 Nr. 2475; BHdE II; Biermanns/Groß, Pathogen, S. 49 ff. Nachruf in: Verhandlungen der Deutschen Gesellschaft für Pathologie 54 (1970), S. 589–594.

Ehrlich, Felix (1877–1942), seit 1920 persönlicher Ordinarius (Biochemie und landwirtschaftliche Technologie) an der Universität Breslau, Religion: evangelisch, 1933 als „Altbeamter" zunächst im Amt belassen, 1935 nach wiederholten Konflikten mit nationalsozialistischen Studierenden und Mitarbeitern seines Instituts als „Halbjude" auf „eigenen Antrag" emeritiert, nicht emigriert.

Quellen: BA Berlin R 4901/13261, R 4901/15541 u. R 4901/1738; GStA PK I Rep. 76 Va Sekt. 4 Tit. IV Nr. 48 Bd. X u. Bd. XI; UA Wrocław S 210; Reichshandbuch I; NDB; Braunschweigisches Biographisches Lexikon.

Ehrmann, Rudolf (1879–1963), seit 1921 nichtbeamteter a. o. Prof. (Innere Medizin) an der Universität Berlin, Religion: jüdisch, 1917–1933 hauptberuflich Direktor der Inneren Abteilung des Städtischen Krankenhauses Berlin-Neukölln, 1933 als ehemaliger „Frontkämpfer" an der Universität zunächst im Amt belassen, 1936 Entzug der Lehrbefugnis als Jude (RBG), 1939 Emigration in die USA, seit 1942 Internist in New York.

Quellen: UA HU Berlin UK D E 32a; BA Berlin R 4901/13261; Voswinckel, Lexikon; Doetz/Kopke, Ausschluss, S. 167 ff.

Eicke, Karl (1887–1959), seit 1928 Lehrbeauftragter (Betriebswirtschaftliche Organisationslehre) an der Universität Frankfurt/M., im Hauptberuf Unternehmensberater, Religion: evangelisch, seit 1931 Mitglied der NSDAP, 1938 Ausschluss aus der NSDAP nach Konflikten mit dem Stabsleiter der DAF, 1939 Entzug des Lehrauftrags aus politischen Gründen, nicht emigriert, 1941 Wiederaufnahme in die NSDAP; die Wiedererteilung des Lehrauftrags wurde ihm dennoch verweigert.

Quellen: UA Frankfurt/M., Personalhauptakte und Rektoratsakte; BA Berlin R 4901/24476 u. OPG 00326; Hachtmann, Koloss; Kinas, Exodus, S. 304–307 u. passim.

Eitel, Anton (1882–1966), seit 1927 o. Prof. (Mittelalterliche und Neuere Geschichte) an der Universität Münster (Konkordatslehrstuhl), Religion: katholisch, 1933 Mitglied des *Stahlhelm, Bund der Frontsoldaten*, 1937–1941 Mitglied der NSDAP, 1942 nach dem Parteiausschluss aus politischen Gründen („starke konfessionelle Bindungen“ u. a.) vorzeitig in den Ruhestand versetzt (offiziell auf eigenen Antrag), nicht emigriert, seit 1946 erneut o. Prof. in Münster, 1950 emeritiert.

Quellen: BA Berlin R 9361-I/10525 u. R 4901/13261; Happ/Jüttemann, Schlag. Nachruf in: Historisches Jahrbuch 92 (1972), S. 508–512.

Ellinger, Friedrich Philipp (1900–1962), seit 1932 Privatdozent (Strahlenkunde) an der Universität Berlin, Religion: jüdisch, 1933 Entzug der Lehrbefugnis als Jude (§ 3 BBG), 1935 Praxis in Berlin, 1936 Emigration nach Dänemark, 1936–1938 am Biologischen Institut der Carlsberg-Stiftung, 1938 Emigration in die USA, seit 1942 am *Long Island College of Medicine* in New York, seit 1948 am *US Naval Medical Research Institute* in Bethesda, Maryland.

Quellen: UA HU Berlin UK E 48a; GStA PK I Rep. 76 Va Sekt. 2 Tit. IV Nr. 46 C Bd. I; BHdE II; Who's Who in the South and Southwest 1959; Trendelenburg, Pharmakologen; Altpreußische Biographie V/2.

Embden, Gustav (1874–1933), seit 1914 o. Prof. (Physiologie) und Direktor des Instituts für vegetative Physiologie der Universität Frankfurt/M., Religion: evangelisch, 1925/26 Rektor der Universität Frankfurt/M., im April 1933 während des „Judenboykotts“ von einem studentischen Mob als „Jude“ aus seinem Institut geholt und durch die Stadt geschleppt, nicht emigriert; Embden starb im Juli 1933, bevor er als „Nichtarier“ entlassen werden konnte.

Quellen: UA Frankfurt/M. Personalhauptakte und Rektoratsakte; GStA PK I Rep. 76 Va Sekt. 5 Tit. IV Nr. 3 Bd. III Bl. 351 ff., 364; Heuer/Wolf, Juden, S. 86 ff.; Kinas, Exodus, S. 31 f.; Voswinckel, Lexikon.

Emden, Robert (1862–1940), seit 1927 Honorarprofessor (Astrophysik) an der Universität München, seit 1907 nichtplanmäßiger a. o. Prof. an der TH München, Schweizer Staatsbürger, Religion: freireligiös (früher jüdisch), 1933 als „Nichtarier“ „seiner Rechte und Pflichten als Honorarprofessor an der Universität München enthoben“, kurz darauf an der TH München aus dem bayerischen Staatsdienst entlassen; 1933 Emigration/Rückkehr in die Schweiz, wo er in Zürich lebte.

Quellen: BayHStA München MK 177655; BHdE II; NDB; Breisach, Universitätsprofessoren, S. 390–395. Online: Historisches Lexikon der Schweiz.

Enders, Carl (1877–1963), seit 1921 nichtbeamteter a. o. Prof. (Deutsche Sprach- und Literaturgeschichte) an der Universität Bonn, 1924–1937 Studienrat am Staatlichen Gymnasium in Siegburg, Religion: evangelisch, Mitglied der DDP, 1937 Entzug der Lehrbefugnis, weil seine verstorbene Ehefrau Jüdin war, nicht emigriert, seit 1946 Honorarprofessor an der Universität Bonn, 1955 Forschungsstipendium des Landes Nordrhein-Westfalen.

Quellen: BA Berlin R 4901/13262; Wer ist's 1935; Germanistenlexikon I; Höpfner, Universität, S. 54 f.; Wenig, Verzeichnis.

Engelland, Hans (1903–1970), 1930–1933 Privatdozent (Systematische Theologie) an der Universität Tübingen, 1933 nach Kiel umhabilitiert, Religion: evangelisch, Mitglied des *Christlich-Sozialen Volksdienstes*, 1935 Entzug der Lehrbefugnis aus politischen Gründen („staatsfeindlich") nach § 6 BBG, nicht emigriert, 1938–1948 Vorstand des Elisabeth-Stifts in Oldenburg, 1940–1945 als Soldat bei der Wehrmacht, seit 1948 an der Kirchlichen Hochschule Hamburg, seit 1963 o. Prof. an der Universität Kiel.

Quellen: BA Berlin R 4901/13262; Volbehr/Weyl, Professoren, S. 23; Uhlig, Wissenschaftler, S. 107; Göllnitz, Karrieren, S. 32, 142; BBKL, Bd. 16. Online: Kieler Gelehrtenverzeichnis.

Engeroff, Karl (1887–1951), seit 1931 beauftragter Dozent (Phonetik, Grammatik des Neuenglischen) an der Universität Bonn, 1920–1949 im Hauptberuf Studienrat an der Städtischen Oberrealschule, Religion: evangelisch (seit 1948 konfessionslos), Mitglied der SPD, 1933 studentischer Boykottaufruf gegen Engeroff, 1933 Entzug des Lehrauftrages aus politischen Gründen, nicht emigriert, 1941 vertretungsweise Lektor (Englisch) an der Universität Bonn, seit 1945 erneut Lektor in Bonn.

Quellen: UA Bonn PA 1770; Stadtarchiv Bonn: Personen- Hausstands- und Meldekartei, Standesamt; Höpfner, Universität, S. 48; Wenig, Verzeichnis.

Engländer, Konrad (1880–1933), seit 1920 planmäßiger a. o. Prof. (Bürgerliches Recht, Internationales Privatrecht, Urheberrecht und Verlagsrecht) an der Universität Leipzig, Religion: evangelisch; Engländer starb Anfang 1933, bevor er als „Nichtarier" entlassen werden konnte; nicht emigriert.

Quellen: Held, Hochschullehrer, S. 211 ff.; Wer ist's 1928. Online: Professorenkatalog der Universität Leipzig.

Eppinger, Hans (1879–1946), seit 1930 o. Prof. (Innere Medizin) an der Universität Köln, Religion: katholisch, wurde 1933 wegen seiner engen Kontakte zu Konrad Adenauer gezwungen, die Universität Köln zu verlassen und einen Ruf nach Wien anzunehmen, 1933 Emigration nach Österreich, 1938–1945 o. Prof. an der Universität Wien, seit 1938 Mitglied der NSDAP, 1944 an Menschenversuchen im KZ Dachau beteiligt, 1945 entlassen, 1946 Suizid.

Quellen: UA Köln Zug. 67/1016; NDB; Golczewski, Universitätslehrer, S. 60 f.; Voswinckel, Lexikon; Weindling, Weg. Online: ÖBL; Universität zu Köln, Galerie der Professorinnen und Professoren.

Epstein, Paul (1871–1939), seit 1921 nichtbeamteter a. o. Prof. (Reine Mathematik, Geschichte und Didaktik der Mathematik) an der Universität Frankfurt/M., Religion: jüdisch, 1933 als „Altbeamter" (seit 1900 Studienrat) zunächst im Amt belassen, verzichtete 1935 „freiwillig" auf die Lehrbefugnis, bevor diese ihm aufgrund des RBG entzogen werden konnte, nicht emigriert, 1939 Suizid nach einer Vorladung durch die Gestapo.

Quellen: UA Frankfurt/M. Personalhauptakte, Rektoratsakte u. PA der Naturwissenschaftlichen Fakultät; BA Berlin R 4901/13262; Heuer/Wolf, Juden, S. 89 ff.; Siegel, Seminar, S. 14–17.

Erdmann, Carl (1898–1945), seit 1932 Privatdozent (Mittlere und neuere Geschichte) an der Universität Berlin, Religion: evangelisch, 1936 wurde Erdmanns Lehrbefugnis aus politischen Gründen (offene Ablehnung des Nationalsozialismus, „individualistische Denkweise") vom REM für „ruhend" erklärt, gleichzeitig wurde er aus dem Vorlesungsverzeichnis gestrichen, nicht emigriert, 1934–1943 Mitarbeiter der *Monumenta Germaniae Historica*, seit 1943 als Dolmetscher bei der Wehrmacht; Erdmann starb 1945 in einem Lazarett in Zagreb.

Quellen: UA HU Berlin UK E 83 u. NS-Doz. D 246; NDB; Reichert, Fackel; Tellenbach, Zeitgeschichte, S. 82–94; Kinas, Exodus, S. 287 f. Nachruf in: Deutsches Archiv zur Erforschung des Mittelalters 8 (1951), S. 251 ff.

Erdmann, Rhoda (1870–1935), seit 1929 beamtete a. o. Prof. (Allgemeine Biologie) an der Universität Berlin, Religion: evangelisch, bis 1929 Mitglied der DDP, 1933 nach Denunziation durch Mitarbeiterinnen aus politischen Gründen (Demokratin, Eintreten für Emil Julius Gumbel) in den Ruhestand versetzt (§ 6 BBG), 1934 Umwandlung der Pensionierung in eine Emeritierung und Ausgliederung ihres Instituts aus der Charité, 1935 Lehrverbot durch den Rektor, nicht emigriert.

Quellen: UA HU Berlin UK E 48a; BA Berlin R 4901/1461; Reichshandbuch I; NDB; Kinas, Exodus, S. 257–264; Koch, Erdmann; Schneck, Erdmann; Voswinckel, Lexikon.

Erkes, Eduard (1891–1958), seit 1928 nichtplanmäßiger a. o. Prof. (Chinesisch) an der Universität Leipzig, Religion: konfessionslos (ursprünglich katholisch, 1913 evangelisch), seit 1919 Mitglied der SPD, 1921–1933 Kustos am Museum für Völkerkunde in Leipzig, 1933 Entzug der Lehrbefugnis aus politischen Gründen (§ 4 BBG), nicht emigriert, 1945 apl. Prof. in Leipzig, seit 1946 Mitglied der SED, 1949 Prof. mit Lehrstuhl an der Universität Leipzig.

Quellen: UA Leipzig PA 445; Lambrecht, Entlassungen; Lewin, Eduard Erkes. Online: Professorenkatalog der Universität Leipzig; VAdS.

Erman, Walter (1904–1982), seit 1930 Lehrbeauftragter (Privatrecht) an der Universität Münster, 1930–1945 im Hauptberuf Landgerichtsrat in Münster, Religion: evangelisch; 1936 Verzicht auf den Lehrauftrag, nachdem ihm wegen einer jüdischen Urgroßmutter die Habilitation verweigert worden war[14]; nicht emigriert, 1940–1945 bei der Wehrmacht, zuletzt als Oberleutnant, 1950 Senatspräsident beim Oberlandesgericht Köln, seit 1958 o. Prof. in Köln.

Quellen: BA Berlin R 4901/13262; Holzhauer, Sache; Happ/Jüttemann, Schlag; Göppinger, Juristen, S. 334.

Esser, Heinz (1896–1933), seit 1932 Lehrbeauftragter (Handelsschulwesen) an der Universität Köln, im Hauptberuf seit 1930 Regierungs- und Gewerbe-

14 Freiwilliger Rücktritt mit politischem Hintergrund.

schulrat in den Regierungsbezirken Düsseldorf, Köln und Aachen, Religion: katholisch, Mitglied der SPD (1925–1932) und des *Reichsbanner Schwarz-Rot-Gold* (1926–1929), seit März 1933 Mitglied der NSDAP, 1933 beurlaubt; Essers Tod im August 1933 verhinderte die aus politischen Gründen geplante Entlassung nach § 4 BBG; nicht emigriert.

Quellen: Landesarchiv Nordrhein-Westfalen Duisburg BR-Pe 3811; UA Köln Zug. 70/26.

Estermann, Immanuel (1900–1973), seit 1928 Privatdozent (Physikalische Chemie) an der Universität Hamburg, Wissenschaftlicher Hilfsarbeiter am Institut für Physikalische Chemie, Religion: jüdisch, 1933 Entzug der Lehrbefugnis als Jude (§ 3 BBG), im April 1933 Emigration nach Großbritannien, im November 1933 in die USA, 1933–1951 am *Carnegie Institute of Technology* in Pittsburgh, 1943–1945 am *Manhattan Project* beteiligt, 1951–1964 für das *Office of Naval Research* tätig, 1964 Auswanderung nach Israel.

Quellen: BHdE II; Encyclopaedia Judaica, Bd. 6; Kürschner 1966.

Ettisch, Georg (1890–1959), seit 1929 Privatdozent (Physiologie) an der Universität Berlin, Religion: jüdisch, 1928–1934 Assistent am Kaiser-Wilhelm-Institut für physikalische Chemie und Elektrochemie in Berlin, 1933 als ehemaliger „Frontkämpfer" zunächst im Amt belassen, 1934 Verzicht auf die Lehrbefugnis als Jude, bevor sie ihm entzogen werden konnte; 1934 Emigration nach Portugal, 1935–1946 Abteilungsleiter am Institut für Onkologie in Lissabon, 1948 Übersiedlung in die USA, 1948/49 *Assistant Professor* an der *University of Kansas City*.

Quellen: UA HU Berlin UK E 100; GStA PK I Rep. 76 Va Sekt. 2 Tit. IV Nr. 51 Bd. XXIV Bl. 141–145; PA in: Archiv der University of Missouri–Kansas City; Rürup, Schicksale, S. 187 f. Online: ancestry.de.

Everth, Erich (1878–1934), seit 1926 o. Prof. (Zeitungskunde) an der Universität Leipzig, Religion: evangelisch, im Februar 1933 Teilnahme am Berliner Kongress „Das freie Wort", wo er für die Erhaltung der Pressefreiheit eintrat, daraufhin im April 1933 beurlaubt („undeutsche Einstellungen zu politischen und nationalen Fragen"), im September 1933 aus politischen Gründen zwangsemeritiert (offiziell wegen seines Gesundheitszustandes), nicht emigriert.

Quellen: Koenen, Journalist; Dietel, Universität Leipzig, S. 491–500; Lambrecht, Entlassungen. Online: Professorenkatalog der Universität Leipzig.

F

Fabricius, Cajus (1884–1950), seit 1921 nichtbeamteter a. o. Prof. (Systematische Theologie) an der Universität Berlin, Religion: evangelisch, 1932–1940 Mitglied der NSDAP, seit 1935 persönlicher Ordinarius an der Universität Breslau, von Dezember 1939 bis Februar 1940 aus politischen Gründen inhaftiert (Kritik an der nationalsozialistischen Kirchenpolitik), 1940 „Ausstoßung“ aus der NSDAP, 1940–1943 Stadtarrest, 1943 in den Ruhestand versetzt (§ 71 DBG), nicht emigriert.

Quellen: UA HU Berlin UK 1066 u. R/S 81; BA Berlin R 4901/1164, R 4901/14696 u. R 4901/26066; BBKL, Bd. 16; Ludwig, Fakultät, S. 95 u. passim; Meier, Fakultäten, S. 427–433.

Fabricius, Ludwig (1875–1967), seit 1913 o. Prof. (Forstliche Produktionslehre) an der Universität München, Religion: evangelisch, bis 1928 Mitglied der DVP, seit 1937 politischen Angriffen der *Dozentenschaft* der Universität München ausgesetzt („hochbetagter Reaktionär, der dem Nationalsozialismus mit ‚Ironie‘ und Zurückhaltung gegenübersteht“), 1940 aus gesundheitlichen und politischen Gründen zwangsemeritiert, nicht emigriert.

Quellen: UA München E-II-1272; BayHStA MK 43582; Rubner, Forstleute. Nachruf in: Jahres-Chronik der Ludwig-Maximilians-Universität 1967/1968, S. 17 f.

Fajans, Kasimir (1887–1975), seit 1925 persönlicher Ordinarius (Physikalische Chemie) an der Universität München, Religion: jüdisch, 1933 wegen „hervorragender Bewährung“ zunächst im Amt belassen, 1935 als Jude in den Ruhestand versetzt (§ 6 BBG), 1936 Emigration nach Großbritannien, 1936 in die USA, 1936–1957 Prof. an der *University of Michigan* in Ann Arbor, daneben zeitweise für die *Glass Science Inc.* und die *Owens-Illinois Glass Company* in Toledo, Ohio tätig; seine Halbschwester Ludwika wurde Opfer des Holocaust.

Quellen: UA München E-II-1277; BayHStA München MK 43584; BA Berlin R 9361–VI/634; BHdE II; Hurwic, Fajans; Breisach, Universitätsprofessoren, S. 310–315; Deichmann, Flüchten, S. 109 u. passim.

Falckenberg, Hans (1885–1946), seit 1931 persönlicher Ordinarius (Mathematik) an der Universität Gießen, Religion: evangelisch, 1943 aus gesundheitlichen und politischen Gründen (nachdem seine Frau als Gegnerin des Nationalsozialismus zu einer mehrjährigen Freiheitsstrafe verurteilt worden war) in den Ruhestand versetzt (offiziell „auf eigenen Antrag“), nicht emigriert.

Quellen: BA Berlin R 4901/13262; Wer ist's 1935; Heiber, Universität I, S. 253; Reimann, Entlassung, S. 206; Chroust, Universität I, S. 230, 242.

Falkenheim, Curt (1893–1949), Sohn von →Hugo F., seit 1927 Privatdozent (Kinderheilkunde) an der Universität Königsberg, Religion: jüdisch, 1933 als Chefarzt der Städtischen Krankenanstalten entlassen (§ 6 BBG), während die Lehrbefugnis des ehemaligen „Frontkämpfers“ zunächst erhalten blieb, ärztliche Praxis, 1935/36 Entzug der Lehrbefugnis als Jude (RBG), 1936 Emigration in die USA, Kinderarzt am *Strong Memorial Hospital* in Rochester.

Quellen: BA Berlin R 4901/13262; Altpreußische Biographie III; Kabus, Juden; Seidler, Kinderärzte, S. 314 f.; Schüler-Springorum, Minderheit, S. 302; OAF, Adventsrundbrief 1965, S. 9 f. u. Adventsrundbrief 1967, S. 12 f.

Falkenheim, Hugo (1856–1945), Vater von →Curt F., seit 1924 emeritierter o.

Prof. (Kinderheilkunde) an der Universität Königsberg, Religion: jüdisch, Mitglied einer B'nai B'rith-Loge, 1933 als leitender Arzt der Kinderstation am St. Elisabeth-Krankenhaus entlassen, 1936 Entzug der Lehrbefugnis als Jude (RBG), 1928–1941 Vorstandsvorsitzender der Jüdischen Gemeinde in Königsberg, 1941 Emigration nach Kuba, 1942 in die USA.

Quellen: BA Berlin R 4901/13262; BHdE II; Altpreußische Biographie III; Seidler, Kinderärzte, S. 315 f.; Schüler-Springorum, Minderheit, S. 352; Tilitzki, Albertus-Universität I, S. 524; Voswinckel, Lexikon.

Farmer Loeb, Laurence/Lawrence (1895–1976), seit 1928 Privatdozent (Innere Medizin) an der Universität Berlin, bis 1933 wissenschaftlicher Mitarbeiter der I. Medizinischen Klinik der Charité, Privatpraxis in Berlin, Religion: jüdisch, Staatsangehöriger der USA, 1933 Entzug der Lehrbefugnis als Jude (§ 3 BBG), 1933 Emigration/Rückkehr in die USA, seit 1934 Privatpraxis in New York, Lehrtätigkeit an der *Medical School* der *Cornell University*.

Quellen: Entschädigungsamt Berlin Nr. 370.991; GStA PK I Rep. 76 Va Sekt. 2 Tit. IV Nr. 46 C Bd. II Bl. 342 ff. u. Nr. 50 Bd. XX, Bl. 290 ff., 307 ff., 339 f.

Fehling, Ferdinand (1875–1945), seit 1931 nichtbeamteter a. o. Prof. (Mittlere und Neuere Geschichte) an der Universität Hamburg, Religion: evangelisch, 1919/20 Mitglied der DNVP, 1933 als ehemaliger „Frontkämpfer" zunächst im Amt belassen, seit Dezember 1934 in verschiedenen Heilanstalten untergebracht, 1937 Entzug der Lehrbefugnis (§ 18 RHO) als „Mischling 2. Grades", nicht emigriert.

Quellen: StA Hamburg 361-6 IV 238 u. 361-6 IV 2427; Drüll, Gelehrtenlexikon 1803–1932; Borowsky, Geschichtswissenschaft, S. 539, 547, 578.

Feiler, Erich (1882–1940), Schwager von →Hans Pringsheim, seit 1921 nichtbeamteter a. o. Prof. (Zahnheilkunde) und Leiter der Abteilung für konservierende Zahnheilkunde an der Universität Frankfurt/M., Religion: evangelisch, 1933 als ehemaliger „Frontkämpfer" zunächst im Amt belassen, 1934 Entzug der Lehrbefugnis als „Nichtarier" (§ 6 BBG) nach Androhung eines Vorlesungsboykotts durch nationalsozialistische Studierende, 1936 Emigration nach Großbritannien.

Quellen: UA Frankfurt/M. Personalhauptakte, Rektoratsakte u. Akten der Medizinischen Fakultät; Kinas, Exodus, S. 84 f.

Feist, Franz (1864–1941), seit 1929 emeritierter o. Prof. (Chemie und chemische Technologie) an der Universität Kiel, Religion: seit 1900 evangelisch-reformiert (ursprünglich jüdisch), 1930 Umzug nach Bonn, 1933 als „Altbeamter" zunächst im Amt verblieben, Ende 1935 aufgrund des RBG als „Nichtarier" in den Ruhestand versetzt, nicht emigriert.

Quellen: Landesarchiv Schleswig-Holstein Abt. 47 Nr. 6558; Reichshandbuch I; Wer ist's 1935; Volbehr/Weyl, Professoren, S. 162; DBE. Online: Kieler Gelehrtenverzeichnis.

Feldberg, Wilhelm (1900–1993), seit 1930 Privatdozent (Physiologie) an der Universität Berlin, Religion: jüdisch, 1933 Entzug der Lehrbefugnis als Jude (§ 3 BBG), 1933 Emigration nach Großbritannien, 1933–1936 Stipendiat am *National Institute for Medical Research* (NIMR) in London, 1936 nach Australien, 1936–1938 Stipendiat am *Walter Eliza Hall Institute* in Melbourne, seit 1938 erneut in Großbritannien, 1938–1947 an der *University of Cambridge*, zuletzt als *Reader*, 1949–1965 Abteilungsleiter am NIMR.

Quellen: UA HU Berlin UK F 187; GStA PK I Rep. 76 Va Sekt. 2 Tit. IV Nr. 46 C Bd. I; BHdE II, Oxford Dictionary of Biography; Jaenicke, Feldberg. Online: Biographical Memoirs of Fellows of the Royal Society.

Feller, Willy/William (1906–1970), seit 1929 Privatdozent (Mathematik) an der Universität Kiel, Religion: katholisch, 1933 Entzug der Lehrbefugnis als „Nichtarier" (§ 3 BBG), 1933 Emigration nach Dänemark, 1934 nach Schweden, 1939 Emigration in die USA, 1939 *Associate Professor* an der *Brown University* in Providence, Rhode Island, 1945 Prof. an der *Cornell University* in Ithaca, New York, 1950 Prof. an der *Princeton University*.

Quellen: GStA PK Rep. 76 Va Sekt. 9 Tit. IV Nr. 22 Bl. 32–44; Uhlig, Wissenschaftler, S. 23; Lexikon bedeutender Mathematiker; BHdE II. Online: MacTutor History of Mathematics Archive.

Fels, Erich (1897–1981), seit 1929 Privatdozent (Geburtshilfe und Gynäkologie) an der Universität Breslau, Religion: jüdisch (später konfessionslos), 1933 als ehemaliger „Frontkämpfer" zunächst im Amt belassen, 1935/36 Entzug der Lehrbefugnis als Jude, 1934 Emigration nach Argentinien, 1934–1957 Abteilungsleiter am *Instituto de Maternitad* in Buenos Aires, Forschungsdirektor am *Hospital Materno Infantil Ramón Sardá*.

Quellen: BA Berlin R 4901/1721; UA Wrocław S 186, S 199 u. S 220/118; BHdE II; Strätz, Handbuch; Historisches Ärztelexikon für Schlesien II.

Fiesel, Eva (1891–1937), Schwester von →Karl Lehmann(-Hartleben), seit 1931 Lehrbeauftragte (Etruskologie) an der Universität München, Religion: evangelisch, 1933 Entzug des Lehrauftrags als „Nichtarierin", 1934 Emigration in die USA, 1934–1936 *Research Assistant* an der *Yale University*, seit 1936 Gastprofessorin am *Bryn Mawr College* in Pennsylvania. Fiesel erlag 1937 einer Krebserkrankung.

Quellen: UA München O-XIV-87 u. Y-IX-30; BHdE II; NDB. Online: VAdS.

Finkelstein, Heinrich (1865–1942), seit 1921 nichtbeamteter a. o. Prof. (Kinderheilkunde) an der Universität Berlin, Religion: jüdisch, Mitglied der DStP, 1918–1933 Ärztlicher Direktor des Kaiser- und Kaiserin-Friedrich-Kinderkrankenhauses in Berlin-Wedding, 1933 als „Altbeamter" zunächst im Amt verblieben, 1934 Entzug der Kassenzulassung, 1936 Entzug der Lehrbefugnis als Jude (RBG), 1939 Emigration nach Chile.

Quellen: UA HU Berlin UK F 54; BHdE II; NDB; Kagan, Jewish Medicine; Voswinckel, Lexikon; Wunderlich, Finkelstein; Seidler, Kinderärzte, S. 150 f.

Fischel, Oskar (1870–1939), seit 1921 nichtbeamteter a. o. Prof. (Kunstgeschichte) an der Universität Berlin, 1921–1933 Lehrer an der Staatlichen Kunstschule in Berlin, Religion: evangelisch (bis 1898 jüdisch), 1934 Entzug der Lehrbefugnis als „Nichtarier" (§ 3 BBG), 1934 nach Einspruch Fischels Wiedererteilung der Lehrbefugnis (bei Verzicht auf deren Ausübung) wegen „hervorragender Bewährung", 1935 wurde die Lehrbefugnis für erloschen erklärt; 1939 Emigration nach Großbritannien, wo Fischel kurz nach der Ankunft verstarb.

Quellen: UA HU Berlin UK F 58; GStA PK I Rep. 76 Va Sekt. 2 Tit. IV Nr. 68 F Teil 2; Altpreußische Biographie IV; Wendland, Handbuch I; Kinas, Exodus, S. 98 f. u. passim.

Fischer, Aloys (1880–1937), seit 1920 o. Prof. (Pädagogik) an der Universität München, Religion: katholisch, 1905–1918 Mitglied der Freisinnigen Vereinigung bzw. der Fortschrittlichen Volkspartei, 1937 wegen seiner „nichtarischen" Ehefrau in den Ruhestand versetzt (§ 6 BBG), nicht emigriert; Fischer starb im November 1937 nach einer Operation; seine Witwe Paula F. wurde 1942 in das Ghetto Theresienstadt deportiert, wo sie 1944 starb.

Quellen: BayHStA München MK 43598; BA Berlin R 9361-VI/672; NDB; Soziologenlexikon I; Stalla, Fischer; Schorcht, Philosophie, S. 131–134; Horn, Erziehungswissenschaft, S. 226 f.

Fischer, Carl August (1895–1966), 1928–1933 Privatdozent (Volkswirtschaftslehre) an der TH Berlin, 1933/34 planmäßiger a. o. Prof. an der Universität Hamburg, 1934–1937 o. Prof. in Königsberg, Religion: evangelisch, 1919 Mitglied der DNVP, 1932–1937 Mitglied der NSDAP, 1934 Leiter der *Dozentenschaft* an der Universität Hamburg, 1937 wegen homosexueller Handlungen (§ 175 StGB) zu 8 Monaten Gefängnis verurteilt und als Hochschullehrer „auf eigenen Antrag" entlassen, nicht emigriert, 1940/41 als Soldat in der Wehrmacht.

Quellen: StA Hamburg 361-6 I 21; BA Berlin R 4901/13297; Heiber, Universität I, S. 261 f.; Grüttner, Lexikon, S. 48.

Fischer, Ernst (1875–1954), seit 1920 o. Prof. (Mathematik) an der Universität Köln, Religion: evangelisch, 1933 als „Altbeamter" und ehemaliger „Frontkämpfer" zunächst nicht entlassen, 1938 als „Nichtarier" vorzeitig emeritiert (offiziell „auf eigenen Wunsch"), nicht emigriert, lebte in der Endphase des Krieges aus Furcht vor Verfolgung im Versteck, nach 1945 Wiederaufnahme der Lehrtätigkeit in Köln.

Quellen: BA Berlin R 4901/312 Bl. 417 u. R 4901/13262; NDB; Professoren und Dozenten Erlangen III, S. 55; Golczewski, Universitätslehrer, S. 129–131.

Fischer, Ernst (1896–1981), seit 1928 Privatdozent (Physiologie) an der Universität Frankfurt/M., Religion: konfessionslos (früher jüdisch), 1920–1925 Mitglied der SPD, 1933 als ehemaliger „Frontkämpfer" zunächst im Amt belassen, 1934 Entzug der Lehrbefugnis als „Nichtarier" (§ 6 BBG) nach Androhung eines Vorlesungsboykotts und Denunziation als „Pazifist" und „Salonsozialist", 1934 Emigration in die USA, seit 1935 am *Medical College of Virginia*, seit 1944 als *Full Professor*.

Quellen: UA Frankfurt/M. Personalhauptakte, Rektoratsakte u. Akten der Medizinischen Fakultät; BA Berlin R 4901/13297; BHdE II; Heuer/Wolf, Juden, S. 94 ff.; Kinas, Exodus, S. 85 f. u. passim; Voswinckel, Lexikon.

Fischer, Friedrich (1896–1949), seit 1930 Privatdozent (Augenheilkunde) an der Universität Leipzig, Religion: konfessionslos, seit 1928 Oberarzt, 1933 Emigration in die Tschechoslowakei, im Dezember 1933 Verzicht auf die Lehrbefugnis als „Nichtarier", 1934 in die Niederlande, seit 1935 Konservator für Augenheilkunde an der Universität Utrecht, 1941 von den deutschen Besatzern entlassen, 1945–1949 erneut an der Universitätsaugenklinik in Utrecht.

Quellen: UA Leipzig PA 2240; Hebenstreit, Verfolgung, S. 94–96; Heidel, Ärzte, S. 196 f.; Lambrecht, Entlassungen. Curriculum vitae und Schriftenverzeichnis in: Documenta Ophthalmologica 5/6 (1951), S. 1–11.

Fischer, Guido (1899–1983), seit 1928 Privatdozent (Betriebswirtschaftslehre) an der Universität München, Religion: katholisch, 1930–1933 Mitglied im Wirtschaftsbeirat der BVP, 1934 nichtbeamteter a. o. Prof., 1939 wurde die Ernennung zum apl. Prof. wegen „politischer Unzuverlässigkeit" zurückgestellt, seit 1940 Wehrdienst als Militärbeamter, 1944 Entzug der Lehrbefugnis nach Maßregelung als Kriegsverwaltungsrat, nicht emigriert, seit 1948 beamteter a. o. Prof. an der Universität München, 1964–1968 persönlicher Ordinarius in München.

Quellen: BA Berlin R 4901/24536; UA München E-II-1322; Mantel, Betriebswirtschaftslehre, S. 411–415, 689 f.

Fischer, Hugo (1897–1975), seit 1926 Privatdozent (Philosophie) an der Universität Leipzig, 1938 nichtbeamteter a. o. Prof. in Leipzig, Religion: evangelisch; 1938 Emigration nach Norwegen, weil er offenbar befürchtete, wegen seiner Verbindungen zu dem Kreis um Ernst Niekisch verhaftet zu werden[15]; 1939 Emigration nach Großbritannien, 1949 Gastprofessor in Benares (Indien), 1956 Rückkehr in die Bundesrepublik, 1957 apl. Prof. an der Universität München.

Quellen: UA Leipzig PA 455; BA Berlin R 4901/13262; BHdE II; Tilitzki, Universitätsphilosophie I, S. 532–540, 746 ff. Online: Professorenkatalog der Universität Leipzig.

Fischer, Siegfried (1891–1966), seit 1929 nichtbeamteter a. o. Prof. (Psychiatrie und Neurologie) an der Universität Breslau, Religion: jüdisch, 1929–1933 Mitglied der SPD, 1934 Entzug der Lehrbefugnis als Jude und aus politischen Gründen (§ 6 BBG), 1935 Emigration nach Panama, 1937 in die USA; 1939 am *State Hospital* in Blackfoot, Idaho; seit 1939 Lehrtätigkeit an der

15 Freiwilliger Rücktritt mit politischem Hintergrund.

Medical School der *University of California*, seit 1941 psychiatrische Privatpraxis.

Quellen: GStA PK I Rep. 76 Va Sekt. 4 Tit. IV Nr. 51 Bl. 297 f., 366–384; Historisches Ärztelexikon für Schlesien II; Kinnard, History, S. 428; Encyclopedia of American Biography, New series, Bd. 38.

Fitzer, Gottfried (1903–1997), seit 1931 Privatdozent (Sprache und Religion des Neuen Testament) an der Universität Breslau, Religion: evangelisch, Mitglied der Bekennenden Kirche, 1935 Entzug der Lehrbefugnis aus politischen Gründen (§ 18 RHO), nicht emigriert, seit 1934 Pfarrer in Kainowe/ Kreis Trebnitz, 1945 Flucht aus Schlesien, Pfarrverweser in Unterleitner/ Oberfranken, 1950–1973 o. Prof. (Neues Testament) an der Universität Wien.

Quellen: BA Berlin R 4901/13262; UA Wrocław S 220/126 u. S 203; BBKL, Bd. 23; Wer ist wer in Österreich 1953.

Flechtheim, Julius (1876–1940), seit 1924 Honorarprofessor (Handelsrecht) an der Universität Berlin, Religion: katholisch (bis 1904 jüdisch), 1918–1932 Mitglied der DVP, bis 1933 Leiter der Rechtsabteilung der IG Farben AG und Vorstandsmitglied des Reichsverbandes der Deutschen Industrie, 1933 Entzug der Lehrbefugnis als „Nichtarier" (§ 3 BBG), 1939 Emigration in die Schweiz.

Quellen: GStA PK I Rep. 76 Va Sekt. 2 Tit. IV Nr. 45 A Bl. 3–13; Reichshandbuch I; Wer ist's 1935; BHdE II; Göppinger, Juristen, S. 279; Heymann, Flechtheim; Lösch, Geist, S. 208 ff. u. passim.

Fleischer, Karl (1886–1941), seit 1914 Privatdozent (Chemie) an der Universität Frankfurt/M., Religion: evangelisch, kam der Entlassung als „Nichtarier" 1933 durch Verzicht auf die Lehrbefugnis zuvor, nicht emigriert, 1941 Deportation nach Litauen, wo er im November 1941 im Fort IX (Kaunas/Kowno) ermordet wurde.

Quellen: UA Frankfurt/M. Personalhauptakte, Rektoratsakte und PA der Naturwissenschaftlichen Fakultät; Kinas, Exodus, S. 325, 436. Online: Gedenkbuch – Opfer der Verfolgung.

Fleischmann, Max (1872–1943), seit 1921 o. Prof. (Staatsrecht, Kolonialrecht, Völkerrecht u. a.) an der Universität Halle, Religion: evangelisch, 1925/ 26 Rektor der Universität Halle, 1933 als „Altbeamter" unter Verzicht auf die Lehre des Staatsrechts zunächst im Amt belassen, 1935 als „Nichtarier" zwangsemeritiert (§ 4 GEVH), 1936 Entzug der Lehrbefugnis aufgrund des RBG, nicht emigriert, im Januar 1943 Suizid, um der Verhaftung durch die Gestapo zu entgehen.

Quellen: UA Halle PA 6121; GStA PK I Rep. 76 Va Sekt. 8 Tit. IV Nr. 32 Bd. X; Altpreußische Biographie IV; Stengel, Ausgeschlossen; Eberle, Martin-Luther-Universität, S. 288 f.; Pauly, Fleischmann.

Fleischmann, Paul (1879–1957), seit 1921 nichtbeamteter a. o. Prof. (Innere Medizin) an der Universität Berlin, Religion: evangelisch, 1931–1934 Chefarzt am Auguste-Viktoria-Krankenhaus in Berlin-Schöneberg, 1933 als ehemaliger „Frontkämpfer" zunächst im Amt verblieben, 1934 als Chefarzt entlassen

(§ 6 BBG), 1936 Entzug der Lehrbefugnis als „Nichtarier“ (RBG), 1936 Emigration nach Großbritannien, seit 1937 Privatpraxis in London.

Quellen: UA HU Berlin UK F 76; Doetz/Kopke, Fleischmann.

Förster, Max (1869–1954), seit 1925 o. Prof. (Englische Philologie) an der Universität München, Religion: evangelisch, 1900–1918 Mitglied der Nationalliberalen Partei; 1934 auf eigenen Antrag emeritiert, um der Versetzung in den Ruhestand zu entgehen (als politisch unzuverlässig denunziert, „nichtarische“ Ehefrau); nicht emigriert, 1945–1947 erneut o. Prof. an der Universität München.

Quellen: UA München E-II-1340; BayHStA München MK 35441; BA Berlin R 9361-II/247990; NDB; Altpreußische Biographie IV; Schreiber, Walther Wüst, S. 92 ff.; Hausmann, Anglistik, S. 456 f. Online: VAdS.

Forster, Edmund (1878–1933), seit 1925 o. Prof. (Psychiatrie und Neurologie) an der Universität Greifswald, Religion: evangelisch, 1933 wegen regimekritischer Äußerungen (abfällige Bemerkungen über Hitlers Reden), der angeblichen Bevorzugung jüdischer Assistenzärzte und der „Zustände“ an seiner Klinik denunziert, Einleitung eines Entlassungsverfahrens nach § 4 BBG, nicht emigriert, 1933 Suizid angesichts der bevorstehenden Entlassung.

Quellen: UA Greifswald PA 486; Buchholz, Lexikon; Armbruster, Forster; Eberle, Instrument, S. 676 f.; Viehberg, Restriktionen, S. 293–300.

Fraenckel, Paul (1874–1941), seit 1921 nichtbeamteter a. o. Prof. (Gerichtliche Medizin) an der Universität Berlin, Religion: evangelisch, 1933 als ehemaliger „Frontkämpfer“ zunächst im Amt belassen, 1935 als hauptberuflicher Gerichtsarzt in den Ruhestand versetzt, 1936 Entzug der Lehrbefugnis als „Nichtarier“ (RBG), nicht emigriert, 1941 Suizid aus Verzweiflung über den Zwang zum Tragen des Judensterns.

Quellen: UA HU Berlin UK F 106; Wer ist’s 1935; Voswinckel, Lexikon; Herber, Gerichtsmedizin, S. 181 f.; Klimpel, Ärzte-Tode, S. 114.

Fraenkel, Adolf / Abraham Halevi (1891–1965), seit 1928 o. Prof. (Mathematik) an der Universität Kiel, Religion: jüdisch, im September 1933 als Jude in den Ruhestand versetzt (§ 3 BBG), 1933 Emigration nach Palästina, seit 1933 Prof. an der Hebräischen Universität in Jerusalem, 1938–1940 Rektor der Hebräischen Universität in Jerusalem.

Quellen: GStA PK I Rep. 76 Va Sekt. 9 Tit. IV Nr. 22 Bl. 46–68; Uhlig, Wissenschaftler, S. 24 f.; BHdE II; Auerbach, Catalogus II, S. 802. Online: Kieler Gelehrtenverzeichnis; MacTutor History of Mathematics Archive.

Fraenkel, Albert (1864–1938), seit 1928 o. Honorarprofessor (Innere Medizin) an der Universität Heidelberg, 1927–1933 Leiter des Mittelstands-Sanatoriums Speyererhof, 1928–1933 ärztlicher Direktor des Tuberkulosekrankenhauses Rohrbach in Heidelberg, Religion: evangelisch (bis 1896 jüdisch), 1933 Entzug der Lehrbefugnis als „Nichtarier“

(§ 3 BBG) und Entlassung als Klinikleiter, nicht emigriert.

Quellen: GLA Karlsruhe 235/1974; Drings u. a., Albert Fraenkel; Drüll, Gelehrtenlexikon 1803–1932; Mussgnug, Dozenten, S. 29.

Fraenkel, Eduard (1888–1970), seit 1931 o. Prof. (Klassische Philologie) an der Universität Freiburg/Br., Religion: jüdisch, 1934 als Jude in den Ruhestand versetzt (§ 3 BBG), 1934 Emigration nach Großbritannien, seit 1935 Prof. am *Corpus Christi College* in Oxford, 1953 emeritiert, 1970 Suizid nach dem Tod seiner Frau.

Quellen: GLA Karlsruhe 235/5007; BHdE II; Wegeler, Gelehrtenrepublik, S. 106–112. Nachruf in: Gnomon 43 (1971), S. 634–640. Online: VAdS.

Fraenkel, Ernst (1881–1957), seit 1920 o. Prof. (Vergleichende Indogermanische Sprachwissenschaft) an der Universität Kiel, Religion: evangelisch, 1933 als „Altbeamter" zunächst vor einer Entlassung geschützt, 1936 als „Nichtarier" aufgrund des RBG in den Ruhestand versetzt, nicht emigriert, Umzug nach Hamburg; Fraenkel überlebte die NS-Diktatur aufgrund seiner Ehe mit einer „Arierin"; seit 1946 Lehrstuhlvertretung an der Universität Hamburg, 1954 emeritiert.

Quellen: BA Berlin R 4901/13262; Scholz, Ernst Fraenkel; Uhlig, Wissenschaftler, S. 81; Volbehr/Weyl, Professoren, S. 161. Online: Kieler Gelehrtenverzeichnis; VAdS.

Fränkel, Ernst / Fraenkel, Ernest (1886–1948), seit 1930 nichtbeamteter a. o. Prof. (Innere Medizin) an der Universität Berlin, 1927–1933 wissenschaftlicher Mitarbeiter am Universitätsinstitut für Krebsforschung, Religion: jüdisch, Mitglied der Paneuropa-Union, 1933 Entzug der Lehrbefugnis als Jude (§ 3 BBG), 1933 Emigration nach Großbritannien, Forschungstätigkeit am *Westminster College* in London, im Zweiten Weltkrieg Arztpraxis in Buxton.

Quellen: UA HU Berlin UK F 103; GStA PK I Rep. 76 Va Sekt. 2 Tit. IV Nr. 46 C Bd. I. Nachruf in: The British Medical Journal, Vol. 1, Nr. 4558 v. 15.5.1948, S. 958.

Fraenkel, Gottfried (1901–1984), seit 1931 Privatdozent (Zoologie und vergleichende Physiologie der Tiere) an der Universität Frankfurt/M., Religion: jüdisch, 1933 Entzug der Lehrbefugnis als Jude (§ 3 BBG), 1933 Emigration nach Großbritannien, 1935–1948 Lecturer am *Imperial College* der *University of London*, 1948 Übersiedlung in die USA, Prof. (Entomologie) an der *University of Illinois* in Urbana.

Quellen: UA Frankfurt/M. Personalhauptakte und Rektoratsakte; BA Berlin R 4901/13298; BHdE II; Deichmann, Biologen, S. 48 ff.; Heuer/Wolf, Juden, S. 97 f.

Fränkel/Frankel, Hermann (1888–1977), Schwager von →Eduard Fraenkel, seit 1925 nichtbeamteter a. o. Prof. (Klassische Philologie) an der Universität Göttingen, Religion: evangelisch, Mitglied der DStP, 1933 als ehemaliger „Frontkämpfer" zunächst geschützt, 1935 als Oberassistent entlassen, kam dem Entzug der Lehrbefugnis als „Nichtarier" durch Emigration zuvor, 1935 Emigration in die USA, seit 1935 an der *Stanford University* in Kalifornien, seit 1937 als *Full Professor*.

Quellen: BA Berlin R 4901/13262; BHdE II; Wegeler, Gelehrtenrepublik, S. 98–106, 162–172; Szabó, Vertreibung, S. 348–356, 554 f. Online: VAdS.

Fraenkel, Ludwig (1870–1951), Schwiegervater von →Karl Heinrich Slotta, seit 1922 o. Prof. (Gynäkologie und Geburtshilfe) an der Universität Breslau, Religion: jüdisch, 1933 als ehemaliger „Frontkämpfer" zunächst im Amt belassen, 1934 auf Drängen nationalsozialistischer Studierender und Assistenten als Jude in den Ruhestand versetzt (§ 6 BBG), 1936 Emigration nach Brasilien, 1937 nach Uruguay; beide Geschwister wurden Opfer des Holocaust.

Quellen: BA Berlin R 4901/1738 Bl. 439–452; GStA PK I Rep. 76 Va Sekt. 4 Tit. IV Nr. 51 Bl. 445 f., 458–460, 481–485, 499–501; Reichshandbuch I; Wer ist's 1935; BHdE II; Voswinckel, Lexikon.

Fraenkel, Walter (1879–1945), seit 1921 nichtbeamteter a. o. Prof. (Physikalische Chemie, insbesondere Metallurgie) an der Universität Frankfurt/M., im Hauptberuf wissenschaftlicher Berater der Metallgesellschaft AG in Frankfurt/M., Religion: jüdisch, Mitglied des *Deutschen Republikanischen Reichsbunds*, 1933 Entzug der Lehrbefugnis als Jude (§ 3 BBG), 1939 Emigration in die USA.

Quellen: UA Frankfurt/M. Personalhauptakte und Rektoratsakte; BA Berlin R 4901/13298; Wer ist's 1935; Deichmann, Flüchten, S. 118; Heuer/Wolf, Juden, S. 98 f.

Franck, James (1882–1964), seit 1921 o. Prof. (Physik) an der Universität Göttingen, Religion: jüdisch, 1925 Nobelpreis für Physik, 1933 Rücktritt aus Protest gegen die antisemitische Politik, obwohl er als ehemaliger „Frontkämpfer" 1933 nicht vom BBG betroffen war, 1933 Emigration in die USA, Gastprofessor in Baltimore und in Kopenhagen, 1935–1938 Prof. an der *Johns Hopkins University* in Baltimore, seit 1938 Prof. an der *University of Chicago*, 1942–1945 Mitarbeit am *Manhattan Project*, 1946 Heirat mit →Hertha Sponer, 1947 emeritiert.

Quellen: Lemmerich, Sturm; BHdE II; Rosenow, Physik, S. 552–558; Szabó, Vertreibung, S. 424–432, 555 ff.

Frank, Erich (1883–1949), seit 1928 o. Prof. (Philosophie) an der Universität Marburg, Religion: katholisch (bis 1904 jüdisch), 1933 als ehemaliger „Frontkämpfer" zunächst im Amt belassen, im Dezember 1935 als „Nichtarier" aufgrund des RBG entlassen, 1939 Emigration in die USA, 1939 *Research Associate* an der *Harvard University*, 1945–1948 Prof. am *Bryn Mawr College* in Pennsylvania, 1948/49 Prof. an der *University of Pennsylvania*.

Quellen: BA Berlin R 4901/13262; Edelstein, Work; Drüll, Gelehrtenlexikon 1803–1932; Tilitzki, Universitätsphilosophie I, S. 260; BHdE II; Auerbach, Catalogus II, S. 498; Gadamer, Begegnungen, S. 405–412.

Frank, Erich (1884–1957), seit 1921 nichtbeamteter a. o. Prof. (Pathologische Physiologie) an der Universität Breslau, Religion: jüdisch, bis 1930 Mitglied der DDP, 1933 Entzug der Lehrbefugnis als Jude und Entlassung als Leiter der Inneren Abteilung des Städtischen Wenzel-Hancke-Krankenhauses in Breslau (§ 3 BBG), 1933 Emigration in die Türkei, 1933–1957 Prof. und Direktor der II. Medizinischen Klinik der Universität Istanbul.

Quellen: GStA PK I Rep. 76 Va Sekt. 4 Tit. IV Nr. 51 Bl. 241–250, 534–549; UA Wrocław S 187, S. 525–531; Wer ist's 1935; BHdE II, Voswinckel, Lexikon; Sever, Erich Frank; Widmann, Exil.

Frankl, Paul (1878–1962), seit 1920 o. Prof. (Mittlere und neuere Kunstgeschichte) an der Universität Halle, Religion: katholisch (früher jüdisch), 1933 zunächst wegen „hervorragender Bewährung" im Amt belassen, 1934 nach einer Denunziation (unter anderem wegen „Verächtlichmachung deutscher Kunst") als „Nichtarier" in den Ruhestand versetzt (§ 6 BBG), 1938 Emigration in die USA, seit 1940 Mitglied des *Institute for Advanced Study* in Princeton.

Quellen: UA Halle PA 6208; GStA PK I Rep. 76 Va Sekt. 8 Tit. IV Nr. 52; BHdE II; Wendland, Kunsthistoriker; Kinas, Exodus, S. 102 ff. u. passim; Stengel, Ausgeschlossen.

Frei, Wilhelm (1885–1943), seit 1926 nichtbeamteter a. o. Prof. (Dermatologie) an der Universität Breslau, Religion: evangelisch, Mitglied der DVP, 1933 als ehemaliger „Frontkämpfer" im Besitz der Lehrbefugnis verblieben, aber als Leiter der dermatologischen Abteilung des Städtischen Krankenhauses Berlin-Spandau entlassen; 1935 Entzug der Lehrbefugnis als „Nichtarier" (§ 18 RHO), 1937 Emigration in die USA, seit 1938 an Tuberkulose erkrankt.

Quellen: BA Berlin R 4901/13263; UA Wrocław S 220/141; Eppinger, Schicksal, S. 77; Voswinckel, Lexikon; Doetz/Kopke, Ausschluss, S. 179.

Frenken, Goswin (1887–1945), seit 1929 nichtbeamteter a. o. Prof. (Mittellateinische Philologie und vergleichende Literaturgeschichte des Mittelalters) an der Universität Köln, Religion: katholisch, seit 1933 Mitglied der NSDAP, 1936 Entzug der Lehrbefugnis aus politischen Gründen (öffentliche Kritik an Hitler), 1937 zu einer Gefängnisstrafe von 3 Monaten verurteilt, nicht emigriert, seit 1944 im KZ Flossenbürg inhaftiert, wo er im Januar 1945 starb.

Quellen: BA Berlin R 4901/13263; Golczewski, Universitätslehrer, S. 222–234; Hausmann, Mittellateinische Philologie, S. 179–187. Online: Universität zu Köln, Galerie der Professorinnen und Professoren.

Freudenberg, Ernst (1884–1967), seit 1922 o. Prof. (Kinderheilkunde) an der Universität Marburg, Religion: evangelisch-reformiert, 1937 wegen seiner „nichtarischen" Ehefrau in den Ruhestand versetzt, 1938 Emigration in die Schweiz, seit 1938 o. Prof. für Kinderheilkunde und Direktor der Universitätskinderklinik in Basel, 1954 emeritiert.

Quellen: BA Berlin R 4901/13263; Voswinckel, Lexikon; Auerbach, Catalogus II, S. 235; Aumüller/Grundmann, Antisemitismus, S. 210–214; BHdE II; Buchs, Ernst Freudenberg; Seidler, Kinderärzte, S. 336 f.

Freudenberg, Karl (1892–1966), seit 1928 Privatdozent (Medizinische Statistik) an der Universität Berlin, Religion: evangelisch, 1933 als ehemaliger „Frontkämpfer“ zunächst im Amt belassen, 1936 Entzug der Lehrbefugnis als „Nichtarier“ (RBG), 1938 zeitweise inhaftiert, 1939 Emigration in die Niederlande, Überlebender des Lagers Westerbork, 1947 Rückkehr nach Deutschland, 1949–1961 an der FU Berlin, seit 1958 als persönlicher Ordinarius.

Quellen: UA HU Berlin UK F 134; BHdE II; Schagen/Schleiermacher, Jahre. Nachruf in: Zentralblatt für Bakteriologie, Parasitenkunde, Infektionskrankheiten und Hygiene 201, 1 (1966), S. 1–6.

Freudenthal, Walter (1893–1952), seit 1929 Privatdozent (Dermatologie) an der Universität Breslau, Religion: jüdisch, 1933 als ehemaliger „Frontkämpfer“ zunächst im Amt belassen, 1934 Emigration nach Großbritannien (zunächst beurlaubt), am Londoner *University College Hospital* tätig, 1935 Entzug der Breslauer Lehrbefugnis als Jude (§ 18 RHO), seit 1945 *Reader* (Dermatologische Histologie) am *University College London.*

Quellen: UA Wrocław S 220/144, S 186 u. S 199; Eppinger, Schicksal, S. 137; Historisches Ärztelexikon für Schlesien II. Nachruf in: The Journal of Pathology and Bacteriology 68 (1954), S. 649–650.

Freund, Hermann (1882–1944), seit 1924 o. Prof. (Pharmakologie) an der Universität Münster, Religion: konfessionslos (ursprünglich jüdisch), 1933 als „Altbeamter“ zunächst im Amt belassen, 1935 als „Nichtarier“ aufgrund des RBG in den Ruhestand versetzt, 1939 Emigration in die Niederlande, 1942–1944 im Lager Westerbork inhaftiert; 1944 zunächst ins Ghetto Theresienstadt, im Oktober nach Auschwitz deportiert, wo er kurz nach seiner Ankunft ermordet wurde.

Quellen: BA Berlin R 4901/13263; Möllenhoff/Schlautmann-Overmeyer, Familien I; Voswinckel, Lexikon; Happ/Jüttemann, Schlag; Huhn/Kilian, Briefwechel.

Freund, Julius (1871–1939), seit 1918 planmäßiger Lektor (Englisch) an der Universität Berlin, Religion: jüdisch, 1933 als Jude in den Ruhestand versetzt (§ 3 BBG); im Juli 1939 Emigration nach Schweden, wo Freund bereits im September 1939 verstarb.

Quellen: UA HU Berlin UK F 136; Mitt. Landesarchiv Berlin, 20.11.2003. Online: VAdS.

Freund, Richard (1878–1942), seit 1921 nichtbeamteter a. o. Prof. (Geburtshilfe, Gynäkologie) an der Universität Berlin, Marine-Generaloberarzt a. D., Religion: evangelisch, 1933 Entzug der Lehrbefugnis und des besoldeten Lehrauftrags als „Nichtarier“ (§ 3 BBG), nicht emigriert, 1942 Suizid angesichts der bevorstehenden Deportation.

Quellen: UA HU Berlin UK F 137; GStA PK I Rep. 76 Va Sekt. 2 Tit. IV Nr. 46 C Bd. I; Voswinckel, Lexikon.

Freund, Rudolf (1896–1982), seit 1932 Privatdozent (Innere Medizin) an der Universität Berlin, Religion: jüdisch, 1933 als ehemaliger „Frontkämpfer“

zunächst im Amt belassen, 1933 Emigration in die Niederlande (zunächst beurlaubt), 1935 Emigration nach Palästina, 1936 Entzug der Berliner Lehrbefugnis als Jude (§ 18 RHO), Emigration in die USA.

Quellen: UA HU Berlin UK F 138; BA Berlin R 4901/1266 Bl. 281–285; SSDI.

Freundlich, Herbert (1880–1941), seit 1923 Honorarprofessor (Kolloidchemie) an der Universität Berlin, 1919–1933 stellvertretender Direktor des KWI für physikalische Chemie und Elektrochemie, Religion: evangelisch, 1933 Entzug der Lehrbefugnis als „Nichtarier" (§ 3 BBG), 1933 Emigration nach Großbritannien, seit 1933 *Honorary Research Associate* am *University College London*, 1938 Emigration in die USA, seit 1938 *Distinguished Service Professor of Colloid Chemistry* an der *University of Minnesota* in Minneapolis.

Quellen: UA HU Berlin UK F 140; GStA PK I Rep. 76 Va Sekt. 2 Tit. IV Nr. 68 F Teil 1 u. 2; BHdE II; NDB; Rürup, Schicksale, S. 193 ff. Nachruf: Obituary Notices of Fellows of the Royal Society 11/1942, S. 27–50.

Freytag, Walter (1899–1959), Lehrbeauftragter (Missionswissenschaft) an der Universität Hamburg (seit 1929) und an der Universität Kiel (seit 1930), Religion: evangelisch, 1944 Entzug der Lehraufträge in Hamburg und Kiel aus politischen Gründen (auf Betreiben der Parteikanzlei der NSDAP), nicht emigriert, 1947 Honorarprofessor (Missionswissenschaft) in Hamburg und Kiel, seit 1953 o. Prof. an der Universität Hamburg.

Quellen: BA Berlin R 4901/13263; Hering, Missionswissenschaft; Hamburgische Biografie II; BBKL, Bd. 2; Volbehr/Weyl, Professoren, S. 19.

Friedemann, Ulrich (1877–1949), seit 1921 nichtbeamteter a. o. Prof. (Innere Medizin) an der Universität Berlin, Religion: jüdisch, 1919–1933 Chefarzt der Infektionsabteilung am Rudolf-Virchow-Krankenhaus, 1933 Entzug der Lehrbefugnis als Jude (§ 3 BBG), 1933 Emigration nach Großbritannien, 1933–1936 am *National Institute for Medical Research* in London, 1936 Emigration in die USA, Abteilungsleiter am *Jewish Hospital* in Brooklyn, New York City.

Quellen: UA HU Berlin UK F 148; GStA PK I Rep. 76 Va Sekt. 2 Tit. IV Nr. 46 C Bd. I; Reichshandbuch I; NDB; BHdE II; Voswinckel, Lexikon; Doetz/Kopke, Ausschluss, S. 414 f.

Friedenthal, Hans W. K. (1870–1942), seit 1921 nichtbeamteter a. o. Prof. (Physiologie) an der Universität Berlin, Religion: konfessionslos (ursprünglich evangelisch), 1933 Entzug der Lehrbefugnis als „Nichtarier" (§ 3 BBG), nicht emigriert; 1942 Suizid, um der Deportation zu entgehen.

Quellen: UA HU Berlin UK F 148; GStA PK I Rep. 76 Va Sekt. 2 Tit. IV Nr. 46 C Bd. I; Wagener, Richard Friedenthal, S. 11–17, 38, 143.

Friederichsen, Max (1874–1941), seit 1923 o. Prof. (Geographie) an der Universität Breslau, Religion: evangelisch, bis 1931 Mitglied der DVP, 1937 wegen seiner „nichtarischen" Ehefrau in den Ruhestand versetzt (§ 6 BBG), nicht emigriert.

Quellen: BA Berlin R 4901/13263 u. R 4901/15541; UA Wrocław S 220/147; Wer ist's 1935; NDB; Buchholz, Lexikon. Nachruf in: Petermanns geographische Mitteilungen 87 (1941), S. 394 f.

Friedheim, Ludwig/Louis (1862–1942), seit 1893 Privatdozent (Haut- und Geschlechtskrankheiten) an der Universität Leipzig, Religion: jüdisch, im September 1933 Entzug der Lehrbefugnis als Jude, 1933–1938 Privatpraxis als Hautarzt in Leipzig, nicht emigriert, im September 1942 in das Ghetto Theresienstadt deportiert, wo er wenig später starb.

Quellen: Sächsisches Staatsarchiv Leipzig PP-M 234; Eppinger, Schicksal, S. 214 f.; Lambrecht, Entlassungen; Seidel, Ärzte, S. 200 f.

Friedländer, Hans (1888–1960), seit 1930 Privatdozent (Philosophie) an der Universität Berlin, Religion: jüdisch, 1933 als ehemaliger „Frontkämpfer" zunächst im Amt verblieben, 1936 Entzug der Lehrbefugnis als Jude (RBG), 1936–1939 an der Lehranstalt für die Wissenschaft des Judentums in Berlin, 1939 Emigration nach Großbritannien, Stipendiat an der *University of Bristol*, 1940 als *enemy alien* interniert, 1941–1946 Lehrer an der *King Edward's School* in Birmingham, seit 1947 *Lecturer in Psychology* am *Portsmouth Training College*.

Quellen: UA HU Berlin Phil. Fak. 1244; BA Berlin R 4901/13263; Entschädigungsamt Berlin Nr. 251292; Tilitzki, Universitätsphilosophie I, S. 315; Mitt. Colin Harris, Bodleian Library, 4.6.2004.

Friedlaender, Max (1852–1934), seit 1922 emeritierter o. Honorarprofessor (Musikwissenschaft) an der Universität Berlin, bis 1933 Leiter des akademischen Chores, Religion: evangelisch (bis 1894 jüdisch), 1933 im Amt verblieben, weil sein Sohn im Ersten Weltkrieg gefallen war, nicht emigriert; Friedländer verstarb 1934, bevor ihm die Lehrbefugnis als „Nichtarier" entzogen werden konnte.

Quellen: UA HU Berlin UK F 152; Wer ist's 1928; NDB; Heuer, Lexikon VIII.

Friedländer, Paul (1882–1968), seit 1932 o. Prof. (Klassische Philologie) an der Universität Halle, Religion: evangelisch (bis 1896 jüdisch), 1933 als ehemaliger „Frontkämpfer" zunächst nicht entlassen, 1935 als „Nichtarier" in den Ruhestand versetzt (RBG), nach dem Novemberpogrom 1938 für etwa fünf Wochen im KZ Sachsenhausen inhaftiert, 1939 Emigration in die USA, seit 1940 Lehrtätigkeit an der *University of California* in Los Angeles.

Quellen: UA Halle PA 6289; Ehling, Friedländer; BHdE II; Eberle, Martin-Luther-Universität, S. 369; Obermayer, Altertumswissenschaftler, S. 597–672; Gadamer, Begegnungen, S. 403–405; Stengel, Ausgeschlossen.

Friedländer, Walter (1873–1966), seit 1920 apl. a. o. Prof. (Mittelalterliche und Neuere Kunstgeschichte) an der Universität Freiburg/Br., Religion: evangelisch (ursprünglich jüdisch), 1933 Entzug der Lehrbefugnis als „Nichtarier" (§ 3 BBG), 1935 Emigration in die USA, 1935–1966 am *Institute of Fine Arts* der *New York*

University, 1963 zum Ehrensenator der Universität Freiburg/Br. ernannt.

Quellen: GLA Karlsruhe 235/8754; Wendland, Handbuch I; BHdE II. Nachrufe in: Art Journal 26 (1966/67), S. 258, 260; Kunstchronik 19 (1966), S. 377 ff. Online: Dictionary of Art Historians.

Friedmann, Ernst Josef (1877–1956), seit 1921 nichtbeamteter a. o. Prof. (Physiologie) an der Universität Berlin, Religion: evangelisch, 1933 Emigration nach Großbritannien (zunächst beurlaubt); 1934 Verzicht auf die Lehrbefugnis als „Nichtarier", nachdem er aufgefordert worden war, den Fragebogen zum BBG auszufüllen; Forschungstätigkeit an der *University of Cambridge*.

Quellen: UA HU Berlin UK F 190; BA Berlin R 4901/1266. Nachruf in: Nature Nr. 4530 v. 25.8.1956, S. 397.

Friedmann, Friedrich Franz (1876–1953), seit 1919 beamteter a. o. Prof. (Tuberkuloseforschung und -bekämpfung) an der Universität Berlin, Religion: evangelisch (ursprünglich jüdisch), 1933 als „Nichtarier" in den Ruhestand versetzt (§ 3 BBG), 1937 Emigration nach Monaco, lebte bis zu seinem Tod in Monte Carlo.

Quellen: UA HU Berlin UK F 155; BA Berlin R 4901/17411-17438; Reichshandbuch I; Voswinckel, Lexikon; Werner, Heiler.

Friedmann, Wilhelm (1884–1942), seit 1920 Lektor der italienischen Sprache an der Universität Leipzig, seit 1930 nichtplanmäßiger a. o. Prof. (Romanische Philologie) in Leipzig, Religion: evangelisch (ursprünglich jüdisch), 1933 Entzug der Lehrbefugnis als „Nichtarier" und aus politischen Gründen (Unterstützung für Emil Julius Gumbel, Pazifismus), nach § 4 BBG, Emigration nach Frankreich, 1942 nach der Festnahme durch die Gestapo Suizid in Bedous (Pyrenäen).

Quellen: Sächsische Lebensbilder V; Lambrecht, Entlassungen; Christmann/Hausmann, Romanisten. Online: Professorenkatalog der Universität Leipzig; VAdS.

Friedrich, Otto (1883–1978), seit 1933 Lehrbeauftragter (Evangelisches Kirchenrecht) an der Universität Heidelberg, im Hauptberuf 1925–1953 Oberkirchenrat bei der Evangelischen Landeskirche Baden, Religion: evangelisch, 1936 Entzug des Lehrauftrags aus politischen Gründen (auf Betreiben von Gauleiter Robert Wagner), nicht emigriert, seit 1949 erneut Lehrbeauftragter an der Universität Heidelberg, 1953 Ruhestand, 1963 Honorarprofessor an der Evangelisch-Theologischen Fakultät in Heidelberg.

Quellen: BA Berlin R 4901/13263; Wer ist wer 1955; Besier, Theologische Fakultät, S. 188 f.; Baden-Württembergische Biographien I. Nachruf in: Zeitschrift für evangelisches Kirchenrecht 23 (1978), S. 145 f.

Fritz, Kurt von (1900–1985), 1931–1933 Privatdozent (Klassische Philologie) an der Universität Hamburg, 1933–1935 planmäßiger a. o. Prof in Rostock, Religion: evangelisch, 1935 aus politischen Gründen (Verweigerung des bedingungslosen „Treueids" auf Hitler) in den Ruhestand versetzt (§ 6 BBG), 1936

Emigration nach Großbritannien, Dozent in Oxford, 1936 in die USA, 1938–1954 *Full Professor* an der *Columbia University*, New York, 1954 Rückkehr nach Deutschland, 1954 o. Prof. an der FU Berlin, 1958 o. Prof. in München.

Quellen: BA Berlin R 4901/13263; Obermayer, Altertumswissenschaftler, S. 223–402; Buddrus/Fritzlar, Professoren. Online: Catalogus Professorum Rostochiensium; VAdS.

Fröhlich, Herbert (1905–1991), seit 1931 Privatdozent (Physik) an der Universität Freiburg, 1931–1933 Assistent am Physikalischen Institut der Universität Freiburg/Br., Religion: jüdisch, 1933 Entzug der Lehrbefugnis als Jude (§ 3 BBG), 1933 Emigration in die Sowjetunion, 1935 Emigration nach Großbritannien, 1935–1948 an der *University of Bristol*, 1940 als *enemy alien* interniert, seit 1946 zunächst *Reader*, seit 1948 Prof. für Theoretische Physik an der *University of Liverpool*, 1973 emeritiert.

Quellen: GLA Karlsruhe 235/8757; BHdE II. Nachruf in: Physikalische Blätter 47 (1991), S. 321 f. Online: Biographical Memoirs of Fellows of the Royal Society.

Fuchs, Ernst (1903–1983), seit 1932 Privatdozent (Neutestamentliche Theologie) an der Universität Bonn, Religion: evangelisch, 1933 Mitglied der SPD, 1933 Entzug der Lehrbefugnis aus politischen Gründen (§ 4 BBG), nicht emigriert, Mitglied der Bekennenden Kirche, 1938 Pfarrer in Oberaspach, seit 1946 erneute Lehrtätigkeit in Marburg, 1949 Privatdozent in Tübingen, 1955 o. Prof. an der Kirchlichen Hochschule Berlin, 1961 o. Prof. in Marburg, 1970 emeritiert.

Quellen: GStA PK I Rep. 76 Va Nr. 10396 Bl. 27–40, 134–138; Höpfner, Universität, S. 153 f.; Auerbach, Catalogus II, S. 19; BBKL Bd. 33; Möller, Freude. Online: Marburger Professorenkatalog.

Fuchs, Richard Friedrich (1870–1940), seit 1921 nichtbeamteter a. o. Prof. (Physiologie) an der Universität Breslau, Direktor des Laboratoriums für Arbeitsphysiologie, Religion: konfessionslos (früher evangelisch), 1920–1933 Mitglied der SPD, kurzzeitig Mitglied des *Reichsbanner Schwarz-Rot-Gold*, 1933 Entzug der Lehrbefugnis als „Nichtarier" (§ 3 BBG); Emigration nach Dänemark, das Geburtsland seiner Frau; lebte in Kopenhagen

Quellen: GStA PK I Rep. 76 Va Sekt. 4 Tit. IV Nr. 51 Bl. 142–151, 303 f.; Voswinckel, Lexikon; Wer ist's 1935; Professoren und Dozenten Erlangen II.

G

Galléra, Siegmar von (1865–1945), geb. als Siegmar Schultze, seit 1892 Privatdozent (Deutsche Literatur und Sprache) an der Universität Halle, Religion: evangelisch; blieb bis 1943 von antisemitischen Maßnahmen verschont, da seine „nichtarische" Herkunft erst bei einer „rassischen" Überprüfung seines Sohnes bekannt wurde; 1943 wurde die Dozentur für „erloschen" erklärt, nicht emigriert.

Quellen: UA Halle PA 6464; Eberle, Martin-Luther-Universität, S. 370 u. passim; Stengel, Ausgeschlossen.

Gallinger, August (1871–1959), seit 1920 nichtplanmäßiger a. o. Prof. (Philosophie) an der Universität München, Religion: jüdisch, 1930–1932 Mitglied der Konservativen Volkspartei, 1933 als ehemaliger „Frontkämpfer" zunächst im Amt belassen, 1936 Entzug der Lehrbefugnis als Jude (RBG), 1939 Emigration nach Schweden, lebte dort von der Unterstützung eines Freundes, 1947 Rückkehr nach Deutschland, 1948–1952 Privatdozent mit der Amtsbezeichnung und den Rechten eines o. Prof. an der Universität München.

Quellen: UA München, E-II-1402; BA Berlin R 9361-VI/787; Schorcht, Philosophie, S. 134–138; Müssener, Exil, S. 220, 285, 504. Nachruf in: Jahres-Chronik der Ludwig-Maximilians-Universität 1958/1959, S. 17 f.

Gans, Oscar (1888–1983), seit 1930 o. Prof. (Haut- und Geschlechtskrankheiten) an der Universität Frankfurt/M., Religion: evangelisch, 1933 als „Nichtarier" in den Ruhestand versetzt (§ 3 BBG), 1934 Emigration nach Indien, 1934–1949 dermatologische Praxis in Bombay, 1949 Rückkehr in die Bundesrepublik, 1949–1958 erneut o. Prof. in Frankfurt/M., 1953/54 Rektor der Universität Frankfurt/M.

Quellen: UA Frankfurt/M. Personalhauptakte; Stadtarchiv Frankfurt/M. PA 16431, 22494 u. 49236, BHdE II; Hammerstein, Universität I, S. 783–787 u. passim; Heuer/Wolf, Juden, S. 110–113; Voswinckel, Lexikon.

Gans, Richard (1880–1954), seit 1925 persönlicher Ordinarius (Theoretische Physik) an der Universität Königsberg, Religion: konfessionslos (früher jüdisch), 1933 wegen „hervorragender Bewährung" nicht entlassen, 1935 als „Nichtarier" pensioniert (RBG), nicht emigriert, 1936–1939 Berater bei der AEG in Berlin, ab 1943 in einem privaten Forschungsinstitut tätig, 1947 Übersiedlung nach Argentinien, 1947–1953 Prof. in La Plata und in Buenos Aires.

Quellen: BA Berlin R 4901/13263; GStA PK I Rep. 76 Va Sekt. 11 Tit. IV Nr. 21 Bd. 34 Bl. 124–129; NDB; Swinne, Gans; Waloschek, Todesstrahlen, S. 33–64. Nachruf in: Physikalische Blätter 10 (1954), S. 512 f.

Ganter, Georg (1885–1940), seit 1928 persönlicher Ordinarius (Innere Medizin) an der Universität Rostock, Religion: katholisch, 1937 wegen Behandlung jüdischer Patienten in seiner universitären Privatpraxis und politischer Unzuverlässigkeit (mangelnde Spendenbereitschaft, Kritik an der nationalsozialistischen Bevölkerungspolitik) vorzeitig in den Ruhestand versetzt (§ 6 BBG), nicht emigriert.

Quellen: UA Rostock PA Georg Ganter; LHA Schwerin 5.12-7/1 Nr. 1504; Buddrus/Fritzlar, Professoren; Heß, Ganter; Jahnke, Hitler, S. 47–55; Voswinckel, Lexikon. Online: Catalogus Professorum Rostochiensium.

Gara, Paul von / Paolo de (1902–1991), seit 1931 Privatdozent (Hygiene und Bakteriologie) an der Universität Greifswald, Religion: katholisch, 1933 Entzug der Lehrbefugnis als „Nichtarier" (§ 3 BBG), 1934 Emigration nach Italien, Tätigkeit an der Universität Mailand, 1939 in die USA, Facharzt für Allergologie in New York, 1969–1973 Präsident des *American College of Allergists* und der *Allergy Foundation of America.*

Quellen: UA Greifswald MF 79; GStA PK I Rep. 76 Va Sekt. 7 Tit. IV Nr. 36, Bd. 1; Who's Who in the East 1957; Gara Cafiero, Paul de Gara; Eberle, Instrument, S. 728 f. u. passim.

Geiger, Moritz (1880–1937), seit 1923 o. Prof. (Philosophie) an der Universität Göttingen, Religion: jüdisch, im September 1933 als Jude in den Ruhestand versetzt (§ 3 BBG), 1934 Emigration in die USA; seit 1934 Lehrtätigkeit am *Vassar College* in Poughkeepsie, New York.

Quellen: GStA PK I Rep. 76 Va Nr. 10081 Bl. 151–161; NDB; BHdE II; Szabó, Vertreibung, S. 67 f., 563 f.; Dahms, Aufstieg, S. 292–294. Nachruf in: Zeitschrift für philosophische Forschung 14 (1960), S. 452–466.

Geiler, Karl (1878–1953), seit 1928 o. Honorarprofessor (Steuer- und Wirtschaftsrecht) an der Universität Heidelberg, hauptberuflich seit 1904 Rechtsanwalt in Mannheim, Religion: evangelisch, Mitglied der DDP, 1939 Entzug der Lehrbefugnis wegen seiner „nichtarischen" Ehefrau (§ 18 RHO), nicht emigriert, 1945–1947 Ministerpräsident des Landes Hessen, 1946 erneut Honorarprofessor in Heidelberg, seit 1947 persönlicher Ordinarius, 1948/49 Rektor der Universität Heidelberg,

Quellen: BA Berlin R 4901/13263; NDB; Drüll, Gelehrtenlexikon 1803–1932; Mussgnug, Dozenten, S. 104 f.; Badische Biographien NF III.

Geiringer, Hilda →**Pollaczek geb. Geiringer, Hilda**

Gelb, Adhémar (1887–1936), seit 1931 persönlicher Ordinarius (Philosophie mit besonderer Berücksichtigung der Psychologie) an der Universität Halle, Religion: evangelisch, 1933 als „Nichtarier" in den Ruhestand versetzt (§ 3 BBG). Gelbs Emigrationsbemühungen scheiterten aufgrund einer Erkrankung an Lungentuberkulose; sein Sohn Max Gregor beging Suizid.

Quellen: UA Halle PA 6557; GStA PK I Rep. 76 Va Sekt. 8 Tit. IV Nr. 52; Heuer/Wolf, Juden, S. 113 ff.; Wolfradt u. a., Psychologinnen. Online: VAdS.

Gellhorn, Ernst (1893–1973), seit 1925 nichtbeamteter a. o. Prof. (Physiologie) an der Universität Halle, Religion: evangelisch, seit 1929 an die *University of Oregon* in Eugene/USA bzw. an die *University of Illinois* in Chicago/USA beurlaubt, 1933 als „Nichtarier" aus dem Verzeichnis des Lehrkörpers der Universität Halle gestrichen, Emigration in die USA, seit 1943 Prof. für Neurophysiologie an der *University of Minnesota* in Minneapolis.

Quellen: UA Halle PA 6562; Eberle, Martin-Luther-Universität, S. 322; Mitt. Archiv der Stiftung Neue Synagoge Berlin – Centrum Judaicum.

Gentz, Werner (1884–1979), seit 1929 Lehrbeauftragter (Gefängniswesen) an der Universität Berlin, Religion: evangelisch, 1918–1923 Mitglied der DNVP, 1932/33 Mitglied des Republikanischen Richterbundes, bis 1933 Ministerialrat im Preußischen Justizministerium, 1934 Entzug des Lehrauftrags aus politischen Gründen, nicht emigriert, 1933–1945 Amtsrichter in Berlin, 1945–1949 Abteilungsleiter der Deutschen Zentralverwaltung für Justiz in der SBZ.

Quellen: UA HU Berlin UK G 50; BA Berlin R 3001/57079; Wer ist Wer 1948; Biographisches Handbuch der SBZ/DDR I; Amos, Justizverwaltung, S. 16 u. 250; Kinas, Exodus, S. 71 f.

Georgi, Felix (1893–1965), seit 1928 nichtbeamteter a. o. Prof. (Psychiatrie und Neurologie) an der Universität Breslau, Religion: evangelisch, 1933 als ehemaliger „Frontkämpfer" zunächst im Amt belassen, 1935 Entzug der Lehrbefugnis als „Nichtarier" (§ 18 RHO), 1933 Emigration/Rückkehr in die Schweiz, Leiter der Bellevue-Klinik in Yverdon-les-Bains, 1946–1964 an der Universität Basel, seit 1955 als o. Prof. (Neurologie).

Quellen: BA Berlin R 4901/13263; UA Wrocław S 186; BHdE II; Schweizer Biographisches Archiv II; Voswinckel, Lexikon; Historisches Ärztelexikon für Schlesien II.

Geppert, Julius (1856–1937), seit 1928 emeritierter o. Prof. (Pharmakologie) an der Universität Gießen, Religion: evangelisch, 1919–1931 Mitglied der DNVP; im Juli 1933 Entzug der Lehrbefugnis als „Halbjude", obwohl Geppert „Altbeamter" war; nicht emigriert.

Quellen: Reichshandbuch I; Wer ist's 1935; Habermann, Julius Geppert; Voswinckel, Lexikon; Reimann, Entlassung, S. 195; Chroust, Universität I, S. 176, 228.

Gerhard, Dietrich (1896–1985), Bruder von →Melitta G., seit 1932 Privatdozent (Mittlere und neuere Geschichte) an der Universität Berlin, Religion: evangelisch (bis 1901 jüdisch), 1933 als ehemaliger „Frontkämpfer" zunächst im Amt verblieben, 1936 Entzug der Lehrbefugnis als „Nichtarier" (RBG), 1935 Emigration in die USA, 1936–1970 an der *Washington University* in St. Louis (seit 1944 *Full Professor*), daneben: 1955–1961 o. Prof. an der Universität Köln, 1961–1967 am MPI für Geschichte in Göttingen, Rückkehr in die Bundesrepublik.

Quellen: UA HU Berlin UK G 59; GStA PK I Rep. 76 Va Sekt. 2 Tit. IV Nr. 68 F Teil 1; BHdE II; Ritter, Meinecke, S. 40–43 u. passim. Nachruf in: Historische Zeitschrift 242 (1986), S. 758–762.

Gerhard, Melitta (1891–1981), Schwester von →Dietrich G., seit 1927 Privatdozentin (Deutsche Literaturgeschichte) an der Universität Kiel, Religion: evangelisch, 1933 Entzug der Lehrbefugnis als „Nichtarierin" (§ 3 BBG), 1938 Emigration in die USA, 1938–1942 *Assistant Professor* am *Rockford College* in Illinois, 1945/46 Lehrerin an einer *High School* in Milwaukee, 1946–1955 *Assistant Professor* am *Wittenberg College* in Springfield, Ohio.

Quellen: GStA PK I Rep. 76 Va Sekt. 9 Tit. IV Nr. 22 Bl. 16–30; Germanistenlexikon I; Uhlig, Wissenschaftler, S. 26; Dane, Melitta Gerhard.

Gerstner, Leo (1874–1945), seit 1922 Lehrbeauftragter (Französische Syntax) an der Universität Heidelberg, im Hauptberuf seit 1920 Prof. an der Oberrealschule Heidelberg, Religion: katholisch, im Juni 1937 wegen seiner „nichtarischen" Ehefrau als Studienrat in den Ruhestand versetzt (§ 6 BBG), daraufhin Entzug des Lehrauftrags an der Universität Heidelberg im Juli 1937, nicht emigriert, 1937 Umzug nach Berlin; Gerstner starb im Dezember 1945 in Berlin-Charlottenburg an Nierenkrebs.

Quellen: UA Heidelberg PA 3897; Giovannini u. a., Erinnern, S. 130 f. Online: ancestry.de.

Geyser, Joseph (1869–1948), seit 1924 o. Prof. (Philosophie) an der Universität München (Konkordatslehrstuhl), Religion: katholisch, 1935 emeritiert; seit dem Wintersemester 1935/36 Lehrverbot aus politischen Gründen („hat es nicht verstanden, sich positiv zum neuen Staat zu stellen"), nicht emigriert, lebte zuletzt in Siegsdorf/Oberbayern.

Quellen: BayHStA München MK 17689; UA München E-II-1437; NDB; Schorcht, Philosophie, S. 138–141; Tilitzki, Universitätsphilosophie I, S. 144 f. u. passim.

Gierke, Julius von (1875–1960), seit 1925 o. Prof. (Handelsrecht, Bürgerliches Recht, Deutsches Recht) an der Universität Göttingen, Religion: evangelisch, 1918 Mitglied der DNVP, später der DVP, 1933 als „Altbeamter" zunächst geschützt, 1938 als „Mischling 1. Grades" vorzeitig emeritiert (offiziell „auf eigenen Antrag"), nicht emigriert, 1945/46 Wiederaufnahme der Lehrtätigkeit als Emeritus an der Universität Göttingen.

Quellen: BA Berlin R 4901/13263; Wer ist's 1935; Wer ist Wer 1955; Szabó, Vertreibung, S. 147–149, 566; NDB; Halfmann, Pflanzstätte, S. 117 f.; Schumann, Fakultät, S. 74 ff.; Kisch, Lebensweg, S. 90 f.

Giese, Leopold (1885–1968), seit 1932 nichtbeamteter a. o. Prof. (Kunstgeschichte) an der Universität Berlin, Religion: evangelisch, 1937 Entzug der Lehrbefugnis wegen seiner „nichtarischen" Ehefrau (§ 18 RHO), nicht emigriert, Mitarbeit an der Gräberkartei für Berlin im Rahmen der Pläne für die zukünftige „Welthauptstadt Germania", 1946–1953 Professor (ab 1951 mit vollem Lehrauftrag) an der (Humboldt-)Universität Berlin.

Quellen: UA HU Berlin PA nach 1945 G 122; GStA PK I Rep. 76 Va Sekt. 2 Tit. IV Nr. 51 Bd. XXIII; Wendland, Handbuch I; Kinas, Exodus, S. 388 f. u. passim.

Glatzer, (Nahum) Norbert (1902–1990), seit 1932 Lehrbeauftragter (Jüdische Religionswissenschaft und jüdische Ethik) an der Universität Frankfurt/M., Religion: jüdisch, 1933 Entzug des Lehrauftrags als Jude, 1933 Emigration nach Palästina, 1937 Emigration nach Großbritannien, 1938 Emigration in die USA, 1938–1943 Dozent am *College of Jewish Studies* in Chicago, 1950–1973 Prof. (Jüdische Geschichte) an der *Brandeis University* in Waltham, Massachusetts, seit 1973 Prof. an der *Boston University*.

Quellen: UA Frankfurt/M. Personalhauptakte; BHdE II; Heuer/Wolf, Juden, S. 116–119. Online: Hessische Biografie.

Glum, Friedrich (1891–1974), seit 1930 nichtbeamteter a. o. Prof. (Staats- und

Verwaltungsrecht) an der Universität Berlin, Religion: evangelisch (seit 1946 katholisch), 1931–1933 Mitglied der DNVP, 1937 nach Angriffen der NS-Presse zum Rücktritt als Generaldirektor der Kaiser-Wilhelm-Gesellschaft gezwungen, daraufhin Verzicht auf die Lehrbefugnis[16], nicht emigriert, 1946–1952 Ministerialdirigent in der Bayerischen Staatskanzlei.

Quellen: UA HU Berlin UK G 113; Reichshandbuch I; Hachtmann, Wissenschaftsmanagement I, S. 621–633 u. passim; Grüttner, Lexikon; vom Brocke, Glum; Glum, Wissenschaft.

Goetz, Walter (1867–1958), seit 1915 o. Prof. (Geschichte) an der Universität Leipzig, Religion: evangelisch, Mitglied der DDP/DStP und des *Reichsbanner Schwarz-Rot-Gold*, 1920–1928 Reichstagsabgeordneter der DDP, im April 1933 auf eigenen Wunsch emeritiert, unter politischem Druck Verzicht auf weitere Lehrtätigkeit, im September 1933 aus politischen Gründen pensioniert (§ 4 BBG), im Juli 1935 Rücknahme der Zwangspensionierung, nicht emigriert, Umzug nach Gräfelfing (Bayern), seit 1946 Lehrtätigkeit an der Universität München.

Quellen: Weigand, Walter Wilhelm Goetz; NDB; Lambrecht, Entlassungen. Online: Professorenkatalog der Universität Leipzig.

Götze, Albrecht (1897–1971), seit 1930 o. Prof. (Semitische Sprachen und orientalische Geschichte) an der Universität Marburg, Religion: konfessionslos (ursprünglich evangelisch), 1933 aus politischen Gründen („pazifistische Einstellung") entlassen (§ 4 BBG), 1933 Emigration nach Dänemark, 1934 in die USA, seit 1936 Lehrtätigkeit an der *Yale University*, zunächst als *Visiting Professor*, 1948–1956 Direktor der *American School for Oriental Research* in Bagdad, 1965 emeritiert.

Quellen: Maier-Metz, Entlassungsgrund; BHdE II; Auerbach, Catalogus II, S. 505 f.; Nagel, Philipps-Universität, S. 124–126. Online: Marburger Professorenkatalog; VAdS.

Goldmann, Franz (1895–1970), seit 1932 Privatdozent (Soziale Hygiene) an der Universität Berlin, Religion: jüdisch, Mitglied der SPD, 1933 Entzug der Lehrbefugnis (§ 4 BBG) als Jude und aus politischen Gründen, 1933 als Oberregierungsrat in der Medizinalabteilung des Reichsinnenministeriums entlassen, 1933 Emigration in die Schweiz, 1937 in die USA, seit 1937 an der *Yale University*, seit 1947 *Associate Professor* an der *Harvard University*.

Quellen: UA HU Berlin UK G 286; GStAPK I Rep. 76 Va Sekt. 2 Tit. IV Nr. 46C Bd. I Bl. 34 ff., 790 ff.; BHdE II; Antoni, Sozialhygiene; Etzold, Exodus, S. 56–65; Schagen/Schleiermacher, Jahre.

Goldscheider, Alfred (1858–1935), Schwiegervater von →Helmut Hahn, seit 1926 emeritierter persönlicher Ordinarius (Innere Medizin) an der Universität Berlin, Religion: evangelisch, zunächst Mitglied der DVP, später Mitglied der DNVP; 1933 Verzicht auf die Leitung der III. Medizinischen Univer-

16 Freiwilliger Rücktritt mit politischem Hintergrund.

sitäts-Poliklinik, bevor sie ihm als „Nichtarier“ entzogen werden konnte; nicht emigriert.

Quellen: UA HU Berlin UK G 137; BA Berlin R 4901/13264; Reichshandbuch I; NDB; Voswinckel, Lexikon. Nachruf in: Deutsche Medizinische Wochenschrift 61 (1935), S. 1053 f.

Goldschmid, Edgar (1881–1957), seit 1922 nichtbeamteter a. o. Prof. (Allgemeine Pathologie und pathologische Anatomie) an der Universität Frankfurt/M., Religion: jüdisch, Mitglied der DDP bzw. DStP, 1933 Entzug der Lehrbefugnis als Jude und Versetzung in den Ruhestand als Prosektor am Anatomisch-Pathologischen Institut (§ 3 BBG), 1933 Emigration in die Schweiz, seit 1933 Prof. (Geschichte der Medizin) an der Universität Lausanne, 1955 emeritiert.

Quellen: UA Frankfurt/M. Rektoratsakte; Stadtarchiv Frankfurt/M. PA 16537, 24467 u. 66078; Heuer/Wolf, Juden, S. 120 f. Nachruf in: Schweizerische Medizinische Wochenschrift 31 (1957), S. 1028.

Goldschmidt, Adolph (1863–1944), seit 1929 emeritierter o. Prof. (Kunstgeschichte) an der Universität Berlin, Religion: jüdisch, 1933 als „Altbeamter“ zunächst im Amt verblieben, 1936 Entzug der Lehrbefugnis als Jude (RBG), 1939 Emigration in die Schweiz, wissenschaftliche Tätigkeit im Kunstmuseum Basel.

Quellen: UA HU Berlin UK G 138; BHdE II; NDB; Goldschmidt, Lebenserinnerungen; Orth, Vertreibung, S. 241–252; Wendland, Handbuch I; Metzler Kunsthistorikerlexikon.

Goldschmidt, Hans Walter (1881–1940), Bruder von →James Paul G., seit 1925 nichtbeamteter a. o. Prof. (Verwaltungsrecht, Deutsche Rechtsgeschichte und Deutsches Privatrecht) an der Universität Köln, seit 1925 Oberlandesgerichtsrat in Köln, Religion: evangelisch (bis 1902 jüdisch), 1927–1933 Mitglied der DDP, 1934 Entzug der Lehrbefugnis als „Nichtarier“ (§ 6 BBG), 1939 Emigration nach Großbritannien, 1940 interniert; Goldschmidt starb während der Deportation nach Kanada, als sein Schiff von einem deutschen U-Boot torpediert wurde.

Quellen: UA Köln Zug. 27/69; Golczewski, Universitätslehrer, S. 109, 448; Göppinger, Juristen, S. 283; Becker, Fakultät, S. 270–281, 413 f. Online: Universität zu Köln, Galerie der Professorinnen und Professoren.

Goldschmidt, James Paul (1874–1940), Bruder von →Hans Walter G., seit 1921 o. Prof. (Strafrecht, Straf- und Zivilprozessrecht) an der Universität Berlin, Religion: jüdisch, 1933 als „Altbeamter“ zunächst nicht entlassen, 1934 an die Universität Frankfurt/M. versetzt, nach Protesten gegen seine Lehrtätigkeit auf eigenen Antrag emeritiert, 1936 Entzug der Lehrbefugnis als Jude (RBG), 1938/39 Emigration nach Großbritannien, 1939 nach Uruguay.

Quellen: UA HU Berlin UK G 140; GStA PK I Rep. 76 Va Sekt. 2 Tit. IV Nr. 45 A Bl. 50–63; Reichshandbuch I; BHdE II; Breunung/Walther, Emigration I; Lösch, Geist, S. 178–183 u. passim; Sellert, Goldschmidt.

Goldschmidt, Max (1884–1972), seit 1922 nichtplanmäßiger a. o. Prof. (Augenheilkunde) an der Universität Leipzig, Religion: evangelisch, 1933 Entzug der Lehrbefugnis als „Nichtarier" und aus politischen Gründen (Unterstützung für Emil Julius Gumbel), 1937 Emigration in die Schweiz, 1938 in die USA, seit 1938 Augenarzt an verschiedenen Krankenhäusern in New York City, Privatpraxis, seit 1955 Augenarzt und Augenchirurg am *Misericordia Hospital*.

Quellen: Lambrecht, Entlassungen; Heidel, Ärzte; Hebenstreit, Verfolgung, S. 104–106; American Men of Science, 10. Ausgabe, Bd. II. Online: Professorenkatalog der Universität Leipzig.

Goldschmidt, Richard Hellmuth (1883–1968), seit 1921 nichtbeamteter a. o. Prof. (Philosophie und Experimentelle Psychologie) an der Universität Münster, Religion: evangelisch, 1933 Entzug der Lehrbefugnis als „Nichtarier" (§ 3 BBG), 1933 Emigration in die Niederlande, Dozent an der Universität von Amsterdam, 1939 nach Großbritannien, Lehrtätigkeit in Oxford, London und Edinburgh, 1949 Rückkehr nach Deutschland, 1949 Diätendozentur in Münster, 1951 zum beamteten a. o. Prof. in Münster ernannt, 1952 emeritiert.

Quellen: GStA PK I Rep. 76 Va Sekt. 13 Tit. IV Nr. 22 Bl. 82–92; Möllenhoff/Schlautmann-Overmeyer, Familien I; Happ/Jüttemann, Schlag; Geuter, Professionalisierung, S. 570; BHdE II.

Goldschmidt, Victor (1853–1933), seit 1909 Honorarprofessor (Kristallographie und Mineralogie) an der Universität Heidelberg, Religion: evangelisch (ursprünglich jüdisch), im April 1933 als „Nichtarier" beurlaubt, nicht emigriert; Goldschmidt starb im Mai 1933, bevor ihm die Lehrbefugnis entzogen werden konnte; seine Ehefrau Leontine Goldschmidt beging 1942 Suizid.

Quellen: NDB; Drüll, Gelehrtenlexikon 1803–1932; Badische Biographien NF V; Berdesinski, Victor Goldschmidt; Eckart, Mineralogie.

Goldschmidt, Victor Moritz (1888–1947), seit 1929 o. Prof. (Mineralogie, Kristallographie und Petrographie) an der Universität Göttingen, Religion: jüdisch, 1933 aufgrund seiner internationalen Reputation zunächst im Amt verblieben, 1935 auf eigenen Antrag als „Nichtarier" entlassen, 1935 Emigration/Rückkehr nach Norwegen, Direktor des Geologischen Museums in Oslo, 1942 während der deutschen Besatzung im Lager Berg bei Oslo inhaftiert, 1942 Flucht nach Schweden, 1943 nach Großbritannien, 1946 Rückkehr nach Oslo.

Quellen: BA Berlin R 4901/13264; NDB; BHdE II; Exodus Professorum, S. 37–41; Szabó, Vertreibung, S. 72–75, 566 ff. Online: Biographical Memoirs of Fellows of the Royal Society.

Goldschmit(-Jentner), Rudolf K. (1890–1964), seit 1931 Lehrbeauftragter (Kulturelle Publizistik) an der Universität Heidelberg, seit 1915 Redakteur beim *Heidelberger Tageblatt*, Religion: evangelisch, Mitglied der Freimaurerloge *Zur Wahrheit und Treue*, 1933 Beendigung des Lehrauftrags als „Nichtarier", nicht emigriert, danach als Schriftsteller tätig, 1943 aus politischen

Gründen inhaftiert, 1944 vom Sondergericht Mannheim wegen „zersetzender Hetzreden" zu 18 Monaten Gefängnis verurteilt, nach 1945 Lizenzträger verschiedener Verlage.

Quellen: GLA Karlsruhe 507/5227–5229; DBE; Wer ist Wer 1955; Giovannini u. a., Erinnern; Mitt. Melissa Neumann, UA Heidelberg, 8.8.2018 u. 15.8.2018.

Goldstein, Kurt (1878–1965), seit 1930 Honorarprofessor (Neurologie) an der Universität Berlin, 1930–1933 Leiter der Neurologischen Abteilung am Krankenhaus Moabit, Religion: jüdisch, 1920–1928/29 Mitglied der SPD, 1933 mehrere Tage von der SA inhaftiert, 1933 Entzug der Lehrbefugnis als Jude (§ 3 BBG), 1933 Emigration in die Niederlande, 1934 in die USA, 1936–1940 *Clinical professor* an der *Columbia University* in New York, 1940–1945 *Clinical professor* an der *Tufts University* in Boston, 1945–1965 Privatpraxis in New York.

Quellen: UA HU Berlin UK G 144; GStAPK I Rep. 76 Va Sekt. 2 Tit. IV Nr. 46C Bd. I Bl. 303–308; BHdE II; Heuer/Wolf, Juden, S. 122–126; Pross/Winau, Nicht misshandeln; Benzenhöfer/Hack-Molitor, Emigration.

Gordon, Walter (1893–1939), seit 1931 nichtbeamteter a. o. Prof. (Physik) an der Universität Hamburg, Religion: jüdisch, 1926–1933 Wissenschaftlicher Hilfsarbeiter am Physikalischen Staatsinstitut, 1933 Entzug der Lehrbefugnis als Jude, 1933 Emigration nach Schweden, 1933–1939 am Institut für Mechanik und mathematische Physik der Universität Stockholm tätig.

Quellen: BHdE II; NDB; Renneberg, Physik, S. 1101.

Gottstein, Georg (1868–1936), seit 1921 nichtbeamteter a. o. Prof. (Chirurgie) an der Universität Breslau, Religion: jüdisch, Mitglied der DDP/DStP, 1933 Entzug der Lehrbefugnis als Jude (§ 3 BBG), nicht emigriert, bis 1935 Chefarzt der Chirurgischen Abteilung des Jüdischen Krankenhauses Breslau.

Quellen: GStAPK I Rep. 76 Va Sekt. 4 Tit. IV Nr. 51 Bl. 129–134, 341–343; Deutscher Chirurgenkalender 1926; Historisches Ärztelexikon für Schlesien II; Kozuschek, Siegmund Hadda.

Gottstein, Werner (1894–1959), seit 1927 Privatdozent (Kinderheilkunde) an der Universität Berlin, 1928–1933 hauptamtlicher Stadtschularzt in Berlin-Charlottenburg, Religion: evangelisch, 1933 Entzug der Lehrbefugnis als „Nichtarier" (§ 3 BBG), 1938 nach dem Novemberpogrom für einige Wochen im KZ Sachsenhausen inhaftiert, 1939 Emigration in die USA, Prof. (Kinderheilkunde) an der *Northwestern University* in Chicago.

Quellen: UA HU Berlin UK G 163; GStAPK I Rep. 76 Va Sekt. 2 Tit. IV Nr. 46 C Bd. I Bl. 432–445; Seidler, Kinderärzte, S. 155; Gottstein, Erlebnisse, S. XXXI u. passim; Doetz/Kopke, Ausschluss, S. 421.

Graetz, Leo (1856–1941), Schwiegervater von →Ernst von Seuffert, seit 1926 emeritierter persönlicher Ordinarius (Physik) an der Universität München, Religion: jüdisch, 1933 als „Altbeamter" zunächst im Amt belassen, 1936 Entzug der Lehrbefugnis als Jude (RBG), nicht emigriert. Leo Graetz starb im November 1941 in München.

Quellen: BayHStA München MK 17700; UA München E-II-1488; Reichshandbuch I; NDB; Breisach, Universitätsprofessoren, S. 321–324. Online: Biographisches Gedenkbuch der Münchner Juden.

Grassheim, Kurt (1897–1948), seit 1929 Privatdozent (Innere Medizin) an der Universität Berlin, 1922–1933 Assistenzarzt an der I. Medizinischen Klinik der Charité, Religion: jüdisch, 1933 als ehemaliger „Frontkämpfer" zunächst vor dem Entzug der Lehrbefugnis geschützt, 1936 Entzug der Lehrbefugnis als Jude (RBG), 1938 Emigration in die USA, internistische Praxis in New York.

Quellen: UA HU Berlin UK G 183; BA Berlin R 4901/10044 u. R 4901/13264; Mitt. Landesarchiv Berlin, 20.11.2003.

Graven, Hubert (1869–1951), seit 1922 Honorarprofessor (Bürgerliches Recht und Handelsrecht) an der Universität Köln, 1923–1934 Senatspräsident am Oberlandesgericht Köln, Religion: katholisch, 1938 Entzug des Lehrauftrags auf Betreiben des Rassenpolitischen Amtes der NSDAP und des NS-Dozentenbundes aus politischen Gründen (offiziell aus Altersgründen), nicht emigriert.

Quellen: UA Köln Zug. 598/157 u. Zug. 571/585; BA Berlin NS 55/9 u. R 4901/13264; Kürschner 1950; Kosch, Deutschland I. Online: Universität zu Köln, Galerie der Professorinnen und Professoren.

Grell, Heinrich (1903–1974), seit 1930 Privatdozent (Mathematik) an der Universität Jena, Religion: evangelisch, 1933 Mitglied der NSDAP und der SA, 1934 nach Halle umhabilitiert, 1935 „Schutzhaft" und Entzug der Lehrbefugnis (§ 18 RHO) wegen des Vorwurfs homosexueller Handlungen (§ 175 StGB), nicht emigriert, 1935–1939 arbeitslos, 1939–1944 Arbeitsgruppenleiter im Entwicklungsbüro der Messerschmidt AG in Augsburg, 1947/48 Lehrtätigkeit in Erlangen und Bamberg, seit 1948 Prof. mit Lehrauftrag an der Humboldt-Universität Berlin.

Quellen: UA Jena D 956 u. N 47/4 Bl. 435–501; Eberle, Martin-Luther-Universität, S. 111–113, 413; Wer war wer in der DDR; Stengel, Ausgeschlossen. Online: Catalogus Professorum Halensis.

Griesbach, Walter (1888–1968), seit 1930 nichtbeamteter a. o. Prof. (Pharmakologie) an der Universität Hamburg, seit 1926 Oberarzt im Pharmakologischen Universitätsinstitut, Religion: seit 1907 evangelisch (ursprünglich jüdisch), 1934 Entzug der Lehrbefugnis als „Nichtarier", 1938 Emigration nach Neuseeland (das Geburtsland seiner Frau), 1941–1957 Forschungs- und Lehrtätigkeit an der *Otago Medical School* in Dunedin, 1953 *Honorary Lecturer*.

Quellen: Schwarz, Walter Edwin Griesbach; Villiez, Kraft, S. 282 f.; Voswinckel, Lexikon; Andrae, Vertreibung, S. 31–39; van den Bussche, Universitätsmedizin, S. 54 f.

Gripp, Karl (1891–1985), seit 1931 nichtbeamteter a. o. Prof. (Geologie und Paläontologie) an der Universität Hamburg, 1920–1934 Kustos am Mineralogisch-Geologischen Staatsinstitut, Religion: evangelisch, 1934 aus politischen Gründen („linksgerichtete Einstellung“) als Kustos in den Ruhestand versetzt (§ 6 BBG) und als Hochschullehrer nach Einleitung eines Disziplinarverfahrens beurlaubt, nicht emigriert, seit 1936 Geologe in Kiel, 1940 apl. Prof. an der Universität Kiel, seit Dezember 1945 o. Prof. (Geologie und Paläontologie) in Kiel.

Quellen: StA Hamburg 361-6 I 191; Biographisches Lexikon für Schleswig-Holstein und Lübeck IX; Ehlers, Institut, S. 1229–1238. Online: Kieler Gelehrtenverzeichnis.

Grisebach, August (1881–1950), seit 1930 o. Prof. (Neuere Kunstgeschichte) an der Universität Heidelberg, Religion: evangelisch, 1937 wegen seiner „nichtarischen“ Ehefrau in den Ruhestand versetzt (§ 6 BBG), nicht emigriert, lebte 1937–1945 als Privatgelehrter in Timmendorfer Strand und Potsdam, seit 1947 erneut o. Prof. für Kunstgeschichte an der Universität Heidelberg.

Quellen: BA Berlin R 4901/13264; Maurer, August Grisebach; Wendland, Handbuch I; Badische Biografien NF IV; Mussgnug, Dozenten, S. 96–98, 214–217.

Groedel, Franz (1881–1951), seit 1925 nichtbeamteter a. o. Prof. (Röntgenologie) an der Universität Frankfurt/M., Religion: evangelisch (bis 1910 jüdisch), Gründer und Direktor des Kerckhoff-Herzforschungsinstituts in Bad Nauheim, 1933 Entzug der Lehrbefugnis als „Nichtarier“, 1933 Emigration in die USA, Privatpraxis in New York, beratender Kardiologe mehrerer Krankenhäuser, *Research Fellow* an der *Fordham University* in New York City.

Quellen: UA Frankfurt/M. Personalhauptakte u. Rektoratsakte; BHdE II; NDB; Heuer/Wolf, Juden, S. 130–133; Voswinckel, Lexikon.

Groethuysen, Bernhard (1880–1946), seit 1931 nichtbeamteter a. o. Prof. (Philosophie, Ethik) an der Universität Berlin, Religion: evangelisch, 1933/34 als Linksintellektueller auf eigenen Antrag beurlaubt, Emigration nach Frankreich[17], Lektor beim Verlagshaus *Gallimard* in Paris, daneben noch bis ca. 1936 für die Leibniz-Ausgabe der Preußischen Akademie der Wissenschaften tätig, 1938 wurde Groethuysens Lehrbefugnis wegen fehlender Lehrtätigkeit für erloschen erklärt, während des Krieges Mitglied im *Comité national des écrivains*.

Quellen: UA HU Berlin UK G 208; GStA PK I Rep. 76 Va Sekt. 2 Tit. IV Nr. 51 Bd. XXIII; Große Kracht, Groethuysen; Schmitt, Groethuysen; Mayer, Erinnerungen, S. 337–340.

Grötzsch, Herbert (1902–1993), seit 1931 Privatdozent (Reine Mathematik) an der Universität Gießen, 1930–1935 Assistent am Mathematischen Seminar, Religion: evangelisch, 1933/34 Mitglied des *Stahlhelm, Bund der Frontsoldaten*, Überführung in die SA; 1935 Kündigung der Assistentenstelle, nachdem Grötzsch aus der SA ausgetreten war (wegen Androhung von „Tätlich-

17 Freiwilliger Rücktritt mit politischem Hintergrund.

keiten gegen Andersdenkende" durch die SA), daraufhin Verzicht auf die Lehrbefugnis, nicht emigriert, 1939–1944 bei der Wehrmacht, seit 1948 Prof. in Halle, 1967 emeritiert.

Quellen: UA Gießen PrA Phil Nr. 10 u. Nr. 18; Chroust, Universität I, S. 229 f. Nachruf in: Jahresbericht der Deutschen Mathematiker-Vereinigung 99 (1997), S. 122–145. Online: Hessische Biografie.

Groscurth, Georg (1904–1944), seit 1940 Dozent (Innere Medizin) an der Universität Berlin, 1934–1943 Assistenz- bzw. Oberarzt an der IV. Medizinischen Universitätsklinik, Religion: evangelisch, Mitgründer der Widerstandsgruppe *Europäische Union* (u. a. Hilfe für „rassisch" und politisch Verfolgte), im September 1943 verhaftet, im Dezember 1943 vom Volksgerichtshof wegen „Vorbereitung zum Hochverrat" und „Feindbegünstigung" zum Tode verurteilt; Groscurth wurde im Mai 1944 im Zuchthaus Brandenburg hingerichtet.

Quellen: BA Berlin R 4901/24689; Pross/Winau, Nicht misshandeln, S. 227–241; Steinbach u. a., Lexikon; Rürup, Schicksale, S. 98. Online: Gedenkstätte Deutscher Widerstand, Biografien.

Grosser, Paul (1880–1934), seit 1923 nichtbeamteter a. o. Prof. (Kinderheilkunde) an der Universität Frankfurt/M., Religion: jüdisch, 1933 als Leitender Arzt des Clementine-Kinderkrankenhauses in Frankfurt/M. entlassen, 1933 Emigration nach Frankreich; Grosser starb im Februar 1934, bevor ihm die Lehrbefugnis als Jude entzogen werden konnte.

Quellen: UA Frankfurt/M. Rektoratsakte; Stadtarchiv Frankfurt/M. PA 24290 u. 24289; Voswinckel, Lexikon; Grosser, Mein Deutschland, S. 22 ff. u. passim; Heuer/Wolf, Juden, S. 133 ff.

Grossmann, Henryk/Heinrich (1881–1950), seit 1930 nichtbeamteter a. o. Prof. (Volkswirtschaftslehre) an der Universität Frankfurt/M., Religion: jüdisch, seit 1920 Mitglied der Kommunistischen Partei Polens, 1933 Entzug der Lehrbefugnis als Jude (§ 3 BBG), 1933 Emigration nach Frankreich, 1936 nach Großbritannien, 1937 in die USA, Mitarbeiter des Instituts für Sozialforschung in New York, 1949 Rückkehr nach Deutschland, 1949 Prof. an der Universität Leipzig, 1949 Mitglied der SED.

Quellen: UA Frankfurt/M. Personalhauptakte, Rektoratsakte u. PA Wirtschafts- und Sozialwissenschaftliche Fakultät; BHdE II; Heuer/Wolf, Juden, S. 135–138; Scheele, Zusammenbruchsprognose; Kuhn, Grossmann.

Grossmann (bis 1902: Itzig), Hermann (geb. 1877), seit 1921 nichtbeamteter a. o. Prof. (Wirtschaftschemie und Technologie) an der Universität Berlin, Religion: jüdisch, 1933 Entzug der Lehrbefugnis als Jude (§ 3 BBG), 1933/34 Emigration in den Iran, seit 1934 Prof. an der neugegründeten Universität Teheran.

Quellen: UA HU Berlin UK G 222; GStA PK I Rep. 76 Va Sekt. 2 Tit. IV Nr. 68 F Teil 1; BHdE II; Wer ist's 1935; Wininger, National-Biographie VII.

Groth, Alfred (1876–1971), seit 1923 nichtplanmäßiger a. o. Prof. (Medizinische Statistik) an der Universität München, 1913–1939 hauptberuflich Landesimpfarzt (Obermedizinalrat), Religion: evangelisch, 1938 Entzug der Lehrbefugnis als „Halbjude" (§ 18 RHO), nicht emigriert, 1940–1945 Praxisvertretung von kriegsverpflichteten Ärzten in Bad Wiessee, dort nach Kriegsende eigene Praxis, seit 1946 Honorarprofessor (Hygiene) an der Universität München.

Quellen: UA München E-II-1524; BA Berlin R 9345/14, R 9347 u. R 9361-VI/942. Nachruf in: Bayerisches Ärzteblatt 26 (1971), S. 497.

Grün, Adolf (1877–1947), seit 1928 o. Honorarprofessor (Chemische Technologie) an der Universität Freiburg/Br., im Hauptberuf Direktor der Chemischen Werke Grenzach AG, Religion: katholisch, 1933 Entzug der Lehrbefugnis als „Nichtarier" (§ 3 BBG), 1933 Emigration in die Schweiz.

Quellen: GLA Karlsruhe 235/8788; Reichshandbuch I; BHdE II; DBE. Online: ÖBL.

Grünberg, Carl (1861–1940), seit 1929 emeritierter o. Prof. (Wirtschaftliche Staatswissenschaften) an der Universität Frankfurt/M., bis 1932 Direktor des Frankfurter Instituts für Sozialforschung, Religion: römisch-katholisch (ursprünglich jüdisch), 1933 als „Nichtarier" in den Ruhestand versetzt (§ 3 BBG), nicht emigriert.

Quellen: UA Frankfurt/M. Personalhauptakte, Rektoratsakte u. PA Wirtschafts- und Sozialwissenschaftliche Fakultät; Heuer/Wolf, Juden, S. 139–143; Kinas, Exodus, S. 87 f. u. passim; Nenning, Grünberg.

Grünfeld, Ernst (1883–1938), seit 1929 o. Prof. (Genossenschaftswesen) an der Universität Halle, Religion: evangelisch (früher katholisch), 1923–1933 Mitglied der DDP bzw. der DStP, 1933 als „Nichtarier" und aus politischen Gründen entlassen (§ 4 BBG), 1934 nach Einspruch Grünfelds Umwandlung der Entlassung nach § 4 BBG in eine Pensionierung gemäß § 6 BBG, nicht emigriert, 1938 Suizid in Berlin.

Quellen: UA Halle PA 6968; GStA PK I Rep. 76 Va Sekt. 8 Tit. IV Nr. 52; NDB; Hagemann/Krohn, Handbuch; Kinas, Exodus, S. 108 f. u. passim; Stengel, Ausgeschlossen.

Grünhut, Max (1893–1964), seit 1927 o. Prof. (Straf- und Prozessrecht) an der Universität Bonn, Religion: evangelisch (vor 1906 jüdisch), 1924–1927 Mitglied der DDP, 1932/33 Mitglied des *Deutschen Nationalvereins*, 1933 als „Nichtarier" in den Ruhestand versetzt (§ 3 BBG), 1939 Emigration nach Großbritannien, 1939–1947 Forschungsstipendium am *All Souls College* in Oxford, 1947–1950 Lecturer, 1951–1960 Reader (*Criminology*) in Oxford.

Quellen: GStA PK I Rep. 76 Va Nr. 10396 Bl. 86–94; Wer ist's 1935; BHdE II; Fontaine, Max Grünhut; Bernoth, Max Grünhut.

Grünthal, Ernst (1894–1972), seit 1927 Privatdozent (Psychiatrie und Neurologie) an der Universität Würzburg, 1925–1934 Assistent an der Psychiatrischen und Nervenklinik, Religion: jüdisch, 1934 Entzug der Lehrbefugnis als Jude (§ 3 BBG), 1934 Emigration in die Schweiz, 1934–1965 Leiter des von ihm gegründeten Hirnanatomischen

Laboratoriums an der Psychiatrischen Universitätsklinik Waldau in Bern, seit 1944 auch Lehrtätigkeit an der Universität Bern, 1954 a. o. Prof. an der Universität Bern.

Quellen: UA Würzburg PA 66; BayHStA München MK 43675; Hartenstein, Grünthal; Kreuter, Neurologen II; Kalus u. a., Grünthal. Online: Historisches Lexikon der Schweiz.

Gruhle, Hans (1880–1958), seit 1921 nichtbeamteter a. o. Prof. (Psychiatrie und medizinische Psychologie) an der Universität Heidelberg, Religion: evangelisch, 1934 Lehrstuhlvertretung in Bonn, 1934 bei der Besetzung des Bonner Lehrstuhls für Psychiatrie aus politischen Gründen (Kritik an der Sterilisationspraxis) übergangen, daraufhin auf eigenen Antrag beurlaubt und 1937 aus dem Lehrkörper gestrichen[18], nicht emigriert, 1936 Direktor der Heilanstalt Zwiefalten, 1939–1945 Leiter des Feldlazaretts Winnenden, seit 1946 Lehrstuhlvertretung in Bonn.

Quellen: BA Berlin R 4901/13264; NDB; Forsbach, Universität Bonn, S. 197–200, 638–640; Böhnke, Hans Walter Gruhle; Reichelt/Müller, Universitätspsychiatrie; Kreuter, Neurologen I.

Guardini, Romano (1885–1968), seit 1923 als o. Prof. (Religionsphilosophie und katholische Weltanschauung) „ständiger Gast" an der Universität Berlin (etatrechtlich gehörte der Lehrstuhl zur Universität Breslau), Religion: katholisch; 1939 nach Aufhebung seines Lehrstuhls auf eigenen Antrag pensioniert, da er die Übernahme eines Lehrstuhls an einer anderen Universität ablehnte[19]; nicht emigriert, 1945 o. Prof. in Tübingen, 1949 o. Prof. in München.

Quellen: UA HU UK PA G 242; BBKL, Bd. 1; Baden-Württembergische Biographien II; New Catholic Encyclopedia; Gerl-Falkovitz, Guardini; Nickel, Romano Guardini.

Günther, Max (geb. 1901), seit 1931 Privatdozent (Psychiatrie und Neurologie) an der Universität Köln, Religion: jüdisch, Assistenzarzt an der Psychiatrischen und Nervenklinik, 1933 Empfehlung, die Lehrbefugnis nicht auszuüben, seit 1933 Facharztpraxis für Nervenkrankheiten in Köln, 1936 Entzug der Lehrbefugnis als „Nichtarier", 1935 Emigration in die Sowjetunion, dort verschollen, 1954 vom Amtsgericht Köln zum 31.12.1944 für tot erklärt.

Quellen: UA Köln Zug. 17 I/1843; Golczewski, Universitätslehrer, S. 109, 450; Becker-Jákli, Krankenhaus, S. 256 f., 386.

Guggenheimer, Hans/Harry (1886–1949), seit 1922 nichtbeamteter a. o. Prof. (Innere Medizin) an der Universität Berlin, 1913–1933 Assistenzarzt an der III. Medizinischen Universitäts-Poliklinik, Religion: jüdisch, 1931–1933 Mitglied der SPD, 1933 als ehemaliger „Frontkämpfer" zunächst vor dem Entzug der Lehrbefugnis geschützt, 1936 Entzug der Lehrbefugnis als Jude

18 Freiwilliger Rücktritt mit politischem Hintergrund.
19 Freiwilliger Rücktritt mit politischem Hintergrund.

(RBG), bis 1940 Praxis als Arzt bzw. als „jüdischer Krankenbehandler", 1940 Emigration nach Schweden, 1941 in die USA, Hausarztpraxis in Cleveland, Ohio.

Quellen: UA HU Berlin UK G 262 u. UK 1066 Bl. 95–99; BA Berlin R 4901/13264; Entschädigungsamt Berlin Nr. 152.588 (Frieda Guggenheimer); Voswinckel, Lexikon.

Gulkowitsch, Lazar (1899–1941), seit 1924 Lektor für späthebräische, jüdisch-aramäische und talmudische Wissenschaft an der Universität Leipzig, seit 1932 auch nichtplanmäßiger a. o. Prof. (Wissenschaft vom späteren Judentum) in Leipzig, Religion: jüdisch, 1933 als Jude entlassen, 1934 Emigration nach Estland, seit 1934 o. Prof. an der Universität Tartu/Dorpat; Gulkowitsch wurde 1941 nach dem Einmarsch der Wehrmacht mit seiner Familie ermordet.

Quellen: BHdE II; Hoyer, Lazar Gulkowitsch; Wassermann, False Start, S. 71–99. Online: Professorenkatalog der Universität Leipzig.

Gurlitt, Wilibald (1889–1963), seit 1929 o. Prof. (Musikwissenschaft) an der Universität Freiburg/Br., Religion: evangelisch, 1933 als ehemaliger „Frontkämpfer" zunächst vor der Entlassung geschützt, 1937 als „Nichtarier" und wegen seiner „nichtarischen" Ehefrau in den Ruhestand versetzt (§ 6 BBG), nicht emigriert, 1937–1945 Privatgelehrter in Freiburg, 1945 Wiederaufnahme der Lehrtätigkeit als Ordinarius an der Universität Freiburg/Br., 1946–1948 und 1955/56 Gastprofessur in Basel, 1958 emeritiert.

Quellen: BA Berlin R 4901/13264; Wer ist's 1935; NDB; John, Mythos; Zepf, Musikwissenschaft; Badische Biographien NF II; Orth, NS-Vertreibung, S. 284–294; Martin, Entlassung, S. 23–26.

Gutmann, Adolf/Adolfo (1876–1960), seit 1921 nichtbeamteter a. o. Prof. (Augenheilkunde) an der Universität Berlin, Religion: jüdisch, Mitglied des *Kyffhäuserbundes*, 1933 als ehemaliger „Frontkämpfer" zunächst im Amt verblieben, 1936 Entzug der Lehrbefugnis als Jude (RBG), bis 1938 augenärztliche Privatklinik in Berlin, 1939 Emigration nach Chile, seit 1942 Augenarzt am *Hospital del Salvador* in Santiago.

Quellen: UA HU Berlin UK G 277; BA Berlin R 4901/13264; Who's Who in World Jewry 1955; Voswinckel, Lexikon.

Gutmann, Franz (1879–1967), seit 1931 o. Prof. (Wirtschaftliche Staatswissenschaften) an der Universität Göttingen, Religion: evangelisch, 1933 als ehemaliger „Frontkämpfer" zunächst vor der Entlassung geschützt, 1935 als „Nichtarier" vorzeitig entpflichtet, 1935 Umzug nach München, 1936 Entzug der Lehrbefugnis aufgrund des RBG, 1939 Emigration in die USA, 1939–1949 Prof. an der *University of North Carolina* in Chapel Hill, 1950–1955 *Instructor* an der *Marquette University* in Milwaukee, Wisconsin.

Quellen: BA Berlin R 4901/13264; UA Göttingen Kur. 547 Bl. 41 f.; Reichshandbuch I; Hagemann/Krohn, Handbuch I; BHdE II; Groß, „Umwandlung", S. 159 f., 163 f.; Szabó, Vertreibung, S. 368–372, 568 f.

Guttmann, Erich/Eric (1896–1948), seit 1931 Privatdozent (Psychiatrie und Neurologie) an der Universität Breslau, Religion: jüdisch, 1933 als ehemaliger „Frontkämpfer" zunächst im Amt belassen, 1936 Entzug der Lehrbefugnis als Jude (§ 18 RHO), 1934 Emigration nach Großbritannien, Forscher und Arzt am *Maudsley Hospital* in London, 1940 kurzzeitig interniert, während des Krieges am *Radcliffe Infirmary* in Oxford und am *Mill Hill Emergency Hospital.*

Quellen: BA Berlin R 4901/13264; UA Wrocław S 186 u. S 199. Nachrufe in: The Lancet 251 (1948), S. 694, 733; The British Medical Journal, Nr. 4557 v. 8.5.1948, S. 908.

Guttmann, Ludwig (1899–1980), seit 1930 Privatdozent (Neurologie) an der Universität Breslau, Religion: jüdisch, 1933 Entzug der Lehrbefugnis als Jude (§ 3 BBG), 1933–1939 am Jüdischen Krankenhaus in Breslau, seit 1937 als Ärztlicher Direktor, 1939 Emigration nach Großbritannien, 1939–1943 am *Nuffield Department of Surgery* des *Radcliffe Infirmary* in Oxford, 1943–1967 am *Stoke Mandeville Hospital* in Aylesbury, Begründer der Paralympics; sein Vater Bernhard G. starb 1942 im Ghetto Theresienstadt.

Quellen: GStAPK I Rep. 76 Va Sekt. 4 Tit. IV Nr. 51 Bl. 5–10; BHdE II; Oxford Dictionary of Biography; Goodman, Spirit; Dubinski/Collmann, Guttmann; Martin u. a., Lebenswege.

Gutzwiller, Max (1889–1989), seit 1926 o. Prof. (Römisches und deutsches Bürgerliches Recht) an der Universität Heidelberg, Religion: katholisch, gebürtiger Schweizer, stellte 1935 nach Boykottaufrufen der nationalsozialistischen Studentenschaft seine Lehrtätigkeit ein, im Juli 1936 wegen seiner „nichtarischen" Ehefrau und seiner politischen Einstellung vorzeitig entpflichtet, 1936 Rückkehr/Emigration in die Schweiz, 1937–1956 o. Prof an der Universität Fribourg.

Quellen: BA Berlin R 4901/13264; Wer ist's 1935; Drüll, Gelehrtenlexikon 1803–1932; Mussgnug, Dozenten, S. 89–92; Schroeder, Chancen, S. 339–345.

György, Paul (1893–1976), seit 1927 nichtbeamteter a. o. Prof. (Kinderheilkunde) an der Universität Heidelberg, Religion: evangelisch, 1925–1933 Oberarzt an der Universitätskinderklinik Heidelberg, kam der Entlassung als „Nichtarier" durch Rücktritt zuvor, 1933 Emigration nach Großbritannien, *Research Fellow* in Cambridge, 1935 Emigration in die USA, 1937–1944 *Associate Research Professor* an der *Case Western Reserve University* in Cleveland, Ohio, 1944–1960 Prof. an der *University of Pennsylvania.*

Quellen: GLA Karlsruhe 235/2046; Drüll, Gelehrtenlexikon 1803–1932; BHdE II; Mussgnug, Dozenten, S 33 f., 256 f.; Seidler, Kinderärzte, S. 299 f.

H

Haack, Hans G. (1888–1965), seit 1923 Privatdozent (Praktische Theologie) an der Universität Breslau, hauptberuflich seit 1919 Pfarrer in Breslau, Religion: evangelisch, 1919 kurzzeitig Mitglied der DDP, 1934 Entzug der Lehrbefugnis (§ 6 BBG) aus politischen Gründen (als „Gesinnungsfreund" der religiösen Sozialisten), nicht emigriert, seit 1937 Oberpfarrer und seit 1945 Superintendent in Bad Freienwalde/Oder, 1951–1958 Pfarrer in Berlin.

Quellen: BA Berlin R 4901/13265; Evangelisches Landeskirchliches Archiv Berlin-Brandenburg 1.4.K23; UA Wrocław S 220/177, S 187 u. S 199; Wer ist's 1935.

Haber, Fritz (1868–1934), seit 1920 persönlicher Ordinarius (Physikalische Chemie) an der Universität Berlin, 1911–1933 Direktor des KWI für physikalische Chemie und Elektrochemie in Berlin, 1918 Nobelpreis für Chemie, Religion: evangelisch (bis 1892 jüdisch), 1933 als „Altbeamter" und ehemaliger „Frontkämpfer" zunächst vor der Entlassung geschützt, 1933 aus Protest gegen die antisemitische Politik auf eigenen Antrag emeritiert, 1933 Emigration nach Großbritannien; Haber starb, bevor ihm die Lehrbefugnis als „Nichtarier" entzogen werden konnte.

Quellen: UA HU Berlin UK H 12; BA Berlin R 4901/10045; Reichshandbuch I; BHdE II; NDB; Stoltzenberg, Haber; Szöllösi-Janze, Haber; Rürup, Schicksale, S. 211–216; Stern, Fünf Deutschland, S. 32, 80 ff. u. passim.

Häntzschel, Kurt (1889–1941), seit 1929 Lehrbeauftragter (Presserecht) an der Universität Berlin, im Hauptamt Abteilungsleiter im Reichsinnenministerium, Religion: evangelisch, bis ca. 1926 Mitglied der DDP, 1933 aus politischen Gründen als Ministerialdirigent entlassen (§ 4 BBG) und Entzug des Lehrauftrags, 1933 Emigration nach Österreich, 1937 nach Brasilien, Tätigkeit als Landwirt, 1941 mit seinem Bruder von Farmarbeitern ermordet.

Quellen: UA HU Berlin UK H 27; GStA PK I Rep. 76 Va Sekt. 2 Tit. IV Nr. 45 Bd. XIV Bl. 42 ff.; BA Berlin R 4901/10046 u. R 1501/206940-206947; Reichshandbuch I; BHdE I; Kinas, Exodus, S. 367; Wilke, Dienst.

Hahn, Albert (1889–1968), seit 1928 Honorarprofessor (Geld- und Kreditwesen) an der Universität Frankfurt/M., 1919–1933 Vorstandsmitglied der Deutschen Effecten- und Wechselbank AG, Religion: konfessionslos (früher jüdisch), 1933 Entzug der Lehrbefugnis als „Nichtarier" (§ 3 BBG), 1933–1937 Aufsichtsratsvorsitzender der Deutschen Effecten- und Wechselbank, 1936 Emigration in die Schweiz, 1939 in die USA, Dozent an der *New School for Social Research* in New York, 1950 Rückkehr nach Europa, lebte in Paris.

Quellen: BHdE II; Heuer/Wolf, Juden, S. 145–148; Hagemann/Krohn, Handbuch I; Hauck, Hahn.

Hahn, Friedrich (1888–1975), seit 1922 nichtbeamteter a. o. Prof. (Chemie) an der Universität Frankfurt/M., Religion: evangelisch, 1933 Entzug der Lehrbefugnis als „Nichtarier" (§ 3 BBG), 1933 Emigration nach Frankreich, 1933–1935 Gastprofessor an der Sorbonne, 1935 Emigration nach Ecuador, 1935–1942 Prof. an der *Escuela Politécnica* in Quito, 1942 nach Guatemala, 1945 nach Mexiko, 1948–1951 Prof. (Chemie) an der

Universidad Nacional Autónoma de México.

Quellen: UA Frankfurt/M. Personalhauptakte, Rektoratsakte und PA der Naturwissenschaftlichen Fakultät; BHdE II; Heuer/Wolf, Juden, S. 149 f.

Hahn, Helmut (1897–1966), Schwiegersohn von →Alfred Goldscheider, seit 1929 Privatdozent (Innere Medizin) an der Universität Berlin, Religion: evangelisch, 1938 Verzicht auf die Lehrbefugnis wegen seiner Ehe mit einer „Vierteljüdin" (auf Druck des REM), nicht emigriert, ab 1940 Kriegsdienst, nach 1945 Chefarzt an der Städtischen Krankenanstalt Mannheim, daneben seit 1946 Privatdozent an der Universität Heidelberg, 1949 a. o. Prof.

Quellen: UA HU Berlin UK H 49 u. NS-Doz. 2: ZDI/0348; BA Berlin R 4901/1338 u. R 9347; Kürschner 1961; Mitt. Dr. Dagmar Drüll-Zimmermann, UA Heidelberg, 21.7.2009.

Hahn, Martin (1865–1934), seit 1922 o. Prof. (Hygiene) an der Universität Berlin, Religion: evangelisch (früher jüdisch), 1933 als „Altbeamter" nicht entlassen, Hahn ließ sich 1933 aus Protest gegen den Ausschluss von „Nichtariern" aus der akademischen Selbstverwaltung bis zur altersbedingten Emeritierung beurlauben, 1934 emeritiert, nicht emigriert; Hahn starb, bevor ihm als „Nichtarier" die Lehrbefugnis aufgrund des RBG entzogen werden konnte.

Quellen: UA HU Berlin UK H 52; BA Berlin R 4901/10046; Voswinckel, Lexikon; Schulz, Hahn; Orth, Vertreibung, S. 161–168. Nachruf in: Deutsche Medizinische Wochenschrift 61 (1935), S. 69 f.

Haike, Heinrich (1864–1934), seit 1921 nichtbeamteter a. o. Prof. (Ohrenheilkunde) an der Universität Berlin, Privatpraxis als Hals-, Nasen- und Ohrenarzt in Berlin, Religion: evangelisch (früher jüdisch), 1930–1932 Mitglied der DStP, 1933 Entzug der Lehrbefugnis als „Nichtarier", nicht emigriert.

Quellen: UA HU Berlin UK H 56; GStAPK I Rep. 76 Va Sekt. 2 Tit. IV Nr. 46C Bd. I Bl. 258–263 u. 621 ff.; Voswinckel, Lexikon.

Haim, Arthur (1898–1948), seit 1929 Privatdozent (Bakteriologie und Serologie) an der Universität Hamburg, seit 1932 kommissarischer Leiter des Instituts für Experimentelle Therapie im Universitätskrankenhaus Eppendorf, Religion: konfessionslos (bis 1932 jüdisch), 1933 Entzug der Lehrbefugnis als „Nichtarier", 1934 Emigration in die USA, seit 1936 praktischer Arzt in Palo Alto (Kalifornien).

Quellen: Villiez, Kraft, S. 286; van den Bussche, Universitätsmedizin, S. 55.

Halberstädter, Hermann (1896–1966), seit 1925 Lehrbeauftragter (Büro-Organisation, Hauptindustriezweige) an der Universität Köln, Religion: jüdisch, 1933 Verlust des Lehrauftrags als Jude, 1935 Emigration nach Kolumbien, 1936–1941 im kolumbianischen Industrieministerium tätig, seit 1941 selbständiger Unternehmensberater in Bogotá, bis 1958 auch Prof. für Wirtschaftswissenschaft an der *Universidad de los Andes* in Kolumbien.

Quellen: Hagemann/Krohn, Handbuch I; Mantel, Schicksale, S. 31 f.; Quién es quién en Colombia 1961.

Halberstaedter, Ludwig (1876–1949), seit 1926 nichtbeamteter a. o. Prof. (Dermatologie und Strahlenbehandlung) an der Universität Berlin, 1919–1933 Leiter der Bestrahlungsabteilung des Universitätsinstituts für Krebsforschung, Religion: jüdisch, 1933 Entzug der Lehrbefugnis als Jude (§ 3 BBG), 1933 Emigration nach Palästina, Leiter der Abteilung für Strahlentherapie am Hadassah-Hospital in Jerusalem und Prof. an der Hebräischen Universität.

Quellen: UA HU Berlin UK H 59; BA Berlin R 4901/1340 Bl. 78; GStAPK I Rep. 76 Va Sekt. 2 Tit. IV Nr. 46 C Bd. I Bl. 523 ff. u. 723–728; BHdE II; NDB; Voswinckel, Lexikon.

Halm, Georg/e (1901–1984), seit 1928 beamteter a. o. Prof. (Sozialpolitik, soziale Fürsorge, Statistik und Versicherungswissenschaft) an der Universität Würzburg, Religion: katholisch, 1936 Versetzung an die Universität Erlangen, 1936 in den einstweiligen Ruhestand versetzt, 1936 Emigration in die USA, 1937 in Erlangen als „jüdisch versippt" endgültig in den Ruhestand versetzt (§ 6 BBG), seit 1937 an der *Tufts University* in Medford, Massachusetts, seit 1944 als Prof. für internationale Wirtschaftsbeziehungen.

Quellen: UA Erlangen A2/1 Nr. H 73; BayHStA München MK 43702; BA Berlin R 9361-II/356356 u. R 9361-VI/1030; BHdE II; Hagemann/Krohn, Handbuch I; Professoren und Dozenten Erlangen III.

Haloun, Gustav (1898–1951), 1930–1934 Privatdozent (Sinologie) an der Universität Göttingen, 1934–1938 nichtbeamteter a. o. Prof. in Göttingen, Religion: katholisch, 1938 Emigration nach Großbritannien, weil er als Gegner des Nationalsozialismus in Deutschland keine berufliche Perspektive für sich sah[20], 1938–1951 Prof. (*Chinese History and Language*) in Cambridge.

Quellen: BA Berlin R 4901/13265; BHdE II; Szabó, Vertreibung, S. 356–362, 570 f. Nachruf in: Zeitschrift der Deutschen Morgenländischen Gesellschaft 102 (1952), S. 1–9. Online: VAdS.

Hamburger, Hans (1889–1956), seit 1924 o. Prof. (Mathematik) an der Universität Köln, Religion: evangelisch, als ehemaliger „Frontkämpfer" zunächst vor Entlassung geschützt, 1935 als „Nichtarier" in den Ruhestand versetzt, 1939 Emigration nach Großbritannien, 1940 interniert, 1941–1947 *Lecturer* am *University College* in Southampton, 1947–1953 Prof. an der Universität Ankara, 1953 Rückkehr in die Bundesrepublik, seit 1953 erneut o. Prof. für Mathematik in Köln.

Quellen: BA Berlin R 4901/13265; BHdE II; NDB; Golczewski, Universitätslehrer, S. 148–154. Nachruf in: The Journal of the London Mathematical Society 33 (1958), S. 377–383.

Hamburger, Richard (1884–1940), seit 1927 nichtbeamteter a. o. Prof. (Kinderheilkunde) an der Universität Berlin,

20 Freiwilliger Rücktritt mit politischem Hintergrund.

Religion: jüdisch, 1933 Entzug der Lehrbefugnis als Jude (§ 3 BBG), 1933 Emigration nach Großbritannien, zunächst wissenschaftliche Tätigkeit an der Universität Edinburgh, seit 1935 Privatpraxis in London, *Consultant* am *London Jewish Swanley Childrens' Hospital*.

Quellen: UA HU Berlin UK H 467 u. Med. Fak. 1478 Bl. 35 ff.; GStAPK I Rep. 76 Va Sekt. 2 Tit. IV Nr. 46 C Bd. I; Seidler, Kinderärzte, S. 157 f.; Oxford Dictionary of Biography (Eintrag Michael Hamburger).

Hamburger, Viktor (1900–2001), seit 1930 Privatdozent (Zoologie) an der Universität Freiburg/Br., Religion: evangelisch, 1932/33 *Rockefeller Fellowship* an der *University of Chicago*, 1933 Entzug der Lehrbefugnis als „Nichtarier", 1934 Emigration in die USA; seit 1935 an der *Washington University* in St. Louis, Missouri, zunächst als *Assistant Professor*, seit 1941 als *Full Professor*.

Quellen: GLA Karlsruhe 235/5007; BHdE II. Nachruf in: Neuron 31 (2001), S. 179–190. Online: National Academy of Sciences, Biographical Memoirs.

Hammann, Ernst (1908–1999), seit 1937 Lehrbeauftragter (Katechetik) an der Universität Heidelberg, im Hauptberuf seit 1934 Pfarrer in Weingarten (Baden), Religion: evangelisch, 1939 Entzug des Lehrauftrags aus politischen Gründen (nach Unterzeichnung einer kirchenpolitischen Protesterklärung), nicht emigriert, seit 1946 Leiter des Evangelischen Diakonissenmutterhauses Karlsruhe-Rüppurr, 1958 Oberkirchenrat bei der Evangelischen Landeskirche Badens, 1973 Stellvertreter des Landesbischofs, 1976 Ruhestand.

Quellen: UA Heidelberg PA 4062; Besier, Theologische Fakultät, S. 192; Mitt. Heinrich Löber, Landeskirchliches Archiv Karlsruhe, 10.09.2020.

Hampe, Karl (1869–1936), seit 1903 o. Prof. (Mittelalterliche Geschichte) an der Universität Heidelberg, Religion: evangelisch, 1920–1932 Mitglied der DDP/DStP, 1924/25 Rektor der Universität Heidelberg, im Dezember 1933 ließ Hampe sich aus politischen und gesundheitlichen Gründen vorzeitig emeritieren[21], nicht emigriert.

Quellen: Wer ist's 1935; Reichert, Gelehrtes Leben; Drüll, Gelehrtenlexikon 1803–1932; NDB. Nachruf in: Historische Zeitschrift Bd. 154 (1936), S. 438 f.

Hanauer, Wilhelm (1866–1940), seit 1926 nichtbeamteter a. o. Prof. (Soziale Medizin) an der Universität Frankfurt/M., Religion: jüdisch, Mitglied der Fortschrittlichen Volkspartei (FVP) und seit 1919 der DDP, 1917–1924 Stadtverordneter der DDP in Frankfurt/M., 1933 Entzug der Lehrbefugnis als Jude (§ 3 BBG), nicht emigriert; nach einem 1934 erlittenen Nervenzusammenbruch lebte Hanauer in der Israelitischen Kuranstalt Sayn bei Koblenz.

Quellen: UA Frankfurt/M. Personalhauptakte u. Rektoratsakte; Elsner, Verfolgt; Heuer/Wolf, Juden, S. 151 ff.; Frankfurter Biographie I.

Handovsky, Hans (1888–1959), seit 1926 nichtbeamteter a. o. Prof. (Phar-

21 Freiwilliger Rücktritt mit politischem Hintergrund.

makologie) an der Universität Göttingen, Religion: evangelisch, 1933 Aufforderung des Dekans, vorläufig die Lehrtätigkeit einzustellen, 1933 Emigration nach Belgien, 1933–1937 an der Universität Gent, 1934 Verzicht auf die Göttinger Lehrbefugnis als „Nichtarier", nach 1945 Leiter des Labors der Universitäts-Frauenklinik in Gent, 1957 Rückkehr in die Bundesrepublik.

Quellen: GStA PK I Rep. 76 Va Nr. 10081 Bl. 206–225; Kürschner 1950; NDB; BHdE II; Voswinckel, Lexikon; Szabó, Vertreibung, S. 397–403, 571 f. Nachruf in: Arzneimittel-Forschung 10 (1960), S. 62 f.

Hankamer, Paul (1891–1945), Ehemann von →Edda Tille-Hankamer, seit 1932 o. Prof. (Deutsche Sprache und Literatur) an der Universität Königsberg, Religion: katholisch, 1936 aus politischen Gründen („undeutsche Gesinnung", Zugehörigkeit zur *Katholischen Aktion*) und wegen seiner „nichtarischen" Ehefrau vorzeitig emeritiert, nicht emigriert, 1936–1945 Privatgelehrter in Solln bei München; Hankamer starb im Juni 1945 an den Folgen einer Schussverletzung.

Quellen: BA Berlin R 4901/13265; NDB; Germanistenlexikon II; Harms, Gegenwehr; Worringer, Hankamer.

Hannes, Walther (1878–1935), seit 1921 nichtbeamteter a. o. Prof. (Geburtshilfe und Gynäkologie) an der Universität Breslau, Chefarzt der geburtshilflich-gynäkologischen Abteilung am städtischen Allerheiligen-Hospital in Breslau, Religion: jüdisch, 1918–1930 Mitglied der DDP, 1933 Entzug der Lehrbefugnis als Jude (§ 3 BBG), nicht emigriert; seine Witwe Käthe H. wurde 1943 in Auschwitz ermordet.

Quellen: GStAPK I Rep. 76 Va Sekt. 4 Tit. IV Nr. 51 Bl. 123–128, 327–330; Reichshandbuch I; Voswinckel, Lexikon. Nachruf in: Monatsschrift für Geburtshilfe u. Gynäkologie 99 (1935), S. 128.

Harnack, Arvid (1901–1942), Ehemann von →Mildred H., seit 1942 Lehrbeauftragter (Wirtschaftsgeschichte der Vereinigten Staaten) an der Universität Berlin, Oberregierungsrat im Reichswirtschaftsministerium, Religion: evangelisch, seit 1937 Mitglied der NSDAP, Angehöriger des Widerstandsnetzwerks *Rote Kapelle*, im August 1942 verhaftet, im Dezember 1942 vom Reichskriegsgericht zum Tode verurteilt und in Berlin-Plötzensee hingerichtet.

Quellen: UA HU Berlin UK PA H 98a; Steinbach u. a., Lexikon; Brysac, Harnack. Online: Gedenkstätte Deutscher Widerstand, Biografien; Hessische Biografie.

Harnack geb. Fish, Mildred (1902–1943), Frau von →Arvid H., seit 1941 Lehrbeauftragte (amerikanisches Englisch) an der Universität Berlin, Religion: evangelisch, Angehörige des Widerstandsnetzwerks *Rote Kapelle*, im August 1942 enttarnt und verhaftet, im Dezember 1942 vom Reichskriegsgericht zu einer sechsjährigen Zuchthausstrafe verurteilt, im Januar 1943 nach einer von Hitler angeordneten Neuverhandlung zum Tode verurteilt, im Februar 1943 in Berlin-Plötzensee hingerichtet.

Quellen: UA HU Berlin UK PA H 99; Steinbach u. a., Lexikon; Brysac, Harnack. Online: Gedenkstätte Deutscher Widerstand, Biografien.

Hartogs, Friedrich (1874–1943), seit 1927 persönlicher Ordinarius (Mathematik) an der Universität München, Religion: konfessionslos (bis 1931 jüdisch), 1933 trotz Angriffen der *Studentenschaft* als „Altbeamter" zunächst im Amt verblieben, 1935 als „Nichtarier" in den Ruhestand versetzt (RBG), nicht emigriert, nach dem Novemberpogrom 1938 einige Wochen im KZ Dachau inhaftiert; 1943 Scheidung von seiner Frau, um sie vor weiteren Repressalien zu schützen; 1943 Suizid.

Quellen: BA Berlin R 9361-VI/1064; BayHStA München MK 43710; UA München E-II-1614; Bauer, Hartogs; Breisach, Universitätsprofessoren, S. 328–332. Online: MacTutor History of Mathematics Archive.

Hasebroek, Johannes (1893–1957), seit 1927 o. Prof. (Alte Geschichte) an der Universität Köln, Religion: evangelisch (später katholisch), 1937 aus politischen Gründen (nachdem er während eines Kuraufenthaltes in der Schweiz durch einen NSDAP-Funktionär denunziert worden war) und wegen gesundheitlicher Probleme in den Ruhestand versetzt (offiziell auf eigenen Antrag), nicht emigriert.

Quellen: BA Berlin R 4901/13265; UA Köln Zug. 27/11; Wer ist's 1935; Pack, Johannes Hasebroek; Pack, Anfänge; Golczewski, Universitätslehrer, S. 112.

Hashagen, Justus (1877–1961), seit 1925 o. Prof. (Mittlere und Neuere Geschichte) an der Universität Hamburg, Religion: evangelisch, 1919–1933 Mitglied der DNVP, zeitweise auch Mitglied des *Alldeutschen Verbandes*, 1935 nach regimekritischen Äußerungen beurlaubt, 1936 aus politischen Gründen (als konservativer Gegner des Nationalsozialismus) vorläufig des Dienstes enthoben, 1939 vorzeitig pensioniert, nicht emigriert, 1951 im Zuge der Wiedergutmachungspolitik emeritiert.

Quellen: StA Hamburg 361-6 I 208 Bd. 1–4; BA Berlin R 4901/13265; Wer ist's 1935; Borowsky, Justus Hashagen.

Hatzfeld, Helmut (1892–1979), seit 1932 planmäßiger a. o. Prof. (Romanische Philologie) an der Universität Heidelberg, Religion: katholisch, 1933 als ehemaliger „Frontkämpfer" zunächst geschützt, 1935 als „Nichtarier" in den Ruhestand versetzt (RBG), 1938 Emigration nach Belgien, 1939/40 Gastprofessor an der Katholischen Universität Löwen, 1940 Emigration in die USA, seit 1942 Prof. für Romanische Sprachen und Literatur an der *Catholic University of America* in Washington.

Quellen: GLA Karlsruhe 235/5007 Bl. 233; BA Berlin R 4901/13265; Mussgnug, Dozenten, S. 65 f., 154 f., 267 ff.; Christmann/Hausmann, Romanisten; Drüll, Gelehrtenlexikon 1803–1932. Online: VAdS.

Hauptmann, Alfred (1881–1948), seit 1926 o. Prof. (Psychiatrie und Nervenheilkunde) an der Universität Halle, Religion: evangelisch (ursprünglich jüdisch), 1933 als ehemaliger „Frontkämpfer" zunächst im Amt belassen, Ende 1935 als „Nichtarier" aufgrund des RBG in den Ruhestand versetzt, 1937 Umzug nach Freiburg, nach dem Novemberpogrom 1938 einige Wochen im KZ Dachau inhaftiert, 1939 Emigration nach Großbritannien, 1940 Emigration in die USA, Konsiliararzt am *Joseph H. Pratt Diagnostic Hospital* in Boston.

Quellen: UA Halle PA 7386; BHdE II; Eberle, Martin-Luther-Universität, S. 328 f.; Stengel, Ausgeschlossen; Voswinckel, Lexikon; Martin u. a., Zwangsemigration.

Haurwitz, Bernhard (1905–1986), seit 1931 Privatdozent (Geophysik) an der Universität Leipzig, Religion: jüdisch, 1932/33 am MIT, 1933 Emigration in die USA, im November 1933 Entzug der Leipziger Lehrbefugnis als Jude, 1935 Emigration nach Kanada, seit 1935 an der *University of Toronto*, 1941–1947 erneut am MIT, 1947 Prof. an der *New York University*, 1959 *University of Colorado* in Boulder.

Quellen: UA Leipzig PA 546; Lambrecht, Entlassungen; BHdE II. Online: National Academy of Sciences, Biographical Memoirs.

Hausdorff, Felix (1868–1942), seit 1921 o. Prof. (Mathematik) an der Universität Bonn, Religion: jüdisch, 1919–1921 Mitglied der DDP, 1933 als „Altbeamter" zunächst geschützt, im März 1935 emeritiert, 1936 als Jude aus dem Vorlesungsverzeichnis gestrichen, nicht emigriert, 1942 Suizid (zusammen mit seiner Frau und seiner Schwägerin), um der bevorstehenden Internierung in einem Sammellager zu entgehen.

Quellen: UA Bonn PA 2908; BA Berlin R 4901/13265; NDB; Brieskorn/Purkert, Felix Hausdorff; Epple, Career. Online: Professorenkatalog der Universität Leipzig.

Haushofer, Albrecht (1903–1945), seit 1940 beamteter a. o. Prof. (Politische Geographie und Geopolitik) an der Universität Berlin (trotz „vierteljüdischer" Herkunft), Religion: evangelisch, bis etwa 1924 Mitglied der DVP, seit 1934 Mitarbeiter im Büro Ribbentrop, 1941 nach dem England-Flug von Rudolf Hess kurzzeitig verhaftet, Beteiligung am konservativen Widerstand, nach dem Attentat vom 20. Juli 1944 in Bayern untergetaucht, im Dezember 1944 verhaftet; im April 1945 wurde Haushofer von einem SS-Kommando in Berlin erschossen.

Quellen: BA Berlin R 4901/13265; UA HU Berlin NS-Doz. 2: ZB II 0448; Haiger u. a., Albrecht Haushofer; NDB; Steinbach u. a., Lexikon. Online: Gedenkstätte Deutscher Widerstand, Biografien.

Haymann, Franz (1874–1947), seit 1923 o. Prof. (Römisches und Deutsches Bürgerliches Recht, Rechtsphilosophie) an der Universität Köln, Religion: seit 1895 evangelisch (ursprünglich jüdisch), 1927–1930 Mitglied der DDP, 1933 als „Altbeamter" zunächst im Amt belassen, 1935 als „Volljude" wegen „Fortfall Ihres Lehrstuhls" entpflichtet (§ 4 GEVH), 1936 Entzug der Lehrbefugnis, 1939 Emigration nach Großbritannien, 1940 zeitweise auf der *Isle of Man* interniert.

Quellen: BA Berlin R 4901/13265; BHdE II; NDB; Golczewski, Universitätslehrer, S. 144–147; Becker, Fakultät, S. 282–295, 417 f. Online: Universität zu Köln, Galerie der Professorinnen und Professoren.

Heberle, Rudolf (1896–1991), Schwiegersohn von →Ferdinand Tönnies, seit 1929 Privatdozent (Soziologie) an der Universität Kiel, Religion: evangelisch, 1933 Mitglied der SA, 1937 Kürzung des Stipendiums und Entzug der Lehrauftragsvergütung aus politischen Gründen und wegen eines jüdischen Urgroßvaters, Heberles Antrag auf Ernenung zum nichtbeamteten a. o. Prof. wurde 1937 abgelehnt, 1938 Antrag auf Beurlaubung und Emigration in die USA, seit 1938 Prof. an der *Louisiana State University* in *Baton Rouge*, 1961 emeritiert.

Quellen: BA Berlin R 4901/13265; Waßner, Rudolf Heberle; Schroeter, Anpassung, S. 295–313. Nachruf in: Kölner Zeitschrift für Soziologie u. Sozialpsychologie 43 (1991), S. 608–610. Online: Kieler Gelehrtenverzeichnis.

Hecht, Hans (1876–1946), seit 1922 o. Prof. (Englische Philologie) an der Universität Göttingen, Religion: evangelisch-reformiert (ursprünglich: jüdisch), seit 1923 Mitglied der DVP, 1933 als ehemaliger „Frontkämpfer" zunächst nicht entlassen, 1935 nach studentischem Boykott als „Nichtarier" vorzeitig entpflichtet, 1936 Entzug der Lehrbefugnis aufgrund des RBG, nicht emigriert, 1936 Umzug nach Berlin; Hecht überlebte die NS-Diktatur aufgrund seiner Ehe mit einer „Arierin".

Quellen: BA Berlin R 4901/13265; UA Göttingen Kur. 547 Bl. 41 f.; Scholl, Anglistik, S. 394–409; Hausmann, Anglistik, S. 63–74, 463; Haenicke/Finkenstaedt, Anglistenlexikon; Szabó, Vertreibung, S. 58–61, 573 f.

Heichelheim, Fritz (1901–1968), seit Privatdozent (Alte Geschichte) an der Universität Gießen, Religion: jüdisch, 1933 Entzug der Lehrbefugnis als Jude, 1933 Emigration nach Großbritannien, 1933–1942 Stipendiat in Cambridge, 1942–1948 an der Universität Nottingham, zunächst als *Assistant Lecturer*, seit 1946 als *Lecturer*, 1948 zum Honorarprofessor an der Universität Gießen ernannt, seit 1948 an der *University of Toronto*, zunächst als *Lecturer*, seit 1962 als Prof.

Quellen: BHdE II, Briggs, Biographical Dictionary. Nachruf in: Gnomon 41 (1969), S. 221–224.

Heilbronn, Alfred (1885–1961), seit 1921 nichtbeamteter a. o. Prof. (Botanik) an der Universität Münster, Religion: evangelisch (ursprünglich jüdisch), 1918–1933 Mitglied der DDP/DStP, 1933 Entzug der Lehrbefugnis als „Nichtarier" (§ 3 BBG), 1933 Emigration in die Türkei, 1933–1955 Prof. für Botanik an der Universität Istanbul, erhielt 1953 den Status eines emeritierten o. Prof. in Münster, 1956 Rückkehr in die Bundesrepublik, Lehrtätigkeit als Emeritus an der Universität Münster.

Quellen: GStA PK Rep. 76 Va Sekt. 13 Tit. IV Nr. 22 Bl. 19–26; Möllenhoff/Schlautmann-Overmeyer, Familien I; Happ/Jüttemann, Schlag; BHdE II; Widmann, Exil, S. 265 f.

Heilner, Ernst (1876–1939), seit 1912 nichtplanmäßiger a. o. Prof. (Physiologie) an der Universität München, Religion: jüdisch, 1933 als Jude aus dem bayerischen Staatsdienst entlassen (§ 3 BBG), nicht emigriert, 1938 nach dem Novemberpogrom für einige Wochen im KZ Dachau inhaftiert; 1939 Suizid, nachdem er zum Verkauf seines Hauses gezwungen worden war.

Quellen: BayHStA München MK 17743; UA München E-II-1653; BA Berlin R 9347; Voswinckel, Lexikon; Klimpel, Ärzte-Tode, S. 122. Online: Gedenkbuch – Opfer der Verfolgung.

Heimann, Betty (1888–1961), seit 1931 nichtbeamtete a. o. Prof. (Indische Philologie und Philosophie) an der Universität Halle, Religion: jüdisch, 1933 Entzug der Lehrbefugnis als Jüdin (§ 3 BBG), 1933 Emigration nach Großbritannien, Forschungs- und Lehrtätigkeit an der *University of London*, 1945–1949 an der Universität von Colombo in Ceylon, seit 1949 im Ruhestand, Rückkehr nach Großbritannien.

Quellen: UA Halle PA 7469; GStA PK I Rep. 76 Va Sekt. 8 Tit. IV Nr. 52; BHdE II; Eberle, Martin-Luther-Universität Halle, S. 374 f.; Stengel, Ausgeschlossen. Online: VAdS.

Heimann, Eduard (1889–1967), seit 1925 o. Prof. (Theoretische und Praktische Sozialökonomie) an der Universität Hamburg, Religion: jüdisch (seit 1944 evangelisch), seit 1926 Mitglied der SPD, 1933 als Jude entlassen (§ 3 BBG). 1933 Emigration in die USA. 1933–1958 Prof. für Wirtschaftswissenschaft an der *New School for Social Research* in New York, 1962 Rückkehr in die Bundesrepublik, Lehrtätigkeit als Emeritus in Hamburg und Bonn.

Quellen: Rieter, Eduard Heimann; BHdE II; Hamburgische Biografie III.

Heimann, Fritz (1882–1937), seit 1921 nichtbeamteter a. o. Prof. (Geburtshilfe und Gynäkologie) an der Universität Breslau, Religion: jüdisch, 1933 als ehemaliger „Frontkämpfer" zunächst im Amt belassen, 1935/36 Entzug der Lehrbefugnis als Jude, nicht emigriert, bis 1937 Chefarzt der gynäkologisch-geburtshilflichen Abteilung am Jüdischen Krankenhaus Breslau; Heimanns Kinder Evelyn und Hans Dieter wurden Opfer des Holocaust.

Quellen: BA Berlin R 4901/13265; Voswinckel, Lexikon; Historisches Ärztelexikon für Schlesien III. Online: Gedenkbuch – Opfer der Verfolgung (Hans Dieter und Evelyn Heimann).

Heinemann, Fritz (1889–1970), seit 1930 nichtbeamteter a. o. Prof. (Philosophie) an der Universität Frankfurt/M., Religion: jüdisch, 1933 Entzug der Lehrbefugnis als Jude (§ 3 BBG), 1933 Emigration in die Niederlande, 1934 nach Frankreich, 1936 nach Großbritannien, 1939–1956 *Lecturer* an der *Oxford University*, 1940 zeitweise auf der *Isle of Man* interniert.

Quellen: UA Frankfurt/M. Abt 4 Nr. 532 u. PA der Philosophischen Fakultät; Heuer/Wolf, Juden, S. 157 ff.; BHdE II; Tilitzki, Universitätsphilosophie I, S. 170 f. u. passim.

Heinemann, Isaak (1876–1957), seit 1930 Honorarprofessor (Geistesgeschichte des Hellenismus) an der Universität Breslau, 1919–1939 Dozent für Religionsphilosophie des Altertums und Mittelalters am Jüdisch-theologischen Seminar in Breslau, Religion: jüdisch, 1933 Entzug der Lehrbefugnis als Jude (§ 3 BBG), 1939 Emigration nach Palästina, Lehrtätigkeit an der Hebräischen Universität Jerusalem.

Quellen: GStA PK I Rep. 76 Va Sekt. 4 Tit. IV Nr. 51 Bl. 69–74; BHdE II; Wer ist's 1935; Hoffmann, Juden, S. 219–232; Arnsberg, Geschichte III. Nachruf in: The Journal of Jewish Studies 8 (1957), S. 1–3.

Heinen, Reinhold (1894–1969), seit 1931 Lehrbeauftragter (Kommunalpolitik) an der Universität Köln, Religion: katholisch, 1913–1933 Mitglied der Zentrumspartei, 1921–1933 hauptamtlicher Generalsekretär der Kommunalpolitischen Vereinigung der Zentrumspartei, 1937 Entzug des Lehrauftrags aus politischen Gründen, nicht emigriert, 1941–1945 inhaftiert, seit 1942 im KZ Sachsenhausen, 1945 Landrat, 1945 Mitglied der CDU, seit 1946 Herausgeber der *Kölnischen Rundschau*.

Quellen: UA Köln Zug. 27/74 u. Zug. 70/16; BA Berlin R 4901/13265; Moltmann, Reinhold Heinen.

Heinrichsdorff, Paul (geb. 1876), seit 1921 nichtbeamteter a. o. Prof. (Pathologische Anatomie) an der Universität Breslau, hauptberuflich Prosektor am städtischen Wenzel-Hancke-Krankenhaus in Breslau, Religion: jüdisch; 1933 Verzicht auf die Lehrbefugnis, bevor er als Jude entlassen werden konnte; Heinrichsdorff lebte 1939 in Schmarse/Kreis Oels (Schlesien). Sein weiteres Schicksal ist unbekannt.

Quellen: BA Berlin R 4901/1721 Bl. 218–222; UA Wrocław S 33; Diss.; Biermanns/Groß, Pathologen, S. 81 f.; Historisches Ärztelexikon für Schlesien III. Online: Arolsen Archives.

Heitler, Walter (1904–1981), seit 1929 Privatdozent (Theoretische Physik) an der Universität Göttingen, Religion: seit 1925 konfessionslos (ursprünglich jüdisch, seit 1968 evangelisch-reformiert), 1933 Entzug der Lehrbefugnis als „Nichtarier" (§ 3 BBG), 1933 Emigration nach Großbritannien, 1933–1941 *Research Fellow* an der *University of Bristol*, 1940 als *enemy alien* interniert, 1941 nach Irland, seit 1941 am *Institute for Advanced Study* in Dublin, 1949 o. Prof. in Zürich.

Quellen: GStA PK I Rep. 76 Va Nr. 10081 Bl. 60–67; BHdE II; Szabó, Vertreibung, S. 455 f., 575 f. Nachruf in: Physikalische Blätter 38 (1982), S. 105 f.

Heitz, Emil (1892–1965), seit 1932 nichtbeamteter a. o. Prof. (Allgemeine Botanik) an der Universität Hamburg, 1927–1937 Wissenschaftlicher Hilfsarbeiter am Staatsinstitut für Allgemeine Botanik, Religion: evangelisch, 1937 Entzug der Lehrbefugnis als „Nichtarier" (§ 18 RHO), 1937 Emigration in die Schweiz, seit 1838 a. o. Prof. in Basel, 1952 Gastprofessor in Tübingen, Rückkehr in die Bundesrepublik, seit 1955 Wissenschaftliches Mitglied des Max-Planck-Instituts für Biologie und Honorarprofessor in Tübingen, 1961 Ruhestand.

Quellen: Zacharias, Emil Heitz; Hünemörder, Biologie, S. 1166 f. Online: Hamburger Professorinnen- und Professorenkatalog.

Heldmann, Karl (1869–1943), seit 1903 beamteter a. o. Prof. (Mittlere und neuere Geschichte, insbesondere historische Hilfswissenschaften und ältere deutsche Verfassungsgeschichte) an der Universität Halle, Religion: evangelisch, 1919 kurzzeitig Mitglied der *Christlichen Volkspartei*, als Pazifist im Lehrkörper isoliert, 1933 unter dem Eindruck der nationalsozialistischen Machtübernahme auf eigenen Antrag emeritiert[22], nicht emigriert.

Quellen: UA Halle PA 7571 und Rep. 21 Abt. III Nr. 62; GStA PK I Rep. 76 Va Sekt. 8 Tit. IV Nr. 48 Bd. IX; Eberle, Martin-Luther-Universität, S. 40–42, 375; Maier, Heldmann.

Heller, Hermann (1891–1933), seit 1932 o. Prof. (Öffentliches Recht) an der Universität Frankfurt/M., Religion: konfessionslos (ursprünglich jüdisch), 1920–1933 Mitglied der SPD, 1933 als „Nichtarier" und aus politischen Gründen aus dem Staatsdienst entlassen (§ 4 BBG), 1933 Emigration nach Spanien, Heller verstarb 1933 in Madrid an den Folgen eines Herzleidens.

Quellen: UA Frankfurt/M. Personalhauptakte, Rektoratsakte u. PA der Rechtswissenschaftlichen Fakultät; BHdE II; NDB; Heuer/Wolf, Juden, S. 159–162; Fiedler, Bild; Müller/Staff, Rechtsstaat.

Hellinger, Ernst (1883–1950), seit 1920 persönlicher Ordinarius (Reine und angewandte Mathematik) an der Universität Frankfurt/M., Religion: jüdisch, 1933 als ehemaliger „Frontkämpfer" zunächst nicht entlassen, 1935 als Jude in den Ruhestand versetzt (RBG), nach dem Novemberpogrom 1938 sechs Wochen im KZ Dachau inhaftiert, 1939 Emigration in die USA, 1939–1949 Prof. an der *Northwestern University* in Evanston, Illinois.

Quellen: UA Frankfurt/M. Personalhauptakte, Rektoratsakte, PA der Naturwissenschaftlichen Fakultät; BHdE II; Heuer/Wolf, Juden, S. 162 ff.; Siegel, Seminar, S. 8 f. Online: MacTutor History of Mathematics Archive.

Hellmann, Karl (1892–1959), seit 1930 nichtbeamteter a. o. Prof. (Ohrenheilkunde) an der Universität Würzburg, seit 1931 Privatpraxis, Religion: jüdisch, 1933 als ehemaliger „Frontkämpfer" zunächst im Amt belassen, 1936 Entzug der Lehrbefugnis als Jude (RBG), 1936 Emigration in die Türkei, 1936–1943 Prof. (Hals-, Nasen- und Ohrenkrankheiten) an der Universität Istanbul, 1943 Emigration nach Palästina, Privatpraxis in Haifa.

Quellen: UA Würzburg PA 82; BayHStA München MK 43738; BA Berlin R 9361-VI/1139; BHdE II; Widmann, Exil, S. 266, Strätz, Handbuch.

Hellmann, Siegmund (1872–1942), seit 1923 o. Prof. (Mittelalterliche Geschichte) an der Universität Leipzig, Religion: evangelisch (ursprünglich jüdisch), im Juni 1933 als „Nichtarier" entlassen (§ 3 BBG), nicht emigriert, Umzug nach München, im Juli 1942 in das Ghetto Theresienstadt deportiert, wo er im Dezember 1942 starb.

Quellen: NDB; Lambrecht, Entlassungen; Dietel, Universität Leipzig, S. 461–475. Online: Professorenkatalog der Universität Leipzig.

Helm, Rudolf (1872–1966), seit 1909 o. Prof. (Klassische Philologie) an der Uni-

22 Freiwilliger Rücktritt mit politischem Hintergrund.

versität Rostock, Religion: evangelisch, 1920–1922 Rektor der Universität, 1933 in Zusammenhang mit seiner Tätigkeit als Vorsitzender des Vereins Studentenheim e. V. zeitweise inhaftiert und suspendiert, 1937 emeritiert, 1937/38 als „jüdisch versippt" aus dem Lehrkörper gestrichen, nicht emigriert, 1947/48 erneut o. Prof. in Rostock, seit 1959 Emeritus an der FU Berlin.

Quellen: UA Rostock PA Rudolf Helm; LHA Schwerin 5.12-7/1 Nr. 1252; Buddrus/Fritzlar, Professoren. Online: Catalogus Professorum Rostochiensium.

Henius, Kurt (1882–1947), seit 1930 nichtbeamteter a. o. Prof. (Innere Medizin) an der Universität Berlin, Religion: evangelisch, Mitglied der DNVP, 1933 Entzug der Lehrbefugnis als „Nichtarier" (§ 3 BBG), 1934 Anerkennung als ehemaliger „Frontkämpfer" und Wiedererteilung der Lehrbefugnis, 1936 Entzug der Lehrbefugnis als „Nichtarier" (RBG), 1939 Emigration nach Luxemburg; Henius überlebte die deutsche Besatzung aufgrund seiner Ehe mit einer „Arierin".

Quellen: UA HU Berlin UK H 217 u. UK 1066 Bl. 206–210; GStAPK I Rep. 76 Va Sekt. 2 Tit. IV Nr. 46 C Bd. I–II; Entschädigungsamt Berlin Nr. 62.889.

Hensel, Albert (1895–1933), Sohn von →Kurt H., seit 1929 o. Prof. (Öffentliches Recht) an der Universität Königsberg, Religion: evangelisch, 1925–1932 Mitglied der DVP (1924/25 Stadtverordneter in Bonn), 1933 als ehemaliger „Frontkämpfer" zunächst nicht entlassen, nicht emigriert; Hensel starb im Oktober 1933 während einer Italienreise, bevor er als „Halbjude" entlassen werden konnte; seine Witwe Marieluise H. beging 1942 Suizid.

Quellen: BA Berlin R 4901/13305; GStA PK I Rep. 76 Va Sekt. 11 Tit. IV Nr. 20 Bd. XV; Kirchhof, Hensel; Tilitzki, Beurlaubung; Altpreußische Biographie IV; Schenkelberg, Bonn, S. 116 f.

Hensel, Kurt (1861–1941), Vater von →Albert H., seit 1929 emeritierter o. Prof. (Mathematik) an der Universität Marburg, Religion: evangelisch, 1933 als „Altbeamter" zunächst im Amt belassen, Ende 1935 als „Nichtarier" aufgrund des RBG in den Ruhestand versetzt, nicht emigriert.

Quellen: Reichshandbuch I; NDB. Nachruf in: Journal für die reine und angewandte Mathematik 187 (1950), S. 1–13. Online: MacTutor History of Mathematics Archive; Marburger Professorenkatalog.

Hentig, Hans von (1887–1974), seit 1931 o. Prof. (Strafrecht, Strafprozess, Kriminalwissenschaft) an der Universität Kiel, Religion: evangelisch, zeitweise Mitglied der KPD, 1934 an die Universität Bonn versetzt, 1935 wegen seiner politischen Vergangenheit in den Ruhestand versetzt (§ 6 BBG), 1936 Emigration in die USA, Lehrtätigkeit u. a. an der *Yale University* und an der *University of California* in Berkeley, 1951 Rückkehr in die Bundesrepublik, seit 1951 o. Prof. an der Universität Bonn.

Quellen: BA Berlin R 4901/13266; Mayenburg, Kriminologie; BHdE II; Weber/Herbst, Kommunisten. Online: Kieler Gelehrtenverzeichnis.

Hepding, Hugo (1878–1959), seit 1915 apl. a. o. Prof. (Klassische Philologie) an der Universität Gießen, im Hauptberuf Oberbibliothekar an der Universitätsbibliothek, Religion: evangelisch, 1919–1930 Mitglied der DDP, Mitglied der Bekennenden Kirche, 1941 Entzug der Lehrbefugnis aus politischen Gründen, nicht emigriert, 1946 erneut apl. Prof. an der Universität Gießen, 1947/48 Direktor der Universitätsbibliothek Gießen, 1948 Ruhestand.

Quellen: BA Berlin R 4901/13266; NDB; Reimann, Entlassung, S. 205; Knaus, Hugo Hepding; Habermann u. a., Lexikon; Kürschner 1950. Nachruf in: Nachrichten der Gießener Hochschulgesellschaft 29 (1960), S. 71–73.

Herlet, Joseph / Josef Maria (1876–1951), seit 1927 Lehrbeauftragter (Bodenpolitik) an der Universität Köln, im Hauptberuf 1923–1933 Beigeordneter der Stadt Köln (Liegenschafts- und Landwirtschaftsamt), Religion: katholisch, Mitglied der Zentrumspartei, 1933 als Beigeordneter aus politischen Gründen in den Ruhestand versetzt, daraufhin Verlust des Lehrauftrags, nicht emigriert, lebte fortan als Besitzer eines Weinguts in Karden an der Mosel, nach Kriegsende Mitglied der CDU, 1949/50 kommissarischer Landrat im Landkreis Cochem.

Quellen: Historisches Archiv der Stadt Köln Acc. 94 A 295; Friderichs, Persönlichkeiten, S. 152. Online: Rheinland-Pfälzische Personendatenbank.

Hermberg, Paul (1888–1969), seit 1929 persönlicher Ordinarius (Statistik) an der Universität Jena, Religion: evangelisch, 1919–1933 Mitglied der SPD, 1933 aus politischen Gründen in den Ruhestand versetzt (§ 5 BBG), nachdem Hermberg sich geweigert hatte, seinen Austritt aus der SPD zu erklären, 1936 Emigration nach Kolumbien, arbeitete für das kolumbianische Agrarministerium, seit 1938 Statistiker bei der Staatsbank in Bogotá, 1940 Emigration in die USA, dort in der Forschungs- und Statistikabteilung des *Federal Reserve System* tätig.

Quellen: BHdE II; Hagemann/Krohn, Handbuch I; Siegfried, Milieu, S. 57 ff. Online: Catalogus Professorum Halensis; Professorenkatalog der Universität Leipzig.

Hermelink, Heinrich (1877–1958), seit 1918 o. Prof. (Kirchengeschichte) an der Universität Marburg, Religion: evangelisch, 1919–1933 Mitglied der DDP/DStP, 1935 aus politischen und kirchenpolitischen Gründen zwangsemeritiert, nicht emigriert, 1935–1939 Pfarrverweser in Württemberg, 1939–1945 Pfarrverweser in Bayern, seit 1946 Lehraufträge in Tübingen und München, seit 1947 erneute Lehrtätigkeit in Marburg.

Quellen: BA Berlin R 4901/13266; NDB; Auerbach, Catalogus II, S. 25; Lippmann, Theologie, S. 174–179; Jaspert, Heinrich Hermelink.

Herntrich, Volkmar (1908–1958), seit 1932 Privatdozent (Altes Testament) an der Universität Kiel, Religion: evangelisch, Mitglied des Pfarrernotbundes und der Bekennenden Kirche, 1935 Entzug der Lehrbefugnis aus politischen Gründen („weltanschaulich unzuverlässig“), nicht emigriert, 1935–1939

Kirchliche Hochschule Bethel, seit 1942 Hauptpastor in Hamburg, 1954 o. Prof. an der Universität Hamburg, 1956 Bischof der Hamburgischen Landeskirche.

Quellen: Volbehr/Weyl, Professoren, S. 23; Uhlig, Wissenschaftler, S. 108 f.; Alwast, Fakultät, S. 94 f.; Göllnitz, Karrieren, S. 143.

Herrmann, Franz (1898–1977), seit 1928 Privatdozent (Dermatologie und Syphilidologie) an der Universität Frankfurt/M., Religion: evangelisch, 1933 Entzug der Lehrbefugnis als „Nichtarier" (§ 3 BBG), 1933–1938 Facharztpraxis, 1938 Emigration nach Großbritannien, 1940 in die USA, Arztpraxis in New York, seit 1948 an der *New York University*, seit 1953 als *Full Professor*, 1961 Rückkehr in die Bundesrepublik, seit 1962 o. Prof. in Frankfurt/M., 1968 emeritiert.

Quellen: UA Frankfurt/M. Abt 4 Nr. 303; Stadtarchiv Frankfurt/M. PA 26815, 28104 u. 67823; BHdE II; Heuer/Wolf, Juden, S. 164 ff.; Eppinger, Schicksal, S. 170. Nachruf in: Der Hautarzt 29 (1978), S. 506 f.

Herrmann, Max (1865–1942), seit 1930 persönlicher Ordinarius (Deutsche Philologie) an der Universität Berlin, Direktor des Theaterwissenschaftlichen Universitätsinstituts, Religion: jüdisch, 1933 als Jude in den Ruhestand versetzt (§ 3 BBG), nicht emigriert; im September 1942 wurde das Ehepaar Herrmann in das Ghetto Theresienstadt deportiert, wo Max Herrmann im November 1942 verstarb; seine Witwe Helene wurde 1944 in Auschwitz ermordet.

Quellen: UA HU Berlin UK H 258; BA Berlin R 4901/1624; GStA PK I Rep. 76 Va Sekt. 2 Tit. IV Nr. 68 F Teil 1; Reichshandbuch I; NDB; Germanistenlexikon II; Hollender, Herrmann.

Hertz, Friedrich/Frederick (1878–1964), seit 1930 o. Prof. (Wirtschaftliche Staatswissenschaften und Soziologie) an der Universität Halle, Religion: katholisch, gebürtiger Österreicher, Freimauer, Mitglied der Paneuropa-Union, 1933 angesichts massiver politischer Angriffe und der drohenden Vertreibung als „Nichtarier" auf eigenen Antrag entlassen, 1933 Rückkehr/Emigration nach Österreich, 1938 nach Großbritannien, lebte als Privatgelehrter in London.

Quellen: UA Halle PA 7793; GStA PK I Rep. 76 Va Sekt. 8 Tit. IV Nr. 32 Bd. X und Nr. 33 Bd. XIII; NDB; BHdE II; Hagemann/Krohn, Handbuch; Kinas, Exodus, S. 74 u. passim.

Hertz, Mathilde (1891–1975), seit 1930 Privatdozentin (Zoologie) an der Universität Berlin, 1929–1935 Assistentin am KWI für Biologie in Berlin, Religion: evangelisch, 1933 Entzug der Lehrbefugnis als „Nichtarierin" (§ 3 BBG), 1935 Emigration nach Großbritannien; 1936–1939 Forschungen am *Department of Zoology* der *Cambridge University*, die durch einen zur Erinnerung an ihren Vater Heinrich Hertz geschaffenen Fond finanziert wurden; 1939 Rückzug ins Privatleben.

Quellen: GStA PK I Rep. 76 Va Sekt. 2 Tit. IV Nr. 68 F Teil 1; Oxford Dictionary of Biography; Wolfradt u. a., Psychologinnen; Rürup, Schicksale, S. 221–224; Jaeger, Hertz; Kressley-Mba / Jaeger, Missing Link.

Hertz, Paul (1881–1940), seit 1921 nichtbeamteter a. o. Prof. (Physik) an der Universität Göttingen, 1922–1933 apl. Assistent am Mathematisch-Physikalischen Seminar, Religion: konfessionslos, 1933 Entzug der Lehrbefugnis und Kündigung der Assistentenstelle als „Nichtarier" (§ 3 BBG), Umzug nach Hamburg, 1934/35 Lehrtätigkeit an der Universität Genf, 1936–1938 an der Deutschen Universität Prag, 1938 Emigration in die USA; lebte in Philadelphia, wo es ihm nicht gelang, sich eine neue Existenz aufzubauen.

Quellen: GStA PK I Rep. 76 Va Nr. 10081 Bl. 96–103; NDB; BHdE II; Szabó, Vertreibung, S. 75 ff., 577 f.

Hertz, Rudolf (1897–1965), seit 1930 Privatdozent (Keltische Philologie) an der Universität Bonn, Religion: evangelisch, 1926 Mitglied des *Stahlhelm, Bund der Frontsoldaten*, 1929/30–1932 Mitglied der DVP, 1933 Mitglied der DNVP, 1934 als ehemaliger „Frontkämpfer" zunächst im Amt belassen, 1938 Entzug der Lehrbefugnis als „Nichtarier" (§ 18 RHO), nicht emigriert, 1943/44 zur Zwangsarbeit verpflichtet, 1946 Mitglied der FDP (1946/47 Landtagsabgeordneter in Nordrhein-Westfalen), 1946 apl. Prof., 1953 persönlicher Ordinarius in Bonn.

Quellen: GStA PK I Rep. 76 Va Nr. 10396 Bl. 59–65, 146–152; Höpfner, Universität, S. 55 f.; Lerchenmüller, Sprengstoff, S. 425–429. Online: Verzeichnis der Professorinnen und Professoren der Universität Mainz; VAdS.

Hertz, Wilhelm (1901–1985), seit 1934 Privatdozent (Kinderheilkunde) an der Universität Halle, Religion: evangelisch, 1933–1935 Mitglied der SA (die Aufnahme wurde wegen eines „jüdischen" Urgroßvaters für nichtig erklärt), 1937 wegen geringer Karriereaussichten als „nichtarischer" Hochschullehrer auf eigenen Wunsch beurlaubt, Praxis als Kinderarzt in Heilbronn, 1938 Entzug der Lehrbefugnis nach Ablauf der Beurlaubung (§ 18 RHO)[23], nicht emigriert.

Quellen: UA Halle PA 7794; Eberle, Martin-Luther-Universität, S. 330 u. passim; Stengel, Ausgeschlossen.

Herxheimer, Herbert (1894–1985), seit 1932 nichtbeamteter a. o. Prof. (Innere Medizin) an der Universität Berlin, 1928–1933 Leiter der sportärztlichen Beratungsstelle an der II. Medizinischen Klinik der Charité, Religion: evangelisch, 1933 als ehemaliger „Frontkämpfer" zunächst im Amt belassen, 1936 Entzug der Lehrbefugnis als „Nichtarier" (RBG), 1938 Emigration nach Großbritannien, seit 1938 Sportarzt in London, seit 1944 am *University College Hospital* in London, 1956 Rückkehr in die Bundesrepublik, seit 1956 o. Prof. an der FU Berlin.

Quellen: UA HU Berlin UK H 276; GStAPK I Rep. 76 Va Sekt. 2 Tit. IV Nr. 50 Bd. XXI; BA Berlin R 4901/ 1372; BHdE II; Trendelenburg, Pharmakologen.

Herxheimer, Karl (1861–1942), seit 1929 emeritierter o. Prof. (Haut- und

23 Freiwilliger Rücktritt mit politischem Hintergrund.

Geschlechtskrankheiten) an der Universität Frankfurt/M., Religion: jüdisch, 1933 als „Altbeamter" zunächst im Amt belassen, 1936 Entzug der Lehrbefugnis als Jude (RBG), nicht emigriert; Herxheimer wurde im September 1942 in das Ghetto Theresienstadt deportiert, wo er im Dezember 1942 starb.

Quellen: UA Frankfurt/M. Personalhauptakte u. Rektoratsakte; NDB; Hammerstein, Universität I, S. 225 f.; Heuer/Wolf, Juden, S. 167–170; Voswinckel, Lexikon; Eppinger, Schicksal, S. 171 f.; Notter, Leben.

Herz, Ernst (1900–1966), seit 1930 Privatdozent (Psychiatrie und Neurologie) an der Universität Frankfurt/M., Religion: jüdisch, 1933 Entzug der Lehrbefugnis als Jude und Entlassung als planmäßiger Assistenzarzt der Universitäts-Nervenklinik (§ 3 BBG), 1939 Emigration in die USA, niedergelassener Psychiater in New York, seit 1952 *Assistant Professor* an der *Columbia University* in New York.

Quellen: UA Frankfurt/M. Personalhauptakte u. Abt 4 Nr. 27; Stadtarchiv Frankfurt/M. PA 27612 u. 52102; Heuer/Wolf, Juden, S. 170 f.

Herzberg, Alexander (1887–1944), seit 1930 nichtbeamteter a. o. Prof. (Medizinische Psychologie) an der Universität Berlin, Religion: konfessionslos (früher jüdisch), Mitglied der SPD (1930–1933) und der *Liga für Menschenrechte* (1924–1932), 1933 Entzug der Lehrbefugnis aus politischen Gründen und als „Nichtarier" (§ 4 BBG), 1937 Emigration nach Großbritannien, Tätigkeit an der *Tavistock Clinic* und am *University College Hospital* in London.

Quellen: UA HU Berlin Med. Fak. 1478 Bl. 114 f.; GStAPK I Rep. 76 Va Sekt. 2 Tit. IV Nr. 46C Bd. I Bl. 342–349 u. 685–689; Reichshandbuch I; Schernus, Verfahrensweisen, S. 114–116 u. passim.

Herzfeld, Ernst (1879–1948), seit 1920 persönlicher Ordinarius (Orientalische Hilfswissenschaften) an der Universität Berlin, seit 1926 zu Ausgrabungen in den Iran beurlaubt, Religion: evangelisch, 1933 als ehemaliger „Frontkämpfer" zunächst im Amt belassen; 1935 nach Diffamierung als Antikenschmuggler durch den SS-Archäologen Alexander Langsdorff als „Nichtarier" in den Ruhestand versetzt (§ 6 BBG), 1935 Emigration nach Großbritannien, 1936 in die USA, 1936–1944 Prof. am *Institute for Advanced Study* in Princeton.

Quellen: UA HU Berlin UK H 272; GStA PK I Rep. 76 Va Sekt. 2 Tit. IV Nr.46 Bd. XXIX; BHdE II; NDB; Metzler Kunsthistorikerlexikon; Ettinghausen, Herzfeld; Hauser, Herzfeld. Online: VAdS.

Herzfeld, Ernst (1880–1944/45), seit 1932 nichtbeamteter a. o. Prof. (Innere Medizin) an der Universität Berlin, 1913–1933 Assistenzarzt an der III. Medizinischen Universitätsklinik, Religion: jüdisch, 1933 als ehemaliger „Frontkämpfer" zunächst vor dem Entzug der Lehrbefugnis geschützt, 1936 Entzug der Lehrbefugnis als Jude (RBG), nicht emigriert, 1943/44 im Ghetto Theresienstadt inhaftiert; im Oktober 1944 Deportation nach Auschwitz, wo er ermordet wurde.

Quellen: UA HU Berlin UK H 273 u. Med. Fak 1358; BA Berlin R 4901/13266. Online: Gedenkbuch – Opfer der Verfolgung.

Herzfeld, Hans (1892–1982), seit 1929 nichtbeamteter a. o. Prof. (Mittlere und neuere Geschichte) an der Universität Halle, Religion: evangelisch, 1920–1933 Mitglied der DNVP, 1933–1936 Mitglied des *Stahlhelm, Bund der Frontsoldaten* bzw. der SA-Reserve I, 1933 als ehemaliger „Frontkämpfer" zunächst geschützt, 1938 Entzug der Lehrbefugnis als „Nichtarier" (§ 18 RHO), nicht emigriert, 1943 wegen „Äußerungen wehrkraftzersetzenden Charakters" zeitweise inhaftiert, 1950–1960 o. Prof. (Neuere Geschichte) an der FU Berlin.

Quellen: UA Halle PA7804; Büsch, Herzfeld; Eberle, Martin-Luther-Universität, S. 375 f. u. passim; Historikerlexikon; Kinas, Exodus, S. 227 ff. u. passim.

Herzog, Heinrich (1875–1938), seit 1928 o. Prof. (Otologie und Rhino-Laryngologie) an der Universität Münster, Religion: katholisch, Mitglied des *Stahlhelm, Bund der Frontsoldaten*, 1937 wegen seiner „nichtarischen" Ehefrau in den Ruhestand versetzt (§ 6 BBG), nicht emigriert, 1938 Umzug nach München; seine Ehefrau Anna H. beging 1941 Suizid.

Quellen: BA Berlin R 4901/13266; Kürschner 1935; Happ/Jüttemann, Schlag; Möllenhoff/Schlautmann-Overmeyer, Familien I.

Hessel, Alfred (1877–1939), seit 1926 Honorarprofessor (Mittlere und Neuere Geschichte) an der Universität Göttingen, 1924–1935 im Hauptberuf Bibliotheksrat an der Universitätsbibliothek, Religion: seit 1895 evangelisch (ursprünglich jüdisch), 1933 als ehemaliger „Frontkämpfer" zunächst im Amt verblieben, Ende 1935 als Bibliotheksrat vorzeitig in den Ruhestand versetzt, gleichzeitig Entzug der Lehrbefugnis als „Volljude" aufgrund des RBG, nicht emigriert.

Quellen: BA Berlin R 4901/13266; UA Göttingen Kur. 547 Bl. 16; Petke, Alfred Hessel; Szabó, Vertreibung, S. 61–63, 578; Habermann u. a., Lexikon.

Hessen, Johannes (1889–1971), seit 1927 nichtbeamteter a. o. Prof. (Philosophie) an der Universität Köln, Religion: katholisch, 1914 Priesterweihe, Mitglied im *Friedensbund Deutscher Katholiken*, 1940 Entzug der Lehrbefugnis, nachdem ihm die Ernennung zum Dozenten neuer Ordnung aus politischen Gründen („konfessionelle Bindung") verweigert worden war, nicht emigriert, 1942 Redeverbot für das gesamte Reichsgebiet, seit 1947 Diätendozent an der Universität Köln, 1953 zum beamteten Dozenten ernannt, 1954 Ruhestand.

Quellen: BA Berlin R 4901/13266; Weber, Religionsphilosoph; Kosch, Deutschland I; Golczewski, Universitätslehrer, S. 410–418. Online: Universität zu Köln, Galerie der Professorinnen und Professoren.

Hevesy, Georg von / George de (1885–1966), seit 1926 persönlicher Ordinarius (Physikalische Chemie) an der Universität Freiburg/Br., Religion: katholisch, 1933 als „Altbeamter" im Amt belassen, kam der Entlassung als „Nichtarier"

1934 durch Aufgabe des Lehrstuhls zuvor, 1934 Emigration nach Dänemark, Gastwissenschaftler am Institut für Theoretische Physik in Kopenhagen, 1943 Nobelpreis für Chemie, 1943 Emigration nach Schweden, forschte am Universitätsinstitut für Organische Chemie in Stockholm.

Quellen: GLA Karlsruhe 235/8819; Niese, Georg von Hevesy; NDB; BHdE II. Online: Biographical Memoirs of Fellows of the Royal Society.

Heymann, Bruno (1871–1943), seit 1918 beamteter a. o. Prof. (Hygiene) an der Universität Berlin, Religion: jüdisch, 1933 als „Altbeamter" zunächst im Amt verblieben, 1935 als Jude in den Ruhestand versetzt (RBG), nicht emigriert, bis Herbst 1938 wissenschaftliche Tätigkeit am Berliner Universitätsinstitut für Geschichte der Medizin, Heymann starb 1943 im Berliner Jüdischen Krankenhaus, seine Tochter Charlotte wurde in Auschwitz ermordet.

Quellen: UA HU Berlin UK H 298; BA Berlin R 4901/13266 u. R 4901/1470; GStAPK I Rep. 76 Va Sekt. 2 Tit. IV Nr. 68 D Bd. IV Bl. 478–485; NDB; Goerke, Heymann; Voswinckel, Lexikon.

Heymann, Emil (1878–1936), seit 1930 nichtbeamteter a. o. Prof. (Chirurgie) an der Universität Berlin, Religion: evangelisch, 1933 als ehemaliger „Frontkämpfer" zunächst im Amt belassen, 1935 als Direktor der Chirurgischen Abteilung des Augusta-Hospitals in Berlin entlassen (RBG), nicht emigriert; Heymann verstarb im Januar 1936, bevor ihm die Lehrbefugnis als „Nichtarier" entzogen werden konnte; unbestätigten Gerüchten zufolge soll er Suizid begangen haben.

Quellen: UA HU Berlin UK H 472; BA Berlin R 4901/13266; Collmann, Heymann; Voswinckel, Lexikon.

Heymann, Erich (1901–1949), seit 1933 Privatdozent (Physikalische Chemie) an der Universität Frankfurt/M., Religion: jüdisch, 1933 Entzug der Lehrbefugnis als Jude (§ 3 BBG), 1934 Emigration nach Großbritannien, 1936 nach Australien, seit 1936 am Chemischen Institut der Universität Melbourne tätig, 1938 als *Senior Lecturer*, 1945 als *Associate Professor*.

Quellen: UA Frankfurt/M. Personalhauptakte u. Rektoratsakte; Heuer/Wolf, Juden, S. 173 f.; Australian Dictionary of Biography, Bd. 14.

Heymann, Walter (1901–1985), seit 1931 Privatdozent (Kinderheilkunde) an der Universität Freiburg/Br., 1929–1933 Assistent an der Universität-Kinderklinik Freiburg, Religion: jüdisch, 1933 Kündigung der Assistentenstelle als Jude; als ehemaliger Angehöriger eines Freikorps behielt Heymann zunächst die Lehrbefugnis, 1933 Emigration in die USA, 1934 aus dem Freiburger Lehrkörper „ausgeschieden", seit 1934 an der *Case Western Reserve University* in Cleveland, Ohio, 1947 *Assistant Professor*, 1964 *Full Professor*.

Quellen: GLA Karlsruhe 235/5007; Stadtarchiv Freiburg Einwohnermeldekartei; BHdE II; Seidler, Kinderärzte, S. 273 f. Nachruf in: The Journal of Laboratory and Clinical Medicine 111 (1988), S. 259 f.

Hildebrand, Dietrich von (1889–1977), seit 1924 nichtplanmäßiger a. o. Prof. (Philosophie) an der Universität München, Religion: katholisch (früher protestantisch), 1933 als „Nichtarier" entlassen (§ 3 BBG), 1933 Emigration nach Italien, 1933 nach Österreich, seit 1935 planmäßiger a. o. Prof. an der Universität Wien, 1938 in Wien als „Nichtarier" und aus politischen Gründen entlassen, 1938 Emigration in die Schweiz, 1939 nach Frankreich, 1940 in die USA, seit 1941 an der katholischen *Fordham University* in New York, 1949–1960 als *Full Professor*.

Quellen: BayHStA München MK 43760; UA München E-II-1733; BHdE I; New Catholic Encyclopedia Bd. 6; Schorcht, Philosophie, S. 152–157; Huber, Rückkehr, S. 310 u. passim.

Hildebrandt, Edmund (1872–1939), seit 1921 nichtbeamteter a. o. Prof. (Neuere Kunstgeschichte) an der Universität Berlin, Religion: evangelisch, 1937 Entzug der Lehrbefugnis wegen seiner „volljüdischen" Ehefrau (§ 18 RHO), nicht emigriert.

Quellen: UA HU Berlin UK H 310; Wer ist's 1935; Wendland, Handbuch I.

Hiller, Friedrich (1891–1953), seit 1932 nichtplanmäßiger a. o. Prof. (Innere Medizin und Neurologie) an der Universität München, bis 1934 Leiter des Ambulatoriums der II. Medizinischen Universitätsklinik, Religion: evangelisch, 1933 als ehemaliger „Frontkämpfer" im Amt belassen, 1934 als „Nichtarier" und wegen weiterer Vorwürfe („dienstliches Fehlverhalten") entlassen, 1938 Emigration in die Schweiz, später in die USA, seit 1941 an der *University of Chicago*.

Quellen: BayHStA München MK 43761; UA München E-II-1736 u. D-XV-31; BA Berlin R 9345/27 u. R 9345; Böhm, Selbstverwaltung, S. 611. Nachruf in: Münchner Medizinische Wochenschrift 95 (1953), S. 1356 f.

Hintze geb. Guggenheimer, Hedwig (1884–1942), seit 1928 Privatdozentin (Mittlere und neuere Geschichte) an der Universität Berlin, Religion: evangelisch, 1933 Entzug der Lehrbefugnis als „Nichtarierin" (§ 3 BBG), 1933–1935 Forschungsaufenthalt in Frankreich, 1936 Rückkehr nach Berlin, 1939 Emigration in die Niederlande; Hedwig Hintze starb im Juli 1942 in einem Utrechter Krankenhaus; die Annahme, sie habe Suizid begangen, ist umstritten.

Quellen: UA HU Berlin UK H 331 u. Phil. Fak. 1243; GStA PK I Rep. 76 Va Sekt. 2 Tit. IV Nr. 68 F Teil 1; Ritter, Meinecke, S. 81–92; Kaudelka, Rezeption, S. 241–408; Walther, Hintze; Felsch, Tagebücher, S. 384 f.

Hippel, Arthur R. von (1898–2003), Schwiegersohn von →James Franck, seit 1930 Privatdozent (Physik) an der Universität Göttingen, Religion: evangelisch, 1933 Emigration in die Türkei (da „jüdisch versippt"), 1933/34 Prof. an der Universität Istanbul, 1935 wurde die Göttinger Lehrbefugnis für „erloschen" erklärt, 1935 Emigration nach Dänemark, 1935/36 Gastprofessor in Kopenhagen, 1936 Emigration in die USA, seit 1936 am MIT, seit 1947 als *Full Professor*.

Quellen: BHdE II; Widmann, Exil, S. 267; Szabó, Vertreibung, S. 456 f., 580 f. Nachrufe in: Physik Journal 3 (2004), S. 52; Physics Today 57 (2004), Nr. 9, S. 76 f.

Hirsch, Ernst E. (1902–1985), seit 1929 Privatdozent (Deutsches, Bürgerliches und Handelsrecht, Internationales Privatrecht) an der Universität Frankfurt/M., Religion: jüdisch, 1933 Entzug der Lehrbefugnis als Jude (§ 3 BBG), 1933 Emigration in die Türkei, seit 1933 o. Prof. an der Universität Istanbul, 1943–1952 o. Prof. an der Universität Ankara, 1952 Rückkehr nach Deutschland, seit 1952 o. Prof. an der FU Berlin, 1953–1955 Rektor der FU Berlin.

Quellen: UA Frankfurt/M. Personalhauptakte, Rektoratsakte u. PA der Rechtswissenschaftlichen Fakultät; BHdE II; Breunung/Walther I; Heuer/Wolf, Juden, S. 175–179; Neumark, Zuflucht, S. 90 f. u. passim.

Hirsch, Julius (1882–1961), seit 1926 Honorarprofessor (Betriebswirtschaftslehre) an der Universität Berlin, 1919–1923 Staatssekretär im Reichswirtschaftsministerium, Religion: jüdisch; 1933 Entzug der Lehrbefugnis als Jude, obwohl Hirsch ehemaliger „Frontkämpfer“ war (§ 6 BBG); 1933 Emigration nach Dänemark, Prof. an der Handelshochschule Kopenhagen, 1940 zeitweise in deutscher Haft, 1941 Emigration in die USA, wo er für das *U. S. Office of Price Administration* arbeitete, 1941–1961 Prof. an der *New School for Social Research*.

Quellen: UA HU Berlin UK H 331; BA Berlin R 4901/10050; BHdE I; NDB; Mantel, Betriebswirtschaftslehre, S. 725–728; Hagemann/Krohn, Handbuch I; Archiv des Leo Baeck Institute New York AR 25573 (auch online).

Hirsch, Julius (1892–1962), seit 1929 nichtbeamteter a. o. Prof. (Hygiene) an der Universität Berlin, 1923–1933 Assistent am Hygienischen Universitätsinstitut, Religion: jüdisch, 1933 als ehemaliger „Frontkämpfer“ zunächst vor dem Entzug der Lehrbefugnis geschützt, 1933 Emigration in die Türkei, 1933–1948 Prof. in Istanbul, 1935 Entzug der Berliner Lehrbefugnis als „Nichtarier“ (§ 18 RHO), 1949 Übersiedlung in die Schweiz, ab 1949 Leiter der Forschungsabteilung der Geigy AG in Basel.

Quellen: UA HU Berlin UK H 340; BA Berlin R 4901/13266; BHdE II; Neumark, Zuflucht, S. 108; Arnsberg, Geschichte III.

Hirschfeld, Felix (1863–1938), seit 1921 nichtbeamteter a. o. Prof. (Innere Medizin) an der Universität Berlin, Religion: jüdisch, 1933 Entzug der Lehrbefugnis als Jude, nicht emigriert, Facharztpraxis in Berlin; seine Witwe Margarete Hirschfeld geb. Baerwald wurde 1942 in das Ghetto Warschau deportiert, wo sich ihre Spur verliert.

Quellen: UA HU Berlin UK H 343; GStAPK I Rep. 76 Va Sekt. 2 Tit. IV Nr. 46C Bd. I, Bl. 264–269; Jüdisches Gemeindeblatt für Berlin, Nr. 30, 24.7.1938; Voswinckel, Lexikon.

Hirschfeld, Hans/Johannes (1873–1944), seit 1922 nichtbeamteter a. o. Prof. (Innere Medizin) an der Universität Berlin, bis 1933 Leiter der Poliklinik am Institut für Krebsforschung der Charité, Religion: evangelisch (früher jüdisch), 1933 Entzug der Lehrbefugnis als „Nichtarier" (§ 3 BBG), nicht emigriert, ärztliche Praxis, 1939–1942 am Jüdischen Krankenhaus in Berlin; Hans Hirschfeld wurde 1942 in das Ghetto Theresienstadt deportiert, wo er 1944 starb.

Quellen: UA HU Berlin UK H 344; GStAPK I Rep. 76 Va Sekt. 2 Tit. IV Nr. 46C Bd. I, Bl. 205–211 u. 642 ff.; Voswinckel, Lexikon; Voswinckel, In memoriam.

Hirsch-Kauffmann, Herbert (1894–1960), seit 1930 Privatdozent (Kinderheilkunde) an der Universität Breslau, Religion: jüdisch, 1933 Entzug der Lehrbefugnis als Jude (§ 3 BBG), nicht emigriert, 1934–1941 am Jüdischen Krankenhaus in Breslau, Hirsch-Kauffmann überlebte die NS-Diktatur aufgrund seiner Ehe mit einer „Arierin", 1944/45 Lagerarzt in einem Zwangsarbeitslager (Nebenlager des KZ Groß-Rosen), 1945 untergetaucht, 1946 aus Breslau vertrieben, 1947 Honorarprofessor in Münster, 1951–1956 Chefarzt der Kinderklinik in Worms.

Quellen: GStAPK I Rep. 76 Va Sekt. 4 Tit. IV Nr. 51 Bl. 93–96, 331–336 u. passim; Seidler, Kinderärzte, S. 216; Historisches Ärztelexikon für Schlesien III.

Hittmair, Rudolf (1889–1940), seit 1932 o. Prof. (Anglistik) an der Universität Tübingen, Religion: katholisch, gebürtiger Österreicher, 1936 gegen den Willen der Fakultät als o. Prof. an die Universität Wien berufen, 1938 nach dem „Anschluss" aus politischen Gründen („antideutsche Einstellung") entlassen, nicht emigriert, 1938–1940 in der Wagnerschen Universitätsbuchhandlung in Innsbruck tätig.

Quellen: UA Tübingen 126/287; Huber, Rückkehr, S. 132 f., 311; Hausmann, Anglistik, S. 467 f.; Haenicke/Finkenstaedt, Anglistenlexikon. Online: VAdS; ÖBL.

Hobohm, Martin (1883–1942), seit 1923 nichtbeamteter a. o. Prof. (Mittlere und neuere Geschichte, Geschichte des Kriegswesens) an der Universität Berlin, 1921–1933 Archivrat und Mitglied des Reichsarchivs in Potsdam, Religion: konfessionslos (früher evangelisch), Mitglied der DDP (1920–1925), der SPD (1925–1931), des *Reichsbanner Schwarz-Rot-Gold* (1924–1931), des *Vereins zur Abwehr des Antisemitismus* und anderer Organisationen, 1933 Entzug der Lehrbefugnis aus politischen Gründen (§ 4 BBG), nicht emigriert.

Quellen: UA HU Berlin UK H 350a; GStA PK I Rep. 76 Va Sekt. 2 Tit. IV Nr. 68 F Teil 1; Wer ist's 1935; Schleier, Geschichtsschreibung, S. 531–574; Kinas, Exodus, S. 109 f. u. passim.

Hoch, Paul (1902–1964), seit 1932 Privatdozent (Neurologie und Psychiatrie) an der Universität Göttingen, Religion: evangelisch, 1933 Entzug der Lehrbefugnis als „Nichtarier" (§ 3 BBG), 1933 Emigration in die USA, 1933–1942 Arzt am *Manhattan State Hospital* in New York, 1943–1964 Lehrtätigkeit an der *Columbia University* in New York, 1949 *Assistant Professor*, 1955 *Full Professor*, 1955–1964 *New York State Commissioner of Mental Hygiene*.

Quellen: GStA PK I Rep. 76 Va Nr. 10081 Bl. 104–107; BHdE II; Szabó, Vertreibung, S. 403 ff., 581 ff. Nachruf in: Proceedings of the

Rudolf Virchow Medical Society 24 (1965), S. 18–22.

Höber, Rudolf (1873–1952), seit 1919 o. Prof. (Physiologie) an der Universität Kiel, Religion: evangelisch, Mitglied der DDP/DStP (1919–1933) und des *Reichsbanner Schwarz-Rot-Gold*, 1930/31 Rektor der Universität Kiel, 1933 als „Halbjude" und aus politischen Gründen in den Ruhestand versetzt (§ 3 BBG), 1933 Emigration nach Großbritannien, 1934 in die USA, 1934–1943 *Visiting Research Professor* an der *University of Pennsylvania.*

Quellen: GStA PK Rep. 76 Va Sekt. 9 Tit. IV Nr. 22 Bl. 95–106; NDB; Uhlig, Wissenschaftler, S. 52 ff.; BHdE II; Voswinckel, Lexikon. Online: Kieler Gelehrtenverzeichnis.

Hölker, Karl (1880–1945), seit 1928 Privatdozent (Christliche Kunst und kirchliche Denkmalspflege) an der Universität Münster, 1905 Priesterweihe, seit 1935 nichtbeamteter a.o, Prof., Religion: katholisch, 1937 Entzug der Lehrbefugnis aus politischen Gründen (u. a. Verweigerung des „deutschen Grußes", keine Spenden für das Winterhilfswerk, keine Beteiligung an den Wahlen von 1936), nicht emigriert.

Quellen: BA Berlin R 4901/13266; Happ/Jüttemann, Schlag; Hegel, Geschichte II, S. 111.

Hoeniger, Heinrich (1879–1961), seit 1932 o. Prof. (Bürgerliches Recht, Handelsrecht und Arbeitsrecht) an der Universität Kiel, Religion: seit 1900 evangelisch (ursprünglich jüdisch später katholisch), 1934 nach Frankfurt/M. versetzt, 1935 als „Nichtarier" in den Ruhestand versetzt, 1938 Emigration in die USA, seit 1939 an der *Fordham University* in New York, 1941–1950 Prof. am *Hunter College* in New York, 1949 Rückkehr in die Bundesrepublik, 1951–1960 Gastprofessor in Frankfurt/M., seit 1956 Mitglied des hessischen Forschungsrates.

Quellen: BHdE II; Uhlig, Wissenschaftler, S. 37 ff.; Heuer/Wolf, Juden, S. 179 ff.; Badische Biographien NF I. Online: Kieler Gelehrtenverzeichnis.

Hönigswald, Richard (1875–1947), seit 1930 o. Prof. (Philosophie) an der Universität München, Religion: evangelisch (früher jüdisch), 1918 Mitglied der Deutschen Vaterlandspartei, 1933 als „Nichtarier" in den Ruhestand versetzt (§ 3 BBG), nach dem Novemberpogrom 1938 fünf Wochen im KZ Dachau inhaftiert, 1939 Emigration in die USA; lebte als Privatgelehrter in New York, da er keine Anstellung an einer amerikanischen Universität fand.

Quellen: BayHStA München MK 43772; UA München E-II-1761; BHdE II; NDB; Schorcht, Philosophie, S. 157–162; Tilitzki, Universitätsphilosophie I, S. 276 ff.; Horn, Erziehungswissenschaft, S. 250. Online: VAdS.

Hoepke, Hermann (1889–1993), seit 1927 nichtbeamteter a. o. Prof. (Anatomie) an der Universität Heidelberg, seit 1921 Assistent und 1. Prosektor am Anatomischen Institut, Religion: evangelisch, 1939 wegen seiner „nichtarischen" Ehefrau entlassen, 1939 Verlust der Lehrbefugnis, nicht emigriert, 1940–1945 notdienstverordneter Arzt in Heidelberg, seit 1947 o. Prof. (Anatomie) in Heidelberg, 1951–1968 Mitglied des Heidelberger Stadtrats (parteilos), 1957 emeritiert.

Quellen: UA Heidelberg PA 4253/54, PA 4256/577; Drüll, Gelehrtenlexikon 1803–1932; Mussgnug, Dozenten, S. 107 f.; Baden-Württembergische Biographien III.

Hoetzsch, Otto (1876–1946), seit 1920 persönlicher Ordinarius (Osteuropäische Geschichte) an der Universität Berlin, Religion: evangelisch, seit 1918 Mitglied der DNVP, seit 1930 der Konservativen Volkspartei (1920–1930 Reichstagsabgeordneter), 1935 aus politischen Gründen („liberalistische Sowjetforschung", „berüchtigter Kulturbolschewist") in den Ruhestand versetzt (§ 6 BBG), nicht emigriert, nach Kriegsende erneut Prof. an der Universität Berlin.

Quellen: UA HU Berlin UK H 363; BA Berlin R 4901/1417; NDB; Weber, Lexikon; Voigt, Hoetzsch; Schlögel, Vergeblichkeit; Kinas, Exodus, S. 271 f. u. passim.

Hoffmann, Erich (1868–1959), seit 1918 o. Prof. (Haut- und Geschlechtskrankheiten) an der Universität Bonn, Religion: evangelisch, im März 1933 Wahlaufruf für Hitler, 1934 nach Denunziationen seiner Mitarbeiter aus politischen Gründen (kritische Äußerungen über den Nationalsozialismus) vorzeitig emeritiert, nicht emigriert.

Quellen: Reichshandbuch I; NDB; Löhe/Langer, Dermatologen; Höpfner, Universität, S. 309–312; Forsbach, Universität Bonn, S. 226 ff., 362–376; Orth, Vertreibung, S. 169–175; Hoffmann, Ringen; Voswinckel, Lexikon.

Hoffmann, Ernst (1880–1952), seit 1927 persönlicher Ordinarius (Philosophie und Pädagogik) an der Universität Heidelberg, Religion: evangelisch, seit 1923 Mitglied der DDP, 1935 als „Nichtarier" und aus politischen Gründen („einer der schärfsten Gegner des Nationalsozialismus") vorzeitig entpflichtet (offiziell „auf eigenen Antrag"), 1941 aus dem Vorlesungsverzeichnis gestrichen, nicht emigriert, 1945 Wiederaufnahme der Lehrtätigkeit als Emeritus.

Quellen: BA Berlin R 4901/13266; NDB; Drüll, Gelehrtenlexikon 1803–1932; Tilitzki, Universitätsphilosophie I, S. 108, 600 f.; Mussgnug, Dozenten, S. 66–70, 115 ff., 206 f.; T. Cassirer, Leben, S. 112 ff.

Hoffmann, Victor (1893–1969), seit 1924 Privatdozent (Chirurgie) an der Universität Köln, seit 1932 Leiter der Chirurgischen Abteilung des St. Antonius-Hospitals in Köln-Bayenthal, Religion: katholisch, 1937 Entzug der Lehrbefugnis (§ 6 BBG) aufgrund diverser Konflikte mit seinem Chef Hans von Haberer und aus politischen Gründen (Hoffmann galt als Sozialdemokrat), nicht emigriert, seit 1947 o. Prof. (Chirurgie) an der Universität Köln.

Quellen: UA Köln Zug. 67/1044; BA Berlin R 4901/13266; Golczewski, Universitätslehrer, S. 274–277, 450; Heiber, Universität I, S. 473; Haupts, Universität, S. 121 f.

Hofmann, Paul (1880–1947), seit 1921 nichtbeamteter a. o. Prof. (Philosophie) an der Universität Berlin, Geschäftsführer des Verlags *Carl Hofmann GmbH*, Religion: evangelisch, 1918/19 kurzzeitig Mitglied der DDP, 1933 als ehemaliger „Frontkämpfer“ zunächst im Amt belassen, 1938 Entzug der Lehrbefugnis als „Halbjude“ (§ 18 RHO), nicht emigriert, musste seinen Verlag als „Nichtarier“ zu ungünstigen Konditionen verkaufen, nach Kriegsende persönlicher Ordinarius an der Universität Berlin; Mitglied der LDPD.

Quellen: UA HU Berlin UK H 526; BA Berlin R 4901/10050; GStA PK I Rep. 76 Va Sekt. 2 Tit. IV Nr. 51 Bd. XXIV; NDB; Kinas, Exodus, S. 382 f. u. passim; Tilitzki, Universitätsphilosophie I, S. 751 f. u. passim.

Hohenemser, Kurt (1906–2001), seit 1932 Privatdozent (Angewandte Mechanik und angewandte Mathematik) an der Universität Göttingen, Religion: evangelisch, 1933 Entzug der Lehrbefugnis als „Halbjude“ (§ 3 BBG), nicht emigriert, 1935–1945 beratender Ingenieur bei der Flettner Flugzeugbau GmbH in Berlin, 1947 Auswanderung in die USA, 1947–1964 Abteilungsleiter bei der *McDonnell Aircraft Corporation* in St. Louis, Missouri, seit 1964 Prof. an der *Washington University* in St. Louis.

Quellen: GStA PK I Rep. 76 Va Nr. 10081 Bl. 42–51; Kürschner 1970; Rammer, Aerodynamiker; Szabó, Vertreibung, S. 214–232, 583 f.

Holborn, Hajo (1902–1969), Schwiegersohn von →Siegfried Bettmann, seit 1932 Privatdozent (Mittlere und neuere Geschichte) an der Universität Berlin, Religion: evangelisch; 1934 Entzug der Lehrbefugnis nach § 6 BBG aus politischen Gründen (Unterstützung für Emil Julius Gumbel, „Schützling von Otto Braun und Genossen“) und wegen seiner „nichtarischen“ Ehefrau, 1933 Emigration in die USA, 1934–1969 an der *Yale University*, seit 1940 als *Full Professor*, im Krieg für das *Office of Strategic Services* tätig.

Quellen: UA HU Berlin UK H 402; GStA PK I Rep. 76 Va Sekt. 2 Tit. IV Nr. 68 F Teil 2; BHdE II; NDB; Ritter, Meinecke, S. 47–56 u. passim. Nachruf in: Historische Zeitschrift 210 (1970), S. 257–259.

Holldack, Hans (1879–1950), seit 1927 o. Prof. (Landwirtschaftliche Maschinenlehre) an der Universität Leipzig, Religion: evangelisch, 1933 als „Halbjude“ in den Ruhestand versetzt (§ 3 BBG), 1935 Emigration in den Iran, 1935/36 Prof. an der Technischen Hochschule Teheran, 1936–1938 Prof. an der Landwirtschaftlichen Hochschule Karadsch, 1938 Rückkehr nach Deutschland, seit 1945 erneut o. Prof. für Landmaschinenkunde in Leipzig.

Quellen: Lambrecht, Entlassungen; Böhm, Handbuch; Reichshandbuch I; Wer ist's 1935. Online: Professorenkatalog der Universität Leipzig.

Holtfreter, Johannes (1901–1992), seit 1935 Privatdozent (Zoologie) an der Universität München, Religion: evangelisch, 1937 wegen des Vorwurfs homosexueller Handlungen kurzzeitig inhaftiert und 1938 zu einer Gefängnisstrafe verurteilt (§ 175 StGB), 1938 Entzug der Lehrbefugnis (§ 18 RHO), 1939 Emigration nach Großbritannien, 1940 als *enemy alien* nach Kanada überführt, 1942–1946 an der *McGill University* in Montreal, 1946 Auswanderung in die USA, 1946–1969 an der

University of Rochester, seit 1948 als *Full Professor*.

Quellen: UA München E-II-1793; BayHStA München MK 35500; BA Berlin R 9361-VI/1264; BHdE II; Biographisches Lexikon für Pommern Bd. 2. Online: National Academy of Sciences, Biographical Memoirs.

Homburger, Otto (1885–1964), seit 1930 Honorarprofessor (Kunstgeschichte) an der Universität Marburg, Religion: evangelisch, 1933 als ehemaliger „Frontkämpfer" zunächst im Amt belassen, Ende 1935 Entzug der Lehrbefugnis als „Nichtarier" aufgrund des RBG, 1936 Emigration in die Schweiz, 1951–1957 Honorarprofessor an der Universität Bern.

Quellen: Wer ist's 1935; Wendland, Handbuch I; Auerbach, Catalogus II, S. 527. Online: Marburger Professorenkatalog.

Honig, Richard Martin (1890–1981), seit 1931 o. Prof. (Strafrecht, Straf- und Zivilprozessrecht) an der Universität Göttingen, Religion: evangelisch (bis 1914 jüdisch), 1929–1932 Mitglied der DDP/DStP, 1933 als „Nichtarier" in den Ruhestand versetzt (§ 3 BBG), 1933 Emigration in die Türkei, 1934–1939 Prof. an der Universität Istanbul, 1939 Emigration in die USA, Lehrtätigkeit an verschiedenen amerikanischen Hochschulen, 1974 Rückkehr in die Bundesrepublik.

Quellen: GStA PK I Rep. 76 Va Nr. 10081 Bl. 2–8; Weiglin, Richard Martin Honig; Huber, Richard Martin Honig; BHdE II; Szabó, Vertreibung, S. 372–378, 584–586; Halfmann, Pflanzstätte, S. 105–109.

Honigsheim, Paul (1885–1963), seit 1927 nichtbeamteter a. o. Prof. (Philosophie, Soziologie und Sozialpädagogik) an der Universität Köln, 1922–1933 Direktor der Kölner Volkshochschule, Religion: katholisch, Mitglied der SPD, 1934 Entzug der Lehrbefugnis aus politischen Gründen (§ 4 BBG), 1933 Emigration nach Frankreich, Direktor der Zweigstelle des Genfer *Institut de Recherches Sociales* in Paris, 1936 nach Panama, Prof. an der *Universidad de Panamá*, 1938 in die USA, Prof. an der *Michigan State University*.

Quellen: UA Köln Zug. 27/68b; NDB; Horn, Erziehungswissenschaft, S. 255 f.; BHdE II; Golczewski, Universitätslehrer, S. 198–205. Nachruf in: Kölner Zeitschrift für Soziologie und Sozialpsychologie 15 (1963), S. 1–5.

Horkheimer, Max (1895–1973), seit 1930 persönlicher Ordinarius (Sozialphilosophie) an der Universität Frankfurt/M., seit 1932 Direktor des Frankfurter Instituts für Sozialforschung, Religion: jüdisch, 1933 als Jude und Marxist entlassen (§ 4 BBG), 1933 Emigration in die Schweiz, 1934 in die USA, Leiter des nach New York verlegten Instituts für Sozialforschung, 1949 Rückkehr in die Bundesrepublik, seit 1949 erneut o. Prof. in Frankfurt/M, 1951–1953 Rektor der Universität, 1959 emeritiert.

Quellen: UA Frankfurt/M. Personalhauptakte u. PA der Philosophischen Fakultät; BHdE II; Heuer/Wolf, Juden, S. 182–188; Wiggershaus, Horkheimer.

Hornbostel, Erich Moritz von (1877–1935), seit 1925 nichtbeamteter a. o.

Prof. (Systematische und vergleichende Musikwissenschaft) an der Universität Berlin, bis 1933 Leiter des Staatlichen Phonogrammarchivs beim Psychologischen Universitätsinstitut, Religion: konfessionslos (zeitweise evangelisch), 1933 Entzug der Lehrbefugnis als „Nichtarier" (§ 3 BBG), 1933 Emigration in die USA, an der *New School for Social Research* tätig, 1934 Emigration nach Großbritannien.

Quellen: UA HU Berlin UK H 431; GStA PK I Rep. 76 Va Sekt. 2 Tit. IV Nr. 45 A; BHdE II; NDB; Die Musik in Geschichte und Gegenwart, Bd. 6; Müller, Hornbostel. Online: ÖBL.

Horneffer, Ernst (1871–1954), seit 1920 apl. a. o. Prof. (Philosophie) an der Universität Gießen, Religion: freireligiös (ursprünglich evangelisch), seit 1910 Mitglied der Freimaurerloge *Zum aufgehenden Licht an der Isar*, Mitglied der *Reichpartei des deutschen Mittelstandes (Wirtschaftspartei)*, 1937 Entzug des Lehrauftrags aus politischen Gründen („einer absterbenden Zeit geistig zugehörend"), nicht emigriert, 1937 Umzug nach Northeim.

Quellen: BA Berlin R 4901/13266; Meinhardt, Ernst Horneffer; Jatho, Männer; Chroust, Universität I, S. 229; Tilitzki, Universitätsphilosophie I, S. 396 ff., 468 ff.

Horst, Friedrich (1896–1962), seit 1930 nichtbeamteter a. o. Prof. (Alttestamentliche Wissenschaft) an der Universität Bonn, seit 1922 Leiter des Evangelisch-Theologischen Stifts, Religion: evangelisch, Mitglied des *Stahlhelm, Bund der Frontsoldaten*, Mitglied der Bekennenden Kirche, 1936 aus politischen Gründen (als Anhänger der Bekennenden Kirche) entlassen, nicht emigriert, 1936–1948 Pfarrer in Steeg bei Bacharach, 1945 Honorarprofessor in Bonn, 1948 persönlicher Ordinarius an der Universität Mainz, 1955 o. Prof. in Mainz.

Quellen: BA Berlin R 4901/13266; Wenig, Verzeichnis; RGG^3, Registerband. Online: Verzeichnis der Professorinnen und Professoren der Universität Mainz.

Huber, Kurt (1893–1943), seit 1926 nichtplanmäßiger a. o. Prof. (Philosophie mit Lehrauftrag für experimentelle und angewandte Psychologie) an der Universität München, Religion: katholisch, 1927–1930 Mitglied der BVP, seit 1940 Mitglied der NSDAP, 1937/38 Leiter der Volksmusik-Abteilung des Staatlichen Instituts für Deutsche Musikforschung in Berlin, 1940 zum apl. Prof. ernannt; Huber wurde im März 1943 als Angehöriger der Widerstandsgruppe *Weiße Rose* inhaftiert, entlassen und im Juli 1943 hingerichtet.

Quellen: BA Berlin R 4901/18227 u. R 9361-II/448326; UA München E-II-1818; BayHStA München MK 43791; Schorcht, Philosophie, S. 162–169; Petersen, Wissenschaft; Bruckbauer, Welt; Schumann, Leidenschaft.

Hueck, Kurt (1897–1965), seit 1934 Privatdozent (Botanik) an der Universität Berlin, 1933 Habilitation an der Landwirtschaftlichen Hochschule Berlin, Religion: evangelisch, 1937 Entzug der Lehrbefugnis wegen seiner „nichtarischen" Ehefrau (§ 18 RHO), nicht emigriert, seit Herbst 1944 Zwangsarbeit in Leuna, 1946–1948 Prof. (Landwirtschaftliche und Forstbotanik) an der Universität Berlin; 1949–1951 Prof. an der Universität Tucumán, Argentinien; 1951–1956 Prof. in São Paulo, Brasilien; 1956–1959 Prof. in Mérida, Venezuela.

Quellen: UA HU Berlin UK PA nach 1945 H 483 u. NS-Doz. 2: ZD I 0448; Chronik der Friedrich-Wilhelms-Universität 1937/1938, S. 32; Kürschner 1961.

Husserl, Edmund (1859–1938), Vater von →Gerhart Husserl, seit 1928 emeritierter o. Prof. (Philosophie) an der Universität Freiburg/Br., Religion: seit 1886 evangelisch (ursprünglich jüdisch), 1933 als „Altbeamter“ zunächst vom BBG nicht betroffen, 1935 Entzug der Lehrbefugnis als „Nichtarier“, nicht emigriert.

Quellen: GLA Karlsruhe 235/5007; NDB; Ott, Philosophie, S. 442–451; Smith, Husserl; Smith/Smith, Cambridge Companion.

Husserl, Gerhart (1893–1973), Sohn von →Edmund H., seit 1926 o. Prof. (Römisches Recht, Bürgerliches Recht, Zivilprozessrecht) an der Universität Kiel, Religion: evangelisch (ursprünglich jüdisch, später katholisch), 1933 nach Göttingen versetzt, 1934 Versetzung nach Frankfurt, 1935 entpflichtet, 1936 Entzug der Lehrbefugnis als „Nichtarier“, 1936 Emigration in die USA, 1938 *University of Virginia*, 1940 *National University* in Washington, D. C., 1952 Rückkehr in die Bundesrepublik, 1952/53 Gastprofessor in Köln, 1953 in Frankfurt emeritiert.

Quellen: GStA PK I Rep. 76 Va Nr. 10081 Bl. 250–266; Uhlig, Wissenschaftler, S. 68 ff.; Heuer/Wolf, Juden, S. 192 ff. Online: Kieler Gelehrtenverzeichnis.

I

Igersheimer, Josef (1879–1965), seit 1921 nichtbeamteter a. o. Prof. (Augenheilkunde) an der Universität Frankfurt/M., Religion: jüdisch, seit 1918 Mitglied der DDP, 1933 Entzug der Lehrbefugnis als Jude und Entlassung als Leiter der Augenabteilung des Bürgerhospitals (§ 3 BBG), 1933 Emigration in die Türkei, 1933–1938 Prof. an der Universität Istanbul, 1939 Emigration in die USA, *Associate Professor* an der *Tufts University* in Boston, daneben Privatpraxis als Augenarzt in Boston.

Quellen: UA Frankfurt/M. Abt. 4 Nr. 30, Personalhauptakte u. Akten der Medizinischen Fakultät; Namal, Verdienste; BHdE II, Voswinckel, Lexikon; Heuer/Wolf, Juden, S. 195 ff. Online: Catalogus Professorum Halensis.

Imelmann, Rudolf (1879–1945), seit 1929 o. Prof. (Englische Philologie) an der Universität Frankfurt/M., Religion: evangelisch, 1933 als „Nichtarier“ in den Ruhestand versetzt (§ 3 BBG), danach häufige Aufenthalte bei der Familie seiner Frau in England, 1938 als „Devisenausländer“ eingestuft, 1939 endgültige Emigration nach Großbritannien.

Quellen: UA Frankfurt/M. Rektoratsakte u. PA Philosophische Fakultät; BHdE II; Heuer/Wolf, Juden, S. 197 f.; Haenicke/Finkenstaedt, Anglistenlexikon. Online: Catalogus Professorum Rostochiensium; VAdS.

Isaac, Simon (1881–1942), seit 1921 nichtbeamteter a. o. Prof. (Innere Medizin) an der Universität Frankfurt/M., Religion: jüdisch, 1933 als ehemaliger „Frontkämpfer" zunächst im Amt verblieben, 1936 Entzug der Lehrbefugnis als Jude (RBG), 1925–1938 Chefarzt der Inneren Abteilung des Krankenhauses der Israelitischen Gemeinde in Frankfurt/M., 1939 Emigration nach Großbritannien.

Quellen: UA Frankfurt/M. Personalhauptakte u. Rektoratsakte; Stadtarchiv Frankfurt/M. PA 21090 u. 21091; Heuer/Wolf, Juden, S. 200 ff.; Voswinckel, Lexikon; Voswinckel, Isaac.

Isay, Ernst (1880–1943), seit 1925 Privatdozent (Staats-, Verwaltungs-, Völkerrecht und internationales Privatrecht) an der Universität Münster, 1927–1933 Oberverwaltungsgerichtsrat in Berlin, Religion: jüdisch, 1929–1933 Mitglied der DDP/DStP, 1933 Entzug der Lehrbefugnis als Jude (§ 6 BBG) und vorzeitige Pensionierung als Oberverwaltungsgerichtsrat, 1940 Emigration nach Brasilien, Gastvorlesungen an der Universität von São Paulo.

Quellen: GStA PK Rep. 76 Va Sekt. 13 Tit. IV Nr. 22 Bl. 70–81; Happ/Jüttemann, Schlag; Breunung/Walther, Emigration I, S. 577 f.; Möllenhoff/Schlautmann-Overmeyer, Familien I.

Israel, Arthur (1883–1969), Bruder von →Wilhelm I., seit 1928 nichtbeamteter a. o. Prof. (Chirurgie) an der Universität Berlin, 1932/33 Leiter der Chirurgischen Universitäts-Poliklinik, Religion: jüdisch, 1933 als ehemaliger „Frontkämpfer" zunächst vor dem Entzug der Lehrbefugnis geschützt, 1933–1940 am Jüdischen Krankenhaus in Hamburg, 1935 wurde die Lehrbefugnis für „erloschen" erklärt, 1940 Emigration in die USA, Arzt in New York, 1959 Rückkehr in die Bundesrepublik.

Quellen: UA HU Berlin UK I 21; GStAPK I Rep. 76 Va Sekt. 2 Tit. IV Nr. 50 Bd. XX Bl. 533–541 u. 583 f.; BA Berlin R 4901/18351; Domrich, Arthur Israel; Lammel, Chirurgie, S. 573–575.

Israel, Wilhelm/William James (1881–1959), Bruder von →Arthur I., seit 1928 Privatdozent (Chirurgie) an der Universität Berlin, Religion: jüdisch, Chirurg am Jüdischen Krankenhaus in Berlin, 1933 als ehemaliger „Frontkämpfer" zunächst im Amt belassen, 1936 Entzug der Lehrbefugnis als Jude (RBG), 1933 Emigration nach Großbritannien, seit 1935 Praxis als Urologe in London.

Quellen: UA HU Berlin UK I 17 u. Med. Fak. 1359; Entschädigungsamt Berlin Nr. 62031.

Isserlin, Max (1879–1941), seit 1915 nichtplanmäßiger a. o. Prof. (Psychiatrie) an der Universität München, 1924–1938 Chefarzt der Heckscher-Nervenheil- und Forschungsanstalt in München, Religion: jüdisch, 1933 als Jude aus dem bayerischen Staatsdienst entlassen (§ 3 BBG), 1939 Emigration nach Großbritannien, lebte in Sheffield.

Quellen: BayHStA München MK 17773; UA München E-II-1852; Reichshandbuch I; Jutz, Isserlin; Böhm, Selbstverwaltung, S. 609; Voswinckel, Lexikon; Kreuter, Neurologen II; Hippius u. a., Klinik, S. 91–95.

Iwand, Hans Joachim (1899–1960), Schwiegersohn von →Oscar Ehrhardt, seit 1927 Privatdozent (Hilfswissenschaften der Systematischen Theologie) an der Universität Königsberg, Religion: evangelisch, 1935 Entzug der Lehrbefugnis aus politischen Gründen (Bekennende Kirche) und wegen der Ehe mit einer „Halbjüdin" (§ 6 BBG), nicht emigriert, 1935–1937 Leiter eines Predigerseminars der Bekennenden Kirche, 1938–1945 Pfarrer in Dortmund, 1938/39 zeitweise inhaftiert, 1946 o. Prof. in Göttingen, 1952 o. Prof. in Bonn.

Quellen: BA Berlin R 4901/24835; GStA PK I Rep. 76 Va Sekt. 11 Tit. IV Nr. 22 Bd. I; Seim, Hans Joachim Iwand; BBKL, Bd. 14; NDB; TRE; Wenig, Verzeichnis.

J

Jacobi, Erich (1898–1945), seit 1930 Privatdozent (Psychiatrie und Neurologie) an der Universität Königsberg, 1928–1935 Assistent, Religion: evangelisch, Mitglied des *Stahlhelm, Bund der Frontsoldaten*, 1933 als ehemaliger „Frontkämpfer" zunächst im Amt belassen, 1935/36 Entzug der Lehrbefugnis als „Nichtarier", nicht emigriert, 1935–1938 Privatpraxis, im Krieg zeitweise Zwangsarbeit in einer Seifenfabrik, wegen seiner „arischen" Ehefrau nicht deportiert. Jacobi starb im April 1945 unter ungeklärten Umständen in Spandienen (Stadtkr. Königsberg).

Quellen: BA Berlin R 4901/23050; BA Bayreuth ZLA 1/12218331; Diss.; Mitt. Dr. Joachim Hensel, 8.1.2009.

Jacobi, Ernst (1867–1946), seit 1902 o. Prof. (Deutsche Rechtsgeschichte, deutsches Privatrecht, deutsches bürgerliches Recht, Handelsrecht u. a.) an der Universität Münster, Religion: katholisch, 1904–1933 Mitglied der Zentrumspartei, 1916/17 Rektor der Universität Münster, musste 1933 als „Halbjude" das Amt des Dekans niederlegen, 1934 als „Nichtarier" auf „eigenen Antrag" vorzeitig emeritiert (offiziell aus „gesundheitlichen Gründen"), nicht emigriert.

Quellen: Steveling, Juristen, S. 370 ff.; Happ/Jüttemann, Schlag; Möllenhoff/Schlautmann-Overmeyer, Familien I; Felz, Recht, S. 498.

Jacobi, Erwin (1884–1965), seit 1921 o. Prof. (Öffentliches Recht und Arbeitsrecht) an der Universität Leipzig, Religion: evangelisch, 1933 als „Nichtarier" entlassen (§ 3 BBG), nicht emigriert, als privater Rechtsgutachter tätig, Mitglied der Bekennenden Kirche, seit 1945 erneut o. Prof. an der Universität Leipzig, 1947/48 Rektor der Universität, 1948–1958 Mitglied der Synode der Evangelisch-lutherischen Landeskirche Sachsens, 1958 emeritiert.

Quellen: NDB; Otto, Eigenkirche; Orth, Vertreibung, S. 79–89; Lambrecht, Entlassungen; Goerlich, Erwin Jacobi. Online: Professorenkatalog der Universität Leipzig.

Jacobi, Walter (1889–1938), seit 1934 o. Prof. (Psychiatrie und Neurologie) an der Universität Greifswald, Religion:

evangelisch, 1933 Mitglied der NSDAP und der SS, 1935 zeitweise Führer der Greifswalder *Dozentenschaft*, 1936/37 Dienststrafverfahren wegen des Verdachts der Täuschung über die „nichtarische“ Abstammung seiner Frau, 1937 nach § 6 BBG in den Ruhestand versetzt, nicht emigriert, 1938 Suizid.

Quellen: UA Greifswald PA 623; Grüttner, Lexikon; Eberle, Instrument, S. 113 ff. u. passim; Viehberg, Restriktionen, S. 300–306.

Jacobsohn, Hermann (1879–1933), seit 1922 o. Prof. (Indogermanische Sprachwissenschaften) an der Universität Marburg, Religion: jüdisch, 1919–1933 Mitglied der DDP/DStP, 1933 als Jude und Demokrat beurlaubt, nicht emigriert; Suizid im April 1933, bevor er aufgrund des BBG entlassen werden konnte.

Quellen: Verroen u. a., Leben; Auerbach, Catalogus II, S. 530; Schlerath, Hermann Jacobsohn. Online: Marburger Professorenkatalog; VAdS.

Jacobsohn-Lask, Ludwig (1863–1940), seit 1900 Privatdozent (Psychiatrie und Nervenkrankheiten) an der Universität Berlin, Religion: jüdisch, 1918–1931 Mitglied der SPD; 1933 Verzicht auf die Lehrbefugnis, bevor sie ihm als Jude entzogen werden konnte; 1936 Emigration in die Sowjetunion, wissenschaftliche Tätigkeit am Setschenow-Institut für physikalische Heilmethoden in Sewastopol.

Quellen: UA HU Berlin Med. Fak. 1347; Eisenberg, „Nervenplexus“.

Jacobsthal, Erwin (1879–1952), seit 1919 Privatdozent (Bakteriologie und Serologie) an der Universität Hamburg, seit 1912 Leitender Oberarzt am Allgemeinen Krankenhaus St. Georg, Religion: evangelisch (bis 1905 jüdisch), Mitglied der DVP, 1933 Entzug der Lehrbefugnis als „Nichtarier“, 1934 Emigration nach Guatemala, dort im öffentlichen Gesundheitswesen tätig und Prof. an der *Universidad de San Carlos de Guatemala*, seit 1945 Leiter eines Kliniklabors der *United Fruit Company*.

Quellen: Starsonek, Erwin Jacobsthal; Villiez, Kraft, S. 302 ff.; Andrae, Vertreibung, S. 40–46; Biermanns/Groß, Pathologen, S. 86–91; Voswinckel, Lexikon; van den Bussche, Universitätsmedizin, S. 56.

Jacobsthal, Paul (1880–1957), seit 1915 o. Prof. (Archäologie) an der Universität Marburg, Religion: evangelisch (ursprünglich jüdisch) 1933 als „Altbeamter“ zunächst geschützt, im Dezember 1935 als „Nichtarier“ aufgrund des RBG in den Ruhestand versetzt, 1935 Emigration nach Großbritannien, 1937–1947 *Lecturer* am *Christ Church College* in Oxford, 1940 im *Hutchinson Internment camp* interniert, 1947–1950 *University Reader* (*Celtic Archaeology*) in Oxford.

Quellen: BA Berlin R 4901/13267; NDB; BHdE II; Schefold, Paul Jacobsthal; Auerbach, Catalogus II, S. 530 f. Nachruf in: Gnomon 29 (1957), S. 637 f. Online: Marburger Professorenkatalog.

Jacoby, Felix (1876–1959), seit 1907 o. Prof. (Klassische Philologie) an der Universität Kiel, Religion: konfessionslos (ursprünglich jüdisch, später evangelisch), 1933 als „Altbeamter“ und ehemaliger „Frontkämpfer“ zunächst geschützt, 1935 als „Nichtarier“ vorzeitig emeritiert (offiziell auf eigenen Antrag), 1939 Emigration nach Großbritannien, seit 1939 am *Christ Church College* in Oxford, 1956 Rückkehr in die Bundesrepublik.

Quellen: BA Berlin R 4901/13267; NDB; BHdE II; Chambers, Felix Jacoby; Uhlig, Wissenschaftler, S. 57–59; Göllnitz, Student, S. 140–150. Nachruf in: Gnomon 32 (1960), S. 387–391. Online: Kieler Gelehrtenverzeichnis.

Jacoby, Günther (1881–1969), seit 1928 persönlicher Ordinarius (Philosophie) an der Universität Greifswald, Religion: evangelisch, 1933 trotz Zweifeln an seiner „arischen“ Abstammung als ehemaliger „Frontkämpfer“ im Amt belassen, 1937 vom Reichssippenamt als „Nichtarier“ klassifiziert, daraufhin nach § 6 BBG pensioniert, nicht emigriert, seit 1945 erneut o. Prof. in Greifswald, 1951 emeritiert.

Quellen: UA Greifswald PA 1255; Eberle, Instrument, S. 767 f. u. passim; Kinas, Exodus, S. 221 ff.; Tilitzki, Jacoby.

Jadassohn, Josef (1863–1936), seit 1931 emeritierter persönlicher Ordinarius (Dermatologie) an der Universität Breslau, Religion: evangelisch, bis 1930 Mitglied der DDP, 1933 als „Altbeamter“ zunächst nicht entlassen, 1934 Emigration in die Schweiz, seit 1935 in Breslau als „Nichtarier“ von der Lehrtätigkeit ausgeschlossen.

Quellen: BA Berlin R 4901/13267; Reichshandbuch I; BHdE II; NDB; Eppinger, Schicksal, S. 139; Voswinckel, Lexikon; Historisches Ärztelexikon für Schlesien III.

Jaeger, Werner (1888–1961), seit 1921 o. Prof. (Klassische Philologie) an der Universität Berlin, Religion: evangelisch; 1936 auf eigenen Antrag aus dem Staatsdienst ausgeschieden, bevor er wegen seiner „nichtarischen“ Ehefrau entlassen werden konnte; 1936 Emigration in die USA, 1936–1939 *Edward Olsen Professor of Greek* an der *University of Chicago*, seit 1939 Prof. an der *Harvard University*, bis 1960 Leiter des auf seine Initiative gegründeten *Harvard Institute for Classical Studies*.

Quellen: UA HU Berlin UK J 13; Reichshandbuch I; BHdE II; NDB; Calder III, Jaeger; Kinas, Exodus, S. 191–193 u. passim; Wegeler, Gelehrtenrepublik, S. 55–59. Online: VAdS.

Jaffé, George (1880–1965), seit 1926 o. Prof. (Theoretische Physik) an der Universität Gießen, Religion: jüdisch; obwohl Jaffé ehemaliger „Frontkämpfer“ war, wurde er 1933 als Jude entlassen (nach § 4 BBG, später nach § 3); Umzug nach Freiburg/Br., 1939 Emigration in die USA, seit 1939 an der *Louisiana State University* in Baton Rouge, zunächst als *Visiting Lecturer*, 1942 als *Associate Professor*, seit 1946 als *Full Professor*, 1950 emeritiert.

Quellen: NDB; BHdE II; Hanle/Scharmann, George Jaffé. Online: Professorenkatalog der Universität Leipzig.

Jahn, Georg (1885–1962), seit 1924 o. Prof. (Wirtschaftliche Staatswissenschaften) an der Universität Halle, Religion: evangelisch, bis 1933 Mitglied der DDP bzw. der DStP, 1937 wegen seiner „nichtarischen" Ehefrau in den Ruhestand versetzt (§ 6 BBG), Umzug nach Berlin, nicht emigriert, bis 1945 private Forschungstätigkeit, 1945 erneut o. Prof. in Halle, seit 1946 o. Prof. (Volkswirtschaftslehre) an der TH bzw. TU Berlin.

Quellen: UA Halle PA 8387; Eberle, Martin-Luther-Universität, S. 292 f. u. passim; Stengel, Ausgeschlossen.

Jahrreiss, Walther (1896–1985), seit 1931 Privatdozent (Psychiatrie) an der Universität Köln, Religion: evangelisch, seit 1931 Oberarzt an der Psychiatrischen und Nervenklinik Lindenburg, 1936 Emigration in die USA wegen seiner „nichtarischen" Ehefrau, 1936–1972 Psychiater am *Seton Psychiatric Institute* in Baltimore, 1936–1945 auch *Instructor* an der *Johns Hopkins University*, seit 1938 *Research Professor* an der *Catholic University of America* in Washington, D. C.

Quellen: UA Köln Zug. 67/1118; BA Berlin R 4901/13267; BHdE II; Kürschner 1950.

Janßen, Otto (1883–1967), seit 1921 nichtbeamteter a. o. Prof. (Philosophie) an der Universität Münster, Religion: evangelisch, im November 1933 Entzug der Lehrbefugnis als „Halbjude" (§ 3 BBG), nicht emigriert, 1935 Umzug nach Bad Godesberg, 1945–1959 Fortsetzung der Lehrtätigkeit als apl. Prof. an der Universität Münster, seit 1946 besoldeter Lehrauftrag für Erkenntnislehre und Logik in Münster, 1957 im Zuge der Wiedergutmachungspolitik rückwirkend zum o. Prof. an der Universität Münster ernannt.

Quellen: GStA PK Rep. 76 Va Sekt. 13 Tit. IV Nr. 22 Bl. 59–69; Wer ist wer 1955; Hesse, Professoren; Möllenhoff/Schlautmann-Overmeyer, Familien I; Happ/Jüttemann, Schlag.

Japha, Arnold (1877–1943), seit 1921 nichtbeamteter a. o. Prof. (Zoologie, Anthropologie) an der Universität Halle, im Hauptamt bis 1933 Medizinalrat am Stadtgesundheitsamt Halle, Religion: evangelisch, 1933 als ehemaliger „Frontkämpfer" zunächst im Amt belassen, 1936 Entzug der Lehrbefugnis als „Nichtarier" aufgrund des RBG, nicht emigriert, 1943 Suizid angesichts der von der Gestapo angedrohten Deportation.

Quellen: UA Halle PA 8428; Altpreußische Biographie III; Eberle, Martin-Luther-Universität, S. 418 u. passim; Stengel, Ausgeschlossen. Online: Gedenkbuch – Opfer der Verfolgung.

Jaspers, Karl (1883–1969), Schwager von →Gustav Mayer, seit 1921 o. Prof. (Philosophie) an der Universität Heidelberg, Religion: evangelisch, 1919–1922 Mitglied der DDP, 1937 wegen seiner jüdischen Ehefrau in den Ruhestand versetzt (§ 6 BBG), nicht emigriert, 1937–1945 Privatgelehrter in Heidelberg, 1943 Publikationsverbot, 1945 Wiedereinsetzung als o. Prof. an der Universität Heidelberg, seit 1947 o. Prof. in Basel.

Quellen: BA Berlin R 4901/13267; NDB; Drüll, Gelehrtenlexikon 1803–1932; Mussgnug, Dozenten, S. 98 ff., 207–211; Kaegi, Philosophie; Gadamer, Begegnungen, S. 392–400.

Jastrow, Ignaz (1856–1937), seit 1924 emeritierter persönlicher Ordinarius (Staatswissenschaften) an der Universität Berlin, 1906–1909 Rektor der Handelshochschule Berlin, Religion: jüdisch, 1933 als „Altbeamter" zunächst im Amt verblieben, 1936 Entzug der Lehrbefugnis als Jude (RBG), nicht emigriert; Jastrows Schwester Hedwig J. beging 1938 nach dem Novemberpogrom Suizid.

Quellen: UA HU Berlin UK J 39; Wer ist's 1935; NDB; Hansen/Tennstedt, Lexikon I; Maier, Jastrow; Baumann, Suizid, S. 502–505.

Jedin, Hubert (1900–1980), seit 1930 Privatdozent (Kirchengeschichte) an der Universität Breslau, Religion: katholisch, 1933 Entzug der Lehrbefugnis als „Halbjude", 1933–1936 Studienaufenthalt in Rom, 1936–1939 Leiter des Diözesanarchivs in Breslau, 1939 Emigration nach Italien/Vatikanstadt, 1946 Honorarprofessor an der Universität Bonn, seit Dezember 1948 beamteteter a. o. Prof. in Bonn, 1949 Rückkehr nach Deutschland, seit 1951 o. Prof. (Mittlere und Neuere Kirchengeschichte) an der Universität Bonn.

Quellen: GStA PK I Rep. 76 Va Sekt. 4 Tit. IV Nr. 51 Bl. 30–35; UA Wrocław S 199, BHdE II; BBKL, Bd. 3; Gröger u. a., Schlesische Kirche; Jedin, Lebensbericht; TRE; Wenig, Verzeichnis.

Jellinek, Walter (1885–1955), seit 1928 o. Prof. (Öffentliches Recht) an der Universität Heidelberg, Religion: evangelisch (ursprünglich jüdisch), 1919–1933 Mitglied der DVP, 1933 als ehemaliger „Frontkämpfer" und „Altbeamter" zunächst nicht entlassen, 1935 als „Nichtarier" in den Ruhestand versetzt (RBG), nicht emigriert; Jellinek überlebte die NS-Diktatur in einer „privilegierten Mischehe" mit einer „Arierin"; seit 1945 erneut o. Prof. in Heidelberg.

Quellen: GLA Karlsruhe 235/5007 Bl. 231; BA Berlin R 4901/13267; Wer ist wer 1955; Drüll, Heidelberger Gelehrtenlexikon 1803–1932; NDB; Kempter, Jellineks, S. 440–540; Schroeder, Chancen, S. 289–312.

Jensen, Adolf (1899–1965), seit 1933 Privatdozent (Kultur- und Völkerkunde) an der Universität Frankfurt/M., Religion: evangelisch, seit 1936 Kustos des Städtischen Völkerkundemuseums Frankfurt/M.; 1940 wurde die Lehrbefugnis für „erloschen" erklärt, da Jensen wegen seiner Ehe mit einer „Vierteljüdin" nicht zum Dozenten neuer Ordnung ernannt worden war; nicht emigriert, seit 1945 Direktor des Städtischen Museums für Völkerkunde in Frankfurt, seit 1946 o. Prof. (Kultur- und Völkerkunde) an der Universität Frankfurt/M.

Quellen: BA Berlin R 4901/24859; NDB; Frankfurter Biographie I; Geisenhainer, Völkerkundler, S. 96–108; Hammerstein, Universität I, S. 524–529.

Jessen, Jens (1895–1944), 1932/33 nichtbeamteter a. o. Prof. (Wirtschaftliche Staatswissenschaften) an der Universität Göttingen, Religion: evangelisch, seit 1930/31 Anhänger der NSDAP, 1933 an der „Säuberung" der Universität Göttingen beteiligt, 1933 o. Prof. in Kiel, 1934 o. Prof. in Marburg, 1936 o. Prof. an der Universität Berlin, 1944 wegen seiner Beteiligung am Umsturzversuch vom 20. Juli 1944 verhaftet, im September 1944 „Ausstoßung aus dem Amte eines Hochschullehrers", im November 1944 hingerichtet, nicht emigriert.

Quellen: BA Berlin R 4901/13267; NDB; Schlüter-Ahrens, Volkswirt; Heiber, Universität I, S. 197–206; Uhlig, Wissenschaftler, S. 39–44. Online: Kieler Gelehrtenverzeichnis.

Jessner, Max (1887–1976), seit 1931 persönlicher Ordinarius (Dermatologie und Venerologie) an der Universität Breslau, Religion: evangelisch, Mitglied der DStP, 1933 als ehemaliger „Frontkämpfer" zunächst nicht entlassen, 1935 als „Nichtarier" vorzeitig emeritiert (§ 4 GEVH), 1935 Emigration in die Schweiz, 1936 Entzug der Lehrbefugnis (RBG), 1941 in die USA, Lehrtätigkeit an der *New York University*, Rückkehr in die Schweiz.

Quellen: BA Berlin R 4901/13267 u. R 4901/14692; GStA PK I Rep. 76 Va Sekt. 4 Tit. IV Nr. 35 Bd. XVI; Eppinger, Schicksal, S. 139 f.; Voswinckel, Lexikon; Historisches Ärztelexikon für Schlesien III.

Joerges, Rudolf (1868–1957), seit 1928 persönlicher Ordinarius (Rechtsphilosophie, Rechtsmethodologie, Römisches Recht, Bürgerliches Recht u. Arbeitsrecht) an der Universität Halle, seit 1929 Leiter des Instituts für Arbeitsrecht, Religion: evangelisch, 1919–1921/22 Mitglied der DDP, 1933 nach politischen Angriffen der *Studentenschaft* und des Dekans („Novembersozialist", „der Fakultät oktroyiert") in den Ruhestand versetzt (§ 6 BBG), nicht emigriert, seit 1946 erneut o. Prof. in Halle, 1950 emeritiert.

Quellen: UA Halle PA 8459; GStA PK I Rep. 76 Va Sekt. 8 Tit. IV Nr. 52; Eberle, Martin-Luther-Universität, S. 293 f. u. passim; Stengel, Ausgeschlossen.

Jollos, Victor (1887–1941), seit 1930 nichtbeamteter a. o. Prof. (Zoologie) an der Universität Berlin, 1930–1933 Assistent mit eigenem Laboratorium am KWI für Biologie, Religion: evangelisch, 1933 Entzug der Lehrbefugnis als „Nichtarier" (§ 3 BBG), 1934 Emigration in die USA, 1934–1936 Gastprofessor an der *University of Wisconsin* in Madison, die Suche nach einer festen Anstellung blieb erfolglos.

Quellen: UA HU Berlin UK J 64; GStA PK I Rep. 76 Va Sekt. 2 Tit. IV Nr. 68 F Teil 1; Voswinckel, Lexikon; Deichmann, Biologen, S. 40 f.; Rürup, Schicksale, S. 233–235. Nachruf in: Science Nr. 94 (1941), S. 270 ff.

Jordan, Leo/pold (1874–1940), seit 1911 nichtplanmäßiger a. o. Prof. (Romanische Philologie) an der Universität München, seit 1923 auch Honorarprofessor an der TH München, Religion: evangelisch, 1933 als „Nichtarier" aus dem bayerischen Staatsdienst entlassen (§ 3 BBG), nicht emigriert, Suizid im Juli 1940.

Quellen: BayHStA München MK 17771; UA München E-II-1903; Christmann/Hausmann, Romanisten. Online: VAdS; Gedenkbuch – Opfer der Verfolgung.

Jores, Arthur (1901–1982), seit 1933 Privatdozent (Innere Medizin) an der Universität Rostock, Religion: evangelisch (später katholisch), 1933–1935 Mitglied der SA; 1936 nach einer Denunziation Verzicht auf Assistentenstelle und Lehrbefugnis angesichts der bevorstehenden Entlassung aus politischen Gründen („judenfreundliche" Haltung u. a.), nicht emigriert, Pharmakologe bei der Hamburger Chemischen Fabrik Promonta, 1946–1967 o. Prof. in Hamburg.

Quellen: UA Rostock PA Arthur Jores; LHA Schwerin 5.12-7/1 Nr. 2346; Curschmann, Lebenserinnerungen, S. 72. Nachruf in: Hamburger Ärzteblatt 36 (1982), S. 370. Online: Catalogus Professorum Rostochiensium.

Joseph, Eugen (1879–1933), seit 1921 nichtbeamteter a. o. Prof. (Chirurgie) an der Universität Berlin, 1913–1933 (unbesoldeter) Leiter der Urologischen Abteilung der Chirurgischen Universitäts-Poliklinik, Religion: jüdisch, 1933 Entzug der Lehrbefugnis als Jude (§ 3 BBG), nicht emigriert, Suizid im Dezember 1933; seine Witwe Lilly und seine Tochter Marianne wurden 1943 in Auschwitz ermordet.

Quellen: UA HU Berlin UK J 70; NDB; Voswinckel, Lexikon; Mahrenholz, Joseph. Online: Gedenkbuch – Opfer der Verfolgung.

Josephy, Berthold (1898–1950), seit 1929 nichtbeamteter a. o. Prof. (Wirtschafts- und Sozialwissenschaften) an der Universität Jena, Religion: evangelisch, 1933 als „Nichtarier" „freiwillig" ausgeschieden, 1934 Emigration nach Schweden, wo er als Journalist (u. a. für die *Neue Zürcher Zeitung*) und Buchautor tätig war.

Quellen: Hagemann/Krohn, Handbuch I; Jüdische Lebenswege in Jena, S. 318–320; Kürschner 1931; Müssener, Exil, S. 333–337, 482.

Josephy, Herman/n (1887–1960), seit 1930 nichtbeamteter a. o. Prof. (Psychiatrie) an der Universität Hamburg, Religion: evangelisch (ursprünglich jüdisch), 1933 Entzug der Lehrbefugnis als „Nichtarier", im November 1938 im KZ Sachsenhausen inhaftiert, 1939 Emigration nach Großbritannien, 1940 als *enemy alien* interniert, 1940 Emigration in die USA, 1945 Laborleiter am *Chicago State Hospital*, seit 1947 am *Bethany Methodist Hospital* und am *Swedish Covenant Hospital* tätig, 1949 *Associate Professor* an der *Chicago Medical School*.

Quellen: Stellmann, Leben; Biermanns/Groß, Pathologen, S. 106–108; Villiez, Kraft, S. 308 f.; Cohen/Carmin, Jews.

Jossmann, Paul (1891–1978), seit 1929 Privatdozent (Psychiatrie und Neurologie) an der Universität Berlin, 1922–1935 Assistent an der Psychiatrischen und Nervenklinik der Charité, Religion: jüdisch, 1933 als ehemaliger „Frontkämpfer" zunächst im Amt belassen, 1936 Entzug der Lehrbefugnis als Jude (RBG), 1938/39 Emigration in die USA, Neurologe an der *Boston University* und der *Veterans Administration Outpatient Clinic* in Boston.

Quellen: UA HU Berlin UK J 71; GStA PK I Rep. 76 Va Sekt. 2 Tit. IV Nr. 50 Bd. XX Bl. 477–485; BA Berlin R 4901/1355 u. R 4901/1372; Stahnisch/Russell, Forced Migration, S. 54.

Jürgens, Rudolf (1897–1961), seit 1932 Privatdozent (Innere Medizin) an der Universität Leipzig, Religion: evangelisch, 1933–1939 Mitglied der NSDAP und der SS, 1935 Oberarzt an einer Berliner Universitätsklinik, 1937 nichtbeamteter a. o. Prof., 1939 Haftbefehl wegen des Vorwurfs homosexueller Handlungen und Fortführung der 1934 verbotenen *Reichsschaft Deutscher Pfadfinder*, 1939 fluchtartige Emigration in die Schweiz, seit 1939 für die Sandoz AG in Basel tätig; 1940 wurde die Berliner Lehrbefugnis für „erloschen“ erklärt.

Quellen: BA Berlin R 9361-VI/1377; UA HU Berlin UK J 76; Heiber, Universität I, S. 261, 563; Schneider, Daten, S. 100–106; Ahrens, Bündische Jugend, S. 401; Reiß, Eros, S. 181.

Juncker (bis 1917: Josefovici), Josef (1889–1938), seit 1932 persönlicher Ordinarius (Römisches Recht, Deutsches Bürgerliches Recht und Zivilprozessrecht) an der Universität Greifswald, Religion: griechisch-orthodox (bis 1914 jüdisch), 1917/18 Mitglied der Deutschen Vaterlandspartei, 1933 als ehemaliger „Frontkämpfer“ zunächst nicht entlassen, 1935 als „Nichtarier“ aufgrund des RBG in den Ruhestand versetzt, Umzug nach Bonn, nicht emigriert, 1938 Suizid in Bonn.

Quellen: UA Greifswald PA 448; Buchholz, Lexikon; Eberle, Instrument, S. 644 u. passim; Schmoeckel, Erinnerung; Kinas, Exodus, S. 158 ff. u. passim; Vorholz, Fakultät, S. 112–115.

K

Kafka, Victor (1881–1955), seit 1924 nichtbeamteter a. o. Prof. (Psychiatrie) an der Universität Hamburg, 1927–1933 Oberarzt an der Staatskrankenanstalt Friedrichsberg, Religion: evangelisch (bis 1910 jüdisch), Freimaurer, 1933 Entzug der Lehrbefugnis als „Nichtarier“, 1935 zeitweise inhaftiert, 1939 Emigration nach Norwegen, 1939–1942 am *Statens institutt for folkehelse* in Oslo, 1942 nach Schweden, bis 1952 Archivarbeiter in einer Nervenheilanstalt.

Quellen: StA Hamburg 361-6 I 233; Reichshandbuch I; BHdE II; Villiez, Kraft, S. 312; van den Bussche, Universitätsmedizin, S. 57; Voswinckel, Lexikon; Müssener, Exil, S. 273, 509.

Kahle, Paul (1875–1964), seit 1923 o. Prof. (Orientalische Philologie) an der Universität Bonn, Religion: evangelisch; 1938 nach dem Novemberpogrom vom Dienst suspendiert, weil seine Frau Marie K. und sein Sohn Wilhelm einer jüdischen Geschäftsfrau geholfen hatten, ihr verwüstetes Geschäft aufzuräumen; daraufhin im März 1939 fluchtartige Emigration nach Großbritannien, Forschungstätigkeit in Oxford, erhielt 1947 den Status eines emeritierten o. Prof. der Universität Bonn, 1963 Rückkehr in die Bundesrepublik.

Quellen: BA Berlin R 4901/13267; Wer ist's 1935; Kahle, Bonn University; NDB; BHdE II; Spies, Paul E. Kahle. Nachruf in: Zeitschrift der Deutschen Morgenländischen Gesellschaft 116 (1966), S. 1–7.

Kahn, Ernst (1884–1959), seit 1925 Lehrbeauftragter (seit 1932 für Wohnungswesen) an der Universität Frankfurt/M., 1921–1933 Teilhaber eines Bankhauses, Religion: jüdisch, Mitglied der SPD (ehrenamtlicher Stadtrat, 1928–1930 Dezernent für Bauplanung), 1933 Entzug des Lehrauftrags als Jude, 1933 Emigration nach Großbritannien, 1934 in die USA, 1935 nach Palästina, u. a. Leiter der *Ata Textile Factory* in Ata und Unternehmensberater.

Quellen: UA Frankfurt/M. Personalhauptakte, Rektoratsakte u. PA Wirtschafts- und Sozialwissenschaftliche Fakultät; BHdE I; Hagemann/Krohn, Handbuch; Heuer/Wolf, Juden, S. 205–207; Frankfurter Biographie I.

Kallmann, Hartmut (1896–1978), seit 1927 Privatdozent (Physik) an der Universität Berlin, 1920–1933 Assistent/Abteilungsleiter am KWI für physikalische Chemie und Elektrochemie, Religion: evangelisch, 1933 Entzug der Lehrbefugnis als „Nichtarier" (§ 3 BBG), nicht emigriert, überlebte dank seiner „arischen" Ehefrau („privilegierte Mischehe"), 1945 Rückkehr an sein früheres Institut, 1946 o. Prof. an der TH Berlin, 1947 Auswanderung in die USA, 1948–1968 Prof. an der *New York University*, lebte seit 1968 erneut in der Bundesrepublik.

Quellen: UA HU Berlin Phil. Fak. 1242; GStA PK I Rep. 76 Va Sekt. 2 Tit. IV Nr. 68 F Teil 1; Rürup, Schicksale, S. 236 f.; Kinas, Exodus, S. 376, 381 f.; Wolff, Kallmann. Nachruf in: Physics Today 31 (1978), S. 76 f.

Kamke, Erich (1890–1961), seit 1926 planmäßiger a. o. Prof. (Mathematik) an der Universität Tübingen, Religion: evangelisch (seit 1949 konfessionslos), 1937 wegen seiner „nichtarischen" Ehefrau in den Ruhestand versetzt (§ 6 BBG), nicht emigriert, 1937–1945 Fortsetzung seiner wissenschaftlichen Arbeit mit Unterstützung des Luftfahrtministeriums, der DFG und des Reichsforschungsrates, seit 1945 o. Prof. für Mathematik an der Universität Tübingen,

Quellen: BA Berlin R 4901/13267; NDB; Mohr, Erich Kamke. Nachrufe in: Jahresbericht der Deutschen Mathematiker-Vereinigung 69 (1967/68), S. 191–208.

Kant, Fritz (1894–1977), Bruder von →Otto K., seit 1932 Privatdozent (Psychiatrie und Neurologie) an der Universität München, 1925–1934 Assistenzarzt an der Psychiatrischen und Nervenklinik der Universität, Religion: evangelisch, 1933 als ehemaliger „Frontkämpfer" zunächst im Amt belassen; Ende 1936 Verzicht auf die Lehrbefugnis, bevor er als „Nichtarier" entlassen werden konnte; 1937 Emigration in die USA, *Professor of Neuropsychiatry* an der *University of Wisconsin* in Madison, seit 1945 Privatpraxis in Birmingham, Alabama.

Quellen: UA München E-II-1936; BayHStA München MK 35520; BA Berlin R 9347; Wisconsin Alumnus 59, Nr. 8, Dec. 1957, S. 31; Hippius u. a., Klinik. Online: ancestry.de.

Kant, Otto (1899–1962), Bruder von →Fritz K., seit 1931 Privatdozent (Psychiatrie und Neurologie) an der Universität Tübingen, Religion: evangelisch, 1925–1935 Assistenzarzt an der

Tübinger Nervenklinik, 1933 als ehemaliger „Frontkämpfer“ zunächst im Amt belassen, seit 1935 Privatpraxis in Stuttgart, 1938 Entzug der Lehrbefugnis als „Mischling 1. Grades“ (§ 18 RHO), 1938 Emigration in die USA, seit 1938/39 Psychiater am *Worcester State Hospital* in Massachusetts, lebte später als Psychiater in Boston.

Quellen: BA Berlin R 4901/312 Bl. 48; Kürschner 1935; Schott/Tölle, Geschichte, S. 187; Mitt. Dr. Michael Wischnath, UA Tübingen, 8.10.2003.

Kantorowicz, Alfred (1880–1962), Bruder von →Hermann K., seit 1923 o. Prof. (Zahnheilkunde) an der Universität Bonn, Religion: konfessionslos (ursprünglich jüdisch), 1919–1933 Mitglied und Stadtverordneter der SPD, 1933 zeitweise im KZ Börgermoor inhaftiert, 1933 aus politischen Gründen („kommunistische Einstellung“) und als „Nichtarier“ entlassen (§ 2a BBG), 1933 Emigration in die Türkei, 1934–1948 Prof. an der Universität Istanbul, 1950 Rückkehr in die Bundesrepublik.

Quellen: GStA PK I Rep. 76 Va Nr. 10396 Bl. 95–119; Reichshandbuch I; BHdE II; Voswinckel, Lexikon; Forsbach, Universität Bonn, S. 335–347; Kirchhoff, Einfluss; Schenkelberg, Bonn, S. 128 ff.

Kantorowicz, Ernst (1892–1944), seit 1932 Lehrbeauftragter (Soziale Bürgerkunde) an der Universität Frankfurt/M., Religion: konfessionslos (früher jüdisch), Mitglied der SPD (1920–1933) und des *Reichsbanner Schwarz-Rot-Gold* (1925–1933), 1933 Entzug des Lehrauftrags als „Nichtarier“ und Entlassung als Prof. am Berufspädagogischen Institut Frankfurt/M. (§ 3 BBG), 1938 nach dem Novemberpogrom zeitweise im KZ Buchenwald inhaftiert, 1939 Emigration in die Niederlande; Kantorowicz wurde 1944 in Auschwitz ermordet.

Quellen: UA Frankfurt/M. Rektoratsakte u. PA Wirtschafts- und Sozialwissenschaftliche Fakultät; BA Berlin R 4901/18505. Online: Gedenkbuch – Opfer der Verfolgung.

Kantorowicz, Ernst H. (1895–1963), seit 1932 o. Prof. (Mittlere und neuere Geschichte, historische Hilfswissenschaften) an der Universität Frankfurt/M., Religion: jüdisch, 1933 als ehemaliger „Frontkämpfer“ zunächst nicht entlassen, 1934 auf eigenen Antrag emeritiert, 1936 Entzug der Lehrbefugnis als Jude (RBG), 1938 Emigration nach Großbritannien, 1939 in die USA, seit 1939 an der *University of Califormia, Berkeley*, 1950 Verweigerung des *Loyalty Oath*, 1951–1963 Prof. am *Institute for Advanced Study* in Princeton.

Quellen: UA Frankfurt/M. Personalhauptakte u. Rektoratsakte; BHdE II; NDB; Heuer/Wolf, Juden, S. 209–213; Kinas, Exodus, S. 146–150 u. passim; Burkart u. a., Mythen; Gudian, Kantorowicz; Lerner, Kantorowicz.

Kantorowicz, Hermann (1877–1940), Bruder von →Alfred K., seit 1929 o. Prof. (Strafrecht) an der Universität Kiel, Religion: evangelisch (ursprünglich jüdisch), seit 1933 konfessionslos, Mitglied der DDP/DStP und des *Reichsbanner Schwarz-Rot-Gold*, 1933 als „Nichtarier“ und aus politischen Gründen entlassen (§ 4 BBG), 1933 Emigration in die USA, 1933/34 an der *New*

School for Social Research, 1934 nach Großbritannien, 1934/35 an der *London School of Economics*, seit 1935 Lehrtätigkeit in Cambridge und Oxford.

Quellen: GStA PK I Rep. 76 Va Sekt. 9 Tit. IV Nr. 22 Bl. 82–93; Breunung/Walther, Emigration I; Muscheler, Hermann Ulrich Kantorowicz; BHdE II. Online: Kieler Gelehrtenverzeichnis.

Kapferer, Clodwig (1901–1997), seit 1932 Lehrbeauftragter (Exportanalyse) an der Universität Köln, Religion: katholisch, seit 1922 Mitglied der Freimaurerloge *Albrecht Dürer*, 1936 Entzug des Lehrauftrags aus politischen Gründen (unter anderem wegen früherer Logenzugehörigkeit), 1939 Emigration nach Frankreich, 1941 Rückkehr nach Deutschland, Kapferers Aufnahmeantrag in die NSDAP wurde 1941 abgelehnt, 1946/47 Lehrauftrag in Köln, 1948–1963 Direktor des Hamburger Weltwirtschaftsarchivs.

Quellen: UA Köln Zug. 70/88 und Zug. 27/74; BA Berlin R 4901/13267; Mantel, Betriebswirtschaftslehre, S. 381–386.

Kapp, Ernst (1888–1978), seit 1927 o. Prof. (Klassische Philologie) an der Universität Hamburg, Religion: konfessionslos (ursprünglich evangelisch), 1937 wegen seiner „nichtarischen" Ehefrau in den Ruhestand versetzt (§ 6 BBG), 1938 Emigration nach Großbritannien, 1939 Emigration in die USA, 1941–1946 *Visiting Lecturer* an der *Columbia University* in New York, 1948–1955 *Full Professor* an der *Columbia University*, seit 1954 entpflichteter o. Prof. in Hamburg, 1955 Rückkehr in die Bundesrepublik.

Quellen: Obermayer, Altertumswissenschaftler, S. 223–402; BHdE II; Lohse, Klassische Philologie; Hamburgische Biografie VII.

Kappus, Adolf (1900–1987), 1930–1937 Privatdozent (Hygiene und Bakteriologie) an der Universität Göttingen, 1937 zum nichtbeamteten a. o. Prof. ernannt, Religion: katholisch, 1937 Emigration in die Dominikanische Republik aus politischen Gründen[24], 1939 Emigration in die USA, 1941 als *enemy alien* interniert, nach 1946 an der *Marquette University* in Milwaukee, seit 1949 als Prof. für Mikrobiologie und Immunologie, 1965 emeritiert, danach am *Walter Reed Hospital* in Washington.

Quellen: BA Berlin R 4901/13267; Voswinckel, Lexikon; Szabó, Vertreibung, S. 405–407, 590 f.; Tollmien, Nationalsozialismus, S. 185.

Karger, Paul (1892–1976), seit 1930 nichtbeamteter a. o. Prof. (Kinderheilkunde) an der Universität Berlin, Privatpraxis in Berlin, Religion: jüdisch, 1933 als ehemaliger „Frontkämpfer" zunächst im Amt belassen, 1936 Entzug der Lehrbefugnis als Jude (RBG), 1937 Emigration nach Kanada, Kinderarzt in Toronto.

Quellen: UA HU Berlin UK K 35; GStA PK I Rep. 76 Va Sekt. 2 Tit. IV Nr. 50 Bd. XX Bl. 400–405; Seidler, Kinderärzte, S. 167.

Karsen, Fritz (1885–1951), seit 1930 Lehrbeauftragter (Ausländisches Schul-

24 Freiwilliger Rücktritt mit politischem Hintergrund.

wesen) an der Universität Berlin, 1921–1933 Oberstudiendirektor am Kaiser-Friedrich-Realgymnasium (seit 1930 Karl-Marx-Schule) in Berlin-Neukölln, Religion: konfessionslos (bis 1900 jüdisch), Mitglied der SPD, 1933 Entzug des Lehrauftrags aus politischen Gründen und als „Nichtarier", 1933 Emigration in die Schweiz, 1934 nach Frankreich, 1936 nach Kolumbien, 1938 in die USA, Lehrtätigkeit an verschiedenen Hochschulen, u. a. am *City College* in New York.

Quellen: UA HU Berlin UK K 40; BA Berlin R 4901/10121; BHdE I; NDB; Heuer/Wolf, Juden, S. 213–216; Radde, Karsen; Karsen, Bericht; Horn, Erziehungswissenschaft, S. 37, 43, 73.

Katz, David (1884–1953), seit 1923 o. Prof. (Pädagogik und experimentelle Psychologie) sowie Direktor des Psychologischen Instituts an der Universität Rostock, Religion: jüdisch, 1933 als Jude in den Ruhestand versetzt (§ 3 BBG), 1933 Emigration nach Großbritannien, 1937 nach Schweden, seit 1940 Prof. (Psychologie und Pädagogik) an der Universität Stockholm, 1948 Rückberufung nach Rostock abgelehnt.

Quellen: UA Rostock PA David Katz; LHA Schwerin 5.12-7/1 Nr. 1287; Reichshandbuch II; BHdE II; NDB; Buddrus/Fritzlar, Professoren; Horn, Erziehungswissenschaft, S. 262 f.; Perleth, Katz.

Kaufmann, Erich (1880–1972), seit 1920 o. Prof. (Staatsrecht u. a.) an der Universität Bonn, seit 1927 in Bonn beurlaubt und Honorarprofessor (Öffentliches Recht, Rechtsphilosophie) an der Universität Berlin, Religion: evangelisch, 1933 als „Altbeamter" und ehemaliger „Frontkämpfer" zunächst nicht entlassen, 1934 als „Nichtarier" zwangsemeritiert, 1936 Entzug der Lehrbefugnis (RBG), 1939 Emigration in die Niederlande, 1946 Rückkehr in die Bundesrepublik, 1946 o. Prof. an der Universität München.

Quellen: UA HU Berlin UK K 52; GStA PK I Rep. 76 Va Sekt. 2 Tit. IV Nr. 45 A Bl. 109–118 u. Nr. 45 Bd. XIV Bl. 269–278, 347–355; BHdE II; NDB; Breunung/Walther, Emigration I; Degenhardt, Kaufmann.

Kaufmann, Fritz (1891–1958), seit 1926 Privatdozent (Philosophie) an der Universität Freiburg/Br., Religion: jüdisch, als ehemaliger „Frontkämpfer" behielt Kaufmann zunächst die Lehrbefugnis, 1935 Entzug der Lehrbefugnis als Jude (RBG), 1934–1936 Dozent an der Hochschule für die Wissenschaft des Judentums in Berlin, 1938 Emigration in die USA, 1938–1946 *Lecturer* an der *Northwestern University* in Evanston, Illinois; seit 1946 *Associate Professor* an der *State University of New York* in Buffalo, 1958 emeritiert.

Quellen: GLA Karlsruhe 235/5007 Bl. 239; Wirbelauer, Fakultät, S. 958; Encyclopaedia Judaica, Bd. 10; Gadamer, Begegnungen, S. 426–432; BHdE II; Ott, Philosophie, S. 451 f.

Kaufmann, Walter (1871–1947), seit 1908 o. Prof. (Experimentalphysik) an der Universität Königsberg, Religion: konfessionslos, 1933 als „Altbeamter" zunächst im Amt belassen, 1935 „auf eigenen Antrag" vorzeitig emeritiert, 1936 Entzug der Lehrbefugnis als „Volljude" (RBG), nicht emigriert, nach

Kriegsende Gastprofessor an der Universität Freiburg/Br.; Kaufmanns Sohn Rudolf (1909–1941) wurde ein Opfer des Holocaust.

Quellen: BA Berlin R 4901/13267; NDB; Altpreußische Biographie V; Swinne, Gans, S. 94–96 u. passim; Wenig, Verzeichnis. Nachruf in: Die Naturwissenschaften 34 (1947), S. 33 f.

Keller, Franz (1873–1944), seit 1924 o. Prof. (Moraltheologie) an der Universität Freiburg/Br., Religion: katholisch, 1926–1932 Mitglied der *Deutschen Friedensgesellschaft*, bis 1933 Mitglied des *Friedensbundes Deutscher Katholiken*, 1934 aus politischen Gründen (pazifistische und linkskatholische Einstellung), entlassen (§ 5 Abs. 2 BBG), nicht emigriert.

Quellen: GLA Karlsruhe 235/8857; Wer ist's 1935; Kosch, Deutschland II; NDB; Badische Biographien NF I; BBKL, Bd. 3; Bäumer, Fakultät, S. 273.

Keller, Philipp (1891–1973), seit 1928 apl. a. o. Prof. (Dermatologie) an der Universität Freiburg/Br., 1925–1933 Oberarzt an der Hautklinik, Religion: katholisch, 1924–1932 Mitglied der SPD, 1933 aus politischen Gründen beurlaubt, 1933 Verzicht auf die Oberarztstelle angesichts der drohenden Entlassung, nicht emigriert, seit 1934 dermatologische Praxis in Aachen, 1935 auf Druck des REM aus dem Freiburger Lehrkörper ausgeschieden, Mitglied der SA, seit 1937 Mitglied der NSDAP, 1947–1961 Chefarzt an der Städtischen Hautklinik Aachen.

Quellen: GLA Karlsruhe 235/8859; Voswinckel, Lexikon; Löhe/Langer, Dermatologen; Kühl, Klinikärzte, S. 95 f. u. passim. Nachruf in: Der Hautarzt 25 (1974), S. 361 f.

Kelsen, Hans (1881–1973), seit 1930 o. Prof. (Öffentliches Recht und Rechtsphilosophie) an der Universität Köln, Religion: seit 1912 evangelisch (zuvor katholisch, bis 1905 jüdisch), 1933 Entzug der Lehrbefugnis als „Nichtarier" (§ 3 BBG), 1933 Emigration in die Schweiz, seit 1933 Prof. am *Institut universitaire de hautes études internationales* in Genf, 1936–1938 Prof. an der Deutschen Universität Prag, 1940 Emigration in die USA, 1942 zunächst *Lecturer*, seit 1945 *Full Professor* an der *University of California, Berkeley*, 1951 emeritiert.

Quellen: NDB; BHdE II; Olechowski, Hans Kelsen; Golczewski, Universitätslehrer, S. 115–123. Online: ÖBL; Universität zu Köln, Galerie der Professorinnen und Professoren.

Kessler, Gerhard (1883–1963), seit 1927 o. Prof. (Nationalökonomie) an der Universität Leipzig, Religion: evangelisch, Mitglied der DDP/DStP und des *Reichsbanner Schwarz-Rot-Gold*, 1933 aus politischen Gründen (öffentliche Kritik am Nationalsozialismus) entlassen (§ 4 BBG), 1933 Emigration in die Türkei, seit 1933 Prof. an der Universität Istanbul, 1951 Rückkehr in die Bundesrepublik, 1950–1958 Honorarprofessor an der Universität Göttingen.

Quellen: NDB; Lambrecht/Morgenstern, Lebensweg; Hagemann/Krohn, Handbuch I; BHdE II; Lambrecht, Entlassungen. Online: Professorenkatalog der Universität Leipzig.

Kestner (bis 1917: Cohnheim), Otto (1873–1953), seit 1919 o. Prof. (Physiologie) an der Universität Hamburg, Religion: evangelisch (bis 1916 jüdisch), seit 1919 Mitglied der DDP, 1924–1929 Mitglied im *Reichsbanner Schwarz-Rot-Gold*, 1934 als „Nichtarier" entlassen (§ 6 BBG), 1939 Emigration nach Großbritannien, 1940 als *enemy alien* auf der *Isle of Man* interniert, 1946 zum emeritierten o. Prof. in Hamburg ernannt, 1949 Rückkehr in die Bundesrepublik.

Quellen: Reichshandbuch I; Hamburgische Biografie IV; NDB; BHdE II; Villiez, Kraft, S. 318 ff.; Matthews, Otto Cohnheim; Voswinckel, Lexikon; van den Bussche, Universitätsmedizin, S. 57 f.

Kießig, Walter (1882–1964), seit 1925 Lehrbeauftragter (Gesundheitspflege der Haustiere und Tierseuchen) an der Universität Kiel, im Hauptberuf 1923–1933 Direktor des Tierseucheninstituts der Landwirtschaftskammer, Religion: evangelisch, Mitglied der DNVP, 1934 nach einer Denunziation als Direktor des Tierseucheninstituts wegen politischer Unzuverlässigkeit in den Ruhestand versetzt (§ 6 BBG), daraufhin 1934 Entzug des Lehrauftrages, nicht emigriert, seit 1946 erneut Direktor des Tierseucheninstituts, 1948–1953 Lehrbeauftragter in Kiel.

Quellen: GStA PK I Rep. 76 Va Sekt. 9 Tit. 4 Nr. 1 Bd. 23 Bl. 428 f.; Bürger und Ordnungsamt Kiel: Meldekartei; Uhlig, Wissenschaftler, S. 59 f.; Volbehr/Weyl, Professoren, S. 232, 252 f.

Kimmelstiel, Paul (1900–1970), seit 1930 Privatdozent (Pathologische Anatomie) an der Universität Hamburg, bis 1933 Oberarzt am Pathologischen Universitätsinstitut, Religion: jüdisch, 1933 Entzug der Lehrbefugnis und Entlassung als Jude, 1934 Emigration in die USA, 1934/35 *Harvard Medical School*, 1935–1940 *Medical College of Virginia*, Richmond, 1940–1958 Leiter der pathologischen Abteilung am *Charlotte Memorial Hospital* in North Carolina, 1958–1966 *Prof.* an der katholischen *Marquette University* in Milwaukee, Wisconsin.

Quellen: Groß u. a., Ausgrenzung; Hamburgische Biografie VI; BHdE II; Villiez, Kraft, S. 320 f.; van den Bussche, Universitätsmedizin, S. 58 f. Nachruf in: American Journal of Clinical Pathology 56 (1971), S. 117–119.

Kinkel, Walter (1871–1938), seit 1924 o. Honorarprofessor (Philosophie) an der Universität Gießen, Religion: konfessionslos, Mitglied der SPD, 1933 aus politischen Gründen entlassen, zunächst nach § 4 BBG, später nach § 6 BBG, nicht emigriert.

Quellen: Stadtarchiv Gießen Personenstandskartei; Wer ist's 1928; Kürschner 1931; Tilitzki, Universitätsphilosophie I, S. 383 f., 438 f., 588; Chroust, Universität I, S. 227.

Kirchner, Gustav (1890–1966), seit 1919 Lektor (Englisch) an der Universität Jena, im Hauptberuf 1921–1945 Studienrat in Apolda und Jena, Religion: evangelisch, 1936 Entzug des Lektorats aus politischen Gründen nach einer vom NSDStB initiierten Kampagne (wegen der von ihm verwendeten Lehrmaterialien), nicht emigriert, 1945 Mitglied der KPD, seit 1946 Mitglied der

SED, seit 1948 o. Prof. für Englische Philologie und Amerikanistik in Jena.

Quellen: UA Jena BA 489 und D 1580; LATh – HStA Weimar Personalakten aus dem Bereich Volksbildung 14325 Bl. 145–153. Nachruf in: Zeitschrift für Anglistik und Amerikanistik 15 (1967), S. 181 f.

Kirschbaum, Walter (1894–1982), 1933/34 Privatdozent (Psychiatrie) an der Universität Hamburg, Religion: jüdisch, 1934 Entzug der Lehrbefugnis als Jude (§ 6 BBG), Privatpraxis in Hamburg, 1938 nach dem Novemberpogrom zeitweise im KZ Sachsenhausen inhaftiert, 1939 Emigration in die USA, 1940–1947 *Manteno State Hospital*, Illinois, seit 1948 Privatpraxis in Chicago, 1948 *Assistant Professor* an der *Northwestern University*, 1952 *Cook County Hospital*, Chicago.

Quellen: Zeidman u. a., History, S. 280–283; Villiez, Kraft, S. 321; van den Bussche, Universitätsmedizin, S. 59.

Kisch, Bruno (1890–1966), Bruder von →Guido K., seit 1925 o. Prof. (Physiologie) an der Universität Köln, Religion: jüdisch, 1933 als ehemaliger „Frontkämpfer" zunächst im Amt belassen, 1934 Gastprofessor an der Universität Santander (Spanien), kardiologische Privatpraxis in Köln, 1936 als Jude entlassen, 1938 Emigration in die USA, 1938–1961 Prof. an der jüdischen *Yeshiva University* in New York City, seit 1939 kardiologische Praxis in New York.

Quellen: BA Berlin R 4901/13268; NDB; BHdE II; Golczewski, Universitätslehrer, S. 125–128; Schaper/Schaper, Bruno Kisch; Voswinckel, Lexikon. Online: Universität zu Köln, Galerie der Professorinnen und Professoren.

Kisch, Eugen (1885–1969), seit 1922 nichtbeamteter a. o. Prof. (Chirurgie) an der Universität Berlin, bis 1933 Direktor des Instituts der Stadt Berlin für Knochen- und Gelenkkranke und der Heilanstalten für äußere Tuberkulose in Hohenlychen, Religion: jüdisch, 1933 Entzug der Lehrbefugnis als Jude (§ 3 BBG), 1933 Emigration in die Tschechoslowakei, 1936 in die USA, Privatpraxis, als orthopädischer Chirurg am *Hospital for Joint Diseases* in New York.

Quellen: UA HU Berlin UK K 112; GStA PK I Rep. 76 Va Sekt. 2 Tit. IV Nr. 46 C Bd. I Bl. 86–92 u. Bd. II Bl. 1 f.; Voswinckel, Lexikon; Doetz/Kopke, Ausschluss, S. 238–240.

Kisch, Guido (1889–1985), Bruder von →Bruno K., seit 1922 o. Prof. (Deutsche Rechtsgeschichte, Deutsches Privatrecht, Bürgerliches Recht, Handels- und Wechselrecht) an der Universität Halle, Religion: jüdisch, 1933 als Jude in den Ruhestand versetzt (§ 3 BBG), bis 1935 Prof. am Jüdischen Theologischen Seminar Breslau, 1935 Emigration in die USA, 1937–1958 Lehrtätigkeit am *Hebrew Union College – Jewish Institute of Religion*, seit 1962 an der Universität Basel.

Quellen: UA Halle PA 8861; GStA PK I Rep. 76 Va Sekt. 8 Tit. IV Nr. 52; BHdE II; Kisch, Lebensweg; Güde, Kisch; Stengel, Ausgeschlossen.

Kitzinger, Friedrich (1872–1943), seit 1931 o. Prof. (Strafrecht, Strafprozessrecht und kriminalistische Hilfswissenschaften) an der Universität Halle, Religion: jüdisch, bis 1933 Mitglied der DDP bzw. der DStP, 1933 als Jude in den Ruhestand versetzt (§ 3 BBG), nach dem Novemberpogrom 1938 im KZ Dachau inhaftiert, 1939 Emigration nach Palästina.

Quellen: UA Halle PA 8875; GStA PK I Rep. 76 Va Sekt. 8 Tit. IV Nr. 52; BHdE II; Eberle, Martin-Luther-Universität, S. 294 u. passim; Stengel, Ausgeschlossen.

Kleeberg, Julius (1894–1988), seit 1929 Privatdozent (Innere Medizin) an der Universität Frankfurt/M., Religion: jüdisch, 1930–1933 beurlaubt (Chefarzt am Bikur Cholim Hospital in Jerusalem), 1933 Entzug der Lehrbefugnis als Jude (§ 3 BBG), 1933 (endgültige) Emigration nach Palästina, 1931–1956 Chefarzt der Inneren Abteilung des Hadassah-Hospitals in Jerusalem, seit 1938/39 Mitglied des Lehrkörpers der Hebräischen Universität Jerusalem, seit 1949 als Prof.

Quellen: UA Frankfurt/M. Personalhauptakte, Rektoratsakte, Akten der Medizinischen Fakultät; Stadtarchiv Frankfurt/M. PA 25210; BHdE II; Heuer/Wolf, Juden, S. 216 ff.; Hartmann, Erinnerungen.

Klein, Emil (1873–1950), seit 1923 o. Prof. (Naturheillehre und Naturheilverfahren) an der Universität Jena, Religion: jüdisch, 1933 als Jude in den Ruhestand versetzt (§ 3 BBG), nicht emigriert, im Juli 1942 zusammen mit seiner Frau (die die Haftzeit nicht überlebte) in das Ghetto Theresienstadt deportiert, im Juni 1945 Rückkehr nach Jena.

Quellen: UA Jena D 1601; Voswinckel, Lexikon; Feuß, Theresienstadt-Konvolut, S. 43 f.; Jüdische Lebenswege in Jena, S. 327–329.

Klein, Johannes (1904–1973), seit Mai 1933 Privatdozent (Neuere Deutsche Literatur) an der Universität Marburg, Religion: evangelisch, 1925–1927 Mitglied des *Stahlhelm, Bund der Frontsoldaten*, 1938 Entzug der Lehrbefugnis wegen seiner „halbjüdischen" Ehefrau (§ 18 RHO), Emigration nach Schweden, 1940–1945 Lektor an der Deutschen Akademie in Göteborg, 1945 Rückkehr nach Deutschland, seit 1946 Mitglied der SPD, 1948 apl. Prof. in Marburg, seit 1959 o. Prof. in Marburg.

Quellen: BA Berlin R 4901/13268 u. R 4901/312 Bl. 421; Germanistenlexikon II; Auerbach, Catalogus II.

Kleinmann, Hans (1895–1950), seit 1928 Privatdozent (Physiologische und pathologische Chemie) an der Universität Berlin, 1922–1933 Assistent an der chemischen Abteilung des Pathologischen Universitätsinstituts, Religion: jüdisch, 1933 Entzug der Lehrbefugnis als Jude (§ 3 BBG), 1933 Emigration nach Frankreich, 1934 in die USA, 1934 Stipendiat am *Medical College of Virginia* in Richmond, 1935 an der *Yale University*, 1939 Emigration nach Chile.

Quellen: UA HU Berlin UK K 143; GStA PK I Rep. 76 Va Sekt. 2 Tit. IV Nr. 46 C Bd. I, Bl. 43–54 u. 802 ff.; Southern Medical Journal 27 (1934), S. 32; List of Displaced German Scholars; Mitt. Björn Eggert, 25.2.2020.

Klemperer, Georg (1865–1946), Vater von →Otto K., seit 1910 beamteter a. o.

Prof. (Innere Medizin) an der Universität Berlin, bis 1933 Direktor der I. Inneren Abteilung des Städtischen Krankenhauses Moabit (IV. Medizinische Klinik der Universität), Religion: evangelisch (bis 1899 jüdisch), Mitglied der DDP, 1933 als „Nichtarier" „infolge Ausscheidens aus der Stellung am Krankenhaus Moabit" vom Lehrauftrag entbunden, 1936 Emigration in die USA.

Quellen: UA HU Berlin UK K 150 u. UK 1066a Bl. 132–139; Reichshandbuch I; NDB; BHdE II; Voswinckel, Lexikon; Pross/Winau, Nicht misshandeln; Wolf, Klemperer.

Klemperer, Otto (1899–1987), Sohn von →Georg K., seit 1932 Privatdozent (Physik) an der Universität Kiel, Religion: evangelisch, 1933 Entzug der Lehrbefugnis als „Nichtarier", 1933 Emigration nach Großbritannien, 1933–1935 am *Cavendish Laboratory* in Cambridge, 1935–1946 für die *Electric and Musical Industries* (EMI) in Hayes, Middlesex tätig, 1946–1967 *Senior Lecturer*, dann *Reader*, schließlich Prof. am *Imperial College of Science and Technology* in London.

Quellen: GStA PK I Rep. 76 Va Sekt. 9 Tit. IV Nr. 22 Bl. 2–14; Volbehr/Weyl, Professoren, S. 223; BHdE II; Uhlig, Wissenschaftler, S. 26 f.

Klestadt, Walter (1883–1985), seit 1922 nichtbeamteter a. o. Prof. (Ohren-, Nasen-, Halskrankheiten) an der Universität Breslau, Religion: evangelisch, 1930–1933 Mitglied der DStP, 1933 als ehemaliger „Frontkämpfer" zunächst im Amt belassen, 1934 als Direktor der Hals-, Nasen-, Ohrenklinik in Magdeburg pensioniert (§ 6 BBG), 1935 Entzug der Lehrbefugnis als „Nichtarier" (§ 18 RHO), Emigration in die USA, Arztpraxis in Fall River, Massachusetts.

Quellen: BA Berlin R 4901/13268; GStA PK I Rep. 76 Va Sekt. 4 Tit. IV Nr. 40, Bd. VI; Kürschner 1931; Historisches Ärztelexikon für Schlesien III. Online: ancestry.de.

Klibansky, Raymond (1905–2005), seit 1932 Privatdozent (Philosophie) an der Universität Heidelberg, Religion: jüdisch, 1933 Entzug der Lehrbefugnis als Jude (§ 3 BBG), 1933 Emigration nach Großbritannien, seit 1936 *Lecturer* (Philosophie) am *Oriel College* in Oxford, 1941–1946 als *Political Intelligence Officer* für das *Foreign Office* in London tätig, 1946 Auswanderung nach Kanada, seit 1947 Prof. für Logik und Metaphysik an der *McGill University* in Montreal, Kanada, 1975 emeritiert.

Quellen: GLA Karlsruhe 235/2182; BHdE II; Weber, Raymond Klibansky; Klibansky, Erinnerung; Mussgnug, Dozenten, S. 40–43.

Klieneberger(-Nobel), Emmy (1892–1985), Schwester von →Otto K., seit 1930 Privatdozentin (Bakteriologie) an der Universität Frankfurt/M., Religion: evangelisch (bis 1899 jüdisch), 1933 Entzug der Lehrbefugnis als „Nichtarierin", 1933 als Bakteriologin am Städtischen Hygienischen Universitätsinstitut entlassen (§ 3 BBG), 1933 Emigration nach Großbritannien, 1934–1962 am *Lister Institute of Preventive Medicine* in London.

Quellen: UA Frankfurt/M. Personalhauptakte, Rektoratsakte, Akten der Medizinischen Fakultät; Heuer/Wolf, Juden, S. 218–221; Rice, Klieneberger; Weiske, Klieneberger. Online: Frankfurter Personenlexikon.

Klieneberger, Otto (1879–1956), Bruder von →Emmy K., seit 1921 nichtbeamteter a. o. Prof. (Neurologie und Psychiatrie) an der Universität Königsberg, Religion: evangelisch (früher jüdisch), 1933 als ehemaliger „Frontkämpfer" zunächst im Amt belassen, 1935/36 als „Nichtarier" entlassen, psychiatrische Praxis in Königsberg, 1939 Emigration nach Großbritannien, 1940 nach Bolivien, zeitweise Prof. an der Universität Sucré, lebte zuletzt als Arzt in Irupana.

Quellen: BA Berlin R 4901/13268; Kreuter, Neurologen II; Tilitzki, Albertus-Universität I, S. 563; Klieneberger-Nobel, Pionierleistungen, S. 92 f. u. passim; Mitt. Carla Rosskothen, 2.9.2009.

Klingmüller, Fritz (1871–1939), seit 1916 o. Prof. (Bürgerliches und Römisches Recht) an der Universität Greifswald, Religion: konfessionslos (bis 1931 evangelisch), 1926–1932 Mitglied der DDP/DStP, des *Reichsbanner Schwarz-Rot-Gold* und des *Vereins für das Deutschtum im Ausland*, 1933 aus politischen Gründen entlassen (§ 4 BBG), 1934 Umwandlung der Entlassung nach § 4 BBG in eine Pensionierung nach § 6 BBG, nicht emigriert.

Quellen: UA Greifswald PA 409; GStA PK I Rep. 76 Va Sekt. 7 Tit. IV Nr. 36 Bd. 1; Lübtow, In memoriam; Buchholz, Lexikon; Eberle, Instrument, S. 646 u. passim; Kinas, Exodus, S. 252–257 u. passim.

Klopstock, Alfred (1896–1968), seit 1931 nichtbeamteter a. o. Prof. (Immunitäts- und Serumforschung) an der Universität Heidelberg, 1923–1933 Assistent am Institut für Experimentelle Krebsforschung, Religion: jüdisch, als ehemaliger „Frontkämpfer" behielt Klopstock 1933 zunächst die Lehrbefugnis, 1933 Emigration nach Palästina, 1933 Mitgründer eines medizinischen Laboratoriums in Tel Aviv, 1935 als Jude aus dem Heidelberger Lehrkörper gestrichen, seit 1956 Prof. an der Universität Tel Aviv, 1959–1964 Rektor der Universität Tel Aviv.

Quellen: GLA Karlsruhe 235/2185; Rürup, Schicksale, S. 244 f.; BHdE II; Drüll, Gelehrtenlexikon 1803–1932. Nachruf in: International Archives of Allergy and Applied Immunology 35 (1969), S. 308.

Kobrak, Franz (1879–1955), seit 1926 nichtbeamteter a. o. Prof. (Ohren-, Nasen-, Kehlkopfheilkunde) an der Universität Berlin, Leiter der Abteilung für Hals-, Nasen-, Ohrenkrankheiten im St.-Norbert-Krankenhaus Berlin, Religion: evangelisch (bis 1898 jüdisch), 1933 Entzug der Lehrbefugnis als „Nichtarier", 1938 Emigration nach Großbritannien, 1945/46 *Research Fellow* an der *University of Pennsylvania* in Philadelphia, Anfang der 1950er Jahre Rückkehr in die Bundesrepublik.

Quellen: UA HU Berlin UK K 201; GStA PK I Rep. 76 Va Sekt. 2 Tit. IV Nr. 46 C Bd. I Bl. 365–375; Kürschner 1950; Voswinckel, Lexikon.

Koch, Herbert (1886–1982), seit 1923 Lektor (Portugiesisch) an der Universität Jena, seit 1923 Studienrat in Jena,

Religion: evangelisch, bis 1932 Mitglied der DStP, 1942 Entzug des Lektorats wegen „jüdischer Versippung", nicht emigriert, 1944/45 in einem Lager der Organisation Todt, nach 1945 Leiter des Jenaer Volksbildungsamtes, Mitglied der LDPD, seit 1949 erneut Lektor in Jena, 1950 Oberassistent am Romanischen Seminar der Universität Jena, 1963 Übersiedlung in die Bundesrepublik.

Quellen: BA Berlin R 4901/13268; Wer ist's 1935; Hendel, Herbert Koch. Nachruf in: Mitteldeutsche Familienkunde 24 (1983), S. 268 f. Online: Romanistenlexikon.

Koch, Richard (1882–1949), seit 1926 nichtbeamteter a. o. Prof. (Geschichte der Medizin) an der Universität Frankfurt/M., Gründer und Leiter des Instituts für Geschichte der Medizin, Religion: jüdisch, 1933 Entzug der Lehrbefugnis als Jude (§ 3 BBG), 1936 Emigration nach Belgien, 1937 Emigration in die Sowjetunion, seit 1937 beratender Arzt am Balneologischen Krankenhaus in Jessentuki (Kaukasus).

Quellen: UA Frankfurt/M. Rektoratsakte u. Akten der Medizinischen Fakultät; Stadtarchiv Frankfurt/M. PA 25302, 25328; NDB; Heuer/Wolf, Juden, S. 221–224; Preiser, Koch; Rotschuh, Koch; Töpfer, Koch.

Kochmann, Martin (1878–1936), seit 1921 o. Prof. (Pharmakologie und Toxikologie) an der Universität Halle, Religion: evangelisch (bis 1902 jüdisch), 1933 als ehemaliger „Frontkämpfer" zunächst nicht entlassen, 1935 als „Nichtarier" in den Ruhestand versetzt (RBG), nicht emigriert; 1936 wurde Kochmann nach dem Fund von Kaliumcyanid in seinem früheren Institut von der Gestapo beschuldigt, „staatsfeindliche Bestrebungen" unterstützt zu haben; 1936 Suizid im Gerichtsgefängnis.

Quellen: UA Halle PA 6193; NDB; Eberle, Martin-Luther-Universität, S. 76 ff. u. passim; Stengel, Ausgeschlossen; Kinas, Exodus, S. 186 f. u. passim; Trendelenburg, Pharmakologen.

Kockel, Carl Walter (1898–1966), seit 1930 nichtplanmäßiger a. o. Prof. (Geologie und Paläontologie) an der Universität Leipzig, Religion: evangelisch, 1938 Entzug der Lehrbefugnis wegen seiner „nichtarischen" Ehefrau (§ 18 RHO), nicht emigriert, seit 1938 als Geologe für die Firma Seismos in Hannover tätig, 1946–1949 Geologe beim Amt für Bodenforschung in Nordrhein-Westfalen, seit 1949 o. Prof. an der Universität Marburg.

Quellen: UA Leipzig PA 642; Lambrecht, Entlassungen; Auerbach, Catalogus II, S. 846; Orth, NS-Vertreibung, S. 277 f. Online: Professorenkatalog der Universität Leipzig.

Köbner, Otto (1869–1934), seit 1923 o. Prof. (Auslandskunde, Auswärtige Politik und Kolonialwesen) an der Universität Frankfurt/M., Religion: evangelisch (bis 1898 jüdisch), 1933 als „Altbeamter" vor einer Entlassung geschützt, 1933 aus gesundheitlichen Gründen auf eigenen Antrag emeritiert, nicht emigriert; Köbner starb im Januar 1934, bevor ihm als „Nichtarier" die Lehrbefugnis entzogen werden konnte.

Quellen: UA Frankfurt/M. Personalhauptakte, Rektoratsakte, PA der Wirtschafts- und Sozialwissenschaftlichen Fakultät; Heuer/Wolf, Juden, S. 225–227; Hammerstein, Universität I, S. 161 u. passim.

Koebner, Richard (1885–1958), seit 1924 nichtbeamteter a. o. Prof. (Mittelalterliche und neuere Geschichte) an der Universität Breslau, Religion: jüdisch, 1919–1932 Mitglied der DDP/DStP, 1933 Entzug der Lehrbefugnis als Jude (§ 3 BBG), 1934 Emigration nach Palästina, 1934–1955 Prof. für Neuere Geschichte an der Hebräischen Universität Jerusalem, 1955 Auswanderung nach Großbritannien.

Quellen: GStA PK I Rep. 76 Va Sekt. 4 Tit. IV Nr. 51 Bl. 11–17, 305; BHdE II; Cohn, Recht I, S. 36, 104; Petry, Koebner, S. 152–154.

Köhler, Wolfgang (1887–1967), seit 1921 o. Prof. (Philosophie) an der Universität Berlin, Direktor des Psychologischen Universitätsinstituts, Religion: evangelisch, seit 1933 wiederholte Angriffe auf Köhlers Institut als „Hochburg der Juden und Kommunisten", 1934/35 Gastprofessor an der *Harvard University*; 1935 auf eigenen Antrag emeritiert[25], nachdem zwei seiner Assistenten wegen „kommunistischer Betätigung" entlassen worden waren; 1935 Emigration in die USA, 1935–1958 Prof. am *Swarthmore College* in Pennsylvania.

Quellen: UA HU Berlin UK K 221; GStA PK I Rep. 76 Va Sekt. 2 Tit. X Nr. 150 Bd. III; BHdE II; NDB; Ash, Institut; Jaeger, Köhler; Orth, Vertreibung, S. 202–214; Wolfradt u. a., Psychologinnen.

Kölbl, Leopold (1895–1970), seit 1934 o. Prof. (Allgemeine und angewandte Geologie) an der Universität München (zuvor wegen nationalsozialistischer Betätigung in Österreich entlassen), Religion: katholisch, seit 1932 Mitglied der NSDAP und der SA, 1935–1938 Rektor der Universität München, 1939/40 wegen des Vorwurfs homosexueller Handlungen in Untersuchungshaft, 1941 zu zwei Jahren und drei Monaten Gefängnis verurteilt (§ 175 StGB), dadurch gemäß § 53 DBG als o. Prof. „ausgeschieden", nicht emigriert.

Quellen: BayHStA München MK 43891; Grüttner, Lexikon, S. 95; Litten, „Verdienste"; Ebner, Politik, S. 100–103, 201. Nachruf in: Mitteilungen der Geologischen Gesellschaft in Wien 63 (1970), S. 217–221.

König, Hans (1878–1936), seit 1921 nichtbeamteter a. o. Prof. (Psychiatrie) an der Universität Bonn, hauptberuflich seit 1914 Leiter der Hertzschen Privatklinik für Gemüts- und Geisteskranke in Bonn, Religion: evangelisch, 1919–1933 Mitglied der DNVP, im September 1933 Entzug der Lehrbefugnis als „Nichtarier" (§ 3 BBG), nicht emigriert, Suizid im Februar 1936.

Quellen: GStA PK I Rep. 76 Va Nr. 10396 Bl. 53–58; Voswinckel, Lexikon; Forsbach, Universität Bonn, S. 353 f.; Wenig, Verzeichnis; Kreuter, Neurologen II; Fremerey-Dohna/Schoene, Geistesleben, S. 121 f.

25 Freiwilliger Rücktritt mit politischem Hintergrund.

Koenigsberger, Johann (1874–1946), seit 1904 planmäßiger a. o. Prof. (Theoretische Physik) an der Universität Freiburg/Br., Religion: evangelisch. 1918–1932 Mitglied der SPD (1919–1921 Mitglied der verfassunggebenden Landesversammlung in Baden), 1933 als ehemaliger „Frontkämpfer" zunächst im Amt belassen, 1936 als „Nichtarier" aufgrund des RBG in den Ruhestand versetzt, nicht emigriert, 1946 rehabilitiert.

Quellen: BA Berlin R 4901/13268; GLA Karlsruhe 235/5007 Bl. 229; Badische Biographien NF V; DBE. Nachruf in: Schweizerische Mineralogische und Petrographische Mitteilungen 27 (1947), S. 236–246.

Koenigsfeld, Harry (1887–1958), seit 1924 apl. a. o. Prof. (Innere Medizin) an der Universität Freiburg/Br., 1919–1933 Oberarzt an der Medizinischen Poliklinik, Religion: evangelisch, als ehemaliger „Frontkämpfer" behielt Koenigsfeld zunächst die Lehrbefugnis, 1935 Entzug der Lehrbefugnis als „Nichtarier" aufgrund des RBG, nicht emigriert, 1940 nach Südfrankreich in das Lager Gurs deportiert, 1950 Rückkehr in die Bundesrepublik, Diätendozentur für Versicherungsmedizin, seit 1951 persönlicher Ordinarius an der Universität Freiburg/Br.

Quellen: GLA Karlsruhe 235/5007 Bl. 239; Wer ist's 1935; Wer ist wer 1955; Seidler/Leven, Fakultät, S. 464; Mitt. Prof. Dieter Speck, UA Freiburg, 27.1.2021.

Kohn, Hedwig (1887–1964), seit 1930 Privatdozentin (Physik) an der Universität Breslau, Religion: jüdisch, 1933 Entzug der Lehrbefugnis als Jüdin (§ 3 BBG), 1938 Emigration in die Schweiz, 1940 in die USA, 1940–1942 Instructor am *University of North Carolina Women's College* in Greensboro, 1942–1952 am *Wellesley College* in Massachusetts, seit 1948 als Prof., 1952 emeritiert, seit 1952 *Research Associate* an der *Duke University* in Durham, North Carolina; ihr Bruder Kurt wurde 1941 in Kowno/Kaunas ermordet.

Quellen: GStA PK I Rep. 76 Va Sekt. 4 Tit. IV Nr. 40 Bd. VII u. Nr. 51 Bl. 86–92; BHdE II; Winnewisser, Kohn.

Konen, Heinrich (1874–1948), seit 1920 o. Prof. (Physik) an der Universität Bonn, Religion: katholisch, bis 1933 Mitglied der Zentrumspartei, 1929–1931 Rektor der Universität Bonn, 1934 aus politischen Gründen entlassen (§ 6 BBG), nicht emigriert, danach für die Dynamit Actien-Gesellschaft in Troisdorf tätig, seit 1945 erneut o. Prof. in Bonn, 1945–1948 Rektor der Universität Bonn, seit 1945 Mitglied der CDU, 1946/47 Kultusminister von Nordrhein-Westfalen.

Quellen: GStA PK I Rep. 76 Va Nr. 10396 Bl. 162–168; NDB; Orth, Vertreibung, S. 40–51; Höpfner, Universität, S. 60 f., 487 f.; Heiber, Universität I, S. 182; Wenig, Verzeichnis; Kahle, Bonn University, S. 5–7.

Koopmann, Hans (1885–1959), seit 1934 Privatdozent (Gerichtliche Medizin) an der Universität Hamburg, Religion: evangelisch, im Hauptberuf Leiter des Gerichtsmedizinischen Dienstes der Gesundheitsbehörde, 1940 Entzug der Lehrbefugnis wegen seiner „nichtarischen“ Ehefrau, nicht emigriert, 1946 apl. Prof., erhielt 1956 im Zuge der Wiedergutmachungspolitik die Rechtsstellung eines entpflichteten o. Prof. an der Universität Hamburg,

Quellen: Schwarz, Hans Koopmann; Meyer, „Jüdische Mischlinge“, S. 131–136; van den Bussche, Universitätsmedizin, S. 65.

Koppel, Ivan (1873–1941), seit 1921 nichtbeamteter a. o. Prof. (Chemie) an der Universität Berlin, Religion: jüdisch, 1933 Entzug der Lehrbefugnis als Jude (§ 3 BBG), nicht emigriert; Koppel lebte zuletzt in Hamburg, wo er nach Beginn der Deportationen im Dezember 1941 Suizid beging.

Quellen: UA HU Berlin UK K 221; GStA PK I Rep. 76 Va Sekt. 2 Tit. IV Nr. 68 F Teil 1; Kürschner 1931; Poggendorff, Bd. IV–VI. Online: Gedenkbuch – Opfer der Verfolgung.

Kornfeld, Gertrud (1891–1955), seit 1928 Privatdozentin (Chemie) an der Universität Berlin, 1929–1933 Assistentin am Physikalisch-chemischen Universitätsinstitut, Religion: evangelisch (früher jüdisch), 1919–1925 Mitglied der DVP, 1933 Entzug der Lehrbefugnis als „Nichtarierin“ (§ 3 BBG), 1933 Emigration nach Großbritannien, an der *University of Nottingham* und am *Imperial College* in London tätig, 1935 Emigration nach Österreich, 1937 in die USA, 1937–1955 Chemikerin bei der *Eastman Kodak Co.* in Rochester.

Quellen: UA HU Berlin UK K 271; GStA PK I Rep. 76 Va Sekt. 2 Tit. IV Nr. 68 F Teil 1; BHdE II; NDB; Deichmann, Flüchten, S. 191 u. passim; Vogt, Kornfeld.

Korsch, Karl (1886–1961), seit 1923 persönlicher Ordinarius (Bürgerliches Recht, Prozess- und Arbeitsrecht) an der Universität Jena, Religion: konfessionslos (ursprünglich evangelisch), 1920–1926 Mitglied der KPD, nach einem juristischen Vergleich von 1925 blieb Korsch Professor mit vollem Gehalt in Jena, verzichtete aber auf eine Fortsetzung der Lehrtätigkeit, 1933 aus politischen Gründen entlassen (§ 2 Abs. 1 BBG), 1933 Emigration nach Großbritannien, 1936 in die USA, 1943–1945 Gastprofessor an der *Tulane University* in New Orleans.

Quellen: UA Jena D 1711; LATh–HStA Weimar Personalakten aus dem Bereich Volksbildung 16824; NDB; Buckmiller, Zeittafel; Mitt. Prof. Michael Buckmiller, 13.4.2018.

Koßwig/Kosswig, Curt (1903–1982), seit 1930 Privatdozent (Zoologie) an der Universität Münster, 1933–1937 beamteter a. o. Prof. an der TH Braunschweig, Religion: evangelisch, 1919–1921 führendes *Mitglied des Deutschnationalen Jugendbundes*, 1933–1936 Mitglied der SS, 1936/37 wegen freundschaftlicher Kontakte zu „nichtarischen“ und katholischen Kollegen angefeindet, 1937 Emigration in die Türkei aus politischen Gründen[26], seit 1937 Prof. an der Universität Istanbul, 1955 Rückkehr in die Bundesrepublik, seit 1955 o. Prof. in Hamburg.

26 Freiwilliger Rücktritt mit politischem Hintergrund.

Quellen: BA Berlin R 4901/24001; BHdE II; Wettern/Weßelhöft, Opfer, S. 151 ff.; Franck, Curt Kosswig; Szabó, Vertreibung, S. 592 ff.; Deichmann, Biologen, S. 44; Hamburgische Biografie VII.

Kraft, Julius (1898–1960), seit 1928 Privatdozent (Soziologie) an der Universität Frankfurt/M., Religion: konfessionslos, 1933 als ehemaliger „Frontkämpfer" zunächst im Amt verblieben, verzichtete 1934 als „Nichtarier" auf die Lehrbefugnis, 1933 Emigration in die Niederlande, 1933–1939 an der Universität Utrecht, 1939 Emigration in die USA, Lehrtätigkeit an verschiedenen Hochschulen, 1957 Rückkehr in die Bundesrepublik, seit 1957 persönlicher Ordinarius in Frankfurt/M.

Quellen: UA Frankfurt/M. Personalhauptakte; BHdE II; NDB; Heuer/Wolf, Juden, S. 227 ff.; Hammerstein, Universität II, S. 201–204 u. passim.

Kramer, Franz (1878–1967), seit 1921 nichtbeamteter a. o. Prof. (Psychiatrie, Neurologie) an der Universität Berlin, bis 1933 Oberarzt der Klinik und Poliklinik für psychiatrische und Nervenkrankheiten der Charité, Religion: jüdisch, 1933 Entzug der Lehrbefugnis als Jude (§ 3 BBG), 1938 Emigration in die Niederlande; Kramer überlebte die deutsche Besatzung aufgrund seiner Ehe mit einer „arischen" Frau in Utrecht.

Quellen: UA HU Berlin UK K 294; GStAPK I Rep. 76 Va Sekt. 2 Tit. IV Nr. 46 C Bd. I, Bl. 528–536, 690–695; BA Berlin R 4901/1372; Neumärker, Leben.

Kranz, Walther (1884–1960), seit 1932 Honorarprofessor (Didaktik der alten Sprachen) an der Universität Halle, bis 1933 Rektor der Internatsschule Pforta, Religion: evangelisch, 1933 als Studienrat nach Halle versetzt, 1937 Pensionierung und Entzug der Honorarprofessur wegen seiner Ehe mit einer „Nichtarierin" (§ 6 BBG), 1943 Emigration in die Türkei, 1943–1950 Prof. für Geschichte der Philosophie und klassische Philologie an der Universität Istanbul, 1950 Rückkehr in die Bundesrepublik, seit 1950 Honorarprofessor in Bonn.

Quellen: UA Halle PA 9384; BHdE II; NDB; Eberle, Martin-Luther-Universität, S. 380 u. passim; Mensching, Theodor Birt.

Krapf, Eduard/Eduardo (1901–1963), seit 1933 Privatdozent (Neurologie und Psychiatrie) an der Universität Köln, Religion: evangelisch, ließ sich im September 1933 wegen der jüdischen Herkunft seiner Frau beurlauben, Emigration nach Argentinien (die Heimat seiner Frau), 1936 Entzug der Kölner Lehrbefugnis, seit 1937 Psychiater am *Hospicio de las Mercedes* in Buenos Aires, 1949 *Professor Adjunto* an der *Universidad de Buenos Aires*, seit 1957 Abteilungsleiter bei der Weltgesundheitsorganisation in Genf.

Quellen: UA Köln Zug. 9/1425; Klappenbach, Eduardo Krapf; Golczewski, Universitätslehrer, S. 113, 450 f. Nachruf in: Schweizer Archiv für Neurologie, Neurochirurgie und Psychiatrie 95 (1965), S. 175 f.

Kraus, Alois (1863–1953), seit 1931 emeritierter beamteter a. o. Prof. (Wirtschaftsgeographie und geographische Produktenkunde) an der Universität Frankfurt/M., Religion: jüdisch, 1933 als „Altbeamter" zunächst im Amt belassen, 1936 Entzug der Lehrbefugnis als Jude (RBG), 1933–1938 Berater jüdischer Hilfsorganisationen, 1939 Emigration in die USA, Tutor am *Haverford College* in Bryn Mawr, Pennsylvania.

Quellen: UA Frankfurt/M. Abt. 150 Nr. 378 u. Rektoratsakte; Heuer/Wolf, Juden, S. 230 f.

Kraus, Herbert (1884–1965), seit 1928 o. Prof. (Öffentliches Recht, anglo-amerikanisches Recht) an der Universität Göttingen, Religion: evangelisch, zeitweise Mitglied der *Deutschen Friedensgesellschaft* und des *Komitee Pro Palästina*, Ende 1937 aus politischen Gründen („frühere demokratisch-pazifistische Haltung") in den Ruhestand versetzt (§ 6 BBG), nicht emigriert, 1939 Umzug nach Dresden, seit 1945 erneut o. Prof. in Göttingen, 1953 emeritiert.

Quellen: BA Berlin R 4901/13269; Wer ist's 1935; Meiertöns, Lawyer; NDB; Szabó, Vertreibung, S. 152–157, 594 f.; Halfmann, Pflanzstätte, S. 115 ff.

Kraus, Paul (1904–1944), seit 1932 Privatdozent (Semitistik und Islamwissenschaft) an der Universität Berlin, bis 1933 Assistent am Institut für Geschichte der Medizin und der Naturwissenschaften, tschechoslowakische Staatsangehörigkeit, Religion: jüdisch, 1933 Emigration nach Frankreich, Dozent an der *École Pratique des Hautes Études* in Paris, 1936 Emigration nach Ägypten, Lehrtätigkeit an der Universität Kairo, 1944 Suizid aufgrund beruflicher und persönlicher Probleme.

Quellen: UA HU Berlin Phil. Fak. 1245; GStA PK I Rep. 76 Va Sekt. 2 Tit. IV Nr. 51 Bd. XXIII; Kramer, Death; Heine, Gemeinsamkeiten; Kasper-Holtkotte, Deutschland, S. 300 f.; Scrbacic, Kraus.

Krauss, Werner (1900–1976), seit 1932 Privatdozent (Romanische Philologie) an der Universität Marburg, 1942 apl. Prof., Religion: evangelisch, 1943 wegen seiner Beteiligung am Widerstand gegen den Nationalsozialismus (*Rote Kapelle*) zum Tode verurteilt und als apl. Prof. entlassen, nicht emigriert, 1944 Begnadigung zu 5 Jahren Zuchthaus, 1945 Mitglied der KPD, 1946 o. Prof. in Marburg, 1947 Prof. mit Lehrstuhl in Leipzig, 1947 Mitglied der SED, 1951 Prof. mit Lehrstuhl (Romanistik) an der HU Berlin.

Quellen: BA Berlin R 4901/13269; NDB; Wer war wer in der DDR; Christmann/Hausmann, Romanisten; Jehle, Werner Krauss; Hofer u. a., Werner Krauss; Seidel, Leben. Online: Professorenkatalog der Universität Leipzig.

Krautheimer, Richard (1897–1994), seit 1928 Privatdozent (Kunstgeschichte) an der Universität Marburg, Religion: jüdisch, 1933 als ehemaliger „Frontkämpfer" zunächst im Amt verblieben, 1935 Entzug der Lehrbefugnis als Jude aufgrund des RBG, 1933 Emigration nach Italien, 1935 in die USA, 1836/37 *Assistant Professor* an der *University of Louisville* in Kentucky, 1937–1952 Prof. am *Vassar College* in Poughkeepsie, N. Y., seit 1952 Prof. an der *New York University*, 1971 emeritiert.

Quellen: BA Berlin R 4901/13269; Stadtarchiv Marburg, Meldekartei; Auerbach, Catalogus II, S. 549 f.; Wendland, Handbuch I; BHdE II; Herklotz, Richard Krautheimer.

Krayer, Otto (1899–1982), seit 1932 nichtbeamteter a. o. Prof. (Pharmakologie und Toxikologie) an der Universität Berlin, Religion: evangelisch, 1933 als „politisch unzuverlässig" beurlaubt, weil er die Berufung auf den Lehrstuhl eines entlassenen „nichtarischen" Kollegen ablehnte; 1933 Emigration nach Großbritannien, 1934 in den Libanon (zunächst beurlaubt), 1935 Verzicht auf die Berliner Lehrbefugnis[27], 1937 Emigration in die USA, 1937–1966 an der *Harvard University* in Boston, seit 1951 als *Full Professor*.

Quellen: UA HU Berlin UK K 329; BA Berlin R 4901/1266; GStA PK I Rep. 76 Va Sekt. 2 Tit. IV Nr. 53 Bd. XX; BHdE II; Schagen, Verhalten; Trendelenburg, Pharmakologen.

Krebs, Engelbert (1881–1950), seit 1919 o. Prof. (Dogmatik) an der Universität Freiburg/Br., Religion: katholisch, 1936 Einleitung eines Dienststrafverfahrens wegen regimekritischer Äußerungen („Es ist ja, als ob wir von Räubern, Mördern und Verbrechern regiert werden"), 1937 aus politischen Gründen in den Ruhestand versetzt (§ 6 BBG), nicht emigriert, das gegen Krebs eingeleitete Strafverfahren wurde 1937 mangels hinreichenden Nachweises einer strafbaren Handlung eingestellt, 1945 rehabilitiert, 1946 emeritiert.

Quellen: GLA Karlsruhe 235/8892; NDB; Badische Biographien NF II; Bäumer, Fakultät, S. 274–282; Arnold, Fakultät, S. 151 f.

Krebs, Hans (1900–1981), seit 1932 Privatdozent (Innere Medizin) an der Universität Freiburg/Br., 1931–1933 Assistent an der Medizinischen Universitätsklinik Freiburg, Religion: jüdisch, 1933 Entzug der Lehrbefugnis als Jude (§ 3 BBG), 1933 Emigration nach Großbritannien, 1933–1935 in Cambridge, 1935–1954 an der *University of Sheffield*, zunächst als *Lecturer*, seit 1945 als Prof., 1953 Nobelpreis für Medizin, seit 1954 *Whitley Professor of Biochemistry* in Oxford.

Quellen: GLA Karlsruhe 235/8893; BHdE II; Holmes, Hans Krebs; Krebs, Deutschland. Online: Biographical Memoirs of Fellows of the Royal Society.

Kroepelin, Hans (1901–1993), seit 1930 Privatdozent (Physikalische Chemie) an der Universität Erlangen, Religion: evangelisch, 1933 als ehemaliger Angehöriger eines Freikorps zunächst im Amt belassen, 1935–1937 an die Universität Istanbul beurlaubt, seit 1937 bei der Braunkohle-Benzin-AG in Schwarzheide, 1938 Entzug der Lehrbefugnis als „Nichtarier" (§ 18 RHO), nicht emigriert, seit Ende 1944 in einem Zwangsarbeitslager in Staßfurt, 1945 Lehrstuhlvertreter in Erlangen, 1946–1970 o. Prof. an der TH Braunschweig.

Quellen: BA Berlin R 4901/23556; UA Erlangen A2/1 Nr. K 48 u. C5/5 Nr. 21; Professoren und Dozenten Erlangen III. Nachruf in: Jahrbuch

27 Freiwilliger Rücktritt mit politischem Hintergrund.

1994 der Braunschweigischen Wissenschaftlichen Gesellschaft, S. 185–187.

Kroner, Richard (1884–1974), seit 1928 o. Prof. (Philosophie) an der Universität Kiel, Religion: evangelisch, 1933 als ehemaliger „Frontkämpfer“ zunächst geschützt, 1934 Vorlesungsstörungen durch nationalsozialistische Studierende, 1934 nach Frankfurt/M. versetzt, 1935 als „Nichtarier“ vorzeitig emeritiert (offiziell auf eigenen Antrag), 1938 Emigration nach Großbritannien, Lehrtätigkeit in Oxford und an der *St. Andrews University* in Schottland, 1939 Emigration in die USA, 1941–1952 *Visiting Lecturer* am *Union Theological Seminary* in New York.

Quellen: GStA PK I Rep. 76 Va Sekt. 9 Tit. IV Nr. 1 Bd. 23 Bl. 144–178, 213–217; Asmus, Richard Kroner; NDB; Uhlig, Wissenschaftler, S. 27–29; BHdE II. Online: Kieler Gelehrtenverzeichnis.

Kronfeld, Arthur (1886–1941), seit 1931 nichtbeamteter a. o. Prof. (Psychiatrie) an der Universität Berlin, Religion: französisch-reformiert (bis 1929 jüdisch), Mitglied der SPD, 1933 als ehemaliger „Frontkämpfer“ zunächst im Amt belassen, 1935 Entzug der Lehrbefugnis als „Nichtarier“ (§ 18 RHO), 1935 Emigration in die Schweiz, 1936 in die Sowjetunion, seit 1936 Forschungsprofessur am Gannuschkin-Institut in Moskau, im Oktober 1941 Suizid (zusammen mit seiner Frau).

Quellen: UA HU Berlin UK K 369 und UK 1066a, Bl. 195; BBKL, Bd. 25; Seeck, Kronfeld. Online: https://www.sgipt.org/gesch/kronf.htm.

Kroò, Hugo (1888–1953), seit 1929 Privatdozent (Experimentelle Therapie) an der Universität Berlin, 1923–1933 Assistent am Preußischen Institut für Infektionskrankheiten in Berlin, Religion: katholisch, tschechoslowakischer Staatsangehöriger, 1933 als ehemaliger „Frontkämpfer“ zunächst im Amt belassen, 1934 Emigration nach Spanien als „Nichtarier“, 1935 aus dem Lehrkörper der Berliner Universität gestrichen, langjähriger Leiter der Forschungsabteilung des Chemie- und Pharmaunternehmens *Abelló* in Madrid.

Quellen: UA HU Berlin UK K 455; BA Berlin R 4901/1351, Bl. 160 f.; Hoffmann, Ringen, S. 22 f.; Hubenstorf, Exodus, S. 399. Nachrufe in: Actas Dermo-Sifiliograficas 45 (1953/54), S. 383–390.

Krueger, Felix (1874–1948), seit 1917 o. Prof. (Psychologie und Philosophie) an der Universität Leipzig, Religion: evangelisch, 1935/36 Rektor der Universität Leipzig, 1936 wegen „judenfreundlicher“ Äußerungen öffentlich angegriffen und als Rektor abgesetzt, 1937 von der Reichsstelle für Sippenforschung als „Vierteljude“ eingestuft, 1938 vorzeitig entpflichtet (offiziell auf eigenen Wunsch), nicht emigriert, lebte seit 1945 in Basel.

Quellen: BA Berlin R 4901/13269; NDB; Geuter, Gemeinschaft; Tilitzki, Universitätsphilosophie I, S. 527–532; Grüttner, Lexikon; Lambrecht, Entlassungen. Online: Professorenkatalog der Universität Leipzig.

Krzymowski, Richard (1875–1960), seit 1922 o. Prof. (Landwirtschaftliche Betriebslehre) an der Universität Breslau, Religion: evangelisch; 1936 nach langjährigen Konflikten mit den Führern der nationalsozialistischen Fachschaft, dem Landesbauernführer und dem Reichsnährstand auf eigenen Antrag emeritiert[28]; nicht emigriert, 1947–1952 Lehrbeauftragter (Landwirtschaftslehre einschl. Agrargeschichte und Agrargeographie) in Rostock.

Quellen: BA Berlin R 4901/1738, 13269 u. 15541; GStA PK I Rep. 76 Va Sekt. 4 Tit. IV Nr. 48 Bd. X u. Bd. XI; UA Wrocław S 220/276 u. S 187; UA Rostock PA Krzymowski; Reichshandbuch I; Böhm, Handbuch.

Kuczynski, Max / Kuczynski-Godard, Maxime (1890–1967), seit 1923 beamteter a. o. Prof. (Allgemeine Pathologie und pathologische Anatomie) an der Universität Berlin, Religion: evangelisch (früher jüdisch), 1933 als „Nichtarier" in den Ruhestand versetzt (§ 3 BBG), 1933 Emigration nach Frankreich, 1936 nach Peru, ab 1936 am Institut für Sozialmedizin der *Universidad Nacional Mayor de San Marcos*, 1940–1948 für das peruanische Gesundheitsministerium tätig, 1948 nach einem Militärputsch zeitweise inhaftiert, danach Privatpraxis in Lima.

Quellen: UA HU Berlin UK K 393; GStA PK I Rep. 76 Va Sekt. 2 Tit. IV Nr. 46 C Bd. I Bl. 547 f., 800 f.; Biermanns/Groß, Pathologen, S. 126–129; Knipper, Antropología; Cueto, Médico; Lembke, Schafe, S. 172 f.

Küchler, Walther (1877–1953), seit 1927 o. Prof. (Romanische Sprachen u. Kultur) an der Universität Hamburg, Religion: evangelisch, 1933 nach einer Kampagne nationalsozialistischer Studierender, die ihm eine „antinationale" und pazifistische Einstellung vorwarfen, aus politischen Gründen in den Ruhestand versetzt (§ 6 BBG), nicht emigriert, 1946 rehabilitiert und zum emeritierten o. Prof. in Hamburg ernannt. 1946–1950 Honorarprofessor in München.

Quellen: NDB; Settekorn, Romanistik, Christmann/Hausmann, Romanisten. Nachruf in: Österreichische Akademie der Wissenschaften, Almanach 103 (1953), S. 412–436.

Kühn, Herbert (1895–1980), seit 1930 nichtbeamteter a. o. Prof. (Prähistorische Kunst und Vorgeschichte) an der Universität Köln, Religion: evangelisch, 1919–1921 Mitglied der SPD, 1935 Entzug der Lehrbefugnis (§ 18 RHO) aus politischen Gründen und wegen seiner jüdischen Ehefrau, lebte danach als Privatgelehrter in Berlin, nicht emigriert, seit 1946 o. Prof. (Vor- und Frühgeschichte) an der Universität Mainz, 1959 emeritiert.

Quellen: UA Köln Zug. 17/3213 u. Zug. 197/769; BA Berlin R 4901/13269; NDB; Golczewski, Universitätslehrer, S. 179–184. Online: Verzeichnis der Professorinnen und Professoren der Universität Mainz.

Künneth, Walter (1901–1997), seit 1930 Privatdozent (Systematische Theologie) an der Universität Berlin, Religion: evangelisch, 1932–1937 hauptberuflich Leiter der Apologetischen Centrale in Berlin, 1938 Entzug der Lehrbefugnis

28 Freiwilliger Rücktritt mit politischem Hintergrund.

aus politischen Gründen (öffentliche Kritik an Alfred Rosenberg), nicht emigriert, 1938–1944 Pfarrer in Starnberg, 1944 Dekan des Kirchenbezirks Erlangen, 1946 zunächst Honorarprofessor, seit 1953 o. Prof. in Erlangen.

Quellen: UA HU Berlin UK 1066 u. R/S 81; BA Berlin R 4901/1164, R 4901/14696 u. R 4901/26066; BBKL, Bd. 20; Kinas, Exodus, S. 282 f.; Ludwig, Fakultät, S. 115 f.; Pöhlmann, Kampf, S. 17–21 u. passim.

Kugelmann, Bernhard (1900–1938), Schwiegersohn von →Alfred Bielschowsky, seit 1930 Privatdozent (Innere Medizin) an der Universität Berlin, 1927–1933 Assistenzarzt an der II. Medizinischen Klinik der Charité, Religion: jüdisch, 1933 Entzug der Lehrbefugnis als Jude (§ 3 BBG), 1933 Emigration in die USA, internistische Privatpraxis in New York.

Quellen: UA HU Berlin Med. Fak. 1360 Bl. 295–307; GStA PK I Rep. 76 Va Sekt. 2 Tit. IV Nr. 46 C Bd. I Bl. 60–67; Kaufmann, Bielschowsky, S. 120 f., 135 f.

Kuhlenbeck, Hartwig (1897–1984), seit 1928 Privatdozent (Anatomie) an der Universität Breslau, Religion: evangelisch, seit 1933 in die USA beurlaubt, 1934 Ernennung zum nichtbeamteten a. o. Prof. in Breslau, Ende 1934 Verzicht auf die Breslauer Lehrbefugnis aus politischen Gründen[29], 1934 Emigration in die USA, 1935–1971 Prof. am *Woman's Medical College of Pennsylvania*, 1963 *Research Professor of Anatomy*, 1966 *Research Professor of Neurology*, 1971 emeritiert.

Quellen: BA Berlin R 4901/23682 u. R 4901/1721 Bl. 258–266, 287–290; BHdE II; Gerlach, Hartwig Kuhlenbeck; Stahnisch, Hartwig Kuhlenbeck. Nachruf in: Applied Neurophysiology 48 (1985), S. VII–XI.

Kuhn, Heinrich (1904–1994), Bruder von →Helmut K., seit 1931 Privatdozent (Physik) an der Universität Göttingen, Religion: evangelisch, 1932/33 Mitglied des *Deutschen Nationalvereins,* 1933 Entzug der Lehrbefugnis als „Nichtarier" (§ 3 BBG), 1933 Emigration nach Großbritannien, seit 1933 am *Clarendon Laboratory* in Oxford, seit 1938 *Lecturer* am *University College* in Oxford, 1940–1945 Mitarbeit am *Tube Alloys Project,* 1950 *Fellow* am *Balliol College* in Oxford, seit 1955 *University Reader.*

Quellen: GStA PK I Rep. 76 Va Nr. 10081 Bl. 68–76; BHdE II; Who's who of British Scientists 1971/72; Szabó, Vertreibung, S. 457 ff., 596 ff. Online: Biographical Memoirs of Fellows of the Royal Society.

Kuhn, Helmut (1899–1991), seit 1930 Privatdozent (Philosophie) an der Universität Berlin, Religion: evangelisch (später katholisch), 1933 als ehemaliger „Frontkämpfer" zunächst im Amt verblieben, 1936 Entzug der Lehrbefugnis als „Geltungsjude" („Halbjude" mit „volljüdischer" Ehefrau) aufgrund des RBG, 1937 Emigration in die USA, 1938–1947 an der *University of North Carolina*, seit 1947 Prof. an der *Emory Univer-*

29 Freiwilliger Rücktritt mit politischem Hintergrund.

sity in Atlanta, 1949 Rückkehr in die Bundesrepublik, 1949 o. Prof. in Erlangen, 1953–1967 o. Prof. in München.

Quellen: UA HU Berlin UK K 421; UA München E-II-2166; BHdE II; Kuhn, Curriculum. Nachruf in: Philosophische Rundschau 39 (1992), S. 1 f.

Kuhn, Oskar (1908–1990), seit 1940 Dozent (Geologie und Paläontologie) an der Universität Halle, Religion: katholisch, 1933–1936 Mitglied der SA; 1942 Entzug der Lehrbefugnis nach einem Zerwürfnis mit dem nationalsozialistischen Rektor, zu dem neben weltanschaulichen Konflikten (K. war praktizierender Katholik) auch Kuhns schwierige Persönlichkeit beitrug; nicht emigriert, 1947 kurzzeitig an der Philosophisch-Theologischen Hochschule Bamberg.

Quellen: UA Halle PA 9654; Eberle, Martin-Luther-Universität, S. 101 ff., 420 f.; Stengel, Ausgeschlossen.

Kumpmann, Karl (1883–1963), seit 1923 Honorarprofessor (Volkswirtschaftslehre) an der Universität Köln, im Hauptberuf 1923–1934 Direktor der Niederrheinischen Verwaltungsakademie Düsseldorf, Religion: evangelisch, zeitweise Mitglied der DDP, 1931/32 Mitglied der SPD, 1933 Entzug der Lehrbefugnis aus politischen Gründen (§ 6 BBG), nicht emigriert, lebte als Schriftsteller in Düsseldorf.

Quellen: UA Köln Zug 70/243 u. Zug 17/3245; BA Berlin R 9361-V/26375; Reichshandbuch I; Vereinigung der Sozial- und Wirtschaftswissenschaftlichen Hochschullehrer; Wer ist's 1935; Wenig, Verzeichnis.

Kuznitzky, Erich (1883–1960), seit 1922 nichtbeamteter a. o. Prof. (Dermatologie und Strahlenkunde) an der Universität Breslau, Religion: jüdisch, bis 1929/30 Mitglied der DDP, 1919–1933 Chefarzt am städtischen Allerheiligen-Hospital Breslau, 1933 Entzug der Lehrbefugnis als Jude (§ 3 BBG), 1938 Emigration in die Schweiz, 1939 nach Großbritannien, 1940 in die USA, Tätigkeit an verschiedenen Krankenhäusern in New York.

Quellen: GStA PK I Rep. 76 Va Sekt. 4 Tit. IV Nr. 51 Bl. 109–116; Reichshandbuch I; Deutscher Dermatologenkalender 1929; Löhe/Langer, Dermatologen; Who's Who in World Jewry 1955; Eppinger, Schicksal, S. 141.

Kyropoulos, Spiro/Spyro (1887–1961), seit 1931 Privatdozent (Physikalische Technologie) an der Universität Göttingen, Religion: griechisch-orthodox, 1936 Entzug der Lehrbefugnis (§ 18 RHO) aus politischen Gründen (seine Frau hatte randalierende SS-Männer als „Schweinevolk" beschimpft), 1937 Emigration in die USA, 1937–1949 *Research Fellow* am *California Institute of Technology* in Pasadena, seit 1949 *Research Associate*, seit 1957 chemischer Physiker an der *Holloman Air Force Base* in New Mexico.

Quellen: BA Berlin R 4901/13269; Szabó, Vertreibung, S. 598 f.; California Institute of Technology, Catalogue 1953–1954, S. 49.

L

Ladenburg, Rudolf (1882–1952), seit 1921 nichtbeamteter a. o. Prof. (Physik) an der Universität Berlin, seit 1931 Gastprofessor an der *Princeton University*, Religion: evangelisch, 1933 als ehemaliger „Frontkämpfer" zunächst im Amt verblieben; 1934 Verzicht auf die Lehrbefugnis, bevor er als „Nichtarier" entlassen werden konnte; 1934 endgültige Emigration in die USA, 1932–1950 *Brackett Research Professor* an der *Princeton University*, im Zweiten Weltkrieg für das *Office of Scientific Research and Development* tätig.

Quellen: UA HU Berlin UK L 5 u. Phil. Fak. 1478; GStA PK I Rep. 76 Va Sekt. 2 Tit. IV Nr. 51 Bd. XXIII u. XXIV; Reichshandbuch I; BHdE II; NDB. Nachruf in: Die Naturwissenschaften 39 (1952), S. 289 f.

Lampe, Adolf (1897–1948), seit 1926 unplanmäßiger a. o. Prof. (Nationalökonomie) an der Universität Freiburg, Religion: evangelisch, Lampes Entlassung aus politischen Gründen (nach § 4 BBG) wurde bereits 1933 erwogen, seit 1934 Mitglied der Bekennenden Kirche, Angehöriger der oppositionellen „Freiburger Kreise", von September 1944 bis April 1945 wegen seiner Verbindungen zu Carl Friedrich Goerdeler inhaftiert, im Dezember 1944 auf Befehl Hitlers „Ausstoßung aus dem Amte eines Hochschullehrers", 1945 persönlicher Ordinarius in Freiburg/Br.

Quellen: GLA Karlsruhe 235/8904; BA Berlin R 4901/13270; NDB; Badische Biographien NF VI; Schulz, Adolf Lampe; Heiber, Universität I, S. 190–196; Brintzinger, Nationalökonomie.

Lanczos, Cornelius/Kornel (1893–1974), seit 1932 nichtbeamteter a. o. Prof. (Theoretische Physik) an der Universität Frankfurt/M., Religion: jüdisch, gebürtiger Ungar, seit 1931 in die USA beurlaubt, 1933 Verzicht auf die Frankfurter Lehrbefugnis als Jude, 1933 endgültige Emigration in die USA, 1933–1946 Prof. an der *Purdue University* in Lafayette, Indiana, 1946–1949 für die *Boeing Aircraft Company* tätig, 1952 Rückkehr nach Europa, 1952–1968 Prof. am *Dublin Institute for Advanced Study*.

Quellen: UA Frankfurt/M. Personalhauptakte; Heuer/Wolf, Juden, S. 238–240; Rechenberg, Lanczos. Online: MacTutor History of Mathematics Archive.

Landau, Edmund (1877–1938), seit 1909 o. Prof. (Mathematik) an der Universität Göttingen, Religion: jüdisch, 1933 als „Altbeamter" zunächst im Amt belassen, im November 1933 Rücktrittsgesuch nach Boykott seiner Vorlesungen durch nationalsozialistische Studierende, 1934 Unterstützung durch zahlreiche Kollegen, die sich für Landaus Verbleib einsetzten, 1934 als Jude in den Ruhestand versetzt (§ 6 BBG), nicht emigriert, 1934 Umzug nach Berlin.

Quellen: GStA PK I Rep. 76 Va Nr. 10081 Bl. 171–177, 198–204, 226–249; Schappacher, Institut, S. 531; NDB; Szabó, Vertreibung, S. 64 f., 599 f. Online: MacTutor History of Mathematics Archive.

Landau, Hans (1892–1995), seit 1928 Privatdozent (Chirurgie) an der Universität Berlin, gleichzeitig Facharztpraxis in Berlin, Religion: jüdisch, 1933 Entzug der Lehrbefugnis als Jude (§ 3 BBG), 1935 Emigration nach Großbritannien, Privatpraxis in London.

Quellen: UA HU Berlin UK L 18; GStA PK I Rep. 76 Va Sekt. 2 Tit. IV Nr. 46 C Bd. I Bl. 196–204; The London Gazette v. 27.6.1997.

Landé, Walter (1889–1938), seit 1931 Lehrbeauftragter (Schulrecht) an der Universität Berlin, im Hauptamt Ministerialrat im Preußischen Kultusministerium, Religion: evangelisch, im April 1933 Entzug des Lehrauftrags, im Juni 1933 als „Nichtarier" und aus politischen Gründen („Marxist") entlassen (§ 4 BBG), 1937 Emigration in die USA, Lehrtätigkeit an der *New York University* und an der *University of California* in Berkeley.

Quellen: UA HU Berlin UK L 21; BA Berlin R 4901/19129–19134; GStA PK I Rep. 76 Va Sekt. 2 Tit. IV Nr. 45 Bd. XIV Bl. 7 ff.; Wer ist's 1935; BHdE I; Göppinger, Juristen, S. 297.

Landsberg, Paul Ludwig (1901–1944), seit 1928 Privatdozent (Philosophie) an der Universität Bonn, Religion: evangelisch, 1933 Entzug der Lehrbefugnis als „Nichtarier" (§ 3 BBG), 1933 Emigration in die Schweiz, 1934 nach Spanien, Lehrtätigkeit in Barcelona und Santander, 1936 bei Beginn des Spanischen Bürgerkriegs nach Frankreich, 1943 in Pau von der Gestapo verhaftet; Landsberg starb 1944 im KZ Sachsenhausen an Tuberkulose.

Quellen: GStA PK I Rep. 76 Va Nr. 10396 Bl. 15–20; Moebius, Paul Ludwig Landsberg; Lenzen, Paul Ludwig Landsberg; Fremery-Dohna/Schoene, Geistesleben; Wenig, Verzeichnis; BHdE II.

Landsberger, Benno (1890–1968), seit 1929 o. Prof. (Orientalische Philologie) an der Universität Leipzig, Religion: jüdisch, 1933 als ehemaliger „Frontkämpfer" zunächst im Amt verblieben, 1935 als Jude entlassen (§ 6 BBG), 1935 Emigration in die Türkei, seit 1935 Prof. an der Universität Ankara, 1948 Auswanderung in die USA, seit 1948 Prof. am *Oriental Institute* der *University of Chicago*, 1955 emeritiert.

Quellen: BA Berlin R 4901/13270; NDB; Oelsner, Altorientalist; BHdE II; Widmann, Exil, S. 273. Online: Professorenkatalog der Universität Leipzig; VAdS.

Landsberger, Franz (1883–1964), seit 1921 nichtbeamteter a. o. Prof. (Kunstgeschichte) an der Universität Breslau, Religion: jüdisch, Mitglied der DStP, 1933 Entzug der Lehrbefugnis als Jude (§ 3 BBG), 1935–1938 Direktor des Jüdischen Museums in Berlin, nach dem Novemberpogrom 1938 für fünf Wochen im KZ Sachsenhausen inhaftiert, 1939 Emigration nach Großbritannien, 1939 in die USA, 1939–1958 am *Hebrew Union College* in Cincinnati tätig.

Quellen: GStA PK I Rep. 76 Va Sekt. 4 Tit. IV Nr. 51 Bl. 117–122, 299–302, 434–437, 530–533; BHdE II; NDB; Wendland, Handbuch II.

Lange, Willy (1900–1976), seit 1930 Privatdozent (Chemie) an der Universität Berlin, 1928–1935 Assistent am Chemischen Universitätsinstitut, Religion; evangelisch, seit 1935 Chemiker bei *Henkel & Cie* in Düsseldorf, 1937 Entzug der Lehrbefugnis wegen seiner jüdischen Ehefrau (§ 18 RHO), 1939 Emigration in die USA, Chemiker bei *Proctor & Gamble Co.* in Cincinnati, Ohio.

Quellen: UA HU Berlin UK L 33; Deichmann, Flüchten, S. 120; Petroianu, Toxicity. Online: P. Meiers, Monofluorophosphate History, in: http://www.fluoride-history.de/p-mfp.htm.

Langstein, Leopold (1876–1933), seit 1921 nichtbeamteter a. o. Prof. (Kinderheilkunde) an der Universität Berlin, 1911–1933 Präsident des Kaiserin-Augusta-Victoria-Hauses zur Bekämpfung der Säuglings- und Kindersterblichkeit im Deutschen Reich, Religion: evangelisch (bis 1899 jüdisch); Langstein verstarb im Juni 1933 an den Folgen eines Herzanfalls, bevor er als „Nichtarier" entlassen werden konnte; nicht emigriert.

Quellen: UA HU Berlin UK L 40 u. Charité 568; Ballowitz, Langstein; Orth, NS-Vertreibung, S. 112–114; Seidler, Kinderärzte, S. 170 f. Nachruf in: Medizinische Klinik 28 (1933), S. 963 f.

Lanz, Titus von (1897–1967), Schwiegersohn von →Harry Marcus, seit 1931 nichtplanmäßiger a. o. Prof. (Anatomie) an der Universität München, 1924–1938 Assistent am Anatomischen Institut, Religion: evangelisch, 1933–1935 Mitglied der NSDAP, 1938 Entzug der Lehrbefugnis wegen seiner „nichtarischen" Ehefrau, nicht emigriert, 1939–1945 Stipendium des Reichsforschungsrats, seit 1945 planmäßiger a. o. Prof. in München, 1947 persönlicher Ordinarius, 1954 o. Prof., sein Sohn Titus fiel 1945 als Soldat der Wehrmacht in Italien.

Quellen: BayHStA München MK 43940; UA München E-II-2220; Wer ist wer 1955; Schütz u. a., Victimhood; Kramer/Waldenfels, Orden, S. 230, 348; Böhm, Selbstverwaltung, S. 611 u. passim; Lippert, Lanz.

Laquer, Fritz (1888–1954), seit 1930 nichtbeamteter a. o. Prof. (Physiologie) an der Universität Frankfurt/M., Religion: evangelisch, 1930–1933 Mitglied der DNVP, seit 1927 Leiter des Physiologischen Laboratoriums der IG Farbenindustrie AG in Elberfeld, 1933 als ehemaliger „Frontkämpfer" zunächst im Amt verblieben, 1936 Entzug der Lehrbefugnis als „Nichtarier" (RBG), Emigration in die USA.

Quellen: UA Frankfurt/M. Personalhauptakte, Rektoratsakte, Akten der Medizinischen Fakultät; Stadtarchiv Frankfurt/M. PA 25585 u. 25586; Fischer, Lexikon II; Heuer/Wolf, Juden, S. 241 ff.; Dietze, Leben, S. 238 f.

Laqueur, Richard (1881–1959), seit 1932 o. Prof. (Alte Geschichte) an der Universität Halle, Religion: evangelisch, 1919–1930 Mitglied der DVP, 1933 als ehemaliger „Frontkämpfer" zunächst im Amt belassen, 1935 aufgrund des RBG als „Nichtarier" in den Ruhestand versetzt; 1939 Emigration in die USA, wo er keine Anstellung im Wissenschaftsbetrieb fand; 1952 Rückkehr in die Bundesrepublik, 1958 Honorarprofessor an der Universität Hamburg.

Quellen: UA Halle PA 9893; BHdE II; NDB; Eberle, Martin-Luther-Universität, S. 381 f. u. passim; Gundel, Laqueur; Stengel, Ausgeschlossen.

Lasch, Agathe (1879–1942), seit 1926 planmäßige a. o. Prof. (Niederdeutsche Philologie) an der Universität Hamburg, Religion: jüdisch, 1934 als Jüdin in den Ruhestand versetzt (§ 6 BBG), nicht emigriert, 1937 Umzug nach Berlin, im August 1942 nach Riga deportiert und dort (zusammen mit ihren Schwestern Elsbeth und Margarethe Lasch) nach der Ankunft ermordet.

Quellen: StA Hamburg 361-6 I 96; Wer ist's 1935; NDB; Kaiser, Agathe Lasch; Germanistenlexikon II; Hass-Zumkehr, Agathe Lasch.

Laser, Hans (1899–1980), seit 1930 Privatdozent (Experimentelle Pathologie) an der Universität Heidelberg, im Hauptberuf 1930–1933 Wissenschaftlicher Assistent am Kaiser-Wilhelm-Institut für Medizinische Forschung in Heidelberg, Religion: jüdisch, 1933 Entzug der Lehrbefugnis als Jude (§ 3 BBG), 1934 Emigration nach Großbritannien, 1934–1968 am *Molteno Institute for Research in Parasitology* an der *University of Cambridge*; Laser erhielt 1958 im Zuge der Wiedergumachungspolitik die Rechtsstellung eines entpflichteten a. o. Prof.

Quellen: UA Heidelberg PA 4759 u. PA 9770; Rürup, Schicksale, S. 248–250; Biermanns/Groß, Pathologen, S. 130–133; BHdE II; Schüring, Kinder, S. 162–178.

Lassar, Gerhard (1888–1936), seit 1925 planmäßiger a. o. Prof. (Öffentliches Recht und Staatslehre) an der Universität Hamburg, Religion: evangelisch (ursprünglich jüdisch), Mitglied der DDP/DStP, 1933 als „Nichtarier" in den Ruhestand versetzt (§ 6 BBG), nicht emigriert, Umzug nach Berlin, 1936 Suizid.

Quellen: Wer ist's 1935; Hamburgische Biografie VI. Nachruf in: Archiv des öffentlichen Rechts 83 (1958), S. 379–382.

Lassen, Hans (1897–1974), seit 1928 Privatdozent (Technische Physik) an der Universität Köln, seit 1927 Assistent am Institut für Technische Physik, Religion: evangelisch, 1933 Mitglied des *Stahlhelm, Bund der Frontsoldaten*, 1935 wegen seiner „nichtarischen" Ehefrau gekündigt, nicht emigriert, von 1935 bis 1946 Physiker bei Siemens & Halske in Berlin, 1946 beamteter a. o. Prof. an der Universität Berlin, seit 1949 o. Prof. für Physik an der FU Berlin, 1965 emeritiert.

Quellen: BA Berlin R 4901/13270; Kürschner 1950; Wer ist wer 1955; Golczewski, Universitätslehrer, S. 454; NDB. Nachruf in: Physikalische Blätter 31 (1975), S. 173 f.

Laszlo, Daniel (1902–1958), seit 1930 Privatdozent (Innere Medizin) an der Universität Köln, Religion: jüdisch, 1933 Entzug der Lehrbefugnis als Jude (§ 3 BBG), 1933 Emigration nach Österreich, 1933–1935 Privatdozent an der Universität Wien, 1935–1938 Arzt an einem Wiener Kinderkrankenhaus, 1938 Emigration in die USA, 1938–1945 am *Mount Sinai Hospital*, New York in der Krebsforschung tätig, seit 1945 Arzt am *Montefiore Hospital* in New York City.

Quellen: BHdE II; Golczewski, Universitätslehrer, S. 124 f., 451.

Latte, Kurt (1891–1964), seit 1931 o. Prof. (Klassische Philologie) an der Universität Göttingen, Religion: evangelisch, 1933 als ehemaliger „Frontkämpfer“ zunächst im Amt belassen, im Dezember 1935 als „Nichtarier“ aufgrund des RBG in den Ruhestand versetzt, nicht emigriert, Umzug nach Hamburg, überlebte 1943–1945 im Versteck, 1945 Rückkehr nach Göttingen, seit 1946 erneut o. Prof. in Göttingen, 1957 emeritiert.

Quellen: UA Göttingen Kur. 547 Bl. 13 f.; BA Berlin R 4901/13270; Wegeler, Gelehrtenrepublik, S. 112–114, 172–180; Szabó, Vertreibung, S. 108–112, 600 ff. Nachruf in: Gnomon 37 (1965), S. 215–219.

Lauber, Heinrich/Henry (1899–1979), seit 1932 Privatdozent (Innere Medizin) an der Universität Greifswald, Religion: evangelisch, 1933 Entzug der Lehrbefugnis als „Nichtarier“ (§ 3 BBG), Emigration nach Großbritannien, 1935–1965 Leiter der Inneren Abteilung am *German Hospital* in London, daneben Privatpraxis, 1940/41 als Deutscher zeitweise auf der *Isle of Man* interniert.

Quellen: UA Greifswald PA 1437; GStA PK I Rep. 76 Va Sekt. 7 Tit. IV Nr. 36, Bd. 1; Ewert/Ewert, Emigranten, S. 72–101; Ewert/Ewert, Lauber.

Lauscher, Albert (1872–1944), seit 1917 o. Prof. (Pastoraltheologie) an der Universität Bonn, Religion: katholisch, Mitglied der Zentrumspartei, 1919–1933 Mitglied der Preußischen Landesversammlung und des Preußischen Landtags, 1920–1924 Reichstagsabgeordneter, im Juli 1934 aus politischen Gründen (als Vertreter der „ultramontanen Zentrumspolitik“) vorzeitig in den Ruhestand versetzt (§ 6 BBG), nicht emigriert.

Quellen: GStA PK I Rep. 76 Va Nr. 10396 Bl. 188 ff., 194 f., 267–281; Wer ist’s 1935; Kosch, Deutschland II; Wenig, Verzeichnis; Höpfner, Universität, S. 21, 37 f.

Lazarus, Paul (1873–1957), seit 1921 nichtbeamteter a. o. Prof. (Innere Medizin) an der Universität Berlin, 1930–1936 Ärztlicher Direktor des St. Antonius-Krankenhauses in Berlin-Karlshorst, Religion: katholisch, 1933 Entzug der Lehrbefugnis als „Nichtarier“ (§ 3 BBG), 1937 Emigration in die Schweiz, 1937–1953 ärztliche Tätigkeit (Radiumtherapie) am Kantonsspital Fribourg.

Quellen: UA HU Berlin UK L 56; GStAPK I Rep. 76 Va Sekt. 2 Tit. IV Nr. 46 C Bd. I, Bl. 270–276, 675–684; BA Berlin R 9347; Kelbert, Lazarus; Scherer, Lazarus.

Lebsche, Max (1886–1957), seit 1928 planmäßiger a. o. Prof. (spezielle Chirurgie) an der Universität München, seit 1930 auch Leiter einer von ihm begründeten Privatklinik in München, Religion: katholisch, 1937 aus politischen Gründen (Ablehnung des Nationalsozialismus, starke katholische Bindung, Monarchist) in den Ruhestand versetzt (§ 6 BBG), nicht emigriert, 1945 rehabilitiert, 1947 o. Prof., 1945 Wiedergründer und Vorsitzender der Bayerischen Heimat- und Königspartei.

Quellen: BayHStA München MK 43942; UA München E-II-2230; BA Berlin R 9361-VI/1749; Beer, Lebsche; Nissen, Blätter, S. 67 ff. u. passim. Nachruf in: Jahrbuch der LMU München 1957/58, S. 120–122.

Ledebur, Joachim von (1902–1944), seit 1931 Privatdozent (Physiologie) an der Universität Breslau, Religion: evangelisch, seit 1933 Mitglied der SA, 1938 Entzug der Lehrbefugnis wegen seiner Ehe mit einer „Vierteljüdin", nicht emigriert, im Zweiten Weltkrieg als Oberarzt bei der Wehrmacht, seit Juli 1944 an der Ostfront vermisst.

Quellen: BA Berlin R 4901/13270 u. R 4901/1721; UA Wrocław S 203, S. 144; Historisches Ärztelexikon für Schlesien IV; Gedenkbuch des deutschen Adels 1967.

Lederer, Emil (1882–1939), seit 1931 o. Prof. (Staatswissenschaften) an der Universität Berlin, Religion: evangelisch (bis 1907 jüdisch); Mitglied der SPD (1911–1918, 1922–1933), der USPD (1918–1922) und des Republikanischen Beamtenbundes; 1933 als „Nichtarier" und aus politischen Gründen entlassen (§ 4 BBG), 1933 Emigration in die USA, erster Dekan der *Graduate Faculty of Political and Social Sciences* an der *New School for Social Research.*

Quellen: UA HU Berlin UK L 58 u. Phil. Fak. 1478; GStA PK I Rep. 76 Va Sekt. 2 Tit. IV Nr. 68 F Teil 1; Reichshandbuch II; BHdE II; NDB; Gostmann/Ivanova, Emil Lederer. Online: ÖBL.

Leese, Kurt (1887–1965), seit 1928 Privatdozent (Philosophie) an der Universität Hamburg, seit 1935 nichtbeamteter a. o. Prof. in Hamburg, Religion: evangelisch, Leeses Ernennung zum apl. Prof. wurde 1940 aus politischen Gründen („Meinungen ..., die mit der nationalsozialistischen Weltanschauung nicht in Einklang zu bringen sind") verweigert, daraufhin aus dem Lehrkörper der Universität Hamburg ausgeschieden, nicht emigriert, 1945 als „Akt der Wiedergutmachung" zum planmäßigen a. o. Prof. an der Universität Hamburg ernannt.

Quellen: StA Hamburg 361-6 I 267 Bd. 1–3; BBKL, Bd. 17; Meran, Lehrer, S. 470 ff.; Hamburgische Biografie III; Heiber, Universität I, S. 243 f.

Lehmann, Fritz (1901–1940), seit 1929 Lehrbeauftragter (Übungen über den Finanzmarkt) an der Universität Köln, Religion: jüdisch, 1933 als Jude ausgeschieden, 1934 Emigration in die USA, 1934–1940 Prof. der Volkswirtschaftslehre an der *University in Exile* (später: *New School for Social Research*) in New York, 1940 Suizid in New York.

Quellen: UA Köln Zug. 17/3354; Hagemann/Krohn, Handbuch I; BHdE II; Mantel, Schicksale, S. 14 f.

Lehmann, Julius (1884–1951), Bruder von →Walter L., seit 1928 Honorarprofessor (Bürgerliches Recht und Handelsrecht) an der Universität Frankfurt/M., im Hauptberuf seit 1919 Rechtsanwalt in Frankfurt/M., Religion: evangelisch, 1933 Verzicht auf die Honorarprofessur als „Nichtarier", 1933 Emigration in die Schweiz, 1941 in die USA.

Quellen: UA Frankfurt/M. Personalhauptakte u. Akten der Rechtswissenschaftlichen Fakultät; Göppinger, Juristen, S. 208, 298; Heuer/Wolff, Juden, S. 243 f.

Lehmann, Walter (1888–1960), Bruder von →Julius L., seit 1930 nichtbeamteter a. o. Prof. (Chirurgie) an der Universität Frankfurt/M., hauptberuflich seit

1929 Chirurg am Krankenhaus des Vaterländischen Frauenvereins in Frankfurt/M., Religion: evangelisch, 1933 Entzug der Lehrbefugnis als „Nichtarier" (§ 3 BBG), 1936 Emigration nach Albanien, Leiter der chirurgischen Abteilungen zweier Krankenhäuser in Tirana, 1939 Emigration in die USA.

Quellen: UA Frankfurt/M. Personalhauptakte, Rektoratsakte u. Akten der Medizinischen Fakultät; Heuer/Wolff, Juden, S. 244 f.; Deutsches Gynäkologen-Verzeichnis 1939.

Lehmann(-Hartleben), Karl (1894–1960), Bruder von →Eva Fiesel, seit 1929 o. Prof. (Archäologie) an der Universität Münster, Religion: evangelisch, 1933 als „Nichtarier" entlassen (§ 3 BBG), 1934 Emigration nach Italien, 1935 in die USA, seit 1935 Lehrtätigkeit an der *New York University*, zunächst als Gastprofessor, seit 1937 als *Professor of Classical Archaeology*.

Quellen: GStA PK I Rep. 76 Va Sekt. 13 Tit. IV Nr. 22 Bl. 4–14; NDB; Obermayer, Altertumswissenschaftler, S. 108–132; Möllenhoff/Schlautmann-Overmeyer, Familien I; Happ/Jüttemann, Schlag; BHdE II.

Lehnerdt, Friedrich (1881–1944), seit 1921 nichtbeamteter a. o. Prof. (Kinderheilkunde) an der Universität Halle, Religion: evangelisch, 1921–1933 Mitglied der DNVP, 1933 Mitglied des *Stahlhelm, Bund der Frontsoldaten*, blieb 1933 als ehemaliger „Frontkämpfer" zunächst unbehelligt, 1938 Entzug der Lehrbefugnis als „Nichtarier" (§ 18 RHO), nicht emigriert, bis zu seinem Tod dirigierender Arzt am katholischen St. Barbara-Krankenhaus in Halle.

Quellen: UA Halle PA 9990; Eberle, Martin-Luther-Universität, S. 339 u. passim; Stengel, Ausgeschlossen.

Leibholz, Gerhard (1901–1982), Schwager von →Dietrich Bonhoeffer, seit 1931 o. Prof. (Öffentliches Recht) an der Universität Göttingen, Religion: evangelisch (ursprünglich jüdisch), 1933 wegen früherer Freikorpstätigkeit im Amt belassen, 1935 als „Nichtarier" auf „eigenen Antrag" vorzeitig emeritiert, 1936 Entzug der Lehrbefugnis (RBG), 1938 Emigration nach Großbritannien, 1939 *Research Fellow* in Oxford, 1951 Rückkehr in die Bundesrepublik, 1951–1971 Richter am Bundesverfassungsgericht, seit 1959 erneut o. Prof. in Göttingen.

Quellen: BA Berlin R 4901/13270; UA Göttingen Kur. 547 Bl. 41; NDB; Breunung/Walther, Emigration I; Wiegandt, Norm; Szabó, Vertreibung, S. 378–391, 602–605; Heun, Leben; Halfmann, Pflanzstätte, S. 113 f.

Leichtentritt, Bruno (1888–1965), seit 1926 nichtbeamteter a. o. Prof. (Kinderheilkunde) an der Universität Breslau, 1928–1933 Chefarzt der Kinderabteilung der Landesversicherungsanstalt Schlesien, Religion: jüdisch, 1933 Entzug der Lehrbefugnis als Jude (§ 3 BBG), 1938 Emigration in die USA, seit 1944 Praxis als Kinderarzt in Cincinnati, Ohio, 1947 Ablehnung einer Berufung an die Universität Rostock.

Quellen: GStA PK I Rep. 76 Va Sekt. 4 Tit. IV Nr. 51 Bl. 210–217, 484–488; Historisches Ärztelexikon für Schlesien IV; Seidler, Kinderärzte,

S. 217 f. Nachruf in: Kinderärztliche Praxis 34 (1966), S. 141 f.

Leisegang, Hans/Johannes (1890–1951), seit 1930 o. Prof. (Philosophie) an der Universität Jena, Religion: evangelisch, Mitglied der DNVP, des *Stahlhelm, Bund der Frontsoldaten* und des *Jungdeutschen Orden*, 1934 aus politischen Gründen (abfällige Bemerkungen über Hitler) vorläufig amtsenthoben und zu einer Gefängnisstrafe von 6 Monaten verurteilt, 1936 aus dem Staatsdienst entlassen, nicht emigriert, 1945–1948 erneut o. Prof. in Jena, Mitglied der LDPD, 1948 erneut aus politischen Gründen entlassen, seit 1948 o. Prof. an der FU Berlin.

Quellen: UA Jena D 3201, BA 966 und M 631; Mesch, Leisegang; Kodalle, Philosophie; NDB. Online: Professorenkatalog der Universität Leipzig.

Lemberg, Rudolf (1896–1975), seit 1930 Privatdozent (Chemie) an der Universität Heidelberg, Religion: evangelisch (ursprünglich jüdisch, seit 1956 Quäker), Mitglied der SPD und des *Reichsbanner Schwarz-Rot-Gold*, 1933 beurlaubt, Kündigung der Assistentenstelle als „Nichtarier“ und aus politischen Gründen, 1933 Emigration nach Großbritannien, 1935 nach Australien, 1935–1972 Leiter des biochemischen Labors am *Royal North Shore Hospital* in Sydney.

Quellen: BHdE II; Mussgnug, Dozenten, S. 44 ff., 276 f.; Australian Dictionary of Biography Bd. 15. Online: Biographical Memoirs of Fellows of the Royal Society.

Lenel, Otto (1849–1935), Onkel von →Walter L., seit 1923 inaktiver o. Prof. (Römisches u. deutsches bürgerliches Recht) an der Universität Freiburg/Br., Religion: konfessionslos (zeitweise evangelisch, ursprünglich jüdisch), 1896/97 Rektor der Universität Straßburg, 1933 als „Altbeamter“ zunächst vom BBG nicht betroffen, nicht emigriert; Lenel starb im Februar 1935, bevor ihm als „Nichtarier“ aufgrund des RBG die Lehrbefugnis entzogen werden konnte.

Quellen: NDB; Badische Biographien NF I; Göppinger, Juristen, S. 225. Nachruf in: Studia et Documenta Historiae et Iuris 1 (1935), S. 466–480.

Lenel, Walter (1868–1937), Neffe von →Otto L., seit 1932 o. Honorarprofessor (Mittlere Geschichte) an der Universität Heidelberg, Religion: evangelisch, im April 1933 beurlaubt, im Juli 1933 Verzicht auf weitere Lehrtätigkeit, im August 1933 Entzug der Lehrbefugnis als „Nichtarier“, nicht emigriert.

Quellen: GLA Karlsruhe 235/2203; Drüll, Gelehrtenlexikon 1803–1932; Mussgnug, Dozenten, S. 30 f.; Miethke, Mediävistik, S. 95 f.

Lenz, Friedrich (1885–1968), seit 1922 o. Prof. (Wirtschaftliche Staatswissenschaften) an der Universität Gießen, Religion: evangelisch, 1933 aus politischen Gründen (als Vertreter „nationalrevolutionärer“ Tendenzen) entlassen (§ 6 BBG), nicht emigriert, 1933 Umzug nach Berlin, 1937–1940 Auslandsaufenthalte in Den Haag, Washington, London, 1941–1944 Mitarbeit im Auswärtigen Amt, 1947/48 o. Prof.

an der Universität Berlin, seit 1949 an der Hochschule für Arbeit, Politik und Wirtschaft in Wilhelmshaven, 1962 Honorarprofessor in Göttingen.

Quellen: Stadtarchiv Gießen Personenstandskartei; Berding, Friedrich Lenz; Dupeux, „Nationalbolschewismus", S. 348–377; Hagemann/Krohn, Handbuch II; Chroust, Universität I, S. 208, 227.

Leo, Ulrich (1890–1964), seit 1931 Privatdozent (Romanische Philologie) an der Universität Frankfurt/M., Religion: evangelisch, 1933 als ehemaliger „Frontkämpfer" zunächst im Amt belassen, 1935 Entzug der Lehrbefugnis als „Nichtarier", 1935 als Bibliotheksrat an der Stadtbibliothek Frankfurt/M. pensioniert (RBG), 1938 Emigration nach Venezuela, dort als Bibliothekar und Archivar tätig, 1945 Auswanderung in die USA, Lehrtätigkeit am *William Penn College* in Oskaloosa, Iowa, 1948 nach Kanada, bis 1959 *Lecturer* an der *University of Toronto*.

Quellen: UA Frankfurt/M. Personalhauptakte u. PA der Philosophischen Fakultät; NDB; Heuer/Wolff, Juden, S. 245–248; Christmann/Hausmann, Romanisten; Hausmann, Strudel, S. 258–261. Online: VAdS.

Leonhard, Franz (1870–1950), seit 1899 o. Prof. (Römisches und Deutsches Bürgerliches Recht) an der Universität Marburg, Religion: evangelisch, 1916/17 Rektor der Universität Marburg, Mitglied der DNVP, 1933 als ehemaliger „Frontkämpfer" und „Altbeamter" zunächst im Amt belassen, 1935 emeritiert, 1936 als „Nichtarier" aus dem Personal- und Vorlesungsverzeichnis gestrichen, nicht emigriert, vor der Deportation war Leonhard durch die Ehe mit einer „Arierin" geschützt, 1945 rehabilitiert, 1945–1947 Fortsetzung der Lehrtätigkeit.

Quellen: BA Berlin R 4901/13270; Auerbach, Catalogus II, S. 117; Nagel, Philipps-Universität, S. 265 f., 268 ff., 535; Mitt. Dr. Carsten Lind, UA Marburg, 3.6.2019. Online: Marburger Professorenkatalog.

Lepehne, Georg (1887–1967), seit 1925 nichtbeamteter a. o. Prof. (Innere Medizin) an der Universität Königsberg, Religion: jüdisch, Mitglied der DStP, 1933 als ehemaliger „Frontkämpfer" zunächst im Amt belassen, 1935 als Jude entlassen oder ausgeschieden, 1935–1939 Chefarzt des Israelitischen Asyls für Kranke und Altersschwache in Köln, 1939 Emigration in die USA, Arzt in Boston; seine Mutter Clara L. starb 1943 im Ghetto Theresienstadt.

Quellen: BA Berlin R 4901/13270; Altpreußische Biographie IV; Becker-Jákli, Krankenhaus.

Lerch, Eugen (1888–1952), seit 1930 o. Prof. (Romanische Philologie) an der Universität Münster, Religion: evangelisch, 1919–1922 Mitglied der SPD, 1933 Mitglied der DNVP, 1935 aus politischen Gründen („linksgerichtet", frühere Ehe mit einer Jüdin und Wohngemeinschaft mit einer Jüdin) in den Ruhestand versetzt (§ 6 BBG), nicht emigriert, 1935 Umzug nach Köln, 1945/46 Lehrstuhlvertretung in Köln, 1946 erneut o. Prof. in Münster, 1946–1952 o. Prof. an der Universität Mainz.

Quellen: BA Berlin R 4901/13270; NDB; Christmann/Hausmann, Romanisten; Happ/Jüttemann, Schlag; Heiber, Universität I, S. 239 f. Online: VAdS; Verzeichnis der Professorinnen und Professoren der Universität Mainz.

Less, Emil (1855–1935), seit 1921 nichtbeamteter a. o. Prof. (Physik, Meteorologie) an der Universität Berlin und an der Landwirtschaftlichen Hochschule Berlin, Religion: konfessionslos (bis 1919 jüdisch), Mitglied der DDP, 1933 Entzug der Lehrbefugnis als „Nichtarier" (§ 3 BBG), nicht emigriert, Less starb in Berlin.

Quellen: UA HU Berlin UK L 120; GStA PK I Rep. 76 Va Sekt. 2 Tit. IV Nr. 68 F Teil 1; Wer ist's 1935; Poggendorff, Bd. IV–VI.

Leubuscher, Charlotte (1888–1961), seit 1929 nichtbeamtete a. o. Prof. (Staatswissenschaften) an der Universität Berlin, Religion: evangelisch, 1933 Entzug der Lehrbefugnis als „Nichtarierin" (§ 3 BBG), 1933 Emigration nach Großbritannien, bis 1942 Forschungsstipendiatin in Cambridge und Oxford, 1942–1944 Forschungsstipendiatin an der *London School of Economics*, 1945–1951 Arbeit an einer Studie für das *Colonial Office*, 1952–1955 *Research Fellow* an der *University of Manchester*.

Quellen: UA HU Berlin UK L 126; GStA PK I Rep. 76 Va Sekt. 2 Tit. IV Nr. 68 F Teil 1; Reichshandbuch II; Hagemann/Krohn, Handbuch II. Online: University Women's International Networks Database.

Leuchtenberger, Rudolf (1895–1990), seit 1932 Privatdozent (Innere Medizin) an der Universität Köln, Religion: evangelisch, 1935 Emigration in die Türkei wegen seiner „nichtarischen" Ehefrau, 1935/36 an der Universität Istanbul, 1936 Entzug der Lehrbefugnis in Köln (§ 18 RHO), 1936 Emigration in die USA, 1936–1948 am *Mount Sinai Hospital*, New York, 1948–1958 am *Doctors' Hospital* in Cleveland, Ohio, 1963–1974 am Schweizerischen Institut für experimentelle Krebsforschung.

Quellen: UA Köln Zug. 27/67 u. Zug. 67/1072; StA Freiburg F 196/1 Nr. 14582; BHdE II. Online: Universität zu Köln, Galerie der Professorinnen und Professoren.

Levi, Friedrich (1888–1966), seit 1923 nichtplanmäßiger a. o. Prof. (Mathematik) an der Universität Leipzig, Religion: jüdisch, 1933 als ehemaliger „Frontkämpfer" zunächst im Amt belassen, 1935 Entzug der Lehrbefugnis als Jude (§ 6 BBG), 1936 Emigration nach Indien, 1936–1948 Prof. an der Universität Kalkutta, 1948–1952 am *Tata Institute of Fundamental Research* in Bombay, 1952 Rückkehr nach Deutschland, 1952 o. Prof. an der FU Berlin, 1956 emeritiert.

Quellen: BA Berlin R 4901/13270; NDB; Sächsische Lebensbilder V; Lambrecht, Entlassungen. Online: Professorenkatalog der Universität Leipzig.

Levinsohn, Georg (1867–1935), seit 1921 nichtbeamteter a. o. Prof. (Augenheilkunde) an der Universität Berlin, Privatpraxis als Augenarzt, Religion: jüdisch, Mitglied der DDP/DStP, 1933 Entzug der Lehrbefugnis als Jude (§ 3 BBG), 1933 Emigration nach Palästina, seit 1933 augenärztliche Praxis in Tel Aviv.

Quellen: UA HU Berlin UK L 128; GStA PK I Rep. 76 Va Sekt. 2 Tit. IV Nr. 46 C Bd. I Bl. 248–252, 797 ff.; Reichshandbuch II; Wininger, National-Biographie IV und VII.

Levison, Wilhelm (1876–1947), seit 1920 o. Prof. (Mittlere und Neuere Geschichte und geschichtliche Hilfswissenschaften) an der Universität Bonn, Religion: jüdisch, bis 1933 Mitglied der DVP, 1933 als „Altbeamter" zunächst im Amt belassen, Ende 1935 als Jude aufgrund des RBG in den Ruhestand versetzt, 1939 Emigration nach Großbritannien, seit 1939 *Honorary Fellow* an der *Durham University*, 1940 als *enemy alien* zehn Wochen interniert.

Quellen: BA Berlin R 4901/13270; Wer ist's 1935; NDB; BHdE II; Becher/Hen, Wilhelm Levison; Hübinger, Wilhelm Levison. Nachruf in: Historische Zeitschrift 169 (1949), S. 667 f.

Levy, Ernst (1881–1968), seit 1928 o. Prof. (Römisches und deutsches Bürgerliches Recht) an der Universität Heidelberg, Religion: jüdisch, 1933 als „Altbeamter" und ehemaliger „Frontkämpfer" zunächst im Amt belassen, 1935 Boykott seiner Vorlesungen durch nationalsozialistische Studierende, Anfang 1936 als Jude aufgrund des RBG in den Ruhestand versetzt, 1936 Emigration in die USA, 1937–1952 Prof. an der *University of Washington* in Seattle, 1952 emeritiert, Rückkehr nach Europa, Ruhesitz in Basel

Quellen: BA Berlin R 4901/13270; NDB; BHdE II; Schroeder, Chancen, S. 275–288. Nachruf in: Zeitschrift der Savigny-Stiftung für Rechtsgeschichte, Romanistische Abteilung 86 (1969), S. XII–XXXII.

Lewald, Hans (1883–1963), seit 1932 o. Prof. (Römisches und bürgerliches Recht, internationales Privatrecht) an der Universität Berlin, Religion: evangelisch, 1935 als „Nichtarier" auf eigenen Antrag aus dem Staatsdienst entlassen[30], 1935 Emigration in die Schweiz, 1935–1953 o. Prof. an der Universität Basel.

Quellen: UA HU Berlin UK L 129a; Kinas, Exodus, S. 323 f.; Reinhard Philippi, Stammtafel David, in: Wikipedia-Eintrag zu Ernst Anton Lewald; NDB; Breunung/Walther, Emigration I; Lösch, Geist, S. 387 f.

Lewent, Kurt (1880–1964), seit 1932 Lehrbeauftragter (Altfranzösische und altprovenzalische Übungen) an der Universität Berlin, 1908–1935 Lehrer an der Kirschner-Oberrealschule in Berlin, Religion: jüdisch, 1933 als „Altbeamter" zunächst im Amt verblieben, 1935 durch den Dekan der Philosophischen Fakultät aus dem Lehrkörper ausgeschlossen, bis 1939 Lehrer an einer jüdischen Privatschule, 1941 Emigration in die USA, dort zunächst in einem Anwaltsbüro tätig, später *Associate Professor* an der *Columbia University* in New York.

Quellen: UA HU Berlin UK L 134; NDB; Christmann/Hausmann, Romanisten, S. 242, 304 f. Online: VAdS.

30 Freiwilliger Rücktritt mit politischem Hintergrund, da aufgrund seiner Herkunft nicht sicher ist, ob Lewald entlassen worden wäre.

Lewey, Frederic Henry →**Lewy, Fritz Heinrich**

Lewin, Kurt (1890–1947), seit 1927 nichtbeamteter a. o. Prof. (Philosophie) an der Universität Berlin, Assistent am Psychologischen Institut, Religion: jüdisch, 1933 als ehemaliger „Frontkämpfer" zunächst im Amt verblieben, 1933 Emigration in die USA (zunächst beurlaubt), seit 1933 Lehr- und Forschungstätigkeit an verschiedenen Universitäten, 1935 Entzug der Berliner Lehrbefugnis als Jude (RBG), 1944 Gründungsdirektor des Forschungszentrums für Gruppendynamik am MIT in Boston; Lewins Mutter wurde 1943 nach Sobibor deportiert.

Quellen: UA HU Berlin Phil. Fak. 1237; GStA PK I Rep. 76 Va Sekt. 2 Tit. X Nr. 150 Bd. III; BHdE II; NDB; Soziologenlexikon II; Wolfradt u. a., Psychologinnen; Marrow, Lewin; Lück, Lewin.

Lewy, Ernst (1881–1966), seit 1931 beamteter a. o. Prof. (Allgemeine Sprachwissenschaft) an der Universität Berlin, Religion: jüdisch, 1933 als einziger Fachvertreter für finnisch-ugrische Sprachen in Deutschland zunächst im Amt belassen, 1935 als Jude in den Ruhestand versetzt (RBG), 1937 Emigration nach Irland, zunächst Forschungen in Galway, seit 1939 an der *Royal Irish Academy* in Dublin tätig, daneben Lehrtätigkeit am *University College Dublin*, seit 1947 als Prof.

Quellen: UA HU Berlin UK L 140; GStA PK I Rep. 76 Va Sekt. 2 Tit. IV Nr. 68 E; NDB; Kinas, Exodus, S. 95 u. passim. Online: VAdS.

Lewy, Fritz Heinrich (1885–1950), seit 1923 nichtbeamteter a. o. Prof. (Innere Medizin und Nervenkrankheiten) an der Universität Berlin, 1932/33 Direktor des von ihm gegründeten Neurologischen Instituts in Berlin, Religion: jüdisch (1949 Quäker), 1933 als ehemaliger „Frontkämpfer" im Amt belassen; 1934 Entzug der Lehrbefugnis wegen des Vorwurfs, Beziehungen zur Sowjetunion zu unterhalten (§ 6 BBG); 1933 Emigration nach Großbritannien, 1934 in die USA, 1934–1949 *Visiting Professor* an der *University of Pennsylvania* in Philadelphia.

Quellen: UA HU Berlin UK L 141; GStA PK I Rep. 76 Va Sekt. 2 Tit. IV Nr. 46 C Bd. I Bl. 601 ff., 705 f. u. 729–739; Rodrigues e Silva, Lewy; Biermanns/Groß, Pathologen, S. 133–138; Martin u. a., Neurologen.

Lewy, Hans (1904–1988), seit 1927 Privatdozent (Mathematik) an der Universität Göttingen, Religion: jüdisch, 1933 Entzug der Lehrbefugnis als Jude (§ 3 BBG), 1933 Emigration in die USA, 1933–1935 *Research Associate* an der *Brown University* in Providence, seit 1935 an der *University of California* in Berkeley, zunächst als *Lecturer*, seit 1945 als *Full Professor*, 1950 nach Verweigerung des *Loyalty Oath* entlassen, später wieder eingestellt, 1972 emeritiert.

Quellen: GStA PK I Rep. 76 Va Nr. 10081 Bl. 77–86; Reid, Hans Lewy; BHdE II; Szabó, Vertreibung, S. 607 f. Nachruf in: The New York Times, 2.9.1988. Online: MacTutor History of Mathematics Archive.

Lewy, Julius (1895–1963), seit 1930 persönlicher Ordinarius (Semitische Philologie) an der Universität Gießen, Religion: jüdisch, 1933 als Jude entlassen, obwohl er ehemaliger „Frontkämpfer“ war (§ 4 BBG), 1933 Emigration nach Frankreich, 1933/34 Lehrtätigkeit an der Sorbonne, 1934 Emigration in die USA, 1934–1936 *Visiting Professor* an der *Johns Hopkins University* in Baltimore, 1936–1963 am *Hebrew Union College* in Cincinnati, seit 1940 *Full Professor*.

Quellen: NDB; Hecker, Julius Lewy; BHdE II. Nachruf in: Archiv für Orientforschung 21 (1966), S. 262 f. Online: VAdS.

Leyen, Friedrich von der (1873–1966), seit 1921 o. Prof. (Deutsche Philologie) an der Universität Köln, Religion: evangelisch, Mitglied der DNVP, 1937 wegen seiner „nichtarischen“ Ehefrau und aus politischen Gründen (kritische Äußerungen vor Studierenden) vorzeitig entpflichtet (offiziell auf eigenen Antrag), nicht emigriert, 1946/47 erneute Lehrtätigkeit in Köln, 1947–1953 Honorarprofessor in München.

Quellen: BA Berlin R 4901/13270; Germanistenlexikon II; NDB; Conrady, Germanistik, S. 56–76; Golczewski, Universitätslehrer, S. 164–169. Online: Universität zu Köln, Galerie der Professorinnen und Professoren.

Lichtenberg, Alexander von (1880–1949), seit 1922 nichtbeamteter a. o. Prof. (Chirurgie) an der Universität Berlin, Chefarzt der Urologischen Abteilung des St. Hedwig-Krankenhauses, Religion: katholisch (früher jüdisch), ungarischer Staatsangehöriger, 1933 Entzug der Lehrbefugnis als „Nichtarier“ (§ 3 BBG), 1934 Wiedererteilung der Lehrbefugnis nach Intervention des ungarischen Außenministeriums, 1936 Entzug der Lehrbefugnis (RBG), 1936 Emigration/Rückkehr nach Ungarn, 1939 nach Mexiko, Privatpraxis in Mexiko-Stadt.

Quellen: UA HU Berlin UK L 147; GStA PK I Rep. 76 Va Sekt. 2 Tit. IV Nr. 46 C Bd. I Bl. 519–524, 707–713, 745 ff., 805–814, 821 f.; Westermann, Alexander von Lichtenberg; Moll u. a., Alexander von Lichtenberg.

Lichtenstein, Leon (1878–1933), seit 1922 o. Prof. (Mathematik) an der Universität Leipzig, Religion: jüdisch, 1933 zunächst im Amt belassen, weil er sich schon vor 1914 habilitiert hatte, im Sommer 1933 nach öffentlichen Angriffen von nationalsozialistischer Seite auf eigenen Antrag beurlaubt; Lichtenstein starb im August 1933, bevor er als Jude entlassen werden konnte; nicht emigriert.

Quellen: UA Leipzig PA 692; Beckert, Leon Lichtenstein; Przeworska-Rolewicz, Leon Lichtenstein; Parak, Hochschule, S 190 f. Online: Professorenkatalog der Universität Leipzig.

Lieb, Fritz (1892–1970), seit 1931 nichtbeamteter a. o. Prof. (Östliches Christentum) an der Universität Bonn, Religion: evangelisch-reformiert, gebürtiger Schweizer, seit 1930 Mitglied der SPD, 1933 Entzug der Lehrbefugnis aus politischen Gründen (§ 4 BBG), 1934 Emigration nach Frankreich, 1936 Emigration/Rückkehr in die Schweiz, 1937 a. o. Prof. in Basel, 1946 Rückkehr nach Deutschland, 1946–1949 o. Prof. an der

Universität Berlin, 1949 erneut a. o. Prof. in Basel, 1958 o. Prof. an der Universität Basel.

Quellen: GStA PK I Rep. 76 Va Nr. 10396 Bl. 76–85; NDB; BBKL, Bd. 5; Rohkrämer, Fritz Lieb. Online: Historisches Lexikon der Schweiz.

Liebert (bis 1905 Levy), Arthur (1878–1946), seit 1928 nichtbeamteter a. o. Prof. (Philosophie) an der Universität Berlin, 1927–1933 Geschäftsführer der Kant-Gesellschaft, Religion: evangelisch (bis 1905 jüdisch), 1933 Entzug der Lehrbefugnis als „Nichtarier" (§ 3 BBG), 1933 Emigration nach Jugoslawien, Prof. an der Universität Belgrad, 1939 Emigration nach Großbritannien, ab 1942 Leiter der Freien Deutschen Hochschule in Birmingham, 1946 Rückkehr nach Deutschland, 1946 Prof. an der Universität Berlin.

Quellen: UA HU Berlin UK L 152; GStA PK I Rep. 76 Va Sekt. 2 Tit. IV Nr. 68 F Teil 1; BHdE II; NDB; Tilitzki, Universitätsphilosophie I. Nachruf in: Zeitschrift für Philosophische Forschung 3 (1948), S. 427–435.

Liebeschütz, Hans (1893–1978), Ehemann von →Rahel Liebeschütz-Plaut, seit 1929 Privatdozent (Mittellateinische Philologie) an der Universität Hamburg, im Hauptberuf Studienrat an der Lichtwarkschule, Religion: jüdisch, 1934 Entzug der Lehrbefugnis als Jude, seit 1936 an der Hochschule für die Wissenschaft des Judentums in Berlin, 1938 nach dem Novemberpogrom im KZ Sachsenhausen inhaftiert, 1939 Emigration nach Großbritannien, 1940 auf der *Isle of Man* interniert, 1946 *Assistant Lecturer*, 1955 *Reader* an der *University of Liverpool*.

Quellen: StA Hamburg 361-6 IV 1197; Fischer-Radizi, Vertrieben; BHdE II; Hausmann, Fach, S. 157–161; Hamburgische Biografie I; NDB.

Liebeschütz-Plaut, Rahel (1894–1993), Schwester von →Theodor Plaut, Ehefrau von →Hans Liebeschütz, seit 1923 Privatdozentin (Physiologie) an der Universität Hamburg, seit 1925 niedergelassene Ärztin in Hamburg, Religion: jüdisch, 1933 Entzug der Lehrbefugnis als Jüdin, 1938 Emigration nach Großbritannien, in Liverpool ehrenamtlich für den *Women's Royal Voluntary Service* als Altenpflegerin tätig.

Quellen: StA Hamburg 361-6 IV 619; Fischer-Radizi, Vertrieben; Villiez, Kraft, S. 337 f.; Hamburgische Biografie I; van den Bussche, Universitätsmedizin, S. 59 f.

Liebknecht, Otto (1876–1949), seit 1931 Lehrbeauftragter (Chemie des Wassers und verwandte Gebiete) an der Universität Berlin, Religion: konfessionslos, Mitglied der SPD (bis 1919) und der USPD (1919–1922/23), 1935 Entzug des Lehrauftrags aus politischen Gründen und wegen seiner „nichtarischen" Ehefrau, nicht emigriert, bis 1942 Chefchemiker bei der Permutit AG, seit 1943 wissenschaftlicher Berater der Th. Goldschmidt AG in Essen, seit 1946 Prof. an der (Humboldt-)Universität Berlin.

Quellen: UA HU Berlin PA nach 1945 L 222; Kinas, Exodus, S. 106 u. passim; Bertsch-Frank, Liebknecht.

Liebmann, Heinrich (1874–1939), seit 1920 o. Prof. (Mathematik) an der Universität Heidelberg, Religion: evangelisch, 1925/26 Rektor der Universität Heidelberg, 1933 als „Altbeamter" zunächst im Amt belassen; 1935 Vorlesungsboykott der nationalsozialistischen Studierenden gegen den „Nichtarier" Liebmann, der daraufhin im Oktober 1935 auf eigenen Antrag vorzeitig entpflichtet wurde (offiziell aus gesundheitlichen Gründen); nicht emigriert, 1936 Umzug nach Solln bei München.

Quellen: GLA Karlsruhe 235/2211; BA Berlin R 4901/13270; NDB; Drüll, Gelehrtenlexikon 1803–1932; Mussgnug, Dozenten, S. 70; Badische Biographien NF VI.

Liefmann, Robert (1874–1941), seit 1914 o. Honorarprofessor (Volkswirtschaftslehre und Finanzwissenschaft) an der Universität Freiburg/Br., Religion: evangelisch, 1933 Entzug der Lehrbefugnis als „Nichtarier" (§ 3 BBG), nicht emigriert, im Oktober 1940 (zusammen mit zwei Schwestern) in das Lager Gurs (Südfrankreich) deportiert. Liefmann starb im März 1941 an einer Lungenentzündung und einer Sepsis, die er sich während der Lagerhaft zugezogen hatte.

Quellen: GLA Karlsruhe 235/5007; Stadtarchiv Freiburg Einwohnermeldekartei; Wer ist's 1935; NDB; Hagemann/Krohn, Handbuch II; Liefmann/Liefmann, Lichter; Blümle/Goldschmidt, Robert Liefmann.

Liepe, Wolfgang (1888–1962), seit 1928 o. Prof. (Deutsche Literaturgeschichte) an der Universität Kiel, Religion: evangelisch, 1921 Mitglied der DDP, 1932 Mitglied der DStP, 1934 nach Frankfurt/M. versetzt, 1936 wegen seiner „nichtarischen" Ehefrau vorzeitig emeritiert (offiziell auf eigenen Antrag), 1939 Emigration in die USA, 1939 Prof. am *Yankton College* in South Dakota, 1947 *Associate Professor* an der *University of Chicago*, 1953 Rückkehr in die Bundesrepublik, 1954 erneut o. Prof. in Kiel.

Quellen: GStA PK I Rep. 76 Va Sekt. 9 Tit. IV Nr. 22 Bl. 175–192; BA Berlin R 4901/13270; NDB; BHdE; Uhlig, Wissenschaftler, S. 29–32; Germanistenlexikon II. Online: Kieler Gelehrtenverzeichnis.

Liepmann, Leo (1900–1975), seit 1930 Privatdozent (Wirtschaftliche Staatswissenschaften) an der Universität Breslau, Religion: evangelisch; 1933 im Amt belassen, weil sein Vater im Ersten Weltkrieg gefallen war; 1935 Entzug der Lehrbefugnis als „Nichtarier" (§ 18 RHO), 1935 Emigration nach Großbritannien, Mitarbeiter von William Beveridge an der *London School of Economics*, 1940 zeitweise auf der *Isle of Man* interniert, 1950–1958 *Lecturer* an der *Oxford University*.

Quellen: BA Berlin R 4901/13270; UA Wrocław S 186, S 187, S 197 u. S 220/298; Hagemann/Krohn, Handbuch II.

Liepmann, Wilhelm (1878–1939), seit 1921 nichtbeamteter a. o. Prof. (Geburtshilfe, Gynäkologie) an der Universität Berlin, 1925–1933 Direktor des Deutschen Instituts für Frauenkunde und der Frauenklinik *Cecilienhaus*, Religion: evangelisch (früher jüdisch),

1933 nach dem Reichstagsbrand zeitweise inhaftiert, 1933 Emigration in die Türkei, 1934 Entzug der Berliner Lehrbefugnis als „Nichtarier" (§ 6 BBG), 1933–1939 Prof. an der Universität Istanbul.

Quellen: UA HU Berlin UK L 164; GStA PK I Rep. 76 Va Sekt. 2 Tit. IV Nr. 46 C Bd. I–II; BA Berlin R 1501/126411; BHdE II; Altpreußische Biographie IV; Grabke, Liepmann; Neumark, Zuflucht, S. 101.

Lindemann, Hugo (1867–1949), seit 1920 Honorarprofessor (Kommunalpolitik, Sozialpolitik) an der Universität Köln, Religion: evangelisch, Mitglied der SPD, sozialdemokratischer Kommunalpolitiker, 1903–1906 Reichstagsabgeordneter der SPD, 1919–1933 Direktor am Kölner Forschungsinstitut für Sozialwissenschaften, 1933 Entzug der Lehrbefugnis aus politischen Gründen (§ 4 BBG), nicht emigriert, 1947–1949 erneut o. Honorarprofessor für Kommunal- und Sozialpolitik in Köln.

Quellen: Golczewski, Universitätslehrer, S. 306–309; NDB; Württembergische Biographien III; Schröder, Parlamentarier, S. 590. Online: Universität zu Köln, Galerie der Professorinnen und Professoren.

Lipmann, Otto (1880–1933), seit 1932 Lehrauftrag (Psychologie der Arbeit) an der Universität Berlin, seit 1916 Leiter des von ihm gegründeten Instituts für angewandte Psychologie, Religion: konfessionslos (früher jüdisch), 1933 Entzug des Lehrauftrags als „Nichtarier" (§ 3 BBG), nicht emigriert, Suizid nach der Entlassung und der Verwüstung seines Instituts durch die SA.

Quellen: GStA PK I Rep. 76 Va Sekt. 2 Tit. IV Nr. 68 F Teil 1; NDB; Sprung/Brandt, Lipmann; Wolfradt u. a., Psychologinnen. Nachruf in: The American Journal of Psychology 46 (1934), S. 152–154.

Lippmann, Edmund von (1857–1940), seit 1926 Honorarprofessor (Geschichte der Chemie) an der Universität Halle, bis 1926 hauptberuflich Direktor einer Zuckerfabrik, Religion: evangelisch (bis 1882 jüdisch), 1933 auf eigenen Antrag vom Lehrauftrag entbunden, 1936 Entzug der Lehrbefugnis als „Nichtarier" aufgrund des RBG, nicht emigriert.

Quellen: UA Halle PA 10183; Reichshandbuch II; Bruhns, Lebenserinnerungen; Eberle, Martin-Luther-Universität, S. 425 u. passim; Stengel, Ausgeschlossen.

Lippmann, Heinrich (1881–1943), seit 1921 nichtbeamteter a. o. Prof. (Innere Medizin) an der Universität Berlin, 1921–1934 Direktor der I. Inneren Abteilung im Krankenhaus im Friedrichshain, Religion: jüdisch, 1933 Entzug der Lehrbefugnis als Jude (§ 3 BBG), bis 1938 Arztpraxis in Berlin, 1938 Emigration in die Niederlande, Arztpraxis in Amsterdam; Lippmann starb während der deutschen Besatzung in Amsterdam.

Quellen: UA HU Berlin UK L 181; GStA PK I Rep. 76 Va Sekt. 2 Tit. IV Nr. 46 C Bd. I Bl. 277–284; BA Berlin R 9347; Doetz/Kopke, Ausschluss, S. 453.

Lippmann, Julius (1864–1934), seit 1930 Lehrbeauftragter (Verwaltungslehre, Verwaltungsrecht und Verwaltungspolitik) an der Universität Greifswald, Religion: evangelisch (früher jüdisch), seit 1910 Mitglied der Fortschrittlichen Volkspartei, ab 1918 Mitglied der DDP, 1919–1930 Oberpräsident der Provinz Pommern, 1927 Ehrensenator der Universität Greifswald, 1933 Verzicht auf den Lehrauftrag als „Nichtarier", nicht emigriert.

Quellen: UA Greifswald Jur. Fak. 396 u. Album der Ehrensenatoren; GStA PK I Rep.76 Va Sekt. 7 Tit. IV Nr. 20 Bd. IX Bl. 191 ff., 197 f.; Altpreußische Biographie IV; Buchholz, Lexikon.

Lips, Julius (1895–1950), seit 1930 nichtbeamteter a. o. Prof. (Völkerkunde und Soziologie) an der Universität Köln, 1928–1933 Direktor des Rautenstrauch-Joest-Museums für Völkerkunde, Religion: evangelisch, Mitglied der SPD, 1934 Entzug der Lehrbefugnis aus politischen Gründen, 1934 Emigration in die USA, Gastprofessor an der *Columbia University*, 1937–1939 *Howard University* in Washington, D. C., 1940 *New School for Social Research* in New York, 1948 Rückkehr nach Deutschland, seit 1948 Prof. an der Universität Leipzig, 1949/50 Rektor.

Quellen: NDB; BHdE II; Golczewski, Universitätslehrer, S. 213–222. Online: Professorenkatalog der Universität Leipzig; Universität zu Köln, Galerie der Professorinnen und Professoren.

Lipschitz, Werner (1892–1948), seit 1926 o. Prof. (Pharmakologie) an der Universität Frankfurt/M., Religion: jüdisch, 1933 nach einer Denunziation seiner Assistenten (u. a. wegen angeblich abfälliger Äußerungen über die SA und Hitler) als Jude und aus politischen Gründen entlassen (§ 4 BBG), 1933 Emigration in die Türkei, Prof. an der Universität Istanbul, 1939 Emigration in die USA, wo er für das Pharmaunternehmen *Lederle Laboratories* arbeitete.

Quellen: UA Frankfurt/M. Personalhauptakte u. Akten der Medizinischen Fakultät; BA Berlin R 4901/1759; BHdE; Hammerstein, Universität I, S. 234–238; Kinas, Exodus, S. 109 u. passim; Heuer/Wolf, Juden, S. 253 ff.

Lismann, Hermann (1878–1943), seit 1930 Lehrbeauftragter (Zeichnen und Maltechnik) an der Universität Frankfurt/M., Inhaber einer Malschule, Religion: jüdisch, 1933 als ehemaliger „Frontkämpfer" zunächst nicht entlassen, 1935 Verzicht auf den Lehrauftrag als Jude, 1938 Emigration nach Frankreich, 1939/40 im Lager Gurs interniert, 1940 Flucht nach Montauban, 1942 verhaftet; Lismann wurde 1943 im Vernichtungslager Majdanek ermordet.

Quellen: UA Frankfurt/M. Personalhauptakte; Stadtarchiv Frankfurt/M.: Teilnachlass; Frankfurter Biographie I; Heuer/Wolf, Juden, S. 255 ff. Online: Gedenkbuch – Opfer der Verfolgung.

Litt, Theodor (1880–1962), seit 1920 o. Prof. (Philosophie und Pädagogik) an der Universität Leipzig, Religion: evangelisch, 1931/32 Rektor der Universität Leipzig, exponierte sich seit 1932 als konservativer Kritiker des Nationalsozialismus, 1937 nach vielfältigen politischen Angriffen und Einschränkungen auf eigenen Antrag vorzeitig emeritiert[31], nicht emigriert, 1945 erneut o.

Prof. an der Universität Leipzig, seit 1947 o. Prof. an der Universität Bonn.

Quellen: BA Berlin R 4901/13270; NDB; Schwiedrzik, Steine; Heinze, Verhältnisse; Horn, Erziehungswissenschaft, S. 283 f. Online: Professorenkatalog der Universität Leipzig.

Loeb, Laurence/Lawrence →**Farmer Loeb, Laurence/Lawrence**

Löwe, Adolf / Lowe, Adolph (1893–1995), seit 1931 o. Prof. (Wirtschaftliche Staatswissenschaften) an der Universität Frankfurt/M., Religion: jüdisch, Mitglied der SPD (1918–1933) und der *Eisernen Front* (1931–1933), 1933 als Jude und aus politischen Gründen entlassen (§ 4 BBG), 1933 Emigration nach Großbritannien, 1933–1938 *Research* Fellow der Rockefeller Stiftung in Manchester, 1940 in die USA, 1940–1963 Prof. an der *New School für Social Research* in New York, 1983 Rückkehr in die Bundesrepublik.

Quellen: UA Frankfurt/M. Personalhauptakte; BHdE II; Hagemann/Krohn, Handbuch I; Heuer/Wolf, Juden, S. 258–262; Krohn, Ökonom; Löwe, Rückblick; Caspari/Schefold, Oppenheimer.

Loewe, Siegfried Walter (1884–1963), seit 1929 o. Honorarprofessor (Pharmakologie) an der Universität Heidelberg, Religion: jüdisch, 1933 Entzug der Lehrbefugnis als Jude (§ 3 BBG), 1933 Emigration in die Schweiz, 1934 in die Türkei, Prof. an der Universität Istanbul, 1934 Emigration in die USA, 1934/35 *Mount Sinai Hospital* in New York, 1936–1943 *Montefiore Hospital* in der Bronx, New York, 1946–1957 *Research Professor of Pharmacology* an der *University of Utah* in Salt Lake City.

Quellen: GLA Karlsruhe 235/1524; Wer ist wer 1955; BHdE II; Trendelenburg, Pharmakologen; Drüll, Gelehrtenlexikon 1803–1932.

Loewenstein, Karl (1891–1973), seit 1931 Privatdozent (Allgemeine Staatslehre, deutsches und ausländisches Staatsrecht, Völkerrecht) an der Universität München, Religion: konfessionslos (bis 1918 jüdisch), 1919–1933 Mitglied der DDP/DStP; 1933 als „Nichtarier“ entlassen, obwohl Loewenstein ehemaliger „Frontkämpfer“ war; 1933 Emigration in die USA, 1934–1936 an der *Yale University*, 1936–1961 *Full Professor* am *Amherst College* in Massachusetts, 1945/46 Berater der amerikanischen Militärregierung im Alliierten Kontrollrat.

Quellen: BayHStA München MK 43967; UA München E-II-2308; BHdE II; NDB; Lang, Loewenstein; Lepsius, Loewenstein; Böhm, Selbstverwaltung, S. 612 u. passim.

Löwenstein, Otto (1889–1965), seit 1931 o. Prof. (Pathopsychologie) an der Universität Bonn, Religion: seit 1909 evangelisch (ursprünglich jüdisch), Mitglied der DDP/DStP, im März 1933 fluchtartige Emigration in die Schweiz, im September 1933 als „Nichtarier“ entlassen (§ 3 BBG), 1933–1939 Konsiliarius in einem privaten Sanatorium bei Nyon, 1939 Emigration in die USA, 1939 Prof. an der *New York University*, 1947 Prof. an der *Columbia University*.

31 Freiwilliger Rücktritt mit politischem Hintergrund.

Quellen: GStA PK I Rep. 76 Va Nr. 10396 Bl. 41–46; Waibel, Anfänge; Forsbach, Universität Bonn, S. 347–353; Höpfner, Universität, S. 303–305; BHdE II; Heiber, Universität I, S. 321 ff.

Löwi/Lowi, Moritz (1891–1943), seit 1931 nichtbeamteter a. o. Prof. (Psychologie und Pädagogik) an der Universität Breslau, Religion: jüdisch, 1933 als ehemaliger „Frontkämpfer" zunächst im Amt verblieben, 1936 Entzug der Lehrbefugnis als Jude (RBG), 1938 Emigration in die Tschechoslowakei, 1941 in die USA, 1941–1943 *Research Associate* am *Connecticut College for Women*.

Quellen: BA Berlin R 4901/13270; GStA PK I Rep. 76 Va Sekt. 4 Tit. IV Nr. 41 Bd. VIII–IX; UA Wrocław S 34, S 200, S 201, S 203; Horn, Erziehungswissenschaft, S. 287; Wolfradt u. a., Psychologinnen. Online: ancestry.de.

Löwith, Karl (1897–1973), seit 1928 Privatdozent (Philosophie) an der Universität Marburg, Religion: evangelisch, 1933 als ehemaliger „Frontkämpfer" zunächst im Amt belassen, 1935 Entzug der Lehrbefugnis als „Nichtarier" (RBG), 1934 Emigration nach Italien, 1936 nach Japan, Prof. an der Kaiserlichen Universität in Sendai, 1941 in die USA, 1941–1949 Prof. am *Hartford Theological Seminary* in Connecticut, seit 1949 an der *New School for Social Research* in New York, 1952 Rückkehr in die Bundesrepublik, seit 1952 o. Prof. in Heidelberg.

Quellen: BA Berlin R 4901/13270; NDB; Auerbach, Catalogus II, S. 559 f.; Drüll, Gelehrtenlexikon 1933–1986; BHdE II; Löwith, Leben; Gadamer, Begegnungen, S. 418–423.

Loewy, Adolf (1862–1937), seit 1921 nichtbeamteter a. o. Prof. (Physiologie) an der Universität Berlin; 1922–1933 an das Schweizerische Forschungsinstitut für Hochgebirgsklima und Tuberkulose in Davos beurlaubt, wo er die Physiologische Abteilung leitete; Religion: jüdisch, 1933 Entzug der Berliner Lehrbefugnis als Jude (§ 3 BBG), Emigration in die Schweiz, im Oktober 1933 in Davos in den Ruhestand getreten.

Quellen: UA HU Med. Fak. 1478 Bl. 116; GStA PK I Rep. 76 Va Sekt. 2 Tit. IV Nr. 46 C Bd. I Bl. 393–397; Wininger, National-Biographie IV und VII; Fischer, Lexikon II; DBE.

Loewy, Alfred (1873–1935), seit 1919 o. Prof. (Mathematik) an der Universität Freiburg/Br., Religion: jüdisch, seit 1928 erblindet, 1933 als Jude in den Ruhestand versetzt (§ 3 BBG), nicht emigriert. Loewy starb im Januar 1935 an den Folgen einer Operation.

Quellen: GLA Karlsruhe 235/8915; Remmert, Mathematikgeschichte; Badische Biographien NF IV. Nachruf in: Scripta Mathematica 5 (1938), S. 17–22.

London, Fritz (1900–1954), seit 1928 Privatdozent (Theoretische Physik) an der Universität Berlin, 1927–1933 Assistent am Universitätsinstitut für theoretische Physik, Religion: evangelisch, 1933 Entzug der Lehrbefugnis als „Nichtarier" (§ 3 BBG), 1933 Emigration nach Großbritannien, 1933–1936 an der *Oxford University*, 1936 Emigration nach Frankreich, 1936–1939 am *Institut Henri Poincaré* in Paris, 1939 Emigration in die USA; 1939–1954 Prof. an der

Duke University in Durham, North Carolina.

Quellen: UA HU Berlin Phil. Fak. 1242; GStA PK I Rep. 76 Va Sekt. 2 Tit. IV Nr. 68 F Teil 1; BHdE II; NDB; Gavroglu, London.

Longland, (Cecil) Paul (1909–2001), seit 1932 Lektor (Englische Sprache) an der Universität Königsberg, Religion: anglikanisch, 1934 Aufgabe des Lektorats infolge seiner „weltanschaulichen Einstellung“[32], 1934 Emigration/Rückkehr nach Großbritannien, 1940–1944 *History Master* an der *King's School* in Worcester, 1944–1961 Lehrer an der *St. Paul's School* in London, seit 1961 Lehrer in Dedham, Massachusetts, USA.

Quellen: BA Berlin R 4901/1883, S. 97–101; Mitt. UA Wien, 12.3.2019. Online: Noble and Greenough School–Yearbook (Dedham/MA)–Class of 1965.

Lubarsch, Otto (1860–1933), seit 1928 emeritierter o. Prof. (Allgemeine Pathologie und pathologische Anatomie) an der Universität Berlin, Religion: evangelisch (bis ca. 1884 jüdisch), 1890 Mitgründer und vorübergehend Mitglied des *Alldeutschen Verbandes*, 1918–1933 Mitglied der DNVP, 1926–1933 Vorsitzender des *Reichsausschusses deutschnationaler Hochschullehrer*, nicht emigriert; Lubarsch starb im April 1933, bevor ihm die Lehrbefugnis als „Volljude“ entzogen werden konnte.

Quellen: UA HU Berlin UK L 226; NDB; Reichshandbuch II; Lubarsch, Gelehrtenleben; Prüll, Lubarsch.

Lubinski, Herbert (1892–1972), seit 1929 nichtbeamteter a. o. Prof. (Hygiene und Bakteriologie) an der Universität Breslau, Oberarzt am Hygienischen Universitätsinstitut, Religion: jüdisch, 1933 als politisch unzuverlässig denunziert und kurzzeitig inhaftiert, 1934 Entzug der Lehrbefugnis als Jude und aus politischen Gründen trotz Schwerkriegsbeschädigung (§ 6 BBG), 1938 Emigration nach Kanada, 1939–1966 Bakteriologe am *Jewish General Hospital* in Montreal, seit 1967 Alterssitz in Florida.

Quellen: GStA PK I Rep. 76 Va Sekt. 4 Tit. IV Nr. 51 Bl. 309–326, 408–410; Historisches Ärztelexikon für Schlesien IV; JGH pulse 1 (1967), Nr. 4, S. 7; Mitt. Linda Lei, Jewish General Hospital, Montreal, 29.6.2020.

Lublin, Alfred (1895–1956), seit 1932 nichtbeamteter a. o. Prof. (Innere Medizin) an der Universität Greifswald, 1933 Oberarzt, Religion: evangelisch, 1933 als ehemaliger „Frontkämpfer“ zunächst im Amt belassen, 1935 Entzug der Lehrbefugnis als „Nichtarier“, danach Privatpraxis in Königsberg, 1938 Emigration nach Litauen, 1939 nach Bolivien, zuletzt Privatpraxis in Sucre.

Quellen: UA Greifswald MF 83; Dittrich, Lublin; Ewert/Ewert, Emigranten, S. 41–71; Ewert/Ewert, Lublin; Eberle, Instrument, S. 739 f.; Lublin, Ein Leben.

Lubosch, Wilhelm (1875–1938), seit 1925 o. Prof. (Topographische Anatomie) an der Universität Würzburg, Religion: evangelisch (ursprünglich jü-

32 Freiwilliger Rücktritt mit politischem Hintergrund.

disch), 1919–1924 Mitglied der DNVP, 1933 als ehemaliger „Frontkämpfer" zunächst im Amt belassen, 1935 als „Nichtarier" in den Ruhestand versetzt (RBG), nicht emigriert; Lubosch starb während eines Kuraufenthalts in Gundelsheim am Neckar.

Quellen: UA Würzburg PA 131; BayHStA München MK 43969; BA Berlin R 73/12789a; Fischer, Lexikon II; Reichshandbuch I.

Ludloff, Johann Friedrich / Hanfried (1899–1987), Sohn von →Karl L., seit 1931 Privatdozent (Theoretische Physik) an der Universität Breslau, Religion: evangelisch, 1933 als ehemaliger „Frontkämpfer" zunächst geschützt, 1937 Entzug der Lehrbefugnis als „Halbjude" (§ 18 RHO), 1937 Emigration nach Österreich, 1937/38 Dozent an der Universität Wien, 1938 Entzug der Lehrbefugnis an der Universität Wien, 1939 Emigration in die USA, 1945–1962 Prof. (Aeronautik) an der *New York University*.

Quellen: BA Berlin R 4901/13270; GStA PK I Rep. 76 Va Sekt. 4 Tit. IV Nr. 41 Bd. VIII; UA Wrocław S 200, S 201 u. S 211; BHdE II; Schmitz, Kratzer, S. 49 f.

Ludloff, Karl (1864–1945), Vater von →Johann Friedrich L., seit 1929 emeritierter persönlicher Ordinarius (Orthopädische Chirurgie) an der Universität Frankfurt/M., Religion: evangelisch, Mitglied der DVP, 1937 wegen seiner Ehe mit einer „Nichtarierin" aus dem Personal- und Vorlesungsverzeichnis gestrichen, nicht emigriert, Privatpraxis als Orthopäde.

Quellen: UA Frankfurt/M. Personalhauptakte u. Rektoratsakte; Karanis, Karl Ludloff; Heuer/Wolff, Juden, S. 444 f.

Lütgert, Wilhelm (1867–1938), seit 1929 o. Prof. (Neues Testament) an der Universität Berlin, Religion: evangelisch, 1935 emeritiert mit nachfolgendem Lehrverbot aus politischen Gründen (kirchenpolitische Haltung, Gegner der *Deutschen Christen* in der Theologischen Fakultät Berlin), nicht emigriert.

Quellen: UA HU Berlin UK L 242 u. Theol. Fak. 91 Bl. 62, 65 ff.; Landeskirchliches Archiv Stuttgart D 40/429; BBKL, Bd. 17; Kinas, Exodus, S. 280 f.; Ludwig, Fakultät, S. 108 f. Online: Catalogus Professorum Halensis.

Lützeler, Heinrich (1902–1988), seit 1930 Privatdozent (Philosophie) an der Universität Bonn, Religion: katholisch, zeitweise Mitglied der Zentrumspartei, 1931 öffentliche Kritik an Alfred Rosenberg („Kulturbolschewismus von rechts"), 1940 Entzug der Lehrbefugnis aus politischen Gründen („eifriger Verfechter des politischen Katholizismus"), nicht emigriert, währed des Krieges zeitweise als Dolmetscher bei der Wehrmacht, 1945 apl. Prof. in Bonn, seit 1946 o. Prof. (Kunstgeschichte) in Bonn.

Quellen: BA Berlin R 4901/13270; Wer ist's 1935; Kroll, Widerstand; Höpfner, Universität, S. 57 f.

Lutz, Friedrich A. (1901–1975), seit 1932 Privatdozent (Nationalökonomie und Finanzwissenschaft) an der Universität Freiburg, Religion: evangelisch, 1937 Mitglied der SA, 1938 nach Beurlaubung Emigration in die USA, weil er in Deutschland aufgrund negativer politischer Beurteilungen („von politischer Mitarbeit hat er sich … betont ferngehalten") keine Zukunft sah[33], seit 1938 an der *Princeton University*, 1939 *Assistant Professor*, 1945 *Associate Professor*, 1947 *Full Professor*, 1951/52 Lehrstuhlvertretung in Freiburg, seit 1953 o. Prof. in Zürich.

Quellen: UA Freiburg B 24/2190; GLA Karlsruhe 235/8917; NDB; BHdE II; Hagemann/Krohn, Handbuch II; Veit-Bachmann, Friedrich A. Lutz; Grudev, Emigration.

Luxenburger, August (1867–1941), seit 1916 nichtplanmäßiger a. o. Prof. (Chirurgie) an der Universität München, Religion: katholisch, ließ sich im Juli 1933 nach der Heirat mit einer Jüdin aus „Altersgründen" von Lehrverpflichtungen befreien; beantragte 1937 die Streichung aus dem Lehrkörper, um die Unterlagen zur Abstammung der Ehefrau nicht einreichen zu müssen; daraufhin wurde seine Lehrbefugnis für „beendet" erklärt, nicht emigriert, Luxenburger und seine Frau verstarben im November 1941 in München.

Quellen: BayHStA München MK 17853; UA München E-II-2342; BA Berlin R 9361-VI/1876. Online: Biographisches Gedenkbuch der Münchner Juden 1933–1945.

Lyon, Nikolaus (1888–1939), seit 1924 Privatdozent (Physik) an der Universität Freiburg, Mitgründer und späterer Inhaber der Lytax-Werke GmbH, Fabrik kinematographischer Apparate in Freiburg, Religion: evangelisch, im Februar 1933 Verzicht auf die Lehrbefugnis; damit kam Lyon einem späteren Entzug der Lehrbefugnis als „Nichtarier" zuvor, nicht emigriert.

Quellen: UA Freiburg B 24/2189; Kürschner 1931; Mitt. Dr. Stefan Wolff, 19.6.2021. Online: Amtliches Einwohnerbuch der Stadt Freiburg.

M

Maas, Paul (1880–1964), seit 1930 o. Prof. (Klassische Philologie, byzantinische Philologie) an der Universität Königsberg, Religion: jüdisch, 1934 als Jude in den Ruhestand versetzt (§ 6 BBG), nach dem Novemberpogrom 1938 für eine Woche inhaftiert, 1939 Emigration nach Großbritannien, im Lektorat des Universitätsverlags *Clarendon Press* in Oxford tätig, 1940 zeitweise interniert, seit 1949 am *Balliol College* in Oxford.

Quellen: GStA PK I Rep. 76 Va Sekt. 11 Tit. IV Nr. 37 Bl. 114–121, 137–169; BHdE II; NDB; Mensching, Altphilologen; Oxford Dictionary of Biography. Online: VAdS.

Macholz, Waldemar (1876–1950), seit 1927 o. Prof. (Praktische Theologie) an der Universität Jena, Religion: evangelisch, wurde 1933 von seinem Lehrauftrag für Praktische Theologie entbunden („zersetzende theologische Haltung"), stattdessen Lehrauftrag für Konfessionskunde, Anhänger der Bekennenden Kirche, 1938 auf eigenen

33 Freiwilliger Rücktritt mit politischem Hintergrund.

Wunsch vorzeitig entpflichtet[34], nicht emigriert, 1945 reaktiviert, 1948 emeritiert.

Quellen: UA Jena D 1945; BA Berlin R 4901/13271; Kürschner 1950; Pauli, Geschichte, S. 352, 356; Mitt. Margit Hartleb, UA Jena, 17.4.2018.

Mänchen-Helfen, Otto (1894–1969), seit Mai 1933 Privatdozent (Ethnologie) an der Universität Berlin, Religion: konfessionslos; 1934 als Sozialist und wegen seiner „nichtarischen" Ehefrau „freiwillig" ausgeschieden, bevor er entlassen werden konnte; 1933 Emigration/Rückkehr nach Österreich, seit 1937 Mitglied der *Vaterländischen Front*, 1938 Emigration in die USA, 1939–1947 am *Mills College* in Oakland, Kalifornien, 1942 *Professor of Oriental Studies*, 1947–1962 *Professor of Art* an der *University of California* in Berkeley.

Quellen: GStA PK I Rep. 76 Va Sekt. 2 Tit. IV Nr. 51 Bd. XXIV; Chronik der Friedrich-Wilhelms-Universität 1932/1935, S. 24, 37; BHdE II; NDB. Nachruf in: Central Asiatic Journal 13 (1969), S. 75–77.

Magnus, Julius (1867–1944), seit 1929 Lehrbeauftragter (Patentrecht, Musterschutz, unlauterer Wettbewerb, Warenzeichenrecht) an der Universität Berlin, hauptberuflich Rechtsanwalt und Notar, Religion: jüdisch, 1933 Entzug des Notariats und des Lehrauftrags als Jude (§ 3 BBG), 1938 Verlust der Anwaltszulassung, 1939 Emigration in die Niederlande, 1943 im Lager Westerbork interniert, später in das Ghetto Theresienstadt deportiert, wo er im Mai 1944 starb.

Quellen: UA HU Berlin UK M 18; GStA PK I Rep. 76 Va Sekt. 2 Tit. IV Nr. 45 A Bl. 14–25; BHdE II; NDB; Jungfer, Magnus. Online: Gedenkbuch – Opfer der Verfolgung.

Magnus, Werner (1876–1942), seit 1921 nichtbeamteter a. o. Prof. (Botanik) an der Universität Berlin, Religion: evangelisch (bis 1908 jüdisch), zeitweise Mitglied der DVP, 1933 Entzug der Lehrbefugnis als „Nichtarier" (§ 3 BBG), nicht emigriert, Suizid im August 1942 angesichts der bevorstehenden Deportation.

Quellen: GStA PK I Rep. 76 Va Sekt. 2 Tit. IV Nr. 68 F Teil 1; Kürschner 1931; Wer ist's 1935. Online: Gedenkbuch – Opfer der Verfolgung.

Magnus-Alsleben, Ernst (1879–1936), seit 1928 o. Prof. (Innere Medizin) an der Universität Würzburg, Religion: evangelisch (früher jüdisch), 1933 als ehemaliger „Frontkämpfer" zunächst im Amt verblieben, 1935 als „Nichtarier" in den Ruhestand versetzt (RBG), 1935 Emigration in die Türkei, Direktor der Medizinischen Klinik und Poliklinik am Musterkrankenhaus in Ankara.

Quellen: UA Würzburg PA 133; BayHStA München MK 43977; BA Berlin R 9361-V/1897; Fischer, Lexikon II; Widmann, Exil, S. 275; Strätz, Handbuch.

Magnus-Levy, Adolf (1865–1955), seit 1921 nichtbeamteter a. o. Prof. (Physiologie) an der Universität Berlin, Religion: jüdisch, 1933 Entzug der Lehrbefugnis als Jude (§ 3 BBG), 1940 Emigration

34 Freiwilliger Rücktritt mit politischem Hintergrund.

in die USA, 1940–1945 *Research Professor* an der *Yale University* in New Haven, Connecticut, seit 1945 Ruhestand in New York City.

Quellen: Reichshandbuch II; Wer ist's 1935; Who's Who in World Jewry 1955; Kinas, Exodus, S. 421. Nachrufe in: Münchener Medizinische Wochenschrift 97 (1955), S. 834 f.; Diabetes 4 (1955), S. 422–424.

Mainzer, Fritz (1897–1961), seit 1930 Privatdozent (Innere Medizin) an der Universität Rostock, Religion: jüdisch, seit 1932 Chefarzt des Jüdischen Krankenhauses in Alexandria (nach antisemitischen Attacken in Rostock), seine Beurlaubung als Privatdozent wurde 1932/33 durch das nationalsozialistisch geführte Kultusministerium von Mecklenburg-Schwerin verweigert, 1933 endgültige Emigration nach Ägypten, seit 1942 ärztliche Praxis in Alexandria.

Quellen: UA Rostock PA Fritz Mainzer; LHA Schwerin 5.12-7/1 Nr. 2497; Wer ist wer 1955; Curschmann, Lebenserinnerungen, S. 71 f. Nachruf in: Deutsche Medizinische Wochenschrift 86 (1961), S. 1239.

Majerus, Nikolaus (1892–1964), seit 1934 Lehrbeauftragter (Luxemburger Recht) an der Universität Bonn, seit 1936 Honorarprofessor, Religion: katholisch, 1941 nach Aufenthaltsverbot für Luxemburg und das Deutsche Reich Emigration in den unbesetzten Teil Frankreichs, gleichzeitig Entzug des Lehrauftrags und der Honorarprofessur aus politischen Gründen („francophile Einstellung"), im November 1944 Rückkehr/Emigration nach Luxemburg.

Quellen: Wenig, Verzeichnis; Höpfner, Universität, S. 40.

Man, Hendrik de (1885–1953), seit 1929 Lehrbeauftragter (Sozialpsychologie und Sozialpädagogik) an der Universität Frankfurt/M., Religion: konfessionslos, belgischer Sozialist (1939 Vorsitzender der Belgischen Arbeiterpartei), 1933 Entzug des Lehrauftrags aus politischen Gründen, 1933 Rückkehr/Emigration nach Belgien, 1935–1940 verschiedene Ministerposten, 1941 Redeverbot, 1941–1944 in Vichy-Frankreich, 1944 Flucht in die Schweiz, 1946 in Belgien wegen Kollaboration in Abwesenheit verurteilt.

Quellen: UA Frankfurt/M. Personalhauptakte, Rektoratsakte u. PA der Wirtschafts- u. Sozialwissenschaftlichen Fakultät; NDB; Man, Gegen den Strom; Baur, Hendrik de Man; Kinas, Exodus, S. 372 ff. u. passim.

Manes, Alfred (1877–1963), seit 1930 Honorarprofessor (Versicherungswirtschaft) an der Universität Berlin und an der Handelshochschule Berlin, Religion: konfessionslos (davor evangelisch, bis 1898 jüdisch), Mitglied der Nationalliberalen Partei, 1933 Entzug der Lehrbefugnis als „Nichtarier" (§ 3 BBG), 1934/35 Gastprofessor an der Universität Buenos Aires, 1936 Emigration in die USA, bis 1948 Gastprofessor an der *Indiana University* in Bloomington, 1948–1950 Prof. an der *Bradley University* in Peoria, Illinois.

Quellen: UA HU Berlin UK M 34; BA Berlin R 4901/19418; Reichshandbuch II; NDB; BHdE II;

Mantel, Betriebswirtschaftslehre, S. 377–380, 771; Hagemann/Krohn, Handbuch II; Kinas, Exodus, S. 89 f.

Manigk, Alfred (1873–1942), seit 1927 o. Prof. (Römisches und Deutsches Bürgerliches Recht und Rechtsphilosophie) an der Universität Marburg, Religion: evangelisch, Mitglied der DDP/DStP, im März 1934 auf Betreiben nationalsozialistischer Studierender aus politischen Gründen („abfällige Bemerkungen über den Nationalsozialismus“) vorzeitig emeritiert (offiziell auf eigenen Antrag), 1934 Umzug nach Berlin, nicht emigriert.

Quellen: NDB; Friedrich, Juraprofessor; Nagel, Philipps-Universität, S. 218–232, 536. Nachruf in: Zeitschrift der Savigny-Stiftung für Rechtsgeschichte, Romanistische Abteilung 63 (1943), S. 520–522.

Mann, Fritz Karl (1883–1979), seit 1926 o. Prof. (Finanzwissenschaft) an der Universität Köln, Religion: evangelisch-reformiert, 1933 als ehemaliger „Frontkämpfer“ zunächst im Amt belassen, 1935 wegen „Fortfalls des Lehrstuhls“ entpflichtet, 1936 Entzug der Lehrbefugnis als „Nichtarier“ (RBG), 1936 Emigration in die USA, 1936–1956 Prof. für Wirtschaftswissenschaft an der *American University* in Washington, D. C., 1943/44 Forschungsdirektor am *Industrial College of the Armed Forces.*

Quellen: BA Berlin R 4901/13271; Reichshandbuch II; Ahrend, Fritz Karl Mann; Golczewski, Universitätslehrer, S. 154–164; NDB; Hagemann/Krohn, Handbuch II; BHdE II.

Mannheim, Hermann (1889–1974), seit 1929 nichtbeamteter a. o. Prof. (Strafrecht, Strafprozessrecht) an der Universität Berlin, im Hauptamt bis 1933 Richter am Kammergericht Berlin, Religion: evangelisch, 1933 als Kammergerichtsrat „auf eigenen Antrag“ in den Ruhestand versetzt, als ehemaliger „Frontkämpfer“ zunächst weiterhin im Besitz der Lehrbefugnis, 1935 Emigration nach Großbritannien, 1935 Verzicht auf die Lehrbefugnis, bevor sie ihm als „Nichtarier“ entzogen werden konnte, 1935–1955 an der *London School of Economics*, 1946 *Reader*.

Quellen: UA HU Berlin UK M 42; BA Berlin R 4901/1263, 1266 u. 13271; BHdE II; NDB; Breunung/Walther, Emigration I; Lösch, Geist, S. 307 f. u. passim; Oxford Dictionary of Biography.

Mannheim, Karl (1893–1947), seit 1930 o. Prof. (Soziologie) an der Universität Frankfurt/M., Religion: jüdisch, 1933 als Jude in den Ruhestand versetzt (§ 3 BBG), 1933 Emigration nach Großbritannien, 1933–1945 *Lecturer* (Soziologie) an der *London School of Economics*, 1941–1945 zunächst *Lecturer*, seit 1945 Prof. am *Institute of Education* der *University of London.*

Quellen: UA Frankfurt/M. Personalhauptakte u. PA der Wirtschafts- und Sozialwissenschaftlichen Fakultät; BHdE II; NDB; Oxford Dictionary of Biography; Heuer/Wolf, Juden, S. 262–266; Balla u. a., Mannheim.

Marchionini, Alfred (1899–1965), seit 1928 Privatdozent (Dermatologie) an der Universität Freiburg/Br., 1924–1938 Assistent an der Hautklinik, Religion:

evangelisch, 1923–1930 Mitglied der SPD, 1934 zum apl. a. o. Prof. ernannt, 1938–1945 beurlaubt, 1938 Emigration in die Türkei wegen seiner „nichtarischen“ Ehefrau, seit 1938 Abteilungsleiter am Musterkrankenhaus Ankara, 1948 Rückkehr nach Deutschland, 1948 o. Prof. in Hamburg, 1950 o. Prof. in München, 1954/55 Rektor der Universität München.

Quellen: GLA Karlsruhe 235/8923; BA Berlin R 4901/13271; NDB; BHdE II; Löhe/Langer, Dermatologen. Nachruf in: Münchener Medizinische Wochenschrift 107 (1965), S. 1319–1321.

Marck, Siegfried (1889–1957), seit 1930 persönlicher Ordinarius (Philosophie) an der Universität Breslau, Religion: jüdisch; Mitglied der SPD (1919–1933), der *Eisernen Front* (1932/33) und des *Reichsbanner Schwarz-Rot-Gold* (1924–1933); 1933 als Jude und aus politischen Gründen entlassen (§ 4 BBG), 1933 Emigration nach Frankreich, 1934–1939 Gastprofessor in Dijon, 1939 Emigration in die USA, 1940–1945 Prof. am *Central YMCA College* in Boston.

Quellen: GStA PK I Rep. 76 Va Sekt. 4 Tit. IV Nr. 51 Bl. 200–209 u. Nr. 48 Bd. X Bl. 2–28 u. passim; NDB; BHdE I; Kümmel/Walter, Kant; Tilitzki, Universitätsphilosophie I, S. 290–294 u. passim.

Marckwald, Willy (1864–1942), seit 1930 emeritierter o. Honorarprofessor (Chemie) an der Universität Berlin, Religion: evangelisch (bis 1892 jüdisch); 1933 zunächst im Amt verblieben, weil sein Sohn Friedrich im Ersten Weltkrieg gefallen war; 1936 Entzug der Lehrbefugnis als „Nichtarier“ (RBG), 1936 Emigration nach Brasilien (mit seinem Sohn).

Quellen: UA HU Berlin UK M 57; GStA PK I Rep. 76 Va Sekt. 2 Tit. IV Nr. 68 D Bd. IV; Wer ist’s 1935; Wininger, National-Biographie VII; BHdE II.

Marcus, Carl David (1879–1940), seit 1921 Lehrbeauftragter (Neuere nordische Literaturgeschichte) an der Universität Berlin, schwedischer Staatsangehöriger, Religion: jüdisch; 1933 „freiwilliger“ Verzicht auf den Lehrauftrag, bevor er als Jude entlassen werden konnte; 1933 Emigration/Rückkehr nach Schweden, lebte als Gymnasiallehrer in Östersund.

Quellen: UA HU Berlin UK M 58; GStA PK I Rep. 76 Va Sekt. 2 Tit. IV Nr. 68 B Bd. IV; Wininger, National-Biographie IV; Heuer, Bibliographia Judaica II.

Marcus, Ernst (1893–1968), seit 1929 nichtbeamteter a. o. Prof. (Zoologie) an der Universität Berlin, 1923–1935 Assistent am Zoologischen Institut, Religion: französisch-reformiert (bis 1924 konfessionslos), seit 1919 einige Jahre Mitglied der DNVP, 1933 als ehemaliger „Frontkämpfer“ zunächst im Amt belassen, 1936 Entzug der Lehrbefugnis als „Nichtarier“ (RBG), 1936 Emigration nach Brasilien, 1936–1963 Prof. und Direktor des Zoologischen Instituts der Universität São Paulo.

Quellen: UA HU Berlin UK M 59; BA Berlin R 4901/1393 u. R 4901/19429; BHdE; Brodersen, Klassenbild; Winston, Marcus. Nachruf in: The Journal of Molluscan Studies 38 (1969), S. 371–373.

Marcus, Harry (1880–1976), Schwiegervater von →Titus von Lanz, seit 1915 nichtplanmäßiger a. o. Prof. (Anatomie und Entwicklungsgeschichte) an der Universität München, 1923–1935 Konservator am Anatomischen Institut, Religion: evangelisch (bis 1919 konfessionslos, davor jüdisch), 1933 als ehemaliger „Frontkämpfer" zunächst im Amt belassen, 1936 Entzug der Lehrbefugnis als „Nichtarier" (RBG), 1939 Emigration nach Bolivien, Honorarprofessor an der Universität Cochabamba, 1954 Rückkehr in die Bundesrepublik.

Quellen: BayHStA München MK 43993; UA München E-II-2375; BA Berlin R 9361-VI/1915; Scheibe-Jaeger, Leben; Böhm, Selbstverwaltung, S. 612 u. passim.

Marcus, Max (1892–1983), seit 1932 Privatdozent (Chirurgie) an der Universität Berlin, 1932/33 Chefarzt der II. Chirurgischen Abteilung am Städtischen Krankenhaus Friedrichshain, Religion: jüdisch, 1934 Entzug der Lehrbefugnis aus politischen Gründen („Marxist") und als Jude (§ 6 BBG), 1933 Emigration nach Palästina, seit 1933 Leiter der Chirurgischen Abteilung am Hadassah-Hospital in Tel Aviv, später auch Lehrtätigkeit an der Hebräischen Universität Jerusalem.

Quellen: UA HU Berlin UK M 60; GStA PK I Rep. 76 Va Sekt. 2 Tit. IV Nr. 46 C Bd. I Bl. 750–774 u. passim; Pross/Winau, Nicht misshandeln, S. 158–163; Doetz/Kopke, Ausschluss, S. 458; Franke/Franke, Neumann.

Marschak, Jakob (1898–1977), seit 1930 Privatdozent (Nationalökonomie) an der Universität Heidelberg, 1930–1933 Assistent am Institut für Sozial- und Staatswissenschaften, Religion: jüdisch, 1933 Entzug der Lehrbefugnis als Jude (§ 3 BBG), 1933 Emigration nach Großbritannien, 1935 *Leiter des Oxford Institute of Statistics*, 1939 Emigration in die USA, 1940 Prof. an der *New School for Social Research* in New York, 1943 *University of Chicago*, 1956 *Yale University*, 1960 *University of California*, Los Angeles.

Quellen: GLA Karlsruhe 235/2296; NDB; BHdE II; Hagemann/Krohn, Handbuch II. Nachrufe in: The American Economic Review 68, 2 (1978), S. IX–XIV.

Martienssen, Oscar (1874–1957), seit 1921 nichtbeamteter a. o. Professor (Technische Physik) an der Universität Kiel, 1914–1951 Geschäftsführer der Gesellschaft für nautische und tiefbohrtechnische Instrumente mbH, Religion: evangelisch, 1936 Entzug der Lehrbefugnis (§ 18 RHO) aus politischen Gründen (nach scharfen Angriffen in der NS-Presse, weil Martienssen auf Anordnungen des Reichsluftschutzbundes mit der Frage nach ihrer Rechtsgrundlage reagiert hatte), nicht emigriert, 1945 Erneuerung des Lehrauftrags.

Quellen: Reichshandbuch II; NDB; Volbehr/Weyl, Professoren, S. 193; Uhlig, Wissenschaftler, S. 91–97. Online: Kieler Gelehrtenverzeichnis.

Marx, Erich Anselm (1874–1956), seit 1920 planmäßiger a. o. Prof. (Radiophysik) an der Universität Leipzig, Religion: französisch-reformiert, 1933 als „Nichtarier" entlassen (§ 3 BBG), 1933–

1940 Aufbau eines privaten Forschungsinstituts in Leipzig, 1941 Emigration in die USA, 1941–1944 *Research Professor* an der *Trinity University* in San Antonio, Texas, seit 1944 Professor für Physik am *Rensselaer Polytechnic Institute* in Troy, New York.

Quellen: NDB; BHdE II; Lambrecht, Entlassungen. Online: Professorenkatalog der Universität Leipzig.

Marx, Hellmut (1901–1945), seit 1932 Privatdozent (Innere Medizin) an der Universität Heidelberg, Religion: evangelisch, Mitglied der Bekennenden Kirche, 1934 an die Universität Berlin umhabilitiert, Assistent bzw. Oberarzt an der Charité, seit 1937 Chefarzt an der Westfälischen Diakonissenanstalt Sarepta in Bethel; 1938 Verzicht auf die Lehrbefugnis, weil ihm die Umhabilitation nach Münster wegen „jeglichen Fehlens des politischen Einsatzes" verweigert wurde; nicht emigriert. Marx starb im Juni 1945 an einer toxischen Diphterie.

Quellen: GLA Karlsruhe 235/2297 und 480/34191; UA HU Berlin UK M 79; BA Berlin R 9361-II/690633; UA Münster Bestand 10 Nr. 284; Bauer, Innere Medizin, S. 761–764.

Marx, Karl Theodor (1892–1958), seit ca. 1931 Lehrbeauftragter (Soziale Fürsorge) an der Universität Erlangen, hauptberuflich Oberverwaltungsrat im Wohlfahrtsamt der Stadt Nürnberg, Religion: evangelisch, 1933 nach Beurlaubung im Hauptberuf Lehrauftrag nicht mehr ausgeübt, 1936 als Oberverwaltungsrat trotz Einstellung eines gegen ihn eingeleiteten Dienststrafverfahrens aus politischen Gründen in den Ruhestand versetzt (§ 6 BBG), nicht emigriert, 1945 Amtsdirektor und seit 1947 Stadtrat in Nürnberg.

Quellen: Stadtarchiv Nürnberg C 18/II Nr. 4508; Strauß, Wandererfürsorge, S. 219; Hanschel, Oberbürgermeister, S. 355. Online: Stadtarchiv Nürnberg – Stadtlexikon.

Masur, Gerhard (1901–1975), seit 1930 Privatdozent (Mittlere und neuere Geschichte) an der Universität Berlin, Religion: evangelisch (später katholisch), 1933 als ehemaliges Mitglied eines Freikorps zunächst im Amt belassen, 1936 Entzug der Lehrbefugnis als „Nichtarier" (RBG), 1935 Emigration in die Schweiz, 1936 nach Kolumbien, 1936–1938 Berater des dortigen Erziehungsministeriums, 1938–1946 Lehrer an einer Oberschule in Bogotá, 1946 Auswanderung in die USA, 1947–1966 Prof. am *Sweet Briar College* in Virginia.

Quellen: UA HU Berlin UK M 86; BHdE II; Masur, Herz; Ritter, Meinecke, S. 44–46 u. passim; Kinas, Exodus, S. 127 f., 336 f.

Mathias, Ernst (1886–1971), seit 1924 nichtbeamteter a. o. Prof. (Allgemeine Pathologie und pathologische Anatomie) an der Universität Breslau, Oberassistent am Pathologischen Institut, Religion: jüdisch, 1933 als ehemaliger „Frontkämpfer" zunächst im Amt belassen, 1935/36 Entzug der Lehrbefugnis als Jude, 1938 Emigration in die USA, als Pathologe an verschiedenen Krankenhäusern in Massachusetts tätig; seit 1942 *Professor of Pathology* an der *Middlesex University* in Waltham,

Massachusetts; lebte zuletzt in Madison, Wisconsin.

Quellen: BA Berlin R 4901/13271; Kürschner 1931; Biermanns/Groß, Pathologen, S. 148–150; Historisches Ärztelexikon für Schlesien IV. Online: Center for Jewish Studies, Mathias Family Collection.

Matthes, Ernst (1889–1958), seit 1927 o. Prof. (Zoologie) an der Universität Greifswald, Religion: evangelisch, 1933 Mitglied des *Stahlhelm, Bund der Frontsoldaten*, 1935/36 Präsident der Deutschen Zoologischen Gesellschaft, seit 1936 Prof. an der Universität Coimbra in Portugal (zunächst beurlaubt), 1937 in Greifswald wegen seiner Ehe mit einer „Volljüdin" in den Ruhestand versetzt (§ 6 BBG), daraufhin endgültige Emigration nach Portugal.

Quellen: UA Greifswald PA 109; Frisch, Ernst Matthes; Buchholz, Lexikon; Eberle, Instrument, S. 779 f. u. passim; Kinas, Exodus, S. 212 ff. u. passim.

Maurenbrecher, Bertold (1868–1943), seit 1915 nichtplanmäßiger a. o. Prof. (Klassische Philologie) an der Universität München, Religion: freireligiös (früher evangelisch), Mitglied der SPD (1921–1933) und des *Reichsbanner Schwarz-Rot-Gold* (1925–1930); wurde 1934 aus politischen Gründen gezwungen, auf die weitere Ausübung der Lehrbefugnis zu verzichten; 1937 offizielle Beendigung der Lehrtätigkeit aus Altersgründen, nicht emigriert.

Quellen: BayHStA München MK 17859; UA München E-II-2409; BA Berlin R 9361-VI/1943; Böhm, Selbstverwaltung, S. 359, 590, 612; Pfister, Maurenbrecher. Online: Catalogus Professorum Halensis.

Mayer, Fritz (1876–1940), seit 1919 a. o. Honorarprofessor (Chemie) an der Universität Frankfurt/M., Religion: evangelisch, 1933 Entzug der Lehrbefugnis als „Nichtarier" (§ 3 BBG), Emigration nach Großbritannien, im Juli 1940 Suizid angesichts der bevorstehenden Internierung als deutschstämmiger Flüchtling.

Quellen: UA Frankfurt/M. Personalhauptakte, Rektoratsakte u. PA der Naturwissenschaftlichen Fakultät; Heuer/Wolf, Juden, S. 266 f.; Grenville, Friends.

Mayer, Georg (1892–1973), seit 1928 Privatdozent (Wirtschaftliche Staatswissenschaften) an der Universität Gießen, Religion: katholisch (später konfessionslos), 1919–1928 Mitglied der DDP, 1933 Entzug der Lehrbefugnis aus politischen Gründen (als Anhänger der KPD), mehrfach verhaftet, nicht emigriert, 1941–1945 Wehrmachtsbeamter, seit 1947 Prof. an der Universität Leipzig, seit 1947 Mitglied der SED (1950–1967 Abgeordneter der Volkskammer), 1950–1963 Rektor der Universität Leipzig.

Quellen: Stadtarchiv Gießen Personenstandskartei; Reimann, Entlassung, S. 200 ff.; Heydemann, Transformation, S. 415–421 u. passim; Wer war wer in der DDR. Online: Professorenkatalog der Universität Leipzig.

Mayer, Gustav (1871–1948), Schwager von →Karl Jaspers, seit 1922 beamteter a. o. Prof. (Geschichte der politischen Parteien) an der Universität Berlin, Religion: jüdisch, 1933 als Jude in den Ruhestand versetzt (§ 3 BBG), seit 1934 zu Studienaufenthalten nach Großbritannien beurlaubt, 1938 endgültige Emigration nach Großbritannien, wo er zeitweise Stipendien der *London School of Economics* und der *Rockefeller Foundation* erhielt.

Quellen: UA HU Berlin UK M 109; GStA PK I Rep. 76 Va Sekt. 2 Tit. IV Nr. 68 F Teil 1; BHdE II; NDB; Mayer, Erinnerungen; Ribbe, Mayer; Wehler, Mayer; Ritter, Meinecke, S. 98–105 u. passim.

Mayer, Martin (1875–1951), seit 1931 nichtbeamteter a. o. Prof. (Tropenkrankheiten und medizinische Parasitologie) an der Universität Hamburg, 1914–1935 Leiter der Abteilung für Bakteriologie am Institut für Tropenkrankheiten, Religion: jüdisch, 1934 Entzug der Lehrbefugnis als Jude, 1939 Emigration nach Venezuela, 1939–1951 in der Forschungsabteilung des *Instituto Nacional de Higiene* in Caracas, seit 1945 Prof. für Tropenkrankheiten an der *Universidad Central de Venezuela.*

Quellen: Villiez, Kraft, S. 351 f.; Brahm, Tropenärzte; Hamburgische Biografie III; Diccionario de Historia de Venezuela III. Nachruf in: Zeitschrift für Tropenmedizin und Parasitologie 3 (1951/52), S. 1–3.

Mayer, Rudolf L. (1895–1962), seit 1929 Privatdozent (Dermatologie) an der Universität Breslau, 1932/33 Assistenzarzt an der Universitäts-Hautklinik, Religion: jüdisch, 1933 Entzug der Lehrbefugnis als Jude (§ 3 BBG), 1933 Emigration nach Frankreich, Direktor der Laboratorien der Rhône Poulenc S. A., 1942 Emigration in die USA, 1943–1960 Direktor des mikrobiologischen Instituts der *Ciba Corporation* in Summit, New Jersey.

Quellen: GStA PK I Rep. 76 Va Sekt. 4 Tit. IV Nr. 51 Bl. 264–272, 431–433; Löhe/Langer, Dermatologen; Eppinger, Schicksal, S. 142. Nachruf in: Der Hautarzt 14 (1963), S. 526 f.

Mayer-Gross, Willy/Wilhelm (1889–1961), seit 1929 nichtbeamteter a. o. Prof. (Psychiatrie) an der Universität Heidelberg, Religion: jüdisch, 1933 als ehemaliger „Frontkämpfer“ zunächst geschützt, 1933 Emigration nach Großbritannien, 1933–1939 am *Maudsley Hospital* in London, 1936 Entzug der Heidelberger Lehrbefugnis als Jude (RBG), seit 1939 Leiter der Forschungsabteilung am *Crichton Royal Hospital* in Dumfries, Schottland, seit 1955 *Senior Fellow* an der *Medical School* der *University of Birmingham.*

Quellen: BHdE II; Drüll, Gelehrtenlexikon 1803–1932. Nachrufe in: Archiv für Psychiatrie und Nervenkrankheiten 203 (1962), S. 123–136; The British Medical Journal Nr. 5225, 25.2.1961, S. 596 f.

Meier, Ernst (1893–1965), seit 1924 Privatdozent (Wirtschaftliche Staatswissenschaften) an der Universität Erlangen, Religion: katholisch, 1926–1933 Mitglied der BVP, Kreisleiter der *Bayernwacht*, 1929–1933 Stadtrat in Erlangen, 1933 zeitweise in „Schutzhaft“, 1934 Entzug der Lehrbefugnis aus politischen Gründen, nicht emigriert, Mitglied des *Sperr-Kreises*, 1939–1945 Kriegsdienst als Hauptmann der Reserve, 1945–1949 Landrat in Neumarkt/

Oberpfalz, 1948 Wiedererteilung der Lehrbefugnis in Erlangen, 1949 nichtplanmäßiger a. o. Prof.

Quellen: BayHStA München MK 44 018; UA Erlangen F2/1 Nr. 2360a; Professoren und Dozenten Erlangen III; Wendehorst, Geschichte, S. 185 f. Nachruf in: Publizistik 11 (1966), S. 66 f.

Meier(-Gross), Rolf (1897–1966), seit 1931 Privatdozent (Innere Medizin) an der Universität Leipzig, Religion: evangelisch, 1935 Emigration in die Schweiz wegen seiner „nichtarischen" Ehefrau, 1936 Verzicht auf die Lehrbefugnis an der Universität Leipzig, 1935–1960 Pharmakologe bei der Ciba AG in Basel, seit 1939 Leiter der Biologischen Abteilung, 1947 Direktor, seit 1944 auch a. o. Prof. für pathologische Physiologie an der Universität Basel, 1960 pensioniert.

Quellen: UA Leipzig PA 1499; Trendelenburg, Pharmakologen, S. 85 f.

Meirowsky, Emil (1876–1960), seit 1921 nichtbeamteter a. o. Prof. (Hautkrankheiten) an der Universität Köln, Religion: jüdisch, zeitweise Mitglied der DDP, 1933 Entzug der Lehrbefugnis als Jude (§ 3 BBG), 1939 Emigration nach Großbritannien, seit 1941 am *Royal Surrey County Hospital* in Guildford, 1947 Auswanderung in die USA, seit 1947 am *Medical Center* der *Indiana University*; Meirowskys Tochter Lisamaria M. wurde 1942 in Auschwitz ermordet.

Quellen: UA Köln Zug. 17/I/3684; Eppinger, Schicksal, S. 208; Deutscher Dermatologenkalender 1929, S. 151–153; Golczewski, Universitätslehrer, S. 172 f., 406, 451. Nachruf in: Archives of Dermatology 82 (1960), S. 644.

Meisen, Karl (1891–1973), seit 1928 Privatdozent (Deutsche Volkskunde) an der Universität Bonn, im Hauptberuf Studienrat in Bonn, Religion: katholisch, 1939 Entzug der Lehrbefugnis aus politischen Gründen („klerikale Einstellung"), als Studienrat nach Siegburg versetzt, nicht emigriert, 1945 Wiederaufnahme der Lehrtätigkeit in Bonn, seit 1948 persönlicher Ordinarius an der Universität Bonn, 1960 emeritiert.

Quellen: NDB; Wer ist wer 1955; Wenig, Verzeichnis; Höpfner, Universität, S. 56 f. Nachruf in: Rheinische Vierteljahresblätter 38 (1974), S. IX–XII.

Meißner, Karl Wilhelm (1891–1959), seit 1932 o. Prof. (Experimentalphysik) an der Universität Frankfurt/M., Religion: evangelisch (später Quäker), 1937 wegen seiner „nichtarischen" Ehefrau und der Weigerung, für das Winterhilfswerk zu spenden, in den Ruhestand versetzt (§ 6 BBG), 1938 Emigration in die USA, 1938 am *Polytechnic Institute* in Worcester, Mass., 1941–1959 an der *Purdue University* in Lafayette, Indiana, zunächst als Gastprofessor, zuletzt als *Full Professor*.

Quellen: UA Frankfurt/M. Personalhauptakte, Rektoratsakte, PA Naturwissenschaftliche Fakultät u. Abt. 10 Nr. 144; BHdE II; Heuer/Wolf, Juden, S. 445 ff.; Kinas, Exodus, S. 206 f. u. passim; Kummer, Meißner.

Meitner, Lise (1878–1968), seit 1926 nichtbeamtete a. o. Prof. (Physik) an der Universität Berlin, 1913–1938 Wissenschaftliches Mitglied des KWI für Chemie, Religion: seit 1908 evangelisch (ursprünglich jüdisch), 1933 Entzug der Lehrbefugnis als „Nichtarierin" (§ 3 BBG), 1938 Emigration nach Schweden, publizierte 1939 (mit Otto Robert Frisch) die physikalisch-theoretische Erklärung der Kernspaltung, bis 1946 am Nobel-Institut in Stockholm, 1947–1953 Forschungsprofessur an der TH Stockholm, 1960 Übersiedlung nach Großbritannien.

Quellen: GStA PK I Rep. 76 Va Sekt. 2 Tit. IV Nr. 68 F Teil 1 u. 2; BHdE II; NDB; Rürup, Schicksale, S. 262–268; Rennert/Traxler, Meitner; Sime, Lise Meitner.

Melchior, Eduard (1883–1974), seit 1921 nichtbeamteter a. o. Prof. (Chirurgie) an der Universität Breslau, Religion: evangelisch (früher jüdisch), 1933 Entzug der Lehrbefugnis als „Nichtarier" (§ 3 BBG), 1936 Emigration in die Türkei, 1936–1954 Leiter der Chirurgie am Staatlichen Musterkrankenhaus in Ankara, 1946–1954 Prof. an der Universität Ankara, 1954 Rückkehr in die Bundesrepublik, später Auswanderung in die Schweiz.

Quellen: GStA PK I Rep. 76 Va Sekt. 4 Tit. IV Nr. 51 Bl. 101–108, 338–340, 412 f.; Widmann, Exil, S. 276; BHdE II; Historisches Ärztelexikon für Schlesien IV; Neumark, Zuflucht, S. 105, 227.

Mendelssohn Bartholdy, Albrecht (1874–1936), seit 1920 o. Prof. (Auslandsrecht, Internationales Privat- und Prozessrecht) an der Universität Hamburg, 1923–1934 auch Leiter des Instituts für Auswärtige Politik in Hamburg, Religion: evangelisch, 1933 als „Nichtarier" in den Ruhestand versetzt (§ 6 BBG), 1934 Emigration nach Großbritannien, seit 1934 *Senior Research Fellow* am *Balliol College* in Oxford.

Quellen: NDB; Breunung/Walther, Emigration I; Vagts, Albrecht Mendelssohn Bartholdy, Hamburgische Biografie V; Orth, Vertreibung, S. 102–113; BHdE II.

Mennicke, Carl (1887–1959), seit 1930 Honorarprofessor (Pädagogik) an der Universität Frankfurt/M., Religion: konfessionslos (bis 1927 evangelisch), 1919–1933 Mitglied der SPD, 1934 Entzug der Lehrbefugnis aus politischen Gründen und Pensionierung als Prof. am Berufspädagogischen Frankfurt/M. (§ 6 BBG), 1933 Emigration in die Niederlande, 1941–1943 im Arbeitserziehungslager Wuhlheide und im KZ Sachsenhausen inhaftiert, 1945 Rückkehr in die Niederlande, 1952 Rückkehr in die Bundesrepublik.

Quellen: UA Frankfurt/M. Personalhauptakte, Rektoratsakte u. PA Philosophische Fakultät; BA Berlin R 4901/19527; BHdE II; Horn, Erziehungswissenschaft, S. 292 f.; Heuer/Wolf, Juden, S. 458 f.

Merhart, Gero von (1886–1959), seit 1928 o. Prof. (Vorgeschichte) an der Universität Marburg, Religion: katholisch, 1938 nach politischen Angriffen aus dem Amt Rosenberg und der SS („katholische Bindungen") beurlaubt (offiziell auf eigenen Antrag), 1942 vorzeitig pensioniert (offiziell aus gesundheitlichen Gründen), nicht emigriert, nach Kriegsende reaktiviert, 1946–1949

Lehrstuhlvertretung an der Universität Marburg, 1956 emeritiert.

Quellen: BA Berlin R 4901/13271 Bl. 6478 u. NS 21/405; Auerbach, Catalogus II, S. 568; Kossack, Gero Merhart von Bernegg; Theune, Gero von Merhart.

Meriggi, Piero (1899–1982), seit 1922 Lektor (Italienisch) an der Universität Hamburg, seit 1930 Privatdozent (Allgemeine vergleichende Sprachwissenschaft) in Hamburg, Religion: konfessionslos (früher katholisch), 1940 auf Druck der italienischen Regierung aus politischen Gründen entlassen („ausgesprochener Anti-Faschist"), nicht emigriert, nach Kriegsende Rückkehr nach Italien, seit 1949 Prof. an der Universität Pavia (Lombardei).

Quellen: BA Berlin R 4901/13271. Nachruf in: Kadmos. Zeitschrift für Vor- und Frühgriechische Epigraphik 22 (1983), S. 1–4. Online: VAdS.

Merkel, Paul (1872–1943), seit 1916 o. Prof. (Strafrecht, Strafprozess- u. Zivilprozessrecht) an der Universität Greifswald, Religion: evangelisch, 1933 als „Altbeamter" und ehemaliger „Frontkämpfer" zunächst nicht entlassen, verlor 1934 als „Vierteljude" das Prüfungsrecht, reichte daraufhin 1935 einen Antrag auf Emeritierung ein, 1936 emeritiert, nicht emigriert.

Quellen: UA Greifswald PA 421; BA Berlin R 4901/13271; Eberle, Instrument, S. 650 u. passim; Buchholz, Lexikon.

Merton, Hugo (1879–1940), seit 1921 nichtbeamteter a. o. Prof. (Zoologie) an der Universität Heidelberg, Religion: evangelisch (ursprünglich jüdisch), 1933 als ehemaliger „Frontkämpfer" im Amt belassen, 1936 Entzug der Lehrbefugnis als „Nichtarier" (RBG), 1937 Emigration nach Großbritannien, am *Institute of Animal Genetics* der *University of Edinburgh* tätig, 1938 bei einer Reise nach Deutschland festgenommen und zeitweise im KZ Dachau inhaftiert, 1939 Rückkehr nach Edinburgh.

Quellen: Kürschner 1931; Drüll, Gelehrtenlexikon 1803–1932; Mussgnug, Dozenten, S. 85, 161. Nachruf in: Nature 145 (1940), S. 924 f.

Messer, August (1867–1937), seit 1910 o. Prof. (Philosophie und Pädagogik) an der Universität Gießen, Religion: konfessionslos (bis 1905 katholisch), im Mai 1933 aus politischen Gründen („liberalistisch", „im neuen Staat untragbar") beurlaubt; um seine Entlassung zu verhindern, beantragte Messer daraufhin seine Emeritierung, die im Juni 1933 genehmigt wurde; nicht emigriert.

Quellen: Kürschner 1931; Wer ist's 1935; Kosch, Deutschland II; NDB; Kanitscheider, August Messer; Reimann, Entlassung, S. 196 ff.

Mettenheim, Heinrich von (1867–1944), seit 1920 persönlicher Ordinarius (Kinderheilkunde) an der Universität Frankfurt/M., Religion: evangelisch, Mitglied der DNVP, 1935 emeritiert, 1937 wegen seiner Ehe mit einer „Nichtarierin" aus dem Personal- und Vorlesungsverzeichnis gestrichen, nicht emigriert, ärztliche Praxis; Mettenheim starb 1944 bei einem Luftangriff, seine als „Volljüdin" geltende Frau Clara überlebte den Krieg bei Freunden im Versteck.

Quellen: UA Frankfurt/M. Personalhauptakte, Rektoratsakte u. Abt. 10 Nr. 106 Bl. 574; Stadtarchiv Frankfurt/M. PA 1007 u. 28098; Mettenheim, Jahre; Seidler, Kinderärzte, S. 262; Heuer/Wolf, Juden, S. 447 f.

Metz, Theodor M. (1890–1978), seit 1920 Lehrbeauftragter (Niederländische Wirtschaftskunde) an der Universität Frankfurt/M., Religion: jüdisch, 1933 Verzicht auf den Lehrauftrag als Jude, 1933 Emigration in die Niederlande, 1919–1943 Syndikus der Niederländischen Handelskammer für Deutschland (seit 1940 inoffiziell), 1943/44 in den Lagern Barneveld und Westerbork inhaftiert, 1944 in das Ghetto Theresienstadt deportiert, 1945 Rückkehr in die Niederlande, 1946 Ministerialreferent im Wirtschaftsministerium.

Quellen: UA Frankfurt/M. PA der Wirtschafts- u. Sozialwissenschaftlichen Fakultät; HHStA Wiesbaden Abt. 518 Nr. P 1329; Reichshandbuch II; Kinas, Exodus, S. 74 u. passim.

Metzger, Ernst L. (1895–1967), seit 1932 Privatdozent (Augenheilkunde) an der Universität Frankfurt/M., 1929–1938 niedergelassener Augenarzt in Frankfurt/M., Religion: jüdisch, 1933 Entzug der Lehrbefugnis als Jude (§ 3 BBG), 1938 Emigration in die USA, Augenarzt am *Lenox Hill Hospital* in New York und Lehrtätigkeit an der *New York University*.

Quellen: UA Frankfurt/M. Personalhauptakte u. Akten der Medizinischen Fakultät; Heuer/Wolf, Juden, S. 270 f.

Meyer, Alfred (1895–1990), seit 1931 nichtbeamteter a. o. Prof. (Psychiatrie und Neurologie) an der Universität Bonn, Assistenzarzt an der Klinik für psychisch und Nervenkranke, Religion: evangelisch (ursprünglich jüdisch), 1933 Entzug der Lehrbefugnis als „Nichtarier“ (§ 3 BBG), 1933 Emigration nach Großbritannien, 1933–1949 als Pathologe am *Maudsley Hospital* in London, 1949–1956 Prof. für Neuropathologie an der *University of London*.

Quellen: GStA PK I Rep. 76 Va Nr. 10396 Bl. 66–74; BHdE II; Forsbach, Universität Bonn, S. 354 f.; Fremery-Dohna/Schoene, Geistesleben; Wenig, Verzeichnis.

Meyer, Fritz (1875–1953), seit 1921 nichtbeamteter a. o. Prof. (Innere Medizin) an der Universität Berlin, Religion: jüdisch, 1931/32 Mitglied der *Deutschen Liga für Menschenrechte*; 1933 Entzug der Lehrbefugnis aus politischen Gründen und als Jude (§ 4 BBG), obwohl Meyer ehemaliger „Frontkämpfer“ war; 1935 Emigration in die USA, Tätigkeit am *Seaview Hospital* in Staten Island, New York, gleichzeitig Privatpraxis bis 1948, 1948 Rückkehr nach Deutschland, Gastvorlesungen in Marburg und an der FU Berlin.

Quellen: UA HU Berlin UK M 327; GStA PK I Rep. 76 Va Sekt. 2 Tit. IV Nr. 46 C Bd. I Bl. 537–546, 740 ff.; Biermanns/Groß, Pathologen, S. 154–159. Online: Archiv des Leo Baeck Institute New York AR 25573.

Meyer, Ludwig F. (1879–1954), seit 1921 nichtbeamteter a. o. Prof. (Kinderheilkunde) an der Universität Berlin, 1918–1933 Direktor des Waisenhauses und Kinderasyls der Stadt Berlin, Religion: jüdisch, Mitglied der DDP/DStP,

1933 als ehemaliger „Frontkämpfer“ zunächst im Amt belassen, 1933–1934 Direktor des Städtischen Kinderkrankenhauses in Berlin-Wedding, 1936 Entzug der Lehrbefugnis als Jude (RBG), 1936 Emigration nach Palästina, 1936–1954 Leiter der Kinderabteilung am Hadassah-Hospital in Tel Aviv.

Quellen: UA HU Berlin UK M 183; Fischer, Lexikon II; Doetz/Kopke, Ausschluss, S. 458; Seidler, Kinderärzte, S. 176 f.

Meyer, Max (1890–1954), seit 1927 nichtbeamteter a. o. Prof. (Ohren-, Nasen- und Kehlkopfheilkunde) an der Universität Würzburg, Religion: evangelisch (bis 1905 jüdisch); Mitglied der DVP (1921–1925) und der DNVP (1932/33); 1933 als ehemaliger „Frontkämpfer“ zunächst im Amt belassen, 1936 Entzug der Lehrbefugnis (RBG), 1935 Emigration in die Türkei, 1935–1941 Klinikdirektor in Ankara, 1941 Emigration in den Iran, 1941 Prof. in Teheran, 1947 Rückkehr nach Deutschland, seit 1947 o. Prof. in Würzburg, 1951–1953 Rektor der Universität.

Quellen: UA Würzburg PA 409 I–II; BayHStA München MK 44027; BA Berlin R 9361-VI/2006; Fischer, Lexikon II; BHdE II; Widmann, Exil, S. 276; Strätz, Handbuch; Klimesch, Köpfe II.

Meyer, Paul M. (1865–1935), seit 1931 emeritierter o. Honorarprofessor (Papyruskunde und alte Rechtsgeschichte) an der Universität Berlin, Religion: evangelisch (früher jüdisch), 1933 wegen „hervorragender Bewährung“ im Amt belassen, nicht emigriert, 1934 aus dem Vorlesungsverzeichnis gestrichen; Meyer verstarb 1935, bevor ihm als „Nichtarier“ die Lehrbefugnis entzogen werden konnte.

Quellen: UA HU Berlin UK M 186; GStA PK I Rep. 76 Va Sekt. 2 Tit. IV Nr. 45 Bd. XIV Bl. 161–165; Wer ist's 1935; Lösch, Geist, S. 219 f. u. passim; Kinas, Exodus, S. 100 f.

Meyer, Richard Joseph (1865–1939), Schwager von →Martin Wolff, seit 1921 nichtbeamteter a. o. Prof. (Chemie) an der Universität Berlin, 1922–1936 Redakteur von *Gmelins Handbuch der anorganischen Chemie*, Religion: jüdisch, 1933 Entzug der Lehrbefugnis als Jude (§ 3 BBG), nicht emigriert, Meyer starb in Berlin; seine Frau Pauline und seine Tochter Elisabeth kamen 1942 bzw. 1944 im Ghetto Theresienstadt ums Leben.

Quellen: UA HU Berlin UK M 188; GStA PK I Rep. 76 Va Sekt. 2 Tit. IV Nr. 68 F Teil 1; Wininger, Nationalbiographie IV; Poggendorff, Bd. VI; Wer ist's 1935; NDB.

Meyer, Robert Otto (1864–1947), seit 1932 Honorarprofessor (Pathologie) an der Universität Berlin, seit 1912 Prosektor und Leiter des Pathologischen Instituts der Universitäts-Frauenklinik, Religion: evangelisch, 1933 als „Altbeamter“ zunächst im Amt belassen, 1935 als „Nichtarier“ in den Ruhestand versetzt (RBG), 1936 Entzug der Lehrbefugnis (RBG), bis 1938 unentgeltlich an der Universitäts-Frauenklinik tätig, 1939 Emigration in die USA, *Clinical Associate Professor* an der *University of Minnesota* in Minneapolis.

Quellen: UA HU Berlin UK M 189; BA Berlin R 9347; Fischer, Lexikon II; Biermanns/Groß, Pathologen, S. 161–168; Ebert, Recht. Nachruf in: Zentralblatt für Gynäkologie 70 (1948), S. 2–7.

Meyerhof, Otto (1884–1951), seit 1929 Honorarprofessor (Physiologie) an der Universität Heidelberg, 1922–1938 Direktor der Physiologischen Abteilung am KWI für Medizinische Forschung in Heidelberg, Religion: konfessionslos (ursprünglich jüdisch), 1922 Nobelpreis für Medizin, 1933 als „Altbeamter" zunächst geschützt, 1935 Entzug der Lehrbefugnis als „Nichtarier" (RBG), 1938 Emigration nach Frankreich, 1940 in die USA, seit 1940 Forschungsprofessur an der *University of Pennsylvania*, Philadelphia.

Quellen: BA Berlin R 4901/13271; NDB; Drüll, Gelehrtenlexikon 1803–1932; Rürup, Schicksale, S. 268–271. Online: National Academy of Sciences, Biographical Memoirs.

Meyer-Steineg, Theodor (1873–1936), seit 1911 nichtbeamteter a. o. Prof. (Geschichte der Medizin) an der Universität Jena, seit 1914 Leiter einer privaten Augenklinik, Religion: evangelisch, 1934 Aufgabe der Lehrtätigkeit, 1935 von der Reichsstelle für Sippenforschung als „Nichtarier" eingestuft, nicht emigriert, Meyer-Steineg reiste Ende 1935 nach Italien, wo er im Mai 1936 an den Folgen eines Herzinfarkts verstarb; seine Frau Toni Meyer-Steineg starb 1944 im Ghetto Theresienstadt.

Quellen: UA Jena D 2028; LATh – HStA Weimar Personalakten aus dem Bereich Volksbildung 20551; Zimmermann, Theodor Meyer-Steineg; Jüdische Lebenswege in Jena, S. 371–375.

Michael, Wolfgang (1862–1945), seit 1924 emeritierter planmäßiger a. o. Prof. (Westeuropäische Geschichte) an der Universität Freiburg/Br., Religion: evangelisch, Ende 1935 Entzug der Lehrbefugnis als „Nichtarier" aufgrund des RBG, Emigration in die Schweiz.

Quellen: GLA Karlsruhe 235/5007 Bl. 239; Kürschner 1931; Wer ist's 1935; Wirbelauer, Philosophische Fakultät, S. 969.

Michaelis, Leonor (1875–1949), seit 1921 nichtbeamteter a. o. Prof. (Anwendung der physikalischen Chemie in der Medizin) an der Universität Berlin, seit 1929 als Abteilungsleiter an das *Rockefeller Institute for Medical Research* in New York beurlaubt, Religion: konfessionslos (bis 1915 jüdisch), 1933 wegen „hervorragender Bewährung" zunächst im Amt belassen, 1934 Entzug der Lehrbefugnis als „Nichtarier" (§ 6 BBG), endgültige Emigration in die USA.

Quellen: UA HU Berlin UK M 196; GStA PK I Rep. 76 Va Sekt. 2 Tit. IV Nr. 46 C Bd. 1 Bl. 1–17; NDB; Deichmann u. a., Commemorating. Online: National Academy of Sciences, Biographical Memoirs.

Michaelis, Max (1869–1933), seit 1921 nichtbeamteter a. o. Prof. (Innere Medizin) an der Universität Berlin, Inhaber einer privaten Poliklinik in Berlin, Religion: jüdisch, nicht emigriert; Michaelis verstarb im April 1933, bevor er als Jude entlassen werden konnte.

Quellen: UA HU Berlin UK M 197 u. Charité 620; Fischer, Lexikon II; Wer ist's 1928; Wininger, National-Biographie I und VII.

Michalski, Ernst (1901–1936), seit 1930 Privatdozent (Kunstgeschichte) an der Universität München, Religion: evangelisch (bis 1933 jüdisch), 1933 als „Nichtarier" aus dem bayerischen Staatsdienst entlassen (§ 3 BBG), nicht emigriert. Michalski, dessen Emigrationsbemühungen 1934 krankheitsbedingt scheiterten, starb 1936 in Berlin nach einer Operation.

Quellen: BayHStA München MK 44032; UA München E-II-2469; Wendland, Handbuch I.

Michel, Ernst (1889–1964), seit 1931 Honorarprofessor (Soziale Betriebslehre und Arbeitswissenschaft) an der Universität Frankfurt/M., Religion: katholisch, Mitglied der Zentrumspartei und im *Friedensbund Deutscher Katholiken*, 1933 Entzug der Lehrbefugnis aus politischen Gründen und Pensionierung als planmäßiger Dozent an der Akademie der Arbeit (§ 6 BBG), nicht emigriert, Ausbildung zum Psychotherapeuten, 1940 Privatpraxis in Frankfurt/M.

Quellen: UA Frankfurt/M. Personalhauptakte u. Abt. 10 Nr. 144; Frankfurter Biographie II; NDB; Antrick, Akademie; Heuer/Wolf, Juden, S. 459 ff.; Kinas, Exodus, S. 395 u. passim; Soziologenlexikon II.

Michel, Max F. (1888–1941), seit 1930 Lehrbeauftragter (Sozialrecht, insbesondere Fürsorgerecht) an der Universität Frankfurt/M., 1927–1933 besoldeter Stadtrat (Kulturdezernent) in Frankfurt/M., Religion: jüdisch, 1925–1933 Mitglied der SPD, 1933 Entzug des Lehrauftrags als Jude und aus politischen Gründen (§ 4 BBG), seit 1936 geschäftsführendes Vorstandsmitglied des *Hilfsvereins der Juden in Deutschland*, 1938 Emigration in die USA, lebte in New York.

Quellen: UA Frankfurt/M. Rektoratsakte u. Akte der Rechtswissenschaftlichen Fakultät; BHdE I; Hansen/Tennstedt, Lexikon II; Heuer/Wolf, Juden, S. 271 ff.

Minkowski, Rudolf/Rudolph (1895–1976), seit 1931 nichtbeamteter a. o. Prof. (Physik) an der Universität Hamburg, seit 1922 Wissenschaftlicher Hilfsarbeiter am Physikalischen Staatsinstitut, Religion: evangelisch, 1933 als ehemaliger „Frontkämpfer" zunächst geschützt, 1934 Entzug der Lehrbefugnis als „Nichtarier" (§ 6 BBG), 1935 Emigration in die USA, 1935–1960 am *Mount Wilson Observatory* (seit 1948: *Mount Wilson and Palomar Observatories*) in Kalifornien; 1961–1965 am *Radio Astronomy Laboratory* in Berkeley.

Quellen: NDB; BHdE II; Renneberg, Physik, S. 1101 f. Online: National Academy of Sciences, Biographical Memoirs.

Misch, Georg (1878–1965), seit 1919 o. Prof. (Philosophie) an der Universität Göttingen, Religion: seit 1900 evangelisch (ursprünglich jüdisch), 1933 als „Altbeamter" zunächst geschützt, Ende 1935 als „Nichtarier" aufgrund des RBG in den Ruhestand versetzt; 1939 Emigration nach Großbritannien, wo er keine feste Anstellung finden konnte; 1939 kurzzeitig interniert, 1946 Rückkehr nach Deutschland, 1946 erneut o. Prof. in Göttingen, 1947 emeritiert.

Quellen: UA Göttingen Kur. 547 Bl. 13 f.; BA Berlin R 4901/13271; NDB; Dahms, Aufstieg, S. 289–296; Szabó, Vertreibung, S. 341–344, 614; BHdE II.

Mises, Richard von (1883–1953), seit 1920 persönlicher Ordinarius (Angewandte Mathematik) an der Universität Berlin, Religion: katholisch (früher jüdisch); 1933 auf eigenen Antrag aus der Universität ausgeschieden, bevor er als „Nichtarier" entlassen werden konnte; 1933 Emigration in die Türkei, 1933–1939 Prof. an der Universität Istanbul, 1939 Emigration in die USA, 1939–1953 Prof. an der *Harvard University*, 1943 Heirat mit →Hilda Pollaczek.

Quellen: UA HU Berlin UK M 220; Reichshandbuch II; BHdE II; NDB; Biermann, Mathematik, S. 200 ff.; Pinl, Kollegen I, S. 183 ff. Online: MacTutor History of Mathematics Archive.

Mislowitzer, Ernst / Mylon, Ernest (1895–1985), seit 1931 nichtbeamteter a. o. Prof. (Physiologische und pathologische Chemie) an der Universität Berlin, Religion: jüdisch, 1933 als ehemaliger „Frontkämpfer" zunächst im Amt belassen, 1933 Emigration nach Jugoslawien (zunächst beurlaubt), Honorarprofessor an der Universität Belgrad, 1935 Entzug der Berliner Lehrbefugnis als Jude (§ 18 RHO), 1938 Emigration in die USA, 1939–1952 *Associate Prof.* an der *Yale University*, 1952–1963 Pathologe an einem Hospital in New London, Connecticut.

Quellen: UA HU Berlin UK M 221; GStA PK I Rep. 76 Va Sekt. 2 Tit. IV Nr. 50 Bd. XX Bl. 551–559 u. Bd. XXI Bl. 6 f.; American Men of Medicine 1961. Online: GeDenkOrt.Charité: Menschen.

Mittermaier, Wolfgang (1867–1956), seit 1903 o. Prof. (Strafrecht, Strafprozess und Zivilprozess) an der Universität Gießen, Religion: evangelisch, 1933 nach politischen Angriffen studentischer Funktionäre unter dem Druck des hessischen Kultusministeriums „auf eigenen Antrag" emeritiert, nicht emigriert, 1933 Umzug nach Heidelberg, seit 1947 Honorarprofessor an der Universität Heidelberg.

Quellen: Wer ist's 1935; NDB; Engisch, Wolfgang Mittermaier; Reimann, Entlassung, S. 198; Chroust, Universität I, S. 229.

Mittwoch, Eugen (1876–1942), seit 1919 o. Prof. (Semitische Philologie) an der Universität Berlin, Direktor des Universitätsinstituts für Semitistik und Islamwissenschaft sowie des selbständigen Seminars für Orientalische Sprachen, Religion: jüdisch, 1933 wegen „hervorragender Bewährung" zunächst im Amt belassen, 1935 als Jude wegen der Mitgliedschaft in einer B'nai B'rith-Loge zwangsemeritiert (§ 4 GEVH), 1938 Emigration nach Großbritannien, dort für das *British Ministry of Information* und jüdische Organisationen tätig.

Quellen: UA HU Berlin UK M 225; GStA PK I Rep. 76 Va Sekt. 2 Tit. IV Nr. 68 E Bd. VII; Reichshandbuch II; NDB; BHdE II; Scrbacic, Mittwoch; Kinas, Exodus, S. 95 f., 174.

Möglich, Friedrich (1902–1957), seit 1930 Privatdozent (Theoretische Physik) an der Universität Berlin, Religion:

evangelisch, seit 1932 Mitglied der NSDAP und der SA, 1937 wegen Verstoßes gegen das „Blutschutzgesetz" verhaftet und angeklagt, 1937 trotz Freispruchs als Assistent entlassen, 1938 Ausschluss aus der NSDAP, nach Ablehnung seines Einspruchs gegen den Parteiausschluss wurde die Lehrbefugnis 1940 für „erloschen" erklärt, nicht emigriert, Berater der Osram AG, seit 1946 Prof. an der (Humboldt-)Universität Berlin.

Quellen: UA HU Berlin PA nach 1945 M 445; BA Berlin R 4901/13272; NDB; Grüttner, Lexikon; Hoffmann/Walker, Friedrich Möglich.

Möllendorff, Wilhelm von (1887–1944), seit 1927 o. Prof. (Anatomie) an der Universität Freiburg/Br., Religion: evangelisch, Mitglied der DDP, im April 1933 kurzzeitig Rektor der Universität Freiburg, Rücktritt nach öffentlichen Angriffen in der nationalsozialistischen Presse, 1935 nach weiteren Konflikten mit lokalen NS-Funktionären Emigration in die Schweiz[35], seit 1935 o. Prof. an der Universität Zürich.

Quellen: GLA Karlsruhe 235/8936; Reichshandbuch II; Seidler/Leven, Fakultät, S. 413 f., 431–442, 504 f.; Ott, Martin Heidegger, S. 138–143. Online: Kieler Gelehrtenverzeichnis; Historisches Lexikon der Schweiz.

Mohr, Ernst (1910–1989), seit 1939 Dozent (Angewandte Mathematik und Mechanik) an der Universität Breslau (und an der TH Breslau), Religion: konfessionslos (früher evangelisch), 1942 beamteter a. o. Prof. an der Deutschen Universität Prag, 1944 nach einer Denunziation verhaftet, im Oktober 1944 wegen „Zersetzungspropaganda" zum Tod verurteilt, Aufschub der Hinrichtung wegen Mitarbeit an „kriegswichtigen" Forschungen, im April 1945 aus der Haft in Berlin-Plötzensee befreit, nicht emigriert, 1946–1978 o. Prof. an der TH/TU Berlin.

Quellen: BA Berlin R 4901/13272; NDB; Litten, Mohr. Online: MacTutor History of Mathematics Archive; Catalogus Professorum der TU Berlin.

Mohrmann, Hans (1881–1941), seit 1931 o. Prof. (Mathematik) an der Universität Gießen, Religion: evangelisch, ein Strafverfahren wegen des Vorwurfs homosexueller Handlungen (§ 175 StGB) wurde 1934 „mangels Nachweises einer strafbaren Handlung" eingestellt, dennoch wurde Mohrmann Ende 1934 vom hessischen Reichsstatthalter in den Ruhestand versetzt (§ 6 BBG), Umzug nach Hannover, nicht emigriert.

Quellen: UA Gießen PrA Phil Nr. 18; BA Berlin R 4901/312 Bl. 283–292 u. R 3002/128792; Chroust, Universität I, S. 229; Wolf, Verzeichnis, S. 142. Online: Hessische Biografie.

Moll, Bruno (1885–1968), seit 1922 o. Prof. (Nationalökonomie) an der Universität Leipzig, Religion: evangelisch, 1934 als „Nichtarier" entlassen (§ 6 BBG), 1936 Emigration nach Peru, seit 1936 Prof. an der *Universidad Nacional Mayor de San Marcos* in Lima, 1959 Ruhestand.

35 Freiwilliger Rücktritt mit politischem Hintergrund.

Quellen: Reichshandbuch II; Wer ist's 1935; Hagemann/Krohn, Handbuch II; Günther, Bruno Moll; Lambrecht, Entlassungen. Online: Professorenkatalog der Universität Leipzig.

Mombert, Paul (1876–1938), seit 1922 o. Prof. (Wirtschaftliche Staatswissenschaften) an der Universität Gießen, Religion: jüdisch; 1933 als Jude zunächst nach § 3 BBG, 1934 nach § 6 BBG entlassen; nicht emigriert, 1933 Umzug nach Trier, dann nach Stuttgart; 1938 während des Novemberpogroms trotz schwerer Krankheit 36 Stunden inhaftiert; Mombert starb im Dezember 1938; sein Sohn Ernst starb 1942 in Auschwitz.

Quellen: NDB; Neumark, Paul Mombert; Hagemann/Krohn, Handbuch II. Nachruf in: Zeitschrift für die gesamte Staatswissenschaft 114 (1958), S. 699–704.

Moral, Hans (1885–1933), seit 1923 o. Prof. (Zahnheilkunde) an der Universität Rostock, Religion: jüdisch, seit 1932 verstärkt antisemitischen Angriffen ausgesetzt (Fenster, Türen, Praxisschilder zerschlagen; nächtliches Klingeln), im April 1933 beurlaubt, nicht emigriert, im August 1933 Suizid angesichts der bevorstehenden Entlassung als Jude.

Quellen: UA Rostock PA Hans Moral; LHA Schwerin 5.12-7/1 Nr. 1509; Buddrus/Fritzlar, Professoren; Schwanewede, Moral. Online: Catalogus Professorum Rostochiensium.

Moro, Ernst (1874–1951), seit 1926 o. Prof. (Kinderheilkunde) an der Universität Heidelberg, Religion: katholisch, kam der Entlassung wegen seiner „nichtarischen" Ehefrau zuvor, indem er sich 1936 „aus gesundheitlichen Gründen" vorzeitig emeritieren ließ, nicht emigriert, Privatpraxis als Kinderarzt bis 1948.

Quellen: BA Berlin R 4901/13272; Drüll, Gelehrtenlexikon 1803–1932; Eckart, Ernst Moro; Giovannini u. a., Erinnern.

Mosler, Ernst (1882–1950), seit 1926 nichtbeamteter a. o. Prof. (Innere Medizin) an der Universität Berlin, 1922–1933 Oberarzt der III. Medizinischen Universitäts-Poliklinik, Religion: jüdisch, 1933 Entzug der Lehrbefugnis als Jude (§ 3 BBG), seit 1933 in der Inneren Abteilung der Neuen Poliklinik der Jüdischen Gemeinde in Berlin tätig, 1938 Emigration in die USA.

Quellen: UA HU Berlin UK M 255; GStA PK I Rep. 76 Va Sekt. 2 Tit. IV Nr. 46 C Bd. 1 Bl. 119–128; Fischer, Lexikon II; Heuer, Bibliographia Judaica IV. Online: familysearch.org.

Most, Otto (1904–1968), seit 1932 Privatdozent (Philosophie) an der Universität Breslau, Religion: katholisch, 1933/34 Mitglied der SS; 1939 aus politischen Gründen (katholische Bindung) zum Verzicht auf die Lehrbefugnis gezwungen, nachdem die Ernennung zum Dozenten neuer Ordnung verweigert worden war; nicht emigriert, 1942 Mitglied der NSDAP, Einberufung zum Heerespersonalamt, 1948–1968 o. Prof. an der Universität Münster.

Quellen: BA Berlin R 4901/13271 u. R 4901/25325; GStA PK I Rep. 76 Va Sekt. 4 Tit. IV Nr. 41 Bd. IX; Kapferer, Nazifizierung, S. 193–197, 200; Tilitzki, Universitätsphilosophie I, S. 313 f., 672 f., 677–679, 744 f.

Müller, Aloys (1879–1952), seit 1927 nichtbeamteter a. o. Prof. (Philosophie) an der Universität Bonn, 1903 Priesterweihe, seit 1921 Pfarrektor in Buschdorf bei Bonn, Religion: katholisch, 1939 Entzug der Lehrbefugnis, nachdem Müllers Ernennung zum Dozenten neuer Ordnung aus politischen Gründen (Verweigerung des Hitlergrußes, mangelnde Bereitschaft für das Winterhilfswerk zu spenden) abgelehnt worden war, nicht emigriert, seit 1946 erneut apl. Prof. an der Universität Bonn.

Quellen: BA Berlin R 4901/13272; Wenig, Verzeichnis; Höpfner, Universität, S. 57; Kosch, Deutschland II; Tilitzki, Universitätsphilosophie I, S. 158 f. u. II, S. 745; Wolfradt u. a., Psychologinnen.

Müller/Muller, Ernst Friedrich (1891–1971), seit 1931 nichtbeamteter a. o. Prof. (Innere Medizin) an der Universität Hamburg, Religion: evangelisch, Mitglied der DDP/DStP, 1934 Entzug der Lehrbefugnis als „Nichtarier“, Emigration in die USA, Lehrtätigkeit an der *Columbia University* in New York, später Facharztpraxis in New York, erhielt 1956 im Zuge der Wiedergutmachungspolitik den Status eines emeritierten o. Professors in Hamburg.

Quellen: Villiez, Kraft, S. 363 f.; van den Bussche, Universitätsmedizin, S. 60; Deutscher Dermatologenkalender 1929, S. 160 f. Online: Hamburger Professorinnen- und Professorenkatalog.

Müller, Franz R. (1871–1945), seit 1921 nichtbeamteter a. o. Prof. (Arzneimittellehre) an der Universität Berlin, Religion: konfessionslos (zuvor evangelisch, bis 1901 jüdisch), 1933 Entzug der Lehrbefugnis als „Nichtarier“ (§ 3 BBG), 1936 Emigration nach Italien, 1938 nach Frankreich; während Müller Krieg und Verfolgung in Südfrankreich überlebte, wurde seine Frau Susanne 1942 verhaftet und nach Auschwitz deportiert.

Quellen: UA HU Berlin UK M 278; GStA PK I Rep. 76 Va Sekt. 2 Tit. IV Nr. 46 C Bd. 1 Bl. 224–229, 624–629; BA Berlin R 9347; Fischer, Lexikon II. Online: https://www.sammlungen.hu-berlin.de/objekte/-/17222.

Müller, Günther (1890–1957), seit 1930 persönlicher Ordinarius (Deutsche Sprache und Literatur) an der Universität Münster, Religion: seit 1920 katholisch (ursprünglich evangelisch), 1943 nach jahrelangem Drängen diverser Parteistellen aus politischen Gründen („katholische Auffassung der Literaturgeschichte“) vorzeitig in den Ruhestand versetzt (offiziell auf eigenen Antrag), nicht emigriert, Umzug nach Bonn, seit 1946 o. Prof. an der Universität Bonn, 1956 Ruhestand.

Quellen: BA Berlin R 4901/13272; NDB; Germanistenlexikon II; Pilger, Germanistik, S. 367–407.

Müller, Johannes / Johann Oswald (1877–1940), seit 1921 nichtbeamteter a. o. Prof. (Mathematik) an der Universität Bonn, hauptberuflich Studienrat in Köln, Religion: evangelisch, 1937 Entzug der Lehrbefugnis wegen seiner „nichtarischen“ Ehefrau, nicht emigriert.

Quellen: BA Berlin R 4901/13272; Stadtarchiv Bonn, Standesamt; Höpfner, Universität, S. 62; Wenig, Verzeichnis.

Müller-Hartmann, Robert (1884–1950), seit 1923 Lehrbeauftragter (Musiktheorie) an der Universität Hamburg, Religion: jüdisch, 1933 Entzug des Lehrauftrags als Jude (offiziell „auf eigenen Wunsch"), 1933–1937 Musiklehrer an einer jüdischen Mädchenschule in Hamburg, 1937 Emigration nach Großbritannien, dort u. a. für den Musikverlag *Hinrichsen Edition Ltd.* tätig.

Quellen: BHdE II; Raab Hansen, Musiker, S. 445. Online: Lexikon verfolgter Musiker und Musikerinnen der NS-Zeit.

Münter, Heinrich / Munter, Albert Henry (1883–1957), seit 1929 nichtbeamteter a. o. Prof. (Anthropologie) an der Universität Heidelberg, 1919–1933 Assistent am Anatomischen Institut, Religion: evangelisch, die Assistentenstelle wurde 1933 aus politischen Gründen (seine Ehefrau war angeblich „Kommunistin") nicht verlängert, daraufhin 1934 Emigration nach Großbritannien, 1934–1936 am *Royal College of Surgeons*, 1936 aus dem Verzeichnis des Heidelberger Lehrkörpers gestrichen, später *Lecturer* am *King's College London.*

Quellen: GLA Karlsruhe 235/2330 und 235/5007 Bl. 283 ff.; Drüll, Gelehrtenlexikon 1803–1932; List of Displaced German Scholars (1936), S. 55.

Münzer, Friedrich (1868–1942), seit 1921 o. Prof. (Alte Geschichte) an der Universität Münster, Religion: seit 1891 evangelisch (ursprünglich jüdisch), 1933 als „Altbeamter" zunächst im Amt belassen, im Juli 1935 emeritiert, im Dezember 1935 Entzug der Lehrbefugnis als „Nichtarier" aufgrund des RBG, nicht emigriert, im Juli 1942 in das Ghetto Theresienstadt deportiert, wo er zehn Wochen nach seiner Ankunft an den Folgen einer Epidemie starb.

Quellen: BA Berlin R 4901/13272; NDB; Kneppe/Wiesehöfer, Friedrich Münzer; Möllenhoff/Schlautmann-Overmeyer, Familien I.

Münzesheimer/Munz, Fritz (1895–1986), seit 1928 Privatdozent (Zahnheilkunde) an der Universität Berlin, wissenschaftlicher Mitarbeiter des Zahnärztlichen Instituts und Privatpraxis in Berlin, Religion: evangelisch, 1933 als ehemaliger „Frontkämpfer" zunächst im Amt belassen, 1936 Entzug der Lehrbefugnis als „Nichtarier" (RBG), 1938 Emigration nach Großbritannien, Zahnarzt in Oxford, in den 1970er Jahren Rückkehr in die Bundesrepublik.

Quellen: UA HU Berlin UK M 304; Köhn, Zahnärzte, S. 152.

Mulert, Hermann (1879–1950), seit 1920 persönlicher Ordinarius (Systematische Theologie) an der Universität Kiel, Religion: evangelisch, 1918–1933 Mitglied der DDP/DStP, 1935 aus politischen Gründen (als Gegner des Nationalsozialismus) auf eigenen Antrag vorzeitig emeritiert[36], nicht emigriert, 1935 Umzug nach Leipzig, 1945/46 Lehrauftrag in Jena, 1948–1950 Lehrauftrag

36 Freiwilliger Rücktritt mit politischem Hintergrund.

in Leipzig, seit 1945 Mitglied der LDPD in der SBZ/DDR.

Quellen: BA Berlin R 4901/13272; Uhlig, Wissenschaftler, S. 109 ff.; Wolfes, Hermann Mulert; Biographisches Lexikon für Schleswig-Holstein und Lübeck Bd. 10. Online: Kieler Gelehrtenverzeichnis.

Munz, Fritz →Münzesheimer, Fritz

Mylon, Ernest →Mislowitzer, Ernst

N

Napp-Zinn, Anton Felix (1899–1965), seit 1930 nichtbeamteter a. o. Prof. (Wirtschaftliche Staatswissenschaften) an der Universität Köln, seit 1925 Leiter des Instituts für Verkehrswissenschaft, Religion: evangelisch, 1933–1935 Mitglied des *Stahlhelm, Bund der Frontsoldaten*, 1938 Entzug der Lehrbefugnis wegen seiner „nichtarischen" Ehefrau, nicht emigriert, 1938–1946 Archivar bei der Gutehoffnungshütte in Oberhausen, 1946–1956 o. Prof. in Mainz, 1956–1965 in Frankfurt/M.

Quellen: UA Köln Zug. 17/4002; BA Berlin R 4901/13272. Online: Verzeichnis der Professorinnen und Professoren der Universität Mainz; Universität zu Köln, Galerie der Professorinnen und Professoren.

Nawiasky, Hans (1880–1961), seit 1928 persönlicher Ordinarius (Staatsrecht) an der Universität München, Religion: katholisch (früher konfessionslos), 1933 als „Nichtarier" und aus politischen Gründen (Äußerungen zum Versailler Vertrag, die 1931 zu studentischen Krawallen führten) in den Ruhestand versetzt (§ 4 BBG), 1933 Emigration in die Schweiz, seit 1933 an der Handelshochschule St. Gallen, seit 1945 als o. Prof., 1946 Rückkehr nach Deutschland, 1946–1952 o. Prof. an der Universität München.

Quellen: BayHStA München MK 44070; UA München E-II-2556; BHdE II; NDB; Breunung/Walther, Emigration I; Zacher, Hans Nawiasky; Behrendt, Nawiasky.

Neergaard, Ebbe (1901–1957), seit 1928 Lektor (Dänisch) an der Universität Berlin, Religion: evangelisch, 1933 als Linksintellektueller und Sozialist auf eigenen Antrag vom Lektorat entbunden und bis zum Zeitpunkt des Ausscheidens beurlaubt[37], 1933 Emigration/Rückkehr nach Dänemark, dort als freier Journalist und Autor tätig, seit 1940 Lehrer an einem Gymnasium in Kopenhagen, 1943 Emigration nach Schweden, 1945 Rückkehr nach Dänemark, 1946–1957 Direktor des *Statens Filmcentral*, eines staatlichen Filmverleihs.

Quellen: UA HU Berlin UK N 15. Online: www.carlthdreyer.dk/en/carlthdreyer/about-dreyer/collaborators/ebbe-neergaard.

Nehring, Alfons (1890–1967), seit 1930 o. Prof. (Vergleichende Sprachwissenschaft) an der Universität Würzburg, Religion: katholisch, 1924–1927 Mitglied der DVP, 1933 als „Halbjude" in den Ruhestand versetzt (§ 3 BBG), 1938 Emigration in die USA, 1938–1943 Prof.

37 Freiwilliger Rücktritt mit politischem Hintergrund.

an der *Marquette University* in Milwaukee, 1943–1952 Prof. an der katholischen *Fordham University* in New York, 1952 Rückkehr in die Bundesrepublik, seit 1952 erneut o. Prof. in Würzburg, 1953–1955 Rektor der Universität Würzburg.

Quellen: UA Würzburg PA 407 I–II; BayHStA München MK 44073; BHdE II; Strätz, Handbuch. Online: VAdS.

Neisser, Hans (1895–1975), seit 1928 Privatdozent (Wirtschaftliche Staatswissenschaften) an der Universität Kiel, Religion: konfessionslos (früher evangelisch), Mitglied der SPD (1918–1933) und des *Reichsbanner Schwarz-Rot-Gold* (1927–1933), 1933 Entzug der Lehrbefugnis als „Nichtarier" und aus politischen Gründen (§ 4 BBG), 1933 Emigration in die USA, 1933 Prof. an der *University of Pennsylvania*, seit 1943 Prof. an der *New School for Social Research* in New York.

Quellen: GStA PK Rep. 76 Va Sekt. 9 Tit. IV Nr. 22 Bl. 107–121; NDB; BHdE II; Uhlig, Wissenschaftler, S. 45 f.; Hagemann/Krohn, Handbuch II.

Neisser, Max (1869–1938), seit 1921 o. Prof. (Hygiene und Bakteriologie) an der Universität Frankfurt/M., Religion: evangelisch (bis 1889 jüdisch), 1921/22 Rektor der Universität Frankfurt/M., 1933 als ehemaliger „Frontkämpfer" nicht entlassen, aber auf eigenen Antrag aus gesundheitlichen Gründen emeritiert, Umzug nach Falkenstein/Taunus, 1936 Entzug der Lehrbefugnis als „Nichtarier" (RBG), nicht emigriert.

Quellen: UA Frankfurt/M. Personalhauptakte u. Rektoratsakte; Stadtarchiv Frankfurt/M. PA 23538, 1072 u. 42310; NDB; Frankfurter Biographie II; Heuer/Wolf, Juden, S. 275 ff.; Benzenhöfer, Universitätsmedizin.

Neu, Maximilian (1877–1940), seit 1921 nichtbeamteter a. o. Prof. (Geburtshilfe und Gynäkologie) an der Universität Heidelberg, hauptberuflich seit 1920 Leiter einer Privatklinik für Geburtshilfe und Frauenkrankheiten, Religion: seit 1918 evangelisch (ursprünglich jüdisch), 1933 Entzug der Lehrbefugnis als „Nichtarier" (§ 3 BBG), nicht emigriert, 1940 Suizid (zusammen mit seiner Frau).

Quellen: Bröer, Geburtshilfe, S. 850 ff.; Drüll, Gelehrtenlexikon 1803–1932; Giovannini u. a., Erinnern.

Neubauer, Otto (1874–1957), seit 1911 nichtplanmäßiger a. o. Prof. (Innere Medizin) an der Universität München, 1918–1933 Chefarzt der II. Medizinischen Abteilung des Krankenhauses München-Schwabing, Religion: jüdisch, 1933 Entzug der Lehrbefugnis als Jude (§ 3 BBG), 1939 Emigration nach Großbritannien, 1941–1947 Mitarbeiter am *Bureau of Human Heredity* in London, außerdem Mitarbeit in einer Arztpraxis in Oxford, seit 1948 für die *British Empire Cancer Campaign* tätig.

Quellen: UA München E-II-2566; BayHStA München MK 35624; BA Berlin R 9347; NDB; Fischer, Lexikon II; Breisach, Universitätsprofessoren, S. 265–267; Schepartz, Otto Neubauer; Büsche-Schmidt, Otto Neubauer.

Neuberg, Carl (1877–1956), seit 1919 o. Honorarprofessor (Chemie) an der Universität Berlin, 1921–1934 auch o. Prof. (Biochemie) an der Landwirtschaftlichen Hochschule Berlin, 1925–1936 Direktor des KWI für Biochemie, Religion: jüdisch, 1933 als „Altbeamter" zunächst im Amt verblieben, 1934 als Jude wegen abfälliger Äußerungen über Hitler in den Ruhestand versetzt (§ 6 BBG), 1939 Emigration in die Niederlande, 1940 nach Palästina, 1941 in die USA, 1941–1948 *Research Professor* an der *New York University*.

Quellen: UA HU Berlin UK N 29; Reichshandbuch II; BHdE II; NDB; Rürup, Schicksale, S. 275–280; Orth, Vertreibung, S. 310–324; Conrads/Lohff, Neuberg.

Neubürger/Neubuerger, Karl (1890–1972), seit 1931 Privatdozent (Allgemeine Pathologie und pathologische Anatomie) an der Universität München, 1926–1936 Prosektor an der Deutschen Forschungsanstalt für Psychiatrie, Religion: katholisch (bis 1918 jüdisch, 1918–1925 konfessionslos), 1926–1932 Mitglied der DVP, 1933 als ehemaliger „Frontkämpfer" im Amt verblieben, 1936 Entzug der Lehrbefugnis als „Nichtarier" (RBG), 1938 Emigration in die USA, seit 1938 an der *University of Colorado*, ab 1946 als *Full Professor*, 1958 emeritiert.

Quellen: BayHStA München MK 44076; UA München E-II-2568; BA Berlin R 9347; BHdE II; Rürup, Schicksale, S. 282 f.; Böhm, Selbstverwaltung, S. 613 u. passim; Biermanns/Groß, Pathologen, S. 168–172.

Neugebauer, Otto (1899–1990), seit 1932 nichtbeamteter a. o. Prof. (Geschichte der Mathematik) an der Universität Göttingen, seit 1929 Oberassistent, Religion: konfessionslos (ursprünglich evangelisch); wurde 1933 als Gegner des Nationalsozialismus vom Dekan aufgefordert, vorläufig nicht zu lehren; 1934 Emigration nach Dänemark, 1934–1938 Prof. an der Universität Kopenhagen, 1936 Verzicht auf die Göttinger Lehrbefugnis, 1939 Emigration in die USA, seit 1939 Prof. an der *Brown University* in Providence, 1969 emeritiert.

Quellen: BA Berlin R 4901/13272; NDB; Swerdlow, Otto E. Neugebauer; Schappacher, Institut; Szabó, Vertreibung, S. 445–453, 617 f. Online: National Academy of Sciences, Biographical Memoirs.

Neuhaus, Wilhelm (1893–1976), seit 1929 Privatdozent (Psychologie) an der Universität Göttingen, Religion: evangelisch, 1933 Mitglied des *Stahlhelm, Bund der Frontsoldaten*; wurde 1933 vom Dekan aus politischen Gründen aufgefordert, vorläufig nicht zu lehren; daraufhin beurlaubt, nicht emigriert, 1933–1935 Psychologe bei der Marineprüfstelle in Kiel; Verlust der Lehrbefugnis, nachdem eine weitere Beurlaubung und die Umhabilitation nach Kiel abgelehnt worden waren; seit 1947 Prof. an der Pädagogischen Hochschule Flensburg.

Quellen: BA Berlin R 4901/13272; Paul, Psychologie; Szabó, Vertreibung, S. 209–214, 618 f.; Wolfradt u. a., Psychologinnen.

Neumann, Carl (1860–1934), seit 1929 emeritierter o. Prof. (Neuere Kunstgeschichte) an der Universität Heidelberg, Religion: seit 1887 evangelisch (ursprünglich jüdisch), 1933 als „Altbeamter" und als Vertreter einer nationalistisch orientierten Kunstgeschichte zunächst geschützt, nicht emigriert; Neumann starb im Oktober 1934, bevor er als „Nichtarier" entlassen werden konnte.

Quellen: GLA Karlsruhe 235/2343; Fink-Madera, Carl Neumann; Drüll, Gelehrtenlexikon 1803–1932; Mussgnug, Dozenten, S. 22 f.

Neumann von Margitta, Johann / Neumann, John von (1903–1957), seit 1927 Privatdozent (Mathematik) an der Universität Berlin, seit 1930 an die *Princeton University* beurlaubt, ungarischer Staatsangehöriger, Religion: katholisch (bis 1929/30 jüdisch); 1933 „freiwilliger" Verzicht auf die Lehrbefugnis, bevor sie ihm als „Nichtarier" entzogen werden konnte; 1933 endgültige Emigration in die USA, 1933–1957 Research Professor am *Institute for Advanced Study* in Princeton, im Zweiten Weltkrieg am *Manhattan Project* beteiligt.

Quellen: UA HU Berlin UK N 44 u. Phil. Fak. 1242; NDB; Pinl, Kollegen I, S. 187 f.; Bhattacharya, Man; Hargittai, Martians; Macrae, von Neumann. Online: MacTutor History of Mathematics Archive.

Neumark, Fritz (1900–1991), seit 1932 nichtbeamteter a. o. Prof. (Volkswirtschaftslehre) an der Universität Frankfurt/M., Religion: konfessionslos (bis 1924 jüdisch), 1933 Entzug der Lehrbefugnis als „Nichtarier" (§ 3 BBG), 1933 Emigration in die Türkei, 1933–1952 Prof. an der Universität Istanbul, 1952 Rückkehr in die Bundesrepublik, seit 1952 o. Prof. an der Universität Frankfurt/M., 1954/55 und 1961/62 Rektor der Universität Frankfurt/M.

Quellen: UA Frankfurt/M. Personalhauptakte; BHdE II; NDB; Grossekettler, Neumark; Hagemann/Krohn, Handbuch II; Heuer/Wolf, Juden, S. 278–281; Neumark, Zuflucht; Neumark, Schüler; Neumark, Emigration.

Neumeyer, Alfred (1901–1973), Sohn von →Karl N., seit 1931 Privatdozent (Kunstgeschichte) an der Universität Berlin, Religion: katholisch (bis ca. 1920 jüdisch), seit 1932 Mitglied des *Reichsbanner Schwarz-Rot-Gold*, 1933 als ehemaliges Mitglied eines Freikorps zunächst im Amt belassen, 1936 Entzug der Lehrbefugnis als „Nichtarier" (RBG), 1935 Emigration in die USA (zunächst beurlaubt), *Lecturer*, später Prof. für Kunstgeschichte am *Mills College* in Oakland, Kalifornien, 1966 emeritiert.

Quellen: UA HU Berlin UK N 48; GStA PK I Rep. 76 Va Sekt. 2 Tit. IV Nr. 51 Bd. XXIV; BHdE II; NDB; Neumeyer, Lichter; Metzler Kunsthistorikerlexikon; Wendland, Handbuch II.

Neumeyer, Karl (1869–1941), Vater von →Alfred N., seit 1929 o. Prof. (Internationales Recht, Völkerrecht und Rechtsvergleichung) an der Universität München, Religion: jüdisch; 1933 als „Altbeamter" vor einer Entlassung nach § 3 BBG geschützt, nach einem Vorlesungsboykott nationalsozialistischer Studierender als Jude zunächst in den einstweiligen, 1934 in den dauernden Ruhestand versetzt (Art. 38 bzw. 187 Bayerisches Beamtengesetz), nicht emigriert; 1941 verübten Neumeyer und seine Frau Anna Suizid.

Quellen: BayHStA München MK 17878; UA München E-II-2576; NDB; Neumeyer, Lichter; Breisach, Universitätsprofessoren, S. 361–365; Breitenbuch, Neumeyer; Böhm, Selbstverwaltung, S. 127 ff. u. passim.

Nicolaier, Arthur (1862–1942), seit 1921 nichtbeamteter a. o. Prof. (Innere Medizin) an der Universität Berlin, Religion: konfessionslos (bis 1921 jüdisch), 1933 Entzug der Lehrbefugnis als „Nichtarier" (§ 3 BBG), nicht emigriert, 1942 Suizid angesichts der bevorstehenden Deportation in das Ghetto Theresienstadt.

Quellen: GStA PK I Rep. 76 Va Sekt. 2 Tit. IV Nr. 46 C Bd. 1 Bl. 242–247; Fischer, Lexikon II; Wer ist's 1928; Felsch, Tagebücher, S. 504–510. Online: GeDenkOrt.Charité: Menschen.

Nissen, Rudolf (1895–1981), seit 1930 nichtbeamteter a. o. Prof. (Chirurgie) an der Universität Berlin, 1930–1933 Oberarzt an der Chirurgischen Klinik der Charité, Religion: evangelisch (später konfessionslos), 1933 als ehemaliger „Frontkämpfer" zunächst im Amt belassen, 1933 Emigration in die Türkei als „Nichtarier" (zunächst beurlaubt), 1933–1939 o. Prof. an der Universität Istanbul, 1935 wurde die Berliner Lehrbefugnis für „erloschen" erklärt, 1939 Emigration in die USA, Chirurg in Boston und New York, 1952–1967 o. Prof. in Basel.

Quellen: UA HU Berlin UK N 74; BA Berlin R 4901/1372; Fischer, Lexikon II, BHdE II; NDB; Nissen, Blätter; Neumark, Zuflucht, S. 100 f. u. passim. Online: Historisches Lexikon der Schweiz.

Noether, Emmy (1882–1935), seit 1922 nichtbeamtete a. o. Prof. (Mathematik) an der Universität Göttingen, Religion: seit 1920 evangelisch (ursprünglich jüdisch), 1919–1922 Mitglied der USPD, 1922–1924 Mitglied der SPD, 1933 Entzug der Lehrbefugnis aus politischen Gründen (als überzeugte Pazifistin) und als „Nichtarierin" (§ 3 BBG), 1933 Emigration in die USA, 1933–1935 Gastprofessorin am *Bryn Mawr College* in Pennsylvania.

Quellen: GStA PK I Rep. 76 Va Nr. 10081 Bl. 9–41; Dick, Emmy Noether; Tollmien, Meinung; NDB; BHdE II; Schappacher, Institut; Szabó, Vertreibung, S. 77–82, 619 f.

Nohl, Herman (1879–1960), seit 1920 o. Prof. (Pädagogik und Philosophie) an der Universität Göttingen, Religion: evangelisch, 1937 aus politischen Gründen und wegen seiner „nichtarischen" Ehefrau vorzeitig entpflichtet (§ 4 GEVH), nicht emigriert, 1945 Wiederaufnahme in den Lehrkörper der Universität Göttingen, 1947 emeritiert.

Quellen: BA Berlin R 4901/13272; Wer ist's 1935; NDB; Szabó, Vertreibung, S. 105–108, 620 ff.; Ratzke, Institut; Horn, Erziehungswissenschaft, S. 303 f.; Klika, Herman Nohl.

Noorden, Carl von (1858–1944), seit 1914 o. Honorarprofessor (Innere Medizin) an der Universität Frankfurt/M., seit 1930 Vorstand des Jubiläums-Spitals Wien, Religion: evangelisch, Mitglied der Fortschrittlichen Volkspartei; 1933 Verzicht auf die Frankfurter Honorarprofessur, wodurch er einem späteren Entzug der Lehrbefugnis als „Nichtarier" zuvorkam; nicht emigriert.

Quellen: UA Frankfurt/M. Personalhauptakte, Rektoratsakte u. Akten der Medizinischen Fakultät; Reichshandbuch II; Hauck, von Noorden; Kinas, Exodus, S. 324 u. passim. Online: ÖBL

Norden, Eduard (1868–1941), Bruder von →Walter N., seit 1906 o. Prof. (Klassische Philologie) an der Universität Berlin, Religion: evangelisch (bis 1885 jüdisch), 1927/28 Rektor der Universität Berlin, 1933 als „Altbeamter" zunächst im Amt verblieben, 1935 emeritiert, 1936 Entzug der Lehrbefugnis als „Nichtarier" (RBG), 1939 Emigration in die Schweiz.

Quellen: UA HU Berlin UK N 93; GStA PK I Rep. 76 Va Sekt. 2 Tit. IV Nr. 51 Bd. XXIV; BHdE II; NDB; Kytzler, Norden; Kytzler u. a., Norden. Online: Biographisches Lexikon für Ostfriesland; VAdS.

Norden, Walter (1876–1937), Bruder von →Eduard N., seit 1921 nichtbeamteter a. o. Prof. (Kommunalverwaltungslehre) an der Universität Berlin, bis 1933 Direktor des Kommunalwissenschaftlichen Universitätsinstituts, Religion: evangelisch (ursprünglich jüdisch), 1933 Entzug der Lehrbefugnis als „Nichtarier" (§ 3 BBG), nicht emigriert; Norden starb 1937 bei einem Kuraufenthalt in Davos (Schweiz).

Quellen: UA HU Berlin UK N 94; GStA PK I Rep. 76 Va Sekt. 2 Tit. IV Nr. 68 F Teil 1–2; Vereinigung der Sozial- und Wirtschaftswissenschaftlichen Hochschullehrer. Online: Biographisches Lexikon für Ostfriesland.

Nordheim, Lothar (1899–1985), seit 1928 Privatdozent (Theoretische Physik) an der Universität Göttingen, Religion: evangelisch, 1933 Entzug der Lehrbefugnis als „Nichtarier" (§ 3 BBG), 1933 Emigration nach Frankreich, 1934 in die Niederlande, 1935 in die USA, 1935–1937 Gastprofessor an der *Purdue University* in Lafayette, Indiana, 1937–1956 Prof. an der *Duke University* in Durham, North Carolina, seit 1943 Mitarbeit am *Manhattan Project*.

Quellen: GStA PK I Rep. 76 Va Nr. 10081 Bl. 87–95; BHdE II; Szabó, Vertreibung, S. 459 f., 622 f.

Nothmann, Martin (1894–1978), seit 1930 nichtbeamteter a. o. Prof. (Innere Medizin) an der Universität Breslau, 1932–1938 Chefarzt der Inneren Abteilung des Jüdischen Krankenhauses in Leipzig, Religion: jüdisch, 1933 Entzug der Lehrbefugnis als Jude (§ 3 BBG), 1938 nach dem Novemberpogrom im KZ Buchenwald inhaftiert, 1939 Emigration in die USA, Tätigkeit am *Beth Israel Hospital* in Boston, seit 1951 Lehrtätigkeit am *Tufts College*.

Quellen: GStA PK I Rep. 76 Va Sekt. 4 Tit. IV Nr. 51 Bl. 184–191, 222–224; Wer ist's 1935; Who's Who in World Jewry 1955; Lessing, Guide; Hebenstreit, Verfolgung; Heidel, Ärzte.

Nussbaum, Adolf (1885–1962), seit 1922 nichtbeamteter a. o. Prof. (Chirurgie und Orthopädie) an der Universität

Bonn, 1928–1938 Privatpraxis, Religion: seit 1900 evangelisch (ursprünglich jüdisch), Mitglied der DVP, 1933 Entzug der Lehrbefugnis als „Nichtarier" (§ 3 BBG), nicht emigriert, 1938 Entzug der Approbation, 1943/44 Zwangsarbeit auf einer Mülldeponie, 1944/45 als Arzt in verschiedenen Lagern der Organisation Todt zwangsverpflichtet, 1947 Wiederaufnahme der Lehrtätigkeit in Bonn.

Quellen: GStA PK I Rep. 76 Va Nr. 10396 Bl. 21–26; Forsbach, Universität Bonn, S. 355–358; Wenig, Verzeichnis; Nussbaum, Lebenslauf.

Nussbaum, Arthur (1877–1964), seit 1920 beamteter a. o. Prof. (Bürgerliches, Handels- und Zivilprozessrecht, Internationales Privatrecht) an der Universität Berlin, 1904–1934 Rechtsanwalt in Berlin, Religion: jüdisch, bis 1931 Mitglied der DDP/DStP, 1933 als Jude in den Ruhestand versetzt (§ 3 BBG), 1934 Emigration in die USA; seit 1934 zunächst als Gastprofessor, seit 1939 als *Research Professor* an der *Columbia University* in New York.

Quellen: UA HU Berlin UK N 103; BA Berlin R 4901/1624; GStA PK I Rep. 76 Va Sekt. 2 Tit. IV Nr. 45 A Bl. 26–39; BHdE II; NDB; Lösch, Geist, S. 216–219 u. passim; Orth, Vertreibung, S. 114–123.

O

Obermann, Julian (1880–1956), seit 1920 Privatdozent (Semitische Sprachen und Kulturen) an der Universität Hamburg, Religion: jüdisch, Mitglied des *Werkbundes geistiger Arbeiter* in Hamburg, 1923–1933 in Hamburg beurlaubt, 1923–1931 Prof. *of Semitic Philology* am *Jewish Institute of Religion* in New York, 1933 Entzug der Hamburger Lehrbefugnis als Jude, daraufhin endgültige Emigration in die USA, seit 1935 *Professor of Semitic Languages* an der *Yale University*.

Quellen: StA Hamburg 363-6 IV 2512; Freimark, Promotion, S. 862; Encyclopaedia Judaica, Bd. 12. Nachruf in: Der Islam. Zeitschrift für Geschichte und Kultur des Islamischen Orients 33 (1958), S. 322–325.

Oberndorfer, Siegfried (1876–1944), seit 1911 nichtplanmäßiger a. o. Prof. (Pathologische Anatomie) an der Universität München, 1910–1933 Leiter des Pathologischen Instituts am Krankenhaus München-Schwabing, Religion: jüdisch, bis 1933 Mitglied der DDP/ DStP; 1933 als ehemaliger „Frontkämpfer" zunächst geschützt, aber „freiwilliger" Verzicht auf die Lehrbefugnis; 1933 Emigration in die Türkei, 1933–1944 Prof. (Allgemeine und experimentelle Pathologie) an der Universität Istanbul.

Quellen: BayHStA München MK 17 882; UA München E-II-2599; Reichshandbuch II; BHdE II; Katz, Oberndorfer; Biermanns/Groß, Pathologen, S. 172–174; Breisach, Universitätsprofessoren, S. 268–270; Widmann, Exil.

Oesterreich, Traugott Konstantin (1880–1949), seit 1922 planmäßiger a. o. Prof. (Philosophie und Psychologie) an der Universität Tübingen, Religion: evangelisch, etwa 1919–1921 Mitglied der DDP, 1933 aus politischen Gründen

(Unterstützung der Weimarer Republik, Pazifismus) und wegen seiner „nichtarischen" Ehefrau entlassen (§ 4 BBG), nicht emigriert, 1945 Wiedereinstellung als persönlicher Ordinarius, 1947 Ruhestand.

Quellen: NDB; Hantke, Seminar, S. 237–262, 270–278; Tilitzki, Universitätsphilosophie I, S. 132 ff.; BBKL, Bd. 18.

Ohm, Thomas/Philipp (1892–1962), seit 1932 nichtbeamteter a. o. Prof. (Missionswissenschaft) an der Universität Würzburg, Religion: katholisch; Ohms Lehrbefugnis wurde 1940 für „erloschen" erklärt, weil das Reichskirchenministerium und der Stab Heß die Übernahme von Ordensgeistlichen in das Beamtenverhältnis ablehnten, nicht emigriert, während des Krieges Lazarettpfarrer, 1946–1961 o. Prof. an der Universität Münster.

Quellen: UA Würzburg PA 154; BA Berlin R 4901/23590; BayHStA München MK 44101; BBKL, Bd. 6; Weiß, Würzburg, S. 287–290; RGG[3], Registerband.

Oldenberg, Otto (1888–1983), seit 1926 nichtbeamteter a. o. Prof. (Physik) an der Universität Göttingen, Religion: evangelisch, 1929–1934 in die USA beurlaubt; 1929/30 zunächst *Lecturer*, 1930–1955 Prof. (Physik) an der *Harvard University*, 1934 aus dem Verzeichnis des Lehrkörpers der Universität Göttingen gestrichen, mit der Emigration in die USA kam Oldenberg dem Entzug der Lehrbefugnis als „Nichtarier" zuvor.

Quellen: Szabó, Vertreibung, S. 624; Kürschner 1980; American Men of Science, 10. Ausgabe, Bd. III; Mitt. Dr. Stefan Wolff, 1.5.2019.

Olschki, Leonardo (1885–1961), seit 1924 o. Prof. (Romanische Philologie) an der Universität Heidelberg, Religion: jüdisch, 1932 Gastprofessor in Rom, 1933 als Jude in den Ruhestand versetzt (§ 3 BBG), 1933 Emigration nach Italien, 1939 in die USA, 1939 *Lecturer* an der *Johns Hopkins University* in Baltimore, 1944 *Research Associate* an der *University of California* in Berkeley, 1948 *Lecturer*, 1950 nach Verweigerung des *Loyalty Oath* entlassen, 1952 wieder eingestellt.

Quellen: UA Heidelberg PA 558, PA 5213; NDB; Drüll, Gelehrtenlexikon 1803–1932; BHdE II; Baum, Leonardo Olschki. Online: VAdS.

Olsen, Otto (1892–1969), seit 1926 nichtbeamteter a. o. Prof. (Hygiene) an der Universität Berlin, 1925–1940 Mitglied der Hygieneabteilung des Völkerbundsekretariats in Genf (zunächst beurlaubt), Religion: evangelisch; 1936 Entzug der Lehrbefugnis aus politischen Gründen (§ 18 RHO), nachdem ihm wegen seiner „vollkommenen Ablehnung" durch die NSDAP 1934 die weitere Beurlaubung nach Genf verweigert worden war; Emigration in die Schweiz.

Quellen: UA HU Berlin UK O 30; Fischer, Lexikon II; Wer ist's 1935; Voswinckel, Lexikon, S. 836.

Oncken, Hermann (1869–1945), seit 1928 o. Prof. (Neuere Geschichte) an der Universität Berlin, Religion: evangelisch, bis 1918 Mitglied der Nationalliberalen Partei, 1935 nach öffentlichen Angriffen des NS-Historikers Walter Frank aus politischen Gründen zwangsemeritiert und mit einem Lehrverbot belegt, nicht emigriert; Oncken starb im Dezember 1945 in Göttingen.

Quellen: UA HU Berlin UK O 32; BA Berlin R 4901/19967; Schwabe, Oncken; Heiber, Walter Frank, S. 172–244; NDB; Betker, Seminar, S. 67–70; Biographisches Handbuch zur Geschichte des Landes Oldenburg.

Opet, Otto (1866–1941), seit 1930 persönlicher Ordinarius (Deutsches Recht, Schleswig-Holsteinisches Landesrecht, Bürgerliches Recht u. a.) an der Universität Kiel, Religion: jüdisch, 1919–1930 Mitglied der DDP, 1924–1933 Mitglied des *Reichsbanner Schwarz-Rot-Gold*, 1930–1932 Mitglied der Radikal-Demokratischen Partei, im November 1933 als Jude und aus politischen Gründen entlassen (§ 4 BBG), nicht emigriert, Umzug nach Hamburg, wo er im November 1941 in einem Privatkrankenhaus starb.

Quellen: GStA PK I Rep. 76 Va Sekt. 9 Tit. IV Nr. 22 Bl. 135–149; Cohn, Fall Opet; Cohn, Lawyers, S. 170–176; NDB; Uhlig, Wissenschaftler, S. 46 f. Online: Kieler Gelehrtenverzeichnis.

Oppenheimer, Franz (1864–1943), seit 1929 emeritierter o. Prof. (Soziologie und theoretische Nationalökonomie) an der Universität Frankfurt/M., Religion: jüdisch, 1933 als Jude in den Ruhestand versetzt (§ 3 BBG), 1934/35 Lehrtätigkeit in Palästina, 1939 Emigration nach Japan, nach Entzug der Aufenthaltserlaubnis Emigration nach China, 1940 Emigration in die USA, lebte in Los Angeles.

Quellen: UA Frankfurt/M. Rektoratsakte u. Akten der Wirtschafts- u. Sozialwissenschaftlichen Fakultät; BHdE II; NDB; Heuer/Wolf, Juden, S. 282–288; Caspari/Lichtblau, Oppenheimer; Oppenheimer, Erlebtes.

Oppikofer, Hans (1901–1950), seit 1929 o. Prof. (Deutsche Rechtsgeschichte, Bürgerliches Recht u. a.) an der Universität Königsberg, seit 1935 o. Prof. in Leipzig, Religion: evangelisch, gebürtiger Schweizer, seit 1929 deutsche Staatsbürgerschaft, 1938 Antrag auf Entlassung aus der deutschen Staatsangehörigkeit und dem Staatsdienst, weil er eine totale innere und äußere Verpflichtung an das Deutsche Reich nicht zu leisten vermöge, daraufhin 1939 aus dem Staatsdienst entlassen[38], Emigration/Rückkehr in die Schweiz, seit 1939 o. Prof. in Zürich.

Quellen: BA Berlin R 4901/23914; StA Zürich MM 3.59 RRB 1939/1989 p. 663 f.; Kürschner 1931; Wer ist's 1935. Online: Professorenkatalog der Universität Leipzig.

Orgler, Arnold (1874–1957), seit 1924 nichtbeamteter a. o. Prof. (Kinderheilkunde) an der Universität Berlin, 1922–1933 Direktor des Städtischen Säuglings- und Mütterheims Neukölln, Religion: jüdisch, 1924–1933 Mitglied der DDP/DStP, 1933 Entzug der Lehrbefugnis als Jude (§ 3 BBG), bis 1938 Privatpraxis, 1939 Emigration nach Großbri-

38 Freiwilliger Rücktritt mit politischem Hintergrund.

tannien, seit 1942 *Assistant Medical Officer of Health* und *School Medical Officer* in Bromley.

Quellen: UA HU Berlin UK O 40; GStA PK I Rep. 76 Va Sekt. 2 Tit. IV Nr. 46 C Bd. 1 Bl. 323–334 u. passim; Fischer, Lexikon II; Reichshandbuch II; Doetz/Kopke, Ausschluss, S. 301 ff.; Seidler, Kinderärzte, S. 185.

Ostrogorsky, Georg (1902–1976), seit 1928 Privatdozent (Byzantinische und altslawische Geschichte) an der Universität Breslau, Religion: griechisch-orthodox, 1933 Entzug der Lehrbefugnis als „Halbjude" (§ 3 BBG), 1933 Emigration nach Jugoslawien, seit 1933 Prof. (Byzantinistik) an der Universität Belgrad, 1948–1976 Direktor des Instituts für Byzantinistik der Serbischen Akademie der Wissenschaften.

Quellen: GStA PK I Rep. 76 Va Sekt. 4 Tit. IV Nr. 51 Bl. 50–56, 420–422; GStA PK I Rep. 76 Va Sekt. 4 Tit. IV Nr Nr. 41 Bd. VIII u. Bd. IX; Krekic, Ostrogorsky.

Ottenstein, Berta/Bertha (1891–1956), seit 1931 Privatdozentin (Dermatologie) an der Universität Freiburg/Br., 1928–1931 Assistentin an der Hautklinik, Religion: jüdisch, 1933 Entzug der Lehrbefugnis als Jüdin (§ 3 BBG), 1933 Emigration nach Ungarn, unbezahlte Tätigkeit an der Universitäts-Hautklinik in Budapest, 1934 Emigration in die Türkei, Leiterin des Chemischen Labors der Universitäts-Hautklinik in Istanbul, im Juli 1945 Auswanderung in die USA, 1945–1956 *Research Fellow* im Labor des *Boston Dispensary* (bei →Siegfried Thannhauser).

Quellen: GLA Karlsruhe 235/5007; Schmialek, Bertha Ottenstein; Mahrer, Woman; BHdE II; Baden-Württembergische Biographien V; Eppinger, Schicksal, S. 178 f.

P

Pagel, Walter (1898–1983), seit 1930 Privatdozent (Pathologische Anatomie und Medizingeschichte) an der Universität Heidelberg, 1930–1933 Assistent am Pathologischen Universitätsinstitut, Religion: jüdisch, 1933 Entzug der Lehrbefugnis als Jude (§ 3 BBG), 1933 Emigration nach Frankreich, am *Institut Pasteur* tätig, 1933 Emigration nach Großbritannien, 1934–1939 Pathologe in der Tuberkulosesiedlung *Papworth Village Settlement* bei Cambridge, seit 1939 beratender Pathologe in London, seit 1956 in Hertfordshire.

Quellen: GLA Karlsruhe 235/2364; NDB; BHdE II; Biermanns/Groß, Pathologen, S. 182–189; Eckardt, Pathologie, S. 980–984. Nachruf in: Medical History 27 (1983), S. 310 f.

Paneth, Fritz (1887–1958), seit 1929 o. Prof. (Chemie) an der Universität Königsberg, Religion: evangelisch, 1933 als „Nichtarier" entlassen (§ 3 BBG), 1933 Emigration nach Großbritannien, 1933 Gastprofessor am *Imperial College of Science and Technology* in London, 1939–1953 Prof. an der *University of Durham*, 1953 Rückkehr in die Bundesrepublik, 1953–1958 Leiter der Abteilung Radiochemie am Max-Planck-Institut für Chemie in Mainz.

Quellen: GStA PK I Rep. 76 Va Sekt. 11 Tit. IV Nr. 37 Bl. 1–7; BHdE II; NDB; Oxford Dictionary of Biography. Online: National Academy of Sciences, Biographical Memoirs.

Panofsky, Erwin (1892–1968), seit 1926 o. Prof. (Kunstgeschichte) an der Universität Hamburg, Religion: jüdisch, 1933 als Jude entlassen (§ 3 BBG), 1934 Emigration in die USA, 1934/35 *Visiting Lecturer* an der *Princeton University*, 1935–1963 Prof. für Kunstgeschichte am *Institute for Advanced Study* in Princeton, 1963 emeritiert, 1963–1968 Samuel Morse Professor am *Institute of Fine Arts* der *New York University*.

Quellen: Reudenbach, Erwin Panofsky; Picht, Ausweg; Michels, Sokrates; BHdE II; NDB; Wendland, Handbuch II.

Pappenheim, Max (1860–1934), seit 1928 emeritierter o. Prof. (Deutsches, Bürgerliches und Handelsrecht) an der Universität Kiel, Religion: jüdisch, 1901/02 Rektor der Universität Kiel, 1933 als „Altbeamter" nicht vom BBG betroffen; Pappenheim starb im Februar 1934, bevor ihm die Lehrbefugnis als Jude entzogen werden konnte; nicht emigriert.

Quellen: Volbehr/Weyl, Professoren, S. 37; Cohn, Lawyers, S. 163–170; Eckert, Rechtsgelehrte. Diss. Online: Kieler Gelehrtenverzeichnis.

Passow, Richard (1880–1949), seit 1922 o. Prof. (Wirtschaftliche Staatwissenschaften) an der Universität Göttingen, Religion: evangelisch, Mitglied der DVP, im August 1938 „sofortiges Verbot weiterer Amtsausübung" (§ 6 DBG) aufgrund persönlicher Intrigen und aus politischen Gründen („steht dem nationalsozialistischen Gedankengut ablehnend gegenüber"), nicht emigriert, 1945 Wiederaufnahme der Lehrtätigkeit, 1948 emeritiert.

Quellen: BA Berlin R 4901/13273; Wer ist's 1935; Heiber, Universität II, 2, S. 515–527; Szabó, Vertreibung, S. 149–152, 624 f.; Groß, „Umwandlung", S. 158 ff., 171 f. Online: Kieler Gelehrtenverzeichnis.

Penners, Andreas (1890–1951), seit 1927 nichtbeamteter a. o. Prof. (Zoologie und vergleichende Anatomie) an der Universität Würzburg, Religion: katholisch, Mitglied der BVP, 1937/38 planmäßiger a. o. Prof. an der Universität Wien, 1938 nach dem „Anschluss" Österreichs aus politischen Gründen (als Vertreter des politischen Katholizismus) in den Ruhestand versetzt, nicht emigriert, seit 1945 erneut an der Universität Würzburg, 1947 planmäßiger a. o. Prof.

Quellen: UA Würzburg PA 157; BayHStA München MK 44116; Huber, Rückkehr, S. 326 u. passim. Online: Gedenkbuch für die Opfer des Nationalsozialismus an der Universität Wien.

Perels, Ernst (1882–1945), Bruder von →Kurt P. und →Leopold P., seit 1931 persönlicher Ordinarius (Historische Hilfswissenschaften) an der Universität Berlin, Religion: evangelisch, 1933 als „Altbeamter" zunächst im Amt belassen, 1935 auf eigenen Antrag vorzeitig emeritiert, 1936 Entzug der Lehrbefugnis als „Nichtarier" (RBG), nicht emigriert, seit 1936 Mitarbeiter der *Monumenta Germaniae Historica*, 1944/45 in Sippenhaft wegen der Beteiligung seines Sohnes Friedrich Justus P. am Widerstand; Perels starb am 10. Mai 1945 im KZ Flossenbürg.

Quellen: UA HU Berlin UK P 61; NDB; Weber, Lexikon; Oberling, Perels; Kinas, Exodus, S. 172 f. Nachruf in: Deutsches Archiv für Erforschung des Mittelalters 8 (1951), S. 262 f.

Perels, Kurt (1878–1933), Bruder von →Ernst P. und →Leopold P., seit 1919 o. Prof. (Öffentliches Recht) an der Universität Hamburg, 1922–1933 Rat am Hanseatischen Oberlandesgericht und Mitglied des Hamburgischen Oberverwaltungsgerichts, Religion: evangelisch, Mitglied der DVP, im September 1933 Suizid angesichts der bevorstehenden Entlassung als „Nichtarier“, nicht emigriert.

Quellen: StA Hamburg 361-6 I 313 Bd. 1–6; Buchholz, Lexikon; Lebensbilder Hamburgischer Rechtslehrer, S. 68–74. Nachruf in: Archiv des öffentlichen Rechts 83 (1958), S. 374–379.

Perels, Leopold (1875–1954), Bruder von →Ernst P. und →Kurt P., seit 1928 o. Honorarprofessor (Privatrecht) an der Universität Heidelberg, Religion: evangelisch, 1933 Entzug der Lehrbefugnis als „Nichtarier“ (§ 3 BBG), nicht emigriert, 1940 nach Frankreich deportiert, 1940–1944 im *Camp de Gurs* interniert, die nach Kriegsende geplante Rückkehr nach Deutschland scheiterte an gesundheitlichen Problemen und bürokratischen Hindernissen.

Quellen: GLA Karlsruhe 235/1559; Drüll, Gelehrtenlexikon 1803–1932; Schroeder, Chancen, S. 186–208; Mussgnug, Dozenten S. 122 f., 222–225.

Perles, Felix (1874–1933), seit 1924 Honorarprofessor (Neuhebräisch und Aramäisch) an der Universität Königsberg, seit 1899 Rabbiner in Königsberg, Religion: jüdisch, 1933 Entzug der Lehrbefugnis als Jude (§ 3 BBG), nicht emigriert; Perles starb, bereits schwer erkrankt, kurz nach dem Entzug der Lehrbefugnis im Oktober 1933.

Quellen: GStA PK I Rep. 76 Va Sekt. 11 Tit. IV Nr. 37 Bl. 66–72; NDB; Altpreußische Biographie IV; Perles, Felix Perles; Schüler-Springorum, Minderheit, S. 109 f., 302 u. passim.

Peters, Albert (1862–1938), seit 1901 o. Prof. (Augenheilkunde) an der Universität Rostock, Religion: evangelisch, Mitglied der DVP, 1915/16 Rektor der Universität Rostock, 1933 emeritiert, nicht emigriert; Peters, dessen „jüdische Versippung“ erst im Herbst 1937 bekannt wurde, verstarb, bevor er aus dem Lehrkörper gestrichen werden konnte.

Quellen: UA Rostock PA Albert Peters; LHA Schwerin 5.12-7/1 Nr. 1484; Buddrus/Fritzlar, Professoren. Online: Catalogus Professorum Rostochiensium.

Peters (ursprünglich: Pereles), Wilhelm (1880–1963), seit 1923 o. Prof. (Psychologie) an der Universität Jena, Religion: seit 1918 konfessionslos (ursprünglich jüdisch, 1907 evangelisch), seit 1919 Mitglied der SPD, 1933 als „Nichtarier“ in den Ruhestand versetzt (§ 3 BBG), 1933 Emigration nach Großbritannien, 1937 in die Türkei, 1937–1952 Prof. an der Universität Istanbul, 1952 Rückkehr in die Bundesrepublik, 1953 in Würzburg emeritiert.

Quellen: UA Jena D 2246; NDB; Jüdische Lebenswege in Jena, S. 397–399; BHdE II; Widmann, Exil, S. 280 f.; Wolfradt u. a., Psychologinnen; Geuter, Professionalisierung, S. 577; Staudacher, Konvertiten I, S. 267.

Petzelt, Alfred (1886–1967), seit 1930 Privatdozent (Psychologie) an der Universität Breslau, Religion: katholisch, 1931–1933 Mitglied der Zentrumspartei, verlor 1939 aus politischen Gründen (katholische Bindung) die Lehrbefugnis, nicht emigriert, 1934–1945 Volksschullehrer, 1946–1949 apl. Prof. an der Universität Leipzig, seit 1949 an der Universität Münster, seit 1952 als o. Prof. (Pädagogik).

Quellen: BA Berlin R 4901/13273; GStA PK I Rep. 76 Va Sekt. 4 Tit. IV Nr. 41 Bd. VIII; UA Wrocław S 199; Horn, Erziehungswissenschaft, S. 308 f. u. passim; Kapferer, Nazifizierung, S. 193–202; Kauder, Petzelt.

Peuckert, Will-Erich (1895–1969), seit 1932 Privatdozent (Volkskunde) an der Universität Breslau, Religion: evangelisch, 1930/31 Mitglied der SPD, 1933 Mitglied der DNVP; 1935 Entzug der Lehrbefugnis aus politischen Gründen (§ 18 RHO), nachdem er durch einen Breslauer Kollegen wiederholt als politisch unzuverlässig denunziert worden war; nicht emigriert, 1946 beamteter a. o. Prof. an der Universität Göttingen, seit 1951 o. Prof. in Göttingen.

Quellen: BA Berlin R 4901/13273 u. R 4901/23306; GStA PK I Rep. 76 Va Sekt. 4 Tit. IV Nr. 41 Bd. VIII u. Bd. IX; Raabe, Autoren, S. 369–373; Bönisch-Brednich/Brednich, Volkskunde; Schlesische Lebensbilder IX.

Pevsner, Nikolaus (1902–1983), seit 1929 Privatdozent (Kunstgeschichte) an der Universität Göttingen, Religion: evangelisch (bis 1920 jüdisch), 1933 Entzug der Lehrbefugnis als „Nichtarier" (§ 3 BBG), 1933 Emigration nach Großbritannien, 1935–1940 für eine Möbelfirma tätig, 1940 zeitweise als *enemy alien* interniert, seit 1941 Lehrtätigkeit am *Birkbeck College* in London, seit 1945 als Prof., 1949–1955 *Slade Professor of Fine Art* in Cambridge.

Quellen: GStA PK I Rep. 76 Va Nr. 10081 Bl. 52–58; Harries, Nikolaus Pevsner; NDB; BHdE II; Szabó, Vertreibung, 364–367, 625–627; Wendland, Handbuch II.

Pfeiffer, Rudolf (1889–1979), seit 1929 o. Prof. (Klassische Philologie) an der Universität München, Religion: katholisch, 1933–1935 Mitglied des *Stahlhelm, Bund der Frontsoldaten*, 1937 wegen seiner „nichtarischen" Ehefrau in den Ruhestand versetzt (§ 6 BBG), 1937 Emigration nach Großbritannien; seit 1938 am *Corpus Christi College* in Oxford, zunächst als *Lecturer*, später als *Reader*; 1940 als *enemy alien* zeitweise interniert, 1951 Rückkehr in die Bundesrepublik, seit 1951 erneut o. Prof. in München.

Quellen: UA München E-II-2677; BA Berlin R 4901/23227 u. R 9361-VI/2247; BHdE II; NDB; Wirbelauer, Fakultät, S. 980 f. Nachruf in: Gnomon 52 (1980), S. 402–410.

Philippson, Alfred (1864–1953), seit 1929 emeritierter o. Prof. (Geographie) an der Universität Bonn, Religion: jüdisch, 1933 als „Altbeamter" zunächst geschützt, 1936 als Jude aus dem Vorlesungsverzeichnis gestrichen, nicht emigriert, 1942 Deportation in das Ghetto Theresienstadt (zusammen mit seiner Frau und seiner Tochter), im Juli 1945 Rückkehr nach Bonn, 1947 Ehrenbürger der Stadt Bonn.

Quellen: UA Bonn PA 6965; NDB; Mehmel, Alfred Philippson; Orth, NS-Vertreibung, S. 243–265, 383–387; Philippson, Geographen. Online: Catalogus Professorum Rostochiensium.

Philippson, Ernst Alfred (1900–1993), seit 1928 Privatdozent (Englische Philologie) an der Universität Köln, Religion: konfessionslos (ursprünglich evangelisch-reformiert), 1931–1933 als *Lecturer* an die *Ohio State University* beurlaubt, verzichtete 1937 als „Nichtarier" auf die Kölner Lehrbefugnis, Emigration in die USA, 1935–1947 *Assistant Professor* an der *University of Michigan*, seit 1947 am *German Department* der *University of Illinois*, Urbana, seit 1951 als *Full Professor*, 1968 emeritiert.

Quellen: UA Köln Zug. 27/70; Germanistenlexikon II; BHdE II; Kürschner 1950; Golczewski, Universitätslehrer, S. 454. Online: Universität zu Köln, Galerie der Professorinnen und Professoren.

Picard, Hugo (1888–1974), seit 1930 nichtbeamteter a. o. Prof. (Chirurgie) an der Universität Berlin, 1929–1934 Leiter der Chirurgie der Neuen Poliklinik der Jüdischen Gemeinde Berlin, Religion: jüdisch, 1933 Entzug der Lehrbefugnis als Jude (§ 3 BBG), 1934 Emigration nach Ägypten, 1935–1956 Leiter der Chirurgischen Abteilung am Jüdischen Krankenhaus in Kairo, später Übersiedlung in die Schweiz.

Quellen: UA HU Berlin UK P 101; GStA PK I Rep. 76 Va Sekt. 2 Tit. IV Nr. 46 C Bd. 1 Bl. 314–322; Lowenthal, Juden; Kasper-Holtkotte, Deutschland, S. 290 ff. u. passim.

Pick, Ludwig (1868–1944), seit 1921 Honorarprofessor (Pathologische Anatomie) an der Universität Berlin, 1906–1933 Prosektor und Direktor des Pathologischen Instituts am Städtischen Krankenhaus Friedrichshain, Religion: jüdisch, 1920–1929 Mitglied der DDP, 1913–1933 Mitglied einer Freimaurerloge, 1933 als ehemaliger „Frontkämpfer" zunächst im Amt belassen, Arztpraxis in Berlin, 1936 Entzug der Lehrbefugnis als Jude (RBG), nicht emigriert; 1943 Deportation in das Ghetto Theresienstadt, wo Pick 1944 an einer Lungenentzündung starb.

Quellen: UA HU Berlin UK P 110 u. UK 1067 Bl. 135–141; GStA PK I Rep. 76 Va Sekt. 2 Tit. IV Nr. 46 C Bd. 1 Bl. 607–612 u. Bd. 2 Bl. 39 f.; Biermanns/Groß, Pathologen, S. 191–195; NDB; Gruber, Pick; Simmer, Pick.

Pinkus, Felix (1868–1947), seit 1921 nichtbeamteter a. o. Prof. (Dermatologie) an der Universität Berlin, bis 1933 Direktor des Städtischen Frauenkrankenhauses Reinickendorf, Religion: jüdisch, Mitglied der DDP/DStP, 1933 Entzug der Lehrbefugnis als Jude (§ 3 BBG), Privatpraxis in Berlin, 1938 nach Entzug der Approbation „jüdischer Krankenbehandler", 1939 Emigration nach Norwegen, 1941 in die USA; Arztpraxis in Monroe, Michigan.

Quellen: UA HU Berlin UK P 117; GStA PK I Rep. 76 Va Sekt. 2 Tit. IV Nr. 46 C Bd. 1; Doetz/Kopke, Ausschluss, S. 473 f.; Mehregan, Pinkus; Archiv des Leo Baeck Institute New York AR 25456 (auch online).

Piper, Otto (1891–1982), seit 1930 o. Prof. (Systematische Theologie) an der Universität Münster, Religion: evangelisch, 1919 Mitglied der USPD, 1922–1933 Mitglied der SPD, 1933 aus politischen Gründen („frankophiler Pazifist") entlassen (§ 4 BBG), 1934 Emigration nach Großbritannien, Gastprofessor an der *University of Wales* in Swansea und Bangor, 1937 in die USA, seit 1937 an der *Princeton University*, zunächst als Gastprofessor, seit 1941 als *Full Professor*, 1953 Ehrenbürger der Universität Münster.

Quellen: GStA PK I Rep. 76 Va Sekt. 13 Tit. IV Nr. 22 Bl. 46–57; NDB; BHdE II; BBKL, Bd. 7; Happ/Jüttemann, Schlag.

Plaut, Felix (1877–1940), seit 1915 nichtplanmäßiger a. o. Prof. (Psychiatrie) an der Universität München, 1918–1936 Direktor des Serologischen Instituts der Deutschen Forschungsanstalt für Psychiatrie (KWI), Religion: konfessionslos (bis 1932 jüdisch), 1933 wegen „hervorragender Bewährung" zunächst im Amt belassen, 1936 Entzug der Lehrbefugnis als „Nichtarier" (RBG), 1939 Emigration nach Großbritannien, am *Horton Mental Hospital* in Epsom tätig, im Juni 1940 Suizid angesichts der bevorstehenden Internierung als *enemy alien*.

Quellen: BayHStA München MK 44131; UA München E-II-2703; Reichshandbuch II; Rürup, Schicksale, S. 290–292; Kreuter, Neurologen III; Hippius u. a., Klinik, S. 90 f. Nachruf in: Nature 146 (1940), S. 190.

Plaut, Theodor (1888–1948), Bruder von →Rahel Liebeschütz-Plaut, seit 1931 nichtbeamteter a. o. Prof. (Nationalökonomie) an der Universität Hamburg, 1920–1933 Wissenschaftlicher Hilfsarbeiter an der Universität Hamburg, Religion: jüdisch, 1933 als Jude entlassen (§ 3 BBG), 1933 Emigration nach Großbritannien, 1933–1935 Gastprofessor am *University College* in Hull, seit 1936 am *Coal Research Institute* der *University of Leeds*.

Quellen: StA Hamburg 361-6 IV 791; Hagemann/Krohn, Handbuch II; Kürschner 1931; List of Displaced German Scholars (1936), S. 32.

Plenge, Johann (1874–1963), seit 1923 Honorarprofessor (Wirtschaftliche Staatswissenschaften und Soziologie) an der Universität Münster, Religion; evangelisch, 1935 aus politischen Gründen (aufgrund seiner politisch unerwünschten Versuche, sich als Urheber des „nationalen Sozialismus" zu profilieren) vorzeitig entpflichtet (§ 4 GEVH), nicht emigriert; Plenges Bemühungen um eine Reaktivierung nach 1945 blieben erfolglos.

Quellen: BA Berlin R 4901/13273; NDB; Reichshandbuch II; Soziologenlexikon I; Schildt, Prophet; Demiriz, Ideen.

Plesch, Johann/János (1878–1957), seit 1921 nichtbeamteter a. o. Prof. (Innere Medizin) an der Universität Berlin, Privatpraxis in Berlin, Religion: katholisch (bis 1909 jüdisch), 1933 Entzug der Lehrbefugnis als „Nichtarier" (§ 3 BBG), 1933 Emigration nach Großbritannien, seit 1934 Privatpraxis, 1951 Übersiedlung in die Schweiz, 1954 Auswanderung in die USA.

Quellen: UA HU Berlin UK P 133; GStA PK I Rep. 76 Va Sekt. 2 Tit. IV Nr. 46 C Bd. 1 Bl. 573–580, 781–789; Fischer, Lexikon II; NDB; Plesch, János. Nachruf in: Deutsche Medizinische Wochenschrift 82 (1957), S. 1019.

Plessner, Helmuth (1892–1985), seit 1926 nichtbeamteter a. o. Prof. (Philosophie) an der Universität Köln, Religion: evangelisch, 1933 Entzug der Lehrbefugnis als „Nichtarier" (§ 3 BBG), 1934 Emigration in die Niederlande, Lehrtätigkeit an der Universität Groningen, 1939 Prof. für Soziologie in Groningen, 1943 auf Anordnung der deutschen Besatzer entlassen, 1946 o. Prof. in Groningen, 1951 Rückkehr in die Bundesrepublik, 1951 o. Prof. in Göttingen, 1960/61 Rektor der Universität Göttingen.

Quellen: Dietze, Leben; BHdE II; NDB; Golczewski, Universitätslehrer, S. 419 ff. Online: Universität zu Köln, Galerie der Professorinnen und Professoren.

Plessner, Martin/Meir (1900–1973), seit 1931 Privatdozent (Semitische Philologie und Islamkunde) an der Universität Frankfurt/M., Religion: jüdisch, 1933 Entzug der Lehrbefugnis als Jude (§ 3 BBG), 1933 Emigration nach Palästina, 1933–1945 Lehrer in Haifa, seit 1949 Bibliothekar, 1950–1969 Lehrtätigkeit an der Hebräischen Universität Jerusalem, seit 1963 Prof. (Islamische Kultur).

Quellen: UA Frankfurt/M. Personalhauptakte u. PA Philosophische Fakultät; BHdE II; Hanisch, Kompetenz; Heuer/Wolf, Juden, S. 288 ff.; Levy, Contention. Online: VAdS.

Pokorny, Julius (1887–1970), seit 1927 o. Prof. (Keltische Philologie) an der Universität Berlin, Religion: katholisch, 1922–1924 Mitglied der DNVP, 1933 als einziger namhafter Fachvertreter in Deutschland zunächst im Amt belassen, 1935 als „Nichtarier" in den Ruhestand versetzt (RBG), 1943 Emigration in die Schweiz, seit 1944 Lehrtätigkeit an den Universitäten Bern und Zürich, 1955 Rückkehr in die Bundesrepublik, seit 1955 Honorarprofessor an der Universität München.

Quellen: UA HU Berlin UK P 146; GStA PK I Rep. 76 Va Sekt. 2 Tit. IV Nr. 68 A Bd. II; NDB; Heinz, Erkenntnisse; Lerchenmüller, Sprengstoff; Kinas, Exodus, S. 96, 173; Ó Dochartaigh, Pokorny. Online: VAdS.

Polano, Oskar (1873–1934), seit 1920 planmäßiger a. o. Prof. (Gynäkologie) an der Universität München, Religion: evangelisch, 1922–1924 Mitglied der DVP, 1933 als „Altbeamter" und ehemaliger „Frontkämpfer" vor einer Entlassung nach § 3 BBG geschützt; 1933 auf eigenen Antrag aus gesundheitlichen Gründen in den Ruhestand versetzt, bevor er als „Volljude" entlassen werden konnte; nicht emigriert. Polano starb 1934 in Obergrainau.

Quellen: BayHStA München MK 44136; UA München E-II-2717; Reichshandbuch II; Fischer, Lexikon II. Nachruf in: Jahrbuch der Ludwig-Maximilians-Universität München für 1933/34, S. 22.

Poll, Heinrich (1877–1939), seit 1924 o. Prof. (Anatomie) an der Universität Hamburg, Religion: seit 1899 evangelisch (ursprünglich jüdisch), Mitglied der Deutschen Gesellschaft für Rassenhygiene, 1933 als „Nichtarier“ in den Ruhestand versetzt (§ 3 BBG), 1934 Umzug nach Berlin, 1939 Emigration nach Schweden, wo er wenig später starb; Polls Witwe, die Ärztin Clara Poll-Cords, beging kurz nach seinem Tod Suizid.

Quellen: StA Hamburg 361-6 I 324 Bd. 1–4 u. 361-6 IV 795; Braund/Sutton, Case; Hamburgische Biografie VI; Villiez, Kraft, S. 377 f.; van den Bussche, Universitätsmedizin, S. 61, 204–207; Mitt. Eckart Krause, 11.6.2019.

Pollaczek geb. Geiringer, Hilda (1893–1973), seit 1927 Privatdozentin (Angewandte Mathematik) an der Universität Berlin, 1921–1933 Assistentin am Institut für angewandte Mathematik, Religion: jüdisch, 1933 Entzug der Lehrbefugnis als Jüdin (§ 3 BBG), 1933 Emigration nach Belgien, 1934 in die Türkei, seit 1934 Prof. an der Universität Istanbul, 1939 Emigration in die USA, seit 1939 Lehrtätigkeit an verschiedenen Colleges, 1943 Heirat mit →Richard von Mises, 1944–1959 Prof. am *Wheaton College* in Norton, Massachusetts.

Quellen: UA HU Berlin UK P 151; GStA PK I Rep. 76 Va Sekt. 2 Tit. IV Nr. 68 F Teil 1; BHdE II; Pinl, Kollegen I, S. 189; Siegmund-Schultze, Mathematicians, S. 144 f. Online: MacTutor History of Mathematics Archive.

Pollock, Friedrich (1894–1970), seit 1928 Privatdozent (Volkswirtschaftslehre) an der Universität Frankfurt/M., Religion: konfessionslos (früher jüdisch), 1933 Entzug der Lehrbefugnis als „Nichtarier“ (§ 3 BBG), 1933 Emigration in die Schweiz, 1934 in die USA, 1933–1949 geschäftsführender Direktor des nach New York verlegten Instituts für Sozialforschung, 1950 Rückkehr in die Bundesrepublik, 1951 apl. Prof. in Frankfurt/M., 1957 Umzug nach Montagnola (Tessin), 1958 o. Prof. an der Universität Frankfurt/M., 1963 emeritiert.

Quellen: UA Frankfurt/M. Personalhauptakte u. Abt. 4 Nr. 91; Lenhard, Friedrich Pollock; NDB; Frankfurter Biographie II; Heuer/Wolf, Juden, S. 291–294; BHdE II; Hagemann/Krohn, Handbuch II.

Popitz, Johannes (1884–1945), seit 1922 Honorarprofessor (Steuerrecht) an der Universität Berlin, seit 1933 preußischer Finanzminister, Religion: evangelisch, seit 1937 Mitglied der NSDAP, nach dem Novemberpogrom 1938 Hinwendung zum nationalkonservativen Widerstand, nicht emigriert, 1944 nach dem Attentat auf Hitler verhaftet und vom Volksgerichtshof zum Tode verurteilt; Popitz wurde am 2. Februar 1945 in Berlin-Plötzensee gehängt.

Quellen: UA HU Berlin UK P 158 u. Jur. Fak. 538; BA Berlin R 4901/13273, BDC REM A 080, WI A 518, OPG 1265; Reichshandbuch II; NDB; Nagel, Popitz; Voß, Popitz.

Popp, Georg (1861–1943), seit 1924 Honorarprofessor (Gerichtliche Chemie und naturwissenschaftliche Kriminalistik) an der Universität Frankfurt/M., Religion: evangelisch; 1938 nach Bekanntwerden seiner früheren „jüdischen Versippung“ aus dem Lehrkörper gestrichen, obwohl seine „volljüdische“ Ehefrau bereits 1919 verstorben war; nicht emigriert.

Quellen: UA Frankfurt/M. Personalhauptakte, Rektoratsakte, PA der Naturwissenschaftlichen Fakultät u. Abt. 10 Nr. 106; Kinas, Exodus, S. 209 u. passim.

Prager, Willy/William (1903–1980), 1929–1933 Privatdozent (Angewandte Mechanik) an der Universität Göttingen, seit April 1933 o. Prof. an der TH Karlsruhe, Religion: evangelisch, im Juli 1933 als „Nichtarier" entlassen (§ 3 BBG), 1933 Emigration in die Türkei, 1934–1941 Prof. an der Universität Istanbul, 1941 Emigration in die USA; 1941–1965 und 1968–1973 Prof. an der *Brown University* in Providence, Rhode Island; 1965–1968 an der *University of California* in San Diego.

Quellen: GStA PK I Rep. 76 Va Nr. 10081 Bl. 269–278; BHdE II; Seidl, Säuberungen, S. 481 f.; Widmann, Exil, S. 281; Szabó, Vertreibung, S. 453 ff., 627 f. Online: MacTutor History of Mathematics Archive.

Prandtl, Wilhelm (1878–1956), seit 1910 beamteter a. o. Prof. (Anorganische Chemie) an der Universität München, Religion: katholisch, 1937 wegen seiner „nichtarischen" Ehefrau in den Ruhestand versetzt (§ 6 BBG), nicht emigriert, private Studien zur Chemiegeschichte, 1946 zum persönlichen Ordinarius an der Universität München ernannt und zugleich emeritiert, Lehrtätigkeit als Emeritus.

Quellen: BayHStA München MK 44142; UA München E-II-2724; NDB. Nachruf in: Archives Internationales d'Histoire des Sciences 10 (1957), S. 91 f. Online: http://litten.de/fulltext/prandtl.htm.

Prausnitz, Carl (1876–1963), Vater von →Otto P., seit 1926 o. Prof. (Hygiene) an der Universität Breslau, Religion: evangelisch, 1933 als politisch unzuverlässig denunziert und kurzzeitig inhaftiert, 1934 als „Nichtarier" in den Ruhestand versetzt (§ 6 BBG), 1933 Emigration nach Großbritannien, 1933–1935 *Honorary Research Fellow* an der *University of Manchester*, 1935–1961 praktischer Arzt in Ventnor, *Isle of Wight*.

Quellen: GStA PK I Rep. 76 Va Sekt. 4 Tit. IV Nr. 51 Bl. 320–325, 438 f., 448–457, 497 f.; Reichshandbuch II; BHdE II; NDB; Buchholz, Lexikon. Nachruf in: Journal of Allergy 34 (1963), S. 553 f.

Prausnitz (seit 1939: Giles), Otto (1904–1980), Sohn von →Carl P., Schwager von →Arthur Wegner, seit 1929 Privatdozent (Deutsches Recht, Bürgerliches Recht und Handelsrecht) an der Universität Breslau, Religion: evangelisch, 1933 Entzug der Lehrbefugnis als „Nichtarier" (§ 3 BBG), 1933 Emigration nach Großbritannien, Stipendiat an der *London School of Economics*, 1937 Zulassung als Rechtsanwalt, 1939–1966 bei der BBC, 1964–1972 *Lehrtätigkeit* am *Reading College of Technology* in Berkshire.

Quellen: GStA PK I Rep. 76 Va Sekt. 4 Tit. IV Nr. 51 Bl. 57–63; UA Wrocław S 197, S. 459–466 u. S 199; Breunung/Walther, Emigration I; Göppinger, Juristen, S. 207, 308; Fremery-Dohna/Schoene, Geistesleben.

Pribram, Bruno Oskar (1887–1962), Bruder von →Egon P., seit 1929 nichtbeamteter a. o. Prof. (Chirurgie) an der Universität Berlin, seit 1926 Direktor der Chirurgischen Abteilung am St. Hildegard-Krankenhaus in Berlin, Religion: katholisch, 1933 Entzug der Lehrbefugnis als „Nichtarier" (§ 3 BBG), 1937 Emigration nach Großbritannien, 1941 nach Shanghai, Chefchirurg am *St. Elizabeth's Hospital* und Lehrtätigkeit an der *St. Johns University*, 1946 Übersiedlung in die USA, 1957 Rückkehr in die Bundesrepublik.

Quellen: UA HU Berlin UK P 176; GStA PK I Rep. 76 Va Sekt. 2 Tit. IV Nr. 46 C Bd. 1 Bl. 581–600, 879–881; Entschädigungsamt Berlin Nr. 70178; Fischer, Lexikon II; Reichshandbuch II; DBE.

Pribram, Egon (1885–1963), Bruder von →Bruno Oskar P., seit 1927 apl. a. o. Prof. (Geburtshilfe und Gynäkologie) an der Universität Gießen, 1929–1937 Facharztpraxis in Frankfurt/M., Religion: katholisch, 1933 Entzug der Lehrbefugnis als „Nichtarier" (§ 6 BBG), 1938 wegen Fälschung von Abstammungsurkunden zu 8 Monaten Gefängnis verurteilt, nach Verbüßung der Strafe 1938/39 im KZ Buchenwald inhaftiert, 1939 Emigration nach Shanghai, 1948 Auswanderung in die USA, seit 1952 Arztpraxis in Cleveland, Ohio.

Quellen: HHStA Wiesbaden 518/595; Oehler-Klein, Lehrkörper, S 84–88; Chroust, Universität I, S. 228.

Pribram, Karl (1877–1973), seit 1928 o. Prof. (Wirtschaftliche Staatswissenschaften) an der Universität Frankfurt/M., Religion: katholisch (früher jüdisch), 1933 als „Nichtarier" in den Ruhestand versetzt (§ 3 BBG), 1934 Emigration in die USA, 1934–1936 am *Brooking Institute* in Washington, 1936–1942 für das *Social Security Board* in Washington, D. C. tätig, 1942–1951 *U. S. Tariff Commission*, seit 1939 auch *Adjunct Professor* an der *American University* in Washington.

Quellen: UA Frankfurt/M. Personalhauptakte; BA Berlin R 4901/20263; BHdE II; NDB; Hagemann/Krohn, Handbuch II; Heuer/Wolff, Juden, S. 295–298; Pribram, Erinnerungen.

Prijs, Joseph →**Prys, Joseph**

Pringsheim, Alfred (1850–1941), Vater von →Peter P., seit 1922 emeritierter o. Prof. (Mathematik) an der Universität München, Religion: konfessionslos (früher jüdisch); 1934 als „Nichtarier" in den dauernden Ruhestand versetzt, nachdem er die Vereidigung auf Hitler verweigert hatte (Art. 187 Bayerisches Beamtengesetz); 1939 Emigration in die Schweiz, wo er bis zu seinem Tod in Zürich lebte.

Quellen: BayHStA München MK 44150; UA München E-II-2732; BHdE II; NDB; Breisach, Universitätsprofessoren, S. 342 ff.; Perron, Pringsheim. Online: MacTutor History of Mathematics Archive.

Pringsheim, Fritz (1882–1967), Bruder von →Hans P., seit 1929 o. Prof. (Römisches und deutsches bürgerliches Recht) an der Universität Freiburg/Br., Religion: evangelisch, 1918/19 Mitglied der DDP, 1933 als ehemaliger „Frontkämpfer" zunächst im Amt belassen, 1936 als „Nichtarier" in den Ruhestand versetzt (RBG), 1938 zeitweise im KZ Sachsenhausen inhaftiert, 1939 Emigration nach Großbritannien, Lektor und Tutor in Oxford, 1946 Wiederaufnahme der Lehrtätigkeit in Freiburg/Br., 1958 endgültige Rückkehr in die Bundesrepublik.

Quellen: GLA Karlsruhe 235/5007 Bl. 227; BA Berlin R 4901/13273; NDB; Badische Biographien NF I; BHdE II; Bund, Fritz Pringsheim; Honoré, Fritz Pringsheim; Pringsheim, Haltung.

Pringsheim, Hans (1876–1940), Bruder von →Fritz P., Schwager von →Erich Feiler, seit 1921 nichtbeamteter a. o. Prof. (Chemie) an der Universität Berlin, Religion: evangelisch (früher jüdisch), 1933 Entzug der Lehrbefugnis als „Nichtarier" (§ 3 BBG), 1933 Emigration nach Frankreich, lebte in Paris, 1936 Emigration in die Schweiz, lebte in Genf.

Quellen: UA HU Berlin UK P 179/1; GStA PK I Rep. 76 Va Sekt. 2 Tit. IV Nr. 68 F Teil 1; Poggendorff, Bd. V–VI; Deichmann, Flüchten, S. 122, 130; Engel, Pringsheim.

Pringsheim, Peter (1881–1963), Sohn von →Alfred P., seit 1930 persönlicher Ordinarius (Physik, Elektronik) an der Universität Berlin, Religion: evangelisch, 1933 als „Nichtarier" in den Ruhestand versetzt (§ 3 BBG), 1933 Emigration nach Belgien (die Heimat seiner Frau), bis 1940 an der Universität Brüssel tätig, 1940 als feindlicher Ausländer verhaftet und in Frankreich interniert, 1941 Emigration in die USA, Gastprofessuren in Berkeley und Chicago, 1947–1954 am *Argonne National Laboratory*, 1954 Übersiedlung nach Belgien.

Quellen: UA HU Berlin UK P 179; GStA PK I Rep. 76 Va Sekt. 2 Tit. IV Nr. 68 F Teil 1; BA Berlin R 4901/1624; BHdE II; NDB; Wehefritz, Gefangener. Nachruf in: Physikalische Blätter 20 (1964), S. 133 f.

Propper, Maximilian von (1889–1981), seit 1924 Lektor der russischen Sprache an der Universität Hamburg, Religion: evangelisch-reformiert, 1938 als „Nichtarier" entlassen, nicht emigriert, fortan als freiberuflicher Sprachlehrer und Übersetzer tätig, seit 1943 Angestellter einer Versicherungsgesellschaft.

Quellen: StA Hamburg 332-5 Generalregister Sterbefälle (1978–1983); UB Heidelberg Heid. Hs. 3861 G 67; Hochschulalltag im „Dritten Reich" III, S. 1487.

Prys/Prijs, Joseph (1889–1956), seit 1928 Lehrbeauftragter (Judaistik) an der Universität München, 1921–1933 Rabbiner und Religionslehrer in München, Religion: jüdisch, 1933 Entzug des Lehrauftrags als Jude, 1933 Emigration nach Österreich, 1933 in die Schweiz, lebte ab 1934 in Basel, Bibliothekar an der Universitätsbibliothek Basel; seine Schwestern Sarah Schreiber und Zerline Prijs wurden in Auschwitz ermordet.

Quellen: UA München O-XIV-237; BHdE I; Strätz, Handbuch.

Pulewka, Paul (1896–1989), seit 1927 Privatdozent (Pharmakologie) an der Universität Tübingen, Religion: evangelisch, 1933 nichtbeamteter a. o. Prof., 1935 Emigration in die Türkei wegen seiner „nichtarischen" Ehefrau, seit 1935 Abteilungsleiter im türkischen Gesundheitsministerium, 1940 aus dem Vorlesungsverzeichnis der Universität

Tübingen gestrichen, seit 1946 Prof. an der Universität Ankara, 1954 Rückkehr in die Bundesrepublik, seit 1957 o. Prof. in Tübingen.

Quellen: BA Berlin R 4901/13273; Trendelenburg, Pharmakologen; Pulewka, Jahre; Pulewka, Arzt; BHdE II; Widmann, Exil, S. 281 f.; Mitt. Dr. Michael Wischnath, UA Tübingen, 7.11.2003.

Putschar, Walter (1904–1987), seit 1931 Privatdozent (Pathologie) an der Universität Göttingen, 1928–1934 Assistent am Pathologischen Universitätsinstitut, Religion: evangelisch, 1935 Emigration in die USA wegen seiner „nichtarischen" Ehefrau, 1935–1937 *Assistant Professor* an der *University of Buffalo* in New York, 1937–1958 Pathologe am *General Hospital* in Charleston, West Virginia, 1959–1984 *Consultant Pathologist* am *Massachusetts General Hospital* in Boston.

Quellen: BA Berlin R 4901/13273; Szabó, Vertreibung, S. 628 f.; Rosenberg u. a., Walter G. J. Putschar; Ortner/Ragsdale, Walter G. J. Putschar; Biermanns/Groß, Pathologen, S. 210–213.

R

Rabel, Ernst (1874–1955), seit 1926 o. Prof. (Römisches, Bürgerliches und Ausländisches Recht, Rechtsvergleichung) an der Universität Berlin, 1926–1937 Gründungsdirektor des Kaiser-Wilhelm-Instituts für ausländisches und internationales Privatrecht, Religion: katholisch, 1933 als „Altbeamter" zunächst in seinen Ämtern verblieben, 1935 als „Nichtarier" in den Ruhestand versetzt (RBG), 1939 Emigration in die USA, *Research Associate* an der *University of Michigan*, 1950 Rückkehr in die Bundesrepublik.

Quellen: UA HU Berlin UK R 5 u. Jur. Fak. 499; BA Berlin R 4901/13274; Reichshandbuch II; BHdE II; NDB; Kegel, Rabel; Kunze, Rabel; Lando, Rabel; Lösch, Geist, S. 366–372; Rürup, Schicksale, S. 297–301.

Rabin, Israel (1882–1951), seit 1925 Lektor (Sprache des rabbinischen Schrifttums) an der Universität Breslau, 1921–1935 Dozent am Jüdisch-theologischen Seminar Breslau, Religion: jüdisch, 1933 Entzug der Lektorenstelle als Jude, 1934 Seminarrabbiner am Jüdisch-theologischen Seminar, 1935 Emigration nach Palästina, Leiter der Misrachi-Knabenschule „Nezach Jisrael" in Haifa.

Quellen: UA Wrocław S 220/380 u. S 210, S. 25; BHdE II; Biographisches Handbuch der Rabbiner II/2; Heuer/ Wolf, Juden, S. 300–303; Cohn, Recht I, S. 394 u. passim; Lowenthal, Juden; Rabin, Schattenbilder.

Radbruch, Gustav (1878–1949), seit 1926 o. Prof. (Strafrecht) an der Universität Heidelberg, Religion: evangelisch, seit 1919 Mitglied der SPD, 1920–1924 Reichstagsabgeordneter der SPD, 1921/22 und 1923 Reichsjustizminister, 1933 aus politischen Gründen entlassen (§ 4 BBG), nicht emigriert, 1935/36 Forschungsaufenthalt in Oxford, seit 1945 erneut o. Prof. an der Universität Heidelberg, 1948 Wiedereintritt in die SPD, 1948 emeritiert.

Quellen: NDB; Kaufmann, Gustav Radbruch; Drüll, Gelehrtenlexikon 1803–1932; Badische Biographien NF I.

Rade, Martin (1857–1940), seit 1924 emeritierter o. Prof. (Systematische Theologie) an der Universität Marburg, Religion: evangelisch, seit 1918 Mitglied der DDP/DStP (1919–1921 Mitglied der verfassunggebenden preußischen Landesversammlung), des *Vereins zur Bekämpfung des Antisemitismus* und des *Reichsbanner Schwarz-Rot-Gold*, 1933 aus politischen Gründen aus dem Staatsdienst entlassen (§ 4 BBG), nicht emigriert.

Quellen: NDB; Nagel, Martin Rade; BBKL, Bd. 7; Lippmann, Theologie; Auerbach, Catalogus II, S. 42 f. Online: Marburger Professorenkatalog.

Rademacher, Hans (1892–1969), seit 1925 o. Prof. (Mathematik) an der Universität Breslau, Religion: konfessionslos (ursprünglich evangelisch), Mitglied der *Liga für Menschenrechte* und der *Deutschen Friedensgesellschaft*, 1934 aus politischen Gründen (u. a. wegen seiner Unterstützung für Emil Julius Gumbel und Theodor Lessing) entlassen (§ 4 BBG), 1934 Emigration in die USA, 1934–1969 an der *University of Pennsylvania* in Philadelphia, seit 1939 als *Full Professor*, 1962 emeritiert.

Quellen: GStA PK I Rep. 76 Va Sekt. 4 Tit. IV Nr. 51 Bl. 297 f., 389–403, 474–480; NDB; BHdE; Pinl, Kollegen I, S. 205–208. Online: MacTutor History of Mathematics Archive.

Ranke, Friedrich (1882–1950), Bruder von →Hermann R., seit 1930 o. Prof. (Deutsche Philologie) an der Universität Breslau, Religion: evangelisch, 1937 wegen seiner „nichtarischen" Ehefrau in den Ruhestand versetzt (§ 6 BBG), 1938 Emigration in die Schweiz, 1938–1950 o. Prof. (Germanische Sprachen und ältere deutsche Literatur) an der Universität Basel.

Quellen: BA Berlin R 4901/13274 u. R 4901/15541; UA Wrocław S 220/384 u. S 181; BHdE II; Ziesemer, Ranke; Germanistenlexikon III; Roth, Kontinuität. Online: VAdS.

Ranke, Hermann (1878–1953), Bruder von →Friedrich R., seit 1922 persönlicher Ordinarius (Ägyptologie) an der Universität Heidelberg, Religion: evangelisch, 1937 wegen seiner „nichtarischen" Ehefrau und aus politischen Gründen in den Ruhestand versetzt (§ 6 BBG), ein Dienststrafverfahren gegen Ranke wegen „Begünstigung eines Fahnenflüchtlings" wurde 1938 eingestellt, 1938–1942 Gastprofessor an der *University of Pennsylvania* in Philadelphia, 1942 Rückkehr nach Deutschland, 1946–1948 Fortsetzung der Lehrtätigkeit an der Universität Heidelberg.

Quellen: GLA Karlsruhe 235/1566 u. 235/2402; NDB; Mussgnug, Dozenten, S. 134 f.; Orth, Vertreibung, S. 229–237; BHdE II. Nachruf in: Zeitschrift der Deutschen Morgenländischen Gesellschaft 105 (1955), S. 18–26.

Rauer, Max (1889–1971), seit 1931 nichtbeamteter a. o. Prof. (Neues Testament) an der Universität Breslau, Religion: katholisch, Leiter der Ortsgruppe Breslau des *Friedensbundes Deutscher Katholiken*, 1933 Entzug der Lehrbefugnis aus politischen Gründen (§ 4 BBG), im Juli 1933 kurzzeitig in „Schutzhaft", nicht emigriert, Pfarrer in Sommerfeld, seit 1936 Erzpriester in Forst (Lausitz), 1945 Mitgründer der CDU in Forst, 1947 Honorarprofessor an der Universität Bonn.

Quellen: GStA PK I Rep. 76 Va Sekt. 4 Tit. IV Nr. 51 Bl. 273–296, 404–407; BBKL, Bd. 7; Wenig, Verzeichnis; Kapferer, Nazifizierung, S. 63–65.

Rausch von Traubenberg, Heinrich (1880–1944), seit 1931 o. Prof. (Experimentalphysik) an der Universität Kiel, Religion: evangelisch, 1937 wegen seiner „nichtarischen“ Ehefrau in den Ruhestand versetzt, nicht emigriert, Umzug nach Berlin-Charlottenburg, später nach Hirschberg (Sudetenland); nach seinem Tod im September 1944 wurde seine Frau Marie Hilde R., geb. Rosenfeld (1889–1964) ins Ghetto Theresienstadt deportiert.

Quellen: Volbehr/Weyl, Professoren, S. 169; Diss.; Uhlig, Wissenschaftler, S. 117 ff. Online: Kieler Gelehrtenverzeichnis.

Rawitscher, Felix (1890–1957), seit 1927 planmäßiger a. o. Prof. (Forstbotanik) an der Universität Freiburg/Br., Religion: konfessionslos (ursprünglich jüdisch), 1933 als ehemaliger „Frontkämpfer“ zunächst im Amt belassen, 1934 Emigration nach Brasilien, seit 1934 Prof. für Botanik an der Universität von São Paulo, Anfang 1936 in Freiburg als „Nichtarier“ aufgrund des RBG in den Ruhestand versetzt, 1952 Rückkehr in die Bundesrepublik, 1953 zum planmäßigen a. o. Prof an der Universität Freiburg/Br. ernannt.

Quellen: GLA Karlsruhe 235/8970; Stadtarchiv Freiburg Einwohnermeldekartei; Steinlin, Felix Rawitscher; Lickleder, Fachbereich, S. 74 ff.

Regenbogen, Otto (1891–1966), seit 1925 o. Prof. (Klassische Philologie) an der Universität Heidelberg, Religion: evangelisch; ein Dienststrafverfahren gegen Regenbogen, weil dieser seine „nichtarische“ Ehefrau in einem Fragebogen als „arisch“ bezeichnet hatte, endete mit einer Geldstrafe, daraufhin 1937 nach § 6 BBG in den Ruhestand versetzt; nicht emigriert, seit 1945 erneut o. Prof. an der Universität Heidelberg, 1959 emeritiert.

Quellen: GLA Karlsruhe 235/42958 a–c; BA Berlin R 4901/13274; Drüll, Gelehrtenlexikon 1803–1932; Mussgnug, Dozenten, S 102 f., 211. Nachruf in: Gnomon 39 (1967), S. 219–221.

Reichardt, Konstantin (1904–1976), seit 1931 planmäßiger a. o. Prof. (Nordische Philologie) an der Universität Leipzig, Religion: evangelisch (später unitarisch), 1937 auf eigenen Wunsch aus dem deutschen Hochschuldienst entlassen, zur Begründung verwies Reichardt u. a. auf die fehlende Lehrfreiheit an deutschen Hochschulen[39], 1937 Emigration nach Schweden, 1938 Lektor an der Universität Göteborg, 1938 in die USA, 1939–1947 Prof. an der *University of Minnesota* in Minneapolis, 1947–1972 Prof. für *German Philology* an der *Yale University*.

39 Freiwilliger Rücktritt mit politischem Hintergrund.

Quellen: Parak, Hochschule, S. 230 f.; BHdE II; Germanistenlexikon III. Online: Professorenkatalog der Universität Leipzig.

Reiche, Fritz (1883–1969), seit 1921 persönlicher Ordinarius (Theoretische Physik) an der Universität Breslau, Religion: jüdisch, 1933 als Jude in den Ruhestand versetzt (§ 3 BBG), 1934/35 Gastprofessor an der Deutschen Universität Prag, 1941 Emigration in die USA, Lehrtätigkeit an verschiedenen Hochschulen in New York, u. a. an der *New School for Social Research*, am *City College of New York* und an der *New York University*.

Quellen: GStA PK I Rep. 76 Va Sekt. 4 Tit. IV Nr. 51 Bl. 177–183; BHdE II; Wehefritz, Spuren.

Reichenbach, Hans (1891–1953), seit 1926 nichtbeamteter a. o. Prof. (Erkenntnistheoretische Grundlagen der Physik) an der Universität Berlin, Religion: evangelisch, 1931/32 Mitglied der SPD, 1933 Störung der Vorlesungen durch nationalsozialistische Studierende, 1933 Entzug der Lehrbefugnis als „Nichtarier" (§ 3 BBG), 1933 Emigration in die Türkei, 1933–1938 Prof. (Philosophie) an der Universität Istanbul, 1938 Emigration in die USA, 1938–1953 Prof. (*Philosophy of Science*) an der *University of California* in Los Angeles.

Quellen: UA HU Berlin UK R 54; GStA PK I Rep. 76 Va Sekt. 2 Tit. IV Nr. 68 F Teil 1; BHdE II; Gerner, Hans Reichenbach; Kamlah, Reichenbach. Online: VAdS; Stanford Encyclopedia of Philosophy.

Reichenheim, Otto (1882–1950), seit 1921 nichtbeamteter a. o. Prof. (Physik) an der Universität Berlin, Religion: evangelisch, 1933 als ehemaliger „Frontkämpfer" zunächst im Amt verblieben, 1935 wurde die Lehrbefugnis als „Nichtarier" für „erloschen" erklärt, 1939 Emigration nach Großbritannien; wissenschaftlicher Mitarbeiter bei *John Renny Ltd. Engineers* in Kingston Hill, Surrey; 1940 als *enemy alien* interniert, ab 1941 für das *Ministry of Supply* tätig.

Quellen: UA HU Berlin UK R 55; Poggendorff, Bd. VI; Mitt. Colin Harris, Bodleian Library, 8.4.2004.

Remak, Robert (1888–1942), seit 1929 Privatdozent (Mathematik) an der Universität Berlin, Religion: jüdisch, 1918–1928 Mitglied der DDP, 1933 Entzug der Lehrbefugnis als Jude (§ 3 BBG), 1938 nach dem Novemberpogrom zwei Monate im KZ Sachsenhausen inhaftiert, 1939 Emigration in die Niederlande; Remak verlor den fragilen Schutz, den ihm die „privilegierte Mischehe" bot, als seine „arische" Frau die Scheidung einreichte; im Oktober 1942 im Lager Westerbork inhaftiert, im November 1942 in Auschwitz ermordet.

Quellen: UA HU Berlin UK R 91; GStA PK I Rep. 76 Va Sekt. 2 Tit. IV Nr. 68 F Teil 1; NDB; Pinl, Kollegen I, S. 190 ff.; Siegmund-Schultze, Mathematicians, S. 98 ff. Online: MacTutor History of Mathematics Archive.

Rendtorff, Heinrich (1888–1960), seit 1931 Honorarprofessor (Praktische Theologie) an der Universität Rostock, 1930–1934 Landesbischof in Mecklenburg-Schwerin, Religion: evangelisch, 1933/34 Mitglied der NSDAP, 1934 Rücktritt als Bischof nach Konflikten mit der Landesregierung, 1934 wurde die Lehrbefugnis aus politischen Gründen für „erloschen" erklärt (offiziell wegen Verlegung des Wohnsitzes), nicht emigriert, führendes Mitglied der Bekennenden Kirche in Pommern, 1945–1956 o. Prof. in Kiel, 1948–1950 Rektor der Universität.

Quellen: UA Rostock PA Heinrich Rendtorff; LHA Schwerin 5.12-7/1 Nr. 1371; Buddrus/Fritzlar, Professoren; Toaspern, Rendtorff. Online: Catalogus Professorum Rostochiensium; Kieler Gelehrtenverzeichnis.

Rengstorf, Karl Heinrich (1903–1992), seit 1930 Privatdozent (Neutestamentliche Exegese und Zeitgeschichte) an der Universität Tübingen, Religion: evangelisch, 1933 Mitglied der SA, seit 1935 Mitglied der Bekennenden Kirche, 1936 Lehrstuhlvertretung in Kiel, 1936 Entzug der Lehrbefugnis aus politischen Gründen (§ 18 RHO), nicht emigriert, seit 1937 am Predigerseminar Loccum, 1939–1945 bei der Wehrmacht, seit 1947 o. Prof. in Münster, 1952/53 Rektor der Universität Münster.

Quellen: BA Berlin R 4901/13274; Uhlig, Wissenschaftler, S. 111 f.; BBKL, Bd. 25; Göllnitz, Karrieren, S. 38 f., 147.

Rescher, Oskar / Reşer, Osman (1883–1972), seit 1925 nichtbeamteter a. o. Prof. (Orientalische Philologie) an der Universität Breslau, seit 1928 nach Istanbul beurlaubt, Religion: konfessionslos (ursprünglich jüdisch, später sunnitisch), 1933 Entzug der Lehrbefugnis als „Nichtarier" (§ 3 BBG), 1933 endgültige Emigration in die Türkei, Privatgelehrter in Istanbul.

Quellen: GStA PK I Rep. 76 Va Sekt. 4 Tit. IV Nr. 51 Bl. 81–85; Hanisch, Kompetenz; Spuler, Rescher.

Reybekiel geb. Schapiro, Helena von (1879–1975), seit 1919 Lektorin der polnischen Sprache an der Universität Hamburg, Religion: jüdisch, 1933 als Jüdin entlassen, 1934 Emigration nach Großbritannien, 1934/35 zunächst Gastdozentin, 1935–1964 Reader (Slawistik) am *Birmingham & Midland Institute.*

Quellen: StA Hamburg 351-11/4739; BHdE II; List of Displaced German Scholars 1936. Online: University Women's International Networks Database.

Rheinboldt, Heinrich (1891–1955), seit 1928 nichtbeamteter a. o. Prof. (Chemie) an der Universität Bonn, seit 1928 Oberassistent am Chemischen Institut, Religion: evangelisch, 1933 Entzug der Lehrbefugnis als „Vierteljude" (§ 3 BBG), 1934 Emigration nach Brasilien, 1934–1955 Prof. für Chemie an der Universität von São Paulo, 1952 im Zuge der Wiedergutmachungspolitik als beamteter a. o. Prof. an der Universität Bonn emeritiert.

Quellen: GStA PK I Rep. 76 Va Nr. 10396 Bl. 1–14; Wenig, Verzeichnis; Höpfner, Universität, S. 59; BHdE II; Fremerey-Dohna/Schoene, Geistesleben.

Rheindorf, Kurt (1897–1977), seit 1932 nichtbeamteter a. o. Prof. (Mittlere und neuere Geschichte) an der Universität Frankfurt/M., Religion: evangelisch; 1933 in „Schutzhaft", u. a. wegen des

Vorwurfs, als Leiter der Studentenhilfe kommunistische und jüdische Studierende bevorzugt zu haben; Aufenthaltsverbot für Frankfurt/M., als Dozent beurlaubt, Umzug nach Berlin, 1935 aus politischen Gründen aus dem Lehrkörper gestrichen, nicht emigriert, später Zusammenarbeit mit dem SD.

Quellen: UA Frankfurt/M. Rektoratsakte u. PA der Philosophischen Fakultät; BA Berlin R 4901/13274; Hammerstein, Zeitgenossenschaft; Heuer/Wolf, Juden, S. 461 f.; Lerchenmueller, Geschichtswissenschaft, S. 74.

Rheinstein, Max (1899–1977), seit 1931 Privatdozent (Bürgerliches Recht) an der Universität Berlin, 1926–1934 Referent am Kaiser-Wilhelm-Institut für ausländisches und internationales Privatrecht, Religion: jüdisch, 1928–1933 Mitglied der SPD, 1933 Emigration in die USA, 1934 Entzug der Berliner Lehrbefugnis als Jude und aus politischen Gründen (§ 6 BBG), seit 1935 Lehrtätigkeit an der *University of Chicago*, ab 1940 als *Full Professor*.

Quellen: UA HU Berlin Jur. Fak. 149 u. 566; GStA PK I Rep. 76 Va Sekt. 2 Tit. IV Nr. 45 A Bl. 1 f., 96–108, 123–134; BHdE II; NDB; Drobnig, Rheinstein; Rinck, Rheinstein; Rürup, Schicksale, S. 305–308.

Richter, Johannes (1882–1944), seit 1927 o. Honorarprofessor (Didaktik der Volksschule) an der Universität Leipzig, seit 1924 Direktor des Pädagogischen Instituts Leipzig, Religion: evangelisch, 1919–1928 Mitglied der DDP, zeitweise DDP-Vorsitzender in Leipzig, 1918–1927 Mitglied der Freimaurerloge *Minerva zu den drei Palmen*, 1933 Entzug der Lehrbefugnis aus politischen Gründen (§ 4 BBG), nicht emigriert, 1934 Umzug nach Frankfurt/M.

Quellen: UA Leipzig PA 848; Lambrecht, Entlassungen; Dietel, Universität Leipzig, S. 485–491; Horn, Erziehungswissenschaft, S. 314 f. Online: Professorenkatalog der Universität Leipzig.

Richter, Paul Friedrich (1868–1934), seit 1921 nichtbeamteter a. o. Prof. (Innere Medizin) an der Universität Berlin, bis 1933 Chefarzt der Inneren Abteilung am Städtischen Krankenhaus am Friedrichshain, Religion: jüdisch, 1933 Entzug der Lehrbefugnis als „Nichtarier“ (§ 3 BBG), nicht emigriert.

Quellen: UA HU Berlin UK R 127; GStA PK I Rep. 76 Va Sekt. 2 Tit. IV Nr. 46 C Bd. 1 Bl. 291–296; Fischer, Lexikon II; Doetz/Kopke, Ausschluss, S. 476; Wolf, Streiflichter, S. 54 f.

Richter, Peter (1898–1962), seit März 1933 Privatdozent (Moraltheologie) an der Universität Freiburg/Br., 1929–1962 Direktor des Caritasverbands Groß-Frankfurt, Religion: katholisch, 1936–1938 Direktor des Instituts für Caritaswissenschaft an der Universität Freiburg, 1939 Dozent neuer Ordnung (Caritaswissenschaft), 1940 widerrief das REM die Ernennung zum Dozenten neuer Ordnung aus kirchenpolitischen Gründen (ohne offizielle Begründung), daraufhin aus dem Lehrkörper ausgeschieden, nicht emigriert, 1949 apl. Prof. in Freiburg/Br.

Quellen: GLA Karlsruhe 235/8982; BA Berlin R 4901/13274; Frankfurter Biographie II.

Richter, Werner (1887–1960), seit 1932 o. Prof. (Deutsche Philologie) an der Universität Berlin, Religion: evangelisch, 1925–1933 Mitglied der DVP, 1925–1932 Leiter der Hochschulabteilung im Preußischen Kultusministerium, 1933 aus politischen Gründen und als „Nichtarier“ in den Ruhestand versetzt (§ 3 BBG), 1939 Emigration in die USA, 1939–1949 Prof. am *Elmhurst College* in Illinois, 1949 Rückkehr in die Bundesrepublik, 1949–1955 o. Prof. in Bonn, 1951–1953 Rektor der Universität Bonn.

Quellen: BA Berlin R 4901/20486; GStA PK I Rep. 76 Va Sekt. 2 Tit. IV Nr. 68 F Teil 1; BHdE II; NDB; Germanistenlexikon III; Wenig, Verzeichnis; Buchholz, Lexikon; Kinas, Exodus, S. 104 f. u. passim.

Rieffert, Johann Baptist (1883–1956), seit 1926 nichtbeamteter a. o. Prof. (Philosophie) an der Universität Berlin, Religion: katholisch; Mitglied der DNVP (bis 1926), der SPD (seit 1931) und der NSDAP (seit 1933); 1934 persönlicher Ordinarius (Psychologie mit besonderer Berücksichtigung der Charakterkunde), 1937 aus politischen Gründen entlassen (Verheimlichung der früheren SPD-Mitgliedschaft), 1938 Ausschluss aus der NSDAP, nicht emigriert, ab 1940 Werkspsychologe in Breslau, 1946–1956 an der Volkshochschule Uelzen tätig.

Quellen: UA HU Berlin UK R 139; Schönpflug, Rieffert; Ash, Institut, S. 128 ff.; Wolfradt u. a., Psychologinnen; Geuter, Professionalisierung, S. 577 f. u. passim; Kinas, Exodus, S. 246 f.

Riese, Walther (1890–1976), seit 1924 Privatdozent (Neurologie) an der Universität Frankfurt/M., Religion: jüdisch, 1933 Entzug der Lehrbefugnis als Jude (§ 3 BBG), 1933 nach dreitägiger „Schutzhaft“ Emigration nach Frankreich, 1933–1937 *Rockefeller Fellow* an der Psychiatrischen Universitätsklinik in Lyon, 1937–1940 am *Centre national de la recherche scientifique* in Paris, 1940 Emigration in die USA, seit 1941 am *Medical College of Virginia* in Richmond, zuletzt als *Associate Professor*, 1960 emeritiert.

Quellen: UA Frankfurt/M. Akten der Medizinischen Fakultät; Stadtarchiv Frankfurt/M. PA 42598; BHdE II; Heuer/Wolf, Juden, S. 306–309; Benzenhöfer/Kreft, Bemerkungen.

Riesenfeld, Ernst Hermann (1877–1957), seit 1920 beamteter a. o. Prof. (Physikalische Chemie) an der Universität Berlin und Abteilungsvorsteher am Physikalisch-chemischen Universitätsinstitut, Religion: evangelisch, 1933 als „Altbeamter“ zunächst im Amt belassen, 1935 als „Nichtarier“ in den Ruhestand versetzt (RBG), 1939 Emigration nach Schweden (die Heimat seiner Frau), 1936–1957 am Nobelinstitut für physikalische Chemie in Stockholm tätig.

Quellen: UA HU Berlin UK R 147; BA Berlin R 4901/R 241; Reichshandbuch II; Wer ist's 1935; Poggendorff, Bd. IV–VI; Deichmann, Flüchten, S. 77, 122.

Riesser, Otto (1882–1949), seit 1928 o. Prof. (Pharmakologie und experimentelle Therapie) an der Universität Breslau, Religion: evangelisch (bis 1895 jüdisch), 1933 als ehemaliger „Frontkämpfer“ nicht entlassen, 1935 als „Nichtarier“ zwangsemeritiert, 1935–1938 am Institut für Hochgebirgsphysiologie und Tuberkuloseforschung in Davos, 1939 Emigration in die Niederlande, 1945 Rückkehr nach Deutschland, 1945/46 Referent im hessischen Kultusministerium, 1946–1949 Lehrauftrag an der Universität Frankfurt/M.

Quellen: GStA PK I Rep. 76 Va Sekt. 4 Tit. IV Nr. 35 Bd. XVI; BA Berlin R 4901/15541; UA Wrocław S 186 u. S 187; Heuer/Wolf, Juden, S. 309–312; Bębenek-Gerlich, Riesser; Staehle/Eckart, Hermann Euler.

Riezler, Kurt (1882–1955), seit 1928 Honorarprofessor (Geschichtsphilosophie) und Kurator der Universität Frankfurt/M., Religion: katholisch, Mitglied der DDP, 1933 aus politischen Gründen als Kurator entlassen und als Wartestandsbeamter pensioniert (§ 6 BBG), 1934 Entzug der Lehrbefugnis nach studentischen Protesten und wegen seiner „nichtarischen“ Ehefrau (§ 6 BBG), 1938 Emigration in die USA, 1938–1952 Prof. an der *New School for Social* Research in New York City, 1954 Rückkehr nach Europa, lebte in Rom.

Quellen: UA Frankfurt/M. Personalhauptakte, Rektoratsakte u. PA Philosophische Fakultät; BHdE II; Heuer/Wolf, Juden, S. 448 f.; Hammerstein, Riezler.

Rintelen, Fritz-Joachim von (1898–1979), seit 1928 Privatdozent (Philosophie) an der Universität München, Religion: katholisch, 1934 o. Prof. an der Universität Bonn, 1936 o. Prof. an der Universität München, seit 1941 Mitglied der NSDAP, 1941–1945 auf Betreiben des Gauleiters und bayerischen Kultusministers Adolf Wagner aus politischen Gründen (Inhaber eines Konkordatslehrstuhls) beurlaubt, nicht emigriert, 1946 o. Prof. an der Universität Mainz.

Quellen: UA München E-II-2826; BayHStA München MK 44204; BA Berlin R 4901/25305 u. R 9261-II/1076180; NDB; Schorcht, Philosophie, S. 179–189; Tilitzki, Universitätsphilosophie I, S. 629–632.

Ritter, Gerhard (1888–1967), seit 1925 o. Prof. (Geschichte) an der Universität Freiburg/Br., Religion: evangelisch, in der Weimarer Republik 1929–1931 Mitglied der DVP, seit 1934 Mitglied der Bekennenden Kirche, während des Krieges Angehöriger der oppositionellen „Freiburger Kreise“, von November 1944 bis April 1945 aus politischen Gründen (Kontakte zu Carl Friedrich Goerdeler) in Gestapo-Haft, seit 1945 erneut o. Prof. an der Universität Freiburg/Br., 1956 emeritiert.

Quellen: BA Berlin R 4901/13274; NDB; Cornelißen, Gerhard Ritter; Schwabe/Reichardt, Gerhard Ritter; Dorpalen, Gerhard Ritter; Klein, Elite, S. 209–214.

Römer, Richard (1887–1963), seit 1928 Lektor (Geflügelzucht) an der Universität Halle, Religion: evangelisch, Mitglied der DVP, Abteilungsvorsteher an der Landwirtschaftskammer für die Provinz Sachsen, 1933 „Schutzhaft“ nach einer auf seine Verdrängung aus dem Hauptamt zielenden Kampagne wegen angeblicher Korruption, 1933 trotz Freispruchs vor Gericht entlassen, daraufhin 1933 Aufgabe der Lehrtätigkeit[40], nicht emigriert, 1947/48 Prof. in Rostock.

Quellen: UA Halle PA 13183; UA Rostock 1.12.0, Römer, Richard; Gerber, Persönlichkeiten. Online: Catalogus Professorum Rostochiensium.

Röpke, Wilhelm (1899–1966), seit 1929 o. Prof. (Staatswissenschaften) an der Universität Marburg, Religion: evangelisch, Mitglied der DDP, 1933 aus politischen Gründen (öffentliche Kritik am Nationalsozialismus) in den Ruhestand versetzt (§ 6 BBG), 1933 Emigration in die Türkei, 1933–1937 Prof. an der Universität Istanbul, 1937 Emigration in die Schweiz, 1937–1966 Prof. am *Institut universitaire de hautes études internationales* in Genf.

Quellen: NDB; Hennecke, Wilhelm Röpke; Aly, Wilhelm Röpke; Röpke/Böhm, Wilhelm Röpke; Nagel. Philips-Universität, S. 120–124, 541; BHdE II; Hagemann/Krohn, Handbuch II; Widmann, Exil, S. 284 f.

Röthig, Paul (1874–1940), seit 1930 Honorarprofessor (Vergleichende Hirnforschung) an der Universität Berlin, Wissenschaftlicher Hilfsarbeiter an der Anatomischen Anstalt der Universität Berlin, Religion: evangelisch, bis 1920 Mitglied der DDP, 1919–1931 Stadtrat in Berlin-Charlottenburg, 1933 Entzug der Lehrbefugnis als „Nichtarier" (§ 3 BBG), nicht emigriert, Röthig starb 1940 in einer Nervenklinik.

Quellen: UA HU Berlin UK R 178; GStA PK I Rep. 76 Va Sekt. 2 Tit. IV Nr. 46 C Bd. 1 Bl. 74–85, 614 f., 650 f.; Entschädigungsamt Berlin Nr. 26847; Peiffer, Vertreibung, S. 105.

Rogosinski, Werner (1894–1964), seit 1928 nichtbeamteter a. o. Prof. (Reine Mathematik) an der Universität Königsberg, Religion: jüdisch, 1933 als ehemaliger „Frontkämpfer" zunächst im Amt belassen, 1936 Entzug der Lehrbefugnis als Jude (RBG), 1937 Emigration nach Großbritannien, 1940 kurzzeitig interniert, 1941–1945 an der *University of Aberdeen*, 1945–1959 an der *Newcastle University*, seit 1948 als Prof., 1959–1964 Gastprofessor in Aarhus.

Quellen: BA Berlin R 4901/23459; BHdE II. Online: National Academy of Sciences, Biographical Memoirs; MacTutor History of Mathematics Archive.

Rohde, Georg (1899–1960), seit 1931 Privatdozent (Klassische Philologie) an der Universität Marburg, 1932–1935 Lehrstuhlvertretung in Marburg, Religion: katholisch, 1935 Emigration in die Türkei wegen seiner „nichtarischen" Ehefrau (zunächst beurlaubt), 1935–1949 Prof. für Klassische Philologie an der Universität Ankara, 1949 Rückkehr nach Deutschland, seit 1949 o. Prof. für Klassische Philologie an der Freien Universität Berlin, 1952/53 Rektor der FU Berlin.

Quellen: BA Berlin R 4901/13274; BHdE II; Auerbach, Catalogus II, S. 595; Widmann, Exil, S. 286. Nachruf in: Gnomon 33 (1961), S. 109–111. Online: VAdS.

40 Freiwilliger Rücktritt mit politischem Hintergrund.

Romberg, Ernst von (1865–1933), seit 1912 o. Prof. (Innere Medizin und medizinische Klinik) an der Universität München, Religion: evangelisch, Mitglied der Nationalliberalen Partei und später der DVP, 1933 als „Altbeamter" zunächst im Amt belassen, nicht emigriert; Ernst von Romberg starb im Dezember 1933 an den Folgen einer Krebserkrankung, bevor er als „Nichtarier" entlassen werden konnte.

Quellen: UA München E-II-2847; BayHStA München MK 35669; Fischer, Lexikon II; Reichshandbuch II; Wininger, National-Biographie VII; Glatzel, Romberg; Breisach, Universitätsprofessoren, S. 274 ff. u. passim.

Rona, Peter (1871–1945), seit 1922 beamteter a. o. Prof. (Kolloidchemie für Mediziner, Physiologie) an der Universität Berlin, Vorstand der chemischen Abteilung des Pathologischen Instituts, gebürtiger Ungar, Religion: evangelisch (bis 1910 jüdisch), 1933 als „Nichtarier" in den Ruhestand versetzt (§ 3 BBG), 1939 Emigration/Rückkehr nach Ungarn; Peter Rona und seine Frau wurden nach gegenwärtigem Kenntnisstand Anfang 1945 unter nicht geklärten Umständen Opfer des Holocaust.

Quellen: UA HU Berlin UK R 198; GStA PK I Rep. 76 Va Sekt. 2 Tit. IV Nr. 46 C Bd. 1 Bl. 21–32; BA Berlin R 4901/1624 Bl. 23–31; Fischer, Lexikon II; BHdE II; NDB; Ammon, Peter Rona.

Rose, Hans (1888–1945), seit 1931 persönlicher Ordinarius (Kunstgeschichte) an der Universität Jena, Religion: evangelisch, 1936 planmäßiger o. Prof. (Kunstgeschichte) an der Universität Jena, im November 1937 wegen des Vorwurfs homosexueller Handlungen verhaftet, 1938 wegen Verstoßes gegen § 175 StGB zu einer Freiheitsstrafe von 15 Monaten verurteilt und aus dem Staatsdienst entlassen, nicht emigriert, Umzug nach Berlin; Rose wurde im Mai 1945 von Soldaten der Roten Armee getötet.

Quellen: BA Berlin R 4901/13274; Kürschner 1931; Fuhrmeister, Hans Rose.

Rosenbaum, Siegfried/Shimon (1890–1969), seit 1929 nichtplanmäßiger a. o. Prof. (Kinderheilkunde) an der Universität Leipzig, Religion: jüdisch, 1933 als ehemaliger „Frontkämpfer" zunächst geschützt, im Sommer 1933 Emigration nach Palästina, 1935 Entzug der Lehrbefugnis, 1933–1969 Privatpraxis als Kinderarzt in Tel Aviv, 1936 Mitgründer des privaten Assuta Hospitals in Tel Aviv.

Quellen: Riha, Pädiater; Hebenstreit, Verfolgung, S. 135–140; Seidler, Siegfried (Shimon) Rosenbaum; Heidel, Ärzte; BHdE II. Online: Professorenkatalog der Universität Leipzig.

Rosenberg, Arthur (1889–1943), seit 1930 nichtbeamteter a. o. Prof. (Alte Geschichte) an der Universität Berlin, Religion: konfessionslos (früher evangelisch); Mitglied der USPD (1919/20), der KPD (1920–1927) und der *Deutschen Liga für Menschenrechte* (1930–1933); 1924–1928 Reichstagsabgeordneter, 1933 Entzug der Lehrbefugnis als „Nichtarier" (§ 3 BBG), 1933 Emigration in die Schweiz, 1934 nach Großbritannien, 1934–1937 Gastprofessor in *Liverpool,*

1938 Emigration in die USA, seit 1938 Prof. am *Brooklyn College* in New York.

Quellen: UA HU Berlin UK R 208; GStA PK I Rep. 76 Va Sekt. 2 Tit. IV Nr. 68 F Teil 1; Reichshandbuch II; BHdE I; NDB; Berding, Rosenberg; Keßler, Rosenberg.

Rosenberg, Hans (1879–1940), seit 1926 o. Professor (Astronomie) an der Universität Kiel, Religion; evangelisch, 1933 als ehemaliger „Frontkämpfer" zunächst im Amt belassen, 1935 als „Nichtarier" aufgrund des RBG entlassen, 1934 Emigration in die USA, *Visiting Professor* an der *University of Chicago*, 1938 Emigration in die Türkei, 1938–1940 Prof. für Astronomie an der Universität Istanbul.

Quellen: BA Berlin R 4901/13274; NDB; Volbehr/Weyl, Professoren, S. 167; Uhlig, Wissenschaftler, S. 82 f.; Widmann, Exil, S. 285; BHdE II. Online: Kieler Gelehrtenverzeichnis.

Rosenberg, Hans (1904–1988), seit Dezember 1932 Privatdozent (Mittlere und Neuere Geschichte) an der Universität Köln, Religion: evangelisch, 1933 Entzug der Lehrbefugnis als „Nichtarier", 1933 Emigration nach Großbritannien, 1935 Emigration in die USA, 1936–1938 am *Illinois College* in Jacksonville, 1938–1959 am *Brooklyn College*, New York, seit 1959 an der *University of California* in Berkeley, zunächst als *Visiting Professor*, 1970 emeritiert, 1977 Rückkehr in die Bundesrepublik.

Quellen: UA Köln Zug. 27/72; NDB; BHdE II; Golczewski, Universitätslehrer, S. 421–436. Nachrufe in: Geschichte und Gesellschaft 15 (1989), S. 282–302 u. Historische Zeitschrift 248 (1989), S. 529–555.

Rosenberg, Leo (1879–1963), seit 1932 o. Prof. (Zivilprozess und Bürgerliches Recht) an der Universität Leipzig, Religion: seit 1909 evangelisch (ursprünglich jüdisch), 1933 als „Altbeamter" zunächst im Amt belassen, 1934 als „Nichtarier" in den Ruhestand versetzt (§ 6 BBG), nicht emigriert, überlebte die NS-Diktatur in einer „privilegierten Mischehe" mit einer „Arierin", seit 1946 (zunächst kommissarisch) o. Prof. an der Universität München, 1952 emeritiert.

Quellen: NDB; Gräfe, Leo Rosenberg; Schwab, Leo Rosenberg; Lambrecht, Entlassungen. Online: Professorenkatalog der Universität Leipzig.

Rosenberg, Max (1887–1943), seit 1927 nichtbeamteter a. o. Prof. (Innere Medizin) an der Universität Berlin, 1920–1934 Oberarzt der I. Inneren Abteilung des Städtischen Krankenhauses Westend, Religion: jüdisch, 1933 als ehemaliger „Frontkämpfer" zunächst im Amt belassen, 1934 Chefarzt an der Neuen Poliklinik der jüdischen Gemeinde, 1936 Entzug der Lehrbefugnis als Jude (RBG), 1937 Emigration nach Ägypten, medizinischer Leiter des Jüdischen Krankenhauses in Kairo.

Quellen: UA HU Berlin UK R 210; Fischer, Lexikon II; Doetz/Kopke, Ausschluss, S. 477; Kasper-Holtkotte, Deutschland, S. 291.

Rosenheim, Arthur (1865–1942), seit 1921 nichtbeamteter a. o. Prof. (Chemie) an der Universität Berlin, 1891–1932 Leiter des privaten Wissenschaftlich-Chemischen Laboratoriums Berlin-Nord, Religion: jüdisch, Mitglied der DDP und des *Reichsbanner Schwarz-Rot-Gold*, 1933 Entzug der Lehrbefugnis als Jude (§ 3 BBG), nicht emigriert; Rosenheim starb im März 1942 in Berlin, wahrscheinlich an einem Schlaganfall.

Quellen: UA HU Berlin UK R 214; GStA PK I Rep. 76 Va Sekt. 2 Tit. IV Nr. 68 F Teil 1; Poggendorff, Bd. IV–VI; Reichshandbuch II; NDB.

Rosenheim, Theodor (1860–1939), seit 1921 nichtbeamteter a. o. Prof. (Krankheiten der Speiseröhre, des Magens, des Darms) an der Universität Berlin, Religion: jüdisch, Mitglied der DStP, 1933 wurde Rosenheims Lehrbefugnis als Jude für „erloschen" erklärt (offiziell wegen angeblich nicht genehmigter Unterbrechung seiner Vorlesungen), nicht emigriert.

Quellen: UA HU Berlin UK R 215 u. Med. Fak. 1342/3; GStA PK I Rep. 76 Va Sekt. 2 Tit. IV Nr. 46 Bd. XXIX Bl. 210 f.; Fischer, Lexikon II; Wer ist's 1935; Heuer, Bibliographia Judaica IV.

Rosenow, Georg (1886–1985), seit 1932 nichtbeamteter a. o. Prof. (Innere Medizin) an der Universität Berlin, 1929–1933 leitender Arzt am Städtischen Hufeland-Hospital in Prenzlauer Berg, Religion: jüdisch, 1919–1928 Mitglied der DDP, 1933 Entzug der Lehrbefugnis als Jude (§ 3 BBG), 1936 Emigration in den Irak, Direktor des Meir Elias Hospitals in Bagdad, 1939 Emigration in die USA, 1939–1959 Hämatologe am *Beth Israel Hospital* in New York.

Quellen: UA HU Berlin UK R 287; GStA PK I Rep. 76 Va Sekt. 2 Tit. IV Nr. 46 C Bd. 1 Bl. 188–195; Fischer, Lexikon II; BHdE II; Doetz/Kopke, Ausschluss, S. 479.

Rosenstock-Huessy, Eugen (1888–1973), seit 1931 o. Prof. (Deutsches Recht und Soziologie) an der Universität Breslau, Religion: evangelisch (bis 1906 jüdisch), Mitglied der DDP, 1931/32 Mitglied des *Christlich-Sozialen Volksdienstes*, 1933 als ehemaliger „Frontkämpfer" zunächst im Amt belassen, 1934 zwangsemeritiert, 1936 Entzug der Lehrbefugnis als „Nichtarier", 1936 Emigration in die USA, 1936–1960 Prof. am *Dartmouth College* in Hanover, New Hampshire.

Quellen: BA Berlin R 4901/13274; GStA PK I Rep. 76 Va Sekt. 4 Tit. IV Nr. 34 Bd. IX; UA Wrocław S 187 u. S 193; BHdE II; BBKL, Bd. 8; NDB; Heuer/Wolf, Juden, S. 312–317; Faulenbach, Rosenstock-Huessy.

Rosenthal, Arthur (1887–1959), seit 1930 o. Prof. (Mathematik) an der Universität Heidelberg, Religion: jüdisch, 1933 als ehemaliger „Frontkämpfer" im Amt belassen, 1935 nach einem Vorlesungsboykott durch nationalsozialistische Studierende vorzeitig emeritiert (offiziell auf eigenen Antrag), 1936 Entzug der Lehrbefugnis als Jude, 1938 im KZ Dachau inhaftiert, 1940 Emigration in die USA, 1942–1947 Lehrtätigkeit an der *University of New Mexico*, seit 1947 Prof. an der *Purdue University* in Lafayette, Indiana.

Quellen: BHdE II; Drüll, Gelehrtenlexikon 1803–1932; Mussgnug, Dozenten, S. 70 ff., 155 f., 274 ff.; Volkert/Jung, Mathematik, S. 1047–1055.

Rosenthal, Curt (1892–1937), seit 1928 Privatdozent (Psychiatrie und Neurologie) an der Universität Breslau, bis 1933 Assistenzarzt an der Universitäts-Nervenklinik, Religion: jüdisch, 1933 Entzug der Lehrbefugnis und Entlassung als Jude (§ 3 BBG), 1934 Emigration in die Schweiz, zunächst an der Universitäts-Nervenklinik Bern-Waldau tätig, später Assistenzarzt in einem Nervensanatorium in Küsnacht.

Quellen: GStA PK I Rep. 76 Va Sekt. 4 Tit. IV Nr. 51 Bl. 97–100; Hornstein, Erinnerung; Historisches Ärztelexikon für Schlesien V; Kreuter, Neurologen III.

Rosenthal, Felix (1885–1952), seit 1922 nichtbeamteter a. o. Prof. (Innere Medizin) an der Universität Breslau, 1930–1938 Chefarzt der Inneren Abteilung des Jüdischen Krankenhauses in Hamburg, Religion: jüdisch, Mitglied der DStP, 1933 als ehemaliger „Frontkämpfer" zunächst geschützt, 1935 Entzug der Lehrbefugnis als Jude (§ 18 RHO), 1938 Emigration nach Großbritannien, praktischer Arzt, wissenschaftlich tätig am *University College* in Leicester.

Quellen: BA Berlin R 4901/13274; GStA PK I Rep. 76 Va Sekt. 4 Tit. IV Nr. 40 Bd. VI; Fischer, Lexikon II; Historisches Ärztelexikon für Schlesien VI. Nachruf in: British Medical Journal, Nr. 4785 v. 20.9.1952, S. 672.

Rosenthal, Werner (1870–1942), seit 1921 nichtbeamteter a. o. Prof. (Hygiene) an der Universität Göttingen, seit 1929 Arztpraxis in Magdeburg, Religion: evangelisch, 1933 als ehemaliger „Frontkämpfer" zunächst geschützt, kam dem Entzug der Lehrbefugnis als „Nichtarier", durch Emigration zuvor, 1934 Emigration nach Indien, seit 1934 Prof. an der Universität von Mysore, im Zweiten Weltkrieg als deutscher Staatsangehöriger interniert.

Quellen: Wer ist's 1935; Szabó, Vertreibung, S. 68–72, 633 f.; Goebel, Werner Rosenthal; Beushausen u. a., Fakultät, S. 186, 190 f.; Exodus Professorum, S. 31–34.

Rosenthal, Wolfgang (1882–1971), seit 1928 nichtplanmäßiger a. o. Prof. (Chirurgie) an der Universität Leipzig, seit 1921 Privatpraxis in Leipzig, Religion: evangelisch, seit 1933 Mitglied der NSDAP, 1936/37 Lehrstuhlvertretung in Hamburg, 1937 Entzug der Lehrbefugnis als „Nichtarier" (§ 18 RHO), nicht emigriert, Fortführung der Privatpraxis in Leipzig, 1945/46 Mitglied der SPD, seit 1946 Mitglied der SED, seit 1950 Prof. (Kieferchirurgie) an der Humboldt-Universität Berlin.

Quellen: StA Hamburg 361-6 I 347 Bd. 1–2; BA Berlin R 4901/13274; Ackermann, „Wolfgang-Rosenthal-Klinik"; Lambrecht, Entlassungen, S. 157 f.; Wer war wer in der DDR, S. 713.

Rosin, Heinrich (1863–1934), seit 1921 nichtbeamteter a. o. Prof. (Innere Medizin) an der Universität Berlin, Religion: jüdisch, 1933 Entzug der Lehrbefugnis als Jude (§ 3 BBG), nicht emigriert; Rosins Sohn Hans David wurde 1942 nach Auschwitz deportiert; seine Frau Anna starb im Mai 1945 kurz nach der Befreiung aus dem KZ Bergen-Belsen.

Quellen: UA HU Berlin UK R 217; GStA PK I Rep. 76 Va Sekt. 2 Tit. IV Nr. 46 C Bd. 1 Bl. 297–302, 672 ff.; Fischer, Lexikon II; Reichshandbuch II;

Wer ist's 1928. Online: Gedenkbuch – Opfer der Verfolgung.

Rosinski, Bernhard (1862–1935), seit 1921 nichtbeamteter a. o. Prof. (Geburtshilfe und Gynäkologie) an der Universität Königsberg, lebte seit 1928 in Berlin, Religion: evangelisch, nicht emigriert; Rosinski starb im Januar 1935, bevor ihm wegen seiner „nichtarischen" Ehefrau die Lehrbefugnis entzogen werden konnte.

Quellen: GStA PK I Rep. 76 Va Sekt. 11 Tit. IV Nr. 24 Bd. I–II; Stebbins, Career, S. 1–15.

Rost, Georg A. (1877–1970), seit 1926 o. Prof. (Dermatologie) an der Universität Freiburg/Br., Religion: evangelisch, 1920–1932 Mitglied der DDP/DStP, bis 1932 auch Mitglied im *Reichsbanner Schwarz-Rot-Gold*, 1933 aus politischen Gründen und wegen seines Verhaltens gegenüber Mitarbeiterinnen entlassen (§ 4 BBG), nicht emigriert, 1933 Umzug nach Berlin, Facharztpraxis in Berlin, 1945–1951 Leiter der Dermatologischen Abteilung des Städtischen Krankenhauses Spandau, 1950 Honorarprofessor an der FU Berlin.

Quellen: GLA Karlsruhe 235/8990; Reichshandbuch II; Wer ist's 1935; Mattes, Demütigung, S. 179–182; Löhe/Langer, Dermatologen.

Rothe, Erich (1895–1988), seit 1931 Privatdozent (Mathematik) an der Universität Breslau, daneben seit 1928 Privatdozent an der TH Breslau, Religion: jüdisch (seit 1934 evangelisch), 1933 als ehemaliger „Frontkämpfer" zunächst im Amt belassen, 1935 Entzug der Lehrbefugnis als „Nichtarier" (§ 18 RHO), 1938 Emigration in die USA, 1938–1943 Prof. am *William Penn College* in Oskaloosa, Iowa; 1943–1964 an der *University of Michigan* in Ann Arbor, seit 1955 als *Full Professor*.

Quellen: BA Berlin R 4901/13274; GStA PK I Rep. 76 Va Sekt. 4 Tit. IV Nr. 41 Bd. VIII; UA Wrocław S 34, S 199, S 200, S 203; BHdE II; Pinl, Kollegen I, S. 208 f. Online: MacTutor History of Mathematics Archive.

Rothfels, Hans (1891–1976), seit 1926 o. Prof. (Geschichte) an der Universität Königsberg, Religion: evangelisch (bis 1910 jüdisch), 1933 als ehemaliger „Frontkämpfer" zunächst im Amt verblieben, 1934/35 zwangsemeritiert, 1936 Entzug der Lehrbefugnis als „Nichtarier" (RBG), 1939 Emigration nach Großbritannien, 1940 in die USA; 1940–1946 Gastprofessor an der *Brown University* in Providence, Rhode Island; 1946 Prof. an der *University of Chicago*, 1951 Rückkehr in die Bundesrepublik, seit 1951 o. Prof. in Tübingen.

Quellen: GStA PK I Rep. 76 Va Sekt. 11 Tit. IV Nr. 34, Nr. 35 u. Nr. 37; Eckel, Rothfels; BHdE II; NDB; Baden-Württembergische Biographien I; Ritter, Meinecke, S. 32–40 u. passim.

Rothmann, Hans (1899–1970), Schwager von →Kurt Goldstein, seit 1930 Privatdozent (Innere Medizin) an der Universität Halle, 1927–1933 planmäßiger Assistent an der Medizinischen Universitätsklinik, Religion: jüdisch, 1933 Entzug der Lehrbefugnis als Jude, als Assistent in den Ruhestand versetzt (§ 3 BBG), danach ärztliche Praxis in Berlin, 1936 Emigration in die USA, seit

1937 Privatpraxis in New York, ab 1942 in San Francisco.

Quellen: UA Halle PA 13333; GStA PK I Rep. 76 Va Sekt. 8 Tit. IV Nr. 52; Landesverwaltungsamt Berlin Entschädigungsakte 74853; Stengel, Ausgeschlossen.

Rothstein, Max (1859–1940), seit 1924 nichtbeamteter a. o. Prof. (Klassische Philologie) an der Universität Berlin, Religion: jüdisch, 1933 wegen „hervorragender Bewährung" zunächst im Amt belassen, 1936 Entzug der Lehrbefugnis als Jude (RBG), nicht emigriert, Gewährung einer geringen finanziellen Unterstützung als Ruhegehalt, Rothstein starb 1940 in Berlin.

Quellen: UA HU Berlin UK R 239; BA Berlin R 4901/20706; GStA PK I Rep. 76 Va Sekt. 2 Tit. IV Nr. 68 B Bd. IV; Kürschner 1931; Kinas, Exodus, S. 100 f. u. passim; Mitt. Landesarchiv Berlin, 20.11.2003.

Rousselle, Erwin (1890–1949), seit 1931 Lehrbeauftragter (Sinologie und Buddhologie) an der Universität Frankfurt/M., 1933 von der TH Darmstadt nach Frankfurt/M. umhabilitiert, Religion: französisch-reformiert (1947 katholisch), 1933/34 NSDAP-Anwärter, 1935 nichtbeamteter a. o. Prof., 1940 wurde die Lehrbefugnis aus politischen Gründen (früherer Hochgradfreimaurer) für „erloschen" erklärt, 1942 als Direktor des der Universität angegliederten China-Instituts abgesetzt, nicht emigriert.

Quellen: UA Frankfurt/M. Personalhauptakte u. Rektoratsakte; BBKL, Bd. 31; Frankfurter Biographie II; Kinas, Exodus, S. 307–309 u. passim; Gebhardt, Akademische Arbeit.

Ruben, Walter (1899–1982), seit 1931 Privatdozent (Indische Philologie) an der Universität Frankfurt/M., Religion: katholisch, 1933 als ehemaliger „Frontkämpfer" zunächst im Amt belassen, 1935 Emigration in die Türkei, 1935–1948 Prof. (Indologie) in Ankara; da Ruben als „Halbjude" galt und mit einer „Halbjüdin" verheiratet war, wurde seine Frankfurter Lehrbefugnis 1937 für „erloschen" erklärt (§ 18 RHO); 1950 Rückkehr in die DDR, seit 1950 o. Prof. an der HU Berlin, 1965 emeritiert.

Quellen: UA Frankfurt/M. Personalhauptakte u. Rektoratsakte; UA HU PA Walter Ruben; BHdE II; NDB; Wer war wer in der DDR; Heuer/Wolf, Juden, S. 318 ff. Online: VAdS.

S

Sabalitschka, Theodor (1889–1971), seit 1930 nichtbeamteter a. o. Prof. (Pharmazeutische Chemie) an der Universität Berlin, Religion: katholisch, seit 1935 wiederholt als politisch unzuverlässig attackiert (Beitritt zur NSV abgelehnt, geringe Spendenbereitschaft, Beteiligung an jüdischer Firma, Betreuung jüdischer Doktoranden), 1936 Vorlesungsverbot, 1940 wurde die Lehrbefugnis für „erloschen" erklärt, nicht emigriert, 1939–1945 Wehrdienst, 1946–1949 Prof. an der Universität Berlin, 1949 Rückzug auf die Leitung seines eigenen Instituts.

Quellen: UA HU Berlin PA nach 1945 S 2 u. NS-Doz. 2: ZD I 0932; Wer ist's 1935; Wer ist wer 1948; NDB; Deutsche Apotheker-Biographie, Ergänzungsband I; Kinas, Exodus, S. 290–294.

Sachs, Arthur (1876–1942), seit 1921 nichtbeamteter a. o. Prof. (Mineralogie) an der Universität Breslau, Religion: jüdisch, seit 1926 mit der Diagnose Schizophrenie in verschiedenen Heilanstalten und Krankenhäusern untergebracht (Lehrbefugnis „ruhend"), 1933 Entzug der Lehrbefugnis als Jude (§ 3 BBG), nicht emigriert; Sachs starb 1942 im Jüdischen Krankenhaus Breslau.

Quellen: GStA PK I Rep. 76 Va Sekt. 4 Tit. IV Nr. 51 Bl. 231–239a und I Rep. 76 Va Sekt. 4 Tit. IV Nr. 41 Bd. IX Bl. 312, 314, 336 f.; Wer ist's 1935; Lange, Mineraloge.

Sachs, Curt (1881–1959), seit 1921 nichtbeamteter a. o. Prof. (Musikwissenschaft) an der Universität Berlin und an der Staatlichen Hochschule für Musik, Leiter der Staatlichen Instrumentensammlung, Religion: jüdisch, 1933 Entzug der Lehrbefugnis als Jude (§ 3 BBG), 1933 Emigration nach Frankreich, 1933–1937 *Chargé de Mission* am *Musée de l'Homme* in Paris und Gastprofessor an der Sorbonne, 1937 Emigration in die USA, 1937–1957 Gastprofessor an der *New York University*, 1937–1952 auch für die *New York Public Library* tätig.

Quellen: UA HU Berlin UK S 5; GStA PK I Rep. 76 Va Sekt. 2 Tit. IV Nr. 68 F Teil 1; Reichshandbuch II; BHdE II; NDB; Behrens u. a., Sammeln.

Sachs, Georg (1896–1960), seit 1931 nichtbeamteter a. o. Prof. (Metallphysik) an der Universität Frankfurt/M., 1930–1934 Leiter des Laboratoriums der Metallgesellschaft AG in Frankfurt/M., Religion: evangelisch, 1933 als ehemaliger „Frontkämpfer" zunächst im Amt belassen, 1936 Entzug der Lehrbefugnis als „Nichtarier" (RBG), 1936 Emigration in die USA, 1939–1948 *Research Professor* am *Case Institute of Technology* in Cleveland, Ohio, 1952–1960 Prof. (*Metallurgical Engineering*) an der *University of Syracuse* in New York.

Quellen: UA Frankfurt/M. Personalhauptakte, Rektoratsakte u. PA der Naturwissenschaftlichen Fakultät; BHdE II; NDB; Altpreußische Biographie V; Heuer/Wolf, Juden, S. 321 ff.

Sachs, Hans (1877–1945), seit 1920 persönlicher Ordinarius (Immunitäts- und Serumforschung) an der Universität Heidelberg, wissenschaftliches Mitglied des KWI für Medizinische Forschung, Religion: jüdisch, 1933 als „Altbeamter" zunächst im Amt belassen, 1936 als Jude aufgrund des RBG in den Ruhestand versetzt, 1938 Emigration nach Irland, zuletzt *Fellow* am *Trinity College* in Dublin.

Quellen: GLA Karlsruhe 235/1578; Reichshandbuch II; Heuer/Wolf, Juden, S. 323 ff.; NDB; BHdE II; Mussgnug, Dozenten, S. 64 f., 153; Drüll, Gelehrtenlexikon 1803–1932; Rürup, Schicksale, S. 310 ff.

Sacke, Georg (1901–1945), seit 1932 Privatdozent (Osteuropäische Geschichte) an der Universität Leipzig, Religion: konfessionslos, 1933 aus politischen Gründen („marxistische Umtriebe") als Wissenschaftliche Hilfskraft entlassen, 1933 unter politischem Druck Verzicht auf die Lehrbefugnis, nicht emigriert, 1934/35 und 1944/45 wegen seiner Beteiligung am Widerstand gegen das NS-

Regime inhaftiert; Sacke starb im April 1945 als Häftling des KZ Neuengamme.

Quellen: UA Leipzig PA 878; Geyer, Georg Sacke; Hölzer, Georg und Rosemarie Sacke; Lambrecht, Entlassungen.

Saenger, August (1884–1950), seit 1921 nichtbeamteter a. o. Prof. (Bürgerliches Recht, Handelsrecht, Privatversicherungsrecht) an der Universität Frankfurt/M., Rechtsanwalt und Notar, Religion: evangelisch (früher jüdisch), 1933 Entzug der Lehrbefugnis als „Nichtarier" (§ 3 BBG), 1936 Emigration in die Schweiz, 1936 nach Litauen, bis 1939 Prof. in Kaunas, 1941 Emigration in die USA, Steuerberater und Wirtschaftsprüfer, 1947/48 am *Upsala College* in New Jersey.

Quellen: UA Frankfurt/M. Personalhauptakte, Rektoratsakte u. PA der Rechtswissenschaftlichen Fakultät; Archiv des Leo Baeck Institute, New York AR 4241 (auch online); Heuer/Wolf, Juden, S. 326 f.

Saenger, Hans (1884–1943), seit 1927 nichtplanmäßiger a. o. Prof. (Gynäkologie und Geburtshilfe) an der Universität München, 1920–1933 Assistent bzw. Oberarzt an der II. Universitätsklinik für Frauenkrankheiten, Religion: evangelisch, 1933 zeitweise in „Schutzhaft", 1933 Entzug der Lehrbefugnis als „Halbjude" (§ 3 BBG), 1934 Emigration nach Norwegen, Privatpraxis in Fredrikstad; Saenger starb 1943 in Fredrikstad.

Quellen: UA München E-II-2885; BayHStA München MK 44237; Fischer, Lexikon II; Böhm, Selbstverwaltung, S. 616; Dross, Juden, S. 101 f.

Saller, Karl (1902–1969), seit 1929 Privatdozent (Anatomie) und Assistent an der Universität Göttingen, Religion: evangelisch, 1935 Entzug der Lehrbefugnis (§ 18 RHO) aus politischen Gründen („Verfälschung" der nationalsozialistischen Rassenlehre), nicht emigriert, seit 1936 Leiter eines privaten Sanatoriums in Badenweiler (Schwarzwald), im Zweiten Weltkrieg Truppenarzt bei der Wehrmacht, seit 1948 o. Prof. an der Universität München.

Quellen: NDB; Lüddecke, „Fall Saller"; Beushagen u. a., Fakultät, S. 198–204; Szabó, Vertreibung, S. 172–178, 634 f.

Salomon, Albert (1883–1976), seit 1927 nichtbeamteter a. o. Prof. (Chirurgie) an der Universität Berlin, Privatpraxis, Religion: jüdisch, 1924–1929 Mitglied der DDP, 1929–1932 Mitglied der SPD, 1933 Entzug der Lehrbefugnis als Jude (§ 3 BBG), nach dem Novemberpogrom 1938 im KZ Sachsenhausen inhaftiert, 1939 Emigration in die Niederlande, 1943 im Lager Westerbork inhaftiert, 1943 Flucht aus dem Lager; Salomon und seine Frau Paula überlebten im Untergrund, ihre Tochter Charlotte wurde in Auschwitz ermordet.

Quellen: UA HU Berlin UK S 16; GStA PK I Rep. 76 Va Sekt. 2 Tit. IV Nr. 46 C Bd. 1 Bl. 182–187; Gossner, Salomon. Online: Stolpersteine in Berlin.

Salomon, Richard (1884–1966), seit 1919 o. Prof. (Geschichte und Kultur Osteuropas) an der Universität Hamburg, seit 1902 evangelisch (vorher jüdisch), 1919 Mitglied der DVP, 1934 als „Nichtarier" in den Ruhestand versetzt

(§ 6 BBG), 1937 Emigration in die USA, Lehrtätigkeit an verschiedenen Hochschulen, seit 1939 *Prof. of History* am *Kenyon College* in Gambier, Ohio, 1962 emeritiert, erhielt 1954 die Rechtsstellung eines emeritierten o. Prof. in Hamburg.

Quellen: Nicolaysen, Vitae; BHdE II; Hamburgische Biografie II. Nachruf in: Jahrbücher für Geschichte Osteuropas NF 15 (1967), S. 59–98.

Salomon-Calvi (bis 1923: Salomon), Wilhelm (1868–1941), seit 1913 o. Prof. (Geologie und Paläontologie) an der Universität Heidelberg, Religion: katholisch (bis 1892 jüdisch), 1933 als „Altbeamter" zunächst im Amt belassen, 1934 in Heidelberg entpflichtet, 1934 Emigration in die Türkei, 1936 Entzug der Heidelberger Lehrbefugnis als „Nichtarier" aufgrund des RBG, 1934–1936 Prof. an der Landwirtschaftlichen Hochschule in Ankara, 1936 Gründungsdirektor einer Geologischen Landesanstalt der Türkei.

Quellen: GLA Karlsruhe 235/2445; Drüll, Gelehrtenlexikon 1803–1932; Orth, Vertreibung, S. 269–282; BHdE II. Nachruf in: Zeitschrift der Deutschen Geologischen Gesellschaft 102 (1950), S. 141–146.

Salomon(-Delatour), Gottfried (1892–1964), seit 1925 nichtbeamteter a. o. Prof. (Soziologie) an der Universität Frankfurt/M., Religion: jüdisch, Mitglied der SPD, 1933 Entzug der Lehrbefugnis als Jude (§ 3 BBG), 1933 Emigration nach Frankreich, Prof. an der Sorbonne, 1941 Emigration in die USA, Lehrtätigkeit u. a. an der *New School for Social Research* und an der *Columbia University*, 1958 Rückkehr in die Bundesrepublik, 1958 zum emeritierten o. Prof. an der Universität Frankfurt ernannt.

Quellen: UA Frankfurt/M. Personalhauptakte; BHdE II; NDB; Soziologenlexikon I; Henning, Gedanke; Heuer/Wolf, Juden, S. 328 ff.

Salz, Arthur (1881–1963), seit 1924 nichtbeamteter a. o. Prof. (Nationalökonomie) an der Universität Heidelberg, Religion: jüdisch, 1933 Entzug der Lehrbefugnis als Jude (§ 3 BBG), 1933 Emigration nach Großbritannien, 1933/34 Gastprofessor in Cambridge, 1934 Emigration in die USA, 1937–1952 Prof. an der *Ohio State University* in Columbus.

Quellen: UA Heidelberg PA 614, PA 5581; Drüll, Gelehrtenlexikon 1803–1932; BHdE II; Hagemann/Krohn, Handbuch II; Fried, Arthur Salz; Mussgnug, Dozenten, S. 37, 146, 269 f.

Samelson, Siegfried (1878–1938), Schwager von →Clemens Thaer, seit 1923 nichtbeamteter a. o. Prof. (Kinderheilkunde) an der Universität Breslau, hauptberuflich Stadtschularzt, Religion: jüdisch, 1925–1933 Mitglied der DDP/DStP, 1933 Entzug der Lehrbefugnis als Jude (§ 3 BBG), 1934 nach erfolgreichen Einsprüchen als „Frontkämpfer" anerkannt, daraufhin Entzug der Lehrbefugnis nach § 6 BBG, nicht emigriert, 1938 Suizid.

Quellen: GStA PK I Rep. 76 Va Sekt. 4 Tit. IV Nr. 51 Bl. 251–257, 359–361, 464–473; Historisches Ärztelexikon für Schlesien VI; Tamari, Moritz Pasch, S. III, 276 f., 288–291; Seidler, Kinderärzte, S. 220 f.

Sauerlandt, Max (1880–1934), seit 1921 Honorarprofessor (Geschichte des Kunstgewerbes) an der Universität Hamburg, im Hauptberuf von 1919 bis 1933 Direktor des Museums für Kunst und Gewerbe in Hamburg, Religion: evangelisch, 1933 Entzug der Lehrbefugnis (§ 6 BBG) aus kulturpolitischen Gründen (Förderung und Verteidigung moderner Kunst), nicht emigriert.

Quellen: Baumann, Max Sauerlandt; NDB; Hamburgische Biografie II; Wendland, Handbuch II.

Saxl, Fritz (1890–1948), seit 1931 Honorarprofessor (Mittlere und neuere Kunstgeschichte) an der Universität Hamburg, Religion: jüdisch, seit 1929 Direktor der Kulturwissenschaftlichen Bibliothek Warburg in Hamburg, 1933 Entzug der Lehrbefugnis als Jude, 1933 Emigration nach Großbritannien, Neuaufbau der Kulturwissenschaftlichen Bibliothek in London als *Warburg Institute*, seit 1944 Prof. an der *London University*.

Quellen: McEwan, Fritz Saxl; NDB; Hamburgische Biografie II; BHdE II; Wendland, Handbuch II. Online: ÖBL.

Schacht, Joseph (1902–1969), seit 1932 o. Prof. (Semitische Philologie) an der Universität Königsberg, Religion: katholisch, 1934 Emigration nach Ägypten aus Abneigung gegen den NS-Staat[41], 1934–1939 Prof. an der Ägyptischen Universität in Kairo. 1939 Emigration nach Großbritannien, 1943 aus dem deutschen Staatsdienst entlassen (§ 52 DBG), 1939–1945 für das britische Informationsministerium und die BBC tätig, seit 1946 Lehrtätigkeit in Oxford, 1954 Prof. an der Universität Leiden, seit 1957 an der *Columbia University* in New York.

Quellen: BA Berlin R 4901/13275 u. R 9361-VI/2575; BHdE II; Wakin, Joseph Schacht; NDB; Hanisch, Kompetenz. Nachruf in: Bulletin of the School of Oriental and African Studies 33 (1970), S. 378–381.

Schäffer, Harry (1894–1979), seit 1928 nichtbeamteter a. o. Prof. (Innere Medizin) an der Universität Breslau, 1932–1938 Chefarzt am Jüdischen Krankenhaus Breslau, Religion: jüdisch, 1926–1930 Mitglied der DDP, 1933 Entzug der Lehrbefugnis als Jude (§ 3 BBG), 1938 Emigration nach Palästina, bis 1945 Internist in Tel Aviv, 1945 Übersiedlung nach Ägypten, 1945–1957 Chefarzt am Jüdischen Krankenhaus in Alexandria, 1957 Rückkehr in die Bundesrepublik, 1957–1970 Gastforscher am Kerckhoff-Institut der Max-Planck-Gesellschaft.

Quellen: GStA PK I Rep. 76 Va Sekt. 4 Tit. IV Nr. 51 Bl. 75–80; Fischer, Lexikon II; BHdE II.

Schardt, Alois J. (1889–1955), seit 1930 Honorarprofessor (Museumskunde und Kunstgeschichte) an der Universität Halle, seit 1926 Direktor des Moritzburgmuseums, Religion: katholisch, 1933 Mitglied der NSDAP, 1933 kommissarischer Leiter der Berliner Nationalgalerie, wegen seiner Unterstützung für den Expressionismus schon nach kurzer Zeit entlassen, 1936 nach dem

41 Freiwilliger Rücktritt mit politischem Hintergrund.

Scheitern seiner kulturpolitischen Pläne auf eigenen Antrag pensioniert (§ 6 BBG), 1937 Verlust des Lehrauftrags nach längerer Inaktivität[42], 1939 Auswanderung in die USA.

Quellen: UA Halle PA 13616; Stadtarchiv Halle A 2.33 Personalakten Nr. 1632; BHdE II; Eberle, Martin-Luther-Universität, S. 387 u. passim; Heftrig u. a., Schardt; Kinas, Exodus, S. 309 ff.

Schaxel, Julius (1887–1943), seit 1921 nichtbeamteter a. o. Prof. (Zoologie) an der Universität Jena, 1918–1933 Leiter der Anstalt für experimentelle Biologie in Jena, Religion: konfessionslos (ursprünglich evangelisch), seit 1918 Mitglied der SPD, 1933 Entzug der Lehrbefugnis aus politischen Gründen, 1933 Emigration in die Schweiz, 1934 in die Sowjetunion, seit 1934 Leiter des Laboratoriums für Entwicklungsmechanik am A. N. Sewertzow-Institut für Evolutionsmorphologie in Moskau.

Quellen: NDB; BHdE II; Hopwood, Biology.

Scheftelowitz, Isidor (1876–1934), seit 1923 Honorarprofessor (Indo-iranische Philologie) an der Universität Köln, Religion: jüdisch, 1933 Entzug der Lehrbefugnis als Jude (§ 3 BBG), 1933 Emigration nach Großbritannien, 1933 am *Montefiore College* in Ramsgate, 1934 am *Balliol College*, Oxford.

Quellen: Encyclopaedia Judaica Bd. 14; BHdE II; Hanisch, Kompetenz; Ark of Civilisation, S. 151 f. Online: VAdS; Universität zu Köln, Galerie der Professorinnen und Professoren.

Scheller, Robert (1876–1933), seit 1930 nichtbeamteter a. o. Prof. (Hygiene) an der Universität Breslau und an der TH Breslau, seit 1919 Inhaber eines Laboratoriums für bakteriologische, serologische und klinisch-chemische Untersuchungen, Religion: evangelisch, nicht emigriert; Scheller starb im April 1933, bevor er als „Nichtarier" entlassen werden konnte.

Quellen: BA Berlin R 4901/1721 Bl. 155; UA Wrocław S 199, S. 161–165; Kürschner 1931; Tilitzki, Albertus-Universität I, S. 615; Historisches Ärztelexikon für Schlesien VI.

Schenk Graf von Stauffenberg, Alexander (1905–1964), seit 1931 Privatdozent (Alte Geschichte) an der Universität Würzburg, Religion: katholisch, 1936 planmäßiger a. o. Prof., seine 1940 als „Halbjüdin" klassifizierte Ehefrau wurde 1941 von Hitler „deutschblütigen" Personen gleichgestellt, 1941 o. Prof. in Würzburg, seit 1942 o. Prof. an der Reichsuniversität Straßburg, 1944/45 Sippenhaft wegen Beteiligung seiner Brüder am Attentat auf Hitler, nicht emigriert, seit 1948 o. Prof. an der Universität München.

Quellen: BayHStA München MK 44381; Weber, Lexikon; Christ, Stauffenberg; Möhler, Reichsuniversität, S. 292–297, 1002; Raulff, Kreis, S. 408–421 u. passim.

Schermann, Lucian (1864–1946), seit 1929 o. Prof. (Völkerkunde Asiens mit besonderer Berücksichtigung des indischen Kulturkreises) an der Universität München, Religion: jüdisch, bis 1933 Mitglied der DStP, 1933 als Jude in den Ruhestand versetzt (Art. 187 Bayeri-

42 Freiwilliger Rücktritt mit politischem Hintergrund.

sches Beamtengesetz, da § 3 BBG auf Schermann als „Altbeamten“ nicht anwendbar war), 1939 Emigration in die USA, lebte als Privatgelehrter in Hanson, Massachusetts, erhielt 1946 den Status eines emeritierten o. Professors an der Universität München.

Quellen: UA München E-II-2942; BayHStA München MK 44262; Wininger, National-Biographie VII; BHdE II; NDB; Breisach, Universitätsprofessoren, S. 291–296; Hanisch, Kompetenz.

Schiemann, Elisabeth (1881–1972), seit 1931 Privatdozentin (Botanik) an der Universität Berlin, nichtbeamtete a. o. Prof. an der Landwirtschaftlichen Hochschule Berlin, Religion: evangelisch, 1919–1921 Mitglied der DVP, 1940 Entzug der Lehrbefugnis aus politischen Gründen (Gegnerin des Nationalsozialismus), nicht emigriert, Hilfe für Verfolgte, seit 1940 DFG-Stipendium, seit 1943 am KWI für Kulturpflanzenforschung, 1946–1949 Prof. an der Universität Berlin, 2014 *Gerechte unter den Völkern*.

Quellen: UA HU Berlin PA nach 1945 Sch 105; NDB; Scheich, Schiemann; Voigt, Schiemann; Nürnberg u. a., Schiemann.

Schiff, Erwin (1891–1971), seit 1925 nichtbeamteter a. o. Prof. (Kinderheilkunde) an der Universität Berlin, Religion: jüdisch, 1933 Entzug der Lehrbefugnis als Jude (§ 3 BBG), 1938 Emigration in die USA, zunächst am *Bellevue Hospital* in New York, seit 1941 Leiter der Kinderabteilung am *Sydenham Hospital* in New York, Ende der 1950er Jahre Rückkehr in die Bundesrepublik, 1959–1961 Vorsitzender der Münchener Gesellschaft für Kinderheilkunde.

Quellen: UA HU Berlin UK Sch 67; GStA PK I Rep. 76 Va Sekt. 2 Tit. IV Nr. 46 C Bd. 1 Bl. 424–431; Fischer, Lexikon II; Seidler, Kinderärzte, S. 192 f. Nachruf in: Klinische Pädiatrie 184 (1972), S. 81 f.

Schiff, Fritz (1889–1940), seit 1930 Privatdozent (Hygiene) an der Universität Berlin, 1922–1935 Direktor der Bakteriologischen Abteilung im Städtischen Krankenhaus am Friedrichshain, Religion: jüdisch, 1933 als ehemaliger „Frontkämpfer“ zunächst im Amt belassen, 1936 Entzug der Lehrbefugnis als Jude (RBG), 1936 Emigration in die USA, seit 1936 Leiter der bakteriologisch-serologischen Abteilung am *Beth Israel Hospital* in New York.

Quellen: UA HU Berlin UK Sch 67a u. UK 1068; GStA PK I Rep. 76 Va Sekt. 2 Tit. IV Nr. 50 Bd. XX Bl. 342–354; Fischer, Lexikon II; BHdE II; Doetz/Kopke, Ausschluss, S. 484; Buchholz, Lexikon; Okroi, Schiff.

Schleicher, Rüdiger (1895–1945), Schwager von →Dietrich Bonhoeffer, seit 1940 Honorarprofessor (Luftrecht) an der Universität Berlin und an der TH Berlin, Direktor des Universitätsinstituts für Luftrecht, Ministerialrat im Reichsluftfahrtministerium, Religion: evangelisch, seit 1933 Mitglied der NSDAP, Mitglied der Bekennenden Kirche, im Oktober 1944 wegen seiner engen Verbindungen zum militärischen Widerstand verhaftet; im Februar 1945 vom Volksgerichtshof zum Tod verurteilt, im April 1945 von einem SS-Kommando in Berlin erschossen.

Quellen: UA HU Berlin UK Sch 104 u. Jur. Fak. 542; Gerrens, Schleicher; Bracher, Rüdiger Schleicher. Online: Gedenkstätte Deutscher Widerstand, Biografien.

Schlesinger, Ludwig (1864–1933), Schwiegervater von →Julius Lewy, seit 1930 emeritierter o. Prof. (Mathematik) an der Universität Gießen, Religion: evangelisch, im Juli 1933 Entzug der Lehrbefugnis als „Volljude", nicht emigriert. Schlesinger starb im Dezember 1933 nach längerer Krankheit.

Quellen: Boerner, Ludwig Schlesinger; Chroust, Universität I, S. 228. Online: ÖBL; MacTutor History of Mathematics Archive.

Schlier, Heinrich (1900–1978), seit 1930 Privatdozent (Neues Testament) an der Universität Marburg, Religion: evangelisch (seit 1953 katholisch), Mitglied der Bekennenden Kirche, die Ernennung zum nichtbeamteten a.o. Prof. wurde 1935 abgelehnt; 1935 Leiter der Kirchlichen Hochschule in Elberfeld, gleichzeitig Verzicht auf die Marburger Lehrbefugnis, da er aufgrund der kirchenpolitischen Lage kaum mehr mit einem Lehrstuhl rechnen könne[43]; nicht emigriert, 1937–1945 Pfarrer in Elberfeld, 1945 o. Prof. in Bonn, 1952 Honorarprofessor.

Quellen: UA Marburg 305a Nr. 3546; NDB; BBKL, Bd. 9; Auerbach, Catalogus II, S. 43 f.; Lippmann, Marburger Theologie; Mitt. Dr. Katharina Schaal, UA Marburg, 10.9.2020. Online: Marburger Professorenkatalog.

Schlingensiepen, Hermann (1896–1980), seit 1927 Privatdozent (Praktische Theologie) an der Universität Bonn, Religion: evangelisch, 1933 beurlaubt, seit 1933 Leiter des Kirchlichen Auslandsseminars in Ilsenburg (Harz), 1935 Entzug der Lehrbefugnis (§ 6 BBG) aus politischen Gründen (Unterstützung der Bekennenden Kirche), nicht emigriert, 1938–1945 Pfarrer in Siegen, seit 1946 o. Prof. an der Universität Bonn, 1952–1958 Ephorus an der Kirchlichen Hochschule Wuppertal.

Quellen: Wenig, Verzeichnis; Volbehr/Weyl, Professoren, S. 17; Höpfner, Universität, S. 37, 161.

Schmalenbach, Eugen (1873–1955), seit 1919 o. Prof. (Betriebswirtschaftslehre) an der Universität Köln, Religion: evangelisch, 1919–1926 Mitglied der DDP, im September 1933 aus politischen Gründen und wegen seiner Ehe mit einer Jüdin „auf eigenen Antrag" vorzeitig emeritiert, nicht emigriert, lebte von September 1944 bis März 1945 mit seiner Frau aus Furcht vor der Deportation im Versteck, 1945–1950 erneut o. Prof. in Köln.

Quellen: Cordes, Eugen Schmalenbach; Reichshandbuch II; NDB; Hagemann/Krohn, Handbuch II; Mantel, Schicksale, S. 34–38. Online: Universität zu Köln, Galerie der Professorinnen und Professoren.

Schmeidler, Bernhard (1879–1959), seit 1928 o. Prof. (Mittlere und neuere Geschichte und geschichtliche Hilfswissenschaften) an der Universität Erlangen, Religion: evangelisch, 1919–1933 Mitglied der DDP/DStP, 1936 aus

43 Freiwilliger Rücktritt mit politischem Hintergrund.

politischen Gründen (u. a. wegen abfälliger Äußerungen über Albert Leo Schlageter) in den Ruhestand versetzt (§ 6 BBG), nicht emigriert, seit 1936 Forschungen für die *Monumenta Germaniae Historica* in der Münchener Staatsbibliothek, 1946 erneut o. Prof. in Erlangen und zugleich emeritiert.

Quellen: BA Berlin R 4901/21070; BayHStA München MK 44 277; UA Erlangen A2/1 Nr. S 72; Herbers, Venedig. Nachruf in: Zeitschrift für bayerische Landesgeschichte 22 (1959), S. 534 ff.

Schmidlin, Josef (1876–1944), seit 1914 o. Prof. (Missionswissenschaft und Kirchengeschichte) an der Universität Münster, Religion: katholisch, 1934 aus politischen Gründen („feindselige Haltung gegenüber dem Nationalsozialismus") in den Ruhestand versetzt (§ 6 BBG), nicht emigriert, 1943 wegen regimekritischer Äußerungen verhaftet; Schmidlin starb 1944 im Sicherungslager Schirmeck-Vorbruck (Elsass) an den Folgen von Misshandlungen.

Quellen: GStA PK I Rep. 76 Va Sekt. 13 Tit. IV Nr. 22 Bl. 133–158; Müller, Josef Schmidlin; BBKL, Bd. 9; NDB; Happ/Jüttemann, Schlag; Heiber, Universität I, S. 167–169; Flammer, Münster, S. 203 ff.

Schmidt, Gerhard (1901–1981), seit 1931 Privatdozent (Normale und pathologische Physiologie) an der Universität Frankfurt/M., Religion: jüdisch, 1933 Entzug der Lehrbefugnis als Jude (§ 3 BBG), 1933 und 1934/35 Emigration nach Italien, 1933 nach Schweden, 1935 nach Kanada, 1937 in die USA, 1938–1940 *Research Fellow* an der *University of Washington* in St. Louis, Missouri, seit 1940 an der *Tufts University* in Boston, seit 1950 als Prof. für Biochemie, 1976 emeritiert.

Quellen: UA Frankfurt/M. Personalhauptakte u. Akten der Medizinischen Fakultät; Stadtarchiv Frankfurt/M. PA 21756; BHdE II; Heuer/Wolf, Juden, S. 335 f. Online: National Academy of Sciences, Biographical Memoirs.

Schmidt, Karl (1873–1951), seit 1932 Honorarprofessor (Papyruskunde) an der Universität Greifswald, Religion: evangelisch, Mitglied der DNVP, 1929–1934 Hochgradfreimaurer, 1936 nach politischen Konflikten im Hauptberuf (Rektor eines Greifswalder Gymnasiums) auf eigenen Antrag pensioniert, Umzug nach Göttingen, eine Verlegung der Honorarprofessur nach Göttingen wurde aus politischen Gründen verweigert, nicht emigriert.

Quellen: UA Greifswald PA 1914; Eberle, Instrument, S. 797 f. u. passim; Kinas, Exodus, S. 272 ff. u. passim; Buchholz, Lexikon.

Schmidt, Karl Ludwig (1891–1956), seit 1929 o. Prof. (Neutestamentliche Theologie) an der Universität Bonn, Religion: evangelisch, 1918–1920 Mitglied der DDP, seit 1924 Mitglied der SPD, 1933 aus politischen Gründen entlassen (§ 4 BBG), 1934 Emigration in die Schweiz, seit 1935 o. Prof. (Neues Testament) an der Universität Basel, 1953 emeritiert.

Quellen: GStA PK I Rep. 76 Va Nr. 10396 Bl. 47–52; NDB; BBKL, Bd. 9; BHdE II; Vielhauer, Karl Ludwig Schmidt. Online: Historisches Lexikon der Schweiz.

Schmidt, Kurt-Dietrich (1896–1964), seit 1929 o. Prof. (Kirchengeschichte) an der Universität Kiel, Religion: evangelisch, 1929–1933 Mitglied im *Christlich-Sozialen Volksdienst*, 1933 Gründer des Pfarrernotbundes in Schleswig-Holstein, führendes Mitglied der Bekennenden Kirche, 1935 aus politischen Gründen („politische Unzuverlässigkeit") in den Ruhestand versetzt (§ 6 BBG), nicht emigriert, 1936–1945 Lehrbeauftragter am Missionsseminar Hermannsburg, 1953–1964 o. Prof. an der Universität Hamburg.

Quellen: NDB; Oelke, Kirchengeschichte; Göllnitz, Karrieren, S. 35, 149; Uhlig, Wissenschaftler, S. 112 f. Online: Kieler Gelehrtenverzeichnis.

Schmiedel, Roland (1888–1967), seit 1936 Lehrbeauftragter (Pharmazeutische Gesetzeskunde) an der Naturwissenschaftlichen Fakultät der Universität Tübingen, 1930–1939 Oberregierungsrat im württembergischen Innenministerium, Religion: evangelisch, 1919–1933 Mitglied der Freimaurerloge *Zu den 3 Zedern*, 1937 Entzug des Lehrauftrags als ehemaliger Freimaurer, deswegen 1939 aus dem Staatsdienst entlassen, nicht emigriert, 1946 Regierungsdirektor im württembergischen Innenministerium, 1952 Honorarprofessor in Tübingen.

Quellen: BA Berlin R 1501/210577; NDB; Wer ist's 1935; Deutsche Apotheker-Biographie, Ergänzungsband I.

Schmittmann, Benedikt (1872–1939), seit 1919 o. Prof. (Sozialpolitik) an der Universität Köln, Religion: katholisch, bis 1922 Mitglied der Zentrumspartei, Mitglied im *Reichs- und Heimatbund deutscher Katholiken*, in der *Reichsarbeitsgemeinschaft deutscher Föderalisten* und im *Friedensbund Deutscher Katholiken*, 1933 zeitweise in „Schutzhaft", 1933 aus politischen Gründen in den Ruhestand versetzt (§ 4 BBG), nicht emigriert, 1939 im KZ Sachsenhausen inhaftiert, wo er infolge von Misshandlungen starb.

Quellen: NDB; Hagemann/Krohn, Handbuch II; Stehkämper, Benedikt Schmittmann; Kuhlmann, Lebenswerk; Golczewski, Universitätslehrer, S. 184–196.

Schmitz, Otto (1883–1957), seit 1916 o. Prof. (Neutestamentliche Theologie und Exegese) an der Universität Münster, Religion: evangelisch, 1934 Teilnahme an der Barmer Bekenntnissynode, 1934 aus politischen Gründen (als Mitglied der Bekennenden Kirche) in den Ruhestand versetzt (§ 6 BBG), nicht emigriert, 1934–1937 Leiter des Predigerseminars der Bekennenden Kirche in Bielefeld, 1938–1951 Direktor der Evangelistenschule Johanneum in Wuppertal, 1945–1951 Leiter der Kirchlichen Hochschule Wuppertal.

Quellen: GStA PK I Rep. 76 Va Sekt. 13 Tit. IV Nr. 22 Bl. 124–132; Gensch, Lebensweg; Happ/Jüttemann, Schlag.

Schneider, Friedrich (1881–1974), seit 1923 Privatdozent (Pädagogik) an der Universität Köln, Prof. an der Hochschule für Lehrerbildung in Bonn, Religion: katholisch, Mitglied der Zentrumspartei, 1934 als Prof. an der Hochschule für Lehrerbildung in den

Ruhestand versetzt (§ 5 BBG), 1940 aus der Universität Köln ausgeschieden, nachdem die Ernennung zum Dozenten neuer Ordnung aus politischen Gründen („konfessionelle Bindung") abgelehnt worden war, nicht emigriert, 1946 Honorarprofessor in Salzburg, 1949 o. Prof. an der Universität München.

Quellen: UA Köln Zug. 17/5339, Zug. 197/845 u. Zug. 27/70; BA Berlin R 4901/13276; NDB; Hesse, Professoren; Hartmann, Anfänge; Schneider, Jahrhundert.

Schneider, Oswald (1885–1965), seit 1930 o. Prof. (Wirtschaftliche Staatswissenschaften) an der Universität Königsberg, bis 1930 Ministerialdirektor im Auswärtigen Amt und Vertrauter G. Stresemanns, Religion: evangelisch, 1933 in „Schutzhaft", 1934 aus politischen Gründen entlassen (§ 6 BBG), nicht emigriert, seit 1945 o. Prof. an der Wirtschaftshochschule Berlin, 1946–1950 auch Prof. an der Universität Berlin, 1950 Übersiedlung in die Bundesrepublik.

Quellen: GStA PK I Rep. 76 Va Sekt. 11 Tit. IV Nr. 37 Bl. 80–97, 122 f.; GStA PK I Rep. 76 Va Sekt. 11 Tit. IV Nr. 37 Adhib zu Bd. 1; UA HU PA Sch 311; Wer ist Wer 1948 u. 1955; Hagemann/Krohn, Handbuch II.

Schoch, Magdalene / Maria Magdalena (1897–1987), seit 1932 Privatdozentin (Internationales Privat- und Prozessrecht, Rechtsvergleichung und Zivilprozessrecht) an der Universität Hamburg, 1920–1937 Wissenschaftliche Hilfsarbeiterin am Seminar für Auslandsrecht, Religion: katholisch, 1937 Emigration in die USA aus Abneigung gegen den Nationalsozialismus[44], 1938 Forschungsassistentin an der *Harvard Law School*, 1946–1966 Referentin im US-Justizministerium.

Quellen: BA Berlin R 4901/13276; Nicolaysen, Recht; Krause/Nicolaysen, Gedenken; Hamburgische Biografie IV.

Schoenberger, Guido (1891–1974), seit 1926 Privatdozent (Kunstgeschichte) an der Universität Frankfurt/M., Religion: jüdisch, 1920/21 Mitglied der Demokratischen Vereinigung in Frankfurt/M., 1933 als ehemaliger „Frontkämpfer" zunächst im Amt belassen, 1935 Entzug der Lehrbefugnis als „Nichtarier" (§ 18 RHO), 1938 nach dem Novemberpogrom im KZ Buchenwald inhaftiert, 1939 Emigration in die USA, *Research Assistant* und *Lecturer* an der *New York University* und *Research Fellow* am *Jewish Museum* in New York.

Quellen: UA Frankfurt/M. Personalhauptakte, Rektoratsakte u. PA der Philosophischen Fakultät; BHdE II; Heuer/Wolf, Juden, S. 337 ff.; Wendland, Handbuch II; Kinas, Exodus, S. 145 f., 435.

Schöndorf, Friedrich (1873–1938), seit 1925 nichtbeamteter a. o. Prof. (Bürgerliches Recht, Internationales Privatrecht, Rechtsvergleichung) und Leiter der juristischen Abteilung des Osteuropa-Instituts an der Universität Breslau, Religion: evangelisch (früher jüdisch), 1933 Entzug der Lehrbefugnis als

44 Freiwilliger Rücktritt mit politischem Hintergrund.

„Nichtarier“ (§ 3 BBG), 1933 Emigration nach Österreich, 1938 Suizid nach dem „Anschluss“ Österreichs.

Quellen: GStA PK I Rep. 76 Va Sekt. 4 Tit. IV Nr. 51 Bl. 64–68, 423–425; GStA PK I Rep. 76 Va Sekt. 4 Tit. IV Nr. 39 Bd. III Bl. 14–18; Reichshandbuch II; Ditt, „Stoßtruppfakultät“, S. 43 f., Maurach, Frühzeit, S. 16.

Schönheimer/Schoenheimer, Rudolf (1898–1941), seit 1928 Privatdozent (Allgemeine Pathologie) an der Universität Freiburg/Br., 1928–1933 Assistent am Pathologischen Institut der Universität Freiburg/Br., 1930/31 Forschungsaufenthalt an der *University of Chicago*, Religion: jüdisch, 1933 als Jude entlassen, 1933 Emigration in die USA, 1933–1941 an der *Columbia University*, zunächst als *Assistant Professor*, später als *Associate Professor*; Schönheimer, der an einer bipolaren Störung litt, beging 1941 Suizid.

Quellen: GLA Karlsruhe 235/9023; NDB; Seidler/Leven, Fakultät, S. 461 ff.; Schaefer, Herkunft; BHdE II; Biermanns/Groß, Pathologen, S. 243–247. Nachruf in: Science, Nr. 2450 vom 12.12.1941, S. 553 f.

Schoenholz, Ludwig (1893–1941), seit 1929 apl. a. o. Prof. (Geburtshilfe und Gynäkologie) an der Universität Freiburg/Br., seit 1927 Oberarzt, seit 1930 beurlaubt, 1930–1935 Chefarzt der Gynäkologischen Abteilung des Israelitischen Asyls für Kranke und Altersschwache in Köln, Religion: jüdisch, als ehemaliger „Frontkämpfer“ blieb Schoenholz zunächst im Besitz der Lehrbefugnis, 1935 aus dem Freiburger Lehrkörper „ausgeschieden“, 1935 Emigration in die Türkei, später nach Palästina, 1936 Mitgründer des privaten Assuta Hospitals in Tel Aviv.

Quellen: GLA Karlsruhe 235/9011; Becker-Jákli, Krankenhaus, S. 405; Fischer, Lexikon II.

Schrade, Leo (1903–1964), seit 1932 Privatdozent (Musikwissenschaft) an der Universität Bonn, Religion: katholisch, 1937 Entzug der Lehrbefugnis wegen seiner „nichtarischen“ Ehefrau (§ 18 RHO), 1938 Emigration in die USA, 1938–1958 an der *Yale University* in New Haven, Connecticut, zunächst als *Assistant Professor*, 1943 *Associate Professor*, seit 1948 Full Professor (*History of Music*), seit 1958 o. Prof. an der Universität Basel.

Quellen: BA Berlin R 4901/13276; BHdE II; Marx, Gelehrter; Die Musik in Geschichte und Gegenwart, Bd. 12. Online: Lexikon verfolgter Musiker und Musikerinnen der NS-Zeit.

Schreiber, Georg (1882–1963), seit 1917 o. Prof. (Mittlere und Neuere Kirchengeschichte und historische Caritaswissenschaft) an der Universität Münster, Religion: katholisch, Mitglied der Zentrumspartei (1920–1933 Reichstagsabgeordneter), 1936 auf eigenen Antrag vorzeitig emeritiert, um der politisch motivierten Versetzung an die Staatliche Akademie Braunsberg zu entgehen[45], nicht emigriert, seit 1945 erneut o. Prof. in Münster, 1945/46 Rektor der Universität Münster.

45 Freiwilliger Rücktritt mit politischem Hintergrund.

Quellen: BA Berlin R 4901/13276; NDB; Morsey, Georg Schreiber; BBKL, Bd. 9; Happ/Jüttemann, Schlag.

Schreiber, Ludwig (1874–1940), seit 1912 nichtbeamteter a. o. Prof. (Augenheilkunde) an der Universität Heidelberg, Privatpraxis als Augenarzt, Religion: evangelisch (ursprünglich jüdisch), 1933 Entzug der Lehrbefugnis als „Nichtarier" (§ 3 BBG), nicht emigriert; seine Ehefrau Charlotte Schreiber, geb. Kunst, wurde in Auschwitz ermordet.

Quellen: GLA Karlsruhe 235/2495; Drüll, Gelehrtenlexikon 1803–1932; Mussgnug, Dozenten, S. 35, 236; Giovannini u.a., Erinnern.

Schreiner, Helmuth (1893–1962), seit 1931 o. Prof. (Praktische Theologie) an der Universität Rostock, Religion: evangelisch, Mitglied der Bekennenden Kirche, 1933 wegen des Vorwurfs regimekritischer Äußerungen zeitweise suspendiert, 1937 als politisch unzuverlässig in den Ruhestand versetzt (§ 6 BBG), nicht emigriert, 1938–1955 Pfarrer und Vorsteher des Diakonissenhauses in Münster, 1945–1957 o. Prof. an der Universität Münster.

Quellen: UA Rostock PA Helmuth Schreiner; LHA Schwerin 5.12-7/1 Nr. 1366, 13334 u. 2346; BBKL, Bd. 9; Buddrus/Fritzlar, Professoren; Nowak, Schreiner. Online: Catalogus Professorum Rostochiensium.

Schrödinger, Erwin (1887–1961), seit 1927 o. Prof. (Theoretische Physik) an der Universität Berlin, Religion: evangelisch, 1933 Emigration nach Großbritannien (zunächst beurlaubt), 1933 Nobelpreis für Physik, 1935 in Berlin auf eigenen Antrag emeritiert, 1936 Emigration nach Österreich, o. Prof. an der TH Graz, 1938 aus politischen Gründen als o. Prof in Graz und als Berliner Emeritus in den Ruhestand versetzt („fanatischer Gegner des neuen Deutschland"), 1939 Emigration nach Irland, bis 1956 Leiter des *Dublin Institute for Advanced Study*.

Quellen: UA HU Berlin UK Sch 248; BA Berlin R 4901/1266; BHdE II; NDB; Kinas, Exodus, S. 296–300; Hoffmann, Schrödinger; Moore, Schrödinger. Online: MacTutor History of Mathematics Archive.

Schück(-Breslauer), Franz (1888–1958), seit 1922 nichtbeamteter a. o. Prof. (Chirurgie) an der Universität Berlin, 1925–1933 Direktor der Chirurgischen Abteilung des Krankenhauses am Urban, Religion: evangelisch, behielt 1933 als ehemaliger „Frontkämpfer" zunächst die Lehrbefugnis, 1933 Emigration in die USA (anfangs beurlaubt), 1936 Entzug der Lehrbefugnis als „Nichtarier" (RBG), seit 1937 Praxis als Neurologe, seit 1941 Berater der Musterungsbehörde in Washington, seit 1947 Arzt bei der *U. S. Veteran Administration* in New York.

Quellen: UA HU Berlin UK Sch 262; GStA PK I Rep. 76 Va Sekt. 2 Tit. IV Nr. 50 Bd. XX Bl. 252 ff.; Fischer, Lexikon II; Reichshandbuch II; Collmann, Schück; Doetz/Kopke, Ausschluss, S. 328–330.

Schücking, Walther (1875–1935), seit 1926 o. Prof. (Völkerrecht, Internationales Privatrecht) an der Universität Kiel, Religion: evangelisch, seit 1918

Mitglied der DDP (1919–1928 Reichstagsabgeordneter), Mitglied des *Reichsbanner Schwarz-Rot-Gold*, 1931–1935 Richter am Ständigen Internationalen Gerichtshof in Den Haag, im November 1933 aus politischen Gründen aus dem deutschen Staatsdienst entlassen (§ 4 BBG), Emigration in die Niederlande.

Quellen: GStA PK I Rep. 76 Va Sekt. 9 Tit. IV Nr. 22 Bl. 151–174, 211–220; NDB; Morgenstern, Bürgergeist; Uhlig, Wissenschaftler, S. 48 f. Online: Kieler Gelehrtenverzeichnis.

Schüle, Adolf (1901–1967), seit 1931 Privatdozent (Deutsches Staats- und Verwaltungsrecht) an der Universität Berlin, Religion: evangelisch; 1938 Verzicht auf die Lehrbefugnis, bevor sie ihm wegen seiner „nichtarischen" Ehefrau entzogen werden konnte; nicht emigriert, Syndikus der Berliner Stickstoff-Syndikat GmbH, 1944/45 Referent im Planungsamt des Reichsministeriums für Rüstung und Kriegsproduktion, 1954–1967 o. Prof. in Tübingen.

Quellen: UA HU Berlin UK Sch 265 u. Jur. Fak. 562; BA Berlin R 9361-VI/6764 u. R 9361-VI/10733; Kürschner 1961. Nachruf in: Zeitschrift für ausländisches öffentliches Recht und Völkerrecht 27 (1967), S. 657–659.

Schüz, Alfred (1892–1957), 1932/33 Privatdozent (Kriegsgeschichte) an der Universität Göttingen, seit 1933 planmäßiger a. o. Prof. (Kriegsgeschichte und Wehrwissenschaft) an der Universität Hamburg, Religion: katholisch (später evangelisch), Mitglied des *Alldeutschen Verbandes* und der DNVP, 1933 Mitglied der NSDAP, 1936 wegen des Vorwurfs homosexueller Handlungen (§ 175 StGB) verhaftet, deswegen 1939 entlassen, nicht emigriert.

Quellen: StA Hamburg 361-6 I 374; BA Berlin R 4901/13276; Borowsky, Geschichtswissenschaft, S. 544 f. u. 552–555. Online: Hamburger Professorinnen- und Professorenkatalog.

Schulemann, Günther (1889–1964), seit 1930 nichtbeamteter a. o. Prof. (Philosophie) an der Universität Breslau, 1918 Priesterweihe, 1920–1934 Domvikar, Religion: katholisch, verlor 1939 aus politischen Gründen (katholische Bindung) die Lehrbefugnis, nicht emigriert, 1934–1946 Kommorant und Pfarradministrator in Krummhügel am Riesengebirge, 1946–1964 Seelsorger in der Pfarrvikarie Dresden-Pillnitz.

Quellen: BA Berlin R 4901/13276 u. R 4901/25325; UA Wrocław S 203; Kapferer, Nazifizierung, S. 193–197; Gröger u. a., Schlesische Kirche; Tilitzki, Universitätsphilosophie I, S. 161 f., 678 f., 744 f.

Schuler, Werner (1900–1966), seit 1932 Privatdozent (Innere Medizin und pathologische Physiologie) an der Universität Erlangen, 1929–1936 Assistent und Leiter des chemischen Laboratoriums an der Medizinischen Universitätsklinik, Religion: katholisch, 1937 Emigration in die Schweiz wegen seiner „nichtarischen" Ehefrau (zunächst beurlaubt), 1938 Verlust der Erlanger Lehrbefugnis (§ 18 RHO), seit 1937 bei der Ciba AG in Basel, seit 1938 auch Lehrtätigkeit an der Universität Fribourg, seit 1945 als o. Prof. (Physiologische Chemie).

Quellen: BA Berlin R 9361-VI/2793 u. R 4901/1747; UA Erlangen A2/1 Nr. S 82; Professoren und Dozenten Erlangen II.

Schultz, Heinrich (1867–1951), seit 1929 Honorarprofessor (Einführung in das bürgerliche Recht für Volkswirte) an der Universität München, bis Januar 1933 Senatspräsident am Bayerischen Obersten Landesgericht, Religion: evangelisch, Mitglied der SPD (1919–1933) und des Republikanischen Richterbundes (1924–1933), im April 1933 Verzicht auf die Honorarprofessur[46]; Schultz wurde nicht entlassen, da er „parteipolitisch nicht hervorgetreten" sei; nicht emigriert.

Quellen: BayHStA München MJu 19807 u. MK 39739; UA München E-II-3085; Böhm, Selbstverwaltung, S. 130, 360; Mitt. Stadtarchiv Speyer, 28.10.2020.

Schultze, Otto (1872–1950), seit 1922 o. Prof. (Pädagogik und Philosophie sowie experimentelle Psychologie) an der Universität Königsberg, Religion: evangelisch, 1934 nach § 5 BBG an die Universität Halle versetzt, 1935 auf eigenen Antrag emeritiert unter Rückversetzung an die Universität Königsberg, Lehrtätigkeit als Emeritus, 1939 Lehrverbot durch den Rektor der Universität Königsberg, nicht emigriert, 1946–1949 Lehrbeauftragter an der Universität Frankfurt/M.

Quellen: GStA PK I Rep. 76 Va Sekt. 11 Tit. IV Nr. 21 Bd. 34 Bl. 454 f.; Spiritula, Schultze; Tilitzki, Universitätsphilosophie I, S. 112 f., 615 f., 686; Horn, Erziehungswissenschaft, S. 339; Wolfradt u. a., Psychologinnen.

Schulz, Fritz (1879–1957), seit 1931 o. Prof. (Römisches und Bürgerliches Recht) an der Universität Berlin, Religion: evangelisch, 1918–1923 Mitglied der DDP, 1933 als „Altbeamter" zunächst nicht entlassen, 1934 an die Universität Frankfurt/M. versetzt, nach Protesten gegen seine Lehrtätigkeit auf eigenen Antrag emeritiert, 1935 Entzug der Lehrbefugnis als „Geltungsjude" (RBG), 1939 Emigration nach Großbritannien, lebte in Oxford.

Quellen: UA HU Berlin UK Sch 303; GStA PK I Rep. 76 Va Sekt. 2 Tit. IV Nr. 45; BHdE II; NDB; Breunung/Walther, Emigration I; Ernst, Jurists; Lösch, Geist, S. 192–197 u. passim; Schermaier, Schulz.

Schur, Issai (1875–1941), seit 1921 o. Prof. (Mathematik) an der Universität Berlin, Religion: jüdisch, 1933 als „Altbeamter" zunächst im Amt verblieben, 1935 auf „eigenen Antrag" (tatsächlich auf Veranlassung des Prorektors) emeritiert, 1936 Entzug der Lehrbefugnis als Jude (RBG), 1939 Emigration nach Palästina.

Quellen: UA HU Berlin UK Sch 342; BHdE II; NDB; Joseph u. a., Studies; Vogt, Schur. Online: MacTutor History of Mathematics Archive.

Schuster, Paul (1867–1940), seit 1921 nichtbeamteter a. o. Prof. (Neuropathologie) an der Universität Berlin, bis 1933 Direktor der Nervenabteilung des Städtischen Hufeland-Hospitals in Prenzlauer Berg, Religion: jüdisch, 1933

46 Freiwilliger Rücktritt mit politischem Hintergrund.

Entzug der Lehrbefugnis als Jude (§ 3 BBG), danach Leiter der Nerven-Poliklinik am Krankenhaus der Jüdischen Gemeinde zu Berlin, 1939 Emigration nach Großbritannien, Schuster verstarb kurz nach der Emigration in London.

Quellen: UA HU Berlin UK Sch 345; GStA PK I Rep. 76 Va Sekt. 2 Tit. IV Nr. 46 C Bd. 1 Bl. 376–381, 639 ff.; Reichshandbuch II; Biermanns/Groß, Pathologen, S. 248–250; Eisenberg, „Nervenplexus", S. 38 ff.

Schwab, Georg Maria (1899–1984), seit 1933 nichtplanmäßiger a. o. Prof. (Chemie) an der Universität München, 1928–1940 Konservator am Chemischen Laboratorium des Staates, Religion: katholisch, 1933 als ehemaliger „Frontkämpfer" zunächst im Amt verblieben, 1938 Entzug der Lehrbefugnis als „Nichtarier" (§ 18 RHO), 1939 Emigration nach Griechenland, 1939–1950 Leiter einer privaten Forschungsabteilung in Piräus, 1949 Prof. an der TH Athen, 1950 Rückkehr in die Bundesrepublik, 1950–1967 o. Prof. an der Universität München.

Quellen: UA München E-II-3095; BA Berlin R 9361-VI/2838; BHdE II; NDB. Nachruf in: Jahrbuch der Bayerischen Akademie der Wissenschaften 1985, S. 233–238.

Schwamm, Hermann (1900–1954), seit 1932 Privatdozent (Sakramentenlehre und vorscholastische Dogmengeschichte) an der Universität Freiburg/Br., hauptberuflich seit 1933 Leiter des Priesterseminars Maria Rosenberg (Pfalz), Religion: katholisch, 1940 wurde Schwamms Ernennung zum Dozenten neuer Ordnung vom REM aus kirchenpolitischen Gründen (offizielle Begründung: Studium an einer außerdeutschen Hochschule) abgelehnt und seine Lehrbefugnis für „erloschen" erklärt, nicht emigriert, 1946–1954 o. Prof. in Mainz.

Quellen: GLA Karlsruhe 235/9031; BA Berlin R 4901/13276. Online: Verzeichnis der Professorinnen und Professoren der Universität Mainz.

Schwartz, Philipp (1894–1977), seit 1927 nichtbeamteter a. o. Prof. (Allgemeine Pathologie und pathologische Anatomie) an der Universität Frankfurt/M., Religion: jüdisch, 1933 als „Kommunist" denunziert, 1933 Emigration in die Schweiz, 1933 Gründer der *Notgemeinschaft deutschsprachiger Wissenschaftler im Ausland*, 1933 Emigration in die Türkei, 1933–1953 Prof. für Pathologie und Anatomische Pathologie an der Universität Istanbul, 1953 Auswanderung in die USA, von 1953 bis 1976 am *Warren State Hospital* in Pennsylvania tätig.

Quellen: UA Frankfurt/M. Personalhauptakte u. Akten Medizinische Fakultät; Pauli u. a., Schwartz; Schwartz, Notgemeinschaft; Heuer/Wolf, Juden, S. 344 ff.; Kreft, Schwartz; Biermanns/Groß, Pathologen, S. 250–255.

Schwarz, Andreas Bertalan (1886–1953), seit 1929 o. Prof. (Römisches und deutsches bürgerliches Recht) an der Universität Freiburg/Br., Religion: katholisch, 1933 als „Nichtarier" entlassen (§ 3 BBG), 1934 Emigration in die Türkei, 1934–1953 Prof. an der Universität

Istanbul, 1950 zum Honorarprofessor an der Universität Bonn ernannt.

Quellen: GLA Karlsruhe 235/5007; Wer ist's 1935; Mitt. Prof. Dr. Dieter Speck, UA Freiburg, 27.1.2021. Nachruf in: Zeitschrift der Savigny-Stiftung für Rechtsgeschichte, Romanistische Abteilung 71 (1954), S. 591–606.

Schwarz, Balduin (1902–1993), seit 1931 Privatdozent (Philosophie) an der Universität Münster, Religion: katholisch, kam dem Entzug der Lehrbefugnis wegen seiner „nichtarischen" Ehefrau 1934 durch „freiwilligen" Verzicht zuvor, 1933 Emigration in die Schweiz, 1933–1938 Lehrtätigkeit an der Universität Fribourg, 1938 Emigration nach Frankreich, 1939 vorübergehend interniert, 1939/40 Kriegsdienst in der französischen Armee, 1941 in die USA, Lehrtätigkeit an verschiedenen katholischen Hochschulen, seit 1964 o. Prof. in Salzburg.

Quellen: BHdE II; Möllenhoff/Schlautmann-Overmeyer, Familien I; Happ/Jüttemann, Schlag.

Schwarz, Carl Leopold (1877–1962), seit 1931 nichtbeamteter a. o. Prof. (Hygiene) an der Universität Hamburg, im Hauptberuf Wissenschaftlicher Rat und Abteilungsleiter am Hygienischen Staatsinstitut, Religion: evangelisch-reformiert, 1920–1932 Mitglied der DVP, 1933/34 Mitglied der NSDAP, 1938 Verlust der Lehrbefugnis als „Mischling 2. Grades" (offiziell „auf eigenen Antrag"), nicht emigriert.

Quellen: BA Berlin R 4901/13276; Villiez, Kraft, S. 396 f.; van den Bussche, Universitätsmedizin, S. 66. Online: Hamburger Professorinnen- und Professorenkatalog.

Schwarzacher, Walter (1892–1958), 1932–1936 o. Prof. (Gerichtliche Medizin) an der Universität Heidelberg, seit 1936 o. Prof in Graz, Religion: katholisch, 1938 nach dem „Anschluss" Österreichs aus politischen Gründen („äußerte sich … in sehr scharfer und abfälliger Weise gegen den NS und seine Einrichtungen … völlig untragbar") entlassen, Rückzug als Privatgelehrter, nicht emigriert, 1946–1958 o. Prof. an der Universität Wien.

Quellen: BA Berlin R 4901/13276; UA Graz Rektorat, Entlassung Walter Schwarzacher o. Z.; Mitt. Prof. Dr. Alois Kernbauer, UA Graz, 23.12.2016; Drüll, Gelehrtenlexikon 1803–1932.

Schwenn, Friedrich (1889–1955), seit 1925 Privatdozent (Klassische Philologie) an der Universität Rostock, hauptberuflich Studienrat in Rostock, Religion: evangelisch, 1937 scharfe Ablehnung durch Rostocker Parteistellen aus politischen Gründen („früher Erzdemokrat"), 1940 wurde die Lehrbefugnis für „erloschen" erklärt, nicht emigriert, 1942 als Studienrat nach Litzmannstadt/Lodz versetzt, nach 1945 Lehrer in Bielefeld.

Quellen: UA Rostock PA Friedrich Schwenn; LHA Schwerin 5.12-7/1 Nr. 2432.

Science, Mark (1897–1966), seit 1927 Lektor (Englische Sprache) an der Universität Halle, Religion: Anglikaner bzw. Unitarier (später jüdisch?), 1933 Kündigung als planmäßiger Lektor nach wiederholter Weigerung, Auskunft über seine „Abstammung" zu geben, Emigration/Rückkehr nach Großbritannien, bestattet auf dem Jüdischen Friedhof in Hull.

Quellen: UA Halle PA 14597; Kinas, Exodus, S. 441. Online: JewishGen Online Worldwide Burial Registry.

Seckel, Helmut (1900–1960), seit 1932 Privatdozent (Kinderheilkunde) an der Universität Köln, 1931–1935 Sekundärarzt an der Universitätskinderklinik Köln, Religion: evangelisch, 1935 als Sekundärarzt wegen seiner jüdischen Ehefrau entlassen, 1935 als Privatdozent beurlaubt, 1936 Emigration in die USA, 1936–1960 *Professor of Pediatrics* an der *University of Chicago*.

Quellen: UA Köln Zug. 67/1118 u. Zug. 317 III/1768; BA Berlin R 4901/13277; BHdE II; Seidler, Kinderärzte, S. 313 f. Nachruf in: Journal of Pediatrics 57 (1960), S. 638.

Seelig, Siegfried Fritz/Frederic (1899–1969), seit 1931 Privatdozent (Innere Medizin) an der Universität Berlin, 1926–1933 Assistenzarzt an der Charité, Religion: jüdisch, behielt 1933 als ehemaliger „Frontkämpfer" zunächst die Lehrbefugnis, 1933 Emigration nach Indien (anfangs beurlaubt), 1936 Entzug der Lehrbefugnis als Jude (RBG), 1936 Emigration nach Großbritannien, 1939–1945 Militärdienst im *Royal Army Medical Corps*, seit 1946 *Senior Registrar in Medicine* am *Hammersmith Hospital* in London.

Quellen: UA HU Berlin UK S 58 u. Med. Fak. 1361 Bl. 308–322; Mitt. Dr. Dagmar Drüll-Zimmermann, UA Heidelberg, 25.1.2010. Nachruf in: The Lancet, 8.3.1969, S. 536.

Seuffert, Ernst von (1879–1952), Schwiegersohn von →Leo Graetz, seit 1922 nichtplanmäßiger a. o. Prof. (Gynäkologie und Geburtshilfe) an der Universität München, 1920–1937 Medizinalrat (Unterrichtsleiter) an der Hebammenschule München, Religion: katholisch, 1937 Entlassung als Medizinalrat (§ 6 BBG) und Entzug der Lehrbefugnis (§ 18 RHO) wegen seiner „nichtarischen" Ehefrau, nicht emigriert, seit 1946 erneut Medizinalrat an der Hebammenschule und apl. Prof. an der Universität München.

Quellen: UA München E-II-3147; BayHStA München MK 44344; BA Berlin R 9361-VI; Fischer, Lexikon II; Deutsches Gynäkologen-Verzeichnis 1939; Kürschner 1950 u. 1954.

Sieburg, Ernst (1885–1937), seit 1924 apl. a. o. Prof. (Klinische Pharmakologie) an der Universität Hamburg, 1921–1933 Leiter des Forschungsinstituts für klinische Pharmakologie, Religion: katholisch, verzichtete im August 1933 als „Nichtarier" „freiwillig" auf die Lehrbefugnis, nicht emigriert.

Quellen: van den Bussche, Universitätsmedizin, S. 62. Online: Catalogus Professorum Rostochiensium; Hamburger Professorinnen- und Professorenkatalog.

Siegel, Carl (1896–1981), seit 1922 o. Prof. (Mathematik) an der Universität Frankfurt/M., seit 1938 o. Prof. an der Universität Göttingen, Religion: evangelisch, 1940 Emigration in die USA, um einem militärischen Einsatz in der Wehrmacht zu entgehen[47]; 1940–1950 am *Institute for Advanced Study* in Princeton, New Jersey, 1951 Rückkehr in die Bundesrepublik, seit 1951 o. Prof. in Göttingen, 1959 emeritiert.

Quellen: Siegel, Seminar; Szabó, Vertreibung, S. 432–437, 642 f.; Kinas, Exodus, S. 365 u. passim. Nachruf in: Acta Arithmetica 45 (1985), S. 93–113. Online: MacTutor History of Mathematics Archive.

Siegmund-Schultze, Friedrich (1885–1969), seit 1926 Honorarprofessor (Jugendkunde und Jugendwohlfahrt) an der Universität Berlin, Religion: evangelisch, 1911–1933 Vorsitzender der Sozialen Arbeitsgemeinschaft Berlin-Ost, 1933 wegen seiner Hilfe für rassisch Verfolgte zeitweise inhaftiert, 1933 Emigration in die Schweiz (zunächst beurlaubt), 1934 Entzug der Lehrbefugnis (§ 6 BBG) aus politischen Gründen (religiöser Sozialist und Pazifist), 1946 Rückkehr nach Deutschland, 1948–1954 Direktor der Jugend-Wohlfahrtsschule in Dortmund.

Quellen: UA HU Berlin UK S 106; GStA PK I Rep. 76 Va Sekt. 2 Tit. IV Nr. 68 F Teil 2; BHdE I; NDB; Horn, Erziehungswissenschaft, S. 347 f.; Grotefeld, Siegmund-Schultze; Tenorth u. a., Siegmund-Schultze.

Siemsen, Anna (1882–1951), seit 1923 Honorarprofessorin (Erziehungswissenschaft) an der Universität Jena, Religion: evangelisch (später konfessionslos), 1918–1922 Mitglied der USPD, 1922–1931 SPD, 1931–1933 SAPD, im Dezember 1932 Entzug der Lehrbefugnis aus politischen Gründen (gegen den Widerspruch des Universitätssenats) durch die nationalsozialistisch dominierte Thüringer Landesregierung, 1933 Emigration in die Schweiz, 1946 Rückkehr nach Deutschland, 1947–1951 Lehraufträge an der Universität Hamburg.

Quellen: UA Jena BA 1669e; BHdE I; NDB; Horn, Erziehungswissenschaft, S. 348; Jungbluth, Anna Siemsen.

Silberberg, Martin (1895–1966), seit 1927 Privatdozent (Allgemeine Pathologie und pathologische Anatomie) an der Universität Breslau, Religion: jüdisch, 1933 Entzug der Lehrbefugnis als Jude (§ 3 BBG), 1933/34 am Jüdischen Krankenhaus Breslau, 1934 Emigration nach Kanada, bis 1936 *Carnegie Fellow* an der *Dalhousie University* in Halifax, 1937 Emigration in die USA, 1937–1940 und 1945–1966 an der *Washington University* in St. Louis, Missouri, 1941–1944 an der *New York University*.

Quellen: GStA PK I Rep. 76 Va Sekt. 4 Tit. IV Nr. 51 Bl. 218–221, 385–388, 417–419; Kürschner 1931; Biermanns/Groß, Pathologen, S. 261–270. Online: http://beckerexhibits.wustl.edu/mig/bios/silberberg.html.

Silberschmidt, Wilhelm (1862–1939), seit 1918 Honorarprofessor (Deutsches bürgerliches Recht, Handelsrecht und deren Nebenfächer) an der Universität München, Oberlandesgerichtsrat im Ruhestand, Religion: jüdisch; 1933 Ent-

47 Freiwilliger Rücktritt mit politischem Hintergrund.

zug der Lehrbefugnis als Jude, obwohl er „Altbeamter“ war; nicht emigriert, Silberschmidt starb 1939 in München; zwei seiner Kinder wurden in das Ghetto Piaski deportiert, seine Witwe Ida S. starb 1943 im Ghetto Theresienstadt.

Quellen: BayHStA München MK 17986; UA München E-II-3160; Göppinger, Juristen, S. 228 f. Online: Gedenkbuch – Opfer der Verfolgung.

Simmel, Hans (1891–1943), seit 1925 nichtbeamteter a. o. Prof. (Innere Medizin) an der Universität Jena, 1928–1933 Chefarzt am Städtischen Krankenhaus in Gera, Religion: evangelisch, zeitweise Mitglied der DDP, 1933 Entzug der Lehrbefugnis als „Nichtarier“ und aus politischen Gründen (§ 4 BBG), nach dem Novemberpogrom 1938 im KZ Dachau inhaftiert, 1939 Emigration nach Großbritannien, 1940 in die USA, 1941 Pathologe in Warren, Ohio.

Quellen Reichshandbuch II; Rueß, Ärzte, S. 339–346; Jüdische Lebenswege in Jena, S. 456 f.

Simon, Paul (1882–1946), seit 1925 o. Prof. (Scholastische Philosophie und Apologetik) an der Universität Tübingen, Religion: katholisch, von April 1932 bis Mai 1933 Rektor der Universität Tübingen; im Juli 1933 beantragte Simon angesichts der veränderten hochschulpolitischen Lage seine Entlassung aus dem Staatsdienst, die im September 1933 erfolgte[48]; nicht emigriert, von September 1933 bis 1946 Dompropst in Paderborn.

Quellen: NDB; Höfer, Erinnerungen; Riesenberger Domprobst; Adam, Hochschule S. 25 ff., 46 f.; Burkard, Entwicklung, S. 122–125, 132 f.

Simon, Siegfried Veit (1877–1934), Bruder von →Walter Veit S., seit 1922 persönlicher Ordinarius (Botanik und Pharmakognosie) und Kustos an der Universität Bonn, Religion: jüdisch, 1933 als ehemaliger „Frontkämpfer“ nicht entlassen; Simon starb im Dezember 1934 an einem Gehirntumor, bevor er als Jude entlassen werden konnte.

Quellen: UA Bonn PF PA–463; Kürschner 1931; Wenig, Verzeichnis; Höpfner, Universität, S. 503. Nachruf in: Berichte der Deutschen Botanischen Gesellschaft 53 (1935), S. (71)–(84).

Simon, Walter (1893–1981), seit 1932 nichtbeamteter a. o. Prof. (Ostasiatische Sprachwissenschaft und Sinologie) an der Universität Berlin, im Hauptberuf Bibliotheksrat, Religion: jüdisch; 1934 Entzug der Lehrbefugnis als Jude, obwohl Simon ehemaliger „Frontkämpfer“ war (§ 6 BBG); 1935 als Bibliotheksrat in den Ruhestand versetzt (RBG), 1936 Emigration nach Großbritannien, 1936–1960 an der *University of London*, seit 1947 als Prof.; seine Mutter Cläre S. wurde 1942 nach Theresienstadt und 1944 nach Auschwitz deportiert.

Quellen: UA HU Berlin UK S 124; GStA PK I Rep. 76 Va Sekt. 2 Tit. IV Nr. 68 F Teil 2; BHdE II; Volbehr/Weyl, Professoren, S. 267; Kinas, Exodus, S. 83 f.; Encyclopedia of Chinese Language and Linguistics Bd. 4 (2017).

---

48 Freiwilliger Rücktritt mit politischem Hintergrund.

Simon, Walter Veit (1882–1958), Bruder von →Siegfried Veit S., seit 1921 nichtbeamteter a. o. Prof. (Chirurgie) an der Universität Frankfurt/M., Religion: jüdisch, Mitglied der DVP, 1933 als ehemaliger „Frontkämpfer" zunächst im Amt belassen, 1935 als Jude beurlaubt (RBG), 1937 Aberkennung des Professorentitels, 1938 nach dem Novemberpogrom im KZ Buchenwald inhaftiert, 1938 Emigration nach Chile, Privatpraxis und Mitarbeit an der Traumatologischen Abteilung des Hospitals San Borja in Santiago de Chile.

Quellen: UA Frankfurt/M. Personalhauptakte, Rektoratsakte u. Akten der Medizinischen Fakultät; Heuer/Wolf, Juden, S. 349 f. Online: Frankfurter Personenlexikon.

Simons, Albert (1894–1955), seit 1929 Privatdozent (Strahlenkunde) an der Universität Berlin, 1920–1933 Assistent an der Bestrahlungsabteilung des Universitätsinstituts für Krebsforschung, Religion: jüdisch, 1933 Entzug der Lehrbefugnis als Jude (§ 3 BBG), 1938 Emigration nach Palästina, Privatpraxis, außerdem Konsultant für Radiumtherapie am Hadassah-Hospital in Tel Aviv.

Quellen: UA HU Berlin UK S 125; GStA PK I Rep. 76 Va Sekt. 2 Tit. IV Nr. 46 C Bd. 1 Bl. 161–181 u. passim; BA Berlin R 4901/1340; Holthusen u. a., Ehrenbuch; Althoff, Geschichte, S. 188 u. passim.

Simons, Arthur (1877–1942), seit 1923 nichtbeamteter a. o. Prof. (Neurologie) an der Universität Berlin, 1919–1933 wissenschaftlicher Mitarbeiter der I. Medizinischen Klinik der Charité, Privatpraxis, Religion: jüdisch, 1933 Entzug der Lehrbefugnis als Jude (§ 3 BBG), nicht emigriert; ab 1939 „jüdischer Krankenbehandler"; im Oktober 1942 wurde Simons nach Raasiku (Estland) deportiert und dort ermordet.

Quellen: UA HU Berlin UK S 125a; GStA PK I Rep. 76 Va Sekt. 2 Tit. IV Nr. 46 C Bd. 1 Bl. 142–150, 645–649; Fischer, Lexikon II; Holdorff, Schicksal. Online: Gedenkbuch – Opfer der Verfolgung.

Simonson, Ernst (1898–1974), seit 1928 Privatdozent (Arbeitsphysiologie) an der Universität Frankfurt/M., seit 1930 als Abteilungsleiter an das ukrainische Arbeitsinstitut in Charkiw beurlaubt, Religion: jüdisch, 1934 Entzug der Frankfurter Lehrbefugnis als Jude (§ 3 BBG), Emigration in die Sowjetunion, 1937 Emigration in die Tschechoslowakei, 1939 in die USA, seit 1944 Lehrtätigkeit an der *University of Minnesota* in Minneapolis, seit 1958 als *Full Professor*, 1966 emeritiert.

Quellen: UA Frankfurt/M. Akten der Medizinischen Fakultät; BHdE II; Heuer/Wolf, Juden, S. 350 ff.; Altpreußische Biographie V; Elsner, Verfolgt, S. 23–27 u. passim.

Singer, Kurt (1886–1962), seit 1924 nichtbeamteter a. o. Prof. (Volkswirtschaftslehre) an der Universität Hamburg, 1931–1935 Gastprofessor in Tokio, Religion: jüdisch, 1933 Entzug der Hamburger Lehrbefugnis als Jude, Emigration nach Japan, 1936–1939 Deutschlehrer in Sendai, 1939 Emigration nach Australien, dort 1940/41 als Deutscher interniert, seit 1946 Lehrtätigkeit an der *University of Sydney*.

Quellen: StA Hamburg 361-6 I 385 Bd. 1–4; Eschbach u. a., Singer-Studien; Hagemann/Krohn, Handbuch II; Hamburgische Biografie II; Löwith, Leben, S. 23 f.

Sinzheimer, Hugo (1875–1945), seit 1919 o. Honorarprofessor (Arbeitsrecht, Soziologie unter besonderer Berücksichtigung der Rechtssoziologie) an der Universität Frankfurt/M., Religion: jüdisch, Mitglied der SPD (1917–1933 Stadtverordneter in Frankfurt), 1933 nach kurzer „Schutzhaft" als Jude und aus politischen Gründen entlassen (§ 4 BBG), 1933 Emigration in die Niederlande; Sinzheimer überlebte den Krieg, seit 1942 von Freunden versteckt.

Quellen: UA Frankfurt/M. Rektoratsakte, Akten der Rechtswissenschaftlichen Fakultät; Breunung/Walther, Emigration I; BHdE I; NDB; Heuer/Wolf, Juden, S. 353 ff.; Knorre, Selbstbestimmung; Kubo, Sinzheimer.

Skraup, Siegfried (1890–1972), seit 1923 nichtbeamteter a. o. Prof. (Chemie) an der Universität Würzburg, seit 1925 Konservator am Chemischen Institut, Religion: evangelisch, 1939 durch ein Abstammungsgutachten als „Halbjude" klassifiziert, 1940 als Konservator und Dozent entlassen, nicht emigriert, 1940–1946 Chemiker bei verschiedenen Unternehmen, zuletzt bei der Rheinchemie in Mainz, seit 1946 planmäßiger a. o. Prof. in Würzburg.

Quellen: UA Würzburg PA 412; BayHStA München MK 44357; Wer ist wer 1955; Orth, NS-Vertreibung, S. 277 f.

Skutsch, Felix (1861–1951), seit 1923 nichtplanmäßiger a. o. Prof. (Geburtshilfe und Frauenheilkunde) an der Universität Leipzig, seit 1908 Leiter einer privaten Frauenklinik, Religion: seit 1886 evangelisch (ursprünglich jüdisch), 1919–1924 Mitglied der DDP, 1933 Entzug der Lehrbefugnis als „Nichtarier", nicht emigriert, 1943 Deportation in das Ghetto Theresienstadt (wo seine Frau 1944 starb), 1945 Wiederaufnahme der Lehrtätigkeit in Leipzig, 1950 Professor mit Lehrauftrag.

Quellen: Lambrecht, Entlassungen; Heidel, Ärzte; Kästner, Frauenarzt; Hebenstreit, Verfolgung, S. 150–152. Online: Professorenkatalog der Universität Leipzig.

Slotta, Karl Heinrich (1895–1987), Schwiegersohn von →Ludwig Fraenkel, seit 1929 Privatdozent (Chemie) an der Universität Breslau, Religion: evangelisch, 1935 nichtbeamteter a. o. Prof.; 1935 Verzicht auf die Lehrbefugnis, bevor sie ihm wegen seiner „nichtarischen" Ehefrau entzogen werden konnte; 1935 Emigration nach Brasilien, 1935–1938 an der Universität São Paulo, 1938–1955 wissenschaftlicher Direktor einer pharmazeutischen Fabrik, 1956 Auswanderung in die USA, seit 1956 *Research Professor* an der *University of Miami.*

Quellen: BA Berlin R 4901/13277; GStA PK I Rep. 76 Va Sekt. 4 Tit. IV Nr. 41 Bd. IX; UA Wrocław S 187; BHdE II; Hawgood, Slotta. Nachruf in: Toxicon 26 (1988), S. 117 f.

Söllner/Sollner, Karl (1903–1986), seit Mai 1933 Privatdozent (Chemie) an der Universität Berlin, 1927–1933 Assistent am KWI für physikalische Chemie und Elektrochemie, Religion: katholisch, bis 1928 Mitglied der Sozialdemokratischen Partei Österreichs, 1933 Entzug der Lehrbefugnis als „Nichtarier“ (§ 3 BBG), 1933 Emigration nach Großbritannien, 1933–1937 am *University College London*, 1937 Emigration in die USA, 1938–1947 an der *University of Minnesota*, seit 1947 an den *National Institutes of Health* in Bethesda, Maryland.

Quellen: GStA PK I Rep. 76 Va Sekt. 2 Tit. IV Nr. 68 F Teil 1–2 u. Nr. 51 Bd. XXIII; BHdE II; Rürup, Schicksale, S. 319 f.; Deichmann, Flüchten, S. 124 f., 189.

Soetbeer, Franz (1870–1943), seit 1908 apl. a. o. Prof. (Innere Medizin) an der Universität Gießen, im Hauptberuf niedergelassener Facharzt für innere und nervöse Krankheiten, Religion: evangelisch, im Juli 1933 Entzug der Lehrbefugnis als „Nichtarier“ (§ 6 BBG), nicht emigriert, nach Verlust der Lehrbefugnis Arzt am Katholischen Schwesternhaus in Gießen, im März 1943 nach einer Denunziation verhaftet, 1943 Suizid in Gestapo-Haft.

Quellen: Oehler-Klein, Lehrkörper, S. 82–84; Reimann, Entlassung, S. 194; Chroust, Universität I, S. 228 f.

Sokolowsky, Ralph/Raphael (1874–1944), seit 1923 nichtbeamteter a. o. Prof. (Stimm- und Sprachstörungen) an der Universität Königsberg, Religion: jüdisch, seit 1931/32 Unterstützung des *Reichsbanner Schwarz-Rot-Gold* und der *Eisernen Front*, 1933 Entzug der Lehrbefugnis als Jude (§ 3 BBG), 1940 Emigration in die USA, 1944 Lehrtätigkeit an der *Capitol University* in Columbus, Ohio.

Quellen: GStA PK I Rep. 76 Va Sekt. 11 Tit. IV Nr. 37 Bl. 58–65 u. 104–106; Altpreußische Biographie III; OAF, Sommerrundbrief 1955, S. 1. Nekrolog in: The American Jewish Yearbook 46 (1944/45), S. 346.

Solmsen, Friedrich (1904–1989), seit 1929 Privatdozent (Klassische Philologie) an der Universität Berlin, Assistent am Institut für Altertumskunde, Religion: evangelisch, 1933 Entzug der Lehrbefugnis als „Nichtarier“ (§ 3 BBG), 1933 Emigration nach Großbritannien, 1937 Emigration in die USA, 1937–1940 Prof. am *Olivet College* in Michigan, 1940–1962 an der *Cornell University* in Ithaca, seit 1947 als *Full Professor*, 1962–1974 an der *University of Wisconsin* in Madison, seit 1964 als *Moses Slaughter Professor of Classical Studies*.

Quellen: UA HU Berlin UK S 141; GStA PK I Rep. 76 Va Sekt. 2 Tit. IV Nr. 68 F Teil 1; BHdE II; Wenig, Verzeichnis; Mensching, Solmsen. Online: Database of Classical Scholars.

Sommer, Artur (1889–1965), seit 1927 Privatdozent (Wirtschaftliche Staatswissenschaften) an der Universität Gießen, Religion: evangelisch, 1933 Mitglied der NSDAP und der SA, 1933 wegen abfälliger Bemerkungen über die SA beurlaubt und im KZ Osthofen inhaftiert, 1935 Entzug der Lehrbefugnis aus politischen Gründen (§ 18 RHO), nicht emigriert, 1938–1945 Berufsoffizier, seit 1948 Privatdozent an der Universität Heidelberg, 1948 apl. Prof.

Quellen: Stadtarchiv Gießen Personenstandskartei; Kürschner 1966; Reimann, Entlassung, S. 204 f.; Chroust, Universität I, S. 229.

Sommer, Clemens (1891–1962), seit 1932 Privatdozent (Kunstgeschichte) an der Universität Greifswald, Religion: katholisch, 1933–1936 Mitglied der NSDAP, 1934 Mitglied der SA, 1934 Lehrauftrag für Nordische Kunstgeschichte, 1937 Entzug der Lehrbefugnis (§ 18 RHO) wegen der Ehe mit einer „Volljüdin", 1937 Emigration nach Schweden, 1938 in die USA, seit 1939 Lehrtätigkeit an der *University of North Carolina* in Chapel Hill, seit 1947 als *Full Professor*.

Quellen: UA Greifswald PA 140; BHdE II; Buchholz, Lexikon; Eberle, Instrument, S. 846 f. u. passim; Wendland, Kunsthistoriker.

Sommerfeld, Martin (1894–1939), seit 1927 nichtbeamteter a. o. Prof. (Deutsche Philologie, insbesondere neuere deutsche Literaturgeschichte) an der Universität Frankfurt/M., Religion: jüdisch, 1933 Entzug der Lehrbefugnis als Jude (§ 3 BBG), 1933 Emigration in die USA, Gastprofessor an der *Columbia University* und der *New York University*, 1936–1939 Prof. (Literaturgeschichte) am *Smith College* in Northampton, Massachusetts.

Quellen: UA Frankfurt/M. Personalhauptakte; Altpreußische Biographie V/2; Heuer/Wolf, Juden, S. 357 f.; Germanistenlexikon III. Nachruf in: The German Quarterly 12 (1939) 4, S. 176–178.

Sparrer, Georg (1877–1936), seit 1932 Lehrbeauftragter (Pharmazeutische Gesetzeskunde) an der Universität Erlangen, Medizinalrat und Apothekenbesitzer in Nürnberg, Religion: katholisch, 1919–1933 Mitglied der DDP/DStP (1924–1930 Reichstagsabgeordneter), 1934 Entzug des Lehrauftrags aus politischen Gründen, nicht emigriert.

Quellen: BayHStA München MK 17991; UA Erlangen A2/3 Nr. 109b; Reichshandbuch II; Engel, Apothekengeschichte; Luppe, Leben.

Sperber, Alexander (1897–1970), seit 1928 Privatdozent (Semitische Philologie) an der Universität Bonn, Religion: jüdisch, 1933 Entzug der Lehrbefugnis als Jude (§ 3 BBG), 1933 Emigration nach Palästina, 1933/34 Fellow an der Hebräischen Universität Jerusalem, 1934 Emigration in die USA, seit 1934 am *Jewish Theological Seminary* in New York, 1934 *Visiting Professor*, 1938 *Lecturer*, 1941 *Reader*, 1948 Research Fellow, 1965 Auswanderung nach Israel.

Quellen: GStA PK I Rep. 76 Va Nr. 10396 Bl. 120–128; BHdE II; Fremerey-Dohna/Schoene, Geistesleben. Nachruf in: Proceedings of the American Academy for Jewish Research 38/39 (1970/71), S. XXI–XXIII.

Sperber, Hans (1885–1963), seit 1925 nichtbeamteter a. o. Prof. (Deutsche und nordische Philologie) an der Universität Köln, Religion: seit 1890 evangelisch (vorher jüdisch), 1933 Entzug der Lehrbefugnis als „Nichtarier" (§ 3 BBG), 1933 Emigration in die USA, seit 1933 an der *Ohio State University in Columbus*, zunächst als Lecturer, seit 1936 als Prof., 1955 Ruhestand, 1956/57

Gastprofessor in Hamburg, 1960–1963 Gastprofessor in Bonn.

Quellen: UA Köln Zug. 27/68b; Germanistenlexikon III; BHdE II; Golczewski, Universitätslehrer, S. 114 f.; Staudacher, Konvertiten II. Nachruf in: Zeitschrift für deutsche Philologie 84 (1965), S. 163–170.

Speyer, Edmund (1878–1942), seit 1932 nichtbeamteter a. o. Prof. (Chemie) an der Universität Frankfurt/M., Religion: jüdisch, 1933 Entzug der Lehrbefugnis als Jude (§ 3 BBG), nicht emigriert; Speyer wurde im Oktober 1941 in das Ghetto Litzmannstadt/Lodz deportiert, wo er im Mai 1942 starb.

Quellen: UA Frankfurt/M. Personalhauptakte und PA der Naturwissenschaftlichen Fakultät; Heuer/Wolf, Juden, S. 358 f.; Orth, NS-Vertreibung, S. 224. Online: Gedenkbuch – Opfer der Verfolgung.

Spiegler, Rudolf (1898–1977), seit 1930 Privatdozent (Gynäkologie und Geburtshilfe) an der Universität Frankfurt/M., Religion: evangelisch, seit 1933 Mitglied des *Stahlhelm, Bund der Frontsoldaten*, 1933 Entlassung als Oberarzt und 1937 Entzug der Lehrbefugnis wegen seiner „halbjüdischen" Ehefrau (§ 18 RHO), nicht emigriert, Privatpraxis zunächst in Frankfurt/M., ab 1943 in Gießen, seit 1948 Leiter der Städtischen Frauenklinik Ulm.

Quellen: UA Frankfurt/M. Personalhauptakte, Rektoratsakte und Akten der Medizinischen Fakultät; Stadtarchiv Frankfurt/M. PA 22118; Kinas, Exodus, S. 215.

Spielmeyer, Walther (1879–1935), seit 1918 Honorarprofessor (Psychiatrie) an der Universität München, 1918–1935 Vorstand der histopathologischen Abteilung der Deutschen Forschungsanstalt für Psychiatrie (KWI), Religion: evangelisch; Spielmeyer starb, bevor er wegen seiner „nichtarischen" Ehefrau entlassen werden konnte; nicht emigriert.

Quellen: UA München E-II-3207; BayHStA MK 35739; Reichshandbuch II; Fischer, Lexikon II; NDB; Kreuter, Neurologen II. Nachruf in: Der Nervenarzt 8 (1935), S. 225–228.

Spira, Theodor (1885–1961), seit 1925 o. Prof. (Englische Philologie) an der Universität Königsberg, Religion: evangelisch (nach 1945 katholisch), 1940 aus gesundheitlichen und politischen Gründen (Anhänger der Bekennenden Kirche) in den Ruhestand versetzt, nicht emigriert, 1945–1947 Ministerialrat und Leiter der Kirchenabteilung im hessischen Kultusministerium, 1947–1953 o. Prof. an der Universität Frankfurt/M.

Quellen: Hammerstein, Universität I, S. 604 f. u. Universität II, S. 270–272; Hausmann, Anglistik, S. 510. Nachrufe in: Anglia 79 (1961), S. 249–252; Jahrbuch für Amerikastudien 6 (1962), S. 5.

Spiro, Paul (1892–1975), seit 1928 Privatdozent (Innere Medizin) an der Universität Frankfurt/M., im Hauptberuf 1932/33 Leiter der Tuberkuloseberatungsstelle der Landesversicherungsanstalt Hessen-Nassau in Frankfurt/M., Religion: evangelisch (ursprünglich jüdisch); 1933 „freiwillig" aus der Universität ausgeschieden, bevor ihm die Lehrbefugnis als „Nichtarier" entzogen werden konnte; 1933 Emigration in die Schweiz.

Quellen: UA Frankfurt/M. Personalhauptakte, Rektoratsakte u. Akten der Medizinischen Fakultät; Stadtarchiv Frankfurt/M. PA 21675 und 21152; Heuer/Wolf, Juden, S. 359 f.

Spitzer, Leo (1887–1960), seit 1930 o. Prof. (Romanische Philologie) an der Universität Köln, Religion: jüdisch, 1933 Entzug der Lehrbefugnis als Jude (§ 3 BBG), 1933 Emigration in die Türkei, 1933–1936 Prof. an der Universität Istanbul, 1936 Emigration in die USA, 1936–1956 Prof. of *Romance and Comparative Philology* an der *Johns Hopkins University* in Baltimore, 1956 Ruhestand, 1958 Gastprofessor in Heidelberg.

Quellen: Wer ist's 1935; BHdE II; NDB; Hausmann, Strudel, S. 296–322. Nachruf in: Hispanic Review 29 (1961), S. 54–57. Online: VAdS; Universität zu Köln, Galerie der Professorinnen und Professoren.

Sponer, Hertha (1895–1968), seit 1932 nichtbeamtete a. o. Prof. (Physik) an der Universität Göttingen, seit 1930 Oberassistentin, Religion: evangelisch, 1933 auf eigenen Antrag beurlaubt[49], 1933 Emigration nach Norwegen, 1934–1936 Gastprofessorin in Oslo, 1936 in die USA, seit 1936 Prof. an der *Duke University* in Durham, North Carolina, 1938 Entzug der Göttinger Lehrbefugnis, 1946 Heirat mit →James Franck, 1966 Rückkehr in die Bundesrepublik.

Quellen: NDB; BHdE II; Szabó, Vertreibung, S. 644 f.; Vogt, Wissenschaftlerinnen, S. 176 f.

Stammler, Wolfgang (1886–1965), seit 1924 o. Prof. (Germanische Philologie) an der Universität Greifswald, Religion: evangelisch (später Deutsche Glaubensbewegung), 1933 Mitglied der Marine-SA, 1936 nach politischen Vorwürfen (unter anderem wegen seiner Unterstützung für Emil Julius Gumbel) und wegen seiner „nichtarischen" Ehefrau nach § 6 BBG pensioniert, nicht emigriert, seit 1937 Privatgelehrter in Berlin, 1951 o. Prof. in Fribourg (Schweiz).

Quellen: UA Greifswald PA 266; Buchholz, Lexikon; Germanistenlexikon III; Eberle, Instrument, S. 789 f. u. passim; Kinas, Exodus, S. 196 ff. u. passim. Online: VAdS.

Stauffenberg, Alexander Schenk Graf von →Schenk Graf von Stauffenberg, Alexander

Stechow, Wolfgang (1896–1974), seit 1931 nichtbeamteter a. o. Prof. (Kunstgeschichte) an der Universität Göttingen, Religion: evangelisch, 1933 als „ehemaliger Frontkämpfer" zunächst geschützt, kam dem Entzug der Lehrbefugnis als „Mischling 2. Grades" durch Emigration zuvor, 1936 Emigration in die USA, 1937 Verzicht auf die Göttinger Lehrbefugnis, 1937–1940 *Associate Professor* an der *University of Wisconsin* in Madison, seit 1949 Prof. am *Oberlin College* in Ohio, 1963 emeritiert.

Quellen: BA Berlin R 4901/13277; BHdE II; Wendland, Handbuch II; Szabó, Vertreibung, S. 362 ff., 646 f.

49 Freiwilliger Rücktritt mit politischem Hintergrund.

Stefansky, Georg (1897–1957), seit 1929 Privatdozent (Deutsche Philologie) an der Universität Münster, Religion: jüdisch, 1933 Entzug der Lehrbefugnis als Jude (§ 3 BBG), 1933 Emigration in die Tschechoslowakei, 1933–1939 Privatgelehrter in Prag, 1939 Emigration in die USA, Lehrtätigkeit am *City College of New York*, an der *Columbia University* und an der *New York University*, seit 1943 *Director of Research* beim *United Palestine Appeal* in New York.

Quellen: GStA PK I Rep. 76 Va Sekt. 13 Tit. IV Nr. 22 Bl. 15–18; Germanistenlexikon III; Pilger, Germanistik, S. 223–274; Möllenhoff/Schlautmann-Overmeyer, Familien I; Happ/Jüttemann, Schlag; BHdE II.

Stein, Ernst (1891–1945), seit 1931 nichtbeamteter a. o. Prof. (Alte Geschichte einschließlich der byzantinischen) an der Universität Berlin, Religion: katholisch (bis 1932 evangelisch); 1933 Verzicht auf die Lehrbefugnis (aus Protest gegen die Politik der deutschen Regierung), bevor er als „Nichtarier" entlassen werden konnte; Emigration nach Belgien, 1932–1934 an der Universität Brüssel tätig, 1934/35 Gastprofessor in den USA, seit 1937 Prof. an der Katholischen Universität Löwen, 1940 Emigration nach Südfrankreich, 1942 in die Schweiz.

Quellen: UA HU Berlin UK St 23 u. Phil. Fak. 1243; BHdE II; NDB; Losemann, Nationalsozialismus, S. 30–34 u. passim. Online: ÖBL.

Steinberger, Ludwig (1879–1968), seit 1926 nichtplanmäßiger a. o. Prof. (Mittlere und neuere Geschichte) an der Universität München, Religion: katholisch, Mitglied der SPD (1920–1933) und des *Reichsbanner Schwarz-Rot-Gold* (1926–1933), 1933 aus politischen Gründen entlassen (§ 4 BBG), 1933 Emigration nach Österreich, 1938 in die Schweiz, 1946 Rückkehr nach Deutschland, 1947–1950 beamteter a. o. Prof. (Namenforschung) an der Universität München.

Quellen: UA München E-II-3241; BayHStA München MK 44389; Alzheimer, Volkskunde; Böhm, Selbstverwaltung, S. 119 f., 617. Nachruf in: Jahres-Chronik der Ludwig-Maximilians-Universität 1967/1968, S. 27 f.

Steindorff, Georg (1861–1951), seit 1932 emeritierter o. Prof. (Ägyptologie) an der Universität Leipzig, Religion: seit 1885 evangelisch (ursprünglich jüdisch), 1923/24 Rektor der Universität Leipzig, Ende 1935 Entzug der Lehrbefugnis als „Nichtarier" aufgrund des RBG, 1939 Emigration in die USA.

Quellen: Reichshandbuch II; Voss/Raue, Georg Steindorff; Gertzen, Judentum, S. 156–158; NDB; Lambrecht, Entlassungen; BHdE II. Online: Professorenkatalog der Universität Leipzig.

Steiner, Gabriel (1883–1965), seit 1920 nichtbeamteter a. o. Prof. (Psychiatrie) an der Universität Heidelberg, 1919–1933 Assistent an der Psychiatrisch-Neurologischen Universitätsklinik, Religion: konfessionslos (ursprünglich jüdisch), als ehemaliger „Frontkämpfer" war Gabriel zunächst geschützt, 1936 Entzug der Lehrbefugnis als „Nichtarier" aufgrund des RBG, 1936 Emigration in die USA, seit 1937 Lehrtätigkeit an der *Wayne State University* in Detroit, Michigan, seit 1942 als *Full Professor*, 1954 emeritiert.

Quellen: GLA Karlsruhe 235/2554; BA Berlin R 4901/13277; Drüll, Gelehrtenlexikon 1803–1932; BHdE II; Mussgnug, Dozenten, S. 81 f., 159, 259 f.

Steiner, Werner (1896–1941), seit 1931 Privatdozent (Chemie) an der Universität Berlin, 1925–1933 Assistent am Physikalisch-Chemischen Universitätsinstitut, Religion: evangelisch, 1933 Entzug der Lehrbefugnis als „Nichtarier" (§ 3 BBG), 1933 Emigration nach Großbritannien, 1933–1936 an der *University of Cambridge* tätig, seit 1936 Lehrer an der *Gordonstoun School* in Morayshire, Schottland, seit 1941 an der *Durham School*.

Quellen: UA HU Berlin UK St 31 u. Phil. Fak. 1244; GStA PK I Rep. 76 Va Sekt. 2 Tit. IV Nr. 68 F Teil 1; Deichmann, Flüchten, S. 124. Nachruf in: Nature Nr. 3766, 3.1.1942, S. 16.

Steinitz, Walter (1882–1963), seit 1929 Privatdozent (Zoologie) an der Universität Breslau, Religion: jüdisch, 1933 als ehemaliger „Frontkämpfer" zunächst im Amt belassen, 1934/35 Entzug oder Erlöschen der Lehrbefugnis, 1933 Emigration nach Palästina, Mitgründer der Siedlung *Ramot Hashavim*, Tätigkeit in der Landwirtschaft; 1939 scheiterte sein Versuch, eine meeresbiologische Forschungsstation in Naharia aufzubauen.

Quellen: GStA PK I Rep. 76 Va Sekt. 4 Tit. IV Nr. 41 Bd. VIII; GStA PK I Rep. 76 Va Sekt. 4 Tit. IV Nr. 51 Bl. 271; UA Wrocław S 199; Steinitz, Familie. Nachruf in: Israel Journal of Zoology 13 (1964), S. 143 f.

Stenzel, Julius (1883–1935), seit 1925 o. Prof. (Philosophie) an der Universität Kiel, Religion: katholisch, im April 1933 beurlaubt, im Oktober 1933 aus politischen Gründen (nach einer Kampagne nationalsozialistischer Studierender) an die Universität Halle versetzt (§ 5 BBG), nicht emigriert; Stenzel starb im November 1935, bevor er wegen seiner „nichtarischen" Ehefrau entlassen werden konnte; die Witwe emigrierte 1939 in die USA.

Quellen: GStA PK I Rep. 76 Va Sekt. 9 Tit. IV Nr. 22 Bl. 195–204; Uhlig, Wissenschaftler, S. 32 f.; Göllnitz, Student, S. 140–145. Nachruf in: Gnomon 12 (1936), S. 108–112. Online: Kieler Gelehrtenverzeichnis.

Stern, Curt (1902–1981), seit 1928 Privatdozent (Zoologie) an der Universität Berlin, 1924–1933 Assistent am KWI für Biologie, Religion: konfessionslos (bis 1928 jüdisch), 1933 Entzug der Lehrbefugnis als „Nichtarier" (§ 3 BBG), 1933 Emigration in die USA, 1933–1947 an der *University of Rochester*, seit 1941 als *Full Professor of Experimental Zoology*, während des Krieges für die biomedizinische Abteilung des *Manhattan Project* tätig, 1947–1970 an der *University of California* in Berkeley, 1947 Prof. für Zoologie, ab 1958 Prof. für Genetik.

Quellen: UA HU Berlin UK St 53; GStA PK I Rep. 76 Va Sekt. 2 Tit. IV Nr. 68 F Teil 1–2; BHdE II; NDB; Rürup, Schicksale, S. 326–329. Online: National Academy of Sciences, Biographical Memoirs.

Stern, Erich (1889–1959), seit 1924 apl. a. o. Prof. (Philosophie und Pädagogik) an der Universität Gießen, 1929–1933 Leiter des Instituts für Psychologie, Jugendkunde und Heilpädagogik in Mainz, Religion: jüdisch, 1933 Entzug der Lehrbefugnis als Jude (§ 3 BBG), 1933 Emigration nach Frankreich, 1933–1940 Arzt an einer neuropsychiatrischen Kinderklinik in Paris, 1948–1956 am *Centre national de la recherche scientifique* in Paris, 1956 Übersiedlung in die Schweiz.

Quellen: Putzke/Brähler, Erich Stern; NDB; Geuter, Professionalisierung, S. 580; Wolfradt u. a., Psychologinnen; BHdE II; Horn, Erziehungswissenschaft, S. 351 f.

Stern, Felix (1884–1942), seit 1920 nichtbeamteter a. o. Prof. (Psychiatrie) an der Universität Göttingen, im Hauptberuf 1928–1933 Leiter der Nervenabteilung der ärztlichen Untersuchungsstelle in Kassel, Religion: seit 1899 evangelisch (vorher jüdisch), 1933 Entzug der Lehrbefugnis als „Nichtarier" (§ 3 BBG), nicht emigriert, Umzug nach Berlin, seit 1935 Privatpraxis am Kurfürstendamm, 1942 Suizid angesichts der bevorstehenden Deportation.

Quellen: GStA PK I Rep. 76 Va Nr. 10081 Bl. 117–123; Szabó, Vertreibung, S. 63 f., 648; Foley, Encephalitis, S. 99–104; Mitt. Landesarchiv Berlin, 5.1.2005. Online: Gedenkbuch – Opfer der Verfolgung.

Stern, Fritz (geb. 1902), seit 1931 Privatdozent (Haut- und Geschlechtskrankheiten) an der Universität Heidelberg, 1930–1933 Oberarzt an der Universitätshautklinik in Heidelberg, Religion: jüdisch, 1933 Entzug der Lehrbefugnis als Jude (§ 3 BBG), 1933–1935 niedergelassener Facharzt in Trier, 1935 Emigration nach Palästina, Arztpraxis in Tel Aviv, seit 1949 am Französischen Krankenhaus St. Louis in Jerusalem.

Quellen: Amt für Wiedergutmachung Rheinland-Pfalz VA 76 235; Eppinger, Schicksal, S. 199 f.

Stern, Otto (1888–1969), seit 1923 o. Prof. (Physikalische Chemie) an der Universität Hamburg, Religion: jüdisch, kam der Entlassung als Jude durch Rücktritt von seiner Professur im September 1933 zuvor, 1933 Emigration in die USA, 1933–1945 *Research Professor* für Physik am *Carnegie Institute of Technology* in Pittsburgh, Pennsylvania, 1943 Nobelpreis für Physik, im Zweiten Weltkrieg am *Manhattan Project* beteiligt, lebte seit 1945 in Berkeley.

Quellen: Schmidt-Böcking/Reich, Otto Stern; NDB; Walter, Otto Stern; Heuer/Wolf, Juden; BHdE II. Online: National Academy of Sciences, Biographical Memoirs; Frankfurter Personenlexikon.

Stern, Rudolf (1895–1962), seit 1930 nichtbeamteter a. o. Prof. (Innere Medizin) an der Universität Breslau, Religion: evangelisch, 1933 als ehemaliger „Frontkämpfer" zunächst im Amt verblieben, 1935/36 Entzug der Lehrbefugnis als „Nichtarier", 1938 Emigration in die USA, zunächst in der Krebsforschung an der *Columbia University* tätig, seit 1940 internistische Praxis in New York.

Quellen: BA Berlin R 4901/13277; GStA PK I Rep. 76 Va Sekt. 4 Tit. IV Nr. 40 Bd. VII; Stern, Fünf Deutschland. Nachruf in: Proceedings of the Rudolf Virchow Medical Society 22 (1963), S. 46–49.

Stern, William (1871–1938), seit 1919 o. Prof. (Philosophie und Psychologie) an der Universität Hamburg, Religion: jüdisch, 1933 als Jude in den Ruhestand versetzt (§ 6 BBG), im Januar 1934 Emigration in die Niederlande, im Juli 1934 Emigration in die USA, 1934–1938 *Visiting Professor* an der *Duke University* in Durham, North Carolina.

Quellen: Bühring, William Stern; Heinemann, Kind; BHdE II; Geuter, Professionalisierung, S. 580 u. passim.

Sternberg, Wolfgang (1887–1953), seit 1929 nichtbeamteter a. o. Prof. (Reine und angewandte Mathematik) an der Universität Breslau, Religion: jüdisch, 1933 Entzug der Lehrbefugnis als Jude (§ 3 BBG), 1935 Emigration nach Palästina, danach in die Tschechoslowakei, 1939 in die USA, 1939–1948 *Westinghouse Research Associate* an der *Cornell University* in Ithaca, New York.

Quellen: GStA PK I Rep. 76 Va Sekt. 4 Tit. IV Nr. 51 Bl. 18–23; BHdE II; Pinl, Kollegen I, S. 209 f.; Siegmund-Schultze, Mathematicians, S. 128 u. passim. Nachruf in: Physikalische Blätter 10 (1954), S. 30.

Stertz, Georg (1878–1959), seit 1926 o. Prof. (Psychiatrie und Nervenkrankheiten) an der Universität Kiel, Religion: katholisch, Mitglied des *Stahlhelm, Bund der Frontsoldaten*, 1937 wegen seiner „nichtarischen" Ehefrau und aus politischen Gründen in den Ruhestand versetzt (§ 6 BBG), nicht emigriert, Umzug nach Weßling (Oberbayern), 1946/47 Lehrstuhlvertretung in München, seit 1947 o. Prof. an der Universität München, 1952 emeritiert.

Quellen: BA Berlin R 4901/13277; Uhlig, Wissenschaftler, S. 121–124; Ratschko, Hochschulmediziner, S. 268–270; Kreuter, Neurologen III. Online: Kieler Gelehrtenverzeichnis.

Stoeltzner, Wilhelm (1872–1954), seit 1925 o. Prof. (Kinderheilkunde) an der Universität Königsberg, Religion: evangelisch, Mitglied der DVP und ab 1930 kurzzeitig der DStP, 1937 auf eigenen Antrag emeritiert, 1938 wegen seiner Ehe mit der „nichtarischen" Ärztin Helene geb. Ziegelroth (1868–1961) aus dem Lehrkörper gestrichen, nicht emigriert, 1945–1947 o. Prof. an der Universität Berlin.

Quellen: BA Berlin R 4901/13278, R 9345/61 u. R 9347; UA HU Berlin PA St 13; Seidler, Kinderärzte, S. 317 f. Nachruf in: Archiv für Kinderheilkunde 150 (1955), S. 105 f. Online: Catalogus Professorum Halensis.

Stolze, Wilhelm (1876–1936), seit 1921 nichtbeamteter a. o. Prof. (Mittlere und neuere Geschichte) an der Universität Königsberg, im Hauptberuf 1921–1936 Studienrat am Wilhelms-Gymnasium in Königsberg, Religion: evangelisch, 1924–1933 Mitglied der DNVP, nicht emigriert; Stolze verstarb, bevor er wegen seiner „nichtarischen" Frau entlassen werden konnte.

Quellen: BA Berlin R 4901/13278; Wer ist's 1935; Kürschner 1950 (Nekrolog); Altpreußische Biographie II; Tilitzki, Albertus-Universität I, S. 631.

Storch, Alfred (1888–1962), seit 1928 Privatdozent (Psychiatrie und Nervenkrankheiten) und Oberarzt an der Universität Gießen, Religion: evangelisch, 1933 Entzug der Lehrbefugnis als „Nichtarier" (§ 4 BBG), 1933 Emigration in die Schweiz, 1934–1954 Assistenzarzt an der Kantonalen Heil- und Pflegeanstalt Münsingen bei Bern, 1950 Habilitation in Bern, 1958 zum Honorarprofessor in Gießen ernannt.

Quellen: Diss.; Kürschner 1931; Grimm, Alfred Storch; Oehler-Klein, Lehrkörper, S. 78–82; Chroust, Universität I, S. 226. Nachruf in: Der Nervenarzt 33 (1962), S. 429 f.

Strasburger, Hermann (1909–1985), Sohn von →Julius Strasburger, seit 1931 Lehrbeauftragter (Alte Geschichte) an der Universität Freiburg/Br., Religion: evangelisch, 1934 Entzug des Lehrauftrags als „Nichtarier", nicht emigriert, lebte als Privatgelehrter in München, seit 1940 als Soldat bei der Wehrmacht, 1943 an der Ostfront schwer verwundet, 1946 Habilitation in Heidelberg, 1949 apl. Prof. in Frankfurt/Main, 1955 o. Prof. in Frankfurt/M., 1963 o. Prof. an der Universität Freiburg/Br.

Quellen: GLA Karlsruhe 235/9055; NDB; Schmitthenner, Vorbemerkung; Meier, Gedächtnisrede; Wirbelauer, Fakultät, S. 1009.

Strasburger, Julius (1871–1934), Vater von →Hermann Strasburger, seit 1914 o. Prof. (Innere Medizin) und Direktor der Medizinischen Poliklinik an der Universität Frankfurt/M., Religion: evangelisch, Mitglied der DVP; obwohl Strasburger ehemaliger „Frontkämpfer" war, wurde er 1934 auf Wunsch der Universität als mutmaßlicher „Halbjude" in den Ruhestand versetzt (§ 6 BBG); nicht emigriert.

Quellen: UA Frankfurt/M. Personalhauptakte u. Abt. 3 Nr. 120; Stadtarchiv Frankfurt/M. PA 22284, 46328 u. 143468; Benzenhöfer, Universitätsmedizin, S. 100 f.; Kinas, Exodus, S. 325; Möbus-Weigt, Strasburger.

Strassmann, Erwin (1895–1972), Sohn von →Paul St., seit 1932 Privatdozent (Geburtshilfe und Gynäkologie) an der Universität Berlin, Abteilungsleiter an der Klinik seines Vaters, Religion: evangelisch, 1933 als ehemaliger „Frontkämpfer" zunächst im Amt verblieben, 1936 Entzug der Lehrbefugnis als „Nichtarier" (RBG), 1936 Emigration in die USA, 1936–1938 an der *Mayo Clinic* in Rochester, 1938–1943 Berater von Krankenhäusern in Houston, seit 1943 am *Baylor College of Medicine* in Houston, seit 1945 als Prof.

Quellen: UA HU Berlin UK St 136; GStA PK I Rep. 76 Va Sekt. 2 Tit. IV Nr. 50 Bd. XX Bl. 116–123; BHdE II; Strassmann, Strassmanns, S. 196–211 u. passim.

Strassmann, Fritz (1858–1940), Vater von →Georg St., seit 1926 emeritierter persönlicher Ordinarius (Gerichtliche Medizin) an der Universität Berlin, Religion: evangelisch (früher jüdisch), 1933 als „Altbeamter" zunächst geschützt, 1936 Entzug der Lehrbefugnis als „Nichtarier" (RBG), nicht emigriert;

Fritz Strassmann verstarb im Januar 1940 in Berlin; sein Sohn Reinhold wurde 1944 in Auschwitz ermordet.

Quellen: UA HU Berlin UK St 92; Fischer, Lexikon II; Reichshandbuch II; Wininger, National-Biographie VI; Strassmann, Strassmanns, S. 374.

Strassmann, Georg (1890–1972), Sohn von →Fritz S., seit 1928 nichtbeamteter a. o. Prof. (Gerichtliche und soziale Medizin) an der Universität Breslau, Religion: evangelisch, 1926–1931 Mitglied der DVP, 1933 als ehemaliger „Frontkämpfer" zunächst geschützt, 1935/36 Entzug der Lehrbefugnis als „Nichtarier", 1938 Emigration in die USA, Dozent an der *New York University*, seit 1943 Pathologe in Waltham, Massachusetts.

Quellen: BA Berlin R 4901/13278; UA Wrocław S 220/498; Strassmann, Strassmanns, S. 98–100, 105, 334 f. u. passim. Nachruf in: Zeitschrift für Rechtsmedizin 74 (1974), S. 159.

Strassmann, Paul (1866–1938), Vater von →Erwin St., seit 1921 nichtbeamteter a. o. Prof. (Geburtshilfe, Gynäkologie) an der Universität Berlin, Inhaber einer Privatklinik, Religion: evangelisch (bis 1895 jüdisch); 1933 im Amt belassen, weil sein Sohn Hellmuth im Ersten Weltkrieg gefallen war; 1936 Entzug der Lehrbefugnis als „Nichtarier" (RBG), nicht emigriert; Strassmann verstarb während eines Kuraufenthaltes in der Schweiz.

Quellen: UA HU Berlin UK St 93; Fischer, Lexikon II; Reichshandbuch II; Wininger, National-Biographie VI; Wer ist's 1935; Strassmann, Strassmanns, S. 238–258 u. passim.

Straubel, Rudolf (1863–1943), seit 1897 nichtbeamteter a. o. Prof. (Physik) an der Universität Jena, im Hauptberuf 1903–1933 Mitglied der Geschäftsleitung der Firma Carl Zeiss Jena, Religion: evangelisch, 1938 aus dem Personal- und Vorlesungsverzeichnis der Universität Jena gestrichen („jüdisch versippt"), nicht emigriert; seine „nichtarische" Ehefrau Marie Straubel, geb. Kern, beging 1944 Suizid.

Quellen: U Jena D 2830; LATh–HStA Weimar Personalakten aus dem Bereich Volksbildung 30672; BA Berlin R 4901/13278; Schielicke, Rudolf Straubel.

Straus, Erwin (1891–1975), seit 1931 nichtbeamteter a. o. Prof. (Psychiatrie) an der Universität Berlin, Praxis in Berlin, Religion: evangelisch, 1933 als ehemaliger „Frontkämpfer" zunächst geschützt, 1936 Entzug der Lehrbefugnis als „Nichtarier" (RBG), 1938 Emigration in die USA, 1938–1944 Prof. (Psychologie) am *Black Mountain College* in North Carolina; 1946–1961 am *Veterans Administration Hospital* in Lexington, Kentucky, seit 1949 an der *University of Louisville*, seit 1963 *Clinical Professor* an der *University of Kentucky*.

Quellen: UA HU Berlin UK St 98; Fischer, Lexikon II; BHdE II; Wer ist wer 1955; Bussong, Leben. Nachruf in: Archiv für Psychiatrie und Nervenkrankheiten 220 (1975), S. 275–280.

Straus, Fritz (1877–1942), seit 1934 beamteter a. o. Prof. (Chemie) an der Universität Berlin, Religion: evangelisch, 1923–1934 o. Prof. (Organische Chemie) an der TH Breslau, 1933 als ehemaliger „Frontkämpfer" zunächst im Amt belassen, 1934 an die Universität Berlin zwangsversetzt (§ 5 BBG), 1935 als „Nichtarier“ in den Ruhestand versetzt (RBG), 1936–1939 in einem Privatlaboratorium in Berlin tätig, 1939 Emigration in die USA, 1939–1942 *Director of Research* bei der Ecusta Paper Corp. in Pisgah Forest, North Carolina.

Quellen: BA Berlin R 4901/25510; BHdE II; Deichmann, Flüchten, S. 124 f. Nachruf in: Chemische Berichte 83/2 (1950), S. I–V.

Strauss, Alfred A. (1897–1957), seit 1932 Privatdozent (Psychiatrie) an der Universität Heidelberg, Religion: jüdisch, 1933 als ehemaliger „Frontkämpfer“ zunächst geschützt, 1933 Emigration nach Spanien, 1933–1935 Lehrtätigkeit in Barcelona, 1936 Entzug der Heidelberger Lehrbefugnis als Jude (RBG), 1936 Emigration in die Schweiz, 1937 in die USA, 1937–1946 Psychiater an der *Wayne County Training School* in Northville, Michigan, seit 1947 Leiter der *Cove School for Brain-Injured Children* in Racine, Wisconsin.

Quellen: GLA Karlsruhe 235/1599; BA Berlin R 4901/13278; Cruickshank/Hallahan, Alfred A. Strauss; Encyclopedia of Special Education III, Hoboken, NJ 2007, S. 1926 f.; Mussgnug, Dozenten, S. 87 f., 163 f., 262 f.

Strauß, Benno (1873–1944), seit 1920 Lehrbeauftragter (Metallurgie und Metallographie des Eisens) an der Universität Münster, 1924–1934 Leiter der Forschungsanstalten der Friedrich Krupp AG in Essen, Religion: seit 1917 evangelisch (ursprünglich jüdisch), 1933 „freiwilliger“ Verzicht auf den Lehrauftrag als „Nichtarier“, nicht emigriert, Strauß starb 1944 in einem Arbeitslager der Organisation Todt bei Vorwohle (Kreis Holzminden).

Quellen: Reichshandbuch II; Stremmel, Benno Strauß; Möllenhoff/Schlautmann-Overmeyer, Familien I; Happ/Jüttemann, Schlag.

Strauss, Ernst (1901–1981), seit 1932 Privatdozent (Kunstgeschichte) an der Universität München, Religion: jüdisch (1938 evangelisch, 1974 konfessionslos), 1933 Entzug der Lehrbefugnis als Jude (§ 3 BBG), 1935 Emigration nach Italien, 1938 in die USA, 1949 Rückkehr in die Bundesrepublik, 1949–1957 Dozent (Klavier) an der Musikhochschule in Freiburg/Br., 1952–1969 Privatdozent bzw. apl. Prof. (Kunstgeschichte) an der Universität München; seine Mutter beging 1940 Suizid, sein Vater starb 1942 im Ghetto Theresienstadt.

Quellen: UA München E-II-3286; Wendland, Handbuch II; Böhm, Selbstverwaltung, S. 618 u. passim. Nachruf in: Zeitschrift für Kunstgeschichte 45 (1982), S. 87–95. Online: Gedenkbuch – Opfer der Verfolgung.

Strauss, Hans (1898–1977), seit 1929 Privatdozent (Psychiatrie und Neurologie) an der Universität Frankfurt/M., Religion: jüdisch, 1933 als ehemaliger „Frontkämpfer“ zunächst im Amt verblieben, 1936 Entzug der Lehrbefugnis als Jude (RBG), 1937 Emigration in die USA, 1938–1977 Privatpraxis in New York, daneben seit 1943 *Instructor*, seit 1949 *Lecturer* an der *Columbia University* in New York.

Quellen: UA Frankfurt/M. Personalhauptakte u. Akten der Medizinischen Fakultät; BHdE II;

Heuer/Wolf, Juden, S. 363–365; Kinas, Exodus, S. 139 f., 433; Pross, Wiedergutmachung.

Strauss, Hermann (1868–1944), seit 1921 nichtbeamteter a. o. Prof. (Innere Medizin) an der Universität Berlin, 1910–1942 Direktor der Inneren Abteilung des Jüdischen Krankenhauses Berlin, Religion: jüdisch, bis 1933 Mitglied der DDP/DStP, 1933 Entzug der Lehrbefugnis als Jude (§ 3 BBG), nicht emigriert, 1942 zusammen mit seiner Frau Elsa in das Ghetto Theresienstadt deportiert; Hermann Strauss starb dort im Oktober 1944, Elsa Strauss im Juni 1945.

Quellen: UA HU Berlin UK St 100; GStA PK I Rep. 76 Va Sekt. 2 Tit. IV Nr. 46 C Bd. 1 Bl. 218–223; Fischer, Lexikon II; Wininger, National-Biographie VI; Hartung-von Doetinchem, Fortschritte, S. 114 ff.; Jenss, Strauss.

Strauß, Otto (1881–1940), seit 1928 persönlicher Ordinarius (Indologie) an der Universität Breslau, Religion: evangelisch, 1933 vermutlich wegen „hervorragender Bewährung" nicht entlassen, 1935 als „Volljude" zwangsemeritiert (§ 4 GEVH), Umzug nach Berlin, 1939 Emigration in die Niederlande; Strauß starb 1940 an den Folgen eines Herzleidens.

Quellen: BA Berlin R 4901/13278 u. R 4901/15541; UA Wrocław S 220/500; NDB; Hanisch, Kompetenz; Pax, Otto Strauß; Stache-Rosen, Indologists; Volbehr/Weyl, Professoren, S. 193.

Strauss, Walter (1895–1990), seit 1932 nichtbeamteter a. o. Prof. (Hygiene und Bakteriologie) an der Universität Berlin, 1920–1933 Assistent am Hygienischen Universitätsinstitut, Religion: jüdisch, 1933 Entzug der Lehrbefugnis als Jude (§ 3 BBG), 1937 Emigration nach Palästina, 1938/39 Arbeit in einem Kibbuz, 1939–1948 Direktor des Hadassah-Hospitals in Jerusalem, 1950–1963 Prof. an der Hebräischen Universität in Jerusalem.

Quellen: UA HU Berlin UK St 100; GStA PK I Rep. 76 Va Sekt. 2 Tit. IV Nr. 46 C Bd. 1 Bl. 159–165; Entschädigungsamt Berlin Nr. 73509; BHdE II; Aleksandrowicz, Child, S. 63–70.

Strupp, Karl (1886–1940), seit 1932 o. Prof. (Öffentliches Recht, insbesondere Völkerrecht) an der Universität Frankfurt/M., Religion: jüdisch, 1933 als Jude in den Ruhestand versetzt (§ 3 BBG), 1933 Emigration in die Türkei, 1933–1935 Prof. an der Universität Istanbul, 1936 Emigration nach Dänemark, 1939 nach Frankreich. Strupp starb im Februar 1940 unmittelbar vor seiner Emigration in die USA.

Quellen: UA Frankfurt/M. Personalhauptakte, Rektoratsakte, Akten der Rechtswissenschaftlichen Fakultät; BHdE II; NDB; Breunung/Walther, Emigration I; Heuer/Wolf, Juden, S. 365–368; Link, Realist.

Sturmfels, Wilhelm (1887–1967), seit 1932 Honorarprofessor (Sozialpädagogik) an der Universität Frankfurt/M., Religion: evangelisch, 1919–1933 Mitglied der SPD, 1933 Entzug der Lehrbefugnis und Pensionierung als hauptamtlicher Dozent an der Akademie der Arbeit aus politischen Gründen (§ 6 BBG), nicht emigriert, seit 1945 erneut Honorarprofessor an der Universität

Frankfurt/M., 1952–1955 beamteter a. o. Prof. (Philosophie) in Frankfurt.

Quellen: UA Frankfurt/M. Personalhauptakte u. PA der Philosophischen Fakultät; Heuer/Wolf, Juden, S. 462 f.; Antrick, Akademie; Horn, Erziehungswissenschaft, S. 356; Kinas, Exodus, S. 243 f.

Süßheim, Karl (1878–1947), seit 1919 nichtplanmäßiger a. o. Prof. (Geschichte der mohammedanischen Völker und türkische Sprache) an der Universität München, Religion: jüdisch, 1933 als Jude entlassen („im Hinblick auf § 3 BBG"), danach als Privatlehrer tätig, 1938 nach dem Novemberpogrom zwei Wochen im KZ Dachau inhaftiert, 1941 Emigration in die Türkei, 1941 zunächst wissenschaftlicher Assistent, seit 1943 Professor (Turkologie) an der Universität Istanbul.

Quellen: UA München E-II-3323; BayHStA München MK 44426; Milz, Karl Süßheim Bey; BHdE II; Hanisch, Kompetenz; Flemming, Süßheim; Widmann, Exil, S. 291.

Sultan, Herbert (1894–1954), seit 1931 Privatdozent (Nationalökonomie) an der Universität Heidelberg, Religion: evangelisch, 1933 als ehemaliger „Frontkämpfer" zunächst geschützt, 1936 Entzug der Lehrbefugnis als „Nichtarier" aufgrund des RBG, 1939 Emigration nach Großbritannien, dort zunächst als Arbeiter und Angestellter tätig, 1943/44 Forschungsstipendium, 1946 Rückkehr nach Deutschland, seit 1947 apl. Prof. für Sozialwissenschaft in Heidelberg und Lehrauftrag in Mannheim, seit 1951 Diätendozentur.

Quellen: BA Berlin R 4901/13278; Hagemann/Krohn, Handbuch II; Soziologenlexikon I; Mussgnug, Dozenten, S. 88, 164 f., 237 ff.; Mitt. Katharina Gund, UA Heidelberg, 5.10.2018.

Sulzbach, Walter (1889–1969), seit 1930 nichtbeamteter a. o. Prof. (Soziologie) an der Universität Frankfurt/M., 1922–1937 Teilhaber des Frankfurter Bankhauses Gebrüder Sulzbach, Religion: jüdisch, 1933 Entzug der Lehrbefugnis als Jude (§ 3 BBG), 1937 Emigration in die USA, 1937–1946 Prof. am *Claremont College* in Kalifornien, 1960 Auswanderung in die Schweiz.

Quellen: UA Frankfurt/M. Personalhauptakte; BHdE; Hagemann/Krohn, Handbuch II; Heuer/Wolf, Juden, S. 368–370; Soziologenlexikon II.

Swarzenski, Georg (1876–1957), seit 1914 o. Honorarprofessor (Kunstgeschichte) an der Universität Frankfurt/M., Religion: evangelisch; verzichtete 1933 als „Nichtarier" auf die Lehrbefugnis, nachdem er als Generaldirektor der Städtischen Museen in Frankfurt/M. entlassen worden war; bis 1937 Leiter des privaten Städelschen Kunstinstituts, 1938 Emigration in die USA, 1939–1957 Kurator am *Museum of Fine Arts* in Boston, Massachusetts.

Quellen: UA Frankfurt/M. Personalhauptakte u. PA der Philosophischen Fakultät; BHdE II; Crüwell, Abschied; Heuer/Wolf, Juden, S. 371–374; Metzler Kunsthistorikerlexikon; Wendland, Handbuch II.

Szalai, Tibor (1901–1945), seit 1931 Lektor (Ungarische Sprache) an der Universität Leipzig, Religion: jüdisch, 1932/33 an die Freie Schule für Politische Wissenschaften in Prag beurlaubt, kehrte 1933 als Jude nicht mehr an die Universität Leipzig zurück, 1933 Emigration/Rückkehr in die Tschechoslowakei, in Liberec (Reichenberg) für die deutsche Victoria-Versicherung tätig, lebte während des Krieges in Bratislava (Slowakei), 1945 im KZ Sachsenhausen inhaftiert, Szalai starb 1945 als Opfer der Todesmärsche.

Quellen: UA Leipzig PA 0196, Phil. Fak. B 2/27: 08 Bd. 1, Quästurkartei; Pavol Szalai, Biographical Timeline of Economist Tibor Szalai (MS). Online: Yad Vashem, The Central Database of Shoah Victims' Names.

Szász, Otto (1884–1952), seit 1921 nichtbeamteter a. o. Prof. (Mathematik) an der Universität Frankfurt/M., Religion: jüdisch, ungarische Staatsangehörigkeit, 1933 Entzug der Lehrbefugnis als Jude (§ 3 BBG), 1933 Rückkehr/Emigration nach Ungarn, 1933 Emigration in die USA, 1933–1936 Gastprofessor am MIT, 1938–1952 an der *University of Cincinnati* in Ohio, zunächst als *Research Fellow*, seit 1947 als Prof.

Quellen: UA Frankfurt/M. Personalhauptakte, Rektoratsakte u. PA der Naturwissenschaftlichen Fakultät; BHdE II; Heuer/Wolf, Juden, S. 375 f. Online: MacTutor History of Mathematics Archive.

Szegö, Gabriel/Gábor (1895–1985), seit 1926 o. Prof. (Mathematik) an der Universität Königsberg, Religion: jüdisch, 1933 als ehemaliger „Frontkämpfer" zunächst im Amt belassen, 1934 Emigration in die USA (zunächst beurlaubt), 1935 in Königsberg zwangsemeritiert (§ 4 GEVH), 1936 Entzug der Königsberger Lehrbefugnis als Jude (RBG), 1934–1938 Prof. an der *Washington University* in St. Louis, Missouri, seit 1938 Prof. an der *Stanford University* in Kalifornien, 1960 emeritiert.

Quellen: BA Berlin R 9361-VI/3117; BHdE II; Pinl, Kollegen III, S. 186–188; Siegmund-Schultze, Mathematicians, S. 72 u. passim. Online: MacTutor History of Mathematics Archive.

Szilard (bis 1902: Spitz), Leo (1898–1964), seit 1927 Privatdozent (Physik) an der Universität Berlin; Religion: calvinisch (bis 1919 jüdisch), 1933 Entzug der Lehrbefugnis als „Nichtarier" (§ 3 BBG), 1933 Emigration nach Großbritannien, im *Academic Assistance Council* tätig, 1935–1938 am *Clarendon Laboratory* in *Oxford*, 1938 Emigration in die USA, seit 1938 an der *Columbia University* in New York, Mitinitiator des *Manhattan Project*, 1942–1964 an der *University of Chicago*, seit 1946 als *Professor of Biophysics*.

Quellen: UA HU Berlin Phil. Fak. 1242; GStA PK I Rep. 76 Va Sekt. 2 Tit. IV Nr. 68 F Teil 1–2; BHdE II; NDB; Frank, Szilard; Hargittai, Martians. Online: National Academy of Sciences, Biographical Memoirs.

Szily, Aurel von (1880–1945), seit 1924 o. Prof. (Augenheilkunde) an der Universität Münster, Religion: katholisch (ursprünglich jüdisch), gebürtiger Ungar, 1935 als „Nichtarier" aufgrund des RBG in den Ruhestand versetzt; die Pensionierung wurde 1937 nach internationalen Protesten in eine Emeritierung umgewandelt; 1939 Emigration/Rückkehr nach Ungarn; nach Kriegsende zum Prof. für Augenheilkunde an der Universität Budapest ernannt; Szily starb im September 1945 in Budapest nach einer Operation.

Quellen: BA Berlin R 4901/13278; Thanos, Mensch; Möllenhoff/Schlautmann-Overmeyer, Familien I; Happ/Jüttemann, Schlag; BHdE II; Ferdinand, Gleichschaltung, S. 89–96 u. passim.

T

Täubler/Taeubler, Eugen (1879–1953), seit 1925 o. Prof. (Alte Geschichte) an der Universität Heidelberg, Religion: jüdisch, 1934 als Jude in den Ruhestand versetzt (§ 3 BBG), zeitweise Dozent an der Berliner Hochschule für die Wissenschaft des Judentums, 1940 Emigration in die USA, seit 1941 *Research Professor* am *Hebrew Union College* in Cincinatti, Ohio; 1947 lehnte Täubler die Wiederaufnahme in die Heidelberger Akademie der Wissenschaften ab.

Quellen: GLA Karlsruhe 235/2577; Hoffmann, Juden, S. 201–219; NDB; Drüll, Gelehrtenlexikon 1803–1932; Mussgnug, Dozenten, S. 54–57, 119–122, 278 f.; BHdE II; Heuss, Eugen Täubler Postumus.

Tannenberg, Josef (1895–1971), Schwager von →Julius Kleeberg, seit 1930 nichtbeamteter a. o. Prof. (Allgemeine Pathologie und pathologische Anatomie) an der Universität Frankfurt/M., 1932–1935 hauptberuflich Prosektor und Leiter der Pathologie am Cecilien-Krankenhaus in Berlin, Religion: jüdisch, 1933 als ehemaliger „Frontkämpfer" zunächst im Amt belassen, Ende 1934 als Jude entlassen, 1935 Emigration in die USA, lebte als Pathologe in New York.

Quellen: UA Frankfurt/M. Personalhauptakte, Akten Medizinische Fakultät; Stadtarchiv Frankfurt PA 48827-48829; Heuer/Wolf, Juden, S. 377 f.; Biermanns/Groß, Pathologen, S. 293–295.

Taubmann, Gert (1900–1983), seit 1930 Privatdozent (Pharmakologie) an der Universität Breslau, Religion: evangelisch, 1933 Entzug der Lehrbefugnis als „Halbjude" (§ 3 BBG), nicht emigriert, 1933–1945 Angestellter der Pomosin-Werke in Frankfurt/M., zuletzt Leiter der Tochtergesellschaft Turon AG; 1946 zunächst Privatdozent, seit 1947 apl. Prof., seit 1960 planmäßiger a. o. Prof. an der Universität Frankfurt/M.

Quellen: GStA PK I Rep. 76 Va Sekt. 4 Tit. IV Nr. 51 Bl. 192–199; UA Wrocław S 220/507; Bębenek-Gerlich, Riesser, S. 58 u. passim; Trendelenburg, Pharmakologen; Orth, NS-Vertreibung, S. 278 f.

Temkin, Owsei (1902–2002), seit 1931 Privatdozent (Geschichte der Medizin) an der Universität Leipzig, Religion: jüdisch, 1932/33 für einen Auslandsaufenthalt in den USA beurlaubt, 1933 Entzug der Lehrbefugnis als Jude, 1933 Emigration in die USA, 1935–1957 *Associate Professor* an der *Johns Hopkins University* in Baltimore, seit 1957 *Professor of the History of Medicine* an der *Johns Hopkins University*, 1968 emeritiert.

Quellen: Lambrecht, Entlassungen. Nachruf in: Gesnerus. Swiss Journal of the history of medicine and sciences 59 (2002), S. 224–241. Online: National Academy of Sciences, Biographical Memoirs.

Thaer, Clemens (1883–1974), seit 1921 nichtbeamteter a. o. Prof. (Mathematik) an der Universität Greifswald, Religion: evangelisch, 1918–1933 Mitglied der DVP, im Hauptberuf Studienrat, opponierte 1933 öffentlich gegen die Judenverfolgung (seine verstorbene Frau war jüdischer Herkunft), 1935 aus politischen Gründen nach Hinterpommern strafversetzt, Thaer konnte deshalb seine Lehrtätigkeit an der Universität nicht fortsetzen, 1936 aus dem Verzeichnis des Lehrkörpers gestrichen, nicht emigriert.

Quellen: UA Greifswald PA 269; Eberle, Instrument, S. 821 f. u. passim; Kinas, Exodus, S. 274 ff. u. passim; Buchholz, Lexikon; Schreiber, Thaer.

Thannhauser, Siegfried (1885–1962), seit 1930 o. Prof. (Innere Medizin) an der Universität Freiburg/Br., Religion: jüdisch, 1933 als ehemaliger „Frontkämpfer" zunächst im Amt belassen; nachdem das badische Kultusministerium angekündigt hatte, ihn als wissenschaftlichen Hilfsarbeiter nach Heidelberg zu versetzen, wurde Thannhauser im Juli 1934 „auf eigenen Antrag" als Jude in den Ruhestand versetzt (§ 5 Abs. 2 BBG); 1935 Emigration in die USA, *Clinical Professor of Medicine* an der *Boston Dispensary*, seit 1948 im Ruhestand.

Quellen: GLA Karlsruhe 235/2584; Zöllner/Hofmann, Siegfried Thannhauser; BHdE II; Seidler/Leven, Fakultät, S. 416 ff., 455–459, 620 ff. Nachruf in: Medizinische Klinik 58 (1963), S. 268 f.

Thielicke, Helmut (1908–1986), seit 1936 Dozent (Systematische Theologie) an der Universität Erlangen, Religion: evangelisch, 1933/34 Mitglied der SA, Anhänger der Bekennenden Kirche, 1936–1939 Lehrstuhlvertretung in Heidelberg, 1940 aus dem Lehrkörper ausgeschieden, nachdem die Ernennung zum Dozenten neuer Ordnung aus politischen Gründen abgelehnt worden war, nicht emigriert, 1940/41 Kriegsdienst, 1941 Pfarrer in Ravensburg, 1945 o. Prof. in Tübingen, 1951/52 Rektor, 1954 o. Prof. in Hamburg, 1960/61 Rektor.

Quellen: GLA Karlsruhe 235/2585; BA Berlin R 4901/13278; NDB; BBKL, Bd. 11; Professoren und Dozenten Erlangen I; Besier, Theologische Fakultät, S. 184 f.; Hamburgische Biografie VII.

Tille-Hankamer, Edda (1895–1982), Ehefrau von →Paul Hankamer, seit 1925 Privatdozentin (Deutsche Philologie) an der Universität Köln, Religion: evangelisch, verzichtete 1933 als „Nichtarierin" auf die Lehrbefugnis, 1938 Emigration in die USA, zunächst Lehrerin in Virginia und Pennsylvania, 1945 *Seton Hill College* in Greensburg, Pennsylvania, seit 1954 *Professor of German Literature and Language* an der *State University of Tennessee* in Knoxville.

Quellen: UA Köln Zug. 17 I/5854; Germanistenlexikon III; Kürschner 1931. Online: VAdS.

Tillich, Paul (1886–1965), seit 1929 o. Prof. (Philosophie, Soziologie einschließlich Sozialpädagogik) an der Universität Frankfurt/M., Religion: evangelisch, 1929–1933 Mitglied der SPD, 1933 aus politischen Gründen (als religiöser Sozialist) entlassen (§ 4 BBG), 1933 Emigration in die USA, 1933–1955 Lehrtätigkeit am *Union Theological Seminary* in New York, seit 1940 als Prof., 1955–1962 Prof. an der *Harvard Divinity School.*

Quellen: UA Frankfurt/M. Personalhauptakte u. PA der Philosophischen Fakultät; BHdE I; Horn, Erziehungswissenschaft, S. 356 f.; Soziologenlexikon I; Tilitzki, Universitätsphilosophie I, S. 246 f. u. passim.

Tivoli, Carlo (1898–1977), seit 1932 Lektor (Italienische Sprache) an der Universität Breslau, Religion: katholisch, 1934 als „Nichtarier" aus dem Lehrkörper der Universität ausgeschieden, 1934 Emigration/Rückkehr nach Italien, nach dem Zweiten Weltkrieg Deutschlehrer am Gymnasium *Dante Alighieri* in Triest.

Quellen: BA Berlin R 4901/14702; UA Wrocław S 210; Politisches Archiv des Auswärtigen Amtes RAV Rom Quirinal 1316a; Mitt. Dr. Livio Vasieri, Triest, 22.5.2019; Mitt. StA Triest, 30.5.2019, 3.3.2020 u. 5.2.2021.

Tönnies, Ferdinand (1855–1936), Schwiegervater von →Rudolf Heberle, seit 1916 emeritierter o. Prof. (Soziologie) an der Universität Kiel, Religion: seit 1930 konfessionslos (vorher evangelisch), nach 1918 zeitweise Mitglied der DDP, 1930–1933 Mitglied der SPD, Mitglied der Liga für Menschenrechte, im September 1933 aus politischen Gründen aus dem Staatsdienst entlassen (§ 4 BBG), nicht emigriert.

Quellen: GStA PK I Rep. 76 Va Sekt. 9 Tit. IV Nr. 22 Bl. 69–80; Carstens, Ferdinand Tönnies; Bickel, Ferdinand Tönnies; Schroeter, Anpassung, S. 281–288; Uhlig, Wissenschaftler, S. 50 f. Online: Kieler Gelehrtenverzeichnis.

Toeplitz, Otto (1881–1940), seit 1928 o. Prof. (Mathematik) an der Universität Bonn, Religion: jüdisch, bis 1928 Mitglied des *Reichsbanner Schwarz-Rot-Gold*, 1933 als „Altbeamter" zunächst geschützt, 1933–1935 Vorstandsmitglied der Jüdischen Gemeinde in Bonn, im Dezember 1935 als Jude in den Ruhestand versetzt (RBG), 1935–1939 Leiter der Hochschulabteilung der *Reichsvertretung der deutschen Juden*, 1939 Emigration nach Palästina.

Quellen: UA Bonn PA 9820; BHdE II; Purkert, Bonn, S. 103–108; Behnke, Otto Toeplitz; Fremerey-Dohna/Schoene, Geistesleben. Online: MacTutor History of Mathematics Archive.

Tolnai, Karl von / Tolnay, Charles de (1899–1981), seit 1929 Privatdozent (Kunstgeschichte) an der Universität Hamburg, Religion: evangelisch, kam dem Entzug der Lehrbefugnis als „Nichtarier" 1933 durch „freiwilligen" Verzicht zuvor, 1933 Emigration nach Frankreich, 1934–1939 an der Sorbonne, 1939 Emigration in die USA, 1939–1948 am *Institute for Advanced Study* in Princeton, 1953–1965 Gastprofessor an der *Columbia University*, New York, seit 1965 Direktor der *Casa Buonarotti* in Florenz.

Quellen: StA Hamburg 361-6 IV 1194; BHdE II; Wendland, Kunsthistoriker II.

Traub, Hans (1901–1943), seit 1932 Privatdozent (Zeitungswissenschaft) an der Universität Greifswald, Religion: evangelisch, 1933 wegen seiner Freikorpstätigkeit in den Jahren 1919/20 zunächst im Amt belassen, seine Aufnahme in die NSDAP wurde 1933 abgelehnt, 1937 Entzug der Lehrbefugnis als „Nichtarier" (§ 18 RHO), nicht emigriert, bis zu seinem Tod Leiter der Ufa-Lehrschau in Berlin.

Quellen: UA Greifswald PA 2040; Averbeck, Kommunikation, S. 355–413; Kinas, Exodus, S. 219 f. u. passim.

Traube, Wilhelm (1866–1942), seit 1929 persönlicher Ordinarius (Chemie) an der Universität Berlin, Religion: konfessionslos (davor evangelisch, ursprünglich jüdisch), 1923–1931 Mitglied der SPD, 1933 als „Altbeamter" zunächst im Amt verblieben, 1934 aus Altersgründen emeritiert, 1936 Entzug der Lehrbefugnis als „Nichtarier" (RBG), nicht emigriert, Traube starb 1942 in Berlin an den Folgen von Misshandlungen bei der Verhaftung durch die Gestapo.

Quellen: UA HU Berlin UK T 87 u. Phil. Fak. 1477; GStA PK I Rep. 76 Va Sekt. 2 Tit. IV Nr. 68 D Bd. IV; Wer ist's 1935; Poggendorff, Bd. IV–VI; Sime, Otto Hahn, S. 23 ff.; Kinas, Exodus, S. 111 f., 382; Linke, Traube.

Traugott, Marcel (1882–1961), seit 1922 nichtbeamteter a. o. Prof. (Geburtshilfe und Gynäkologie) an der Universität Frankfurt/M., Religion: jüdisch, Schweizer Staatsangehöriger, 1933 Entzug der Lehrbefugnis als Jude (§ 3 BBG), 1933 Emigration/Rückkehr in die Schweiz, seit 1934 Privatpraxis in Zürich.

Quellen: UA Frankfurt/M. Personalhauptakte, Rektoratsakte u. Akten der Medizinischen Fakultät; Heuer/Wolf, Juden, S. 379 f.

Triepel, Heinrich (1868–1946), seit 1913 o. Prof. (Öffentliches Recht) an der Universität Berlin, Religion: evangelisch, bis 1918 Mitglied der Freikonservativen Partei/Deutschen Reichspartei, 1918–1929 Mitglied der DNVP, 1926/27 Rektor der Berliner Universität, 1935 wegen seiner Ehe mit einer „Halbjüdin" emeritiert, nicht emigriert.

Quellen: UA HU Berlin UK T 102; Lösch, Geist, S. 376–378 u. passim; Gassner, Triepel; Hollerbach, Triepel; Orth, Vertreibung, S. 136–146; Tomuschat, Triepel.

Trommershausen, Alfred (1910–1966), seit 1935 Repetent an der Evangelisch-Theologischen Fakultät Gießen, Religion: evangelisch, 1940 Ordination, 1940–1945 auch nebenamtlicher Standortpfarrer in Gießen, 1942 auf Betreiben des hessischen Reichsstatthalters als Repetent aus kirchenpolitischen Gründen entlassen, nicht emigriert, 1942–1945 vikarische Verwaltung einer Pfarrei in Gießen, seit 1948 Anstaltspfarrer (zunächst als Verwalter der Pfarrstelle) in Gießen.

Quellen: UA Gießen Personalakten A. Trommershausen, PrA Nr. 2450, PrA Theologische Fakultät Nr. 1; Mitt. Zentralarchiv der Evangelischen Kirche Hessen und Nassau, 13.12.2019; Chroust, Universität I, S. 232.

Tubandt, Carl (1878–1942), seit 1921 persönlicher Ordinarius (Physikalische

Chemie) an der Universität Halle, Religion: evangelisch, 1937 wegen seiner „nichtarischen“ Ehefrau in den Ruhestand versetzt (§ 6 BBG), nicht emigriert, Umzug nach Berlin; Tubandts Witwe Wera T. verübte 1944 angesichts der bevorstehenden Deportation Suizid.

Quellen: UA Halle PA 16155; Eberle, Martin-Luther-Universität, S. 444 f. u. passim; Kinas, Exodus, S. 210 u. passim; Stengel, Ausgeschlossen.

Türkheim, Hans (1889–1955), seit 1930 nichtbeamteter a. o. Prof. (Zahnheilkunde) an der Universität Hamburg, 1926–1933 im Hauptberuf Abteilungsleiter am Zahnärztlichen Universitäts-Institut, Religion: konfessionslos, Mitglied der Henry-Jones-Loge, 1933 Entzug der Lehrbefugnis als „Nichtarier“ (§ 3 BBG), 1936 Emigration nach Großbritannien, seit 1936 niedergelassener Zahnarzt in London, 1940 als *enemy alien* auf der *Isle of Man* inhaftiert, 1952 zum Honorarprofessor an der Universität Hamburg ernannt.

Quellen: Hohmann, Professorenschicksal; van den Bussche, Universitätsmedizin, S. 62.

Tyszka, Carl von (1873–1935), seit 1920 Privatdozent (Statistik) an der Universität Hamburg, seit 1926 Regierungsrat am Statistischen Landesamt Hamburg, Religion: evangelisch, 1934 als Regierungsrat aus gesundheitlichen und politischen Gründen (unter anderem wegen seiner Unterstützung für Emil Julius Gumbel) pensioniert, im Mai 1934 Verzicht auf die Lehrbefugnis, nachdem seine Ernennung zum nichtbeamteten a. o. Prof. abgelehnt worden war[50], nicht emigriert.

Quellen: StA Hamburg 361-6 III 40; Wer ist's 1935; Hagemann/Krohn, Handbuch II.

U

Ubisch, Gerta/Gertrud von (1882–1965), Schwester von →Leopold von U., seit 1929 nichtbeamtete a. o. Prof. (Botanik und Vererbungslehre) an der Universität Heidelberg, Religion: evangelisch, 1933 als „Altbeamtin“ zunächst geschützt, 1933/34 in Utrecht und Zürich, 1936 Entzug der Lehrbefugnis als „Nichtarierin“, 1935 Emigration nach Brasilien, 1935–1938 am *Instituto Butantan* in São Paulo, 1946–1952 in Norwegen, 1952 Rückkehr in die Bundesrepublik.

Quellen: BA Berlin R 4901/13279; Drüll, Gelehrtenlexikon 1803–1932; Ubisch, Welten; Deichmann, Biologen, S. 303–309; Baden-Württembergische Biographien III; Mussgnug, Dozenten, S. 85 f., 161 f., 239 ff.

Ubisch, Leopold von (1886–1965), Bruder von →Gerta von U., seit 1927 o. Prof. (Zoologie und vergleichende Anatomie) an der Universität Münster, Religion: evangelisch, 1933 als ehemaliger „Frontkämpfer“ zunächst im Amt belassen, 1935 nach Vorlesungssprengungen und politischen Intrigen als „Nichtarier“ vorzeitig emeritiert (offiziell auf eigenen Wunsch), 1935 Emigration

50 Freiwilliger Rücktritt mit politischem Hintergrund.

nach Norwegen (die Heimat seiner Frau), 1944/45 in Gestapohaft.

Quellen: BA Berlin R 4901/13279; Möllenhoff/ Schlautmann-Overmeyer, Familien I; Happ/ Jüttemann, Schlag; Ubisch, Welten; Heiber, Universität II, 2, S. 707–715.

Ucko, Hans (1900–1967), seit 1930 Privatdozent (Innere Medizin) an der Universität Berlin, bis 1933 Assistent an der I. Medizinischen Klinik der Charité, Religion: jüdisch, 1933 Entzug der Lehrbefugnis als Jude (§ 3 BBG), 1933 Emigration nach Frankreich, Forschungstätigkeit am Hospital *Hôtel-Dieu* in Paris, 1935 Emigration nach Großbritannien, zunächst am *Guy's Hospital* in London tätig, seit 1937 Privatpraxis in London.

Quellen: GStA PK I Rep. 76 Va Sekt. 2 Tit. IV Nr. 46 C Bd. I Bl. 68–73; BA Berlin R 4901/1358; Weder, Sozialhygiene, S. 444. Nachruf in: The British Medical Journal Nr. 5586, 27.1.1968, S. 256.

Ueberschaar, Johannes (1885–1965), seit 1932 planmäßiger a. o. Prof. (Sprache und Kultur des modernen Japan) an der Universität Leipzig, Religion: evangelisch, seit 1932 Mitglied der NSDAP, 1937 Lehrverbot wegen des Vorwurfs homosexueller Handlungen (§ 175 StGB), 1937 deswegen Ausschluss aus der NSDAP, 1937 Emigration nach Japan, Prof. für Deutsche Sprache und Literatur an verschiedenen japanischen Hochschulen, u. a. an der Universität Osaka und an der privaten Konan-Universität in Kobe.

Quellen: BA Berlin R 4901/13279 u. OPG J 53; Parak, Hochschule, S. 231; Bieber, Samurai, S. 251, 1130, 1135; Grüttner, Studenten, S. 449; Law, Nazism, S. 277, 288 ff. Online: Professorenkatalog der Universität Leipzig.

Uhlmann, Erich (1901–1964), seit 1931 Privatdozent (Dermatologie) an der Universität Freiburg/Br., Religion: jüdisch, 1933 als Jude entlassen, 1934 Emigration in die Türkei, 1934–1937 Medizinischer Direktor des Krebsinstituts der Universität Istanbul, 1937 Emigration in die USA, 1939–1964 Leiter der Tumorklinik am *Michael Reese Hospital* in Chicago.

Quellen: GLA Karlsruhe 235/5007; Stadtarchiv Freiburg Einwohnermeldekartei; Eppinger, Schicksal, S. 179. Nachruf in: The American Journal of Roentgenology, Radium Therapy and Nuclear Medicine 93 (1965), S. 486.

Ulmer, Friedrich (1877–1946), seit 1924 o. Prof. (Praktische Theologie, Pädagogik und Didaktik) an der Universität Erlangen, seit 1932 auch Universitätsprediger, Religion: evangelisch, 1937 aus politischen Gründen (u. a. wegen seiner Kritik an einer kirchenfeindlichen Rede von NSDAP-Reichsleiter Robert Ley) in den Ruhestand versetzt (§ 6 BBG), nicht emigriert, 1946 erneut o. Prof. in Erlangen und zugleich emeritiert.

Quellen: BayHStA München MK 44447; UA Erlangen A2/1 Nr. U 2; BBKL, Bd. 12; Professoren und Dozenten Erlangen I; Wendehorst, Geschichte, S. 186, 225; Heiber, Universität I, S. 285 f.

Utitz, Emil (1883–1956), seit 1925 o. Prof. (Philosophie) an der Universität Halle, Religion: evangelisch (früher jüdisch), ab 1919 zeitweise Mitglied der DDP, 1933 als „Nichtarier" in den Ruhestand versetzt (§ 3 BBG), 1933 Emigration in die Tschechoslowakei, seit 1934 o. Prof. (Philosophie) an der Deutschen Universität Prag, 1938 nach Konflikten mit nationalsozialistischen-Kollegen pensioniert, 1942–1945 im Ghetto Theresienstadt inhaftiert, seit 1945 erneut o. Prof. in Prag.

Quellen: UA Halle PA 16380; GStA PK I Rep. 76 Va Sekt. 8 Tit. IV Nr. 52; BHdE II; Meyer, Utitz; Tilitzki, Universitätsphilosophie I, S. 241 ff. u. passim; Stengel, Ausgeschlossen.

V

Vaerting, Mathilde (1884–1977), seit 1923 o. Prof. (Erziehungswissenschaft) an der Universität Jena, Religion: seit 1912 evangelisch (ursprünglich katholisch, seit 1954 konfessionslos), die Feministin wurde 1933 aus politischen Gründen (§ 4 BBG) entlassen, nicht emigriert; nach ihrer Entlassung lebte Vaerting als Privatgelehrte in Berlin-Wilmersdorf, später u. a. in Göttingen und Schönenberg (Schwarzwald).

Quellen: UA Jena D 2938; Wobbe, Mathilde Vaerting; NDB; Horn, Erziehungswissenschaft, S. 363; Mitt. Margit Hartleb, UA Jena, 13.7.2018.

Vatter, Ernst (1888–1948), seit 1931 nichtbeamteter a. o. Prof. (Völkerkunde) an der Universität Frankfurt/M., 1920–1935 hauptberuflich Kustos am Städtischen Völkerkundemuseum, Religion: evangelisch, 1935–1937 Bibliotheksrat an der Stadtbibliothek; 1937 Entzug der Lehrbefugnis (§ 18 RHO) und Entlassung als städtischer Beamter (§ 6 BBG), da seine Ehefrau Jüdin war; 1939 Emigration nach Chile.

Quellen: UA Frankfurt/M. Personalhauptakte u. Rektoratsakte; Heuer/Wolf, Juden, S. 449 f.; Geisenhainer, Völkerkundler, S. 81–95.

Veit, Otto (1884–1972), seit 1925 o. Prof. (Anatomie) an der Universität Köln, Religion: evangelisch, 1920–1933 Mitglied der DNVP, Mitglied der Bekennenden Kirche, 1937 als „Mischling II. Grades" in den Ruhestand versetzt, nicht emigriert, seit 1945 erneut o. Prof. in Köln, 1945 Prorektor der Universität Köln, 1957 emeritiert.

Quellen: BA Berlin R 4901/13279; Golczewski, Universitätslehrer, S. 139–142; Orth, NS-Vertreibung, S. 388–390. Nachruf in: Acta Anatomica 94 (1976), S. 161–168.

Velden, Reinhard von den (1880–1941), seit 1921 nichtbeamteter a. o. Prof. (Innere Medizin) an der Universität Berlin, 1932–1934 Chefarzt der Inneren Abteilung des Städtischen Krankenhauses Reinickendorf, Religion: evangelisch, 1933 als ehemaliger „Frontkämpfer" zunächst im Amt belassen; 1936 Verzicht auf die Lehrbefugnis, bevor sie ihm als „jüdischem Mischling" entzogen werden konnte; 1939 Emigration nach Argentinien.

Quellen: UA HU Berlin UK V 8; Fischer, Lexikon II; Reichshandbuch II; Doetz/Kopke, Ausschluss, S. 360–362; Beckmann, Geburtstag. Nachruf in: Deutsche Medizinische Wochenschrift 68 (1942), S. 123.

Verweyen, Johannes Maria (1883–1945), seit 1921 nichtbeamteter a. o. Prof. (Philosophie) an der Universität Bonn, Religion: katholisch (1921 Kirchenaustritt, 1936 Wiedereintritt), 1934 Entzug der Lehrbefugnis (§ 6 BBG) aus politischen Gründen („weltanschaulich völlig unzuverlässig"), nicht emigriert, 1941 von der Gestapo verhaftet, 1942–1945 im KZ Sachsenhausen inhaftiert, im Februar 1945 in das KZ Bergen-Belsen verlegt, wo er im März 1945 starb.

Quellen: GStA PK I Rep. 76 Va Nr. 10396 Bl. 155–161, 173–176, 196–219, 239–255; BBKL, Bd. 21; Heiber, Universität I, S. 181; Hellberg, Johannes Maria Verweyen; Kamps, Johannes Maria Verweyen.

Vierkandt, Alfred (1867–1953), seit 1925 persönlicher Ordinarius (Philosophie und Soziologie) an der Universität Berlin, Religion; evangelisch, 1935 mit Erreichen der Altersgrenze emeritiert, im September 1935 Lehrverbot durch den Prorektor der Berliner Universität aus politischen Gründen, nicht emigriert, 1946–1950 erneut Prof. an der (Humboldt-)Universität Berlin.

Quellen: UA HU Berlin UK V 27; Kinas, Exodus, S. 31 u. passim; Döring, Kreis, S. 123; Soziologenlexikon I; NDB.

Viëtor, Karl (1892–1951), seit 1925 o. Prof. (Deutsche Philologie, insbesondere neuere Literaturgeschichte) an der Universität Gießen, Religion: evangelisch, 1935/36 und 1936/37 Gastprofessor an der *Harvard University*, 1937 in Gießen wegen seiner „nichtarischen" Ehefrau „auf eigenen Antrag" in den Ruhestand versetzt (§ 6 BBG), 1937 Emigration in die USA, 1937–1951 *Prof. of German Art and Culture* an der *Harvard University* in Cambridge, Mass.

Quellen: BA Berlin R 4901/13279; Germanistenlexikon III; BHdE II; Weber, Karl Viëtor; Hof, Karl Viëtor.

Vohwinkel, Karl Hermann (1900–1949), seit 1931 Privatdozent (Haut- und Geschlechtskrankheiten) und Oberarzt an der Universität Tübingen, Religion: evangelisch, 1933 Mitglied der SA, schied 1937 „auf eigenen Antrag" aus der Universität aus, nachdem ihm aus politischen Gründen die Ernennung zum Prof. und die Umhabilitation nach Würzburg verweigert worden waren[51], seit 1937 Stabsarzt bei der Wehrmacht, 1942 Oberfeldarzt, 1947 apl. Prof., und kommissarischer Leiter der Universitäts-Hautklinik in Würzburg.

Quellen: BA Berlin R 4901/13279; Dermatologen-Verzeichnis; Kürschner 1950; Mitt. Dr. Michael Wischnath, UA Tübingen, 24.1.2005 u. 27.1.2005.

W

Wach, Joachim (1898–1955), seit 1929 nichtplanmäßiger a. o. Prof. (Religionswissenschaft) an der Universität Leipzig, Religion: evangelisch (seit 1935 anglikanisch), Mitglied des *Stahlhelm, Bund der Frontsoldaten*, 1933 als ehemaliger „Frontkämpfer" zunächst im Amt belassen, 1935 Entzug der Lehrbe-

51 Freiwilliger Rücktritt mit politischem Hintergrund.

fugnis als „Nichtarier“ (§ 6 BBG), 1935 Emigration in die USA, seit 1935 *Visiting Professor*, später *Associate Professor* an der *Brown University* in Providence, Rhode Island, seit 1945 *Full Professor* an der *University of Chicago*.

Quellen: BA Berlin R 4901/13279; Flasche, Religionswissenschaft; Graul, Erbe; Lambrecht, Entlassungen; TRE. Online: Professorenkatalog der Universität Leipzig.

Wagner, Emmy (1894–1977), seit Mai 1936 Lehrbeauftragte (Hauswirtschaft) an der Universität Berlin, 1941/42 Hauptsachbearbeiterin für Betriebssoziologie bei der DAF, Religion: Herrnhuter Brüdergemeine, seit 1932 Mitglied der NSDAP, 1942 wegen „staats- und volksfeindlicher Äußerungen“ verhaftet und aus dem Lehrkörper „ausgeschieden“, 1943 wegen beleidigender Äußerungen über Reichsfrauenführerin Gertrud Scholtz-Klink und Joseph Goebbels zu einem Jahr Gefängnis verurteilt, anschließend bis 1945 im KZ Ravensbrück inhaftiert.

Quellen: UA HU Berlin UK 1069; Weyrather, Frau, S. 132 f., 202–208, 242–246; Wagner, Liebesmacht; Harten u. a., Rassenhygiene, S 485; Brändle-Zeile, Frauen, S. 86 f. Online: Arolsen Archives.

Waibel, Leo (1888–1951), seit 1929 o. Prof. (Geographie) an der Universität Bonn, Religion: katholisch, 1937 wegen seiner „nichtarischen“ Ehefrau entlassen, 1939 Emigration in die USA, 1939–1941 *Research Associate* an der *Johns Hopkins University* in Baltimore, 1941–1946 *Visiting Professor* an der *University of Wisconsin* in Madison, 1946 nach Brasilien, 1946–1950 Berater beim *Conselho Nacional de Geografia* in Rio de Janeiro, 1950/51 erneut als *Visiting Professor* an der *University of Wisconsin*.

Quellen: BA Berlin R 4901/13279; BHdE II; Badische Biographien NF II; Orth, Vertreibung, S. 283–294. Nachruf in: Geographical Review 42 (1952), S. 287–292. Online: Kieler Gelehrtenverzeichnis.

Waldberg, Max von (1858–1938), seit 1908 o. Honorarprofessor (Neuere Deutsche Literatur) an der Universität Heidelberg, Religion: evangelisch (ursprünglich jüdisch), 1933 Verzicht auf weitere Lehrtätigkeit als „Nichtarier“, nicht emigriert, Waldberg starb im November 1938 an den Folgen einer Krebsoperation, seine Ehefrau Violetta von Waldberg beging 1942 Suizid, um der Deportation nach Theresienstadt zu entgehen.

Quellen: GLA Karlsruhe 235/2632; Germanistenlexikon III; Flachs, Max Freiherr von Waldberg; Sauder, Positivismus; Drüll, Gelehrtenlexikon 1803–1932; Mussgnug, Dozenten, S. 31 ff.

Waldecker, Ludwig (1881–1946), seit 1929 o. Prof. (Staats-, Verwaltungs-, Völker-, Kirchen-, Finanz- und Steuerrecht) an der Universität Breslau, Religion: konfessionslos, 1933 als „Systemprofessor“ und „Exponent der Linksparteien“ aufgrund des BBG beurlaubt, 1934 an die Universität Köln versetzt (§ 5 BBG), 1935 aus politischen Gründen zwangsemeritiert (§ 4 GEVH), nicht emigriert, 1942 Umzug nach Leipzig.

Quellen: BA Berlin R 4901/13279; GStA PK I Rep. 76 Va Sekt. 4 Tit. IV Nr. 34 Bd. IX; UA Wrocław

S 220/538; Wer ist's 1935; Golczewski, Universitätslehrer, S. 112, 284, 449; Ditt, „Stoßtruppfakultät", S. 29–33.

Walter, Adolf (1899–1980), seit 1925 Privatdozent (Vergleichende Indogermanische Sprachwissenschaft) an der Universität Gießen, im Hauptberuf Studienrat, Religion: evangelisch; 1934 Entzug der Lehrbefugnis, nachdem er zuvor aus politischen Gründen (§ 4 BBG) als Studienrat entlassen worden war; nicht emigriert; 1934 Umzug nach Bingen, wo er später erneut als Studienrat tätig war; lebte seit 1950 in Zweibrücken (Pfalz), Oberstudienrat.

Quellen: Kürschner 1935; Chroust, Universität I, S. 229. Online: VAdS.

Walzel, Oskar (1864–1944), seit 1921 o. Prof. (Neuere Deutsche Sprache und Literaturgeschichte) an der Universität Bonn, Religion: katholisch, 1933 aus Altersgründen emeritiert, 1936 auf Druck der *Studentenschaft* wegen seiner „nichtarischen" Ehefrau aus dem Personal- und Vorlesungsverzeichnis gestrichen, nicht emigriert; seine Ehefrau Hedwig W. wurde 1944 in das Ghetto Theresienstadt deportiert, wo sie nach kurzer Zeit starb.

Quellen: BA Berlin R 4901/13279 Bl. 10166; Wer ist's 1935; Germanistenlexikon III; Höpfner, Universität, S. 53; Allemann/Tack, Oskar Walzel. Online: ÖBL.

Walzer, Richard (1900–1975), seit 1932 Privatdozent (Klassische Philologie) an der Universität Berlin, Religion: jüdisch, 1933 Entzug der Lehrbefugnis als Jude (§ 3 BBG), 1933 Emigration nach Italien, an der Universität Rom tätig, 1938 Emigration nach Großbritannien, 1942–1962 am Oriel College in Oxford, seit 1950 als *Senior Lecturer* (späte griechische und mittelalterliche arabische Philosophie), 1962–1970 *Professorial Fellow* am St. Catherine's College in Oxford.

Quellen: GStA PK I Rep. 76 Va Sekt. 2 Tit. IV Nr. 68 F Teil 1 u. Nr. 51 Bd. XXIII; BHdE II; Oxford Dictionary of Biography. Nachrufe in: Gnomon 48 (1976), S. 221 f.; Der Islam 53 (1976), S. 1–3.

Wámoscher, László (1901–1934), seit 1929 Privatdozent (Hygiene und Bakteriologie) an der Universität Berlin, wissenschaftlicher Mitarbeiter des Hygienischen Universitätsinstituts, ungarische Staatsangehörigkeit, Religion: katholisch, 1933 als ehemaliges Mitglied eines Freikorps im Amt belassen, 1933 Emigration/Rückkehr nach Ungarn (zunächst beurlaubt), 1934 Suizid in der Schweiz, bevor er als „Nichtarier" entlassen werden konnte.

Quellen: UA HU Berlin UK W 42; GStA PK I Rep. 76 Va Sekt. 2 Tit. IV Nr. 46 C Bd. XX Bl. 513–525.

Wampach, Camille (1884–1958), seit 1931 Lehrbeauftragter (Geschichte Luxemburgs) an der Universität Bonn, 1935 Honorarprofessor in Bonn, Religion: katholisch, gebürtiger Luxemburger, 1908 Priesterweihe, 1941 Entzug des Lehrauftrags und der Honorarprofessur aus politischen Gründen (Weigerung, an der „Germanisierung" Luxemburgs mitzuwirken), 1941 Emigration/Rückkehr nach Luxemburg (das seit 1940 von Deutschland besetzt war), seit 1945 Archivar und Privatgelehrter in Luxemburg, 1946 Honorarprofessor in Bonn.

Quellen: BA Berlin R 4901/13279; Schoos, Camille Wampach; BBKL, Bd. 13; Wenig, Verzeichnis; Höpfner, Universität, S. 58.

Warburg, Otto (1859–1938), seit 1921 nichtbeamteter a. o. Prof. (Botanik) an der Universität Berlin, daneben seit 1925 Prof. für Botanik und Direktor des naturwissenschaftlichen Instituts der Hebräischen Universität Jerusalem, Religion: jüdisch, 1911–1920 Präsident der Zionistischen Weltorganisation, 1933 Verzicht auf die Lehrbefugnis, bevor sie ihm als Jude entzogen werden konnte, nicht emigriert; Warburg, der seit 1922 in Palästina und in Berlin lebte, starb im Februar 1938 in Berlin an einer Lähmungserkrankung.

Quellen: UA HU Berlin UK W 47 u. Phil. Fak. 1318; Wininger, National-Biographie VI; Böhm, Handbuch; Plaut, Warburg; Leimkugel, Warburg.

Wartenberg, Hans von (1880–1960), seit April 1933 persönlicher Ordinarius (Anorganische Chemie) an der Universität Göttingen, 1913–1933 o. Prof. an der TH Danzig (Anorganische Chemie), Religion: evangelisch, 1937 wegen seiner „nichtarischen" Ehefrau vorzeitig entpflichtet (§ 4 GEVH), nicht emigriert, seit 1945 erneut o. Prof. an der Universität Göttingen, 1948 emeritiert.

Quellen: BA Berlin R 4901/13279; Reichshandbuch II; Szabó, Vertreibung, S. 197–205, 652 f.; Majer, Weltruhm, S. 607–617. Nachruf in: Zeitschrift für Anorganische und Allgemeine Chemie 312 (1961), S. 1–10.

Wartenberg, Robert (1887–1956), seit 1928 Privatdozent (Neuropathologie und Psychiatrie) an der Universität Freiburg/Br., 1930–1933 Oberarzt an der Universitäts-Nervenklinik, Religion: evangelisch (ursprünglich jüdisch), 1933 als Oberarzt entlassen, während die Lehrbefugnis dem ehemaligen „Frontkämpfer" zunächst erhalten blieb, 1936 Entzug der Lehrbefugnis als „Nichtarier" (RBG), 1935 Emigration in die USA, seit 1936 *Lecturer* an der *University of California School of Medicine*, seit 1952 *Clinical Professor of Neurology*.

Quellen: GLA Karlsruhe 235/42974; BA Berlin R 4901/13279; Martin u. a., Lebenswege; Seidler/Leven, Fakultät, S. 464 f. Nachruf in: A. M. A. Archives of Neurology and Psychiatry 77 (1957), S. 490 f.

Wassermann, Friedrich/Fritz (1884–1969), seit 1931 beamteter a. o. Prof. (Anatomie) an der Universität München, Religion: evangelisch (bis 1917 jüdisch), 1924–1932 Mitglied der DVP, 1933 als ehemaliger „Frontkämpfer" zunächst im Amt belassen, 1935 als „Nichtarier" in den Ruhestand versetzt (RBG), 1937 Emigration in die USA, seit 1937 an der Universität Chicago, seit 1943 als *Full Professor*, 1949 emeritiert; sein Bruder Franz wurde 1941 in Kaunas/Kowno ermordet.

Quellen: UA München E-II-3487; BayHStA München MK 44481; BA Berlin R 4901/13279; BHdE II; Fischer, Lexikon II; Wassermann, Wassermann.

Wassermann, Martin (1871–1953), seit 1923 nichtbeamteter a. o. Prof. (Industrierecht) an der Universität Hamburg, seit 1896 im Hauptberuf Rechtsanwalt, Religion: jüdisch, 1933 Entzug der Lehrbefugnis als Jude, seit November 1938 Berufsverbot als Rechtsanwalt, 1939 Emigration nach Argentinien.

Quellen: Reichshandbuch II; BHdE II; Morisse, Rechtsanwälte, S. 165; Hamburgische Biografie V.

Weber, Alfred (1868–1958), seit 1908 o. Prof. (Nationalökonomie und Soziologie) an der Universität Heidelberg, Religion: konfessionslos (bis 1931: evangelisch), 1918–1931 Mitglied der DDP/DStP, ließ im März 1933 die Hakenkreuzfahne von seinem Institutsgebäude entfernen, 1933 nach politischen Konflikten mit den Nationalsozialisten auf eigenen Antrag vorzeitig emeritiert[52], nicht emigriert, 1945 Wiederaufnahme der Lehrtätigkeit als emeritierter o. Prof. in Heidelberg, seit 1945 Mitglied der SPD, 1948 Ehrensenator der Universität Heidelberg.

Quellen: UA Heidelberg PA 697, PA 6245/46; Demm, Republik; Drüll, Gelehrtenlexikon 1803–1932.

Weber, Hans Emil (1882–1950), seit 1913 o. Prof. (Neutestamentliche Wissenschaft, systematische Theologie) an der Universität Bonn, Religion: evangelisch, 1919–1922 Mitglied der DNVP, 1935 wegen seiner Tätigkeit für die Bekennende Kirche nach Münster versetzt, 1937 aus politischen Gründen und wegen seiner „nichtarischen“ Ehefrau „auf eigenen Antrag“ vorzeitig emeritiert, nicht emigriert, Umzug nach Geilenkirchen bei Aachen, 1946 Wiederaufnahme der Lehrtätigkeit als o. Prof. in Bonn, 1950 endgültig emeritiert.

Quellen: BA Berlin R 4901/13279; Bizer, Hans Emil Weber; BBKL, Bd. 13; Höpfner, Universität, S. 37, 161 f.; Happ/Jüttemann, Schlag. Online: Catalogus Professorum Halensis.

Wedemeyer, Werner (1870–1934), seit 1919 o. Prof. (Bürgerliches Recht, Römisches Recht, Zivilprozessrecht) an der Universität Kiel, Religion: evangelisch, 1923–1925 Rektor der Universität Kiel, 1933 nach einem Kesseltreiben nationalsozialistischer Studierender, die ihn aus politischen Gründen (Umgang mit Juden, Unterstützung der Weimarer Republik) als „untragbar“ bezeichneten, auf eigenen Antrag vorzeitig emeritiert[53], nicht emigriert.

Quellen: Hofer, Wedemeyer; Volbehr/Weyl, Professoren, S. 40, 275; Uhlig, Wissenschaftler, S. 74 f. Online: Kieler Gelehrtenverzeichnis.

Wegner, Arthur (1900–1989), Schwiegersohn von →Carl Prausnitz, seit 1926 o. Prof. (Strafrecht, Strafprozessrecht, Völkerrecht, Rechtsphilosophie) an der Universität Breslau, Religion: evangelisch (seit 1942 katholisch), seit 1930 Mitglied des *Stahlhelm, Bund der Frontsoldaten*, 1934 nach Halle versetzt, 1937 als „jüdisch versippt“ entlassen (§ 6 BBG), 1938 Emigration nach Großbritannien, 1940–1945 interniert, 1945

52 Freiwilliger Rücktritt mit politischem Hintergrund.
53 Freiwilliger Rücktritt mit politischem Hintergrund.

Rückkehr nach Deutschland, 1946 o. Prof. in Münster, 1959 Übersiedlung in die DDR, 1963 Prof. in Halle.

Quellen: UA Halle PA 26025; BA Berlin R 4901/ 13279; Breunung/Walther, Emigration I; Eberle, Martin-Luther-Universität, S. 92–96, 307; Stengel, Ausgeschlossen. Online: Catalogus Professorum Halensis.

Weichbrodt, Raphael (1886–1942), seit 1926 nichtbeamteter a. o. Prof. (Psychiatrie und Neurologie) an der Universität Frankfurt/M., Religion: jüdisch, 1933 Entzug der Lehrbefugnis als Jude (§ 3 BBG), nicht emigriert; Weichbrodt wurde am 30. Mai 1942 in das KZ Mauthausen deportiert, wo er einen Tag später an „Herzversagen" starb; seine Tochter Dorrit W. wurde in das Ghetto Litzmannstadt/Lodz deportiert und nach dem Krieg für tot erklärt.

Quellen: UA Frankfurt/M. Personalhauptakte u. Akten der Medizinischen Fakultät; Heuer/ Wolf, Juden, S. 382 f.; Kinas, Exodus, S. 379 f., 434; Schäfer, Verfolgung. Online: Gedenkbuch – Opfer der Verfolgung.

Weickert, Carl (1885–1975), seit 1928 Privatdozent (Klassische Archäologie) an der Universität München, Religion: katholisch, 1933 nichtbeamteter a. o. Prof., 1934–1936 Direktor der Antikensammlungen in München, seit 1936 Direktor bei den Staatlichen Museen in Berlin, 1937 wurde die Umhabilitation nach Berlin aus politischen Gründen abgelehnt und die Lehrbefugnis für „erloschen" erklärt („ausgesprochener Gegner" des Nationalsozialismus), nicht emigriert, 1946–1950 Professor mit Lehrauftrag an der (Humboldt-) Universität Berlin.

Quellen: UA München E-II-3507; BayHStA München MK 36435; UA HU Berlin UK PA nach 1945 W 138; Wer ist wer 1955.

Weidenreich, Franz (1873–1948), seit 1930 Honorarprofessor (Physische Anthropologie und Rassenkunde) und Institutsdirektor an der Universität Frankfurt/M., seit 1924 inaktiver planmäßiger a. o. Prof. der Universität Heidelberg, Religion: jüdisch (später konfessionslos), 1933 als „Altbeamter" zunächst geschützt, 1936 Entzug der Lehrbefugnis als Jude (RBG), 1935 Emigration nach China, 1941 in die USA, seit 1941 am *American Museum of Natural History* in New York.

Quellen: UA Frankfurt/M. Personalhauptakte u. Rektoratsakte; BHdE II; Drüll, Gelehrtenlexikon 1803–1932; Heuer/Wolf, Juden, S. 383–385; Hertler, Weidenreich; Kinas, Exodus, S. 139–142, 436.

Weigel, Helmut (1891–1974), seit 1923 Privatdozent (Mittlere und neuere Geschichte) an der Universität Erlangen, Religion: evangelisch, 1919–1922 Mitglied der DNVP, 1931–1935 Mitglied der NSDAP (1932–1934 Kreisredner in Erlangen), 1923–1933 Mitglied der *Schlaraffia* in Erlangen, 1933 nichtbeamteter a. o. Prof. in Erlangen, 1936 Entzug der Lehrbefugnis wegen Verheimlichung der „halbjüdischen" Herkunft seiner Frau (§ 18 RHO), nicht emigriert, 1945/ 46 im Internierungslager Moosburg.

Quellen: UA Erlangen A2/1 Nr. W 40; BA Berlin R 9361-VI/3369; Professoren und Dozenten Erlangen III; Lenger, Historiker, S. 280–283;

Wendehorst, Geschichte, S. 180, 186 u. passim; Heiber, Universität I, S. 401.

Weigert, Fritz (1876–1947), seit 1914 planmäßiger a. o. Prof. (Photochemie und Wissenschaftliche Photographie) an der Universität Leipzig, Religion: konfessionslos, 1933 als ehemaliger „Frontkämpfer" zunächst im Amt belassen, 1935 als „Nichtarier" und aus politischen Gründen (Unterstützung für Emil Julius Gumbel), entlassen (§ 6 BBG), 1935 Emigration nach Großbritannien, seit 1936 Abteilungsleiter am Krebsforschungsinstitut des *Mount Vernon Hospital* in Northwood.

Quellen: BA Berlin R 4901/13279; Lambrecht, Entlassungen; BHdE II. Online: Professorenkatalog der Universität Leipzig.

Weil, Alfred (1884–1948), seit 1921 nichtbeamteter a. o. Prof. (Innere Medizin und Röntgenologie) an der Universität Frankfurt/M., niedergelassener Facharzt für Röntgenologie und Leiter der Röntgenabteilung am Krankenhaus des Vaterländischen Frauenvereins in Frankfurt/M., Religion: evangelisch (ursprünglich jüdisch), 1933 als ehemaliger „Frontkämpfer" zunächst im Amt belassen, 1936 Entzug der Lehrbefugnis als „Volljude" (RBG), 1935 Emigration in die USA.

Quellen: UA Frankfurt/M. Personalhauptakte u. Akten der Medizinischen Fakultät; Stadtarchiv Frankfurt/M. PA 28730; HHStA Wiesbaden Bestand 518 Nr. 20543; Heuer/Wolf, Juden, S. 385 f.

Weil, Gotthold (1882–1960), seit 1931 o. Prof. (Semitische Philologie) an der Universität Frankfurt/M., Religion: jüdisch, 1933 als „Altbeamter" zunächst im Amt belassen, 1935 als Jude in den Ruhestand versetzt (§ 6 BBG), 1935 Emigration nach Palästina, 1935–1946 Direktor der Jüdischen National- und Universitätsbibliothek in Jerusalem, zugleich Prof. an der Hebräischen Universität Jerusalem.

Quellen: UA Frankfurt/M. Rektoratsakte u. PA der Philosophischen Fakultät; BHdE II; Heuer/Wolf, Juden, S. 387 f.; Hanisch, Kompetenz; Landau, Weil. Online: VAdS.

Weil, Hans (1898–1972), seit 1932 Privatdozent (Pädagogik) an der Universität Frankfurt/M., Religion: jüdisch, 1933 Entzug der Lehrbefugnis als Jude (§ 3 BBG), 1933 Emigration nach Italien, 1934–1938 Gründer und Leiter eines Landerziehungsheims für jüdische Flüchtlingskinder, 1939 Emigration nach Großbritannien, 1940 in die USA, Eröffnung eines Fotoateliers in New York.

Quellen: UA Frankfurt/M. Rektoratsakte u. PA der Philosophischen Fakultät; Heuer/Wolf, Juden, S. 389 f.; Feidel-Mertz, Pädagogen; Horn, Erziehungswissenschaft, S. 369.

Weil, Sigmund (1881–1961), seit 1921 nichtbeamteter a. o. Prof. (Orthopädie) an der Universität Breslau, Religion: jüdisch, 1934 Wiedererteilung der 1933 entzogenen Lehrbefugnis (als ehemaliger „Frontkämpfer"), 1936 Entzug der Lehrbefugnis als Jude (RBG), nicht emigriert, 1936–1938 Praxis in Mannheim, 1939–1942 Chefarzt am Jüdischen Krankenhaus Frankfurt/M., 1943–1945 Zwangsarbeiter, Weil überlebte die

NS-Diktatur aufgrund seiner Ehe mit einer „Arierin“, 1946 persönlicher Ordinarius in Heidelberg.

Quellen: BA Berlin R 4901/13279; GStA PK I Rep. 76 Va Sekt. 4 Tit. IV Nr. 51 Bl. 284–288, 351–376; UA Wrocław S 220/550; Drüll, Gelehrtenlexikon 1933–1986.

Weinbaum, Martin (1902–1990), seit 1929 Privatdozent (Mittlere und neuere Geschichte) an der Universität Berlin, Religion: evangelisch, Mitglied der DNVP, 1933 Entzug der Lehrbefugnis als „Halbjude“ (§ 3 BBG), 1933 Emigration nach Großbritannien, 1933–1938 an der *University of Manchester*, 1938 Emigration in die USA, 1938/39 *Instructor* an der *Kent State University* in Ohio, seit 1939 an verschiedenen Colleges tätig, zuletzt 1945–1966 am *Queens College* in New York, 1945 *Assistant Professor*, später *Full Professor*.

Quellen: UA HU Berlin UK W 94; GStA PK I Rep. 76 Va Sekt. 2 Tit. IV Nr. 68 F Teil 1; BHdE II; SSDI.

Weinstein, Alexander (1897–1979), seit 1928 Privatdozent (Mathematik) an der Universität Breslau, Religion: konfessionslos, 1933 Entzug der Lehrbefugnis als „Nichtarier“ (§ 3 BBG), 1933 Emigration nach Frankreich, 1940 Emigration in die USA, Lehrtätigkeit an verschiedenen Hochschulen, 1936–1940 *Lecturer* an der *New School for Social Research* in New York, 1941 Emigration nach Kanada, Lehrtätigkeit an der *University of Toronto*, 1948–1967 Prof. an der *University of Maryland* in College Park.

Quellen: GStA PK I Rep. 76 Va Sekt. 4 Tit. IV Nr. 51 Bl. 36–43, 429 f.; GStA PK I Rep. 76 Va Sekt. 4 Tit. IV Nr. 41 Bd. VIII; BHdE II; Who's Who in the East 1957. Online: MacTutor History of Mathematics Archive.

Weisbach, Walter (1889–1962), seit 1925 nichtbeamteter a. o. Prof. (Hygiene, Soziale und Gewerbehygiene) an der Universität Halle, Religion: evangelisch (früher jüdisch), 1920–1924 Mitglied der DVP, seit 1921 Mitglied des *Stahlhelm, Bund der Frontsoldaten*, 1933 als ehemaliger „Frontkämpfer“ zunächst im Amt belassen, 1934 Emigration in die Niederlande (zunächst beurlaubt), 1936 Entzug der Lehrbefugnis als „Nichtarier“ (RBG), 1940–1945 im Lager Westerbork inhaftiert, 1945 Rückkehr nach Den Haag.

Quellen: UA Halle PA 16804; BHdE II; Eberle, Martin-Luther-Universität, S. 360; Kinas, Exodus, S. 164 f.; Stengel, Ausgeschlossen. Nachruf in: Mycopathologia et mycologia applicata 18 (1962), S. 161–163.

Weisbach, Werner (1873–1953), seit 1921 nichtbeamteter a. o. Prof. (Kunstgeschichte) an der Universität Berlin, Religion: evangelisch (bis ca. 1893 jüdisch), 1933 Entzug der Lehrbefugnis als „Nichtarier“ (§ 3 BBG), 1935 Emigration in die Schweiz, lebte seit 1935 als Privatgelehrter in Basel.

Quellen: UA HU Berlin UK W 101; GStA PK I Rep. 76 Va Sekt. 2 Tit. IV Nr. 68 F Teil 1; BHdE II; Wendland, Handbuch II; Metzler Kunsthistorikerlexikon; Weisbach, Geist.

Weiß, Otto (1871–1943), seit 1916 o. Prof. (Physiologie) an der Universität

Königsberg, Religion: evangelisch, bis 1918 Mitglied der Konservativen Partei, 1936 emeritiert, 1937/38 wegen seiner Ehe mit einer „Nichtarierin“ aus dem Lehrkörper gestrichen, nicht emigriert.

Quellen: BA Berlin R 4901/13280; Reichshandbuch II; Altpreußische Biographie IV; Scholz/Schröder, Ärzte; Tilitzki, Albertus-Universität I, S. 640. Nachruf in: Pflügers Archiv 247 (1944), S. 611 f.

Weißbach, Franz Heinrich (1865–1944), seit 1930 o. Honorarprofessor (Keilschriftforschung und Alte Geschichte) an der Universität Leipzig, Religion: evangelisch, 1895–1933 Mitglied der Freimaurerloge *Apollo*, Mitglied des Alldeutschen Verbandes, 1918 Mitglied der Deutschen Vaterlandspartei, 1933 Aufnahmeantrag von der NSDAP abgelehnt, 1935 Entzug der Lehrbefugnis (§ 6 BBG) aus politischen Gründen (nach einer Beschwerde über die Behandlung der Freimaurer im Dritten Reich), zeitweise in „Schutzhaft“, nicht emigriert.

Quellen: BA Berlin R 4901/13280 und BDC OPG J 115; Habermann u. a., Lexikon; Lambrecht, Entlassungen; Kürschner 1931. Online: Professorenkatalog der Universität Leipzig.

Weißberger, Arnold (1898–1984), seit 1928 Privatdozent (Chemie) an der Universität Leipzig, Religion: jüdisch, 1933 Kündigung der Assistentenstelle als Jude, 1933 Emigration nach Großbritannien, 1933–1936 am *Dyson Perrins Laboratory* in Oxford, 1935 wurde die Leipziger Lehrbefugnis für „erloschen“ erklärt, 1936 Emigration in die USA, 1936–1975 Chemiker in der Forschungsabteilung der *Eastman Kodak Company* in Rochester, New York.

Quellen: BHdE II; Lambrecht, Entlassungen; Parak, Hochschule, S. 225. Nachruf in: The New York Times, 7.9.1984.

Weissenberg, Karl (1893–1976), seit 1932 nichtbeamteter a. o. Prof. (Physik) an der Universität Berlin, 1929–1933 Wissenschaftliches Mitglied des KWI für Physik, Religion: konfessionslos (früher jüdisch), 1933 Entzug der Lehrbefugnis als „Nichtarier“ (§ 3 BBG), 1933/34 Gastprofessor an der Sorbonne in Paris, 1934 Emigration nach Großbritannien, 1940 als *enemy alien* interniert, 1940–1948 am *Shirley Institute* in Manchester, 1943–1946 für das *Petroleum Warfare Department* tätig, seit 1950 Berater diverser Unternehmen und Behörden.

Quellen: UA HU Berlin UK W 112; GStA PK I Rep. 76 Va Sekt. 2 Tit. IV Nr. 68 F Teil 1; Poggendorff, Bd. VI; Rürup, Schicksale, S. 355–359. Nachruf in: Rheologica Acta 15 (1976), S. 281 f.

Weissenberg, Richard (1882–1974), seit 1922 nichtbeamteter a. o. Prof. (Anatomie, Biologie der Zelle) an der Universität Berlin, 1928–1933 Oberassistent am Anatomisch-biologischen Universitätsinstitut, Religion: jüdisch, 1933 Entzug der Lehrbefugnis als Jude (§ 3 BBG), 1937 Emigration in die USA, 1937–1939 Gastprofessor an der *Washington University* in St. Louis, seit 1948 Gastprofessor am *Woman's Medical College of Pennsylvania*.

Quellen: UA HU Berlin UK W 114; GStA PK I Rep. 76 Va Sekt. 2 Tit. IV Nr. 46 C Bd. I Bl. 398–

409; Kagan, Jewish Medicine. Nachruf in: The Anatomical Record 183 (1975), S. 148 f.

Wende, Erich (1884–1966), seit 1927 Lehrbeauftragter (Schulrecht) an der Universität Berlin, 1926–1933 Leiter der Schulabteilung im preußischen Kultusministerium, Religion: katholisch, 1933 aus politischen Gründen („scharfer Zentrumsanhänger") in eine Richterstelle versetzt, 1933 Verzicht auf den Lehrauftrag[54], nicht emigriert, 1945 Abteilungsleiter in der Justizverwaltung der SBZ, 1947–1950 Staatssekretär im niedersächsischen Kultusministerium.

Quellen: UA HU Berlin UK W 127; BA Berlin R 4901/21930 u. R 3001/80041; Wer ist's 1935; Wer ist wer 1955; Altpreußische Biographie II; Lösch, Geist, S. 214.

Wenger, Leopold (1874–1953), seit 1927 o. Prof. (Römisches und deutsches bürgerliches Recht) an der Universität München, 1932–1935 Präsident der Bayerischen Akademie der Wissenschaften, Religion: katholisch, seit 1935 o. Prof. an der Universität Wien (zur Begründung des Weggangs verwies er u. a. auf die Marginalisierung des Römischen Rechts durch die neue juristische Studienordnung)[55], 1939 nach Erreichen der Altersgrenze emeritiert, nicht emigriert, nach Kriegsende Honorarprofessor an der Universität Wien.

Quellen: BayHStA München MK 18056; UA München E-II-3538; BA Berlin R 9361-VI/3395; Huber, Rückkehr, S. 28, 77, 85 f.; Nörr, Wenger; Drüll, Gelehrtenlexikon 1803–1932.

Weniger, Erich (1894–1961), seit 1932 nichtbeamteter a. o. Prof. (Pädagogik) an der Universität Kiel, 1932/33 Direktor der Pädagogischen Akademie Frankfurt/Main, 1933 als Leiter der Pädagogischen Akademie aus politischen Gründen entlassen (§ 4 BBG), 1934 in das Amt eines Studienrats versetzt, die Umhabilitation an die Universität Frankfurt/M. wurde 1934 abgelehnt, dadurch aus der Hochschullaufbahn ausgeschieden, nicht emigriert, seit 1937 Mitglied der NSDAP, 1939–1945 als Reserveoffizier bei der Wehrmacht, seit 1949 o. Prof. in Göttingen.

Quellen: UA Frankfurt/M. Abt. 130 Nr. 32; BA Berlin R 9361-I/3876; Hesse, Professoren; Beutler, Pädagogik; Horn, Erziehungswissenschaft, S. 372 f.; Ortmeyer, Erich Weniger; Volbehr/Weyl, Professoren, S. 195 f.

Wenzl, Aloys (1887–1967), seit 1926 Privatdozent (Philosophie) an der Universität München, im Hauptberuf Gymnasiallehrer, Religion: katholisch, 1918–1933 Mitglied der SPD, 1933 nichtbeamteter a. o. Prof., 1938 Entzug der Lehrbefugnis wegen seiner politischen Vergangenheit (Sozialdemokrat und Pazifist), nicht emigriert, ab 1940 zeitweise auch aus dem Schuldienst entfernt, 1945/46 Abteilungsleiter im bayerischen Kultusministerium, 1946–1955 o. Prof. an der Universität München, 1947/48 Rektor der Universität.

54 Freiwilliger Rücktritt mit politischem Hintergrund.
55 Freiwilliger Rücktritt mit politischem Hintergrund.

Quellen: UA München E-II-3544; BayHStA München MK 44512; Wer ist wer 1948 u. 1955; DBE; Böhm, Selbstverwaltung, S. 250 u. passim; Schorcht, Philosophie, S. 207–215; Wolfradt u. a., Psychologinnen.

Werner, Heinz (1890–1964), seit 1931 nichtbeamteter a. o. Prof. (Psychologie) an der Universität Hamburg, bis 1933 Wissenschaftlicher Assistent am Psychologischen Institut, Religion: jüdisch, 1933 Entzug der Lehrbefugnis als Jude (§ 3 BBG), 1933 Emigration in die USA, 1933–1936 *Lecturer* an der *University of Michigan*, 1936/37 *Visiting Professor* an der *Harvard University*, 1936–1947 an der *Wayne County Training School* in Michigan, seit 1947 *Full Professor* an der *Clark University* in Worcester, Mass., 1960 Ruhestand.

Quellen: StA Hamburg 361-6 I 409 Bd. 1–3; BHdE II; Geuter, Professionalisierung, S. 581; Wolfradt u. a., Psychologinnen. Nachruf in: Child Development 36 (1965), S. 307–328.

Werner, Richard (1875–1945), seit 1912 nichtbeamteter a. o. Prof. (Chirurgie) an der Universität Heidelberg, seit 1916 Leiter der Klinischen Abteilung des Instituts für Krebsforschung, Religion: evangelisch, 1933 als „Altbeamter" zunächst geschützt, 1934 Emigration in die Tschechoslowakei und Verzicht auf die Heidelberger Lehrbefugnis, 1934–1939 Leitender Primarius der Krebsklinik „Haus des Trostes" in Brünn, 1942 nach Theresienstadt deportiert; Werner starb im Februar 1945 im Ghetto Theresienstadt.

Quellen: GLA Karlsruhe 235/2694; Drüll, Gelehrtenlexikon 1803–1932; Mussgnug, Dozenten, S. 35 f., 146; Feuß, Theresienstadt-Konvolut, S. 76 f.; Reichshandbuch II; Giovannini u. a., Erinnern.

Wertheimer, Ernst (1893–1978), seit 1927 nichtbeamteter a. o. Prof. (Physiologie) an der Universität Halle, Religion: jüdisch, 1933 als ehemaliger „Frontkämpfer" zunächst im Amt belassen, 1934 Verzicht auf die Lehrbefugnis und Emigration nach Palästina, seit 1934 Leiter des pathologisch-chemischen Labors am Hadassah-Hospital in Jerusalem, 1934–1963 Prof. für Pathologische Physiologie an der Hebräischen Universität in Jerusalem.

Quellen: UA Halle PA 16946; GStA PK I Rep. 76 Va Sekt. 8 Tit. IV Nr. 42 Bd. III; BHdE II; Eberle, Martin-Luther-Universität, S. 360; Kinas, Exodus, S. 164; Stengel, Ausgeschlossen.

Wertheimer, Ludwig (1870–1938), seit 1929 Honorarprofessor (Handels- und Industrierecht, Gewerblicher Rechtsschutz und Urheberrecht, Internationales und Auslandsrecht) an der Universität Frankfurt/M., Religion: jüdisch, 1933 Entzug der Lehrbefugnis als Jude (§ 3 BBG) und Berufsverbot als Rechtsanwalt und Notar, nicht emigriert.

Quellen: UA Frankfurt/M. Personalhauptakte u. Rektoratsakte; GStA PK I Rep. 76 Va Sekt. 5 Tit. IV Nr. 7 Bd. I Bl. 327–336; Göppinger, Juristen, S. 229; Heuer/Wolf, Juden, S. 391 f.

Wertheimer, Max (1880–1943), seit 1929 o. Prof. (Philosophie, insbesondere Psychologie) an der Universität Frankfurt/M., Religion: jüdisch, 1933 als Jude in den Ruhestand versetzt (§ 3 BBG), 1933 Emigration in die USA,

1934–1943 Prof. (Philosophie und Psychologie) an der *New School for Social Research* in New York.

Quellen: UA Frankfurt/M. Personalhauptakte u. Rektoratsakte; BHdE II; Frankfurter Biographie II; Heuer/Wolf, Juden, S. 392–396; Sarris, Reflexionen; Wolfradt u. a., Psychologinnen.

Wessely, Karl (1874–1953), seit 1924 o. Prof. (Augenheilkunde) an der Universität München, Religion: evangelisch, 1933 als „Altbeamter" zunächst im Amt belassen, 1936 durch ein Abstammungsgutachten als „Volljude" klassifiziert und in den Ruhestand versetzt (RBG), nicht emigriert, 1939 Wiedererteilung der 1938 entzogenen Approbation, seit 1945 erneut o. Prof. in München, 1951 emeritiert.

Quellen: UA München E-II-3552; BayHStA München MK 44514; BA Berlin R 9347; Reichshandbuch II; Friedel, Wessely; Rohrbach, Augenheilkunde, S. 11 f. Nachruf in: Ophtalmologica 126 (1953), S. 252.

Westphal, Otto (1891–1950), seit 1930 nichtbeamteter a. o. Prof. (Mittlere und Neuere Geschichte) an der Universität Göttingen, seit 1933 o. Prof. an der Universität Hamburg, Religion: evangelisch, seit 1933 Mitglied der NSDAP, 1935 Mitglied im Sachverständigenbeirat des Reichsinstituts für Geschichte des neuen Deutschlands, 1936 wegen des Vorwurfs homosexueller Handlungen (§ 175 StGB) verhaftet; 1937 Einstellung des Disziplinarverfahrens, nachdem Westphal auf Lehrstuhl und Pension verzichtet hatte; nicht emigriert, Umzug nach Berlin.

Quellen: StA Hamburg 361-6 I 410 Bd. 1–2; Borowsky, Geschichtswissenschaft, S. 542–544, 552–554; Weber, Lexikon; Heiber, Walter Frank, S. 598 f.

Weyermann, Moritz Rudolf (1876–1935), seit 1929 o. Prof. (Wirtschafts- und Sozialwissenschaften) an der Universität Jena, Religion: evangelisch, seit 1919 Schweizer Staatsbürger, schied im August 1933 nach politischen Angriffen von nationalsozialistischer Seite „auf eigenen Antrag" aus dem Lehrkörper der Universität Jena aus[56], 1933 Rückkehr/Emigration in die Schweiz, Rückzug ins Privatleben.

Quellen: UA Jena D 3077; LATh–HStA Weimar Personalakten aus dem Bereich Volksbildung 33711; Hagemann/Krohn, Handbuch II; John/Stutz, Universität, S. 431.

Weygandt, Wilhelm (1870–1939), seit 1919 o. Prof. (Psychiatrie) an der Universität Hamburg, 1908–1934 Direktor des Hamburger Staatskrankenhauses Friedrichsberg, Religion: konfessionslos (bis 1891 evangelisch), 1919–1928 Mitglied der DDP, 1931 Mitglied einer Freimaurerloge, 1934 auf Betreiben des Hamburger Ärzteführers aus politischen Gründen („weltanschaulich ... vom Nationalsozialismus weit entfernt") vorzeitig emeritiert, nicht emigriert.

Quellen: StA Hamburg 361-6 I 0411; Weber-Jasper, Wilhelm Weygandt; van den Bussche,

56 Freiwilliger Rücktritt mit politischem Hintergrund.

Universitätsmedizin, S. 68–73; Kreuter, Neurologen III; Hamburgische Biografie III.

Weyl, Hermann (1885–1955), seit 1930 o. Prof. (Mathematik) an der Universität Göttingen, Religion: evangelisch, 1933 „auf eigenen Antrag" wegen seiner „nichtarischen" Frau aus der Universität Göttingen ausgeschieden, 1933 Emigration in die USA, 1933–1951 Prof. am *Institute for Advanced Study* in Princeton, New Jersey; 1951 emeritiert, 1952 Gastvorlesungen an der Universität Göttingen.

Quellen: BHdE II; Schappacher, Institut; Szabó, Vertreibung, S. 437–441, 655 ff. Online: National Academy of Sciences, Biographical Memoirs.

Wieruszowski, Alfred (1857–1945), seit 1920 Honorarprofessor (Bürgerliches Recht und Handelsrecht) an der Universität Köln, 1921–1926 Senatspräsident am Oberlandesgericht Köln, Religion: jüdisch, Mitglied der DDP, 1933 als Jude „auf eigenen Antrag" beurlaubt, 1934 aus dem Personalverzeichnis der Universität Köln gestrichen, nicht emigriert; Wieruszowski, der durch seine „Mischehe" mit einer „Arierin" vor der Deportation geschützt war, starb im Februar 1945 im Jüdischen Krankenhaus Berlin.

Quellen: UA Köln Zug. 27/69; Becker, Alfred Ludwig Wieruszowski; Becker, Fakultät, S. 338–377, 502; Göppinger, Juristen, S. 229 f. Online: Universität zu Köln, Galerie der Professorinnen und Professoren.

Wiesengrund Adorno, Theodor (1903–1969), seit 1931 Privatdozent (Philosophie) an der Universität Frankfurt/M., Religion: evangelisch, 1933 Entzug der Lehrbefugnis als „Nichtarier" (§ 3 BBG), 1934 Emigration nach Großbritannien, 1938 in die USA, 1949 Rückkehr nach Deutschland, seit 1949 Lehrtätigkeit an der Universität Frankfurt/M., 1953 stellv. Direktor des Frankfurter Instituts für Sozialforschung, seit 1956 o. Prof. für Philosophie und Soziologie.

Quellen: UA Frankfurt/M. Personalhauptakte, Rektoratsakte u. PA der Philosophischen Fakultät; BHdE II; Heuer/Wolf, Juden, S. 10–13; Claussen, Adorno; Jäger, Adorno; Müller-Doohm, Adorno.

Wilhelm, Rudolf (1893–1959), seit 1932 apl. a. o. Prof. (Orthopädie) an der Universität Freiburg, 1932–1937 Oberarzt an der Chirurgischen Universitätsklinik, Religion: katholisch, 1934 zum o. Honorarprofessor ernannt; 1937 auf eigenen Wunsch aus der Chirurgischen Universitätsklinik ausgeschieden (zunächst beurlaubt), nachdem seine Verbeamtung aus politischen Gründen („starke kirchliche Bindung") gescheitert war[57]; nicht emigriert, seit 1937 orthopädische Privatpraxis in Düsseldorf, 1939 aus dem Freiburger Vorlesungsverzeichnis gestrichen.

Quellen: GLA Karlsruhe 235/9091; Seidler/Leven, Fakultät, S. 525.

Wilkens, Alexander (1881–1968), seit 1925 o. Prof. (Astronomie) an der Uni-

57 Freiwilliger Rücktritt mit politischem Hintergrund.

versität München, Religion: evangelisch, 1933 von Mitarbeitern der Universitätssternwarte wegen abfälliger Äußerungen über Hitler und die SA denunziert, 1934 aus politischen Gründen entlassen (§ 4 BBG), 1937 Emigration nach Argentinien, 1937–1953 o. Prof. an der *Universidad Nacional de La Plata*, 1953 Rückkehr in die Bundesrepublik, lebte als Emeritus in München.

Quellen: UA München E-II-3583; BayHStA München MK 44142; Reichshandbuch II; BHdE II; Litten Astronomie, S. 55–77. Nachruf in: Astromische Nachrichten 291 (1968), S. 87 f.

Wilmanns, Karl (1873–1945), seit 1918 o. Prof. (Psychiatrie) an der Universität Heidelberg, Religion: evangelisch, im Mai 1933 in „Schutzhaft" genommen, im Juni 1933 aus politischen Gründen (abwertende Äußerungen in der Vorlesung über Hitler als „Hysteriker" und Göring als „chronischen Morphinisten") entlassen (§ 4 BBG), nicht emigriert, Umzug nach Wiesbaden, wo er als Arzt tätig war.

Quellen: UA Heidelberg PA 1381, PA 6370; Drüll, Gelehrtenlexikon 1803–1932; Mussgnug, Dozenten, S. 51 f., 213; Kreuter, Neurologen III.

Wind, Edgar (1900–1971), seit 1929 Privatdozent (Philosophie) an der Universität Hamburg, Religion: jüdisch, 1933 Entzug der Lehrbefugnis als Jude, 1933 Emigration nach Großbritannien, 1934–1942 stellv. Leiter des *Warburg Institute* in London, 1940 Emigration in die USA, Lehrtätigkeit in New York und Chicago, 1944–1955 Prof. am *Smith College* in Northampton, Massachusetts, seit 1955 Prof. für Kunstgeschichte in Oxford, 1967 emeritiert.

Quellen: Wendland, Handbuch II; BHdE II; Hamburgische Biografie; Bredekamp u. a., Edgar Wind.

Windelband, Wolfgang (1886–1945), seit 1926 Honorarprofessor (Mittlere und neuere Geschichte) an der Universität Berlin, 1926–1933 Ministerialrat im Preußischen Kultusministerium, Religion: evangelisch, 1921–1925 Mitglied der DVP, 1933 o. Prof. an der Universität Berlin, 1935 aus politischen Gründen an die Universität Halle zwangsversetzt; Windelband ließ sich daraufhin zunächst beurlauben und wurde 1936 auf eigenen Antrag emeritiert[58]; nicht emigriert, Suizid im Februar 1945.

Quellen: UA HU Berlin UK 1069; Weber, Lexikon; Heiber, Walter Frank, S. 698–700; Betker, Seminar, S. 27 u. passim; Walther, Entwicklung, S. 170 f. Online: Catalogus Professorum Halensis.

Windisch, Fritz (1895–1961), seit 1934 Privatdozent (Biochemie) an der Universität Berlin, seit 1928 Privatdozent an der Landwirtschaftlichen Hochschule Berlin, Religion: katholisch, 1933 nach einer Denunziation beurlaubt („linksradikale Umtriebe"), 1933 Gründung eines privaten Forschungsinstituts in Berlin, 1935 Entzug der Lehrbefugnis aus politischen Gründen (§ 6 BBG), nicht emigriert; 1945–1947 technischer Leiter einer Brauerei in

58 Freiwilliger Rücktritt mit politischem Hintergrund.

Schlitz, Hessen; seit 1947 Prof. an der (Humboldt-)Universität Berlin, seit 1950 Mitglied der SED.

Quellen: UA HU Berlin UK PA nach 1945 W 533; Chronik der Friedrich-Wilhelms-Universität 1935/1936, S. 34; Rückl, Alltag, S, 120. Online: www.herbert-henck.de/Internettexte/Windisch_I/windisch_i.html.

Winkler, Hans Alexander (1900–1945), seit 1928 Privatdozent (Allgemeine Religionsgeschichte) an der Universität Tübingen, Religion: evangelisch, 1923–1928 Mitglied der KPD, kam 1933 dem Entzug der Lehrbefugnis aus politischen Gründen durch Verzicht zuvor, nicht emigriert, 1939 Mitglied der NSDAP, 1939–1944 im Dienst des Auswärtigen Amtes, u. a. im Iran und in Nordafrika, 1944/45 als Soldat bei der Wehrmacht, im Januar 1945 gefallen.

Quellen: Junginger, Kapitel; Biographisches Handbuch des deutschen Auswärtigen Dienstes V; Herf, Nazi Propaganda, S. 79–82, 118 ff., 156 f.

Winkler, Martin (1893–1982), seit 1929 nichtbeamteter a. o. Prof. (Mittlere und neuere Geschichte) an der Universität Königsberg, Religion: evangelisch, 1934 als Leiter der Historischen Abteilung des Instituts für Rußlandkunde abgesetzt, seit 1935 o. Prof. an der Universität Wien, 1939 nach dem „Anschluss" Österreichs aus politischen Gründen in den Ruhestand versetzt („probolschewistische Einstellung", Kontakte zu monarchistischen Kreisen), nicht emigriert, Umzug nach Berlin.

Quellen: BA Berlin R 9361-II/1211103; Augustynowicz, Winkler; Camphausen, Rußlandforschung, S. 79–86; Leitsch/Stoy, Seminar, S. 181–184. Nachruf in: Jahrbuch für Geschichte Osteuropas NF 31 (1983), S. 311–317.

Winternitz, Hugo (1868–1934), seit 1919 o. Honorarprofessor (Innere Medizin) an der Universität Halle, Religion: katholisch, Anfang 1933 aus gesundheitlichen Gründen emeritiert, 1934 aufgrund seiner schweren Krankheit nicht nach § 6 BBG pensioniert, 1940 von der Gestapo posthum als „volljüdisch" kategorisiert; allein sein vorheriger Tod im September 1934 verhinderte die Entlassung aufgrund des RBG.

Quellen: UA Halle PA 17148; GStA PK I Rep. 76 Va Sekt. 8 Tit. IV Nr. 33 Bd. XIII; Eberle, Martin-Luther-Universität S. 70 f., 362; Kinas, Exodus, S. 99 ff. u. passim.

Winterstein, Hans (1879–1963), seit 1927 o. Prof. (Physiologie) an der Universität Breslau, Religion: katholisch, seit 1919 Mitglied der DDP (1919/20 Mitglied der verfassunggebenden Versammlung in Mecklenburg-Schwerin), 1934 als „Nichtarier" und aus politischen Gründen (u. a. wegen angeblicher Benachteiligung „arischer" Studierender) in den Ruhestand versetzt (§ 6 BBG), 1933 Emigration in die Türkei, 1933–1953 Prof. (Physiologie) an der Universität Istanbul, 1956 Rückkehr in die Bundesrepublik, lebte als Emeritus in München.

Quellen: GStA PK I Rep. 76 Va Sekt. 4 Tit. IV Nr. 51 Bl. 440–444 und Nr. 35 Bd. XVI Bl. 265 u. passim; UA Wrocław S 220/565; Orth, NS-Vertreibung S. 145–165. Online: Catalogus Professorum Rostochiensium.

Wirtz, Carl (1876–1939), seit 1919 planmäßiger a. o. Prof. (Astronomie) an der Universität Kiel und Observator an der Universitäts-Sternwarte, Religion: konfessionslos (bis 1930 katholisch), 1920–1930 Mitglied der SPD, 1937 wegen seiner „nichtarischen" Ehefrau und seiner politischen Einstellung in den Ruhestand versetzt (§ 6 BBG), nicht emigriert.

Quellen: GStA PK I Rep. 76 Va Sekt. 9 Tit. 4 Nr. 1 Bd. 23 Bl. 480–486, 635 ff.; BA Berlin R 4901/13280; Volbehr/Weyl, Professoren, S. 185; Diss.; Uhlig, Wissenschaftler, S. 119 ff. Online: Kieler Gelehrtenverzeichnis.

Witebsky, Ernst (1901–1969), seit 1929 Privatdozent (Immunitätslehre und Serologie) an der Universität Heidelberg, 1928–1933 Assistent am Institut für Krebsforschung, Religion: jüdisch, 1933 Entzug der Lehrbefugnis als Jude (§ 3 BBG), 1933 Emigration in die Schweiz, 1934 in die USA, 1934/35 am *Mount Sinai Hospital* in New York City, seit 1936 an der *University at Buffalo* in New York, zunächst als *Associate Professor*, seit 1940 als *Full Professor* (Bakteriologie und Immunologie).

Quellen: UA Heidelberg PA 1253 und PA 6390; Rürup, Schicksale, S. 367 ff.; BHdE II; Mussgnug, Dozenten, S. 39 f., 263. Nachruf in: American Journal of Clinical Pathology 54 (1970), S. 432 ff.

Witkowski, Georg (1863–1939), seit 1931 emeritierter persönlicher Ordinarius (Deutsche Sprache und Literatur) an der Universität Leipzig, Religion: seit 1896 evangelisch (vorher jüdisch), 1933 Entzug der Lehrbefugnis (§ 3 BBG) als „Nichtarier" und aus politischen Gründen (wegen seiner Unterstützung für Emil Julius Gumbel), im Mai 1939 Emigration in die Niederlande, wo er wenige Monate später starb.

Quellen: Reichshandbuch II; Germanistenlexikon III; BHdE II; Lambrecht, Entlassungen. Online: Professorenkatalog der Universität Leipzig.

Witte, Johannes (1877–1945), seit 1930 persönlicher Ordinarius (Missionswissenschaft) an der Universität Berlin, Religion: evangelisch, 1925 Mitglied der DVP, 1920–1930 Mitglied einer Freimaurerloge, 1935/36 Mitglied der NSDAP (1936 wurde die Aufnahme nach Denunziation als Freimaurer rückgängig gemacht), 1939 aus politischen Gründen emeritiert und anschließendes Lehrverbot (nach Kritik an einer Veröffentlichung), nicht emigriert.

Quellen: UA HU Berlin UK W 240; Kinas, Exodus, S. 284 f.; Ludwig, Fakultät, S. 109–111.

Wittgenstein, Annelise (1890–1946), seit 1926 Privatdozentin (Innere Medizin) an der Universität Berlin, bis 1933 Assistenzärztin an der III. Medizinischen Universitätspoliklinik, Religion: evangelisch (1946 katholisch), 1934 Verzicht auf die Lehrbefugnis wegen fehlender Aufstiegschancen und politisch motivierter Angriffe seitens der Ärztekammer[59], nicht emigriert, Privatpra-

59 Freiwilliger Rücktritt mit politischem Hintergrund.

xis und klinische Tätigkeit am Franziskus–Krankenhaus Berlin.

Quellen: UA HU Berlin UK W 303; BA Berlin R 9347. Online: Ärztinnen im Kaiserreich.

Wittkower, Erich/Eric David (1899–1983), seit 1931 Privatdozent (Innere Medizin) an der Universität Berlin, Assistenzarzt an der Charité, Religion: jüdisch, 1933 Entzug der Lehrbefugnis als Jude (§ 3 BBG), 1933 Emigration nach Großbritannien, 1933–1935 am *Maudsley Hospital* in London, 1935–1940 an der *Tavistock Clinic* in London, 1940–1945 im *Royal Army Medical Corps*, 1951 Übersiedlung nach Kanada, seit 1951 psychiatrische Privatpraxis, 1951–1972 an der *McGill University* in Montreal, seit 1963 als Prof., 1972 emeritiert.

Quellen: UA HU Berlin UK W 304; GStA PK I Rep. 76 Va Sekt. 2 Tit. IV Nr. 46 C Bd. I Bl. 55–60; BHdE II; Canadian Who's Who 1979. Nachruf u. a. in: Transcultural Psychiatry 20 (1983), S. 81–86.

Wizinger(-Aust), Robert (1896–1973), seit 1927 Privatdozent (Chemie) an der Universität Bonn, Assistent am Chemischen Institut, Religion: katholisch, 1934 nichtbeamteter a. o. Prof. in Bonn, 1937 Entzug der Lehrbefugnis aus politischen Gründen („ultramontan"), 1938 Emigration in die Schweiz, 1938–1943 Privatdozent an der ETH Zürich, 1943 a. o. Prof. in Zürich, 1947–1966 o. Professor (Farbstoffchemie) an der Universität Basel.

Quellen: BA Berlin R 4901/13280; Wer ist's 1935; BHdE II; Wenig, Verzeichnis; Höpfner, Universität, S. 62 f.

Woermann, Emil (1899–1980), seit 1931 beamteter a.o. Prof. an der TH Danzig, seit April 1933 o. Prof. (Landwirtschaftliche Betriebslehre) an der Universität Halle, seit 1933 Mitglied der SA, 1934–1936 Rektor der Universität Halle (zunächst geschäftsführend), seit 1937 Mitglied der NSDAP, 1944/45 wegen seiner Verbindung zum konservativen Widerstand inhaftiert, die für April 1945 vor dem Volksgerichtshof angesetzte Verhandlung fand nicht mehr statt, seit 1948 o. Prof. an der Universität Göttingen, 1955/56 Rektor der Universität Göttingen.

Quellen: UA Halle PA 17209; BA Berlin R 4901/13281; Eberle, Martin-Luther-Universität, S. 448 f. und passim; Grüttner, Lexikon, S. 185.

Wohl, Kurt (1896–1962), seit 1929 Privatdozent (Chemie) an der Universität Berlin, 1923–1935 Assistent am Physikalisch-chemischen Institut, Religion: evangelisch, 1933 als ehemaliger „Frontkämpfer" zunächst im Amt verblieben, ab 1935 Behinderung seiner Vorlesungen durch den Dekan, 1938 Entzug der Lehrbefugnis als „Halbjude" (§ 18 RHO), 1939 Emigration nach Großbritannien, an der *University of Oxford* tätig, 1942 Emigration in die USA, ab 1942 an der *Princeton University*, 1945–1962 an der *University of Delaware* in Newark.

Quellen: UA HU Berlin UK W 254, R/S 92 u. R/S 166; Poggendorff, Bd. VI; BHdE II; Deichmann, Flüchten, S. 82, 124 f.; Wisniak, Wohl.

Wohlwill, Friedrich (1881–1958), seit 1924 nichtbeamteter a. o. Prof. (Pathologische Anatomie) an der Universität

Hamburg, Religion: jüdisch, Mitglied der DDP/DStP, 1924–1933 Leitender Oberarzt am Allgemeinen Krankenhaus St. Georg, 1933 Entzug der Lehrbefugnis und Entlassung als Jude, 1934 Emigration nach Portugal, 1936–1946 Prosektor an der Universitätsklinik Santa Maria in Lissabon, 1946 Auswanderung in die USA, 1947–1952 Pathologe am *Danvers State Hospital* in Massachusetts.

Quellen: Kürschner 1950; Zeidman u. a., History, S. 286–289; van den Bussche, Universitätsmedizin, S. 63; Hamburgische Biografie VI; Villiez, Kraft, S. 420 f.; Biermanns/Groß, Pathologen, S. 316–320.

Woldt, Richard (1878–1952), seit 1928 Honorarprofessor (Arbeiterprobleme und soziale Betriebslehre) an der Universität Münster, 1923–1933 auch Lehraufträge an der TH Berlin, 1920–1932 im Preußischen Kultusministerium, zuletzt als Ministerialrat, Religion: konfessionslos, seit 1900 Mitglied der SPD (1919–1921 Mitglied des preußischen Landtags), 1933 Entzug der Lehrbefugnis aus politischen Gründen (§ 4 BBG), nicht emigriert, 1944 inhaftiert, 1945 Vizepräsident der sächsischen Landesverwaltung, 1945–1948 Prof. an der TH Dresden.

Quellen: GStA PK I Rep. 76 Va Sekt. 13 Tit. IV Nr. 22 Bl. 27–32; Schröder, Parlamentarier, S. 808 f.; Mauersberger, Sozialwissenschaftler; Happ/Jüttemann, Schlag; Baganz, Diskriminierung, S. 389.

Wolf, Gustav (1865–1940), seit 1916 apl. a. o. Prof. (Neuere Geschichte) an der Universität Freiburg/Br., Religion: evangelisch, 1919–1933 Mitglied der DNVP, 1933 Entzug der Lehrbefugnis als „Nichtarier" (§ 3 BBG), erhielt seit 1934 eine monatliche Beihilfe des badischen Staates, nicht emigriert.

Quellen: GLA Karlsruhe 235/9097; Kürschner 1931; Wer ist's 1935; Wirbelauer, Fakultät, S. 1024.

Wolf, Ludwig (1891–1937), seit 1931 nichtbeamteter a. o. Prof. (Chemie) an der Universität Berlin, 1921–1933 Assistent am Chemischen Universitätsinstitut, ungarischer Staatsangehöriger, Religion: evangelisch (früher jüdisch), 1933 Entzug der Lehrbefugnis als „Nichtarier" (§ 3 BBG), 1933 kurzzeitig an der *University of London* tätig, 1934 Emigration nach Indien, Prof. an der *Andhra University* in Waltair (heute: Visakhapatnam), krankheitsbedingt Rückkehr nach Europa; Wolf starb im Mai 1937 in Budapest.

Quellen: UA HU Berlin UK W 261; GStA PK I Rep. 76 Va Sekt. 2 Tit. IV Nr. 68 F Teil 1–2; Kürschner 1931. Nachruf in: Journal of the Chemical Society 1937, S. 1751 f.

Wolfers, Arnold (1892–1968), seit 1929 Privatdozent (Staatswissenschaften) an der Universität Berlin, 1930–1933 Direktor der Deutschen Hochschule für Politik in Berlin, Religion: evangelisch, 1933 Entzug der Lehrbefugnis als „Nichtarier" (§ 3 BBG), 1933 Emigration in die USA, seit 1933 Prof. für Internationale Beziehungen an der *Yale University* in New Haven, im Zweiten Weltkrieg an der *School of Military Government* der *University of Virginia* und Berater des *Office of Strategic Services*.

Quellen: UA HU Berlin UK W 262; GStA PK I Rep. 76 Va Sekt. 2 Tit. IV Nr. 68 F Teil 1; BHdE II. Online: Personenlexikon der Internationalen Beziehungen.

Wolff, Erich/Eric K. (1893–1973), seit 1928 nichtbeamteter a. o. Prof. (Pathologie und pathologische Anatomie) an der Universität Berlin, bis 1933 an der Städtischen Lungenanstalt Beetz-Sommerfeld, Religion: jüdisch, 1933 als ehemaliger „Frontkämpfer" zunächst im Amt verblieben, 1933 Emigration nach Großbritannien, 1934 nach Ceylon, Prof. am *Medical College* in Colombo, 1936 Entzug der Berliner Lehrbefugnis als Jude (RBG), 1936–1953 im öffentlichen Gesundheitsdienst von Colombo, lebte ab 1955 in Großbritannien.

Quellen: UA HU Berlin UK W 305, Med. Fak. 1357 u. UK 1069 Bl. 210 ff.; Doetz/Kopke, Ausschluss, S. 501; Biermanns/Groß, Pathologen, S. 320 f.

Wolff, Georg (1886–1952), seit 1930 Privatdozent (Soziale Hygiene) an der Universität Berlin, 1929–1934 Abteilungsdirektor im Hauptgesundheitsamt Berlin, Religion: jüdisch, 1928–1933 Mitglied der SPD, 1933 Entzug der Lehrbefugnis als Jude und aus politischen Gründen (§ 4 BBG), 1937 Emigration in die USA, seit 1937 an der *Johns Hopkins University*, ab 1941 am *National Institute of Health*, ab 1943 an der *Carnegie Institution of Washington*, seit 1949 für das *Army Surgeon General's Office* tätig.

Quellen: GStA PK I Rep. 76 Va Sekt. 2 Tit. IV Nr. 46 C Bd. I Bl. 481–490, 634–638, 870 f.; Doetz/Kopke, Ausschluss, S. 501; Etzold, Exodus, S. 85–93.

Wolff, Martin (1872–1953), seit 1921 o. Prof. (Handels- und Bürgerliches Recht) an der Universität Berlin, 1926–1937 wissenschaftliches Mitglied des KWI für ausländisches und unternationales Privatrecht, Religion: jüdisch, 1933 als „Altbeamter" zunächst im Amt verblieben, 1933 Boykott seiner Vorlesungen durch nationalsozialistische Studierende, 1935 zwangsemeritiert (§ 4 GEVH), 1936 Entzug der Lehrbefugnis (RBG), 1938 Emigration nach Großbritannien, wissenschaftlicher Gast am *All Souls College* in Oxford.

Quellen: UA HU Berlin UK W 266 u. Jur. Fak. 499; BHdE II; Reichshandbuch II; Breunung/Walther, Emigration I; Dannemann, Wolff; Medicus, Wolff; Rürup, Schicksale, S. 369–375; Oxford Dictionary of Biography.

Wolff, Paul (1894–1957), seit 1929 Privatdozent (Pharmakologie) an der Universität Berlin, Religion: evangelisch, 1933 als ehemaliger „Frontkämpfer" zunächst im Amt belassen, 1933 Emigration in die Schweiz (zunächst beurlaubt), 1933–1948 für den Völkerbund tätig, 1936 Entzug der Berliner Lehrbefugnis als „Nichtarier" (RBG), 1938 Emigration nach Argentinien, 1949–1957 Direktor der *Section Addictive Drugs* der Weltgesundheitsorganisation in Genf.

Quellen: UA HU Berlin UK W 268; GStA PK I Rep. 76 Va Sekt. 2 Tit. IV Nr. 46 C Bd. XX Bl. 46 f.;

Fischer, Lexikon II; Trendelenburg, Pharmakologen.

Wolff-Eisner, Alfred (1877–1948), seit 1926 nichtbeamteter a. o. Prof. (Innere Medizin) an der Universität Berlin, Religion: jüdisch, 1933 Entzug der Lehrbefugnis als Jude (§ 3 BBG), nicht emigriert, bis 1938 Arztpraxis in Berlin, 1943–1945 mit seiner Frau in das Ghetto Theresienstadt deportiert, nach Kriegsende Leiter einer Abteilung für KZ-Entlassene und Juden im Krankenhaus Schwabing, seit 1946 apl. Prof. und Leiter des Serologischen und Chemischen Labors der Universitäts-Nervenklinik München.

Quellen: UA HU Berlin UK W 270 u. UK 1069 Bl. 213 ff.; GStA PK I Rep. 76 Va Sekt. 2 Tit. IV Nr. 46 C Bd. I Bl. 456–479, 663 ff. u. Bd. II Bl. 52 ff.; UA München E-II-3623; Fischer, Lexikon II; Voswinckel, Grabstein.

Wollenberg, Robert (1862–1942), seit 1930 emeritierter o. Prof. (Psychiatrie und Neurologie) an der Universität Breslau, Religion: evangelisch, 1927/28 Rektor der Universität Breslau, 1935/36 als „Halbjude“ aus dem Lehrkörper gestrichen, nicht emigriert; Wollenberg lebte zuletzt in Berlin.

Quellen: BA Berlin R 4901/13281; BA Berlin R 9361-V/4065; UA Wrocław S 220/568; Scholz/Schröder, Ärzte; Kreuter III; Auerbach, Catalogus II. Online: Catalogus Professorum Halensis.

Wollheim, Ernst (1900–1981), seit 1929 Privatdozent (Innere Medizin) an der Universität Berlin, 1923–1933 Assistenzarzt an der II. Medizinischen Klinik der Charité, Religion: katholisch (früher jüdisch), 1933 als ehemaliges Mitglied eines Freikorps zunächst im Amt belassen, 1934 Emigration nach Schweden (zunächst beurlaubt), 1934–1948 an der Universität Lund, 1936 Entzug der Berliner Lehrbefugnis als „Nichtarier“ (RBG), 1948 Rückkehr nach Deutschland, seit 1948 o. Prof. in Würzburg, 1963/64 Rektor der Universität Würzburg.

Quellen: GStA PK I Rep. 76 Va Sekt. 2 Tit. IV Nr. 46 C Bd. XX Bl. 508–512, 587–593 u. Bd. XXI Bl. 85 f.; Kürschner 1961.

Woskin, Mojssej (Moizis) (1884–1944), seit 1926 Lektor (Rabbinische Literatur und Sprache) an der Universität Halle, Religion: jüdisch, 1933 Entzug des Lektorats als Jude (§ 3 BBG), 1936 Emigration in die Tschechoslowakei, im Juli 1943 Deportation in das Ghetto Theresienstadt, im Oktober 1944 Deportation nach Auschwitz (mit Frau und Tochter), wo er ermordet wurde.

Quellen: UA Halle PA 17293; Stengel, Ausgeschlossen; Wassermann, False Start, S. 101–111. Online: Catalogus Professorum Halensis; VAdS.

Wreszinski, Walter (1880–1935), seit 1928 persönlicher Ordinarius (Ägyptologie, Geschichte und Altertumskunde des Vorderen Orients) an der Universität Königsberg, Religion: jüdisch, 1933 unter Anerkennung „hervorragender Bewährung“ nicht entlassen, 1934 als Jude in den Ruhestand versetzt (§ 6 BBG), nicht emigriert.

Quellen: GStA PK I Rep. 76 Va Sekt. 11 Tit. IV Nr. 37 Bl. 56–57, 128–136, 170–177; Schütze,

Ägyptologe; Gertzen, Judentum, S. 172–175. Nachruf in: Orientalistische Literaturzeitung 38 (1935), S. 273–276.

Würzburger, Eugen (1863–1938), seit 1927 emeritierter o. Prof. (Statistik) an der Universität Leipzig, Religion: evangelisch, 1933 als „Altbeamter" zunächst geschützt, 1935 Entzug der Lehrbefugnis als „Nichtarier" aufgrund des RBG, nicht emigriert.

Quellen: UA Leipzig PA 1081; Lambrecht, Entlassungen; Kürschner 1931; Wer ist's 1935. Online: Professorenkatalog der Universität Leipzig.

Wundsch, Hans Helmuth (1887–1972), seit 1934 o. Prof. (Fischerei und Fischzucht) an der Universität Berlin, 1925–1934 o. Prof. an der Landwirtschaftlichen Hochschule Berlin, Religion: evangelisch, 1937 wegen seiner „nichtarischen" Ehefrau in den Ruhestand versetzt (§ 6 BBG), nicht emigriert, Privatgelehrter, seit 1941 mit Privatvertrag als Sachverständiger für die Reichswasserstraßenverwaltung tätig, seit Herbst 1945 erneut Prof. (Fischereiwesen) an der (Humboldt-)Universität Berlin.

Quellen: UA HU Berlin UK PA nach 1945 W 551; Reichshandbuch II; Wer war wer in der DDR.

Z

Zade, Adolf (1880–1949), Bruder von →Martin Z., seit 1920 o. Prof. (Pflanzenbaulehre) an der Universität Leipzig, Religion: evangelisch, 1933 als „Nichtarier" entlassen (§ 3 BBG), 1934 Emigration nach Schweden (die Heimat seiner Frau), dort in der chemischen Industrie mit der Entwicklung von Pflanzenschutzmitteln beschäftigt.

Quellen: Reichshandbuch II; Wer ist's 1935; Böhm, Handbuch. Online: Sächsische Biografie; Professorenkatalog der Universität Leipzig.

Zade, Martin (1877–1944), Bruder von →Adolf Z., seit 1916 nichtbeamteter a. o. Prof. (Augenheilkunde) an der Universität Heidelberg, 1918–1936 Facharztpraxis in Heidelberg, Religion: evangelisch (bis 1900 jüdisch), 1933 als ehemaliger „Frontkämpfer" zunächst im Amt belassen, 1936 Entzug der Lehrbefugnis als „Nichtarier" aufgrund des RBG, im März 1939 Emigration in die Niederlande, im August 1939 nach Großbritannien.

Quellen: GLA Karlsruhe 235/1625; BA Berlin R 4901/13281; Drüll, Gelehrtenlexikon 1803–1932; DBE; Mussgnug, Dozenten, S. 82, 159 f.

Zermelo, Ernst (1871–1953), seit 1926 o. Honorarprofessor (Mathematik) an der Universität Freiburg/Br., Religion: evangelisch; 1935 Einleitung eines Disziplinarverfahrens, nachdem Zermelo wegen regimekritischer Äußerungen und Verweigerung des „deutschen Grußes" denunziert worden war; daraufhin Verzicht auf weitere Lehrtätigkeit im März 1935, nicht emigriert, 1946 rehabilitiert, aber keine Wiederaufnahme der Lehrtätigkeit aufgrund seines Alters und gesundheitlicher Probleme.

Quellen: Stadtarchiv Freiburg Einwohnermeldekartei; Peckhaus, Zeit; Ebbinghaus, Ernst

Zermelo; Lexikon bedeutender Mathematiker; DBE.

Zeuner, Friedrich / Frederick (1905–1963), seit 1931 Privatdozent (Geologie und Paläontologie) und Assistent an der Universität Freiburg/Br., Religion: evangelisch, 1933 als Assistent wegen seiner „nichtarischen" Ehefrau gekündigt, 1934 Emigration nach Großbritannien, 1934–1936 *Research Associate* am British Museum, 1936 aus dem Freiburger Lehrkörper gestrichen, 1936–*1945 Lecturer* am Archäologischen Institut der *University of London, 1946–1963 Professor* of *Environmental Archaeology* an der *University of London.*

Quellen: GLA Karlsruhe 235/9099; BHdE II. Nachruf in: Proceedings of the Geologists' Association 75 (1964), S. 117–120.

Ziegler, Heinz Otto (1903–1944), seit 1928 Privatdozent (Soziologie) an der Universität Frankfurt/M., tschechoslowakischer Staatsangehöriger, Religion: evangelisch; 1933 Verzicht auf die Lehrbefugnis, bevor er als „Nichtarier" entlassen werden konnte; 1933 Rückkehr/Emigration in die Tschechoslowakei, Lehrtätigkeit an der Universität Prag, später Emigration nach Großbritannien; Ziegler ist im Mai 1944 als Angehöriger der *Royal Air Force* gefallen.

Quellen: UA Frankfurt/M. Rektoratsakte u. PA der Wirtschafts- und Sozialwissenschaftlichen Fakultät; Soziologenlexikon I.

Ziegler, Konrat (1884–1974), seit 1923 o. Prof. (Griechische und lateinische Philologie) an der Universität Greifswald, Religion: konfessionslos (bis 1930 evangelisch), u. a. Mitglied der DDP/DStP (1919–1932), des *Reichsbanner Schwarz-Rot-Gold* (1924–1933) und des *Vereins zur Abwehr des Antisemitismus* (1920–1933), 1928/29 Rektor, 1933 aus politischen Gründen entlassen (§ 4 BBG), nicht emigriert, 1939/40 inhaftiert, seit 1945 Mitglied der SPD, 1950 Honorarprofessor in Göttingen, 1966 emeritierter o. Prof., 2000 *Gerechter unter den Völkern.*

Quellen: UA Greifswald PA 196; GStA PK I Rep. 76 Va Sekt. 7 Tit. IV Nr. 36 Bd. 1; Brodersen u. a., Mensch; Buchholz, Lexikon; Szabó, Vertreibung, S. 113–119. Nachruf in: Gnomon 46 (1974), S. 636–640.

Zimmer, Heinrich (1890–1943), seit 1926 nichtbeamteter a. o. Prof. (Indische Philologie) an der Universität Heidelberg, Religion: evangelisch, 1938 Entzug der Lehrbefugnis wegen seiner „nichtarischen" Ehefrau (§ 18 RHO), 1939 Emigration nach Großbritannien, Gastvorlesung am *Balliol College* in Oxford, 1940 in die USA, Gastvorlesungen an der *Johns Hopkins University* in Baltimore, seit 1941 *Visiting Lecturer* an der *Columbia University*, New York.

Quellen: BA Berlin R 4901713281; Roy, Pragmatism; Case, Heinrich Zimmer; Mussgnug, Dozenten, S. 108 ff., 168–171. Nachruf in: Zeitschrift der Deutschen Morgenländischen Gesellschaft 100 (1950), S. 49–51.

Zimmermann, Bernhard (1886–1952), seit 1924 Lehrbeauftragter (Geschichte und Organisation der körperlichen Erziehung) an der Universität Göttingen, 1928–1937 Leiter des Instituts für Leibesübungen, Religion: evangelisch,

1924–1932 Mitglied der DDP/DStP, 1937 wegen seiner jüdischen Frau in den Ruhestand versetzt, 1938 Emigration nach Großbritannien, Lehrer an der *Gordonstoun School* in Schottland, später in Aberdovey (Wales), 1940/41 als Deutscher interniert.

Quellen: BA Berlin R 4901/13281; Stadtarchiv Göttingen Meldekartei; Buss, Hochschulsport; Szabó, Vertreibung, S. 660 f.; Henze, B. Zimmermann.

Zinn, Alexander (1880–1941), seit 1922 Lehrbeauftragter (Zeitungskunde) an der Universität Hamburg, im Hauptberuf 1923–1933 Direktor der Staatlichen Pressestelle in Hamburg, 1929 zum Staatsrat ernannt, Religion: evangelisch, Mitglied der SPD und des *Werkbundes geistiger Arbeiter* in Hamburg, 1933 aus politischen Gründen als Leiter der Staatlichen Pressestelle entlassen (§ 4 BBG), daraufhin Verlust des Lehrauftrags, nicht emigriert.

Quellen: StA Hamburg 131-15 A103; Hamburgische Biografie II.

Zoepfl, Gottfried (1867–1945), seit 1908 beamteter a. o. Prof. (Staatswissenschaften, auswärtige Wirtschaftspolitik) an der Universität Berlin, seit 1930 geschäftsführendes Präsidialmitglied beim ständigen Büro des Mitteleuropäischen Wirtschaftstages in Wien, Religion: katholisch, seit 1933 Mitglied der NSDAP, 1936 wegen seiner „nichtarischen" Ehefrau aus dem Lehrkörper gestrichen, nicht emigriert; Zoepfl starb im April 1945 in Znaim/Znojmo, Tschechien unter umgeklärten Umständen.

Quellen: UA HU Berlin UK Z 44 u. UK 1069; Wer ist's 1935; Schäfer, Gottfried Zoepfl, Bd. 23; Biographisches Handbuch des deutschen Auswärtigen Dienstes V; Mitt. Ingrid Rack, Stadtarchiv Würzburg, 21.5.2008.

Zondek, Bernhard (1891–1966), Bruder von →Hermann und →Samuel Georg Z., seit 1926 nichtbeamteter a. o. Prof. (Gynäkologie und Geburtshilfe) an der Universität Berlin, 1929–1933 Chefarzt am Krankenhaus Spandau, Religion: jüdisch, 1933 Entzug der Lehrbefugnis als Jude (§ 3 BBG), 1933 Emigration nach Schweden, 1934 nach Palästina, 1934–1961 Leiter des Hormonforschungslabors am Hadassah-Hospital in Jerusalem, seit 1943 Prof. an der Hebräischen Universität Jerusalem.

Quellen: UA HU Berlin UK Z 46; GStA PK I Rep. 76 Va Sekt. 2 Tit. IV Nr. 46 C Bd. I Bl. 107–112; Fischer, Lexikon II; Reichshandbuch II; BHdE II; Doetz/Kopke, Ausschluss, S. 506; Zondek, Erinnerungen.

Zondek, Hermann (1887–1979), Bruder von →Bernhard und →Samuel Georg Z., seit 1922 nichtbeamteter a. o. Prof. (Innere Medizin) an der Universität Berlin, Religion: jüdisch, 1926–1933 Ärztlicher Direktor und Chefarzt der Inneren Abteilung des Städtischen Krankenhauses am Urban, 1933 Emigration nach Großbritannien, 1933/34 Gastwissenschaftler am *Jewish Memorial Hospital* in Manchester, 1934 Emigration nach Palästina, 1934–1959 Direktor der Inneren Abteilung des *Bikur Cholim Hospitals* in Jerusalem.

Quellen: UA HU Berlin UK Z 46a; GStA PK I Rep. 76 Va Sekt. 2 Tit. IV Nr. 46 C Bd. I Bl. 113–118; Fischer, Lexikon II; Reichshandbuch II; BHdE II; Doetz/Kopke, Ausschluss, S. 507; Zondek, Erinnerungen.

Zondek, Samuel Georg (1894–1970), Bruder von →Bernhard und →Hermann Z., seit 1926 nichtbeamteter a. o. Prof. (Pharmakologie und Innere Medizin) an der Universität Berlin, bis 1933 Assistenzarzt an der II. Medizinischen Klinik und Poliklinik der Charité, Religion: jüdisch, 1933 Entzug der Lehrbefugnis als Jude (§ 3 BBG), 1935 Emigration nach Palästina, Leiter der Inneren Abteilung am Hadassah-Hospital in Tel Aviv.

Quellen: UA HU Berlin UK Z 47; GStA PK I Rep. 76 Va Sekt. 2 Tit. IV Nr. 46 C Bd. I Bl. 775–780, 823–838; Fischer, Lexikon II; Reichshandbuch II; BHdE II; Zondek, Erinnerungen.

Zorn, Dominikus (1880–1944), seit 1929 Lehrbeauftragter (Steuerliche Buch- und Betriebsprüfung) an der Universität Köln, im Hauptberuf Oberregierungsrat im Landesfinanzamt, Religion: katholisch, Mitglied der Zentrumspartei; im Mai 1933 „auf eigenen Antrag“ entlassen, um einer Versetzung aus politischen Gründen (als führendes Mitglied der Kölner Zentrumspartei) und aufgrund von Kritik an seiner Amtsführung zu entgehen; daraufhin Entzug des Lehrauftrags im September 1933, nicht emigriert.

Quellen: Landesarchiv Nordrhein-Westfalen Duisburg BR-Pe 5047; UA Köln Zug. 9/82.

Zuelzer, Georg (1870–1949), seit 1932 Lehrbeauftragter (Spezielle Therapie und Pathologie der Infektionskrankheiten) an der Universität Berlin, 1919–1933 Leiter der Inneren Abteilung des Krankenhauses Lankwitz, Religion: evangelisch (früher jüdisch), 1933 Entzug des Lehrauftrags als „Nichtarier“ (§ 3 BBG), 1934 Emigration in die USA.

Quellen: UA HU Berlin UK Z 59; GStA PK I Rep. 76 Va Sekt. 2 Tit. IV Nr. 46 C Bd. I Bl. 454 f., 549–573, 604 ff.; Wininger, National-Biographie VII; Kagan, Jewish Medicine; Mellinghoff, Zuelzer.

Zumbusch, Leo von (1874–1940), seit 1922 o. Prof. (Haut- und Geschlechtskrankheiten) an der Universität München, 1932 bis Oktober 1933 Rektor der Universität München, Religion: katholisch, 1918 Mitglied der DVP, seit 1920 Mitglied der DNVP, 1936 nach einer politisch motivierten Denunziationskampagne (u. a. wegen verächtlicher Äußerungen über Hitler und den bayerischen Kultusminister Hans Schemm) in den Ruhestand versetzt (§ 6 BBG), nicht emigriert; lebte zuletzt in Rimsting am Chiemsee.

Quellen: BayHStA München MK 44567; Reichshandbuch II; Fischer, Lexikon II; Grüttner, Lexikon; Orth, Vertreibung, S. 176–183; Böhm, Selbstverwaltung, S. 529–531, 620 u. passim.

Zweifel, Erwin (1885–1949), seit 1925 nichtplanmäßiger a. o. Prof. (Geburtshilfe und Gynäkologie) an der Universität München, Privatpraxis in München, Religion: evangelisch, Mitglied des *Stahlhelm, Bund der Frontsoldaten*, 1931–1933 Mitglied einer Freimaurerloge; 1933 als ehemaliger „Frontkämpfer“ zunächst im Amt belassen, 1936 Entzug der Lehrbefugnis als „Geltungsjude“ („Halbjude“ mit „volljüdischer“ Ehefrau) aufgrund des RBG, 1938 Emigration in die Schweiz, lebte in Brugg/Aargau.

Quellen: UA München E-II-3691; BayHStA München MK 35817; BA Berlin R 9361-VI/3572, R 9345/67 u. R 9347; Fischer, Lexikon II; Böhm, Selbstverwaltung, S. 369, 620; Dross, Juden, S. 99–104.

3 Personelle Verluste der einzelnen Universitäten

Universität Berlin

Entlassungen und entlassungsähnliche Fälle

Evangelisch-Theologische Fakultät

Dietrich Bonhoeffer (1906–1945), Adolf Deißmann (1866–1937), Walter Dreß (1904–1979), Cajus Fabricius (1884–1950), Walter Künneth (1901–1997), Wilhelm Lütgert (1867–1938), Johannes Witte (1877–1945).

Juristische Fakultät

Max Alsberg (1877–1933), Hermann Dersch (1883–1961), Julius Flechtheim (1876–1940), Werner Gentz (1884–1979), James Paul Goldschmidt (1874–1940), Kurt Häntzschel (1889–1941), Erich Kaufmann (1880–1972), Walter Landé (1889–1938), Julius Magnus (1867–1944), Hermann Mannheim (1889–1974), Paul M. Meyer (1865–1935), Arthur Nussbaum (1877–1964), Johannes Popitz (1884–1945), Ernst Rabel (1874–1955), Max Rheinstein (1899–1977), Adolf Schüle (1901–1967), Fritz Schulz (1879–1957), Heinrich Triepel (1868–1946), Martin Wolff (1872–1953).

Medizinische Fakultät

Georg Abelsdorff (1869–1933), Walter Arnoldi (1881–1960), Selmar Aschheim (1878–1965), Bernhard Bendix (1863–1943), Ernst W. Bergmann (1896–1977), Max Berliner (1888–1961), Karl Birnbaum (1878–1950), Ernst Blumenfeldt (geb. 1887), Ferdinand Blumenthal (1870–1941), Franz Blumenthal (1878–1971), Moritz Borchardt (1868–1948), Gustav Brühl (1871–1939), Abraham Buschke (1868–1943), Leopold Casper (1859–1959), Benno Chajes (1880–1938), Julius Citron (1878–1952), Konrad Cohn (1866–1938), Kurt Dresel (1892–1951), Rudolf Ehrmann (1879–1963), Friedrich P. Ellinger (1900–1962), Rhoda Erdmann (1870–1935), Georg Ettisch (1890–1959), Laurence Farmer Loeb (1895–1976), Wilhelm Feldberg (1900–1993), Heinrich Finkelstein (1865–1942), Paul Fleischmann (1879–1957), Paul Fraenckel (1874–1941), Ernst Fränkel (1886–1948), Karl Freudenberg (1892–1966), Richard Freund (1878–1942), Rudolf Freund (1896–1982), Ulrich Friedemann (1877–1949), Hans W. K. Friedenthal (1870–1942), Ernst Josef Friedmann (1877–1956), Friedrich Franz Friedmann, (1876–1953), Franz Goldmann (1895–1970), Alfred Goldscheider (1858–1935), Kurt Goldstein (1878–1965), Werner Gottstein (1894–1959), Kurt Grassheim (1897–1948), Hans Guggenheimer (1886–1949), Adolf Gutmann (1876–1960), Helmut Hahn (1897–1966), Martin Hahn (1865–1934), Heinrich Haike (1864–1934), Ludwig Halberstaedter

(1876–1949), Richard Hamburger (1884–1940), Kurt Henius (1882–1947), Herbert Herxheimer (1894–1985), Alexander Herzberg (1887–1944), Ernst Herzfeld (1880–1944/45), Bruno Heymann (1871–1943), Emil Heymann (1878–1936), Julius Hirsch (1892–1962), Felix Hirschfeld (1863–1938), Hans Hirschfeld (1873–1944), Arthur Israel (1883–1969), Wilhelm Israel (1881–1959), Ludwig Jacobsohn-Lask (1863–1940), Eugen Joseph (1879–1933), Paul Jossmann (1891–1978), Rudolf Jürgens (1897–1961)[1], Paul Karger (1892–1976), Eugen Kisch (1885–1969), Hans Kleinmann (1895–1950), Georg Klemperer (1865–1946), Franz Kobrak (1879–1955), Franz Kramer (1878–1967), Arthur Kronfeld (1886–1941), Hugo Kroò (1888–1953), Max Kuczynski (1890–1967), Bernhard Kugelmann (1900–1938), Hans Landau (1892–1995), Leopold Langstein (1876–1933), Paul Lazarus (1873–1957), Georg Levinsohn (1867–1935), Fritz Heinrich Lewy (1885–1950), Alexander von Lichtenberg (1880–1949), Wilhelm Liepmann (1878–1939), Heinrich Lippmann (1881–1943), Adolf Loewy (1862–1937), Otto Lubarsch (1860–1933), Adolf Magnus-Levy (1865–1955), Max Marcus (1892–1983), Fritz Meyer (1875–1953), Ludwig F. Meyer (1879–1954), Robert Otto Meyer (1864–1947), Leonor Michaelis (1875–1949), Max Michaelis (1869–1933), Ernst Mislowitzer (1895–1985), Ernst Mosler (1882–1950), Franz R. Müller (1871–1945), Fritz Münzesheimer (1895–1986), Arthur Nicolaier (1862–1942), Rudolf Nissen (1895–1981), Otto Olsen (1892–1969), Arnold Orgler (1874–1957), Hugo Picard (1888–1974), Ludwig Pick (1868–1944), Felix Pinkus (1868–1947), Johann Plesch (1878–1957), Bruno Oskar Pribram (1887–1962), Paul Friedrich Richter (1868–1934), Paul Röthig (1874–1940), Peter Rona (1871–1945), Max Rosenberg (1887–1943), Theodor Rosenheim (1860–1939), Georg Rosenow (1886–1985), Heinrich Rosin (1863–1934), Albert Salomon (1883–1976), Erwin Schiff (1891–1971), Fritz Schiff (1889–1940), Franz Schück (1888–1958), Paul Schuster (1867–1940), Siegfried Fritz Seelig (1899–1969), Albert Simons (1894–1955), Arthur Simons (1877–1942), Erwin Strassmann (1895–1972), Fritz Strassmann (1858–1940), Paul Strassmann (1866–1938), Erwin Straus (1891–1975), Hermann Strauss (1868–1944), Walter Strauss (1895–1990), Hans Ucko (1900–1967), Reinhard von den Velden (1880–1941), László Wámoscher (1901–1934), Richard Weissenberg (1882–1974), Erich Wittkower (1899–1983), Erich K. Wolff (1893–1973), Georg Wolff (1886–1952), Paul Wolff (1894–1957), Alfred Wolff-Eisner (1877–1948), Ernst Wollheim (1900–1981), Bernhard Zondek (1891–1966), Hermann Zondek (1887–1979), Samuel Georg Zondek (1894–1970), Georg Zuelzer (1870–1949).

Philosophische Fakultät

Fritz Baade (1893–1974), Franz Babinger (1891–1967), Hans Baron (1900–1988), David Baumgardt (1890–1963), Carl Heinrich Becker (1876–1933), Ernst David Berg-

1 Bei der Berechnung der Verlustquote der einzelnen Universitäten wird Jürgens der Universität Leipzig zugerechnet, der er im WS 1932/33 angehörte.

mann (1903–1975), Stefan Bergmann (1895–1977), Ludwig Bernhard (1875–1935), Hans Beutler (1896–1942), Elias Bickermann (1897–1981), Alfred Brauer (1894–1985), Friedrich Brieger (1900–1985), Alfred Byk (1878–1942), Erich Caspar (1879–1935), Heinrich Cunow (1862–1936), Max Dessoir (1867–1947), Constantin von Dietze (1891–1973)[2], Ludwig Edelstein (1902–1965), John Eggert (1891–1973), Maximilian Ehrenstein (1899–1968), Carl Erdmann (1898–1945), Oskar Fischel (1870–1939), Julius Freund (1871–1939), Herbert Freundlich (1880–1941), Hans Friedländer (1888–1960), Max Friedlaender (1852–1934), Dietrich Gerhard (1896–1985), Leopold Giese (1885–1968), Adolph Goldschmidt (1863–1944), Hermann Grossmann (geb. 1877), Fritz Haber (1868–1934), Max Herrmann (1865–1942), Mathilde Hertz (1891–1975), Ernst Herzfeld (1879–1948), Edmund Hildebrandt (1872–1939), Hedwig Hintze (1884–1942), Julius Hirsch (1882–1961), Martin Hobohm (1883–1942), Otto Hoetzsch (1876–1946), Paul Hofmann (1880–1947), Hajo Holborn (1902–1969), Erich Moritz von Hornbostel (1877–1935), Werner Jaeger (1888–1961), Ignaz Jastrow (1856–1937), Jens Jessen (1895–1944)[3], Victor Jollos (1887–1941), Hartmut Kallmann (1896–1978), Fritz Karsen (1885–1951), Ivan Koppel (1873–1941), Gertrud Kornfeld (1891–1955), Paul Kraus (1904–1944), Helmut Kuhn (1899–1991), Rudolf Ladenburg (1882–1952), Willy Lange (1900–1976), Emil Lederer (1882–1939), Emil Less (1855–1935), Charlotte Leubuscher (1888–1961), Kurt Lewent (1880–1964), Kurt Lewin (1890–1947), Ernst Lewy (1881–1966), Arthur Liebert (1878–1946), Otto Liebknecht (1876–1949), Otto Lipmann (1880–1933), Fritz London (1900–1954), Werner Magnus (1876–1942), Alfred Manes (1877–1963), Willy Marckwald (1864–1942), Carl David Marcus (1879–1940), Ernst Marcus (1893–1968), Gerhard Masur (1901–1975), Gustav Mayer (1871–1948), Lise Meitner (1878–1968), Richard Joseph Meyer (1865–1939), Richard von Mises (1883–1953), Eugen Mittwoch (1876–1942), Friedrich Möglich (1902–1957), Carl Neuberg (1877–1956), Johann Neumann von Margitta (1903–1957), Alfred Neumeyer (1901–1973), Eduard Norden (1868–1941), Walter Norden (1876–1937), Hermann Oncken (1869–1945), Ernst Perels (1882–1945), Julius Pokorny (1887–1970), Hilda Pollaczek (1893–1973), Hans Pringsheim (1876–1940), Peter Pringsheim (1881–1963), Hans Reichenbach (1891–1953), Otto Reichenheim (1882–1950), Robert Remak (1888–1942), Werner Richter (1887–1960), Johann Baptist Rieffert (1883–1956), Ernst Hermann Riesenfeld (1877–1957), Arthur Rosenberg (1889–1943), Arthur Rosenheim (1865–1942), Max Rothstein (1859–1940), Theodor Sabalitschka (1889–1971), Curt Sachs (1881–1959), Elisabeth Schiemann (1881–1972), Erwin Schrödinger (1887–1961), Issai Schur (1875–1941), Friedrich Siegmund-Schultze (1885–1969), Wal-

2 Bei der Berechnung der Verlustquote der einzelnen Universitäten wird Constantin von Dietze der Universität Jena zugerechnet, der er im WS 1932/33 angehörte.

3 Bei der Berechnung der Verlustquote der einzelnen Universitäten wird Jessen der Universität Göttingen zugerechnet, der er im WS 1932/33 angehörte.

ter Simon (1893–1981), Friedrich Solmsen (1904–1989), Ernst Stein (1891–1945), Werner Steiner (1896–1941), Curt Stern (1902–1981), Leo Szilard (1898–1964), Wilhelm Traube (1866–1942), Alfred Vierkandt (1867–1953), Richard Walzer (1900–1975), Otto Warburg (1859–1938), Martin Weinbaum (1902–1990), Werner Weisbach (1873–1953), Karl Weissenberg (1893–1976), Kurt Wohl (1896–1962), Ludwig Wolf (1891–1937), Arnold Wolfers (1892–1968), Gottfried Zoepfl (1867–1945).

Entlassene Lehrkräfte, die im Wintersemester 1932/33 noch nicht zum Lehrkörper einer deutschen Universität gehörten

Otto von Baeyer (1877–1946), Otto Bartsch (1881–1945), Georg Groscurth (1904–1944), Arvid Harnack (1901–1942), Mildred Harnack (1902–1943), Albrecht Haushofer (1903–1945), Kurt Hueck (1897–1965), Otto Mänchen-Helfen (1894–1969), Rüdiger Schleicher (1895–1945), Karl Söllner (1903–1986), Fritz Straus (1877–1942), Emmy Wagner (1894–1977), Fritz Windisch (1895–1961), Hans Helmuth Wundsch (1887–1972).

Freiwilliger Rücktritt mit politischem Hintergrund

Peter Debye (1884–1966)[4], Friedrich Glum (1891–1974), Bernhard Groethuysen (1880–1946), Romano Guardini (1885–1968), Wolfgang Köhler (1887–1967), Otto Krayer (1899–1982), Hans Lewald (1883–1963), Ebbe Neergaard (1901–1957), Erich Wende (1884–1966), Wolfgang Windelband (1886–1945), Annelise Wittgenstein (1890–1946).

Bemerkungen

Bei der Erstellung der Liste der vertriebenen Hochschullehrer der Universität Berlin blieben die folgenden Personen unberücksichtigt:

Julius Bochnik (1891–1987), planmäßiger Lektor (Polnisch), seit 1932 förderndes Mitglied der SS und seit 1933 Mitglied der NSDAP, Obmann der *Dozentenschaft* am Slawischen Institut, 1940 wegen früherer Kontakte zum polnischen Nachrichtendienst inhaftiert und als Lektor entlassen. Ein Verfahren vor dem Volksgerichtshof wurde 1942 wegen Verjährung eingestellt. Die Umstände rechtfertigen es nicht, Bochnik als politisch Verfolgten einzustufen.[5]

Kurt Breysig (1866–1940), persönlicher Ordinarius (Gesellschaftslehre und allgemeine Geschichtswissenschaft), 1934 nach Erreichen der Altersgrenze emeritiert; nachdem 1937 entschieden worden war, dass gegen ihn „nichts zu veranlassen" sei, blieb er trotz seiner Ehe mit einer

---

4 Bei der Berechnung der Verlustquote der einzelnen Universitäten wird Peter Debye der Universität Leipzig zugerechnet, der er im WS 1932/33 angehörte.

5 Kinas, Exodus, S. 301–304 (mit anderer Bewertung); Bott, Slavistik, S. 291.

„Volljüdin" bis zu seinem Tod Mitglied des Lehrkörpers; seine Witwe Gertrud überlebte das Ghetto Theresienstadt.[6]

Carl Bruhns (1869–1934), nichtbeamteter a. o. Prof. (Haut- und Geschlechtskrankheiten), im Dezember 1933 auf eigenen Antrag wegen einer schweren Erkrankung beurlaubt, im Januar 1934 gestorben; für die verschiedentlich behauptete „nichtarische" Herkunft Bruhns gibt es bisher keine Belege.[7]

Emil Dovifat (1890–1969), beamteter a. o. Prof. (Zeitungswissenschaft); Dovifat wurde nach einer Denunziation wegen Kritik an Aussagen Hitlers zur Pressefreiheit (Dezember 1932) und wegen einer Rede auf dem Berliner Katholikentag (Juni 1934) im Juli 1934 nach § 6 BBG in den Ruhestand versetzt; die Pensionierung wurde aber bereits im Oktober 1934 wieder aufgehoben.[8]

Adolf/Adolphe Erman (1854–1937), emeritierter o. Prof. (Ägyptologie), wurde 1933 als „Altbeamter" und wegen eines im Ersten Weltkrieg gefallenen Sohnes im Amt belassen. Von späteren Entlassungswellen war der als „Vierteljude" geltende Emeritus nicht betroffen.[9]

Willi Felix (1892–1962), nichtbeamteter a. o. Prof. (Chirurgie), vermied durch die 1936 erfolgte Scheidung von seiner als „Volljüdin" stigmatisierten Ehefrau die spätere Entlassung als „jüdisch Versippter" und wurde 1939 zum außerplanmäßigen Professor ernannt.[10]

Richard Freise (1889–1935), Privatdozent (Kinderheilkunde), vom WS 1932/33 bis 1935 krankheitsbedingt beurlaubt. 1933 wurde ihm die Anstellung als Assistent wegen fortdauernder Arbeitsunfähigkeit gekündigt; für die in der Literatur behauptete Verfolgung aus „politischen" und/oder „rassischen" Gründen fehlen ebenso Belege wie für den vermeintlichen Suizid.[11]

Paula Hertwig (1889–1983), nichtbeamtete a. o. Prof. (Vererbungslehre). 1940 wurde ihr aus politischen Gründen (kein „politischer Einsatz", noch 1933 Kandidatin der DStP für den Preußischen Landtag) die Ernennung zur außerplanmäßigen Prof. verweigert, sie gehörte dem Lehrkörper aber bis zum Kriegsende weiter als nichtbeamtete a. o. Prof. an.[12]

Otto Hintze (1861–1940), emeritierter o. Prof. (Neuere Geschichte, insbesondere Verfassungs-, Verwaltungs-, Wirtschaftsgeschichte und Politik), wurde trotz seiner Ehe mit der „volljüdischen" Historikerin →Hedwig H. nicht aus dem Lehrkörper gestrichen.[13]

Bayume Mohamed Husen (1904–1944), Sprachgehilfe (Suaheli), wurde im August 1941 wegen eines Verhältnisses mit einer „Arierin" verhaftet und im September 1941 als „Rassenschänder" in das KZ Sachsenhausen eingeliefert, wo er im November 1944 starb. Da er zuvor auf eigenen Antrag aus dem Lehrkörper ausgeschieden war, kann er nicht zu den vertriebenen Dozenten gerechnet werden.

---

6 UA HU Berlin UK B 413; NDB; Böhme, „Dämon".

7 UA HU Berlin UK B 464. Zur Herkunft der Eltern vgl. die Biographie des Vaters Carl Christian Bruhns, in: Biographisches Lexikon für Schleswig-Holstein und Lübeck Bd. 3.

8 GStA PK I Rep. 76 Va Sekt. 2 Tit. IV Nr. 68 F Teil 2; Benedikt, Dovifat.

9 UA HU Berlin UK E 89.

10 UA HU Berlin UK F 30.

11 UA HU Berlin UK F 189 u. Charité Direktion 897; Seidler, Kinderärzte.

12 UA HU Berlin UK H 269; Kinas, Schiemann, S. 362–366; Gerstengarbe, Hertwig.

13 UA HU Berlin UK H 332.

Johannes Jost (1872–1948), nichtbeamteter a. o. Prof. (Sexualethik, -pädagogik und -hygiene); trotz einiger Faktoren (1932 Scheidung von seiner zweiten, „nichtarischen" Ehefrau, 1934 wurde sein Beitritt zur NSDAP wegen früherer Logenmitgliedschaft für nichtig erklärt), die auf ein politisches Motiv hindeuten, verzichtete Jost Ende 1935 letztlich aus gesundheitlichen Gründen auf die Lehrbefugnis.[14]

Hans Joachim Moser (1889–1967), Honorarprofessor (Musikwissenschaft); für den 1934 erfolgten Entzug der Lehrbefugnis nach § 6 BBG waren keine politischen Gründe maßgeblich, sondern dienstliches Fehlverhalten Mosers als Direktor der Staatlichen Akademie für Kirchen- und Schulmusik in Berlin.[15]

Johannes/Hans Karl Müller (1899–1977), Privatdozent (Augenheilkunde), wurde 1936 trotz seiner Einstufung als „Mischling II. Grades" aus „dringenden Rücksichten der Verwaltung" als Dozent zugelassen und 1940 zum außerplanmäßigen Professor ernannt.[16]

Michele Petrone (1893–1968), Lektor (Italienisch), Mitglied des *Partito Nazionale Fascista.* Trotz seiner Ehe mit einer „Volljüdin" sah das REM von seiner Entlassung ab, weil er seit 1930 von seiner Frau getrennt lebte und eine Scheidung im katholischen Italien nicht möglich war. Die Stelle als Lektor wurde ihm 1940 auf Wunsch der italienischen Regierung gekündigt.[17] Antisemitische Motive spielten dabei wohl keine Rolle, da die Ehe mit einem „nichtarischen" Partner im italienischen Faschismus auch nach 1938 kein Kündigungsgrund war.[18]

Gerhart Rodenwaldt (1886–1945), o. Prof. (Archäologie), verblieb trotz seiner Ehe mit einer „Vierteljüdin" im Amt („besondere Umstände für Pensionierung lagen nicht vor"); Rodenwaldt und seine Frau, deren einziger Sohn 1942 gefallen war, starben im April 1945 während der Kämpfe um Berlin durch Suizid.[19]

Alfred Rühl (1882–1935), persönlicher Ordinarius (Wirtschaftsgeographie); verblieb 1933 als „Altbeamter" im Amt. Es ist ungewiss, ob er als „Vierteljude" von den späteren antisemitischen Entlassungswellen betroffen gewesen wäre. Rühl, der an einer mehrfach vergeblich operierten Netzhautablösung beider Augen litt, starb während der Reise in eine Schweizer Klinik, vermutlich durch Suizid.[20]

Max Sering (1857–1939), emeritierter o. Prof. (Staatswissenschaften), wurde 1933 als „Halbjude" nicht entlassen, weil er als „Altbeamter" galt und sein Sohn im Ersten Weltkrieg gefallen war; er blieb ohne Änderung seiner Rechtsstellung bis zu seinem Tod Mitglied des Lehrkörpers.[21]

---

14 BA Berlin R 4901/13267; Schulze, Bildungsstätte, S. 409 f.

15 UA HU Berlin UK M 253; GStA PK I Rep. 76 Va Sekt. 2 Tit. IV Nr. 68 F Teil 2.

16 BA Berlin R 4901/312, Bl. 417–426; Nachruf in: Albrecht von Graefes Archiv für klinische und experimentelle Ophtalmologie 205 (1978), S. 71 f.

17 UA HU Berlin UK P 80; BA Berlin R 4901/1315 u. R 4901/312.

18 Mitt. von Michele Sarfatti, Mailand, 11.6.2020.

19 UA HU Berlin UK R 162; BA Berlin R 4901/312; NDB.

20 UA HU Berlin UK R 256; Schultz, Rühl.

21 UA HU Berlin UK S 84.

Ludwig August Sommer (1895–1956), Privatdozent (Physik), seit 1933 Mitglied der NSDAP; maßgeblich für den 1934 erfolgten Entzug der Lehrbefugnis (§ 6 BBG) waren keine politischen Gründe, sondern dienstliches Fehlverhalten.[22]

Margot Sponer (1898–1945), Lehrbeauftragte (Spanische Sprache), wurde im September 1942 nicht aus politischen Gründen, sondern wegen „persönlicher Spannungen" zwischen ihr und dem Leiter der Sprachabteilung Spanisch in der Auslandswissenschaftlichen Fakultät entlassen; Sponer, die Verfolgte und Zwangsarbeiter unterstützte, wurde im April 1945 von SS-Leuten verhaftet und von diesen vermutlich auch erschossen.[23]

Hans Storck (1898–1982), Privatdozent (Orthopädie); Zweifel an der „Abstammung" seiner Ehefrau wurden 1937 durch die *Reichsstelle für Sippenforschung* ausgeräumt, die der unehelich Geborenen eine „arische" Herkunft attestierte, 1940 wurde Storck zum beamteten a. o. Prof. in Gießen ernannt.[24]

Heinrich Titze (1872–1945), o. Prof. (Bürgerliches Recht, Zivilprozessrecht, Arbeitsrecht). Erst nach Titzes Emeritierung (1938) und einer mehrjährigen Lehrtätigkeit als Emeritus wurde 1942 bekannt, dass seine Frau nach nationalsozialistischen Kriterien „Halbjüdin" war. Eine Änderung der Rechtsstellung Titzes erfolgte nicht.

Wilhelm Westphal (1882–1978), nichtbeamteter a. o. Prof. (Physik), 1934 zum beamteten a. o. Prof. an der TH Berlin ernannt. 1937 verzichtete das REM trotz seiner Ehe mit einer „Vierteljüdin" auf seine Entlassung („besondere Gründe für eine Pensionierung nach § 6 BBG lagen nicht vor").[25]

Literatur

Fischer, Wolfram u. a. (Hg.): Exodus von Wissenschaften aus Berlin. Fragestellungen – Ergebnisse – Desiderate. Entwicklungen vor und nach 1933, Berlin u. a. 1994.

Grüttner, Michael u. a.: Die Berliner Universität zwischen den Weltkriegen 1918–1945 (Geschichte der Universität Unter den Linden, Bd. 2), Berlin 2012.

Kinas, Sven: Akademischer Exodus. Die Vertreibung von Hochschullehrern aus den Universitäten Berlin, Frankfurt am Main, Greifswald und Halle 1933–1945, Heidelberg 2018.

Lösch, Anna-Maria Gräfin von: Der nackte Geist. Die Juristische Fakultät der Berliner Universität im Umbruch von 1933, Tübingen 1999.

Pawliczek, Aleksandra: Akademischer Alltag zwischen Ausgrenzung und Erfolg. Jüdische Dozenten an der Berliner Universität 1871–1933, Stuttgart 2011.

Die Berliner Universität in der NS-Zeit, Bd. I: Christoph Jahr (Hg.) Strukturen und Personen, Bd. II: Rüdiger vom Bruch (Hg.), Fachbereiche und Fakultäten, Wiesbaden 2005.

22 UA HU Berlin UK S 154; GStA PK I Rep. 76 Va Sekt. 2 Tit. IV Nr. 68 F Teil 2.

23 HU Berlin UK S 176 u. NS-Doz. 2: ZD I 0982; Bott, Haltung, S. 123 f.; Vogt, Sponer; VAdS.

24 BA Berlin R 4901/1386.

25 UA HU Berlin UK W 160; BA Berlin R 4901/312.

Universität Bonn

Entlassungen und entlassungsähnliche Fälle

Evangelisch-Theologische Fakultät
Karl Barth (1886–1968), Ernst Fuchs (1903–1983), Friedrich Horst (1896–1962), Fritz Lieb (1892–1970), Hermann Schlingensiepen (1896–1980), Karl Ludwig Schmidt (1891–1956), Hans Emil Weber (1882–1950).

Katholisch-Theologische Fakultät
Albert Lauscher (1872–1944).

Rechts- und Staatswissenschaftliche Fakultät
Eberhard Bruck (1877–1960), Johann Eggen van Terlan (1883–1952), Max Grünhut (1893–1964), Hans von Hentig (1887–1974)[26], Erich Kaufmann (1880–1972)[27].

Medizinische Fakultät
Erich Hoffmann (1868–1959), Alfred Kantorowicz (1880–1962), Hans König (1878–1936), Otto Löwenstein (1889–1965), Alfred Meyer (1895–1990), Adolf Nussbaum (1885–1962).

Philosophische Fakultät
Carl Enders (1877–1963), Karl Engeroff (1887–1951), Felix Hausdorff (1868–1942), Rudolf Hertz (1897–1965), Paul Kahle (1875–1964), Heinrich Konen (1874–1948), Paul Ludwig Landsberg (1901–1944), Wilhelm Levison (1876–1947), Heinrich Lützeler (1902–1988), Karl Meisen (1891–1973), Aloys Müller (1879–1952), Johannes Müller (1877–1940), Alfred Philippson (1864–1953), Heinrich Rheinboldt (1891–1955), Fritz-Joachim von Rintelen (1898–1979)[28], Leo Schrade (1903–1964), Siegfried Veit Simon (1877–1934), Alexander Sperber (1897–1970), Otto Toeplitz (1881–1940), Johannes Maria Verweyen (1883–1945), Leo Waibel (1888–1951), Oskar Walzel (1864–1944), Camille Wampach (1884–1958), Robert Wizinger (1896–1973).

26 Bei der Berechnung der Verlustquote der einzelnen Universitäten wird Hans von Hentig der Universität Kiel zugerechnet, der er im WS 1932/33 angehörte.
27 Bei der Berechnung der Verlustquote der einzelnen Universitäten wird Kaufmann der Berliner Universität zugerechnet, an der er seit 1927 ausschließlich lehrte.
28 Bei der Berechnung der Verlustquote der einzelnen Universitäten wird Fritz-Joachim von Rintelen der Universität München zugerechnet, der er im WS 1932/33 angehörte.

Entlassene Lehrkräfte, die im Wintersemester 1932/33 noch nicht zum Lehrkörper einer deutschen Universität gehörten
Nikolaus Majerus (1892–1964).

Freiwilliger Rücktritt mit politischem Hintergrund
Herbert von Beckerath (1886–1966), Robert Brühl (1898–1976)[29], Hans Gruhle (1880–1958)[30].

Bemerkungen

Bei der Erstellung der Liste der vertriebenen Bonner Hochschullehrer blieben folgende Personen unberücksichtigt:

Siegfried von Ciriacy Wantrup (1906–1980). Der Antrag des Agrarwissenschaftlers auf Erteilung der Dozentur und eines Lehrauftrags wurde 1936 abgelehnt. Ciriacy Wantrup emigrierte daraufhin in die USA.[31] Da Ciriacy Wantrup aber ausweislich der Vorlesungsverzeichnisse nie an der Universität Bonn gelehrt hat, kann er nicht zu den vertriebenen Lehrkräften gerechnet werden.

Heinrich Göppert (1867–1937), o. Prof. an der Juristischen Fakultät (Industrie- und Handelsrecht), Mitglied der DNVP und des *Stahlhelm, Bund der Frontsoldaten,* galt als „Mischling 1. Grades", wurde aber als „Altbeamter" 1933 im Amt belassen und 1935 aus Altersgründen emeritiert; seine Lehrtätigkeit konnte er auch nach der Emeritierung fortsetzen.[32]

Wilhelm Goeters (1887–1953), o. Prof. an der Evangelisch-Theologischen Fakultät (Kirchengeschichte), wurde 1935 an die Universität Münster zwangsversetzt, wo er seine Lehrtätigkeit fortsetzen konnte; 1946 kehrte er als Emeritus nach Bonn zurück.[33]

Werner Henkelmann (1897–1962), nichtbeamteter a. o. Prof. an der Landwirtschaftlichen Hochschule Poppelsdorf und (seit 1934) an der Universität Bonn, beendete seine Lehrtätigkeit im Sommer 1936 und trat stattdessen eine Stellung in Berlin an. Die Hintergründe dieses Schrittes sind etwas undurchsichtig. Da das REM ihm aber noch 1939 bei Fortführung seiner Lehrtätigkeit die Ernennung zum apl. Prof. anbot, wird er nicht zu den entlassenen Hochschullehrern gezählt.[34]

---

29 Bei der Berechnung der Verlustquote der einzelnen Universitäten wird Brühl der Universität Göttingen zugerechnet, an der er 1932/33 lehrte.
30 Bei der Berechnung der Verlustquote der einzelnen Universitäten wird Gruhle der Universität Heidelberg zugerechnet, an der er 1932/33 lehrte.
31 UA Bonn PA 1200; BHdE II; Höpfner, Universität, S. 64 f.
32 BA Berlin R 4901/13264 Bl. 3000 f.; Wolff, Heinrich Göppert; Schenkelberg, Bonn, S. 93–95.
33 Höpfner, Universität, S. 36.
34 UA Bonn PA 3061; Höpfner, Universität Bonn, S. 64.

Gustav Hölscher (1877–1955), o. Prof. an der Evangelisch-Theologischen Fakultät (Alttestamentliche Wissenschaft), wurde 1935 aus politischen Gründen an die Universität Heidelberg zwangsversetzt, wo er bis zu seiner Emeritierung 1949 blieb.[35]

Gustav Hübener (1889–1940), o. Prof. (Englische Philologie), ließ sich 1937 für eine Studienreise in die USA beurlauben, von der er nicht zurückkehrte. 1940 wurde der Anglist deshalb aus dem Beamtenverhältnis entlassen. Hübners Motiv ist nicht eindeutig geklärt. Klibansky rechnet ihn zu den Wissenschaftlern, die aus Abneigung gegen „Hitler freiwillig ins Exil gingen".[36] Höpfner und Hausmann führen seinen Verbleib in den USA dagegen auf persönliche Gründe (Krankheit) zurück.[37]

Hermann Platz (1880–1945), Honorarprofessor (Französische Geistes- und Gesellschaftsgeschichte), verlor 1935 aus politischen Gründen („fanatischer Katholik") den bezahlten Lehrauftrag. Da Platz aber weiterhin Lehrveranstaltungen anbot[38], kann er nicht zu den vertriebenen Hochschullehrern gezählt werden.

Ernst Schaffnit (1878–1964), o. Prof. für Pflanzenkrankheiten an der Landwirtschaftlichen Hochschule Bonn-Poppelsdorf, musste seine Lehrtätigkeit 1933 einstellen, nachdem er aus dem Kreis seiner Assistenten wegen „Veruntreuung" angezeigt worden war. Er wurde deshalb 1934 „auf eigenen Antrag" vorzeitig emeritiert. Die Emeritierung erfolgte, bevor die Hochschule 1934 in die Universität Bonn eingegliedert wurde. Schaffnitt gehört daher nicht zu den vertriebenen Angehörigen der Universität Bonn.[39]

Erich Schneider (1900–1970), Privatdozent (Volkswirtschaftslehre), folgte 1935 einem Ruf an die Universität Aarhus (Dänemark). Politische Motive für diesen Schritt sind nicht erkennbar.[40]

Ernst Wolf (1902–1971), persönlicher Ordinarius an der Evangelisch-Theologischen Fakultät (Kirchengeschichte und christliche Archäologie), wurde 1934 an die Universität Halle zwangsversetzt, wo er trotz mehrfacher Denunziationen wegen seiner Tätigkeit für die Bekennende Kirche bis 1945 blieb.[41]

Literatur

Bonner Gelehrte. Beiträge zur Geschichte der Wissenschaften in Bonn, 9 Bände, Bonn 1968–1992.

Forsbach, Ralf: Die Medizinische Fakultät der Universität Bonn im „Dritten Reich", München 2006.

Geppert, Dominik (Hg.): Forschung und Lehre im Westen Deutschlands 1918–2018 (Geschichte der Universität Bonn 2), Göttingen 2018.

Höpfner, Hans-Paul: Die vertriebenen Hochschullehrer der Universität Bonn 1933–1945, in: Bonner Geschichtsblätter 43/44 (1993/94), S. 447–487.

---

35 GStA PK I Rep. 76 Va Nr. 10396 Bl. 177 f.; NDB; Höpfner, Universität, S. 160.

36 Klibansky, Erinnerung, S. 110.

37 BHdE II; Höpfner, Universität, S. 33; Hausmann, Anglistik, S. 472.

38 Höpfner, Universität Bonn, S. 374 f.; Mitt. Dr. Thomas Becker, UA Bonn, 15.12.2004.

39 UA Bonn PA 8108; Heiber, Universität I, S. 321; Höpfner, Universität, S. 513 ff.

40 BHdE II; Höpfner, Universität, S. 33.

41 Höpfner, Universität, S. 161; Eberle, Martin-Luther-Universität, S. 177, 284 f.

Höpfner, Hans-Paul: Die Universität Bonn im Dritten Reich. Akademische Biographien unter nationalsozialistischer Herrschaft, Bonn 1999.
Schmoeckel, Mathias (Hg.): Die Juristen der Universität Bonn im „Dritten Reich", Köln 2004.
Wenig, Otto (Hg.): Verzeichnis der Professoren und Dozenten der Rheinischen Friedrich-Wilhelms-Universität zu Bonn 1818–1968, Bonn 1968.

Universität Breslau

Entlassungen und entlassungsähnliche Fälle

Katholisch-Theologische Fakultät
Berthold Altaner (1885–1964), Hubert Jedin (1900–1980), Max Rauer (1889–1971).

Evangelisch-Theologische Fakultät
Cajus Fabricius (1884–1950)[42], Gottfried Fitzer (1903–1997), Hans G. Haack (1888–1965).

Rechts- und Staatswissenschaftliche Fakultät
Ernst J. Cohn (1904–1976), Leo Liepmann (1900–1975), Otto Prausnitz (1904–1980), Eugen Rosenstock-Huessy (1888–1973), Friedrich Schöndorf (1873–1938), Ludwig Waldecker (1881–1946), Arthur Wegner (1900–1989).

Medizinische Fakultät
Hans Aron (1881–1958), Hans Biberstein (1889–1965), Alfred Bielschowsky (1871–1940), Ernst Brieger (1891–1969), Walther Bruck (1872–1937), Ludwig Cohn (1877–1962), Erich Fels (1897–1981), Siegfried Fischer (1891–1966), Ludwig Fraenkel (1870–1951), Erich Frank (1884–1957), Wilhelm Frei (1885–1943), Walter Freudenthal (1893–1952), Richard Friedrich Fuchs (1870–1940), Felix Georgi (1893–1965), Georg Gottstein (1868–1935), Erich Guttmann (1896–1948), Ludwig Guttmann (1899–1980), Walther Hannes (1878–1935), Fritz Heimann (1882–1937), Paul Heinrichsdorff (geb. 1876), Herbert Hirsch-Kauffmann (1894–1960), Josef Jadassohn (1863–1936), Max Jessner (1887–1976), Walter Klestadt (1883–1985), Erich Kuznitzky (1883–1960), Joachim von Ledebur (1902–1944), Bruno Leichtentritt (1888–1965), Herbert Lubinski (1892–1972), Ernst Mathias (1886–1971), Rudolf L. Mayer (1895–1962), Eduard Melchior (1883–1974), Martin Nothmann (1894–1978), Carl Prausnitz (1876–1963), Otto Riesser (1882–1949), Curt Rosenthal (1892–1937), Felix Rosenthal (1885–1952), Siegfried Samelson (1878–1938), Harry Schäffer (1894–1979), Robert Scheller (1876–1933), Martin Silberberg (1895–1966), Rudolf Stern (1895–1962), Georg Strassmann (1890–1972), Gert Taubmann (1900–1983), Sigmund Weil (1881–1961), Hans Winterstein (1879–1963), Robert Wollenberg (1862–1942).

---

42 Bei der Berechnung der Verlustquote der einzelnen Universitäten wird Fabricius der Universität Berlin zugerechnet, der er im WS 1932/33 angehörte.

Philosophische Fakultät
Friedrich Andreae (1879–1939), Fritz Arndt (1885–1969), Lydia Aschheim (1902–1943), Erwin Biel (1899–1973), Peter Brieger (1898–1983), Günter Oskar Dyhrenfurth (1886–1975), Felix Ehrlich (1877–1942), Max Friederichsen (1874–1941), Isaak Heinemann (1876–1957), Richard Koebner (1885–1958), Hedwig Kohn (1887–1964), Franz Landsberger (1883–1964), Moritz Löwi (1891–1943), Johann Friedrich Ludloff (1899–1987), Siegfried Marck (1889–1957), Otto Most (1904–1968), Georg Ostrogorsky (1902–1976), Alfred Petzelt (1886–1967), Will-Erich Peuckert (1895–1969), Israel Rabin (1882–1951), Hans Rademacher (1892–1969), Friedrich Ranke (1882–1950), Fritz Reiche (1883–1969), Oskar Rescher (1883–1972), Erich Rothe (1895–1988), Arthur Sachs (1876–1942), Günther Schulemann (1889–1964), Karl Heinrich Slotta (1895–1987), Walter Steinitz (1882–1963), Wolfgang Sternberg (1887–1953), Otto Strauß (1881–1940), Carlo Tivoli (1898–1977), Alexander Weinstein (1897–1979).

Entlassene Lehrkräfte, die im Wintersemester 1932/33 noch nicht zum Lehrkörper einer deutschen Universität gehörten
Ernst Mohr (1910–1989).

Freiwilliger Rücktritt mit politischem Hintergrund
Romano Guardini (1885–1968)[43], Richard Krzymowski (1875–1960), Hartwig Kuhlenbeck (1897–1984).

Bemerkungen

Bei der Erstellung der Liste der vertriebenen Hochschullehrer der Universität Breslau blieben die folgenden Personen unberücksichtigt:

Hermann Aubin (1885–1969), o. Prof. (Mittlere und neuere Geschichte), verblieb trotz seiner Ehe mit einer „Vierteljüdin“ im Amt.[44]

Karl Heinrich Bauer (1890–1978), seit 1933 o. Prof. (Chirurgie), wurde trotz seiner Ehe mit einer „Vierteljüdin“ nicht entlassen und 1943 an die Universität Heidelberg berufen.[45]

43 Da Guardini ausschließlich in Berlin lehrte und sein Lehrstuhl nur etatrechtlich zur Universität Breslau gehörte, bleibt er bei der Berechnung der personellen Verluste der Universität Breslau unberücksichtigt.

44 BA Berlin R 4901/312 Bl. 449; Mühle, Volk, S. 106 ff.

45 BA Berlin R 4901/312 Bl. 422; Personal- und Vorlesungsverzeichnisse der Universität Breslau.

Fritz Berkner (1874–1954), o. Prof. (Landwirtschaftlicher Pflanzenbau), musste zwar als früherer Hochgradfreimaurer 1939 aus der NSDAP ausscheiden, wurde aber erst 1943 emeritiert und erfuhr keine Behinderung seiner Lehrtätigkeit.[46]

Ludwig Erhardt (1874–1945), o. Prof. (Landmaschinenkunde), durfte trotz seiner früheren Zugehörigkeit zu einer Freimaurerloge seinen Lehrstuhl nach Erreichen der Altersgrenze für zwei weitere Semester vertreten und erfuhr auch nach der Emeritierung keine Behinderung in seiner Lehrtätigkeit.[47]

Otfried Foerster (1873–1941), o. Prof. (Neurologie), konnte trotz seiner Ehe mit einer als „Halbjüdin" stigmatisierten Ehefrau auch nach seiner Emeritierung (1938) bis zu seinem Tod (Lungentuberkulose) Lehrveranstaltungen abhalten.[48]

Eugen Herrmann (geb. 1863), Lehrbeauftragter (Forstwissenschaftslehre). 1936 wurde der Lehrauftrag vom REM nicht mehr erneuert. Ob für diese Entscheidung sein Alter maßgeblich war oder seine Weigerung, den Beitrag für die *Deutsche Dozentenschaft* zu entrichten, ist unklar.[49]

Karl Klinke (1897–1972), Privatdozent (Kinderheilkunde). Politische Vorwürfe, die 1933 gegen Klinke erhoben wurden, tat das Kultusministerium größtenteils als „Institutsklatsch" ab und sah die Entlassung als Assistent als ausreichende Sanktion an. Klinke blieb Privatdozent, wurde 1939 zum Dozenten neuer Ordnung und 1942 zum apl. Prof. ernannt; 1944 erhielt er ein Ordinariat in Rostock.[50]

Wilhelm Kroll (1869–1939), o. Prof. (Klassische Philologie), wurde in einer Statistik des Preußischen Kultusministeriums fälschlicherweise als „Jude" geführt, gegen den „nichts zu veranlassen" sei. K. bezeichnete sich auf dem Karteiblatt für Dozenten als „arisch", wurde 1935 emeritiert und war bis zu seinem Tod Mitglied des Lehrkörpers.[51]

Johann(es) Lange (1891–1938), o. Prof. (Psychiatrie), war in erster Ehe mit der als „Volljüdin" geltenden Ärztin Katharina (Käthe) Silbersohn (1891–1937) verheiratet, die 1934 die Scheidung einreichte und 1937 Suizid verübte. Die Scheidung verhinderte eine Entlassung Langes als „jüdisch versippt".[52]

Paul Merker (1881–1945), o. Prof. (Deutsche Philologie), verblieb trotz seiner Ehe mit einer als „Vierteljüdin" klassifizierten Frau ohne Behinderung seiner Lehrtätigkeit im Amt. Er starb nach dem Luftangriff auf Dresden an einer Rauchvergiftung.[53]

---

46 BA Berlin NSDAP-Mitgliederkartei; Personal- und Vorlesungsverzeichnisse der Universität Breslau; Böhm, Handbuch.

47 BA Berlin R 4901/13262; Personal- und Vorlesungsverzeichnisse der Universität Breslau.

48 BA Berlin R 4901/312 Bl. 420 u. R 4901/13262; Personal- und Vorlesungsverzeichnisse der Universität Breslau; Schlesische Lebensbilder VI.

49 BA Berlin R 4901/13266; UA Wrocław S 210, S. 130–132 u. S. 211, S. 106 f.

50 BA Berlin R 4901/1721 Bl. 248–252 u. R 4901/13268; UA Rostock PA Karl Klinke.

51 BA Berlin R 4901/13269 u. R 4901/15541; UA Wrocław S 187 u. S 220/270. Personal- und Vorlesungsverzeichnisse der Universität Breslau. Zur wahrscheinlich fehlerhaften Klassifizierung als „Jude" vgl. GStA PK I Rep. 76 Va Nr. 10043 Bl. 6.

52 BA Berlin R 4901/13270; Azar, Ärztin.

53 BA Berlin R 4901/13271 u. R 4901/312 Bl. 423; Personal- und Vorlesungsverzeichnisse der Universität Breslau; Buchholz, Lexikon.

Willy Peyer (1882–1948), Privatdozent (Pharmazie und Lebensmittelkunde), wurde trotz seiner früheren Mitgliedschaft in einer Freimaurerloge 1938 zum nichtbeamteten a. o. Prof. und 1939 zum apl. Prof. ernannt. 1942 wurde er auf eigenen Antrag aus dem widerruflichen Beamtenverhältnis entlassen, ein politisches Motiv ließ sich nicht nachweisen.[54]

Paul Ramatschi (1898–1975), Privatdozent (Pastoraltheologie). Anders als manchmal behauptet, wurde R. die Lehrbefugnis nicht entzogen. 1939 verzichtete er auf die Venia Legendi, weil ihm die doppelte Vorlesungstätigkeit am erzbischöflichen Priesterseminar und an der Universität zu einer „untragbaren Belastung" geworden sei. Belege für einen politischen Hintergrund seines Verzichts konnten nicht gefunden werden.[55]

Arnold Schmitz (1893–1980), o. Prof. (Musikwissenschaft), wurde in einer Statistik der Preußischen Kultusministeriums als „Jude" geführt, gegen den „nichts zu veranlassen" sei; hierbei handelte es sich offensichtlich um einen Fehler, da er in späteren Statistiken nicht mehr als „Jude" oder „Mischling" kategorisiert wurde und ohne Änderung seiner Rechtsstellung bis 1945 o. Prof. in Breslau blieb.[56]

Friedrich Strecker (1879–1959), nichtbeamteter a. o. Prof. (Anatomie und Biologie). Entgegen seinen eigenen Angaben wurde Strecker 1934 nicht aus politischen Gründen entlassen, sondern gehörte dem Lehrkörper der Universität Breslau bis 1940 an. Die Gründe seines Ausscheidens sind unbekannt.[57]

Literatur

Andree, Christian: Die Ausschaltung jüdischer Mediziner der Universität Breslau und die Gleichschaltung der Ärzteschaft durch den Reichsärzteführer Gerhard Wagner, in: Lothar Bossle u. a. (Hg.), Nationalsozialismus und Widerstand in Schlesien, Sigmaringen 1989, S. 105–120.

Bendel, Rainer: Die Katholisch-Theologische Fakultät Breslau, in: Dominik Burkard / Wolfgang Weiß (Hg.), Katholische Theologie im Nationalsozialismus, Bd. 1/2, Würzburg 2011, S. 9–23.

Ditt, Thomas: „Stoßtruppfakultät Breslau". Rechtswissenschaft im „Grenzland Schlesien" 1933–1945, Tübingen 2011.

Harasimowicz, Jan (Hg.): Księga Pamiątkowa Jubileuszu 200-lecia utworzenia Państwowego Uniwersytetu we Wrocławiu, Bd. IV: Uniwersytet Wrocławski w kulturze europejskiej XIX i XX wieku, Wrocław 2015.

Kapferer, Norbert: Die Nazifizierung der Philosophie an der Universität Breslau 1933–1945, Münster 2001.

Kleineidam, Erich: Die Katholisch-Theologische Fakultät der Universität Breslau 1811–1945, Köln 1961.

Kozuschek, Waldemar (Hg.): Historia Wydziałów Lekarskiego i Farmaceutycznego Uniwersytetu Wrocławskiego oraz Akdemii Medycznej we Wrocławiu w latach 1702–2002 / Geschichte der Medizi-

54 BA Berlin R 4901/12373 u. R 4901/20304; UA Wrocław S 220/363.

55 UA Wrocław S 203 u. S 220/383; Gröger u. a., Schlesische Kirche.

56 BA Berlin R 4901/13275; Personal- und Vorlesungsverzeichnisse der Universität Breslau; Zur wahrscheinlich falschen Klassifizierung als „Jude" vgl. GStA PK I Rep. 76 Va Nr. 10043 Bl. 7.

57 UA Rostock PA Friedrich Strecker; Personal- und Vorlesungsverzeichnisse der Universität Breslau.

nischen und Pharmazeutischen Fakultäten der Universität Breslau sowie der Medizinischen Akademie Wrocław in den Jahren 1702–2002, Wrocław 2002.
Kranich, Kai: Die „Bollwerk-Ingenieure". Technikwissenschaft in Breslau 1900–1945, Paderborn 2018.
Kunicki, Wojciech: Germanistik in Breslau 1811–1945, Dresden 2002.
Völkel, Hans: Mineralogen und Geologen in Breslau. Geschichte der Geowissenschaften an der Universität Breslau von 1811 bis 1945, Haltern 2002.

Universität Erlangen

Entlassungen und entlassungsähnliche Fälle

Evangelisch-Theologische Fakultät
Friedrich Ulmer (1877–1946).

Juristische Fakultät
Nicht betroffen.

Medizinische Fakultät
Werner Schuler (1900–1966).

Philosophische Fakultät
Otto Brendel (1901–1973), Georg Halm (1901–1984)[58], Karl Theodor Marx (1892–1958), Ernst Meier (1893–1965), Bernhard Schmeidler (1879–1959), Helmut Weigel (1891–1974).

Naturwissenschaftliche Fakultät
Hans Kroepelin (1901–1993), Georg Sparrer (1877–1936).

Entlassene Lehrkräfte, die im Wintersemester 1932/33 noch nicht zum Lehrkörper einer deutschen Universität gehörten
Helmut Thielicke (1908–1986).

Freiwilliger Rücktritt mit politischem Hintergrund
Keine.

Bemerkungen

Bei der Erstellung der Liste der vertriebenen Hochschullehrer der Universität Erlangen blieben die folgenden Personen unberücksichtigt:

58 Bei der Berechnung der Verlustquote der einzelnen Universitäten wird Halm der Universität Würzburg zugerechnet, der er im WS 1932/33 angehörte.

Albert Fleischmann (1862–1942), seit 1933 emeritierter o. Prof. (Tierkunde und vergleichende Anatomie), konnte trotz öffentlicher Angriffe im „Stürmer“ (1933) wegen seiner Ablehnung der Lehren Darwins und seiner Mitgliedschaft in einer Freimaurerloge die Lehrtätigkeit bis 1935 fortsetzen, auch die Übernahme des Vorsitzes der örtlichen *Schlaraffia* (1934) führte zu keiner Beschränkung seiner Lehrbefugnis.[59]

Christian Greve (1870–1955), seit 1921 nichtplanmäßiger a. o. Prof. (Zahnheilkunde). Trotz der Mitgliedschaften in einer Freimaurerloge (1897–1933) und in der *Schlaraffia* (1931–1935) konnte er seine Lehrtätigkeit ohne Einschränkung bis zum Erreichen der Altersgrenze fortsetzen.[60]

Otto Haupt (1887–1988), seit 1921 o. Prof. (Mathematik), blieb trotz seiner Ehe mit einer „Halbjüdin“ als „Frontkämpfer“ und „hervorragender Wissenschaftler“ im Amt.[61]

Bernhard Kübler (1859–1940), seit 1912 o. Prof. (Römisches Recht und deutsches bürgerliches Recht), 1934 emeritiert. 1937 wurde Kübler wegen „wissentlich falscher Angaben“ zur „halbjüdischen“ Abstammung seiner verstorbenen Ehefrau mit einem Verweis bestraft; weitere Sanktionen erfolgten jedoch nicht. 1939/40 vertrat er seinen früheren Lehrstuhl.[62]

Günther Mönch (1902–1988), seit 1934 Privatdozent (Praktische Physik). Das 1938 vom REM verfügte „Erlöschen“ der Lehrbefugnis resultierte allein aus der Beurlaubung Mönchs an die Physikalisch-Technische Reichsanstalt. 1939 wurde er unter Aufhebung des früheren Erlasses der TH Berlin als Dozent zugewiesen, 1941 wechselte er an die Universität Königsberg, wo er 1942 zum außerplanmäßigen Prof. ernannt wurde.[63]

Kurt Witte (1885–1950), seit 1920 o. Prof. (Klassische Philologie), konnte trotz der Ehe mit einer „Halbjüdin“ als „Kriegsbeschädigter, angesehener Gelehrter, tüchtiger Lehrer“ im Amt verbleiben; 1939 wurde die Ehe geschieden.[64]

Literatur

Neuhaus, Helmut (Hg.): Geschichtswissenschaft in Erlangen, Erlangen 2000.

Die Professoren und Dozenten der Friedrich-Alexander-Universität Erlangen 1743–1960. Teil 1: Theologische Fakultät, Juristische Fakultät, bearb. von Eva Wedel-Schaper u. a., Erlangen 1993; Teil 2: Medizinische Fakultät, Erlangen 1999, bearb. von Astrid Ley, Erlangen 1999; Teil 3: Philosophische Fakultät, Naturwissenschaftliche Fakultät, bearb. von Clemens Wachter u. a., Erlangen 2009.

Wendehorst, Alfred: Geschichte der Universität Erlangen-Nürnberg, München 1993.

---

59 BayHStA MK 43608; UA Erlangen A2/1 Nr. F 27; Professoren und Dozenten Erlangen III.

60 BayHStA MK 43665; UA Erlangen A2/1 Nr. G 36; Professoren und Dozenten Erlangen II.

61 BA Berlin R 4901/312, Bl. 421; UA Erlangen F2/1 Nr. 2299a; Professoren und Dozenten Erlangen III.

62 BayHStA München MK 17818; Professoren und Dozenten Erlangen III; Nekrologe 1935–1940, S. 69–74.

63 BA Berlin R 4901/1747; UA Erlangen A2/1 Nr. M 42; Professoren und Dozenten Erlangen III, S. 281 f.

64 BA Berlin R 4901/312, Bl. 421; UA Erlangen A2/1 Nr. W 37c; Buchholz, Lexikon; Professoren und Dozenten Erlangen III, S. 245 f.

Universität Frankfurt/Main

Entlassungen und entlassungsähnliche Fälle

Rechtswissenschaftliche Fakultät

Ernst Cahn (1875–1953), Arnold Ehrhardt (1903–1965)[65], James Paul Goldschmidt (1874–1940)[66], Hermann Heller (1891–1933), Ernst E. Hirsch (1902–1985), Heinrich Hoeniger (1879–1961)[67], Gerhart Husserl (1893–1973)[68], Julius Lehmann (1884–1951), Max F. Michel (1888–1941), August Saenger (1884–1950), Fritz Schulz (1879–1957)[69], Hugo Sinzheimer (1875–1945), Karl Strupp (1886–1940), Ludwig Wertheimer (1870–1938).

Medizinische Fakultät

Karl Altmann (1880–1968), Julius Baer (1876–1941), Georg Barkan (1889–1945), Heinrich Bechhold (1866–1937), Ludwig Benda (1873–1945), Joseph Berberich (1897–1969), Albrecht Bethe (1872–1954), Hans Bluntschli (1877–1962), Hugo Braun (1881–1963), Carl E. Cahn-Bronner (1893–1977), Georg L. Dreyfus (1879–1957), Gustav Embden (1874–1933), Erich Feiler (1882–1940), Ernst Fischer (1896–1981), Oscar Gans (1888–1983), Edgar Goldschmid (1881–1957), Franz Groedel (1881–1951), Paul Grosser (1880–1934), Wilhelm Hanauer (1866–1940), Franz Herrmann (1898–1977), Karl Herxheimer (1861–1942), Ernst Herz (1900–1966), Josef Igersheimer (1879–1965), Simon Isaac (1881–1942), Julius Kleeberg (1894–1988), Emmy Klieneberger (1892–1985), Richard Koch (1882–1949), Fritz Laquer (1888–1954), Walter Lehmann (1888–1960), Werner Lipschitz (1892–1948), Karl Ludloff (1864–1945), Heinrich von Mettenheim (1867–1944), Ernst L. Metzger (1895–1967), Max Neisser (1869–1938), Carl von Noorden (1858–1944), Walther Riese (1890–1976), Gerhard Schmidt (1901–1981), Philipp Schwartz (1894–1977), Walter Veit Simon (1882–1958), Ernst Simonson (1898–1974), Rudolf Spiegler (1898–1977), Paul Spiro (1892–1975), Julius Strasburger (1871–1934), Hans Strauss (1898–1977), Josef Tannenberg (1895–1971), Marcel Traugott (1882–1961), Raphael Weichbrodt (1886–1942), Alfred Weil (1884–1948).

---

65 Bei der Berechnung der Verlustquote der einzelnen Universitäten wird Arnold Ehrhardt der Universität Freiburg/Br. zugerechnet, der er im WS 1932/33 angehörte.

66 Bei der Berechnung der Verlustquote der einzelnen Universitäten wird Goldschmidt der Berliner Universität zugerechnet, der er im WS 1932/33 angehörte.

67 Bei der Berechnung der Verlustquote der einzelnen Universitäten wird Hoeniger der Universität Kiel zugerechnet, der er im WS 1932/33 angehörte.

68 Bei der Berechnung der Verlustquote der einzelnen Universitäten wird Husserl der Universität Kiel zugerechnet, der er im WS 1932/33 angehörte.

69 Bei der Berechnung der Verlustquote der einzelnen Universitäten wird Schulz der Berliner Universität zugerechnet, der er im WS 1932/33 angehörte.

Philosophische Fakultät

Ernst Benkard (1883–1946), Ernst Beutler (1885–1960), Martin Buber (1878–1965), Hans Cornelius (1863–1947), Francis J. Curtis (1861–1946), Norbert Glatzer (1902–1990), Fritz Heinemann (1889–1970), Max Horkheimer (1895–1973), Rudolf Imelmann (1879–1945), Ernst H. Kantorowicz (1895–1963), Richard Kroner (1884–1974)[70], Ulrich Leo (1890–1964), Wolfgang Liepe (1888–1962)[71], Hermann Lismann (1878–1943), Carl Mennicke (1887–1959), Martin Plessner (1900–1973), Kurt Rheindorf (1897–1977), Kurt Riezler (1882–1955), Erwin Rousselle (1890–1949), Walter Ruben (1899–1982), Guido Schoenberger (1891–1974), Martin Sommerfeld (1894–1939), Wilhelm Sturmfels (1887–1967), Georg Swarzenski (1876–1957), Paul Tillich (1886–1965), Gotthold Weil (1882–1960), Hans Weil (1898–1972), Theodor Wiesengrund Adorno (1903–1969).

Naturwissenschaftliche Fakultät

Julius von Braun (1875–1939), Samson Breuer (1891–1974), Max Dehn (1878–1952), Friedrich Dessauer (1881–1963), Paul Epstein (1871–1939), Karl Fleischer (1886–1941), Gottfried Fraenkel (1901–1984), Walter Fraenkel (1879–1945), Friedrich Hahn (1888–1975), Ernst Hellinger (1883–1950), Erich Heymann (1901–1949), Cornelius Lanczos (1893–1974), Fritz Mayer (1876–1940), Karl Wilhelm Meißner (1891–1959), Georg Popp (1861–1943), Georg Sachs (1896–1960), Edmund Speyer (1878–1942), Otto Szász (1884–1952), Franz Weidenreich (1873–1948), Max Wertheimer (1880–1943).

Wirtschafts- und Sozialwissenschaftliche Fakultät

Eugen Altschul (1887–1959), Ludwig Bergsträsser (1883–1960), Siegfried Budge (1869–1941), Karl Eicke (1887–1959), Henryk Grossmann (1881–1950), Carl Grünberg (1861–1940), Albert Hahn (1889–1968), Ernst Kahn (1884–1959), Ernst Kantorowicz (1892–1944), Otto Köbner (1869–1934), Julius Kraft (1898–1960), Alois Kraus (1863–1953), Adolf Löwe (1893–1995), Hendrik de Man (1885–1953), Karl Mannheim (1893–1947), Theodor M. Metz (1890–1978), Ernst Michel (1889–1964), Fritz Neumark (1900–1991), Franz Oppenheimer (1864–1943), Friedrich Pollock (1894–1970), Karl Pribram (1877–1973), Gottfried Salomon (1892–1964), Walter Sulzbach (1889–1969), Ernst Vatter (1888–1948), Heinz Otto Ziegler (1903–1944).

---

70 Bei der Berechnung der Verlustquote der einzelnen Universitäten wird Kroner der Universität Kiel zugerechnet, der er im WS 1932/33 angehörte.

71 Bei der Berechnung der Verlustquote der einzelnen Universitäten wird Liepe der Universität Kiel zugerechnet, der er im WS 1932/33 angehörte.

Entlassene Lehrkräfte, die im Wintersemester 1932/33 noch nicht zum Lehrkörper einer deutschen Universität gehörten
Adolf Jensen (1899–1965).

Freiwilliger Rücktritt mit politischem Hintergrund
Arthur Baumgarten (1884–1966), Carl Siegel (1896–1981).

Bemerkungen

Bei der Erstellung der Liste der vertriebenen Frankfurter Hochschullehrer blieben folgende Personen unberücksichtigt.

Friedrich Andres (1882–1947), Lehrbeauftragter für katholische Weltanschauung. 1937 zog das REM den Lehrauftrag zurück. Als nichtbeamteter a. o. Prof. an der Universität Bonn wurde Andres nicht infrage gestellt.[72]

Ludwig Ascher (1865–1941), Lehrbeauftragter (Soziale Hygiene), wurde im Oktober 1941 als Jude in das Ghetto Litzmannstadt/Lodz deportiert, wo er im Mai 1942 starb. Da Ascher bereits am 18. Januar 1933 auf seinen Lehrauftrag verzichtet hatte, gehört er nicht zu den vom NS-Regime vertriebenen Wissenschaftlern der Universität Frankfurt/M.[73]

Eduard Beck (1892–1976), Privatdozent (Hirnanatomie und Psychiatrie). Beck verhinderte 1934 durch die Scheidung von seiner „nichtarischen" Ehefrau den Ausschluss aus der NSDAP und die spätere Entlassung als „jüdisch Versippter".[74]

Ferdinand Blum (1865–1959), evangelisch (bis 1884 jüdisch); war 1911–1938 Direktor des Biologischen Instituts in Frankfurt/M, gehörte aber zu keiner Zeit dem Lehrkörper der Frankfurter Universität an. Blum emigrierte 1939 in die Schweiz.[75]

Karl Bornhausen (1883–1940), seit 1934 o. Prof. (Systematische Theologie und Religionsphilosophie). Der NSDAP-Aktivist wurde auf eigenen Wunsch nach Frankfurt versetzt, wo er sich aber wie zuvor in Breslau mit allen Kollegen überwarf. Seit 1935 beurlaubt, wurde er 1937 pensioniert. Seine Entlassung war allein seiner schwierigen Persönlichkeit geschuldet.[76]

Georg Burckhardt (1881–1974), nichtbeamteter a. o. Prof. (Philosophie und Pädagogik), gehörte nicht zu den politisch Verfolgten. B. hatte sich nach 1933 erfolgreich als Vorkämpfer nationalso-

---

72 UA Frankfurt/M Rektoratsakte; Höpfner, Universität, S. 201.
73 Heuer/Wolf, Juden, S. 21 ff.; Benzenhöfer, Universitätsmedizin, S. 112–116; Gedenkbuch – Opfer der Verfolgung.
74 UA Frankfurt/M Personalhauptakte u. Abt. 10 Nr. 111 Bl. 45–47 u. 50–59.
75 Heuer/Wolf, Juden, S. 407 ff.; BHdE II; Benzenhöfer, Universitätsmedizin, S. 113; Gedenkbuch – Opfer der Verfolgung (online).
76 BBKL, Bd. 15, S. 264–286.

zialistischer Ideen dargestellt, versagte aber, als ihm das REM für das WS 1937/38 eine Lehrstuhlvertretung übertrug. 1939 gab er aus gesundheitlichen Gründen die Lehrtätigkeit auf.[77]

Wilhelm Caspari (1872–1944), evangelisch (ursprünglich jüdisch), 1920–1935 Leiter der Abteilung Krebsforschung im Institut für experimentelle Therapie in Frankfurt/M., wurde 1941 in das Ghetto Litzmannstadt/Lodz deportiert, wo er 1944 starb.[78] Caspari gehörte zu keiner Zeit dem Lehrkörper der Frankfurter Universität an.

Erhard Lommatzsch (1886–1975), o. Prof. (Romanische Philologie). Obwohl seine Frau nach den nationalsozialistischen Rassenkategorien als „Vierteljüdin" galt, wurde das frühere DNVP-Mitglied nicht entlassen.[79]

Alfred Magnus (1880–1960), nichtbeamteter a. o. Prof. (Physikalische Chemie). Magnus war von Juli 1933 bis Juni 1934 zwangsweise beurlaubt, da er als „marxistischer Jude" diffamiert worden war und sich abfällig über Hitler und andere Parteigrößen geäußert haben soll. Nach Widerlegung dieser Vorwürfe konnte er seine Lehrtätigkeit bis zum Kriegsende fortsetzen.[80]

Ulrich Noack (1899–1974), Privatdozent (Mittelalterliche und Neuere Geschichte). Noack erfuhr aus politischen Gründen Behinderungen in seiner wissenschaftlichen Karriere und befand sich 1944 wegen des Verdachts der Beteiligung am Attentat auf Hitler sechs Wochen in Haft, wurde aber nicht entlassen.[81]

Ernst Pringsheim (1881–1970). Trotz Nennung im Personal- und Vorlesungsverzeichnis für das SoSe 1933 scheiterte Pringsheims Berufung zum o. Prof. (Botanik) an die Universität Frankfurt/M., weil sich der spätere Kultusminister Rust im März 1933 weigerte, die noch vor der „Machtergreifung" getroffene Berufungsvereinbarung abzuzeichnen. Pringsheim blieb daher bis zu seiner Vertreibung 1939 o. Prof. an der Deutschen Universität Prag.[82]

Erwin Respondek (1894–1971), 1931 Privatdozent (Handels- und Verkehrspolitik). Obwohl der frühere Reichstagsabgeordnete der Zentrumspartei Gegner des Nationalsozialismus war, gibt es keine Belege, dass sein 1936 erfolgter Verzicht auf die Lehrbefugnis politisch motiviert war. Auch seitens der Universität und des REM wurden keine Schritte unternommen, die auf eine Beendigung seiner Lehrtätigkeit zielten.[83]

Richard Wachsmuth (1868–1941), 1932 emeritierter o. Prof. (Experimentalphysik). Obwohl Wachsmuth mit einer „Vierteljüdin" verheiratet war, gehörte er bis zu seinem Tod dem Lehrkörper der Frankfurter Universität an.[84]

---

77 UA Frankfurt/M. Personalhauptakte; UA Frankfurt/M. Abt. 3 Nr. 120; UA Frankfurt/M. Abt. 10 Nr. 119; BA Berlin BDC REM B 324 A 0019 u. BDC WI A 0476; Tilitzki, Universitätsphilosophie Bd. 1, S. 65 f., 378–381, 748 u. Bd. 2, S. 1048, 1083.

78 Heuer/Wolf, Juden, S. 409 ff.; Benzenhöfer, Universitätsmedizin, S. 113, 116.

79 BA Berlin R 4901/312 Bl. 423.

80 UA Frankfurt/M. Personalhauptakte, Rektoratsakte und PA der Naturwissenschaftlichen Fakultät.

81 UA Greifswald PA 2445; BA Berlin R 4901/10067, R 4901/23004, BDC PK 08610.

82 GStA PK I Rep. 76 Va Sekt. 5 Tit. IV Nr. 5 Bd. IV Bl. 1–6, 42 ff., 52–55, 58–66 u. 77–89.

83 UA Frankfurt/M. Personalhauptakte u. Abt. 150 Nr. 381; BA Berlin R 4901/23043; Haunfelder, Reichstagsabgeordnete.

84 UA Frankfurt/M. Personalhauptakte.

Richard N. Wegner (1884–1967), nichtbeamteter a. o. Prof. (Anatomie, Anthropologie und Geschichte der Medizin), war kein Opfer politscher Verfolgung, sondern wurde 1934 als Abteilungsvorsteher am Anatomischen Institut pensioniert (§ 6 BBG), weil er seine Arbeitszeit zu Lasten der Lehre überwiegend auf die Auswertung seiner Forschungsreisen verwandt hatte. Als die Fakultät 1939 auch seine Ernennung zum apl. Prof. ablehnte, wurde die Lehrbefugnis für erloschen erklärt. [85]

Literatur

Benzenhöfer, Udo: Die Universitätsmedizin in Frankfurt am Main von 1914 bis 2014, Münster 2014.
Bethge, Klaus / Klein, Horst (Hg.): Physiker und Astronomen in Frankfurt, Neuwied 1989.
Diestelkamp, Bernhard / Stolleis, Michael (Hg.): Juristen an der Universität Frankfurt am Main, Baden-Baden 1989.
Epple, Moritz u. a. (Hg.): „Politisierung der Wissenschaft“. Jüdische Wissenschaftler und ihre Gegner an der Universität Frankfurt am Main vor und nach 1933, Göttingen 2016.
Hammerstein, Notker: Die Johann Wolfgang Goethe-Universität Frankfurt am Main. Bd. I: 1914–1950, Neuwied 1989; Bd. II: Nachkriegszeit und Bundesrepublik 1945–1972, Göttingen 2012.
Heuer, Renate / Wolf, Siegbert (Hg.): Die Juden der Frankfurter Universität, Frankfurt/M. 1997.
Kinas, Sven: Akademischer Exodus. Die Vertreibung von Hochschullehrern aus den Universitäten Berlin, Frankfurt am Main, Greifswald und Halle 1933–1945, Heidelberg 2018.
Kobes, Jörn / Hesse, Jan-Otmar (Hg.): Frankfurter Wissenschaftler zwischen 1933 und 1945, Göttingen 2008.
Schefold, Bertram (Hg.): Wirtschafts- und Sozialwissenschaftler in Frankfurt am Main, Marburg 2004[2].

85 UA Frankfurt/M. Personalhauptakte; UA Greifswald PA 2123.

Universität Freiburg/Br.

Entlassungen und entlassungsähnliche Fälle

Katholisch-Theologische Fakultät
Josef Beeking (1891–1947), Franz Keller (1873–1944), Engelbert Krebs (1881–1950), Peter Richter (1898–1962), Hermann Schwamm (1900–1954).

Rechts- und Staatswissenschaftliche Fakultät
Constantin von Dietze (1891–1973)[86], Arnold Ehrhardt (1903–1965), Adolf Lampe (1897–1948), Otto Lenel (1849–1935), Robert Liefmann (1874–1941), Fritz Pringsheim (1882–1967), Andreas Bertalan Schwarz (1886–1953).

Medizinische Fakultät
Franz Bielschowsky (1902–1965), Walter Heymann (1901–1985), Philipp Keller (1891–1973), Harry Koenigsfeld (1887–1958), Hans Krebs (1900–1981), Alfred Marchionini (1899–1965), Berta Ottenstein (1891–1956), Georg A. Rost (1877–1970), Rudolf Schönheimer (1898–1941), Ludwig Schoenholz (1893–1941), Siegfried Thannhauser (1885–1962), Erich Uhlmann (1901–1964), Robert Wartenberg (1887–1956).

Philosophische Fakultät
Arnold Berney (1897–1943), Friedrich Brie (1880–1948), Werner Brock (1901–1974), Jonas Cohn (1869–1947), Eduard Fraenkel (1888–1970), Walter Friedländer (1873–1966), Wilibald Gurlitt (1889–1963), Edmund Husserl (1859–1938), Fritz Kaufmann (1891–1958), Wolfgang Michael (1862–1945), Gerhard Ritter (1888–1967), Hermann Strasburger (1909–1985), Gustav Wolf (1865–1940).

Naturwissenschaftlich-Mathematische Fakultät
Ernst Alexander (1902–1980), Franz Bergel (1900–1987), Emil Cohn (1854–1944), Herbert Fröhlich (1905–1991), Adolf Grün (1877–1947), Viktor Hamburger (1900–2001), Georg von Hevesy (1885–1966), Johann Koenigsberger (1874–1946), Alfred Loewy (1873–1935), Nikolaus Lyon (1888–1939), Felix Rawitscher (1890–1957), Ernst Zermelo (1871–1953), Friedrich Zeuner (1905–1963).

86 Bei der Berechnung der Verlustquote der einzelnen Universitäten wird Constantin von Dietze der Universität Jena zugerechnet, der er im WS 1932/33 angehörte.

Andere Lehrkräfte
Fritz Duras (1896–1965).

Entlassene Lehrkräfte, die im Wintersemester 1932/33 noch nicht zum Lehrkörper einer deutschen Universität gehörten
Franz Böhm (1895–1977).

Freiwilliger Rücktritt mit politischem Hintergrund
Friedrich A. Lutz (1901–1975), Wilhelm von Möllendorff (1887–1944), Rudolf Wilhelm (1893–1959).

Bemerkungen

Nicht berücksichtigt wurden bei der Erstellung der Liste der vertriebenen Hochschullehrer der Universität Freiburg/Br. die folgenden Personen:

Walter Eucken (1891–1950), o. Prof. für Volkswirtschaftslehre, 1919/20 Mitglied der DNVP, konnte trotz seiner „halbjüdischen" Ehefrau im Amt verbleiben.[87] Von seiner Entlassung wurde abgesehen, weil er ehemaliger „Frontkämpfer" war und weil sein Name „durch seinen Vater, den Philosophen Eucken, internationale Bedeutung" hatte. Auch seine Zugehörigkeit zu den „Freiburger Kreisen" ändert daran nichts.[88]

Großmann, Chrysostomus/Walter (1892–1958), Lehrbeauftragter (Paläographie und Formenkunde des Gregorianischen Chorals), seit 1926 Mönch in der Erzabtei Beuron, wurde 1937 „seinem Antrag entsprechend" von dem Lehrauftrag entbunden und lebte 1938–1947 in Brasilien. Obwohl Großmann als Benediktinermönch nicht zu den politisch erwünschten Lehrkräften zählte, findet sich in den archivalischen Quellen[89] kein Hinweis, dass sein Ausscheiden aus dem Lehrkörper und die Auswanderung nach Brasilien politisch motiviert waren.

Alfred Hoche (1865–1943), o. Prof. (Psychiatrie), 1917/18 Vorsitzender der Deutschen Vaterlandspartei in Baden, Mitverfasser eines Buches *über Die Freigabe der Vernichtung lebensunwerten Lebens* (1920), ließ sich 1933 emeritieren. Seine Ehe mit der als „Nichtarierin" kategorisierten Hedwig H. (1875–1937) hatte für ihn offenbar keine beruflichen Nachteile zur Folge.[90]

Otto Kahler (1878–1946), o. Prof. für Hals-, Nasen- und Ohrenheilkunde, der 1933 als „Altbeamter" zunächst geschützt war, wurde auch in der Folgezeit nicht entlassen, obwohl er nach nationalsozialistischen Kriterien „Mischling 2. Grades" war.[91]

---

87 BA Berlin R 4901/13262 Bl. 2157; Martin, Entlassung, S. 41.
88 Martin, Entlassung, S. 41.
89 GLA Karlsruhe 235/7993; UA Freiburg B 17/917; Archiv der Erzabtei Beuron D 2/48,1.
90 GLA Karlsruhe 235/42951. Zu Hoche vgl auch: Müller-Seidel, Alfred Erich Hoche.
91 Seidler/Leven, Fakultät, S. 470 f.; BA Berlin R 4901/13267 Bl. 4808. Biogramm in: ÖBL.

Friedrich Oehlkers (1890–1971), o. Prof. (Botanik), wurde trotz seiner „nichtarischen" Ehefrau „ausnahmsweise im Amt belassen". Für Oehlkers sprach aus nationalsozialistischer Sicht, dass er wissenschaftlich „einen guten Namen hatte", im Ersten Weltkrieg Kriegsfreiwilliger gewesen war, das Eiserne Kreuz 2. Klasse erhalten hatte und zu 50 % kriegsbeschädigt war.[92]

Gerhart von Schulze-Gaevernitz (1864–1943), seit 1923 emeritierter o. Prof. und o. Honorarprof. (Volkswirtschaftslehre), Religion: evangelisch, seit 1919 Mitglied der DDP/DStP (1919/20 Mitglied der Nationalversammlung). Seine Ehefrau Johanna, geb. Hirsch (1876–1937) galt als „Nichtarierin". Die Personalakten des Kultusministeriums und der Universität enthalten keine Hinweise, dass diese Tatsache für Schulze-Gaevernitz negative Konsequenzen hatte.[93]

Max Seeger (1882–1943), Lehrbeauftragter (Forstbenutzung, Holzkunde und Transportwesen), verlor entgegen anderslautenden Darstellungen seinen Lehrauftrag nicht aus politischen Gründen. Die Akte des badischen Kultusministeriums zeigt vielmehr, dass Seeger auf eigenen Wunsch vom Lehrauftrag entbunden wurde. Das Ministerium war durchaus an einer Fortsetzung seiner Lehrtätigkeit interessiert, wollte aber keine Vergütung mehr zahlen, da Seeger seit 1933 erneut hauptamtlich als Forstamtsleiter tätig war.[94]

Philipp Witkop (1880–1942), seit 1922 o. Prof. (Neuere Deutsche Literaturgeschichte), musste damit rechnen, wegen seiner „nichtarischen" Ehefrau entlassen zu werden. Nach der Trennung (1935) und der späteren Scheidung (1937) von seiner Frau, konnte er im Amt verbleiben.[95]

Literatur

Arnold, Claus: Die Katholisch-Theologische Fakultät Freiburg, in: Dominik Burkard / Wolfgang Weiß (Hg.), Katholische Theologie im Nationalsozialismus, Bd. 1/1, Würzburg 2007, S. 147–166.

Bäumer, Regimius: Die Theologische Fakultät Freiburg und das Dritte Reich, in: Freiburger Diözesan-Archiv 103 (1983), S. 265–289.

550 Jahre Albert-Ludwigs-Universität Freiburg, Festschrift, Band 3: Von der badischen Landesuniversität zur Hochschule des 21. Jahrhunderts, Hg. Bernd Martin, Freiburg 2007.

John, Eckhard u. a. (Hg.): Die Freiburger Universität in der Zeit des Nationalsozialismus, Freiburg 1991.

Martin, Bernd: Die Entlassung der jüdischen Lehrkräfte an der Freiburger Universität und die Bemühungen um ihre Wiedereingliederung nach 1945, in: Freiburger Universitätsblätter, Heft 129 (1995), S. 7–46.

Mattes, Jasmin Beatrix: Demütigung – Vertreibung – Neuanfang: Aus Freiburg geflohen in alle Welt, in: Bernd Grün u. a. (Hg.), Medizin im Nationalsozialismus. Die Freiburger Medizinische Fakultät und das Klinikum in der Weimarer Republik und im „Dritten Reich", Frankfurt/M. 2002, S. 161–188.

Seidler, Eduard / Leven, Karl-Heinz: Die Medizinische Fakultät der Albert-Ludwigs-Universität Freiburg im Breisgau, Freiburg/München 2007^2.

Wirbelauer, Eckhard (Hg.): Die Freiburger Philosophische Fakultät 1920–1960. Mitglieder – Strukturen – Vernetzungen, Freiburg /München 2006.

---

92 Sander, Leid, S. 74 f.

93 GLA Karlsruhe 235/9028; Mitt. Prof. D. Speck, UA Freiburg, 27.1.2021. Zur Biographie vgl. NDB.

94 GLA Karlsruhe 235/9034. Andere Sichtweise: Oeschger, Max Seeger.

95 Herrmann, Germanistik, S. 118 ff.; Internationales Germanistenlexikon III.

Universität Gießen

Entlassungen und entlassungsähnliche Fälle

Evangelisch-Theologische Fakultät
Peter Brunner (1900–1981).

Juristische Fakultät
Wolfgang Mittermaier (1867–1956).

Medizinische Fakultät
Julius Geppert (1856–1937), Egon Pribram (1885–1963), Franz Soetbeer (1870–1943), Alfred Storch (1888–1962).

Veterinärmedizinische Fakultät
Nicht betroffen.

Philosophische Fakultät, Erste Abteilung
Ernst von Aster (1880–1948), Samuel Bialoblocki (1888–1960), Margarete Bieber (1879–1978), Fritz Heichelheim (1901–1968), Hugo Hepding (1878–1959), Ernst Horneffer (1871–1954), Walter Kinkel (1871–1938), Julius Lewy (1895–1963), August Messer (1867–1937), Erich Stern (1889–1959), Karl Viëtor (1892–1951), Adolf Walter (1899–1980).

Philosophische Fakultät, Zweite Abteilung
Hans Falckenberg (1885–1946), Herbert Grötzsch (1902–1993), George Jaffé (1880–1965), Friedrich Lenz (1885–1968), Georg Mayer (1892–1973), Hans Mohrmann (1881–1941), Paul Mombert (1876–1938), Ludwig Schlesinger (1864–1933), Artur Sommer (1889–1965).

Entlassene Lehrkräfte, die im Wintersemester 1932/33 noch nicht zum Lehrkörper einer deutschen Universität gehörten
Wilhelm Andreae (1888–1962), Alfred Trommershausen (1910–1966).

Freiwilliger Rücktritt mit politischem Hintergrund
Keine.

Bemerkungen

Nicht berücksichtigt wurden bei der Erstellung der Liste der vertriebenen Hochschullehrer der Universität Gießen die folgenden Personen:

Adolf Allwohn (1893–1975), seit 1932 apl. a. o. Prof (Praktische Theologie), stellte 1939 einen Antrag auf Ernennung zum außerplanmäßigen Professor neuer Ordnung, der vom REM 1941 abgelehnt wurde. Als Grund wurde die „Neuplanung" in den Theologischen Fakultäten nach Kriegsende genannt. Die Lehrbefugnis wurde ihm jedoch entgegen anderslautenden Darstellungen nicht entzogen.[96] Allwohn kann daher nicht zu den vertriebenen Hochschullehrn gerechnet werden.

Hermann Harrassowitz (1885–1956), o. Prof. (Geologie und Paläontologie), wurde 1934 nach § 6 BBG in den Ruhestand versetzt. Die Entscheidung erfolgte offenbar nicht aus politischen Gründen, sondern war der Schlusspunkt eines Konflikts innerhalb der Fakultät, der lange vor 1933 begonnen hatte.[97]

Oswald Weidenbach (1876–1957), apl. Prof. für Philosophie, wurde nicht aus politischen Gründen entlassen, sondern 1942 regulär in den Ruhestand versetzt.[98]

Literatur

Chroust, Peter: Gießener Universität und Faschismus. Studenten und Hochschullehrer 1918–1945, 2 Bände, Münster / New York 1994.

Gießener Gelehrte in der ersten Hälfte des 20. Jahrhunderts, Hg. Hans Georg Gundel / Peter Moraw / Volker Press, 2 Bände, Marburg 1982.

Oehler-Klein, Sigrid (Hg.): Die Medizinische Fakultät der Universität Gießen im Nationalsozialismus und in der Nachkriegszeit: Personen und Institutionen, Umbrüche und Kontinuitäten, Stuttgart 2007.

Reimann, Bruno W.: Entlassung und Emigration. Die Universität Gießen in den Jahren nach 1933, in: Gideon Schüler (Hg.), Zwischen Unruhe und Ordnung. Ein deutsches Lesebuch für die Zeit von 1925–1960, Gießen 1989, S. 184–216.

96 Mitt. Dr. Eva-Marie Felschow, UA Gießen, 29.11.2018.

97 Reimann, Entlassung, S. 202 f.

98 Mitt. Thorsten Dette, UA Gießen, 29.9.2003.

Universität Göttingen

Entlassungen und entlassungsähnliche Fälle

Evangelisch-Theologische Fakultät
Nicht betroffen.

Rechts- und Staatswissenschaftliche Fakultät
Julius von Gierke (1875–1960), Franz Gutmann (1879–1967), Richard Martin Honig (1890–1981), Gerhart Husserl (1893–1973)[99], Jens Jessen (1895–1944), Herbert Kraus (1884–1965), Gerhard Leibholz (1901–1982), Richard Passow (1880–1949).

Medizinische Fakultät
Kurt Blühdorn (1884–1982), Rudolf Ehrenberg (1884–1969), Hans Handovsky (1888–1959), Paul Hoch (1902–1964), Walter Putschar (1904–1987), Werner Rosenthal (1870–1942), Karl Saller (1902–1969), Felix Stern (1884–1942).

Philosophische Fakultät
Curt Bondy (1894–1972), Hermann Fränkel (1888–1977), Moritz Geiger (1880–1937), Hans Hecht (1876–1946), Alfred Hessel (1877–1939), Kurt Latte (1891–1964), Georg Misch (1878–1965), Herman Nohl (1879–1960), Nikolaus Pevsner (1902–1983), Alfred Schüz (1892–1957), Wolfgang Stechow (1896–1974), Otto Westphal (1891–1950).

Mathematisch-Naturwissenschaftliche Fakultät
Paul Bernays (1888–1977), Felix Bernstein (1878–1956), Max Born (1882–1970), Roland Brinkmann (1898–1995), Alfred Coehn (1863–1938), Richard Courant (1888–1972), Heinrich Düker (1898–1986), James Franck (1882–1964), Victor Moritz Goldschmidt (1888–1947), Walter Heitler (1904–1981), Paul Hertz (1881–1940), Arthur R. von Hippel (1898–2003), Kurt Hohenemser (1906–2001), Heinrich Kuhn (1904–1994), Spiro Kyropoulos (1887–1961), Edmund Landau (1877–1938), Hans Lewy (1904–1988), Otto Neugebauer (1899–1990), Wilhelm Neuhaus (1893–1976), Emmy Noether (1882–1935), Lothar Nordheim (1899–1985), Otto Oldenberg (1888–1983), Willy Prager (1903–1980), Hermann Weyl (1885–1955).

---

99 Bei der Berechnung der Verlustquote der einzelnen Universitäten wird Gerhart Husserl der Universität Kiel zugerechnet, der er im WS 1932/33 angehörte.

Andere Lehrkräfte
Bernhard Zimmermann.

Entlassene Lehrkräfte, die im Wintersemester 1932/33 noch nicht zum Lehrkörper einer deutschen Universität gehörten
Hans von Wartenberg (1880–1960).

Freiwilliger Rücktritt mit politischem Hintergrund
Robert Brühl (1898–1976), Gustav Haloun (1898–1951), Adolf Kappus (1900–1987), Carl Siegel (1896–1981)[100], Hertha Sponer (1895–1968).

Bemerkungen

Bei der Erstellung der Liste der vertriebenen Göttinger Hochschullehrer blieben folgende Personen unberücksichtigt:

Hugo Fasold (1896–1975), Privatdozent (Kinderheilkunde), ließ sich 1934 beurlauben und übernahm die Leitung eines Kinderkrankenhauses in Schwenningen. Nachdem sein Antrag, die Beurlaubung zu verlängern, abgelehnt worden, verzichtete er 1936 auf die Lehrbefugnis. Die Vermutung, dieser Rückzug sei das Ergebnis politischer Verfolgung gewesen, lässt sich aus den Quellen nicht belegen.[101]

Otto Krayer (1899–1982), nichtbeamteter a. o. Prof. Der Pharmakologe wird gelegentlich den Vertriebenen der Universität Göttingen zugerechnet. Krayer lehrte jedoch im Wintersemester 1932/33 an der Berliner Universität und hielt sich 1933 nur vorübergehend als Gast an der Universität Göttingen auf.

Alfred von Martin (1882–1979), Honorarprofessor (Soziologie). Die in der Literatur kursierende Auffassung, v. Martin habe sich aufgrund seiner Gegnerschaft zum Nationalsozialismus als Honorarprofessor beurlauben lassen[102], entbehrt der Plausibilität, da die Beurlaubung bereits im Dezember 1932, also vor der nationalsozialistischen Machtübernahme, erfolgte.

Heinrich Martius (1885–1965), o. Prof. (Frauenheilkunde), nach nationalsozialistischen Kriterien „Mischling 2. Grades“, wurde als einziger „Nichtarier“ im Lehrkörper der Universität Göttingen nicht entlassen. In den Akten des REM wurden dafür 1938 folgende Gründe genannt: „Frontkämpfer, E[isernes] K[reuz] I. u. II., 6 Kinder – 53 Jahre.“[103]

---

100 Bei der Berechnung der Verlustquote der einzelnen Universitäten wird Carl Siegel der Universität Frankfurt/M. zugerechnet, der er im WS 1932/33 angehörte.

101 Darstellung des Falls (mit anderer Beurteilung) bei Szabó, Vertreibung, S. 162–166.

102 Szabó, Vertreibung, S. 119–122, 612 f.; NDB.

103 BA Berlin R 4901/312 Bl. 418; Heiber, Universität, Teil 1, S 239; Beushagen u. a., Fakultät, S. 192, 214 f.

Waldemar Mitscherlich (1877–1961), o. Prof. (Wirtschaftliche Staatswissenschaften), wurde 1934 nach studentischen Protesten an die Universität Halle versetzt, wo er erneut Angriffen nationalsozialistischer Studierender ausgesetzt war. Mitscherlich wurde deswegen 1942 nach Leipzig versetzt und wenig später emeritiert.[104] Seine spätere Aussage, er habe die Lehrtätigkeit „wegen Verfolgung durch die NSDAP" aufgeben müssen[105], lässt sich nicht überprüfen, da die Akten der Juristischen Fakultät Leipzig im Krieg zerstört wurden.[106]

Hermann Thiersch (1874–1939), o. Prof. (Klassische Archäologie), wurde zwar wegen seiner Ehe mit einer „Halbjüdin" 1938 aus der Göttinger Akademie der Wissenschaften ausgeschlossen, aber erst 1939 nach Erreichen der Altersgrenze emeritiert; seine Lehrtätigkeit konnte er krankheitsbedingt schon seit 1937 nicht mehr ausüben.[107]

Literatur

Exodus Professorum. Akademische Feier zur Enthüllung einer Ehrentafel für die zwischen 1933 und 1945 entlassenen und vertriebenen Professoren und Dozenten der Georgia Augusta am 18. April 1989, Göttingen 1989.

Szabó, Anikó: Vertreibung, Rückkehr, Wiedergutmachung. Göttinger Hochschullehrer im Schatten des Nationalsozialismus, Göttingen 2000.

Die Universität Göttingen unter dem Nationalsozialismus. Hg. Heinrich Becker, Hans-Joachim Dahms und Cornelia Wegeler, München 1998[2].

104 Eberle, Martin-Luther-Universität, S. 105–108.

105 W. Mitscherlich an den Rektor der Universität Göttingen, 28.7.1945, Anlage, in: UA Göttingen Kur. 10924.

106 Mitt. Prof. Gerald Wiemers, UA Leipzig, 16.11.2004.

107 BA Berlin R 4901/312 Bl. 420, 449, 605; Altekamp, Archäologie; Fittschen, Thiersch.

Universität Greifswald

Entlassungen und entlassungsähnliche Fälle

Evangelisch-Theologische Fakultät
Nicht betroffen.

Rechts- und Staatswissenschaftliche Fakultät
Josef Juncker (1889–1938), Fritz Klingmüller (1871–1939), Julius Lippmann (1864–1934), Paul Merkel (1872–1943), Hans Traub (1901–1943).

Medizinische Fakultät
Edmund Forster (1878–1933), Paul von Gara (1902–1991), Heinrich Lauber (1899–1979), Alfred Lublin (1895–1956).

Philosophische Fakultät
Stellan Arvidson (1902–1997), Ernst Bernheim (1850–1942), Werner Caskel (1896–1970)[108], Fritz Curschmann (1874–1946), Günther Jacoby (1881–1969), Ernst Matthes (1889–1958), Karl Schmidt (1873–1951), Clemens Sommer (1891–1962), Wolfgang Stammler (1886–1965), Clemens Thaer (1883–1974), Konrat Ziegler (1884–1974).

Entlassene Lehrkräfte, die im Wintersemester 1932/33 noch nicht zum Lehrkörper einer deutschen Universität gehörten
Walter Jacobi (1889–1938).

Freiwilliger Rücktritt mit politischem Hintergrund
Keine.

Bemerkungen

Bei der Erstellung der Liste der vertriebenen Greifswalder Hochschullehrer blieben folgende Personen unberücksichtigt:

108 Bei der Berechnung der Verlustquote der einzelnen Universitäten wird Caskel der Universität Rostock zugerechnet, an der er 1932/33 lehrte.

Gustav Braun (1881–1940), o. Prof. (Geographie), wurde 1933 wegen angeblicher Unterschlagung und Devisenvergehen nach § 6 BBG pensioniert. Er wurde deswegen 1933 vom Landgericht verurteilt, 1934 vom Reichsgericht aber freigesprochen. Die Sachlage rechtfertigt es nicht, ihn als politisch Verfolgten einzustufen.[109]

Adolf Busemann (1887–1968), Privatdozent (Psychologie und experimentelle Pädagogik), 1935 Verzicht auf die Lehrbefugnis. Es existieren keine Belege, dass der Verzicht Folge politisch motivierter Verfolgung oder Benachteiligung war.[110]

Adolf Kreutzfeldt (1884–1970), planmäßiger Lektor (akademischer Zeichenlehrer). K. wurde 1935 gekündigt, um nach Aussage des Kurators einem Kollegen ein ausreichendes Einkommen zu ermöglichen. Möglicherweise stand die Kündigung des hauptberuflich als Studienrat tätigen K. mit seiner früheren politischen Betätigung in Zusammenhang, wofür es aber keine eindeutigen Beweise gibt. Ab 1943 vertrat K., der seit 1937 Mitglied der NSDAP war, den zum Wehrdienst eingezogenen akademischen Zeichenlehrer Paul Barz.[111]

Georg Lubenoff (geb. 1890), Privatdozent (Allgemeine Staatslehre, Rechtsphilosophie, Völkerrecht), legte 1933 die Lehrbefugnis nieder. Bisher fehlt der Nachweis, dass L. damit einer Entlassung aufgrund des BBG zuvorkommen wollte.[112]

Friedrich Pels Leusden (1866–1944), o. Prof. (Chirurgie); der „Vierteljude" war 1933 als „Altbeamter" vor der Entlassung nach § 3 BBG geschützt und wurde 1934 mit Erreichen der Altersgrenze emeritiert. Von den nachfolgenden Entlassungswellen war Pels Leusden nicht betroffen.[113]

Hans Pichler (1882–1958), o. Prof. (Philosophie). Als ehemaliger „Frontkämpfer" war der „Vierteljude" Pichler vor der Entlassung nach § 3 BBG geschützt. 1934 verlor er die Prüfungsberechtigung, war aber von späteren antisemitischen Maßnahmen nicht betroffen.[114]

Wilhelm Steinhausen (1887–1954), o. Prof. (Physiologie); obwohl er als „Vierteljude" galt, war Steinhausen 1933 als ehemaliger „Frontkämpfer" vor der Entlassung geschützt; von den späteren Entlassungswellen blieb er verschont. 1938 erfolgte die Wiederzulassung als Prüfer für die ärztliche und zahnärztliche Vorprüfung.[115]

Fritz Wrede (1891–1952), nichtbeamteter a. o. Prof. (Physiologie). Der dauerhaften Beurlaubung Wredes ab 1934 und dem Erlöschen seiner Venia Legendi 1939 lagen keine politischen Motive zugrunde. Sie waren vielmehr Folge langjähriger persönlicher Konflikte, der von Studierenden geäußerten Kritik an seiner Eignung als Hochschullehrer und seines anscheinend etwas schwierigen Charakters.[116]

---

109 Eberle, Instrument, S. 80–83.
110 UA Greifswald PA 860; Buchholz, Lexikon; Kinas, Exodus, S. 248 ff.
111 UA Greifswald PA 2442; Buchholz, Lexikon.
112 UA Greifswald PA 415; Buchholz, Lexikon.
113 UA Greifswald PA 553; Buchholz, Lexikon; Kinas, Exodus, S. 23.
114 UA Greifswald PA 247; Buchholz, Lexikon.
115 UA Greifswald PA 586; Buchholz, Lexikon.
116 UA Greifswald PA 605; Buchholz, Lexikon.

Literatur

Buchholz, Werner (Hg.): Lexikon Greifswalder Hochschullehrer 1775 bis 2006, Bd. 3: Lexikon Greifswalder Hochschullehrer 1907 bis 1932, bearbeitet von Meinrad Welker, Bad Honnef 2004.

Eberle, Hendrik: „Ein wertvolles Instrument." Die Universität Greifswald im Nationalsozialismus, Köln u. a. 2015.

Kinas, Sven: Akademischer Exodus. Die Vertreibung von Hochschullehrern aus den Universitäten Berlin, Frankfurt am Main, Greifswald und Halle 1933–1945, Heidelberg 2018.

Oberling, Ines: Gelehrte aus jüdischen Familien an der Universität Greifswald im 19. Jahrhundert, in: Werner Buchholz (Hg.), Die Universität Greifswald und die deutsche Hochschullandschaft im 19. und 20. Jahrhundert, Stuttgart 2004, S. 145–167.

Universität und Gesellschaft. Festschrift zur 550-Jahrfeier der Universität Greifswald, 2 Bände, Hg. Dirk Alvermann und Karl-Heinz Spiess, Rostock 2006.

Viehberg, Maud Antonia: Restriktionen gegen Greifswalder Hochschullehrer im Nationalsozialismus, in: Werner Buchholz (Hg.), Die Universität Greifswald und die deutsche Hochschullandschaft im 19. und 20. Jahrhundert, Stuttgart 2004, S. 271–307.

Vorholz, Irene: Die Rechts- und Staatswissenschaftliche Fakultät der Ernst-Moritz-Arndt-Universität von der Novemberrevolution 1918 bis zur Neukonstituierung der Fakultät 1992, Köln 2000.

Universität Halle

Entlassungen und entlassungsähnliche Fälle

Evangelisch-Theologische Fakultät
Günther Dehn (1882–1970).

Rechts- und Staatswissenschaftliche Fakultät
Max Fleischmann (1872–1943), Ernst Grünfeld (1883–1938), Friedrich Hertz (1878–1964), Georg Jahn (1885–1962), Rudolf Joerges (1868–1957), Guido Kisch (1889–1985), Friedrich Kitzinger (1872–1943), Arthur Wegner (1900–1989)[117].

Medizinische Fakultät
Theodor Brugsch (1878–1963), Werner Budde (1886–1960), Oskar David (1880–1942), Wilhelm von Drigalski (1871–1950), Ernst Gellhorn (1893–1973), Alfred Hauptmann (1881–1948), Martin Kochmann (1878–1936), Friedrich Lehnerdt (1881–1944), Hans Rothmann (1899–1970), Walter Weisbach (1889–1962), Ernst Wertheimer (1893–1978), Hugo Winternitz (1868–1934).

Philosophische Fakultät
Rudolf Anthes (1896–1985), Clemens Bosch (1899–1955), Otto Bremer (1862–1936), Georg Brodnitz (1876–1941), Paul Frankl (1878–1962), Paul Friedländer (1882–1968), Siegmar von Galléra (1865–1945), Adhémar Gelb (1887–1936), Betty Heimann (1888–1961), Hans Herzfeld (1892–1982), Walther Kranz (1884–1960), Richard Laqueur (1881–1959), Otto Schultze (1872–1950)[118], Mark Science (1897–1966), Julius Stenzel (1883–1935)[119], Emil Utitz (1883–1956), Mojssej Woskin (1884–1944).

117 Bei der Berechnung der Verlustquote der einzelnen Universitäten wird Wegner zu den Entlassenen der Universität Breslau gezählt, der er im WS 1932/33 angehörte.
118 Bei der Berechnung der Verlustquote der einzelnen Universitäten wird Schultze der Universität Königsberg zugerechnet, der er im WS 1932/33 angehörte.
119 Bei der Berechnung der Verlustquote der einzelnen Universitäten wird Julius Stenzel der Universität Kiel zugerechnet, der er im WS 1932/33 angehörte.

Naturwissenschaftliche Fakultät
Reinhold Baer (1902–1979), Rudolf Bernstein (1880–1971), Heinrich Grell (1903–1974)[120], Arnold Japha (1877–1943), Edmund von Lippmann (1857–1940), Carl Tubandt (1878–1942).

Entlassene Lehrkräfte, die im Wintersemester 1932/33 noch nicht zum Lehrkörper einer deutschen Universität gehörten
Walter Anderssen (1882–1965), Oskar Kuhn (1908–1990), Emil Woermann (1899–1980).

Freiwilliger Rücktritt mit politischem Hintergrund
Walter Asmis (1880–1954), Albert Béguin (1901–1957), Karl Heldmann (1869–1943), Wilhelm Hertz (1901–1985)[121], Richard Römer (1887–1963), Alois J. Schardt (1889–1955), Wolfgang Windelband (1886–1945).[122]

Bemerkungen

Bei der Erstellung der Liste der vertriebenen Hallenser Hochschullehrer blieben folgende Personen unberücksichtigt:

Karl Eickschen (1901–1958), Privatdozent (Landwirtschaftliche Betriebslehre), verzichtete 1938 auf die Lehrbefugnis nach Verlegung seines Wohnsitzes nach Nürnberg. Es gibt keine belastbaren Belege, dass sein Ausscheiden aus einer negativen politischen Beurteilung durch den Gaudozentenbundführer resultierte. Eickschen war bereits seit 1930 hauptberuflich außerhalb der Universität tätig, seit 1936 in der Nähe von Nürnberg.[123]

Theodor Grüneberg (1901–1979), Privatdozent (Haut- und Geschlechtskrankheiten). Grüneberg, der als „Achteljude“ stigmatisiert wurde, ließ sich 1939 als Dermatologe in Berlin nieder, nachdem ihm die Übernahme der väterlichen Praxis in Halle verweigert worden war. Er erhielt 1940 eine Diätendozentur an der Universität Berlin und wurde 1942 zum außerplanmäßigen Professor ernannt.[124]

---

120 Bei der Berechnung der Verlustquote der einzelnen Universitäten wird Heinrich Grell der Universität Jena zugerechnet, der er im WS 1932/33 angehörte.
121 Hertz gehörte im WS 1932/33 noch nicht dem Lehrkörper einer deutschen Universität an, bei der Berechnung der Verlustquote der Universität Halle bleibt er unberücksichtigt.
122 Windelband wird als „freiwilliger Rücktritt mit politischem Hintergrund“ der Universität Berlin zugerechnet, deren Lehrkörper er im WS 1932/33 angehört hatte.
123 Vgl. UA Halle PA 5721.
124 Vgl. UA Halle PA 27530; UA HU Berlin PA G 230.

Fritz Hartung (1884–1973), Privatdozent (Strafrecht und Strafprozessrecht), verzichtete 1933 auf die Lehrbefugnis und die von der Fakultät beantragte Ernennung zum Honorarprofessor wegen zu starker Belastung im Hauptamt als Reichsgerichtsrat in Leipzig. Zwar wurde Hartung dort aufgrund seiner politischen „Belastung" (früheres Mitglied der DDP und des Republikanischen Richterbunds) für ein Jahr vom Straf- an einen Zivilsenat versetzt, fraglich ist aber, ob ihm bei einer weiteren Zugehörigkeit zum Lehrkörper der Universität Halle die Lehrbefugnis entzogen worden wäre.[125]

Wilhelm Kunitz (1894–1983), Privatdozent (Mineralogie und Petrographie), seit 1933 Mitglied der NSDAP. Kunitz wurde wegen Kritik an der Ermordung Ernst Röhms gemaßregelt und in seiner wissenschaftlichen Laufbahn behindert, gehörte aber dem Lehrkörper der Universität Halle – zuletzt als im Wehrdienst befindlicher Offizier – bis zum Kriegsende an.[126]

Dmitrij Tschizewskij (1894–1977), Lektor (Russische Sprache), wurde trotz seiner „nichtarischen" Ehefrau mit Zustimmung des Reichsinnenministeriums im Amt belassen. Für das REM spielte dabei u. a. eine Rolle, dass er als Lektor nicht im Besitz der Venia Legendi war.[127]

Ernst Vahlen (1865–1941), nichtbeamteter a. o. Prof. (Pharmakologie und pathologische Chemie), Bruder des NS-Wissenschaftsfunktionärs Theodor Vahlen, wurde 1937 als „jüdisch versippt" aus den Verzeichnissen der Universität gestrichen. Da seine Frau aber nur als „Halbjüdin" galt und er bereits von den amtlichen Verpflichtungen entbunden worden war, wurde diese Entscheidung 1938 aufgehoben.

Friedrich Voelcker (1872–1955), o. Prof. (Chirurgie), 1933/34 Mitglied der NSDAP, 1937 auf eigenen Antrag emeritiert. Obwohl Voelckers Ehefrau als „Mischling 2. Grades" galt und es in der Vergangenheit auch Konflikte mit dem Gaudozentenbundführer gegeben hatte, waren für Voelckers Antrag wohl hauptsächlich gesundheitliche Gründe maßgeblich.[128]

Literatur

Eberle, Hendrik: Die Martin-Luther-Universität in der Zeit des Nationalsozialismus 1933–1945, Halle 2002.

Kinas, Sven: Akademischer Exodus. Die Vertreibung von Hochschullehrern aus den Universitäten Berlin, Frankfurt am Main, Greifswald und Halle 1933–1945, Heidelberg 2018.

Rupieper, Hermann-J. (Hg.): Beiträge zur Geschichte der Martin-Luther-Universität 1502–2002, Halle 2002.

Stengel, Friedemann (Hg.): Ausgeschlossen. Zum Gedenken an die 1933–1945 entlassenen Hochschullehrer der Martin-Luther-Universität Halle-Wittenberg, Halle 2016^2.

125 Vgl. UA Halle PA 7328.

126 Vgl. UA Halle PA 9693.

127 Vgl. UA Halle PA 16152; Kinas, Exodus, S. 205, 327.

128 UA Halle PA 16427.

Universität Hamburg

Entlassungen und entlassungsähnliche Fälle

Rechts- und Staatswissenschaftliche Fakultät

Ernst Bruck (1876–1942), Friedrich Ebrard (1891–1975), Eduard Heimann (1889–1967), Gerhard Lassar (1888–1936), Albrecht Mendelssohn Bartholdy (1874–1936), Kurt Perels (1878–1933), Theodor Plaut (1888–1948), Kurt Singer (1886–1962), Martin Wassermann (1871–1953), Alexander Zinn (1880–1941).

Medizinische Fakultät

Ludolph Brauer (1865–1951), Johannes Brodersen (1878–1970), Rudolf Degkwitz (1889–1973), Ernst Delbanco (1896–1935), Walter Griesbach (1888–1968), Arthur Haim (1898–1948), Erwin Jacobsthal (1879–1952), Hermann Josephy (1887–1960), Victor Kafka (1881–1955), Otto Kestner (1873–1953), Paul Kimmelstiel (1900–1970), Walter Kirschbaum (1894–1982), Rahel Liebeschütz-Plaut (1894–1993), Martin Mayer (1875–1951), Ernst Friedrich Müller (1891–1971), Heinrich Poll (1877–1939), Wolfgang Rosenthal (1882–1971)[129], Carl Leopold Schwarz (1877–1962), Ernst Sieburg (1885–1937), Hans Türkheim (1889–1955), Wilhelm Weygandt (1870–1939), Friedrich Wohlwill (1881–1958).

Philosophische Fakultät

Walter A. Berendsohn (1884–1984), Ernst Cassirer (1874–1945), Theodor Wilhelm Danzel (1896–1954), Ferdinand Fehling (1875–1945), Walter Freytag (1899–1959), Kurt von Fritz (1900–1985), Justus Hashagen (1877–1961), Ernst Kapp (1888–1978), Walther Küchler (1877–1953), Agathe Lasch (1879–1942), Kurt Leese (1887–1965), Hans Liebeschütz (1893–1978), Piero Meriggi (1899–1982), Robert Müller-Hartmann (1884–1950), Julian Obermann (1880–1956), Erwin Panofsky (1892–1968), Maximilian von Propper (1889–1981), Helena von Reybekiel (1879–1975), Richard Salomon (1884–1966), Max Sauerlandt (1880–1934), Fritz Saxl (1890–1948), Alfred Schüz (1892–1957)[130], William Stern (1871–1938), Karl von Tolnai (1899–1981), Heinz Werner (1890–1964), Otto Westphal (1891–1950)[131], Edgar Wind (1900–1971).

---

129 Bei der Berechnung der Verlustquote der einzelnen Universitäten wird Wolfgang Rosenthal der Universität Leipzig zugerechnet, der er im WS 1932/33 angehörte.

130 Bei der Berechnung der Verlustquote der einzelnen Universitäten wird Alfred Schüz der Universität Göttingen zugeordnet, der er im WS 1932/33 angehörte.

131 Bei der Berechnung der Verlustquote der einzelnen Universitäten wird Otto Westphal der Universität Göttingen zugerechnet, der er im WS 1932/33 angehörte.

Mathematisch-Naturwissenschaftliche Fakultät
Emil Artin (1898–1962), Roland Brinkmann (1898–1995)[132], Immanuel Estermann (1900–1973), Walter Gordon (1893–1939), Karl Gripp (1891–1985), Emil Heitz (1892–1965), Rudolf Minkowski (1895–1976), Otto Stern (1888–1969).

Entlassene Lehrkräfte, die im Wintersemester 1932/33 noch nicht zum Lehrkörper einer deutschen Universität gehörten
Carl August Fischer (1895–1966), Hans Koopmann (1885–1959).

Freiwilliger Rücktritt mit politischem Hintergrund
Ernst Delaquis (1878–1951), Magdalene Schoch (1897–1987), Carl von Tyszka (1873–1935).

Bemerkungen

Bei der Erstellung der Liste der vertriebenen Hamburger Hochschullehrer blieben folgende Personen unberücksichtigt:

Guido Fischer (1877–1959), planm. a. o. Prof. (Zahnheilkunde) und Mitglied der NSDAP seit 1932, wurde 1934 in den Ruhestand versetzt. Die Entscheidung war das Ergebnis von Konflikten bzw. Intrigen unter Nationalsozialisten und wird hier nicht als politisch motivierte Entlassung gewertet.[133]

Wilhelm Flitner (1889–1990), o. Prof. (Erziehungswissenschaft). Da Flitners Ehefrau „Halbjüdin" war, wurde seine Zwangsemeritierung 1938 im REM erwogen. Flitner war jedoch für eine vorzeitige Emeritierung noch zu jung. Ferner listet die Akte des Ministeriums folgende Gegengründe auf: „Frontkämpfer. E[isernes] K[reuz] I. u. II. 5 Kinder".[134]

Albert Görland (1869–1952), planmäßiger a. o. Prof. (Philosophie), Mitglied der SPD und des *Reichsbanner Schwarz-Rot-Gold*, wurde 1945 in der Liste der von den Nationalsozialisten entlassenen Hamburger Hochschullehrer geführt.[135] Die Personalakte der Hamburger Hochschulbehörde bestätigt diese Einschätzung indes nicht, sondern deutet darauf hin, dass Görland 1935 im Alter von 65 Jahren regulär entpflichtet wurde.[136]

---

132 Bei der Berechnung der Verlustquote der einzelnen Universitäten wird Brinkmann der Universität Göttingen zugerechnet, der er im WS 1932/33 angehörte.

133 Van den Bussche, Universitätsmedizin, S. 50 f.

134 BA Berlin R 4901/312 Bl. 421. Zu Flitner vgl. auch Hamburgische Biografie II.

135 StA Hamburg Universität I D 10.13 Bd. II Bl. 7–10.

136 StA Hamburg 361-6 IV 302. Zu Görland vgl. auch Tilitzki, Universitätsphilosophie I, S. 129–132 und Heiber, Universität, Teil 1, S. 269–272.

Paul Rabe (1869–1952), o. Prof. (Chemie), wurde 1935 nach Inkrafttreten des Gesetzes über die Entpflichtung und Versetzung von Hochschullehrern (GEVH) emeritiert. Die Vermutung, diese Entscheidung könne auf einen Konflikt Rabes mit Funktionären des NS-Studentenbundes im Herbst 1934 zurückgeführt werden[137], lässt sich aus den Akten nicht belegen.[138]

Paul Wichmann (1872–1960), nichtbeamteter a. o. Prof. (Dermatologie), im Hauptberuf Leitender Oberarzt in der Universitätsklinik für Haut- und Geschlechtskrankheiten. Wichmann wurde 1933 – wohl aus politischen Gründen – als Oberarzt gekündigt. Da seine Lehrbefugnis aber erst 1937 nach Erreichen der Altersgrenze erlosch, bleibt er im Rahmen dieser Studie unberücksichtigt.[139]

Albrecht von Wrochem (1880–1944), Honorarprofessor an der Juristischen Fakultät und Regierungsdirektor bei der Hochschulbehörde, war ein Grenzfall; er wurde 1933 nach Konflikten mit nationalsozialistischen Studierenden zur Arbeitsbehörde, später zu anderen Behörden versetzt.1936 folgte die Versetzung in den Ruhestand nach § 6 BBG, 1937 der Entzug der Lehrbefugnis. Als Begründung diente die Tatsache, dass v. Wrochem falsche Angaben im Fragebogen zur Durchführung des BBG gemacht hatte.[140] Er wird daher nicht zu den entlassungsähnlichen Fällen gezählt.

Literatur

Hamburgische Biografie. Personenlexikon. Hg. Franklin Kopitzsch u. Dirk Brietzke, 6 Bände, Hamburg 2001–2012.

Bottin, Angela (unter Mitarbeit von Rainer Nicolaysen): Enge Zeit. Spuren Vertriebener und Verfolgter der Hamburger Universität, Hamburg 1991.

Bussche, Hendrik van den (Hg.): Die Hamburger Universitätsmedizin im Nationalsozialismus. Forschung – Lehre – Krankenversorgung, Berlin/Hamburg 2014.

Hochschulalltag im „Dritten Reich". Die Hamburger Universität 1933–1945. Hg. Eckart Krause, Ludwig Huber, Holger Fischer, 3 Bände, Berlin/Hamburg 1991.

---

137 Weyer, Chemie, S. 1120–1123.

138 StA Hamburg 361-6 IV 808.

139 Van den Bussche, Universitätsmedizin, S. 67 f.

140 StA Hamburg Senatskanzlei – Personalakten C 587.

Universität Heidelberg

Entlassungen und entlassungsähnliche Fälle

Evangelisch-Theologische Fakultät
Nicht betroffen.

Juristische Fakultät
Friedrich Darmstaedter (1883–1957), Karl Geiler (1878–1953), Max Gutzwiller (1889–1989), Walter Jellinek (1885–1955), Ernst Levy (1881–1968), Leopold Perels (1875–1954), Gustav Radbruch (1878–1949).

Medizinische Fakultät
Hans von Baeyer (1875–1941), Siegfried Bettmann (1869–1939), Georg Blessing (1882–1941), Albert Fraenkel (1864–1938), Paul György (1893–1976), Hermann Hoepke (1889–1993), Alfred Klopstock (1896–1968), Hans Laser (1899–1980), Siegfried Walter Loewe (1884–1963), Hellmut Marx (1901–1945), Willy Mayer-Gross (1889–1961), Otto Meyerhof (1884–1951), Ernst Moro (1874–1951), Heinrich Münter (1883–1957), Maximilian Neu (1877–1940), Walter Pagel (1898–1983), Hans Sachs (1877–1945), Ludwig Schreiber (1874–1940), Walter Schwarzacher (1892–1958), Gabriel Steiner (1883–1965), Fritz Stern (geb. 1902), Alfred A. Strauss (1897–1957), Franz Weidenreich (1873–1948)[141], Richard Werner (1875–1945), Karl Wilmanns (1873–1945), Ernst Witebsky (1901–1969), Martin Zade (1877–1944).

Philosophische Fakultät
Richard Alewyn (1902–1979), Salomon Altmann (1878–1933), Marie Baum (1874–1964), Arnold Bergsträsser (1896–1964), Samuel Brandt (1848–1938), Hans von Eckardt (1890–1957), Hans Ehrenberg (1883–1958), Leo Gerstner (1874–1945), Rudolf K. Goldschmit (1890–1964), August Grisebach (1881–1950), Helmut Hatzfeld (1892–1979), Ernst Hoffmann (1880–1952), Karl Jaspers (1883–1969), Raymond Klibansky (1905–2005), Walter Lenel (1868–1937), Jakob Marschak (1898–1977), Carl Neumann (1860–1934), Leonardo Olschki (1885–1961), Hermann Ranke (1878–1953), Otto Regenbogen (1891–1966), Arthur Salz (1881–1963), Herbert Sultan (1894–1954), Eugen

141 Da Weidenreich seit 1929 ausschließlich an der Universität Frankfurt/M. lehrte, wird er bei der Berechnung der personellen Verluste der Universität Heidelberg, die ihn seit 1924 als inaktiven planmäßigen a. o. Prof. führte, nicht berücksichtigt.

Täubler (1879–1953), Max von Waldberg (1858–1938), Heinrich Zimmer (1890–1943).

Naturwissenschaftlich-Mathematische Fakultät
Victor Goldschmidt (1853–1933), Rudolf Lemberg (1896–1975), Heinrich Liebmann (1874–1939), Hugo Merton (1879–1940), Arthur Rosenthal (1887–1959), Wilhelm Salomon-Calvi (1868–1941), Gertrud von Ubisch (1882–1965).

Entlassene Lehrkräfte, die im Wintersemester 1932/33 noch nicht zum Lehrkörper einer deutschen Universität gehörten
Günther Bornkamm (1905–1990), Otto Friedrich (1883–1978), Ernst Hammann (1908–1999), Helmut Thielicke (1908–1986).

Freiwilliger Rücktritt mit politischem Hintergrund
Gerhard Anschütz (1867–1948), Hans Gruhle (1880–1958), Karl Hampe (1869–1936), Alfred Weber (1868–1958).

Bemerkungen

Bei der Erstellung der Liste der vertriebenen Heidelberger Hochschullehrer sind folgende Personen unberücksichtigt geblieben:

Eberhard von Künßberg (1881–1941), o. Honorarprofessor (Deutsche Rechtsgeschichte), 1917–1941 im Hauptberuf Leiter des Deutschen Rechtswörterbuches. Obwohl Künßberg nach NS-Kriterien „jüdisch versippt" war, wurde er mit Unterstützung des Rektors und der Fakultät als Honorarprofessur „ausnahmsweise im Amte belassen".[142]

Johann Sölch (1883–1951), o. Prof. für Geographie. Sölch, der mit einer „Nichtarierin" verheiratet war, erhielt 1935 einen Ruf nach Wien. Nach dem „Anschluss" Österreichs von 1938 wurde er zwar beurlaubt, aber schließlich „ausnahmsweise" im Dienst belassen.[143]

Alfred Winterstein (1899–1960), Privatdozent (Chemie) und Mitarbeiter des KWI für Medizinische Forschung, wechselte 1933/34 zu Hoffmann-La Roche nach Basel. Nachdem er zwei Semester keine Vorlesungen angeboten hatte, wurde ihm 1935 die Lehrbefugnis entzogen. Gerüchte, er sei „Nichtarier" gewesen, finden in der Personalakte des badischen Kultusministeriums keine Bestätigung.[144]

---

142 BA Berlin R 4901/312 Bl. 420. Ferner: Schroeder, Chancen, S. 325–333; Mussgnug, Dozenten, S. 105 f.

143 Mitt. HR Dr. Kurt Mühlberger, Archiv der Universität Wien, 4.8.2003.

144 GLA Karlsruhe 235/2664.

Literatur

Drüll, Dagmar: Heidelberger Gelehrtenlexikon 1803–1932, Berlin 1986.

Erinnern, Bewahren, Gedenken. Die jüdischen Einwohner Heidelbergs und ihre Angehörigen 1933–1945. Biographisches Lexikon mit Texten, Hg. Norbert Giovannini, Claudia Rink, Frank Moraw, Heidelberg 2011.

Jansen, Christian: Professoren und Politik. Politisches Denken und Handeln der Heidelberger Hochschullehrer 1914–1935, Heidelberg 1992.

Mussgnug, Dorothee: Die vertriebenen Heidelberger Dozenten. Zur Geschichte der Ruprecht-Karls-Universität nach 1933, Heidelberg 1988.

Schroeder, Klaus-Peter: „Sie haben kaum Chancen, auf einen Lehrstuhl berufen zu werden“. Die Heidelberger Juristische Fakultät und ihre Mitglieder jüdischer Herkunft, Tübingen 2017.

Die Universität Heidelberg im Nationalsozialismus, Hg. Wolfgang U. Eckart, Volker Sellin, Eike Wolgast, Heidelberg 2006.

Vézina, Birgit: „Die Gleichschaltung“ der Universität Heidelberg im Zuge der nationalsozialistischen Machtergreifung, Heidelberg 1982.

Weckbecker, Arno: Gleichschaltung der Universität? Nationalsozialistische Verfolgung Heidelberger Hochschullehrer aus rassischen und politischen Gründen, in: Auch eine Geschichte der Universität Heidelberg. Hg. Karin Buselmeier u. a., Mannheim 1985, S. 273–292.

Universität Jena

Entlassungen und entlassungsähnliche Fälle

Evangelisch-Theologische Fakultät
Nicht betroffen.

Rechts- und Wirtschaftswissenschaftliche Fakultät
Constantin von Dietze (1891–1973), Paul Hermberg (1888–1969), Berthold Josephy (1898–1950), Karl Korsch (1886–1961).

Medizinische Fakultät
Walther Berblinger (1882–1966), Emil Klein (1873–1950), Theodor Meyer-Steineg (1873–1936), Hans Simmel (1891–1943).

Philosophische Fakultät
Gustav Kirchner (1890–1966), Herbert Koch (1886–1982), Hans Leisegang (1890–1951), Hans Rose (1888–1945), Anna Siemsen (1882–1951), Mathilde Vaerting (1884–1977).

Mathematisch-Naturwissenschaftliche Fakultät
Annelies Argelander (1896–1980), Felix Auerbach (1856–1933), Leo Brauner (1898–1974), Heinrich Grell (1903–1974), Wilhelm Peters (1880–1963), Julius Schaxel (1887–1943), Rudolf Straubel (1863–1943).

Entlassene Lehrkräfte, die im Wintersemester 1932/33 noch nicht zum Lehrkörper einer deutschen Universität gehörten
Franz Böhm (1895–1977).

Freiwilliger Rücktritt mit politischem Hintergrund
Albert Debrunner (1884–1958), Waldemar Macholz (1876–1950), Moritz Rudolf Weyermann (1876–1935).

Bemerkungen

Bei der Erstellung der Liste der vertriebenen Jenaer Hochschullehrer blieben folgende Personen unberücksichtigt:

Felix Jentzsch (1882–1946), persönlicher Ordinarius (Wissenschaftliche Mikroskopie und angewandte Optik), war nach nationalsozialistischen Kriterien „Mischling II. Grades". Seine Entlassung 1934 erfolgte jedoch nicht aus rassenpolitischen Gründen, sondern aufgrund eines Dienstvergehens.[145]

Wilhelm Köhler (1884–1959), nichtbeamteter a. o. Prof. (Kunstgeschichte) und Direktor der Staatlichen Kunstsammlungen in Weimar, seit 1932 Gastprofessor in den USA, blieb in den USA, nachdem die *Harvard University* ihm 1935 einen Lehrstuhl angeboten hatte. In den USA trat er später als Kritiker der NS-Diktatur hervor. Ein politischer Hintergrund für seine Entscheidung, Deutschland dauerhaft zu verlassen, ist aus den Akten nicht erkennbar.[146]

Behrendt Pick (1861–1940). Der jüdische Honorarprofessor (Antike Numismatik) beendete seine Lehrtätigkeit im Oktober 1930 auf eigenen Wunsch und gehörte 1932/33 nicht mehr zum Lehrkörper der Universität Jena.[147]

Emil von Skramlik (1886–1970), o. Prof. (Physiologie). Obwohl Skramlik den Nationalsozialisten als „jüdisch versippt" galt, wurde er „ausnahmsweise im Amt belassen". Der Physiologe lebte bereits seit Längerem von seiner katholischen Frau getrennt.[148]

Reinhard Strecker (1876–1951), 1923–1925 Honorarprofessor für Erziehungswissenschaften, SPD-Mitglied, schied bereits 1925 auf Initiative des Ministeriums aus dem Lehrkörper der Universität Jena aus, nachdem er nach Darmstadt umgezogen war und zwei Semester hintereinander nicht gelehrt hatte. Seit 1930 war Strecker Privatdozent an der Forstlichen Hochschule Eberswald. Dort wurde ihm 1933 die Lehrbefugnis entzogen.[149]

Dmitrij Tschizewskij (1894–1977) seit 1934 Lektor für Slawische Sprachen, wurde nicht entlassen, obwohl seine Ehefrau „Vierteljüdin" war.[150]

---

145 UA Jena 1427; LATh – HStA Weimar Personalakten aus dem Bereich Volksbildung 15332 u. 15333.

146 UA Jena D 1682; LATh – HStA Weimar Personalakten aus dem Bereich Volksbildung 16380 u. 16381.

147 UA Jena D 2267; LATh – HStA Weimar Personalakten aus dem Bereich Volksbildung 23252 u. 23253.

148 BA Berlin R 4901/312 Bl. 420; Zimmermann, Fakultät, S. 47.

149 LATh – HStA Weimar Personalakten aus dem Bereich Volksbildung 30696 u. 30697; UA Jena D 2832. Zu Strecker vgl. auch Horn, Erziehungswissenschaft, S. 354.

150 BA Berlin R 4901/312 Bl. 423; Kinas, Exodus, S. 205.

Literatur

Hartleb, Margit: „Entlassungen“ an der Universität Jena zwischen 1932 und 1938. Ein Forschungsproblem, in: Katrin Beger u. a. (Hg.): „Ältestes bewahrt mit Treue, freundlich aufgefaßtes Neue“. Festschrift Volker Wahl, Rudolstadt 2008, S. 543–557.
Hendel, Joachim u. a. (Bearb.): Wege der Wissenschaft im Nationalsozialismus. Dokumente zur Universität Jena 1933–1945, Stuttgart 2007.
John, Jürgen / Stutz, Rüdiger: Die Jenaer Universität 1918–1945, in: Traditionen – Brüche – Wandlungen. Die Universität Jena 1850–1995, Hg. Senatskommission zur Aufarbeitung der Jenaer Universitätsgeschichte im 20. Jahrhundert, Köln 2009, S. 428–434.
Jüdische Lebenswege in Jena. Erinnerungen, Fragmente, Spuren. Hg. Stadtarchiv Jena in Zusammenarbeit mit dem Jenaer Arbeitskreis Judentum, Jena 2015.
„Kämpferische Wissenschaft“. Studien zur Geschichte der Universität Jena im Nationalsozialismus, Hg. Uwe Hoßfeld, Jürgen John, Oliver Lemuth, Rüdiger Stutz, Köln 2003.
Zimmermann, Susanne: Die Medizinische Fakultät der Universität Jena während der Zeit des Nationalsozialismus, Berlin 2000.

Universität Kiel

Entlassungen und entlassungsähnliche Fälle

Evangelisch-Theologische Fakultät
Wilhelm Caspari (1876–1947), Hans Engelland (1903–1970)[151], Walter Freytag (1899–1959), Volkmar Herntrich (1908–1958), Karl Heinrich Rengstorf (1903–1992)[152], Kurt-Dietrich Schmidt (1896–1964).

Rechts- und Staatswissenschaftliche Fakultät
Gerhard Colm (1897–1968), Hans von Hentig (1887–1974), Heinrich Hoeniger (1879–1961), Gerhart Husserl (1893–1973), Jens Jessen (1895–1944)[153], Hermann Kantorowicz (1877–1940), Hans Neisser (1895–1975), Otto Opet (1866–1941), Max Pappenheim (1860–1934), Walther Schücking (1875–1935), Ferdinand Tönnies (1855–1936).

Medizinische Fakultät
Rudolf Höber (1873–1952), Georg Stertz (1878–1959).

Philosophische Fakultät
Fritz Brüggemann (1876–1945), Franz Feist (1864–1941), Willy Feller (1906–1970), Adolf Fraenkel (1891–1965), Ernst Fraenkel (1881–1957), Melitta Gerhard (1891–1981), Rudolf Heberle (1896–1991), Felix Jacoby (1876–1959), Walter Kießig (1882–1964), Otto Klemperer (1899–1987), Richard Kroner (1884–1974), Wolfgang Liepe (1888–1962), Oscar Martienssen (1874–1957), Heinrich Rausch von Traubenberg (1880–1944), Hans Rosenberg (1879–1940), Julius Stenzel (1883–1935), Erich Weniger (1894–1961), Carl Wirtz (1876–1939).

Entlassene Lehrkräfte, die im Wintersemester 1932/33 noch nicht zum Lehrkörper einer deutschen Universität gehörten
Keine.

151 Bei der Berechnung der Verlustquote der einzelnen Universitäten wird Engelland der Universität Tübingen zugerechnet, der er im WS 1932/33 angehörte.

152 Bei der Berechnung der Verlustquote der einzelnen Universitäten wird Rengstorf der Universität Tübingen zugerechnet, der er im WS 1932/33 angehörte.

153 Bei der Berechnung der Verlustquote der einzelnen Universitäten wird Jessen der Universität Göttingen zugerechnet, der er im WS 1932/33 angehörte.

Freiwilliger Rücktritt mit politischem Hintergrund
Hermann Mulert (1879–1950), Werner Wedemeyer (1870–1934).

Bemerkungen

Bei der Erstellung der Liste der vertriebenen Kieler Hochschullehrer blieben jene Personen unberücksichtigt, die von Kiel an eine andere Universität zwangsversetzt wurden, an der sie weiterhin als Hochschullehrer tätig sein konnten. Zu diesem Personenkreis gehören:

Versetzung nach *Halle*: **Wolfgang von Buddenbrock-Hettersdorf** (1884–1964), **Martin Lintzel** (1901–1955) und **Julius Schniewind** (1883–1948).

Versetzung nach *Bonn*: **Karl Rauch** (1880–1953) und **Carl Wesle** (1890–1950).

Versetzung nach *Greifswald*: **Walter Bülck** (1891–1952) und **Walter Elliger** (1903–1985).

Versetzung nach *Frankfurt*: **August Skalweit** (1879–1960).

Nicht berücksichtigt wurden außerdem:

Walter Dix (1879–1965), persönlicher Ordinarius (Pflanzenbau), wurde 1935 im Alter von 55 Jahren emeritiert. Die Hintergründe sind nicht eindeutig erkennbar. Auf politische Motive verweist ein studentischer Vorlesungsboykott im Januar 1934 mit scharfer Kritik an Dix (Vorlesung „unbrauchbar", „keine Fühlung mit der Praxis", „reaktionär",). Das Ministerium sah jedoch 1934 keine politischen Gründe, gegen Dix vorzugehen. Ausschlaggebend für die vorzeitige Emeritierung war wohl der Beschluss des Ministeriums, den landwirtschaftlichen Studiengang in Kiel einzustellen.[154]

Karlfried Graf von Dürckheim-Montmartin (1896–1988), Privatdozent (Philosophie und Psychologie), hauptamtlich Prof. an der Hochschule für Lehrbildung in Kiel, war als „Vierteljude" gefährdet, blieb aber aufgrund seiner politischen Haltung letztlich unbehelligt: „Professor Graf Dürckheim besitzt das Vertrauen der Partei." (Rudolf Heß, 1939).[155]

Bernhard Harms (1876–1939), o. Prof. für Weltwirtschaftslehre und Direktor des Instituts für Weltwirtschaft und Seeverkehr, musste im Juni 1933 als Anhänger der Weimarer Republik die Leitung des Instituts für Weltwirtschaft aufgeben, konnte seinen Kieler Lehrstuhl aber offiziell behalten. Faktisch lehrte er seit 1935 als Honorarprofessor an der Berliner Universität.[156] In seiner Antrittsvorlesung bekannte er sich zur „Totalitätsidee" des Nationalsozialismus.[157]

154 GStA PK I Rep. 76 Va Sekt. 9 Tit. 4 Nr. 1 Bd. 23 Bl. 186–221; Landesarchiv Schleswig-Holstein Abt. 761 Nr. 17922; Uhlig, Wissenschaftler, S. 56 f.; Böhm, Handbuch; Göllnitz, Student, S. 147 f.

155 BA Berlin R 4901/312 Bl. 604. Zur Biographie vgl. Bieber, Samurai, S. 597–610, 738–743, 1027–1030, 1150–1158; Hesse, Professoren, S. 245 ff.; Geuter, Professionalisierung, S. 567.

156 Uhlig, Vertriebene Wissenschaftler, S. 66 f.

157 Bernhard Harms, Universitäten, Professoren und Studenten in der Zeitenwende, Jena 1936.

Albin Hentze (1876–1944), o. Prof. (Zahnmedizin), musste 1934 einen Antrag auf Emeritierung einreichen, weil das Zahnärztliche Institut der Universität Kiel, das sich in Hentzes Privathaus befand, wegen baulicher Mängel geschlossen wurde.[158] Ein politischer Hintergrund ist nicht erkennbar.

Curt Hoffmann (1898–1959), Privatdozent (Botanik). Seine sehr wahrscheinliche Entlassung wurde durch den Tod seiner als „Halbjüdin" stigmatisierten Frau (1938) verhindert; in den Jahren 1940–1945 war er apl. Prof. in Kiel.[159]

Kurt Kolle (1898–1975), Privatdozent (Psychiatrie und Neurologie) und Assistent an der Psychiatrischen und Nervenklinik. Kolle galt als Gegner des Nationalsozialismus. Er wurde 1933 aus politischen Gründen als Assistent entlassen und als Privatdozent zeitweise beurlaubt. Kolle konnte sich aber im November 1933 nach Frankfurt/M. umhabilitieren, wo er 1935 zum apl. Prof. ernannt wurde.[160]

Berthold Lichtenberger (1887–1953), Privatdozent für Landwirtschaftslehre, wurde 1933 nach einer Denunziation aus dem Kreis seiner Assistenten, die ihm die Veruntreuung von Geldern vorwarfen, verhaftet. Obwohl er vor Gericht freigesprochen wurde, beschloss Lichtenberger daraufhin, aus der Universität auszuscheiden und in die Privatwirtschaft zu gehen. Klare Belege, dass sein Ausscheiden aus der Universität einen politischen Hintergrund hatte, fehlen.[161]

Theodor Niemeyer (1857–1939), emeritierter o. Prof. (Völkerrecht, Internationales Recht, Privatrecht). Die Angabe, Niemeyer sei 1933/34 wegen jüdischer Herkunft vertrieben worden[162], lässt sich aufgrund der Personalakte des REM nicht verifizieren. Niemyer war evangelisch und „arisch"; er hatte nach 1933 keine erkennbaren politischen Schwierigkeiten.[163]

Literatur

Cornelissen, Christoph / Mish, Carsten (Hg.): Wissenschaft an der Grenze. Die Universität Kiel im Nationalsozialismus, Essen 2009.

Göllnitz, Martin: Karrieren zwischen Diktatur und Demokratie. Die Berufungspolitik in der Kieler Theologischen Fakultät 1936 bis 1946, Frankfurt/M. 2014.

Göllnitz, Martin: Der Student als Führer? Handlungsmöglichkeiten eines jungakademischen Funktionärskorps am Beispiel der Universität Kiel (1927–1945), Ostfildern 2018.

Hans-Werner Prahl u. a. (Hg.) UNI-Formierung des Geistes. Universität Kiel im Nationalsozialismus, 2 Bände, Kiel 1995/2007.

Ratschko, Karl-Werner: Kieler Hochschulmediziner in der Zeit des Nationalsozialismus. Die Medizinische Fakultät der Christian-Albrechts-Universität im „Dritten Reich", Essen 2014.

158 Voswinckel, Lexikon, S. 622.

159 BA Berlin R 4901/312 Bl. 420; Volbehr/Weyl, Professoren, S. 186; Kürschner 1954.

160 Uhlig, Vertriebene Wissenschaftler, S. 76–79.

161 Uhlig, Vertriebene Wissenschaftler, S. 60–66.

162 So Stolleis, Geschichte, Bd. 3, S. 381.

163 BA Berlin R 4901/19920.

Uhlig, Ralph (Hg.): Vertriebene Wissenschaftler der Christian-Albrechts-Universität zu Kiel (CAU) nach 1933. Zur Geschichte der CAU im Nationalsozialismus. Eine Dokumentation bearbeitet von Uta Cornelia Schmatzler und Matthias Wieben, Frankfurt/M. 1991.

Volbehr, Friedrich / Weyl, Richard: Professoren und Dozenten der Christian-Albrechts-Universität zu Kiel 1665–1954. Mit Angaben über die sonstigen Lehrkräfte und die Universitäts-Bibliothekare und einem Verzeichnis der Rektoren, Kiel 1956[4].

Universität Köln

Entlassungen und entlassungsähnliche Fälle

Wirtschafts- und Sozialwissenschaftliche Fakultät
Paul Eckardt (1884–1979), Christian Eckert (1874–1952), Heinz Esser (1896–1933), Hermann Halberstädter (1896–1966), Reinhold Heinen (1894–1969), Joseph Herlet (1876–1951), Clodwig Kapferer (1901–1997), Karl Kumpmann (1883–1963), Fritz Lehmann (1901–1940), Hugo Lindemann (1867–1949), Fritz Karl Mann (1883–1979), Anton Felix Napp-Zinn (1899–1965), Eugen Schmalenbach (1873–1955), Benedikt Schmittmann (1872–1939), Dominikus Zorn (1880–1944).

Rechtswissenschaftliche Fakultät
Godehard Ebers (1880–1958), Hans Walter Goldschmidt (1881–1940), Hubert Graven (1869–1951), Franz Haymann (1874–1947), Hans Kelsen (1881–1973), Ludwig Waldecker (1881–1946)[164], Alfred Wieruszowski (1857–1945).

Medizinische Fakultät
Gustav Aschaffenburg (1866–1944), Walter Brandt (1889–1971), Hans Eppinger (1879–1946), Max Günther (geb. 1901), Victor Hoffmann (1893–1969), Walther Jahrreiss (1896–1969), Bruno Kisch (1890–1966), Eduard Krapf (1901–1963), Daniel Laszlo (1902–1958), Rudolf Leuchtenberger (1895–1990), Emil Meirowsky (1876–1960), Helmut Seckel (1900–1960), Otto Veit (1884–1972).

Philosophische Fakultät
Ernst Barthel (1890–1953), Isaak Benrubi (1876–1943), Walter Braunfels (1882–1954), Ernst Bresslau (1877–1935), Stefan Cohn-Vossen (1902–1936), Ernst Fischer (1875–1954), Goswin Frenken (1887–1945), Hans Hamburger (1889–1956), Johannes Hasebroek (1893–1957), Johannes Hessen (1889–1971), Paul Honigsheim (1885–1963), Herbert Kühn (1895–1980), Hans Lassen (1897–1974), Friedrich von der Leyen (1873–1966), Julius Lips (1895–1950), Ernst Alfred Philippson (1900–1993), Helmuth Plessner (1892–1985), Hans Rosenberg (1904–1988), Isidor Scheftelowitz (1876–1934), Friedrich Schneider (1881–1974), Hans Sperber (1885–1960), Leo Spitzer (1887–1960), Edda Tille-Hankamer (1895–1982).

164 Bei der Berechnung der Verlustquote der einzelnen Universitäten wird Waldecker der Universität Breslau zugerechnet, der er im WS 1932/33 angehörte.

Entlassene Lehrkräfte, die im Wintersemester 1932/33 noch nicht zum Lehrkörper einer deutschen Universität gehörten
Keine.

Freiwilliger Rücktritt mit politischem Hintergrund
Theodor Brauer (1880–1942).

Bemerkungen

Bei der Erstellung der Liste der vertriebenen Kölner Hochschullehrer blieben folgende Personen unberücksichtigt:

Richard Beyer (geb. 1878), Lehrbeauftragter (Berufs- und Fachschulwesen), musste seinen Lehrauftrag aufgeben, nachdem er in seinem Hauptberuf als Direktor des Berufspädagogischen Instituts Köln in den Ruhestand versetzt worden war. Hauptursache waren finanzielle Unregelmäßigkeiten in seiner Amtsführung, die schon vor 1933 für Irritation gesorgt hatten. Politische Motive sind nicht erkennbar: Beyer war „Arier" und gehörte keiner Partei an. Ein Strafverfahren und ein Dienststrafverfahren gegen Beyer wurden später eingestellt. [165]

Ernst Esch (1881–1945), nichtbeamteter a. o. Prof. (Verkehrswesen) und Mitglied der Zentrumspartei, wurde im April 1933 aus politischen Gründen beurlaubt. Die Beurlaubung ist jedoch schon im Mai 1933 wieder aufgehoben worden.[166]

Hermann Haberland (1887–1945), nichtbeamteter a. o. Prof. (Chirurgie), seit 1931 Mitglied der NSDAP. 1934 wurde ihm aufgrund des § 6 BBG die Lehrbefugnis entzogen. Das hatte keine politischen Gründe. Ursächlich war vielmehr Haberlands Neigung zu Konflikten, Intrigen und Denunziationen, die zu seiner vollständigen Isolation in der Universität geführt hatte. Ende 1934 wurde der Entzug der Lehrbefugnis auf Drängen der Partei wieder aufgehoben.[167]

Wilhelm Ewig (1893–1962), nichtbeamteter a. o. Prof. (Innere Medizin), ließ sich 1933 beurlauben, nachdem er eine Stelle als Chefarzt in Ludwigshafen angenommen hatte. Nach mehrjähriger Beurlaubung wurde ihm Anfang 1936 vom REM die Lehrbefugnis entzogen. Politische Motive für diese Entscheidung sind unwahrscheinlich. Ewig war nicht nur Mitglied der NSDAP, sondern auch Leiter des Gauamtes für Volksgesundheit.[168]

Bruno Kuske (1876–1964), o. Prof. für Wirtschaftsgeschichte, bis 1933 Mitglied der SPD, wurde im September 1933 aus politischen Gründen entlassen (§ 4 BBG). Da die Entlassung aber bereits im Januar 1934 wieder aufgehoben wurde, ist es nicht angebracht, Kuske zu den vertriebenen Hochschullehrern zu rechnen.[169]

---

165 BA Berlin R 4901/16567 u. R 4901/16568.
166 DBE; Golczewski, Universitätslehrer, S. 110, 446.
167 Voswinckel, Lexikon, S. 568 f.; Golczewski, Universitätslehrer, S. 321–334.
168 UA Köln Zug. 67/1018 und Zug. 17/1289; Süß, „Volkskörper", S. 464.
169 Engels, Wirtschaftsgemeinschaft.

Hanns Ruffin (1902–1979), Privatdozent für Psychiatrie und Neurologie, verließ die Universität Köln 1934, konnte seine Lehrtätigkeit als Privatdozent aber in Freiburg fortsetzen, wo er eine Stelle als Oberarzt an der Universitätsnervenklinik erhielt.[170]

Robert Saitschick (1868–1965), ehemals o. Prof. für Philosophie, gehörte dem Lehrkörper der Universität Köln schon seit 1924 nicht mehr an.[171]

Franz Schlumm (1901–1941), Privatdozent für Innere Medizin, ließ sich 1933 beurlauben, nachdem er zum Chefarzt am Krankenhaus Berlin-Wilmersdorf ernannt worden war. Nach längerer Beurlaubung wurde ihm 1936 die Lehrbefugnis entzogen. In den Akten des Universitätsarchivs Köln und des Bundesarchivs finden sich keine Hinweise auf einen politischen Hintergrund dieser Entscheidung. Schlumm war Mitglied der NSDAP und der SA.[172]

Leopold von Wiese (1876–1969), o. Prof. für Wirtschaftliche Staatswissenschaften und Soziologie, wurde 1933 als Dekan abgesetzt und verlor seine Position als Direktor des aufgelösten Forschungsinstituts für Sozialwissenschaften, konnte aber trotz mancher Anfeindungen sein Ordinariat behalten.[173]

Robert Wintgen (1882–1966), o. Prof. (Chemie), wurde trotz seiner „nichtarischen" Ehefrau „im Amte belassen".[174]

Literatur

Becker, Hans-Jürgen: Die neue Kölner Rechtswissenschaftliche Fakultät von 1919 bis 1950, Tübingen 2021.

Golczewski, Frank: Jüdische Hochschullehrer an der neuen Universität Köln vor dem Zweiten Weltkrieg, in: Jutta Bohnke-Kollwitz u. a. (Hg.), Köln und das rheinische Judentum. Festschrift Germania Judaica 1959–1984, Köln 1984, S. 363–396.

Golczewski, Frank: Kölner Universitätslehrer und der Nationalsozialismus. Köln 1988.

Die Neue Universität zu Köln. Ihre Geschichte seit 1919, Hg. Habbo Knoch, Ralph Jessen, Hans-Peter Ullmann, Köln 2019.

170 UA Köln Zug. 67/1114 und Zug. 27/71.

171 Golczewski, Universitätslehrer, S. 173–179. Im Kölner Vorlesungsverzeichnis vom WS 1932/33 ist sein Name nicht mehr aufgelistet.

172 UA Köln Zug. 67/1129 und BA Berlin BDC Reichskulturkammer I 524.

173 Golczewski, Universitätslehrer, S. 314 f., 447.

174 BA Berlin R 4901/312 Bl. 420.

Universität Königsberg

Entlassungen und entlassungsähnliche Fälle

Evangelisch-Theologische Fakultät
Hans Joachim Iwand (1899–1960).

Rechts- und Staatswissenschaftliche Fakultät
Adolf von Batocki-Friebe (1868–1944), Albert Hensel (1895–1933), Oswald Schneider (1885–1965).

Medizinische Fakultät
Selly Askanazy (1866–1938), Walther Berg (1878–1945), Leo Borchardt (1879–1960), Rudolf Cohn (1862–1938), Theodor Cohn (1867–1934), Oscar Ehrhardt (1873–1950), Curt Falkenheim (1893–1949), Hugo Falkenheim (1856–1945), Erich Jacobi (1898–1945), Otto Klieneberger (1879–1956), Georg Lepehne (1887–1967), Bernhard Rosinski (1862–1935), Ralph Sokolowsky (1874–1944), Wilhelm Stoeltzner (1872–1954), Otto Weiß (1871–1943).

Philosophische Fakultät
Richard Brauer (1901–1977), Rudolf Craemer (1903–1941), Richard Gans (1880–1954), Paul Hankamer (1891–1945), Walter Kaufmann (1871–1947), Paul Maas (1880–1964), Fritz Paneth (1887–1958), Felix Perles (1874–1933), Werner Rogosinski (1894–1964), Hans Rothfels (1891–1976), Otto Schultze (1872–1950), Theodor Spira (1885–1961), Wilhelm Stolze (1876–1936), Gabriel Szegö (1895–1985), Martin Winkler (1893–1982), Walter Wreszinski (1880–1935).

Entlassene Lehrkräfte, die im Wintersemester 1932/33 noch nicht zum Lehrkörper einer deutschen Universität gehörten
Günther Bornkamm (1905–1990), Carl August Fischer (1895–1966).

Freiwilliger Rücktritt mit politischem Hintergrund
Paul Longland (1909–2001), Hans Oppikofer (1901–1950), Joseph Schacht (1902–1969).

Bemerkungen

Bei der Erstellung der Liste der vertriebenen Hochschullehrer der Universität Königsberg blieben folgende Personen unberücksichtigt:

Albert Goedeckemeyer (1873–1945), o. Prof. (Philosophie und Pädagogik), früheres Mitglied der DDP/DStP und der *Deutschen Liga für Völkerbund*, wurde 1938 nach Erreichen der Altersgrenze emeritiert; ein anschließendes Lehrverbot, das auch mit Blick auf seine „vierteljüdische" Ehefrau sehr wahrscheinlich ist, ließ sich quellenmäßig nicht belegen.[175]

Samuel Goy (1879–1949), nichtbeamteter a. o. Prof. (Agrikulturchemie u. Nahrungsmittelchemie), 1937 als früherer Freimaurer in seinem Hauptamt bei der Landesbauernschaft Ostpreußen pensioniert (§ 6 BBG), Umzug nach Dresden; seine beim REM geführte Karteikarte enthält keine Angaben über einen Entzug der Lehrbefugnis, vermutlich ist er infolge mehrjähriger Absenz aus der Lehrtätigkeit ausgeschieden.[176]

Ernst Grumach (1902–1967), 1932/33 Assistent am Institut für Altertumswissenschaften, gehörte nicht zum Lehrkörper der Universität Königsberg. Die Machtübernahme der Nationalsozialisten verhinderte seine für 1933/34 geplante Habilitation.[177]

Wolfgang Hoffmann (1893–1956), nichtbeamteter a. o. Prof. (Augenheilkunde), soll nach eigenen Angaben 1936 wegen seiner früheren Logenzugehörigkeit entlassen worden sein, wurde aber noch 1939 zum außerplanmäßigen Prof. ernannt und bot mindestens bis zum WS 1939/40 Lehrveranstaltungen an. Der genaue Zeitpunkt und der Grund seines Ausscheidens konnten nicht ermittelt werden.[178]

Franz Jankowski (1870–1952), Lehrbeauftragter (Soziale Fürsorge), bis Juli 1933 Stadt-Medizinalrat von Königsberg; ein möglicher politischer Hintergrund für die Pensionierung und seinen Verzicht auf den Lehrauftrag (1933) ließ sich nicht belegen.[179]

Erich Jenisch (1893–1966), Privatdozent (Neuere deutsche Literaturgeschichte), 1933 nichtbeamteter a. o. Prof. Jenisch wurde 1937 aufgefordert, sich einen neuen Wirkungskreis außerhalb der Universität zu suchen, da er nicht mit einer Verbeamtung rechnen könne; gegenüber Dritten betonte das REM aber, dass gegen J. „keinerlei politische, wissenschaftliche oder charakterliche Bedenken" vorlagen; seit 1939 war er Referent bei der Reichsstelle für Papier und Verpackungswesen in Berlin, später Bibliothekar.[180]

Fritz Litten (1875–1940), o. Prof. (Römisches und Deutsches Bürgerliches Recht); entgegen anderslautenden Angaben wurde der von der jüdischen zur evangelischen Religion konvertierte Jurist

---

175 BA Berlin R 4901/312 Bl. 423 u. R 4901/13264; Tilitzki, Universitätsphilosophie I, S. 48, 667, 697 u. passim; Tilitzki, Albertus-Universität, S. 533 f.; Altpreußische Biographie III, Reichshandbuch I.

176 BA Berlin R 4901/13264 u. R 16/7802; Tilitzki, Albertus-Universität, S. 535; Kürschner 1940/41; Reichshandbuch I; Altpreußische Biographie V; Professorenkatalog der Universität Leipzig.

177 Personal- und Vorlesungsverzeichnisse für WS 1932/33 und SoSe 1933; UA HU Berlin UK PA nach 1945 G 386.

178 BA Berlin R 4901/13266 u. R 4901/26075

179 GStA PK I Rep. 76 Va Sekt. 11 Tit. IV Nr. 20 Bd. XV Bl. 44 f.; BA Berlin R 9345/29 u. R 9347.

180 BA Berlin R 4901/23338.

nicht durch die Nationalsozialisten amtsenthoben, sondern 1932 im Zuge eines Verfahrens wegen Steuerhinterziehung in den Ruhestand versetzt; er gehörte dem Lehrkörper am Ende des WS 1932/33 nicht mehr an.[181]

Otto Pratje (1890–1952), nichtbeamteter a. o. Prof. (Geologie und Paläontologie) konnte trotz seiner „nichtarischen" Ehefrau im Amt verbleiben. Seine Berufung auf ein planmäßiges Extraordinariat am Kieler Institut für Meereskunde scheiterte jedoch.[182]

Otto Reich (geb. 1875), Lektor (Landwirtschaftliche Baukunde). Die Gründe für sein Ausscheiden aus dem Lehrkörper 1934/35 sind nicht bekannt. 1937 wurde er als Hochgradfreimaurer aus seinem Hauptamt als Direktor der Bauberatungsstelle der Landesbauernschaft Ostpreußen entlassen (§ 6 BBG).[183]

Kurt Reidemeister (1893–1971), o. Prof. (Mathematik); eine mögliche Entlassung wegen seiner Mitgliedschaft in der *Deutschen Liga für Menschenrechte* konnte durch das Eintreten deutscher und ausländischer Kollegen verhindert werden; 1934 wurde Reidemeister an die Universität Marburg versetzt (§ 5 BBG).[184]

Oskar Samter (1858–1933), nichtbeamteter a. o. Prof. (Chirurgie und Orthopädie); der als „Nichtarier" geltende Arzt verstarb wenige Tage vor der nationalsozialistischen Regierungsübernahme und gehörte damit dem Lehrkörper am Ende des Wintersemesters 1932/33 nicht mehr an.[185]

Literatur

Ebert, Andreas D.: Jüdische Hochschullehrer an preußischen Universitäten (1870–1924). Eine quantitative Untersuchung mit biografischen Skizzen, Frankfurt/M. 2008.

Schüler-Springorum, Stefanie: Die jüdische Minderheit in Königsberg/Preußen, 1871–1945, Göttingen 1996.

Tilitzki, Christian: Die Albertus-Universität Königsberg im Umbruch von 1932 bis 1934, in: Christian Pletzing (Hg.), Vorposten des Reichs? Ostpreußen 1933–1945, München 2006, S. 41–76.

Tilitzki, Christian: Die Albertus-Universität Königsberg. Ihre Geschichte von der Reichsgründung bis zum Untergang der Provinz Ostpreußen, Bd. 1: 1871–1918, Berlin 2012.

181 Tilitzki, Albertus-Universität I, S. 577 u. passim; Personal- und Vorlesungsverzeichnisse für WS 1932/33 und SoSe 1933.

182 BA Berlin R 4901/26057.

183 BA Berlin R 16/14768.

184 GStA PK I Rep. 76 Va Sekt. 11 Tit. IV Nr. 37 Bl. 29–55; Auerbach, Catalogus II; Siegmund-Schultze, Mathematicians, S. 74 f. u. passim.

185 Tilitzki, Albertus-Universität I, S. 613.

Universität Leipzig

Entlassungen und entlassungsähnliche Fälle

Evangelisch-Theologische Fakultät
Nicht betroffen.

Juristische Fakultät
Willibalt Apelt (1877–1965), Martin David (1898–1986), Konrad Engländer (1880–1933), Erwin Jacobi (1884–1964), Leo Rosenberg (1879–1963).

Medizinische Fakultät
Ernst Bettmann (1899–1988), Friedrich Fischer (1896–1949), Ludwig Friedheim (1862–1942), Max Goldschmidt (1884–1972), Rudolf Jürgens (1897–1961), Rolf Meier (1897–1966), Siegfried Rosenbaum (1890–1969), Wolfgang Rosenthal (1882–1971), Felix Skutsch (1861–1951), Owsei Temkin (1902–2002).

Veterinärmedizinische Fakultät
Nicht betroffen.

Philosophische Fakultät: Philologisch-historische Abteilung
Alfred Doren (1869–1934), Hans Driesch (1867–1941), Eduard Erkes (1891–1958), Erich Everth (1878–1934), Wilhelm Friedmann (1884–1942), Walter Goetz (1867–1948), Lazar Gulkowitsch (1899–1941), Siegmund Hellmann (1872–1942), Gerhard Kessler (1883–1963), Felix Krueger (1874–1948), Benno Landsberger (1890–1968), Bruno Moll (1885–1968), Johannes Richter (1882–1944), Georg Sacke (1901–1945), Georg Steindorff (1861–1951), Tibor Szalai (1901–1945), Johannes Ueberschaar (1885–1965), Joachim Wach (1898–1955), Franz Heinrich Weißbach (1865–1944), Georg Witkowski (1863–1939), Eugen Würzburger (1863–1938).

Philosophische Fakultät: Mathematisch-Naturwissenschaftliche Abteilung
Hans Becker (1900–1943), Felix Bloch (1905–1983), Carl Drucker (1876–1959), Bernhard Haurwitz (1905–1986), Hans Holldack (1879–1950), Carl Walter Kockel (1898–1966), Friedrich Levi (1888–1966), Leon Lichtenstein (1878–1933), Erich Anselm Marx (1874–1956), Fritz Weigert (1876–1947), Arnold Weißberger (1898–1984), Adolf Zade (1880–1949).

Entlassene Lehrkräfte, die im Wintersemester 1932/33 noch nicht zum Lehrkörper einer deutschen Universität gehörten
Keine.

Freiwilliger Rücktritt mit politischem Hintergrund
Ernst Boehm (1877–1945), Peter Debye (1884–1966), Hugo Fischer (1897–1975), Theodor Litt (1880–1962), Hans Oppikofer (1901–1950)[186], Konstantin Reichardt (1904–1976).

Literatur

Hebenstreit, Uta: Die Verfolgung jüdischer Ärzte in Leipzig in den Jahren der nationalsozialistischen Diktatur. Schicksale der Vertriebenen, med. Diss., Leipzig 1997.

Hoyer, Siegfried: Die Vertreibung jüdischer und demokratischer Hochschullehrer von der Universität Leipzig 1933 bis 1938, in: Antisemitismus in Sachsen, Hg. Ephraim Carlebach Stiftung und Sächsische Landeszentrale für Politische Bildung, Dresden 2004, S. 168–181.

Lambrecht, Ronald: Politische Entlassungen in der NS-Zeit. Vierundvierzig biographische Studien von Hochschullehrern der Universität Leipzig, Leipzig 2006.

Parak, Michael: Hochschule und Wissenschaft in zwei deutschen Diktaturen. Elitenaustausch an sächsischen Hochschulen 1933–1952, Köln 2004.

Parak, Michael: Politische Entlassungen an der Universität Leipzig in der Zeit des Nationalsozialismus, in: Ulrich von Hehl (Hg.), Sachsens Landesuniversität in Monarchie, Republik und Diktatur. Beiträge zur Geschichte der Universität Leipzig vom Kaiserreich bis zur Auflösung des Landes Sachsen 1952, Leipzig 2005, S. 241–262.

Wendehorst, Stephan (Hg.): Bausteine einer jüdischen Geschichte der Universität Leipzig, Leipzig 2006.

186 Bei der Berechnung der Verlustquote der einzelnen Universitäten wird Oppikofer der Universität Königsberg zugerechnet, der er im WS 1932/33 angehörte.

Universität Marburg

Entlassungen und entlassungsähnliche Fälle

Evangelisch-Theologische Fakultät
Samuel Bialoblocki (1888–1960), Heinrich Hermelink (1877–1958), Martin Rade (1857–1940).

Rechts- und Staatswissenschaftliche Fakultät
Jens Jessen (1895–1944)[187], Franz Leonhard (1870–1950), Alfred Manigk (1873–1942), Wilhelm Röpke (1899–1966).

Medizinische Fakultät
Ernst Freudenberg (1884–1967).

Philosophische Fakultät
Erich Auerbach (1892–1957), Erich Frank (1883–1949), Albrecht Götze (1887–1971), Kurt Hensel (1861–1941), Otto Homburger (1885–1964), Hermann Jacobsohn (1879–1933), Paul Jacobsthal (1880–1957), Werner Krauss (1900–1976), Richard Krautheimer (1897–1994), Karl Löwith (1897–1973), Gero von Merhart (1886–1959), Georg Rohde (1899–1960).

Entlassene Lehrkräfte, die im Wintersemester 1932/33 noch nicht zum Lehrkörper einer deutschen Universität gehörten
Walter Anderssen (1882–1965), Johannes Klein (1904–1973).

Freiwilliger Rücktritt mit politischem Hintergrund
Max Berek (1886–1949), Heinrich Schlier (1900–1978).

Bemerkungen

Bei der Erstellung der Liste der vertriebenen Hochschullehrer der Universität Marburg blieben die folgenden Personen unberücksichtigt:

187 Bei der Berechnung der Verlustquote der einzelnen Universitäten wird Jessen der Universität Göttingen zugerechnet, der er im WS 1932/33 angehörte.

Emil Balla (1885–1956), o. Prof. (Altes Testament), blieb im Amt, obwohl seine Ehefrau von den Nationalsozialisten als „Mischling 2. Grades" kategorisiert worden war.[188]

Arnold Reißert (1860–1945), nichtbeamteter a. o. Prof. (Chemie). Reißert, der im Frühjahr 1933 bereits 72 Jahre alt war und seit 1928 nicht mehr lehrte, war mit einer „Nichtarierin" verheiratet. In seiner Marburger Personalakte finden sich keine Hinweise, dass ihm daraus Nachteile erwuchsen.[189]

Karl Bernhard Ritter (1890–1968), Studentenseelsorger, war seit 1929 berechtigt, Vorlesungen an der Philosophischen Fakultät anzubieten. Nach 1945 erklärte er, 1934 durch „einen Gewaltakt des Gaustudentenschaftsführers bzw. des damaligen Rektors" an der Fortsetzung seiner Lehrtätigkeit gehindert worden zu sein. Die Personalakte im UA Marburg erlaubt es nicht, diese Aussage zu verifizieren oder zu falsifizieren.[190]

Franz Arthur Schulze (1872–1942), o. Prof. (Theoretische Physik). Entgegen anderslautenden Berichten wurde Schulze 1937 nicht wegen wegen seiner „nichtarischen" Ehefrau nach § 6 BBG entlassen, sondern regulär aus Altersgründen emeritiert.[191]

Hans von Soden (1881–1945), o. Prof. (Kirchengeschichte), wurde im August 1934 aus politischen Gründen in den Ruhestand versetzt (§ 6 BBG), aber nach zahlreichen Einsprüchen innerhalb und außerhab der Universität bereits im Oktober 1934 wieder in sein Amt eingesetzt.[192]

Literatur

Auerbach, Inge: Catalogus Professorum academiae Marburgensis. Die akademischen Lehrer der Philipps-Universität Marburg, Bd. 2: 1911–1971, Marburg 1979.

Aumüller, Gerhard u. a. (Hg.): Die Marburger Medizinische Fakultät im „Dritten Reich", München 2001.

Lippmann, Andreas: Marburger Theologie im Nationalsozialismus, München 2003.

Nagel, Anne Chr. (Hg.): Die Philipps-Universität Marburg im Nationalsozialismus, bearb. von Anne Christine Nagel und Ulrich Sieg, Stuttgart 2000.

Schnack, Ingeborg (Hg.): Marburger Gelehrte in der ersten Hälfte des 20. Jahrhunderts, Marburg 1977.

Schneider, Ulrich: Widerstand und Verfolgung an der Marburger Universität 1933–1945, in: Universität und demokratische Bewegung. Ein Lesebuch zur 450-Jahrfeier der Philipps-Universität Marburg. Hg. Dieter Kramer und Christina Vanja, Marburg 1977, S. 219–256.

---

188 BA Berlin R 4901/312 Bl. 423. Zu Balla siehe auch: Auerbach, Catalogus II, S. 6; Lippmann, Theologie, passim.

189 Mitt. Dr. Katharina Schaal, UA Marburg, 29.1.2021. Vgl. auch Auerbach, Catalogus II, S. 882.

190 Mitt. Dr. Katharina Schaal, UA Marburg, 29.1.2021. Zu Ritter vgl. auch Hederich, Karl Bernhard Ritter.

191 Auerbach, Catalogus II, S. 901 f.; Mitt. Dr. Katharina Schaal, UA Marburg, 27.1.2020.

192 Vgl. Lippmann, Theologie, S. 181–187.

Universität München

Entlassungen und entlassungsähnliche Fälle

Katholisch-Theologische Fakultät
Nicht betroffen.

Juristische Fakultät
Karl Loewenstein (1891–1973), Hans Nawiasky (1880–1961), Karl Neumeyer (1869–1941), Wilhelm Silberschmidt (1862–1939).

Staatswissenschaftliche Fakultät
Ludwig Fabricius (1875–1967), Guido Fischer (1899–1983).

Medizinische Fakultät
Erich Benjamin (1880–1943), Alfred Groth (1876–1971), Ernst Heilner (1876–1939), Friedrich Hiller (1891–1953), Max Isserlin (1879–1941), Fritz Kant (1894–1977), Titus von Lanz (1897–1967), Max Lebsche (1886–1957), August Luxenburger (1867–1941), Harry Marcus (1880–1976), Otto Neubauer (1874–1957), Karl Neubürger (1890–1972), Siegfried Oberndorfer (1876–1944), Felix Plaut (1877–1940), Oskar Polano (1873–1934), Ernst von Romberg (1865–1933), Hans Saenger (1884–1943), Ernst von Seuffert (1879–1952), Walther Spielmeyer (1879–1935), Fritz Wassermann (1884–1969), Karl Wessely (1874–1953), Leo von Zumbusch (1874–1940), Erwin Zweifel (1885–1949).

Tierärztliche Fakultät
Nicht betroffen.

Philosophische Fakultät I. Sektion (Geisteswissenschaften)
Ludwig Bachhofer (1894–1976), Walther Brecht (1876–1950), Max Buchner (1881–1941)[193], Hans Diepolder (1896–1969), Eva Fiesel (1891–1937), Aloys Fischer (1880–1937), Max Förster (1869–1954), August Gallinger (1871–1959), Joseph Geyser (1869–1948), Dietrich von Hildebrand (1889–1977), Richard Hönigswald (1875–1947), Kurt Huber (1893–1943), Leo Jordan (1874–1940), Bertold Maurenbrecher (1868–1943),

193 Bei der Berechnung der Verlustquote der einzelnen Universitäten wird Max Buchner der Universität Würzburg zugerechnet, der er im WS 1932/33 angehörte.

Ernst Michalski (1901–1936), Rudolf Pfeiffer (1889–1979), Joseph Prys (1889–1956), Fritz-Joachim von Rintelen (1898–1979), Lucian Schermann (1864–1946), Ludwig Steinberger (1879–1968), Ernst Strauss (1901–1981), Karl Süßheim (1878–1947), Carl Weickert (1885–1975), Aloys Wenzl (1887–1967).

Philosophische Fakultät II. Sektion (Naturwissenschaften)
Hans Bethe (1906–2005)[194], Salomon Bochner (1899–1982), Robert Emden (1862–1940), Kasimir Fajans (1887–1975), Leo Graetz (1856–1941), Friedrich Hartogs (1874–1943), Wilhelm Prandtl (1878–1956), Alfred Pringsheim (1850–1941), Georg Maria Schwab (1899–1984), Alexander Wilkens (1881–1968).

Entlassene Lehrkräfte, die im Wintersemester 1932/33 noch nicht zum Lehrkörper einer deutschen Universität gehörten
Johannes Alt (geb. 1896), Alfred Böger (1901–1976), Johannes Holtfreter (1901–1992), Leopold Kölbl (1895–1970).

Freiwilliger Rücktritt mit politischem Hintergrund
Leopold Wenger (1874–1953), Heinrich Schultz (1867–1951).

Bemerkungen

Bei der Erstellung der Liste der vertriebenen Hochschullehrer der Universität München blieben die folgenden Personen unberücksichtigt:

Albert Döderlein (1860–1941), o. Prof. (Geburtshilfe und Gynäkologie), 1934 aus Altersgründen emeritiert. 1935 wurde seine zweite Ehefrau als „Mischling II. Grades" klassifiziert, was aber ohne Auswirkungen auf seine Stellung als Emeritus blieb. 1940 wurde er anlässlich seines 80. Geburtstags mit der Goethe-Medaille geehrt.[195]

Erich von Drygalski (1865–1949), o. Prof. (Geographie), 1934 aus Altersgründen emeritiert, durfte seinen Lehrstuhl trotz seiner Ehe mit einer „Halbjüdin" als „deutscher Geograf von Weltruhm" noch bis zum Ende des SoSe 1935 selbst vertreten. Er blieb auch Mitglied der Bayerischen Akademie der Wissenschaften und der Deutschen Akademie in München.[196]

---

194 Bei der Berechnung der Verlustquote der einzelnen Universitäten wird Hans Bethe der Universität Tübingen zugerechnet, an der er im WS 1932/33 lehrte.

195 UA München E-II-1163; BayHStA München MK 35418.

196 UA München E-II-1186; BayHStA München MK 43535; BA Berlin R 4901/24453 u. R 9361-II/182944.

Anton Dyroff (1864–1948), o. Prof. (Staatsrecht und Kirchenrecht), 1934 aus Altersgründen emeritiert. 1934 wurde ihm die Abhaltung einer als „politisch“ eingestuften Vorlesung aus Altersgründen untersagt, er erhielt aber kein generelles Lehrverbot und bot bis zum Ende des SoSe 1935 Lehrveranstaltungen an.[197]

Hans Gerhard Evers (1900–1993), Privatdozent (Kunstgeschichte). Ein im Februar 1938 ergangener Erlass über den Entzug der Lehrbefugnis nach § 18 RHO wurde Evers zunächst nicht ausgehändigt und 1939 zurückgezogen, weil er sich zwischenzeitlich von seiner „halbjüdischen“ Ehefrau hatte scheiden lassen. 1939 wurde Evers zum Dozenten neuer Ordnung ernannt, 1942 zum apl. Prof., seit 1939 war er Mitglied der SA.[198]

August Wilhelm Forst (1890–1981), Privatdozent (Pharmakologie, Toxikologie und Chemotherapie); 1940 wurde ihm wegen seiner Ehe mit einer „Vierteljüdin“ die Übernahme als *Dozent neuer Ordnung* verweigert und das Erlöschen seiner Lehrbefugnis verfügt; nach Interventionen zugunsten Forsts wurde diese Entscheidung einige Monate später dahingehend abgeändert, dass er dem Lehrkörper als *Dozent alter Ordnung* weiter angehören durfte.[199]

Otto Frank (1865–1944), o. Prof. (Physiologie). Entgegen anderslautenden Aussagen wurde Frank 1934 nicht aus politischen Gründen, sondern aus Altersgründen emeritiert; sichtbarstes Zeichen der hohen Wertschätzung, die er auch bei den Nationalsozialisten genoss, war die Verleihung der Goethe-Medaille anlässlich seines 75. Geburtstags.[200]

Karl von Frisch (1886–1982), o. Prof. (Zoologie und vergleichende Anatomie), der vom Regime als „Mischling 2. Grades“ kategorisiert worden war, wurde zur Zielscheibe einer Kampagne des Münchener NS-Dozentenbundes. Die Entlassung des späteren Nobelpreisträgers konnte aber letztlich verhindert werden. Ausschlaggebend war neben der Unterstützung durch zahlreiche Kollegen die Intervention der Parteikanzlei, die Frischs Forschungen „in ernährungspolitischer Hinsicht“ als „sehr wichtig“ beurteilte.[201]

Karl Haushofer (1869–1946), Honorarprofessor (Geographie); der Vater von →Albrecht H., blieb trotz der Ehe mit einer „Halbjüdin“ wegen seiner engen Verbindung zu Rudolf Hess nicht nur von Entlassungsmaßnahmen verschont, sondern konnte 1933 durch die Ernennung zum persönlichen Ordinarius sogar einen Karriereschub verzeichnen; 1946 wurde er von der amerikanischen Militärregierung entlassen.[202]

Max Hirmer (1893–1981), planmäßiger a. o. Prof. (Botanik), seit 1933 Mitglied der NSDAP, wurde 1936 in den Ruhestand versetzt (§ 6 BBG); den Hintergrund bildeten bereits vor 1933 bestehende Differenzen Hirmers mit den Mitarbeitern der botanischen Staatsanstalten und seine Ablehnung durch den 1934 nach München berufenen Botaniker Friedrich Carl von Faber; Hirmers Ausschluss aus der NSDAP wurde 1938 durch das zuständige Gaugericht abgelehnt.[203]

197 UA München E-II-1199; BayHStA München MK 17646.
198 UA München E-II-1265; BayHStA München MK 43578.
199 UA München E-II-1343; BA Berlin R 9361-II/249370 u. R 4901/13262.
200 BayHStA München MK 43615; Voswinckel, Lexikon, S. 442; Böhm, Selbstverwaltung, S. 392 u. passim.
201 Deichmann, Biologen, S. 239–247.
202 BayHStA München MK 35476; UA München E-II-1627.
203 BayHStA München MK 43766; UA München E-II-1746.

Ludwig Kalb (1879–1958), nichtbeamteter a. o. Prof. (Chemie). Der Tod seiner Frau im Oktober 1935 verhinderte seine Entlassung als „jüdisch versippter" Beamter; 1939 wurde er zum apl. Prof. ernannt.[204]

Wilhelm Kisch (1874–1952), o. Prof. (Zivilprozessrecht und deutsches bürgerliches Recht), wurde 1935 auf eigenen Antrag aus gesundheitlichen Gründen in den Ruhestand versetzt. 1937 erhielt er die Goethe-Medaille; seiner nach Kriegsende aufgestellten Behauptung, das Rücktrittsgesuch sei auch eine Distanzierung vom Nationalsozialismus gewesen, widersprechen seine Tätigkeit als Vizepräsident der Akademie für Deutsches Recht (bis Ende 1937) und sein Beitrag zur Hitler-Festschrift von 1939.[205]

Walther Lotz (1865–1941), o. Prof. (Finanzwissenschaft, Statistik, Nationalökonomie); 1933 entschied das bayerische Kultusministerium, nicht gegen Lotz vorzugehen, obwohl er an einer Ausgabe der *Abwehrblätter* des Vereins zur Abwehr des Antisemitismus mitgearbeitet hatte; Lotz wurde 1934 aus Altersgründen emeritiert und für das SoSe 1934 mit der Vertretung seines Lehrstuhls beauftragt. Zweifel an seiner „arischen Abstammung" wurden 1937 ausgeräumt.[206]

Constantin Miller (1899–1940), Privatdozent (Volkswirtschaftslehre und Finanzwissenschaft). 1939 wurde seine Lehrbefugnis für „erloschen" erklärt, weil er bereits seit 1930 aus gesundheitlichen Gründen beurlaubt war und damit für eine Ernennung zum *Dozenten neuer Ordnung* nicht in Frage kam. Miller wurde 1940 im Rahmen des „Euthanasie"-Programms in der Tötungsanstalt Hartheim bei Linz ermordet.[207]

Alexander Pfänder (1870–1941), persönlicher Ordinarius (Philosophie), 1935 aus Altersgründen emeritiert. Anders als gelegentlich behauptet, wurde er nicht aus politischen Gründen mit einem Lehrverbot belegt, sondern lehnte selbst die ihm angetragene Vertretung seines eigenen Lehrstuhls im SoSe 1935 ab. Es bestanden keine politischen Bedenken gegen ihn.[208]

Albert Rehm (1871–1949), o. Prof. (klassische Philologie und Pädagogik), wurde 1936 aus Altersgründen emeritiert, wobei Rehm zuvor aus gesundheitlichen Gründen darauf verzichtet hatte, einen Antrag auf Verlängerung seiner Amtszeit zu stellen; eine für das WS 1936/37 für ihn beantragte Lehrveranstaltung wurde nicht genehmigt, doch erging kein allgemeines Lehrverbot.[209]

Erich Schmidt (1890–1975), planmäßiger a. o. Prof. (organische Chemie); vermied durch die 1936 erfolgte Scheidung von seiner Ehefrau die Entlassung als „jüdisch versippter" Beamter.[210]

Eduard Schwartz (1858–1940), emeritierter o. Prof. (klassische Philologie); anders als gelegentlich behauptet, wurde Schwartz 1934 nicht mit einem Lehrverbot belegt, sondern hielt bis zum Frühjahr 1935 Lehrveranstaltungen ab.[211]

---

204 UA München E-II-1929.

205 Adlberger, Kisch, S. 245–277; UA München E-II-1991; BA Berlin R 4901/18617.

206 BayHStA München MK 17848; UA München E-II-2322.

207 UA München E-II-2473.

208 Böhm, Selbstverwaltung, S. 366; Schorcht, Philosophie, S. 177 f.

209 UA München E-II-2768; BayHStA MK 44175.

210 UA München E-II-2988.

211 UA München E-II-3097; BayHStA München MK 17968.

Ivo Striedinger (1868–1943), Honorarprofessor (Archivwesen), stellte 1934 die Vorlesungstätigkeit ein. Da die „halbjüdische" Herkunft seiner Ehefrau an der Universität in Vergessenheit geraten war, wurde er 1938 aus Altersgründen aus dem Lehrkörper gestrichen.[212]

Karl Vossler (1872–1949), o. Prof. (Romanische Philologie). 1933 entschied das bayerische Kultusministerium, gegen Vossler trotz seiner Mitarbeit an den *Abwehrblättern* des Vereins zur Abwehr des Antisemitismus nicht vorzugehen; er wurde 1937 aus Altersgründen emeritiert und im WS 1937/38 mit der Vertretung des Lehrstuhls beauftragt. Offizielle Ehrungen anlässlich seines 70. Geburtstags unterblieben wegen seiner politischen Vergangenheit.[213]

Literatur

Böhm, Helmut: Von der Selbstverwaltung zum Führerprinzip. Die Universität München in den ersten Jahren des Dritten Reiches (1933–1936), Berlin 1995.

Kraus, Elisabeth (Hg.): Die Universität München im Dritten Reich. Aufsätze, Teil I–II, München 2006/08.

Schorcht, Claudia: Philosophie an den bayerischen Universitäten 1933–1945, Erlangen 1990.

212 UA München E-II-3294; BayHStA München MK 17986.

213 UA München E-II-3448; BayHStA München MK 44466; VAdS.

Universität Münster

Entlassungen und entlassungsähnliche Fälle

Katholisch-Theologische Fakultät
Karl Hölker (1880–1945), Josef Schmidlin (1876–1944).

Evangelisch-Theologische Fakultät
Otto Piper (1891–1982), Otto Schmitz (1883–1957), Hans Emil Weber (1882–1950)[214].

Rechts- und Staatswissenschaftliche Fakultät
Werner Friedrich Bruck (1880–1945), Heinrich Drost (1898–1965), Ernst Isay (1880–1943), Ernst Jacobi (1867–1946), Richard Woldt (1878–1952).

Medizinische Fakultät
Karl Adler (1894–1966), Hermann Freund (1882–1944), Heinrich Herzog (1875–1938), Aurel von Szily (1880–1945).

Philosophische und Naturwissenschaftliche Fakultät
Anton Baumstark (1872–1948), Anton Eitel (1882–1966), Richard Hellmuth Goldschmidt (1883–1968), Alfred Heilbronn (1885–1961), Otto Janßen (1883–1967), Karl Lehmann-Hartleben (1894–1960), Eugen Lerch (1888–1952), Günther Müller (1890–1957), Friedrich Münzer (1868–1942), Johann Plenge (1874–1963), Balduin Schwarz (1902–1993), Georg Stefansky (1897–1957), Benno Strauß (1873–1944), Leopold von Ubisch (1886–1965).

Entlassene Lehrkräfte, die im Wintersemester 1932/33 noch nicht zum Lehrkörper einer deutschen Universität gehörten
Keine.

Freiwilliger Rücktritt mit politischem Hintergrund
Walter Erman (1904–1982), Curt Koßwig (1903–1982), Georg Schreiber (1882–1963).

214 Bei der Berechnung der Verlustquote der einzelnen Universitäten wird Weber der Universität Bonn zugerechnet, der er im WS 1932/33 angehörte.

Bemerkungen

Unberücksichtigt blieben bei der Zusammenstellung der Liste der vertriebenen Hochschullehrer folgende Angehörige der Universität Münster:

Konrad Ameln (1899–1994). Der Musikwissenschaftler wurde zwar 1934 als Dozent der Hochschule für Lehrerbildung Dortmund in den Ruhestand versetzt (§ 6 BBG). Sein Lehrauftrag an der Universität Münster (Evangelische Kirchenmusik) blieb davon aber unberührt.[215]

Heinrich Erman (1857–1940), emeritierter o. Prof. (Römisches Recht, deutsches bürgerliches Recht). Obwohl der Jurist eine „nichtarische" Großmutter hatte, blieb er als „Altbeamter" vom BBG verschont und konnte bis zu seinem Tod Lehrveranstaltungen an der Universität Münster anbieten.[216]

Emil Hannig (1872–1955), o. Prof. (Botanik). Hannigs Entlassung nach § 6 BBG stand 1936 zur Debatte, weil der Botaniker mit einer „Nichtarierin" verheiratet war. Auf Initiative des Rektors der Universität Münster verzichtete das REM jedoch auf seine Entlassung. Stattdessen wurde Hannig 1937 nach Erreichen der Altersgrenze regulär emeritiert, 1939 emigrierte er zusammen mit seiner Frau in die Niederlande.[217]

Ferdinand Kehrer (1883–1966), o. Prof. (Psychiatrie und Neurologie). Kehrers ursprünglich vorgesehene Entlassung wegen seiner „vierteljüdischen" Ehefrau unterblieb, wohl auch, weil die Universität sich nachdrücklich für ihn einsetzte.[218]

Otto Most (1881–1971). Der Fall des Honorarprofessors (Kommunalwissenschaft, wirtschaftliche Verwaltung, Verkehrswissenschaft und Statistik) ist Ermessenssache. Most ließ sich 1937 von seiner Lehrtätigkeit entbinden, weil er befürchtete, als ehemaliger Freimaurer die Prüfungsberechtigung für Diplomvolkswirte zu verlieren. Er konnte seine Lehrtätigkeit aber 1940 fortsetzen, nachdem er 1939 in die NSDAP aufgenommen worden war.[219]

Karl Neuhaus (1893–1980). Der Privatdozent (Pathologie), wurde 1939 nicht zum Dozenten neuer Ordnung ernannt und verlor die Dozentur. Die Entscheidung hatte keinen politischen Hintergrund. Ausschlaggebend war vielmehr, dass Neuhaus, der seit 1935 in Oldenburg lebte, seit Jahren nicht mehr gelehrt oder publiziert hatte.[220]

Johannes Quasten (1900–1987). Der Privatdozent (katholische Theologie) emigrierte 1938 in die USA, nachdem ihm 1937 die Lehrbefugnis entzogen worden war. Diese Entscheidung war, wie aus den Akten hervorgeht, nicht politisch motiviert.[221] Quasten wurde vom Rektor der Universität fachlich wie politisch sehr positiv beurteilt.[222]

---

215 Mitt. Robert Giesler, UA Münster, 24.10.2003.
216 BA Berlin R 4901/13262 Bl. 2111; Steveling, Juristen, S. 112–114, 254 f., 378; Mitt. Dr. Sabine Happ, UA Münster, 24.4.2020.
217 Lotta Klein, Kurzbiografie von Emil Hannig, in: Happ/Jüttemann, Schlag, S. 886–892.
218 BA Berlin R 4901/312 Bl. 423; Möllenhoff / Schlautmann-Overmeyer, Familien, Teil 2,1, S. 245 f.
219 Martin Wolf, Zum Gedenken an Otto Most, in: Happ/Jüttemann, Schlag, S. 347–357.
220 BA Berlin R 4901/23805.
221 UA Münster Kurator PA Nr. 10 Bd. 2 und Bestand 5 Nr. 165. Eine andere Auffassung vertritt: Lea Rodorf, Zum Gedenken an Johannes Quasten, in: Happ/Jüttemann, Schlag, S. 143–165.

Albert Rasch (1881–1933). Der 52jährige Privatdozent für Betriebswirtschaftslehre, hatte 1933 die vorzeitige Ernennung (nach drei statt nach fünf Jahren) zum nichtbeamteten a. o. Prof. beantragt. Rasch starb kurze Zeit nach Zurückweisung dieses Antrags durch die Rechts- und Staatswissenschaftliche Fakultät. Gerüchten zufolge soll er aufgrund antisemitischer Verfolgung Suizid begangen haben.[223] Es gibt jedoch keine Belege, dass Rasch oder seine Ehefrau „Nichtarier" waren.[224]

Friedrich Sartorius (1896–1983), Privatdozent (Hygiene und Bakteriologie), musste wegen seiner „nichtarischen" Ehefrau mit dem Entzug der Lehrbefugnis rechnen. Dazu kam es jedoch nicht, nachdem die Ehe 1937 auf Antrag des Hygienikers für „nichtig" erklärt worden war.[225]

Wilhelm Stählin (1883–1975), o. Prof. (Praktische Theologie). Die Entlassung des Theologen aus politischen Gründen (Bekennende Kirche) wurde zeitweise erwogen, unterblieb aber letztlich.[226]

Walter Stempell (1869–1938), Honorarprofessor (Zoologie, Anatomie und vergl. Physiologie), stand 1933 auf einer schwarzen Liste, blieb aber letztlich unbehelligt und war bis zu seinem Tode Honorarprofessor an der Universität Münster.[227]

Heinrich Weber (1888–1946), o. Prof. (Wirtschaftliche Staatswissenschaften, Gesellschaftslehre und soziales Fürsorgewesen), wurde nicht entlassen, sondern 1935 an die Katholisch-Theologische Fakultät Breslau versetzt, wo er bis 1945 verblieb.[228]

Der Pathologe **Walter Gross** (1878–1933) und der Internist **Paul Krause** (1871–1934), die nach einem längeren Kesseltreiben Suizid begingen[229], gehören ebenfalls zu den Opfern des Nationalsozialismus an der Universität Münster. Beide wurden jedoch nicht entlassen, und es ist unklar, ob sie entlassen worden wären.

Literatur

Felz, Sebastian: Recht zwischen Wissenschaft und Politik. Die Rechts- und Staatswissenschaftliche Fakultät der Universität Münster 1902 bis 1952, Münster 2016.

Flammer, Thomas: Die Katholisch-Theologische Fakultät Münster, in: Dominik Burkard / Wolfgang Weiß (Hg.), Katholische Theologie im Nationalsozialismus, Bd. 1/1, Würzburg 2007, S. 199–216.

Happ, Sabine / Jüttemann, Veronika (Hg): „Es ist mit einem Schlag alles so restlos vernichtet". Opfer des Nationalsozialismus an der Universität Münster, Münster 2018.

Möllenhoff, Gisela / Schlautmann-Overmeyer, Rita: Jüdische Familien in Münster 1918–1945, Teil 1: Biographisches Lexikon, Münster 1995; Teil 2: Abhandlungen und Dokumente, 2 Bände, Münster 1998/2001.

Pilger, Andreas: Germanistik an der Universität Münster, Heidelberg 2004.

---

222 Rektor K. G. Hugelmann an das REM, 16.1.1936, in: BA Berlin R 4901/14894 Bl. 54.

223 Mantel, Betriebswirtschaftslehre, S. 354 f.

224 Mitt. Dr. Wolfram Theilemann, Stadtarchiv Nordhausen, 18.12.2018.

225 Vgl. die Personalakte in: UA HU Berlin UK S 27.

226 Möllenhoff/Schlautmann-Overmeyer, Familien, Teil 2,1, S. 239 f.

227 Mitt. Robert Giesler, UA Münster, 24.10.2003.

228 Otto Gertzen, Zum Gedenken an Heinrich Weber, in: Happ/Jüttemann, Schlag, S. 191–213.

229 Ferdinand, Fakultät, S. 456–473.

Steveling, Lieselotte: Juristen in Münster. Ein Beitrag zur Geschichte der Rechts- und Staatswissenschaftlichen Fakultät der Westfälischen Wilhelms-Universität Münster/Westf., Münster 1999.

Die Universität Münster im Nationalsozialismus. Kontinuitäten und Brüche zwischen 1920 und 1960, 2 Bände, Hg. Hans-Ulrich Thamer, Daniel Droste, Sabine Happ, Münster 2012.

Universität Rostock

Entlassungen und entlassungsähnliche Fälle

Evangelisch-Theologische Fakultät
Heinrich Rendtorff (1888–1960), Helmuth Schreiner (1893–1962).

Rechts- und Wirtschaftswissenschaftliche Fakultät
Friedrich Bernhöft (1883–1967).

Medizinische Fakultät
Wilhelm Ernst Ehrich (1900–1967), Georg Ganter (1885–1940), Arthur Jores (1901–1982), Fritz Mainzer (1897–1961), Hans Moral (1885–1933), Albert Peters (1862–1938).

Philosophische Fakultät
Werner Caskel (1896–1970), Kurt von Fritz (1900–1985)[230], Rudolf Helm (1872–1966), David Katz (1884–1953), Friedrich Schwenn (1889–1955).

Entlassene Lehrkräfte, die im Wintersemester 1932/33 noch nicht zum Lehrkörper einer deutschen Universität gehörten
Keine.

Freiwilliger Rücktritt mit politischem Hintergrund
Keine.

Bemerkungen

Bei der Erstellung der Liste der vertriebenen Hochschullehrer der Universität Rostock blieben die folgenden Personen unberücksichtigt:

Robert Bauch (1897–1957), nichtbeamteter a. o. Prof. (Botanik), galt nach nationalsozialistischen Rassekategorien als „Achteljude“, wurde aber während des Krieges zum außerplanmäßigen Professor ernannt und befand sich bis Kriegsende im Hochschuldienst.[231]

---

230 Bei der Berechnung der Verlustquote der einzelnen Universitäten wird Kurt von Fritz der Universität Hamburg zugerechnet, der er im WS 1932/33 angehörte.
231 Buddrus/Fritzlar, Professoren.

Hans Curschmann (1875–1950), o. Prof. (Innere Medizin), Bruder von →Fritz C., war als ehemaliger „Frontkämpfer" 1933 vor der Entlassung als „Vierteljude" nach § 3 BBG geschützt. Curschmann verlor zwar die Prüfungsberechtigung, blieb aber von nachfolgenden antisemitischen Entlassungswellen verschont und setzte auch nach seiner Emeritierung (1940) seine Lehrtätigkeit fort.[232]

Rudolf Henle (1879–1941), o. Prof. (Römisches und Bürgerliches Recht), galt entsprechend den nationalsozialistischen Rassekategorien als „Achteljude", verstarb aber ohne Änderung seiner Rechtsstellung.[233]

Arno Poebel (1881–1951), persönlicher Ordinarius (Orientalische Philologie), seit 1930 an die Universität Chicago beurlaubt. Nachdem ihm eine weitere Beurlaubung in die USA verweigert worden war, schied P. im April 1933 auf eigenen Antrag aus seinem Rostocker Ordinariat aus. Hinweise auf eine politische Motivation seines Amtsverzichts liegen nicht vor.[234]

Hans Spangenberg (1868–1936), o. Prof. (Mittlere und neuere Geschichte), war als ehemaliger „Frontkämpfer" und „Altbeamter" 1933 vor der Entlassung als „Halbjude" nach § 3 BBG geschützt; 1934 wurde er aus gesundheitlichen Gründen emeritiert; es ist nicht sicher, ob Spangenbergs Tod seine spätere Entfernung aus dem Lehrkörper verhinderte.[235]

Gerhard Thomsen (1899–1934), beamteter a. o. Prof. (Mathematik). Die Gründe für seinen Anfang Januar 1934 verübten Suizid sind nicht bekannt. Hinweise auf eine Verfolgung aus politischen Gründen liegen nicht vor.[236]

Literatur

Buddrus, Michael / Fritzlar, Sigrid: Die Professoren der Universität Rostock im Dritten Reich. Ein biographisches Lexikon, München 2007.

Boeck, Gisela / Lammel, Hans-Uwe (Hg.): Die Universität Rostock in den Jahren 1933–1945. Referate der interdisziplinären Ringvorlesung des Arbeitskreises „Rostocker Universitäts- und Wissenschaftsgeschichte" im Sommersemester 2011, Rostock 2012.

Detjens, Florian: Am Abgrund der Bedeutungslosigkeit? Die Universität Rostock im Nationalsozialismus 1932/33–1945, Berlin 2020.

Holze, Heinrich (Hg.): Die Theologische Fakultät Rostock unter zwei Diktaturen. Studien zur Geschichte 1933–1989. Festschrift für Gert Haendler zum 80. Geburtstag, Münster 2004.

232 UA Rostock PA Hans Curschmann; LHA Schwerin 5.12-7/1 Nr. 2346 Bl. 50 f.; Buddrus/Fritzlar, Professoren.

233 UA Rostock PA Rudolf Henle; Buddrus/Fritzlar, Professoren.

234 UA Rostock PA Arno Poebel; Buddrus/Fritzlar, Professoren.

235 UA Rostock PA Hans Spangenberg; LHA Schwerin 5.12-7/1 Nr. 1278, 1279 u. 2346 Bl. 36; Buddrus/Fritzlar, Professoren.

236 UA Rostock PA Gerhard Thomsen; LHA Schwerin 5.12-7/1 Nr. 2346; Buddrus/Fritzlar, Professoren.

Universität Tübingen

Entlassungen und entlassungsähnliche Fälle

Evangelisch-Theologische Fakultät
Hans Engelland (1903–1970), Karl Heinrich Rengstorf (1903–1992).

Katholisch-Theologische Fakultät
Nicht betroffen.

Rechts- und Wirtschaftswissenschaftliche Fakultät
Nicht betroffen.

Medizinische Fakultät
Otto Kant (1899–1962), Paul Pulewka (1896–1989).

Philosophische Fakultät
Rudolf Hittmair (1889–1940), Traugott Konstantin Oesterreich (1880–1949), Hans Alexander Winkler (1900–1945).

Naturwissenschaftliche Fakultät
Hans Bethe (1906–2005), Erich Kamke (1890–1961).

Entlassene Lehrkräfte, die im Wintersemester 1932/33 noch nicht zum Lehrkörper einer deutschen Universität gehörten
Roland Schmiedel (1888–1967).

Freiwilliger Rücktritt mit politischem Hintergrund
Otto Bauernfeind (1889–1972), Paul Simon (1882–1946), Karl Hermann Vohwinkel (1900–1949).

Bemerkungen

Bei der Erstellung der Liste der vertriebenen Tübinger Hochschullehrer blieben unberücksichtigt:

Adolf Heidenhain (1893–1937), Privatdozent (Psychiatrie), schied 1935 aus dem Lehrkörper der Universität Tübingen aus, nachdem ihm wegen eines jüdischen Urgroßvaters die Ernennung zum nichtbeamteten a. o. Prof. verweigert worden war. Heidenhain ging daraufhin als Stabsarzt zur Wehrmacht. Da er aber gleichzeitig seine Lehrtätigkeit als Dozent an der Berliner Universität fortsetzen konnte, wird er nicht zu den vertriebenen Hochschullehrern gezählt.[237]

Adolf Rapp (1880–1976), nichtbeamteter a. o. Prof. (Mittelalterliche und Neuere Geschichte, besonders württembergische Landesgeschichte), im Hauptberuf Studienrat am Uhland-Gymnasium in Tübingen. Da Rapp mit einer „Vierteljüdin" verheiratet war, wurde der Entzug der Lehrbefugnis längere Zeit erwogen. Letztlich blieb der Historiker aber bis 1945 Teil des Lehrkörpers der Universität Tübingen.[238]

Literatur

Adam, Uwe Dietrich: Hochschule und Nationalsozialismus. Die Universität Tübingen im Dritten Reich, Tübingen 1977.

Die Universität Tübingen im Nationalsozialismus, Hg. Urban Wiesing, Klaus-Rainer Brintzinger, Bernd Grün, Horst Junginger und Susanne Michl, Stuttgart 2010.

237 BA Berlin R 4901/13265; Adam, Hochschule, S. 128; Voswinckel, Lexikon, S. 609; Amtliches Personalverzeichnis der Friedrich-Wilhelms-Universität zu Berlin für das 127. Rektoratsjahr 1936/37, S. 31.

238 BA Berlin R 4901/312 Bl. 424, 605; Eberhard-Karls-Universität Tübingen, Namens- und Vorlesungsverzeichnis, Wintersemester 1944/45, S. 20.

Universität Würzburg

Entlassungen und entlassungsähnliche Fälle

Katholisch-Theologische Fakultät
Thomas Ohm (1892–1962).

Rechts- und Staatswissenschaftliche Fakultät
Georg Halm (1901–1984).

Medizinische Fakultät
Ernst Grünthal (1894–1972), Karl Hellmann (1892–1959), Wilhelm Lubosch (1875–1938), Ernst Magnus-Alsleben (1879–1936), Max Meyer (1890–1954).

Philosophische Fakultät
Josef Friedrich Abert (1879–1959), Max Buchner (1881–1941), Alfons Nehring (1890–1967), Andreas Penners (1890–1951), Alexander Schenk Graf von Stauffenberg (1905–1964), Siegfried Skraup (1890–1972).

Entlassene Lehrkräfte, die im Wintersemester 1932/33 noch nicht zum Lehrkörper einer deutschen Universität gehörten
Johannes Alt (geb. 1896).

Freiwilliger Rücktritt mit politischem Hintergrund
Keine.

Bemerkungen

Bei der Erstellung der Liste der vertriebenen Hochschullehrer der Universität Würzburg blieben die folgenden Personen unberücksichtigt:

Franz Gillmann (1865–1941), o. Prof. (Kirchenrecht), wurde 1934 emeritiert. Der Versuch, Gillmann wegen seiner Mitwirkung an einem politisch nicht genehmen Urteil des Diözesangerichts Würzburg aus „gesundheitlichen Gründen" pensionieren zu lassen, scheiterte 1937–1940, weil der zuständige Amtsarzt eine gesundheitliche Beeinträchtigung verneinte.[239]

239 UA Würzburg PA 61; BayHStA München MK 17694; Wittstadt, Anpassung, S. 54 f.

Karl Marbe (1869–1953), o. Prof. (Philosophie einschließlich Ästhetik sowie Psychologie und Pädagogik). Trotz seiner Ehe mit einer „Halbjüdin" gibt es keine Hinweise auf eine Behinderung seiner Lehrtätigkeit. Marbe wurde im Frühjahr 1935 emeritiert und noch im SoSe 1935 mit der Vertretung seines Lehrstuhls beauftragt.[240]

Ludwig Pesl (1877–1934), beamteter a. o. Prof. (Wirtschaftsgeschichte und Betriebswirtschaftslehre), seit 1933 Mitglied der NSDAP; seine 1934 erfolgte Versetzung in den Ruhestand (§ 6 BBG) war nicht politisch motiviert, sondern Folge seines fehlgeschlagenen Versuchs, sich zur Erlangung eines Ordinariats als Opfer früherer antinationalsozialistischer Ressentiments in der Fakultät darzustellen.[241]

Han(ne)s Willer (1897–1964), Privatdozent (allgemeine Pathologie und pathologische Anatomie), vermied durch die 1933 erfolgte Scheidung von seiner „nichtarischen" Ehefrau berufliche Nachteile, seit 1934 war er Direktor des Städtischen Pathologischen Instituts Berlin, 1937 wurde ihm nach mehrjähriger Beurlaubung wegen fehlender Bemühungen sich umzuhabilitieren, die Lehrbefugnis entzogen.[242]

Literatur

Baumgart, Peter (Hg.): Die Universität Würzburg in den Krisen der ersten Hälfte des 20. Jahrhunderts, Würzburg 2002.

Benkert, Christopher: Die juristische Fakultät der Universität Würzburg 1914 bis 1960 – Ausbildung und Wissenschaft im Zeichen der beiden Weltkriege, Würzburg 2005.

Weiß, Wolfgang: Die Katholisch-Theologische Fakultät Würzburg, in: Dominik Burkard / Wolfgang Weiß (Hg.), Katholische Theologie im Nationalsozialismus, Bd. 1/1: Institutionen und Strukturen, Würzburg 2007, S. 277–326.

240 UA Würzburg PA 135; BayHStA München MK 43991; Wolfradt u. a., Psychologinnen.

241 UA Würzburg PA 158; BayHStA München MK 17892; Mantel, Betriebswirtschaftslehre, S. 153 ff. u. passim.

242 UA Würzburg PA 239; BA Berlin R 73/15718 u. R 9345/66; Bauer, Nothaus, S. 87.

4 Personelle Verluste der einzelnen Disziplinen

Die folgende Übersicht schließt auch Wissenschaftlerinnen und Wissenschaftler ein, die im Wintersemester 1932/33 noch nicht an einer deutschen Universität lehrten

Geisteswissenschaften

Anglistik und Amerikanistik

Entlassungen und entlassungsähnliche Fälle
Friedrich Brie (1880–1948), Francis J. Curtis (1861–1946), Karl Engeroff (1887–1951), Max Förster (1869–1954), Julius Freund (1871–1939), Mildred Harnack (1902–1943), Hans Hecht (1876–1946), Rudolf Hittmair (1889–1940), Rudolf Imelmann (1879–1945), Gustav Kirchner (1890–1966), Ernst Alfred Philippson (1900–1993), Mark Science (1897–1966), Theodor Spira (1885–1961).

Freiwilliger Rücktritt mit politischem Hintergrund
Paul Longland (1909–2001).

Archäologie

Entlassungen und entlassungsähnliche Fälle
Margarete Bieber (1879–1978), Otto Brendel (1901–1973), Hans Diepolder (1896–1969), Paul Jacobsthal (1880–1957), Karl Lehmann-Hartleben (1894–1960), Carl Weickert (1885–1975).

Erziehungswissenschaft

Entlassungen und entlassungsähnliche Fälle
Curt Bondy (1894–1972), Paul Eckardt (1884–1979), Heinz Esser (1896–1933), Aloys Fischer (1880–1937), Ernst Kantorowicz (1892–1944), Fritz Karsen (1885–1951), Carl Mennicke (1887–1959), Herman Nohl (1879–1960), Johannes Richter (1882–1944), Friedrich Schneider (1881–1974), Otto Schultze (1872–1950), Friedrich Siegmund-Schultze (1885–1969), Anna Siemsen (1882–1951), Wilhelm Sturmfels (1887–1967), Mathilde Vaerting (1884–1977), Hans Weil (1898–1972), Erich Weniger (1894–1961).

Freiwilliger Rücktritt mit politischem Hintergrund
Ernst Boehm (1877–1945), Theodor Litt (1880–1962).

Germanistik

Entlassungen und entlassungsähnliche Fälle
Richard Alewyn (1902–1979), Johannes Alt (geb. 1896), Walter A. Berendsohn (1884–1984), Ernst Beutler (1885–1960), Walther Brecht (1876–1950), Otto Bremer (1862–1936), Fritz Brüggemann (1876–1945), Carl Enders (1877–1963), Siegmar von Galléra (1865–1945), Melitta Gerhard (1891–1981), Paul Hankamer (1891–1945), Max Herrmann (1865–1942), Johannes Klein (1904–1973), Agathe Lasch (1879–1942), Friedrich von der Leyen (1873–1966), Wolfgang Liepe (1888–1962), Günther Müller (1890–1957), Friedrich Ranke (1882–1950), Werner Richter (1887–1960), Martin Sommerfeld (1894–1939), Hans Sperber (1885–1960), Wolfgang Stammler (1886–1965), Georg Stefansky (1897–1957), Edda Tille-Hankamer (1895–1982), Karl Viëtor (1892–1951), Max von Waldberg (1858–1938), Oskar Walzel (1864–1944), Georg Witkowski (1863–1939).

Geschichtswissenschaft

Entlassungen und entlassungsähnliche Fälle
Friedrich Andreae (1879–1939), Hans Baron (1900–1988), Arnold Berney (1897–1943), Elias Bickermann (1897–1981), Clemens Bosch (1899–1955), Ernst Bernheim (1850–1942), Max Buchner (1881–1941), Erich Caspar (1879–1935), Rudolf Craemer (1903–1941), Fritz Curschmann (1874–1946), Alfred Doren (1869–1934), Anton Eitel (1882–1966), Carl Erdmann (1898–1945), Ferdinand Fehling (1875–1945), Dietrich Gerhard (1896–1985), Walter Goetz (1867–1948), Johannes Hasebroek (1893–1957), Justus Hashagen (1877–1961), Fritz Heichelheim (1901–1968), Siegmund Hellmann (1872–1942), Hans Herzfeld (1892–1982), Alfred Hessel (1877–1939), Hedwig Hintze (1884–1942), Martin Hobohm (1883–1942), Otto Hoetzsch (1876–1946), Hajo Holborn (1902–1969), Ernst H. Kantorowicz (1895–1963), Richard Koebner (1885–1958), Richard Laqueur (1881–1959), Walter Lenel (1868–1937), Wilhelm Levison (1876–1947), Gerhard Masur (1901–1975), Gustav Mayer (1871–1948), Wolfgang Michael (1862–1945), Friedrich Münzer (1868–1942), Hermann Oncken (1869–1945), Georg Ostrogorsky (1902–1976), Ernst Perels (1882–1945), Kurt Rheindorf (1897–1977), Gerhard Ritter (1888–1967), Arthur Rosenberg (1889–1943), Hans Rosenberg (1904–1988), Hans Rothfels (1891–1976), Georg Sacke (1901–1945), Richard Salomon (1884–

1966), Bernhard Schmeidler (1879–1959), Alfred Schüz (1892–1957), Alexander Schenk Graf von Stauffenberg (1905–1964), Ernst Stein (1891–1945), Ludwig Steinberger (1879–1968), Wilhelm Stolze (1876–1936), Hermann Strasburger (1909–1985), Eugen Täubler (1879–1953), Camille Wampach (1884–1958), Helmut Weigel (1891–1974), Martin Weinbaum (1902–1990), Otto Westphal (1891–1950), Martin Winkler (1893–1982); Gustav Wolf (1865–1940).

Freiwilliger Rücktritt mit politischem Hintergrund
Karl Hampe (1869–1936), Karl Heldmann (1869–1943), Wolfgang Windelband (1886–1945).

Indologie

Entlassungen und entlassungsähnliche Fälle
Betty Heimann (1888–1961), Walter Ruben (1899–1982), Otto Strauß (1881–1940), Heinrich Zimmer (1890–1943).

Judaistik

Entlassungen und entlassungsähnliche Fälle
Samuel Bialoblocki (1888–1960), Norbert Glatzer (1902–1990), Lazar Gulkowitsch (1899–1941), Felix Perles (1874–1933), Joseph Prys (1889–1956), Israel Rabin (1882–1951), Alexander Sperber (1897–1970), Mojssej Woskin (1884–1944).

Klassische Philologie

Entlassungen und entlassungsähnliche Fälle
Samuel Brandt (1848–1938), Ludwig Edelstein (1902–1965), Eduard Fraenkel (1888–1970), Hermann Fränkel (1888–1977), Paul Friedländer (1882–1968), Kurt von Fritz (1900–1985), Isaak Heinemann (1876–1957), Rudolf Helm (1872–1966), Hugo Hepding (1878–1959), Felix Jacoby (1876–1959), Werner Jaeger (1888–1961), Ernst Kapp (1888–1978), Walther Kranz (1884–1960), Kurt Latte (1891–1964), Paul Maas (1880–1964), Bertold Maurenbrecher (1868–1943), Eduard Norden (1868–1941), Rudolf Pfeiffer (1889–1979), Otto Regenbogen (1891–1966), Georg Rohde (1899–1960), Max Rothstein (1859–1940), Karl Schmidt (1873–1951), Friedrich Schwenn (1889–1955),

Friedrich Solmsen (1904–1989), Richard Walzer (1900–1975), Konrat Ziegler (1884–1974).

Kunstgeschichte

Entlassungen und entlassungsähnliche Fälle
Ludwig Bachhofer (1894–1976), Ernst Benkard (1883–1946), Peter Brieger (1898–1983), Oskar Fischel (1870–1939), Paul Frankl (1878–1962), Walter Friedländer (1873–1966), Leopold Giese (1885–1968), Adolph Goldschmidt (1863–1944), August Grisebach (1881–1950), Edmund Hildebrandt (1872–1939), Otto Homburger (1885–1964), Richard Krautheimer (1897–1994), Franz Landsberger (1883–1964), Ernst Michalski (1901–1936), Carl Neumann (1860–1934), Alfred Neumeyer (1901–1973), Erwin Panofsky (1892–1968), Nikolaus Pevsner (1902–1983), Hans Rose (1888–1945), Max Sauerlandt (1880–1934), Fritz Saxl (1890–1948), Guido Schoenberger (1891–1974), Clemens Sommer (1891–1962), Wolfgang Stechow (1896–1974), Ernst Strauss (1901–1981), Georg Swarzenski (1876–1957), Karl von Tolnai (1899–1981), Werner Weisbach (1873–1953).

Freiwilliger Rücktritt mit politischem Hintergrund
Alois J. Schardt (1889–1955).

Musikwissenschaft

Entlassungen und entlassungsähnliche Fälle
Walter Braunfels (1882–1954), Max Friedlaender (1852–1934), Wilibald Gurlitt (1889–1963), Erich Moritz von Hornbostel (1877–1935), Robert Müller-Hartmann (1884–1950), Curt Sachs (1881–1959), Leo Schrade (1903–1964).

Orientalistik

Entlassungen und entlassungsähnliche Fälle
Rudolf Anthes (1896–1985), Franz Babinger (1891–1967), Anton Baumstark (1872–1948), Carl Heinrich Becker (1876–1933), Werner Caskel (1896–1970), Albrecht Götze (1887–1971), Ernst Herzfeld (1879–1948), Paul Kahle (1875–1964), Paul Kraus (1904–1944), Benno Landsberger (1890–1968), Julius Lewy (1895–1963), Eugen Mittwoch

(1876–1942), Julian Obermann (1880–1956), Martin Plessner (1900–1973), Hermann Ranke (1878–1953), Oskar Rescher (1883–1972), Isidor Scheftelowitz (1876–1934), Georg Steindorff (1861–1951), Karl Süßheim (1878–1947), Gotthold Weil (1882–1960), Franz Heinrich Weißbach (1865–1944), Walter Wreszinski (1880–1935).

Freiwilliger Rücktritt mit politischem Hintergrund
Joseph Schacht (1902–1969).

Philosophie

Entlassungen und entlassungsähnliche Fälle
Ernst von Aster (1880–1948), Ernst Barthel (1890–1953), David Baumgardt (1890–1963), Isaak Benrubi (1876–1943), Werner Brock (1901–1974), Martin Buber (1878–1965), Ernst Cassirer (1874–1945), Jonas Cohn (1869–1947), Hans Cornelius (1863–1947), Max Dessoir (1867–1947), Hans Driesch (1867–1941), Hans Ehrenberg (1883–1958), Erich Frank (1883–1949), Hans Friedländer (1888–1960), August Gallinger (1871–1959), Moritz Geiger (1880–1937), Joseph Geyser (1869–1948), Dietrich von Hildebrand (1889–1977), Richard Hönigswald (1875–1947), Paul Hofmann (1880–1947), Max Horkheimer (1895–1973), Fritz Heinemann (1889–1970), Johannes Hessen (1889–1971), Ernst Hoffmann (1880–1952), Ernst Horneffer (1871–1954), Kurt Huber (1893–1943), Edmund Husserl (1859–1938), Günther Jacoby (1881–1969), Otto Janßen (1883–1967), Karl Jaspers (1883–1969), Fritz Kaufmann (1891–1958), Walter Kinkel (1871–1938), Raymond Klibansky (1905–2005), Richard Kroner (1884–1974), Helmut Kuhn (1899–1991), Paul Ludwig Landsberg (1901–1944), Kurt Leese (1887–1965), Hans Leisegang (1890–1951), Arthur Liebert (1878–1946), Karl Löwith (1897–1973), Heinrich Lützeler (1902–1988), Siegfried Marck (1889–1957), August Messer (1867–1937), Georg Misch (1878–1965), Otto Most (1904–1968), Aloys Müller (1879–1952), Traugott Konstantin Oesterreich (1880–1949), Helmuth Plessner (1892–1985), Hans Reichenbach (1891–1953), Kurt Riezler (1882–1955), Fritz-Joachim von Rintelen (1898–1979), Günther Schulemann (1889–1964), Balduin Schwarz (1902–1993), Julius Stenzel (1883–1935), Paul Tillich (1886–1965), Emil Utitz (1883–1956), Johannes Maria Verweyen (1883–1945), Aloys Wenzl (1887–1967), Theodor Wiesengrund Adorno (1903–1969), Edgar Wind (1900–1971).

Freiwilliger Rücktritt mit politischem Hintergrund
Hugo Fischer (1897–1975), Bernhard Groethuysen (1880–1946).

Politikwissenschaft

Entlassungen und entlassungsähnliche Fälle
Arnold Bergsträsser (1896–1964), Ludwig Bergsträsser (1883–1960), Reinhold Heinen (1894–1969), Joseph Herlet (1876–1951), Otto Köbner (1869–1934), Hugo Lindemann (1867–1949), Walter Norden (1876–1937), Arnold Wolfers (1892–1968).

Psychologie

Entlassungen und entlassungsähnliche Fälle
Annelies Argelander (1896–1980), Heinrich Düker (1898–1986), Adhémar Gelb (1887–1936), Richard Hellmuth Goldschmidt (1883–1968), David Katz (1884–1953), Felix Krueger (1874–1948), Kurt Lewin (1890–1947), Otto Lipmann (1880–1933), Moritz Löwi (1891–1943), Wilhelm Neuhaus (1893–1976), Wilhelm Peters (1880–1963), Alfred Petzelt (1886–1967), Johann Baptist Rieffert (1883–1956), Erich Stern (1889–1959), William Stern (1871–1938), Heinz Werner (1890–1964), Max Wertheimer (1880–1943).

Freiwilliger Rücktritt mit politischem Hintergrund
Wolfgang Köhler (1887–1967).

Romanistik

Entlassungen und entlassungsähnliche Fälle
Erich Auerbach (1892–1957), Wilhelm Friedmann (1884–1942), Leo Gerstner (1874–1945), Helmut Hatzfeld (1892–1979), Leo Jordan (1874–1940), Herbert Koch (1886–1982), Werner Krauss (1900–1976), Walther Küchler (1877–1953), Ulrich Leo (1890–1964), Eugen Lerch (1888–1952), Kurt Lewent (1880–1964), Piero Meriggi (1899–1982), Leonardo Olschki (1885–1961), Leo Spitzer (1887–1960), Carlo Tivoli (1898–1977).

Freiwilliger Rücktritt mit politischem Hintergrund
Albert Béguin (1901–1957).

Sinologie

Entlassungen und entlassungsähnliche Fälle
Eduard Erkes (1891–1958), Erwin Rousselle (1890–1949), Walter Simon (1893–1981).

Freiwilliger Rücktritt mit politischem Hintergrund
Gustav Haloun (1898–1951).

Sozialpolitik, Soziale Fürsorge

Entlassungen und entlassungsähnliche Fälle
Marie Baum (1874–1964), Georg Halm (1901–1984), Karl Theodor Marx (1892–1958), Benedikt Schmittmann (1872–1939).

Freiwilliger Rücktritt mit politischem Hintergrund
Theodor Brauer (1880–1942).

Slawistik

Entlassungen und entlassungsähnliche Fälle
Lydia Aschheim (1902–1943), Maximilian von Propper (1889–1981), Helena von Reybekiel (1879–1975).

Allgemeine und vergleichende Sprachwissenschaft, Indogermanistik

Entlassungen und entlassungsähnliche Fälle
Ernst Fraenkel (1881–1957), Hermann Jacobsohn (1879–1933), Ernst Lewy (1881–1966), Alfons Nehring (1890–1967), Adolf Walter (1899–1980).

Freiwilliger Rücktritt mit politischem Hintergrund
Albert Debrunner (1884–1958).

Völkerkunde / Ethnologie

Entlassungen und entlassungsähnliche Fälle
Theodor Wilhelm Danzel (1896–1954), Adolf Jensen (1899–1965), Julius Lips (1895–1950), Otto Mänchen-Helfen (1894–1969), Lucian Schermann (1864–1946), Ernst Vatter (1888–1948).

Vor und Frühgeschichte

Entlassungen und entlassungsähnliche Fälle
Herbert Kühn (1895–1980), Gero von Merhart (1886–1959).

Zeitungswissenschaft

Entlassungen und entlassungsähnliche Fälle
Hans von Eckardt (1890–1957), Rudolf K. Goldschmit (1890–1964), Hans Traub (1901–1943), Erich Everth (1878–1934), Alexander Zinn (1880–1941).

Andere geisteswissenschaftliche Fächer

Entlassungen und entlassungsähnliche Fälle
Josef Friedrich Abert (1879–1959), Stellan Arvidson (1902–1997), Eva Fiesel (1891–1937), Goswin Frenken (1887–1945), Rudolf Hertz (1897–1965), Hans Liebeschütz (1893–1978), Hermann Lismann (1878–1943), Carl David Marcus (1879–1940), Karl Meisen (1891–1973), Will-Erich Peuckert (1895–1969), Julius Pokorny (1887–1970), Tibor Szalai (1901–1945), Johannes Ueberschaar (1885–1965), Joachim Wach (1898–1955), Hans Alexander Winkler (1900–1945), Bernhard Zimmermann.

Freiwilliger Rücktritt mit politischem Hintergrund
Ebbe Neergaard (1901–1957), Konstantin Reichardt (1904–1976).

Naturwissenschaften und Mathematik

Biologie einschl. Botanik und Zoologie

Entlassungen und entlassungsähnliche Fälle

Leo Brauner (1898–1974), Ernst Bresslau (1877–1935), Friedrich Brieger (1900–1985), Rhoda Erdmann (1870–1935), Gottfried Fraenkel (1901–1984), Viktor Hamburger (1900–2001), Alfred Heilbronn (1885–1961), Emil Heitz (1892–1965), Mathilde Hertz (1891–1975), Johannes Holtfreter (1901–1992), Kurt Hueck (1897–1965), Arnold Japha (1877–1943), Victor Jollos (1887–1941), Werner Magnus (1876–1942), Ernst Marcus (1893–1968), Ernst Matthes (1889–1958), Hugo Merton (1879–1940), Andreas Penners (1890–1951), Felix Rawitscher (1890–1957), Julius Schaxel (1887–1943), Elisabeth Schiemann (1881–1972), Siegfried Veit Simon (1877–1934), Walter Steinitz (1882–1963), Curt Stern (1902–1981), Gertrud von Ubisch (1882–1965), Leopold von Ubisch (1886–1965), Otto Warburg (1859–1938).

Freiwilliger Rücktritt mit politischem Hintergrund

Curt Koßwig (1903–1982).

Chemie, Physikalische Chemie und Biochemie

Entlassungen und entlassungsähnliche Fälle

Ernst Alexander (1902–1980), Fritz Arndt (1885–1969), Franz Bergel (1900–1987), Ernst David Bergmann (1903–1975), Hans Beutler (1896–1942), Julius von Braun (1875–1939), Alfred Coehn (1863–1938), Carl Drucker (1876–1959), John Eggert (1891–1973), Maximilian Ehrenstein (1899–1968), Felix Ehrlich (1877–1942), Immanuel Estermann (1900–1973), Kasimir Fajans (1887–1975), Franz Feist (1864–1941), Karl Fleischer (1886–1941), Walter Fraenkel (1879–1945), Herbert Freundlich (1880–1941), Hermann Grossmann (geb. 1877), Adolf Grün (1877–1947), Fritz Haber (1868–1934), Friedrich Hahn (1888–1975), Georg von Hevesy (1885–1966), Erich Heymann (1901–1949), Ivan Koppel (1873–1941), Gertrud Kornfeld (1891–1955), Hans Kroepelin (1901–1993), Willy Lange (1900–1976), Rudolf Lemberg (1896–1975), Otto Liebknecht (1876–1949), Edmund von Lippmann (1857–1940), Willy Marckwald (1864–1942), Fritz Mayer (1876–1940), Richard Joseph Meyer (1865–1939), Leonor Michaelis (1875–1949), Carl Neuberg (1877–1956), Fritz Paneth (1887–1958), Wilhelm Prandtl (1878–1956), Hans Pringsheim (1876–1940), Heinrich Rheinboldt (1891–1955), Ernst Hermann Riesenfeld (1877–1957), Arthur Rosenheim (1865–1942), Theodor Sabalitschka (1889–1971), Georg Maria Schwab (1899–1984), Siegfried Skraup

(1890–1972), Karl Heinrich Slotta (1895–1987), Karl Söllner (1903–1986), Edmund Speyer (1878–1942), Werner Steiner (1896–1941), Otto Stern (1888–1969), Fritz Straus (1877–1942), Wilhelm Traube (1866–1942), Carl Tubandt (1878–1942), Hans von Wartenberg (1880–1960), Fritz Weigert (1876–1947), Arnold Weißberger (1898–1984), Fritz Windisch (1895–1961), Robert Wizinger (1896–1973), Kurt Wohl (1896–1962), Ludwig Wolf (1891–1937).

Geowissenschaften

Entlassungen und entlassungsähnliche Fälle
Hans Becker (1900–1943), Roland Brinkmann (1898–1995), Günter Oskar Dyhrenfurth (1886–1975), Max Friederichsen (1874–1941), Victor Goldschmidt (1853–1933), Victor Moritz Goldschmidt (1888–1947), Karl Gripp (1891–1985), Bernhard Haurwitz (1905–1986), Albrecht Haushofer (1903–1945), Carl Walter Kockel (1898–1966), Leopold Kölbl (1895–1970), Oskar Kuhn (1908–1990), Alfred Philippson (1864–1953), Arthur Sachs (1876–1942), Wilhelm Salomon-Calvi (1868–1941), Leo Waibel (1888–1951), Friedrich Zeuner (1905–1963).

Mathematik

Entlassungen und entlassungsähnliche Fälle
Emil Artin (1898–1962), Reinhold Baer (1902–1979), Stefan Bergmann (1895–1977), Paul Bernays (1888–1977), Felix Bernstein (1878–1956), Salomon Bochner (1899–1982), Alfred Brauer (1894–1985), Richard Brauer (1901–1977), Samson Breuer (1891–1974), Stefan Cohn-Vossen (1902–1936), Richard Courant (1888–1972), Max Dehn (1878–1952), Paul Epstein (1871–1939), Hans Falckenberg (1885–1946), Willy Feller (1906–1970), Ernst Fischer (1875–1954), Adolf Fraenkel (1891–1965), Heinrich Grell (1903–1974), Herbert Grötzsch (1902–1993), Hans Hamburger (1889–1956), Friedrich Hartogs (1874–1943), Felix Hausdorff (1868–1942), Ernst Hellinger (1883–1950), Kurt Hensel (1861–1941), Erich Kamke (1890–1961), Edmund Landau (1877–1938), Friedrich Levi (1888–1966), Hans Lewy (1904–1988), Leon Lichtenstein (1878–1933), Heinrich Liebmann (1874–1939), Alfred Loewy (1873–1935), Richard von Mises (1883–1953), Ernst Mohr (1910–1989), Hans Mohrmann (1881–1941), Johannes Müller (1877–1940), Otto Neugebauer (1899–1990), Johann Neumann von Margitta (1903–1957), Emmy Noether (1882–1935), Hilda Pollaczek (1893–1973), Alfred Pringsheim (1850–1941), Hans Rademacher (1892–1969), Robert Remak (1888–1942), Werner Rogosinski (1894–1964), Arthur Rosenthal (1887–1959), Erich Rothe (1895–

1988), Ludwig Schlesinger (1864–1933), Issai Schur (1875–1941), Wolfgang Sternberg (1887–1953), Otto Szász (1884–1952), Gabriel Szegö (1895–1985), Clemens Thaer (1883–1974), Otto Toeplitz (1881–1940), Alexander Weinstein (1897–1979), Hermann Weyl (1885–1955), Ernst Zermelo (1871–1953).

Freiwilliger Rücktritt mit politischem Hintergrund
Carl Siegel (1896–1981).

Physik, einschl. Astronomie

Entlassungen und entlassungsähnliche Fälle
Felix Auerbach (1856–1933), Otto von Baeyer (1877–1946), Hans Bethe (1906–2005), Felix Bloch (1905–1983), Max Born (1882–1970), Alfred Byk (1878–1942), Emil Cohn (1854–1944), Friedrich Dessauer (1881–1963), Robert Emden (1862–1940), James Franck (1882–1964), Herbert Fröhlich (1905–1991), Richard Gans (1880–1954), Walter Gordon (1893–1939), Leo Graetz (1856–1941), Walter Heitler (1904–1981), Paul Hertz (1881–1940), Arthur R. von Hippel (1898–2003), George Jaffé (1880–1965), Hartmut Kallmann (1896–1978), Walter Kaufmann (1871–1947), Otto Klemperer (1899–1987), Johann Koenigsberger (1874–1946), Hedwig Kohn (1887–1964), Heinrich Konen (1874–1948), Heinrich Kuhn (1904–1994), Spiro Kyropoulos (1887–1961), Rudolf Ladenburg (1882–1952), Cornelius Lanczos (1893–1974), Hans Lassen (1897–1974), Emil Less (1855–1935), Fritz London (1900–1954), Johann Friedrich Ludloff (1899–1987), Nikolaus Lyon (1888–1939), Oscar Martienssen (1874–1957), Erich Anselm Marx (1874–1956), Karl Wilhelm Meißner (1891–1959), Lise Meitner (1878–1968), Rudolf Minkowski (1895–1976), Friedrich Möglich (1902–1957), Lothar Nordheim (1899–1985), Otto Oldenberg (1888–1983), Peter Pringsheim (1881–1963), Fritz Reiche (1883–1969), Otto Reichenheim (1882–1950), Georg Sachs (1896–1960), Erwin Schrödinger (1887–1961), Leo Szilard (1898–1964), Heinrich Rausch von Traubenberg (1880–1944), Hans Rosenberg (1879–1940), Rudolf Straubel (1863–1943), Karl Weissenberg (1893–1976), Alexander Wilkens (1881–1968), Carl Wirtz (1876–1939).

Freiwilliger Rücktritt mit politischem Hintergrund
Peter Debye (1884–1966), Hertha Sponer (1895–1968).

Andere naturwissenschaftliche Fächer

Entlassungen und entlassungsähnliche Fälle

Erwin Biel (1899–1973), Kurt Hohenemser (1906–2001), Georg Popp (1861–1943), Willy Prager (1903–1980), Roland Schmiedel (1888–1967), Georg Sparrer (1877–1936), Benno Strauß (1873–1944), Franz Weidenreich (1873–1948).

Freiwilliger Rücktritt mit politischem Hintergrund

Max Berek (1886–1949).

Medizinische Fächer

Anatomie

Entlassungen und entlassungsähnliche Fälle
Walther Berg (1878–1945), Hans Bluntschli (1877–1962), Walter Brandt (1889–1971), Johannes Brodersen (1878–1970), Hermann Hoepke (1889–1993), Titus von Lanz (1897–1967), Wilhelm Lubosch (1875–1938), Harry Marcus (1880–1976), Heinrich Poll (1877–1939), Karl Saller (1902–1969), Otto Veit (1884–1972), Fritz Wassermann (1884–1969), Richard Weissenberg (1882–1974), Friedrich Wohlwill (1881–1958).

Freiwilliger Rücktritt mit politischem Hintergrund
Hartwig Kuhlenbeck (1897–1984), Wilhelm von Möllendorff (1887–1944).

Augenheilkunde

Entlassungen und entlassungsähnliche Fälle
Georg Abelsdorff (1869–1933), Alfred Bielschowsky (1871–1940), Friedrich Fischer (1896–1949), Adolf Gutmann (1876–1960), Josef Igersheimer (1879–1965), Max Goldschmidt (1884–1972), Georg Levinsohn (1867–1935), Ernst L. Metzger (1895–1967), Albert Peters (1862–1938), Ludwig Schreiber (1874–1940), Aurel von Szily (1880–1945), Karl Wessely (1874–1953), Martin Zade (1877–1944).

Chirurgie

Entlassungen und entlassungsähnliche Fälle
Ernst W. Bergmann (1896–1977), Moritz Borchardt (1868–1948), Werner Budde (1886–1960), Oscar Ehrhardt (1873–1950), Georg Gottstein (1868–1936), Emil Heymann (1878–1936), Victor Hoffmann (1893–1969), Arthur Israel (1883–1969), Wilhelm Israel (1881–1959), Eugen Joseph (1879–1933), Eugen Kisch (1885–1969), Hans Landau (1892–1995), Max Lebsche (1886–1957), Walter Lehmann (1888–1960), Alexander von Lichtenberg (1880–1949), August Luxenburger (1867–1941), Max Marcus (1892–1983), Eduard Melchior (1883–1974), Rudolf Nissen (1895–1981), Adolf Nussbaum (1885–1962), Hugo Picard (1888–1974), Bruno Oskar Pribram (1887–1962), Wolfgang Rosenthal (1882–1971), Albert Salomon (1883–1976), Franz Schück (1888–1958), Walter Veit Simon (1882–1958), Richard Werner (1875–1945).

Gerichtliche Medizin

Entlassungen und entlassungsähnliche Fälle
Paul Fraenckel (1874–1941), Hans Koopmann (1885–1959), Walter Schwarzacher (1892–1958), Fritz Strassmann (1858–1940), Georg Strassmann (1890–1972).

Geschichte der Medizin

Entlassungen und entlassungsähnliche Fälle
Richard Koch (1882–1949), Theodor Meyer-Steineg (1873–1936), Owsei Temkin (1902–2002).

Gynäkologie und Geburtshilfe

Entlassungen und entlassungsähnliche Fälle
Karl Adler (1894–1966), Selmar Aschheim (1878–1965), Erich Fels (1897–1981), Ludwig Fraenkel (1870–1951), Richard Freund (1878–1942), Walther Hannes (1878–1935), Fritz Heimann (1882–1937), Wilhelm Liepmann (1878–1939), Maximilian Neu (1877–1940), Oskar Polano (1873–1934), Egon Pribram (1885–1963), Bernhard Rosinski (1862–1935), Ludwig Schoenholz (1893–1941), Ernst von Seuffert (1879–1952), Hans Saenger (1884–1943), Felix Skutsch (1861–1951), Rudolf Spiegler (1898–1977), Erwin Strassmann (1895–1972), Paul Strassmann (1866–1938), Marcel Traugott (1882–1961), Bernhard Zondek (1891–1966), Erwin Zweifel (1885–1949).

Freiwilliger Rücktritt mit politischem Hintergrund
Robert Brühl (1898–1976).

Hals-Nasen-Ohren-Heilkunde

Entlassungen und entlassungsähnliche Fälle
Joseph Berberich (1897–1969), Gustav Brühl (1871–1939), Heinrich Haike (1864–1934), Karl Hellmann (1892–1959), Heinrich Herzog (1875–1938), Walter Klestadt (1883–1985), Franz Kobrak (1879–1955), Max Meyer (1890–1954).

Haut- und Geschlechtskrankheiten

Entlassungen und entlassungsähnliche Fälle
Karl Altmann (1880–1968), Siegfried Bettmann (1869–1939), Hans Biberstein (1889–1965), Franz Blumenthal (1878–1971), Abraham Buschke (1868–1943), Ernst Delbanco (1896–1935), Wilhelm Frei (1885–1943), Walter Freudenthal (1893–1952), Ludwig Friedheim (1862–1942), Oscar Gans (1888–1983), Franz Herrmann (1898–1977), Karl Herxheimer (1861–1942), Erich Hoffmann (1868–1959), Josef Jadassohn (1863–1936), Max Jessner (1887–1976), Philipp Keller (1891–1973), Erich Kuznitzky (1883–1960), Alfred Marchionini (1899–1965), Rudolf L. Mayer (1895–1962), Emil Meirowsky (1876–1960), Berta Ottenstein (1891–1956), Felix Pinkus (1868–1947), Georg A. Rost (1877–1970), Fritz Stern (geb. 1902), Erich Uhlmann (1901–1964), Leo von Zumbusch (1874–1940).

Freiwilliger Rücktritt mit politischem Hintergrund
Karl Hermann Vohwinkel (1900–1949).

Hygiene, Soziale Hygiene, Bakteriologie und Serologie

Entlassungen und entlassungsähnliche Fälle
Hugo Braun (1881–1963), Benno Chajes (1880–1938), Wilhelm von Drigalski (1871–1950), Paul von Gara (1902–1991), Franz Goldmann (1895–1970), Martin Hahn (1865–1934), Arthur Haim (1898–1948), Bruno Heymann (1871–1943), Julius Hirsch (1892–1962), Erwin Jacobsthal (1879–1952), Emmy Klieneberger (1892–1985), Alfred Klopstock (1896–1968), Herbert Lubinski (1892–1972), Martin Mayer (1875–1951), Max Neisser (1869–1938), Otto Olsen (1892–1969), Carl Prausnitz (1876–1963), Werner Rosenthal (1870–1942), Hans Sachs (1877–1945), Robert Scheller (1876–1933), Fritz Schiff (1889–1940), Carl Leopold Schwarz (1877–1962), Walter Strauss (1895–1990), László Wámoscher (1901–1934), Walter Weisbach (1889–1962), Ernst Witebsky (1901–1969), Georg Wolff (1886–1952).

Freiwilliger Rücktritt mit politischem Hintergrund
Adolf Kappus (1900–1987).

Innere Medizin

Entlassungen und entlassungsähnliche Fälle
Walter Arnoldi (1881–1960), Selly Askanazy (1866–1938), Julius Baer (1876–1941), Max Berliner (1888–1961), Franz Bielschowsky (1902–1965), Ernst Blumenfeldt (geb. 1887), Ferdinand Blumenthal (1870–1941), Alfred Böger (1901–1976), Leo Borchardt (1879–1960), Ludolph Brauer (1865–1951), Ernst Brieger (1891–1969), Carl E. Cahn-Bronner (1893–1977), Theodor Brugsch (1878–1963), Julius Citron (1878–1952), Kurt Dresel (1892–1951), Georg L. Dreyfus (1879–1957), Rudolf Ehrmann (1879–1963), Hans Eppinger (1879–1946), Laurence Farmer Loeb (1895–1976), Paul Fleischmann (1879–1957), Ernst Fränkel (1886–1948), Erich Frank (1884–1957), Albert Fraenkel (1864–1938), Rudolf Freund (1896–1982), Ulrich Friedemann (1877–1949), Georg Ganter (1885–1940), Alfred Goldscheider (1858–1935), Kurt Grassheim (1897–1948), Georg Groscurth (1904–1944), Hans Guggenheimer (1886–1949), Helmut Hahn (1897–1966), Kurt Henius (1882–1947), Herbert Herxheimer (1894–1985), Ernst Herzfeld (1880–1944/45), Felix Hirschfeld (1863–1938), Hans Hirschfeld (1873–1944), Simon Isaac (1881–1942), Arthur Jores (1901–1982), Rudolf Jürgens (1897–1961), Julius Kleeberg (1894–1988), Georg Klemperer (1865–1946), Harry Koenigsfeld (1887–1958), Hans Krebs (1900–1981), Bernhard Kugelmann (1900–1938), Heinrich Lauber (1899–1979), Daniel Laszlo (1902–1958), Paul Lazarus (1873–1957), Georg Lepehne (1887–1967), Rudolf Leuchtenberger (1895–1990), Heinrich Lippmann (1881–1943), Alfred Lublin (1895–1956), Ernst Magnus-Alsleben (1879–1936), Fritz Mainzer (1897–1961), Hellmut Marx (1901–1945), Rolf Meier (1897–1966), Max Michaelis (1869–1933), Ernst Mosler (1882–1950), Ernst Friedrich Müller (1891–1971), Fritz Meyer (1875–1953), Otto Neubauer (1874–1957), Arthur Nicolaier (1862–1942), Carl von Noorden (1858–1944), Martin Nothmann (1894–1978), Johann Plesch (1878–1957), Paul Friedrich Richter (1868–1934), Ernst von Romberg (1865–1933), Max Rosenberg (1887–1943), Theodor Rosenheim (1860–1939), Georg Rosenow (1886–1985), Felix Rosenthal (1885–1952), Heinrich Rosin (1863–1934), Hans Rothmann (1899–1970), Harry Schäffer (1894–1979), Siegfried Fritz Seelig (1899–1969), Hans Simmel (1891–1943), Franz Soetbeer (1870–1943), Paul Spiro (1892–1975), Rudolf Stern (1895–1962), Julius Strasburger (1871–1934), Hermann Strauss (1868–1944), Siegfried Thannhauser (1885–1962), Hans Ucko (1900–1967), Reinhard von den Velden (1880–1941), Hugo Winternitz (1868–1934), Erich Wittkower (1899–1983), Alfred Wolff-Eisner (1877–1948), Ernst Wollheim (1900–1981), Hermann Zondek (1887–1979), Samuel Georg Zondek (1894–1970), Georg Zuelzer (1870–1949).

Freiwilliger Rücktritt mit politischem Hintergrund
Annelise Wittgenstein (1890–1946).

Kinderheilkunde

Entlassungen und entlassungsähnliche Fälle
Hans Aron (1881–1958), Bernhard Bendix (1863–1943), Erich Benjamin (1880–1943), Kurt Blühdorn (1884–1982), Rudolf Degkwitz (1889–1973), Curt Falkenheim (1893–1949), Hugo Falkenheim (1856–1945), Heinrich Finkelstein (1865–1942), Ernst Freudenberg (1884–1967), Werner Gottstein (1894–1959), Paul Grosser (1880–1934), Paul György (1893–1976), Richard Hamburger (1884–1940), Herbert Hirsch-Kauffmann (1894–1960), Walter Heymann (1901–1985), Paul Karger (1892–1976), Leopold Langstein (1876–1933), Friedrich Lehnerdt (1881–1944), Bruno Leichtentritt (1888–1965), Heinrich von Mettenheim (1867–1944), Ludwig F. Meyer (1879–1954) Ernst Moro (1874–1951), Arnold Orgler (1874–1957), Siegfried Rosenbaum (1890–1969), Siegfried Samelson (1878–1938), Erwin Schiff (1891–1971), Helmut Seckel (1900–1960), Wilhelm Stoeltzner (1872–1954).

Freiwilliger Rücktritt mit politischem Hintergrund
Wilhelm Hertz (1901–1985).

Neurologie und Psychiatrie

Entlassungen und entlassungsähnliche Fälle
Gustav Aschaffenburg (1866–1944), Karl Birnbaum (1878–1950), Siegfried Fischer (1891–1966), Edmund Forster (1878–1933), Felix Georgi (1893–1965), Kurt Goldstein (1878–1965), Ernst Grünthal (1894–1972), Max Günther (geb. 1901), Erich Guttmann (1896–1948), Ludwig Guttmann (1899–1980), Alfred Hauptmann (1881–1948), Ernst Herz (1900–1966), Friedrich Hiller (1891–1953), Paul Hoch (1902–1964), Max Isserlin (1879–1941), Erich Jacobi (1898–1945), Walter Jacobi (1889–1938), Ludwig Jacobsohn-Lask (1863–1940), Walther Jahrreiss (1896–1969), Hermann Josephy (1887–1960), Paul Jossmann (1891–1978), Victor Kafka (1881–1955), Fritz Kant (1894–1977), Otto Kant (1899–1962), Walter Kirschbaum (1894–1982), Otto Klieneberger (1879–1956), Hans König (1878–1936), Franz Kramer (1878–1967), Eduard Krapf (1901–1963), Arthur Kronfeld (1886–1941), Fritz Heinrich Lewy (1885–1950), Otto Löwenstein (1889–1965), Willy Mayer-Gross (1889–1961), Alfred Meyer (1895–1990), Felix Plaut (1877–1940), Walther Riese (1890–1976), Curt Rosenthal (1892–1937), Arthur Simons (1877–1942), Walther Spielmeyer (1879–1935), Gabriel Steiner (1883–1965), Felix Stern (1884–1942), Georg Stertz (1878–1959), Alfred Storch (1888–1962), Erwin Straus (1891–1975), Alfred A. Strauss (1897–1957), Hans Strauss (1898–1977), Robert

Wartenberg (1887–1956), Raphael Weichbrodt (1886–1942), Wilhelm Weygandt (1870–1939), Karl Wilmanns (1873–1945), Robert Wollenberg (1862–1942).

Freiwilliger Rücktritt mit politischem Hintergrund
Hans Gruhle (1880–1958).

Orthopädie

Entlassungen und entlassungsähnliche Fälle
Hans von Baeyer (1875–1941), Ernst Bettmann (1899–1988), Karl Ludloff (1864–1945), Sigmund Weil (1881–1961).

Freiwilliger Rücktritt mit politischem Hintergrund
Rudolf Wilhelm (1893–1959).

Pathologie

Entlassungen und entlassungsähnliche Fälle
Walther Berblinger (1882–1966), Wilhelm Ernst Ehrich (1900–1967), Edgar Goldschmid (1881–1957), Paul Heinrichsdorff (geb. 1876), Paul Kimmelstiel (1900–1970), Max Kuczynski (1890–1967), Hans Laser (1899–1980), Otto Lubarsch (1860–1933), Ernst Mathias (1886–1971), Robert Otto Meyer (1864–1947), Karl Neubürger (1890–1972), Siegfried Oberndorfer (1876–1944), Walter Pagel (1898–1983), Ludwig Pick (1868–1944), Walter Putschar (1904–1987), Rudolf Schönheimer (1898–1941), Paul Schuster (1867–1940), Martin Silberberg (1895–1966), Josef Tannenberg (1895–1971), Erich K. Wolff (1893–1973).

Pharmakologie

Entlassungen und entlassungsähnliche Fälle
Georg Barkan (1889–1945), Rudolf Cohn (1862–1938), Hermann Freund (1882–1944), Julius Geppert (1856–1937), Walter Griesbach (1888–1968), Hans Handovsky (1888–1959), Martin Kochmann (1878–1936), Werner Lipschitz (1892–1948), Siegfried Walter Loewe (1884–1963), Franz R. Müller (1871–1945), Paul Pulewka (1896–1989),

Otto Riesser (1882–1949), Ernst Sieburg (1885–1937), Gert Taubmann (1900–1983), Paul Wolff (1894–1957).

Freiwilliger Rücktritt mit politischem Hintergrund
Otto Krayer (1899–1982).

Physiologie und Physiologische Chemie

Entlassungen und entlassungsähnliche Fälle
Albrecht Bethe (1872–1954), Rudolf Ehrenberg (1884–1969), Gustav Embden (1874–1933), Georg Ettisch (1890–1959), Wilhelm Feldberg (1900–1993), Ernst Fischer (1896–1981), Hans W. K. Friedenthal (1870–1942), Ernst Josef Friedmann (1877–1956), Richard Friedrich Fuchs (1870–1940), Ernst Gellhorn (1893–1973), Ernst Heilner (1876–1939), Rudolf Höber (1873–1952), Otto Kestner (1873–1953), Bruno Kisch (1890–1966), Hans Kleinmann (1895–1950), Fritz Laquer (1888–1954), Joachim von Ledebur (1902–1944), Rahel Liebeschütz-Plaut (1894–1993), Adolf Loewy (1862–1937), Adolf Magnus-Levy (1865–1955), Otto Meyerhof (1884–1951), Ernst Mislowitzer (1895–1985), Peter Rona (1871–1945), Gerhard Schmidt (1901–1981), Werner Schuler (1900–1966), Ernst Simonson (1898–1974), Otto Weiß (1871–1943), Ernst Wertheimer (1893–1978), Hans Winterstein (1879–1963).

Radiologie / Röntgenologie

Entlassungen und entlassungsähnliche Fälle
Oskar David (1880–1942), Friedrich Philipp Ellinger (1900–1962), Franz Groedel (1881–1951), Ludwig Halberstaedter (1876–1949), Albert Simons (1894–1955), Alfred Weil (1884–1948).

Zahnmedizin

Entlassungen und entlassungsähnliche Fälle
Georg Blessing (1882–1941), Walther Bruck (1872–1937), Konrad Cohn (1866–1938), Erich Feiler (1882–1940), Alfred Kantorowicz (1880–1962), Hans Moral (1885–1933), Fritz Münzesheimer (1895–1986), Hans Türkheim (1889–1955).

Andere medizinische Fächer

Entlassungen und entlassungsähnliche Fälle
Heinrich Bechhold (1866–1937), Ludwig Benda (1873–1945), Leopold Casper (1859–1959), Ludwig Cohn (1877–1962), Theodor Cohn (1867–1934), Fritz Duras (1896–1965), Karl Freudenberg (1892–1966), Friedrich Franz Friedmann (1876–1953), Alfred Groth (1876–1971), Wilhelm Hanauer (1866–1940), Alexander Herzberg (1887–1944), Emil Klein (1873–1950), Hugo Kroò (1888–1953), Heinrich Münter (1883–1957), Paul Röthig (1874–1940), Ralph Sokolowsky (1874–1944).

Theologie

Evangelische Theologie

Entlassungen und entlassungsähnliche Fälle

Karl Barth (1886–1968), Dietrich Bonhoeffer (1906–1945), Günther Bornkamm (1905–1990), Peter Brunner (1900–1981), Wilhelm Caspari (1876–1947), Günther Dehn (1882–1970), Adolf Deißmann (1866–1937), Walter Dreß (1904–1979), Hans Engelland (1903–1970), Cajus Fabricius (1884–1950), Gottfried Fitzer (1903–1997), Walter Freytag (1899–1959), Otto Friedrich (1883–1978), Ernst Fuchs (1903–1983), Hans G. Haack (1888–1965), Ernst Hammann (1908–1999), Heinrich Hermelink (1877–1958), Volkmar Herntrich (1908–1958), Friedrich Horst (1896–1962), Hans Joachim Iwand (1899–1960), Walter Künneth (1901–1997), Fritz Lieb (1892–1970), Wilhelm Lütgert (1867–1938), Otto Piper (1891–1982), Martin Rade (1857–1940), Heinrich Rendtorff (1888–1960), Karl Heinrich Rengstorf (1903–1992), Hermann Schlingensiepen (1896–1980), Karl Ludwig Schmidt (1891–1956), Kurt-Dietrich Schmidt (1896–1964), Otto Schmitz (1883–1957), Helmuth Schreiner (1893–1962), Helmut Thielicke (1908–1986), Alfred Trommershausen (1910–1966), Friedrich Ulmer (1877–1946), Hans Emil Weber (1882–1950), Johannes Witte (1877–1945).

Freiwilliger Rücktritt mit politischem Hintergrund

Otto Bauernfeind (1889–1972), Hermann Mulert (1879–1950), Waldemar Macholz (1876–1950), Heinrich Schlier (1900–1978).

Katholische Theologie

Entlassungen und entlassungsähnliche Fälle

Berthold Altaner (1885–1964), Josef Beeking (1891–1947), Karl Hölker (1880–1945), Hubert Jedin (1900–1980), Franz Keller (1873–1944), Engelbert Krebs (1881–1950), Albert Lauscher (1872–1944), Thomas Ohm (1892–1962), Max Rauer (1889–1971), Peter Richter (1898–1962), Josef Schmidlin (1876–1944), Hermann Schwamm (1900–1954).

Freiwilliger Rücktritt mit politischem Hintergrund

Romano Guardini (1885–1968), Georg Schreiber (1882–1963), Paul Simon (1882–1946).

Rechtswissenschaften

Privatrecht

Entlassungen und entlassungsähnliche Fälle

Friedrich Bernhöft (1883–1967), Franz Böhm (1895–1977), Ernst Bruck (1876–1942), Ernst J. Cohn (1904–1976), Hermann Dersch (1883–1961), Johann Eggen van Terlan (1883–1952), Arnold Ehrhardt (1903–1965), Konrad Engländer (1880–1933), Julius Flechtheim (1876–1940), Julius von Gierke (1875–1960), Hubert Graven (1869–1951), Max Gutzwiller (1889–1989), Franz Haymann (1874–1947), Ernst E. Hirsch (1902–1985), Heinrich Hoeniger (1879–1961), Gerhart Husserl (1893–1973), Ernst Jacobi (1867–1946), Rudolf Joerges (1868–1957), Josef Juncker (1889–1938), Guido Kisch (1889–1985), Fritz Klingmüller (1871–1939), Karl Korsch (1886–1961), Julius Lehmann (1884–1951), Otto Lenel (1849–1935), Franz Leonhard (1870–1950), Ernst Levy (1881–1968), Julius Magnus (1867–1944), Alfred Manigk (1873–1942), Albrecht Mendelssohn Bartholdy (1874–1936), Arthur Nussbaum (1877–1964), Otto Opet (1866–1941), Max Pappenheim (1860–1934), Leopold Perels (1875–1954), Otto Prausnitz (1904–1980), Fritz Pringsheim (1882–1967), Ernst Rabel (1874–1955), Max Rheinstein (1899–1977), Leo Rosenberg (1879–1963), August Saenger (1884–1950), Friedrich Schöndorf (1873–1938), Fritz Schulz (1879–1957), Andreas Bertalan Schwarz (1886–1953), Wilhelm Silberschmidt (1862–1939), Hugo Sinzheimer (1875–1945), Martin Wassermann (1871–1953), Ludwig Wertheimer (1870–1938), Alfred Wieruszowski (1857–1945), Martin Wolff (1872–1953).

Freiwilliger Rücktritt mit politischem Hintergrund

Walter Erman (1904–1982), Hans Lewald (1883–1963), Hans Oppikofer (1901–1950), Magdalene Schoch (1897–1987), Heinrich Schultz (1867–1951), Werner Wedemeyer (1870–1934), Leopold Wenger (1874–1953).

Öffentliches Recht

Entlassungen und entlassungsähnliche Fälle

Walter Anderssen (1882–1965), Willibalt Apelt (1877–1965), Ernst Cahn (1875–1953), Godehard Ebers (1880–1958), Max Fleischmann (1872–1943), Karl Geiler (1878–1953), Hans Walter Goldschmidt (1881–1940), Hermann Heller (1891–1933), Albert Hensel (1895–1933), Ernst Isay (1880–1943), Erwin Jacobi (1884–1964), Walter Jellinek (1885–1955), Erich Kaufmann (1880–1972), Hans Kelsen (1881–1973), Herbert Kraus (1884–1965), Walter Landé (1889–1938), Gerhard Lassar (1888–1936), Gerhard

Leibholz (1901–1982), Julius Lippmann (1864–1934), Karl Loewenstein (1891–1973), Max F. Michel (1888–1941), Hans Nawiasky (1880–1961), Karl Neumeyer (1869–1941), Kurt Perels (1878–1933), Johannes Popitz (1884–1945), Walther Schücking (1875–1935), Adolf Schüle (1901–1967), Karl Strupp (1886–1940), Heinrich Triepel (1868–1946), Ludwig Waldecker (1881–1946).

Freiwilliger Rücktritt mit politischem Hintergrund
Gerhard Anschütz (1867–1948), Friedrich Glum (1891–1974), Erich Wende (1884–1966).

Strafrecht

Entlassungen und entlassungsähnliche Fälle
Max Alsberg (1877–1933), Heinrich Drost (1898–1965), Werner Gentz (1884–1979), James Paul Goldschmidt (1874–1940), Max Grünhut (1893–1964), Hans von Hentig (1887–1974), Richard Martin Honig (1890–1981), Hermann Kantorowicz (1877–1940), Friedrich Kitzinger (1872–1943), Hermann Mannheim (1889–1974), Paul Merkel (1872–1943), Wolfgang Mittermaier (1867–1956), Gustav Radbruch (1878–1949), Arthur Wegner (1900–1989).

Freiwilliger Rücktritt mit politischem Hintergrund
Arthur Baumgarten (1884–1966), Ernst Delaquis (1878–1951).

Andere Rechtsgebiete

Friedrich Darmstaedter (1883–1957), Martin David (1898–1986), Friedrich Ebrard (1891–1975), Kurt Häntzschel (1889–1941), Nikolaus Majerus (1892–1964), Paul M. Meyer (1865–1935), Eugen Rosenstock-Huessy (1888–1973), Rüdiger Schleicher (1895–1945).

Wirtschaftswissenschaften

Entlassungen und entlassungsähnliche Fälle
Salomon Altmann (1878–1933), Eugen Altschul (1887–1959), Wilhelm Andreae (1888–1962), Fritz Baade (1893–1974), Adolf von Batocki-Friebe (1868–1944), Ludwig Bernhard (1875–1935), Georg Brodnitz (1876–1941), Werner Friedrich Bruck (1880–1945), Siegfried Budge (1869–1941), Gerhard Colm (1897–1968), Constantin von Dietze (1891–1973), Christian Eckert (1874–1952), Karl Eicke (1887–1959), Carl August Fischer (1895–1966), Guido Fischer (1899–1983), Henryk Grossmann (1881–1950), Carl Grünberg (1861–1940), Ernst Grünfeld (1883–1938), Franz Gutmann (1879–1967), Albert Hahn (1889–1968), Hermann Halberstädter (1896–1966), Arvid Harnack (1901–1942), Eduard Heimann (1889–1967), Paul Hermberg (1888–1969), Julius Hirsch (1882–1961), Georg Jahn (1885–1962), Jens Jessen (1895–1944), Berthold Josephy (1898–1950), Ernst Kahn (1884–1959), Clodwig Kapferer (1901–1997), Gerhard Kessler (1883–1963), Alois Kraus (1863–1953), Karl Kumpmann (1883–1963), Adolf Lampe (1897–1948), Fritz Lehmann (1901–1940), Friedrich Lenz (1885–1968), Charlotte Leubuscher (1888–1961), Robert Liefmann (1874–1941), Leo Liepmann (1900–1975), Adolf Löwe (1893–1995), Alfred Manes (1877–1963), Fritz Karl Mann (1883–1979), Jakob Marschak (1898–1977), Georg Mayer (1892–1973), Ernst Meier (1893–1965), Theodor M. Metz (1890–1978), Bruno Moll (1885–1968), Paul Mombert (1876–1938), Anton Felix Napp-Zinn (1899–1965), Hans Neisser (1895–1975), Fritz Neumark (1900–1991), Richard Passow (1880–1949), Theodor Plaut (1888–1948), Friedrich Pollock (1894–1970), Karl Pribram (1877–1973), Wilhelm Röpke (1899–1966), Arthur Salz (1881–1963), Eugen Schmalenbach (1873–1955), Oswald Schneider (1885–1965), Kurt Singer (1886–1962), Artur Sommer (1889–1965), Herbert Sultan (1894–1954), Eugen Würzburger (1863–1938), Gottfried Zoepfl (1867–1945), Dominikus Zorn (1880–1944).

Freiwilliger Rücktritt mit politischem Hintergrund
Herbert von Beckerath (1886–1966), Friedrich A. Lutz (1901–1975), Carl von Tyszka (1873–1935), Moritz Rudolf Weyermann (1876–1935).

Sozialwissenschaften

Entlassungen und entlassungsähnliche Fälle
Heinrich Cunow (1862–1936), Friedrich Hertz (1878–1964), Rudolf Heberle (1896–1991), Paul Honigsheim (1885–1963), Ignaz Jastrow (1856–1937), Julius Kraft (1898–1960), Emil Lederer (1882–1939), Hendrik de Man (1885–1953), Karl Mannheim (1893–1947), Ernst Michel (1889–1964), Franz Oppenheimer (1864–1943), Johann Plenge (1874–1963), Gottfried Salomon (1892–1964), Walter Sulzbach (1889–1969), Ferdinand Tönnies (1855–1936), Alfred Vierkandt (1867–1953), Emmy Wagner (1894–1977), Richard Woldt (1878–1952), Heinz Otto Ziegler (1903–1944).

Freiwilliger Rücktritt mit politischem Hintergrund
Alfred Weber (1868–1958).

Agrarwissenschaft, Veterinärmedizin, Forstwissenschaft

Entlassungen und entlassungsähnliche Fälle

Otto Bartsch (1881–1945), Rudolf Bernstein (1880–1971), Ludwig Fabricius (1875–1967), Hans Holldack (1879–1950), Walter Kießig (1882–1964), Emil Woermann (1899–1980), Hans Helmuth Wundsch (1887–1972), Adolf Zade (1880–1949).

Freiwilliger Rücktritt mit politischem Hintergrund

Walter Asmis (1880–1954), Richard Krzymowski (1875–1960), Richard Römer (1887–1963).

5 Die Aufnahmeländer der emigrierten Wissenschaftlerinnen und Wissenschaftler

Die folgende Übersicht schließt auch Wissenschaftlerinnen und Wissenschaftler ein, die im Wintersemester 1932/33 noch nicht an einer deutschen Universität lehrten

Ägypten

Entlassungen und entlassungsähnliche Fälle
Bernhard Bendix (1863–1943), Julius Citron (1878–1952), Paul Kraus (1904–1944), Fritz Mainzer (1897–1961), Hugo Picard (1888–1974), Max Rosenberg (1887–1943), Joseph Schacht (1902–1969).

Argentinien

Entlassungen und entlassungsähnliche Fälle
Moritz Borchardt (1868–1948), Erich Fels (1897–1981), Eduard Krapf (1901–1963), Reinhard von den Velden (1880–1941), Martin Wassermann (1871–1953), Alexander Wilkens (1881–1968), Paul Wolff (1894–1957).

Australien

Entlassungen und entlassungsähnliche Fälle
Fritz Duras (1896–1965), Wilhelm Feldberg (1900–1993), Erich Heymann (1901–1949), Rudolf Lemberg (1896–1975), Kurt Singer (1886–1962).

Belgien

Entlassungen und entlassungsähnliche Fälle
Johann Eggen van Terlan (1883–1952), Hans Handovsky (1888–1959), Helmut Hatzfeld (1892–1979), Richard Koch (1882–1949), Hendrik de Man (1885–1953), Hilda Pollaczek (1893–1973), Peter Pringsheim (1881–1963), Ernst Stein (1891–1945).

Bolivien

Entlassungen und entlassungsähnliche Fälle
Otto Klieneberger (1879–1956), Alfred Lublin (1895–1956), Harry Marcus (1880–1976).

Brasilien

Entlassungen und entlassungsähnliche Fälle
Friedrich Bernhöft (1883–1967), Ernst Bresslau (1877–1935), Friedrich Brieger (1900–1985), Ludwig Fraenkel (1870–1951), Kurt Häntzschel (1889–1941), Ernst Isay (1880–1943), Willy Marckwald (1864–1942), Ernst Marcus (1893–1968), Felix Rawitscher (1890–1957), Heinrich Rheinboldt (1891–1955), Karl Heinrich Slotta (1895–1987), Gertrud von Ubisch (1882–1965).

Chile

Entlassungen und entlassungsähnliche Fälle
Heinrich Finkelstein (1865–1942), Adolf Gutmann (1876–1960), Hans Kleinmann (1895–1950), Walter Veit Simon (1882–1958), Ernst Vatter (1888–1948).

China, Shanghai

Entlassungen und entlassungsähnliche Fälle
Hans Becker (1900–1943), Franz Oppenheimer (1864–1943), Bruno Oskar Pribram (1887–1962), Egon Pribram (1885–1963), Franz Weidenreich (1873–1948).

Dänemark

Entlassungen und entlassungsähnliche Fälle
Walter Arnoldi (1881–1960), Walter A. Berendsohn (1884–1984), Friedrich Philipp Ellinger (1900–1962), Willy Feller (1906–1970), Richard Friedrich Fuchs (1870–1940), Albrecht Götze (1887–1971), Georg von Hevesy (1885–1966), Arthur R. von Hippel (1898–2003), Julius Hirsch (1882–1961), Otto Neugebauer (1899–1990), Karl Strupp (1886–1940).

Freiwilliger Rücktritt mit politischem Hintergrund
Ebbe Neergaard (1901–1957).

Frankreich

Entlassungen und entlassungsähnliche Fälle
Richard Alewyn (1902–1979), Selmar Aschheim (1878–1965), Stefan Bergmann (1895–1977), Elias Bickermann (1897–1981), Peter Brieger (1898–1983), Leopold Casper (1859–1959), Johann Eggen van Terlan (1883–1952), Wilhelm Friedmann (1884–1942), Paul Grosser (1880–1934), Henryk Grossmann (1881–1950), Friedrich Hahn (1888–1975), Fritz Heinemann (1889–1970), Dietrich von Hildebrand (1889–1977), Paul Honigsheim (1885–1963), Clodwig Kapferer (1901–1997), Fritz Karsen (1885–1951), Hans Kleinmann (1895–1950), Paul Kraus (1904–1944), Max Kuczynski (1890–1967), Paul Ludwig Landsberg (1901–1944), Julius Lewy (1895–1963), Fritz Lieb (1892–1970), Hermann Lismann (1878–1943), Fritz London (1900–1954), Nikolaus Majerus (1892–1964), Siegfried Marck (1889–1957), Rudolf L. Mayer (1895–1962), Otto Meyerhof (1884–1951), Franz R. Müller (1871–1945), Lothar Nordheim (1899–1985), Walter Pagel (1898–1983), Hans Pringsheim (1876–1940), Walther Riese (1890–1976), Curt Sachs (1881–1959), Gottfried Salomon (1892–1964), Balduin Schwarz (1902–1993), Ernst Stein (1891–1945), Erich Stern (1889–1959), Karl Strupp (1886–1940), Karl von Tolnai (1899–1981), Hans Ucko (1900–1967), Alexander Weinstein (1897–1979).

Freiwilliger Rücktritt mit politischem Hintergrund
Bernhard Groethuysen (1880–1946).

Großbritannien

Entlassungen und entlassungsähnliche Fälle
Eugen Altschul (1887–1959), Fritz Arndt (1885–1969), Reinhold Baer (1902–1979), David Baumgardt (1890–1963), Joseph Berberich (1897–1969), Franz Bergel (1900–1987), Ernst David Bergmann (1903–1975), Hans Bethe (1906–2005), Margarete Bieber (1879–1978), Franz Bielschowsky (1902–1965), Salomon Bochner (1899–1982), Max Born (1882–1970), Walter Brandt (1889–1971), Ernst Brieger (1891–1969), Friedrich Brieger (1900–1985), Peter Brieger (1898–1983), Werner Brock (1901–1974), Werner Friedrich Bruck (1880–1945), Ernst Cassirer (1874–1945), Ernst J. Cohn (1904–1976), Jonas Cohn (1869–1947), Richard Courant (1888–1972), Friedrich Darm-

staedter (1883–1957), Fritz Duras (1896–1965), Hans Ehrenberg (1883–1958), Arnold Ehrhardt (1903–1965), Immanuel Estermann (1900–1973), Kasimir Fajans (1887–1975), Erich Feiler (1882–1940), Wilhelm Feldberg (1900–1993), Oskar Fischel (1870–1939), Paul Fleischmann (1879–1957), Eduard Fraenkel (1888–1970), Ernst Fränkel (1886–1948), Gottfried Fraenkel (1901–1984), Walter Freudenthal (1893–1952), Herbert Freundlich (1880–1941), Ulrich Friedemann (1877–1949), Hans Friedländer (1888–1960), Ernst Josef Friedmann (1877–1956), Kurt von Fritz (1900–1985), Herbert Fröhlich (1905–1991), Norbert Glatzer (1902–1990), Hans Walter Goldschmidt (1881–1940), James Paul Goldschmidt (1874–1940), Richard Hellmuth Goldschmidt (1883–1968), Victor Moritz Goldschmidt (1888–1947), Henryk Grossmann (1881–1950), Max Grünhut (1893–1964), Erich Guttmann (1896–1948), Ludwig Guttmann (1899–1980), Paul György (1893–1976), Fritz Haber (1868–1934), Hans Hamburger (1889–1956), Richard Hamburger (1884–1940), Alfred Hauptmann (1881–1948), Franz Haymann (1874–1947), Fritz Heichelheim (1901–1968), Betty Heimann (1888–1961), Fritz Heinemann (1889–1970), Walter Heitler (1904–1981), Franz Herrmann (1898–1977), Friedrich Hertz (1878–1964), Mathilde Hertz (1891–1975), Herbert Herxheimer (1894–1985), Alexander Herzberg (1887–1944), Ernst Herzfeld (1879–1948), Erich Heymann (1901–1949), Rudolf Höber (1873–1952), Johannes Holtfreter (1901–1992), Erich Moritz von Hornbostel (1877–1935), Rudolf Imelmann (1879–1945), Simon Isaac (1881–1942), Wilhelm Israel (1881–1959), Max Isserlin (1879–1941), Paul Jacobsthal (1880–1957), Felix Jacoby (1876–1959), Hermann Josephy (1887–1960), Paul Kahle (1875–1964), Ernst Kahn (1884–1959), Ernst H. Kantorowicz (1895–1963), Hermann Kantorowicz (1877–1940), Ernst Kapp (1888–1978), David Katz (1884–1953), Otto Kestner (1873–1953), Otto Klemperer (1899–1987), Raymond Klibansky (1905–2005), Emmy Klieneberger (1892–1985), Otto Klieneberger (1879–1956), Franz Kobrak (1879–1955), Gertrud Kornfeld (1891–1955), Karl Korsch (1886–1961), Hans Krebs (1900–1981), Richard Kroner (1884–1974), Heinrich Kuhn (1904–1994), Erich Kuznitzky (1883–1960), Hans Landau (1892–1995), Franz Landsberger (1883–1964), Hans Laser (1899–1980), Heinrich Lauber (1899–1979), Gerhard Leibholz (1901–1982), Rudolf Lemberg (1896–1975), Charlotte Leubuscher (1888–1961), Wilhelm Levison (1876–1947), Fritz Heinrich Lewy (1885–1950), Arthur Liebert (1878–1946), Hans Liebeschütz (1893–1978), Rahel Liebeschütz-Plaut (1894–1993), Leo Liepmann (1900–1975), Adolf Löwe (1893–1995), Fritz London (1900–1954), Paul Maas (1880–1964), Hermann Mannheim (1889–1974), Karl Mannheim (1893–1947), Jakob Marschak (1898–1977), Fritz Mayer (1876–1940), Gustav Mayer (1871–1948), Willy Mayer-Gross (1889–1961), Emil Meirowsky (1876–1960), Albrecht Mendelssohn Bartholdy (1874–1936), Hugo Merton (1879–1940), Alfred Meyer (1895–1990), Georg Misch (1878–1965), Eugen Mittwoch (1876–1942), Robert Müller-Hartmann (1884–1950), Heinrich Münter (1883–1957), Fritz Münzesheimer (1895–1986), Otto Neubauer (1874–1957), Arnold Orgler (1874–1957), Walter Pagel (1898–1983), Fritz

Paneth (1887–1958), Wilhelm Peters (1880–1963), Nikolaus Pevsner (1902–1983), Rudolf Pfeiffer (1889–1979), Otto Piper (1891–1982), Felix Plaut (1877–1940), Theodor Plaut (1888–1948), Johann Plesch (1878–1957), Carl Prausnitz (1876–1963), Otto Prausnitz (1904–1980), Bruno Oskar Pribram (1887–1962), Fritz Pringsheim (1882–1967), Otto Reichenheim (1882–1950), Helena von Reybekiel (1879–1975), Arthur Rosenberg (1889–1943), Werner Rogosinski (1894–1964), Hans Rosenberg (1904–1988), Felix Rosenthal (1885–1952), Hans Rothfels (1891–1976), Arthur Salz (1881–1963), Fritz Saxl (1890–1948), Isidor Scheftelowitz (1876–1934), Erwin Schrödinger (1887–1961), Fritz Schulz (1879–1957), Paul Schuster (1867–1940), Mark Science (1897–1966), Siegfried Fritz Seelig (1899–1969), Hans Simmel (1891–1943), Walter Simon (1893–1981), Karl Söllner (1903–1986), Friedrich Solmsen (1904–1989), Werner Steiner (1896–1941), Herbert Sultan (1894–1954), Leo Szilard (1898–1964), Hans Türkheim (1889–1955), Hans Ucko (1900–1967), Richard Walzer (1900–1975), Arthur Wegner (1900–1989), Fritz Weigert (1876–1947), Hans Weil (1898–1972), Martin Weinbaum (1902–1990), Arnold Weißberger (1898–1984), Karl Weissenberg (1893–1976), Theodor Wiesengrund Adorno (1903–1969), Edgar Wind (1900–1971), Erich Wittkower (1899–1983), Kurt Wohl (1896–1962), Erich K. Wolff (1893–1973), Martin Wolff (1872–1953), Martin Zade (1877–1944), Friedrich Zeuner (1905–1963), Heinz Otto Ziegler (1903–1944), Heinrich Zimmer (1890–1943), Bernhard Zimmermann (1886–1952), Hermann Zondek (1887–1979).

Freiwilliger Rücktritt mit politischem Hintergrund
Hugo Fischer (1897–1975), Gustav Haloun (1898–1951), Otto Krayer (1899–1982), Paul Longland (1909–2001), Joseph Schacht (1902–1969).

Indien

Entlassungen und entlassungsähnliche Fälle
Max Born (1882–1970), Oscar Gans (1888–1983), Friedrich Levi (1888–1966), Werner Rosenthal (1870–1942), Siegfried Fritz Seelig (1899–1969), Ludwig Wolf (1891–1937).

Iran

Entlassungen und entlassungsähnliche Fälle
Hermann Grossmann (geb. 1877), Hans Holldack (1879–1950), Max Meyer (1890–1954).

Irland

Walter Heitler (1904–1981), Ernst Lewy (1881–1966), Hans Sachs (1877–1945), Erwin Schrödinger (1887–1961).

Italien

Entlassungen und entlassungsähnliche Fälle
Felix Bloch (1905–1983), Carl E. Cahn-Bronner (1893–1977), Friedrich Darmstaedter (1883–1957), Ludwig Edelstein (1902–1965), Paul von Gara (1902–1991), Dietrich von Hildebrand (1889–1977), Hubert Jedin (1900–1980), Richard Krautheimer (1897–1994), Karl Lehmann-Hartleben (1894–1960), Karl Löwith (1897–1973), Franz R. Müller (1871–1945), Leonardo Olschki (1885–1961), Gerhard Schmidt (1901–1981), Ernst Strauss (1901–1981), Carlo Tivoli (1898–1977), Richard Walzer (1900–1975), Hans Weil (1898–1972).

Japan

Entlassungen und entlassungsähnliche Fälle
Karl Löwith (1897–1973), Franz Oppenheimer (1864–1943), Kurt Singer (1886–1962), Johannes Ueberschaar (1885–1965).

Jugoslawien

Entlassungen und entlassungsähnliche Fälle
Ferdinand Blumenthal (1870–1941), Arthur Liebert (1878–1946), Ernst Mislowitzer (1895–1985), Georg Ostrogorsky (1902–1976).

Kanada

Entlassungen und entlassungsähnliche Fälle
Richard Brauer (1901–1977), Peter Brieger (1898–1983), Bernhard Haurwitz (1905–1986), Paul Karger (1892–1976), Herbert Lubinski (1892–1972), Gerhard Schmidt (1901–1981), Martin Silberberg (1895–1966), Alexander Weinstein (1897–1979).

Kolumbien

Entlassungen und entlassungsähnliche Fälle
Hermann Halberstädter (1896–1966), Paul Hermberg (1888–1969), Fritz Karsen (1885–1951), Gerhard Masur (1901–1975).

Niederlande

Entlassungen und entlassungsähnliche Fälle
Franz Bielschowsky (1902–1965), Eberhard Bruck (1877–1960), Ludwig Cohn (1877–1962), Martin David (1898–1986), Oskar David (1880–1942), Friedrich Fischer (1896–1949), Karl Freudenberg (1892–1966), Hermann Freund (1882–1944), Rudolf Freund (1896–1982), Richard Hellmuth Goldschmidt (1883–1968), Kurt Goldstein (1878–1965), Fritz Heinemann (1889–1970), Hedwig Hintze (1884–1942), Ernst Kantorowicz (1892–1944), Erich Kaufmann (1880–1972), Julius Kraft (1898–1960), Franz Kramer (1878–1967), Heinrich Lippmann (1881–1943), Julius Magnus (1867–1944), Carl Mennicke (1887–1959), Theodor M. Metz (1890–1978), Carl Neuberg (1877–1956), Lothar Nordheim (1899–1985), Helmuth Plessner (1892–1985), Robert Remak (1888–1942), Otto Riesser (1882–1949), Albert Salomon (1883–1976), Walther Schücking (1875–1935), Hugo Sinzheimer (1875–1945), William Stern (1871–1938), Otto Strauß (1881–1940), Walter Weisbach (1889–1962), Georg Witkowski (1863–1939), Martin Zade (1877–1944).

Norwegen

Entlassungen und entlassungsähnliche Fälle
Max Dehn (1878–1952), Victor Moritz Goldschmidt (1888–1947), Victor Kafka (1881–1955), Felix Pinkus (1868–1947), Hans Saenger (1884–1943), Leopold von Ubisch (1886–1965).

Freiwilliger Rücktritt mit politischem Hintergrund
Hugo Fischer (1897–1975), Hertha Sponer (1895–1968).

Österreich

Entlassungen und entlassungsähnliche Fälle

Richard Alewyn (1902–1979), Josef Beeking (1891–1947), Erwin Biel (1899–1973), Ferdinand Blumenthal (1870–1941), Godehard Ebers (1880–1958), Hans Eppinger (1879–1946), Kurt Häntzschel (1889–1941), Friedrich Hertz (1878–1964), Dietrich von Hildebrand (1889–1977), Gertrud Kornfeld (1891–1955), Daniel Laszlo (1902–1958), Johann Friedrich Ludloff (1899–1987), Otto Mänchen-Helfen (1894–1969), Joseph Prys (1889–1956), Friedrich Schöndorf (1873–1938), Erwin Schrödinger (1887–1961), Ludwig Steinberger (1879–1968).

Palästina

Entlassungen und entlassungsähnliche Fälle

Ernst Alexander (1902–1980), Julius Baer (1876–1941), Ernst David Bergmann (1903–1975), Arnold Berney (1897–1943), Samuel Bialoblocki (1888–1960), Samson Breuer (1891–1974), Martin Buber (1878–1965), Benno Chajes (1880–1938), Julius Citron (1878–1952), Rudolf Cohn (1862–1938), Adolf Fraenkel (1891–1965), Rudolf Freund (1896–1982), Norbert Glatzer (1902–1990), Ludwig Halberstaedter (1876–1949), Isaak Heinemann (1876–1957), Karl Hellmann (1892–1959), Ernst Kahn (1884–1959), Friedrich Kitzinger (1872–1943), Julius Kleeberg (1894–1988), Alfred Klopstock (1896–1968), Richard Koebner (1885–1958), Georg Levinsohn (1867–1935), Max Marcus (1892–1983), Ludwig F. Meyer (1879–1954), Carl Neuberg (1877–1956), Martin Plessner (1900–1973), Israel Rabin (1882–1951), Siegfried Rosenbaum (1890–1969), Harry Schäffer (1894–1979), Ludwig Schoenholz (1893–1941), Issai Schur (1875–1941), Albert Simons (1894–1955), Alexander Sperber (1897–1970), Walter Steinitz (1882–1963), Fritz Stern (geb. 1902), Wolfgang Sternberg (1887–1953), Walter Strauss (1895–1990), Otto Toeplitz (1881–1940), Gotthold Weil (1882–1960), Ernst Wertheimer (1893–1978), Bernhard Zondek (1891–1966), Hermann Zondek (1887–1979), Samuel Georg Zondek (1894–1970).

Portugal

Entlassungen und entlassungsähnliche Fälle

Georg Ettisch (1890–1959), Ernst Matthes (1889–1958), Friedrich Wohlwill (1881–1958).

Schweden

Entlassungen und entlassungsähnliche Fälle
Walter Arnoldi (1881–1960), Stellan Arvidson (1902–1997), Ernst von Aster (1880–1948), Walter A. Berendsohn (1884–1984), Ernst Cassirer (1874–1945), Carl Drucker (1876–1959), Willy Feller (1906–1970), Julius Freund (1871–1939), August Gallinger (1871–1959), Victor Moritz Goldschmidt (1888–1947), Walter Gordon (1893–1939), Hans Guggenheimer (1886–1949), Georg von Hevesy (1885–1966), Berthold Josephy (1898–1950), Victor Kafka (1881–1955), David Katz (1884–1953), Johannes Klein (1904–1973), Carl David Marcus (1879–1940), Lise Meitner (1878–1968), Ebbe Neergaard (1901–1957), Heinrich Poll (1877–1939), Ernst Hermann Riesenfeld (1877–1957), Gerhard Schmidt (1901–1981), Clemens Sommer (1891–1962), Ernst Wollheim (1900–1981), Adolf Zade (1880–1949), Bernhard Zondek (1891–1966).

Freiwilliger Rücktritt mit politischem Hintergrund
Konstantin Reichardt (1904–1976).

Schweiz

Entlassungen und entlassungsähnliche Fälle
Max Alsberg (1877–1933), Karl Barth (1886–1968), Josef Beeking (1891–1947), Ludwig Benda (1873–1945), Isaak Benrubi (1876–1943), Walther Berblinger (1882–1966), Paul Bernays (1888–1977), Rudolf Bernstein (1880–1971), Siegfried Bettmann (1869–1939), Hans Bluntschli (1877–1962), Emil Cohn (1854–1944), Stefan Cohn-Vossen (1902–1936), Friedrich Dessauer (1881–1963), Georg L. Dreyfus (1879–1957), Günter Oskar Dyhrenfurth (1886–1975), Friedrich Ebrard (1891–1975), Arnold Ehrhardt (1903–1965), Robert Emden (1862–1940), Julius Flechtheim (1876–1940), Ernst Freudenberg (1884–1967), Felix Georgi (1893–1965), Franz Goldmann (1895–1970), Edgar Goldschmid (1881–1957), Adolph Goldschmidt (1863–1944), Max Goldschmidt (1884–1972), Adolf Grün (1877–1947), Ernst Grünthal (1894–1972), Max Gutzwiller (1889–1989), Albert Hahn (1889–1968), Emil Heitz (1892–1965), Dietrich von Hildebrand (1889–1977), Friedrich Hiller (1891–1953), Otto Homburger (1885–1964), Max Horkheimer (1895–1973), Josef Jadassohn (1863–1936), Max Jessner (1887–1976), Rudolf Jürgens (1897–1961), Fritz Karsen (1885–1951), Hans Kelsen (1881–1973), Hedwig Kohn (1887–1964), Arthur Kronfeld (1886–1941), Erich Kuznitzky (1883–1960), Paul Ludwig Landsberg (1901–1944), Paul Lazarus (1873–1957), Julius Lehmann (1884–1951), Fritz Lieb (1892–1970), Siegfried Walter Loewe (1884–1963), Otto Löwenstein (1889–1965), Adolf Loewy (1862–1937), Gerhard Masur (1901–1975), Rolf Meier

(1897–1966), Wolfgang Michael (1862–1945), Hans Nawiasky (1880–1961), Eduard Norden (1868–1941), Otto Olsen (1892–1969), Julius Pokorny (1887–1970), Friedrich Pollock (1894–1970), Alfred Pringsheim (1850–1941), Hans Pringsheim (1876–1940), Joseph Prys (1889–1956), Friedrich Ranke (1882–1950), Wilhelm Röpke (1899–1966), Arthur Rosenberg (1889–1943), Curt Rosenthal (1892–1937), August Saenger (1884–1950), Julius Schaxel (1887–1943), Karl Ludwig Schmidt (1891–1956), Werner Schuler (1900–1966), Balduin Schwarz (1902–1993), Philipp Schwartz (1894–1977), Ludwig Steinberger (1879–1968), Friedrich Siegmund-Schultze (1885–1969), Anna Siemsen (1882–1951), Paul Spiro (1892–1975), Ernst Stein (1891–1945), Alfred Storch (1888–1962), Alfred A. Strauss (1897–1957), Marcel Traugott (1882–1961), Werner Weisbach (1873–1953), Ernst Witebsky (1901–1969), Robert Wizinger (1896–1973), Paul Wolff (1894–1957), Erwin Zweifel (1885–1949).

Freiwilliger Rücktritt mit politischem Hintergrund
Arthur Baumgarten (1884–1966), Albert Béguin (1901–1957), Albert Debrunner (1884–1958), Ernst Delaquis (1878–1951), Hans Lewald (1883–1963), Wilhelm von Möllendorff (1887–1944), Hans Oppikofer (1901–1950), Moritz Rudolf Weyermann (1876–1935).

Sowjetunion

Entlassungen und entlassungsähnliche Fälle
Stefan Bergmann (1895–1977), Stefan Cohn-Vossen (1902–1936), Herbert Fröhlich (1905–1991), Max Günther (geb. 1901), Ludwig Jacobsohn-Lask (1863–1940), Richard Koch (1882–1949), Arthur Kronfeld (1886–1941), Julius Schaxel (1887–1943), Ernst Simonson (1898–1974).

Spanien

Entlassungen und entlassungsähnliche Fälle
Franz Bielschowsky (1902–1965), Hermann Heller (1891–1933), Hugo Kroò (1888–1953), Paul Ludwig Landsberg (1901–1944), Alfred A. Strauss (1897–1957).

Tschechoslowakei

Entlassungen und entlassungsähnliche Fälle
Ludwig Cohn (1877–1962), Friedrich Fischer (1896–1949), Eugen Kisch (1885–1969), Moritz Löwi (1891–1943), Ernst Simonson (1898–1974), Georg Stefansky (1897–1957), Wolfgang Sternberg (1887–1953), Tibor Szalai (1901–1945), Emil Utitz (1883–1956), Richard Werner (1875–1945), Mojssej Woskin (1884–1944), Heinz Otto Ziegler (1903–1944).

Türkei

Entlassungen und entlassungsähnliche Fälle
Fritz Arndt (1885–1969), Ernst von Aster (1880–1948), Erich Auerbach (1892–1957), Fritz Baade (1893–1974), Clemens Bosch (1899–1955), Hugo Braun (1881–1963), Leo Brauner (1898–1974), Friedrich Dessauer (1881–1963), Erich Frank (1884–1957), Alfred Heilbronn (1885–1961), Karl Hellmann (1892–1959), Arthur R. von Hippel (1898–2003), Ernst E. Hirsch (1902–1985), Julius Hirsch (1892–1962), Richard Martin Honig (1890–1981), Josef Igersheimer (1879–1965), Alfred Kantorowicz (1880–1962), Gerhard Kessler (1883–1963), Walther Kranz (1884–1960), Benno Landsberger (1890–1968), Rudolf Leuchtenberger (1895–1990), Wilhelm Liepmann (1878–1939), Werner Lipschitz (1892–1948), Siegfried Walter Loewe (1884–1963), Ernst Magnus-Alsleben (1879–1936), Alfred Marchionini (1899–1965), Eduard Melchior (1883–1974), Max Meyer (1890–1954), Richard von Mises (1883–1953), Fritz Neumark (1900–1991), Rudolf Nissen (1895–1981), Siegfried Oberndorfer (1876–1944), Berta Ottenstein (1891–1956), Wilhelm Peters (1880–1963), Hilda Pollaczek (1893–1973), Willy Prager (1903–1980), Paul Pulewka (1896–1989), Hans Reichenbach (1891–1953), Oskar Rescher (1883–1972), Wilhelm Röpke (1899–1966), Georg Rohde (1899–1960), Hans Rosenberg (1879–1940), Walter Ruben (1899–1982), Wilhelm Salomon-Calvi (1868–1941), Ludwig Schoenholz (1893–1941), Philipp Schwartz (1894–1977), Andreas Bertalan Schwarz (1886–1953), Leo Spitzer (1887–1960), Karl Strupp (1886–1940), Karl Süßheim (1878–1947), Erich Uhlmann (1901–1964), Hans Winterstein (1879–1963).

Freiwilliger Rücktritt mit politischem Hintergrund
Curt Koßwig (1903–1982).

Ungarn

Entlassungen und entlassungsähnliche Fälle
Alexander von Lichtenberg (1880–1949), Berta Ottenstein (1891–1956), Peter Rona (1871–1945), Otto Szász (1884–1952), Aurel von Szily (1880–1945), László Wámoscher (1901–1934).

USA

Entlassungen und entlassungsähnliche Fälle
Richard Alewyn (1902–1979), Eugen Altschul (1887–1959), Annelies Argelander (1896–1980), Hans Aron (1881–1958), Emil Artin (1898–1962), Gustav Aschaffenburg (1866–1944), Ludwig Bachhofer (1894–1976), Reinhold Baer (1902–1979), Georg Barkan (1889–1945), Hans Baron (1900–1988), David Baumgardt (1890–1963), Erich Benjamin (1880–1943), Joseph Berberich (1897–1969), Ernst W. Bergmann (1896–1977), Stefan Bergmann (1895–1977), Arnold Bergsträsser (1896–1964), Max Berliner (1888–1961), Felix Bernstein (1878–1956), Hans Bethe (1906–2005), Ernst Bettmann (1899–1988), Hans Beutler (1896–1942), Hans Biberstein (1889–1965), Elias Bickermann (1897–1981), Margarete Bieber (1879–1978), Erwin Biel (1899–1973), Alfred Bielschowsky (1871–1940), Karl Birnbaum (1878–1950), Felix Bloch (1905–1983), Kurt Blühdorn (1884–1982), Ernst Blumenfeldt (geb. 1887), Franz Blumenthal (1878–1971), Salomon Bochner (1899–1982), Curt Bondy (1894–1972), Alfred Brauer (1894–1985), Richard Brauer (1901–1977), Otto Brendel (1901–1973), Eberhard Bruck (1877–1960), Werner Friedrich Bruck (1880–1945), Carl E. Cahn-Bronner (1893–1977), Leopold Casper (1859–1959), Ernst Cassirer (1874–1945), Gerhard Colm (1897–1968), Richard Courant (1888–1972), Max Dehn (1878–1952), Kurt Dresel (1892–1951), Ludwig Edelstein (1902–1965), Maximilian Ehrenstein (1899–1968), Wilhelm Ernst Ehrich (1900–1967), Rudolf Ehrmann (1879–1963), Friedrich Philipp Ellinger (1900–1962), Immanuel Estermann (1900–1973), Kasimir Fajans (1887–1975), Curt Falkenheim (1893–1949), Hugo Falkenheim (1856–1945), Laurence Farmer Loeb (1895–1976), Willy Feller (1906–1970), Eva Fiesel (1891–1937), Ernst Fischer (1896–1981), Siegfried Fischer (1891–1966), Hermann Fränkel (1888–1977), Walter Fraenkel (1879–1945), James Franck (1882–1964), Erich Frank (1883–1949), Paul Frankl (1878–1962), Wilhelm Frei (1885–1943), Rudolf Freund (1896–1982), Herbert Freundlich (1880–1941), Ulrich Friedemann (1877–1949), Paul Friedländer (1882–1968), Walter Friedländer (1873–1966), Kurt von Fritz (1900–1985), Paul von Gara (1902–1991), Moritz Geiger (1880–1937), Ernst Gellhorn (1893–1973), Dietrich Gerhard (1896–1985), Melitta Gerhard (1891–1981), Norbert Glatzer (1902–1990), Albrecht Götze

(1887–1971), Franz Goldmann (1895–1970), Max Goldschmidt (1884–1972), Kurt Goldstein (1878–1965), Werner Gottstein (1894–1959), Kurt Grassheim (1897–1948), Franz Groedel (1881–1951), Henryk Grossmann (1881–1950), Hans Guggenheimer (1886–1949), Franz Gutmann (1879–1967), Paul György (1893–1976), Albert Hahn (1889–1968), Arthur Haim (1898–1948), Georg Halm (1901–1984), Viktor Hamburger (1900–2001), Helmut Hatzfeld (1892–1979), Alfred Hauptmann (1881–1948), Bernhard Haurwitz (1905–1986), Rudolf Heberle (1896–1991), Eduard Heimann (1889–1967), Ernst Hellinger (1883–1950), Hans von Hentig (1887–1974), Paul Hermberg (1888–1969), Franz Herrmann (1898–1977), Paul Hertz (1881–1940), Ernst Herz (1900–1966), Ernst Herzfeld (1879–1948), Walter Heymann (1901–1985), Dietrich von Hildebrand (1889–1977), Friedrich Hiller (1891–1953), Arthur R. von Hippel (1898–2003), Julius Hirsch (1882–1961), Paul Hoch (1902–1964), Rudolf Höber (1873–1952), Heinrich Hoeniger (1879–1961), Richard Hönigswald (1875–1947), Hajo Holborn (1902–1969), Richard Martin Honig (1890–1981), Paul Honigsheim (1885–1963), Max Horkheimer (1895–1973), Erich Moritz von Hornbostel (1877–1935), Gerhart Husserl (1893–1973), Josef Igersheimer (1879–1965), Arthur Israel (1883–1969), Werner Jaeger (1888–1961), George Jaffé (1880–1965), Walther Jahrreiss (1896–1969), Max Jessner (1887–1976), Victor Jollos (1887–1941), Hermann Josephy (1887–1960), Paul Jossmann (1891–1978), Ernst Kahn (1884–1959), Fritz Kant (1894–1977), Otto Kant (1899–1962), Ernst H. Kantorowicz (1895–1963), Hermann Kantorowicz (1877–1940), Ernst Kapp (1888–1978), Fritz Karsen (1885–1951), Fritz Kaufmann (1891–1958), Hans Kelsen (1881–1973), Paul Kimmelstiel (1900–1970), Walter Kirschbaum (1894–1982), Bruno Kisch (1890–1966), Eugen Kisch (1885–1969), Guido Kisch (1889–1985), Hans Kleinmann (1895–1950), Georg Klemperer (1865–1946), Walter Klestadt (1883–1985), Hedwig Kohn (1887–1964), Gertrud Kornfeld (1891–1955), Karl Korsch (1886–1961), Julius Kraft (1898–1960), Alois Kraus (1863–1953), Richard Krautheimer (1897–1994), Richard Kroner (1884–1974), Bernhard Kugelmann (1900–1938), Helmut Kuhn (1899–1991), Erich Kuznitzky (1883–1960), Spiro Kyropoulos (1887–1961), Cornelius Lanczos (1893–1974), Walter Landé (1889–1938), Rudolf Ladenburg (1882–1952), Benno Landsberger (1890–1968), Franz Landsberger (1883–1964), Willy Lange (1900–1976), Fritz Laquer (1888–1954), Richard Laqueur (1881–1959), Daniel Laszlo (1902–1958), Emil Lederer (1882–1939), Fritz Lehmann (1901–1940), Julius Lehmann (1884–1951), Walter Lehmann (1888–1960), Karl Lehmann-Hartleben (1894–1960), Bruno Leichtentritt (1888–1965), Georg Lepehne (1887–1967), Rudolf Leuchtenberger (1895–1990), Ernst Levy (1881–1968), Kurt Lewent (1880–1964), Kurt Lewin (1890–1947), Fritz Heinrich Lewy (1885–1950), Hans Lewy (1904–1988), Julius Lewy (1895–1963), Wolfgang Liepe (1888–1962), Julius Lips (1895–1950), Werner Lipschitz (1892–1948), Adolf Löwe (1893–1995), Siegfried Walter Loewe (1884–1963), Karl Loewenstein (1891–1973), Otto Löwenstein (1889–1965), Moritz Löwi (1891–1943), Karl Löwith (1897–1973), Fritz London (1900–1954), Johann Friedrich

Ludloff (1899–1987), Otto Mänchen-Helfen (1894–1969), Adolf Magnus-Levy (1865–1955), Alfred Manes (1877–1963), Fritz Karl Mann (1883–1979), Siegfried Marck (1889–1957), Jakob Marschak (1898–1977), Erich Anselm Marx (1874–1956), Ernst Mathias (1886–1971), Rudolf L. Mayer (1895–1962), Karl Wilhelm Meißner (1891–1959), Ernst L. Metzger (1895–1967), Fritz Meyer (1875–1953), Robert Otto Meyer (1864–1947), Otto Meyerhof (1884–1951), Leonor Michaelis (1875–1949), Max F. Michel (1888–1941), Rudolf Minkowski (1895–1976), Richard von Mises (1883–1953), Ernst Mislowitzer (1895–1985), Ernst Mosler (1882–1950), Ernst Friedrich Müller (1891–1971), Alfons Nehring (1890–1967), Hans Neisser (1895–1975), Carl Neuberg (1877–1956), Karl Neubürger (1890–1972), Otto Neugebauer (1899–1990), Johann Neumann von Margitta (1903–1957), Alfred Neumeyer (1901–1973), Rudolf Nissen (1895–1981), Emmy Noether (1882–1935), Lothar Nordheim (1899–1985), Martin Nothmann (1894–1978), Arthur Nussbaum (1877–1964), Julian Obermann (1880–1956), Otto Oldenberg (1888–1983), Leonardo Olschki (1885–1961), Franz Oppenheimer (1864–1943), Erwin Panofsky (1892–1968), Ernst Alfred Philippson (1900–1993), Felix Pinkus (1868–1947), Otto Piper (1891–1982), Hilda Pollaczek (1893–1973), Friedrich Pollock (1894–1970), Willy Prager (1903–1980), Karl Pribram (1877–1973), Peter Pringsheim (1881–1963), Walter Putschar (1904–1987), Ernst Rabel (1874–1955), Hans Rademacher (1892–1969), Fritz Reiche (1883–1969), Hans Reichenbach (1891–1953), Max Rheinstein (1899–1977), Werner Richter (1887–1960), Walther Riese (1890–1976), Kurt Riezler (1882–1955), Arthur Rosenberg (1889–1943), Hans Rosenberg (1879–1940), Hans Rosenberg (1904–1988), Georg Rosenow (1886–1985), Eugen Rosenstock-Huessy (1888–1973), Arthur Rosenthal (1887–1959), Erich Rothe (1895–1988), Hans Rothfels (1891–1976), Hans Rothmann (1899–1970), Curt Sachs (1881–1959), Georg Sachs (1896–1960), August Saenger (1884–1950), Richard Salomon (1884–1966), Gottfried Salomon (1892–1964), Arthur Salz (1881–1963), Lucian Schermann (1864–1946), Erwin Schiff (1891–1971), Fritz Schiff (1889–1940), Gerhard Schmidt (1901–1981), Guido Schoenberger (1891–1974), Rudolf Schönheimer (1898–1941), Leo Schrade (1903–1964), Franz Schück (1888–1958), Balduin Schwarz (1902–1993), Helmut Seckel (1900–1960), Martin Silberberg (1895–1966), Hans Simmel (1891–1943), Ernst Simonson (1898–1974), Karl Söllner (1903–1986), Ralph Sokolowsky (1874–1944), Friedrich Solmsen (1904–1989), Clemens Sommer (1891–1962), Martin Sommerfeld (1894–1939), Alexander Sperber (1897–1970), Hans Sperber (1885–1963), Leo Spitzer (1887–1960), Wolfgang Stechow (1896–1974), Georg Stefansky (1897–1957), Georg Steindorff (1861–1951), Gabriel Steiner (1883–1965), Curt Stern (1902–1981), Otto Stern (1888–1969), Rudolf Stern (1895–1962), William Stern (1871–1938), Wolfgang Sternberg (1887–1953), Erwin Strassmann (1895–1972), Georg Strassmann (1890–1972), Erwin Straus (1891–1975), Fritz Straus (1877–1942), Alfred A. Strauss (1897–1957), Ernst Strauss (1901–1981), Hans Strauss (1898–1977), Walter Sulzbach (1889–1969), Georg Swarzenski (1876–1957), Otto Szász (1884–1952), Gabriel Szegö (1895–1985), Leo Szilard (1898–1964), Eugen Täubler (1879–1953), Josef Tannenberg (1895–1971), Owsei Temkin (1902–2002), Siegfried Thannhauser (1885–1962), Edda Tille-Hankamer (1895–1982), Paul Tillich (1886–1965), Karl von Tolnai (1899–1981), Erich Uhlmann (1901–1964), Karl Viëtor (1892–1951), Joachim Wach (1898–1955), Leo Waibel (1888–1951), Robert Wartenberg (1887–1956), Fritz Wassermann (1884–1969), Franz Weidenreich (1873–1948), Alfred Weil (1884–1948), Hans Weil (1898–1972), Martin Weinbaum (1902–1990), Alexander Weinstein (1897–1979), Arnold Weißberger (1898–1984), Richard Weissenberg (1882–1974), Heinz Werner (1890–1964), Max Wertheimer (1880–1943), Hermann Weyl (1885–1955), Theodor Wiesengrund Adorno (1903–1969), Edgar Wind (1900–1971), Ernst Witebsky (1901–1969), Kurt Wohl (1896–1962), Arnold Wolfers (1892–1968), Georg Wolff (1886–1952), Heinrich Zimmer (1890–1943), Georg Zuelzer (1870–1949).

Freiwilliger Rücktritt mit politischem Hintergrund
Herbert von Beckerath (1886–1966), Theodor Brauer (1880–1942), Peter Debye (1884–1966), Adolf Kappus (1900–1987), Wolfgang Köhler (1887–1967), Otto Krayer (1899–1982), Hartwig Kuhlenbeck (1897–1984), Friedrich A. Lutz (1901–1975), Konstantin Reichardt (1904–1976), Magdalene Schoch (1897–1987), Carl Siegel (1896–1981), Hertha Sponer (1895–1968).

Venezuela

Entlassungen und entlassungsähnliche Fälle
Hans Becker (1900–1943), Ulrich Leo (1890–1964), Martin Mayer (1875–1951).

Andere Länder

Entlassungen und entlassungsähnliche Fälle
Annelies Argelander (1896–1980), Franz Babinger (1891–1967), Ferdinand Blumenthal (1870–1941), Hugo Falkenheim (1856–1945), Siegfried Fischer (1891–1966), Ludwig Fraenkel (1870–1951), Friedrich Franz Friedmann (1876–1953), James Paul Goldschmidt (1874–1940), Walter Griesbach (1888–1968), Lazar Gulkowitsch (1899–1941), Friedrich Hahn (1888–1975), Kurt Henius (1882–1947), Paul Honigsheim (1885–1963), Erwin Jacobsthal (1879–1952), Max Kuczynski (1890–1967), Walter Lehmann (1888–1960), Alexander von Lichtenberg (1880–1949), Alfred Lublin (1895–1956), Nikolaus Majerus (1892–1964), Max Meyer (1890–1954), Bruno Moll (1885–

1968), Georg Rosenow (1886–1985), August Saenger (1884–1950), Georg Maria Schwab (1899–1984), Camille Wampach (1884–1958), Erich K. Wolff (1893–1973).

Freiwilliger Rücktritt mit politischem Hintergrund
Adolf Kappus (1900–1987), Otto Krayer (1899–1982).

6 Vertriebene Wissenschaftlerinnen

Die folgende Übersicht schließt auch Wissenschaftlerinnen ein, die im Wintersemester 1932/33 noch nicht an einer deutschen Universität lehrten

Annelies Argelander (1896–1980), Lydia Aschheim (1902–1943), Marie Baum (1874–1964), Margarete Bieber (1879–1978), Rhoda Erdmann (1870–1935), Eva Fiesel (1891–1937), Melitta Gerhard (1891–1981), Mildred Harnack (1902–1943), Betty Heimann (1888–1961), Mathilde Hertz (1891–1975), Hedwig Hintze (1884–1942), Emmy Klieneberger (1892–1985), Hedwig Kohn (1887–1964), Gertrud Kornfeld (1891–1955), Agathe Lasch (1879–1942), Charlotte Leubuscher (1888–1961), Rahel Liebeschütz-Plaut (1894–1993), Lise Meitner (1878–1968), Emmy Noether (1882–1935), Berta Ottenstein (1891–1956), Hilda Pollaczek (1893–1973), Helena von Reybekiel (1879–1975), Elisabeth Schiemann (1881–1972), Anna Siemsen (1882–1951), Edda Tille-Hankamer (1895–1982), Gertrud von Ubisch (1882–1965), Mathilde Vaerting (1884–1977), Emmy Wagner (1894–1977).

Freiwilliger Rücktritt mit politischem Hintergrund
Magdalene Schoch (1897–1987), Hertha Sponer (1895–1968), Annelise Wittgenstein (1890–1946).

7 Remigrantinnen und Remigranten

Richard Alewyn (1902–1979), Fritz Arndt (1885–1969), Emil Artin (1898–1962), Fritz Baade (1893–1974), Franz Babinger (1891–1967), Reinhold Baer (1902–1979), Josef Beeking (1891–1947), Arnold Bergsträsser (1896–1964), Friedrich Bernhöft (1883–1967), Curt Bondy (1894–1972), Max Born (1882–1970), Walter Brandt (1889–1971), Hugo Braun (1881–1963), Leo Brauner (1898–1974), Friedrich Brieger (1900–1985), Werner Brock (1901–1974), Friedrich Darmstaedter (1883–1957), Johann Eggen van Terlan (1883–1952), Hans Ehrenberg (1883–1958), Karl Freudenberg (1892–1966), Kurt von Fritz (1900–1985), August Gallinger (1871–1959), Oscar Gans (1888–1983), Dietrich Gerhard (1896–1985), Richard Hellmuth Goldschmidt (1883–1968), Henryk Grossmann (1881–1950), Hans Hamburger (1889–1956), Hans Handovsky (1888–1959), Alfred Heilbronn (1885–1961), Eduard Heimann (1889–1967), Emil Heitz (1892–1965), Hans von Hentig (1887–1974), Franz Herrmann (1898–1977), Herbert Herxheimer (1894–1985), Ernst E. Hirsch (1902–1985), Heinrich Hoeniger (1879–1961), Hans Holldack (1879–1950), Richard Martin Honig (1890–1981), Max Horkheimer (1895–1973), Gerhart Husserl (1893–1973), Arthur Israel (1883–1969), Felix Jacoby (1876–1959), Hubert Jedin (1900–1980), Paul Kahle (1875–1964), Alfred Kantorowicz (1880–1962), Clodwig Kapferer (1901–1997), Ernst Kapp (1888–1978), Erich Kaufmann (1880–1972), Gerhard Kessler (1883–1963), Otto Kestner (1873–1953), Johannes Klein (1904–1973)[1], Franz Kobrak (1879–1955), Julius Kraft (1898–1960), Walther Kranz (1884–1960), Helmut Kuhn (1899–1991), Richard Laqueur (1881–1959), Gerhard Leibholz (1901–1982), Friedrich Levi (1888–1966), Fritz Lieb (1892–1970), Arthur Liebert (1878–1946), Wolfgang Liepe (1888–1962), Julius Lips (1895–1950), Adolf Löwe (1893–1995), Karl Löwith (1897–1973), Alfred Marchionini (1899–1965), Harry Marcus (1880–1976), Eduard Melchior (1883–1974), Carl Mennicke (1887–1959), Fritz Meyer (1875–1953), Max Meyer (1890–1954), Georg Misch (1878–1965), Fritz Münzesheimer (1895–1986), Hans Nawiasky (1880–1961), Alfons Nehring (1890–1967), Fritz Neumark (1900–1991), Fritz Paneth (1887–1958), Wilhelm Peters (1880–1963), Rudolf Pfeiffer (1889–1979), Helmuth Plessner (1892–1985), Julius Pokorny (1887–1970), Friedrich Pollock (1894–1970), Bruno Oskar Pribram (1887–1962), Fritz Pringsheim (1882–1967), Paul Pulewka (1896–1989), Ernst Rabel (1874–1955), Felix Rawitscher (1890–1957), Werner Richter (1887–1960), Otto Riesser (1882–1949), Georg Rohde (1899–1960), Hans Rosenberg (1904–1988), Hans Rothfels (1891–1976), Walter Ruben (1899–1982), Gottfried Salomon (1892–1964), Harry Schäffer (1894–1979), Erwin Schiff (1891–1971), Georg Maria Schwab (1899–1984), Friedrich Siegmund-Schultze (1885–1969), Anna Siemsen (1882–1951), Ludwig

---

1 Klein gehörte im Wintersemester 1932/33 noch nicht zum Lehrkörper einer deutschen Universität.

Steinberger (1879–1968), Ernst Strauss (1901–1981), Herbert Sultan (1894–1954), Gertrud von Ubisch (1882–1965), Arthur Wegner (1900–1989), Theodor Wiesengrund Adorno (1903–1969), Alexander Wilkens (1881–1968), Hans Winterstein (1879–1963), Ernst Wollheim (1900–1981).

Darunter Remigranten in die Ostzone/DDR
Henryk Grossmann (1881–1950), Hans Holldack (1879–1950), Julius Lips (1895–1950), Walter Ruben (1899–1982), Arthur Wegner (1900–1989).

Freiwilliger Rücktritt mit politischem Hintergrund
Arthur Baumgarten (1884–1966), Hugo Fischer (1897–1975), Curt Koßwig (1903–1982), Carl Siegel (1896–1981), Hertha Sponer (1895–1968).

8 Opfer nationalsozialistischer Vernichtungspolitik

Die folgende Übersicht schließt auch Wissenschaftlerinnen und Wissenschaftler ein, die im Wintersemester 1932/33 noch nicht an einer deutschen Universität lehrten

Dietrich Bonhoeffer (1906–1945), Georg Brodnitz (1876–1941), Abraham Buschke (1868–1943), Alfred Byk (1878–1942), Karl Fleischer (1886–1941), Goswin Frenken (1887–1945), Hermann Freund (1882–1944), Ludwig Friedheim (1862–1942), Georg Groscurth (1904–1944), Lazar Gulkowitsch (1899–1941), Arvid Harnack (1901–1942), Mildred Harnack (1902–1943), Albrecht Haushofer (1903–1945), Siegmund Hellmann (1872–1942), Max Herrmann (1865–1942), Karl Herxheimer (1861–1942), Ernst Herzfeld (1880–1944/45), Hans Hirschfeld (1873–1944), Kurt Huber (1893–1943), Jens Jessen (1895–1944), Ernst Kantorowicz (1892–1944), Agathe Lasch (1879–1942), Paul Ludwig Landsberg (1901–1944), Robert Liefmann (1874–1941), Hermann Lismann (1878–1943), Julius Magnus (1867–1944), Friedrich Münzer (1868–1942), Ernst Perels (1882–1945), Ludwig Pick (1868–1944), Johannes Popitz (1884–1945), Robert Remak (1888–1942), Peter Rona (1871–1945), Georg Sacke (1901–1945), Rüdiger Schleicher (1895–1945), Josef Schmidlin (1876–1944), Benedikt Schmittmann (1872–1939), Arthur Simons (1877–1942), Edmund Speyer (1878–1942), Benno Strauß (1873–1944), Hermann Strauss (1868–1944), Tibor Szalai (1901–1945), Wilhelm Traube (1866–1942), Johannes Maria Verweyen (1883–1945), Raphael Weichbrodt (1886–1942), Richard Werner (1875–1945), Mojssej Woskin (1884–1944).

9 Suizide vertriebener Wissenschaftlerinnen und Wissenschaftler

Die Namensliste berücksichtigt nur Suizide, die zwischen der nationalsozialistischen Machtübernahme und dem Kriegsende stattgefunden haben.

Max Alsberg (1877–1933), Lydia Aschheim (1902–1943), Felix Auerbach (1856–1933), Heinrich Bechhold (1866–1937), Erich Benjamin (1880–1943), Erich Caspar (1879–1935), Ernst Delbanco (1896–1935), Paul Epstein (1871–1939), Max Fleischmann (1872–1943), Edmund Forster (1878–1933), Paul Fraenckel (1874–1941), Richard Freund (1878–1942), Hans W. K. Friedenthal (1870–1942), Wilhelm Friedmann (1884–1942), Ernst Grünfeld (1883–1938), Friedrich Hartogs (1874–1943), Felix Hausdorff (1868–1942), Ernst Heilner (1876–1939), Walter Jacobi (1889–1938)[1], Hermann Jacobsohn (1879–1933), Arnold Japha (1877–1943), Leo Jordan (1874–1940), Eugen Joseph (1879–1933), Josef Juncker (1889–1938), Martin Kochmann (1878–1936), Hans König (1878–1936), Ivan Koppel (1873–1941), Paul Kraus (1904–1944), Arthur Kronfeld (1886–1941), Gerhard Lassar (1888–1936), Fritz Lehmann (1901–1940), Otto Lipmann (1880–1933), Werner Magnus (1876–1942), Fritz Mayer (1876–1940), Hans Moral (1885–1933), Maximilian Neu (1877–1940), Karl Neumeyer (1869–1941), Arthur Nicolaier (1862–1942), Kurt Perels (1878–1933), Felix Plaut (1877–1940), Siegfried Samelson (1878–1938), Friedrich Schöndorf (1873–1938), Rudolf Schönheimer (1898–1941), Franz Soetbeer (1870–1943), Felix Stern (1884–1941), László Wámoscher (1901–1934), Wolfgang Windelband (1886–1945).

Freiwilliger Rücktritt mit politischem Hintergrund
Ernst Boehm (1877–1945), Wolfgang Windelband (1886–1945).

1 Jacobi gehörte im WS 1932/33 noch nicht zum Lehrkörper einer deutschen Universität.

10 Vertriebene Lehrkräfte, die im Wintersemester 1932/33 noch nicht dem Lehrkörper einer deutschen Universität angehörten

Johannes Alt (geb. 1896), Walter Anderssen (1882–1965), Wilhelm Andreae (1888–1962), Otto von Baeyer (1877–1946), Otto Bartsch (1881–1945), Alfred Böger (1901–1976), Franz Böhm (1895–1977), Günther Bornkamm (1905–1990), Carl August Fischer (1895–1966), Otto Friedrich (1883–1978), Georg Groscurth (1904–1944), Ernst Hammann (1908–1999), Arvid Harnack (1901–1942), Mildred Harnack (1902–1943), Albrecht Haushofer (1903–1945), Wilhelm Hertz (1901–1985), Johannes Holtfreter (1901–1992), Kurt Hueck (1897–1965), Walter Jacobi (1889–1938), Adolf Jensen (1899–1965), Johannes Klein (1904–1973), Leopold Kölbl (1895–1970), Hans Koopmann (1885–1959), Oskar Kuhn (1908–1990), Otto Mänchen-Helfen (1894–1969), Nikolaus Majerus (1892–1964) Ernst Mohr (1910–1989), Rüdiger Schleicher (1895–1945), Roland Schmiedel (1888–1967), Karl Söllner (1903–1986), Fritz Straus (1877–1942), Helmut Thielicke (1908–1986), Alfred Trommershausen (1910–1966), Emmy Wagner (1894–1977), Hans von Wartenberg (1880–1960), Fritz Windisch (1895–1961), Emil Woermann (1899–1980), Hans Helmuth Wundsch (1887–1972).

Verzeichnis der Abkürzungen

a. o.	außerordentlich/e/r
apl.	außerplanmäßig/e/r
BA	Bundesarchiv
BBG	Gesetz zur Wiederherstellung des Berufsbeamtentums vom 7. April 1933
BBKL	Biographisch-Bibliographisches Kirchenlexikon
BHdE	Biographisches Handbuch der deutschsprachigen Emigration nach 1933
BVP	Bayerische Volkspartei
DAF	Deutsche Arbeitsfront
DBE	Deutsche Biographische Enzyklopädie
DBG	Deutsches Beamtengesetz
DDP	Deutsche Demokratische Partei
DFG	Deutsche Forschungsgemeinschaft
Diss.	Dissertation
DNVP	Deutschnationale Volkspartei
DStP	Deutsche Staatspartei
DVP	Deutsche Volkspartei
ETH	Eidgenössische Technische Hochschule
FU	Freie Universität
GEVH	Gesetz über die Entpflichtung und Versetzung von Hochschullehrern aus Anlass des Neuaufbaus des deutschen Hochschulwesens vom 21. Januar 1935
GLA	Generallandesarchiv (Karlsruhe)
GStA PK	Geheimes Staatsarchiv Preußischer Kulturbesitz (Berlin)
HHStA	Hessisches Hauptstaatsarchiv
HU	Humboldt-Universität zu Berlin
Kürschner	Kürschners Deutscher Gelehrten-Kalender, 1925 ff.
KWI	Kaiser-Wilhelm-Institut
KZ	Konzentrationslager
LATh–HStA	Landesarchiv Thüringen – Hauptstaatsarchiv
LDPD	Liberal-Demokratische Partei Deutschlands
LHA	Landeshauptarchiv
MIT	Massachusetts Institute of Technology
MPI	Max-Planck-Institut
MS	Maschinenschrift
NDB	Neue Deutsche Biographie (auch online)
NF	Neue Folge

NSDStB	Nationalsozialistischer Deutscher Studentenbund
NSKK	Nationalsozialistisches Kraftfahrkorps
NSV	Nationalsozialistische Volkswohlfahrt
o.	ordentlich/e/r
OAF	Die Ostpreußische Arztfamilie
ÖBL	Österreichisches Biographisches Lexikon ab 1815 (auch online)
PA	Personalakte
Prof.	Professor/in
REM	Reichserziehungsministerium
RGG	Religion in Geschichte und Gegenwart
RHO	Reichshabilitationsordnung
SAPD	Sozialistische Arbeiterpartei Deutschlands
SBZ	Sowjetische Besatzungszone
SD	Sicherheitsdienst des Reichsführers SS
SED	Sozialistische Einheitspartei Deutschlands
SoSe	Sommersemester
SSDI	Social Security Death Index (USA)
StA	Staatsarchiv
stellv.	stellvertretende/r
StGB	Strafgesetzbuch
TH	Technische Hochschule
TRE	Theologische Realenzyklopädie
UA	Universitätsarchiv
USPD	Unabhängige Sozialdemokratische Partei Deutschlands
VAdS	Verfolgung und Auswanderung deutschsprachiger Sprachforscher 1933–1945 (Online-Datenbank)
WS	Wintersemester
Zug.	Zugang

Verzeichnis der Literatur

Ackermann, Kerstin: Die „Wolfgang-Rosenthal-Klinik“ Thallwitz/Sachsen in den zwei deutschen Diktaturen, med. Diss., Gießen 2008.

Adam, Uwe Dietrich: Hochschule und Nationalsozialismus. Die Universität Tübingen im Dritten Reich, Tübingen 1977.

Adlberger, Susanne: Wilhelm Kisch – Leben und Wirken (1874–1952), München 2007.

Ahrend, Julia C.: Fritz Karl Mann. Ein Pionier der Finanzsoziologie und der Theorie der Parafiski im Schnittfeld deutscher und amerikanischer Wissenschaftskultur, Marburg 2010.

Ahrens, Rüdiger: Bündische Jugend. Eine neue Geschichte 1918–1933, Göttingen 2015.

Aland, Kurt (Hg.): Glanz und Niedergang der deutschen Universität. 50 Jahre deutscher Wissenschaftsgeschichte in Briefen an und von Hans Lietzmann, Berlin 1979.

Aleksandrowicz, Or: Architecture's Unwanted Child: Building Climatology in Israel, 1940–1977, Diss., TU Wien, 2015.

Allemann, Beda / Tack, Paul: Oskar Walzel 1864–1944, in: Bonner Gelehrte. Beiträge zur Geschichte der Wissenschaften in Bonn. Sprachwissenschaften, Bonn 1970, S. 124–129.

Almgren, Birgitta: Dröm och verklighet. Stellan Arvidson – kärleken, dikten och politiken, Stockholm 2016.

Altekamp, Stefan: Klassische Archäologie und Nationalsozialismus, in: Jürgen Elvert/Jürgen Nielsen-Sikora (Hg.), Kulturwissenschaften und Nationalsozialismus, Stuttgart 2007, S. 167–209.

Althoff, Gertrud: Geschichte der Juden in Olfen. Jüdisches Leben im katholischen Milieu einer Kleinstadt im Münsterland, Münster 2000.

Altpreußische Biographie. Hg. im Auftrag der Historischen Kommission für Ost- und Westpreußische Landesforschung, 5 Bände, Königsberg/Marburg 1941–2005.

Alwast, Jendris: Die Theologische Fakultät unter der Herrschaft des Nationalsozialismus, in: Hans-Werner Prahl (Hg.), UNI-Formierung des Geistes. Universität Kiel im Nationalsozialismus, Bd. 1, Kiel 1995, S. 87–137.

Aly, Götz: Wilhelm Röpke gegen Volk und Führer. Liberale Kritik am nationalen Sozialismus, in: ders., Volk ohne Mitte. Die Deutschen zwischen Freiheitsangst und Kollektivismus, Frankfurt/M. 2015, S. 109–137.

Alzheimer, Heidrun: Volkskunde in Bayern. Ein biobibliographisches Lexikon der Vorläufer, Förderer und einstigen Fachvertreter, Würzburg 1991.

American Men of Science. A Biographical Directory, Hg. Jacques Cattell, 10. Ausgabe, 5 Bände, Tempe, Arizona 1960–1962.

Ammon, Robert: In memoriam Peter Rona, in: Arzneimittel-Forschung 10 (1960), S. 321–327.

Amos, Heike: Justizverwaltung in der SBZ/DDR: Personalpolitik 1945 bis Anfang der 50er Jahre, Köln u. a. 1996.

Andrae, Matthias: Die Vertreibung der jüdischen Ärzte des Allgemeinen Krankenhauses Hamburg St. Georg im Nationalsozialismus, Hamburg 2003.

Antoni, Christine: Sozialhygiene und Public Health. Franz Goldmann (1895–1970), Husum 1997.

Antrick, Otto: Die Akademie der Arbeit in der Universität Frankfurt a. M. Idee, Werden, Gestalt, Darmstadt 1966.

Ark of Civilization: Refugee Scholars and Oxford University, 1930–1945. Hg. Sally Crawford, Katharina Ulmschneider und Jaś Elsner, Oxford 2017.

Armbruster, Jan: Edmund Robert Forster (1878–1933). Lebensweg und Werk eines deutschen Neuropsychiaters, Husum 2005.

Arnold, Claus: Die Katholisch-Theologische Fakultät Freiburg, in: Dominik Burkard / Wolfgang Weiß (Hg.), Katholische Theologie im Nationalsozialismus, Bd. 1/1, Würzburg 2007, S. 147–166.

Arnsberg. Paul: Die Geschichte der Frankfurter Juden seit der Französischen Revolution, Bd. 3: Biographisches Lexikon, Darmstadt 1983.

Ash, Mitchell G.: Ein Institut und eine Zeitschrift. Zur Geschichte des Berliner Psychologischen Instituts und der Zeitschrift „Psychologische Forschung" vor und nach 1933, in: Carl-Friedrich Graumann (Hg.), Psychologie im Nationalsozialismus, Berlin 1985, S. 113–139.

Ash, Mitchell G.: Jüdische Wissenschaftlerinnen und Wissenschaftler an der Universität Wien von der Monarchie bis nach 1945. Stand der Forschung und offene Fragen, in: Oliver Rathkolb (Hg.), Der lange Schatten des Antisemitismus. Kritische Auseinandersetzungen mit der Geschichte der Universität Wien im 19. und 20. Jahrhundert, Göttingen 2013, S. 94–98.

Ash, Mitchell G. / Söllner, Alfons (Hg.): Forced Migration and Scientific Change: Emigré German-Speaking Scientists and Scholars after 1933, Cambridge 1996.

Asmus, Walter: Richard Kroner (1884–1974). Ein Philosoph und Pädagoge unter dem Schatten Hitlers, Frankfurt/M. 1990.

Auerbach, Inge (Bearb.): Catalogus professorum academiae Marburgensis, Bd. 2: 1911 bis 1971, Marburg 1979.

Augustynowicz, Christoph: Martin Winkler (1893–1982), in: Arnold Suppan u. a. (Hg.), Osteuropäische Geschichte in Wien, Innsbruck 2007, S. 199–225.

Aumüller, Gerhard / Grundmann, Kornelia: Antisemitismus, Verfolgung und Opposition, in: Gerhard Aumüller u. a. (Hg.), Die Marburger Medizinische Fakultät im „Dritten Reich", München 2001, S. 205–240.

Australian Dictionary of Biography, 18 Bände, Melbourne 1966–2012.

Averbeck, Stefanie: Kommunikation als Prozess. Soziologische Perspektiven in der Zeitungswissenschaft 1927–1934, Münster 1999.

Azar, Gudrun: Die erste Ärztin in Pasing: Dr. med. Käthe Silbersohn, in: Bernhard Schoßig (Hg.), Ins Licht gerückt. Jüdische Lebenswege im Münchener Westen, München 2008, S. 121 f.

Baden-Württembergische Biographien. Herausgegeben im Auftrag der Kommission für geschichtliche Landeskunde in Baden-Württemberg von Bernd Ottnad und Fred L. Sepaintner, 6 Bände, Stuttgart 1994–2016.

Badische Biographien Neue Folge. Herausgegeben im Auftrag der Kommission für geschichtliche Landeskunde in Baden-Württemberg von Bernd Ottnad u. Fred L. Sepaintner, 6 Bände, Stuttgart 1982–2011.

Bäumer, Regimius: Die Theologische Fakultät Freiburg und das Dritte Reich, in: Freiburger Diözesan-Archiv 103 (1983), S. 265–289.

Baganz, Carina: Diskriminierung, Ausgrenzung, Vertreibung. Die Technische Hochschule Berlin während des Nationalsozialismus, Berlin 2013.

Balla, Bálint u. a.: Karl Mannheim. Leben, Werk, Wirkung und Bedeutung für die Osteuropaforschung, Hamburg 2007.

Ballowitz, Leonore (Hg.): Leopold Langstein im KAVH tätig von 1909–1933, Herford 1991.

Barck, Karlheinz / Treml, Martin (Hg.): Erich Auerbach. Geschichte und Aktualität eines europäischen Philologen, Berlin 2007.

Batocki, Fried von / Groeben, Klaus von der: Adolf von Batocki. Im Einsatz für Ostpreußen und das Reich. Ein Lebensbild, Raisdorf 1998.

Bauer, Axel: Vom Nothaus zum Mannheimer Universitätsklinikum. Krankenversorgung, Lehre und Forschung im medizinhistorischen Rückblick, Ubstadt-Weiher 2002.

Bauer, Axel. W.: Innere Medizin, Neurologie und Dermatologie, in: Wolfgang U. Eckart u. a. (Hg.), Die Universität Heidelberg im Nationalsozialismus, Heidelberg 2006, S. 719–810.

Bauer, Axel W. u. a.: Die Universitätsklinik und Poliklinik für Mund-, Zahn- und Kieferkrankheiten, in: Wolfgang U. Eckart u. a. (Hg.), Die Universität Heidelberg im Nationalsozialismus, Heidelberg 2006, S. 1031–1041.

Bauer, Friedrich L.: Fritz Hartogs. Das Schicksal eines jüdischen Mathematikers in München, in: Aviso, Heft 1 (2004), S. 34–41.

Baum, Richard: Leonardo Olschki und die Tradition der Romanistik, in: Hans Helmut Christmann / Frank-Rutger Hausmann (Hg.), Deutsche und österreichische Romanisten als Verfolgte des Nationalsozialismus, Tübingen 1989, S. 177–199.

Baumann, Beatrice: Max Sauerlandt. Das kunstkritische Wirkungsfeld eines Hamburger Museumsdirektors zwischen 1919 und 1933, Hamburg 2002.

Baumann, Ursula: Suizid im „Dritten Reich“ – Facetten eines Themas, in: Michael Grüttner u. a. (Hg.), Geschichte und Emanzipation, Festschrift Reinhard Rürup, Frankfurt/M. 1999, S. 482–516.

Baumgardt, David: Looking Back on a German University Career, in: The Leo Baeck Institute Year Book X (1965), S. 239–265.

Baumgarten, Albert I.: Elias Bickerman as a Historian of the Jews. A Twentieth Century Tale, Tübingen 2010.

Baumgartner, Hans Michael: Ernst von Aster (1880–1948) / Philosoph, in: Hans Georg Gundel u. a. (Hg.), Gießener Gelehrte in der ersten Hälfte des 20. Jahrhunderts, Teil 1, Marburg 1982, S. 6–11.

Baur, Georges: Hendrik de Man – mit „Arbeitsfreude“ zum „Dritten Weg“. Eine biographische Notiz, in: Raimund Jakob u. a. (Hg.), Recht und Psychologie. Gelebtes Recht als Objekt qualitativer und quantitativer Betrachtung, Bern 2006, S. 15–32.

Beatson, Jack / Zimmermann, Reinhard (Hg.): Jurists Uprooted. German-speaking Émigré Lawyers in Twentieth-century Britain, Oxford 2004.

Bębenek-Gerlich, Anna: Bioergographie des Pharmakologen Otto Riesser (1882–1949), med. Diss., Münster 2009.

Becher, Matthias / Hen, Yitzhak (Hg.): Wilhelm Levison (1876–1947). Ein jüdisches Forscherleben zwischen wissenschaftlicher Anerkennung und politischem Exil, Siegburg 2010.

Becker, Hans-Jürgen: Alfred Ludwig Wieruszowski (1857–1945). Richter, Hochschullehrer, Goethe-Forscher, in: Helmut Heinrichs u. a. (Hg.), Deutsche Juristen jüdischer Herkunft, München 1993, S. 403–413.

Becker, Hans-Jürgen: Die neue Kölner Rechtswissenschaftliche Fakultät von 1919 bis 1950, Tübingen 2021.

Becker, Heinrich u. a. (Hg.): Die Universität Göttingen unter dem Nationalsozialismus, München 1998[2].

Becker-Jákli, Barbara: Das jüdische Krankenhaus in Köln. Die Geschichte des Israelitischen Asyls für Kranke und Altersschwache 1869 bis 1945, Köln 2004.

Beckert, Herbert: Leon Lichtenstein 1878–1933, in: Wissenschaftliche Zeitschrift der Karl-Marx-Universität Leipzig. Mathematisch-Naturwissenschaftliche Reihe 29 (1980), S. 3–13.

Beckmann, P.: Zum 70. Geburtstag von Prof. R. von den Velden, in: Deutsche Medizinische Wochenschrift 75 (1950), S. 1699.

Beer, Lucia: Der Chirurg Prof. Dr. med. Max Lebsche (1886–1957). Leben und Werk, med. dent. Diss., Regensburg 2015.

Behnke, Heinrich: Otto Toeplitz 1881–1940, in: Bonner Gelehrte. Beiträge zur Geschichte der Wissenschaften in Bonn. Mathematik und Naturwissenschaften, Bonn 1970, S. 49–53.

Behrendt, Michael: Hans Nawiasky und die Münchener Studentenkrawalle, in Elisabeth Kraus (Hg.), Die Universität München im Dritten Reich, Bd. I, München 2006, S. 15–42.

Behrens, Wolfgang u. a. (Hg.): Vom Sammeln, Klassifizieren und Interpretieren. Die zerstörte Vielfalt des Curt Sachs, Mainz 2017.

Beintker, Michael (Hg.): Barth Handbuch, Tübingen 2016.

Benedikt, Klaus-Ulrich: Emil Dovifat. Ein katholischer Hochschullehrer und Publizist, Mainz 1986.

Benzenhöfer, Udo: Auswanderung als Flucht. Zum Lebensgang des jüdischen Pädiaters Prof. Dr. Kurt Blühdorn (1884–1982), in: Monatsschrift Kinderheilkunde 158 (2010), S. 483–487.

Benzenhöfer, Udo: Die Universitätsmedizin in Frankfurt am Main von 1914 bis 2014, Münster 2014.

Benzenhöfer, Udo / Hack-Molitor, Gisela: Zur Emigration des Neurologen Kurt Goldstein, Münster u. a. 2017.

Benzenhöfer, Udo / Kreft, Gerald: Bemerkungen zur Frankfurter Zeit (1917–1933) des jüdischen Neurologen und Psychiaters Walther Riese, in: Schriftenreihe der Deutschen Gesellschaft für Geschichte der Nervenheilkunde, Bd. 3, Würzburg 1997, S. 31–40.

Berdesinski, Waldemar: Victor Goldschmidt, in: Semper Apertus, Sechshundert Jahre Ruprecht-Karls-Universität Heidelberg, Berlin 1985, Bd. II, S. 506–515.

Berding, Helmut: Friedrich Lenz (1885–1968) / Nationalökonom, in: Hans Georg Gundel u. a. (Hg.), Gießener Gelehrte in der ersten Hälfte des 20. Jahrhunderts, Teil 2, Marburg 1982, S. 602–611.

Berding, Helmut: Arthur Rosenberg, in: Hans-Ulrich Wehler (Hg.), Deutsche Historiker, Bd. IV, Göttingen 1972, S. 81–96.

Bergmann, Theodor: Sozialisten, Zionisten, Kommunisten. Die Familie Bergmann-Rosenzweig – eine kämpferische Generation im 20. Jahrhundert, Hamburg 2014.

Bertsch-Frank, Birgit: Otto Liebknecht – Eine ungewöhnliche Karriere, in: Chemie in unserer Zeit 32 (1998), S. 302–311.

Besier, Gerhard: Die Theologische Fakultät, in: Wolfgang U. Eckart u. a. (Hg.), Die Universität Heidelberg im Nationalsozialismus, Heidelberg 2006, S. 173–260.

Bethge, Eberhard: Dietrich Bonhoeffer. Theologe – Christ – Zeitgenosse. Eine Biographie, Darmstadt 2004[8].

Betker, René: Das Historische Seminar der Berliner Universität im „Dritten Reich“, unter besonderer Berücksichtigung der ordentlichen Professoren, Magisterarbeit (MS), TU Berlin 1997.

Bettmann, Ernest H.: Born and Reborn. Log Book of Fifty Years of Medical Experience, in: New York State Journal of Medicine 74 (1974), S. 1063–1070.

Beushausen, Ulrich u. a.: Die Medizinische Fakultät im Dritten Reich, in: Heinrich Becker u. a. (Hg.), Die Universität Göttingen unter dem Nationalsozialismus, München 1998[2], S. 183–286.

Beutler, Kurt: Geisteswissenschaftliche Pädagogik zwischen Politisierung und Militarisierung – Erich Weniger, Frankfurt/M. 1995.

Bhattacharya, Ananyo: The Man from the Future. The Visionary Life of John von Neumann, London 2021.

Bickel, Cornelius: Ferdinand Tönnies. Soziologie als skeptische Aufklärung zwischen Historismus und Rationalismus, Opladen 1991.

Bieber, Hans-Joachim: SS und Samurai. Deutsch-japanische Kulturbeziehungen 1933–1945, München 2014.

Biermanns, Nico / Groß, Dominik: Pathologen als Verfolgte des Nationalsozialismus. 100 Portraits, Stuttgart 2022.

Biographisches Handbuch des deutschen Auswärtigen Dienstes 1871–1945, Hg. Auswärtiges Amt, Historischer Dienst, 5 Bände, Paderborn 2000–2014.

Biographisches Handbuch der deutschsprachigen Emigration nach 1933 (BHdE) / International Biographical Dictionary of Central European Emigrés 1933–1945. Hg. Institut für Zeitgeschichte und Research Foundation for Jewish Immigration, New York unter der Gesamtleitung von Werner Röder u. Herbert A. Strauss, Bd. I: Politik, Wirtschaft, öffentliches Leben, Bd. II: The Arts, Sciences, and Literature, Bd. III: Gesamtregister, München 1980–1983.

Biographisches Handbuch zur Geschichte des Landes Oldenburg, Hg. Hans Friedl, Oldenburg 1993.

Biographisches Handbuch der Rabbiner, Hg. Michael Brocke u. Julius Carlebach, Teil 2: Die Rabbiner im Deutschen Reich 1871–1945, bearbeitet von Katrin Nele Jansen, München 2009.

Biographisches Lexikon für Pommern, Bd. 2, Hg. Dirk Alvermann und Nils Jörn, Köln 2015.

Biographisches Lexikon für Schleswig-Holstein und Lübeck (SHBL), Bd. 1–5 unter dem Titel: Schleswig-holsteinisches biographisches Lexikon, 13 Bände, Neumünster 1970–2011.

Biographisches Lexikon verstorbener Schweizer. In Memoriam, Hg. Schweizerische Industrie-Bibliothek, Departement Lexikon, 8 Bände, Zürich 1947–1982

Bizer, Ernst: Hans Emil Weber 1882–1950, in: Bonner Gelehrte. Beiträge zur Geschichte der Wissenschaften in Bonn. Evangelische Theologie, Bonn 1968, S. 169–189.

Blechle, Irene: „Entdecker“ der Hochschulpädagogik – die Universitätsreformer Ernst Bernheim (1850–1942) und Hans Schmidkunz (1863–1934), Aachen 2002.

Blesgen, Detlef J.: „Widerstehet dem Teufel“ – Ökonomie, Protestantismus und politischer Widerstand bei Constantin von Dietze (1891–1973), in: Nils Goldschmidt (Hg.), Wirtschaft, Politik und Freiheit. Freiburger Wirtschaftswissenschaftler und der Widerstand, Tübingen 2005, S. 67–90.

Blomert, Reinhard: Intellektuelle im Aufbruch. Karl Mannheim, Alfred Weber, Norbert Elias und die Heidelberger Sozialwissenschaften der Zwischenkriegszeit, München/Wien 1999.

Blümle, Gerold / Goldschmidt, Nils: Robert Liefmann – Querdenker und Regimeopfer, in: Nils Goldschmidt, (Hg.), Wirtschaft, Politik und Freiheit. Freiburger Wirtschaftswissenschaftler und der Widerstand, Tübingen 2005, S. 147–175.

Böhm, Helmut: Von der Selbstverwaltung zum Führerprinzip. Die Universität München in den ersten Jahren des Dritten Reiches (1933–1936), Berlin 1995.

Böhm, Wolfgang: Biographisches Handbuch zur Geschichte des Pflanzenbaus, München 1997.

Böhme, Hartmut: „Der Dämon des Zwiewegs“. Kurt Breysigs Kampf um die Universalhistorie, in: Kurt Breysig, Die Geschichte der Menschheit, Bd. 1, Berlin 2001, S. V–XXVII.

Böhnke, Claudia: Hans Walter Gruhle (1880–1956) – Leben und Werk, med. Diss., Bonn 2008.

Bönisch-Brednich, Brigitte / Brednich, Rolf Wilhelm (Hg.): „Volkskunde ist Nachricht von jedem Teil des Volkes.“ Will-Erich Peuckert zum 100. Geburtstag, Schmerse 1996.

Boerner, Hermann: Ludwig Schlesinger (1864–1933) / Mathematiker, in: Hans Georg Gundel u. a. (Hg.), Gießener Gelehrte in der ersten Hälfte des 20. Jahrhunderts, Teil 2, Marburg 1982, S. 836–846.

Bonk, Magdalena: Deutsche Philologie in München. Zur Geschichte des Faches und seiner Vertreter an der Ludwig-Maximilians-Universität vom Anfang des 19. Jahrhunderts bis zum Ende des Zweiten Weltkrieges, Berlin 1995.

Bormuth, Matthias: Erich Auerbach – Kulturphilosoph im Exil, Göttingen 2020.

Borowsky, Peter: Geschichtswissenschaft an der Hamburger Universität 1933 bis 1945, in: Eckart Krause u. a. (Hg.), Hochschulalltag im „Dritten Reich“. Die Hamburger Universität 1933–1945, Berlin/Hamburg 1991, Teil II, S. 537–588.

Borowsky, Peter: Justus Hashagen, ein vergessener Hamburger Historiker, in: Zeitschrift des Vereins für hamburgische Geschichte 84 (1998), S. 163–183.

Bott, Marie-Luise: „Deutsche Slavistik“ in Berlin? Zum Slavischen Institut der Friedrich-Wilhelms-Universität 1933–1945, in: Rüdiger vom Bruch (Hg.), Die Berliner Universität in der NS-Zeit, Bd. II: Fachbereiche und Fakultäten, Stuttgart 2005, S. 277–298.

Bott, Marie-Luise: Die Haltung der Berliner Universität im Nationalsozialismus. Max Vasmers Rückschau 1948, Berlin 2009.

Bourel, Dominique: Martin Buber. Was es heißt, ein Mensch zu sein. Biografie, Gütersloh 2017.

Bracher, Karl Dietrich: Rüdiger Schleicher, in: Joachim Mehlhausen (Hg.), Zeugen des Widerstands, Tübingen 1996, S. 217–242.

Brändle-Zeile, Elisabeth: Frauen für Frieden. Dokumentation, Stuttgart 1983.

Brahm, Felix: Jüdische Tropenärzte im lateinamerikanischen Exil. Martin Mayer und Otto Hecht in Venezuela und Mexiko, in: Albrecht Scholz / Caris-Petra Heidel (Hg.), Emigrantenschicksale. Einfluss der jüdischen Emigranten auf Sozialpolitik und Wissenschaft in den Aufnahmeländern, Frankfurt/M. 2004, S. 189–199.

Brakelmann, Günter: Hans Ehrenberg. Ein judenchristliches Schicksal in Deutschland, 2 Bände, Waltrop 1997/99.

Braund, James / Sutton, Douglas G.: The Case of Heinrich Wilhelm Poll (1877–1939): A German-Jewish Geneticist, Eugenicist, Twin Researcher, and Victim of the Nazis, in: Journal of the History of Biology 41 (2008), S. 1–35.

Braunschweigisches Biographisches Lexikon, 19. und 20. Jahrhundert, Hg. Horst-Rüdiger Jarck u. Günter Scheel, Hannover 1996.

Bredekamp, Horst u. a. (Hg.): Edgar Wind. Kunsthistoriker und Philosoph, Berlin 1998.

Breisach, Thomas: Jüdische Universitätsprofessoren im Königreich Bayern, Neuried 2000.

Breitenbuch, Henriette von: Karl Neumeyer – Leben und Werk (1869–1941), Frankfurt/M. 2013.

Breunung, Leoni / Walther, Manfred: Die Emigration deutschsprachiger Rechtswissenschaftler ab 1933, Bd. 1: Westeuropäische Staaten, Türkei, Palästina/Israel, lateinamerikanische Staaten, Südafrikanische Union, Berlin u. a. 2012.

Breytenbach, Cilliers / Markschies, Christoph: Adolf Deissmann: Ein (zu Unrecht) fast vergessener Theologe und Philologe, Leiden 2019.

Brieskorn, Egbert / Purkert, Walter: Felix Hausdorff. Mathematiker, Philosoph und Literat, Berlin 2021.

Briggs, Ward W. (Hg.): Biographical Dictionary of North American Classicists, Westport, Conn. 1994.

Brintzinger, Klaus-Rainer: Die Nationalökonomie an den Universitäten Freiburg, Heidelberg und Tübingen 1918–1945. Eine institutionengeschichtliche, vergleichende Studie der wirtschaftswissenschaftlichen Fakultäten und Abteilungen südwestdeutscher Universitäten, Frankfurt/M. 1996.

Brocke, Bernhard vom: Friedrich Glum (1891–1974), in: Kurt A. Jeserich / Helmut Neuhaus (Hg.), Persönlichkeiten der Verwaltung. Biographien zur deutschen Verwaltungsgeschichte 1648–1945, Stuttgart 1991, S. 449–454.

Brodersen, Kai u. a. (Hg.): „Kann ein gebildeter Mensch Politiker sein?“ Konrat Ziegler an der Universität Greifswald 1923–1933, Speyer 2022.

Brodersen, Momme: Klassenbild mit Walter Benjamin. Eine Spurensuche, München 2012.

Bröer, Ralf: Geburtshilfe und Gynäkologie, in: Wolfgang U. Eckart u. a. (Hg.), Die Universität Heidelberg im Nationalsozialismus, Heidelberg 2006, S. 845–891.

Brown, Louis: Technical and Military Imperatives. A Radar History of World War II, New York 1999.

Bruckbauer, Maria: „... und sei es gegen eine Welt von Feinden!“ Kurt Hubers Volksliedsammlung und -pflege in Bayern, München 1991.

Brüstle, Jürgen: Studentenseelsorge im Spannungsfeld des Weltanschauungskampfes zwischen Katholischer Kirche und Nationalsozialismus 1933 bis 1945, in: Freiburger Diözesan-Archiv 117 (1997), S. 111–215.

Brugsch, Theodor: Arzt seit fünf Jahrzehnten, Berlin (DDR) 1957.
Bruhns, Guntwin: Aus den Lebenserinnerungen von E. O. von Lippmann (insges. 15 Fortsetzungen), in: Zuckerindustrie 107–119 (1982–1994).
Brysac, Sharee Blar: Mildred Harnack und die „Rote Kapelle". Die Geschichte einer ungewöhnlichen Frau und einer Widerstandsbewegung, Augsburg 2003.
Buchholz, Hans-Günter: Margarete Bieber (1879–1978) / Klassische Archäologin, in: Hans Georg Gundel u. a. (Hg.), Gießener Gelehrte in der ersten Hälfte des 20. Jahrhunderts, Teil 2, Marburg 1982, S. 58–73.
Buchholz, Werner (Hg.): Lexikon Greifswalder Hochschullehrer 1775 bis 2006, Bd. 3: Lexikon Greifswalder Hochschullehrer 1907 bis 1932, bearbeitet von Meinrad Welker, Bad Honnef 2004.
Buchs, Samuel: Ernst Freudenberg (1884–1967) / Professor der Kinderheilkunde, in: Ingeborg Schnack (Hg.), Marburger Gelehrte in der ersten Hälfte des 20. Jahrhunderts, Marburg 1977, S. 64–74.
Buckmiller, Michael: Zeittafel zu Karl Korsch – Leben und Werk, in: Jahrbuch Arbeiterbewegung 1 (1973), S. 103–106.
Buddrus, Michael / Fritzlar, Sigrid: Die Professoren der Universität Rostock im Dritten Reich. Ein biographisches Lexikon, München 2007.
Bühring, Gerald: William Stern oder Streben nach Einheit, Frankfurt/M. 1996.
Büsch, Otto (Hg.): Hans Herzfeld. Persönlichkeit und Werk, Berlin 1983.
Büsche-Schmidt, Gerlind: Otto Neubauer: Leben und Werk, Herzogenrath 1992.
Bund, Elmar: Fritz Pringsheim (1882–1967). Ein Großer der Romanistik, in: Helmut Heinrichs u. a. (Hg.), Deutsche Juristen jüdischer Herkunft, München 1993, S. 733–744.
Burkard, Dominik: Die Entwicklung der Katholisch-Theologischen Fakultät, in: Urban Wiesing u. a. (Hg.), Die Universität Tübingen im Nationalsozialismus, Stuttgart 2010, S. 119–175.
Burkart, Lucas u. a. (Hg.): Mythen, Körper, Bilder. Ernst Kantorowicz zwischen Historismus, Emigration und Erneuerung der Geisteswissenschaften, Göttingen 2015.
Buss, Wolfgang: Der allgemeine Hochschulsport und das Institut für Leibesübungen der Universität Göttingen in der Zeit des Nationalsozialismus, in: Heinrich Becker u. a. (Hg.), Die Universität Göttingen unter dem Nationalsozialismus, München 1998², S. 657–683.
Bussche, Hendrik van den: Die Hamburger Universitätsmedizin im Nationalsozialismus. Forschung – Lehre – Krankenversorgung, Berlin 2014.
Bussong, Franz: Zu Leben und Werk von Erwin Walter Maximilian Straus (1891–1975), Würzburg 1991.
Calder III, William M.: Werner Jaeger, in: Berlinische Lebensbilder, Bd. 4: Geisteswissenschaftler, Hg. Michael Erbe, Berlin 1989, S. 343–363.
Camphausen, Gabriele: Die wissenschaftliche historische Rußlandforschung im Dritten Reich 1933–1945, Frankfurt/M. 1990.
Carstens, Uwe: Ferdinand Tönnies. Friese und Weltbürger, Bräist/Bredstedt 2013.
Case, Margaret H.: Heinrich Zimmer. Coming Into His Own, Princeton, New Jersey 1994.
Caspari, Volker / Schefold, Bertram (Hg.): Franz Oppenheimer und Adolph Lowe. Zwei Wirtschaftswissenschaftler der Frankfurter Universität, Marburg 1996.
Caspari, Volker / Lichtblau, Klaus: Franz Oppenheimer. Ökonom und Soziologe der ersten Stunde, Frankfurt/M. 2014.
Casper, Leopold: Skizzen aus der Vergangenheit. Eine Autobiographie, Stuttgart 1953.
Cassirer, Toni: Mein Leben mit Ernst Cassirer, Hamburg 2003.
Chambers, Mortimer: Felix Jacoby, 19 March 1876 – 10 November 1959, in: Classical Scholarship. A Biographical Encyclopedia. Hg. Ward W. Briggs u. William M. Calder III, New York 1990, S. 205–210.

Christ, Karl: Der andere Stauffenberg. Leben und Werk des Historikers Alexander Schenk Graf von Stauffenberg, München 2008.
Christmann, Hans Helmut / Hausmann, Frank-Rutger (Hg.): Deutsche und österreichische Romanisten als Verfolgte des Nationalsozialismus, Tübingen 1989.
Chroust, Peter: Gießener Universität und Faschismus. Studenten und Hochschullehrer 1918–1945, 2 Bände, Münster / New York 1994.
Claussen, Detlev: Theodor W. Adorno. Ein letztes Genie, Frankfurt/M. 2003.
Cohen, Harry / Carmin, Itzhak J. (Hg.): Jews in the World of Science. A biographical dictionary of Jews eminent in the natural and social sciences, New York 1956.
Cohn, Ernst J.: Three Jewish Lawyers of Germany, in: The Leo Baeck Institute Year Book 17 (1972), S. 155–178.
Cohn, Ernst: Der Fall Opet. Eine Studie zum Leben der deutschen Vorkriegsuniversität, in: Josef Tittel u. a. (Hg.), Multitudo Legum Ius Unum. Festschrift Wilhelm Wengler, Bd. II, Berlin 1973, S. 211–234.
Cohn, Ludwig: Ein Weg zum Glück. Selbst gegangen und dargestellt, Rotterdam 1957.
Cohn, Willy: Kein Recht, nirgends. Tagebuch vom Untergang des Breslauer Judentums 1933–1941, 2 Bände. Hg. Norbert Conrads, Köln u. a. 2007.
Collmann, Hartmut: Emil Heymann (1878–1936), in: Ulrike Eisenberg u. a. (Hg.), Verraten – Vertrieben – Vergessen. Werk und Schicksal nach 1933 verfolgter deutscher Hirnchirurgen, Berlin 2017, S. 82–108.
Collmann, Hartmut: Franz Schück (1888–1957), in: Ulrike Eisenberg u. a. (Hg.), Verraten – Vertrieben – Vergessen. Werk und Schicksal nach 1933 verfolgter deutscher Hirnchirurgen, Berlin 2017, S. 138–161.
Collmann, Hartmut / Dubinski, Daniel: Moritz Borchardt (1868–1948), in: Ulrike Eisenberg u. a. (Hg.), Verraten – Vertrieben – Vergessen. Werk und Schicksal nach 1933 verfolgter deutscher Hirnchirurgen, Berlin 2017, S. 33–64.
Connelly, John / Grüttner, Michael (Hg.): Zwischen Autonomie und Anpassung. Universitäten in den Diktaturen des 20. Jahrhunderts, Paderborn 2003.
Conrads, Hinderk / Lohff, Brigitte: Carl Neuberg – Biochemie, Politik und Geschichte. Lebenswege und Werk eines fast verdrängten Forschers, Stuttgart 2006.
Conrady, Karl Otto: Völkisch-nationale Germanistik in Köln. Eine unfestliche Erinnerung, Schernfeld 1990.
Cordes, Walter (Hg.): Eugen Schmalenbach. Der Mann – sein Werk – die Wirkung, Stuttgart 1984.
Crüwell, Konstanze: Ein bitterer Abschied. Georg Swarzenski, Städeldirektor von 1906 bis 1937, in: Eva Atlan u. a. (Hg.), 1938: Kunst – Künstler – Politik, Göttingen 2013, S. 259–274.
Cruickshank, William M. / Hallahan, Daniel P.: Alfred A. Strauss: Pioneer in Learning Disabilities, in: Cruickshank, William M.: Concepts in Special Education. Selected Writings, Bd. 1, Syracuse, N. Y. 1981, S. 268–280.
Cueto, Marcos: Un médico alemán en los Andes. La visión médico-social de Maxime Kuczynski-Godard, in: Allpanchis, Nr. 56 (2000), S. 39–74.
Curschmann, Hans: Lebenserinnerungen, unveröffentlichtes Manuskript (UA Rostock, PA Hans Curschmann).
Dahms, Hans-Joachim: Aufstieg und Ende der Lebensphilosophie: Das philosophische Seminar der Universität Göttingen zwischen 1917 und 1950, in: Heinrich Becker u. a. (Hg.), Die Universität Göttingen unter dem Nationalsozialismus, München 1998^2, S. 287–317.

Dainat, Holger / Kolk, Rainer: Das Forum der Geistesgeschichte. Die ‚Deutsche Vierteljahrsschrift für Literaturwissenschaft und Geistesgeschichte' (1923–1944), in: Robert Harsch-Niemeyer (Hg.), Beiträge zur Methodengeschichte der neueren Philologien, Tübingen 1995, S. 111–134.
Dane, Gesa: Melitta Gerhard (1891–1981). Die erste habilitierte Germanistin: „In bunten Farben schillernder Gast" und „uniformiertes Glied der Zunft", in: Barbara Hahn (Hg.), Frauen in den Kulturwissenschaften, München 1994, S. 219–234.
Daniels, Mario / Michl, Susanne: Strukturwandel unter ideologischen Vorzeichen. Wissenschafts- und Personalpolitik an der Universität Tübingen 1933–1945, in: Urban Wiesing u. a. (Hg.), Die Universität Tübingen im Nationalsozialismus, Stuttgart 2010, S. 13–73.
Dannemann, Gerhard: Martin Wolff (1872–1953), in: Stefan Grundmann u. a. (Hg.), Festschrift 200 Jahre Juristische Fakultät der Humboldt-Universität zu Berlin, Berlin 2010, S. 561–582.
Danz, Stefan: Franz Böhm (1895–1977), in: Gerhard Lingelbach (Hg.), Rechtsgelehrte der Universität Jena aus vier Jahrhunderten, Jena 2012, S. 293–308.
Dathe, Uwe: Franz Böhm – Ein Liberaler im „Dritten Reich", in: Hans Maier (Hg.), Die Freiburger Kreise. Akademischer Widerstand und Soziale Marktwirtschaft, Paderborn 2014, S. 141–162.
Degenhardt, Frank: Zwischen Machtstaat und Völkerbund. Erich Kaufmann (1880–1972), Baden-Baden 2008.
Dehn, Günther: Die alte Zeit, die vorigen Jahre, München 1962.
Deichmann Ute: Biologen unter Hitler. Vertreibung, Karrieren, Forschung, Frankfurt/M. 1992.
Deichmann Ute: Flüchten, mitmachen, vergessen. Chemiker und Biochemiker in der NS-Zeit, Weinheim 2001.
Deichmann Ute u. a.: Commemorating the 1913 Michaelis–Menten paper *Die Kinetik der Invertinwirkung*: three perspectives, in: The FEBS Journal 281 (2014), S. 435–463.
Demiriz, Sara-Marie: Aus den „Ideen von 1914". Der Staatswissenschaftler Johann Plenge und seine Institute an der Universität Münster, in: Hans-Ulrich Thamer u. a. (Hg.), Die Universität Münster im Nationalsozialismus. Kontinuitäten und Brüche zwischen 1920 und 1960, Bd. 2, Münster 2012, S. 1083–1112.
Demm, Eberhard: Von der Weimarer Republik zur Bundesrepublik. Der politische Weg Alfred Webers 1920–1958, Düsseldorf 1999.
Dessoir, Max: Buch der Erinnerung, Stuttgart 1946.
Deutsche Apotheker-Biographie. Hg. Wolfgang-Hagen Hein u. Holm-Dietmar Schwarz, 2 Bände u. 2 Ergänzungsbände, Stuttgart 1975–1997.
Deutsche Biographische Enzyklopädie (DBE). Hg. Walther Killy und Rudolf Vierhaus 2. überarbeitete und erweiterte Ausgabe. 12 Bände, München/Leipzig 2005–2008.
Deutscher Dermatologenkalender. Biographisch-Bibliographisches Dermatologen-Verzeichnis. Hg. E. Riecke, Leipzig 1929.
Deutsches Dermatologen-Verzeichnis. Lebens- und Leistungsschau. Hg. Erhard Riecke, Leipzig 1939.
Deutsches Gynäkologen-Verzeichnis. Wissenschaftlicher Werdegang und wissenschaftliches Schaffen deutscher Gynäkologen. Hg. Walter Stoeckel, Bearb. Friedrich Michelsson, Leipzig 1939.
Diccionario de Historia de Venezuela. Hg. Fundación Polar, 4 Bände, Caracas 1997[2].
Dick, Auguste: Emmy Noether 1882–1935, Basel 1970.
Diesener, Gerald / Kudrna, Jaroslav: Alfred Doren (1869–1934) – ein Historiker am Institut für Kultur- und Universalgeschichte, in: Gerald Diesener (Hg.), Karl Lambrecht weiterdenken. Universal- und Kulturgeschichte heute, Leipzig 1993, S. 60–85.
Diestelkamp, Bernhard: Die Rechtshistoriker der Rechtswissenschaftlichen Fakultät der Johann Wolfgang Goethe-Universität Frankfurt am Main 1933–1945, in: Michael Stolleis u. Dieter Simon

(Hg.), Rechtsgeschichte im Nationalsozialismus. Beiträge zur Geschichte einer Disziplin, Tübingen 1989, S. 80–106.
Dietel, Beatrix: Die Universität Leipzig in der Weimarer Republik. Eine Untersuchung der sächsischen Hochschulpolitik, Leipzig 2015.
Dietze, Carola: Nachgeholtes Leben. Helmuth Plessner 1892–1985, Göttingen 2006.
Ditt, Thomas: „Stoßtruppfakultät Breslau". Rechtswissenschaft im „Grenzland Schlesien" 1933–1945, Tübingen 2011.
Dittrich, Hans Michael: Alfred Lublin (1895–1956) und sein Beitrag zur Diabetologie, in: Zeitschrift für ärztliche Fortbildung 79 (1985), S. 361–363.
Döring, Herbert: Der Weimarer Kreis. Studien zum politischen Bewusstsein verfassungstreuer Hochschullehrer in der Weimarer Republik, Meisenheim am Glan 1975.
Doetz, Susanne / Kopke, Christoph: „und dürfen das Krankenhaus nicht mehr betreten". Der Ausschluss jüdischer und politisch unerwünschter Ärzte und Ärztinnen aus dem Berliner Städtischen Gesundheitswesen, Berlin 2018.
Doetz, Susanne / Kopke, Christoph: Paul Fleischmann (1879–1947), Internist, in: Ruth Jacob / Ruth Federspiel (Hg.), Jüdische Ärzte in Schöneberg. Topographie einer Vertreibung, Berlin 2012, S. 96–98.
Domrich, Karl Hermann: Prof. Dr. Arthur Israel 80 Jahre alt, in: Berliner Medizin 14 (1963), S. 496.
Dorpalen, Andreas: Gerhard Ritter, in: Hans-Ulrich Wehler (Hg.), Deutsche Historiker, Bd. I, Göttingen 1971, S. 86–99.
Drabek, Alexander: Die Dr. Senckenbergische Anatomie von 1914–1945, Hildesheim 1988.
Driesch, Hans: Lebenserinnerungen. Aufzeichnungen eines Forschers und Denkers in entscheidender Zeit, München/Basel 1951.
Drigalski, Wilhelm von: Im Wirkungsfelde Robert Kochs, Hamburg 1948².
Drings, Peter u. a. (Hg.): Albert Fraenkel. Ein Arztleben in Licht und Schatten 1864–1938, Landsberg 2004.
Drobnig, Ulrich: Max Rheinstein (1899–1977), in: Stefan Grundmann u. a. (Hg.), Festschrift 200 Jahre Juristische Fakultät der Humboldt-Universität zu Berlin, Berlin 2010, S. 627–636.
Dross, Fritz: „Von den Juden, die nicht mehr in der Gesellschaft sein dürfen..." – „Gleichschaltung" und „Arisierung" am Beispiel der BGGF, in: Christoph Anthuber u. a. (Hg.), Herausforderungen. 100 Jahre Bayerische Gesellschaft für Geburtshilfe und Frauenheilkunde, Stuttgart 2012, S. 95–114.
Drüll, Dagmar: Heidelberger Gelehrtenlexikon 1803–1932, Berlin 2019².
Drüll, Dagmar: Heidelberger Gelehrtenlexikon 1933–1986, Berlin/Heidelberg 2009.
Dubinski, Daniel / Collmann, Hartmut: Sir Ludwig Guttmann (1899–1980), in: Ulrike Eisenberg u.a.: Verraten – Vertrieben – Vergessen. Werk und Schicksal nach 1933 verfolgter deutscher Hirnchirurgen, Berlin 2017, S. 252–287.
Duchhardt, Heinz: Arnold Berney (1897–1943). Das Schicksal eines jüdischen Historikers, Köln 1993.
Düwell, Kurt: Carl Heinrich Becker, in: Kurt G. A. Jeserich / Helmut Neuhaus (Hg.), Persönlichkeiten der Verwaltung. Biographien zur deutschen Verwaltungsgeschichte 1648–1945. Stuttgart 1991, S. 350–354.
Duggan, Stephen / Drury, Betty: The Rescue of Science and Learning: The Story of the Emergency Committee in Aid of Displaced Foreign Scholars, New York 1948.
Dupeux, Louis: „Nationalbolschewismus" in Deutschland 1919–1933. Kommunistische Strategie und konservative Dynamik, München 1985.
Ebbinghaus, Heinz-Dieter: Ernst Zermelo (1871–1953), Schöpfer der axiomatischen Mengenlehre. Wegweisend in der Forschung, verfolgt in der Universität, in: 550 Jahre Albert-Ludwigs-Universi-

tät Freiburg. Festschrift, Bd. 4: Wegweisende naturwissenschaftliche und medizinische Forschung, Freiburg 2007, S. 145–154.

Eberle, Henrik: Die Martin-Luther-Universität in der Zeit des Nationalsozialismus 1933–1945, Halle 2002.

Eberle, Hendrik: „Ein wertvolles Instrument". Die Universität Greifswald im Nationalsozialismus, Köln u. a. 2015.

Ebert, Andreas D.: Es kommt nicht darauf an, wer Recht hat, sondern was richtig ist – Robert Meyers Wirken an den Frauenkliniken der königlichen Charité (1908–1912) und der Berliner Friedrich-Wilhelms-Universität (1912–1939), in: Matthias David / Andreas D. Ebert (Hg.), Geschichte der Berliner Universitäts-Frauenkliniken, Berlin 2009, S. 219–237.

Ebner, Paulus: Politik und Hochschule. Die Hochschule für Bodenkultur 1914–1955, Wien 2002.

Eckart, Wolfgang U.: Orthopädie, in: ders. u. a. (Hg.), Die Universität Heidelberg im Nationalsozialismus, Heidelberg 2006, S. 823–844.

Eckart, Wolfgang U.: Mineralogie und Petrographie, Geologie und Paläontologie, in: ders. u. a. (Hg.), Die Universität Heidelberg im Nationalsozialismus, Heidelberg 2006, S. 1175–1191.

Eckart, Wolfgang U.: Ernst Moro (1874–1951) und die „Goldenen Jahre" der Heidelberger Pädiatrie, in: Georg F. Hoffmann u. a. (Hg.), Entwicklungen und Perspektiven der Kinder- und Jugendmedizin. 150 Jahre Pädiatrie in Heidelberg, Mainz 2010, S. 57–74.

Eckert, Jörn: Der Kieler Rechtsgelehrte Max Pappenheim (1860–1934), in: Jörn Eckert / Kjell Å. Modéer (Hg.), Geschichte und Perspektiven des Rechts im Ostseeraum, Frankfurt/M. 2002, S. 169–197.

Eckel, Jan: Hans Rothfels. Eine intellektuelle Biographie im 20. Jahrhundert, Göttingen 2005.

Edelstein, Ludwig: Erich Frank's Work. An Appreciation, in: Erich Frank: Wissen, Wollen, Glauben. Gesammelte Aufsätze zur Philosophiegeschichte und Existenzialphilosophie, Stuttgart 1955, S. 407–465.

Ehlers, Jürgen: Das Geologische Institut der Hamburger Universität in den dreißiger Jahren, in: Eckart Krause u. a. (Hg.), Hochschulalltag im „Dritten Reich". Die Hamburger Universität 1933–1945, Berlin/Hamburg 1991, Teil III, S. 1223–1239.

Ehling, Kay: Paul Friedländer. Ein klassischer Philologe zwischen Wilamowitz und George, Berlin 2019.

Eisenberg, Ulrike: Vom „Nervenplexus" zur „Seelenkraft": Werk und Schicksal des Berliner Neurologen Louis Jacobsohn-Lask (1863–1940), Frankfurt/M. 2005.

Elsner, Gine: Verfolgt, vertrieben und vergessen. Drei jüdische Sozialhygieniker aus Frankfurt am Main: Ludwig Ascher (1865–1942), Wilhelm Hanauer (1866–1940), Ernst Simonson (1898–1974), Hamburg 2017.

Encyclopaedia Judaica 16 Bände. Hg. Cecil Roth, Jerusalem 1971/72.

Encyclopedia of Special Education. A Reference for the Education of Children, Adolescents, and Adults with Disabilities and Other Exceptional Individuals. Hg. Cecil R. Reynolds u. Elaine Fletcher-Janzen, third edition, Hoboken, NJ 2007, Bd. 3.

Engel, Christiane: Die Apothekengeschichte Nürnbergs im 19. und 20. Jahrhundert bis zur Niederlassungsfreiheit, Stuttgart 2016.

Engel, Michael: Prof. Dr. Hans Pringsheim – Ein vergessener Biochemiker. Mit einem Exkurs: Yeshayahu Leibowitz, in: Astrid Schürmann / Burghard Weiss (Hg.), Chemie – Kultur – Geschichte. Festschrift Hans-Werner Schütt, Berlin 2002, S. 107–129.

Engels, Marc: Die „Wirtschaftsgemeinschaft des Westlandes". Bruno Kuske und die wirtschaftswissenschaftliche Westforschung zwischen Kaiserreich und Bundesrepublik, Aachen 2007.

Engisch, Karl: Wolfgang Mittermaier (1867–1956) / Jurist, in: Hans Georg Gundel u. a. (Hg.), Gießener Gelehrte in der ersten Hälfte des 20. Jahrhunderts, Teil 2, Marburg 1982, S. 658–671.

Engler, Winfried: Lexikon der französischen Literatur, Stuttgart 1994.

Eppinger, Sven: Das Schicksal jüdischer Dermatologen Deutschlands in der Zeit des Nationalsozialismus, Frankfurt/M. 2001.

Epple, Moritz: An Unusul Career between Cultural and Mathematical Modernism: Felix Hausdorff, 1868–1942, in: Ulrich Charpa / Ute Deichmann (Hg.), Jews and Sciences in German Contexts, Tübingen 2007, S. 77–99.

Erkens, Franz-Reiner: Erich Caspar, in: Berlinische Lebensbilder, Bd. 10 Geisteswissenschaftler II, Hg. Hans-Christof Kraus, Berlin 2012, S. 281–305.

Ernst, Wolfgang: Fritz Schulz (1879–1957), in: Jack Beatson / Reinhard Zimmermann (Hg.), Jurists Uprooted. German speaking Emigré Lawyers in Twentieth-century Britain, Oxford 2004, S. 105–203.

Eschbach, Achim u. a. (Hg.), Interkulturelle Singer-Studien. Zu Leben und Werk Kurt Singers, München 2002.

Ettinghausen, Richard: Ernst Herzfeld (1879–1948), in: Ars Islamica 15/16 (1951), S. 261–267.

Etzold, Kristin: Exodus der Sozialmedizin in den dreißiger Jahren von Berlin in die USA – das Erbe Alfred Grotjahns, med. Diss., Berlin 2007.

Ewert, Günter / Ewert, Ralf: Alfred Lublin (4. Mai 1895 – 20. August 1956) hat wieder ein Gesicht, in: Zeitgeschichte regional. Mitteilungen aus Mecklenburg-Vorpommern, Heft 2/2009, S. 62–72.

Ewert, Günter / Ewert, Ralf: Henry Charles John Lauber (früher Heinrich Karl Johann Lauber, 24. Oktober 1899 – 19. März 1979). Emigrant aus der Medizinischen Universitätsklinik Greifswald, in: Zeitgeschichte regional, Heft 1/2011, S. 47–57.

Ewert, Günter / Ewert, Ralf: Emigranten der Medizinischen Universitätsklinik Greifswald in der Zeit des Nationalsozialismus, Berlin 2011.

Exodus Professorum. Akademische Feier zur Enthüllung einer Ehrentafel für die zwischen 1933 und 1945 entlassenen und vertriebenen Professoren und Dozenten der Georgia Augusta am 18. April 1989, Göttingen 1989.

Faulenbach, Bernd: Eugen Rosenstock-Huessy, in: Hans-Ulrich Wehler (Hg.), Deutsche Historiker, Bd. IX, Göttingen 1983, S. 102–126.

Federspiel, Ruth / Jacob, Ruth: Abraham Buschke (1868–1943). Arzt für Haut- und Geschlechtskrankheiten, in: Ruth Jacob / Ruth Federspiel (Hg.), Jüdische Ärzte in Schöneberg. Topographie einer Vertreibung, Berlin 2012, S. 61–65.

Feidel-Mertz, Hildegard: Pädagogen im Exil – zum Beispiel Hans Weil (1898–1972), in: Edith Böhne / Wolfgang Motzkau-Valeton (Hg.), Die Künste und die Wissenschaften im Exil 1933–1945, Gerlingen 1992, S. 379–399.

Felsch, Volkmar: Otto Blumenthals Tagebücher. Ein Aachener Mathematikprofessor erleidet die NS-Diktatur in Deutschland, den Niederlanden und Theresienstadt, Hg. Erhard Roy Wiehn, Konstanz 2011.

Felz, Sebastian: Recht zwischen Wissenschaft und Politik. Die Rechts- und Staatswissenschaftliche Fakultät der Universität Münster 1902 bis 1952, Münster 2016.

Felz, Sebastian: „Das Judentum in der Rechtswissenschaft. Die deutsche Rechtswissenschaft im Kampf gegen den jüdischen Geist". Eine „wissenschaftliche" Tagung im Oktober 1936 in Berlin, in: Zeitschrift für Neuere Rechtsgeschichte 39 (2017), S. 87–99.

Ferdinand, Ursula: Die Gleichschaltung an der Medizinischen Fakultät Münster – Selbstmobilisierung und Ausgrenzung, in: dies. u. a. (Hg.), Medizinische Fakultäten in der deutschen Hochschullandschaft 1925–1950, Heidelberg 2013, S. 69–102.

Ferdinand, Ursula: Die Medizinische Fakultät der Westfälischen Wilhelms-Universität Münster von der Gründung bis 1939, in: Hans-Ulrich Thamer u. a. (Hg.), Die Universität Münster im Nationalsozialismus. Kontinuitäten und Brüche zwischen 1920 und 1960, Bd. 1, Münster 2012, S. 413–530.

Feuß, Axel: Das Theresienstadt-Konvolut, Hamburg 2002.
Fiedler, Wilfried: Das Bild Hermann Hellers in der deutschen Staatsrechtswissenschaft, Leipzig 1994.
Finkenauer, Thomas / Herrmann, Andreas: Die Romanistische Abteilung der Savigny-Zeitschrift im Nationalsozialismus, in: Zeitschrift der Savigny-Stiftung für Rechtsgeschichte: Romanistische Abteilung 134 (2017), S. 1–48.
Fink-Madera, Andrea: Carl Neumann 1860–1934, Frankfurt/M. 1993.
Fischer, Ernst Peter: Byk Gulden. Forschergeist und Unternehmermut, München 1998.
Fischer, Hans: Völkerkunde in Hamburg, in: Eckart Krause u. a. (Hg.), Hochschulalltag im „Dritten Reich". Die Hamburger Universität 1933–1945, Berlin/Hamburg 1991, Teil II, S. 589–606.
Fischer, Isidor: Biographisches Lexikon der hervorragenden Ärzte der letzten fünfzig Jahre, 2 Bände, Berlin 1932/33.
Fischer, Klaus: Die Emigration von Wissenschaftlern nach 1933. Möglichkeiten und Grenzen einer Bilanzierung, in: Vierteljahrshefte für Zeitgeschichte 39 (1991), S. 535–549.
Fischer-Radizi, Doris: Vertrieben aus Hamburg. Die Ärztin Rahel Liebeschütz-Plaut, Göttingen 2019.
Fittschen, Klaus: Hermann Thiersch, in: Reinhard Lullies / Wolfgang Schiering (Hg.), Archäologenbildnisse. Porträts und Kurzbiographien von klassischen Archäologen deutscher Sprache, Mainz 1988, S. 183–184.
Flachs, Olha: Max Freiherr von Waldberg (1858–1938). Ein Beitrag zur Geschichte der Germanistik, Heidelberg 2016.
Flammer, Thomas: Die Katholisch-Theologische Fakultät Münster, in: Dominik Burkard / Wolfgang Weiß (Hg.), Katholische Theologie im Nationalsozialismus, Bd. 1/1, Würzburg 2007, S. 199–216.
Flasche, Rainer: Die Religionswissenschaft Joachim Wachs, Berlin 1978.
Flemming, Barbara: Karl Süssheim (1878–1947), in: Der Islam 56 (1979), S. 1–8.
Foley, Paul Bernard: Encephalitis Lethargica. The mind and brain virus, New York 2018.
Fontaine, Ulrike: Max Grünhut (1893–1964): Leben und wissenschaftliches Wirken eines deutschen Strafrechtlers jüdischer Herkunft, Frankfurt/M. 1998.
Forsbach, Ralf: Die Medizinische Fakultät der Universität Bonn im „Dritten Reich", München 2006.
Franck, Dierk: Curt Kosswig. Ein Forscherleben zwischen Bosporus und Elbe, Hamburg 2012.
Frank, Tibor: Ever ready to go: The multiple exiles of Leo Szilard, in: Physics in Perspective 7 (2005), S. 204–252.
Franke, A. / Franke, K.: Alfred Neumann (1865–1920), Moritz Katzenstein (1872–1932) und Max Marcus (1892–1983). Lebenswege von drei chirurgischen Chefärzten im Krankenhaus Berlin-Friedrichshain, in: Zentralblatt für Chirurgie 130 (2005), S. 492–496.
Frankfurter Biographie. Personengeschichtliches Lexikon. Hg. Wolfgang Klötzer, bearbeitet von Sabine Hock und Reinhard Frost, 2 Bände, Frankfurt/M. 1994.
Freimark, Peter: Promotion Hedwig Klein – zugleich ein Beitrag zum Seminar für Geschichte und Kultur des Vorderen Orients, in: Eckart Krause u. a. (Hg.), Hochschulalltag im „Dritten Reich". Die Hamburger Universität 1933–1945, Berlin/Hamburg 1991, Teil II, S. 851–864.
Freitäger, Andreas: Christian Eckert (1874–1952), Köln 2013.
Fremerey-Dohna, Helga / Schoene, Renate: Jüdisches Geistesleben in Bonn 1786–1945. Eine Biobibliographie, Bonn 1985.
Friderichs, Alfons (Hg.): Persönlichkeiten des Kreises Cochem-Zell, Trier 2004.
Fried, Johannes: Zwischen „Geheimem Deutschland" und „geheimer Akademie der Arbeit". Der Wirtschaftswissenschaftler Arthur Salz, in: Barbara Schlieben u. a. (Hg.), Geschichtsbilder im George-Kreis. Wege zur Wissenschaft, Göttingen 2004, S. 249–302.
Friedel, Thomas: Karl Wessely – sein Leben, sein Wirken und sein Einfluss auf die Augenheilkunde in Deutschland und in der Welt, med. Diss. Würzburg 2008.

Friedrich, Klaus-Peter: Wie der Marburger Juraprofessor Alfred Manigk 1933/34 um sein Lehramt gebracht wurde, in: Hessisches Jahrbuch für Landesgeschichte 71 (2021), S. 99–148.

Frisch, Karl von: Ernst Matthes †, in: Verhandlungen der Deutschen Zoologischen Gesellschaft in Münster/Westf. 1959, S. 532–534.

Frobenius, Wolfgang: Die Wiederbesetzung der gynäkologisch-geburtshilflichen Lehrstühle in Bayern nach 1945, in: Christoph Anthuber u. a. (Hg.), Herausforderungen. 100 Jahre Bayerische Gesellschaft für Geburtshilfe und Frauenheilkunde, Stuttgart 2012, S. 149–185.

Fubini, Riccardo: Renaissance Historian. The Career of Hans Baron, in: Journal of Modern History 64 (1992), S. 541–574.

Fuhrmeister, Christian: Hans Rose. Eine biographische Skizze, in: Pablo Schneider / Philipp Zitzlsperger (Hg.), Bernini in Paris, Berlin 2006, S. 434–455.

Gadamer, Hans-Georg: Philosophische Begegnungen, in: Hans-Georg Gadamer, Gesammelte Werke, Bd. 10, Tübingen 1995, S. 373–440.

Gara Cafiero, Renata de: Paul de Gara, M. D. President John F. Kennedy's Allergist, in: Allergy and Asthma Proceedings 19 (1998), S. 385 f.

Gassner, Ulrich M.: Heinrich Triepel. Leben und Werk, Berlin 1999.

Gavroglu, Kostas: Fritz London – a Scientific Biography, Cambridge 2005.

Gebhardt, Lisette: Akademische Arbeit und Asienkult: Wilhelm und Rousselle als Vermittler asiatischer Religion, in: Dorothea Wippermann / Georg Ebertshäuser (Hg.), Wege und Kreuzungen der Chinakunde an der Johann-Wolfgang-Goethe-Universität Frankfurt am Main, Frankfurt/M. 2007, S. 159–183.

Gedenkbuch – Opfer der Verfolgung der Juden unter der nationalsozialistischen Gewaltherrschaft in Deutschland 1933–1945 (Onlinepräsentation des Bundesarchivs).

Geisenhainer, Katja: Frankfurter Völkerkundler während des Nationalsozialismus, in: Jörn Kobes / Jan Otmar Hesse (Hg.), Frankfurter Wissenschaftler zwischen 1933 und 1945, Göttingen 2008, S. 33–59.

Gellately, Robert: Die Gestapo und die deutsche Gesellschaft. Die Durchsetzung der Rassenpolitik 1933–1945, Paderborn 1993.

Gensch, Martin: Der Lebensweg von Prof. D. Otto Schmitz, in: Archivmitteilungen. Hg. Landeskirchliches Archiv der Evangelischen Kirche von Westfalen, Nr. 22 (2013/14), S. 32–40.

Gerber, Albrecht: Deissmann the Philologist, Berlin 2010.

Gerber, Theophil: Persönlichkeiten aus Land- und Forstwirtschaft, Gartenbau und Veterinärmedizin, 2 Bände, Berlin 2004.

Gerlach, Joachim: Hartwig Kuhlenbeck – 60 Jahre vergleichend neuroanatomische Forschung, in: Journal für Hirnforschung 20 (1979), S. 107–113.

Gerl-Falkovitz, Hanna-Barbara: Romano Guardini. Konturen des Lebens und Spuren des Denkens, Kevelaer 2010[2].

Internationales Germanistenlexikon 1800–1950, Hg. Christoph König, 3 Bände, Berlin/New York 2003.

Gerner, Karin: Hans Reichenbach – sein Leben und Wirken, eine wissenschaftliche Biographie, Osnabrück 1997.

Gerrens, Uwe: Rüdiger Schleicher. Leben zwischen Staatsdienst und Verschwörung, Gütersloh 2009.

Gerstengabe, Sybille: Die erste Entlassungswelle von Hochschullehrern deutscher Hochschulen aufgrund des Gesetzes zur Wiederherstellung des Berufsbeamtentums vom 7.4.1933, in: Berichte zur Wissenschaftsgeschichte 17 (1994), S. 17–39.

Gerstengarbe, Sybille: Paula Hertwig – Genetikerin im 20. Jahrhundert. Eine Spurensuche, Halle/Saale 2012.

Gertzen, Thomas L.: Judentum und Konfession in der Geschichte der deutschsprachigen Ägyptologie, Berlin 2017.

Geuter, Ulfried: Die Professionalisierung der deutschen Psychologie im Nationalsozialismus, Frankfurt/M. 1984.

Geuter, Ulfried: Das Ganze und die Gemeinschaft – Wissenschaftliches und politisches Denken in der Ganzheitspsychologie Felix Kruegers, in: Carl Friedrich Graumann (Hg.), Psychologie im Nationalsozialismus, Berlin/Heidelberg 1985, S. 55–87.

Geyer, Dietrich: Georg Sacke, in: Hans-Ulrich Wehler (Hg.), Deutsche Historiker, Bd. V, Göttingen 1972, S. 117–129.

Giovannini, Norbert u. a.: Erinnern, Bewahren, Gedenken. Die jüdischen Einwohner Heidelbergs und ihre Angehörigen 1933–1945, Heidelberg 2011.

Glatzel, Manfred: Ernst von Romberg (1865–1933). Eine Biobibliographie, med. Diss. München 1978.

Glum, Friedrich: Zwischen Wissenschaft, Wirtschaft und Politik. Erlebtes und Erdachtes in vier Reichen, Bonn 1964.

Goebel, Hans H.: In memoriam Werner Rosenthal (1870–1942), in: Clinical Neuropathology 37 (2018), S. 190–192.

Göllnitz, Martin: Karrieren zwischen Diktatur und Demokratie. Die Berufungspolitik in der Kieler Theologischen Fakultät 1936 bis 1946, Frankfurt/M. 2014.

Göllnitz, Martin: Der Student als Führer? Handlungsmöglichkeiten eines jungakademischen Funktionärskorps am Beispiel der Universität Kiel (1927–1945), Ostfildern 2018.

Göppinger, Horst: Juristen jüdischer Abstammung im „Dritten Reich". Entrechtung und Verfolgung, München 1990[2].

Goerke, Heinz: Bruno Heymann (1871–1943) zum Gedenken, in: Deutsches Medizinisches Journal 22 (1971), S. 711 f.

Goerlich, Helmut: Erwin Jacobi (1884–1965), in: Peter Häberle u. a. (Hg.), Staatsrechtslehrer des 20. Jahrhunderts, Berlin 2018[2], S. 334–349.

Golczewski, Frank: Kölner Universitätslehrer und der Nationalsozialismus, Köln 1988.

Goldschmidt, Adolph: Lebenserinnerungen, Hg. Marie Roosen-Runge-Mollwo, mit Beitr. von Kai Robert Möller, Berlin 1989.

Goodman, Susan: Spirit of Stoke Mandeville. The Story of Sir Ludwig Guttmann, London 1986.

Gossner, Johannes: Albert Salomon (1883–1976). Pionier der Mammografie und Verfolgter des Nationalsozialismus, in: Senologie – Zeitschrift für Mammadiagnostik und -therapie 13 (2016), S. 166 f.

Gostmann, Peter / Ivanova, Alexandra: Emil Lederer: Wissenschaftslehre und Kultursoziologie, in: dies. (Hg.), Emil Lederer. Schriften zur Wissenschaftslehre und Kultursoziologie, Wiesbaden 2014, S. 7–37.

Gottstein, Adolf: Erlebnisse und Erkenntnisse. Nachlass 1939/40. Autobiographische und biographische Materialien, Hg. Alfons Labisch und Ulrich Koppitz, Berlin 1999.

Grabke, Volker C.: Wilhelm Liepmann als sozialer Gynäkologe, med. Diss., FU Berlin 1980.

Graf, Friedrich Wilhelm: Protestantische Universitätstheologie in der „deutschen Revolution", in: Friedrich Wilhelm Graf / Hans Günter Hockerts (Hg.), Distanz und Nähe zugleich? Die christlichen Kirchen im „Dritten Reich", München 2017, S. 119–164.

Gräfe, Ulrike: Leo Rosenberg – Leben und Wirken (1879–1963), Berlin 2011.

Graul, Johannes: Jüdisches Erbe und christliche Religiosität. Die Familiengeschichte als prägendes Moment in der Biographie des Religionswissenschaftlers Joachim Wach (1898–1955), in: Stephan Wendehorst (Hg.), Bausteine einer jüdischen Geschichte der Universität Leipzig, Leipzig 2006, S. 287–304.

Greenspan, Nancy Thorndike: Max Born – Baumeister der Quantenwelt. Eine Biographie, München 2006.
Grenville, Anthony: Friends of the ‚Enemy Aliens', in: AJR journal 10 (2010), S. 1 f. (online).
Grimm, Gerhard: Franz Babinger (1891–1967). Ein lebensgeschichtlicher Essay, in: Die Welt des Islams 38 (1998), S. 286–333.
Grimm, Marion: Alfred Storch (1888–1962): Daseinsanalyse und anthropologische Psychiatrie, med. Diss., Gießen 2004 (online).
Gröger, Johannes u. a.: Schlesische Kirche in Lebensbildern, Sigmaringen 1992.
Groß, Dominik u. a.: Die doppelte Ausgrenzung des Pathologen und NS-Opfers Paul Kimmelstiel (1900–1970), in: Der Pathologe 40 (2019), S. 301–312.
Groß, Matthias: Die nationalsozialistische „Umwandlung" der ökonomischen Institute, in: Heinrich Becker u. a. (Hg.), Die Universität Göttingen unter dem Nationalsozialismus, München 1998², S. 156–182.
Gross, Raphael: Carl Schmitt und die Juden, Frankfurt/M. 2000.
Grossekettler, Heinz: Fritz Neumark. Finanzwissenschaftler und Politikberater, Frankfurt/M. 2013.
Große Kracht, Klaus: „Bürgerhumanismus" oder „Staatsräson". Hans Baron und die republikanische Intelligenz des Quattrocento, in: Leviathan 29 (2001), S. 355–370.
Große Kracht, Klaus: Zwischen Berlin und Paris: Bernhard Groethuysen (1880–1946). Eine intellektuelle Biographie, Tübingen 2002.
Grosser, Alfred: Mein Deutschland, Hamburg 1993.
Grossmann, Gesine: „Der Historiker ... hat auch dem scheinbar Unbedeutenden Liebe und Arbeit zu widmen" – Max Dessoir, in: Lothar Sprung / Wolfgang Schönpflug (Hg.), Zur Geschichte der Psychologie in Berlin, Frankfurt/M. 2003², S. 169–199.
Grotefeld, Stefan: Friedrich Siegmund-Schultze. Ein deutscher Ökumeniker und christlicher Pazifist, Gütersloh 1995.
Gruber, Georg G.: Ludwig Pick (31.8.1868 bis 3.2.1944), in: Verhandlungen der Deutschen Gesellschaft für Pathologie 52 (1968), S. 574–580.
Grudev, Lachezar: Emigration with a Pulled Handbrake: Friedrich A. Lutz's Internal Methodenstreit (June 2, 2021). Center for the History of Political Economy at Duke University Working Paper Series, Durham, NC 2021.
Grün, Bernd: Der Rektor als Führer. Die Universität Freiburg i. Br. von 1933 bis 1945, Freiburg 2010.
Grüttner, Michael: Studenten im Dritten Reich, Paderborn 1995.
Grüttner, Michael: Biographisches Lexikon zur nationalsozialistischen Wissenschaftspolitik, Heidelberg 2004.
Grüttner, Michael: Das Dritte Reich 1933–1939 (Gebhardt. Handbuch der deutschen Geschichte, Bd. 19), Stuttgart 2014.
Grüttner, Michael u. a.: Die Berliner Universität zwischen den Weltkriegen 1918–1945 (Geschichte der Universität Unter den Linden 2), Berlin 2012.
Grüttner, Michael / Kinas, Sven: Die Vertreibung von Wissenschaftlern aus den deutschen Universitäten, 1933–1945, in: Vierteljahrshefte für Zeitgeschichte, 55 (2007), S. 123–186.
Grundmann, Kornelia: Die Marburger Philipps-Universität, in: Gerhard Aumüller u. a. (Hg.), Die Marburger Medizinische Fakultät im „Dritten Reich", München 2001, S. 86–98.
Gudian, Janus: Ernst Kantorowicz. Der „ganze Mensch" und die Geschichtsschreibung, Frankfurt/M. 2014.
Güde, Wilhelm: Der Rechtshistoriker Guido Kisch (1889–1985), Karlsruhe 2010.
Günther, Theodor: Bruno Moll. Leipzig – Lima/Peru. Sein Wirken für lebendige Finanzwissenschaft und solide Währung, Köln 1966.

Gundel, Hans Georg: Richard Laqueur (1881–1959) / Althistoriker, in: Hans Georg Gundel u. a. (Hg.), Gießener Gelehrte in der ersten Hälfte des 20. Jahrhunderts, Teil 2, Marburg 1982, S. 590–601.

Guski-Leinwand, Susanne (Hg.): Curt Werner Bondy. Psychologe und Strafgefangenenfürsorger, Berlin 2018.

Habermann, Alexandra u. a.: Lexikon deutscher wissenschaftlicher Bibliothekare 1925–1980, Frankfurt/M. 1985.

Habermann, Ernst: Julius Geppert (1856–1937) / Pharmakologe, in: Hans Georg Gundel u. a. (Hg.), Gießener Gelehrte in der ersten Hälfte des 20. Jahrhunderts, Teil 1, Marburg 1982, S. 264–266.

Habersack, Michael: Friedrich Dessauer (1881–1963). Eine politische Biographie des Frankfurter Biophysikers und Reichstagsabgeordneten, Paderborn 2011.

Hachtmann, Rüdiger (Hg.): Ein Koloß auf tönernen Füßen. Das Gutachten des Wirtschaftsprüfers Karl Eicke über die Deutsche Arbeitsfront vom 31. Juli 1936, München 2006.

Hachtmann, Rüdiger: Wissenschaftsmanagement im „Dritten Reich“. Geschichte der Generalverwaltung der Kaiser-Wilhelm-Gesellschaft, 2 Bände, Göttingen 2007.

Hachmeister, Lutz: Der Gegnerforscher. Die Karriere des SS-Führers Franz Alfred Six, München 1998.

Haenicke, Gunta / Finkenstaedt, Thomas: Anglistenlexikon 1825–1990. Biographische und bibliographische Angaben zu 318 Anglisten, Augsburg 1992.

Hagemann, Harald / Krohn, Claus-Dieter (Hg.): Biographisches Handbuch der deutschsprachigen wirtschaftswissenschaftlichen Emigration nach 1933, 2 Bände, München 1999.

Hahn, Otto: Mein Leben, München 1968.

Halfmann, Frank: Eine „Pflanzstätte bester nationalsozialistischer Rechtsgelehrter“: Die juristische Abteilung der Rechts- und Staatswissenschaftlichen Fakultät, in: Heinrich Becker u. a. (Hg.), Die Universität Göttingen unter dem Nationalsozialismus, München 1998[2], S. 102–155.

Hamburgische Biografie. Personenlexikon. Hg. Franklin Kopitzsch u. Dirk Brietzke, 7 Bände, Hamburg 2001–2019.

Hamel, Johanna: Leben für die Wissenschaft, Flucht vor dem Tod. Wissenschaftliches Werk und Schicksal des bedeutenden jüdischen Dermatologen Hans Biberstein (1889–1965), Mainz 2008.

Hammerstein, Notker: Die Johann Wolfgang Goethe-Universität Frankfurt am Main, Bd. I: 1914–1950, Neuwied 1989; Bd. II: Nachkriegszeit und Bundesrepublik 1945–1972, Göttingen 2012.

Hammerstein, Notker: Die Deutsche Forschungsgemeinschaft in der Weimarer Republik und im Dritten Reich. Wissenschaftspolitik in Republik und Diktatur, München 1999.

Hammerstein, Notker: Eine verwickelt vielschichtige Zeitgenossenschaft. Kurt Rheindorf und die Frankfurter Universität, in: Dieter Hein u. a. (Hg.), Historie und Leben. Der Historiker als Wissenschaftler und Zeitgenosse. Festschrift Lothar Gall, München 2006, S. 467–478.

Hammerstein, Notker: Kurt Riezler. Der Kurator und seine Universität, Frankfurt 2019.

Hanisch, Ludmila: Ausgegrenzte Kompetenz. Porträts vertriebener Orientalisten und Orientalistinnen. Eine Hommage anläßlich des XXVIII. Deutschen Orientalistentags, Halle 2001.

Hanschel, Hermann: Oberbürgermeister Hermann Luppe. Nürnberger Kommunalpolitik in der Weimarer Republik, Nürnberg 1977.

Hansen, Eckhard / Tennstedt, Florian (Hg.): Biographisches Lexikon zur Geschichte der deutschen Sozialpolitik 1871–1945, Bd. 1: Sozialpolitiker im Deutschen Kaiserreich 1871 bis 1918; Bd. 2: Sozialpolitiker in der Weimarer Politik und im Nationalsozialismus 1919 bis 1945, Kassel 2010/18.

Hansen, Niels: Franz Böhm mit Ricarda Huch. Zwei wahre Patrioten, Düsseldorf 2009.

Hantke, Manfred: Geistesdämmerung. Das Philosophische Seminar an der Eberhard-Karls-Universität Tübingen 1918–1945, phil. Diss., Tübingen 2015 (online).

Happ, Sabine / Jüttemann, Veronika (Hg): „Es ist mit einem Schlag alles so restlos vernichtet“. Opfer des Nationalsozialismus an der Universität Münster, Münster 2018.

Hargittay, István: The Martians of Science. Five Physicists Who Changed the Twentieth Century, New York 2006.
Harms, Wolfgang: Die studentische Gegenwehr gegen Angriffe auf Paul Hankamer an der Universität Königsberg 1935/36, in: Martin Huber / Gerhard Lauer (Hg.), Nach der Sozialgeschichte. Konzepte für eine Literaturwissenschaft zwischen Historischer Anthropologie, Kulturgeschichte und Medientheorie, Tübingen 2000, S. 281–301.
Harries, Susie: Nikolaus Pevsner: The Life, London 2011.
Harten, Hans Christian u. a.: Rassenhygiene als Erziehungsideologie des Dritten Reichs. Bio-bibliographisches Handbuch, Berlin 2006.
Hartenstein, Fritjof: Leben und Werk des Psychiaters Ernst Grünthal (1894–1972), med. Diss., Mainz 1976.
Hartmann, Barbara: Die Anfänge der Vergleichenden Erziehungswissenschaft im deutschsprachigen Raum. Das Wirken des Erziehungswissenschaftlers Friedrich Schneider, Frankfurt/M. 2009.
Hartmann, Jürgen: Die Erinnerungen Julius Kleebergs an seine Kindheit und Jugend in Salzuflen und Bösingfeld 1899–1908, in: Rosenland. Zeitschrift für lippische Geschichte, Nr. 10, Juni 2010, S. 2–25 (online).
Hartshorne, Edward Yarnall: The German Universities and National Socialism, London 1937.
Hartung, Fritz: Korrespondenz eines Historikers zwischen Kaiserreich und zweiter Nachkriegszeit, Hg. Hans-Christof Kraus, Berlin 2019.
Hartung-von Doetinchem, Dagmar / Winau, Rolf (Hg.): Zerstörte Fortschritte. Das Jüdische Krankenhaus in Berlin 1756 - 1861 - 1914 - 1989, Berlin 1989.
Hass-Zumkehr, Ulrike: Agathe Lasch (1879–1942?), in: Wilfried Barner / Christoph König (Hg.), Jüdische Intellektuelle und die Philologien in Deutschland 1871–1933, Göttingen 2001, S. 203–211.
Hauck, Joachim: Carl Harko Hermann Johannes von Noorden (1858–1944). Sein Leben und Werk unter besonderer Berücksichtigung seiner Theorien über die Ursachen des Diabetes mellitus, Mainz 1980.
Hauck, Michael (Hg.): Albert Hahn. Ein verstoßener Sohn Frankfurts, Bankier und Wissenschaftler, Frankfurt/M. 2009.
Haunfelder, Bernd: Reichstagsabgeordnete der Deutschen Zentrumspartei 1871–1933. Biographisches Handbuch und historische Biographien, Düsseldorf 1999.
Haupts, Leo: Die Universität zu Köln im Übergang vom Nationalsozialismus zur Bundesrepublik, Köln 2007.
Hauser, Stefan: Ernst Herzfeld, professeur de l'archéologie orientale à l'université de Berlin, in: Beiträge zur islamischen Kunst und Archäologie, Hg. Ernst-Herzfeld-Gesellschaft, Bd. 1, Wiesbaden 2008, S. 21–40.
Hausmann, Frank-Rutger: „Aus dem Reich der seelischen Hungersnot". Briefe und Dokumente zur Fachgeschichte der Romanistik im Dritten Reich, Würzburg 1993.
Hausmann, Frank-Rutger: „Vom Strudel der Ereignisse verschlungen". Deutsche Romanistik im „Dritten Reich", Frankfurt/M. 2000.
Hausmann, Frank-Rutger: Anglistik und Amerikanistik im „Dritten Reich", Frankfurt/M. 2003.
Hausmann, Frank-Rutger: „Deutsche Geisteswissenschaft" im Zweiten Weltkrieg. Die „Aktion Ritterbusch" (1940–1945), Heidelberg 2007[3].
Hausmann, Frank-Rutger: Das Fach Mittellateinische Philologie an deutschen Universitäten von 1930 bis 1950, Stuttgart 2010.
Hawgood, Barbara J.: Karl Heinrich Slotta (1895–1987) Biochemist: Snakes, Pregnancy and Coffee, in: Toxicon 39 (2001), S. 1277–1282.

Hebenstreit, Uta: Die Verfolgung jüdischer Ärzte in Leipzig in den Jahren der nationalsozialistischen Diktatur. Schicksale der Vertriebenen, med. Diss., Leipzig 1997.

Hecker, Karl: Julius Lewy (1895–1963) / Assyriologe, in: Hans Georg Gundel u. a. (Hg.), Gießener Gelehrte in der ersten Hälfte des 20. Jahrhunderts, Teil 2, Marburg 1982, S. 626–633.

Hederich, Michael: Karl Bernhard Ritter. Reformer – Kämpfer – Seelsorger. Ein Lebensbild, Kassel 2010.

Heftrig, Ruth u. a. (Hg.): Alois J. Schardt. Ein Kunsthistoriker zwischen Weimarer Republik, „Drittem Reich" und Exil in Amerika, Berlin 2013.

Hegel, Eduard: Geschichte der Katholisch-Theologischen Fakultät Münster 1773–1964, 2 Teile, Münster 1966/71.

Heger, Martin: James Goldschmidt (1874–1940), in: Stefan Grundmann u. a. (Hg.), Festschrift 200 Jahre Juristische Fakultät der Humboldt-Universität zu Berlin, Berlin 2010, S. 477–495.

Heiber, Helmut: Walter Frank und sein Reichsinstitut für Geschichte des neuen Deutschlands, Stuttgart 1966.

Heiber, Helmut: Universität unterm Hakenkreuz. Teil I: Der Professor im Dritten Reich, München 1991, Teil II: Die Kapitulation der Hohen Schulen, 2 Bände, München 1992/94.

Heid, Stefan / Dennert, Martin (Hg.): Personenlexikon zur christlichen Archäologie, 2 Bände, Regensburg 2012.

Heidel, Caris-Petra (Hg.): Ärzte und Zahnärzte in Sachsen 1933–1945. Eine Dokumentation von Verfolgung, Vertreibung, Ermordung, Frankfurt/M. 2005.

Heine, Peter: Wiederentdeckte Gemeinsamkeiten, in: Orientalistische Literaturzeitung 95 (2000), S. 367–376.

Heinemann, Rebecca: Das Kind als Person. William Stern als Wegbereiter der Kinder- und Jugendforschung 1900 bis 1933, Bad Heilbrunn 2016.

Heinz, Sabine: Ur- und frühgeschichtliche Erkenntnisse in den Arbeiten des Keltologen Julius Pokorny, in: Achim Leube (Hg.), Prähistorie und Nationalsozialismus. Die mittel- und osteuropäische Ur- und Frühgeschichtsforschung in den Jahren 1933–1945, Heidelberg 2001, S. 293–304.

Heinze, Carsten: „Die Verhältnisse sind von Semester zu Semester unerträglicher geworden". Litt 1930 bis 1936, in: Theodor-Litt-Jahrbuch 1 (1999), S. 68–94.

Heinzel, Reto: Theodor Mayer. Ein Mittelalterhistoriker im Banne des „Volkstums" 1920–1960, Paderborn 2015.

Heitmann, Margret: Jonas Cohn: Philosoph, Pädagoge und Jude. Gedanken zum Werdegang und Schicksal des Freiburger Neukantianers und seiner Philosophie, in: Walter Grab / Julius H. Schoeps (Hg.), Juden in der Weimarer Republik, Darmstadt 1998², S. 179–199.

Held, Steffen: Jüdische Hochschullehrer und Studierende an der Leipziger Juristenfakultät. Institution und Akteure von der Weimarer Republik bis in die frühe DDR, in: Stephan Wendehorst (Hg.), Bausteine einer jüdischen Geschichte der Universität Leipzig, Leipzig 2006, S. 207–244.

Hellberg, Helmut: Johannes Maria Verweyen. Wahrheitssucher und Bekenner, in: Bonner Geschichtsblätter 31 (1979), S. 122–154.

Hendel, Joachim u. a. (Bearb.): Wege der Wissenschaft im Nationalsozialismus. Dokumente zur Universität Jena 1933–1945, Stuttgart 2007.

Hendel, Joachim: Herbert Koch und seine Geschichte der Jenaer Romanistik, in: Christian Falludi / Joachim Hendel (Bearb.), Die „Geschichte der Romanistik an der Universität Jena" von Herbert Koch, Stuttgart 2019, S. 11–18.

Hengel, Martin: Elias Bickermann. Erinnerungen an einen großen Althistoriker aus St. Petersburg, in: Hyperboreus 10 (2004), S. 171–199.

Hennecke, Hans Jörg: Wilhelm Röpke. Ein Leben in der Brandung, Stuttgart 2005.

Henning, Christoph: „Der übernationale Gedanke der geistigen Einheit". Gottfried Salomon (-Delatour), der vergessene Soziologe der Verständigung, in: Amalie Barboza / Christoph Henning (Hg.), Deutsch-jüdische Wissenschaftsschicksale. Studien über Identitätskonstruktionen in der Sozialwissenschaft, Bielefeld 2006, S. 48–100.
Henning, Friedrich-Wilhelm (Hg.): Kölner Volkswirte und Sozialwissenschaftler, Köln 1988.
Henze, Wilhelm (Hg.): B. Zimmermann – H. Nohl – K. Hahn. Ein Beitrag zur Reformpädagogik, Duderstadt 1991.
Herber, Friedrich: Gerichtsmedizin unterm Hakenkreuz, Leipzig 2002.
Herbers, Klaus: Von Venedig nach Nordeuropa. Bernhard F. Schmeidler und die europäische Mittelalterforschung in Erlangen seit 1921, in: Helmut Neuhaus (Hg.), Geschichtswissenschaft in Erlangen, Erlangen 2000, S. 71–102.
Herde, Peter: Max Buchner (1881–1941) und die politische Stellung der Geschichtswissenschaft an der Universität Würzburg 1925–1945, in: Peter Baumgart (Hg.), Die Universität Würzburg in den Krisen der ersten Hälfte des 20. Jahrhunderts, Würzburg 2002, S. 183–251.
Herde, Peter: Michael Seidlmayer (1902–1961), in: Fränkische Lebensbilder, Bd. 23, Neustadt/Aisch 2012, S. 211–226.
Herf, Jeffrey: Nazi Propaganda for the Arab World, New Haven / London 2009.
Hering, Rainer: Die Missionswissenschaft in Hamburg 1909–1959, in: ders., Theologische Wissenschaft und „Drittes Reich", Pfaffenweiler 1990, S. 35–85.
Herklotz, Ingo: Richard Krautheimer in Deutschland. Aus den Anfängen einer wissenschaftlichen Karriere 1925–1933, Münster 2021.
Herrmann, Hans Peter: Germanistik – auch in Freiburg eine „deutsche Wissenschaft"? In: Eckhard John u. a. (Hg.), Die Freiburger Universität in der Zeit des Nationalsozialismus, Freiburg 1991, S. 115–149.
Hertler, Christine: Franz Weidenreich und die Anthropologie in Frankfurt. Weidenreichs Weg an die Frankfurter Universität, in: Jörn Kobes / Jan-Otmar Hesse (Hg.), Frankfurter Wissenschaftler zwischen 1933 und 1945, Göttingen 2008, S. 111–123.
Heß, Diana: Leben und Werk des Internisten Georg Ganter (1885–1940) unter besonderer Berücksichtigung seiner Rolle in der Geschichte der Peritonealdialyse, Greifswald 2011.
Hesse, Alexander: Die Professoren und Dozenten der preußischen Pädagogischen Akademien (1926–1933) und Hochschulen für Lehrerbildung (1933–1941), Weinheim 1995.
Heuer, Renate (Hg.): Lexikon deutsch-jüdischer Autoren / Archiv Bibliographia Judaica, 21 Bände, München/Berlin 1992–2013.
Heuer, Renate / Wolf, Siegbert (Hg.): Die Juden der Frankfurter Universität, Frankfurt/M. 1997.
Heun, Werner: Leben und Werk verfolgter Juristen – Gerhard Leibholz (1901–1982). in: Eva Schumann (Hg.), Kontinuitäten und Zäsuren. Rechtswissenschaft und Justiz im „Dritten Reich" und in der Nachkriegszeit, Göttingen 2008, S. 301–326.
Heuss, Alfred: Eugen Täubler Postumus, in: Historische Zeitschrift 248 (1989), S. 265–303.
Heydemann, Günther: Sozialistische Transformation. Die Universität Leipzig vom Ende des Zweiten Weltkrieges bis zum Mauerbau 1945–1961, in: Geschichte der Universität Leipzig 1409–2009. Bd. 3: Das zwanzigste Jahrhundert 1909–2009, Hg. Senatskommission zur Erforschung der Leipziger Universitäts- und Wissenschaftsgeschichte, Leipzig 2010, S. 335–565.
Heymann, Annegret: Der Jurist Julius Flechtheim. Leben und Werk, Köln 1990.
Hippius, Hanns u. a.: Die Psychiatrische Klinik der Universität München 1904–2004, Heidelberg 2005.
Hirschfeld, Gerhard: „The defence of learning and science ...". Der Academic Assistance Council in Großbritannien und die wissenschaftliche Emigration aus Nazi-Deutschland, in: Exilforschung. Ein internationales Jahrbuch 6 (1988), S. 28–42.

Historikerlexikon. Von der Antike bis zur Gegenwart, Hg. Rüdiger vom Bruch / Rainer A. Müller, München 2002².
Historisches Ärztelexikon für Schlesien, bearbeitet von Michael Sachs, 6 Bände, A–S, Wunstorf 1997–2015.
Hochschulalltag im „Dritten Reich“. Die Hamburger Universität 1933–1945. Hg. Eckart Krause, Ludwig Huber, Holger Fischer, 3 Bände, Berlin/Hamburg 1991.
Höfer, J.: Erinnerungen an Dompropst Professor Dr. Paul Simon, in: Paderbornensis Ecclesia. Beiträge zur Geschichte des Erzbistums Paderborn, Paderborn 1972, S. 631–688.
Höpfner, Hans-Paul, Die Universität Bonn im Dritten Reich. Akademische Biographien unter nationalsozialistischer Herrschaft, Bonn 1999.
Hölzer, Volker: Georg und Rosemarie Sacke. Zwei Leipziger Intellektuelle und Antifaschisten, Leipzig 2004.
Hof, Walter: Karl Viëtor (1892–1951) / Professor für Neuere Literaturgeschichte, in: Hans Georg Gundel u. a. (Hg.), Gießener Gelehrte in der ersten Hälfte des 20. Jahrhunderts, Teil 2, Marburg 1982, S. 970–980.
Hofer, Hermann u. a. (Hg.): Werner Krauss. Literatur, Geschichte, Schreiben, Tübingen 2003.
Hoffmann, Christhard: Juden und Judentum im Werk deutscher Althistoriker des 19. und 20. Jahrhunderts. Leiden 1988.
Hoffmann, Dieter: Erwin Schrödinger, Leipzig 1984.
Hoffmann, Dieter / Walker, Mark: Der Physiker Friedrich Möglich (1902–1957) – ein Antifaschist? In: Dieter Hoffmann / Kristie Macrakis (Hg.), Naturwissenschaft und Technik in der DDR, Berlin 1997, S. 361–382.
Hoffmann, Dieter / Walker, Mark (Hg.): „Fremde“ Wissenschaftler im Dritten Reich. Die Debye-Affäre im Kontext, Göttingen 2011.
Hoffmann, Erich: Ringen um Vollendung. Lebenserinnerungen aus einer Wendezeit der Heilkunde 1933–1946, Hannover 1949.
Hohmann, Carmen C.: Ein jüdisches Professorenschicksal zwischen Hamburg und London. Der Zahnmediziner Hans Jacob Türkheim (1889–1955), Münster 2009.
Holdorff, Bernd: Schicksal und Werk von Arthur Simons (1877–1942). Zur Erinnerung an einen im Holocaust ermordeten Berliner Neurologen, in: Schriftenreihe der Deutschen Gesellschaft für Geschichte der Nervenheilkunde, Bd. 18, Würzburg 2012, S. 371–389.
Hollender, Martin: Der Berliner Germanist und Theaterwissenschaftler Max Herrmann (1865–1942). Leben und Werk, Berlin 2013.
Hollerbach, Alexander: Zu Leben und Werk Heinrich Triepels, in: Archiv des öffentlichen Rechts 91 (1966), S. 417–441.
Hollerbach, Alexander: Über Godehard Joseph Ebers (1880–1958). Zur Rolle katholischer Geistlicher in der neueren publizistischen Wissenschaftsgeschichte, in: Festschrift für Ulrich Scheuner zum 70. Geburtstag, Hg. Horst Ehmke u. a., Berlin 1973, S. 143–162.
Hollerbach, Alexander: Wissenschaft und Politik: Streiflichter zu Leben und Werk Franz Böhms (1895–1977), in: Dieter Schwab (Hg.), Staat, Kirche, Wissenschaft in einer pluralistischen Gesellschaft, Festschrift Paul Mikat, Berlin 1989, S. 283–299.
Holmes, Frederic Lawrence: Hans Krebs, Bd. 1: The Formation of a Scientific Life, 1900–1933; Bd. 2: Architect of Intermediary Metabolism 1933–1937, New York / Oxford 1991/93.
Holthusen, Hermann u. a. (Hg.): Ehrenbuch der Röntgenologen und Radiologen aller Nationen, München 1959.
Holzhauer, Heinz: Von der Sache zum Recht: Walter Erman (1904–1982), in: Thomas Hoeren (Hg.), Münsteraner Juraprofessoren, Münster 2015², S. 146–161.

Honoré, Tony: Fritz Pringsheim (1882–1967), in: Jack Beatson / Reinhard Zimmermann (Hg.), Jurists Uprooted. German speaking Emigré Lawyers in Twentieth-century Britain, Oxford 2004, S. 205–232.

Hoppenstedt, Wolfram: Gerhard Colm. Leben und Werk (1897–1968), Stuttgart 1997.

Hopwood, Nick: Biology between University and Proletariat. The Making of a Red Professor, in: History of Science 35 (1997), S. 367–424.

Horn, Klaus-Peter: Erziehungswissenschaft in Deutschland im 20. Jahrhundert. Zur Entwicklung der sozialen und fachlichen Struktur der Disziplin von der Erstinstitutionalisierung bis zur Expansion, Bad Heilbrunn 2003.

Hornstein, Otto: Zur Erinnerung an Ernst Melkersson (1898–1932) und Curt Rosenthal (1892–1937), in: Der Hautarzt 15 (1964), S. 515–516.

Hoyer, Siegfried: Lazar Gulkowitsch an den Universitäten Leipzig und Dorpat (Tartu), in: Judaica Lipsiensia. Zur Geschichte der Juden in Leipzig, Leipzig 1994, S. 123–131.

Hubenstorf, Michael: „Aber es kommt mir doch so vor, als ob Sie dabei nichts verloren hätten.“, in: Wolfram Fischer u. a. (Hg.), Exodus von Wissenschaften aus Berlin, Berlin 1994, S. 355–460.

Huber, Andreas: Rückkehr erwünscht. Im Nationalsozialismus aus „politischen“ Gründen vertriebene Lehrende der Universität Wien, Wien 2016.

Huber, Barbara: Richard Martin Honig (1890–1981), in: Helmut Heinrichs u. a. (Hg.), Deutsche Juristen jüdischer Herkunft, München 1993, S. 745–765.

Hübinger, Paul Egon: Wilhelm Levison (1876–1947), in: Rheinische Lebensbilder, Bd. 7, Köln 1977, S. 227–252.

Hünemörder, Christian: Biologie und Rassenbiologie in Hamburg 1933 bis 1945, in: Eckart Krause u. a. (Hg.), Hochschulalltag im „Dritten Reich“. Die Hamburger Universität 1933–1945, Berlin/Hamburg 1991, Teil III, S. 1155–1196.

Hürten, Heinz: Deutsche Katholiken 1918–1945, Paderborn 1992.

Huhn, Ingeborg / Kilian, Ursula: „Es wird alles gut werden“. Der Briefwechsel zwischen dem jüdischen Pharmakologen Hermann Freund und seinem Schüler Willy König 1925 bis 1939, Münster 2011.

Hurwic, Jozef: Kasimir Fajans (1887–1975). Lebensbild eines Wissenschaftlers, Berlin 2000.

Ignor, Alexander: Max Alsberg (1877–1933), in: Stefan Grundmann u. a. (Hg.), Festschrift 200 Jahre Juristische Fakultät der Humboldt-Universität zu Berlin, Berlin 2010, S. 655–681.

Internationales Soziologenlexikon. Hg. Wilhelm Bernsdorf und Horst Knospe, 2. neu bearbeitete Auflage, 2 Bände, Stuttgart 1980/84.

Irrlitz, Gerd: Rechtsordnung und Ethik der Solidarität. Der Strafrechtler und Philosoph Arthur Baumgarten, Berlin 2008.

Jäger, Lorenz: Adorno. Eine politische Biographie, München 2003.

Jaeger, Siegfried: Vom erklärbaren, doch ungeklärten Abbruch einer Karriere. Die Tierpsychologin und Sinnesphysiologin Mathilde Hertz (1891–1975), in: Horst Gundlach (Hg.), Untersuchungen zur Geschichte der Psychologie und der Psychotechnik, München 1996, S. 229–262.

Jaeger, Siegfried: Wolfgang Köhler in Berlin, in: Lothar Sprung / Wolfgang Schönpflug (Hg.), Zur Geschichte der Psychologie in Berlin, Frankfurt/M. 2003^2, S. 275–301.

Jähnichen, Traugott / Losch, Andreas (Hg.): Hans Ehrenberg als Grenzgänger zwischen Theologie und Philosophie, Kamen 2017.

Jaenicke, Lothar: „To Have Eyes is Common – to Use Them is Rare“. Ernst Bresslau (1877–1935) as Protistologist, in: Protist 150 (1999), S. 345–353.

Jaenicke, Lothar: Wilhelm S(iegmund) Feldberg, in: BIOspektrum, Nr. 3/2008, S. 323–325.

Jahnke, Karl Heinz: Gegen Hitler. Gegner und Verfolgte des NS-Regimes in Mecklenburg 1933–1945, Rostock 2000.

Jansen, Christian: Professoren und Politik. Politisches Denken und Handeln der Heidelberger Hochschullehrer 1914–1935, Heidelberg 1992.

Jaspert, Bernd: Heinrich Hermelink (1877–1958) / Kirchenhistoriker, in: Ingeborg Schnack (Hg.), Marburger Gelehrte in der ersten Hälfte des 20. Jahrhunderts, Marburg 1977, S. 194–209.

Jatho, Jörg-Peter: „Gern beugen sich die Männer des Geistes vor den Männern der Macht." Ernst Horneffer. Zur politischen Biographie des Gießener Philosophieprofessors, Gießen 1998.

Jedin, Hubert: Lebensbericht. Mit einem Dokumentenanhang, Hg. Konrad Repgen, Mainz 1984.

Jehle, Peter: Werner Krauss und die Romanistik im NS-Staat, Hamburg 1996.

Jensen, William B. u. a.: Scientist in the Service of Israel. The Life and Times of Ernst David Bergmann (1903–1975), Jerusalem 2011.

Jenss, Harro: Hermann Strauss. Internist und Wissenschaftler in der Charité und im Jüdischen Krankenhaus Berlin, Berlin 2010.

Jenss, Harro / Reinicke, Peter: Ferdinand Blumenthal. Kämpfer für eine fortschrittliche Krebsmedizin und Krebsfürsorge, Berlin 2012.

John, Eckhard: Der Mythos vom Deutschen in der Musik: Musikwissenschaft im Nationalsozialismus, in: Eckhard John u. a. (Hg.), Die Freiburger Universität in der Zeit des Nationalsozialismus, Freiburg 1991, S. 163–190.

John, Jürgen / Stutz, Rüdiger: Die Jenaer Universität 1918–1945, in: Traditionen – Brüche – Wandlungen. Die Universität Jena 1850–1995. Hg. Senatskommission zur Aufarbeitung der Jenaer Universitätsgeschichte im 20. Jahrhundert, Köln 2009, S. 270–587.

Jones, Larry Eugene: German Liberalism and the Dissolution of the Weimar Party System, 1918–1933, Chapel Hill, NC 1988.

Jones, Larry Eugene: The German Right, 1918–1930. Political Parties, Organized Interests, and Patriotic Associations in the Struggle against Weimar Democracy, Cambridge 2020.

Joseph, Anthony u. a. (Hg.): Studies in Memory of Issai Schur, Boston 2003.

Judaica Lipsiensia. Zur Geschichte der Juden in Leipzig, Hg. Ephraim Carlebach Stiftung, Leipzig 1994.

Jüdische Lebenswege in Jena, Erinnerungen, Fragmente, Spuren, Hg. Stadtarchiv Jena in Zusammenarbeit mit dem Jenaer Arbeitskreis Judentum, Jena 2015.

Jungfer, Gerhard: Julius Magnus (1867–1944). Mentor und Mahner der freien Advokatur, in: Helmut Heinrichs u. a. (Hg.), Deutsche Juristen jüdischer Herkunft, München 1993, S. 517–530.

Jung, Ute: Walter Braunfels (1882–1954), Regensburg 1980.

Jungbluth, Manuela: Anna Siemsen – eine demokratisch-sozialistische Reformpädagogin, Frankfurt/M. 2012.

Junginger, Horst: Ein Kapitel Religionswissenschaft während der NS-Zeit: Hans Alexander Winkler (1900–1945), in: Zeitschrift für Religionswissenschaft 3 (1995), S. 137–161.

Jutz, Renate: Max Isserlin. Gründer der Heckscher Nervenklinik für Kinder und Jugendliche. Leben und Werk eines Münchner Psychiaters, seine Arbeit für psychisch und geistig Kranke und Behinderte, München 1981.

Kabus, Ronny: Juden in Ostpreußen, Husum 1998.

Kaegi, Dominic: Philosophie, in: Wolfgang U. Eckart u. a. (Hg.), Die Universität Heidelberg im Nationalsozialismus, Heidelberg 2006, S. 321–349.

Kästner, Ingrid: Der Frauenarzt Prof. Dr. med. Felix Otto Skutsch, in: Ärzteblatt Sachsen 24 (2013), S. 486–489.

Kagan, Solomon R.: Jewish Medicine, Boston 1952.

Kahle, Paul E.: Bonn University in Pre-Nazi and Nazi Times 1923–1939. Experiences of a German Professor, London 1945.

Kaiser, Christine M.: Agathe Lasch (1879–1942). Erste Germanistikprofessorin Deutschlands, Berlin 2007.

Kalus, Peter u. a.: Ernst Grünthal (1894–1972). Anmerkungen zum Titelbild, in: Der Nervenarzt 74 (2003), S. 298 f.

Kamlah, Andreas: Hans Reichenbach – Leben, Werk und Wirkung, in: Rudolf Haller / Friedrich Stadler (Hg.), Wien – Berlin – Prag. Der Aufstieg der wissenschaftlichen Philosophie, Wien 1993, S. 238–283.

Kamps, Karl: Johannes Maria Verweyen. Gottsucher, Mahner und Bekenner, Wiesbaden 1955.

Kanitscheider, Bernulf: August Messer (1867–1937) / Philosoph, in: Hans Georg Gundel u. a. (Hg.), Gießener Gelehrte in der ersten Hälfte des 20. Jahrhunderts, Teil 2, Marburg 1982, S. 644–657.

Kapferer, Norbert: Die Nazifizierung der Philosophie an der Universität Breslau 1933–1945, Münster 2001.

Karanis, Gabriele: Karl Ludloff. Leben und Werk unter besonderer Berücksichtigung zweier Operationstechniken, med. Diss. Universität Köln, 2012.

Karsen, Sonja Petra: Bericht über den Vater. Fritz Karsen (1885–1951). Mit einer schulhistorischen Notiz von Gerd Radde, Berlin 1993.

Kasper-Holtkotte, Cilli: Deutschland in Ägypten. Orientalistische Netzwerke, Judenverfolgung und das Leben der Frankfurter Jüdin Mimi Borchardt, Berlin/Boston 2017.

Katz, Joachim Thomas: Leben und Werk des Pathologen Prof. Dr. Siegfried Oberndorfer. Erster Chefarzt der Pathologie am Krankenhaus München-Schwabing, med. Diss., Univ. München 2005.

Kaudelka, Steffen: Rezeption im Zeitalter der Konfrontation. Französische Geschichtswissenschaft und Geschichte in Deutschland 1920–1940, Göttingen 2003.

Kauder, Peter: Alfred Petzelt (1886–1967). Ein Lebenslauf, in: Vierteljahresschrift für wissenschaftliche Pädagogik 66 (1990), S. 360–380.

Kaufmann, Angelika Katharina: Alfred Bielschowsky (1871–1940). Ein Leben für die Strabologie, Egelsbach u. a. 1994.

Kaufmann, Arthur: Gustav Radbruch. Rechtsdenker, Philosoph, Sozialdemokrat, München 1987.

Kegel, Gerhard: Ernst Rabel (1874–1955). Vorkämpfer des Weltkaufrechts, in: Helmut Heinrichs u. a. (Hg.), Deutsche Juristen jüdischer Herkunft, München 1993, S. 571–593.

Kelbert, Inga-Britt: Paul Lazarus (1873–1957). Pionier der Strahlentherapie. Leben und Werk, med. Diss., TH Aachen 2007.

Kempter, Klaus: Die Jellineks 1820–1955. Eine familienbiographische Studie zum deutschjüdischen Bürgertum, Düsseldorf 1998.

Keßler, Mario: Arthur Rosenberg. Ein Historiker im Zeitalter der Katastrophen (1889–1943), Köln 2003.

Kinas, Sven: Elisabeth Schiemann und die „Säuberung“ der Berliner Universität 1933 bis 1945, in: Reiner Nürnberg u. a. (Hg.), Elisabeth Schiemann (1881–1972), Rangsdorf 2014, S. 343–369.

Kinas, Sven: Akademischer Exodus. Die Vertreibung von Hochschullehrern aus den Universitäten Berlin, Frankfurt am Main, Greifswald und Halle 1933–1945, Heidelberg 2018.

Kinnard, Lawrence: History of the Greater San Francisco Bay Region, New York 1966.

Biographisch-Bibliographisches Kirchenlexikon (BBKL), Hg. Friedrich Wilhelm Bautz u. Traugott Bautz, Hamm 1975 ff.

Kirchhof, Paul: Albert Hensel (1895–1933). Ein Kämpfer für ein rechtsstaatlich geordnetes Steuerrecht, in: Helmut Heinrichs u. a. (Hg.), Deutsche Juristen jüdischer Herkunft, München 1993, S. 781–792.

Kirchhoff, Wolfgang: Der Einfluss von Alfred Kantorowicz auf die wissenschaftliche Zahnheilkunde in der Türkei, in: Albrecht Scholz / Caris-Petra Heidel (Hg.), Emigrantenschicksale. Einfluss der jüdischen Emigranten auf Sozialpolitik und Wissenschaft in den Aufnahmeländern, Frankfurt/M. 2004, S. 115–126.

Kisch, Bruno: Wanderungen und Wandlungen. Die Geschichte eines Arztes im 20. Jahrhundert, Köln 1966.

Kisch, Guido: Der Lebensweg eines Rechtshistorikers – Lebenserinnerungen, Sigmaringen 1975.

Klappenbach, Hugo: Eduardo Krapf (1901–1963): Primer Presidente de la Sociedad Interamericana de Psicología, in: Revista Interamericana de Psicología 38 (2004), S. 361–368.

Kleibert, Kristin: Die Juristische Fakultät der Humboldt-Universität zu Berlin im Umbruch – Die Jahre 1948–1951, Berlin 2010.

Klein, Christa: Elite und Krise. Expansion und „Selbstbehauptung" der Philosophischen Fakultät Freiburg 1945–1967, Stuttgart 2020.

Klemperer, Victor: Ich will Zeugnis ablegen bis zum letzten. Tagebücher 1933–1945, 2 Bände, Berlin 1995.

Klibansky, Raymond: Erinnerung an ein Jahrhundert. Gespräche mit Georges Leroux, Frankfurt/M. 2001.

Klieneberger-Nobel, Emmy: Pionierleistungen für die Medizinische Mikrobiologie. Lebenserinnerungen, Stuttgart 1977.

Klika, Dorle: Herman Nohl (1879–1960), in: Heinz-Elmar Tenorth (Hg.), Klassiker der Pädagogik, Bd. 2, München 2012^{2}, S. 123–136.

Klimesch, Karl Ritter von (Hg.): Köpfe der Politik, Wirtschaft, Kunst und Wissenschaft, 2 Bände, Augsburg 1953.

Klimpel, Volker: Ärzte-Tode. Unnatürliches und gewaltsames Ableben in neun Kapiteln und einem biographischen Anhang, Würzburg 2005.

Klingemann, Carsten: Soziologie im Dritten Reich, Baden-Baden 1996.

Knaus, Hermann: Hugo Hepding (1878–1959) / Klassischer Philologe, Volkskundler und Bibliotheksdirektor, in: Hans Georg Gundel u. a. (Hg.), Gießener Gelehrte in der ersten Hälfte des 20. Jahrhunderts, Teil 1, Marburg 1982, S. 387–391.

Kneppe, Alfred / Wiesehöfer, Josef: Friedrich Münzer. Ein Althistoriker zwischen Kaiserreich und Nationalsozialismus, Bonn 1983.

Knipper, Michael: Antropología y „crisis de la medicina": el patólogo M. Kuczynski-Godard (1890–1967) y las poblaciones nativas en Asia Central y Perú, in: Dynamis 29 (2009), S. 97–121.

Knorre, Susanne: Soziale Selbstbestimmung und individuelle Verantwortung. Hugo Sinzheimer (1875–1945). Eine politische Biographie, Frankfurt/M. 1991.

Koch, Sabine: Leben und Werk der Zellforscherin Rhoda Erdmann, med. Diss., Marburg 1985.

Kodalle, Klaus-Michael (Hg.): Philosophie eines Unangepaßten: Hans Leisegang, Würzburg 2003.

Köhn, Michael: Zahnärzte 1933–1945. Berufsverbot – Emigration – Verfolgung, Berlin 1994.

Koenen, Andreas: Der Fall Carl Schmitt. Sein Aufstieg zum „Kronjuristen des Dritten Reiches", Darmstadt 1995.

Koenen, Erik: Ein Journalist wird in Leipzig erster ordentlicher Professor für Zeitungskunde: Erich Everth und die disziplinäre Fundierung der Zeitungskunde als Wissenschaft, in: Erik Koenen (Hg.): Die Entdeckung der Kommunikationswissenschaft, Köln 2016, S. 124–154.

Kosch, Wilhelm, Das katholische Deutschland. Biographisch-bibliographisches Lexikon, 3 Bände (A–Schlüter), Augsburg 1933–1938 (unvollständig).

Kossack, Georg: Gero Merhart von Bernegg (1886–1959) / Vorgeschichtler, in: Ingeborg Schnack (Hg.), Marburger Gelehrte in der ersten Hälfte des 20. Jahrhunderts, Marburg 1977, S. 332–356.

Kozuschek, Waldemar: Siegmund Hadda (1882–1977). The Last Head-Surgeon Chief-Surgeon of the Jewish Hospital in Wrocław, in: Polski Przegląd Chirurgiczny 79 (2007), S. 256–262.
Kramer, Joel: The Death of an Orientalist: Paul Kraus from Prague to Cairo, in: Martin Kramer (Hg.), The Jewish Discovery of Islam, Tel Aviv 1999, S. 181–223.
Kramer, Rudolf von / Waldenfels, Otto Freiherr von: Der königlich bayerische Militär-Max-Joseph-Orden. Kriegstaten und Ehrenbuch 1914–1918, München 1966.
Krause, Eckart / Nicolaysen, Rainer (Hg.): Zum Gedenken an Magdalene Schoch (1897–1987), Hamburg 2008.
Krebs, Hans: Wie ich aus Deutschland vertrieben wurde. Dokumente mit Kommentaren, in: Medizinhistorisches Journal 15 (1980), S. 357–377.
Kreft, Gerald: Philipp Schwartz (1894–1977). Zürich und die Notgemeinschaft Deutscher Wissenschaftler im Ausland, in: Schriftenreihe der Deutschen Gesellschaft für Geschichte der Nervenheilkunde, Bd. 18, Würzburg 2012, S. 101–129.
Krekic, Barisa: George Ostrogorsky (1902–1976), in: Helen Damico / Joseph B. Zavadil (Hg.), Medieval Scholarship. Biographical Studies on the Formation of a Discipline, Bd. 1: History, New York u. a. 1995, S. 302–312.
Kressley-Mba, Regina / Jaeger, Siegfried: Rediscovering a Missing Link. The Sensory Physiologist and Comparative Psychologist Mathilde Hertz (1891–1975), in: History of Psychology 6 (2003), S. 379–396.
Kreuter, Alma: Deutschsprachige Neurologen und Psychiater. Ein biographisch-bibliographisches Lexikon von den Vorläufern bis zur Mitte des 20. Jahrhunderts, 3 Bände, München 1996.
Krohn, Claus-Dieter: Der Philosophische Ökonom. Zur intellektuellen Biographie Adolph Lowes, Marburg 1996.
Krohn, Claus-Dieter u. a. (Hg.): Handbuch der deutschsprachigen Emigration 1933–1945, Darmstadt 1998².
Krois, John Michael: Cassirer. Symbolic Forms and History, New Haven/London 1987.
Kroll, Frank-Lothar: Intellektueller Widerstand im Dritten Reich. Heinrich Lützeler und der Nationalsozialismus, Berlin 2008.
Kubo, Keiji: Hugo Sinzheimer – Vater des deutschen Arbeitsrechts. Eine Biographie, Köln 1995.
Kühl, Richard: Leitende Aachener Klinikärzte und ihre Rolle im „Dritten Reich", Kassel 2010.
Kühn-Leitz, Knut (Hg.): Max Berek. Schöpfer der ersten Leica Objektive, Pionier der Mikroskopie, Stuttgart 2009.
Kümmel, F.-Michael / Walter, Franz: Zwischen Kant und Hegel, zwischen Bürgertum und Arbeiterbewegung. Siegfried Marck zum 100. Geburtstag, in: Jahrbuch der Schlesischen Friedrich-Wilhelms-Universität zu Breslau 30 (1989), S. 185–213.
Kürschners Deutscher Gelehrten-Kalender, 1.–13. Ausgabe, Berlin 1925–1980.
Kuhlmann, Alfred: Das Lebenswerk Benedikt Schmittmanns, Berlin 2008².
Kuhn, Helmut: Curriculum vitae meae, in: Ludwig J. Pongratz (Hg.), Philosophie in Selbstdarstellungen, Bd. III, Hamburg 1977, S. 236–283.
Kuhn, Rick: Henryk Grossmann and the Recovery of Marxism, Chicago 2007.
Kummer, Jörg: Karl Wilhelm Meissner 1891–1959, in: Klaus Bethge / Horst Klein (Hg.), Physiker und Astronomen in Frankfurt, Neuwied 1989, S. 112–120.
Kunze, Rolf Ulrich: Ernst Rabel und das Kaiser-Wilhelm-Institut für ausländisches und internationales Privatrecht 1926–1945, Göttingen 2004.
Kutscher, Wilhelm: Zum Gedächtnis. Adolf von Batocki-Bledau, in: Jahrbuch der Albertus-Universität zu Königsberg/Pr. 2 (1952), S. 5 f.

Kytzler, Bernhard: Eduard Norden, in: Berlinische Lebensbilder, Bd. 4 Geisteswissenschaftler, Hg. Michael Erbe, Berlin 1989, S. 327–342.

Kytzler, Bernhard u. a.: Eduard Norden (1868–1941). Ein deutscher Gelehrter jüdischer Herkunft, Stuttgart 1994.

Lambrecht, Ronald: Politische Entlassungen in der NS-Zeit. Vierundvierzig biographische Studien von Hochschullehrern der Universität Leipzig, Leipzig 2006.

Lammel, Hans-Uwe: Chirurgie und Nationalsozialismus am Beispiel der Berliner Chirurgischen Universitätsklinik in der Ziegelstraße, in: Wolfram Fischer u. a. (Hg.), Exodus von Wissenschaften aus Berlin, Berlin 1994, S. 568–591.

Landau, Jacob M.: Gotthold Eljakim Weil (Berlin, 1882 – Jerusalem, 1960), in: Die Welt des Islam 38 (1998), S. 280–285.

Lando, Ole: Ernst Rabel (1874–1955), in: Stefan Grundmann u. a. (Hg.), Festschrift 200 Jahre Juristische Fakultät der Humboldt-Universität zu Berlin, Berlin 2010, S. 605–625.

Lang, Markus: Karl Loewenstein. Transatlantischer Denker der Politik, Stuttgart 2007.

Lange, Wolfram: Der Mineraloge Prof. Dr. Arthur Sachs aus Breslau (1876–1942), in: Der Aufschluss 71 (2020), S. 205–223.

Law, Ricky W.: Transnational Nazism. Ideology and Culture in German-Japanese Relations, 1919–1936, Cambridge / New York 2019.

Lebensbilder Hamburgischer Rechtslehrer, veröffentlicht von der Rechtswissenschaftlichen Fakultät aus Anlaß des fünfzigjährigen Bestehens der Universität Hamburg 1919–1969, Hamburg 1969.

Leesch, Wolfgang: Die deutschen Archivare 1500–1945, Bd. 2: Biographisches Lexikon, München 1992.

Leff, Laurel: Combating Prejudice and Protectionism in American Medicine: The Physicians Committee's Fight for Refugees from Nazism, 1939–1945, in: Holocaust and Genocide Studies 28 (2014), S. 181–239.

Leimkugel, Frank: Botanischer Zionismus. Otto Warburg (1859–1938) und die Anfänge institutionalisierter Naturwissenschaften in „Erez Israel", Berlin 2005.

Leimkugel, Frank / Müller-Jahncke, Wolf-Dieter: Vertriebene Pharmazie. Wissenstransfer durch deutsche und österreichisch-ungarische Apotheker nach 1933, Stuttgart 1999.

Leitsch, Walter / Stoy, Manfred: Das Seminar für osteuropäische Geschichte der Universität Wien 1907–1948, Graz 1983.

Lem, Oda: Leopold Casper (1859–1959). Biobibliographie eines Berliner Urologen, med. Diss., Berlin 1973.

Lembke, Hans H.: Die schwarzen Schafe bei den Gradenwitz und Kuczynski. Zwei Berliner Familien im 19. und 20. Jahrhundert, Berlin 2008.

Lemmerich, Jost: Aufrecht im Sturm der Zeit. Der Physiker James Franck 1882–1964, Diepholz 2007.

Lenger, Friedrich: Die Erlanger Historiker in der nationalsozialistischen Diktatur, in: Helmut Neuhaus (Hg.), Geschichtswissenschaft in Erlangen, Erlangen 2000, S. 269–288.

Lenhard, Philipp: Friedrich Pollock. Die graue Eminenz der Frankfurter Schule, Berlin 2019.

Lenzen, Verena: Paul Ludwig Landsberg – ein Name in Vergessenheit, in: Exil 11 (1991), S. 5–22.

Lepsius, Oliver: Karl Loewenstein (1891–1973), in: Peter Häberle u. a. (Hg), Staatsrechtslehrer des 20. Jahrhunderts, Berlin 2018², S. 489–517.

Lerchenmüller, Joachim: „Keltischer Sprengstoff". Eine wissenschaftsgeschichtliche Studie über die deutsche Keltologie von 1900–1945, Tübingen 1997.

Lerchenmueller, Joachim: Die Geschichtswissenschaft in den Planungen des Sicherheitsdienstes der SS. Der SD-Historiker Hermann Löffler und seine Denkschrift „Entwicklung und Aufgaben der Geschichtswissenschaft in Deutschland", Bonn 2001.

Lerner, Robert E.: Ernst Kantorowicz. Eine Biografie, Stuttgart 2020.

Lessing, Joan C.: Guide to the oral history collection of the Research Foundation for Jewish Immigration, New York 1982.
Levy, Amit: A Man of Contention. Martin Plessner (1900–1973) and His Encounters with the Orient, in: Naharaim 10 (2016), S. 79–100.
Lewin, Günter: Eduard Erkes und die Sinologie in Leipzig, in: Helmut Martin / Christiane Hammer (Hg.), Chinawissenschaften – Deutschsprachige Entwicklungen. Geschichte, Personen, Perspektiven, Hamburg 1999, S. 449–473.
Lexikon bedeutender Mathematiker, Hg. Siegfried Gottwald, Hans-Joachim Ilgauds und Karl-Heinz Schlote, Leipzig 1990.
Lickleder, Benedikt Maria Sebastian: Der forstwissenschaftliche Fachbereich der Universität Freiburg in der Zeit von 1920 bis 1945, Diss., Universität Freiburg 2009 (online).
Liedtke, Hartwig: Karl Birnbaum. Leben und Werk, med. Diss., Universität Köln 1982.
Liefmann, Martha / Liefmann, Else: Helle Lichter auf dunklem Grund. Die „Abschiebung“ aus Freiburg nach Gurs 1940–1942. Mit Erinnerungen an Professor Dr. Robert Liefmann, Hg. Erhard Roy Wiehn, Konstanz 1995[2].
Liepach, Martin: Das Wahlverhalten der jüdischen Bevölkerung. Zur politischen Orientierung der Juden in der Weimarer Republik, Tübingen 1996.
Link, Sandra: Ein Realist mit vielen Idealen – Der Völkerrechtler Karl Strupp (1886–1940), Baden-Baden 2003.
Linke, Dietmar: Zur Erinnerung an den Berliner Chemiker Wilhelm Traube (1866–1942), in: Mitteilungen der Gesellschaft Deutscher Chemiker / Fachgruppe Geschichte der Chemie 25 (2017), S. 287–301.
Lippert, Herbert: Titus W.-H. Ritter von Lanz, in: Acta Anatomica 84 (1973), S. 465–474.
Lippmann, Andreas: Marburger Theologie im Nationalsozialismus, München 2003.
List of Displaced German Scholars, London 1936, Reprint in: Emigration. Deutsche Wissenschaftler nach 1933. Entlassung und Vertreibung, Hg. Herbert A. Strauss u. a., Berlin 1987.
Litten, Freddy: Astronomie in Bayern 1914–1945, Stuttgart 1992.
Litten, Freddy: Ernst Mohr – Das Schicksal eines Mathematikers, in: Jahresbericht der Deutschen Mathematiker-Vereinigung 98 (1996), S. 192–212.
Litten, Freddy: Die „Verdienste“ eines Rektors im Dritten Reich. Ansichten über den Geologen Leopold Kölbl in München, in: NTM. Internationale Zeitschrift für Geschichte und Ethik der Naturwissenschaften, Technik und Medizin 11 (2003), S. 34–46.
Löhe, Heinrich / Langer, Erich (Hg.): Die Dermatologen deutscher Sprache. Bio-bibliographisches Verzeichnis, Leipzig 1955.
Lösch, Anna-Maria Gräfin von: Der nackte Geist. Die Juristische Fakultät der Berliner Universität im Umbruch von 1933, Tübingen 1999.
Löwith, Karl: Mein Leben in Deutschland vor und nach 1933, Neuausgabe, Hg. Frank-Rutger Hausmann, Stuttgart/Weimar 2007.
Lorz, Andrea: Damit sie nicht vergessen werden! Eine Spurensuche zum Leben und Wirken jüdischer Ärzte in Leipzig, Leipzig 2017.
Losemann, Volker: Nationalsozialismus und Antike. Studien zur Entwicklung des Faches Alte Geschichte, Hamburg 1977.
Lowe, Adolph: Rückblick auf meine verkürzte Mitgliedschaft in der fünften Fakultät, in: Bertram Schefold (Hg.), Wirtschafts- und Sozialwissenschaftler in Frankfurt am Main, Marburg 2004, S. 93–95.
Lowenthal, Ernst G.: Juden in Preußen. Biographisches Verzeichnis. Ein repräsentativer Querschnitt Berlin 1981.

Lubarsch, Otto: Ein bewegtes Gelehrtenleben, Berlin 1931.

Lublin, Edith: Ein Leben in der Fremde. 17 Jahre in Bolivien, in: Die Ostpreußische Arztfamilie, Sommerrundbrief 1965, S. 21–22.

Ludwig, Hartmut: Die Berliner Theologische Fakultät 1933 bis 1945, in: Rüdiger vom Bruch (Hg.), Die Berliner Universität in der NS-Zeit, Bd. II: Fachbereiche und Fakultäten, Stuttgart 2005, S. 93–121.

Lübtow, Ulrich von: In memoriam Fritz Klingmüller, in: Zeitschrift der Savigny-Stiftung für Rechtsgeschichte, Romanistische Abteilung 60 (1940), S. 340–346.

Lück, Helmut E.: Kurt Lewin. Eine Einführung in sein Werk, Weinheim u. a. 2001.

Lüddecke, Andreas: Der „Fall Saller" und die Rassenhygiene. Eine Göttinger Fallstudie zu den Widersprüchen sozialbiologistischer Ideologiebildung, Marburg 1995.

Lullies, Reinhard / Schiering, Wolfgang (Hg.): Archäologenbildnisse. Porträts und Kurzbiographien von klassischen Archäologen deutscher Sprache, Mainz 1988.

Luppe, Hermann: Mein Leben, Nürnberg 1977.

Maas, Utz: Verfolgung und Auswanderung deutscher Sprachforscher 1933–1945, 2 Bände, Tübingen 2010.

Macrae, Norman: John von Neumann. Mathematik und Computerforschung. Facetten eines Genies, Basel 1994.

März, Wolfgang: Willibalt Apelt (1877–1965), in: Peter Häberle u. a. (Hg.), Staatsrechtslehrer des 20. Jahrhunderts, Berlin 2018², S. 222–247.

Mahrenholz, Michael-Alexander: Eugen Joseph (26.4.1879–24.12.1933). Biobibliographie eines Berliner Urologen, med. dent. Diss., Berlin 1978.

Mahrer, Stefanie: Woman, Scientist, and Jew. The Forced Migration of Berta Ottenstein, in: Kerry Walach / Aya Elyada (Hg.), German-Jewish Studies. Next Generation, New York 2022, S. 171–188.

Maier, Dieter G.: Ignaz Jastrow. Sozialliberal in Wissenschaft und Politik, Berlin 2010.

Maier, Hans (Hg.): Die Freiburger Kreise. Akademischer Widerstand und Soziale Marktwirtschaft, Paderborn 2014.

Maier, Helmut: Karl Heldmann (1869–1943). Ein Kriegsgegner an der Universität Halle, in: Wissenschaftliche Zeitschrift der Martin-Luther-Universität Halle-Wittenberg, Sprach- und geisteswissenschaftliche Reihe 16 (1967), S. 223–240.

Maier-Metz, Harald: Entlassungsgrund: Pazifismus. Albrecht Götze, der Fall Gumbel und die Marburger Universität 1930–1946, Münster 2015.

Majer, Ulrich: Vom Weltruhm der zwanziger Jahre zur Normalität der Nachkriegszeit: Die Geschichte der Chemie in Göttingen von 1930 bis 1950, in: Heinrich Becker u. a. (Hg.), Die Universität Göttingen unter dem Nationalsozialismus, München 1998², S. 589–629.

Mantel, Peter: Betriebswirtschaftslehre und Nationalsozialismus. Eine institutionen- und personengeschichtliche Studie, Wiesbaden 2009.

Mantel, Peter: Schicksale betriebswirtschaftlicher Hochschullehrer im Dritten Reich, Mannheim 2009.

Marks, Shula u. a. (Hg.): In Defence of Learning. The Plight, Persecution, and Placement of Academic Refugees, 1933–1980s, New York 2011.

Marrow, Alfred J.: Kurt Lewin – Leben und Werk, Stuttgart 1977.

Marsh, Charles: Dietrich Bonhoeffer. Der verklärte Fremde. Eine Biographie, Gütersloh 2015.

Martin, Bernd: Die Entlassung der jüdischen Lehrkräfte an der Freiburger Universität und die Bemühungen um ihre Wiedereingliederung nach 1945, in: Freiburger Universitätsblätter, Heft 129 (1995), S. 7–46.

Martin, Michael u. a.: Verfolgt und vergessen? Die Neurologen Kurt Goldstein und Friedrich Heinrich Lewy, in: Der Nervenarzt 93 (2022), Supplement 1, S. 532–541.

Martin, Michael u. a.: Späte Zwangsemigration ohne Perspektive: Alfred Hauptmann und Adolf Wallenberg, in: Der Nervenarzt 93 (2022), Supplement 1, S. 542–551.
Martin, Michael u. a.: Disparate Lebenswege: Ludwig Guttmann und Robert Wartenberg, in: Der Nervenarzt 93 (2022), Supplement 1, S. 552–561.
Marx, Hans Joachim: „... ein jüngerer Gelehrter von Rang". Leo Schrades frühe Jahre bis zur Emigration in die USA (1938), in: Die Musikforschung 67 (2014), S. 251–269.
Masur, Gerhard: Das ungewisse Herz: Berichte aus Berlin – über die Suche nach dem Freien, Holyoke, Mass. 1978.
Mattes, Jasmin Beatrix: Demütigung – Vertreibung – Neuanfang: Aus Freiburg geflohen in alle Welt, in: Bernd Grün u. a. (Hg.), Medizin und Nationalsozialismus. Die Freiburger Medizinische Fakultät und das Klinikum in der Weimarer Republik und im „Dritten Reich", Frankfurt/M. 2002, S. 161–188.
Matthews, D. M.: Otto Cohnheim – the forgotten physiologist, in: British Medical Journal, Nr. 6137 (1978), S. 618 f.
Matthiesen, Michael: Verlorene Identität. Der Historiker Arnold Berney und seine Freiburger Kollegen 1923–1938, Göttingen 1998.
Mauersberger, Klaus: Der Sozialwissenschaftler Richard Woldt als Begründer der Technikgeschichte an der Technischen Hochschule Dresden in: Johannes Rohbeck / Hans-Ulrich Wöhler (Hg.), Auf dem Weg zur Universität. Kulturwissenschaften in Dresden 1871–1945, Dresden 2001, S. 357–367.
Maurach, Reinhart: Aus der Frühzeit der deutschen Ostrechtsforschung, in: Jahrbuch für Ostrecht 8 (1967), S. 7–24.
Maurer, Golo: August Grisebach (1881–1950). Kunsthistoriker in Deutschland, Ruhpolding 2007.
Mayenburg, David von: Kriminologie und Strafrecht zwischen Kaiserreich und Nationalsozialismus. Hans von Hentig (1887–1974), Baden-Baden 2006.
Mayer, Gustav: Erinnerungen. Vom Journalisten zum Historiker der deutschen Arbeiterbewegung. Mit Erläuterungen und Ergänzungen, einem Nachwort und einem Personenregister von Gottfried Niedhart, Hildesheim 1993.
McEwan, Dorothea: Fritz Saxl – Eine Biografie. Aby Warburgs Bibliothekar und erster Direktor des Londoner Warburg Institutes, Wien 2012.
Medicus, Dieter: Martin Wolff (1872–1953). Ein Meister an Klarheit, in: Helmut Heinrichs u. a. (Hg.), Deutsche Juristen jüdischer Herkunft, München 1993, S. 543–553.
Mehmel, Astrid: Alfred Philippson (1.1.1864 – 28.3.1953) – ein deutscher Geograph, in: Aschkenas. Zeitschrift für Geschichte und Kultur der Juden 8 (1998), S. 353–379.
Mehregan, Amir H.: Felix Pinkus, M. D. (1868–1947), in: Journal of the American Academy of Dermatology 18 (1988), S. 1158–1164.
Meier, Christian: Gedächtnisrede auf Hermann Strasburger, in: Chiron 16 (1986), S. 171–197.
Meier, Kurt: Die Theologischen Fakultäten im Dritten Reich, Berlin 1996.
Meiertöns, Heiko: An International Lawyer in Democracy and Dictatorship – Re-Introducing Herbert Kraus, in: The European Journal of International Law 25 (2014), S. 255–286.
Meinhardt, Helmut: Ernst Horneffer (1871–1954) / Philosoph, in: Hans Georg Gundel u. a. (Hg.), Gießener Gelehrte in der ersten Hälfte des 20. Jahrhunderts, Teil 1, Marburg 1982, S. 441–451.
Mellinghoff, Klaus Helmut: Georg Ludwig Zuelzers Beitrag zur Insulinforschung, Düsseldorf 1971.
Melzer, Ralf: Konflikt und Anpassung. Freimaurerei in der Weimarer Republik und im „Dritten Reich", Wien 1999.
Mensching, Eckart: Über einen verfolgten deutschen Altphilologen: Paul Maas (1880–1964), Berlin, 1987.

Mensching, Eckart: Zur Berliner Philologie in der späteren Weimarer Zeit – Friedrich Solmsens Berliner Jahre (Nugae zur Philologie-Geschichte 3), Berlin 1990, S. 64–117.

Mensching, Eckart: Über Theodor Birt, Walther Kranz und andere (Nugae zur Philologie-Ge-schichte 9), Berlin 1996.

Meran, Josef: Die Lehrer am Philosophischen Seminar der Hamburger Universität während der Zeit des Nationalsozialismus, in: Eckart Krause u. a. (Hg.), Hochschulalltag im „Dritten Reich“. Die Hamburger Universität 1933–1945, Berlin/Hamburg 1991, Teil II, S. 459–482.

Mesch, Eckardt: Hans Leisegang. Leben und Werk, Erlangen/Jena 1999.

Mettenheim, Amelies von: Die zwölf langen Jahre – Eine Familiengeschichte im Dritten Reich, in: Archiv für Frankfurts Geschichte und Kunst 65 (1999), S. 222–258.

Metzler Kunsthistoriker Lexikon, 210 Porträts deutschsprachiger Autoren aus vier Jahr-hunderten, von Peter Betthausen, Peter H. Feist und Christiane Fork, unter Mitarbeit von Karin Rührdanz und Jürgen Zimmer, Stuttgart 2007[2].

Meyer, Beate: „Jüdische Mischlinge“. Rassenpolitik und Verfolgungserfahrung 1933–1945, Hamburg 1999.

Meyer, Regine: Emil Utitz (1883–1956). Zu Leben und Werk eines halleschen Gelehrten, in: Mitteldeutsches Jahrbuch für Kultur und Geschichte 13 (2006), S. 127–138.

Michels, Karen: Sokrates in Pöseldorf. Erwin Panofskys Hamburger Jahre, Göttingen 2017.

Claudia von Mickwitz: Walter Arthur Berendsohn – Vom Emigranten zum Exilforscher. Germanistisches Wirken unter den spezifischen Bedingungen des schwedischen Exils, Frankfurt/M. 2010.

Miethke, Jürgen: Die Mediävistik in Heidelberg seit 1933, in: Jürgen Miethke (Hg.), Geschichte in Heidelberg. 100 Jahre Historisches Seminar, 50 Jahre Institut für Fränkisch-Pfälzische Geschichte und Landeskunde, Berlin 1992, S. 93–126.

Milz, Kristina: Karl Süßheim Bey (1878–1947). Eine Biografie über Grenzen, Berlin 2022.

Moebius, Stefan: Paul Ludwig Landsberg – ein vergessener Soziologe. Zu Leben, Werk, Wissens- und Kultursoziologie Paul Ludwig Landsbergs, in: Sociologia Internationalis 41 (2003), S. 77–112.

Möbus-Weigt, Gabriele: Der Frankfurter Internist und physikalische Therapeut Julius Strasburger (1871–1934), Frankfurt/M. 1996.

Möhler, Rainer: Die Reichsuniversität Straßburg 1940–1944. Eine nationalsozialistische Musteruniversität zwischen Wissenschaft, Volkstumspolitik und Verbrechen, Stuttgart 2020.

Möllenhoff, Gisela / Schlautmann-Overmeyer, Rita: Jüdische Familien in Münster 1918–1945. Teil 1: Biographisches Lexikon, Münster 1995; Teil 2,1: Abhandlungen und Dokumente 1918–1935, Münster 1998; Teil 2,2: Abhandlungen und Dokumente 1935–1945, Münster 2001.

Möller, Christian: Freude an Gott. Hermeneutische Spätlese bei Ernst Fuchs, Waltrop 2003.

Möller, Horst: Exodus der Kultur. Schriftsteller, Wissenschaftler und Künstler in der Emigration nach 1933, München 1984.

Mohr, Richard: Erich Kamke, 1890–1961, in: Urban Wiesing u. a. (Hg.), Die Universität Tübingen im Nationalsozialismus, Stuttgart 2010, S. 863–879.

Moll, Friedrich u. a.: Urologie und Nationalsozialismus am Beispiel von Leopold Casper (1859–1959), in: Der Urologe 48 (2009), S. 1094–1102.

Moll, Friedrich u. a.: Urologie und Nationalsozialismus. Alexander von Lichtenberg 1880–1949, in: Der Urologe 49 (2010), S. 1179–1187.

Moltmann, Rainer: Reinhold Heinen (1894–1969). Ein christlicher Politiker, Journalist und Verleger, Düsseldorf 2005.

Moore, Walter J.: Erwin Schrödinger. Eine Biographie, Darmstadt 2012.

Morgenstern, Ulf: Bürgergeist und Familientradition. Die liberale Gelehrtenfamilie Schücking im 19. und 20. Jahrhundert, Paderborn 2012.

Morisse, Heiko: Jüdische Rechtsanwälte in Hamburg: Ausgrenzung und Verfolgung im NS-Staat, Hamburg 2003.

Morsey, Rudolf (Hg.): Georg Schreiber (1882–1963). Ein Leben für Wissenschaft, Politik und Kirche vom Kaiserreich bis zur Ära Adenauer, Sankt Augustin/Berlin 2016.

Mühle, Eduard: Für Volk und deutschen Osten. Der Historiker Hermann Aubin und die deutsche Ostforschung, Düsseldorf 2005.

Müller, Christoph / Staff, Ilse (Hg.): Der soziale Rechtsstaat. Gedächtnisschrift für Hermann Heller 1891–1933, Baden-Baden 1984.

Müller, Karl: Josef Schmidlin (1876–1944). Papsthistoriker und Begründer der katholischen Missionswissenschaft, Nettetal 1989.

Müller, Martin: Erich Moritz von Hornbostel und die kulturvergleichende Psychologie in der Berlin-Frankfurter Schule der Gestaltpsychologie, in: Lothar Sprung / Wolfgang Schönpflug (Hg.), Zur Geschichte der Psychologie in Berlin, Frankfurt/M. 2003², S. 331–343.

Müller-Doohm, Stefan: Adorno. Eine Biographie, Frankfurt/M. 2003.

Müller-Seidel, Walter: Alfred Erich Hoche. Lebensgeschichte im Spannungsfeld von Psychiatrie, Strafrecht und Literatur, München 1999.

Müssener, Helmut: Exil in Schweden. Politische und kulturelle Emigration nach 1933, München 1974.

Muscheler, Karlheinz: Hermann Ulrich Kantorowicz. Eine Biographie, Berlin 1984.

Die Musik in Geschichte und Gegenwart (MGG). Allgemeine Enzyklopädie der Musik. Hg. Friedrich Blume, 17 Bände, Kassel u. a. 1949–1986.

Mussgnug, Dorothee: Die vertriebenen Heidelberger Dozenten. Zur Geschichte der Ruprecht-Karls-Universität nach 1933, Heidelberg 1988.

Nagel, Anne Christine: Martin Rade – Theologe und Politiker des sozialen Liberalismus. Eine politische Biographie, Gütersloh 1996.

Nagel, Anne Christine (Hg.): Die Philipps-Universität Marburg im Nationalsozialismus, bearb. von Anne Christine Nagel und Ulrich Sieg, Stuttgart 2000.

Nagel, Anne Christine: Johannes Popitz (1884–1945). Görings Finanzminister und Verschwörer gegen Hitler. Eine Biographie, Köln 2015.

Namal, Arin: Josef Igersheimers Verdienste um die medizinische Fakultät der Universität Istanbul im türkischen Exil, in: Ursula Ferdinand u. a. (Hg.), Medizinische Fakultäten in der deutschen Hochschullandschaft 1925–1950, Heidelberg 2013, S. 169–193.

Nekrologe 1935–1941, hg. im Auftrag des Rektors der Universität Erlangen von Eugen Stollreither, Erlangen 1941.

Nenning, Günther: Biographie C. Grünberg, in: Indexband zum Archiv für die Geschichte des Sozialismus und der Arbeiterbewegung (C. Grünberg), Graz 1973, S. 1–224.

Neuhaus, Helmut (Hg.): Geschichtswissenschaft in Erlangen, Erlangen 2000.

Neumärker, Klaus-Jürgen: Leben und Werk von Franz Max Albert Kramer und Hans Pollnow, in: Aribert Rothenberger / Klaus-Jürgen Neumärker, Wissenschaftsgeschichte der ADHS – Kramer-Pollnow im Spiegel der Zeit, Darmstadt 2005, S. 79–118.

Neumärker, Klaus-Jürgen: Leo Kanner, in: Rolf Castell (Hg.), Hundert Jahre Kinder- und Jugendpsychiatrie. Biografien und Autobiografien, Göttingen 2008, S. 47–70.

Neumann, Dirk: Hermann Dersch, in: Juristen im Portrait. Verlag und Autoren in 4 Jahrzehnten. Festschrift zum 225jährigen Jubiläum des Verlages C. H. Beck, München 1988, S. 247–249.

Neumark, Fritz: Zuflucht am Bosporus. Deutsche Gelehrte, Politiker und Künstler in der Emigration 1933–1953, Frankfurt/M. 1980.

Neumark, Fritz: Paul Mombert (1876–1938) / Nationalökonom, in: Hans Georg Gundel u. a. (Hg.), Gießener Gelehrte in der ersten Hälfte des 20. Jahrhunderts, Teil 1, Marburg 1982, S. 672–680.

Neumark, Fritz: Schüler Gerloffs und Privatdozent. Die Zeit von 1925–1933, in: Bertram Schefold (Hg.), Wirtschafts- und Sozialwissenschaftler in Frankfurt am Main, Marburg 2004, S. 83–92.

Neumark, Fritz: Von der Emigration zum Rektorat: Die Jahre 1950–1970, in: Bertram Schefold (Hg.), Wirtschafts- und Sozialwissenschaftler in Frankfurt am Main, Marburg 2004, S. 146–150.

Neumeyer, Alfred: Lichter und Schatten. Eine Jugend in Deutschland, München 1967.

New Catholic encyclopedia, Hg. Thomas Carson, 15 Bände, Detroit 2003[2].

Nickel, Monika: Romano Guardini und die Professur für Religionsphilosophie und katholische Weltanschauug in Berlin, in: Dominik Burkard / Wolfgang Weiß (Hg.), Katholische Theologie im Nationalsozialismus, Bd. 1/2, Würzburg 2011, S. 124–150.

Nicolaysen, Rainer: „Vitae, nicht Vita". Über Vertreibung und Exil des Osteuropa-Historikers Richard Salomon (1884–1966), in: Rainer Hering / Rainer Nicolaysen (Hg.), Lebendige Sozialgeschichte. Gedenkschrift für Peter Borowsky, Wiesbaden 2003, S. 633–658.

Nicolaysen, Rainer: Für Recht und Gerechtigkeit. Das couragierte Leben der Juristin Magdalene Schoch (1897–1987), in: Zeitschrift des Vereins für Hamburgische Geschichte 92 (2006), S. 113–143.

Nicolaysen, Rainer: Plädoyer eines Demokraten. Ernst Cassirer und die Hamburgische Universität 1919 bis 1933, in: István M. Fehér / Peter L. Oesterreich (Hg.), Philosophie und Gestalt der Europäischen Universität, Stuttgart 2008, S. 285–328.

Niese, Siegfried: Der Naturwissenschaftler Ernst Alexander (1902–1980) – Ein Forscherleben im 20. Jahrhundert, in: Freiburger Universitätsblätter, Heft 178 (2007), S. 87–102.

Niese, Siegfried: Georg von Hevesy. Wissenschaftler ohne Grenzen, Münster 2009.

Nissen, Rudolf: Helle Blätter – dunkle Blätter, Erinnerungen eines Chirurgen, Stuttgart 1969.

Nörr, Dieter: Leopold Wenger (1874–1953). Rechtshistoriker, Altertumswissenschaftler und Akademiepräsident 1932–1935, in: Dietmar Willoweit (Hg.), Denker, Forscher und Entdecker. Eine Geschichte der Bayerischen Akademie der Wissenschaften in historischen Porträts, München 2009, S. 269–279.

Notter, Bettina: Leben und Werk der Dermatologen Karl Herxheimer (1861–1942) und Salomon Herxheimer (1841–1899), Frankfurt/M. 1994.

Nowak, Kurt: Helmuth Schreiner als Theologe im Widerstand gegen den Nationalsozialismus, in: Heinrich Holze (Hg.), Die Theologische Fakultät Rostock unter zwei Diktaturen. Studien zur Geschichte 1933–1989, Münster 2004, S. 61–65.

Nürnberg, Reiner u. a. (Hg.): Elisabeth Schiemann (1881–1972). Vom *Auf*bruch der Genetik und der Frauen in den *Um*brüchen des 20. Jahrhunderts, Rangsdorf 2014.

Nürnberger, Friedrich G.: Abraham Buschke (1868–1943), in: Berlinische Lebensbilder, Bd. 2: Mediziner, Hg. Wilhelm Treue und Rolf Winau, Berlin 1987, S. 327–336.

Nussbaum, Carl: Ein Lebenslauf von der Geburt bis zum Ende des Dritten Reiches, in: Bonner Geschichtsblätter 51/52 (2001/02), S. 97–122.

Oberling, Ines: Gelehrte aus jüdischen Familien an der Universität Greifswald im 19. Jahrhundert, in: Werner Buchholz (Hg.), Die Universität Greifswald und die deutsche Hochschullandschaft im 19. und 20. Jahrhundert, Stuttgart 2004, S. 145–167.

Oberling, Ines: Ernst Perels (1882–1945). Lehrer und Forscher an der Berliner Universität, Bielefeld 2005.

Obermayer, Hans Peter: Deutsche Altertumswissenschaftler im amerikanischen Exil. Eine Rekonstruktion, Berlin 2014.

Odefey, Alexander: Emil Artin. Ein musischer Mathematiker, Göttingen 2022.

Ó Dochartaigh, Pól: Julius Pokorny 1887–1970. Germans, Celts and Nationalism, Dublin 2004.

Oechsle, Susanne: Leben und Werk des jüdischen Wissenschaftlers und Kinderarztes Erich Benjamin (1880–1943), Hamburg 2006 (auch online).

Oehler-Klein, Sigrid: Der Lehrkörper der Medizinischen Fakultät nach 1933, in: dies. (Hg.), Die Medizinische Fakultät der Universität Gießen im Nationalsozialismus und in der Nachkriegszeit: Personen und Institutionen, Umbrüche und Kontinuitäten, Stuttgart 2007, S. 45–90.

Oelke, Harry: Bekennende Kirchengeschichte. Der Kirchenhistoriker Kurt Dietrich Schmidt im Nationalsozialismus, in: Thomas Kaufmann / Harry Oelke (Hg.), Evangelische Kirchenhistoriker im „Dritten Reich", Gütersloh 2002, S. 330–366.

Oelsner, Joachim: Der Altorientalist Benno Landsberger (1890–1968): Wissenschaftstransfer Leipzig – Chicago via Ankara, in: Stephan Wendehorst (Hg.): Bausteine einer jüdischen Geschichte der Universität Leipzig, Leipzig 2006, S. 269–285.

Oeschger, H. J.: Max Seeger, in: Biographie bedeutender Forstleute aus Baden-Württemberg, Hg. Ministerium für Ernährung, Landwirtschaft und Umwelt Baden-Württemberg, Stuttgart 1980, S. 504–507.

Ohnezeit, Maik: Zwischen „schärfster Opposition" und dem „Willen zur Macht". Die Deutschnationale Volkspartei (DNVP) in der Weimarer Republik 1918–1928, Düsseldorf 2011.

Okroi, Mathias: Der Blutgruppenforscher Fritz Schiff (1889–1940). Leben, Werk und Wirken eines jüdischen Deutschen, med. Diss., Lübeck 2004.

Olechowski, Thomas: Hans Kelsen. Biographie eines Rechtswissenschaftlers, Tübingen 2020.

Oppenheimer, Franz: Erlebtes, Erstrebtes, Erreichtes. Lebenserinnerungen, Düsseldorf 1964.

Orth, Karin: Die NS-Vertreibung der jüdischen Gelehrten. Die Politik der Deutschen Forschungsgemeinschaft und die Reaktionen der Betroffenen, Göttingen 2016.

Orth, Karin: Vertreibung aus dem Wissenschaftssystem. Gedenkbuch für die im Nationalsozialismus vertriebenen Gremienmitglieder der DFG, Stuttgart 2018.

Ortmeyer, Benjamin: Erich Weniger und die NS-Zeit. Forschungsbericht, Frankfurt/M. 2008 (auch online).

Ortner, Donald J. / Ragsdale, Bruce D.: Walter G. J. Putschar, MD, Pathologist, Paleopathologist, Teacher, in: The Global History of Paleopathology. Pioneers and Prospects, Hg. Jane E. Buikstra u. Charlotte A. Roberts, Oxford 2012, S. 97–105.

Ott, Hugo: Martin Heidegger. Unterwegs zu seiner Biographie, Frankfurt/M. 1988.

Ott, Hugo: Philosophie und Psychologie, in: Eckhard Wirbelauer (Hg.), Die Freiburger Philosophische Fakultät 1920–1960, Freiburg/München 2006, S. 440–467.

Otto, Martin: Von der Eigenkirche zum Volkseigenen Betrieb: Erwin Jacobi (1884–1965). Arbeits-, Staats- und Kirchenrecht zwischen Kaiserreich und DDR, Tübingen 2008.

Pack, Edgar: Johannes Hasebroek, in: Classical Scholarship. A Biographical Encyclopedia. Hg. Ward W. Briggs u. William M. Calder III, New York / London 1990, S. 142–151.

Pack, Edgar: Johannes Hasebroek und die Anfänge der Alten Geschichte in Köln. Eine biographische Skizze, in: Geschichte in Köln 21 (1987), S. 5–36.

Paetzold, Heinz: Ernst Cassirer – von Marburg nach New York. Eine philosophische Biographie, Darmstadt 1995.

Parak, Michael: Hochschule und Wissenschaft in zwei deutschen Diktaturen. Elitenaustausch an sächsischen Hochschulen 1933–1952, Köln 2004.

Parak, Michael: Politische Entlassungen an der Universität Leipzig in der Zeit des Nationalsozialismus, in: Ulrich von Hehl (Hg.), Sachsens Landesuniversität in Monarchie, Republik und Diktatur. Beiträge zur Geschichte der Universität Leipzig vom Kaiserreich bis zur Auflösung des Landes Sachsen 1952, Leipzig 2005, S. 241–262.

Paul, Rainer: Psychologie unter den Bedingungen der „Kulturwende“. Das Psychologische Institut 1933–1945, in: Heinrich Becker u. a. (Hg.), Die Universität Göttingen unter dem Nationalsozialismus, München 1998[2], S. 499–522.

Pauli, Roman u. a.: Der Pathologe Philipp Schwartz (1894–1977). Vom NS-Opfer zum Initiator der „Notgemeinschaft deutscher Wissenschaftler im Ausland“, in: Der Pathologe 40 (2019), S. 548–558.

Pauli, Sabine: Geschichte der theologischen Institute an der Universität Rostock, in: Wissenschaftliche Zeitschrift der Universität Rostock. Gesellschafts- und sprachwissenschaftliche Reihe 17 (1968), S. 310–365.

Pauly, Walter: Max Fleischmann (1872–1943) und das Öffentliche Recht in Halle, in: ders. (Hg.), Hallesche Rechtsgelehrte jüdischer Herkunft, Köln 1996, S. 33–52.

Pawliczek, Aleksandra: Akademischer Alltag zwischen Ausgrenzung und Erfolg. Jüdische Dozenten an der Berliner Universität 1871–1933, Stuttgart 2011.

Pax, Elpidius: Otto Strauß (1881–1940), in: Zeitschrift der Deutschen Morgenländischen Gesellschaft 100 (1950), S. 42–48.

Peckhaus, Volker: „Aber vielleicht kommt doch noch eine Zeit, wo auch meine Arbeiten wieder entdeckt und gelesen werden“: Die gescheiterte Karriere des Ernst Zermelo, in: Wolfgang Hein / Peter Ullrich (Hg.), Mathematik im Fluss der Zeit, Augsburg 2004, S. 325–339.

Peiffer, Jürgen: Die Vertreibung deutscher Neuropathologen 1933–1939, in: Der Nervenarzt 69 (1998), S. 99–109.

Perels, Christoph: Ernst Beutler, das Freie Deutsche Hochstift und die Universitäts-Germanistik, in: Frank Fürbeth u. a. (Hg.), Zur Geschichte und Problematik der Nationalphilologien in Europa. 150 Jahre Erste Germanistenversammlung in Frankfurt am Main (1846–1996), Tübingen 1999, S. 579–590.

Perles, F. S.: Felix Perles, 1874–1933, in: The Leo Baeck Institute Yearbook 26 (1981), S. 169–190.

Perleth, Christoph: David Katz – Eckpfeiler der deutschen Psychologie der Weimarer Republik, in: Gisela Boeck / Hans-Uwe Lammel (Hg.), Die Universität Rostock in den Jahren 1933–1945, Rostock 2012, S. 45–60.

Perron, Oskar: Alfred Pringsheim, in: Jahresbericht der Deutschen Mathematiker-Vereinigung 56 (1953), S. 1–6.

Petersen, Peter: Wissenschaft und Widerstand. Über Kurt Huber (1893–1943), in: Brunhilde Sonntag u. a. (Hg.), Die dunkle Last. Musik und Nationalsozialismus, Köln 1999, S. 111–129.

Petke, Wolfgang: Alfred Hessel (1877–1939), Mediävist und Bibliothekar in Göttingen, in: Armin Kohnle / Frank Engehausen (Hg.), Zwischen Wissenschaft und Politik. Studien zur deutschen Universitätsgeschichte. Festschrift Eike Wolgast, Stuttgart 2001, S. 387–414.

Petroianu, Georg A.: Toxicity of Phosphor Esters: Willy Lange (1900–1976) and Gerda von Krueger (1907–after 1970), in: Pharmazie 65 (2010), S. 776–780.

Petry, Ludwig: Richard Koebner, in: Ostdeutsche Gedenktage 1985. Persönlichkeiten und historische Ereignisse, Bonn 1984, S. 152–154.

Pfahl-Traughber, Armin: Die freimaurerfeindliche Verschwörungsideologie der Nationalsozialisten, in: Helmut Reinalter (Hg.), Freimaurerei und europäischer Faschismus, Innsbruck 2009, S. 32–51.

Pfister, Raimund: Bertold Maurenbrecher (1868–1943), in: Eikasmós 4 (1993), S. 263–268.

Pflüger, Hans-Joachim: Professor Ernst Bresslau, founder of the Zoology Departments at the Universities of Cologne and São Paulo. Lessons to learn from his life history, in: Zoology 122 (2017), S. 1–6.

Philippson, Alfred Wie ich zum Geographen wurde. Aufgezeichnet im Konzentrationslager Theresienstadt zwischen 1942 und 1945, Hg. Hans Böhm und Astrid Mehmel, Bonn 2000.

Philippson, Johanna: The Philippsons, a German-Jewish Family 1775–1933, in: The Leo Baeck Institute Year Book 7 (1962), S. 95–118.

Picht, Barbara: Erzwungener Ausweg. Hermann Broch, Erwin Panofsky und Ernst Kantorowicz im Princetoner Exil, Darmstadt 2008.

Pilger, Andreas: Germanistik an der Universität Münster, Heidelberg 2004.

Pinl, Max: Kollegen in einer dunklen Zeit, in: Jahresbericht der Deutschen Mathematiker-Vereinigung 71 (1969), S. 167–228 (I. Teil); 72 (1970/71), S. 165–189 (II. Teil); 73 (1971/72), S. 153–208 (III. Teil).

Plaut, Menko: Otto Warburg 1859–1938, in: Berichte der Deutschen Botanischen Gesellschaft 72 (1959), S. 43–47.

Plesch, János: János. Ein Arzt erzählt sein Leben, Augsburg 1949.

Pöhlmann, Matthias: Kampf der Geister. Die Publizistik der „Apologetischen Centrale" (1921–1937), Stuttgart u. a. 1998.

Poggendorff – Biographisch-literarisches Handwörterbuch der exakten Naturwissenschaften, Bd. IV–VI, Leipzig 1904–1940.

Preiser, Gert (Hg.): Richard Koch und die ärztliche Diagnose, Hildesheim 1988.

Pribram, Edith: Erinnerungen an Karl Pribram, in: Schefold, Bertram (Hg.), Wirtschafts- und Sozialwissenschaftler in Frankfurt am Main, Marburg 2004, S. 54–82.

Pringsheim, Fritz: Die Haltung der Freiburger Studenten in den Jahren 1933–1935, in: Die Sammlung 15 (1960), S. 532–538.

Die Professoren und Dozenten der Friedrich-Alexander-Universität Erlangen 1743–1960. Teil 1: Theologische Fakultät, Juristische Fakultät, bearb. von Eva Wedel-Schaper u. a., Erlangen 1993; Teil 2: Medizinische Fakultät, Erlangen 1999, bearb. von Astrid Ley, Erlangen 1999; Teil 3: Philosophische Fakultät, Naturwissenschaftliche Fakultät, bearb. von Clemens Wachter u. a., Erlangen 2009.

Prolingheuer, Hans: Der Fall Karl Barth 1934–1935, Chronographie einer Vertreibung, Neukirchen-Vluyn 1977.

Pross, Christian: Wiedergutmachung. Der Kleinkrieg gegen die Opfer, Hamburg 1988.

Pross, Christian / Winau, Rolf: Nicht misshandeln. Das Krankenhaus Moabit. 1920–1933 ein Zentrum jüdischer Ärzte in Berlin. 1933–1945 Verfolgung, Widerstand, Zerstörung, Berlin 1984.

Pross, Helge: Die geistige Enthauptung Deutschlands: Verluste durch Emigration, in: Universitätstage 1966. Nationalsozialismus und die deutsche Universität, Berlin 1966, S. 143–155.

Prüll, Cay-Rüdiger: Otto Lubarsch (1860–1933) und die Pathologie an der Berliner Charité von 1917 bis 1928, in: Sudhoffs Archiv 81 (1997), S. 193–210.

Przeworska-Rolewicz, Danuta: Leon Lichtenstein 1878–1933, in: Wissenschaftliche Zeitschrift der Karl-Marx-Universität Leipzig. Mathematisch-Naturwissenschaftliche Reihe 29 (1980), S. 15–26.

Pulewka, Paul: Neunzehn Jahre als Pharmakologe in der Türkei, in: Therapie der Gegenwart 119 (1980), S. 199–211.

Pulewka, Paul: Seit 56 Jahren Arzt und Forscher, in: Therapie der Gegenwart 119 (1980), S. 216–228.

Purkert, Walter: Bonn, in: Birgit Bergmann / Moritz Epple (Hg.), Jüdische Mathematiker in der deutschsprachigen akademischen Kultur, Berlin/Heidelberg 2009, S. 90–108.

Putzke, Michael / Brähler, Elmar: Erich Stern – Ein im Exil vergessener Pionier der Psychosomatik, in: Pioniere der Psychosomatik. Beiträge zur Entwicklungsgeschichte ganzheitlicher Medizin, Heidelberg 1994, S. 67–87.

Quien es quién en Colombia, tercera edición, Bogotá 1961.

Raab Hansen, Jutta: NS-verfolgte Musiker in England. Spuren deutscher und österreichischer Flüchtlinge in der britischen Musikkultur, Hamburg 1996.

Raabe, Paul: Die Autoren und Bücher des literarischen Expressionismus. Ein bibliographisches Handbuch, Stuttgart 1985².

Rabin, Ester: Schattenbilder, Jerusalem 1975.

Radde, Gerd: Fritz Karsen. Ein Berliner Schulreformer der Weimarer Zeit, Frankfurt/M. 1999.

Raehlmann, Irene: Arbeitswissenschaft im Nationalsozialismus. Eine wissenschaftssoziologische Analyse, Wiesbaden 2005.

Rammer, Gerhard: Der Aerodynamiker Kurt Hohenemser, in: NTM. Zeitschrift für Geschichte der Wissenschaften, Technik und Medizin 10 (2002), S. 78–101.

Ratschko, Karl-Werner: Kieler Hochschulmediziner in der Zeit des Nationalsozialismus. Die Medizinische Fakultät der Christian-Albrechts-Universität im „Dritten Reich", Essen 2014.

Ratzke, Erwin: Das Pädagogische Institut der Universität Göttingen. Ein Überblick über seine Entwicklung in den Jahren 1923–1949, in: Heinrich Becker u. a. (Hg.), Die Universität Göttingen unter dem Nationalsozialismus, München 1998², S. 318–336.

Raulff, Ulrich: Kreis ohne Meister. Stefan Georges Nachleben, München 2009.

Rechenberg, Helmut: Cornelius Lanczos 1893–1974, in: Klaus Bethge / Horst Klein (Hg.), Physiker und Astronomen in Frankfurt, Neuwied 1989, S. 102–111.

Reich, Karin / Kreuzer, Alexander (Hg.): Emil Artin (1898–1962). Beiträge zu Leben, Werk und Persönlichkeit, Augsburg 2007.

Reichelt, Bernd / Müller, Thomas: Universitätspsychiatrie, Heilanstalt, Wehrmachtslazarett: Der Heidelberger Psychiater Hans W. Gruhle (1880–1958) in der württembergischen Anstaltspsychiatrie 1935–1945, in: Psychiatrische Praxis 45 (2018), S. 236–241.

Reichert, Folker: Gelehrtes Leben. Karl Hampe, das Mittelalter und die Geschichte der Deutschen, Göttingen 2009.

Reichert, Folker: Fackel in der Finsternis. Der Historiker Carl Erdmann und das „Dritte Reich", 2 Bände, Darmstadt 2022.

Reichshandbuch der deutschen Gesellschaft. Das Handbuch der Persönlichkeiten in Wort und Bild. Schriftleitung: Robert Volz, Vorwort: Ferdinand Tönnies, 2 Bände, Berlin 1930/31.

Reid, Constance: Richard Courant 1888–1972. Der Mathematiker als Zeitgenosse, Berlin 1979.

Reid, Constance: Hans Lewy (1904–1988), in: Peter Hilton u. a. (Hg.), Miscellanea Mathematica, Festschrift Heinz Götze, Berlin 1991, S. 259–267.

Reimann, Bruno W.: Entlassung und Emigration. Die Universität Gießen in den Jahren nach 1933, in: Gideon Schüler (Hg.), Zwischen Unruhe und Ordnung. Ein deutsches Lesebuch für die Zeit von 1925–1960, Gießen 1989, S. 184–216.

Reiß, Sven: Problematischer Eros. Nähe und Distanz in den pfadfinderischen Beziehungsformen, in: Wilfried Breyvogel (Hg.), Pfadfinderische Beziehungsformen und Interaktionsstile, Wiesbaden 2017, S. 171–191.

Religion in Geschichte und Gegenwart (RGG). 3. Auflage, 6 Bände und 1 Registerband, Tübingen 1957–1965; 4. Auflage, 8 Bände und 1 Registerband, Tübingen 1998–2007.

Remmert, Volker: Zur Mathematikgeschichte in Freiburg. Alfred Loewy (1873–1935): Jähes Ende eines späten Glanzes, in: Freiburger Universitätsblätter, Heft 129 (1995), S. 81–102.

Remmert, Volker R.: Die Deutsche Mathematiker-Vereinigung im „Dritten Reich", in: Mitteilungen der Deutschen Mathematiker-Vereinigung 12 (2004), S. 159–177, 223–245.

Remmert, Volker R.: Das Problem der Kriegsforschung in Mathematik und Naturwissenschaften: Wilhelm Süss als Rektor und als Vorsitzender der Deutschen Mathematiker-Vereinigung, in: 550 Jahre Albert-Ludwigs-Universität Freiburg, Band 3, Freiburg 2007, S. 485–502.

Renneberg, Monika: Die Physik und die physikalischen Institute an der Hamburger Universität im „Dritten Reich", in: Eckart Krause u. a. (Hg.), Hochschulalltag im „Dritten Reich". Die Hamburger Universität 1933–1945, Berlin/Hamburg 1991, Teil III, S. 1097–1118.
Rennert, David / Traxler, Tanja: Lise Meitner. Pionierin des Atomzeitalters, Salzburg 2018.
Reudenbach, Bruno (Hg.): Erwin Panofsky. Beiträge des Symposions Hamburg 1992, Berlin 1994.
Rhodes, Richard: Die Atombombe oder die Geschichte des 8. Schöpfungstages, Nördlingen 1988.
Ribbe, Wolfgang: Gustav Mayer, in: Berlinische Lebensbilder, Bd. 10: Geisteswissenschaftler II, Hg. Hans-Christof Kraus, Berlin 2012, S. 211–225.
Rice, Gary E.: Emmy Klieneberger-Nobel (1892–1985), in: Louise S. Grinstein u. a. (Hg.), Women in Biological Sciences. A Biobibliographic Sourcebook, Westport 1997, S. 261–265.
Richter, Ludwig: Die Deutsche Volkspartei 1918–1933, Düsseldorf 2002.
Rieger, Reinhold: Die Entwicklung der Evangelisch-theologischen Fakultät im „Dritten Reich", in: Urban Wiesing u. a. (Hg.), Die Universität Tübingen im Nationalsozialismus, Stuttgart 2010, S. 77–117.
Riesenberger, Dieter: Der Paderborner Domprobst Paul Simon 1882–1946, Paderborn 1992.
Riess, Curt: Der Mann in der schwarzen Robe. Das Leben des Strafverteidigers Max Alsberg, Hamburg 1965.
Rieter, Heinz: Eduard Heimann – Sozialökonom und religiöser Sozialist, in: Rainer Nicolaysen (Hg.), Das Hauptgebäude der Universität Hamburg als Gedächtnisort. Mit sieben Porträts in der NS-Zeit vertriebener Wissenschaftlerinnen und Wissenschaftler, Hamburg 2011, S. 229–259.
Riha, Ortrun: Der Pädiater Siegfried Rosenbaum 1890–1969, in: Ärzteblatt Sachsen 24 (2013), S. 480–482.
Rinck, Nadine: Max Rheinstein – Leben und Werk, Hamburg 2011.
Ritter, Gerhard A. (Bearb.): Friedrich Meinecke. Akademischer Lehrer und emigrierte Schüler. Briefe und Aufzeichnungen 1910–1977, München 2006.
Ritter, Heinrich: Louis Benda (1873–1945), in: Chemische Berichte 90 (1957), S. I–XII.
Rodrigues e Silva, Antonio Manuel: Das Leben von Prof. Dr. Fritz Jakob Heinrich Lewy (1885–1950), med. Diss., Marburg 2014.
Röpke, Eva / Böhm, Franz: Wilhelm Röpke (1899–1966) / Nationalökonom, in: Ingeborg Schnack (Hg.), Marburger Gelehrte in der ersten Hälfte des 20. Jahrhunderts, Marburg 1977, S. 419–440.
Rösler, Wolfgang: Werner Jaeger und der Nationalsozialismus, in: Colin Guthrie King / Roberto Lo Presti (Hg.), Werner Jaeger: Wissenschaft, Bildung, Politik, Berlin 2017, S. 51–82.
Rohkrämer, Martin: Fritz Lieb 1933–1939. Entlassung – Emigration – Kirchenkampf – Antifaschismus, in: Leonore Siegele-Wenschkewitz / Carsten Nicolaisen (Hg), Theologische Fakultäten im Nationalsozialismus, Göttingen 1993, S. 181–197.
Rohloff, Franziska: „Sie haben Ihre Sache in Rom ebenso gut gemacht wie ihr Berliner Antipode schlecht" – Die institutionelle Verfasstheit des Reichsinstituts für ältere deutsche Geschichtskunde auf dem Prüfstand (1940–1942), in: Arno Mentzel-Reuters u. a. (Hg.), Das Reichsinstitut für ältere deutsche Geschichtskunde 1933 bis 1945 – ein „Kriegsbeitrag der Geisteswissenschaften"? Wiesbaden 2021, S. 71–101.
Rohrbach, Heinz: Alfred Brauer zum Gedächtnis, in: Jahresbericht der Deutschen Mathematiker-Vereinigung 90 (1988), S. 145–154.
Rohrbach, Jens Martin: Augenheilkunde im Nationalsozialismus, Stuttgart 2007.
Rosenberg, Andrew E. u. a.: Walter G. J. Putschar (1904–1987), in: David N. Louis / Robert H. Young (Hg.), Keen Minds to Explore the Dark Continents of Disease. A History of the Pathology Services at the Massachusetts General Hospital, Boston 2011, S. 154–161.

Rosenow, Ulf: Die Göttinger Physik unter dem Nationalsozialismus, in: Heinrich Becker u. a. (Hg.), Die Universität Göttingen unter dem Nationalsozialismus, München 1998², S. 552–588.

Roth, Detlef: Kontinuität und Diskontinuität in der Altgermanistik der dreissiger und vierziger Jahre am Beispiel Friedrich Rankes, in: Corinna Caduff / Michael Gamper (Hg.), Schreiben gegen die Moderne. Beiträge zu einer kritischen Fachgeschichte der Germanistik in der Schweiz, Zürich 2001, S. 277–297.

Roth, Karl Heinz: Intelligenz und Sozialpolitik im „Dritten Reich". Eine methodisch-historische Studie am Beispiel des Arbeitswissenschaftlichen Instituts der Deutschen Arbeitsfront, München 1993.

Rotschuh, Karl Eduard: Richard Hermann Koch (1882–1949), in: Medizinhistorisches Journal 15 (1980), S. 16–43, 223–243.

Roy, Baijayanti: Pragmatism paves the way? A Scholar's Adventurous Exit from Nazi Germany, in: Jahrbuch für Universitätsgeschichte 22 (2019), 11–29.

Rubner, Heinrich: Hundert bedeutende Forstleute Bayerns (1875–1970), München 1994.

Rückl, Steffen: Studentischer Alltag an der Berliner Universität 1933 bis 1945, in: Christoph Jahr (Hg.), Die Berliner Universität in der NS-Zeit, Bd. 1, Stuttgart 2005, S. 115–142.

Rürup, Reinhard, unter Mitwirkung von Michael Schüring: Schicksale und Karrieren. Gedenkbuch für die von den Nationalsozialisten aus der Kaiser-Wilhelm-Gesellschaft vertriebenen Forscherinnen und Forscher, Göttingen 2008.

Rütten, Thomas: Ludwig Edelstein at the Crossroads of 1933. On the Inseparability of Life, Work, and their Reverberations, in: Early Science and Medicine 11 (2006), S. 50–99.

Rueß, Susanne: Stuttgarter jüdische Ärzte während des Nationalsozialismus, Würzburg 2009.

Sächsische Lebensbilder. Hg. Sächsische Akademie der Wissenschaften zu Leipzig, 7 Bände, Leipzig 1930–2015.

Sander, Klaus: Persönliches Leid und ständige Not. Leben und Überleben von Friedrich Oehlkers und seiner jüdischen Frau in Freiburg 1933–1945, in: Freiburger Universitätsblätter, Heft 129 (1995), S. 73–80.

Sandkühler, Hans Jörg / Pätzold, Detlev (Hg.): Kultur und Symbol. Ein Handbuch zur Philosophie Ernst Cassirers, Stuttgart 2003.

Sarris, Viktor: Reflexionen über den Gestaltpsychologen Max Wertheimer und sein Werk. Vergessenes und wieder Erinnertes, in: Marianne Hassler / Jürgen Wertheimer (Hg.), Der Exodus aus Nazideutschland und die Folgen. Jüdische Wissenschaftler im Exil, Tübingen 1997, S. 177–190.

Sauder, Gerhard: Positivismus und Empfindsamkeit. Erinnerung an Max von Waldberg (mit Exkursen über Fontane, Hofmannsthal und Goebbels), in: Euphorion 65 (1971), S. 368–408.

Schäfer, Dieter: Gottfried Zoepfl (1869–1945), in: Fränkische Lebensbilder, Bd. 23, Neustadt/Aisch 2012, S. 149–170.

Schaefer, Hans-Eckart: Herkunft und Ausscheidung des Cholesterins. Rudolf Schönheimers (1898–1941) frühe Pionierarbeiten, in: 550 Jahre Albert-Ludwigs-Universität Freiburg. Festschrift, Bd. 4: Wegweisende naturwissenschaftliche und medizinische Forschung, Freiburg 2007, S. 109–116.

Schäfer, Kurt: Verfolgung einer Spur (Raphael Weichbrodt), Frankfurt/M. 1998.

Schagen, Udo: Widerständiges Verhalten im Meer von Begeisterung, Opportunismus und Antisemitismus. Der Pharmakologe Otto Krayer (1899–1982), in: Jahrbuch für Universitätsgeschichte 10 (2007), S. 223–247.

Schagen, Udo: Von der Freiheit – und den Spielräumen – der Wissenschaft(ler) im Nationalsozialismus: Wolfgang Heubner und die Pharmakologen der Charité 1933–1945, in: Sabine Schleiermacher / Udo Schagen (Hg.), Die Charité im Dritten Reich, Paderborn 2008, S. 207–228.

Schagen, Udo / Schleiermacher, Sabine: 100 Jahre Sozialhygiene, Sozialmedizin und Public Health in Deutschland, CD, Berlin 2005.

Schappacher, Norbert: Das Mathematische Institut der Universität Göttingen 1929–1950, in: Heinrich Becker u. a. (Hg.), Die Universität Göttingen unter dem Nationalsozialismus, München 1998^2, S. 523–551.

Schaper, W. / Schaper, J.: Bruno Kisch, Leben und Werk. Ein Versuch, in: Zeitschrift für Kardiologie 84 (1995), Suppl. 1, S. 1–10.

Scheele, Jürgen: Zwischen Zusammenbruchsprognose und Positivismusverdikt. Studien zur politischen und intellektuellen Biographie Henryk Grossmanns (1881–1950), Frankfurt/M. 1999.

Schefold, Karl: Paul Jacobsthal (1880–1957) / Archäologe, in: Ingeborg Schnack (Hg.), Marburger Gelehrte in der ersten Hälfte des 20. Jahrhunderts, Marburg 1977, S. 228–239.

Scheibe-Jaeger, Angela: Das Leben des Prof. Dr. med. Harry Marcus, in: Bernhard Schoßig (Hg.), Ins Licht gerückt. Jüdische Lebenswege im Münchener Westen, München 2008, S. 107–115.

Scheich, Elvira: Elisabeth Schiemann, in: Gudrun Fischer (Hg.), Darwins Schwestern. Porträts von Naturforscherinnen und Biologinnen, Berlin 2009, S. 85–103.

Schenkelberg, Lothar: „Bonn zu dienen ist Ehre und Freude zugleich!“. Die Bonner Stadtverordneten in der Weimarer Republik. Ein biographisches Lexikon, Bonn 2014.

Schepartz, Bernard: Otto Neubauer. A Neglected Biomedical Scientist, in: Transactions & Studies of the College of Physicians of Philadelphia, Series 5, Vol. 6 (1984), S. 139–154.

Scherer, Eberhard: Paul Lazarus (1873–1957). Ein Rückblick auf Leben und Werk, in: Strahlentherapie und Onkologie 183 (2007), S. 290 f.

Schermaier, Josef: Fritz Schulz (1879–1957), in: Stefan Grundmann u. a. (Hg.), Festschrift 200 Jahre Juristische Fakultät der Humboldt-Universität zu Berlin, Berlin 2010, S. 683–699.

Schernus, Wilhelm: Verfahrensweisen historischer Wissenschaftsforschung. Exemplarische Studien zu Philosophie, Literaturwissenschaft und Narratologie, phil. Diss., Hamburg 2005.

Schielicke, Reinhard E.: Rudolf Straubel 1864–1943, Jena 2017.

Schildt, Axel: Ein konservativer Prophet moderner nationaler Integration. Biographische Skizze des streitbaren Soziologen Johann Plenge (1874–1963), in: Vierteljahrshefte für Zeitgeschichte 35 (1987), S. 523–570.

Schlechter, Armin: Die Universitätsbibliothek, in: Wolfgang U. Eckart u. a. (Hg.), Die Universität Heidelberg im Nationalsozialismus, Heidelberg 2006, S. 95–122.

Schleier, Hans: Die bürgerliche Geschichtsschreibung der Weimarer Republik, Berlin (DDR) und Köln 1975.

Schlerath, Bernfried: Hermann Jacobsohn (1879–1933) / Sprachwissenschaftler, in: Ingeborg Schnack (Hg.), Marburger Gelehrte in der ersten Hälfte des 20. Jahrhunderts, Marburg 1977, S. 219–227.

Schlesische Lebensbilder. Hg. Historische Kommission für Schlesien, 12 Bände, 1922–2017.

Schlögel, Karl: Von der Vergeblichkeit eines Professorenlebens. Otto Hoetzsch und die deutsche Rußlandkunde, in: Osteuropa 55 (2005), S. 3–28.

Schlüter-Ahrens, Regina: Der Volkswirt Jens Jessen. Leben und Werk, Marburg 2001.

Schmialek, Anja: Professor Dr. Bertha Ottenstein (1891–1956), erste habilitierte Dermatologin Deutschlands. Leben u. Werk, med. Diss., Freiburg 1995.

Schmidt-Böcking, Horst / Reich, Karin: Otto Stern. Physiker, Querdenker, Nobelpreisträger, Frankfurt/M. 2011.

Schmitt, Eberhard: Bernhard Groethuysen, in: Hans-Ulrich Wehler (Hg.), Deutsche Historiker, Bd. VI, Göttingen 1980, S. 89–102.

Schmitthenner, Walter: Biographische Vorbemerkung, in: Hermann Straßburger, Studien zur Alten Geschichte, Hg. Walter Schmitthenner u. Renate Zoepffel, Hildesheim 1982, S. XVII–XXXIV.

Schmitz, Norbert: Adolf Kratzer 1893–1983, Münster 2011.

Schmoeckel, Mathias: Zur Erinnerung an Josef Juncker (9.9.1889–18.10.1938), in: Bonner Rechtsjournal 2/2014, S. 199–204.

Schneck, Peter: „... ich bin ja nur eine Frau, aber Ehrgefühl habe ich auch": Zum Schicksal der Berliner Zellforscherin Rhoda Erdmann (1870–1935) unter dem Nationalsozialismus, in: Karl-Friedrich Wessel u. a. (Hg.), Ein Leben für die Biologie(geschichte). Festschrift Ilse Jahn, Bielefeld 2000, S. 170–189.

Schneider, Bernhard: Daten zur Geschichte der Jugendbewegung unter besonderer Berücksichtigung des Pfadfindertums 1890–1945, Münster 1990.

Schneider, Friedrich: Ein halbes Jahrhundert erlebter und mitgestalteter Vergleichender Erziehungswissenschaft, Paderborn 1970.

Schönpflug, Wolfgang (Hg.): Kurt Lewin. Person, Werk, Umfeld, Frankfurt/M. 1992.

Schönpflug, Wolfgang: Johann Baptist Rieffert. Gelehrter. Im Nationalsozialismus Gefolgsmann. Selbst ein Opfer? In: Theo Hermann / Wlodek Zeidler (Hg.), Psychologen in autoritären Systemen, Frankfurt/M. 2012, S. 65–93.

Scholl, Lars U., „Zum Besten der besonders in Göttingen gepflegten Anglistik". Das Seminar für Englische Philologie, in: Heinrich Becker u. a. (Hg.), Die Universität Göttingen unter dem Nationalsozialismus, München 1998², S. 391–426.

Scholz, Friedrich: Ernst Fraenkel, in: Orbis. Bulletin International de Documentation Linguistique 5 (1956), S. 561–569.

Scholz, Harry / Schröder, Paul (Hg.): Ärzte in Ost- und Westpreußen, Würzburg 1970.

Schoos, Jean: Camille Wampach 1884–1958, in: Bonner Gelehrte. Beiträge zur Geschichte der Wissenschaften in Bonn. Geschichtswissenschaften, Bonn 1968, S. 385–392.

Schorcht, Claudia: Philosophie an den bayerischen Universitäten 1933–1945, Erlangen 1990.

Schott, Heinz / Tölle, Rainer: Geschichte der Psychiatrie. Krankheitslehren, Irrwege, Behandlungsformen, München 2006.

Schott, Herbert: Josef Friedrich Abert (1879–1959), in: Fränkische Lebensbilder, Bd. 25, Würzburg 2018, S. 239–254.

Schreiber, Maximilian: Walther Wüst. Dekan und Rektor der Universität München 1935–1945, München 2008.

Schreiber, Peter: Clemens Thaer (1883–1974) – ein Mathematiker im Widerstand gegen den Nationalsozialismus, in: Sudhoffs Archiv 80 (1996), S. 78–85.

Schroeder, Klaus-Peter: „Sie haben kaum Chancen, auf einen Lehrstuhl berufen zu werden". Die Heidelberger Juristische Fakultät und ihre Mitglieder jüdischer Herkunft, Tübingen 2017.

Schröder, Wilhelm Heinz: Sozialdemokratische Parlamentarier in den deutschen Reichs- und Landtagen 1867–1933. Biographien – Chronik – Wahldokumentation, Düsseldorf 1995.

Schroeter, Klaus R.: Zwischen Anpassung und Widerstand: Anmerkungen zur Kieler Soziologie im Nationalsozialismus, in: Hans-Werner Prahl (Hg.), UNI-Formierung des Geistes. Universität Kiel im Nationalsozialismus, Bd. 1, Kiel 1995, S. 275–335.

Schüler-Springorum, Stefanie: Die jüdische Minderheit in Königsberg/Preußen, 1871–1945, Göttingen 1996.

Schütz, Mathias u. a.: Beyond Victimhood. The struggle of Munich anatomist Titus von Lanz during National Socialism, in: Annals of Anatomy 201 (2015), S. 56–64.

Schütze, Alexander: Ein Ägyptologe in Königsberg. Zur Entlassung Walter Wreszinskis 1933/34, in: Susanne Bickel u. a. (Hg.), Ägyptologen und Ägyptologien zwischen Kaiserreich und Gründung der beiden deutschen Staaten, Berlin 2013, S. 333–344.

Schultz, Hans-Dietrich: Alfred Rühl – ein Nonkonformist unter den (Berliner) Geographen, in: Die Erde, 134 (2003), S. 317–342.

Schulz, Elke: Leben und Werk des Hygienikers Martin Hahn (1865–1934), med. Diss., Erfurt 1985.
Schulz, Wilfried: Adolf Lampe und seine Bedeutung für die „Freiburger Kreise" im Widerstand gegen den Nationalsozialismus, in: Jürgen Schneider / Wolfgang Harbrecht (Hg.), Wirtschaftsordnung und Wirtschaftspolitik in Deutschland (1933–1993), Stuttgart 1996, S. 219–250.
Schulze, Ines: Die tierärztliche Bildungsstätte Berlin zwischen 1933 und 1945. Die Entwicklung der Institute und Kliniken, med. vet. Diss., Berlin 2006.
Schumann, Eva: Die Göttinger Rechts- und Staatswissenschaftliche Fakultät 1933–1945, in: dies. (Hg.), Kontinuitäten und Zäsuren. Rechtswissenschaft und Justiz im „Dritten Reich" und in der Nachkriegszeit, Göttingen 2008, S. 65–121.
Schumann, Rosemarie: Leidenschaft und Leidensweg. Kurt Huber im Widerspruch zum Nationalsozialismus, Düsseldorf 2007.
Schwab, Karl Heinz: Leo Rosenberg (1879–1963). Der große Prozessualist, in: Helmut Heinrichs u. a. (Hg.), Deutsche Juristen jüdischer Herkunft, München 1993, S. 667–676.
Schwabe, Klaus: Hermann Oncken, in: Hans-Ulrich Wehler (Hg.), Deutsche Historiker, Bd. II, Göttingen 1971, S. 81–97.
Klaus Schwabe / Rolf Reichardt (Hg.): Gerhard Ritter. Ein politischer Historiker in seinen Briefen, Boppard 1984.
Schwanewede, Heinrich von: Hans Moral. Arzt, Wissenschaftler, akademischer Lehrer von internationalem Rang, Berlin 2018.
Schwartz, Philipp: Notgemeinschaft. Zur Emigration deutscher Wissenschaftler nach 1933 in die Türkei, Hg. Helge Peukert, Marburg 1995.
Schwarz, Alexandra Riana: Hans Koopmann (1885–1959) – Leben und Werk eines Hamburger Gerichtsmediziners, med. Diss., Hamburg 2009.
Schwarz, Viola Angelika: Walter Edwin Griesbach (1888–1968). Leben und Werk, Frankfurt/M. 1999.
Schweber, Silvan S.: Nuclear Forces. The Making of the Physicist Hans Bethe, Cambridge, Mass. 2012.
Schwiedrzik, Wolfgang Matthias: Lieber will ich Steine klopfen. Der Philosoph und Pädagoge Theodor Litt in Leipzig (1933–1947), Leipzig 1996.
Scrbacic, Maja: Von der Semitistik zur Islamwissenschaft und zurück – Paul Kraus (1904–1944), in: Jahrbuch des Simon-Dubnow-Instituts 12 (2013), S. 389–416.
Scrbacic, Maja: Eugen Mittwoch gegen das Land Preußen. Die Entlassungsmaßnahmen in der Berliner Orientalistik 1933–1938, in: Arndt Engelhardt u. a. (Hg.): Ein Paradigma der Moderne. Jüdische Geschichte in Schlüsselbegriffen. Festschrift Dan Diner, Göttingen 2016, S. 39–55.
Seeck, Andreas: Arthur Kronfeld (1886–1941), in: Volkmar Sigusch / Günter Grau (Hg.): Personenlexikon der Sexualforschung, Frankfurt/M. 2009, S. 397–402.
Seidel, Gerdi: Vom Leben und Überleben eines „Luxusfachs". Die Anfangsjahre der Romanistik in der DDR, Heidelberg 2005.
Seidenfus, Hellmuth Stefan: Wilhelm Andreae (1888–1962) / Sozialökonom, in: Hans Georg Gundel u. a. (Hg.), Gießener Gelehrte in der ersten Hälfte des 20. Jahrhunderts, Teil 1, Marburg 1982, S. 1–5.
Seidl, Tobias: Personelle Säuberungen an der Technischen Hochschule Karlsruhe 1933–1937, in: Zeitschrift für die Geschichte des Oberrheins 157 (2009), S. 429–492.
Seidler, Eduard: Siegfried (Shimon) Rosenbaum (1890–1969) und die Kinderheilkunde in Palästina nach 1933, in: Albrecht Scholz / Caris-Petra Heidel (Hg.), Emigrantenschicksale. Einfluss der jüdischen Emigranten auf Sozialpolitik und Wissenschaft in den Aufnahmeländern, Frankfurt/M. 2004, S. 43–57.
Seidler, Eduard: Jüdische Kinderärzte 1933–1945: entrechtet / geflohen / ermordet, erw. Neuauflage, Freiburg 2007.

Seidler, Eduard / Leven, Karl-Heinz: Die Medizinische Fakultät der Albert-Ludwigs-Universität Freiburg im Breisgau. Grundlagen und Entwicklung, Freiburg 2007.

Seifert, Dorothea: Gustav Aschaffenburg als Kriminologe, Freiburg 1981.

Seim, Jürgen: Hans Joachim Iwand. Eine Biografie, Gütersloh 1999.

Sellert, Wolfgang: James Paul Goldschmidt (1874–1940), in: Helmut Heinrichs u. a. (Hg.), Deutsche Juristen jüdischer Herkunft, München 1993, S. 595–613.

Settekorn, Wolfgang: Romanistik an der Hamburger Universität. Untersuchungen zu ihrer Geschichte von 1933 bis 1945, in: Eckart Krause u. a. (Hg.), Hochschulalltag im „Dritten Reich“. Die Hamburger Universität 1933–1945, Berlin/Hamburg 1991, Teil II, S. 757–774.

Sever, Mehmet Sukru u. a.: Erich Frank (1884–1957). Unsung Pioneer in Nephrology, in: American Journal of Kidney Diseases 58 (2011), S. 654–665.

Siegel, Carl: Zur Geschichte des Frankfurter Mathematischen Seminars. Vortrag von Professor Dr. Dr. h. c. Carl Ludwig Siegel am 13. Juni 1964 im Mathematischen Seminar der Universität Frankfurt anlässlich der Fünfzig-Jahrfeier der Johann-Wolfgang-Goethe-Universität Frankfurt, Frankfurt/M. 1965.

Siegfried, Detlef: Das radikale Milieu. Kieler Novemberrevolution, Sozialwissenschaft und Linksradikalismus, Wiesbaden 2004.

Siegmund-Schultze, Reinhard: Mathematicians Fleeing from Nazi Germany. Individual Fates and Global Impacts, Princeton, NJ 2009.

Sigel, Robert: Die Lensch-Cunow-Haenisch-Gruppe. Eine Studie zum rechten Flügel der SPD im Ersten Weltkrieg, Berlin 1976.

Sime, Ruth Lewin: Lise Meitner. A Life in Physics, Berkeley / Los Angeles 1996.

Sime, Ruth Lewin: Otto Hahn und die Max-Planck-Gesellschaft. Zwischen Vergangenheit und Erinnerung, Berlin 2004.

Simmer, Hans H.: Der Berliner Pathologe Ludwig Pick (1868–1944). Leben und Werk eines jüdischen Deutschen, Husum 2000.

Smith, Barry / Smith, David Woodruff (Hg.): The Cambridge Companion to Husserl, Cambridge 1995.

Smith, David Woodruff: Husserl, Abingdon / New York 2013^2.

Spies, Otto: Paul E. Kahle 1875–1964, in: Bonner Gelehrte. Beiträge zur Geschichte der Wissenschaften in Bonn. Sprachwissenschaften, Bonn 1970, S. 350–353.

Spiritula, Friedrich: Die Pädagogik F. E. Otto Schultzes. Versuch einer systematischen Darstellung seines pädagogischen Gesamtwerkes, phil. Diss., Aachen 1978.

Sprung, Lothar / Brandt, Rudi: Otto Lipmann und die Anfänge der angewandten Psychologie in Berlin, in: Lothar Sprung / Wolfgang Schönpflug (Hg.), Zur Geschichte der Psychologie in Berlin, Frankfurt/M. u. a. 2003^2, S. 345–366.

Spuler, Bertold: Oskar Rescher zum 100. Geburtstag, in: Der Islam 61 (1984), S. 12 f.

Stache-Rosen, Valentina: German Indologists. Biographies of Scholars in Indian Studies Writing in German, Neu-Delhi 1990^2.

Stadler, M.: Das Schicksal der nichtemigrierten Gestaltpsychologen im Nationalsozialismus, in: C. F. Graumann (Hg.), Psychologie im Nationalsozialismus, Berlin 1985, S. 139–164.

Staehle, Hans Jörg / Eckart, Wolfgang U.: Hermann Euler versus Otto Riesser – zwei widersprüchliche Biographien vor, während und nach der Ära des Nationalsozialismus, in: Deutsche Zahnärztliche Zeitschrift 63 (2008), S. 36–52.

Stahnisch, Frank W.: Hartwig Kuhlenbeck (1897–1984) – Pioneer in Neurology, in: Journal of Neurology 263 (2016), S. 2567–2569.

Stahnisch, Frank W. / Russell, Gül A. (Hg.): Forced Migration in the History of 20th Century Neuroscience and Psychiatry. New Perspectives, London 2018.

Stalla, Bernhard Josef: Aloys Fischer (1880–1937). Biographie und Bildungstheorie, Frankfurt/M. 1999.
Starsonek, Astrid: Erwin Jacobsthal (1879–1952). Bakteriologe und Serologe am Allgemeinen Krankenhaus St. Georg in Hamburg, Leben und Werk, med. Diss., Lübeck 2007.
Staudacher, Anna L.: Jüdisch-protestantische Konvertiten in Wien 1782–1914, 2 Bände, Frankfurt/M. 2004.
Stebbins, Richard P.: The Career of Herbert Rosinski. An Intellectual Pilgrimage, New York 1989.
Stehkämper, Hugo: Benedikt Schmittmann (1872–1939), in: Rheinische Lebensbilder 10 (1985), S. 199–221.
Steinbach, Peter / Tuchel, Johannes (Hg.): Lexikon des Widerstands 1933–1945, München 1994.
Steinitz, Ruth: Eine deutsche jüdische Familie wird zerstreut. Die Geschichte der Familie Steinitz von 1751 bis heute, erw. Neuauflage, Norderstedt 2016.
Steinlin, Hansjürg: Prof. Dr. Dr. h. c. Felix Rawitscher (1890–1957), in: Freiburger Universitätsblätter, Heft 129 (1995), S. 103–108.
Stellmann, Jan-Patrick: Leben und Arbeit des Neuropathologen Hermann Josephy (1887–1960) sowie eine Einführung in die Geschichte der deutschen Neuropathologie, med. Diss., Hamburg 2010.
Stengel, Friedemann (Hg.): Ausgeschlossen. Die 1933–1945 entlassenen Hochschullehrer der Martin-Luther-Universität Halle-Wittenberg, Halle an der Saale 2016^2.
Stern, Desider: Werke von Autoren jüdischer Herkunft in deutscher Sprache. Eine Bio-Bibliographie, München 1970^3.
Stern, Fritz: Fünf Deutschland und ein Leben. Erinnerungen, München 2007.
Steveling, Lieselotte: Juristen in Münster. Ein Beitrag zur Geschichte der Rechts- und Staatswissenschaftlichen Fakultät der Westfälischen Wilhelms-Universität Münster/Westf., Münster 1999.
Stolleis, Michael: Geschichte des öffentlichen Rechts in Deutschland, Bd. 3: 1914–1945, München 1999.
Stoltzenberg, Dietrich: Fritz Haber. Chemiker, Nobelpreisträger, Deutscher, Jude, Weinheim 1994.
Strätz, Reiner: Biographisches Handbuch Würzburger Juden 1900–1945, 2 Bände, Würzburg 1989.
Strassmann, W. Paul: Die Strassmanns. Schicksale einer deutsch-jüdischen Familie über zwei Jahrhunderte, Frankfurt/M. 2006.
Strauß, Eva: Wandererfürsorge in Bayern 1918 bis 1945 unter besonderer Berücksichtigung Nürnbergs, Neustadt/Aisch 1995.
Süß, Winfried: Der „Volkskörper“ im Krieg. Gesundheitspolitik, Gesundheitsverhältnisse und Krankenmord im nationalsozialistischen Deutschland 1939–1945, München 2003.
Stremmel, Rolf: Benno Strauß. Skizze eines Forscherlebens, in: Manfred Rasch (Hg.), 100 Jahre nichtrostender Stahl. Historisches und Aktuelles, Essen 2012, S. 37–64.
Swerdlow, Noel M.: Otto E. Neugebauer (26 May 1899 – 19 February 1990), in: Proceedings of the American Philosophical Society 137 (1993), S. 139–165.
Swinne, Edgar: Richard Gans. Hochschullehrer in Deutschland und Argentinien, Berlin 1992.
Szabó, Anikó: Vertreibung, Rückkehr, Wiedergutmachung. Göttinger Hochschullehrer im Schatten des Nationalsozialismus, Göttingen 2000.
Sziranyi, Janina u. a.: „Jüdisch versippt“ and „materialistic“: The marginalization of Walther E. Berblinger (1882–1966) in the Third Reich, in: Pathology – Research and Practice 215 (2019), S. 995–1002.
Szöllösi-Janze, Margit: Fritz Haber 1868–1934. Eine Biographie, München 1998.
Tadday, Ulrich (Hg.): Walter Braunfels, München 2014.
Tamari, Dov: Moritz Pasch (1843–1930). Vater der modernen Axiomatik. Seine Zeit mit Klein und Hilbert und seine Nachwelt. Eine Richtigstellung, Aachen 2007.
Taschke, Jürgen (Hg.): Max Alsberg, Baden-Baden 2013^2.
Tellenbach, Gerd: Aus erinnerter Zeitgeschichte, Freiburg/Br. 1981.

Tenorth, Heinz-Elmar u. a. (Hg.): Friedrich Siegmund-Schultze 1885–1969. Ein Leben für Kirche, Wissenschaft und Soziale Arbeit, Stuttgart 2007.
Tent, Lothar (Hg.): Heinrich Düker. Ein Leben für die Psychologie und für eine gerechte Gesellschaft, 2 Bände, Lengerich 1999.
Thanos, Solon: Mensch, Wissenschaftler, Arzt und Künstler – Prof. Dr. Aurel von Szily (1880–1945), in: Ursula Ferdinand u.a. (Hg.), Medizinische Fakultäten in der deutschen Hochschullandschaft 1925–1950, Heidelberg 2013, S. 195–215.
Theologische Realenzyklopädie (TRE), 36 Bände und zwei Register-Bände, Berlin / New York 1977–2007.
Theune, Claudia: Gero von Merhart und die archäologische Forschung zur vorrömischen Eisenzeit, in: Heiko Steuer (Hg.), Eine hervorragend nationale Wissenschaft. Deutsche Prähistoriker zwischen 1900 und 1995, Berlin / New York 2001, S. 151–171.
Tietz, Christiane: Dietrich Bonhoeffer. Theologe im Widerstand, München 2013.
Tietz, Christiane: Karl Barth. Ein Leben im Widerspruch, München 2018.
Tilitzki, Christian: Von der Grenzland-Universität zum Zentrum der nationalsozialistischen „Neuordnung des Ostraums“? Aspekte der Königsberger Universitätsgeschichte im Dritten Reich, in: Jahrbuch für die Geschichte Mittel- und Ostdeutschlands 46 (2000), S. 233–269.
Tilitzki, Christian: Günther Jacoby im Dritten Reich – Randnotizen des Greifswalder Philosophen zum Zeitgeist nach 1933, in: Baltische Studien, NF 86 (2000), S. 107–114.
Tilitzki, Christian: Die Beurlaubung des Staatsrechtslehrers Albert Hensel im Jahr 1933. Ein Beitrag zur Geschichte der Universität Königsberg, in: Mendelssohn-Studien, Bd. 12, Berlin 2001, S. 243–261.
Tilitzki, Christian: Professoren und Politik. Die Hochschullehrer der Albertus-Universität zu Königsberg/Pr. in der Weimarer Republik (1918–1933), in: Bernhart Jähnig (Hg.), 450 Jahre Universität Königsberg. Beiträge zur Wissenschaftsgeschichte des Preußenlandes, Marburg 2001, S. 131–177.
Tilitzki, Christian: Die deutsche Universitätsphilosophie in der Weimarer Republik und im Dritten Reich, Teil 1–2, Berlin 2002.
Tilitzki, Christian: Die Albertus-Universität Königsberg im Umbruch von 1932 bis 1934, in: Christian Pletzing (Hg.), Vorposten des Reichs? Ostpreußen 1933–1945, München 2006, S. 41–76.
Tilitzki, Christian: Die Albertus-Universität Königsberg. Ihre Geschichte von der Reichsgründung bis zum Untergang der Provinz Ostpreußen, Bd 1: 1871–1918, Berlin 2012.
Töpfer, Frank / Wiesing, Urban (Hg.): Richard Koch. Zeit vor Eurer Zeit. Autobiographische Aufzeichnungen, Stuttgart 2003.
Tollmien, Cordula: „Sind wir doch der Meinung, daß ein weiblicher Kopf nur ganz ausnahmsweise in der Mathematik schöpferisch tätig sein kann ...“ Emmy Noether 1882–1935, zugleich ein Beitrag zur Geschichte der Habilitation von Frauen an der Universität Göttingen, in: Göttinger Jahrbuch 38 (1990), S. 153–219.
Tollmien, Cordula: Nationalsozialismus in Göttingen (1933–1945), phil. Diss., Göttingen 1998 (online).
Tomuschat, Christian: Heinrich Triepel (1868–1946), in: Stefan Grundmann u. a. (Hg.), Festschrift 200 Jahre Juristische Fakultät der Humboldt-Universität zu Berlin, Berlin 2010, S. 497–521.
Trendelenburg, U.: Verfolgte deutschsprachige Pharmakologen 1933–1945, Frechen 2006.
Trittel, Katharina: Hermann Rein und die Flugmedizin. Erkenntnisstreben und Entgrenzung, Paderborn 2018.
Toaspern, Paul: Arbeiter in Gottes Ernte. Heinrich Rendtorff. Leben und Werk, Berlin 1963.
Tschechne, Martin: William Stern, Hamburg 2010.
Ubisch, Gerta von: Zwischen allen Welten. Die Lebenserinnerungen der ersten Heidelberger Professorin, Hg. Susan Richter u. Armin Schlechter, Ostfildern 2011.

Uhlig, Ralph (Hg.): Vertriebene Wissenschaftler der Christian-Albrecht-Universität zu Kiel (CAU) nach 1933, Frankfurt/M. 1991.

Uhlmann, Angelika: Der Sportmediziner Fritz Duras (1896–1965) – Deutscher Pionier der „Physical Education" in Australien, in: Albrecht Scholz / Caris-Petra Heidel (Hg.), Emigrantenschicksale. Einfluss der jüdischen Emigranten auf Sozialpolitik und Wissenschaft in den Aufnahmeländern, Frankfurt/M. 2004, S. 201–218.

Die Universität Tübingen im Nationalsozialismus, Hg. Urban Wiesing, Klaus-Rainer Brintzinger, Bernd Grün, Horst Junginger und Susanne Michl, Stuttgart 2010.

Unterstell, Rembert: Fritz Curschmann (1874–1946) und die historisch-geographische Landesforschung, in: ders., Klio in Pommern. Die Geschichte der Pommerschen Historiographie 1815–1945, Köln u. a. 1996, S. 201–217.

Vagts, Alfred: Albrecht Mendelssohn Bartholdy. Ein Lebensbild, in: Mendelssohn-Studien 3 (1979), S. 201–225.

Veit-Bachmann, Verena: Friedrich A. Lutz: Leben und Werk, in: Viktor J. Vanberg (Hg.), Währungsordnung und Inflation. Zum Gedenken an Friedrich A. Lutz (1901–1975), Tübingen 2003, S. 9–43.

Vereinigung der Sozial- und Wirtschaftswissenschaftlichen Hochschullehrer, Werdegang und Schriften der Mitglieder, Köln 1929.

Verroen, Ruth u. a. (Hg.): Leben Sie? Die Geschichte der deutsch-jüdischen Familie Jacobsohn, Marburg 2000.

Viehberg, Maud Antonia: Restriktionen gegen Greifswalder Hochschullehrer im Nationalsozialismus, in: Werner Buchholz (Hg.), Die Universität Greifswald und die deutsche Hochschullandschaft im 19. und 20. Jahrhundert, Stuttgart 2004, S. 271–307.

Vielhauer, Philipp: Karl Ludwig Schmidt 1891–1956, in: Bonner Gelehrte. Beiträge zur Geschichte der Wissenschaften in Bonn. Evangelische Theologie, Bonn 1968, S. 190–214.

Villiez, Anna von: Mit aller Kraft verdrängt. Entrechtung und Verfolgung „nicht arischer" Ärzte in Hamburg 1933 bis 1945, Hamburg 2009.

Vogt, Annette: Issai Schur – als Wissenschaftler vertrieben, in: Menora. Jahrbuch für deutsch-jüdische Geschichte 9 (1999), S. 217–235.

Vogt, Annette: Von Prag in die „neue Welt" – die Wege der Chemikerin Gertrud Kornfeld, in: Jana Nekvasilová (Hg.), Circuli 1933–2003, Prag 2003, S. 281–297.

Vogt, Annette: Wissenschaftlerinnen in Kaiser-Wilhelm-Instituten A–Z, Berlin 2008.[2]

Vogt, Annette: The Fate of Hertha' Sister, Margot Sponer, in: Marie-Ann Maushart, Hertha Sponer. A woman's life as a physicist in the 20th century, Durham 2011, S. 139–146.

Voigt, Gerd: Otto Hoetzsch 1876–1946. Wissenschaft und Politik im Leben eines deutschen Historikers, Berlin (DDR) 1978.

Voigt, Martina: Weggefährtin im Widerstand. Elisabeth Schiemanns Einsatz für die Gleichberechtigung der Juden, in: Manfred Gailus (Hg.), Elisabeth Schmitz und ihre Denkschrift gegen die Judenverfolgung. Konturen einer vergessenen Biografie (1893–1977), Berlin 2008, S. 128–162.

Volbehr, Friedrich / Weyl, Richard: Professoren und Dozenten der Christian-Albrechts-Universität zu Kiel 1665–1954. Mit Angaben über die sonstigen Lehrkräfte und die Universitäts-Bibliothekare und einem Verzeichnis der Rektoren, Kiel 1956[4].

Volkert, Klaus / Jung, Florian: Mathematik, in: Wolfgang U. Eckart u. a. (Hg.), Die Universität Heidelberg im Nationalsozialismus, Heidelberg 2006, S. 1047–1086.

Vorholz, Irene: Die Rechts- und Staatswissenschaftliche Fakultät der Ernst-Moritz-Arndt-Universität von der Novemberrevolution 1918 bis zur Neukonstituierung der Fakultät 1992, Köln 2000.

Voß, Reimer: Johannes Popitz (1884–1945). Jurist, Politiker, Staatsdenker unter drei Reichen – Mann des Widerstands, Bern 2006.

Voss, Susanne / Raue, Dietrich (Hg.): Georg Steindorff und die deutsche Ägyptologie im 20. Jahrhundert. Wissenshintergründe und Forschungstransfers, Berlin/Boston 2016.
Voswinckel, Peter: In memoriam Hans Hirschfeld (1873–1944), in: Folia Haematologica (Leipzig) 114 (1987), S. 707–736.
Voswinckel, Peter: Grabstein vor dem Verfall bewahrt. In memoriam Professor Alfred Wolff-Eisner, jüdischer Pionier der Pollenkrankheit, in: Allergologie 11 (1988), S. 41–46.
Voswinckel, Peter: Simon Isaac (1881–1942) und der Beginn der Insulintherapie in Deutschland, in: Juliane C. Wilmanns (Hg.), Medizin in Frankfurt an Main, Hildesheim 1994, S. 205–213.
Voswinckel, Peter (Hg.): Biographisches Lexikon der hervorragenden Ärzte der letzten fünfzig Jahre. Band III: Nachträge und Ergänzungen, Hildesheim 2002.
Wagener, Hans: Richard Friedenthal. Biographie des großen Biographen, Gerlingen 2002.
Wagner, Emmy: Liebesmacht bricht Machtliebe. Ein Erlebnisbericht, Wangen/Allgäu 1945.
Waibel, Annette: Die Anfänge der Kinder- und Jugendpsychiatrie in Bonn. Otto Löwenstein und die Provinzial-Kinderanstalt 1926–1933, Köln 2000.
Wakin, Jeanette: Remembering Joseph Schacht (1902–1969), Cambridge, MA 2003.
Waldhoff, Christian: Gerhard Anschütz (1867–1948), in: Peter Häberle u. a. (Hg.), Staatsrechtslehrer des 20. Jahrhunderts, Berlin 2018^2, S. 129–145.
Waloschek, Pedro: Todesstrahlen als Lebensretter. Tatsachenberichte aus dem Dritten Reich, Hamburg 2004.
Walter, Wolfgang: Otto Stern, Leistung und Schicksal, in: Eckart Krause u. a. (Hg.), Hochschulalltag im „Dritten Reich“. Die Hamburger Universität 1933–1945, Berlin/Hamburg 1991, Teil III, S. 1141–1154.
Walther, Peter Th.: Zur Entwicklung der Geschichtswissenschaften in Berlin: Von der Weimarer Republik zur Vier-Sektoren-Stadt, in: Wolfram Fischer u. a. (Hg.), Exodus von Wissenschaften aus Berlin, Berlin / New York 1994, S. 153–183.
Walther, Peter Th.: Hedwig Hintze in den Niederlanden 1939–1942, in: Marc Schalenberg / Peter Th. Walther (Hg.), „... immer im Forschen bleiben“. Rüdiger vom Bruch zum 60. Geburtstag, Stuttgart 2004, S. 415–433.
Warlo, Angela: Eberhard Bruck, in: Mathias Schmoeckel (Hg.), Die Juristen der Universität Bonn im „Dritten Reich“, Köln 2004, S. 81–103.
Wassermann, Franz Walther: Friedrich Wassermann, 1884–1969. A Life in Experimental Cytology, in: Perspectives in Biology and Medicine 13 (1970), S. 537–562.
Wassermann, Henry: False Start. Jewish Studies at German Universities During the Weimar Republic, New York 2003.
Waßner, Rainer: Rudolf Heberle. Soziologe in Deutschland zwischen den Weltkriegen, Hamburg 1995.
Weber, Christoph: Der Religionsphilosoph Johannes Hessen (1889–1971). Ein Gelehrtenleben zwischen Modernismus und Linkskatholizismus, Frankfurt/M. 1994.
Weber, Hermann / Herbst, Andreas: Deutsche Kommunisten. Biographisches Handbuch 1918 bis 1945, Berlin 2008.
Weber, Regina: Karl Viëtor, in: Deutschsprachige Exilliteratur seit 1933. Band 3: USA, Teil 5, Hg. John M. Spalek u. a., Berlin 2005, S. 211–239.
Weber, Regina: Raymond Klibansky (1905–2005), in: Deutschsprachige Exilliteratur seit 1933. Band 3: USA, Supplement 1, Hg. John M. Spalek u. a., Berlin 2010, S. 93–124.
Weber, Wolfgang: Biographisches Lexikon zur Geschichtswissenschaft in Deutschland, Österreich und der Schweiz. Die Lehrstuhlinhaber für Geschichte von den Anfängen des Faches bis 1970, Frankfurt/M. 1987^2.

Weber-Jasper, Elisabeth: Wilhelm Weygandt (1870–1939). Psychiatrie zwischen erkenntnistheoretischem Idealismus und Rassenhygiene, Husum 1996.

Weder, Heinrich: Sozialhygiene und pragmatische Gesundheitspolitik in der Weimarer Republik am Beispiel des Sozial- und Gewerbehygienikers Benno Chajes (1880–1938), Husum 2000.

Wegeler, Cornelia: „… wir sagen ab der internationalen Gelehrtenrepublik“. Altertumswissenschaft und Nationalsozialismus. Das Göttinger Institut für Altertumskunde 1921–1962, Wien 1996.

Wehefritz, Valentin: Ein Herz leidet an Deutschland. Prof. Dr. Ernst Bresslau (1877–1935). Ein deutsches Gelehrtenschicksal im 20. Jahrhundert, Dortmund 1995.

Wehefritz, Valentin: Gefangener zweier Welten: Prof. Dr. phil. Dr. rer. nat. h. c. Peter Pringsheim (1881–1963). Ein deutsches Gelehrtenschicksal im 20. Jahrhundert, Dortmund 1999.

Wehefritz, Valentin: Verwehte Spuren. Prof. Dr. phil. Fritz Reiche (1883–1969). Ein deutsches Gelehrtenschicksal im 20. Jahrhundert, Dortmund 2002.

Wehefritz, Valentin: Naturforscher, Philosoph, Theologe. Prof. Dr. med. Rudolf Ehrenberg (1884–1969), Dortmund 2016.

Wehler, Hans-Ulrich: Gustav Mayer, in: ders. (Hg.), Deutsche Historiker, Bd. II, Göttingen 1971, S. 120–132.

Weigand, Wolf Volker: Walter Wilhelm Goetz 1867–1958. Eine biographische Studie über den Historiker, Politiker und Publizisten, Boppard am Rhein 1992.

Weiglin, David Christopher: Richard Martin Honig (1890–1981) – Leben und Werk eines deutschen Juristen jüdischer Herkunft, Baden-Baden 2011.

Weindling, Paul: „Unser eigener österreichischer Weg“: Die Meerwasser-Trinkversuche in Dachau 1944, in: Herwig Czech / Paul Weindling (Hg.), Österreichische Ärzte und Ärztinnen im Nationalsozialismus, Wien 2017, S. 133–177.

Weisbach, Werner: Geist und Gewalt, Wien 1956.

Weiske, Katja: Die Bakteriologin Emmy Klieneberger – 1930 als erste Frau in Frankfurt am Main habilitiert, 1933 entlassen, in: Udo Benzenhöfer (Hg.), Ehrlich, Edinger, Goldstein et al.: Erinnerungswürdige Frankfurter Universitätsmediziner, Münster 2012, S. 127–143.

Weiß, Wolfgang: Die Katholisch-Theologische Fakultät Würzburg, in: Dominik Burkard / Wolfgang Weiß (Hg.), Katholische Theologie im Nationalsozialismus, Bd. 1/1: Institutionen und Strukturen, Würzburg 2007, S. 277–326.

Wendehorst, Alfred: Geschichte der Universität Erlangen-Nürnberg, München 1993.

Wendland, Ulrike: Biographisches Handbuch deutschsprachiger Kunsthistoriker im Exil, 2 Teile, München 1999.

Wenig, Otto (Hg.): Verzeichnis der Professoren und Dozenten der Rheinischen Friedrich-Wilhelms-Universität zu Bonn 1818–1968, Bonn 1968.

Wer ist's? Hg. Herrmann A. L. Degener, 10 Ausgaben, Leipzig/Berlin 1905–1935.

Wer ist wer? Das deutsche Who's Who (Fortsetzung von: Wer ist's?), Lübeck 1951 ff.

Wer war wer in der DDR? Ein biographisches Lexikon. Hg. Helmut Müller-Ensberg, Jan Wielgohs und Dieter Hoffmann, Berlin 2001^2.

Werner, Petra: Der Heiler. Tuberkuloseforscher Friedrich F. Friedmann. Recherche eines medizinischen Skandals, München 2002.

Westermann, Bärbel: Alexander von Lichtenberg (1880–1949). Biobibliographie eines Urologen, med. Diss., Berlin 1978.

Weyer, Jost: Das Fach Chemie an der Hamburger Universität im „Dritten Reich“, in: Eckart Krause u. a. (Hg.), Hochschulalltag im „Dritten Reich“. Die Hamburger Universität 1933–1945, Berlin/Hamburg 1991, Teil III, S. 1119–1140.

Weyrather, Irmgard: Die Frau am Fließband. Das Bild der Fabrikarbeiterin in der Sozialforschung 1870–1985, Frankfurt/M. 2003.
Who's Who in the East. A Biographical Dictionary of Noteworthy Men and Women of the Middle Atlantic and Northeastern States, 6th edition, Chicago 1957.
Who's Who of British Scientists 1971/72, London 1971.
Who's Who in World Jewry. A Biographical Dictionary of Outstanding Jews, Hg. Harry Schneiderman / Itzhak J. Carmin, New York 1955.
Widmann, Horst: Exil und Bildungshilfe. Die deutschsprachige akademische Emigration in die Türkei nach 1933. Mit einer Bio-Bibliographie der emigrierten Hochschullehrer im Anhang, Frankfurt/M. 1973.
Wiegandt, Manfred H: Norm und Wirklichkeit. Gerhard Leibholz (1901–1982) – Leben, Werk und Richteramt, Baden-Baden 1995.
Wiggershaus, Rolf: Max Horkheimer. Unternehmer in Sachen „Kritische Theorie". Eine Einführung, Frankfurt/M. 2013.
Wilke, Jürgen: Im Dienst von Pressefreiheit und Rundfunkordnung. Zur Erinnerung an Kurt Häntzschel aus Anlass seines hundertsten Geburtstages, in: Publizistik. Vierteljahreshefte für Kommunikationsforschung 34 (1989), S. 7–28.
Wilson, Daniel W.: Der Faustische Pakt. Goethe und die Goethe-Gesellschaft im Dritten Reich, München 2018.
Winkler, Heinrich August: Arbeiter und Arbeiterbewegung in der Weimarer Republik, 3 Bände, Berlin/Bonn 1984–1987.
Winnewisser, Brenda P.: Hedwig Kohn – Eine Physikerin des zwanzigsten Jahrhunderts, in: Physik Journal 2 (2003), Nr. 11, S. 51–55.
Wininger, Salomon: Große jüdische Nationalbiographie mit mehr als 8000 Lebensbeschreibungen namhafter jüdischer Männer und Frauen aller Zeiten und Länder, 7 Bände, Czernowitz 1925–1936.
Winston, Judith E.: Ernst Gustav Gotthelf Marcus (1893–1968) and Eveline Agnes du Bois-Reymond (1901–1990), in: Patrick N. Wyse Jackson / Mary E. Spencer Jones (Hg.), Annals of Bryozoology, Dublin 2002, S. 339–361.
Wirbelauer, Eckhard (Hg.): Die Freiburger Philosophische Fakultät 1920–1960. Mitglieder – Strukturen – Vernetzungen, Freiburg/München 2006.
Wittek, Susanne: „So muss ich fortan das Band als gelöst ansehen." Ernst Cassirers Hamburger Jahre 1919 bis 1933, Göttingen 2019.
Wisniak, Jaime: Kurt Wohl – His life and work, in: Educación Química 14 (2003), S. 36–46.
Wittstadt, Klaus: Zwischen Anpassung und Ablehnung – Die Katholisch-Theologische Fakultät an der Universität Würzburg in den Jahren 1933–1945, in: Peter Baumgart (Hg.), Die Universität Würzburg in den Krisen der ersten Hälfte des 20. Jahrhunderts, Würzburg 2002, S. 35–72.
Wittwer, Wolfgang W.: Carl Heinrich Becker, in: Berlinische Lebensbilder, Bd. 3: Wissenschaftspolitik in Berlin, Hg. Wolfgang Treue u. a., Berlin 1987, S. 251–267.
Wobbe, Theresa: Mathilde Vaerting (1884–1977). Eine Intellektuelle im Koordinatensystem dieses Jahrhunderts, in: Jahrbuch für Soziologiegeschichte 1991, S. 27–67.
Wolf, Christa (Bearb.): Verzeichnis der Hochschullehrer der TH Darmstadt, Teil 1: Kurzbiographien 1836–1945, Darmstadt 1977.
Wolf, Jörn Henning: Medizinhistorische Streiflichter auf die inwendigen Facetten der 125-jährigen Krankenhausgeschichte im Berliner Friedrichshain, in: Krankenhaus im Friedrichshain – 125 Jahre, Berlin 1999, S. 21–108.
Wolf, Ulrike: Leben und Wirken des Berliner Internisten Georg Klemperer (1865–1946), Aachen 2003.

Wolfert, Raimund: Homosexuellenpolitik in der jungen Bundesrepublik. Kurt Hiller, Hans Giese und das Frankfurter Wissenschaftlich-humanitäre Komitee, Göttingen 2015.

Wolfes, Matthias: Hermann Mulert (1879–1950). Lebensbild eines Kieler liberalen Theologen, Kiel 2000.

Wolff, Oliver: Heinrich Göppert, in: Mathias Schmoeckel (Hg.), Die Juristen der Universität Bonn im „Dritten Reich", Köln 2004, S. 233–247.

Wolff, Stefan L.: Die Ausgrenzung und Vertreibung von Physikern im Nationalsozialismus, in: Dieter Hoffmann / Mark Walker (Hg.), Physiker zwischen Autonomie und Anpassung. Die Deutsche Physikalische Gesellschaft im Dritten Reich, Weinheim 2007, S. 91–138.

Wolff, Stefan L.: Hartmut Kallmann (1896–1978) – ein während des Nationalsozialismus verhinderter Emigrant verlässt Deutschland nach dem Krieg, in: Dieter Hoffmann / Mark Walker (Hg.), „Fremde" Wissenschaftler im Dritten Reich, Göttingen 2011, S. 314–338.

Wolff, Stefan L.: Alfred Byk (1878–1942), in: Physik Journal 19 (2020), Nr. 11, S. 35 f.

Wolfradt, Uwe u. a. (Hg.): Deutschsprachige Psychologinnen und Psychologen 1933–1945, Wiesbaden 2015.

Wolgast, Eike: Die Universität Heidelberg in der Zeit des Nationalsozialismus, in: Zeitschrift für die Geschichte des Oberrheins 135 (1987), S. 359–406.

Worringer, Wilhelm: Paul Hankamer, in: Jahrbuch der Albertus-Universität zu Königsberg/Pr. 2 (1952), S. 26–29.

Württembergische Biographien. Hg. Maria Magdalena Rückert, Bd. 1–3, Stuttgart 2006–2017.

Wunderlich, Peter: Heinrich Finkelstein. Kinderarzt und Pionier der Sozialpädiatrie, in: Kinderärztliche Praxis 58 (1990), S. 587–592.

Zabel, Hermann (Hg.): Zweifache Vertreibung. Erinnerungen an Walter A. Berendsohn, Nestor der Exil-Forschung, Förderer von Nelly Sachs, Essen 2000.

Zacharias, Helmut: Emil Heitz (1892–1965): Chloroplasts, Heterochromatin, and Polytene Chromosomes, in: Genetics 141 (1995), S. 7–14.

Zacher, Hans F.: Hans Nawiasky (1880–1961). Ein Leben für Bundesstaat, Rechtsstaat und Demokratie, in: Helmut Heinrichs u. a. (Hg.), Deutsche Juristen jüdischer Herkunft, München 1993, S. 677–692.

Zeidman, Lawrence A. u. a.: „History Had Taken Such a Large Piece Out of My Life" – Neuroscientist Refugees from Hamburg During National Socialism, in: Journal of the History of the Neurosciences 25 (2016), S. 275–298.

Zepf, Markus: Musikwissenschaft, in: Eckhard Wirbelauer (Hg.): Die Freiburger Philosophische Fakultät 1920–1960, Freiburg/München 2006, S. 410–439.

Zibell, Stephanie: Politische Bildung und demokratische Verfassung. Ludwig Bergsträsser (1883–1960), Bonn 2006.

Ziebertz, Günter J.: Berthold Altaner (1885–1964). Leben und Werk eines schlesischen Kirchenhistorikers, Köln u. a. 2007.

Ziesemer, Walther: Zum Gedächtnis von Friedrich Ranke, in: Jahrbuch der Albertus-Universität zu Königsberg/Pr. 1 (1954) S. 14–16.

Zimmermann, Susanne: Theodor Meyer-Steineg (1873–1936) und die Medizingeschichte in Jena, in: Ralf Bröer (Hg.): Eine Wissenschaft emanzipiert sich. Die Medizinhistoriographie von der Aufklärung bis zur Postmoderne, Pfaffenweiler 1999, S. 261–269.

Zimmermann, Susanne: Die Medizinische Fakultät der Universität Jena während der Zeit des Nationalsozialismus, Berlin 2000.

Zöllner, Nepomuk / Hofmann, Alan F.: Siegfried Thannhauser (1885–1962). Ein Leben als Arzt und Forscher in bewegter Zeit, Freiburg 2001².

Zondek, Hermann: Auf festem Fuße. Erinnerungen eines jüdischen Klinikers, Stuttgart 1973.

Personenregister

Printed in the USA
CPSIA information can be obtained
at www.ICGtesting.com
JSHW050900280224
58092JS00028B/55

9 783111 236780